“十四五”时期国家重点出版物出版专项规划项目
新时代高质量发展绿色城乡建设技术丛书

CCTC
中国建科

GREEN PLANNING
GUIDELINES

绿色规划技术指引

规划/交通/市政/生态专业

中国建设科技集团　编　著

杨一帆　主　编

中国建筑工业出版社

新时代高质量发展绿色城乡建设技术丛书

中国建设科技集团 编著

《绿色规划技术指引》

中国建设科技集团 编著

主　　编	杨一帆	
副 主 编	王 磊 王明田 郑兴灿 朱晓东 王磐岩 刘 佳 倪莉莉	
参编人员	统　　筹	杨一帆 倪莉莉 翁 阳 胡家骏
	总体规划	王 磊 倪莉莉 宋立志 胡家骏 袁 迪 许昊翔 张 野
	详细规划	杨一帆 赵 楠 王天为 李 真
	生态空间	张同升 孙艳芝 何紫云 刘海燕
	乡村空间	赵 健 谢四维 李 甜 李 坤 史 纪
	城市设计	杨一帆 王思宇 赵彦超 方永华 李 茜 白泽臣 黄圣文 司立中 王 爽 罗 维 王振茂 常嘉欣
	城市更新	杨一帆 刘 超 赵炜玮
	小 城 镇	李 霞 王 璐 范晓杰 郭英涛 周 丹 刘静雅 郭 星 王永祥 王柳丹 张 浩
	绿地景观	姜 娜 马育辰 宋美仪
	历史文化	单彦名 高 雅 田家兴 孙雪婷 高朝暄 宋文杰 郝 静 李志新
	交通规划	朱晓东 张 帆 高佳宁 田 凯 由婷婷 郎国岭 牛 凯 栗 欢 孟维伟 罗瑞琪 熊 帅

参编人员	市政规划	郑兴灿　徐　冰　孙永利　高文学　王金丽 吕　彦　聂小琴　王　艳　董　洁　张永红 李　欣　赖一飞　王元媛　韩　沛　刘思扬 郭含文　高聪聪　刘　静　郑华清　葛铜岗 田腾飞　户英杰　叶　杨　徐　爽　耿婷婷 何永平　王长祥
	海绵城市	马洪涛　许　可　吕　梅　徐　瑞　赵晨辰 万　松　郭迎新　熊　杰　颜玉璞
	城市安全	王　磊　高晓明　方永华　王晓朦　高军杰
	地下空间	李海梅　刘　超

《绿色规划技术指引》

指导 & 审稿专家名单

指导专家	王建国　唐　凯　孙安军　邱　跃　吕　斌　边兰春
审稿专家 （按姓氏笔画顺序）	于　伟　万　军　王　引　王世福　王崇烈　孔令斌 孔彦鸿　石晓冬　田志强　冯长春　阳建强　李存东 杨俊宴　吴克捷　邹　亮　张　杰　张　建　张　悦 张晓玲　周　俭　单　樑　赵　钾　赵万民　赵中枢 赵文斌　侯　雷　秦国栋　袁锦富　徐彦峰　盛志前 彭震伟　董　珂　董　惠　霍晓卫

序一

1990年中期，我开始关注绿色城市规划设计。当时我国正处在快速城市化进程中，城市发展大多追求的是“一年一变样，三年大变样”，并主要以经济建设和GDP产值作为城市发展和建设的导向，社会效益和生态效益没有得到应有的重视，城市发展失衡严重。很多城市管理者、规划设计者，也包括相当数量的社会大众那时热衷于追求规划设计在物质形态方面的宏大叙事，较少考虑城镇发展演进的内在动力和自组织的成长性，设计上更是时常出现规划分区、地块形状、道路交通、城市天际线等都要服务于形式的现象，造成了极大的浪费。

我的主要思考是：通过“整体优先、生态优先”的先进理念，改变单一的城市发展目标，将经济发展与社会进步和生态优化联系起来，将单位经济碳排放目标、排放效益、排放指标等计划纳入城市总体规划和政府绩效考核体系，制定有效的补偿性政策措施，促进城市管理目标从单一经济指标向体现低碳城市要求的经济、社会和生态综合目标转变；同时应向大众宣传“绿色”生活的未来趋势，号召以可持续发展为目标，把节能减排、环境保护作为消费者考虑的首要因素。

2003年，我在南京国际建筑教育论坛上，提出可持续发展理念下建筑教育内容和方法的改革设想，并希望我国的建筑和规划教育培养出具有“绿色、低碳”理念，掌握基于可持续性的环境伦理及规划设计方法的青年规划师、设计师，投身到我国城乡建设事业中去。

城市与自然从来不是对立的，城市的发展过程就是从“自然中的城市”到“城市中的自然”再到“人地共生高质量发展”的过程。

城市自村庄聚落演化而出，在自然间生长，是“自然中的城市”。如中国古代城市多是依山傍水、满足人类需求并适应自然条件的，尤其是都城，外涉选址问题，讲究与自然保持共生的良好联系，内部格局则必须体现社会秩序、有机秩序和人类生产生活的基本需求。

工业革命后现代城市规模急剧扩张，效率和经济优先，人为秩序驾驭自然秩序，在快速城市化进程中，城市建设发展遇到了前所未有的问题和挑战，现代城市规划、风景园林学和城市设计发展与整治应对现代城市的“城市病”密切相关。如工业时代后期西方建设了很多公园，纽约中央公园就是为了解决城市扩张后人们周末到底去哪儿可以看到自然这一问题而兴建，意味着从“自然中的城市”向“城市中的自然”的演进。

当前，随着城市的发展变得越来越快，出现了新的交通方式、新的生产方式、新的通信方式，生产关系发生了很大的变化，城乡规划前进方向也必须随之改变。“人地共生高质量发展”需要依从三种理念：

一是生态优先理念。人类的活动正在逼近自然生态系统可承受力的底线。今天的生态文明建设理念、“公园城市”模式、“山水林田湖草”的“N规合一”都是关于城市发展底线的基本要求。从“生态优先”的前提展开的，然后基于生态底线设置安排功能、空间、用地、景观和建筑等，做的是绿色城市设计。城市建设会更加关注地形地貌、通风廊道、日照保障等，更加注重城市的宜居环境、社区生活场所，乃至健康生活方式等，都会与未来的绿色发展相关。

二是数字智慧理念。高速移动互联网、云计算、人工智能、万物互联等正在深刻影响人类社会未来的发展走向，也在重新构建城市形态，未来城市的空间布局方式、城市交通管理和控制引导、城市规划管理，甚至整个社会的运行都高度沉浸在数字化环境中，同时也为绿色发展带来了一个新的维度。未来城市的精细化管理运维、城市绿色发展和健康城市营造都离不开数字化的支撑，各种多源数字信息已经变成了一个城市运行不可或缺的基础。

三是绿色低碳理念。2020年9月，中国在联合国正式提出“双碳”目标，进入了生态文明建设的新起点；2022年8月，联合国大会通过了一项关于环境健康的决议，强调享有清洁、健康和可持续的环境是一项基本的人权。“碳达峰”“碳中和”目标的提出，对我国未来发展的愿景、技术路线及经济、社会、生活结构都将产生重大影响。未来城市规划建设之路应当是低碳绿色的。

今天这本书将以上理念的目标愿景和量纲转化为更加明确的技术、方法，涵盖了绿色规划全领域、各专业的主要技术内容，从覆盖面的广度到技术点的颗粒精度都建立了一个实用、好用的标准。该标准建立在大量规划实践的总结和归纳之上，延续了“新时代高质量发展绿色城乡建设技术丛书”整体、全面的优点，有助于规划师、建筑师们实践应用。

最后，作为一名教育工作者，我想强调，规划师的职业素养，一是要具有人文关怀，二是要具备环境伦理善意。当你要改造物质空间时，也是在延续人文愿景，更是在维护人地和谐。在开展新城或者大范围新区建设时，应该在布局“城市中的自然”的同时，优先考虑“自然中的城市”的可能。在规划中尽最大可能地表达生态、景观、场地自然进程的特性，并改善乃至部分重新开启生态优化过程。把低碳、减碳、近零碳、零碳的概念纳入下一步城市更新、新建及既有建筑改造过程中去。同时要意识到低碳绿色、可持续发展的人类命运共同体的构建，这一领域是需要多方面共同参与才能谋得发展和明天的。我们年轻的设计师不要局限于专业领域，要向外跨出一步，主动拥抱“万物皆数”的新时代。

王建国

中国工程院院士
东南大学建筑学院教授
2023年3月25日

序二

2001年，吴良镛和周干峙两位院士建议，中国城市规划学会组织一个代表团，去看看英国人的“千年项目”。我随团出访，参观了伦敦西南在建中的贝定顿（BedZED）零碳社区，这是我第一次接触零碳的概念。随后英方与我们学会在北京召开了专门的研讨会，分享了他们在零碳规划、零碳建筑等方面的成就和经验。到上海世博会时，他们又一次把贝定顿的案例介绍过来。

说实话，最初对于英国人的零碳概念我多少是有些疑问的。随着低碳话语体系在全球的逐步建立，更随着低碳理念越来越多地在我国的实践中得到普遍运用，我才认识到，低碳其实不仅是着眼于二氧化碳排放的问题，而是对工业革命以来人们严重依赖化石燃料的生产生活方式的反思和革命，也是20世纪70年代可持续发展理念问世以来对人居环境领域最为重要的变革。

中国城市规划学会始终追踪国际低碳领域的学术进展，依托学会的各级、各类组织和各种学术活动，以及专门组建的大学低碳联盟，积极倡导绿色低碳的规划设计理念与方法，把推动生产生活方式绿色化转型作为重要的价值导向。

我本人有幸参与了《雄安新区规划技术指南（试行）》《绿色城市更新规划技术方法与实施研究及其应用》和《公园城市指数》的编研工作，也参与了联合国人居署《城市与区域规划国际准则》和联合国《新城市议程》的起草工作。我通过有限的亲身经历感受到，如果说零碳或低碳还是一个国际概念，基于可持续发展的绿色发展理念，则是基于我国工业化、城镇化、现代化进程的实际情况作出的重要历史选择。特别是提出生态文明建设的目标以来，我国在践行绿色发展理念方面所取得的成绩，总体规模之大，涉及领域之广，触及问题之深，在全球是独一无二的，我国已经成为全球绿色发展的积极倡导者和领导者。

2020年9月22日，习近平主席代表我国政府向全世界作出了2030年前实现碳达峰、2060年前实现碳中和的庄严承诺，充分体现了我国主动承担应对全球气候变化责任的大国担当，也是我国基于实现可持续发展的内在要求而作出的重大战略决策。当然，改变既有的路径依赖并非易事，就拿城乡建设领域来说，依然存在着“整体性缺乏、系统性不足、宜居性不高、包容性不够等问题，大量建设、大量消耗、大量排放的建设方式尚未根本扭转”。如何将绿色发展的理念，落实到规划建设管理的各个阶段、城乡人居环境建设的各个领域和各种规划设计项目中；如何将大量实践中产生的丰富经验，总结凝练为共识，并且成为对理论建设和实践指导都具有一定价值的技术性文件，需要规划设计领域诸多团队的潜心努力和积极探索。由中国建设科技集团编著的这本书，正是这样一项有益的尝试。

本书结合我国城市规划工作实践，以促进城市规划生态化、绿色化、低碳化、智慧化为目标，以全专业技术流程为主线，总结绿色规划的理念和技术方法，构建三级三类三维度的绿色规划技术体系。从专业要素、流程要素、技术要素三个方面明确了绿色规划编制的具体要求，是一部具有综合性、指导性和实操性特点的优秀规划类工具书，对规划师、建筑师、工程师而言，其实用价值显而易见。书中对于国内外理论与案例的梳理，对各行业编制绿色发展规划也具有重要的借鉴和示范意义。

我国目前正处于从高速城镇化向高质量发展转型的关键时期，人民群众在实现全面温饱后对生活品质的追求也与日俱增，全面建设社会主义现代化国家的重要历史使命摆在大家面前。做到尊重自然、顺应自然，促进人与自然和谐共生，用最少资源环境代价取得最大经济社会效益的发展，迫切需要我们从专业技术角度提供系统的支撑。以优秀的规划引领可持续城镇化，这是全球近二十年来的智慧结晶。以绿色规划引领绿色发展，以低碳设计改善城乡人居环境，推动可持续城镇化健康发展，则是我国可以与世界各国分享的重要经验。绿色低碳规划是一片充满希望和情怀的技术蓝海，我衷心祝愿本书的出版，也能够成为国际规划同行，尤其是同样面临资源环境挑战的发展中国家同行们喜欢的“中国规划故事”。

中国城市规划学会
常务副理事长兼秘书长
2023年3月30日

前言

《绿色规划技术指引 规划/交通/市政/生态专业》（下称《指引》）是中国建设科技集团在国土空间规划和各专项技术领域的40多位专家和60多位专业技术人员集中研究攻关，广泛听取业界专家学者的意见、建议，作为集团贯彻国家新时代绿色发展理念，顺应国家规划体制改革要求，分析总结我国空间类规划经验和不同城市规划探索实践，广泛吸纳国际最新理念，反复研究和实践之后，在国土空间规划领域进行的一次较为全面的技术总结。自《中共中央 国务院关于建立国土空间规划体系并监督实施的若干意见》发布以来，以落实生态文明建设、以人民为中心的高质量发展和主体功能区战略为目标导向的规划理念已非常清晰，新的规划体系"四梁八柱"已搭建完成，国土空间规划的技术体系和主要技术方法已基本成形，具体技术要求和规程、规范还有一个不断探索总结的过程，而全国范围的国土空间规划实践进行正酣。值此之时，中国建设科技集团组织技术力量编写的本《指引》是一本主要面向一线规划设计人员和规划管理工作者的技术手册，技术体系、书写方式、成果形式力求规整，便于他们迅速掌握并融入绿色发展理念下的市、县及以下国土空间规划的核心技术框架和关键技术，并在工作中快速查阅。

研究绿色规划应该始终清楚认识到主要矛盾，识别并推动这些矛盾转化的主要因素，把握规划工作的主要问题。空间规划的技术体系不是从零开始构建，它沿袭了主体功能区规划、土地利用规划、城乡规划、环境保护规划等诸多空间类规划的技术逻辑和方法。尽管各种类型规划的侧重点各有不同，但空间类规划都围绕"人的发展与空间环境约束"这一主要矛盾展开工作，这是"多规"能够"合一"的逻辑基础。人的发展作为对空间需求的主要来源，主要由人口规模和社会发展水平决定；空间环境约束作为空间供给的主要来源，主要由国土面积和资源环境水平决定，这一对供需矛盾即规划工作面对的主要矛盾。而影响这一矛盾内部构成、外在状态与演变进程的诸多变量主要源于三个方面：自然环境的变化、人的生活方式改变、科学技术的进步。而"绿色"国土空间规划就是顺应自然环境变化的趋势，尽力推动后两者向"绿色"（即生态友好和可持续）方向发展的全域规划。

气候变化是全人类共同面对的挑战，我国华北地区暖湿化成为这一全球议题下的长期区域性议题。2021年7月，全国平均降雨量最多的区级行政单位是北京市海淀区，而不是中国人常识认为的南方湿润地区。这一年华北很多市、县出现了几十年未见的城市洪涝问题，很多城市的暴雨强度公式（城市防洪排涝和竖向规划设计的基础性依据之一）面临修编，一系列规划应对措施势在必行。在生活方式和技术进步方面，变化则更为显著，有时更呈现戏剧化的特征。19世纪，无论已经实现工业化的欧美城市，还是处于手工业时代的东方城市，在城市内部都广泛地存在农耕活动。其不仅限于在城市建筑宅前屋后的养鸡养鸭、栽葱种菜，而是在这些工业或手工业城市之中"任何可以展开农业活动的地方——地上地下、楼里楼外、街上街旁——搭建牛羊猪圈”[1]。而彼时的北京、苏州这样繁华的都市城墙围合的范围内，还保留着大面积正式耕作的农田。一百多年后，已经逐步退出城市建设区的生产性农业活动重新回来，甚至成为风尚，还有了更加优雅的名字——都市农业。很长时间以来乃至现在，纽约在很多方面仍是世界城市的标杆。20世纪初，纽约将曼哈顿的极限人口容量确定为100万人，这个测算结果是以马车向半岛外运送城市垃圾的极限能力为基础，但这种规划逻辑放到今天却难以想象。改革开放后，我国经历了人类历史上最大规模和快速的城市化过程，城市人口增加了4.19倍，城市建成区面积增加了7.57倍（仍不到我国全部陆域面积的1%），人民生活水平极大提高，人均用电量、肉类消耗量分别增加19倍和5.8倍。人均消耗的增加一直以来都是社会发展水平的标志，但在“双碳”目标下，全社会厉行节约、减少资源消耗成为我们提倡的方向。随着机动化的推进，很多城市街道的车行道不断拓宽，甚至不惜砍伐行道树和挤占人行道，但在我们这代人可见的未来——无人驾驶的时代，并不需要这么宽阔的马路。作为城市最主要的特征之一——街道，“好”与“美”的标准随着技术和生活方式的改变而相应改变。以上的事实，既是历史，也关乎现在，以及未来；既涉及全局，也关联局部。对以上历程的思考和对大量国内外文献与实践的研究，是我们立足当下，尽力以发展的眼光去总结“绿色”国土空间规划五项理念和十二条原则的基础和源泉。

本《指引》包含了对“绿色”的思考，但最终目的是指导规划实践。空间规划涉及专业领域和要素繁多，但一线的规划设计工作者日常面对的主要工作大致可以概括为两个方面：如何提出项目选址建议并提供支撑条件，以及在恰当的选址上指导一系列设计（包括市政工程、建筑、景观等设计）。规划问题本质上就是选址问题，城市定位是在宏观层面上确定什么类型的项目适宜选址在特定的城市，城市发展方向是确定城市主要的项目适宜选址在城市的什么方向，划定“三区三线”以及控制城市五线（红线、蓝线、绿线、黄线、紫线）是确定哪些项目不应或不宜选址在特定的范围内，用途管制、功能兼容是设定更具体的可选址于地块内的项目类型，三大设施、生活圈和完整社区的规划要求主要是提出在一定范围内进行特定设施选址的数量和规模下限，建设强度限制是在特定范围内可进行选址的建设项目的上限……而本《指引》的具体条目就是遵循绿色理念和原则，对于解决选址问题和提供适宜的条件来支持这些项目选址的指引。

绿色规划研究的是“空间”的问题，而如果缺失竖向这个维度，我们所做的工作最多只能称为“平面规划”。虽然早在1933年《雅典宪章》中就明确指出：“城市计划是一种基于长、宽、高三度空间而不是长、宽两度的科学，必须承认了高的要素，我们方能做有效的及足量的设备以应交通的需要和作为游憩及其他用途的空地的需要。”但遗憾的是，很多规划技术工作者在进行规划工作时，并没有充分地考虑“竖向”这个不可或缺的维度。在更强调集约利用资源和高质量发展的绿色发展理念指引下，如何用设计的手段顺应自然，善用科技，回应生活需求，做“有设计的规划”是绿色规划应有之义。因此，编写组也将这些要求融入《指引》的具体条目中。

课题研究和《指引》编制过程中，集团领导和各专业负责人高度重视，集中了大量资源，倾注了很多心血，同时也得到规划和相关专业领域的众多专家学者的指点，一些专家还亲自参与了《指引》的审查和审核，编写组对他们的倾力支持和帮助表示最诚挚的感谢！国土空间规划要求实现国土空间全域全要素管控，《指引》为技术人员经常面对的主要方面提供指导，并对集团具有技术优势的专项重点进行介绍。由于技术领域跨度较广，难免有所疏漏，具体技术内容还需不断在实践中验证，希望各位专家和规划设计同仁积极给以指正。

中国建设科技集团股份有限公司
副总规划师
中国城市发展规划设计咨询有限公司
总经理
首席规划师
2022年12月30日

注释

❶ DYOS H J. The Victorian City：Images and Realities [M]. Routledge，1973.

技术体系构成

绿色规划理论总述

主要包括对绿色规划相关概念的解读，分析新时代高质量绿色发展背景下国土空间规划的新要求。阐述基于绿色发展理念的空间规划主要设计理念与设计原则，分析绿色规划体系构成内容及编制路径等。

绿色总体规划技术指引

C（Comprehensive Plan）是绿色总体规划部分，主要是绿色理念引领下的市、县级国土空间总体规划层面的编制技术体系，包括如何确定特色化的城市发展定位与发展目标、科学合理地进行各功能空间分区、保障底线管控，以及三大类空间基于高效、集约、健康、繁荣理念下的空间布局模式、绿色城市特色化设计及高效的绿色支撑体系规划、空间规划有效传导及管制等内容。

1. C1 评价评估，通过整合细化国土空间的评价数据，进行科学系统的校核，更加精准地评估预判各类空间发展潜力，从而更好地指导下一步的编制工作。

2. C2 目标指标，主要阐述如何在总体规划编制过程中确定城市发展定位，制定绿色低碳的空间战略，并确立绿色发展指标体系指导和管控空间布局。

3. C3 空间分区，主要研究在绿色发展理念引领下，科学进行底线管控划定的技术方法。通过基于本土特征的“双评价”结果平衡优化，构建规划网络化、集约化的总体格局。并通过对空间效能的评估，对空间形态演变进行分析，科学地划定空间分区。

4. C4 特色风貌，主要研究通过规划技术加强自然和历史文化资源的保护，运用城市设计方法，优化空间形态，突显本地特色优势。

5. C5 支撑体系，主要研究建立绿色交通规划的技术指引、优质均衡的城乡公共服务（简称公服）设施布局以及在完善基础设施体系过程中通过节能评价等技术进行绿色布局，在增强城市安全的韧性规划中通过评估模拟技术优化安全和防灾设施布局等。

6. C6 绿色城区，主要研究基于绿色发展理念的城区布局的空间规划模式和技术方法，集约高效的用地布局、蓝绿网络开敞空间规划、居住空间优化、绿色低碳产业空间布局等技术方法，以及存量空间更新、新区开放引导和战略留白空间管控等内容。

7. C7 实施保障，主要通过近期计划制定，面向实施指导下一步的城乡建设。列出基于绿色发展的正负面管控清单，提出绿色发展空间实施支撑政策。结合城市体检评估，对近期建设作出统筹安排，提出对下位规划和专项规划的指引。

绿色详细规划技术指引

D（Detailed Plan）是绿色详细规划部分，总结了详细规划在整体研究、单元导控、地块指引和实施保障层面的关键规划技术，融入绿色发展理念，结合法定规划、城市设计、规划实施方案的技术要点，以适应新的国土空间规划体系和高质量发展的规划建设管控要求。

1. D1 从整体层面，明确规划目标，核定人、地、房规模，确定整体空间结构，构建指标体系，塑造风貌特色。

2. D2 从单元层面，重点针对管控单元划分、用地布局、居住、公共服务、历史保护、交通组织、绿地系统、市政设施、城市安全、城市竖向、地下空间、城乡统筹、智慧城市等内容展开技术指引。

3. D3 从地块层面，引导地块划分和功能混合，并提出详细规划法定图则和附加图则的重点管控要素。

4. D4 从实施层面，对实施要点、任务清单、建设模式、时序安排和动态调控五方面进行引导。

绿色生态空间规划技术指引

E（Eco-space Plan）是绿色生态空间规划部分，从调查、评估到规划设计，包括不同阶段、不同空间尺度的绿色设计方法策略。

1. E1 通过多元数据及技术方法，通过“定标－建库－校核－确性”进行多源数据归一化处理，确定统一的坐标系，构建完善的基础数据库，建立自然生态保护要素与生态系统类型对应规则，明确自然生态系统保护类型及其空间分布，作为自然生态空间范围的基础。

2. E2 从生态系统服务功能、生态敏感性及自然保护地整合优化三个方面进行生态空间本底资源评价，作为生态空间的重要区域。

3. E3 空间格局构建是生态空间规划中的核心和主要部分，基于生态系统服务功能重要性以及重要自然保护地，科学选取生态源地；基于最小阻力模型，选取地形地貌、气候、自然资源、社会人文等指标，形成阻力面，构建生态廊道，识别修复生态断裂点，形成生态网络图谱；结合相关规划进行优化修正，构建生态空间格局。

4. E4 针对自然生态空间中重要保护区域开展空间保护发展规划，包括资源保护体系规划、游憩服务体系规划、社区发展规划，以调查和监测为基础，按照适应性管理的要求制定各类资源的保护管理目标；基于生态系统、自然人文资源等价值评估，构建重要生态空间服务体系；细化重要生态空间社区发展规划，合理布局社区用地，制定社区环境整治和风貌调控措施，制定产业政策引导，建立社区共管机制。

5. E5 按照生态保护重要性评价结果、生态红线划定和自然保护地体系构建成果，将生态空间划分为生态保护红线和一般生态空间，实施分级用途管制，实行正负面清单管理制度，提出分级管制和建设活动管控要求，加强生态保护与修复。

绿色乡村空间规划技术指引

V（Village Plan）是绿色乡村空间规划部分，按照全综规划、协同乡建、“底线”管控的原则，构建包括全域乡村、人居环境、乡土特色及指标体系的完整技术框架。主要内容围绕乡村空间全域统筹、村庄人居环境建设、乡土特色保护传承以及绿色乡村指标体系四个方面展开研究。

1. V1 乡村全域空间统筹是围绕县域或乡镇域层面，体现国土空间规划背景下的“多规合一”和宏观引导思路，从全域视角对绿色生态环境管控、产业格局高效集约、乡村设施均等完善，以及空间管控清晰、有效开展研究，是从乡村绿色发展角度对县市（乡镇）国土空间总体规划体系的补充和完善。

2. V2 村庄人居环境建设是细化村级层面的规划引导，落实以绿色发展引领乡村振兴的战略要求。从土地利用、用地布局、设施配置等方面对绿色宜居村庄人居环境规划技术要点进行梳理和提炼，循序渐进地改善农村生产生活条件，打造更加绿色、集约的人居环境。

3. V3 乡土特色保护传承是实现乡村绿色发展的重要环节，“以土为本，守护田园，留下乡愁”既是广大乡村建设的底线，也是继往开来塑造绿色创新乡村空间的基本要求。主要从塑造乡村空间形态、引导乡土景观风貌、保护乡土文化遗产等方面提出相应规划措施。

4. V4 绿色乡村指标体系是绿色宜居村庄规划目标任务分解、落实以及规划实施效果评价的重要度量工具。主要从资源保护、绿色生产、人居整治、生活品质、乡土特色和治理实施六个方面提出相应规划指标。

绿色城市设计技术指引

UD（Urban Design）是绿色城市设计部分，与国土空间规划体系相衔接，融入传统人文的空间营造方法和现代绿色规划技术手段，对各层级和各类型城市设计进行重点引导。

1. UD1 风貌特色，通过认知自然山水特征、梳理文化核心价值、评价现状建设特点、衔接城市发展目标，综合确定城市风貌定位。

2. UD2 整体格局，依据城市空间形态的内在组织力量与逻辑结构，科学分析自然要素，系统梳理人文要素，统筹构建城市空间形态整体格局，构建公共空间体系，划定特色片区，建立管控要素体系，塑造布局合理、具有个性的整体空间形态。

3. UD3 城市形态，是城市空间结构的呈现形式，通过逐级识别规划片区、科学划定片区边界、系统构建中心体系、研判标志系统、综合划定轴线廊道、叠加分析强度分区，借鉴典型城市形态模式，引导城市形态塑造。

4. UD4 公共空间，是公共活动的重要功能载体，通过构建多级绿色开敞空间、共享街道空间、活力宜人场所，塑造绿色高效的公共空间场所系统。

5. UD5 特色片区，是基于片区功能、风貌、管控要点等差异划分的重点地区，着重对滨水地区、山前地区、历史文化保护区、老城复兴区、新城新区、商业商务区、交通枢纽区、产业集聚区、低碳产业园区等类型片区提出设计策略。

6. UD6 要素管控，是城市设计传导落实的主要途径，通过系统构建管控体系、明确各级具体管控内容，有效传导管控要求，进而借助规划设计管控三维信息系统进行精细化管控。

绿色城市更新规划技术指引

RV（Renovation）是绿色城市更新规划部分，主要包括更新识别、更新指引、更新评估三个部分。结合城乡生活圈构建，划定城市更新区域和单元，明确城市更新的目标、原则和重点区域的要求，明确国土空间规划中绿色城市更新的规划层级、规划内容、规划方法、成果要求等内容，对以规划为基础的融资模式、建设模式、典型单元更新重点进行系统梳理和适当延伸。

1. RV1 更新识别，一方面要摸清家底，通过城市体检明确城市更新片区短板和问题形成问题清单，通过梳理城市更新片区的各类资源要素形成基础清单；另一方面要结合城市更新主体诉求和城市更新目标，明确城市更新方式；最后结合前期工作成果，明晰城市更新行动实施过程中的重点和难点，形成任务清单。

2. RV2 更新指引，主要包括城市更新行动的目标策略、结构优化、品质提升、业态转型、支撑系统优化和典型更新单元分类引导等方面；同时要加强城市更新的实施保障，主要包括城市更新的工作模式、利益相关者的利益协调、资金保障和规划导控等方面，从规划、实施到运维、管控的整个过程实现更新目标。

3. RV3 更新评估，主要从经济效益、社会效益、环境品质和城市安全等多维度构建实施评估指标体系，通过对城市更新规划的落地实施进行评估，推动城市更新规划的精细化实施与治理。

绿色小城镇规划技术指引

S（Small Town Plan）是绿色小城镇规划部分，乡镇国土空间规划作为整个国土空间规划体系最末端，从其分解落实上位、引领全域发展、指导空间建设、衔接下位实施的特殊作用出发，以绿色生态理念优先，突出小城镇更亲近自然、更尊重传统、更宜居舒适等与城市、乡村的不同之处，围绕镇域空间、集建空间、支撑体系、实施管理等方面，形成贯穿规划和设计两个层面的技术要点，根据小城镇的不同类型进行差异化引导。

1. S1 全域空间，重点提出区域格局统筹协调、国土空间布局优化、管控边界核准落实、规划用途分区管制、城乡建设用地规划、资源要素保护利用、国土综合整治修复等技术指引。

2. S2 集建空间，重点提出整体布局、居住街坊、商业设施、街巷空间、绿地广场、产业用地的绿色规划设计指引。

3. S3 支撑体系，重点提出综合交通体系、公服设施体系、市政设施体系、安全设施体系的规划设计指引。

4. S4分类引导，结合主体功能区划，提出重点生态功能区、农产品主产区、城市化发展区和乡村发展区四类小城镇需要解决的重点问题，并结合案例进行说明。

5. S5实施管理，为指导建设，提出衔接近期、对下传导和规划管理的内容。

绿地景观规划技术指引

L（Landscape Plan）是绿地景观规划部分，是在城镇开发边界范围内对绿地景观的结构布局、保护利用、功能提升、体系规划、用地管控等方面的统筹安排和具体部署。

1. L1结构布局，是基于空间数据分析与评价，合理安排生态景观要素空间布局，形成连通的点、线、面的空间结构，在绿地景观格局的框架下，结合生态基底、周边用地、社会需求等进行各类绿地与绿色开敞空间的布局与功能优化，构建保障生态系统服务、提供景观游憩功能和塑造城市特色风貌的城市绿地景观格局。结合城市结构性绿地布局，在城市总体规划指导下，将绿道、海绵水系、通风廊道、生态廊道等各类发挥不同功能的线性空间组成城市绿色网络。

2. L2分类规划，对城市绿地与开敞空间分区、分类进行管控，落实公园绿地、防护绿地、广场用地、附属绿地的布局、功能和建设要求，提升绿地功能，结合城市更新推进城市绿地提档升级。

3. L3公园体系，是遵循系统性、层次性、连通性、人本性的原则，结合城镇和交通网络布局，串联主要城市公共开放空间节点与城市公园绿地，构建“近郊—城市—社区”多层级的城乡一体化游憩体系，实现优良职住环境的营造、生活方式的绿色与低碳。

4. L4功能提升，包含景观文化功能提升与生态服务功能提升等，具体分为景观风貌营造、生态资源保护与生物多样性保护等。依托城市绿地系统，构建城市历史文化景观布局结构、突出重要节点并结合线性带状空间，形成多层次、多尺度的城市绿地历史文化景观保护与利用网络体系。生态服务功能提升是在对山水林田湖草全要素保护的基础之上，确保其原貌性、完整性和功能完好性，并对受损资源与空间制定生态修复治理方案。

5. L5实施管控，是通过蓝绿线划定、指标管控与引导等，实现绿地景观的落地、实施与管理。对城镇弹性发展区与特别用途区的绿地景观实行功能保障、城区内外的空间结构互联互通，以及格局风貌的特色展现的建设引导。

历史文化资源保护与利用规划技术指引

H（Historical Resources Conservation Plan）是历史文化保护利用专项规划技术框架部分，在绿色空间规划理念的指引下，梳理整合历史文化资源，重构保护利用规划体系，探索创新规划技术内容，并提出相应的实施保障建议。

1. H1保护程序，构建资源认定价值评价、分类保护活态传承、以用促保合理利用、信息平台动态监督的历史文化资源保护程序。

2. H2保护要点，梳理城镇村域、重点地段、重点建筑保护要点，从而保护、延续各类历史文化资源的真实性和完整性。

3. H3保护管理，建立分类科学、保护有力、管理有效的城乡历史文化保护传承体系，做到空间全覆盖、要素全囊括，确保各时期重要城乡历史文化资源得到系统性保护。

4. H4活化利用，在历史文化资源保护基础上，提取文化标识，通过发展潜力评估，对单体、片区、区域历史文化资源活化利用，强化地域特征，增强居民认同感和归属感，从而塑造城乡魅力。

5. H5管理监督，实施保障部分是为了进一步加强管控，提出管控机制和动态监管的建议。

绿色交通规划技术指引

TP（Transportation Plan）是绿色交通规划部分，通过确定绿色出行比例，构建绿色交通专项规划体系，在交通专项规划中贯彻绿色发展理念和技术方法。

1. TP1 交通结构，分析交通出行特征，合理确定绿色出行比例。

2. TP2 对外交通，优化综合交通运输结构，科学合理地选址客货运枢纽，提出各类对外交通设施与城市衔接的相关要求，明确各类对外交通方式的用地控制条件。

3. TP3 城市道路，确定道路功能等级，建立道路设施指标，进一步优化骨干道路格局，完善道路功能组织。

4. TP4 公共交通，分析客流走廊分布，为城市发展预留轨道交通走廊，同时优化常规公交线网，布设公交优先道路，配套落实场站设施用地。

5. TP5 步行和自行车交通，对慢行交通进行功能分区和网络分级，完善节点设计布局，加强与其他交通方式和枢纽的衔接，实现交通一体化发展。

6. TP6 城市停车，制定停车发展策略，测算公共停车总规模，通过优化配建停车指标和公共停车场布局，以及加强路内停车管理等措施，实现城市停车良性发展。

7. TP7 交通枢纽，明确城市客运枢纽的分类和分级指标，确定枢纽分级组织体系，配置衔接与接驳设施，控制与枢纽衔接的设施用地规模。

绿色市政规划技术指引

UP（Utilities Plan）是绿色市政规划部分，是以市政各专项系统综合协调为基本，将绿色理念与能源、给水排水、固体废物、市政管线综合等方面融入市政基础设施的规划设计之中的做法。

1. UP1 生态水系，从合理制定用水目标、供水全过程管控、非常规水资源利用、供水工程环境影响等方面，明确水资源开发利用原则、供水设施布局与规划、全过程管控等要求，构建可持续开发利用的市政供水系统。统筹景观营造、排水防涝、污染削减、生态恢复等多维度，从设施优化布局、水资源配置、雨污水收集处理效能优化提升、系统智能运维管控等方面明确规划要点，引导源网厂河等涉水要素绿色生态化建设与运管。

2. UP2 绿色能源，是针对“碳达峰”“碳中和”目标要求，从能源设施优化布局、供能多源融合统筹、用能高效安全保障、新能源整合节能减排的角度，明确能源开发、布局与利用等规划要求，系统构建绿色安全的市政能源系统。

3. UP3 低碳无废，从生活固体废物和建筑固体废物全生命周期源头减量化、分流分类资源化、处理处置无害化等方面，提出绿色固体废物利用体系规划要点，支撑城市固体废物趋零排放和“碳达峰”目标。

4. UP4 综合管线，遵从城市空间规划，从节能、节地、集约角度，提出市政管线廊道布局控制、协调、空间预控要求，构建多层次管线系统规划体系。

海绵城市规划技术指引

SC（Sponge City Plan）是海绵城市规划部分，主要针对构建生态安全格局、保护水生态、改善水环境、保障水安全、涵养水资源以及相关指标落实管控给出技术指引，为海绵城市相关专项规划的编制和修编提供思路和借鉴。

1. SC1 区域格局，建立海绵城市生态安全格局评价指标体系，明确现有城市格局中不同敏感区域、空间位置和相互关系，对构建和保护生态安全格局提出明确的控制要求和对应的工程措施。

2. SC2 城区格局，按照高水高排、低水低排的原则，结合地形、管网、地表径汇流路径等合理划分排水分区。在排水分区划定的基础上，按照统筹兼顾、便于管理的原则划分管控单元。科学合理地构建水生态、水安全、水环境、水资源等方面的海绵城市规划指标体系，提出径流总量控制、径流峰值控制、径流污染控制、雨水资源化利用等方面的指标要求。

3. SC3 片区方案，主要包括水生态保护、水环境提升、水安全保障、非常规水资源利用等方面:

水生态保护方案，注重对天然河湖水系统的保护，充分发挥自然对雨水的渗透和积存作用，对需要保护的调蓄水面、城市低洼地、潜在的径流通道等天然调蓄空间提出保护和恢复要求，明确源头减排工程的项目体系，因地制宜地提出源头减排工程对径流的控制要求。

水环境提升方案，在考虑城市水体的环境容量与城市点源、面源、内源等污染排放的情况的基础上，在“控源截污”、内源治理、生态修复、活水保质、“长制久清”等方面提出具体方案。

水安全保障方案，在评估城市现状排水防涝能力和内涝风险的基础上，构建源头减排、排水管渠、排涝除险、超标应急的城市排水防涝体系，并与防洪系统相衔接。综合采用模型分析、监测评估等技术手段提高科学性，逐步做到智慧化调度。

非常规水资源利用方案，在城市整体水资源供需平衡的基础上，按照不外调水、提高污水再生利用和雨水收集利用水平的原则，保障城市的生活、生产、生态用水。

4. SC4 规划衔接，一方面衔接上位规划，海绵城市专项规划应与国土空间总体规划、控制性详细规划等上位法定规划充分衔接，在海绵城市核心指标、管控空间、用地竖向以及涉水规划等方面充分衔接。另一方面衔接相关专项规划，海绵城市专项规划要以水为纽带，与城市竖向规划、排水防涝规划、城市防洪规划、污水处理与再生利用规划、绿地系统规划、道路交通规划等，实现不同专项规划在同一城市空间的“多规合一”。

综合防灾减灾规划技术指引

CP（Comprehensive Disaster Prevention and Reduction Plan）是综合防灾减灾规划部分，内容为在绿色、韧性、科学、协同理念的引领下城市总体层面的综合防灾减灾专项规划编制指引，主要包括基于多灾种分析的城市综合防灾评估，基于综合评估的用地安全布局管控，基于多灾种的各防灾规划统筹及应急设施落实、实施保障研究。

1. CP1 灾害评估，从灾害综合分析视角，在城市单灾种系统梳理、分析的基础上，建构城市灾害综合评估模型，对城市空间进行综合防灾风险评估，将城市划分为灾害高风险区、中风险区、低风险区。

2. CP2 用地安全，以灾害评估为基础，根据上位规划、相关规划及城市特征等要求，确定城市防灾减灾的目标、指标；根据综合风险区评估结果，明确城市用地分级、分类管控措施；根据城市空间、管理等特征，分级、分类划定城市防灾分区，并对防灾分区提出合理化管控建议。

3. CP3 防灾规划，以单灾种防灾规划统筹为核心目标，结合单灾种防灾规划编制程序、编制内容、编制特征等，梳理将单灾种防灾规划核心观点、核心内容融入专项规划的规划统筹方法。

4. CP4 应急设施，是在灾害综合分析、评价的基础上，明确避难场所、应急通道、消防系统、应急保障等与城市防灾减灾息息相关的城市应急设施的建设原则、空间布局、建设要求及设施保障等内容。

5. CP5 实施保障，主要通过管理机制、设施保障、系统保障及近期建设计划，推动城市综合防灾减灾内容的落实。

地下空间规划技术指引

US（Underground Space Plan）是地下空间规划部分，内容为在城市规划用地范围内，按照以人为本、保护环境、减少污染、节约资源的可持续发展理念开发建设地下空间，在满足人类社会生产、生活、交通、环保、能源、安全、防灾减灾等需求的前提下，实现人与自然和谐共生的地下空间开发利用。

1. US1 资源评估，通过分析地下空间开发利用现状，评估地下空间资源分布。确定地下空间适宜开发、较适宜开发和不适宜开发的区域。明确地下空间规划分区，并对城市地下空间重点建设区和一般建设区分别提出建设要求。结合智慧城市建设，推进城市地下空间综合管理信息系统建设。

2. US2 需求预测，综合社会经济发展水平、城市空间发展形态、城市功能布局优化、地面建设强度等多种因素对地下空间进行需求预测。采取功能需求预测法、人均指标测算法、需求强度测算法、类比测算法，分别测算地下空间需求规模，并进行相互校验。

3. US3 总体布局，综合区位、交通条件、用地性质、地面建设条件、文物保护要求对地下空间价值进行评估，明确地下空间布局结构与形态。根据不同地面功能确定地下空间功能分区，提出地下空间规划模式，对地下空间进行平面布局和竖向布局。

4. US4 详细布局，明确地下空间规划层次，并分别从地下空间控制性详细规划和地下空间方案设计两个层面分别界定地下空间规划的内容，并总结地下空间详细布局中对于公共空间开发常用的开发模式。

5. US5 规划实施，总结地下空间规划实施中的主导开发模式，明确地下空间开发机制，提出地下空间的实施保障机制和管理运作机制。

说明

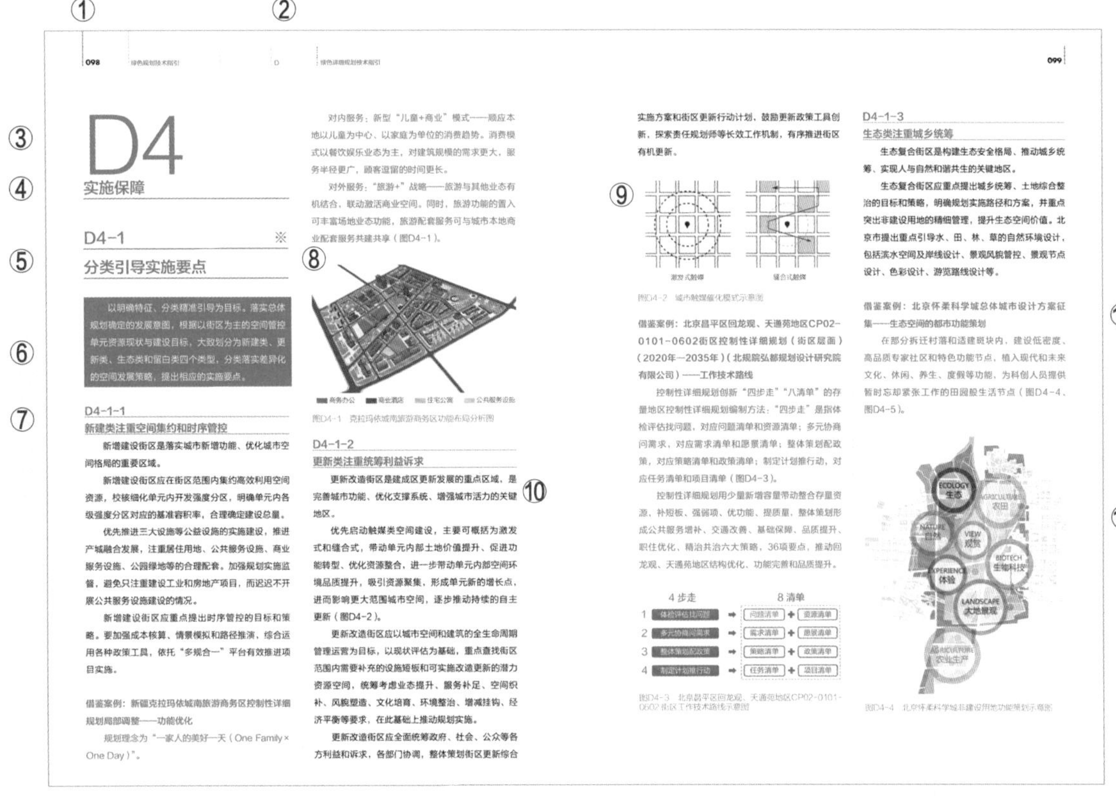

098 D 099

D4

实施保障

D4-1 ※

分类引导实施要点

以明确特征、分类精准引导为目标。落实总体规划确定的发展意图，根据以街区为主的空间管控单元资源现状与建设目标，大致划分为新建类、更新类、生态类和留白类四个类型，分类落实差异化的空间发展策略，提出相应的实施要点。

D4-1-1

新建类注重空间集约和时序管控

新增建设街区是落实城市新增功能、优化城市空间格局的重要区域。

新增建设街区应在街区范围内集约高效利用空间资源，校核细化单元内开发强度分区，明确单元内各级强度分区对应的基准容积率，合理确定建设总量。

优先推进三大设施等公益设施的实施建设，推进产城融合发展，注重居住用地、公共服务设施、商业服务设施、公园绿地等的合理配套。加强规划实施监督，避免只注重建设工业和房地产项目，而迟迟不开展公共服务设施建设的情况。

新增建设街区应重点提出时序管控的目标和策略。要加强成本核算、情景模拟和路径推演，综合运用各种政策工具，依托“多规合一”平台有效推进项目实施。

借鉴案例：新疆克拉玛依城南旅游商务区控制性详细规划局部调整——功能优化

规划理念为“一家人的美好一天（One Family × One Day）”。

对内服务：新型“儿童+商业”模式——顺应本地以儿童为中心、以家庭为单位的消费趋势。消费模式以餐饮娱乐业态为主，对建筑规模的需求更大，服务半径更广，顾客逗留的时间更长。

对外服务：“旅游+”战略——旅游与其他业态有机结合，联动激活商业空间。同时，旅游功能的置入可丰富场地业态功能，旅游配套服务可与城市本地商业配套服务共建共享（图D4-1）。

商务办公 商业酒店 住宅公寓 公共服务设施

图D4-1 克拉玛依城南旅游商务区功能布局分析图

D4-1-2

更新类注重统筹利益诉求

更新改造街区是建成区更新发展的重点区域，是完善城市功能、优化支撑系统、增强城市活力的关键地区。

优先启动触媒类空间建设，主要可概括为激发式和缝合式，带动单元内部土地价值提升、促进功能转型、优化资源整合，进一步带动单元内部空间环境品质提升，吸引资源聚集，形成单元新的增长点，进而影响更大范围城市空间，逐步推动持续的自主更新（图D4-2）。

更新改造街区应以城市空间和建筑的全生命周期管理运营为目标，以现状评估为基础，重点查找街区范围内需要补充的设施短板和可实施改造更新的潜力资源空间，统筹考虑业态提升、服务补足、空间织补、风貌塑造、文化培育、环境整治、增减挂钩、经济平衡等要求，在此基础上推动规划实施。

更新改造街区应全面统筹政府、社会、公众等各方利益和诉求，各部门协调，整体策划街区更新综合实施方案和街区更新行动计划，鼓励更新政策工具创新，探索责任规划师等长效工作机制，有序推进街区有机更新。

激发式触媒 缝合式触媒

图D4-2 城市触媒催化模式示意图

借鉴案例：北京昌平区回龙观、天通苑地区CP02-0101-0602街区控制性详细规划（街区层面）（2020年—2035年）（北规院弘都规划设计研究院有限公司）——工作技术路线

控制性详细规划创新“四步走”“八清单”的存量地区控制性详细规划编制方法：“四步走”是指体检评估找问题，对应问题清单和资源清单；多元协商问需求，对应需求清单和愿景清单；整体策划配政策，对应策略清单和政策清单；制定计划推行动，对应任务清单和项目清单（图D4-3）。

控制性详细规划用少量新增容量带动整合存量资源、补短板、强弱项、优功能、提质量，整体策划形成公共服务增补、交通改善、基础保障、品质提升、职住优化、精治共治六大策略，36项要点，推动回龙观、天通苑地区结构优化、功能完善和品质提升。

4步走		8清单	
1	体检评估找问题	问题清单 + 资源清单	
2	多元协商问需求	需求清单 + 愿景清单	
3	整体策划配政策	策略清单 + 政策清单	
4	制定计划推行动	任务清单 + 项目清单	

图D4-3 北京昌平区回龙观、天通苑地区CP02-0101-0602街区工作技术路线示意图

D4-1-3

生态类注重城乡统筹

生态复合街区是构建生态安全格局、推动城乡统筹、实现人与自然和谐共生的关键地区。

生态复合街区应重点提出城乡统筹、土地综合整治的目标和策略，明确规划实施路径和方案，并重点突出非建设用地的精细管理，提升生态空间价值。北京市提出重点引导水、田、林、草的自然环境设计，包括滨水空间及岸线设计、景观风貌管控、景观节点设计、色彩设计、游览路线设计等。

借鉴案例：北京怀柔科学城总体城市设计方案征集——生态空间的都市功能策划

在部分拆迁村落和适建斑块内，建设低密度、高品质专家社区和特色功能节点，植入现代和未来文化、休闲、养生、度假等功能，为科创人员提供暂时忘却紧张工作的田园般生活节点（图D4-4、图D4-5）。

图D4-4 北京怀柔科学城非建设用地功能策划示意图

①页码 ②专业代码编号 ③A—专业代码 2—专业编号 ④一级标题(范畴定义) ⑤二级标题(规划策略) ⑥本节内容概述

⑦三级标题(技术条目) ⑧标注星号的为体现绿色理念的规划技术，不带星号的为传统规划技术 ⑨条目示意简图 ⑩条目正文详解 ⑪案例描述 ⑫案例图示

目录

THEORY

T

T1 – T3

绿色规划理念与原则

COMPREHENSIVE PLAN

C

C1 – C7

绿色总体规划技术指引

序一 / 王建国
序二 / 石楠
前言 / 杨一帆
技术体系构成

T1 概念解读 / 002
T1-1 绿色发展基本共识 / 002
T1-2 绿色发展总体要求 / 002
T1-3 绿色发展主要进程 / 002
T1-4 空间规划发展历程 / 003
T1-5 绿色发展融入规划 / 003
T1-6 国际经验启示要点 / 004

T2 规划理念 / 006
T2-1 绿色发展主要问题 / 006
T2-2 绿色规划核心理念 / 007
T2-3 绿色规划基本原则 / 009

T3 技术体系 / 011
T3-1 绿色规划技术体系 / 011
T3-2 绿色规划技术内容 / 012
T3-3 绿色规划技术路线 / 013

理念及框架 / 018

C1 评价评估 / 020
C1-1 国土空间“双评价” / 020
C1-2 国土空间“双评估” / 023

C2 目标指标 / 023
C2-1 区域协调定位目标 / 023
C2-2 绿色低碳空间策略 / 025
C2-3 绿色规划指标体系 / 027

C3 空间分区 / 030
C3-1 统筹划定底线约束 / 030
C3-2 网络集约总体格局 / 031
C3-3 科学分区分类管控 / 033

C4 特色风貌 / 035
C4-1 保护传承历史文化 / 035
C4-2 本土特征空间形态 / 037
C4-3 塑造城乡特色风貌 / 038

C5 支撑体系 / 040
C5-1 安全高效交通体系 / 040
C5-2 智能低碳市政设施 / 041
C5-3 优质均等公服设施 / 042
C5-4 安全韧性防灾体系 / 044

C6 绿色城区 / 045
C6-1 集约高效用地布局 / 045
C6-2 蓝绿网络开敞空间 / 046
C6-3 统筹优化居住空间 / 047
C6-4 高品质宜居生活圈 / 048
C6-5 绿色低碳产业空间 / 049
C6-6 复合利用存量空间 / 050
C6-7 开放融合新城空间 / 052
C6-8 弹性划定留白空间 / 053

C7 实施保障 / 053
C7-1 完善规划编制体系 / 053
C7-2 健全规划管控体系 / 054
C7-3 智慧预警平台建设 / 054
C7-4 规划体检常态评估 / 054

DETAILED PLAN

D

D1 – D4

绿色详细规划技术指引

理念及框架 / 058

D1 整体研究 / 060
D1-1 承上启下明确目标 / 060
D1-2 因地制宜确定规模 / 060
D1-3 确定整体空间结构 / 063
D1-4 构建综合指标体系 / 064
D1-5 确立形态风貌特色 / 068

D2 单元导控 / 071
D2-1 合理划定空间单元 / 071
D2-2 科学布局用地功能 / 072
D2-3 优化提升居住品质 / 073
D2-4 均好高效公共服务 / 075
D2-5 传承活化历史文化 / 077
D2-6 高效便捷综合交通 / 078
D2-7 多元复合绿地系统 / 081
D2-8 绿色低碳市政设施 / 082
D2-9 韧性协同城市安全 / 085
D2-10 统筹协调城市竖向 / 086
D2-11 综合利用地下空间 / 087
D2-12 因类制宜"五线"控制 / 088
D2-13 联动推进城乡统筹 / 089
D2-14 多元创新智慧城市 / 090

D3 地块指引 / 091
D3-1 统筹兼顾地块划分 / 091
D3-2 功能混合增进活力 / 093
D3-3 公益保障刚性管控 / 094
D3-4 品质提升设计引导 / 095

D4 实施保障 / 098
D4-1 分类引导实施要点 / 098
D4-2 梳理拟定任务清单 / 100
D4-3 合理确定建设模式 / 101
D4-4 加强实施时序引导 / 102
D4-5 建立动态调控机制 / 103

ECO-SPACE PLAN

E

E1 – E5

绿色生态空间规划技术指引

理念及框架 / 108

E1 生态要素 / 110
E1-1 全面收集规划数据 / 110
E1-2 统一界定要素属性 / 111
E1-3 科学识别保护对象 / 111

E2 生态评价 / 112
E2-1 系统评估生态功能 / 112
E2-2 评价识别敏感区域 / 116
E2-3 协同推进整合优化 / 118

E3 空间格局 / 120
E3-1 统筹划定生态空间 / 120
E3-2 科学选取生态源地 / 122
E3-3 合理确定生态廊道 / 122
E3-4 系统构建生态网络 / 124

E4 保护发展 / 126
E4-1 强化保护体系规划 / 126
E4-2 统筹服务体系规划 / 127
E4-3 协调社区发展规划 / 128

E5 空间治理 / 128
E5-1 主导功能分级分区 / 128
E5-2 项目准入精细管控 / 131
E5-3 生态保护修复治理 / 135

VILLAGE PLAN

V

V1 – V4

绿色乡村空间规划技术指引

理念及框架 / 142

V1 全域乡村 / 144

V1-1 优先保障生态空间 / 144
V1-2 优化构建产业格局 / 145
V1-3 系统完善公服设施 / 147
V1-4 城乡一体基础设施 / 149
V1-5 有效制定管控措施 / 150

V2 人居环境 / 152

V2-1 系统识别建设重点 / 152
V2-2 严格管控土地用途 / 154
V2-3 分级分类配置公服 / 154
V2-4 完善村庄基础设施 / 157

V3 乡土特色 / 160

V3-1 塑造乡村空间形态 / 160
V3-2 引导乡土景观风貌 / 162
V3-3 保护乡土文化遗产 / 164

V4 指标体系 / 165

V4-1 合理构建指标体系 / 165
V4-2 有效传导绿色指标 / 166

URBAN DESIGN

UD1 – UD6

绿色城市设计技术指引

理念及框架 / 172

UD1 风貌特色 / 174

UD1-1 系统认知城市资源 / 174
UD1-2 综合确定风貌定位 / 176

UD2 整体格局 / 176

UD2-1 科学分析自然要素 / 176
UD2-2 系统梳理人文要素 / 179
UD2-3 统筹梳理城市结构 / 181

UD3 城市形态 / 183

UD3-1 逐级识别规划片区 / 183
UD3-2 科学划定片区边界 / 188
UD3-3 系统构建中心体系 / 192
UD3-4 研判确定标志系统 / 194
UD3-5 综合划定轴线廊道 / 195
UD3-6 叠加分析强度分区 / 197
UD3-7 典型空间形态模式 / 199

UD4 公共空间 / 202

UD4-1 多级绿色开敞空间 / 202
UD4-2 绿色共享街道空间 / 206
UD4-3 活力宜人节点场所 / 209

UD5 特色片区 / 210

UD5-1 营造活力滨水地区 / 210
UD5-2 塑造疏朗山前地区 / 212
UD5-3 历史文化保护地区 / 212
UD5-4 传承式老城复兴区 / 213
UD5-5 塑造宜居新城新区 / 214
UD5-6 复合型商业商务区 / 215
UD5-7 一体化交通枢纽区 / 216
UD5-8 创新型产业集聚区 / 217
UD5-9 绿色低碳产业园区 / 218

UD6 要素管控 / 218

UD6-1 系统构建管控体系 / 218
UD6-2 管控要素逐级传导 / 223
UD6-3 三维信息系统管控 / 225

RENOVATION

RV1 - RV3

绿色城市更新规划技术指引

理念及框架 / 230

RV1 更新识别 / 232

RV1-1 城市体检问题诊断 / 232

RV1-2 划定城市更新单元 / 233

RV1-3 明确城市更新方式 / 234

RV1-4 梳理更新基础清单 / 235

RV1-5 明晰更新任务清单 / 238

RV2 更新指引 / 244

RV2-1 明确更新目标策略 / 244

RV2-2 结构优化品质提升 / 245

RV2-3 产业业态转型提升 / 247

RV2-4 支撑系统优化增效 / 248

RV2-5 明确要点分类引导 / 250

RV2-6 构建多方共赢模式 / 255

RV2-7 协调利益妥善安置 / 257

RV2-8 统筹建维资金测算 / 258

RV2-9 规划导控持续治理 / 261

RV3 更新评估 / 262

RV3-1 提高城市经济效益 / 262

RV3-2 保障城市社会效益 / 263

RV3-3 提升城市环境品质 / 263

RV3-4 强化城市安全韧性 / 264

RV3-5 构建评估指标体系 / 265

SMALL TOWN PLAN

S

S1 - S5

绿色小城镇规划技术指引

理念及框架 / 270

S1 全域空间 / 272

S1-1 区域格局统筹协调 / 272

S1-2 国土空间布局优化 / 272

S1-3 管控边界核准落实 / 274

S1-4 规划用途分区管制 / 274

S1-5 城乡建设用地规划 / 278

S1-6 资源要素保护利用 / 280

S1-7 国土综合整治修复 / 282

S2 集建空间 / 284

S2-1 整体布局紧凑集约 / 284

S2-2 居住街坊开放宜居 / 287

S2-3 商业设施功能完善 / 288

S2-4 街巷空间舒适优美 / 289

S2-5 绿地广场生态乡土 / 290

S2-6 产业用地集约高效 / 291

S3 支撑体系 / 292

S3-1 构建综合交通体系 / 292

S3-2 完善公服设施体系 / 294

S3-3 优化市政设施体系 / 297

S3-4 健全安全设施体系 / 299

S4 分类引导 / 301

S4-1 重点生态功能区小城镇 / 301

S4-2 农产品主产区小城镇 / 303

S4-3 城市化发展区小城镇 / 304

S4-4 乡村发展区小城镇 / 305

S5 实施管理 / 307

S5-1 近期规划时序清晰 / 307

S5-2 有效传导层层落实 / 308

S5-3 管理机制灵活完善 / 308

LANDSCAPE PLAN

L

L1 – L5

绿地景观规划技术指引

理念及框架 / 312

L1 结构布局 / 314

L1-1 优化完善绿地结构 / 314

L1-2 有机布局绿地网络 / 315

L2 分类规划 / 318

L2-1 增量提质公园绿地 / 318

L2-2 科学布局防护绿地 / 319

L2-3 绿化美化广场用地 / 319

L2-4 优化提升附属绿地 / 320

L3 公园体系 / 321

L3-1 系统构建公园体系 / 321

L3-2 合理配置综合公园 / 323

L3-3 均衡配置社区公园 / 324

L3-4 彰显特色专类公园 / 325

L3-5 便捷可入口袋游园 / 325

L4 功能提升 / 328

L4-1 营造地域景观风貌 / 328

L4-2 保护修复生态资源 / 330

L4-3 城市生物多样保护 / 334

L4-4 有序推进立体绿化 / 334

L5 实施管控 / 335

L5-1 精准实施用地管控 / 335

L5-2 加强规划指标管控 / 336

HISTORICAL RESOURCES CONSERVATION PLAN

H1 – H5

历史文化资源保护与利用规划技术指引

理念及框架 / 340

H1 保护程序 / 342

H1-1 资源认定价值评价 / 342

H1-2 分类保护活态传承 / 342

H1-3 以用促保合理利用 / 342

H1-4 信息平台动态监管 / 343

H2 保护要点 / 344

H2-1 城镇村域保护要点 / 344

H2-2 重点地段保护要点 / 346

H2-3 重点建筑保护要点 / 347

H3 保护管理 / 349

H3-1 保护管理总体要求 / 349

H3-2 保护管理要求汇总 / 350

H4 活化利用 / 353

H4-1 发展潜力评价方法 / 353

H4-2 分类活化利用方法 / 355

H5 管理监督 / 358

H5-1 精准落位空间数据 / 358

H5-2 从严建立管控机制 / 359

H5-3 全面实行动态监管 / 361

TRANSPORTATION PLAN

TP

TP1 – TP7

绿色交通规划技术指引

理念及框架 / 364

TP1 交通结构 / 366

TP1-1 分析城市交通特征 / 366

TP1-2 明确绿色出行比例 / 367

TP2 对外交通 / 368

TP2-1 优化交通运输结构 / 368

TP2-2 确定枢纽设施选址 / 369

TP2-3 完善对外交通衔接 / 370

TP3 城市道路 / 372

TP3-1 确定道路功能等级 / 372

TP3-2 建立道路设施指标 / 373

TP3-3 优化干线道路格局 / 373

TP3-4 完善道路功能组织 / 374

TP4 公共交通 / 375

TP4-1 分析客流走廊分布 / 375

TP4-2 预留轨道交通走廊 / 377

TP4-3 优化常规公交线网 / 378

TP4-4 布设公交优先道路 / 379

TP4-5 保障场站设施用地 / 379

TP5 步行和自行车交通 / 381

TP5-1 功能分区网络分级 / 381

TP5-2 完善节点设计布局 / 382

TP5-3 与其他交通一体化 / 383

TP6 城市停车 / 384

TP6-1 制定停车发展策略 / 384

TP6-2 优化配建停车指标 / 385

TP6-3 确定公共停车布局 / 386

TP6-4 加强路内停车管理 / 386

TP7 交通枢纽 / 387

TP7-1 确定分级组织体系 / 387

TP7-2 控制衔接设施用地 / 388

UTILITIES PLAN

UP

UP1 – UP4

绿色市政规划技术指引

理念及框架 / 394

UP1 生态水系 / 396

UP1-1 开源节流供需平衡 / 396

UP1-2 科学预测节约降耗 / 398

UP1-3 安全可靠供水系统 / 398

UP1-4 智慧高效污水系统 / 399

UP1-5 融合安全雨排系统 / 402

UP1-6 综合智慧水务系统 / 403

UP2 绿色能源 / 405

UP2-1 能源规划目标原则 / 405

UP2-2 区域资源综合利用 / 405

UP2-3 能源资源优化配置 / 406

UP2-4 低碳智能供电系统 / 408

UP2-5 多元多向供气系统 / 410

UP2-6 清洁绿色供热系统 / 412

UP2-7 能源系统综合控制 / 414

UP3 低碳无废 / 415

UP3-1 科学定义精准管理 / 415

UP3-2 源头减量总量减排 / 416

UP3-3 垃圾分类资源利用 / 417

UP3-4 无害处理高效环保 / 418

UP3-5 收运体系规范合理 / 420

UP3-6 智能调度智慧监管 / 421

UTILITIES PLAN

UP

UP1 – UP4

绿色市政规划技术指引

UP4　综合管线 / 422

UP4-1　管线空间有序利用 / 423

UP4-2　合理布局远近结合 / 424

UP4-3　竖向协调综合部署 / 425

UP4-4　城市干线廊道集并 / 427

UP4-5　智能感知安全防范 / 429

SPONGE CITY PLAN

SC

SC1 – SC4

海绵城市规划技术指引

理念及框架 / 432

SC1　区域格局 / 434

SC1-1　分析区域生态格局 / 434

SC1-2　区域生态格局评价 / 435

SC1-3　构建生态安全格局 / 438

SC2　城区格局 / 444

SC2-1　科学划定管控分区 / 444

SC2-2　合理构建指标体系 / 446

SC3　片区方案 / 447

SC3-1　合理确定规划目标 / 447

SC3-2　研究生态保护方案 / 447

SC3-3　优化环境提升方案 / 451

SC3-4　构建安全保障体系 / 453

SC3-5　利用非常规水资源 / 456

SC4　规划衔接 / 458

SC4-1　充分衔接上位规划 / 458

SC4-2　有效协调专项规划 / 459

COMPREHENSIVE DISASTER PREVENTION AND REDUCTION PLAN

CP

CP1 – CP5

综合防灾减灾规划技术指引

理念及框架 / 462

CP1 灾害评估 / 464
CP1-1 系统梳理城市灾害 / 464
CP1-2 科学评估灾害风险 / 465

CP2 用地安全 / 467
CP2-1 合理设定目标指标 / 467
CP2-2 统筹管控用地安全 / 468
CP2-3 合理划定防灾分区 / 469

CP3 防灾规划 / 470
CP3-1 系统统筹防灾规划 / 470
CP3-2 系统整合韧性防灾 / 471

CP4 应急设施 / 476
CP4-1 因地制宜避难场所 / 476
CP4-2 系统规划应急通道 / 479
CP4-3 全面加强基础保障 / 481
CP4-4 统筹提升应急服务 / 482
CP4-5 强化建设防御设施 / 484
CP4-6 统筹规划社区防灾 / 485

CP5 实施保障 / 485
CP5-1 协同优化管理机制 / 485
CP5-2 高效建立保障力量 / 487
CP5-3 整合协同智慧防灾 / 487
CP5-4 统筹安排近期建设 / 488

UNDERGROUND SPACE PLAN

US

US1 – US5

地下空间规划技术指引

理念及框架 / 492

US1 资源评估 / 494
US1-1 调查地下空间资源 / 494
US1-2 明确地下空间需求 / 497
US1-3 建立资源信息系统 / 497

US2 需求预测 / 498
US2-1 明确开发影响因素 / 498
US2-2 确定规模预测方法 / 498

US3 总体布局 / 499
US3-1 分析地下开发目标 / 499
US3-2 评估地下开发价值 / 500
US3-3 确定地下空间布局 / 501
US3-4 协调地下各类设施 / 505

US4 详细布局 / 512
US4-1 明确详细规划层次 / 512
US4-2 确定详细规划内容 / 512
US4-3 明确规划控制指标 / 513
US4-4 提出规划引导指标 / 514
US4-5 总结规划开发模式 / 515

US5 规划实施 / 516
US5-1 地下空间主导模式 / 516
US5-2 规划产权激励机制 / 516
US5-3 专项工程管理措施 / 517
US5-4 项目监督管理机制 / 517

A / 附录
A1 / 法律法规、政策文件、标准规范
A2 / 基本概念
A3 / 全专业关键技术模块

T

T1–T3

绿色规划理念与原则

THEORY

T

绿色规划理念

与原则

T1	**概念解读**
T1-1	绿色发展基本共识
T1-2	绿色发展总体要求
T1-3	绿色发展主要进程
T1-4	空间规划发展历程
T1-5	绿色发展融入规划
T1-6	国际经验启示要点
T2	**规划理念**
T2-1	绿色发展主要问题
T2-2	绿色规划核心理念
T2-3	绿色规划基本原则
T3	**技术体系**
T3-1	绿色规划技术体系
T3-2	绿色规划技术内容
T3-3	绿色规划技术路线

T1 概念解读

T1-1 绿色发展基本共识

2005年，联合国环境规划署（UNEP）以“营造绿色城市，呵护地球家园”为主题，发布《城市环境协定——绿色城市宣言》，呼吁在7个方面努力促进城市可持续发展和改善城市居民生活质量，从过去关注单纯的城市环境转变为关注人类住区环境等更为综合、全面的内容，包括能源、废物减少、城市设计、城市自然、交通、环境健康和水。

2015年9月，联合国可持续发展峰会通过了《2030年可持续发展议程》，具有里程碑意义，规划了今后15年世界可持续发展的蓝图。

2015年，中国加快推进向“绿色发展”转型，发布《中共中央 国务院关于加快推进生态文明建设的意见》《生态文明体制改革总体方案》等纲领性文件。

2017年，党的十九大报告明确指出：加快建立绿色生产和消费的法律制度和政策导向，建立健全绿色低碳循环发展的经济体系[1]。

2020年12月30日，习近平总书记主持召开中央全面深化改革委员会第十七次会议时强调，建立健全绿色低碳循环发展经济体系，促进经济社会发展全面绿色转型，是解决我国资源环境生态问题的基础之策。要坚定不移贯彻新发展理念，全方位全过程推行绿色规划、绿色设计、绿色投资、绿色建设、绿色生产、绿色流通、绿色生活、绿色消费，使发展建立在高效利用资源、严格保护生态环境、有效控制温室气体排放的基础上，统筹推进高质量发展和高水平保护。

2021年10月，中共中央办公厅、国务院办公厅正式对外印发《关于推动城乡建设绿色发展的意见》，提出：“到2035年，城乡建设全面实现绿色发展，碳减排水平快速提升，城市和乡村品质全面提升，人居环境更加美好，城乡建设领域治理体系和治理能力基本实现现代化，美丽中国建设目标基本实现。”

T1-2 绿色发展总体要求

2019年，我国城镇化率达到60.60%，正式步入城镇化快速发展阶段，从高速增长转向高质量发展。绿色发展理念以人与自然和谐为价值取向，以绿色低碳循环为主要原则，以生态文明建设为基本抓手。

《关于推动城乡建设绿色发展的意见》中明确指出绿色发展的工作原则：“坚持人与自然和谐共生，尊重自然、顺应自然、保护自然，推动构建人与自然生命共同体。坚持整体与局部相协调，统筹规划、建设、管理三大环节，统筹城镇和乡村建设。坚持效率与均衡并重，促进城乡资源能源节约集约利用，实现人口、经济发展与生态资源协调。坚持公平与包容相融合，完善城乡基础设施，推进基本公共服务均等化。坚持保护与发展相统一，传承中华优秀传统文化，推动创造性转化、创新性发展。坚持党建引领与群众共建共治共享相结合，完善群众参与机制，共同创造美好环境。”

T1-3 绿色发展主要进程

2011年经济合作与发展组织（OECD）在《迈向绿色增长》报告中指出，“绿色增长是在确保自然资产能继续提供人类福祉所需的资源和环境服务的同时，促进经济增长和发展”，揭示了绿色增长的本质内涵，阐明了经济发展、代际公平、环境保护三者的关系。

2016年联合国第三次住房与城市可持续城镇化会议发布的《新城市议程》总结得出：包容性应当是城市发展的核心，强调人人平等使用和享有城市和人类住区；城市转型发展是可持续发展成功的关键，包括要转变城市的规划、融资、开发、治理和管理方式；城市应该回归社会的本质特征，认为社会功能是城市的首要也是最根本的功能；必须以科学合理的规划对城镇化、城市发展进行引导；城市发展应该以公共空间作为首要因素，应特别关注公共空间的设计❷。

通过城市发展转型，联合国推荐的新城市范式包括社会包容、规划合理、永续再生、经济繁荣、特色鲜明、安定安全、卫生健康、成本合理、区域统筹等（图T1-1）。

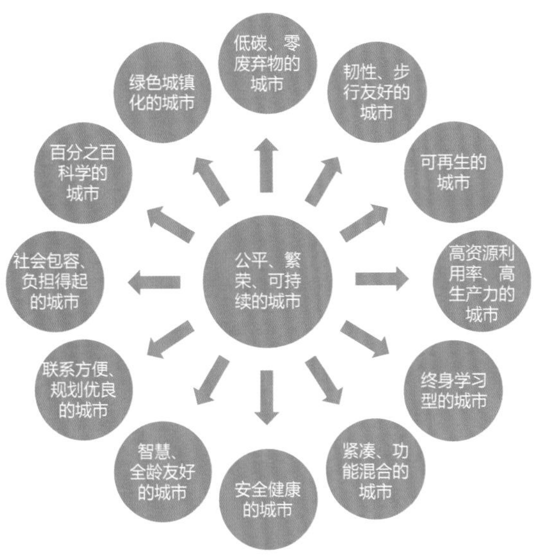

图T1-1　联合国推荐的新城市范式

国内关于绿色发展的研究从2008年开始起步。2008～2015 年，我国绿色发展的相关文献逐渐增多，主要热点研究内容包括可持续发展、科学发展、环境治理等方面，2016 年相关文献数量激增，研究的热点内容变得更加多元，对绿色发展的研究更加综合、更加立体。

T1-4

空间规划发展历程

2008年6月，国土资源部、住房和城乡建设部在浙江召开了“两规协调”推广会。同时，广西、浙江、山东、广东等地已经开始土地利用规划和城市建设规划“两规协调”的试验。2008年10月，上海市由合并后的市规划国土资源管理局开展“两规合一”的规划编制工作，开展了“三规合一”试点工作。

2012年3月，广州市率先在全国特大城市中开展“三规合一”探索工作。

2013年11月，党的十八届三中全会通过的《中共中央关于全面深化改革若干重大问题的决定》指出，要“建立空间规划体系，划定生产、生活、生态空间开发管制界限，落实用途管制”。

2015年5月，《中共中央 国务院关于加快推进生态文明建设的意见》强调要强化主体功能定位，优化国土空间开发格局，健全空间规划体系，科学合理布局和整治生产、生活、生态空间。特别提出要积极实施主体功能区战略，推动经济社会发展、城乡、土地利用、生态环境保护等规划“多规合一”。

2019年5月，《中共中央 国务院关于建立国土空间规划体系并监督实施的若干意见》正式公布，标志着我国国土空间规划体系顶层设计和“四梁八柱”基本形成。

T1-5

绿色发展融入规划

习近平总书记指出：“国土是生态文明建设的空间载体。”党的十八大以来，我国始终坚持节约资源和保护环境的基本国策，坚持节约优先、保护优先、自然恢复为主的方针。

习近平总书记指出：“生态环境问题，归根到底是资源过度开发、粗放利用、奢侈消费造成的。”通过国土空间规划推进土地集约节约利用，实施建设用地总量和强度双控是解决环境问题的主要途径之一。

国土空间开发格局优化是推进绿色发展的重要基础。习近平总书记指出：“主体功能区是国土空间开发保护的基础制度，也是从源头上保护生态环境的根本举措。”

国土空间规划以全国主体功能区战略为指导，整体谋划国土空间开发格局，促进生产空间集约低碳发展、生活空间宜居健康建设、生态空间因地保护。通过双评价提出以承载能力为基础推动形成绿色发展方式和生活方式的政策建议。

国土空间规划提出建立分类保护、集聚开发、综合整治的国土空间开发格局，通过建立绿色发展理念，打造安全、和谐、繁荣、开放、共享和可持续发展的美丽空间蓝图。

T1-6 国际经验启示要点

T1-6-1 日本国土空间规划经验及启示

网络化和紧凑化

2014年8月日本在《新国土形成规划》中提出了“紧凑型＋网络型”国土空间结构转变的基本战略，进一步明确网络型紧凑城市空间结构的具体形态和形成战略。日本国土空间规划的核心理念及策略包括：

1. 美丽土地管理与传承；
2. 全面实施土地空间多层次开发；
3. 推行三维空间开发理念；
4. 将原始生态区作为核心；
5. 努力实现资源的再生；
6. 根据地方特色制定环境保护规划；
7. 建立各种绿色生态保护区。

T1-6-2 德国空间规划经验及启示

协调和可持续发展

2006年，德国联邦政府发布了《德国空间发展理念和行动战略》，提出了协调和可持续发展的策略。2016年，德国联邦政府发布了新一版《德国空间发展理念和行动战略》，在既有策略基础上形成四部分新的内容：

1. 增强竞争力，继续发展大都会地区，强化空间之间的协作和网络化，支持结构虚弱地区的发展，保障基础设施的连接；

2. 确保公共服务均等化，继续采用中心地体系，扩大协作，确保人口稀少的乡村地区的公共服务，保障通达性；

3. 调控空间利用和可持续发展，使土地利用矛盾最小化，建立大尺度的开敞空间带，塑造文化景观，减少土地占用，可持续地调控矿藏利用和其他地下空间的利用、海岸带和海洋空间的可持续利用；

4. 气候变化和能源革命，使空间结构适应气候变化，可再生能源及其网络的扩展。

T1-6-3 荷兰空间规划经验及启示

提升土地质量和空间开发的效率

2008年荷兰修订《空间规划法》,《结构愿景》取代《国家重大规划决策报告》。这意味着国家空间规划的编制审批程序也相应简化，内容更加战略化。2012年，最新一版的《基础设施和空间结构愿景（2040）》由基础设施和环境部颁布，荷兰国土空间规划在新修订法中提出七项准则：

1. 实现空间多样性开发；
2. 优化经济与社会功能；
3. 体现空间规划工作的文化性；
4. 体现空间规划工作的社会公正性；
5. 恢复城乡空间资源生态价值；
6. 加强空间吸引力；
7. 人性化原则。

荷兰国土空间的三种干预战略包括：

1. 实现土地的集约化运用；
2. 土地的多功能综合利用；
3. 提高空间规划与开发的人性化。

T1-6-4 新加坡空间规划经验及启示

包容绿色、传承历史、构建可持续的韧性城市

2019年，新加坡市区重建局发布了《新加坡总体规划草案（2019）》，提出以下策略：

1. 营造一批包容、绿色的街区，为人们提供社区公共空间和服务设施；

2. 创造就业，打造本地枢纽和全球门户；

3. 重视历史文化，复兴人们熟悉的地方；

4. 提升公共交通水准，建立便捷高效的交通体系；

5. 创造面向未来的能力，发展可持续和韧性的未来城市等。

T1-6-5 英国伦敦空间规划经验及启示

绿色可持续发展、多元文化和均衡发展

2015年，伦敦市颁布《伦敦规划》，提出了绿色可持续发展、多元文化和均衡发展的策略，具体包括如下六个目标：

1. 满足经济和人口增长需求的城市；

2. 具有国际竞争力的成功城市；

3. 拥有多样性、富有凝聚力、安全、便利的居住社区的城市；

4. 拥有愉悦体验和独特场所感的城市；

5. 在环境改善方面的国际领导者；

6. 便利、安全和舒适的城市，每个市民都能享受就业、发展机遇和服务设施。

T1-6-6 加拿大温哥华空间规划经验及启示

经济增长和生态环境保护协调并重

2009年，温哥华市出台具有战略意义的报告《温哥华2020：一个明亮绿色的未来》。该报告在绿色经济和绿色工作、更绿的社区以及人类健康三大领域提出了十项愿景目标，致力于将温哥华打造成为世界上最为绿色环保、健康宜居的生态城市。作为该报告的实施方案，《温哥华最绿城市行动规划2020》应运而生。作为温哥华在城市生态环境领域最为核心的可持续发展规划，其强调经济增长和生态环境保护协调并重，强化生态环境作为城市核心竞争力。该规划提出十大目标：

1. “绿色经济”，城市的绿色工作的数量和参与绿色运营的公司数量比2010年翻一番；

2. “环境领导力”，基于社区的温室气体排放相比于2007年减少33%；

3. “绿色建筑”，新建建筑均为碳中性建筑，现状建筑的温室气体排放相比2007年减少20%；

4. “绿色交通”，绿色出行占比达50%及以上，相比2007年人均开车里程减少20%；

5. “零垃圾”，相比于2008年，填埋和焚烧处理的垃圾减少50%；

6. “自然环境的可达性”，所有温哥华居民都能在5分钟内步行到达绿道、公园和其他绿色空间，新种植150000棵树；

7. “更少的生态足迹”，生态足迹减少33%；

8. “清洁的水”，达到或超过不列颠哥伦比亚省或加拿大的水质最高标准，人均用水量减少33%；

9. “清洁的空气”，达到或超过大温哥华都市区、加拿大和世界卫生组织的空气质量标准；

10. “本地食品”，全市和邻里范围内的食物资产增加50%。

T1-6-7 伊恩·麦克哈格的“生态主义与绿色设计”

设计结合自然

英国学者伊恩·麦克哈格在《设计结合自然》一书中首次提出生态主义和绿色设计的理念，即运用生态主义的思想、方法来规划设计自然环境，具体表现在如下四个维度：

1. 设计理论基础的生态价值取向，基于生态学的理论架构，实现复合生态系统规划设计的理论构建；

2. 设计方法论的生态价值取向，构建了生态分析方法和生态设计方法，为协调人与自然关系的大地景观设计提供科学的、量化的、系统的方法策略；

3. 设计审美的生态价值取向，包括生态体系结构的合理性、生态系统功能的稳定性、生态物种的多样性等；

4. 设计评价标准的生态价值取向，景观的可识别性、舒适性、心理满意程度、对活动行为的支持程度等都成为新的景观设计评价指标，特别是景观生态体系的构成形式、生态系统的功能效率、生态环境的健康程序、生态系统的安全性等评价标准的引入，丰富了景观设计的评价标准。

T1-6-8
漆姆西·毕利的“绿色城市主义”

生态环境友好、资源高效利用、绿色经济增长

美国学者漆姆西·毕利在《绿色城市主义：欧洲城市的经验》中总结得出，欧洲城市在践行可持续发展战略时形成绿色城市主义的经验，其具体特征包括：

1. 尽量生存在它的生态范围内，最大限度地减少自己的生态足迹；

2. 承认与其他社区、城市和地域的联系和影响的设计和运作方式与自然有类似关系；

3. 城市在资源、能量上要努力形成循环闭合的回路而非线性的新陈代谢，以此来与它周边的腹地培育发展一种共生的关系；

4. 在地域范围内达到自给自足的城市，要充分利用和培育地域食品生产、电力生产、经济和其他活动来支持当地人口生产、生活；

5. 鼓励、支持更加可持续发展、健康的生活方式；

6. 强调高质量的生活水准和创造非常适合居住的邻里社区环境。

T1-6-9
拉什米·梅亚的“绿色城市”

平衡再生，循环利用

大卫·高尔敦在《绿色城市》中探讨了城市空间的生态化建设途径，其中着重介绍了印度学者拉什米·梅亚对“绿色城市”的设想。“绿色城市”必须具备如下八个条件：

1. 绿色城市是生物材料和文化资源以最和谐的关系相联系的凝聚体，具有生机勃勃、自养自立和生态平衡等特点；

2. 绿色城市在自然界里具有完全的生存能力，能量的输出与输入能达到平衡；

3. 绿色城市保护自然资源，将不可避免产生的废弃物循环再生利用；

4. 绿色城市拥有广阔的自然空间以及和人类同居共存的其他物种；

5. 绿色城市强调最重要的是维护人类健康；

6. 绿色城市中的各组成要素（人、自然、物质产品和技术等）要按美学关系加以规划安排；

7. 绿色城市要提供全面的文化发展；

8. 绿色城市是对城市与人类社会进行科学规划的最终成果。

T2
规划理念

T2-1
绿色发展主要问题

空间规划融合绿色发展理念，既是人与自然和谐共生的需要，也是国土空间开发利用保护的现实选择。本《指引》充分研读和理解中央对于绿色发展的相关指示，尤其是空间规划领域的最新要求，针对当前城乡建设中出现的土地利用不合理、环境污染严重、城市空间品质不高、城乡发展不协调、城镇特色不鲜明、基础设施建设滞后等方面的问题，梳理既有国内外空间规划理论和研究成果，并在系统分析现有空间规划技术特点的基础上，研究在各类空间规划中融入国家绿色发展的核心理念的技术体系构建。

在生态文明建设的大背景下，如何应对绿色发展过程中出现的问题以及达到“全面形成绿色发展方式和生活方式，建成美丽中国”的目标，绿色空间规划技术体系的研究就显得尤为重要。空间规划是各级政府调控空间资源、指导城乡发展、维护社会公平和保障公共安全的重要公共政策，是综合、全面、系统、协调配置各类资源的重要抓手，是国家空间治理的重要工具。我国传统的粗放扩张型发展模式已不可持续，城乡发展向精细化、高品质方向转型迫在眉睫。空间规划需要从做大增量转向优化存量，约束边界，提升质量，突出绿色、循环和低碳，推动形成绿色发展方式和生活方式。

T2-2

绿色规划核心理念

新时代的规划建设应全面贯彻“创新、协调、绿色、开放、共享”的新发展理念：创新发展注重的是解决发展动力问题，始终把创新摆在国家发展全局的核心位置，构建有利于激发各类创新的体制机制，促进经济的高质量发展；协调发展注重的是解决发展不平衡问题，在新一轮的发展过程中要同时兼顾经济社会的协调发展，城乡区域的协调发展，经济建设与国防建设的融合发展，国家硬实力与软实力的协调发展，工业化、信息化、城镇化、农业现代化的同步发展；绿色发展注重的是解决人与自然和谐问题，应对资源紧缺和环境恶化等问题，要树立节约、集约、循环利用的资源管理意识，强化底线约束、保护优先、系统修复的环境保护意识；开放发展注重的是解决发展内外联动问题，坚持开放战略，积极构建以“一带一路”、区域全面经济伙伴关系协定、自由贸易区为主的高质量开放格局；共享发展注重的是解决社会公平正义问题，努力缩小收入差距、城乡差距、地区差异，将发展成果惠及更广大的人民（图T2-1）。而本《指引》在兼顾新发展理念的同时，特别关注“绿色”发展理念相关原则和技术的落实。

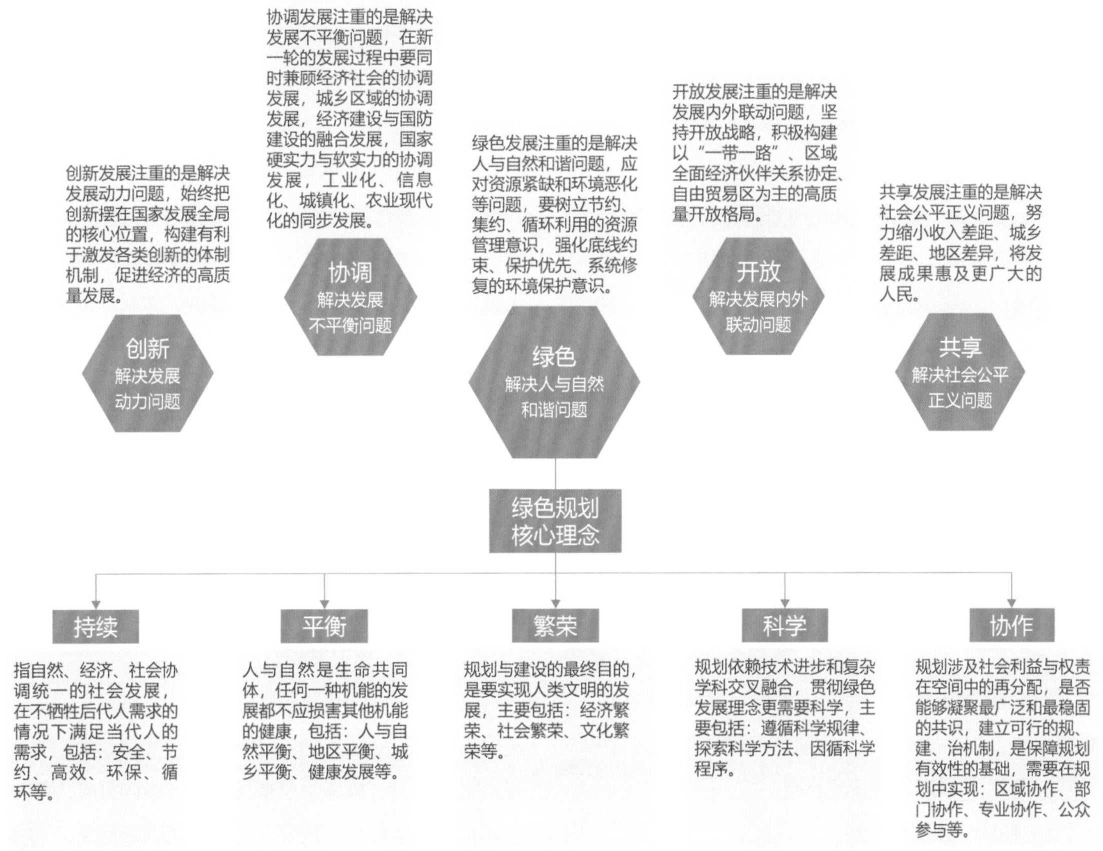

创新发展注重的是解决发展动力问题，始终把创新摆在国家发展全局的核心位置，构建有利于激发各类创新的体制机制，促进经济的高质量发展。

创新
解决发展动力问题

协调发展注重的是解决发展不平衡问题，在新一轮的发展过程中要同时兼顾经济社会的协调发展，城乡区域的协调发展，经济建设与国防建设的融合发展，国家硬实力与软实力的协调发展，工业化、信息化、城镇化、农业现代化的同步发展。

协调
解决发展不平衡问题

绿色发展注重的是解决人与自然和谐问题，应对资源紧缺和环境恶化等问题，要树立节约、集约、循环利用的资源管理意识，强化底线约束、保护优先、系统修复的环境保护意识。

绿色
解决人与自然和谐问题

开放发展注重的是解决发展内外联动问题，坚持开放战略，积极构建以“一带一路”、区域全面经济伙伴关系协定、自由贸易区为主的高质量开放格局。

开放
解决发展内外联动问题

共享发展注重的是解决社会公平正义问题，努力缩小收入差距、城乡差距、地区差异，将发展成果惠及更广大的人民。

共享
解决社会公平正义问题

绿色规划核心理念

持续

指自然、经济、社会协调统一的社会发展，在不牺牲后代人需求的情况下满足当代人的需求，包括：安全、节约、高效、环保、循环等。

平衡

人与自然是生命共同体，任何一种机能的发展都不应损害其他机能的健康，包括：人与自然平衡、地区平衡、城乡平衡、健康发展等。

繁荣

规划与建设的最终目的，是要实现人类文明的发展，主要包括：经济繁荣、社会繁荣、文化繁荣等。

科学

规划依赖技术进步和复杂学科交叉融合，贯彻绿色发展理念更需要科学，主要包括：遵循科学规律、探索科学方法、因循科学程序。

协作

规划涉及社会利益与权责在空间中的再分配，是否能够凝聚最广泛和最稳固的共识，建立可行的规、建、治机制，是保障规划有效性的基础，需要在规划中实现：区域协作、部门协作、专业协作、公众参与等。

图T2-1　绿色规划核心理念

规划主旨：人与自然和谐共生

贯彻习近平总书记“人与自然是生命共同体”的思想，这是东方“天人合一”的伟大智慧与西方自然科学体系融合发展的必然方向。人本是自然的有机组成部分，从人与自然成为对立的两面，再到重新构建更高水平的“命运共同体”，是人类文明产生、发展、成熟的过程。空间类规划经过了以人为中心的生产、生活和必要的生态、粮食、能源等资源环境安全的空间安排，走向以“生态文明”为目标的“山水林田湖草沙海……”全域全要素的空间安排，体现了“绿色”发展理念对规划工作根本变革的巨大推动作用。而这一进程才刚刚开始，规划需要贯彻的“绿色”的内涵和外延还会随着“生命共同体”发展的价值目标、科学规律认知水平的提高而不断进化。“人与自然和谐共生”是规划的终极目标。“人”与“自然”也是一对同源的矛盾体。由于人类文明的发展，规划不断打破平衡又在更高水平上重构平衡，继而促进往复上升的过程。每一次在失衡后重新找回平衡，需要凝聚技术共识、社会共识，树立各阶段目标，以指引当下人民行动。为了实现在21世纪末，将因人类活动造成的全球平均气温上升控制在2℃以内，力争控制在1.5℃以内，我国提出“碳减排”，国家自主贡献目标和“碳达峰、碳中和”的承诺，体现了宏观层面的绿色发展阶段性目标，而目标需要在不同领域、不同空间单元逐级分解和传导，最终具体落实到实施行动的每个最小单位和个体。在目标分解和系统耦合过程中，国土空间规划技术工作者应当始终坚持全域整体认知的观点、要素广泛联系的观点、阶段更替演进的观点。

核心理念：持续、平衡、繁荣、科学、协作

绿色规划需要贯彻新发展理念，同时突出“绿色”，解决人与自然和谐共生的发展问题。绿色规划需要：关注代际延续，强调“持续”，体现长远性；关注天人和谐，强调“平衡”，体现全面性；关注经济、社会和文明进步，强调“繁荣”，体现发展性；尊重规律，强调“科学”，体现客观理性；关注各方协同，强调“协作”，体现系统性。

1．持续：体现长远性

持续——指自然、经济、社会协调统一的发展过程中，在不牺牲后代人需求的情况下满足当代人的需求，主要包括：安全、节约、高效、环保、循环。强调“持续”是绿色规划在时间维度上的核心要义。应对可持续发展的全球命题，联合国发布的《改变我们的世界——2030年可持续发展议程》（*Transforming Our World：The 2030 Agenda for Sustainable Development*）提出了17个可持续发展目标（Sustainable Development Goals，SDGs）。作为实现人类更美好和更可持续的发展蓝图，SDGs旨在解决世界各国共同面临的挑战，包括应对贫困、不平等、气候与环境恶化、和平与正义等与人类发展息息相关的问题。中国格外重视规划对国家、地区发展战略的落实，以及在空间治理中所发挥的作用，绿色规划的可持续性应关注在全球视野下人类可持续发展的共同命题和所需应对的共同挑战。

2．平衡：体现全面性

平衡——人与自然是生命共同体，在生命体发育的每一阶段，任何一种机能的发展都不应损害其他机能的健康，主要包括：人与自然平衡、地区平衡、城乡平衡、健康发展等。强调“平衡”是绿色规划在空间维度上的核心要义。中国过去的快速发展部分是由优势地区优先发展带动的，包括“经济特区-沿海开放城市-沿海开放区-内陆”的对外开放格局、“海岸经济带-长江经济带”的T形发展格局、城乡二元土地制度等，这些政策、战略促进了要素的高效集聚和快速发展，为中国社会带来了大量财富，但在新时期，重视发展效率的同时，公平和平衡的发展成为主要关注点。新时代的绿色规划应注重财富在空间上的二次分配问题，通过公共服务均等化、产业发展引导、转移支付等制度设计的手段，将发展成果惠及更广大的中西部地区、农村地区，实现国土空间的全面发展。

3．繁荣：体现发展性

繁荣——规划与建设的最终目的，是要实现人类文明的发展，主要包括：经济繁荣、社会繁荣、文化繁荣等。强调“繁荣”是绿色规划在纵向维度上的核心要义。繁荣首先应建立在物质繁荣的基础上，城乡居民精神生活的充实、社会生活的协调必须以物质繁荣作为保障。相较于侧重物质建设和经济发展的规划，新时代的绿色规划需要进一步探索实现社会公平的路径方法，包括培育和强化规划是公共政策而不仅是技术工具的观念，强调规划是多方利益协调平台而不仅是规划师个人的技术追求；需要进一步推动城乡文化建设，不断完善和充实历史文化保护传承体系，积极培育社会主义新文化，重视空间载体的文化内涵，使人民在日用而不觉中感受到文化的繁荣。

4．科学：体现客观理性

科学——规划依赖技术进步和复杂学科交叉融合，贯彻绿色发展理念更需要科学，主要包括：遵循科学规律、探索科学方法、因循科学程序等。强调“科学”是绿色规划在反思传统城市规划理论的局限性，更多引入系统学方法研究城市发展问题，吸纳相关交叉学科知识和方法发展规划学科的必由之路。尤其侧重于探讨数据分析，扩展对城市作为复杂巨系统的科学理解，例如：充分利用大数据和数字化技术追踪即时的人群潮汐涌动，建立愈发精确的城市数字孪生模型推演城市空间发展，校验人的真实感受以及民生诉求可否达成，衍射出城市运行的内在规律，使新的规划建立在更充分、更精细的实证基础之上。相较于传统规划囿于主观定性决策而导致的信息依据不完备性和无边际的、因人而异的空间选择，绿色规划则探索构建科学范式下的底线把控和可被证伪的有限选择。

5．协作：体现系统性

协作——规划涉及社会利益与权责在空间中的再分配，是否能够凝聚最广泛和最稳固的共识，建立可行的规、建、治机制，是保障规划合法性和有效性的基础。新时代的绿色规划需要在规划过程中实现区域协作、部门协作、专业协作、公众参与等，关注并尝试解决在既有规划过程中可能存在的行政壁垒、条块分割、多专业各自为政、公众参与不充分等问题。新时代的绿色规划探索的是一套规范分析的方法，实现规划从编制到实施均建立在多层次、多维度协作的框架下，为持续、平衡、繁荣、科学等其他理念的落实提供保障。

T2-3

绿色规划基本原则

相互协作的区域关系

城市问题、城市病越来越难以在单个城市内予以解决，越来越需要将其置于区域、流域中，置于都市圈、城镇群中，建立协调机制，通过合作共同解决。区域协作包括但不限于以下方面：

1. 生态环境共治共保；
2. 基础设施互联互通；
3. 公共服务设施共建共享；
4. 城市群、都市圈、城镇圈协调发展；
5. 区域一体化发展。

融洽互补的城乡关系

绿色规划寻求差异化的城乡景观，城市体现繁荣繁华，乡村体现宁静幽美，相互支撑，平等发展，共同融入现代化进程。具体议题包括但不限于以下方面：

1. 打破“城镇-乡村”二元结构壁垒；
2. 农业发展与粮食安全；
3. 县域发展；
4. 乡村振兴；
5. 城乡一体化。

能源自给和交换平衡

保障能源安全、落实能源发展战略是绿色发展的核心议题，是各个层级国土空间规划落实绿色发展理念的核心环节，也是规划各个专业系统相互协调耦合的关键锁钥。具体议题包括但不限于以下方面：

1. 能源供需平衡；
2. 能源资源配置合理；
3. 鼓励使用新能源；
4. 减少能源消耗。

资源利用的3R原则

土地、水、矿产、动植物、风、光、电、热，以及气候和不同物理、化学、生物形态的资源，构成了人类文明发展或人居环境发展的重要边界条件。资源可再生或不可再生的属性，以及丰饶或稀缺的程度，影响国土空间规划的整体策略和具体措施。绿色的规划方法应该主动回应资源的相关特性，基本原则包括：

1. 减量化（Reducing）；
2. 再利用（Reusing）；
3. 再循环（Recycling）。

交通便利和高效

交通是人的基本需求和城市的基本功能之一，城市文明的发展阶段大多以交通方式划分——马车时代、汽车时代、无人驾驶时代，交通方式变革极大地影响着生产、生活方式的变化，从而改变了城市形态和空间单元的组织模式。眼下我们正在经历又一次重大的交通方式革命。绿色的交通规划原则包括但不限于以下方面：

1. 网络化布局；
2. 公交优先战略；
3. 步行友好的规划与设计；
4. 绿色智慧交通系统。

自然空间和人造空间的和谐共存

空间是规划工作的主要对象，为了工作的需要可以把空间划分为生态空间、生活空间和生产空间，或者生态空间、农业空间和城镇空间，或者其他更多的分类方式。但最基本的是，人居环境周边的空间具有自然属性和人工属性，对空间的规划需要尽可能符合自然运行的规律，并满足人的需求。相关议题包括但不限于以下方面：

1. 安全和韧性；
2. 因地制宜的空间形态；
3. 充分融入自然；
4. 生态友好的城市空间；
5. 低冲击开发。

不断提升公共服务水平

人的需求不断提升，内涵愈发丰富，规划应该随时应对这种变化。通常由政府满足基本需求，由市场满足多样化和特色化的需求，二者不可偏废，相得益彰。如何在有限的空间内，高效地满足最广大人群的标准不断提高的基本需求和尽可能多地满足特定人群的特殊需求，是绿色规划永远追求的目标，至少包括以下方面：

1. 不断提升的基础性公共服务标准；
2. 公共服务的可及性；
3. 公共服务的丰富性；
4. 混合使用。

人类生理和心理健康的物质保障

以人民为中心，国土空间规划不只是全域全要素的规划，也是为满足全民全部需求的规划。国土空间规划是物质性规划，当前的工作大多还停留在针对基本物质需求的服务上，对无障碍环境等基本生理需求还未满足，对人民心理健康提供物质保障是具有前瞻性的领域，但也是绿色规划追求“以人为本”不可或缺的维度。空间所能提供的生理和心理服务相互作用，至少包括以下方面：

1. 可持续的流动性与无障碍城市；
2. 全龄友好城市；
3. 满足弱势群体的空间需求；
4. 空间的多元性。

持续创新和经济繁荣的空间载体

科技创新、资本创新、文化创新和生活方式创新是推动国土空间发展与变革的基本原动力，绿色规划要敏锐把握社会经济变革的趋势，积极地提供汇聚、培育和成就这些创新的空间载体，在适应或主动服务创新需求时，自然而然产生新的空间形态。经久难断的旧矛盾常常因为新事物的产生迎刃而解，当下可见的机会可能包括：

1. 产城融合；
2. 立体城市；
3. 都市农业。

空间美学原则

空间既遵循理性，也饱含浪漫。空间之美自古以来就是人类营造居住环境孜孜以求的核心价值之一，绿色规划也不应例外。追求国土空间之美，有偶然的部分，也有可循的规律，至少包括以下方面：

1. 遵循山水格局；
2. 空间图底关系；
3. 研判特色资源；
4. 彰显特色空间；
5. 引导空间秩序。

文化传承与发展

空间是物质性的，但承载了某种精神的空间就有了灵魂。文化是赋予空间灵魂的金钥匙。善于发掘本土文化并以符合历史潮流的方式加以发扬光大，是绿色规划追求的重要价值。相关议题包括但不限于以下方面：

1. 保护与活化历史文化资源；
2. 建构中华文明标识体系；
3. 突显地域文化特色；
4. 塑造文化魅力空间。

智慧的响应和空间治理

建立国土空间规划体系并监督实施，是国家与地方治理能力现代化建设的重要组成部分。面对国土空间全域全要素管控并不断提升精细化管控水平的大趋势，规划编制一开始就是为最终有效治理服务的，依据治理逻辑编制规划是绿色规划的基本原则之一。而要解决国土空间这样的复杂系统治理问题，越来越依赖数字科技的发展以及与规划科学的融合。数字城市和智慧城市发展，既为国土空间治理源源不断地提供需求，也提供必要手段。相关议题包括但不限于以下方面：

1. 国土空间综合整治；
2. 效能转化的智能模式；
3. 城市治理的可视性；
4. 数字中国。

T3 技术体系

T3-1 绿色规划技术体系

T3-1-1 三类规划

根据《中共中央 国务院关于建立国土空间规划体系并监督实施的若干意见》，国土空间规划是对一定区域国土空间开发保护在空间和时间上作出的安排，包括总体规划、详细规划和相关专项规划。

总体规划

总体规划强调的是规划的综合性，是对一定区域，如行政区全域范围涉及的国土空间保护、开发、利用、修复等作全局性的安排。

详细规划

详细规划一般是在市县级以下组织编制，是对具体地块用途和开发强度等作出的实施性安排。

在城镇开发边界外的村庄规划为详细规划。

专项规划

相关专项规划是指在特定区域（流域）、特定领域，为体现特定功能，对空间开发保护利用作出的专门安排，是涉及空间利用的专项规划。

T3-1-2 三级规划

本《指引》聚焦于国土空间规划五级体系中的市、县、镇三个层级（图T3-1）。

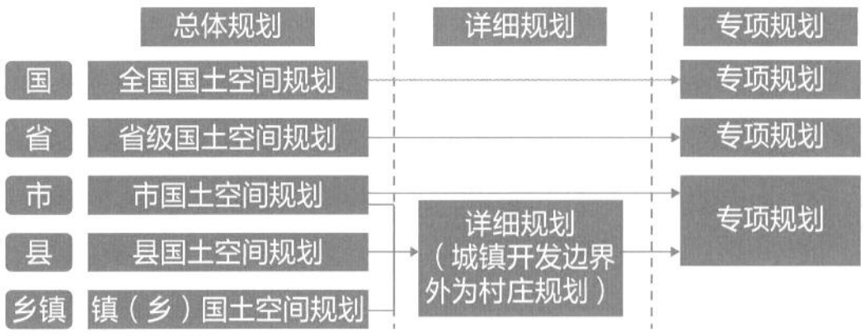

总体规划 详细规划 专项规划
国 全国国土空间规划 专项规划
省 省级国土空间规划 专项规划
市 市国土空间规划
县 县国土空间规划 详细规划（城镇开发边界外为村庄规划） 专项规划
乡镇 镇（乡）国土空间规划

图T3-1　国土空间规划五级三类示意图

T3-1-3
三个维度

支撑绿色规划技术体系的维度包括空间维度、时间维度和效能/质量维度。

空间维度

绿色规划的基本载体是物质空间，在全域全要素规划背景下，绿色规划所指的物质空间大致可分为生态空间、农业农村发展空间和城镇发展空间。绿色规划重点研究的是这三类空间在结构、规模、布局方面的合理性，并实现有机的耦合。

时间维度

绿色规划强调全生命周期的治理理念，强调在一定时间维度上动态地编制规划和实施规划，通过法治建设、制度建设形成从规划到实施管理的完整逻辑。全周期管理成为体现新时期规划治理要求、提升新时期规划治理效能的重要举措和标志。

效能/质量维度

绿色规划力图转变传统的以要素投入为主要手段、单一追求经济增长的规划模式，围绕创新、协调、绿色、开放、共享的新发展理念，物质空间的使用要符合低碳、高效、高品质的要求，这是绿色规划技术体系构建所要遵从的效能/质量维度。

T3-2
绿色规划技术内容

T3-2-1
总体规划

基于绿色发展理念的空间总体规划框架研究内容主要包括：基于绿色发展定位目标确立的技术方法；绿色发展定位下的城乡空间战略；基于绿色生态保障集约高效的科学空间分区和底线管控技术方法及三大空间的绿色布局模式研究；城市历史文化保护及特色风貌塑造技术方法；高效的绿色支撑体系规划；智慧的规划管控及传导。

T3-2-2
详细规划

绿色理念引领下的空间详细规划主要体现在空间要素布局集约高效、各子系统协同有序、空间设计人本精细等方面，主要内容包括：整体层面明确目标、规模、结构、指标和风貌特色；单元层面明确各空间支撑系统的导控要求；地块层面明确要素管控、设施落位和设计要求；实施层面明确类型、清单、模式、时序、调控等内容。

T3-2-3
专项规划

绿色生态空间规划

主要技术内容包括：生态本底评估；明确生态空间范围；构建生态安全格局；制定保护发展规划；实施分区分级空间用途管制等。

绿色乡村空间规划

主要技术内容包括：分区分类管控、产业格局构建、生态环境整治、设施配置等乡村空间全域统筹的技术重点；村庄人居环境建设是实施乡村振兴战略的重要抓手；乡土特色保护传承是实现乡村绿色发展的重要环节；指标体系是规划目标任务分解和落实以及规划实施效果评价的重要度量工具。

绿色城市设计

主要技术内容包括：识别和确定风貌特色；构建和优化城市结构；引导城市形态格局；管控公共空间系统；划定和指引特色片区；建立要素管控体系。

绿色城市更新规划

总体规划层面侧重于空间类型识别以及要素控制指引；详细规划层面侧重于分要素控制指引。

绿色小城镇规划

主要技术内容包括：在总体层面，提出生态优先导向下对于镇国土空间保护、开发、利用和治理格局的整体谋划；在详细层面，提出城镇空间在整体格局、居住街坊、设施建设、公共空间等方面的设计引导。

绿地景观规划

主要技术内容包括：在总体规划层面，提出城市绿地景观资源的结构布局、分类规划和公园体系构建；在详细规划层面，提出在绿地景观功能提升和实施管控方面的指引。

历史文化资源保护与利用规划

重点研究内容包括：以绿色发展理念为总体指导；厘清绿色发展理念下的历史文化资源保护理念；探索国土空间规划体系背景下历史文化保护技术体系重构；开展历史文化资源保护利用关键技术研究；提出历史文化资源保护利用实施保障初步方案。

绿色交通规划

主要技术内容包括：在绿色交通的结构层面，结合城市交通特征，提出各类绿色交通出行方式的比例及差异化发展目标；在对外交通层面，从发展战略的角度，明确综合交通体系中区域对外交通设施的布局原则和衔接要求；在城市交通层面，从实施性的角度出发，对综合交通体系中道路、公交、步行和自行车、停车、枢纽等绿色交通要素的规划布局、设计指引等核心指标进行确定。

绿色市政规划

在总体规划层面，侧重于综合协调；在详细规划层面，突出各专项规划要点与绿色发展。拓展市政设施资源–能源–环境平衡的绿色属性，遵循绿色空间规划原则，协调市政设施布局–功能，分解规划要点。

海绵城市规划

主要技术内容包括：在总体规划层面，侧重于水生态安全格局的完善以及目标指标体系的构建；在详细规划层面，侧重于径流路径规划及落实地块海绵城市管控指标。

综合防灾减灾规划

主要技术内容包括：灾害系统梳理与综合评估；用地安全统筹与防灾分区；防灾规划整合与系统梳理；应急设施布局与设置；协同防灾管理与综合实施保障。

地下空间规划

从地下空间总体规划、详细规划和地下空间方案设计三个层面，结合国土空间规划对地下空间开发的要求，探索绿色地下空间总体规划、详细规划和方案设计层面的规划内容，并提出地下空间规划的关键技术和建设模式等。

T3–3 绿色规划技术路线

T3–3–1 调查评价

绿色规划强调基于充分的国土利用认知和研判开展规划编制工作。首先开展国土利用调查和补充调查，统一底图、底数，整合与空间规划相关的各类空间数据、规划成果，加强基础数据分析；其次开展评价和评估工作，在资源环境承载力和国土空间开发适宜性评价基础上明确“生态空间、农业空间、城镇空间”，提出全域空间布局格局，通过土地规划评估和城乡规划评估，系统梳理国土空间开发保护中存在的问题，制定空间优化的重点方向。

T3–3–2 空间识别

空间识别是确定空间开发保护格局的关键环节，基于土地利用和地表覆盖现状、精细化DEM、地形单元等基础地理信息，水、生态、环境、灾害等专题数据，社会统计数据等多元信息，利用空间分析、多元统计、计量模型、基于规则的分类模型等技术方法，从多元信息综合集成和自动分类识别的角度开展空间识别和主导功能划分，提高绿色空间规划的客观性和工作效率。

T3–3–3 问题识别

绿色规划须坚持体现公共政策属性，坚持以问题为导向，同时结合目标导向和结果导向，按照“问题-目标-战略-布局-机制”的逻辑，针对性地制定规划方案和实施政策措施，确保规划能用、管用、好用，更好地发挥规划在空间治理能力现代化中的作用，有针对性地提高国土空间的品质和价值。

T3-3-4
目标确定

绿色规划应以促进国土空间发展更加绿色安全、健康宜居、开放协调、富有活力并各具特色为核心要义，紧紧围绕“两个一百年”奋斗目标、国家发展战略部署和区域发展格局，立足本地发展阶段和特点，并结合调查评价、空间识别、问题识别等手段，确定规划期限内城市发展使命和发展目标。

T3-3-5
战略制定

发展战略是实现目标的方针、政策、途径和措施的高度概括。绿色规划框架下的战略制定不仅沿袭了城市发展战略关于构建现代分工体系、权衡不同阶层利益、融入经济全球化趋势、实现发展信息化的布局思路，同时还格外注重全域范围内环境、资源问题的解决与国土空间可持续发展的探索。

T3-3-6
指标体系

指标体系是指由表征评价对象各方面特征及其相互联系的多个指标所构成的具有内在结构的有机整体。指标体系的构建有助于在空间规划过程中准确地了解区域、城市发展的现状状态，科学地分解既定的规划目标，动态地评估未来某个时期规划实施的结果。绿色规划指标体系的构建应紧密围绕新发展理念，坚持目标性与一致性相结合，相关性与指示性相结合，层次性与地域性相结合，简明性与操作性相结合，统一性与多样性相结合。

T3-3-7
底线管控

绿色规划强调基于资源环境承载能力和国土安全要求来确定重要资源利用的上限、划定各类控制底线，作为开发建设不可逾越的红线，包括：落实生态保护红线、永久基本农田保护线、城镇开发边界等划定要求，统筹划定“三条控制线”；制定水资源供需平衡方案，明确水资源利用上限；制定能源供需平衡方案，落实碳排放减量任务，控制能源消耗上限；以及根据区域或城市自身特点提出历史文化、矿产资源等其他需要管控的底线要求。

T3-3-8
布局优化

落实国家和区域发展战略、主体功能区划定，以自然地理格局为基础，形成开放式、网络化、集约型、生态化的国土空间总体格局。绿色空间规划应优先确定生态保护空间，保障农业发展空间，融合城镇发展空间，彰显地方特色空间，协同地上地下空间，统筹陆海空间，明确战略性的预留空间。

T3-3-9
用途管制

保证土地资源的合理利用以及经济、社会发展与环境的协调，空间规划实施的重要抓手便是对土地实行用途管制制度，包括划定土地用途区域，确定土地使用限制条件，使土地的所有者、使用者严格按照确定的用途利用土地，同时解决“管什么”“怎么管”“谁来管”等问题，确定用途管制的权责边界、实施程序和责任人，保证空间规划目标战略的贯彻落实。

T3-3-10
支撑体系

支撑体系搭建是保障规划有效实施的重要一环，包括：提出对下位规划和专项规划的编制指引；衔接国民经济和社会发展五年规划，制定近期行动计划；提出规划实施保障措施和机制；建设空间规划“一张图”，作为规划全生命周期管理的依据；开展公众参与和多方协同的相关工作，整合社会各界的意见、需求和力量等。

T3-3-11 体检评估

绿色规划强调全过程的开发利用，强化规划的科学性，实施“一年一体检、五年一评估”，对城市发展体征及规划实施情况定期进行分析和评价，促进和保障空间规划有效实施，同时形成规划、实施、评估、调整的动态循环系统，确保空间规划适应区域、城市当前的发展阶段。

注 释

❶ 习近平. 决胜全面建成小康社会 夺取新时代中国特色社会主义伟大胜利——在中国共产党第十九次全国代表大会上的报告[J]. 党建，2017(11): 15-34.

❷ 石楠. “人居三”、《新城市议程》及其对我国的启示[J]. 城市规划，2017，41(1): 9-21.

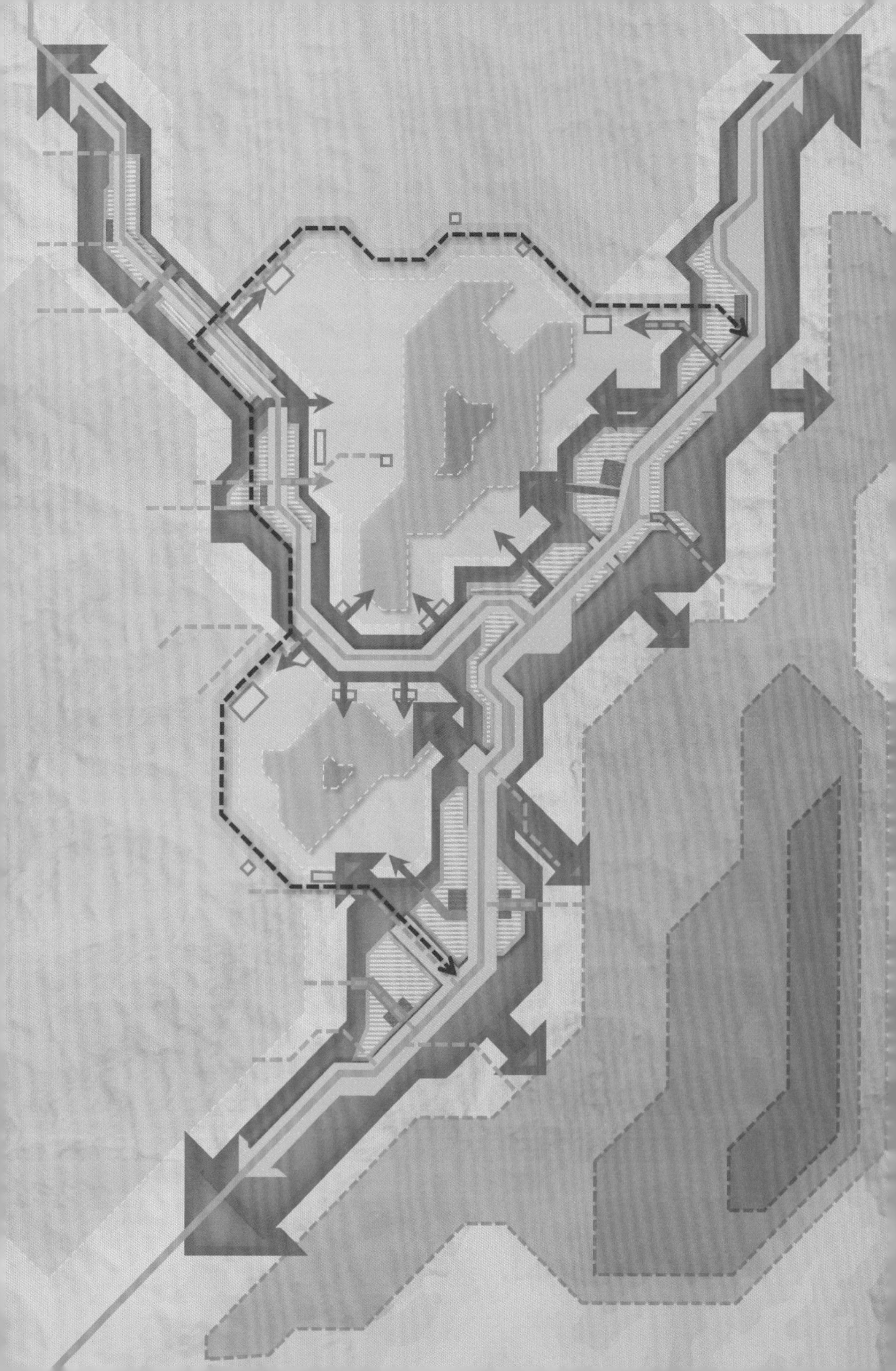

C

C1–C7

绿色总体规划技术指引

COMPREHENSIVE PLAN

C

绿色总体规划

技术指引

C1	评价评估	
C1-1	国土空间“双评价”	※
C1-2	国土空间“双评估”	※
C2	**目标指标**	
C2-1	区域协调定位目标	
C2-2	绿色低碳空间策略	※
C2-3	绿色规划指标体系	※
C3	**空间分区**	
C3-1	统筹划定底线约束	
C3-2	网络集约总体格局	※
C3-3	科学分区分类管控	
C4	**特色风貌**	
C4-1	保护传承历史文化	
C4-2	本土特征空间形态	※
C4-3	塑造城乡特色风貌	
C5	**支撑体系**	
C5-1	安全高效交通体系	※
C5-2	智能低碳市政设施	※
C5-3	优质均等公服设施	
C5-4	安全韧性防灾体系	
C6	**绿色城区**	※
C6-1	集约高效用地布局	
C6-2	蓝绿网络开敞空间	
C6-3	统筹优化居住空间	
C6-4	高品质宜居生活圈	※
C6-5	绿色低碳产业空间	※
C6-6	复合利用存量空间	※
C6-7	开放融合新城空间	
C6-8	弹性划定留白空间	※
C7	**实施保障**	
C7-1	完善规划编制体系	
C7-2	健全规划管控体系	
C7-3	智慧预警平台建设	
C7-4	规划体检常态评估	

注：标注星号的为体现绿色理念的规划技术，不带星号的为传统规划技术。

理念及框架

目标任务

《中共中央 国务院关于建立国土空间规划体系并监督实施的若干意见》及《市级国土空间总体规划编制指南（试行）》指出，国土是生态文明建设空间载体，要贯彻时代新要求，“在生态文明思想和总体国家安全观指导下编制规划，将城市作为有机生命体”，探索内涵式、集约型、绿色化的高质量发展新路子，推动形成绿色发展方式和生活方式，增强城市韧性和可持续发展的竞争力。

国土空间总体规划是“多规合一”的顶层设计，主要管控内容包括：优化资源配置、全域全要素的管控、强化空间治理、提升人居环境品质。基于绿色发展的绿色国土空间总体规划编制力求在空间资源的数量、质量、结构、布局、效率等方面做到最优。

基本理念

绿色规划总理念为：持续、平衡、繁荣、科学、协作。市县级国土空间总体规划以总理念为引领，体现综合性、战略性、协调性、基础性和约束性，将绿色发展全域化、全时化、全龄化和全景化。

注重规划实施性和传导性，落实相关管控要求。以“持续发展、格局平衡、科学高效、绿色城区、统筹协作”为核心方法。

1. 全生命周期发展。是指把“全生命周期”的理念贯穿于总体规划始终，在空间规划的基础上叠加时间时序的规划考虑。

2. 城乡发展与环境平衡。统筹考虑生态、农业、建设等空间，平衡好各类空间的关系，做到人与自然和谐共生。

3. 科学高效统筹配置。在科学评估的基础上，通过布局优化让空间和设施等要素的效能达到最大化，提高资源配置效率。

4. 提升整合存量空间。通过对存量空间的整合和功能的提升，提升空间的利用效率和集聚力。

5. 多专业协同协作。通过对各类型空间要素的集聚整合，对下一层次规划进行有效传导。

技术框架

全面贯彻“以人民为中心”的规划理念，通过对国土空间开发保护格局优化，以“问题导向、目标导向、治理导向”实践绿色发展（图C）。

1. 问题导向。绿色总体规划应立足于本地自然和人文禀赋以及发展特征，因地制宜开展“双评价”“双评估”工作。

2. 目标导向。突出地域特点、文化特色、时代特征，科学合理制定发展定位、空间发展战略和指标体系；结合绿色发展基本要求，坚持底线思维，统筹划定三条控制线，对城乡建设空间进行网络集约化布局；通过传承历史文化、建立智慧高效的支撑体系、建设繁荣城区等方法，落实绿色空间规划相关要求，实现城乡社会活动过程和结果“绿色化”“生态化”。

3. 治理导向。通过“一张图”平台建设，统一纳入现状、规划、建设等多专业、多部门信息，利用现代化、智慧化手段实现科学治理。

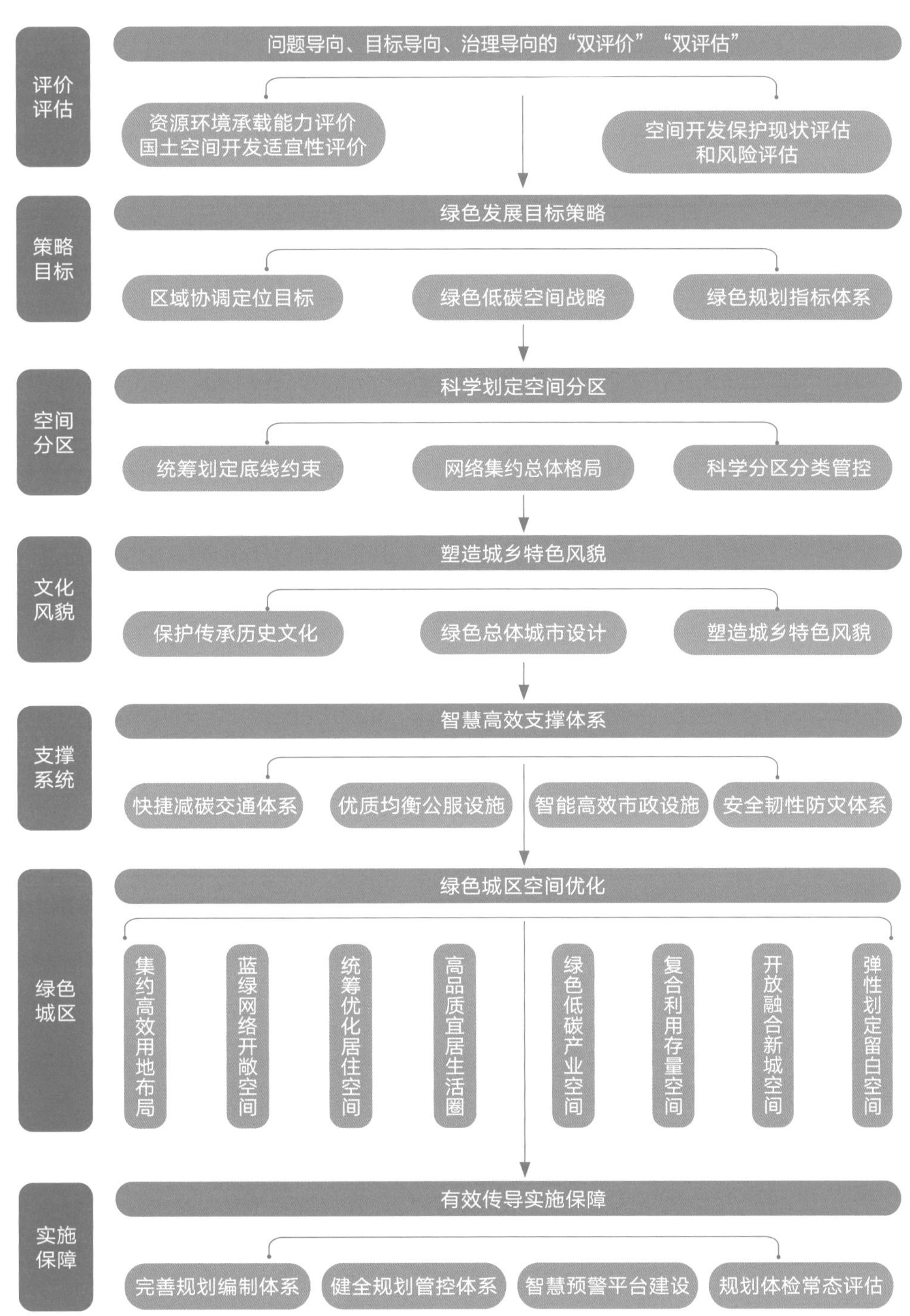

图C　绿色总体规划技术框架图

C1 评价评估

C1-1 ※ 国土空间“双评价”

“双评价”通过整合细化国土空间承载能力和适宜性的评价数据，选取适宜本地的评价技术方法进行评价，并对评价的结果进行科学、系统的校核，更加精准地评估预判各类空间发展潜力，从而更好地指导下一步的编制工作。

C1-1-1 整合细化空间评价数据

根据《资源环境承载能力和国土空间开发适宜性评价技术指南（试行）》（简称《评价指南》）和各省级行政区、市、县的评价体系的不同需求，整理资料清单，分级、分类收集资料。收集基础测绘成果、收集整理空间开发负面清单、提取基础数据源（表C1-1）。

评价数据采用统一的坐标系、基准高程等，统一精度，提高数据评价的准确性。多途径拓展数据获取渠道，对多时相遥感影像数据和大数据的挖掘，依托网络公开数据，增补地图类开放数据、移动轨迹数据、调查统计数据等，充实、细化基础数据。

C1-1-2 因地制宜优化技术方法

目前的《评价指南》是针对全国的通用评价技术导则，是普适性的技术方法，缺乏差异性的考虑，且只推荐了主要要素功能评价的技术方法，具体评价因子及分级阈值的选择需要根据各地的特征进一步优化与调整（表C1-2）。

资源环境承载能力分析常用数据　　表C1-1

数据类别	数据内容
土地资源类	土地利用现状数据、地形数据
水资源类	水文数据、水功能区划、水资源公报
环境类	大气环境功能区划、水环境功能区划、环境统计基库数据、大气环境质量检测、水环境质量检测、土壤污染普查数据
生态类	土壤侵蚀数据、土壤属性数据、土地退化数据、植被退化数据、植被覆盖数据、生态功能区划数据、各类保护区数据、植被廊道、山体廊道等
灾害类	地震灾害数据、地质灾害数据、防洪水位等
气候气象类	气象相关数据：如气温、降雨量、风速等
基础底图类	行政区划数据、地理国情监测数据等
生物多样性	动物、植物、微生物等物种分布数据、物种数据库等
社会经济类	人口分布、经济发展、历史文化保护、交通设施、市政设施、水源保护数据等

来源：根据《评价指南》整理

国土空间开发适宜性评价的因子及数据　　表C1-2

数据类别	数据内容
本底条件适宜性	地形地势、地质条件、气候条件、生态环境、自然灾害影响相关数据
农业生产适宜性	水资源、土壤环境、灾害数据、地块连片度、灌溉便利度等数据
城镇建设适宜性	地块集中度相关数据、区位条件相关数据、交通优势度、公共服务设施距离、人口聚集度、人口密度、人口增长率、经济因素数据、社会因素数据、景观价值数据等

来源：根据《评价指南》整理

市级“双评价”工作开展需要结合当地实际情况选择适宜的评价因子以及相应的分级阈值，并根据实际需求，开展产业功能、交通要素、历史文化等补充评价，才能更好地体现本地资源环境特征，更好地支撑市县级国土空间规划的下一步编制（表C1-3、表C1-4）。

常用的资源环境承载能力评价方法　　表C1-3

生态足迹法	能值分析法	模糊综合评价法	主成分分析法	状态空间法
熵权法	均方差决策法	层次分析法	突变级数法	灰色关联度分析法
系统动力学法	GIS空间分析方法	神经网络法	时间序列法	生态要素阈值法
DEMATEL方法	FLP方法	逆向因子修正法	TOPSIS法	差分进化算法
频数统计法	聚类分析法	情景分析法	多指标综合预测法	可变单产法

来源：根据《生态文明视角下城市国土空间规划技术方法体系创新》整理

常用的国土空间开发适宜性评价方法　　表C1-4

类别	常用开发适应性的分析方法和算法
指标体系权重确定	层次分析法等
单要素评价	聚类分析、多环缓冲区分析、叠加分析（联合）、栅格重分类、栅格叠加等
单要素评价综合	空间叠加法、矩阵判别法等

来源：根据《生态文明视角下城市国土空间规划技术方法体系创新》整理

C1-1-3
系统修正校核评价结果

主要是对城镇建设、农业生产或生态保护等不同功能适宜性的空间边界的修正。在“双评价”结果中往往会出现一些重合性空间，如存在生态极重要、农业生产适宜和城镇建设适宜的两或三种地域功能复合叠加的区域，需要对这种“多宜性空间”进行修正。

当生态极重要区与农业生产/城镇建设适宜区冲突时，优先保障区域生态系统服务提升及生态用地需求；识别优势农业生产空间与城镇建设适宜区的空间冲突，按照农业空间、生态空间和城镇空间的评价原则及次序进行优选；对于重要适宜区，可结合多目标空间格局优化结果进行综合优选[1]（图C1-1）。

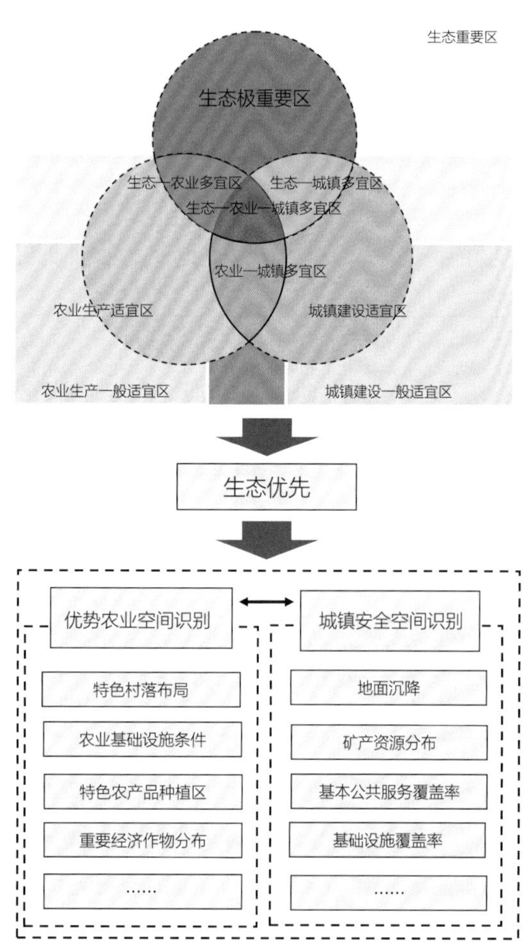

图C1-1 多宜空间协调优化路径示意
来源：《基于"双评价"的国土空间格局优化》

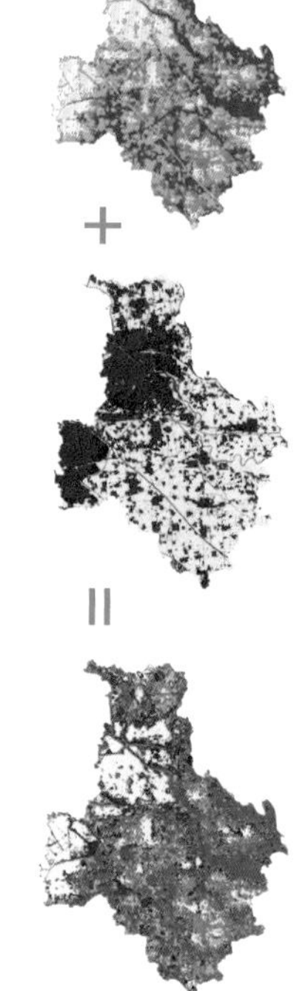

图C1-2 北京通州区空间格局分析重叠分析示意

C1-1-4

科学评估空间价值

农业空间

农业空间的预判以最新的国土变更调查成果为基础，在生态保护空间的基础上，叠加对防灾安全、土壤污染、现有生产状况、设施建设选址、矿产开采等各种情形要素的分析，判定适宜纳入农业生产的空间。

生态空间

生态保护空间的预判，本着"能保尽保"原则，叠加生态环保、林业、草业、水利、风景名胜等各部门划定的保护范围，全面校核划定（图C1-2）。

城镇建设空间

借助大数据分析，以及手机信令数据、地图API数据、人口动态分布与活力数据分析等，识别城镇建设空间的职住关系、交通条件、区位条件、设施吸引力、人口聚集度等影响因素，评估预判城镇建设潜力空间（图C1-3）。

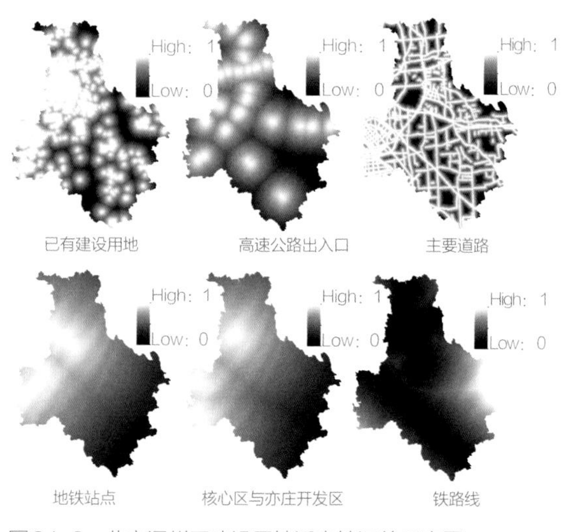

图C1-3 北京通州区建设用地适宜性评价示意图

C1-2 ※

国土空间"双评估"

国土空间规划现状评估和风险识别评估（简称"双评估"）主要着力发现空间利用中存在的突出问题和矛盾，从空间的规模、结构、质量、效率、时序等方面评判空间价值与利用情况。

C1-2-1 问题导向构建评估指标

在评估基本指标的基础上，结合地方实际发展诉求对"双评估"的指标范畴适度延展，增加社会大数据的采集，增加能反映当地空间建设中存在问题的指标。

以问题为导向，通过定性评估与定量评估相结合，对标绿色发展理念和城市的发展定位及目标，将定位、目标和相关要求转译为可量化、可计算、可评估的指标。针对空间的规模、结构、质量、效率、时序等方面进行分解，构建面向不同问题导向的指标体系[2]（图C1-4）。

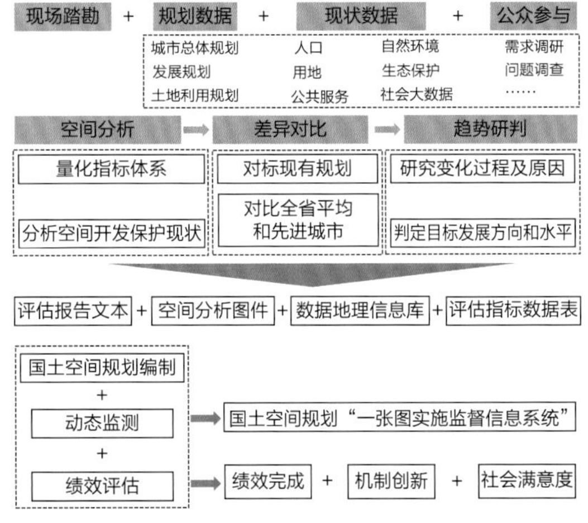

图C1-4 国土空间规划现状实施评估基本流程模拟

C1-2-2 实施导向空间风险评估

现状实施评估按照"多规合一"的思路，对象应涵盖现行的城乡规划、土地规划、主体功能区、环境保护等重要规划以及国民经济和社会发展规划中所涉及的空间内容。通过对实施效果的评估，以自身发展的纵向对比、与原规划目标的对比、与相关标准和要求的对比，识别城市发展的问题与差距，绘制反映底线控制、资源利用、设施协调布局和公共服务均等化等方面的分析图，识别问题空间，并充分挖掘存量空间和流量空间价值。

开发保护风险评估主要包含对自然灾害、资源承载、生态保护、历史文化保护、城乡建设、土地空间利用等方面的综合评估。其中最为重要的是多重灾害和事故的风险评估，需要综合预判气候变化以及未来发展可能带来的风险和事故。例如，大规模的地下空间开发建设可能带来的地质和洪涝风险等。

C1-2-3 精准识别提出对策建议

强化对现状实施的横向和纵向的对比分析，查找问题与差距。采用空间分析、差异对比、趋势判断等方法进行分析。着重反映生态空间、农业空间及城镇建设空间的突出矛盾和问题，深挖治理层面的根源，对国土空间规划方案提出建议。

C2 目标指标

C2-1 区域协调定位目标

落实国家和区域战略，明确发展战略定位，与都市圈其他城市定位相协调；深化细化主体功能定位；梳理相邻市县的城市定位，寻找差异；挖掘城市特色资源优势，实现特色化错位发展。

C2-1-1
深化主体功能定位

梳理已有上位规划，落实主体功能定位。生态保护、农业生产、城镇建设单一功能特征明显的区域，可作为重点生态功能区、农产品主产区、城市化发展区备选区域。两种或多种功能特征明显的区域，按照安全优先、生态优先、节约优先、保护优先的原则，结合区域发展战略定位，以及在全国或区域生态、农业、城镇格局中的重要程度，综合权衡后，确定其主体功能定位。

C2-1-2
融入“都市圈”定位

在确定城市发展定位时，要落实国家和区域发展战略，依托相关都市圈定位，分析都市圈的核心竞争力，分析都市圈内各城市的发展条件及优势，发挥各地自身比较优势，力求特色差异化发展，实现城市分工互补，避免同质化恶性竞争。

C2-1-3
协调区域定位分析

进行与都市圈和周边城市的网络关联度分析，主要对人口、GDP（国内生产总值）、人均GDP、幸福指数及城市其他需要关注的特征进行横向比较分析，找出自身发展优势和短板（图C2-1）。

针对交通的网络关联度进行分析，客观分析城市的区位特征，梳理在国家、省域、城市（镇）群等的位置、邻接关系及大区域交通条件情况。

通过首位度分析，梳理相邻市县的城市定位，寻找差异，在定位中突出城市特色资源优势，实现错位发展。

C2-1-4
因地制宜特色定位

绿色发展的城市要有个性化定位。研究城市山水自然环境特征，分析历史文化脉络，遵循时代发展规律，应对城市发展建设突出问题，顺应时代发展要求，破解“千城一面”难题。

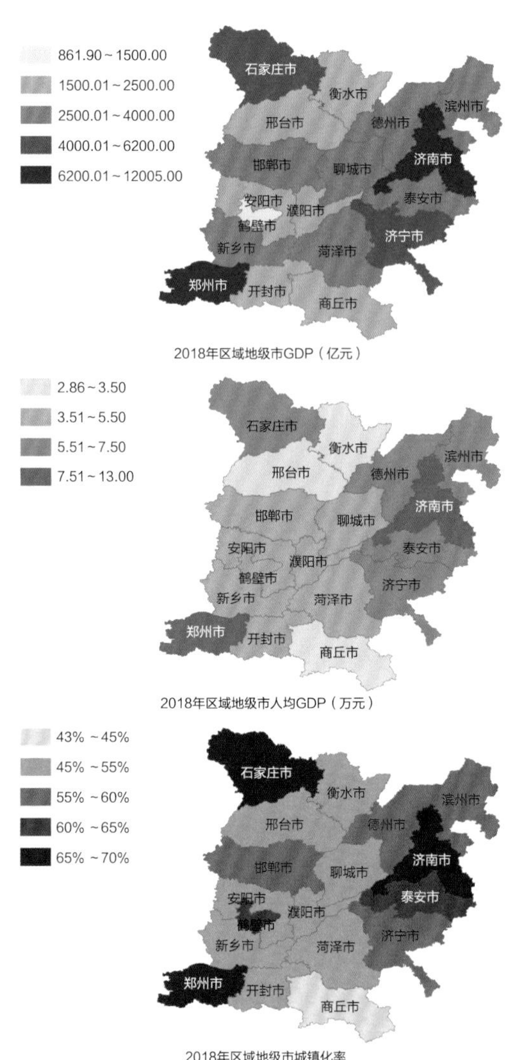

图C2-1 基于区域协调的发展分析示意

研究自然环境特征

自然环境特征主要包括山水格局、资源禀赋、生态环境等（图C2-2）。

山水格局——山水格局的地理环境与城市文明息息相关。在作定位分析时，要对城市所在的区域山脉水系进行梳理，得出城市与山水的发展依附关系。

资源禀赋——资源方面，要梳理挖掘城市的主要资源优势，主要包括矿产资源和能源资源，为能源方面定位和产业选择提供依据。

生态环境——梳理全域生态资源，如自然保护区、重要林地、水资源保护区等。核实生态功能区划的定位合理性。

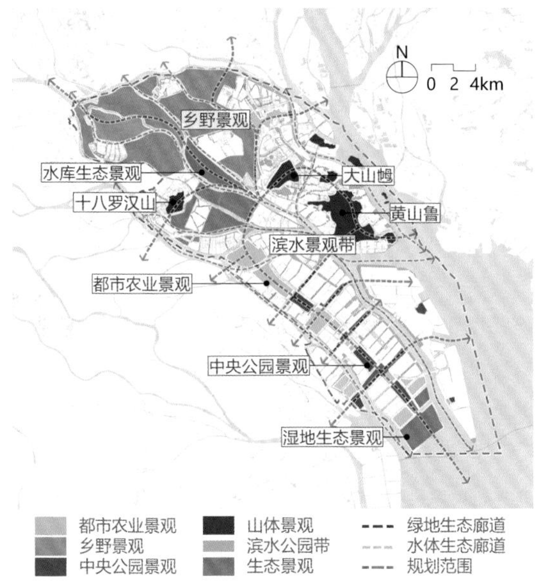

图C2-2 广州南沙新区山水格局分析示意

分析历史文化脉络

梳理文化脉络，分析城市历史发展沿革。分析城市历史发展定位的变化和演变，挖掘城市核心资源和主要联系方向，为城市定位调整提供依据。

分析城市格局的演变，包括城市的整体形态、功能布局、空间要素（如道路街巷、城市轴线）等，分析城市历史发展中的自然与社会条件，包括政治、经济、文化、交通、气候、景观等内容，得出城市文化构成及特征。

顺应时代发展要求

城市定位应体现时代最显著的特征，响应国家"两个一百年"奋斗目标，响应人民的美好生活需要。从宏观经济发展趋势、国家政策方针趋势、全省（自治区、直辖市）及地方政策导向等方面着手，探索城市发展的时代趋势和新要求，并重点落实国家战略要求。

应对发展突出问题

针对粗放式发展、同质化发展、破坏生态环境、城乡发展不均衡等城乡发展中的主要问题，制定发展定位。

遵循城市发展规律

分析城市所处的发展阶段、发展动力和发展趋势，研究城市发展规律。梳理核心优势和潜力，分析评估城市自身发展特征及条件。通过城市建设和管理情况评估城市宜居水平，重点总结提炼城市特色、城市魅力（图C2-3）。

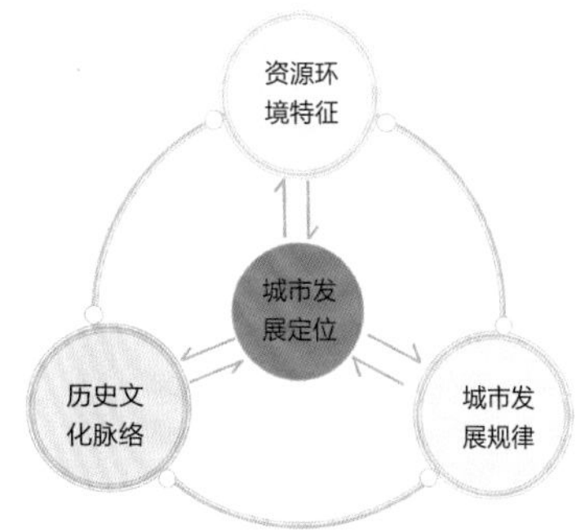

图C2-3 城市特色发展定位分析示意

C2-1-5 制定阶段发展目标

通过分析论证，明确城市发展的总体目标愿景、各具体战略定位及城市性质。其中，具体定位包括城市资源环境定位、产业发展定位、区域功能定位、城市形象定位等。

根据确定的定位提出分阶段的发展目标，以首轮国土空间为例，提出近期和远期的发展目标。

C2-2 ※ 绿色低碳空间策略

基于绿色发展的空间规划策略主要是从主体功能区划、区域协同、城乡融合等方面提出绿色低碳空间策略和空间模式。

C2-2-1 落实主体功能区划

在省级主体功能区划的指导下，根据不同区域的资源环境承载能力、现有开发强度和开发潜力，统筹谋划人口分布、经济布局、国土利用和城镇化格局，将国土空间划分为城市化地区、农产品主产区和重点生态功能区等。

以地理国情调查数据为基础进行地表现状分区和地形地貌分区，确定局部功能单元的实体范围；划分功能属性单元格，根据“三调”数据确定单元属性；衔接上层次主体功能定位、结合“双评价”的结论完成具体地域主体功能的划定，明确市层面主体功能区的精准定位（图C2-4）。

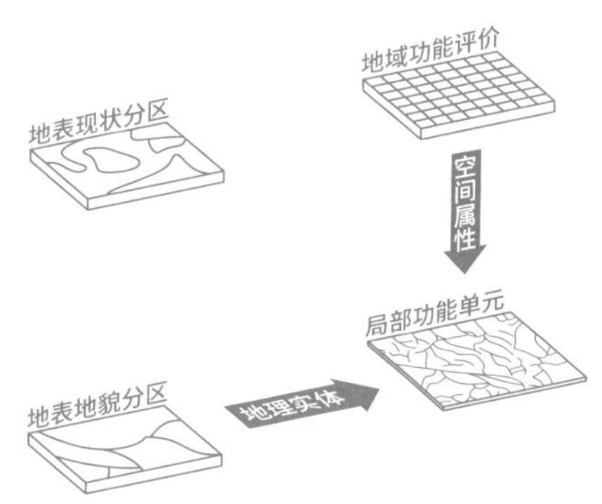

图C2-4　功能单元提取示意
来源:《市县国土空间规划主体功能区划定方法研究》

C2-2-2
区域共享协同发展

以中心城市引领城市群发展形成新的区域增长极，都市圈建设是城市群发展的抓手，协同发展是都市圈、城市群遵循的发展路径。

根据《评价指南》要求，落实上位国土空间规划提出的区域协调要求，制定生态环境共治共保、基础设施互联互通、公共服务设施共建共享等区域协调发展策略和措施。城镇密集地区的城市要提出跨行政区域的城镇协调发展的规划内容，促进区域一体化发展（图C2-5）。

在规划中要进行城市与周边中心城市的联系度的分析，尤其是在大型交通廊道，如航道、高速公路、铁路等沿线的城镇发展廊道的发展联系，培育科技创新走廊、城市文化走廊等特色的城镇发展廊道等。

C2-2-3
城乡融合高质量发展

要在生态保护空间和农田保护空间已划定的基础上，优化城镇空间布局，解决城乡用地布局、产业分布和环境之间的矛盾。通过空间结构的优化、引导建设，控制与改善市域的区域环境。分析人口流动和城镇化发展趋势，按照人-地-产-资源生态环境相互匹配的基本原则，优化城镇体系规模等级和空间结构。统筹城乡发展单元，发挥重点镇、特色镇的带动作用（图C2-6）。

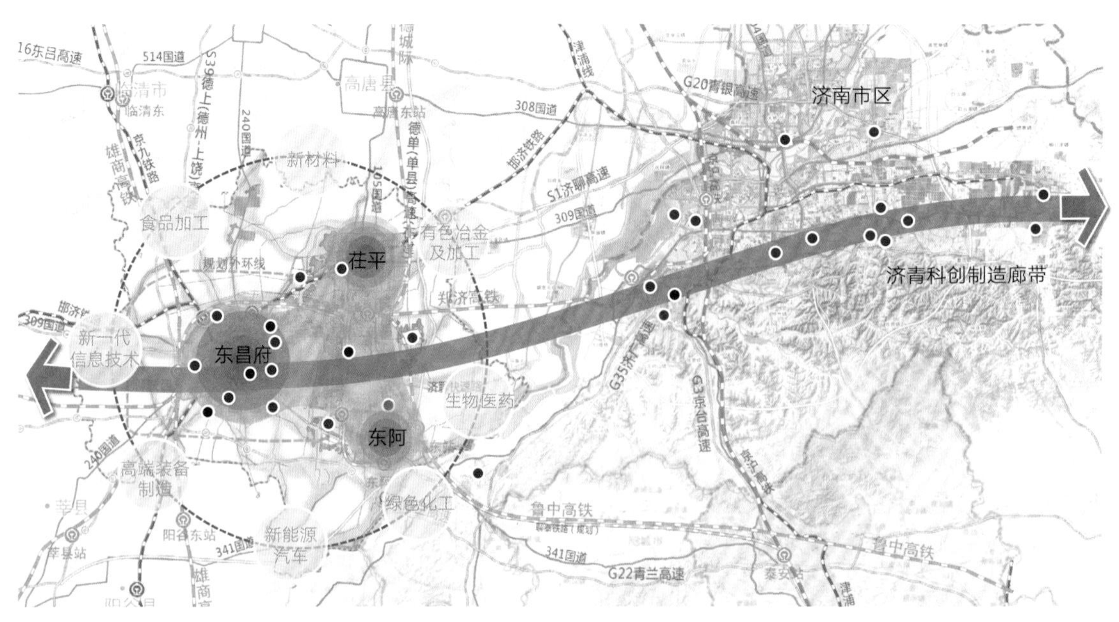

图C2-5　聊城-茌平-长清-济南科创制造廊带示意

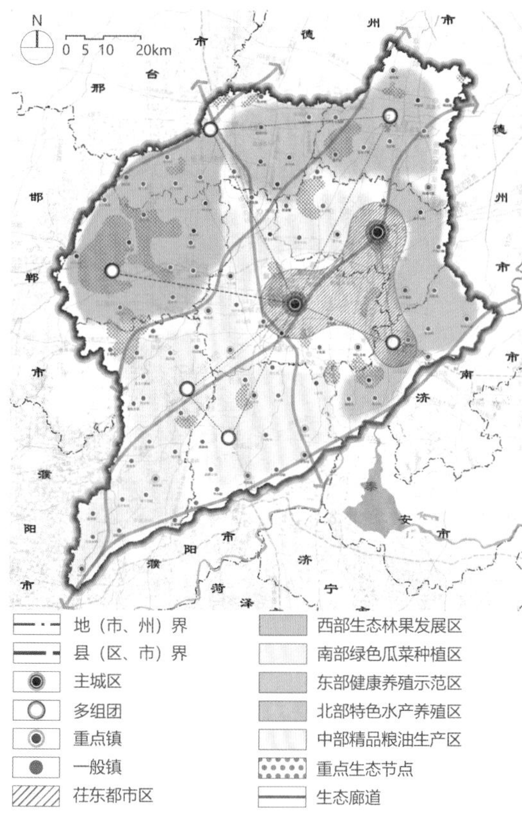

图C2-6　聊城市城镇体系规划示意

C2-2-4

产业集群集约要求

在产业用地规划中要围绕城市发展定位与核心产业职能，加强战略性产业的空间支撑保障。综合配置上、下游产业，形成产业链。

要引导产业转型，推动产业结构的调整优化。统筹全域制造业、服务业、文化和康养旅游业等现代产业空间布局，推进产业集群化、集聚化、集约化和绿色化发展。

C2-3 ※

绿色规划指标体系

遵循整体性、科学性、生态性、可持续、宜居性及时序协调性原则，通过梳理与绿色发展理念相关的指标体系，制定基于绿色发展的国土空间总体规划的指标体系。

C2-3-1

相关指标体系梳理

国内外绿色规划相关指标体系梳理不仅限于总体规划的指标体系的梳理，还对绿色城市、生态城市、可持续发展等指标进行梳理。指标体系多集中于资源、生态、环境、产业、交通多要素的规模、结构、效率、品质等方面（表C2-1）。

C2-3-2

指标体系构建原则

整体性原则

依据“山水林田湖草生命共同体”理念，构建能够体现国土空间系统性和整体性功能的规划指标体系。

科学性原则

管控指标的选取和制定应遵循科学性原则，考虑各子系统及复合系统健康发展的需要，使未来的城市发展处于良性循环状态。

集约性原则

评价指标的选取能直接或间接地反映资源利用的集约水平状况。

可持续原则

应协调好发展和保护的关系，使短期利益与长期利益、局部利益与整体利益取得一定程度的调和与妥协，使人与自然、社会、政治、经济各系统能够保持和谐的可持续发展。

宜居性原则

应从城市宜居角度出发，保持生态效益、经济效益和社会效益的协调发展，共同促进城市绿色系统整体效益提升，适宜人类居住、生活和工作，居民的物质生活和精神生活需求都能得以充分满足。

时序协调原则

长期性和阶段性相协调原则。由于国土空间是在不断发展的，而人们生活水平的提高和科学技术的发展，将不断对绿色城市规划建设提出新的要求，其标准也随着经济水平的提高而提高，这就决定了指标的制定要考虑长期性和阶段性。

国内外绿色规划相关指标体系梳理 表C2-1

序号	分类	指标体系	来源	指标构成
1	国外	“全球绿色城市”评选	“全球绿色城市”评选标准	自然生态、人口、经济社会、居住系统、公共支撑
2		联合国2030年可持续发展17个可持续发展目标	联合国《2030年可持续发展议程》	消除贫穷、消除饥饿、健康的生活方式、包容性和公平的优质教育、性别平等、可持续水和环境卫生、可持续的现代能源、可持续经济增长、有复原力的基础设施、减少不平等、有复原力城市和人类住区、可持续消费和生产模式、应对气候变化、保护和可持续利用海洋资源、可持续利用陆地生态系统、建立包容性机构、可持续发展全球伙伴关系
3		新加坡绿色规划2030	《新加坡绿色规划2030》	大自然里的城市、能源再利用、绿色经济、弹性未来和可持续生活
4		温哥华可持续发展目标	温哥华《最绿城市行动规划》（2011年）	绿色经济、环境领导力、绿色建筑、绿色交通、零垃圾、自然环境的可达性、更少的生态足迹、清洁的水、清洁的空气、本地食品
5		伦敦“良性增长”的总目标	《大伦敦规划2021》	建设强大而包容的社区、充分利用土地、创造健康城市、提供市民所需的住房、发展良好的经济、提高效率和韧性
6	国内	国土空间总体规划规划指标体系	自然资源部《市级国土空间总体规划编制指南（试行）》（2020年）	空间底线、空间结构与效率、空间品质
7		绿色发展指标体系	国家发展改革委《绿色发展指标体系》（2016年）	资源利用、环境治理、环境质量、生态保护、增长质量、绿色生活、公众满意度
8		生态文明建设考核目标体系	国家发展改革委《生态文明建设考核目标体系》（2016年）	资源利用、生态环境保护
9		绿色生态城区评价标准	住房城乡建设部《绿色生态城区评价标准》（GB/T 51255—2017）	土地利用、生态环境、绿色建筑、资源与碳排放、绿色交通、信息化管理、产业与经济、人文、技术创新
10		市县国土空间开发保护现状评估推荐指标	自然资源部《市县国土空间开发保护现状评估技术指南（试行）》（2019年）	安全、创新、绿色（生态保护、绿色生产、绿色生活）协调、开放、共享
11		雄安新区规划主要指标	《河北雄安新区规划纲要》（公布稿）（2018年）	创新智能、绿色生态、幸福宜居
12		中新天津生态城指标体系2.0升级版	《中新天津生态城指标体系2.0升级版行动方案》	生态环境健康、社会和谐发展、经济绿色低碳、区域协调共享
13		中法武汉生态示范城规划指标体系（2015—2030）	《中法武汉生态示范城总体规划（2016—2030）》	创新产业之城、协调发展之城、环保低碳之城、中法合作之城、和谐共享之城
14		生态城市主要指标	《中国低碳生态城市发展战略》（2009年）	生活水平指数、资源节约水平指数、产业健康指数、环境友好指数、社会和谐指数、生态文化指数
15		城市规划指标体系框架	《中国低碳生态城市发展战略》（2009年）	居住环境、土地利用、交通出行
16		2021年城市体检指标体系	《住房和城乡建设部关于开展2021年城市体检工作的通知》	生态宜居、健康舒适、安全韧性、交通便捷、整洁有序、多元包容、创新活力

C2-3-3

绿色发展总体规划指标

绿色国土空间总体规划的指标体系是以构建绿色国土空间的目标系统为依据，从底线管控、结构分区、设施效率、空间品质、特色风貌等方面来制定的（表C2-2）。

绿色发展要结合城市资源条件和总体规划发展需求选择适用于本地区的相关管控指标。相关管控指标按指标性质分为约束性指标、预期性指标和建议性指标三类。约束性指标是为实现规划目标，在规划期内不得突破或必须实现的指标；预期性指标是指按照经济社会发展预期，规划期内努力实现或不突破的指标；建议性指标是指可根据地方实际选取的规划指标。

绿色总体规划指标体系构成建议 表C2-2

分类	指标项	指标建议类型	指标层级
底线管控	生态保护红线面积（km^2）	约束性	市域
	用水总量（m^3）	约束性	市域
	永久基本农田保护面积（km^2）	约束性	市域
	耕地保有量（km^2）	约束性	市域
	建设用地总规模（km^2）	约束性	市域
	城乡建设用地规模（km^2）	约束性	市域
	林地保有量（km^2）	约束性	市域
	基本草原面积（km^2）	约束性	市域
	湿地面积（km^2）	约束性	市域
	自然和文化遗产（处）	预期性	市域
	地下水水位（m）	建议性	市域
	新能源和可再生能源比例（%）	建议性	市域
	本地指示性物种种类（个）	建议性	市域
	新增生态修复面积（km^2）	约束性	市域
	重要江河湖泊水功能区水质达标率（%）	约束性	市域
	#森林覆盖率（%）	预期性	市域
结构分区	常住人口规模（万人）	预期性	市域 城区
	常住人口城镇化率（%）	预期性	市域
	人均城镇建设用地面积（m^2）	预期性	市域 城区
	人均应急避难场所面积（m^2）	约束性	城区
	#蓝绿空间占比（%）	预期性	城区
	轨道交通站点800m半径服务覆盖率（%）	建议性	城区
	都市圈1小时人口覆盖率（%）	建议性	市域
设施效率	能源消费总量（万吨标准煤）	预期性	市域
	#单位 GDP 能源消耗（万吨标准煤）	预期性	市域
	#单位 GDP 二氧化碳排放（%）	预期性	市域
	每万元GDP水耗（m^3）	预期性	市域
	每万元GDP地耗（m^2）	预期性	市域
	#污水集中处理率（%）	约束性	市域
	#非传统水资源利用率（%）	约束性	市域
	降雨就地消纳率（%）	约束性	市域
	#供水保障率（%）	约束性	市域
	城镇生活垃圾回收利用率（%）	预期性	城区
	农村生活垃圾处理率（%）	预期性	市域
空间品质	公园绿地、广场步行5分钟覆盖率（%）	约束性	城区
	卫生、养老、教育、文化、体育等社区公共服务设施步行15分钟覆盖率（%）	预期性	城区
	城镇人均住房面积（m^2）	预期性	市域
	#规划建设区人口密度（人/km^2）	预期性	城区
	城镇人均住房面积（m^2）	预期性	市域
	人均体育用地面积（m^2）	预期性	城区
	每千名老年人拥有养老床位数（张）	预期性	市域
	医疗卫生机构千人床位数（张）	预期性	市域
	人均公园绿地面积（m^2）	预期性	城区
	#10万人拥有综合公园数（座）	建议性	城区
	绿色交通出行比例（%）	预期性	城区
	#城市建成区绿地率（%）	预期性	城区
	#保障性住房占本区住宅总量的比例（%）	预期性	城区
	#公共交通站点服务覆盖率（%）	预期性	城区
	#市政道路公交服务覆盖率（%）	预期性	城区
	人均城市公园面积（m^2）	预期性	城区
	#城市绿道服务半径覆盖率（%）	预期性	城区
	工作日平均通勤时间（分钟）	建议性	城区
特色风貌	#历史文化街区保护修缮率（%）	预期性	市域
	#视线通廊完整度（%）	建议性	城区
	#城市天际线美景度	建议性	城区
	#滨水邻山空间开敞度	建议性	城区
	#城市色彩和谐度	建议性	城区

注：加“#”为在《评价指南》基础上新增的指标。

C3 空间分区

C3-1 统筹划定底线约束

规划中处理发展空间和保护空间关系时，在高水平保护生态空间和农业空间的基础上，统筹划定生态保护红线，优化基本农田保护底线，集约划定城镇开发边界。

C3-1-1 优化基本农田保护底线

以现状耕地分布、坡度和质量等级为基础，以年度土地变更调查、地理国情监测、耕地质量调查监测与评价等成果为依据，结合国土调查，按照“总体稳定、局部微调、应保尽保、量质并重”的要求，严格划定永久基本农田红线。建立永久基本农田整备区，做到“基本农田划到位、发展空间留到位”。

永久基本农田划定时要选择好立地条件，坚持稳定布局的原则。在城镇周边、交通运输通道周边设立缓冲区，防止建设用地扩张范围与永久性基本农田的范围发生冲突，减少方案调整次数，减少冲突。还应该考虑区位条件和规划用途，为未来都市农业等用地发展提供空间（图C3-1）。

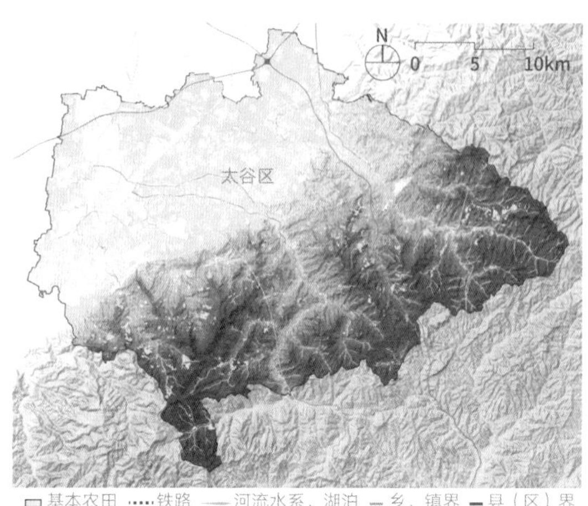

图C3-1 晋中太谷永久基本农田划定示意图

C3-1-2 统筹划定生态保护红线

通过与市县区域土地利用现状、地理国情普查、第三次全国国土调查等土地分类体系衔接，识别具有生态功能的土地类型来初步判断生态空间范围；依据生态系统服务功能重要性和敏感性评价确定生态空间位置；通过整合自然保护地、水源保护地、公益林等各类保护区域，界定核心生态空间。保证生态格局的地域特征得以延续（图C3-2）。

遵循生态红线系统性，保持图斑的连片性，防止图斑的破碎化，按照生态系统完整性和空间格局连续性的思路，对面积小于1hm^{2}的图斑进行归并处理。对有争议的区域和边界按照“应保尽保”的原则纳入。

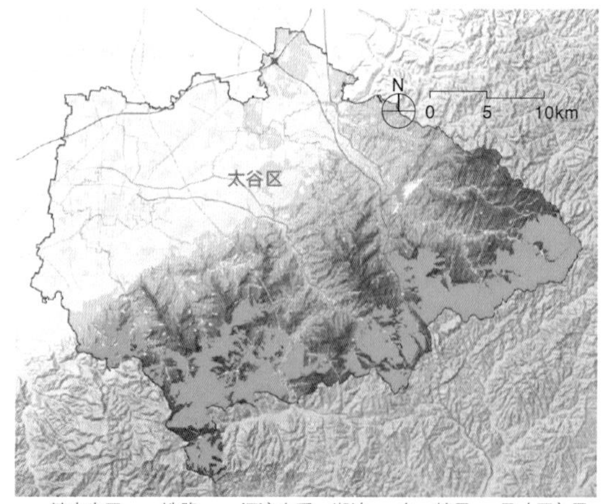

图C3-2 晋中太谷生态保护红线划定示意图

C3-1-3
集约划定城镇开发边界

结合空间评价明确建设用地潜力

从城市安全、工程技术、区位条件、集聚效应等方面评价与确定适宜用于集中城镇建设的空间。在避让生态保护红线和永久性基本农田的基础上，根据地形、地质、承载能力、水文、气象、地质灾害等多方面的资料等，以及宏观区位、交通条件等发展条件进行空间开发适宜性评价工作，判断哪些地区适宜进行哪些类型的国土空间开发，确定适宜建设用地、一般适宜建设用地和不适宜建设用地的空间分布，为确定城镇可开发用地布局提供依据。

预测判断资源承载规模

主要对水资源承载能力进行核算。通过核算城市可用水量除以城镇人均需水量，确定可承载的城镇人口规模，可承载的城镇人口规模乘以人均城镇建设用地面积，确定可承载的建设用地规模。城镇可用水量在区域用水总量控制指标的基础上，结合区域供（用）水结构、“三产”结构等确定。城镇人均需水量需考虑不同发展阶段、经济技术水平和生产生活方式等因素，按照生活和工业用水量的合理占比综合确定。人均城镇建设用地面积，要基于现状和节约集约发展要求合理确定[3]。

根据区域战略定位明确空间开发导向

根据城市在国家重要战略区域的位置或与重要战略区域的联系进行分析，以及在上位城镇体系格局中所处的位置，得出该城市在区域中的发展方向及发展定位，根据其相关要求计算合理的城镇建设用地规模，作为城镇开发边界划定的主要依据。

与合理的空间结构布局相适应

城镇开发边界是城镇发展方向和空间布局形态控制引导线。空间结构作为前提支撑，作为划定城镇开发边界的形态引导。要根据自然条件和山水环境，综合考虑公共交通与城市用地的互动关系，根据合理的空间组团规模和区域发展方向确定。

借鉴案例：太谷开发边界划定

太谷中心城区的城市开发边界划定，在分析建设项目空间需求的基础上，研究城市建设发展方向的三种情景，划出大、中、小三种方案，结合水资源承载能力、人口预测、区位条件分析等划定城镇开发边界（图C3-3）。

图C3-3　晋中太谷开发边界划定示意图

C3-2 ※
网络集约总体格局

以国土空间开发保护底线为基础，统筹明确以生态空间为基底，构建层次分明的城乡发展格局、适宜地方特色的农业格局、城乡融合的发展格局、彰显地方特色的空间格局、地上地下协同的立体空间格局，并明确战略性的预留空间。

C3-2-1
优先明确生态空间格局

坚持保护优先，即生态空间划定要保证生态功能的系统性和完整性，确保生态功能不降低、面积不减少、性质不改变；建设和修复生态廊道，促进城市内部的绿地、水系与城市外围河湖、森林、耕地共同形成健康、完整、连续的蓝绿空间网络，提升生态系统网络的整体价值，构建生态安全格局。生态廊道的面积、形态应充分考虑与城乡建设用地的平衡关系，充分预留雨洪调蓄空间（图C3-4）。

C3-2-2
统筹保障农业发展空间

农业空间划定要保证适度合理的规模和稳定性，确保数量不减少、质量不降低；结合资源禀赋、水土光热条件、地形地貌、农业现代化条件和主体功能定位等，明确永久基本农田集中区和基本农田储备区，并以此为基础构建农业空间格局。鼓励城市近郊区发展都市农业，保障农产品资源的部分就近供给，推进农业产业集聚循环发展。

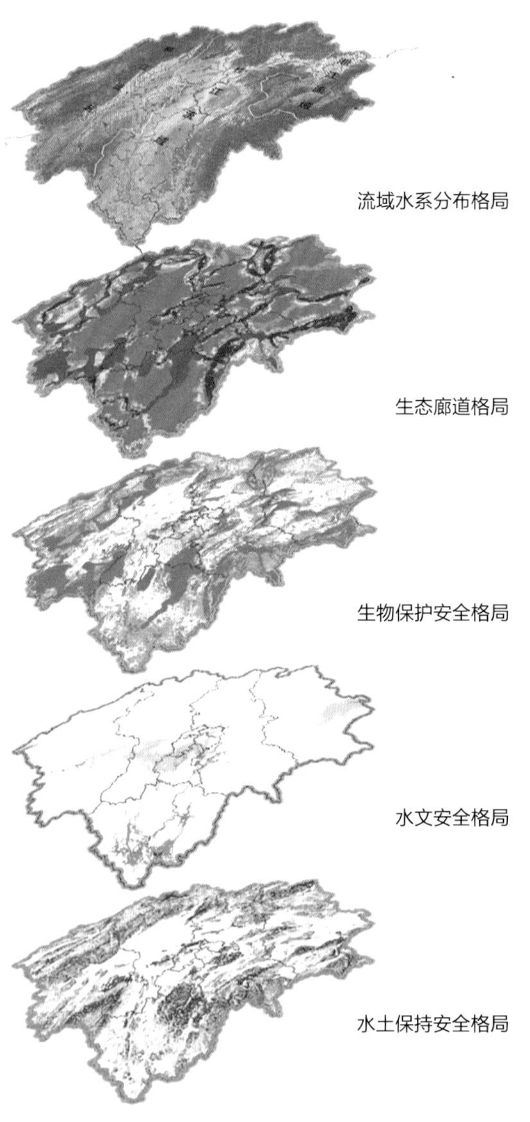

图C3-4　桂林生态格局分析示意图

C3-2-3
城乡空间融合建设格局

加快新型城镇化发展，以城市群、都市圈为主体构建大中小城市和小城镇协调发展的城镇格局。把握城镇化发展阶段特征和城乡人口结构、分布及流动趋势，综合考虑水资源、环境容量、建设用地后备资源等约束条件，在全域统筹城乡资源环境、服务保障能力和村镇布局，推进城镇基本公共服务均等化。

确定主要城镇的职能定位、建设用地规模和发展方向，让城镇和乡村互促共进。完善乡村职能定位。推进乡村高质量发展，加强以乡镇政府驻地为中心的农民生活圈规划，以镇带村、以村促镇，推动镇村联动发展。围绕承接大中城市功能、培育发展新动能、满足美好生活需求，规划发展定位清晰、功能明确、品质高端的特色小镇。通过规划建设改善农村基础设施条件，提升基本公共服务水平，建设美丽乡村，发挥其多重功能和价值，传承乡村文化，留住乡愁记忆。

C3-2-4
彰显地方特色空间格局

立足本地自然、历史人文和城市发展，尊重地域特点，结合时代特征，划定特色区域，彰显地方特色空间。运用城市设计的方法，对全域全要素特色资源进行识别和评估。对市域自然山水、历史文化、民族特色和都市发展等资源进行评估与研究。划定自然和人文资源的整体保护与利用区域，因地制宜塑造具有特色和比较优势的市域国土空间格局和空间形态（图C3-5）。

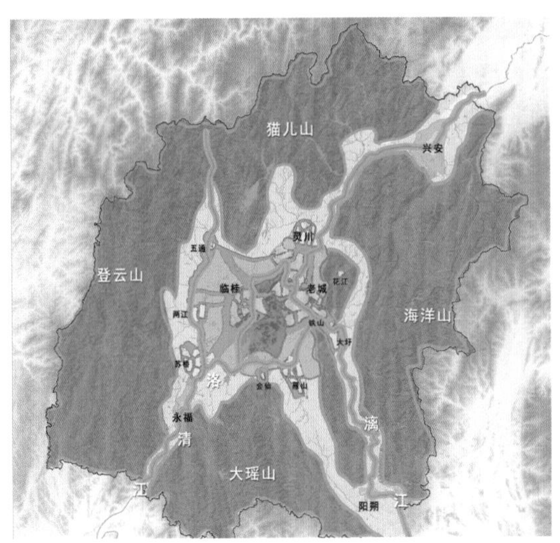

图C3-5　桂林都市区地方特色空间分布示意

C3-2-5

地上、地下协同立体格局

以安全利用和持续利用为前提，衔接各类规划控制线，划定地下空间资源保护和利用管控分区；引领集约高效的空间格局。引导围绕轨道交通枢纽和城市公共中心开展多功能、高效率、高品质的地上地下空间一体化综合开发，塑造集约高效的立体城市空间格局；因地制宜、有序引导地下市政场站建设。统筹地下市政管线和管廊、地下轨道交通线路的通道布局，预控廊道空间；提升地下空间的包容性和功能的复合性，构建与地面设施功能互补的城市灾害综合防御系统。

C3-2-6

明确战略性的预留空间

为应对未来发展的不确定性，结合功能布局调整，不可预期的重大事业和重大项目，同时应对重大技术变革对城市空间结构和土地利用的影响，增强规划的适应性，在开发边界内预留部分用地，并明确其在特定条件下进行城镇开发建设的程序与要求。

借鉴案例：新加坡“白地”规划

新加坡是较早在规划中探索战略留白用地的国家，是由新加坡市区重建局（URA）在控制城市开发中创造的一种规划实践，称为“白地”规划，是指对暂时不能确定用途的土地，不确定规划指标，先铺上草坪闲置，然后每5年对规划作一次修正，评估土地价值，在适当的时候投入市场，可由政府或市场主体主导开发（图C3-6）。

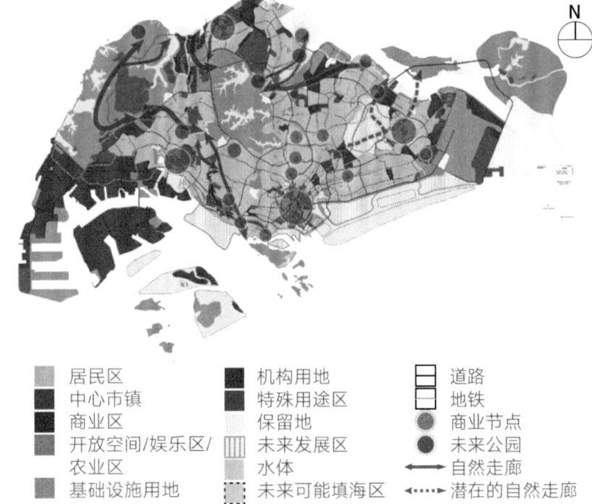

图C3-6　新加坡“白地”规划图

C3-3

科学分区分类管控

平衡保护与开发分区，从严划定生态保护区，分区分类约束生态控制区，统筹规范农田保护区的生产行为，提升优化城镇发展区，改善修复乡村发展区，分区细化海洋发展区，严控矿产能源发展区。

C3-3-1

从严划定生态保护区

对于陆域生态保护红线、海洋生态保护红线的集中区域，应按照《关于划定并严守生态保护红线的若干意见》《生态保护红线划定技术指南》和《海洋生态红线划定技术指南》等划定并依据相应的管理办法进行管理，应对严格保护、禁止开发区域进行管理，实行最严格的准入制度，严禁任何不符合主体功能定位的开发活动。区内原有的村庄、工矿等用途应控制扩展，根据保护需要逐步引导退出。

C3-3-2
分区约束生态控制区

采取“名录管理+约束指标+分区准入”相结合的方式细化管理规定，以保护为主，并应开展必要的生态修复。应依法依规按照限制开发的要求进行管理，允许在不降低生态功能、不破坏生态系统的前提下，依据国土空间规划和相关法定程序、管制规则适度开发利用。

C3-3-3
统筹规范农田保护区

农田保护区内严格规范农业生产活动，鼓励高标准农田建设、集中连片整治、即可恢复属性地类耕地功能恢复等整治活动。限制准入农业设施建设用地，限制转变为林地、湿地、水域等用途，实行正面清单准入。

C3-3-4
提升优化城镇发展区

城镇开发边界内分为城镇集中建设区、城镇弹性发展区和特别用途区（图C3-7）。

城镇集中建设区

城镇集中建设区：城镇开发边界围合的范围，是城镇集中开发建设并可满足城镇生产、生活需要的区域。城镇集中建设区采用“详细规划+规划许可”的方式进行管理，严格管控城镇建设用地的总体和单项指标。

城镇弹性发展区

城镇弹性发展区：为应对城镇发展的不确定性，在满足特定条件后方可进行城镇开发和集中建设的区域。城镇弹性发展区划定优先选择交通线沿线的区域和基础设施条件较好区域，城镇弹性发展区面积原则上不得超过城镇集中建设区面积的15%，其中特大城市、超大城市的城市弹性发展区面积原则上不得超过城镇集中建设区面积的8%。

城镇弹性发展区应以维持现状用途为主，限制开发城镇建设，允许符合国土空间规划条件的基础设施建设和村民生活必需的少量村庄建设。该区域可调整为城镇集中建设区，调整后的管控要求等同于城镇集中建设区。

特别用途区

特别用途区：为完善城镇功能、提升人居环境品质、保持城镇开发边界的完整性，根据规划管理需划入开发边界内的重点地区，主要包括与城镇关联密切的生态涵养、休闲游憩、防护隔离、自然和历史文化保护等区域。

特别用途区应明确准入项目类型，山体、水体、保护地纳入名录并提出专项管控要求。严格管控建设行为，可适度开展休闲、科研、教育等相关活动。

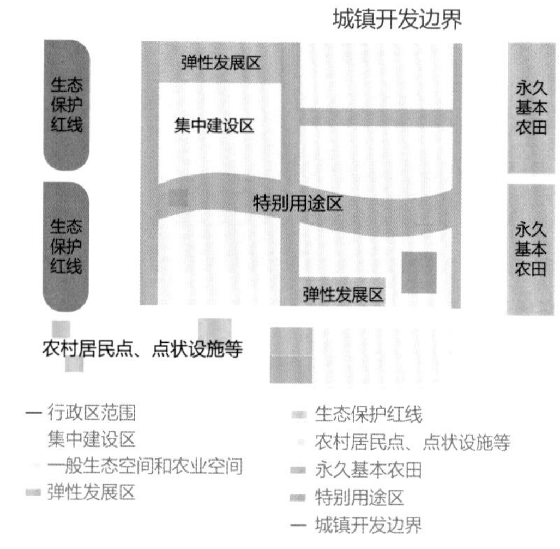

图C3-7 城镇开发边界划定示意图
来源：《市级国土空间总体规划编制指南（试行）》

C3-3-5
改善修复乡村发展区

乡村发展区是以农民生活、农林业生产为主导用途的国土空间，严控大规模的城镇建设。

村庄建设区

明确用途准入、规模控制、建设高度、建设强度和风貌的管控规则，优先保障农村宅基地和公共服务设施用地的建设需求。准入宅基地、农村公共服务设施、交通市政基础设施、农产品加工仓储、农家乐、民宿、创意办公、休闲农业、乡村旅游配套设施等农村生产、生活相关的用途，禁止大型工业园区、大型商业商务酒店开发等大规模城镇建设用途。

一般农业区

用于粮食和棉、油、糖、蔬菜等农产品生产，允许农业设施建设用地准入，允许准入利用农村本地资源开展农产品初加工、发展休闲观光旅游而必需的配套设施建设。

林业、牧业发展区

实施退耕还林还草，开展生态修复工程，提升生态环境质量。严格限制农业开发占用，从严控制商业性经营设施建设用地准入，限制勘察、开采矿藏和其他项目用地准入。

C3-3-6
分区细化海洋发展区

采用海洋利用功能规划分区进行细化，区内应合理配置海洋资源、优化海洋空间开发格局，严禁国家产业政策淘汰类、限制类项目在海上布局。其中，海域采取“分区管理+用海准入”进行管理。

C3-3-7
严控矿产能源发展区

合理调控能源资源开发利用总量，严格矿产开发和勘探准入条件，强化矿产资源节约与综合利用，引导开展矿山地质环境治理与矿区土地复垦。

C4
特色风貌

C4-1
保护传承历史文化

全面保护历史文化资源，传承历史文化文脉。划定历史文化保护管控底线；构建全域全要素保护控制体系；保护城市传统格局和肌理，挖掘历史文化特色；规划历史文化步道，串联历史文化场所。

C4-1-1
构建保护传承体系

建立城乡历史文化保护传承体系，构建统一的保护空间体系。做到空间全覆盖，要素全囊括，建立“保护区-文化线-文化点”相结合的文化遗产保护体系，加强文化保护区和文化遗产廊道的保护。构建“体现地方特色的自然保护地体系和历史文化保护体系”，明确“各类历史文化遗存的保护范围和要求”（图C4-1）。

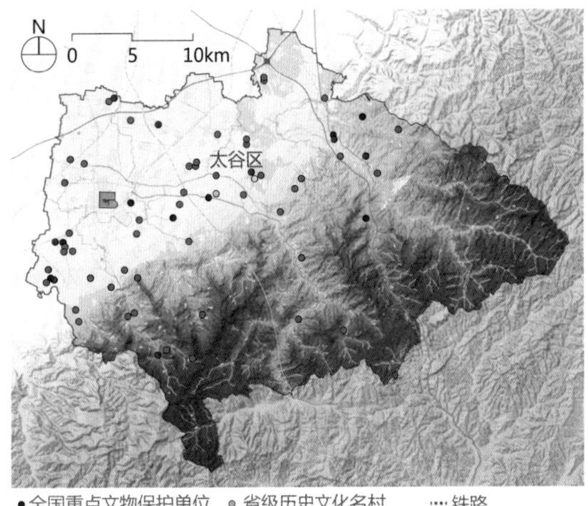

图C4-1　晋中太谷历史文化保护规划图

C4-1-2
划定历史保护线

以“应保尽保”为原则，通过系统整理，从形态与类型划分，得出点状文化资源、聚落文化资源、线面文化资源、非物质文化资源等类别，构建全类别保护名录和历史文化保护线体系。在规划中要进行矢量保护线保护。除纳入各级文物保护线（含地下文物埋藏区保护线）、名镇名村保护线、传统村落保护线外，还应积极纳入水利、农业、工业等文化遗存。

C4-1-3
设计历史文化廊道

借助历史古运河、古道驿站等，打造历史文化廊道，依托文化线路，对重要资源和沿线村镇景点进行整合，结合非物质文化活动发展人文体验、人文休闲等类型的旅游产业，以历史文化廊道为依托带动沿线全域文化旅游。

以规划的手段连接、整合多个历史文化遗产资源，将旧有的街道、街区、水系、祠庙、名人公馆等历史资源点通过散步道的形式，连接构成一个完整的历史文化保护系统及步行旅游系统，打造历史文化步道。

借鉴案例：波士顿“自由之路”

波士顿“自由之路”长约4km，将博物馆、教堂、历史建筑、公园、码头和历史标记等重要历史遗迹，用实体红砖线方式连接形成独特集合（图C4-2）。

图C4-2 波士顿“自由之路”路线图

C4-1-4
保护历史片区格局

历史肌理演变特征分析是空间肌理分析的前提和基础，通过对比不同时期的历史地图，了解肌理演变的过程与原因，是判断历史风貌价值和典型肌理、确定设计引导方向的重要依据（图C4-3）。

保护历史地区的路网格局和街廓尺度，并保护历史地区的特色建筑风貌。

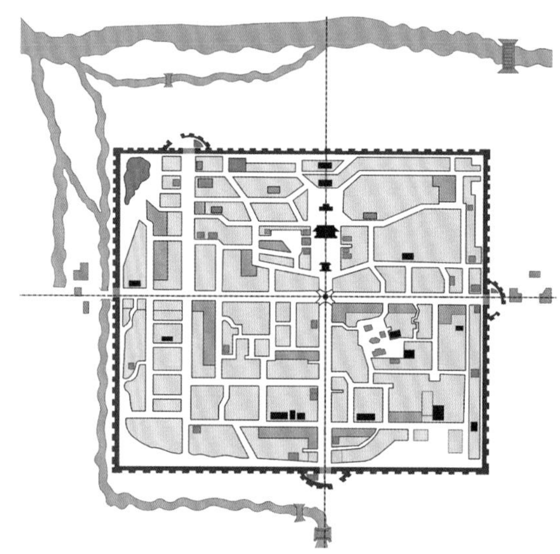

图C4-3 晋中太谷古城礼制格局分析图
来源：太谷历史文化名城保护规划

C4-1-5
延续文脉挖掘特色

将分散的历史文化要素进行系统规划。将具有特色和价值的风貌街道和街坊、历史文化风貌区纳入新增的保护体系，建立起空间、时间、专业和文化特性的关联性，从而真正地整合具有自身特色的历史文化资源。

充分挖掘历史文化风貌内涵，延续历史文脉，注重保护和修复现有的历史建筑和传统街区，加强整体风貌管控，促进历史建筑的功能活化。

系统梳理非物质文化遗产，与地理空间场所对应，按类型规划其传承及展示的空间场所。打造具有文化特色和历史记忆的公共空间（图C4-4）。

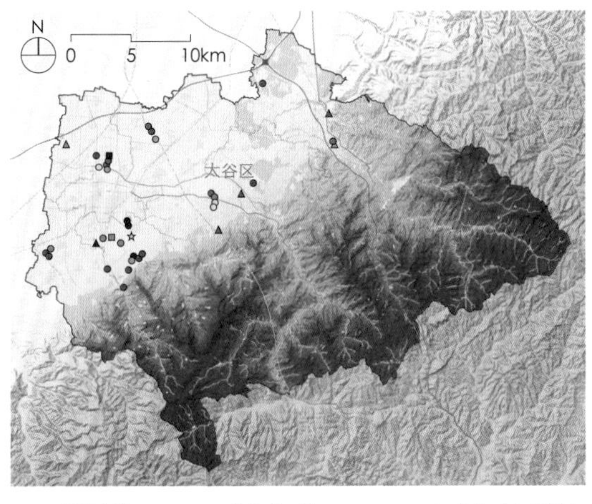

图C4-4　晋中太谷区非物质文化遗产分类及分布图

C4-1-6

保护历史地区环境

在历史地段保护与更新设计中，以维护地段及周边地区的环境生态为原则，在地段的保护开发过程中保障自然环境及生态系统的和谐稳定。提倡“设计结合自然”，尊重、强化地段用地中的自然基地特征，如濒水、临山、地形与植被变化等，以突出地段的自然风貌特色（图C4-5）。

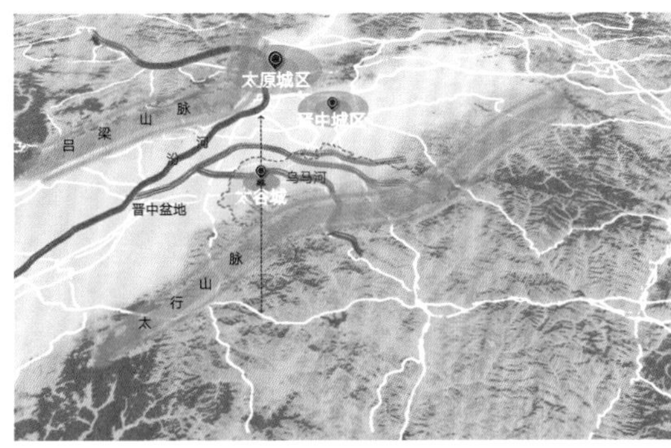

图C4-5　晋中太谷全域山水格局图

C4-2　※

本土特征空间形态

加强山水格局的分析，规划设计要与城市景观融合；加强水系、山体等自然景观的整体保护与塑造；通过视廊管控建立舒适有序的空间秩序；规划多层级、多类型的开放空间体系。

C4-2-1

加强自然城市景观融合

保持城市的大山水格局，并重视自然、顺应自然，让居民望得见山、看得见水、记得住乡愁。优化提升中心城区风貌，展现城市特色形象。

识别和梳理城市及周边整体的自然环境资源，重点保护海滨、河流、湖泊、山体等反映城市地貌特征的自然环境景观。

明确城市空间格局，根据自然山水格局、城市风貌定位与城市建设条件，明确顺应自然、布局合理的城市总体形态和空间格局（图C4-6）。

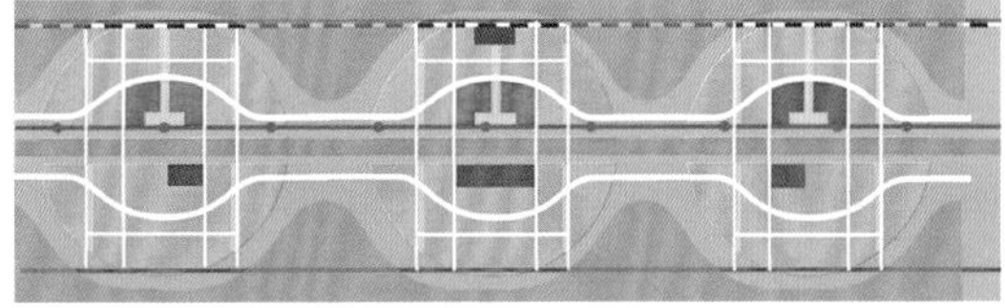

图C4-6　陇南市山水格局与城市景观关系

C4-2-2

塑造山水城市空间形态

立足本地自然资源与人文禀赋，塑造良好的空间形态与景观风貌，凸显地域特色。提出全域山水格局的空间形态引导和管控原则，加强自然和人文景观的整体保护与塑造，提出全域山水格局的空间形态引导和管控原则。

通过城市空间与自然环境的协同共生，减少城市建设对自然的干扰，同时加强城市内部生态网络建设，形成城市内、外部整体生态系统的连通，成为城市可“呼吸”的通道（图C4-7）。

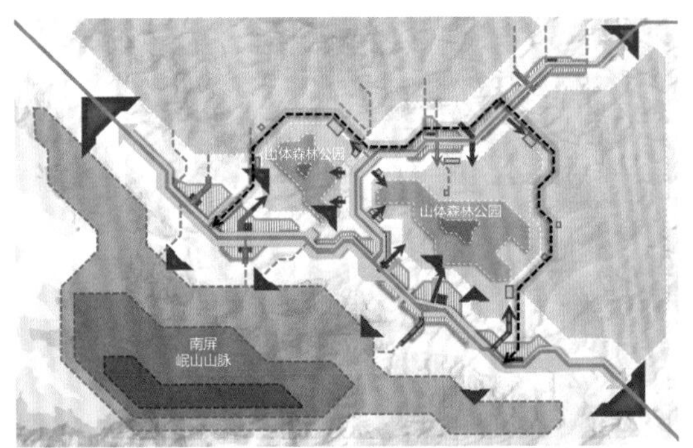

图C4-7 陇南中心城区山水格局

C4-2-3
建立舒适有序空间骨架

明确重要视线廊道及其导控要求，对城市高度、街区尺度、城市天际线、城市色彩等内容进行有序组织，并提出结构性导控要求。

建立“见山望水”的眺望系统

视线通廊与眺望系统是由城市制高点与城市中人流聚集较多的地面点之间形成的相互呼应。在城市设计时应尽可能保证城市空间与自然山水的联系，组织一系列景观空间视域、视廊、视点，建立起“见山望水”的视觉眺望系统。

构建本土山水廊道

利用城市森林、组团隔离带，营造大尺度绿色空间；依托重要水系、湿地、山体等，塑造公共活动空间，丰富亲水依山活动类型；保留有价值的历史遗存的空间。

打造城市空间景观廊道

结合城市组团布局以及城市各级中心、重要公共空间和标志性建筑，打造城市空间景观廊道和景观节点体系。

C4-2-4
合理确定开发强度分区

确定城市开发强度分区，以及城市开发强度重点管控地区的细化管控措施。综合考虑经济区位、功能布局、空间形态和交通条件，确定适度紧凑的城镇开发强度分区；对各类城市开发强度重点管控地区，提出容积率、密度等控制指标。

C4-3
塑造城乡特色风貌

塑造人与自然相融合的城乡特色风貌，管控重要特征地区的风貌特色，因地制宜塑造城乡空间形态。

C4-3-1
特色风貌定位

保护当地传统特色风貌和高度控制等空间形态塑造和管控要求，体现本土性、多样性。在综合研究山水环境、气候、生活方式、生产方式、交通方式、商贸活动规律的基础上，明确乡村整体风貌特色，划定特色风貌分区和特色风貌带，制定乡村风貌导引和管控措施。

结合乡村风貌和地域文化的实际情况，按照农房建设整治、村庄环境整治、乡土特色营造等分类，制定乡村风貌塑造负面清单。

C4-3-2
风貌管控分区

对整体的空间特色进行深入分析，建立总体空间骨架，对城市特色和自然格局进行引导。通过对山水格局等特征要素的分析确定风貌管控空间结构的锚固点，建立同类要素的联系，并分类、分区进行梳理和整合，建立其要素子系统的联系（图C4-8）。

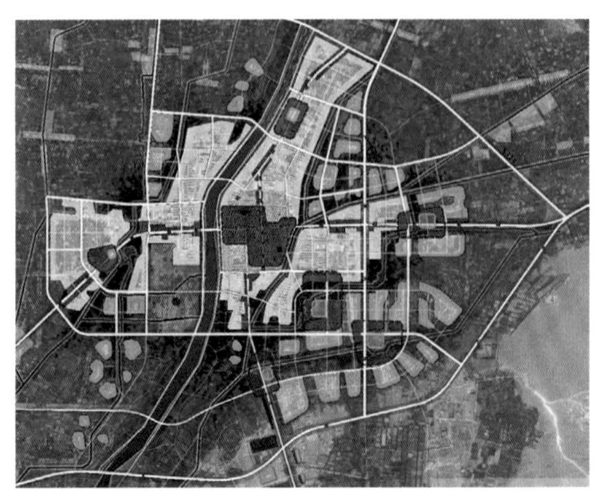
图C4-8 敦煌风貌管控空间结构

C4-3-3
特征地区管控

对于滨水地区、山麓地区、历史城区及其他自然和人文资源富集的地区，明确其范围、框架性管控原则，确定高度、视廊、天际轮廓线、风貌、色彩等控制要求（图C4-9）。

依据区段空间结构和城市总体景观框架，明确景观系统规划组织方案，明确公园绿地、水系水岸等景观子系统的位置、特征、主题等设计要求，对景观序列、景观视线系统进行安排与设计，塑造优美的城市天际线。

图C4-9　城市总体色彩格局

C4-3-4
建筑高度分区

确定空间结构锚固点，建立同类要素联系管控城市建筑高度（图C4-10、图C4-11）。

景观视廊控制因子：通过视廊控制区强化景观地标、标志性建（构）筑物的视觉控制作用。

山水格局控制因子：严格控制山水资源、自然开敞空间周边建筑高度，形成逐层跌落的城市轮廓线。

主要街道及公共空间控制因子：城市道路形成观山通廊，并严格控制主要道路两侧建筑高度。

交通可达性控制因子：确定交通条件分级与影响范围，强度控制从交通条件优势地区向一般地区递减。

城市核心区控制因子：综合考虑土地区位价值、城市各级中心规划布局，确定区位条件分级与影响范围，强度控制由区位优势地区向一般地区递减。

重要建筑物周边控制因子：主要对重要地标观测视廊与文物保护单位、古城外围的建筑高度进行控制。

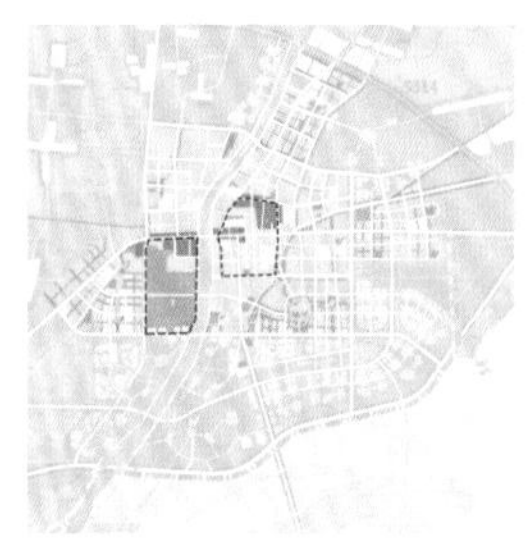

敦煌建筑高度控制古城保护因子

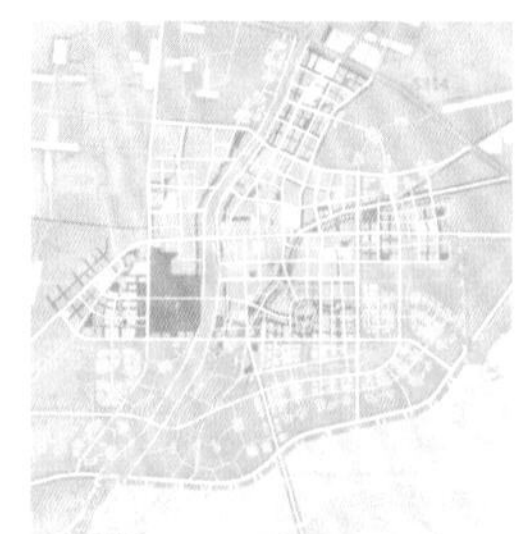

敦煌山水格局控制因子

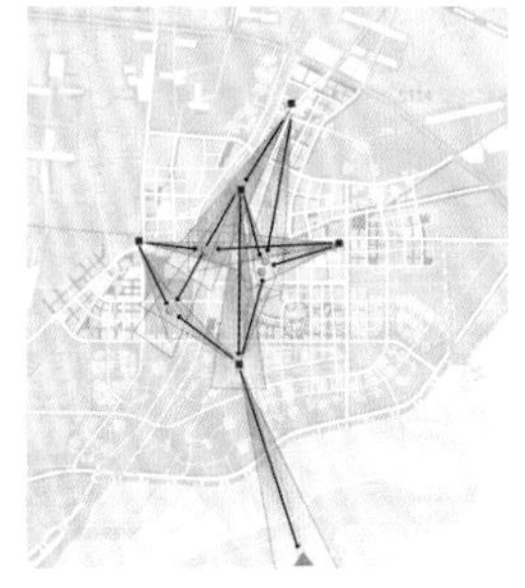

敦煌建筑高度控制景观视廊控制因子

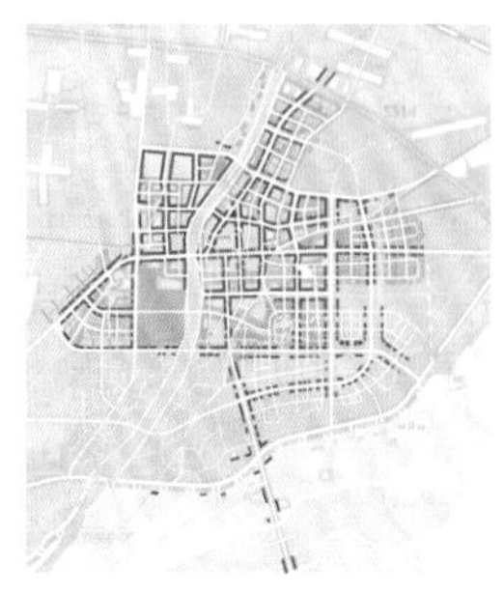

敦煌街道及公共空间控制因子

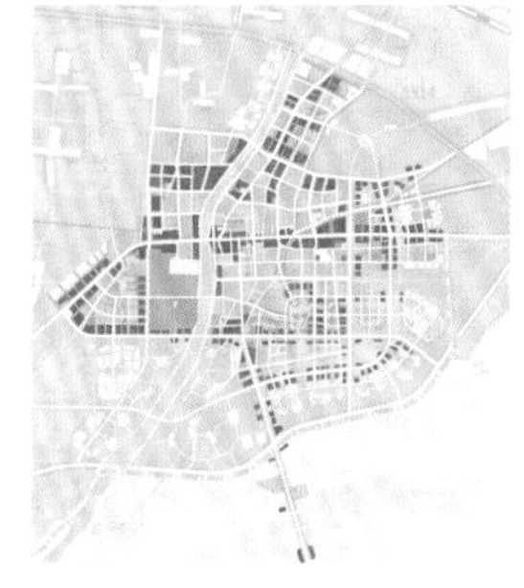

敦煌建筑高度控制交通可达性控制因子

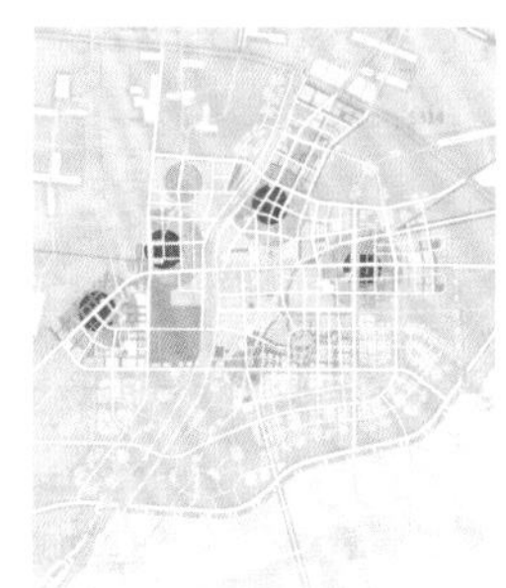

敦煌城市核心区控制因子

图C4-10　敦煌城市建筑高度控制因子

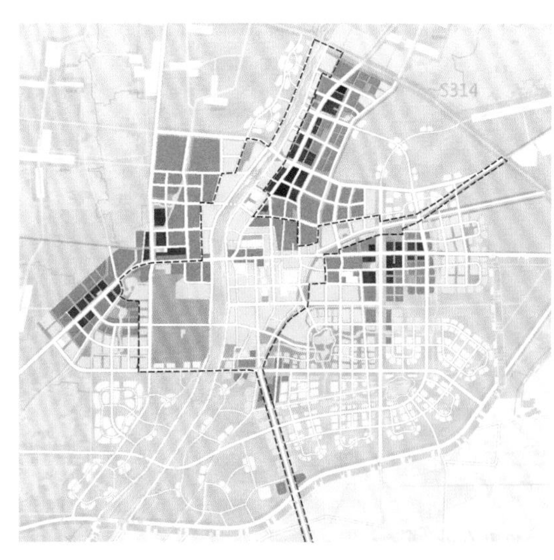

图C4-11　敦煌城市建筑高度控制图

C5 支撑体系

C5-1 ※ 安全高效交通体系

规划高效快捷、内外衔接的智能交通体系。构建区域快速交通通道，提高绿色交通出行比例，科学合理规划路网密度，设计优质连续慢行系统。

C5-1-1 构建区域快速通道

构建区域快速交通通道。注重高速公路、铁路、城际快线的网络化建设，实施干线公路联网畅通。

构建轨道交通、快速路、城市主干道等无缝衔接的多层次快速交通系统，加快形成绿色高效交通体系。优化快速交通结构，加强与轨道交通的衔接，提高快速交通服务水平和竞争力（图C5-1）。

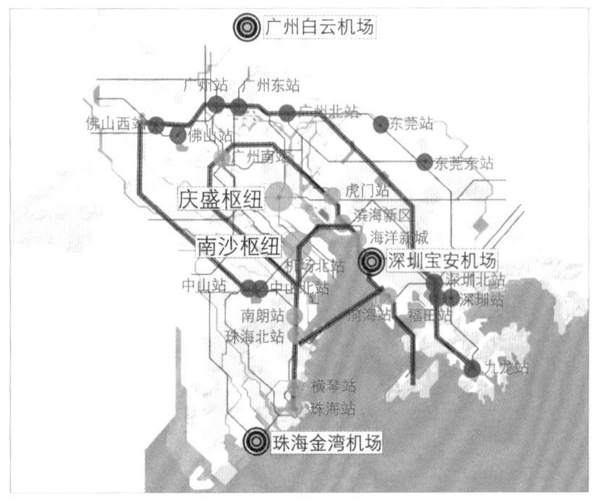

轨道交通线
环状带

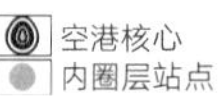

图C5-1 广州南沙区域核心枢纽示意图

C5-1-2 规划多层级公交体系

构建轨道交通、快速公交、常规公交、慢行交通等无缝衔接的多层次绿色交通系统，加快形成绿色高效交通体系。优化公交结构，加强与轨道交通的衔接，提高公交服务水平和竞争力（图C5-2）。

布局“干线+普线”两级城乡公交网络，干线连接中心城区与外围组团、城镇，普线连接外围组团与村镇的公交系统。布局“快线+干线+支线”三级城区公交网络，快线服务区内组团间出行，干线服务组团内出行，支线灵活设置线路、站点深入社区，实现地面地下协同调度、各类公交便捷换乘的高品质服务。

构建公共交通专用通道。因地制宜构建网络化、全覆盖、快速高效的公共交通专用通道，兼顾物流配送；充分利用智能交通技术和装备，提高公交系统效率，增强安全、便捷和舒适度，实现高品质、智能化的公共交通和物流配送服务。

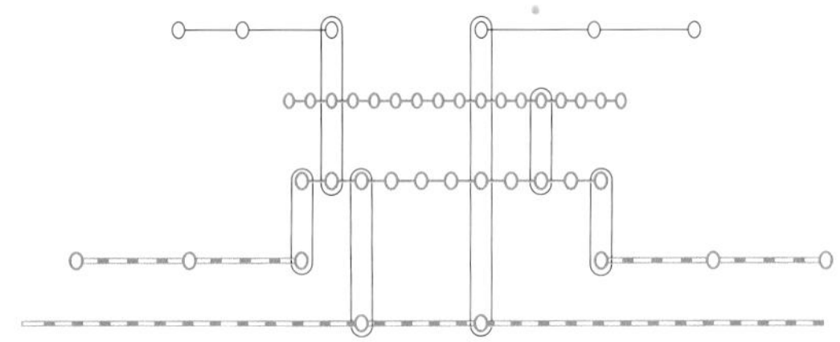

图C5-2 公共交通体系示意

C5-1-3 加密城区路网密度

通过尺度宜人的城市街道，形成开放、有活力的城市街区，畅通城市交通微循环。以为人服务为中心设计城市街道，满足交通出行需求，促进社会交往，构建小街区、密路网的路网体系。西方很多国家的经验也表明，60～180m的临界面最有助于发挥基础设施效率，同时能满足不同功能用地的弹性需求（图C5-3）。

城市外围布局交通性干道，内部按城市街道理念设计，提高路网密度，建议8～10km/km^2。大城市整体路网密度建议10～15km/km^2。

快速路及干路路网密度应为3～5km/km^2，支路路网密度应为5～6km/km^2。

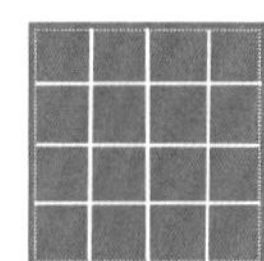

图C5-3　济南CBD街区道路网加密方法
来源：济南新东站启动区规划

C5-1-4

优质连续慢行系统

满足步行通道间距要求。居住社区的步行通道间距宜为100～180m。公共活动中心区与交通枢纽地区，步行通道间距宜为80～120m。

提高慢行网络布局的连续性。加强公园、广场、不同层级公共活动中心、公共交通站点、各类公共服务设施较集中的场所等之间的有效联系。鼓励设置通往或朝向有趣公共景观节点的慢行道。

实现多功能慢行道路的复合利用。主要规划居民休闲出行的绿道、旅游休闲步道及健身步道（图C5-4）。

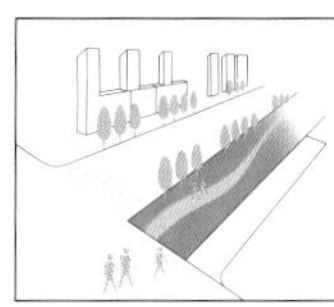

图C5-4　绿道网规划设计模式
来源：深圳市绿道网专项规划

打造特色化主题型慢行系统。发挥城市历史文化资源优势、旅游资源优势、文化遗产价值提升城市功能，通过建设历史文化步道等主题型慢行系统，串联散落的历史遗存，彰显城市文脉特色。

C5-2　※

智能低碳市政设施

规划建设可持续的城市市政公用设施；协调设施空间布局，促进混合利用；引导市政公用设施用地集约化利用，推广低影响开发建设模式；建设绿色能源系统，提高能源利用效率。

C5-2-1

可持续的市政设施体系

城市功能提升、发展转型也要求提升城市基础设施水平，包括集约节约、低碳发展、设施现代化等。国外基础设施建设方式就经历了由“大规模、集中式”向“小规模、分布式”和由“一次性投入、计划分配”的刚性系统向“可再生、低冲击”的软性与刚性系统结合方式的转变[4]。

各项市政基础设施以国际先进建设水平作为参考，结合国情、省情确定适宜标准，合理预控发展容量，构建前瞻性的市政基础设施体系。

C5-2-2

设施用地立体集约利用

降低市政公用设施邻避效应，统筹考虑各类设施与市政公用设施之间的空间关系、防护距离、邻避关系、退让间距等因素，在满足安全防护标准的前提下，可运用“污水处理厂+地面公园”“变电站+商业服务设施”“垃圾压缩站+地面公园”等多种可落地操作的集约化利用模式，促进传统市政规划建设向用地集约化利用的方向转变（图C5-5）。

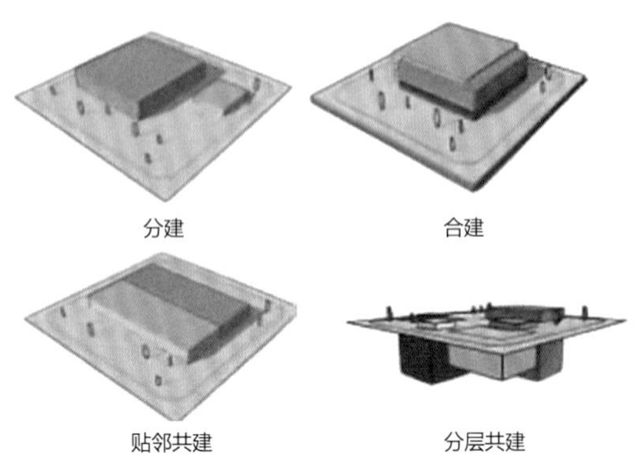

图C5-5 市政公用设施集约化利用布局模式
来源：广州市市政公用设施用地集约化利用工作指引

C5-2-3
多元协同复合设施功能

规划强化城市工程设施与城市绿化、生态治理的融合。推广区域复合通道、城市共同管沟以及设施综合楼。

城市地下综合管廊建设可提高地下空间资源开发效率，提升城市综合承载能力。加强城市地下空间利用和市政基础设施建设的统筹，实现地下设施与地面设施协同建设，地下设施之间竖向分层布局、横向紧密衔接。

C5-2-4
低影响开发的建设模式

建设海绵城市。排水设施规划应与用地布局、受纳水体环境目标和环境容量、排水服务水平等相适应，满足海绵城市建设总体目标要求。

促进基础设施与城市公共空间、景观塑造融合，强化城市工程设施与城市绿化、生态治理的融合。城市防洪、排水设施可结合城市水系塑造建设，在满足防洪排水能力、保证城市安全的基础上，充分发挥其生态、休闲功能，实现城市“防洪-排水-景观-生态”多功能相结合的低影响开发建设模式（图C5-6）。

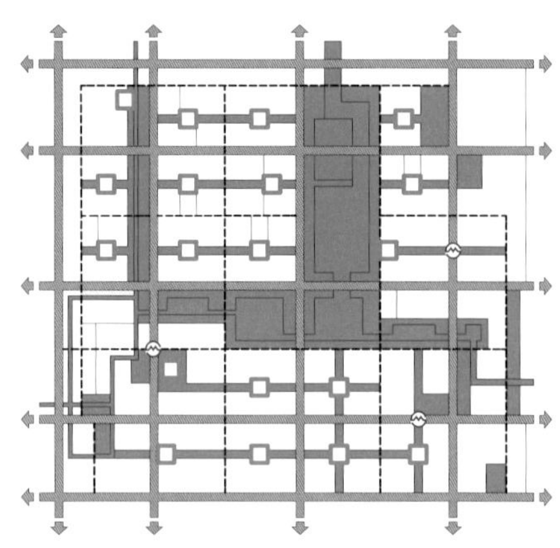

图C5-6 海绵城市总体布局模式示意

C5-2-5
优化能源结构提高效能

优化能源结构，建设绿色电力供应系统和清洁环保的供热系统，推进本地可再生能源利用，严格控制碳排放。实现电力、燃气、热力等清洁能源稳定安全供应，提高能源安全保障水平。

规划通过垃圾分类回收与利用、中水回用等方式实现资源循环利用，通过倡导健康的生活方式和循环的生产方式实现消费节约，采取电缆埋地、高压线路同杆多回架设、污水处理厂集约化建设等技术措施减少市政基础设施占地。

以各项约束性指标与发展目标指导设施规模控制中，通过供给约束来实现资源节约目的。在供水与能源供应方面，参考发达国家的资源利用水平，将万元GDP水耗、能耗等作为计算校核依据，控制总资源供给量，引导实现水资源和能源的节约高效利用。

C5-3
优质均等公服设施

基本公共服务设施供给是城乡融合发展的重要内容，提供多元多层次的公共服务配置，推进基本公共服务均等化，培育城乡融合共享的便民生活圈。

C5-3-1
多元丰富公共服务配置

着重构建基于城市群－都市圈－城镇圈－社区生活圈的“多中心、网络化、组团式、生态化”空间格局，按照“幼有所育、学有所教、劳有所得、病有所医、老有所养、住有所居、弱有所扶”的规划要求，基于常住人口的总量和结构，考虑实际服务管理人口规模和特征，明确中心城区–重点镇–一般镇分级公共服务中心体系，提出不同空间层级公共服务设施的差异化配置要求，实现城乡公共服务设施均等化配置。

C5-3-2
推进基本公共服务公平

制定基本公共服务的分级清单，以城乡居民的需求为导向，合理确定公共服务设施清单内容，提供更加贴近本地实际的公共服务设施供给。在规划中制定公共服务设施保障系数，保障常住人口的基本公共服务。推进公共服务设施的标准化建设，以实现达标提质，提升基本公共服务的质量和效能。

C5-3-3
城乡融合的便民生活圈

构建城乡一体化公共服务设施，打造城乡生活圈。城郊农村共享城市教育、医疗、文化等服务配套设施。

15分钟生活圈是打造社区生活的基本单元，即在15分钟步行可达范围内，配备生活所需的基本服务功能与公共活动空间，形成安全、友好、舒适的社会基本生活平台。

特色小城镇参照城市社区标准，配置学校、卫生院、敬老院、文化站、运动健身场地等公共服务设施，提高优质公共服务覆盖率，构建乡镇基础生活圈。划定乡村社区生活圈，统筹乡村聚落格局和就业岗位布局，合理配置公共服务和生产服务设施，满足居民文化交流、科普培训、卫生服务等需求。以自然村为辅助单元配置日常保障性公共服务设施和公共活动空间（图C5-7～图C5-10）。

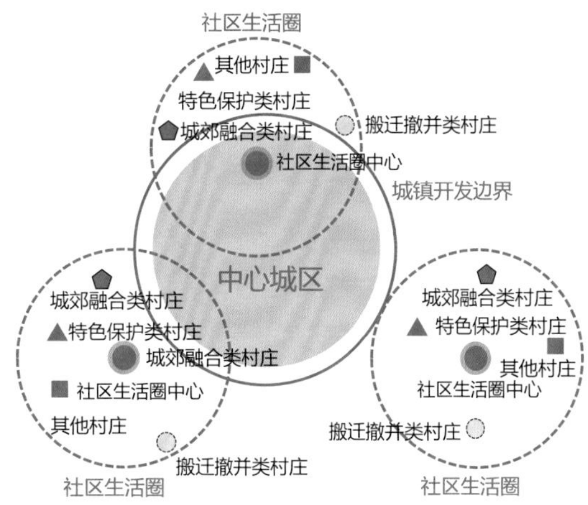

图C5-7　城乡融合片区社区生活圈

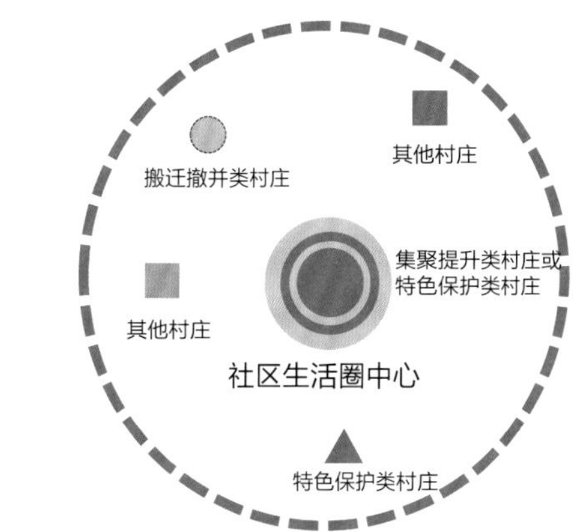

图C5-8　乡村发展片区社区生活圈

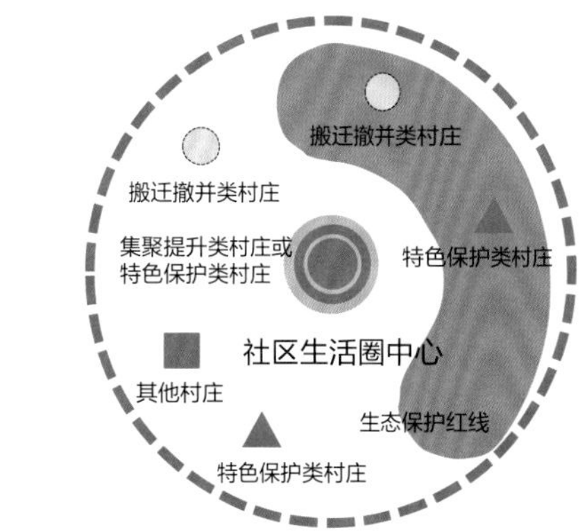

图C5-9　生态保育片区社区生活圈

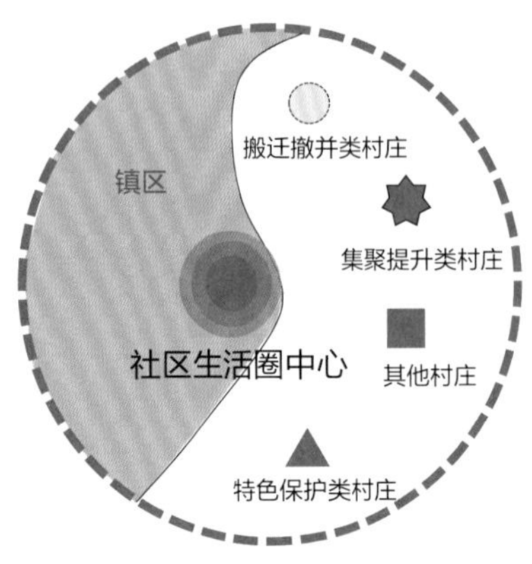

图C5-10　特色功能片区社区生活圈

C5-3-4
数字优化城乡设施配置

充分利用数字技术，突破城乡居民户籍限制，推进城乡教育、医疗、社保等公共服务制度一体化、标准化建设，均等化分布，异地化使用，实现城乡电子档案统一管理，在线业务异地审批办理，逐步缩小城乡公共服务差距。强化科技赋能，促进基本公共服务更加均衡、更加精准、更加便利。

C5-4
安全韧性防灾体系

从全局出发加强城市重要功能区的安全评估及风险评估，完善生命线系统安全风险防控和应急保障体系，补齐城市应急避难场所短板，结合城市更新提升城市抗灾设防能力。

C5-4-1
制定安全格局体系策略

以“多灾防救、系统统筹、综合防救”为规划目标，针对地震、洪涝、泥石流、疫情、爆炸、恐怖袭击等灾害类型，从灾前防御、灾中应急、灾后恢复全流程防灾救灾视角出发，结合用地布局、防灾救灾设施、避难设施、保障设施、修复设施等防灾救灾空间需求，整合总体空间布局、市政设施两大体系，构建防灾设施规划体系。

C5-4-2
强化重要片区风险评估

对城市交通枢纽地区、中心区等重点地区和人员密集场所及安全风险较大的市民活动场所进行灾害风险评估，并在规划建设层面提出管控要求，建立检测预警机制、应急处置机制及联动应对方案。

C5-4-3
提高生命线的保障韧性

挖掘设施配置短板，因地制宜采用集约整合、分布式设施、设施智能化等方式推进基础设施系统有机更新，加强潜在危险源的治理。做好存量与增量地区的设施接驳，建立多源保障方案，提高设施的建设标准、可靠水平和服务质量，并通过基础设施冗余度设置提高生命线的保障韧性。

C5-4-4
改善市政设施保障水平

着重推动市政设施的能力扩增与老旧设施升级改造，全面调查、评估和消除设施本身存在的安全隐患与不足，加强监测监管与能力建设，建立数据信息共享机制，重要节点、重要设施和关键部位实现远程电子智能监控与调度，生命线工程完好率逐步提升到99%以上。

C5-4-5
补齐应急避难场所短板

针对我国城市普遍应急避难场所数量不足、标准不高、功能不全的情况，建立应急避难场所体系。应急避难场所的规划与公共场所建设、人防工程规划结合，充分利用公园、广场、学校、体育场馆等改造提升规划为应急避难场所，增加避难场所数量，提升应急避难功能。1hm^{2}以上规模的公园规划为防灾应急避难公园。

C5-4-6
提高防灾应急避难能力

结合城市更新规划，分类提升既有建筑和设施的抗风险能力，提高城市人群密集场所和设施的抗震设防标准。推进灾害综合治理工程建设，做好灾害防治工作。

加强应急避难场所的设施规划，制定转化规则。充分利用公园、广场、学校等公共服务设施，提高因地制宜建设、改造成应急避难场所的能力，制定应急场所改造的规则，增加避难场所数量，为受灾群众提供就近方便的安置服务[5]。

绿色城区

C6-1

集约高效用地布局

通过多中心组团式网络化空间布局、优化功能布局促进职住平衡、建设引导小尺度街区、公交导向式土地开发、存量空间立体复合利用等技术路径实现紧凑集约的用地布局。

C6-1-1

多中心集约式紧凑布局

规划的中心体系要与用地布局相协调。用地的发展方向要与中心体系集聚建设相结合，扭转“大饼式”扩张的发展模式，合理疏解人口和功能，培育多中心的城市结构体系。

中心区域采用高密度的城市土地利用开发模式，以追求空间功能紧凑为手段，充分利用城市资源及节省能源。

通过水系河道、山体及铁路、高速路、环路的防护绿带分隔，构建以各级生活圈为单位的城市功能服务组团，综合考虑城市功能配置，加强产城融合。

借鉴案例:《日本国土总体设计2050》

以“紧凑＋网络”为核心理念提出了在各城镇节点紧凑建设的基础上，利用公共交通系统网络等方式将各城镇节点串联起来从而实现更大区域的紧凑发展（图C6-1）。

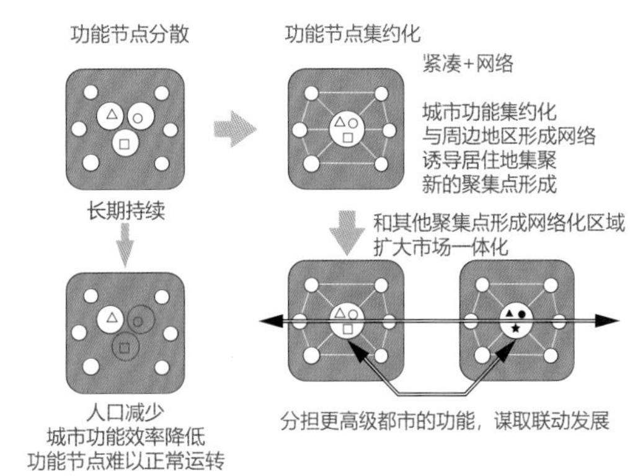

图C6-1　日本“紧凑+网络”的开发模式
来源：日本国交通省

C6-1-2

优化布局促进职住平衡

研究不同产业类型的就业岗位的特征，相应就业人群的住房支付能力，就业人群住房的解决途径，对居住空间建设提出相应层次的住房供应结构引导，减少就业人群的迁居障碍，引导就业人群与新城区住房供应结构匹配。在就业空间建设中安排相应的产业类型，减少居住人群的择业障碍，引导居住人群与新城区就业岗位结构匹配。

C6-1-3

公交导向模式土地开发

公交导向模式土地开发（TOD）是以公共交通为导向的土地利用开发模式，主要体现为公共交通站点周围的高强度及功能混合的土地开发形式及有利于慢行交通出行的空间环境塑造。

TOD将交通运行和土地利用有机结合，规划模式的基本特征主要有：紧凑布局、混合使用的用地形态，临近提供良好公共交通服务的设施，有一定的开发密度以鼓励公共交通的选择，为步行及自行车交通提供良好的环境，公共服务设施及公共空间临近公交站点，公交站点为本地区的枢纽[6]。

C6-1-4
鼓励功能更新混合利用

鼓励用地的有效混合，避免巨型或单一化的功能分区。在符合总体用地布局的前提下，规划区内的用地功能应多样化、混合利用，尽量避免功能单一的土地利用模式。商业、商务、娱乐康体、居住是混合用地中最常见的四种功能。居住、商业、办公、公共服务、工业、仓储、科研等用途可进行相互混合。可在禁建目录基础上引入弹性的“混合用途地带”，该用途地带基本上不对土地开发用途和建设用途进行任何控制，完全由市场自主决定。

结合城市更新，鼓励中小城市中心地区及大型交通枢纽地区用地功能混合化。混合用地能满足居民不同类型活动需求，有利于集聚人流，节约高效利用空间。居住社区要注重居住功能与商业功能、文化康体及商务功能等的结合，有利于缩短职住距离，使社区更具有活力[7]。

C6-1-5
引导利用城市地下空间

有条件进行地下空间利用的城市鼓励向垂直方向要空间，结合轨道交通站点、大型建筑综合体等进行地下空间综合利用，节约土地利用空间。加强大型市政设施多层次立体化的空间利用以提高土地利用效率。例如，大型市政设施入地或半地下建设，地面用于公园广场及文体设施建设等。

借鉴案例：蒙特利尔城市地下空间利用

蒙特利尔地下城是世界上最大的地下综合设施之一，共连接了10个地铁站、2个公交车站、1200多个办公室，还有2000多家商店，地下人行道的总长度达到了32km。

C6-2
蓝绿网络开敞空间

构建系统性的蓝绿空间格局，打造高品质的公共开放空间，打造特色差异的居民游憩体系，确定多功能复合的城市通风廊道。

C6-2-1
蓝绿网络空间协调融合

保护山水等自然空间的完整性及生物多样性，重点分析以山水资源为主体的“绿色”生态要素。

以山水为绿网骨架，以水体为依托，建立内外相通的蓝绿开敞空间网络。促进生态空间与城市功能融合，加强要素空间融合、功能复合，兼顾生态利用，保障城市生态效益最大化。

C6-2-2
打造高品质的开放空间

结合周边环境，通过塑造有特色、标志性的公共空间，连接周边地区，带动提升整体空间价值。明确公共空间组织安排，基于城市功能布局和人群行为规律，结合自然山水、历史人文、公共设施等资源，组织城市公共空间系统。

提出公共空间引导要求，对重要的城市公园、广场、街道、绿地、水体等公共开敞空间和公共活动场所提出框架性引导要求。提高公共开放空间的可达性，满足居民便捷使用公共空间的需求。总量适宜，提升人均公共空间水平。

C6-2-3
均衡便捷公园绿地系统

遵循分级配置、均衡布局、丰富类型、突出特色、网络串联的原则，构建公园体系、配置各类公园绿地。新城区均衡布局公园绿地，老旧城区结合城市更新，优化布局公园绿地，提升服务半径覆盖率；按服务半径分级配置大、中、小不同规模和类型的公园绿地；合理配置儿童公园、植物园、体育健身公园、游乐公园、动物园等多种类型的专类公园；丰富公园绿地的景观文化特色和主题；结合绿环、绿带、绿廊和绿道系统等构建公园网络体系[8]。

C6-2-4
特色差异居民游憩体系

城市游憩空间体系建立在以城市为中心的区域游憩空间系统基础上，由城市绿地、风景名胜区、自然保护区、旅游度假区、主题园与游乐区、森林公园、购物中心和工业园区、历史街区等对环境品质有特定要求的空间组成。城市游憩体系规划着重考虑居民的游憩行为规律，按照从社区到城市再到近郊的层级分类构建游憩体系[9]。

C6-2-5
功能复合城市通风廊道

在城市风环境评估基础上，结合城市通风潜力格局与城市绿地系统空间的等位对接，构建“楔形绿地+线形绿地”的复合城市通风廊道空间结构，形成连通城市与自然的走廊。

选择出城区边缘地带的绿地空间，为郊区至城市的通风廊道创造良好的导入口。根据城市风向及用地现状，在城市绿地系统布局中强化城市外部生态绿地的生态保护与建设控制[10]。

借鉴案例：武汉市通风廊道规划

武汉市最新规划借鉴莫斯科、芝加哥地区“轴向拓展、组团推进”模式，形成“六轴六楔”，以主城为核心，放射出的六大轴线串联起六大组群式新城，大东湖生态绿楔等六大绿楔成为城市生态屏障，避免城市“摊大饼”式的发展；“绿楔”不仅避免了城市的无序蔓延，也成为城市不可或缺的通风廊道（图C6-2）。

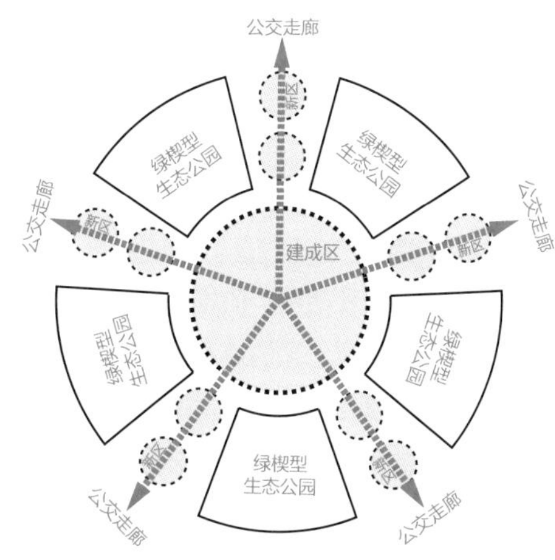

图C6-2　武汉绿楔型城市发展模式图
来源：《特大城市生态空间规划管控模式与实施路径》

C6-3
统筹优化居住空间

> 优化居住用地结构和布局，改善职住关系；引导保障政策性住房；规划低碳生态居住区；避免形成单一功能的大型居住区。

C6-3-1
优化居住用地布局

居住用地布局要集中成片、均衡分布，与城市空间和山水环境有机融合。将现有的居住用地进行组团式整合，使居住组团内部紧凑合理发展。

在中心城区用地布局中沿轨道交通车站、交通廊道周边，布局一定比例的住宅用地。根据人口分布导向，合理调整居住用地的空间布局，重点增加活力城区住宅用地的供应规模，鼓励布局混合型居住空间。实现合理公交通勤圈内的职住均衡。

C6-3-2
规划低碳生态住区

低碳生态居住区规划是将社区看作一个生态系统，使居住区内的资源在内部系统与城市系统之间有序循环转换，实现资源利用的最大化。低碳居住区要建立混合土地利用模式与紧凑空间布局形态，合理安排居住区资源空间分布。建设相对完善的低碳生态居住区物质循环系统。

C6-3-3
营造开放社区活力

通过“小街区、密路网”的居住空间组织，打开院墙，建设开放式街区，塑造社会生活的多样性。结合混合用地塑造连续建筑界面界定的街道空间，通过在这些空间中人的活动，使居住社区具有更为丰富的交往空间和多元景观。

C6-3-4
建设绿色未来社区

建设留有空间弹性、应对不确定性、无限机遇与可能的社区。注重社区生活环境营造，包括提供充足的公共活动空间以及健身休闲场所和设施、营造良好的绿化景观等，为社区邻里交往、家庭亲子活动等提供场地。通过空间整合和鼓励社区的产业多样化发展，打破单一的功能分区。

在绿色社区规划中遵循安全为基、设施完善、邻里和谐等原则，将社区内各项设施的空间进行有机协调整合，进行海绵城市建设、地下停车场建设及电动车充电设施、垃圾分类设施建设与社区绿化等（图C6-3）。

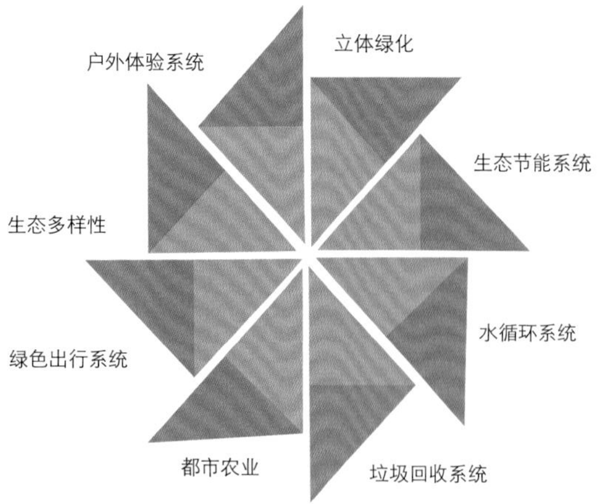

图C6-3　绿色未来社区价值坐标
来源：浙江省未来社区试点工作方案

C6-3-5
加强保障住房供应

以解决新市民、青年人等群体的住房问题为主要出发点，充分发挥政府、企事业单位和社会组织等各类主体作用，多渠道筹集建设保障性住房，构建以公共租赁住房、保障性租赁住房和共有产权住房为主的住房保障体系，提高住房保障。

C6-4 ※
高品质宜居生活圈

打造均好化、普惠化、便捷化的社区生活圈，提高社区生活圈针对性、多元化、社会化供给，打造满足全时与全龄导向的宜居生活圈。

C6-4-1
均等化、便捷化布局

从解决现状空间问题入手，做好普惠性、基础性社区生活圈设施规划，在“幼有所育、学有所教、劳有所得、病有所医、老有所养、住有所居、弱有所扶”上全面提高基本公共服务共建能力和共享水平。建立城乡基本公共服务标准体系，促进基本公共服务均等化、普惠化、便捷化。

根据规划路径，构建5分钟、10分钟、15分钟可达的生活圈配套设施（图C6-4）。

C6-4-2
针对性多元化供给

根据社区功能构成的特征和居住人群的特征，多元化配置公共服务设施。广泛调研设施需求，以居民需求为导向，创新公共服务提供方式，优化服务过程、完善服务体系，增强公共服务供给的针对性和有效性。

针对人口老龄化问题，要在居民区建设用地规划上留足医养结合设施用地。创新公共服务供给方式，通过打造政府、市场和社会组织等不同主体共同参与、相互协作的多元供给格局，实现公共服务供给体系的整体优化。

设施类型
- 儿童常用设施
- 儿童、老人常用设施
- 老人常用设施
- 上班族常用设施

设施服务范围
- 60岁及以上老年人日常设施圈：以菜场为核心，与绿地小型商业、学校及培训机构等设施临近布局
- 儿童日常设施圈：以各类学校为核心，与儿童游乐场、培训机构等设施有高关联度
- 上班族周末设施圈：以文体、超市等设施形成社区文化、娱乐、购物中心，引导上班族周末回归社区生活

图C6-4　上海15分钟生活圈示意图
来源：《上海市 15 分钟社区生活圈规划导则（试行）》

C6-4-3
全时全龄智慧生活圈

分析现状公共服务设施的生活圈服务可达度、业态丰富度、环境品质度等情况，有针对性地提出规划策略和提升策略。

基于分时、分季、全龄段不同诉求，对规模集聚型及距离敏感型服务要素提出更细化的管控要求，并对生活圈各关联要素的空间布局给予引导。

C6-5　※
绿色低碳产业空间

科学选址，产境融合，产业空间要与生态环境融合，高效利用；综合考虑循环产业链的规划，做到产城融合，引导职住平衡。

C6-5-1
科学选址高效利用空间

应充分考虑周边产业的发展，合理确定产业地理位置，与周边园区的产业协作进行规划，形成良好的合作以及周边产业的发展，并同步进行工作。在规划时要考虑产业园区供水、供气、能源、运输及其他产品销售和物流。

将园区产业空间、配套空间等功能空间有序融合成为一个整体。对产业园区精心划分各类功能区，按需求分配原则，按项目要求划分土地。以空间可多元化利用为原则，实现集约化土地利用。

C6-5-2
与生态环境融合的园区

在工业园区规划时，要考虑到自然环境、可持续发展、生态多样性保护，特别是珍稀动植物的保护；着重考虑气候因素，包括当地的温度、湿度、风、地形和地质因素；考虑园区规模、项目类型、操作模式等与当地的河流、植被等自然资源能否相协调（图C6-5）。

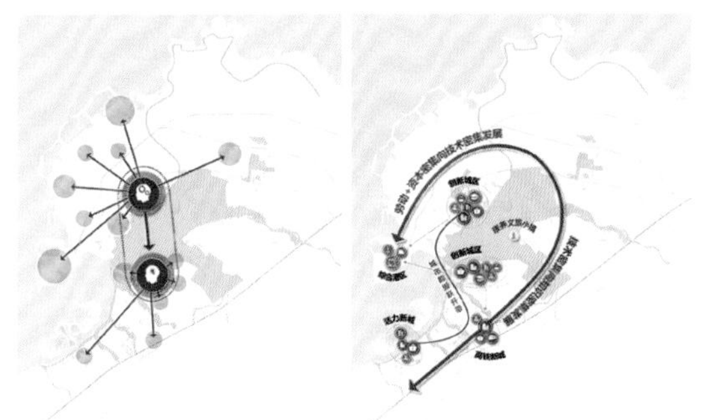

图C6-5　海南环新湾地区港产城融合空间策略

C6-5-3
产业延伸特色化的园区

在进行产业园区用地规划前，要研究产业生产流程和空间需求，制定符合产业流程的用地划分和交通组织。在园区布局方面，宜以组团为单位进行配套设施、基础设施和公共绿地的建设，以组团内的功能混合为基本单元，形成服务半径合理的功能复合“产城”单元空间模式[11]。

C6-5-4
资源整合低碳循环园区

循环产业链强调能源和资源的多重利用，废物回收和产业链回收的根本目的是促进资源的回收利用。在产业链的末端，可以对废弃物进行无污染处理。在功能项目布局上推进循环型生产方式，促进清洁生产、源头减量，实现能源、水资源、原材料、废弃物等的循环利用。

C6-5-5
产城融合引导职住平衡

在产城单元内将城市的生产及生产配套、生活及生活配套等功能，按照一定的协调比例，通过有机、低碳、高效的方式组织起来，形成能够相对独立承担城市各项职能的地域功能综合体。产城单元内部工作出行距离不宜大于6km，产城单元规模适宜在20～30km^2（图C6-6）。

图C6-6　苏州盛泽产业空间战略

C6-6 ※
复合利用存量空间

通过空间品质、活力效应、空间效能等多方面分析，辨识存量空间，整合重构空间功能价值，调整提升空间服务能力，同时充分挖掘城市地下空间，提倡城区存量空间混合利用。

C6-6-1
科学识别判定存量空间

存量空间主要包括闲置未利用土地，以及利用不充分、不合理、产出效率低，且具有再利用潜力的现有城乡建设空间。

利用空间图像分析、人群热力地图、用地效能分析、手机信令及其他大数据手段，多层面构建存量空间的判定指标体系，对存量空间进行识别划定。

C6-6-2
存量空间综合效能评估

居住空间效能评估

居住空间效能评估可根据各县市镇实际情况建立和谐宜居指标体系，以街道为单位，进行指标评价和赋值分析，来判定居住空间的服务效能。

生产空间效能评估

首先，确立评估指标。包括土地利用程度指标、用地状况指标、土地利用强度指标、土地利用效益指标、建设状况指标等。

其次，对各子项因子指标进行赋值计算。在地理信息系统（GIS）中，以用地权属为单位划分计算每块用地上的各项指标，并以此为基础进行赋值计算，评估各块用地的工业用地价值。

最后，评估等级划分。评估利用自然间断点分级法，将每一类指标分成5级，并按1~5分对每一级进行赋值，并对每个工业地块指标所得分值相加，最后得到地块赋值结果。根据评估结果进行低效工业用地、一般效能工业用地和高效工业用地的划分[12]（图C6-7）。

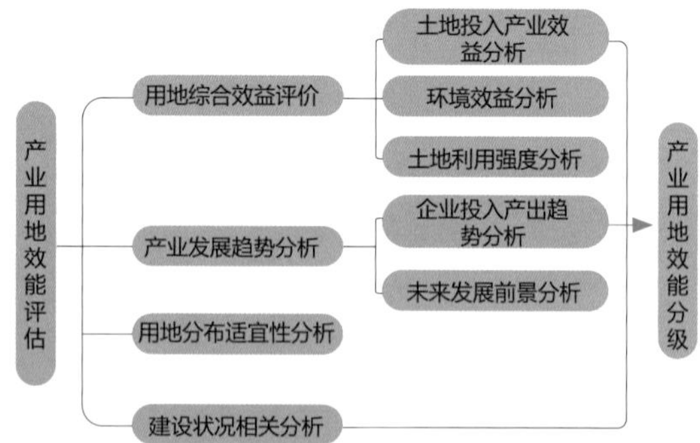

图C6-7　产业用地效能评估技术路线图

公服空间布局评估

主要包括空间布局的供需协调评估和使用偏好的供需协调评估。现状设施与被实际使用数量作对比，评估设施实际负荷；统计现状设施的实际使用率，评估设施实际负荷；空间使用满意度调查；热力地图的时空分析。

比较服务单元内的公共服务设施总量和需求总量；基于缓冲区计算服务用地覆盖率，评估用地层面的均等化水平；基于服务范围计算人口覆盖率，评估人口层面的均等化水平；比对标准计算服务人口的实际需求，评估设施的理论负荷；通过服务范围计算，评估布局方案的优化情况；使用偏好的供需协调评估方法。

C6-6-3 存量空间的再利用策略

进行低效及空置用地空间的评估和盘点，建立数据库。在明确空间资源相对价值的基础上，强调土地减量发展，进行空间复合、集约和循环利用。确定更新模式，进行空间再利用。

提高存量空间混合利用。在对土地效能评估的基础上，结合城市更新，给足重要节点的用地性质调整弹性，鼓励中小城市中心地区及大型交通枢纽地区用地功能混合化。混合用地能满足居民不同类型活动需求，有利于集聚人流，节约高效利用空间。居住社区要注重居住功能与商业功能、文化康体及商务功能等的结合，有利于缩短职住距离，使社区更具有活力。

C6-6-4 合理划定存量更新单元

存量更新单元的划定宜参照街道社区的行政管理线，结合公共服务设施服务的居住区、居住小区等的社会交往范围及街区的范围，结合存量更新空间类型进行划定。

综合分析各地的城市更新单元划定技术指引，更新单元划定面积原则上不小于10hm^2，不超过30hm^2，可以由多个更新单元合并形成一个大型改造片区，面积不宜超过100hm^2。

借鉴案例：《东莞市城市更新单元划定方案编制和审查工作指引（试行）》

更新单元可包括拆除范围区域、非拆除范围区域这两类区域。其中，拆除范围区域又细分为拆除重建区和生态修复区，非拆除范围区域细分为整治活化区、历史文化保护区、现状保留区、现状道路区、边角地、夹心地和插花地、集体地、其余用地等。

C6-6-5 调整提升空间服务能力

调整型地区包括历史地段、老旧居住区，以及其他功能、风貌有待提升的老城区。应针对问题因地施策，重点采取生态修复、环境整治、功能修补、设施完善、蓝绿成网、文脉延续等有机更新措施。

历史地段保护提升

历史地段的保护要明确传统街巷的保护范围和保护对象。根据历史地段不同的社会功能和形态特点划分历史地段类型，保证历史地段的开放性、展示性和连续性，通过划定历史地段协调区域、规划历史文化步道系统等方式进行系统性的提升策划。在总体设计时应当注重空间要素之间的连接方式与连接层次，考虑历史地段街巷的连续性，以达到整体公共空间的统一。依据城市历史地段的建筑质量和环境情况划分风貌等级。

其他需调整提升的功能区

其他需调整提升的功能区的整治规划内容主要是对片区进行功能优化调整，改善设施配套，改变片区旧有的单一居住功能，加入文化、商业、旅游等方面的功能，并在其间设置一些区域，保留城市记忆，用来展示当地的艺术和文化。

借鉴案例：北京南锣鼓巷地区更新项目

更新目标为将南锣鼓巷打造成为北京市的一条特色文化街。主要通过政府对市政配套的整体维护和更新及在此基础之上的开发单元的小规模更新，其中包含居民自主更新、四合院商业化更新、背街小巷提升改造等几方面。

C6-6-6 确定重构空间功能价值

重构型地区包括棚户区、废旧厂区和矿区，老旧市场及其他需要彻底改变功能或风貌的老城区。按照规划目标确定新的功能定位和建设总量，对低端、低质、低效的存量用地进行有步骤的拆除重建，鼓励适当保留承载当地记忆的建（构）筑物。

老旧工业区及仓储区更新

推动零星工业、仓储逐步向园区聚集，推动园区内低效产业用地向新型产业用地转型。

老旧市场区更新

重点腾退内环内大型交易市场，腾退后优先增补公共功能，改善空间品质，增加次支路网，增补公共空间及步行通道，加强空间形态设计，融入周边城市肌理。

工业文化保护利用

保护修缮工业遗产，进行景观改造；挖掘工业文化要素；促进工业文化相关的商业、旅游业发展。

增补产业配套

结合零星工业用地腾退、低效工业建筑及用地活化等方式，增加洽谈交往、展览展示、商务商业等产业配套服务设施。

C6-7 开放融合新城空间

> 建设以人为本、资源高效利用、服务完善、景观优美、智慧低碳、安全韧性、绿色宜居的新城空间。

C6-7-1 以人为本建设理念

建设品质为先、重老重幼、全时导向、动态成长的全龄友好型人文社区。重点关注5分钟生活圈，关注儿童与老人的需求，构建优质的老年与儿童友好社区。搭建功能多样、类型丰富的社区休闲体系，为居民提供可与自然充分亲近、充满活力的公共空间。

新区宜提倡居住区、办公区及公共服务设施功能复合的建设，有利于提升活力，促进职住平衡，提高整体的人居环境质量。

C6-7-2 新区资源高效配置

在城市干路、高强度开发和管线密集区，建设干线、支线和缆线管廊等多级网络衔接的市政综合管廊系统。建设地下综合防灾设施和安防设施，形成平时与灾时结合、高效利用的地下综合防灾系统。

优化能源结构，开发利用风电、光电等可再生能源，严格控制碳排放。完善供电系统，增强区域电力供应，建设区域特高压供电网络。以管道天然气为主要气源，建设形成多源多向、互联互通、安全可靠的燃气输配工程系统。

C6-7-3 绿色宜居智慧设施

坚持生态优先，组团式布局融入生态环境的新区，系统谋划布局15分钟便捷社区生活圈，高品质配套教育、医疗、养老、综合服务设施，增强回迁居民的归属感、幸福感。

借鉴案例：雄安新区规划

按照功能相对完整、空间疏密有度的理念，布局五个尺度适宜、功能混合、职住均衡的紧凑组团；在轨道交通车站、大容量公共交通廊道节点周边，优先安排住宅用地；在城市核心区和就业岗位集聚、公共交通便捷、具有较高商业价值的地区，布局混合型居住空间，实现合理公交通勤圈内的职住均衡（图C6-8）。

图C6-8 雄安新区起步区空间布局示意图
来源：《河北雄安新区规划纲要》

C6-8 ※

弹性划定留白空间

内部划定战略留白用地，为未来重大事件、重大功能项目建设作空间预留。

C6-8-1

科学合理划定留白用地

在规划城乡建设用地范围内的重点功能区及周边拓展地区、现状低效利用待转型区域以及城市发展重要节点等区域时，选择集中连片、具有一定规模的用地划定战略留白用地。

可参照北京战略留白类型，分为发展机遇型、更新改造型、功能补充型、城市边缘型（表C6-1）。

北京战略留白类型　　表C6-1

类型	用途
发展机遇型	在重点功能区周边，选择区位优势明显、空间资源充足、尚未明确建设意向的区域，主要用于主导功能培育、产业发展预留，同时为市级重大事件、重大项目预留空间
更新改造型	老城区现状低效利用待转型的存量工业区或闲置用地，主要用于探索盘活升级存量用地，优化用地结构，提高土地利用绩效
功能补充型	现状建成区及在建区周边拆迁任务较少、尚未明确建设意向的区域，主要用于补充完善城市综合功能，优先服务周边建成地区
城市边缘型	城市外围地区区位条件可能发生重大改变，近期无明确的发展导向和实施计划的地区，主要用于城市功能拓展，重大基础设施选址预留

来源：《北京市战略留白用地管理办法》

C6-8-2

优化留白用地空间布局

按照布局更优化、用地条件更合理的原则，通过用地置换的方式，逐步实现战略留白用地集中连片分布。

C6-8-3

分层严格管控留白用地

规划中结合空间发展格局，在生态空间、农业空间的红线管控区外划定空间转化区，在对保护行为实行刚性管制的同时，预留与生态、农业空间的转化路径，制定相应的负面清单，控制发展方向与容量，制定规划调整流程，避免规划留白随意性。

在集中建设地区外划定发展留白区，是对建设行为与时序进行管制，为不确定性地区的发展预留空间。在此类空间，制定开放包容政策，鼓励多方协作共赢和地区协同发展。

C7

实施保障

C7-1

完善规划编制体系

下层次国土空间总体规划、详细规划落实市县总体规划指标传导，专项规划深化总体规划要求。

C7-1-1

有效传导区县指引

分区指引从分区维度构建总体规划的管控传导体系，是下层次规划编制的直接依据。对市辖县（区、市）提出规划指引，按照主体功能区定位，落实市级总体规划确定的规划目标、规划分区、重要控制线、城镇定位、要素配置等规划内容。制定市辖县（区、市）的约束性指标分解方案。

C7-1-2

健全各类专项规划

建立健全各类空间性规划编制、审批、调整协调机制，发挥国土空间规划对各类专项规划的指导约束作用。实施专项规划编制清单制管理，以国土空间总体规划为依据，重点从资源节约利用、要素配置、绿色发展、城市特色等方面编制专项规划，对空间开发保护利用作出专项安排。

C7-2

健全规划管控体系

加强规划控制线管控，完善用地用途管制，强化规划实施指标管控。

C7-2-1

规划控制线的管控

将生态保护红线、永久基本农田保护线、城镇开发边界划定成果纳入各级法定规划，制定相应管控措施。各层次规划、各类城市建设行为及项目审批都应落实相应管控要求。

划定城市“五线”，严格遵照“五线”管理规定要求执行。

C7-2-2

用地用途管控机制

按照规划传导体系，建立“用途引导-用地分类”的分级管控机制。完善国土空间规划用地的分类管理，适应城市新功能和新兴产业用地需要，扩充和细化规划用地用途分类。

C7-2-3

规划实施指标管控

制定指标评估考核机制。强化对资源总量结构和利用效率、空间管控底线的管控。监测城市综合发展运行情况。按照市级国土空间总体规划指标分解、深化形成各分区指标体系。

C7-3

智慧预警平台建设

建立国土空间基础信息平台、国土空间规划监测评估预警管理系统，是实现智慧规划的重要支撑。

C7-3-1

统筹协同规划编制平台建设

统一坐标体系和数据标准体系，将现行的各类规划数据汇集起来，建立自然资源分析评价模型和“双评价”模型，形成“规划一张蓝图”，实现统一的空间管控，整合空间资源，统一工作底图，减少规划的重复性、矛盾性。

C7-3-2

因城施策规划实施平台建设

在规划实施平台中严格落实“三区三线”控制线成果，强化管控体系中的负面清单管控及对生态、农业、城镇三类空间的用途专项管理。

C7-3-3

精准识别监督预警平台建设

监督预警平台主要是对目标指标实行动态监测。通过体检评估的数据平台分析，客观评估国土空间规划实施成效；也对规划实施中出现的差距和问题予以预警。

C7-4

规划体检常态评估

建立常态化的城市体检评估制度，根据需要适时进行国土空间规划修改或动态调整完善。

C7-4-1

规划体检与实施评估

依据市级总体规划指南：国土空间规划按照“一年一体检、五年一评估”，对城市发展体征及规划实施情况定期进行的分析和评价，是促进和保障国土空间规划有效实施的重要工具。

结合土地变更调查和卫星遥感监察等工作，建立国土空间规划现状图成果动态更新机制，以及“一年一体检，五年一评估”的规划定期评估制度。年度体检和五年评估结果是开展国土空间规划实施监督考核、制定近期建设规划与年度计划安排、开展国土空间规划动态调整完善的重要依据（图C7-1）。

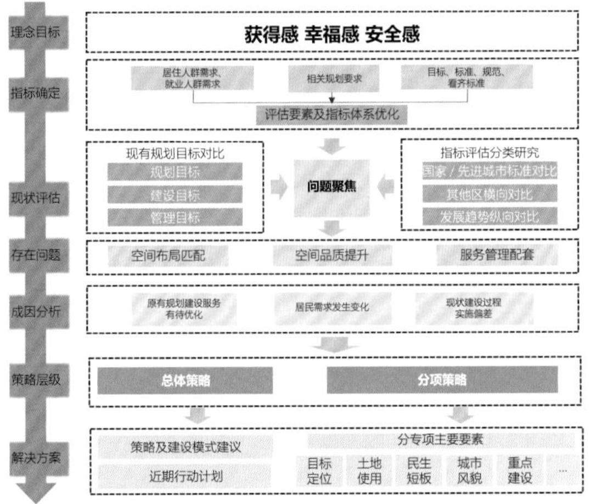

图C7-1　城市体检评估技术路线示意图

C7-4-2 规划指引与动态调整

根据五年评估结果，及时调整规划实施策略，根据需要适时进行国土空间规划修改或动态调整完善。

建立公开、透明、制度化的动态调整完善机制，根据国土空间规划实施体检评估结果进行动态调整，合理修正国土空间规划指标体系的分阶段安排。

注　释

❶ 贾克敬，何鸿飞，张辉，等．基于“双评价”的国土空间格局优化［J］．中国土地科学，2020，34（5）：9.

❷ 唐常春，卢幸芷，雷钧钧，等．新时期国土空间规划实施评估框架构建与方法创新——以湖南省湘潭市为例［J］．规划师，2021，37（11）：7.

❸ 胡耀文，张凤．城镇开发边界划定技术方法及差异研究［J］．规划师，2020，36（12）：6.

❹ 陈长云．转型时期城乡市政基础设施配置策略研究［C］//多元与包容——2012中国城市规划年会论文集，2012.

❺ 魏博，刘敏，张浩，等．城市应急避难场所规划布局初探［J］．西北大学学报（自然科学版），2010，40（6）：6.

❻ 任春洋．美国公共交通导向发展模式（TOD）的理论发展脉络分析［J］．国际城市规划，2010（4）：8.

❼ 胡睿．土地混合利用在城市发展中的重要性［J］．城市建设理论研究（电子版），2011（36）.

❽ 刘颂，杨莹，颜文涛．基于生态系统文化服务供需平衡的公园绿地配置研究框架［J］．中国城市林业，2021，19（3）：5.

❾ 徐波，郭竹梅，王鹏．大城市老城区绿地规划方法的探讨——以郑州市老城区居民游憩绿地体系规划为例［J］．城市规划，2004，28（4）：4.

❿ 任超，袁超，何正军，等．城市通风廊道研究及其规划应用［J］．城市规划学刊，2014（3）：9.

⓫ 蒋彦．低碳生态导向的产业园区规划建设研究［D］．广州：华南理工大学，2013.

⓬ 陈基伟，郁钧，周金龙，等．上海市产业用地全程评估机制研究［J］．上海国土资源，2011，32（1）：4.

D

D1-D4

绿色详细规划技术指引

DETAILED PLAN

D

绿色详细规划

技术指引

D1	整体研究	
D1-1	承上启下明确目标	
D1-2	因地制宜确定规模	
D1-3	确定整体空间结构	
D1-4	构建综合指标体系	※
D1-5	确立形态风貌特色	

D2	单元导控	
D2-1	合理划定空间单元	
D2-2	科学布局用地功能	※
D2-3	优化提升居住品质	
D2-4	均好高效公共服务	※
D2-5	传承活化历史文化	
D2-6	高效便捷综合交通	
D2-7	多元复合绿地系统	※
D2-8	绿色低碳市政设施	
D2-9	韧性协同城市安全	
D2-10	统筹协调城市竖向	※
D2-11	综合利用地下空间	
D2-12	因类制宜“五线”控制	
D2-13	联动推进城乡统筹	
D2-14	多元创新智慧城市	※

D3	地块指引	
D3-1	统筹兼顾地块划分	※
D3-2	功能混合增进活力	※
D3-3	公益保障刚性管控	
D3-4	品质提升设计引导	※

D4	实施保障	
D4-1	分类引导实施要点	※
D4-2	梳理拟定任务清单	
D4-3	合理确定建设模式	
D4-4	加强实施时序引导	
D4-5	建立动态调控机制	※

注：标注星号的为体现绿色理念的规划技术，不带星号的为传统规划技术。

理念及框架

目标任务

详细规划主要为开展国土空间开发保护活动、实施国土空间用途管制、核发城乡建设项目规划许可、进行各项建设等提供法定依据[1]，是新一轮国土空间总体规划向下传导和深化的必要工作。

就当前形势而言，详细规划兼具三个方面的特征：传统的控制性详细规划、侧重空间形象品质的城市设计和面向实施管理的规划综合实施方案。

本章节将绿色理念融入国土空间详细规划，将传统技术与新型技术相结合，系统研究北京、上海、深圳、海南、江苏等地在详细规划层面的探索和创新，确保国土空间规划在详细规划层面做到能用、管用、好用。

基本理念

详细规划应遵循绿色低碳、以人为本、因地制宜、传承创新、和谐统一的基本理念。

1．绿色低碳。贯彻经济、社会、环境多维度可持续发展的理念，以“节约、集约、高效、生态”为核心原则，规划中注重各子系统的统筹协同，综合考虑空间要素间的匹配和耦合效应。

2．以人为本。规划设计关注人的生理和心理需求，不断提升审美情趣，在单元和地块两个空间维度，充分运用城市设计思维，对城市空间、建筑、景观进行精细化设计，营造安全、便捷、舒适的场所。

3．因地制宜。落实基于自然的建设策略，倡导低冲击开发，在充分表达地方特色、传承本土文化特征的前提下，兼顾文化的多元性。

4．传承创新。保护和延续场地文脉，活化利用历史文化资源。弹性应对持续发展的社会需求，不断创新用地布局和空间组织。

5．和谐统一。确保整体空间结构扎实稳健，各支撑子系统组织有序并相互协调，局部空间弹性有活力，并注重规划管控的层层压实和有序传导。

技术框架

按照“基础准备–整体研究–单元导控–地块指引–实施保障”的流程开展详细规划工作（图D）。基础准备从自上而下和自下而上两个方面综合考虑；整体研究阶段重点明确目标、规模、结构、指标和风貌特色；单元导控主要明确各空间支撑子系统的导控要求；地块指引则进一步明确要素管控、设施落位和设计要求；最终，从类型、清单、模式、时序、调控等方面，提出实施保障建议。具体工作内容主要为：

明确目标愿景，优化空间结构。

落实底线管控，统筹单元布局。

构建支撑系统，确保韧性安全。

统筹全域空间，协调保护开发。

分层分级分解，落实要素指引。

保障近期建设，远期刚弹有度。

衔接管理机制，支持建设落地。

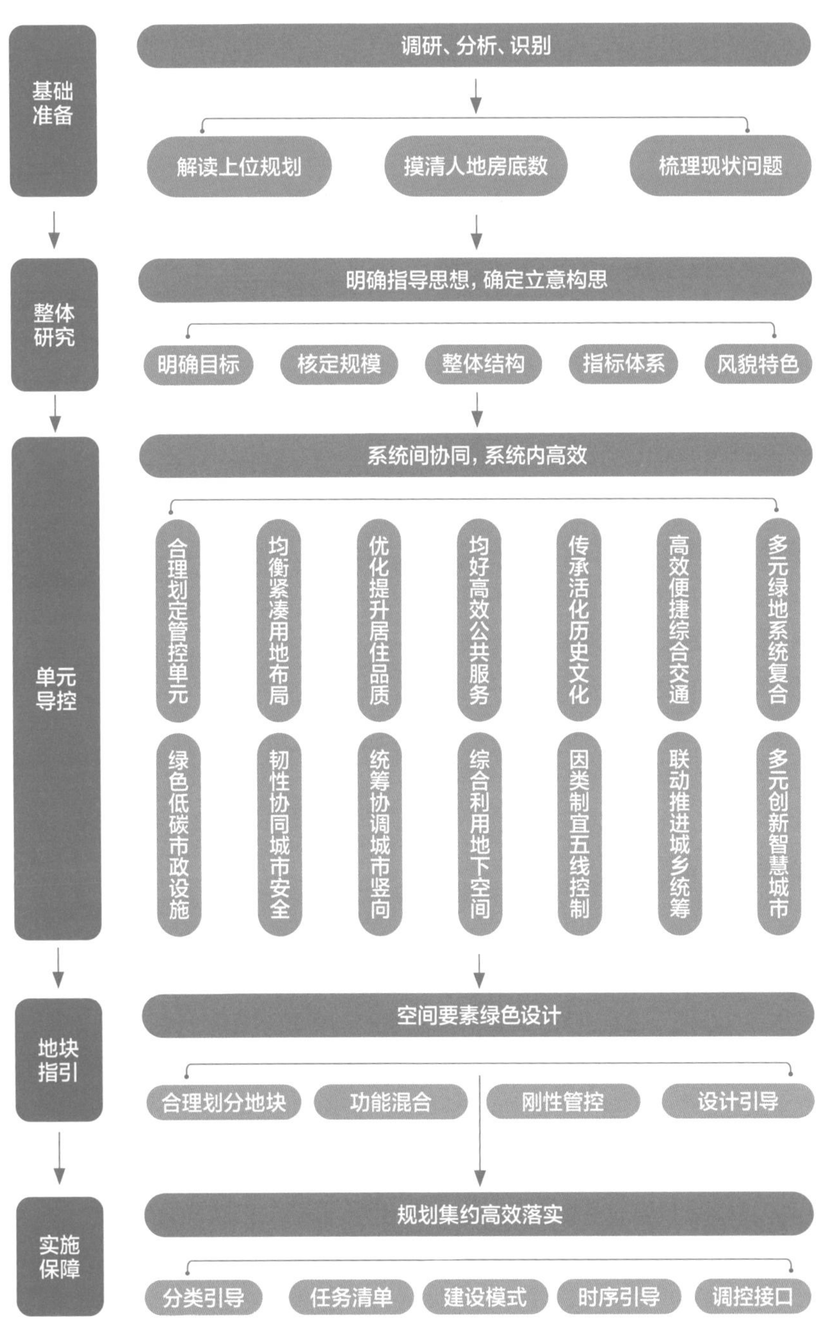

图D　绿色详细规划技术框图

D1 整体研究

D1-1 承上启下明确目标

以落实和修正上位目标、充分融入绿色低碳发展理念为目标。明确规划目标和功能定位时，注重承上启下：落实城市总体规划、分区规划等上位规划提出的发展要求，将总体层面的发展战略分解到详细规划片区；依据片区实际发展情况，对上位规划提出的目标作出合理的修正与优化。

D1-1-1 落实上位定位与发展目标

详细规划阶段的发展目标和功能定位，应重点落实城市总体规划、分区规划等上位规划要求。明确本片区在城市总体规划的发展战略中所承担的具体角色定位。主要体现在以下几个层面。

主导功能与支撑系统层面，明确本片区在总体规划层面承载的具体城市功能，以上位规划确定的片区主要土地用途为基础，明确生产、生态和生活三类功能的构成情况，明确主导功能，并落实上位规划中各支撑系统的规划要求。

空间格局层面，落实上位规划提出的城市总体空间格局要求，尤其是位于核心、轴带、门户、重点片区、重要节点等重要空间格局要素上的片区，重点统筹考量本片区内空间要素与相邻片区空间要素的联动关系。

总体风貌层面，依据上位规划中明确的风貌分区、风貌要素分布等内容，确定本片区特色风貌定位和风貌管控要点。

D1-1-2 依据实际发展情况修正目标

在城市新区和存量地区，规划期限内伴随着城市发展与动态建设，上位规划期末的发展现状很可能已与规划编制时谋定的目标产生较大差距。因此，在详细规划编制时，需要自下而上地依据片区实际发展情况，对上位规划提出的目标作出合理的修正与优化。

主要考虑以下三方面因素：一是市场调节机制带来的变化，二是相邻片区发展带来的变化，三是自发动态更新带来的变化。应基于此合理调整定位和目标（图D1-1）。

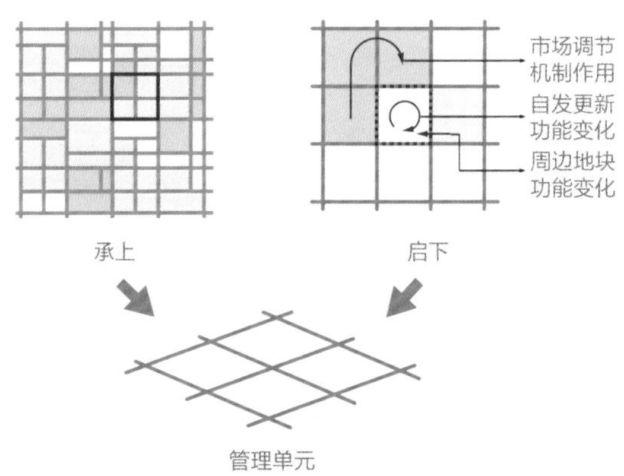

图D1-1 整体研究层面承上启下示意图

D1-2 因地制宜确定规模

以高效统筹片区资源承载能力和发展规模为目标。在快速发展的片区，规模显示了发展的潜力；在实施减量的片区，规模约束了建设量的上限。各类规模的确定，是对发展目标和功能定位的量化落实，是规划系统性、科学性、合理性的集中体现。

D1-2-1 传导落实上位规模要求

详细规划是贯彻“一张蓝图绘到底”的重要环节，规划规模的确定应做到传导落实上位规划中各类规模的要求。

国土空间规划体系改革后，以各级、各类规划推进较为有序的北京市为例：基于分区规划总指标，开展各街区指标研究，初步确定指标；之后，通过在全区层面进行统筹协调，对指标进行核定，稳定各街区指标；最后，开展街区控制性详细规划研究，并再次将指标反馈至上位规划，再次进行统筹协调，最终确定各街区指标。如此，实现全市和各区人、地、房指标的逐层分解与传导落地。

北京城市副中心提出“先减后增、以减定增、多减少增、增减挂钩”的机制，将各片区作为一盘棋统筹考虑，避免规模指标被无序突破[2]。

D1-2-2
全面摸清底数，梳理现状问题

确定规模的工作要以摸清底数为基础。充分研究国土“三调”数据，结合现场调研、访谈等方式，对片区内现状人、地、房情况进行细致梳理，包括现状人口、土地使用现状、土地权属、市政交通设施现状、公共服务设施配套情况、土地出让和项目批建情况等。

坚持问题导向，通过系统评估，找准片区内制约经济社会生活可持续发展的关键问题，重点研究的问题包括但不限于：单元内生态保育情况、土地使用和布局情况、历史文脉延续情况、路网系统组织效率、市政和交通设施选址合理性、公共服务设施均好性、公共绿地布局情况、城市安全设施配置情况等。

借鉴案例：北京石景山区SS00-1610街区控制性详细规划评估——评估流程

在对具体项目开展控制性详细规划评估前，石景山区优先进行街区层面的统筹谋划，开展既有控制性详细规划优化和规划实施情况评估。“1+3+*n*”成果体系：“1版底图”+“3个清单”+“*n*组条件”（图D1-2）。

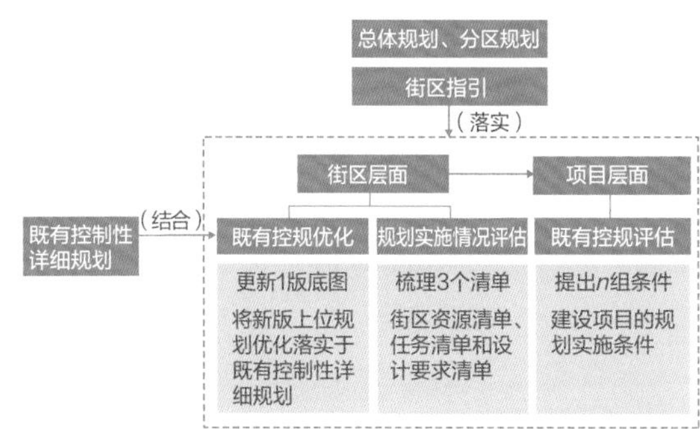

图D1-2　北京石景山区SS00-1610街区控制性详细规划评估框图

D1-2-3
合理确定规模，倡导集约高效

详细规划空间单元的规模主要指人口规模、用地规模和建设规模。

人口规模：依据上位规划等约束指标的要求，结合对单元人口构成和需求的分析研究，合理确定规划范围的总人口规模，单位为“万人”，明确人口规模的计算标准和过程，并说明人口规模相较于上位规划的变化。深圳市规定人口规模包括居住人口规模和就业人口规模，以旅游业为主导的片区须测算旅游人口规模[3]。北京城市副中心提出确定人口规模时，注重“人随功能走，人随产业走”。

用地规模：明确规划范围内各类用地规模，并说明用地规模相较于上位规划的变化。重点比对上位规划所确定的三大设施（市政交通基础设施、公共服务设施和城市安全设施）、公共绿地等公益性质用地的落实和增减情况。

建设规模：明确规划范围内各类用地的开发建设规模，并说明建设规模相较于上位规划的变化。重点比对公共服务设施建筑面积、产业建筑面积、住宅建筑面积（在棚户区改造和城市更新地区，分别明确回迁安置地块和资金平衡地块建筑面积）等。科学利用地下空间，加强地上地下空间的统筹利用，明确地下空间建设规模。

上述三类规模指标，如需对上位要求作出调整，原则上应以上位规划要求为上限，依据详细规划空间单元实际情况、现状特征、发展目标，进行人口规模、用地规模、建设规模合理预测与确定。

借鉴案例：北京石景山区SS00-1610街区控制性详细规划评估——指标核算

结合《北京市居住公共服务设施配置指标》，梳理棚户区改造及古城片区综合改造居住配套落实情况，合理核定未来配套设施配置任务与规模（表D1-1）。

D1-2-4 预留弹性发展空间，提高规划适应性

战略留白用地是为城市长远发展预留的战略空间。北京市和江苏省都要求战略留白用地应单独划定管控单元。

北京城市副中心提出积极应对未来发展的不确定性，划定战略留白地区，为重大发展战略和重大项目预留空间，并提出实行多层次战略留白。城市副中心预留约9km^{2}战略留白地区，占城乡建设用地比重约9%；拓展区预留约30km^{2}的战略留白指标，占城乡建设用地比重约16%。

持续优化战略留白用地的空间布局。北京市鼓励各区政府、开发区管委会按照总量不减少、布局更优化、用地条件更合理的原则，通过用地置换的方式，逐步实现战略留白用地集中连片分布[4]（图D1-3）。

石景山区SS00-1610街区控制性详细规划评估设施指标核算表示意 表D1-1

设施类型		社区综合管理服务				市政	教育	商业	合计
层级		B	B	B	B	B	B	B	
名称		社区管理服务用房	托老所	老年活动站	社区助残服务中心	公共厕所	幼儿园	再生资源回收站	
服务规模		1000~3000户	0.7万~1万人	0.7万~1万人	0.7万~1万人	0.5万~0.7万人	0.72万~1.44万人	1000~1500户	
千人指标	建筑面积（m^2）	50	90	20~25	20~25	—	235~258	5	
	用地面积（m^2）	—	130	25	25	—	350~375	—	
最小规模/一般规模	建筑面积（m^2）	350	800	200~250	200~250	70	—	—	
应落实	建筑规模（m^2）	950	1710	380	380	210	4465	95	8190
已落实	建筑规模（m^2）	350	—	180	—	50	5040	密闭式清洁站240	6070
位置	（用地编号）	617	—	625	—	615	619	615	

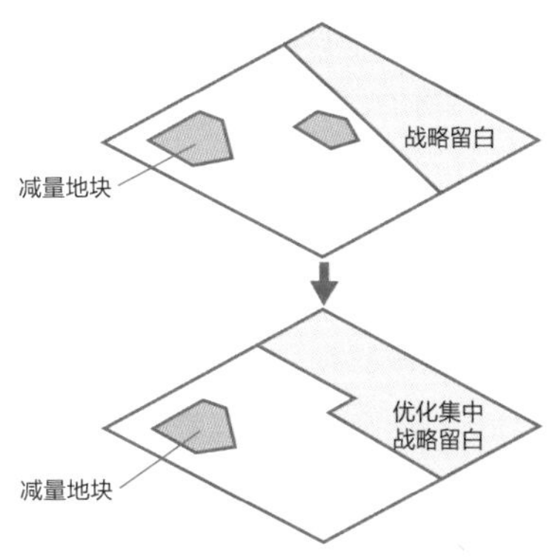

图D1-3　优化集中战略留白示意图

D1-3

确定整体空间结构

以空间结构清晰合理、公共空间绿色共享为目标。在落实上位“三生”空间布局的基础上，对单元内全空间要素进行系统梳理和整体统筹，运用城市设计思维和手法，合理确立整体空间结构，并积极构建生态友好的公共空间系统。

D1-3-1

落实优化上位“三生”空间布局，增大城市生态接触面

详细规划中的空间布局首先应充分落实总体规划、分区规划中确立的空间结构和功能，满足总体规划中的空间管制要求。

在整体空间结构上，优化生态、生产、生活（“三生”）空间结构。一是生态空间，强化管控生态底线，保障生态空间的生态安全屏障作用，并通过梳理和优化各类生态空间分布，提升生态空间的整体质量。二是生产空间，通过合理遴选产业功能、组织优化产业空间，合理控制和压缩生产空间规模，实现产业用地的高效利用。三是生活空间，在划定的城镇开发边界内，合理布局日常生活使用的各类建设用地，注重与生态、生产空间的高效协同。

根据城市自然生态和建成空间特征，明确和优化总体规划划定的城市通风廊道的具体落位，主要的空间载体是大片空旷地带，如城市主要道路、水系和结构性绿地等，以此增大城市空间的生态接触面，增强城市与气候要素的能量交换。

借鉴案例：江门潮连人才岛综合性规划设计——总体空间布局

规划采用细胞组团的布局模式，各组团功能相对完善而各具特色，组团间采用绿廊有机联系。以现状村庄为依托，延续现状村落格局肌理。山水为脉，相互渗透，以景观服务带串联各功能组团（图D1-4）。

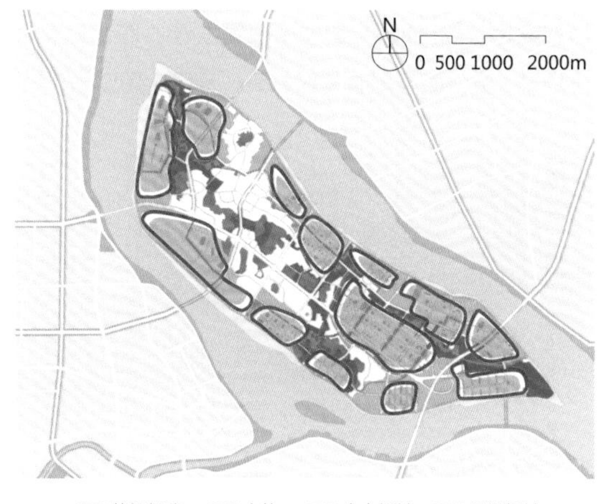

休闲绿廊　山体　生态绿地　组团绿地

图D1-4　江门潮连人才岛整体空间布局示意图

D1-3-2

统筹全空间要素，确立空间结构

确立空间结构时，重点研究以下几方面内容。

一是系统梳理片区内的水网、绿网、路网三大网络，作为支撑整体空间结构的骨架。

二是分析和组织城市轴带。包括重要城市道路、山脉水系、历史文化发展带、产业发展轴线等。

三是采用组团式的用地布局。宜构建蓝绿交织、大疏大密的组团式城市结构，以提升城市发展建设的生态性和灵活性。

四是构建城市中心体系。明确各级城市中心，综合考虑城市中心系统与水网、绿网、路网和各类城市轴带的协同关系，并考虑各级中心的服务半径。

五是落实功能布局。贯彻落实城市总体规划的功能布局，同时注重编制范围与相邻城市片区在空间系统上的对接关系，确保一致性和延续性。

借鉴案例：北京昌平区沙河高教园区CP01-0301～0303街区控制性详细规划（街区层面）（2020年—2035年）——空间结构

规划形成“一轴、一带、一环、三片区”的城市空间结构。“一轴”即公共服务配套区的主要景观生态轴线，是组织未来建设的主骨架。“一带”即东沙河滨水景观带。“一环”即以校地联动带为主体的功能复合环，集成安排共享设施、校际林荫步行带、慢行系统等。“三片区”即园区根据主导功能划分为居住片区、公共服务配套片区、高校片区（图D1-5）。

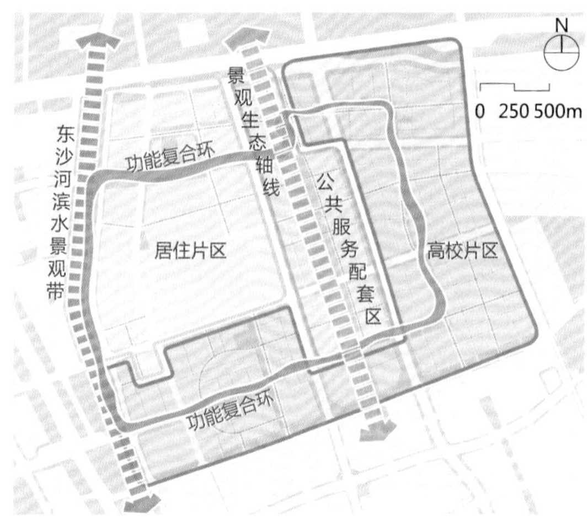

图D1-5　北京沙河高教园区CP01-0301～0303 街区空间结构示意图

D1-3-3
构建绿色友好的公共空间系统

构建类型多元、绿色友好的城市公共空间体系。

在详细规划阶段，明确公共空间的布局、位置、类型、公共空间系统连接等基本内容。

北京城市副中心规划提出：构建功能明确、连续贯通的公共空间体系。划定公共空间分区，分为功能综合、自然生态、休憩游玩、休闲活动、精品景观、景观礼仪6种类型，加强分类引导与管控，提升城市魅力与活力。提高公共空间的开放性与连续性，实现绿道网络、公共设施与公共空间的串联融合，让人民群众看得见、用得上、用得好。

借鉴案例：北京昌平区沙河高教园区CP01-0301～0303街区控制性详细规划（街区层面）（2020年—2035年）——公共空间系统

在四期项目中规划建设生态景观轴、城市共创长廊和活力共享桥，通过6.2km校际林荫步行带将整个园区有机串联起来，同步塑造丰富的空间体验场景，形成联系紧密、开放共享的公共空间系统（图D1-6）。

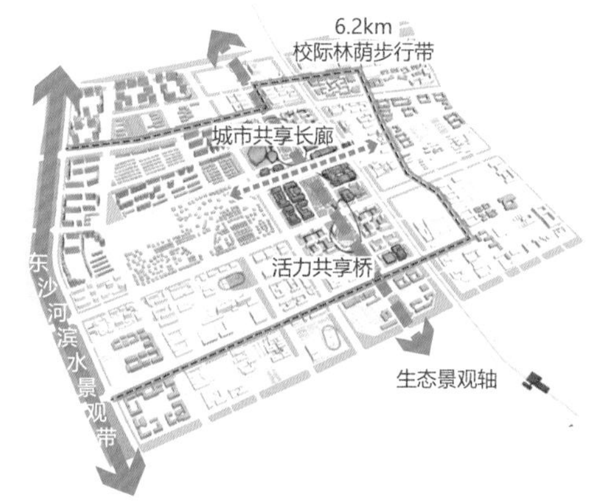

图D1-6　北京沙河高教园区CP01-0301～0303 街区公共空间系统示意图

D1-4 ※
构建综合指标体系

以构建导向明确、科学系统、刚弹结合的指标体系为目标。各地在详细规划阶段，可基于地方城市管理技术规定，结合当地自然、历史特征，综合经济社会发展水平和城市发展阶段，因地制宜构建能够充分体现城市绿色发展价值导向的综合指标体系。

D1-4-1
构建科学、系统、综合的指标体系

各地在编制详细规划时，基于国家、行业和地方标准规范要求，可基于地区发展需求和管控要求，在传统控制性详细规划指标体系之外，构建适合当地特征、充分体现城市绿色发展要求的控制性详细规划综合指标体系。指标体系应注重系统性、科学性和综合性，鼓励有条件的地区在制定地方指标体系时，在现行国家标准基础上适当突破和创新。

综合研究《绿色生态城区评价标准》(GB/T 51255—2017)、《绿色建筑设计标准》(DB 11/938—2022)、《绿色生态示范区规划设计评价标准》(DB11/T 1552—2018)等标准，以及北京城市副中心、中新天津生态城、中法武汉生态示范城等指标体系，初步拟定指标表作为参考模板，从生活便利、气候适应、文脉延续、自然生态、资源节约、安全韧性、混合集约、交通便捷、智慧共享9个方面，提出61项指标供参考（表D1-2）。

各地应基于自身特点，结合本地规划技术管理规定，在参考值基础上确定适合本地的指标考核数值。

详细规划阶段城市绿色发展综合指标建议表 **表D1-2**

类型	序号	绿色详细规划指标	参考值	指标设置和量化依据
生活便利	1	地块尺度	150~250m	《绿色建筑设计标准》(DB11/ 938—2022)
	2	人均居住用地面积	1~3层≤41m^2/人； 4~6层≤26m^2/人； 7~12层≤24m^2/人； 13~18层≤22m^2/人； 19层及以上≤13m^2/人	《绿色建筑评价技术细则》(2015年)
	3	公共设施可达性	≤500m	《绿色建筑设计标准》(DB11/ 938—2022)
	4	人均公共文化服务设施建筑面积	各地应结合实际确定细化指标	《北京城市副中心控制性详细规划(街区层面)(2016年—2035年)》
	5	人均公共体育用地面积		
	6	基础教育设施千人用地面积		
	7	千人医疗卫生机构床位数		
	8	千人养老机构床位数		
	9	一刻钟社区服务圈覆盖率	100%	
	10	无障碍住房比例	居住区≥2%，旅馆≥1%；各地应结合实际确定细化指标	《绿色建筑设计标准》(DB11/ 938—2022)
气候适应	11	$PM_{2.5}$平均浓度达标天数	≥270天	《绿色生态城区评价标准》(GB/T 51255—2017)
	12	公共开放空间500m服务范围覆盖率	≥40%	
	13	绿地率	≥36%；干旱地区应结合实际确定细化指标	
	14	绿化覆盖率	≥37%；干旱地区应结合实际确定细化指标	
	15	园林绿地优良率	≥85%；干旱地区应结合实际确定细化指标	
	16	节约型绿地建设率	≥60%；干旱地区应结合实际确定细化指标	《绿色生态示范区规划设计评价标准》(DB11/T 1552—2018)

续表

类型	序号	绿色详细规划指标	参考值	指标设置和量化依据
气候适应	17	遮阴率	住区内广场的遮阴率不小于40%，公共建筑周边广场遮阴率不小于20%，室外停车位遮阴率不小于30%，步行道和自行车道林阴率不小于75%；干旱地区应结合实际确定细化指标	《绿色建筑设计标准》(DB11/ 938—2022)
	18	屋顶绿化率	≥30%；干旱地区应结合实际确定细化指标	
	19	公园绿地500m服务半径覆盖居住用地比例	规划新区应达到100%，旧城区应达到80%；干旱地区应结合实际确定细化指标	《城市绿地规划标准》(GB/T 51346—2019)
文脉延续	20	区级及以上文物保护单位数量	各地应结合实际确定细化指标	《北京城市副中心控制性详细规划（街区层面）（2016年—2035年）》
	21	历史文化保护重点管控区面积占区域面积比例		
	22	古城、古镇（村）受保护程度		
	23	非物质文化遗产数量		
自然生态	24	本地植物指数	≥0.7	《绿色建筑设计标准》(DB11/ 938—2022)
	25	植林地比例	公共绿地≥25%；防护绿地≥60%；其他建设用地≥40%；干旱地区应结合实际确定细化指标	
	26	下凹式绿地率	≥50%	
	27	透水铺装率	≥70%	
	28	通风廊道	宽度≥50m；长度≥1000m；各地应结合实际确定细化指标	《绿色生态城区评价标准》(GB/T 51255—2017)《绿色生态示范区规划设计评价标准》(DB11/T 1552—2018)
	29	水体岸线自然化率（%）	≥80%；各地应结合实际防洪要求确定细化指标	《绿色生态示范区规划设计评价标准》(DB11/T 1552—2018)
资源节约	30	生活垃圾分类收集率	≥90%；各地应结合实际确定细化指标	《绿色建筑设计标准》(DB11/ 938—2022)
	31	可再生能源利用占比	≥2.5%	《绿色生态城区评价标准》(GB/T 51255—2017)
	32	生活垃圾资源化率	≥35%	
	33	城区生活污水处理率	100%	
	34	再生水资源利用率（%）	≥20%	
	35	垃圾无害化处理率	100%	
	36	新建绿色建筑面积占比	整体≥30%；大型公共建筑≥50%；政府投资公共建筑≥100%	

续表

类型	序号	绿色详细规划指标	参考值	指标设置和量化依据
资源节约	37	装配式建筑面积占比	≥3%	《绿色生态城区评价标准》（GB/T 51255—2017）
	38	绿色建材使用比例	≥5%	
安全韧性	39	人均有效避难用地面积	中心避难场所≥2~3m²； 固定避难场所≥2~3m²； 紧急避难场所≥1~2m²	《北京市控制性详细规划编制技术标准与成果规范》（2021年10月修订版）、《应急避难场所设计规范》（DG/TJ 08-2188—2015）、《城市应急避难场所建设技术标准》（DGJ32/J 122—2011）
	40	物流设施保障系数	1.2； 各地应结合实际确定细化指标	《北京市控制性详细规划编制技术标准与成果规范》（2021年10月修订版）
	41	应急物资投放点	每2万~3 万人至少设置1 处； 各地应结合实际确定细化指标	
	42	应急物资储存空间	超过 1 万人的社区 应预留 50~100 m²物业用房； 各地应结合实际确定细化指标	
	43	城市社区安全网格化覆盖率	100%	《安全韧性城市评价指南》（GB/T 40947—2021）
	44	年径流总量控制率	≥60% ~80%	
混合集约	45	包含混合用地的单元占城区总建设用地面积比例	≥50%	《绿色生态城区评价标准》（GB/T 51255—2017）
	46	地下建筑容积率	高层≥0.5，多层≥0.3； 各地应结合实际确定细化指标	《绿色建筑设计标准》（DB11/ 938—2022）
	47	地下公共停车或立体停车比例	≥90%	《绿色生态城区评价标准》（GB/T 51255—2017）
交通便捷	48	路网密度	8~12km/km²	《城市综合交通体系规划标准》（GB/T 51328—2018）
	49	各类步行设施网络密度	城市土地使用强度较高地区，不宜低于14km/km²，其他地区不应低于8km/km²	
	50	公交换乘便利度	不同方式、不同线路之间换乘距离不宜大于200m，换乘时间宜控制在10分钟以内	《绿色生态城区评价标准》（GB/T 51255—2017）
	51	公交站点500m覆盖率	100%	
	52	轨道交通站点 800m覆盖率	≥70%	
	53	绿色出行比例	≥65%	
	54	轨道交通站点1km范围内工作岗位数量与流量之比	≥10%； 各地应结合实际确定细化指标	《绿色建筑设计标准》（DB11/ 938—2012）

续表

类型	序号	绿色详细规划指标	参考值	指标设置和量化依据
智慧共享	55	公共安全、环境监测、水务信息管理、道路监控与交通管理、停车、市容卫生、园林绿地、地下管网等信息化管理水平	各地结合实际确定细化指标	《绿色生态城区评价标准》(GB/T 51255—2017)
	56	政务云服务覆盖率	100%; 各地应结合实际确定细化指标	《北京城市副中心控制性详细规划(街区层面)(2016年—2035年)》
	57	政府网上行政审批服务覆盖率	100%; 各地应结合实际确定细化指标	
	58	三级医疗机构预约诊疗率	≥98%; 各地应结合实际确定细化指标	
	59	无线宽带Wi-Fi覆盖率	公共空间100%; 各地应结合实际确定细化指标	
	60	道路路灯智能化管理率	≥90%; 各地应结合实际确定细化指标	
	61	公共汽车来车信息预报率	≥80%; 各地应结合实际确定细化指标	

D1-4-2

侧重选取和增补关键性指标，注重刚性与弹性相结合

各地在制订详细规划综合指标体系时，应注重因地制宜，从自身实际发展现状和特征出发，综合考虑当地自然生态和历史文化资源、经济社会发展情况、所处发展阶段等因素，有侧重地选取和增补关键性指标，细化确定适应当地发展实际情况的指标数值，使之符合本土的发展方向和诉求。

在制定指标体系时，应注重刚性与弹性相结合，增强指标的可操作性和可实施性。

D1-5

确立形态风貌特色

以彰显自然环境地域性、历史文化本土性、城市发展创新性为目标。编制详细规划的各城市片区，应落实细化上位确定的风貌分区管控要求，并多维度研究城市风貌特色要素，从自然环境、历史文化、城市发展三个维度，梳理提炼城市风貌特色，以蓝绿网络塑造、历史文化保护和城市建设空间秩序为主要抓手，提出有益于凸显风貌特色的管控要求。

D1-5-1

多维度梳理提炼风貌特色

在分析确定城市风貌特色时，主要从自然环境、历史文化和城市发展三个维度进行综合分析。

一是自然山水环境，总结山地、平原、滨海、滨

江、滨湖、滨河城市自然要素特征。

二是历史文化脉络。重点突出营城模式、建筑风格和风土民情，作为在确立城市风貌特色的基因。

三是城市发展特征，在新时代、新发展理念的宏观背景下，在城市绿色低碳发展的价值导向下，在城市群、都市圈的联动效应下，践行“人民城市”发展理念，明确城市创新发展思路，彰显时代精神。

基于以上三个维度的综合分析，并落实上位规划确定的风貌分区管控要求，细化明确片区风貌定位和风貌格局，用以全面统筹和指导城市空间与形态塑造。

借鉴案例：西宁多巴新城“河湟文心”片区城市设计——风貌特色

自然环境维度，南北山脉形成天然屏障，南山积雪，北山红崖；湟水河自西向东横贯与西纳川交汇，谷地开阔，形成良好的生态基底。

历史文化维度，河湟地区是黄河源头人类文明的发源地，具有特色鲜明的地域性。自古以来承载了中原地区与西部游牧地区的交流与碰撞，具有重要的历史地位和特殊使命。各民族随朝代更替，中西交会，渐渐在河湟地区融合并繁衍生息，形成了多民族共生的独特河湟风土人情。唐蕃古道有丝绸南路的美称，中转站鄯城县（即西宁），是历代商贸往来必经之地，茶马互市的传统渊远流长。途经区域多以集市为核心，形成独特的“十字骨架”的街道空间形态。

城市发展维度，依托特殊适宜的高原海拔地形，发展区域现代新文化，建设多巴国家级高原体育训练基地，开拓了以高原健康体育为主题的文化产业新篇章。区域位于西宁市至青海湖的交通要道上，是全国乃至世界各地到青藏高原旅游的必经之地，是未来国际性旅游服务功能的驿站（图D1-7）。

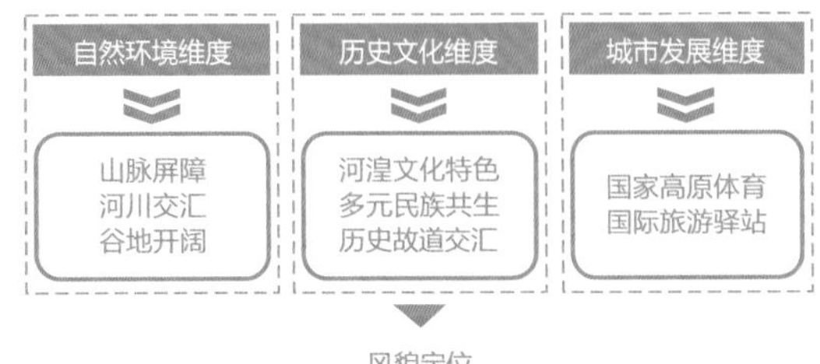

图D1-7　西宁多巴新城“河湟文心”片区风貌特色提炼总结框图

D1-5-2
织补蓝绿网络，减少空气污染和热岛效应

在自然山水维度，重点凸显人与自然和谐共生的关系，把握城镇、乡村和自然生态本底的拓扑关系，以及城镇集中建设区内结构性蓝绿网络的构建与织补。

针对滨水空间，明确规划范围内蓝线，明确防洪排涝安全、河道治理等刚性管控要求。在此基础上，鼓励开展滨水空间一体化设计，分段确定滨水岸线类型、滨水空间类型，明确水系、岸线、滨水绿地、道路和地块的综合管控要求。

针对绿地系统，明确城市绿线、生态保育等刚性要求，鼓励构建结构清晰明确、布局均衡合理、整体连贯畅通的绿色空间系统，提升绿地系统在使用上的便捷度和舒适度。

注重蓝绿空间的交织和叠合关系，共同织补出城市的蓝绿网络，促进城市降温、调湿，调节风速、风向，减少城市空气污染和热岛效应，使城景有机交融，塑造森林城市、田园城市、花园城市。

借鉴案例：西宁多巴新城“河湟文心”片区城市设计——结构性绿廊

多巴新城将山水及农田景观向城市建设区内部渗透，提出需要保留的农田板块，明确需要控制的绿廊、绿道（南北向6条，东西向3条）及2处大型公园（图D1-8）。

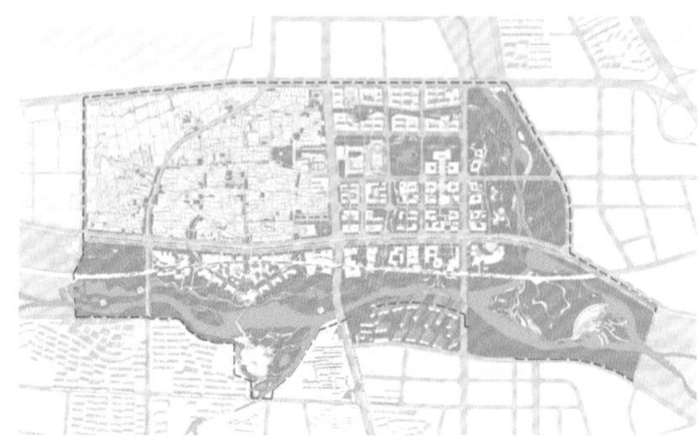

图D1-8　西宁多巴新城“河湟文心”片区绿廊织补城市空间示意图

D1-5-3
保护传承本土历史文脉特征

在城乡建设中加强历史文化保护传承方面，国家要求坚持统筹谋划、系统推进，坚持价值导向、应保尽保，坚持合理利用、传承发展[5]。

在详细规划阶段，明确规划范围内需要重点梳理盘整的历史文化资源要素，提出城市风貌层面的管控要求。历史文化资源包括但不限于：城址遗存、历史文化街区、历史街巷、历史建筑、传统地名、重要文物、历史名人与事迹、非物质文化遗产等。

借鉴案例：西宁多巴新城“河湟文心”片区城市设计——历史文化要素

河湟地区历史文化资源丰厚，现存遗址及文物众多，各朝代历史遗存和遗迹留存较多，是解读传统河湟文化的历史见证。项目基于此全面梳理了相关历史文化要素（图D1-9）。

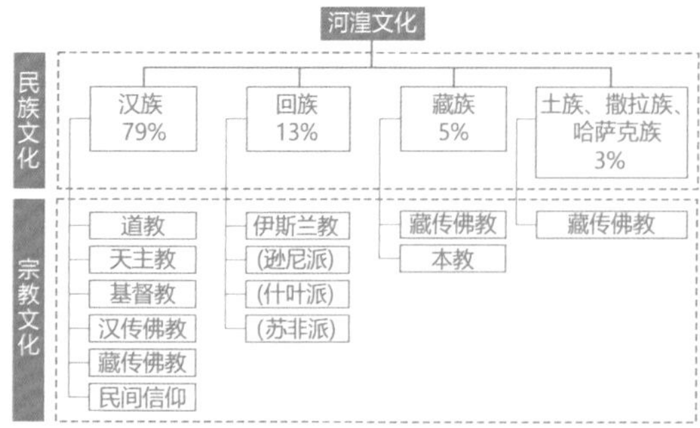

图D1-9　西宁多巴新城“河湟文心”片区历史文化资源要素梳理框图

D1-5-4
管控城市建设，把握整体空间秩序

城市建设空间秩序维度，风貌管控的主要内容是建筑高度、建筑强度、建筑风格、建筑色彩、第五立面等。

在建筑高度和建设强度方面，重点应结合历史文化保护要求、城市天际线塑造、景观视廊控制、功能需求等，对建筑高度、建设强度管控提出细化要求。

在管控时，应注重刚性、弹性相结合。例如，北京市提出，通过基准高度分区，积极引导构建圈层递减、起伏有序的整体空间形态。通过基准强度分区，实现大密大疏、紧凑高效的城市格局[6]（表D1-3）。

基准高度共分为12个等级，即原貌控制（仅历史风貌地区）、9m、12m、18m、24m、30m、36m、45m、60m、80m、100m、100m以上（需单独论证）。管控分区内，超过85%的建设用地（不含道路、水域、绿地、广场）的建筑高度指标上限应小于或等于该分区的基准高度。超出基准高度的部分需要在文本中说明。

基准强度共分为五个等级。主导功能分区内，超过70%的建设用地（不含道路、水域、绿地、广场）应遵循该等级不同功能用地地块容积率的上限要求。超出基准强度的部分需要在文本中说明。

基准强度分级一览表　　表D1-3

基准强度等级	各类功能用地地块容积率（净容积率）上限		
	居住类	商业商务、行政办公与教育科研用地	生产研发类
一级	1.0	1.0	0.8
二级	1.6	2.0	1.2
三级	2.2	3.0	1.5
四级	2.8	4.0	2.0
五级	—	5.0及以上	2.5及以上

来源：《北京市控制性详细规划编制技术标准与成果规范》（2021年10月修订版）

在建筑色彩方面，重点落实上位规划对城市色彩的整体管控要求，并结合片区功能及空间特征，针对不同的建筑类型进行分类引导。

在第五立面方面，重点考虑以下因素：文物保护区及建设控制地带管控要求、城市景观与眺望系统、建筑使用功能等。

借鉴案例：《北京第五立面与景观眺望系统城市设计导则》（北京市规划和自然资源委员会）

《北京第五立面与景观眺望系统城市设计导则》明确了不同眺望尺度的第五立面管控要素：远景重点管控城市天际线，中景重点管控建筑高度和体量，近景重点管控建筑屋顶与附属物（图D1-10）。

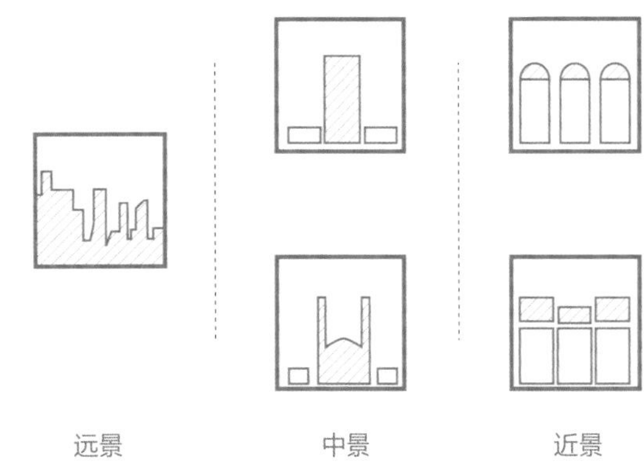

图D1-10　北京第五立面管控层次示意图

单元导控

D2-1

合理划定空间单元

以利于结构优化、建设统筹、基层治理、有序提升的单元划定为目标。合理划定空间单元，是有效传导落实上位规划、细化空间管控要求的基础，应重点考虑单元规模的合理性、单元边界的完整性、后续建设管理的便利性等因素，并探索便于落实国土空间用途管制制度的单元划分方式。

D2-1-1

明确空间管控单元的划定原则

在城镇开发边界内，合理划定编制详细规划的空间单元。重点考虑单元规模大小的合理性、单元边界的完整性、建设管理的便利性等因素。

单元规模：江苏省将详细规划分为单元和街区两个空间层次，分别衔接街道（镇）和社区（行政村）两级行政区划，其中单元规模原则上以10km^{2}左右为宜；街区划分结合5分钟便民生活圈划分，原则上以1～3km^{2}为宜。天津市要求城市中心建成区单元以街道界线为基本范围，用地规模一般控制在 1～4km^2；新区每个单元用地规模一般控制在 2～6km^2。北京市要求每个街区单元规模为1～3km^2。海南省要求控制单元原则上以1～3km^{2}为宜。

单元边界的完整性：主要统筹考虑自然水系、绿带、区域交通廊道、城市道路、重要基础设施、历史文化保护线等自然和地物的空间边界，并统筹考虑设施服务半径、相邻单元空间结构、用地功能联系等因素。

建设管理的便利性：空间单元的划分应充分与行政事权相结合，综合考虑拆迁安置、功能完善、资金平衡等因素，并考虑土地储备、成片开发等建设管理要求，兼顾城市近期重大实施和行动计划等因素。

D2-1-2

落实国土空间用途管制制度，划定主导功能区

超大城市和特大城市可在管控单元之下进一步细划主导功能区，通过这一技术层级，有序传导上位功能要求，又为下一层级地块层面功能研究留有余地。大中小城市可将主导功能区的技术思路融入详细规划管控单元下更加细分的空间单元予以落实。

北京市以街区为控制性详细规划的基本空间单

元，在此基础上，提出落实国土空间用途管制制度，建立全域覆盖的控制性详细规划分区、分类管控体系。划定主导功能分区，提出主导功能、混合引导及负面清单等用地功能管制要求。在控制性详细规划阶段共划定20类主导功能分区，其中建设用地12类、非建设用地8类。

建设用地主导功能

建设用地主导功能分区中，各类建设用地（除道路外）的规划功能应满足该主导功能分区的功能管控要求。村庄建设用地、战略留白用地应单独划定主导功能分区（表D2-1）。

建设用地主导功能管控一览表　　　　表D2-1

序号	类别		管控要求
1	居住主导区		居住用地占建设用地总量的50%以上
2	生产主导区		生产研发用地占建设用地总量的50%以上
	其中	制造生产主导区	工业用地（不含工业研发用地）、物流仓储用地占建设用地总量的50%以上
	其中	研发生产主导区	工业研发用地占建设用地总量的50%以上
3	商业商务主导区		各类商业商务服务业用地占建设用地总量的50%以上
	其中	商业主导区	商业用地占建设用地总量的50%以上
	其中	商务主导区	各类商务服务业用地占建设用地总量的50%以上
4	文化教育主导区		文化设施用地（市区级文化设施）、教育科研用地（不含基础教育用地）、保护区用地占建设用地总量的50%以上
5	公共服务主导区		公共服务设施用地，即A2（街道乡镇社区级文化设施）、A3、A4、A5、A6、A7、A8、A9，占建设用地总量的50%以上
6	行政办公主导区		行政办公用地占建设用地总量的50%以上
7	基础设施主导区		大型市政交通设施用地、铁路、对外交通设施用地、水工建筑用地等占建设用地总量的50%以上
8	绿地水域主导区		绿地、广场与城市水域用地占建设用地总量的50%以上
9	混合功能主导区		鼓励在城市公共活动中心地区、轨道交通站点周边地区等划定混合功能主导区，另外，以上均不符合，没有任一功能用地占建设用地总量的50%以上
10	特殊功能主导区		特殊用地占建设用地总量的50%以上
11	留白主导区		战略留白用地应单独划定主导功能分区
12	村庄建设区		村庄建设用地应单独划定主导功能分区

来源：《北京市控制性详细规划编制技术标准与成果规范》（2021年10月修订版）

非建设用地主导功能

非建设用地进一步统筹山、水、林、田、湖、草各资源要素，落实分区规划用途分区管制要求，并从人类生态、生产、生活的需求层次出发，确定主导功能分区主导功能，因地制宜细化管控思路，提升生态空间价值。主要分为水域保护区、农田保护区、生态留野区、一般林草保护区、农业观光区、景观游憩区、一般生态区、有条件建设区共计8类。

D2-2 ※

科学布局用地功能

以用地布局均衡紧凑、混合高效为目标。通过集约节约布局用地、提升用地混合度，并在城市关键地区提出重点指引的方式，优化用地布局，提升用地效率，进一步促进城市功能优化和职住均衡。

D2-2-1

集约紧凑布局建设用地

单元内注重用地紧凑开发利用，根据单元主导功能定位和现状空间资源条件，合理组织不同的用地功能，尤其是生产空间应追求集约高效，避免粗放使用土地造成资源浪费的现象。

统筹建筑密度和强度，对特定功能的用地（如商业、商务用地），可适当调高容积率，加大空间利用强度，也有利于创造大疏大密、大开大合的空间形象。

D2-2-2

提升用地混合度，促进职住均衡

提升用地功能混合度，在一定程度上有利于促进推进居住与就业相对均衡布局，缓解城市潮汐交通问题等。在同一单元聚集多种功能，缩短人的出行距离，进而引导人们减少选择私家车出行，更多地选择公共交通与慢行交通出行方式，减少碳排放（图D2-1）。

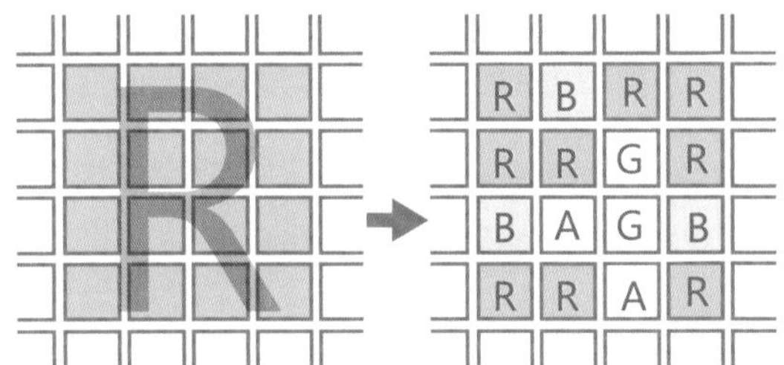

图D2-1　用地功能混合示意图

D2-2-3
特色片区用地布局指引

关键地区用地布局应根据主导功能、自然生态、历史文化、交通条件、建设现状等因素，结合城市设计进行研究。

特色片区主要分为滨水地区、山前地区、历史文化保护地区、老城复兴区、新城新区、商业商务区、交通枢纽区、创新型产业聚集区、绿色低碳产业园区等。重点考虑地块尺度、形状、用地功能混合度、不同功能地块组合方式等。

D2-3
优化提升居住品质

以完善居住综合服务、提升居住环境品质为目标。从居住用地供应规模与开发强度、生活圈设施标准、住区内部交通组织、公共空间品质四方面，优化提升住区品质。

D2-3-1
合理控制居住用地供应规模与开发强度

合理引导居住用地供应规模与开发强度，确定合理的居住人口和适宜的人口密度，提升城市活力。

可主要参照以下三点：一是总体规划、分区规划、住房专项规划等上位和相关规划提出的居住用地与新增住房供应量，二是现状人口特征以及人口规模调控要求，三是区域功能定位、职住平衡发展要求。

此外，针对涉及棚户区、“城中村”改造的详细规划单元，应重点关注和回应安置需求，在单元范围内加强安置类住房的供应引导。

D2-3-2
基于生活圈建构要求，优化配套设施类型、数量与布局

住区配套设施的布局应重点放在详细规划单元层级统筹安排，提升配套设施服务的覆盖范围和服务品质。

北京城市副中心提出，应完善公共服务层级体系。通过构建5-15-30分钟生活圈，完善相应生活圈配套设施，进而形成由“市民中心-组团中心-家园中心一便民服务点”构成的公共服务体系。此外，鼓励配套服务功能集中设置、混合利用，实现布局均衡，就近满足公众的工作、娱乐、出行、教育、医疗等方面的需求。

借鉴案例：海南省东方市滨海片区城市设计与控制性详细规划——生活圈布局

东方市滨海片区规划设计保障基层公共服务设施均等化，促进空间集约高效利用，形成“街道一社区”两级公共服务生活圈，实现城市基层公共服务全覆盖（图D2-2）。

家园中心、社区服务站等公共场所的设计应着重考虑近人尺度的空间感受，居住建筑首层面向城市开放，融合餐饮、零售、休闲、室内康体等便民服务功能，呈线性连接邻里中心、城市公园等城市生活“发生器”，创造出活跃、生动的城市街道生活。

图D2-2 东方市滨海片区生活圈布局示意图

D2-3-3

构建便利可达、层次分明、密度适宜的居住区道路系统

一是提升住区的整体路网密度。针对设施密度高但路网密度低的区域，进行生活性、服务性的慢行街巷织补，以提升路网密度与可达性。

二是合理划分道路的类型和等级。划分交通型、生活服务型、景观休闲型、综合型等街道类型。可在城市支路以下划分包括胡同、里弄、小街巷、组团路、宅前路等其他道路，提升住区的出行便利性。

借鉴案例：海南省东方市滨海片区城市设计与控制性详细规划——道路红线内外一体化设计

建筑前区对外开放，道路红线内外整体设计，增加步行路权，城市侧鼓励沿街底层设零售与餐饮功能，建筑前区鼓励增加外摆与茶座（图D2-3）。

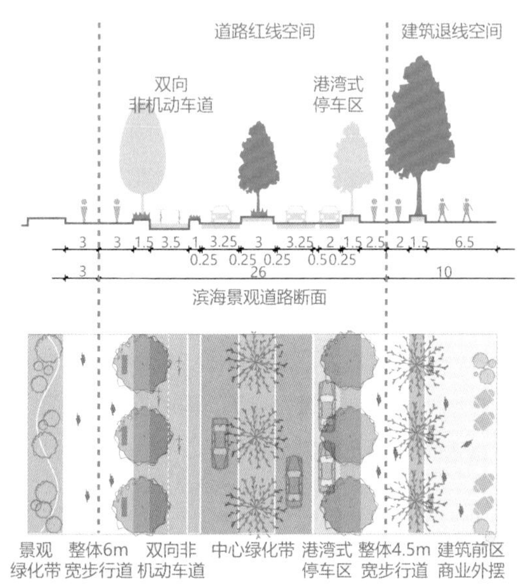

图D2-3 东方市滨海片区道路断面示意图

D2-3-4

提升居住区街坊级公共空间品质，充分挖掘社区小型公共空间

充分利用管控单元内部社区的零散地、闲置地、边角地、拆违腾退空间，布局小微绿地与公共服务设施，提升管控单元内公共空间的面积与品质。

对各类型零散公共空间进行现状研判，针对其各自的规模、周边环境、周边用地性质等情况，鼓励街坊中的小型公共空间进行因地制宜的"微更新"。

D2-3-5

分类落实既有住区更新整治

基于详细规划管控单元，系统梳理老旧小区特征属性，如居住型历史地段、工人新村、20世纪80年代过渡时期住区、90年代商品房小区等，明确各类型老旧住区的价值与特征，制定改造实施策略，对不同类型住区的物质形态、规划布局、设施增补等方面实施精准优化提升。

D2-4 ※

均好高效公共服务

以公共服务均好高效、开放共享、多元供给为目标。公共服务设施的类型、数量、品质与运行效率极大地影响了城市宜居宜业的程度。通过合理布局、精准配置、灵活保障、资源共享的方式，系统整合公益性和营利性公共服务设施资源，构建完善的公共服务设施体系。

D2-4-1

合理确定设施规模、类型和层级

落实上位规划确定的教育、医疗卫生、文化、体育、社会福利、公共管理等社区生活圈综合公共服务配置要求，衔接公共服务设施专项规划确定的目标、标准和布局要求，针对实际服务人口特征和需求，确定保留、改建和新建的各类公共服务设施级别、数量、规模，在满足服务半径的基础上，优化设施布局。

新建地区社区生活圈综合公共服务设施宜集中布局，提高使用效率；更新地区可因地制宜采用灵活布局模式。

借鉴案例：海南省东方市滨海片区城市设计与控制性详细规划——生活圈规划

落实总体规划中的公共服务设施规划，按照生活圈的需求，形成多层级、全覆盖、人性化的基本公共服务网络。使人们可以通过步行、骑行和车行，便捷到达不同层级的公共服务生活圈（图D2-4）。

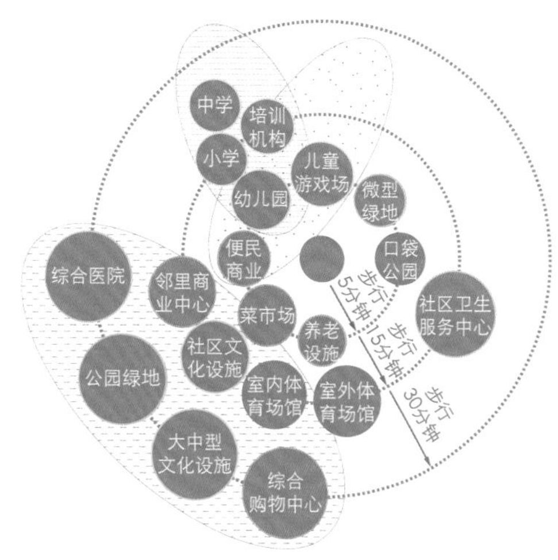

图D2-4　东方市滨海片区三级生活圈示意图

D2-4-2

因地制宜确定配置保障系数

公共服务设施规划指标应在满足国家和地方标准的基础上，鼓励结合单元实际情况设定保障系数，主要考虑：

一是可用空间资源是否充足。针对存量空间提质增效的更新类街区，可用空间有限，可参考按0.8～1.0的保障系数，对公共服务设施用地规模进行折算。

二是单项公共服务设施配置保障系数可各有差异。例如，对于老龄人口集中的地区，可参考按1.0～1.2的保障系数，适当提升适老服务设施用地规模。

各地应根据实际情况研究确定保障系数区间。

D2-4-3

按需精准配置，多元主体参与，丰富公共服务设施供给

在传统公共服务设施配置的基础上，鼓励社会与市场多元主体参与提供新型公共服务设施，如儿童游乐服务设施、终生教育设施、社区养老设施等，服务市民多元化的使用需求。

在聚焦居住集中地区之外，还应关注就业集中地区的公共服务设施配置，并在管控单元范围内按需增加托幼、文化、体育类设施，服务差异化的使用需求。

更新类管控单元在梳理存量资源的基础上，需要精准对接居民需求，针对便民商业设施、停车（充

电）设施、市政基础设施等民生设施，提出利用存量资源补充公共服务设施的规划实施策略。

借鉴案例：海南省东方市滨海片区城市设计与控制性详细规划——公共服务设施类型

通过现状研判，发现基层公共服务资源配置相对滞后，公共服务设施建成总量不足，设施分布较为分散。明确亟待补充的公共服务设施类型（图D2-5）。

街道级家园中心兼顾综合功能需求，设施包括文化活动中心、社区服务中心、街道办事处、司法所、全民健身活动中心、社区儿童福利等。

社区级家园中心依据所在社区人口结构，按需精准提供设施，包括文化活动站、社区服务站、社区卫生服务站、社区商业网点、老年人日间照料中心、生活垃圾收集站、再生资源回收站、公共厕所等。

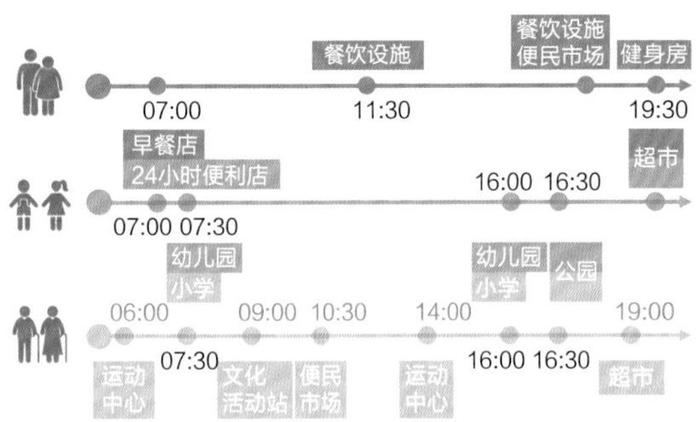

图D2-5 不同人群日常行为和需求分析示意图

借鉴案例：北京亦庄马驹桥-1片区控制性详细规划及城市设计

根据人口结构和需求的近远期变化，探索公共服务设施的柔性、动态供给配置（图D2-6）。

D2-4-4 公共服务设施错时共享

鼓励公共服务资源互补、设施共享，在确保安全管理的前提下，鼓励各类设施与居民区错时共享，推动服务能效整体提升（图D2-7）。

公共建筑停车设施共享。鼓励邻近商业办公楼、企事业单位、文化娱乐等公共建筑的停车设施与居住区错时共享。

学校体育设施共享。鼓励大、中、小学内的体育设施在教学时段以外向社会开放共享。上海市的创新做法是学校向社会开放设施的用地，可按 20%折算为社区级相应设施用地指标。

公共建筑绿地广场共享。鼓励公共建筑用地内的中心绿地、中央花园、广场等绿地空间向社会开放共享。

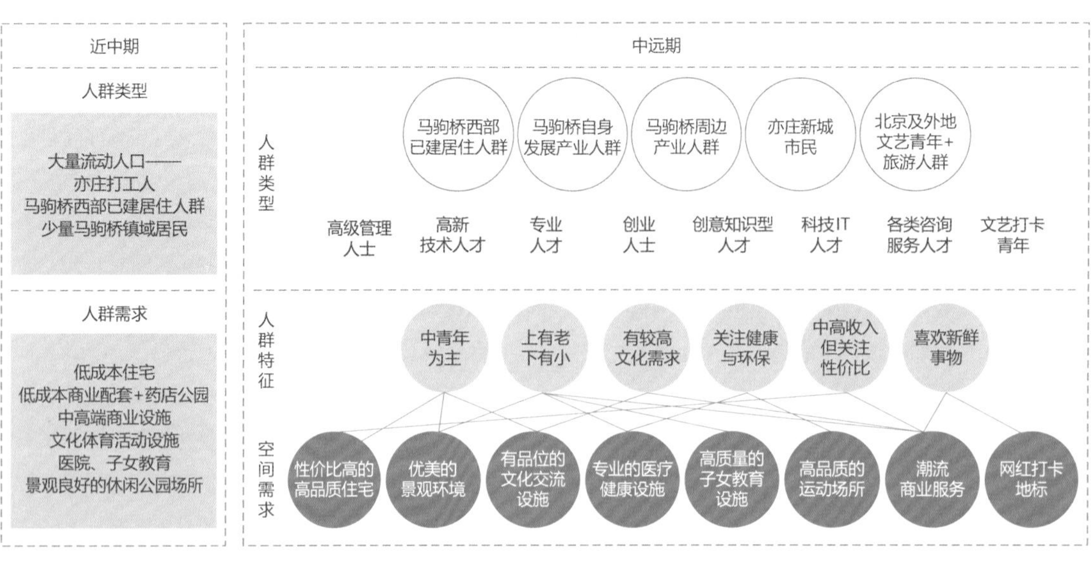

图D2-6 北京亦庄马驹桥-1片区结合人群需求配置近远期设施框图

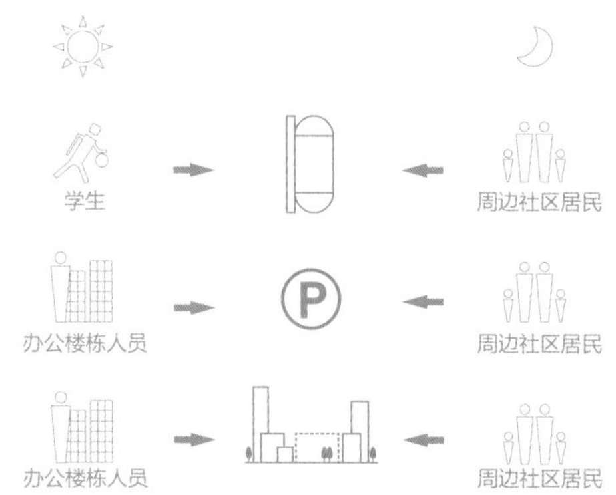

图D2-7　公共服务设施错时共享示意图

D2-5

传承活化历史文化

以延续历史文脉、增强文化传播、丰富文化体验为目标。明确刚性保护底线，运用城市设计手段传承和塑造城市风貌，活化利用历史文化资源，展现城市文化底蕴，提升文化品位，激发文化自信。

D2-5-1

明确历史文化资源保护范围与内容

严格落实上位规划及相关专项规划确定的历史文化名城、名镇、名村（传统村落）、街区和不可移动文物、历史建筑等保护要求。

北京市要求，历史文化保护与传承应落实总体规划与分区规划历史文化保护体系，梳理各项历史文化资源，明确各级文物保护单位、历史建筑的位置、数量，确定文物保护单位保护范围和建筑控制地带，划定历史文化街区、特色地区的空间管制范围，提出控制要求。推进文化遗产活化利用，明确可利用的历史文化资源，阐述利用原则与规划方向，提出规划引导要求。

上海市要求，历史风貌地区可划分为历史文化风貌区、风貌保护街坊、风貌保护道路（街巷）和风貌保护河道的两侧街坊等，重点关注整体肌理保护和分类保护的建筑更新方式。历史风貌地区的控制要素应充分结合地区风貌特征和城市设计研究因地制宜选取。

借鉴案例：内蒙古兴安盟大乌兰浩特地区历史文化街区保护与提升——历史环境保护与提升

历史街区范围内规划基本保持原有以公共服务、办公、文化教育为主的功能，充分发挥历史文化保护区的社会文化价值，通过街道环境改善、建筑立面修缮和公共空间系统营造，保护历史环境，提升空间品质（图D2-8）。

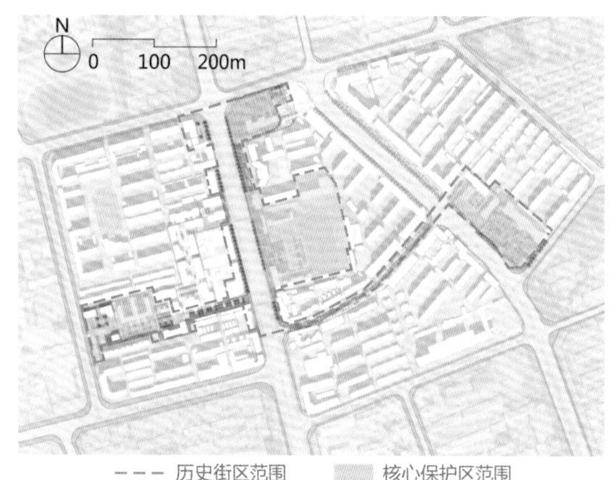

图D2-8　兴安盟大乌兰浩特地区历史文化街区历史文化保护规划图

D2-5-2

传承传统绿色营建智慧，保护历史风貌

应充分尊重片区原有历史肌理与传统建筑风貌，并结合城市设计，加强风貌管控。

北京市、天津市均提出：结合城市设计，加强文化景观设计，如塑造文化探访路、文化廊道、重要视廊等。明确建筑的保护与更新类别、建筑高度、体量、外观形象及色彩、材料等控制要求，明确街巷、风貌保护河道、古树名木等保护对象及相应的管控要求。充分借鉴和传承依山形、顺水势、因地制宜、因势利导的传统绿色营城理念，促进绿色发展。

江苏省要求，历史风貌与文化遗产保护区需结合历史文化保护线相关管控要求，重点强化建筑分类保护与整治、街道河道等风貌保护界面及建筑高度分区管控。

借鉴案例：内蒙古兴安盟大乌兰浩特地区历史文化街区保护与提升——风貌协调

乌兰浩特按照对历史街区风貌的影响程度，划定历史风貌协调区和一般风貌协调区。历史风貌协调区对现状建筑进行改造，与历史建筑风貌相协调，新建建筑应全面满足风貌协调区风貌导则的要求，一般风貌协调区建筑应满足风貌协调区风貌导则的色彩、材质要求（图D2-9）。

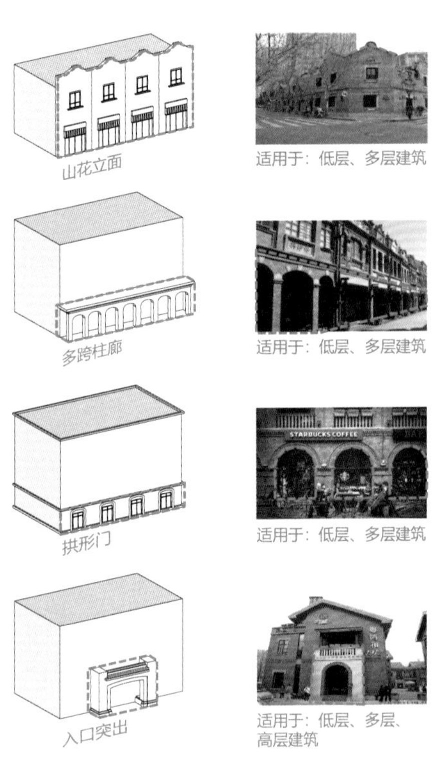

图D2-9　兴安盟大乌兰浩特地区历史文化街区风貌协调区建筑风貌管控示意图

D2-5-3
加强资源活化利用，提升历史文化活力

保护历史文化路径，串联历史文化要素，带动空间品质提升，推动管控单元功能优化。

引导单元内历史文化资源综合利用，植入文化创意、陈列展览、娱乐休闲等城市功能，活化利用历史文化资源，提升详细规划单元的历史文化活力。

借鉴案例：内蒙古兴安盟大乌兰浩特地区历史文化街区保护与提升——资源活化与利用

规划6处旅游目的地和1条主要旅游环线，并将主要旅游服务设施集中在两处入口节点附近（图D2-10）。

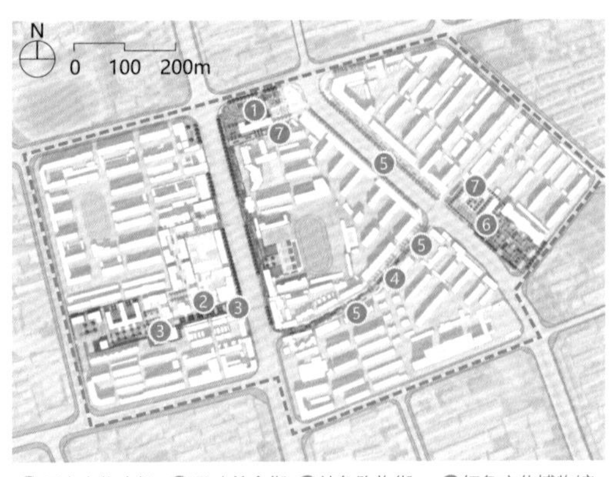

图D2-10　兴安盟大乌兰浩特地区历史文化街区旅游服务设施及游线设计规划图

D2-6
高效便捷综合交通

以交通系统安全高效、绿色便捷、经济集约为目标。注重交通系统与土地利用的协调，实现系统优化与整合，落实公共交通优先战略，优化慢行交通体系，鼓励TOD建设模式，强化站城一体发展。

D2-6-1
结合技术准则优化路网系统

各地应结合实际，综合考虑详细规划管控单元的功能定位、人口与建设规模、交通特征等因素，合理优化城市路网系统，提升路网密度，提高出行效率，促进城市自然通风（图D2-11）。

在加密城市支路网之外，鼓励增设街坊级道路，打通单元毛细循环系统。北京市鼓励在支路层级之外增设街坊路，街坊路以虚线形式在控制性详细规划中明确，建成地区街坊路可纳入街区路网密度计算。街坊路的道路红线宽度为6～15m。

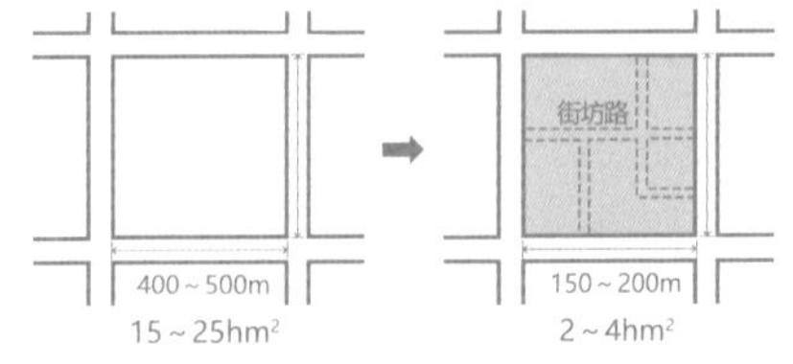

图D2-11　小街区、密路网示意图

D2-6-2

落实公共交通优先战略，促进交通减碳

落实公共交通优先战略，明确轨道交通、快速公交、常规公交等各类公共交通的线路、场站数量、规模和布局。规划公交专用道，提高单元间中长距离公交出行的效率。提高公交网络在单元内部主要道路的覆盖率。

推动产业、人口向公交站点集聚，各级、各类公共交通设施融合成网，可有效减少交通碳排放，缓解对地区气候环境的负面影响。

借鉴案例：海南省东方市滨海片区城市设计与控制性详细规划——公共交通规划

规划实现公交覆盖率约40%的城市交通分担比例，形成紧凑的城市空间布局、多元化的城市公共交通服务网络、以人为本的城市公共交通优先政策、高效的城市交通综合管理。规划出行圈搭载微型巴士、公交车、水上巴士、有轨电车和自行车多种公共交通出行方式。对公共交通系统进行智能化管理，深度接驳，创建快捷便利、低碳高效的公共交通出行条件（图D2-12）。

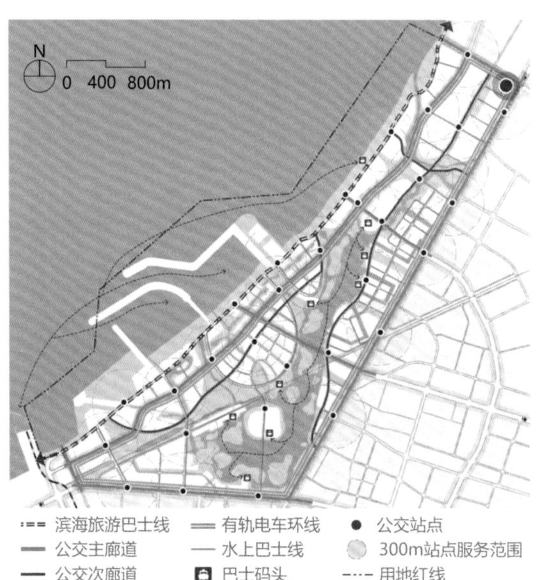

图D2-12　东方市滨海片区公共交通系统规划图

D2-6-3

疏控结合，合理布局静态交通设施

老城区疏控结合，严格控制路内停车位数量，治理路侧乱停车问题。优先在道路沿线的用地红线内通过改、扩建增加停车空间。

新区适度预留独立占地的公共停车场，为远期新型交通工具的运行预留条件。除商业街区以外，严格控制路内停车位的供应。

鼓励静态交通设施结合轨道交通车站、公交枢纽站和公交首末站布设。机动车换乘停车场的停车位供给规模，应综合考虑接驳站点客流特征和周边交通条件，其中与轨道交通结合的机动车换乘停车场停车位的供给总量应参考不小于轨道交通线网全日客流量的0.1%，且不宜大于0.3%。

D2-6-4

优化慢行交通，营造步行友好的城市环境

保障慢行交通，营造步行友好环境，塑造开放便捷、尺度适宜、具有活力的街道空间。

一是完善基本设施。充分考虑自行车道和人行道的空间需求与安全畅通，完善慢行系统设施的种类和数量。

二是衔接周边用地。以慢行系统串联公益性或商业活力较高的用地，能够同时提升慢行系统和周边用地的使用效率和活力。

三是优化线路设计。例如，蓝绿网络中的慢行系统，道路线形应注重与自然水体和地形地貌相协调，并注重沿线配置便民及游憩设施，提高慢行系统的便利性。商业慢行系统，应尽可能多地串联标志性商业节点、广场等公共空间，并与骑楼、风雨廊等建筑形式相结合，提升慢行体验。

以慢行为主的城市支路和街坊路，鼓励探索道路交叉口小转角的可行性。

借鉴案例：海南省东方市滨海片区城市设计与控制性详细规划——慢行系统规划

在道路网络和多元类型慢行系统支撑下，方案采用人性化尺度组织步行优先城市150m×150m小尺

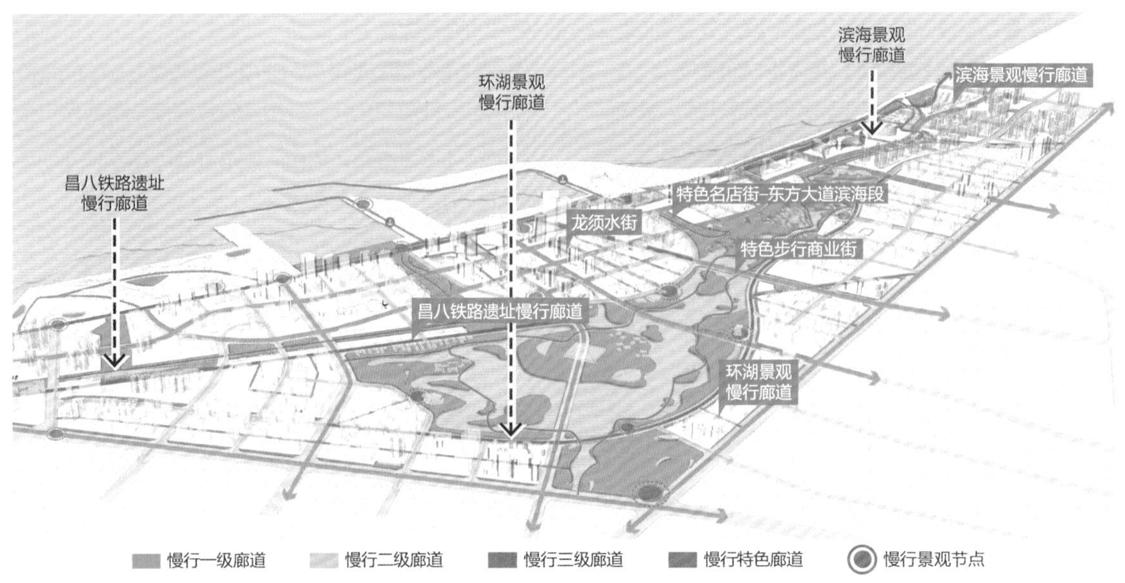

图D2-13 东方市滨海片区慢行系统分析图

度组织街区网格，优化街道、河流、广场等公共空间界面比例。在湿地内部以连续的步行系统串接各生态节点。

规划慢行特色廊道包括：滨海景观廊道、特色铁路遗址风貌廊道、环湖景观廊道。其中，慢行一级廊道主要连接城市主要公共活动中心、慢行出行密集地区、居住密集区域，慢行二级廊道主要服务于片区内部的出行，集散非机动车、人流（图D2-13）。

D2-6-5
鼓励TOD建设模式，构建多基面立体城市

根据实际需要，围绕各级交通站点，构建多基面立体城市，实现城市布局集约化，促进地下、地面、地上空间的功能混合和高效运行，实现站城一体发展。规划应结合城市设计提升人们在复杂空间中的换乘效率和体验。针对平时和高峰期客流特点，合理布局换乘设施，有效组织楼梯、扶梯等空间连接设施，推进轨道交通与其他交通方式安检互认，简化换乘环节。

借鉴案例：日本东京涩谷站

日本东京涩谷站是东京都市圈最繁忙的交通枢纽之一，JR山手线、琦京线、东急东横线、田园都市线等多条线路在此交会，每天换乘人数近300万人次，由于交通便利和人流量巨大，涩谷站周边混合了交通接驳换乘、商务差旅、通勤居住公寓、商业消费、文化体验等多元功能，通过空中连廊等设施，连通各层站点与周边建筑物（图D2-14）。

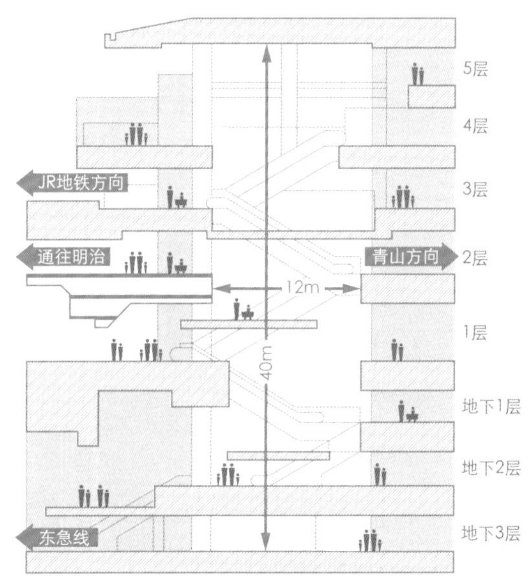

图D2-14 日本东京涩谷站多层空间示意图

D2-6-6

将轨道微中心塑造为生活圈核心

结合轨道交通站点，充分融合多元城市功能，塑造具备场所感和识别性的城市轨道微中心。

北京市提出，应根据轨道站点所在区位、交通功能等级、车站周边资源用地等情况综合分析车站的一体化价值，选择其中具有较高价值的车站作为轨道微中心站点。充分发挥轨道站点人流量大、与市民日常活动联系紧密的特点，将有效组织市民的生产、生活等各类活动作为其基本职能。轨道微中心应当与城市各级公共服务中心（综合服务中心、组团中心、家园中心等）相耦合，应当成为各级、各类市民生活服务圈的组织核心。在轨道微中心及周边范围内统筹安排出入口布局，鼓励与周边建筑、公共空间结合布局。轨道微中心及周边地区应构建地面人行道、地下通道、空中连廊、过街天桥等立体化的步行设施网络。

借鉴案例：北京经济技术开发区荣华中路重点地区交通一体化研究——轨道微中心

规划设计结合TOD换乘大厅，合理组织地铁、公交换乘厅和共享单车停车点，并融入都市未来客厅、乐活广场、科文中心、生态休闲公园、艺术广场等城市生活圈服务功能（图D2-15）。

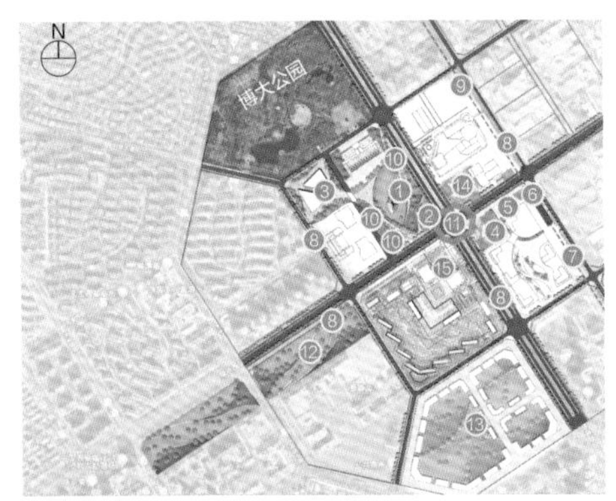

①都市未来客厅（27号城市公园）
②下沉广场（兼地铁出入口）
③科文中心
④乐活广场（36号城市绿地）
⑤大族商业景观
⑥地铁换乘厅
⑦公交换乘枢纽
⑧共享单车点
⑨桥下公共空间
⑩地下文化教育设施（27号城市公园）
⑪TOD换乘大厅
⑫城市景观绿带
⑬生态科技城（待开发地块）
⑭生态休闲公园（28号亦城财富城市公园）
⑮艺术广场（35号国锐金嵿广场）

图D2-15 北京经济技术开发区荣华中路轨道微中心总平面规划图

D2-7 ※

多元复合绿地系统

以提升城市绿地系统的均好性、舒适性和共享性为目标。分级、分类完善绿地系统，鼓励绿地融合城市功能，增加城市小微绿地，着力构建多元复合的绿地系统和碳汇网络。

D2-7-1

分级、分类构建绿地系统，构建绿色碳汇网络

落实和优化上位规划确定的人均公园绿地指标与绿地总量要求，充分利用现状水体和绿地空间，合理确定绿地结构、数量、规模和布局。通过生态基质、斑块、廊道的有机结合，组织不同性质、形状和规模的绿地，共同构建成完整、均衡、有机的城市绿地系统。

通过城市公园、街头绿地、滨水绿带等人工绿地与自然生态基底的有机结合，使其融入绿色碳汇网络，有效消减城市热岛效应。提出提升生态效益、社会效益、景观效果的综合建设要求。

借鉴案例：北京怀柔科学城总体城市设计方案征集——多元复合绿地系统构建策略

三角洲绿心（雁栖河与沙河交汇处）：整合周边街区和组团，形成服务于科创、文创和城市服务功能的组团绿心。

密云绿心（密云城区西侧基本农田）：构建云西组团密云新城的生态缓冲空间。

雁栖湖蓝心：整合国际会都、怀北、雁栖组团，形成服务于国际交往、科教、高品质居住功能的滨水绿心（图D2-16）。

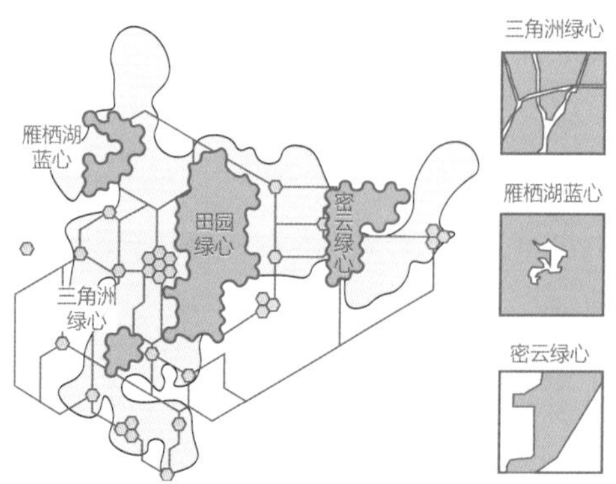

图D2-16 北京怀柔科学城多级绿心结构示意图

D2-7-2

鼓励绿地系统复合利用

鼓励公园绿地、广场用地与体育运动场地进行复合利用，鼓励广场用地等开放空间与其他经营性用地的复合利用，鼓励绿地与开放空间结合社区生活圈构建。例如，北京城市副中心规划形成36个15分钟服务半径的家园中心，将社区生活圈的服务设施与绿地、开放空间结合设置。

借鉴案例：北京怀柔科学城总体城市设计方案征集——蓝绿空间复合利用策略

沿雁栖河两岸结合存量空间改造提升和新功能植入，布局都市休闲、生态游赏、健康体育、科创胶囊等混合功能，形成动静结合、快慢相宜、色彩斑斓的城市活力水岸（图D2-17）。

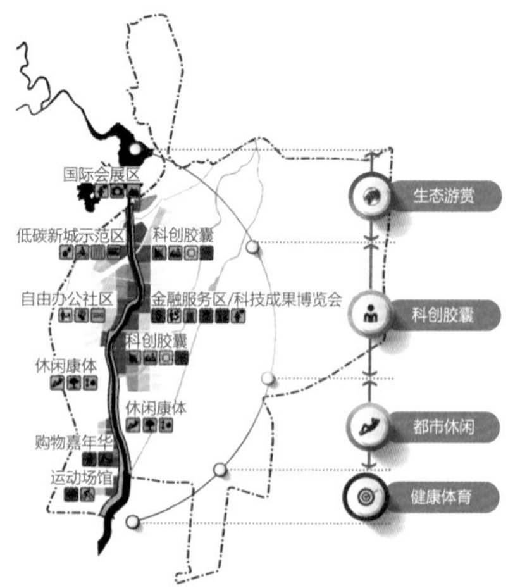

图D2-17 北京怀柔雁栖河两岸休闲游憩功能策划示意图

D2-7-3

明确小微绿地和口袋公园布局

明确可落实的小微绿地、口袋公园的位置和数量，提出相应设计要求。重点选取更新地区的低效空间、边界空间、街坊转角空间、沿街空间、宅间空间等进行布局，通过与周边公共功能和空间进行整合，提升小微绿地、口袋公园的品质和综合效益（图D2-18）。

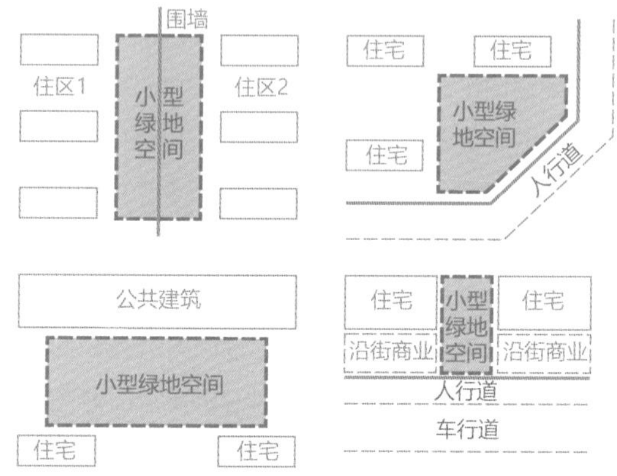

图D2-18 小微绿地布局示意图

D2-8

绿色低碳市政设施

以市政设施适度超前、绿色低碳、高效运转为目标。适度超前规划市政基础设施，综合统筹各类市政设施布局，鼓励功能复合、空间融合的设施建设，因地制宜推进海绵城市建设，并鼓励运用绿色新技术建设市政设施。

D2-8-1

适度超前规划市政设施

为满足不断增长的人民物质文化需求和城市高质量发展要求，在科学预测城市未来发展容量的基础上，考虑发展的不确定性，合理预留设施冗余，适度超前布局市政设施，避免重复建设导致的浪费。

深圳市要求，除全市水资源供需平衡之外，宜考虑8%～12%的未预见水量。水厂规模应按照最高日用水量确定，日变化系数1.1～1.3；配水管网应弹性布局，峰值供水量应使用最高日最高时用水量乘以1.2~1.4的弹性系数计算。

D2-8-2
多专业综合统筹，系统优化市政设施布局

规划过程中充分协调各市政专业，在空间布局和建设时序两个维度进行科学统筹，避免各类管线、设施之间冲突矛盾。

因地制宜规划城市综合管廊，优先选择市政设施需求量大、地下空间利用前景好、地下现状管线复杂的区域。规划建设阶段应综合听取给水、排水、电力、通信、广电、燃气、供热等行政主管部门及有关单位意见，统筹考虑地方财政能力以及城市发展愿景，确定综合管廊建设规模。同时，应结合地下空间、各类地下管线、道路交通等专项规划，合理确定综合管廊的建设布局、断面形式、竖向标高等，明确建设规模与时序，预留相关地下空间（图D2-19）。

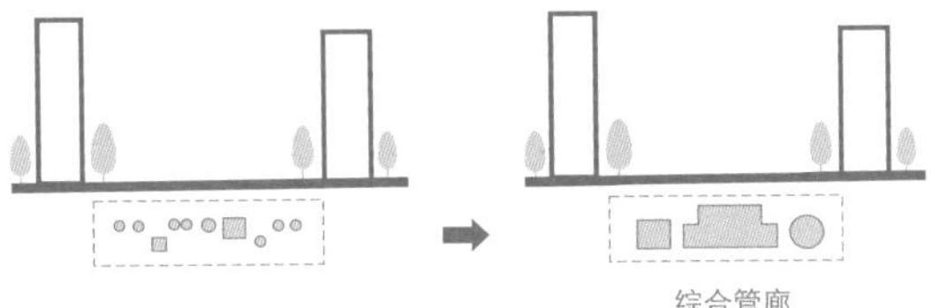

图D2-19　地下综合管廊设置示意图

D2-8-3
建设功能复合、空间融合的新型市政基础设施

统筹综合管廊、共同管沟、变电站等市政设施建设与其他城市功能的地上、地下空间开发，形成功能复合、空间融合的新型市政设施。

北京市要求市政设施应充分考虑和整合基础设施的空间布局，设置形式应体现公共服务特点，鼓励市政设施的综合设置。此外，市政设施地上建筑风貌应与周边环境协调融合。鼓励污水处理厂、变电站等市政设施采用地下式或半地下式等形式，节约土地资源，提升城市景观风貌。

借鉴案例：北京城市副中心控制性详细规划（街区层面）（2016年—2035年）——规划绿色低碳、节水节能的市政基础设施体系

规划提出推进设施融合发展。强化市政专业整合、用地功能复合、空间环境融合，引导市政设施隐形化、地下化、一体化建设，促进市政设施集约高效利用。推进新型市政资源循环利用中心建设，集成污水净化、能源供应、垃圾处理等功能，同时兼顾城市景观、综合服务、休闲游憩等需求，降低邻避效应，提升城市资源循环利用水平。

D2-8-4
鼓励新技术应用，构建气候适应性绿色市政设施

鼓励在单元层面的市政设施规划布局过程中，应充分利用“绿色市政”相关技术，鼓励使用新技术、新工艺、新设备布局市政设施。

气候适应性市政设施

依托市政设施布置传感设备，建立城市水、土、气、声、风环境监测体系。以暴雨、风环境、光照和热岛分布等城市气象、气候资料的监测、统计和分析为工作重点，构建气候适应性市政设施。将监测、分析数据科学地应用于排水防涝、灾情风险评估等工作，提升市政设施布局、应用的精准性、科学性，更加灵活地应对气候变化、管理气候风险。

“绿色市政”相关技术

清洁能源系统：推广太阳能及其他新型能源的开发利用，将分布式能源站、新能源开发与智能中压电网有效融合，实行分价错峰用电，并在技术允许时将用户端富余电力上网出售，实现配电网与分布式能源站的互动，提高资源利用率。

“三网合一”的领先通信系统：采用光纤接入技术，建设广播电视网、互联网、电信网“三网合一”的现代网络通信系统，实现光纤入户。

实施“互联网+”与数字化市政基础设施

以详细规划管控单元为单位，加强各类市政基础设施管理数字化平台建设和功能整合，建设综合性城市运行管理数据库，整合、共享多源信息。通过增设通信光缆、基站等通信设施，使大数据、物联网等信息技术与市政基础设施深度结合。

D2-8-5

保护和改善城市原有自然水文特征

保护和改善单元内部城市原有自然水文特征，实现雨水的自然积存、自然渗透、自然净化。

各管控单元内均应依据不同主导功能、现状自然条件、用地布局等因素，维持一定比例的生态空间，留有足够的草地、林地、湿地等，限制不透水地面的面积。此外，在城市排水防涝需求较高的单元，适当扩充水域，增加绿地，以促进雨水的调蓄、渗透和净化。

借鉴案例：海南省东方市滨海片区城市设计与控制性详细规划——生态海绵设施布局

海南省东方市滨海片区基于场地条件和原有自然水文特征，以“低影响开发”为原则，因地制宜地植入雨水湿地、雨水花园、生态树池、植草沟、植被缓冲带等生态海绵设施（图D2-20）。

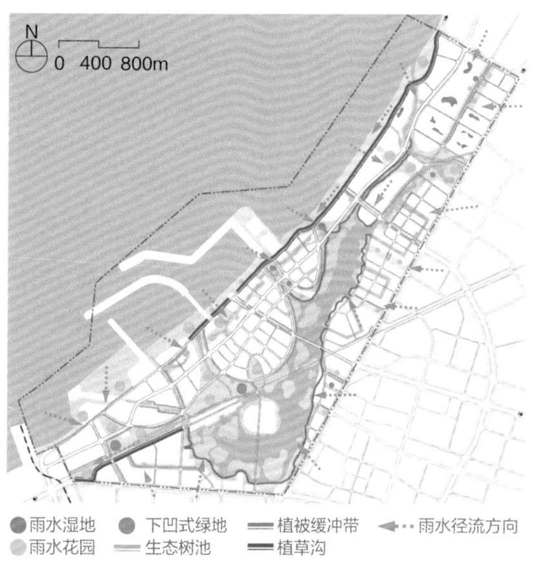

图D2-20 东方市滨海片区生态海绵设施布局规划图

D2-8-6

科学划定低影响开发管控分区

在详细规划阶段，应落实总体规划和相关专项规划中提出的海绵城市建设目标与要求，并将指标分解到各低影响开发管控分区。

低影响开发管控分区的划定应顺应城市水文特征，结合水体、流域边界范围、防洪排涝规划中的排水分区、城市排水管网走向、地形地貌要素边界、道路工程、城市行政区划等要素，统筹考虑，合理划分。

借鉴案例：海南省东方市滨海片区城市设计与控制性详细规划——划定子汇水区

利用场地绿地、水系等自然空间，构建低影响开发绿色基础设施，实现雨水的有效组织、利用和净化，合理划定场地内的子汇水区（图D2-21）。

图D2-21 东方市滨海片区子汇水区划分规划图

D2-8-7

统筹实施单元海绵化与景观化改造

在详细规划单元内，海绵化改造首先需要衔接城市生态保护规划、绿地系统规划、道路系统规划等相关专项规划，基于单元内的自然生态特性，将海绵城市相关的建设管控指标融入其中。

海绵化建设中的大部分工程设施，宜运用园林造景手法进行设计建设，使海绵设施不仅具有雨水渗透、储存、净化等功能，还具有景观美化、生态保育、科普教育等综合功能（图D2-22）。

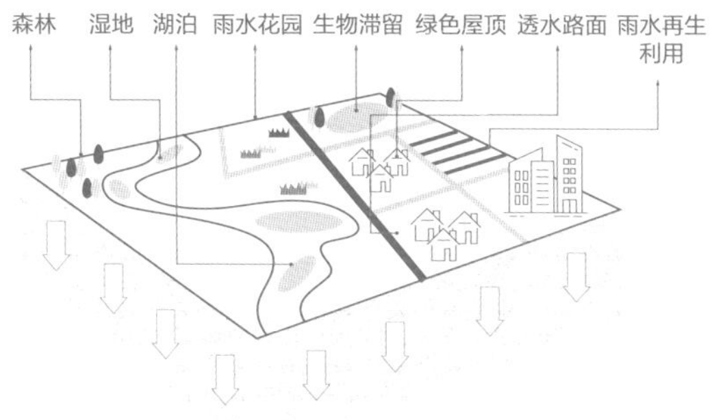

图D2-22　海绵设施景观化示意图

D2-9

韧性协同城市安全

以城市安全体系平灾结合、智慧韧性为目标。统筹防、抗、救设施布局，协调灾时保障和平时利用。通过完善设施布局、分区引导设施建设、救灾设施平时共享、健全公共卫生安全体系等策略，实现单元精准管控，提升城市安全韧性。

D2-9-1

构建防、抗、救一体的设施布局

在详细规划单元中，综合配置防灾系统，统筹协调各类公共安全基础设施，引导防、抗、救设施综合布局，形成弹性适应的安全设施网络体系。

加强管理机制建设，完善社区安全韧性设施系统建设，构建多元参与、多级联动的统筹协调机制。充分考虑远期社会发展的需要，适当预留设施冗余，高标准设防。

D2-9-2

对集中建设区和生态控制区分类引导防灾设施建设

城市集中建设区和生态控制区面临的灾害类型和概率有较大差异。结合管控单元功能特点，明确自然灾害、事故灾难、公共卫生事件、社会安全事件等不同灾害类型发生的可能性，提出针对性的引导要求。以北京市为例：

在集中建设区中，应重视防灾系统的配套、市政基础设施和公共服务设施的改造，保障灾时、战时的迅速功能转换，实现空间资源的高效利用。在城市重大危险源、敏感管线周边，应预留足量、安全的缓冲空间，守住城市安全底线。

在生态控制区及限制建设区中，应重点关注地质灾害、暴雨洪涝等自然灾害频发地区，结合规划范围的自然本底条件及主要灾害特点，实施风险村落搬迁，完善防御体系，避免次生衍生灾害的发生，并结合既有交通网络，规划应急疏散和救援通道。

D2-9-3

注重平灾结合，营造生态化城市安全保障空间

贯彻“平战灾结合”理念，合理利用生态蓝绿空间，构建生态化的城市安全保障空间。

利用城市中点状的小型绿地广场和体育场地、线状的慢行绿道与滨水空间、面状的城市公园等，打造成为具有救灾避难功能的复合空间，分别为“社区-防灾单元-防灾分区”提供空间支持，构建生态化、多层次的应急防灾空间系统（图D2-23）。

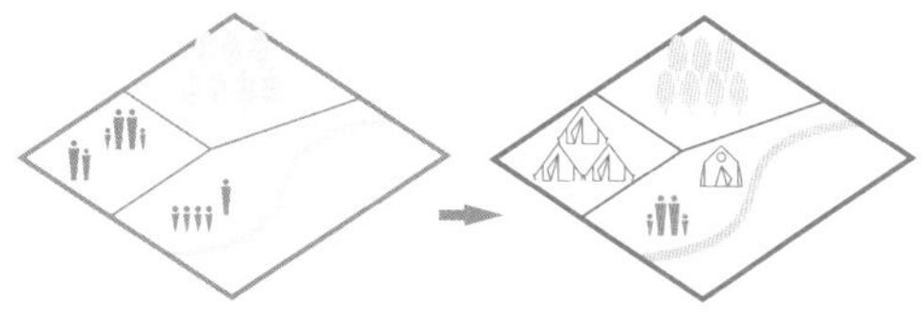

图D2-23　生态蓝绿空间平灾结合示意图

D2-9-4

建立健全城市公共卫生安全体系

为应对SARS事件、新冠病毒感染疫情为代表的城市公共卫生事件，应在详细规划阶段结合单元划定，进一步细化网格化管理单元，做好防控设施规划，健全城市公共卫生安全体系。

北京市要求依托基层街道和社区网格化治理，划定防疫单元。原则上防疫单元分为四级：市级、区级、街乡级与社村级。按照各级防疫单元的应急处置能力和诊疗救治能力要求，运用平灾结合的思路，做好设施预留和场地预留。

规划社区应急隔离用地：在建设社区各层级生活

圈时，应当规划突发公共事件情况下的应急隔离用地，实现就近隔离。

规划救灾物资分配地点：在生活圈内的主要公共开敞空间，必要时可结合社区道路、小型广场和绿地空间布局救灾物资分配地点。

规划社区级物资储备用地：依据社区居住人口规模估算救灾物资储备空间规模，并进行规划布点。

D2-10 ※

统筹协调城市竖向

以生态安全、自然做功、经济节约为目标，引导城市竖向规划，辅助城市内涝治理，保护城市原生生态环境，促进建设期的土方平衡和运行期的资源节约，同时提升城市景观效果。

D2-10-1

以合理竖向规划应对地质灾害

科学合理规划城市竖向，依据城市治涝、地质灾害预防要求，进行用地与设施的平面和竖向布局，保障城市生命线正常运行。

天津市、江苏省对详细规划阶段统筹城市竖向，保障防洪排涝安全分别提出了具体要求。天津市强调，构建生态措施和工程措施相结合的系统化排水防涝体系，通过统筹用地竖向、排水管网、城市河道、调蓄水面等排水防涝设施，确保排水防涝安全。江苏省强调综合考虑城市开发建设中地质安全、防洪排涝等实际问题，合理确定建设用地的场地高程和道路、桥梁、堤防等控制点标高，提出空中、地面、地下分层开发，分层赋权，统筹管控模式。

城镇中心区用地应选择地质、排水防涝及防洪条件较好且相对平坦和完整的用地，其自然坡度宜小于20%，规划坡度宜小于15%；居住用地宜选择向阳、通风条件好的用地，其自然坡度宜小于25%，规划坡度宜小于25%；工业、物流用地宜选择便于交通组织和生产工艺流程组织的用地，其自然坡度宜小于15%，规划坡度宜小于10%。

D2-10-2

城市竖向建设与自然地形地貌相协调

竖向规划应注重对现有自然山水格局和自然生态资源的尊重，秉持低碳、绿色的规划理念，实现对当地特色景观资源的合理保护和利用。针对不同城市地形地貌特征，实施差异化竖向规划策略。

地势平坦的管控单元，应重点考虑蓝绿空间的合理布局，因地制宜，随形就势，设计城景相融、起伏有序的总体竖向形态，为城市景观风貌塑造创造条件。

地势低洼的管控单元，应以竖向规划设计为切入点，优化水系布局、修复水生态、构建水景观，进而拓展蓄水蓝绿空间，维护区域生态平衡，改善环境质量，促进生态资源多样化。

山地丘陵地带的管控单元，应结合地形地貌，统筹竖向与排水的关系，保留自然排水通道，控制道路交叉口及变坡点标高，满足重力排水需要。与各类重大基础设施充分衔接，满足安全防护距离、净空等要求。江苏省要求，城市景观风貌竖向控制应保护自然本底风貌，遵循显山、露水、透绿的原则，对山水空间协调区域塑造起伏变化的竖向空间特征，控制开敞空间内部、周边及沿线人工建设的形式、高度、体量，形成与山水自然生态资源协调的景观风貌。在保证排水的基础上，局部可利用填方营造土丘、台地、斜坡等丰富的景观地形。

借鉴案例：广东省江门市潮连人才岛综合性规划设计——城市竖向景观塑造

规划采用“强山势、显山形、融山色”的空间形象设计理念。

强山势：合理布局建筑高度，以建筑的高低起伏与现有山丘构成绵延“山势”，强化城市天际线。

显山形：山体周围预留充足的缓冲空间，建筑由“围山”变为“让山”。临山建筑严控高度，以低矮建筑“依山”。

融山色：强化对岸老城区望向人才岛观景面的层次，融山色于城市。

D2-10-3
经济节约，合理有序调配土石方工程

竖向规划应遵循土方就地平衡的原则，宜以微地形改造为主，堆土造坡应保持土壤的稳定，堆土高度应与堆置范围内的地基承载力相适应，进行土壤自然安息角[7]核算，合理有序调配土石方工程，降低建设成本，实现城市低碳、可持续开发。

D2-11
综合利用地下空间

以统筹地上地下空间、促进城市紧凑发展为目标。地下空间同样是重要的国土空间资源，综合开发地下空间，分区、分层引导，围绕枢纽与重点功能区重点建设，促进地上地下空间一体化发展，提升城市空间容量和承载能力。

D2-11-1
划定地下禁止建设区、限制建设区、重点建设区范围

地下空间开发利用应兼顾战略性、前瞻性和实操性，首先落实细化上位规划确定的地下空间开发利用分区，并针对地形地貌限制、所在的区位特征、地上空间条件等各因素展开分析，综合评价地下空间开发潜力。

在详细规划单元内，划定地下禁止建设区、限制建设区、重点建设区和资源储备区范围，针对性地提出地下空间的规划设计引导要求（图D2-24）。

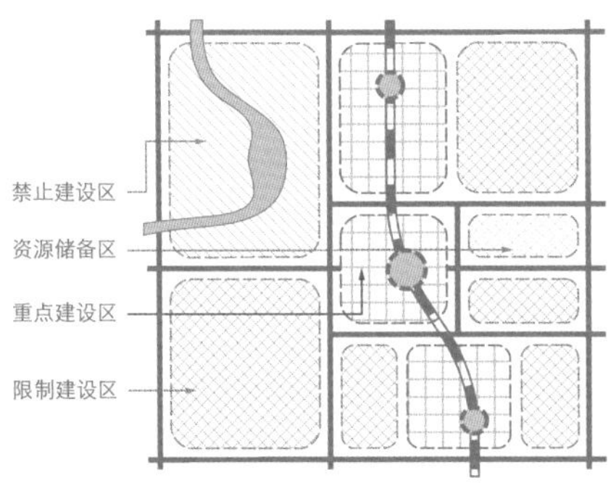

图D2-24　地下空间开发利用分区示意图

D2-11-2
重点围绕交通站点与重点功能区建设地下空间系统

鼓励结合交通枢纽、轨道交通站点、重点功能区的布局开展地下空间建设，明确地下空间重点建设区范围、功能定位、建设规模，促进地下空间与轨道交通站点的一体化建设（图D2-25）。

天津市要求，城市地下空间开发利用应与轨道交通建设紧密结合，形成以地下交通网络为骨架、地下市政设施为基础，公共服务、地下商业、工业仓储等空间为补充的地下空间体系。城市中心地区、轨道交通站点周边地区等应为地下空间开发利用鼓励建设区。

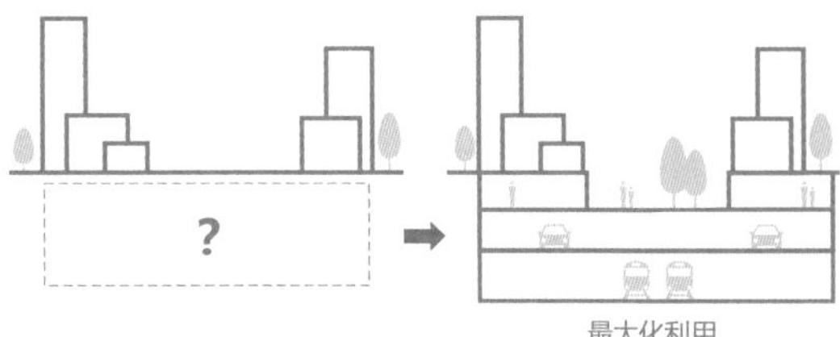

图D2-25　地下空间系统示意图

借鉴案例：北京城市副中心总体城市设计方案征集——地下空间利用规划建议

地下空间可开发区域按开发价值分为五类：一、二类地下空间建设区为重点开发地区，以综合地下功能为主，包括商业、文化、娱乐、人防、公共通道、停车设施等。三、四、五类地下空间建设区为一般开发地区，以配建停车设施为主（表D2-2）。

北京城市副中心地下空间分级管控表　　表D2-2

价值等级	所在区位	地面土地利用方式	地下空间利用方式
一类	轻轨站点500m范围内、BRT站点300m范围内、现代服务产业用地、公共服务主导用地	办公为主、复合商业、公寓、酒店等	大型商业、交通设施、人防设施等
二类	轻轨站点500m范围内、BRT站点300m范围内、现代服务产业拓展用地及综合配套用地	公寓、办公、商业等	商业、交通设施、人防设施等
三类	外围区公共建筑、外围区高层住宅区、核心区边缘地区	公寓、商业等	交通设施

续表

价值等级	所在区位	地面土地利用方式	地下空间利用方式
四类	市政配套设施用地、居住配套设施用地	居住配套、市政配套等	储备用地
五类	产业用地、高等学校、科技研发用地、文化体育设施用地	产业、科研、教育等	储备用地
保护类	滨水岸线及河道	—	—

D2-11-3
引导地下空间有序分层和合理利用

应在符合管控单元功能定位的前提下，基于空间纵向分层，统筹布局地下功能，实现地下空间有序利用，促进地上、地下功能融合。

各地对地下空间的分层标准和利用重点各有不同，如上海市分为浅表层（-15m以上）、中层（-15~40m）等，天津市分为浅层（0~30m）、次深层（-30~50m）、深层（-50m以下）。分层使用的共识是优先利用-30~-40m以上的层次，降低工程建设成本，并能够与地上空间进行充分衔接和融合（图D2-26）。

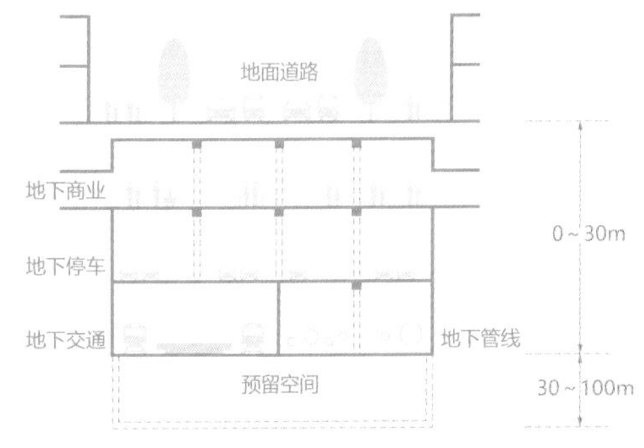

图D2-26 地下空间有序分层示意图

D2-11-4
统筹协调地上、地下一体化发展

应统筹布局地下市政管廊、地下交通、地下商业与地上功能空间，促进地上、地下互通互联，互为补充，一体化发展。

多种方式促进地上、地下一体化发展：鼓励交通一体化，协调布局地上、地下空间出入口及连通路径，优化立体步行系统的连续性。鼓励业态一体化，重点结合地上空间功能定位和客流特征来确定地下空间的功能和业态。鼓励空间一体化，结合空间交会区设置下沉广场，采用多首层、多基面设计等（图D2-27）。

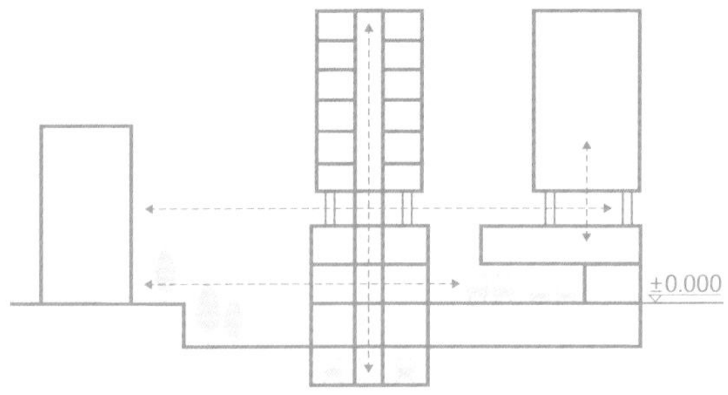

图D2-27 地上、地下一体化发展示意图

D2-12
因类制宜"五线"控制

以"五线"管控统筹协调、因类制宜为目标。城市红线、绿线、蓝线、黄线、紫线是落实国土空间规划强制性内容的重要抓手，在详细规划单元导控阶段，应校核、细化和统筹城市"五线"的划定，并提出针对性管控引导要求。

D2-12-1
强化"五线"统筹协调

城市"五线"的划定应注重整体性、系统性、协调性和可操作性，避免"五线"之间相互冲突，造成实施与管理困难。

划定时应会同住建、园林、水利、文物、交通、市政等各相关行政管理部门，充分衔接，全面梳理城市总体规划和相关专项规划，分析城市发展阶段和建设现状，统筹各类空间资源，依据相关规范，科学系统地划定"五线"控制范围，并作为专类管控要素，纳入"一张图"系统。

D2-12-2
因类制宜引导控制

城市红线：指城市道路用地的边界控制线。重点考虑城市路网系统的交通组织和路网密度要求，合理划定道路红线宽度和线位，明确道路断面形式。鼓励提出红线内外一体化设计的管控策略和要求。江苏省提出，城市快速路、主干路、次干路和主要支路的位置、红线宽度等应作为刚性管控内容，次要支路的位置可作为弹性管控内容。

城市绿线：指城市各类绿地范围的控制线。基于当地自然要素、文化习俗、使用习惯等，合理划定绿线，以适应多场景使用需求。依托城市绿线，构建完善的城市绿色空间格局、公共绿地游憩体系、绿道体系和通风廊道体系，并明确各级、各类绿色空间的管控要求。

城市蓝线：指城市规划确定的江、河、湖、库、渠和湿地等城市地表水体保护和控制的地域界线。明确河道蓝线和常水位线的关系，并对两线之间的滨水绿带提出设计管控和弹性利用要求，使其既满足防洪要求，又确保在常水位时能有尽可能多的弹性空间设施供人们休闲活动使用。

城市紫线：指国家历史文化名城内的历史文化街区和省、自治区、直辖市人民政府公布的历史文化街区的保护范围界线，以及历史文化街区外经县级以上人民政府公布的历史建筑的保护范围界线。各地可结合实际，将各级文物保护单位、历史风貌保护区、历史地段等能集中反映城市历史风貌和地方特色的空间纳入考虑。明确各类历史空间资源的保护范围和建设控制范围，分级提出保护和活化利用要求，除建（构）筑物本体外，还需重点关注历史街巷格局、空间肌理、公共开敞空间、传统风貌、民间习俗等的保护。

城市黄线：指对城市发展全局有影响的、城市规划中确定的、必须控制的城市基础设施用地的控制界线。黄线管控应注重刚性与弹性相结合。深圳市提出黄线控制用地以实位与虚位控制相结合进行管控，需要现状保留和明确建设项目及用地界线的基础设施（含高压走廊、轨道交通线等）应以实位控制，其他规划基础设施可以虚位控制。江苏省提出线性基础设施的位置、宽度和沿线防护距离等为刚性控制内容，非线性设施的数量和规模为刚性控制内容，位置和用地边界可以作为弹性控制内容（图D2-28）。

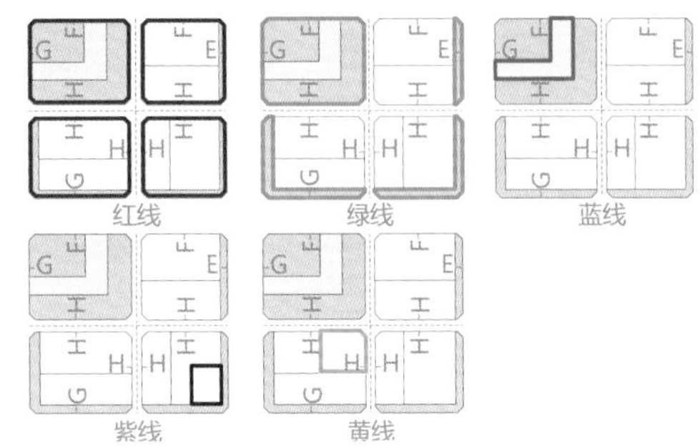

图D2-28　城市“五线”划定示意图

D2-13

联动推进城乡统筹

以破解城乡二元结构，推进城乡一体化发展为目标。优化乡村“三生”空间布局，优化城乡产业结构，协调城乡基础设施建设，促进公共服务设施共享，分类引导村庄规划。

D2-13-1

优化调整城乡产业结构

在严格落实生态空间和农业空间保护要求的前提下，创新乡村振兴发展思路，构建“三产”协调、城乡一体的产业结构，优化功能布局，在各管控单元中落实相应的空间载体。引导村庄合理布局，积极发展现代都市农业，以农业生产和田园景观为基础、以农民充分参与和受益为核心、以综合开发为手段、以一二三产业融合为重点，着力建设产、居、景融合发展的乡村空间。

借鉴案例：西部（重庆）科学城九龙坡片区城市策划国际方案征集——产业策划

统筹“三生”空间布局，优化城乡产业结构，在两类核心产业和三类支撑产业基础上培育与城乡空间特征相匹配的特色产业：城市以文化、商业空间为基础，主要发展金属艺术品和本地文创产品；乡村以生态碳汇空间为基础，主要发展乡村旅游和科技农业（图D2-29）。

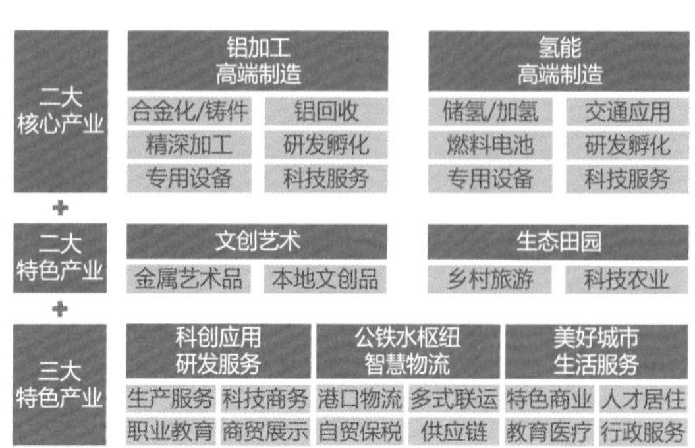

图D2-29 西部（重庆）科学城九龙坡片区产业策划框图

D2-13-2
协同布局基础设施建设

推动城乡公共服务设施、交通设施、市政基础设施系统协同发展。

在公共服务设施方面，按标准完善乡镇教育、医疗、养老、文化类服务设施的配置数量、设施品质等，提高服务覆盖率，构建乡镇生活圈。

在交通设施方面，完善城乡公路网络，因地制宜加密公交网络，衔接城乡公共交通线路，提升乡镇客运服务水平。

在市政基础设施方面，优化布局乡镇供水、排水、污水处理设施，落实布局乡镇垃圾分类与资源化管理设施，推进“厕所革命”，实现城乡市政基础设施布局与建设协同。

D2-13-3
分区、分类引导村庄规划

结合村庄实际现状与发展目标，分区、分类引导村庄规划。落实总体规划和分区规划空间布局要求，按照城镇集建、整体搬迁、特色提升和整治完善等类型，提出规划范围内村庄分区、分类引导策略，明确规划村庄搬迁安置用地位置与范围。

城镇集建型村庄应结合村庄集聚发展需求，重点推动建设用地整合，统筹生产、生活空间和城乡公共服务设施建设。整体搬迁型村庄应重点引导建设用地逐步腾退更新，在保证基本设施配套和村容村貌整洁的基础上，提高规模性经营土地的流转水平。特色提升型村庄应强化特色发展定位，完善特色化设施配置，并对特色产业融合发展提出指引。整治完善型村庄应着重考虑承接城区外溢功能，推动城乡产业联动、设施共建共享、城乡风貌协调共塑。

借鉴案例：西部（重庆）科学城九龙坡片区城市策划国际方案征集——乡村空间分类指引

在西北部结合大溪河景观打造、基本农田保护、真武宫村历史文化活化利用，植入生物科技、农业体验、手工作坊等功能。在东南部结合沿江景观、山林生态保护、铜罐驿镇和英雄湾村文化资源发掘，植入文化旅游、休闲度假等功能（图D2-30）。

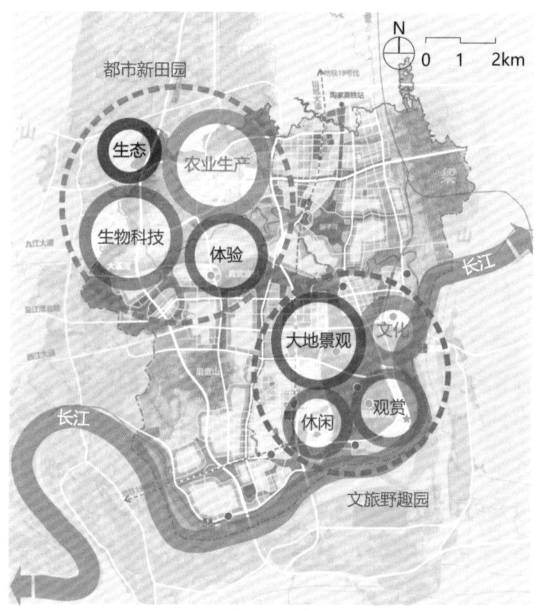

图D2-30 西部（重庆）科学城九龙坡片区乡村空间特色提升引导示意图

D2-14 ※
多元创新智慧城市

以促进城市管理智能化和治理精细化为目标。在城市规划建设管理全过程中，融入智慧城市理念和方法，充分探索应用智慧城市新技术，建设以人为本、便捷高效的未来城市。

D2-14-1

构建新型智慧城市管理模式

北京城市副中心提出同步建设“一网、一脑、一平台”的数字孪生城市：“一网”是指建设万物互联的城市感知网络，以城市信息基础设施建设为抓手，形成“万物互联、人机交互、天地一体”的数字城市神经网络。“一脑”是指智能高效的城市大脑，对各类城市事件进行实时数据建模，通过机器学习、深度学习、仿真推演等方法，提高城市发展预测和决策水平。“一平台”是指建设数据集成共享的基础支撑平台，在保障数据安全的基础上，全面整合以往分散在各部门的城市运行数据，搭建城市信息模型系统。

D2-14-2

搭建开放共享的智慧城市应用体系

秉持开放共享的理念，将智慧城市技术在城市规划建设中细化应用于以下方面。

在智慧安全防灾方面，搭建集成各类灾害和公共卫生突发事件的综合监管平台，从分析预测、信息获取、应急通信和保障能力四个方面提升城市对灾害的应对能力，构筑安全韧性的城市运行保障体系。

在智慧交通物流方面，以车路协同、智慧调度为目标，提高城市交通系统综合运行效率。建立智慧高效的现代物流体系，推动物流服务终端设施（快递集散站、快递箱等）的智慧化建设。

在智慧市政环卫方面，通过搭建智慧能源集成平台，对发电、供热、制冷、储能等各类市政设施统筹联动调配。通过环卫系统信息化手段推进垃圾分类工作，实现城市环境卫生的精细化管理。

在智慧公共服务方面，聚焦教育、医疗、养老、抚幼、文体、助残等重点工作，充分运用智慧技术和“互联网+”模式，推进各级、各类设施资源和服务数字化，实现更为开放、友好、高效的城市公共服务共享场景。

借鉴案例：山东省青岛市智慧城市建设

青岛市近年来在教育、医疗、就业、出行、停车、养老等领域形成了500多个创新应用场景，群众生活更加便捷、城市治理更加高效。

国家信息中心发布了《2021年中国新型智慧城市百佳案例》，从“惠民”“优政”“兴业”“强基”四个方面评选智慧城市优秀案例。青岛市南区5G智慧公园等9个案例入选“惠民”领域，青岛智慧公安建设与大数据智能化应用等13个案例入选“优政”领域，智慧燃气综合管理平台等4个案例入选“兴业”领域，平度城市大脑数智城市指标系统等8个案例入选“强基”领域。

以“惠民”为例：青岛中康爱邻里智慧医养服务平台提供整体化的解决方案，涵盖慢性病筛查管理、居家健康养老、个性化健康管理、互联网健康咨询、生活照护、养老机构信息服务六个服务内容，以同一个信息化平台为支撑，相关医养服务因服务对象需求的不同自动组合关联，既可提供整体解决方案也可进行差异化服务，能够应用于居家养老、社区养老、机构养老、养生养老等任何一种养老方式。

D3

地块指引

D3-1 ※

统筹兼顾地块划分

以地块划分延续文脉、经济可行、治理高效为目标。根据建设现状和各约束条件，兼顾地形地貌、自然资源、历史文化、权属权益、功能定位、交通组织、景观营造、土地价值和近远期发展要求等，合理划分地块。

D3-1-1

保护和延续城市传统肌理特征

鼓励采用“小街区、密路网”规划模式，平均地块尺度控制在150～250m见方为宜。道路的走势和线形应延续老城自然有机的空间肌理，与自然山体、水系、老城肌理形成良好的协调关系，彰显城市空间特色。

借鉴案例：海南省东方市滨海片区城市设计与控制性详细规划——尊重原有城市肌理

在更新重建区，在延续现状城市格局和肌理的基础上，创造丰富多变的组团与建筑空间。部分街区适度扩大地块尺度，预留功能弹性，以适应未来海南自贸港的定位（图D3-1）。

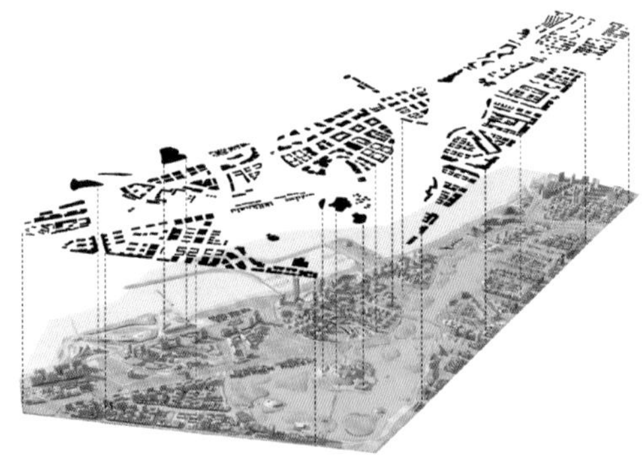

规划建筑平面与形态对比

现状空间肌理

规划空间肌理

图D3-1　东方市滨海片区现状与规划空间肌理示意图

D3-1-2

充分考虑土地权属权益

应组织开展充分翔实的现状调研，深入了解各类权属历史遗留问题及其处置方式，准确核实宗地权属性质和权属单位，在地块划分时尽量避免产生畸零宗地，造成后续土地交易和城市建设困难。

《江苏省城镇开发边界内详细规划编制指南（试行）》提出，对于拟收回国有建设用地使用权或征收为国有土地的宗地，可根据规划意图统筹划分地块。

D3-1-3

协调地块功能和尺度

注重地块功能与相应建筑模数的匹配关系，地块的尺寸和形状应满足相应功能建筑日照、通风、采光、卫生、安全防护距离、生产工艺、运行管理的要求，有利于建（构）筑物布置、地块内外交通和流线的组织。例如，居住地块建议取200～250m见方，商业地块建议取150～200m见方，工业区、物流园区建议取300～600m见方。

D3-1-4

利于提升土地价值和地块出让

应高度重视土地的经济属性，结合宏观经济形势，开展相应的经济调查研究，包括土地招拍挂市场价格、开发商可接受的地块总价区间等。鼓励更小、更灵活的地块划分模式，以适应宏观经济形势、楼市宏观调控等背景，避免开发经营成本过高、资金筹措压力过大。

为满足后续发展需要，可在划分小地块的基础上，鼓励相邻地块进行合并开发，保证开发的灵活性。

借鉴案例：海南省东方市滨海片区城市设计与控制性详细规划——土地价值评价

通过土地利用现状、交通便捷度、商业服务区、群体活动、景观视线、公共服务设施、建设强度、土地利用规划八个方面进行土地价值评估，下设15个因子，其中地块功能和交通可达性两个因子对评价结果影响相对较大（图D3-2）。

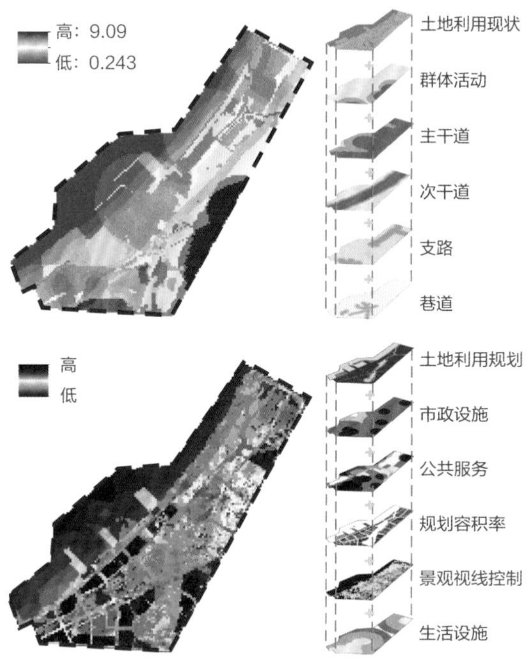

图D3-2 东方市滨海片区用地价值多因子影响评价分析图

D3-2 ※

功能混合增进活力

以提高土地使用效率、激发城市活力为目标。从空间维度，提高用地的功能混合；从时间维度，鼓励不同时段的分时利用。

D3-2-1

鼓励多元功能场景的复合集成

鼓励在城市公共活动中心、交通枢纽、沿山滨水等城市活力要素富集的空间，在考虑邻避效应的基础上，提高用地混合使用水平，促进形成多元使用场景。

借鉴案例：北京亦庄马驹桥-1片区控制性详细规划及城市设计——用地混合

马驹桥-1片区落实“主导功能分区管控”的要求，形成以居住、商业商务、文化教育、混合功能等为主导的分区。混合功能主导区位于规划预留轨道交通站点周边，结合轨道微中心建设，促进用地混合利用（图D3-3）。

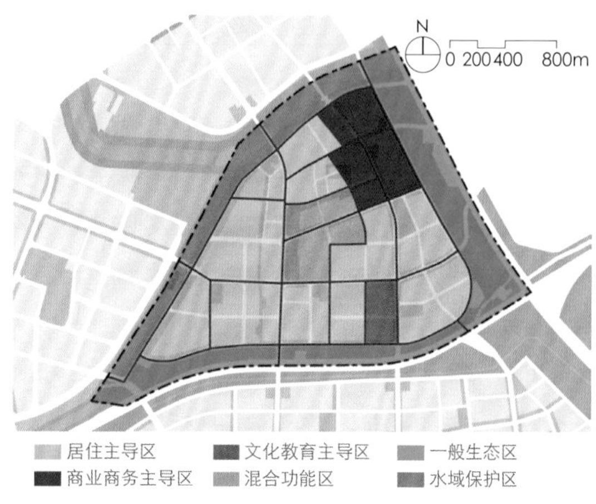

图D3-3 北京亦庄马驹桥-1片区主导功能区划分示意图

D3-2-2

兼顾全时全龄需求

充分发挥同一空间在不同时间段的使用效益。例如，在地块中适当混合居住和商务办公功能，促进职住均衡，同时促进周边各种商业娱乐服务设施的全时段繁荣。

在地块功能布局时兼顾各年龄段的人群使用需求。例如，社区级的公共服务用地的服务对象包括婴幼儿、儿童、青年人、中年人、老年人，鼓励同一地块内集成托幼所、幼儿园、社区卫生服务中心、社区文化活动中心、菜市场、便民商店、养老看护中心等综合功能（图D3-4）。

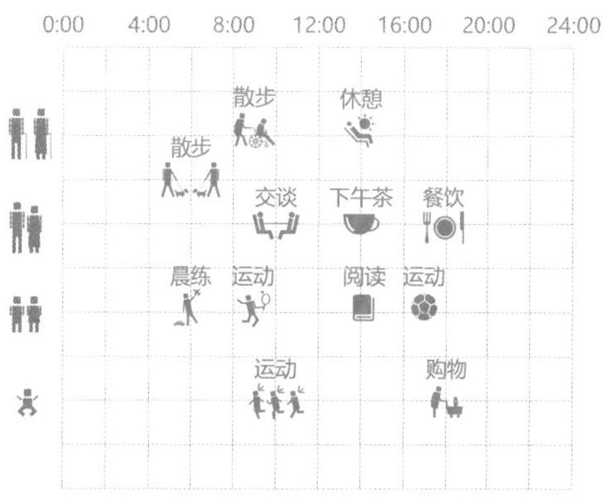

图D3-4 全时全龄需求研究示意图

D3-2-3
混合用地的表达形式

《国土空间调查、规划、用途管制用地用海分类指南（试行）》中明确，指南中的现有用地分类未设置复合用途，使用时可根据规划和管理实际需要，在本指南分类基础上增设土地混合使用的用地类型及其详细规定。

北京市规定，F1、F2用地分别代表居住与商业商务混合用地（混合比例为，F1居住用地占70%，商业商务用地占30%，F2相反）；F3为其他类多功能用地，安排除居住之外的其他互无干扰设施的混合用地；A8为社区综合服务设施用地，集成各类社区管理及公共服务设施；B4为综合商业金融服务业用地，兼容商业、商务、娱乐等功能。

江苏省提出，混合用地采用两种或两种以上用地分类代码组合表达的方式，考虑到土地用途管理的延续性，新增“商住混合用地（0709）”“15分钟社区生活圈综合公共服务设施用地（0809）”“研发设计用地（0909）”3个二级类和“新型工业用地（100104）”1个三级类用地。各地可结合规划管理实际，细化用地混合的具体规定。

深圳市要求，混合用地的用地代码之间采用“+”连接，排列顺序原则上按照主导用途对应的用地性质从多到少排列。

天津市要求，混合用地在控制性详细规划中以建筑面积最大的土地用途划定和表达用地性质，并在备注中明确混合的其他类型用地及比例。

D3-3
公益保障刚性管控

详细规划图则应重点发挥刚性管控作用，以维护空间秩序，守好公益利益底线为目标。以《城市规划编制办法》为基础，综合研究北京控制性详细规划管控图则、上海控制性详细规划普适图则、深圳控制性详细规划法定图则等主要涉及内容，总结提出详细规划图则应重点明确的管控要素和内容。

D3-3-1
用地性质和基本建设指标

根据各地用地分类标准、城市规划管理技术规定、控制性详细规划技术准则或指南等要求，明确各地块用地性质、用地面积、容积率、建筑面积、建筑高度、建筑密度、绿地率等指标。

借鉴案例：新疆克拉玛依城南旅游商务区控制性详细规划局部调整——用地规划

在用地方面，主要规划为商务设施用地、商业设施用地、行政办公用地、商办混合用地、文化设施用地等类型。规划用地以混合用地为主，通过功能相关用地的适度融合，实现功能混合以及弹性开发，以便更好、更有效地进行区域建设（图D3-5）。

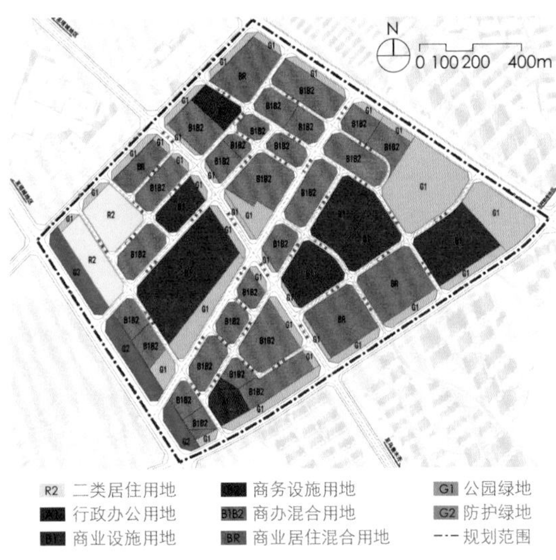

图D3-5 克拉玛依城南旅游商务区用地规划图

D3-3-2
交通组织

明确各级道路红线、断面形式、交叉口形式、渠化措施、控制点坐标和标高，以及各地块出入口位置、静态交通规划等内容。

借鉴案例：新疆克拉玛依城南旅游商务区控制性详细规划局部调整——交通规划

道路系统规划重在梳理规划区地块间联系，以及同周边区域的良好衔接。通过合理的主次支路网系统的规划，实现对用地功能的有效支撑。同时，通过对道路等级、断面形式等方面的管控，形成体系完善、布局合理的交通系统管控要求（图D3-6）。

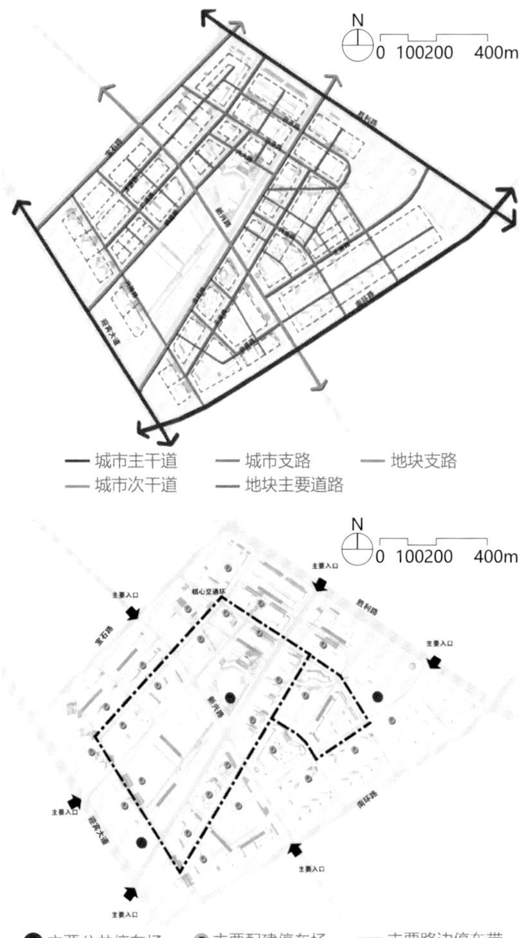

图D3-6　克拉玛依城南旅游商务区道路系统规划图

D3-3-3
设施配置

重点明确三大设施的配置情况，包括公共服务设施、市政交通基础设施及城市安全设施的类型、等级、数量、位置和规模。

上海市要求对独立占地的设施应划定明确的地块边界，混合设置的设施应在地块控制指标一览表的配套设施栏中注明设施类型及规模。北京市要求独立占地的应落实到地块示意，非独立占地的应盖戳表达，并明确规模、布局及实施深化细化要求。

D3-3-4
控制线划定及管控

北京市要求表达空间刚性管控边界（含城镇开发边界、生态保护红线、永久基本农田等）、河道上口线、蓄洪（涝）区、基础设施廊道、轨道微中心位置、城市设计重点地区范围、耕地占补平衡控制区（图面表达占用的现状耕地范围）等内容。

上海市要求落实和深化上位规划所确定的控制线，包括：城市开发边界、文化保护控制线、道路中心线、道路红线、各类绿地范围控制线（绿线）、地表水体保护控制线（蓝线）、基础设施用地控制线（黄线）、历史文化风貌区的划定范围和保护建筑的建设控制范围（紫线）、铁路控制线和轨道交通控制线（应注明轨道交通站点的位置）以及其他特殊设施控制要求。

D3-4　※

品质提升设计引导

鼓励编制附加图则，以提升城市空间品质、促进便利舒适使用、提升人居环境和城市风貌为目标，提出更为精细的设计引导。通过综合研究北京控制性详细规划设计图则、上海控制性详细规划附加图则、深圳前海土地出让条件，结合各地城市设计导则实践，总结提出附加图则应主要明确的管控内容和要素（图D3-7）。

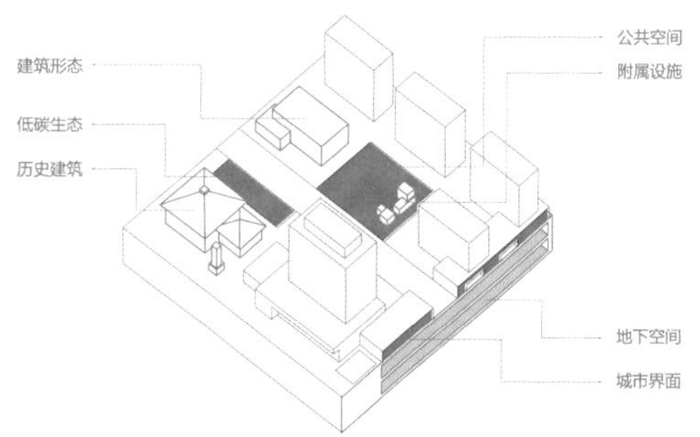

图D3-7　附加图则管控要素示意图

D3-4-1
公共空间

公共空间指以步行为主，对公众开放的建筑室外空间、城市空间，包括建（构）筑物下方的“灰空间”，以及露台、过街天桥与公共连廊、骑楼等。主要管控要素包括但不限于：慢行网络、重要眺望点与视廊、首层功能、地块内部广场和绿化、公共通道和各层连廊、公共艺术、灯光照明、无障碍设施等（图D3-8）。

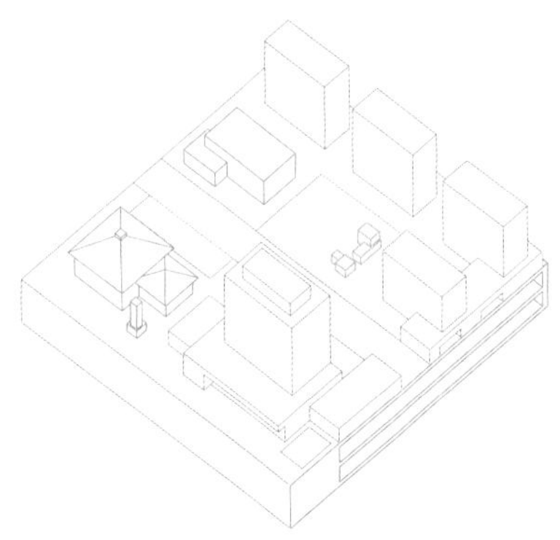

图D3-8 公共空间管控示意图

D3-4-2
建筑形态

建筑形态主要指建筑空间形态塑造要求。主要管控要素包括但不限于：建筑组合方式、建筑造型、建筑色彩、建筑体量、建筑高度及细分要求、建筑材质、建筑细部、建筑退台、建筑间距、建筑塔楼控制范围、标志性建筑位置等（图D3-9）。

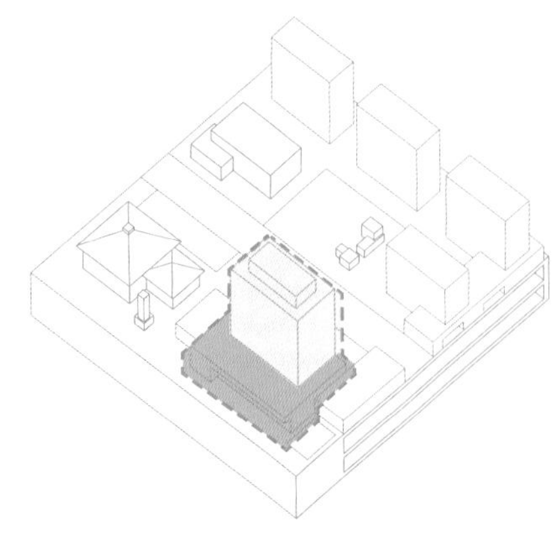

图D3-9 建筑形态管控示意图

D3-4-3
城市界面

城市界面指所有围合城市空间的各“面”，包括地面、立面、顶面。主要管控要素包括但不限于：建筑退线、建筑贴线率、骑楼或挑檐、立面虚实比、建筑连续面宽、建筑出入口、第五立面设计等（图D3-10）。

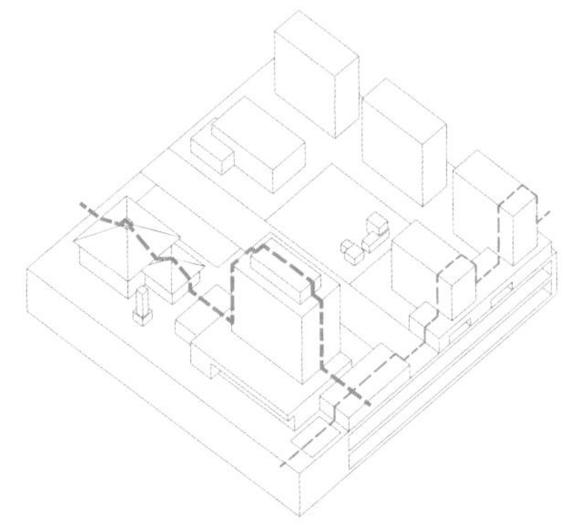

图D3-10 城市界面管控示意图

D3-4-4
地下空间

地下空间指城市地下用于开发建设的区域，包括公共区域地下空间和独立权属用地地下空间。主要管控要素包括但不限于：地下开发建设范围、地下空间层数和功能、各层标高、大型基础设施范围、公共步行通道、公共垂直交通、地下步行公共通道等（图D3-11）。

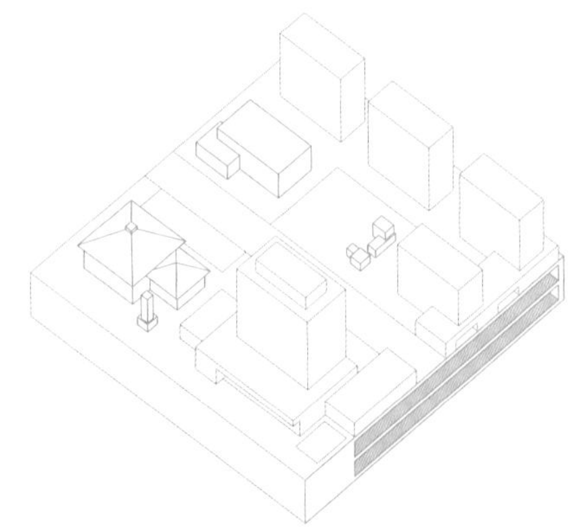

图D3-11 地下空间管控示意图

D3-4-5

附属设施

附属设施指城市空间中独立于建筑和大型构筑物设置的城市设施。主要管控要素包括但不限于：小型市政设施（电线杆、路灯杆、配电箱等）、交通设施（公交站及指示牌、路名牌、交通信号灯等）、公共艺术（雕塑、壁画等）、城市家具（座椅、垃圾桶等）、小型体育健身设施等（图D3-12）。

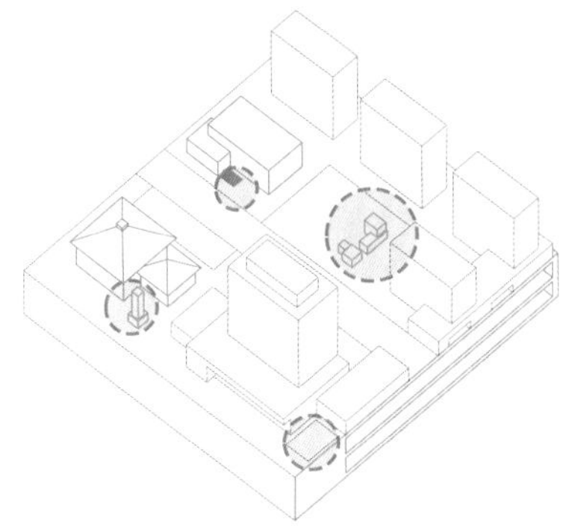

图D3-12　附属设施管控示意图

D3-4-6

历史文化

对历史建（构）筑物和其他具有历史文化保护价值的空间资源提出管控要求。

在深入研究历史发展脉络的基础上，对地块内现状建筑的产权情况、现状功能、建成年代、建筑质量、建筑风貌等展开详细调研，提炼总结其独特的历史文化价值，并从功能和空间两个层面提出针对性的引导要求。

在功能层面，根据地块未来的发展定位，明确建筑单体的保护、整治和更新方式，为历史资源活化提出相应的功能布局，对拟植入的业态提出正负面清单。

在空间层面，从地块内部街巷肌理重塑、交通流线组织、建筑立面提升、公共空间塑造、公共服务设施布局、景观小品设置等方面提出引导要求（图D3-13）。

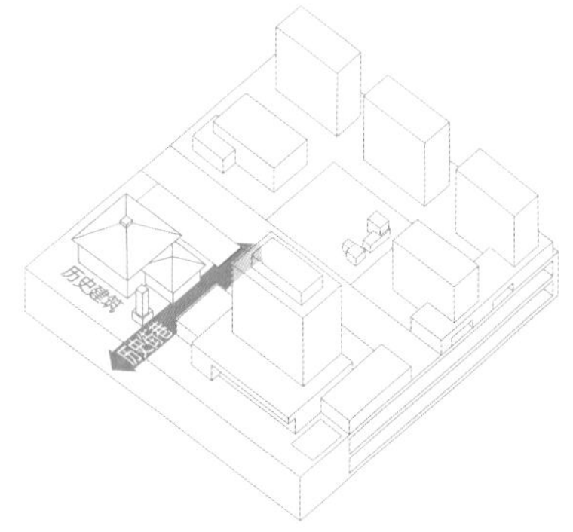

图D3-13　历史文化要素管控示意图

D3-4-7

低碳生态

针对低碳生态目标，从自然生态要素保护利用、绿色建筑技术使用、海绵城市建设、再生水利用、垃圾收集等方面进行引导。

借鉴案例：深圳前海土地出让条件研究

《深圳前海土地出让条件研究》提出，在绿色建筑星级方面，要求本宗地内建筑应达到国家三星绿色建筑标准或深圳市铂金级绿色建筑标准，鼓励达到同等国际绿色建筑标准，鼓励建设垂直绿化及立体绿化；在海绵城市方面，鼓励采用海绵城市设计理念，重点引导地块年径流总量控制率、面源污染削减率、绿地下沉比例、裙房绿色屋顶覆盖比例、不透水下垫面径流控制比例和人行道、停车场、广场透水铺装地面比例等指标；在再生水方面，重点考察地块内绿化喷灌、汽车（地面）冲洗、商业、办公等建筑的公共卫生间的冲厕系统等使用再生水的比例；在垃圾收集方面，要求按标准设置垃圾收集、转运等环卫设施，重点引导生活垃圾密闭化收集率、生活垃圾分类收集设施率、雨污分流达标率等指标。

D4 实施保障

D4-1 ※ 分类引导实施要点

以明确特征、分类精准引导为目标。落实总体规划确定的发展意图，根据以街区为主的空间管控单元资源现状与建设目标，大致划分为新建类、更新类、生态类和留白类四个类型，分类落实差异化的空间发展策略，提出相应的实施要点。

D4-1-1 新建类注重空间集约和时序管控

新增建设街区是落实城市新增功能、优化城市空间格局的重要区域。

新增建设街区应在街区范围内集约高效利用空间资源，校核细化单元内开发强度分区，明确单元内各级强度分区对应的基准容积率，合理确定建设总量。

优先推进三大设施等公益设施的实施建设，推进产城融合发展，注重居住用地、公共服务设施、商业服务设施、公园绿地等的合理配套。加强规划实施监督，避免只注重建设工业和房地产项目，而迟迟不开展公共服务设施建设的情况。

新增建设街区应重点提出时序管控的目标和策略。要加强成本核算、情景模拟和路径推演，综合运用各种政策工具，依托“多规合一”平台有效推进项目实施。

借鉴案例：新疆克拉玛依城南旅游商务区控制性详细规划局部调整——功能优化

规划理念为“一家人的美好一天（One Family × One Day）”。

对内服务：新型“儿童+商业”模式——顺应本地以儿童为中心、以家庭为单位的消费趋势。消费模式以餐饮娱乐业态为主，对建筑规模的需求更大，服务半径更广，顾客逗留的时间更长。

对外服务：“旅游+”战略——旅游与其他业态有机结合，联动激活商业空间。同时，旅游功能的置入可丰富场地业态功能，旅游配套服务可与城市本地商业配套服务共建共享（图D4-1）。

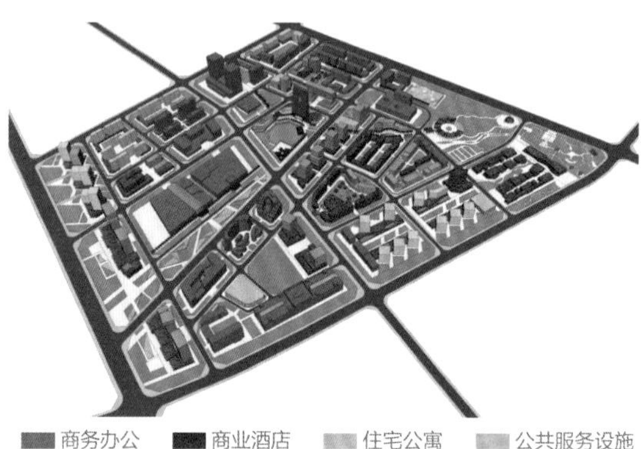

图D4-1　克拉玛依城南旅游商务区功能布局分析图

D4-1-2 更新类注重统筹利益诉求

更新改造街区是建成区更新发展的重点区域，是完善城市功能、优化支撑系统、增强城市活力的关键地区。

优先启动触媒类空间建设，主要可概括为激发式和缝合式，带动单元内部土地价值提升、促进功能转型、优化资源整合，进一步带动单元内部空间环境品质提升，吸引资源聚集，形成单元新的增长点，进而影响更大范围城市空间，逐步推动持续的自主更新（图D4-2）。

更新改造街区应以城市空间和建筑的全生命周期管理运营为目标，以现状评估为基础，重点查找街区范围内需要补充的设施短板和可实施改造更新的潜力资源空间，统筹考虑业态提升、服务补足、空间织补、风貌塑造、文化培育、环境整治、增减挂钩、经济平衡等要求，在此基础上推动规划实施。

更新改造街区应全面统筹政府、社会、公众等各方利益和诉求，各部门协调，整体策划街区更新综合实施方案和街区更新行动计划，鼓励更新政策工具创新，探索责任规划师等长效工作机制，有序推进街区有机更新。

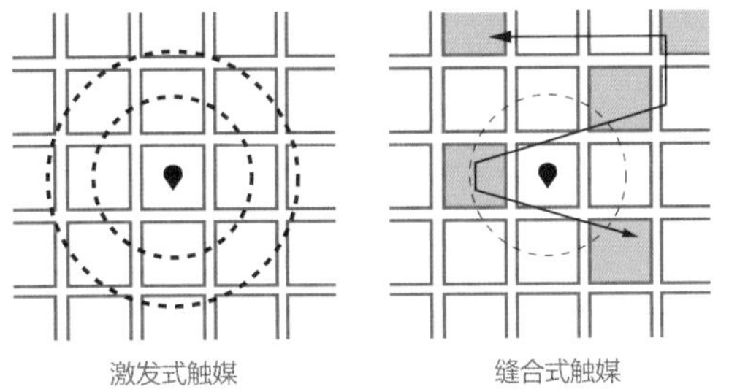

图D4-2　城市触媒催化模式示意图

借鉴案例：北京昌平区回龙观、天通苑地区CP02-0101-0602街区控制性详细规划（街区层面）（2020年—2035年）（北规院弘都规划设计研究院有限公司）——工作技术路线

控制性详细规划创新“四步走”“八清单”的存量地区控制性详细规划编制方法：“四步走”是指体检评估找问题，对应问题清单和资源清单；多元协商问需求，对应需求清单和愿景清单；整体策划配政策，对应策略清单和政策清单；制定计划推行动，对应任务清单和项目清单（图D4-3）。

控制性详细规划用少量新增容量带动整合存量资源，补短板、强弱项、优功能、提质量，整体策划形成公共服务增补、交通改善、基础保障、品质提升、职住优化、精治共治六大策略，36项要点，推动回龙观、天通苑地区结构优化、功能完善和品质提升。

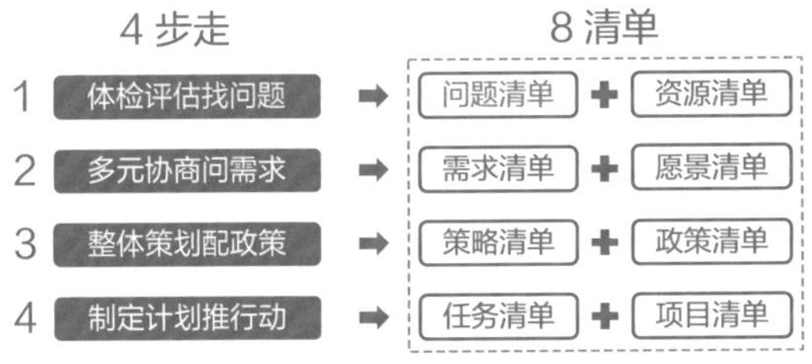

图D4-3　北京昌平区回龙观、天通苑地区CP02-0101-0602 街区工作技术路线示意图

D4-1-3
生态类注重城乡统筹

生态复合街区是构建生态安全格局、推动城乡统筹、实现人与自然和谐共生的关键地区。

生态复合街区应重点提出城乡统筹、土地综合整治的目标和策略，明确规划实施路径和方案，并重点突出非建设用地的精细管理，提升生态空间价值。北京市提出重点引导水、田、林、草的自然环境设计，包括滨水空间及岸线设计、景观风貌管控、景观节点设计、色彩设计、游览路线设计等。

借鉴案例：北京怀柔科学城总体城市设计方案征集——生态空间的都市功能策划

在部分拆迁村落和适建斑块内，建设低密度、高品质专家社区和特色功能节点，植入现代和未来文化、休闲、养生、度假等功能，为科创人员提供暂时忘却紧张工作的田园般生活节点（图D4-4、图D4-5）。

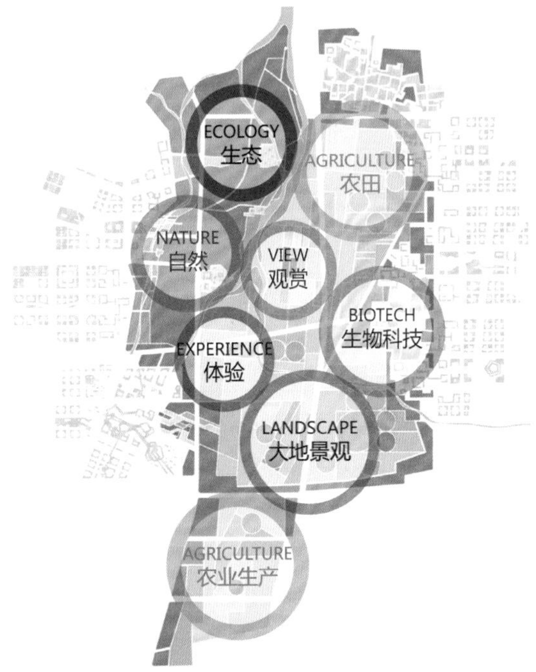

图D4-4　北京怀柔科学城非建设用地功能策划示意图

旧村落空间肌理

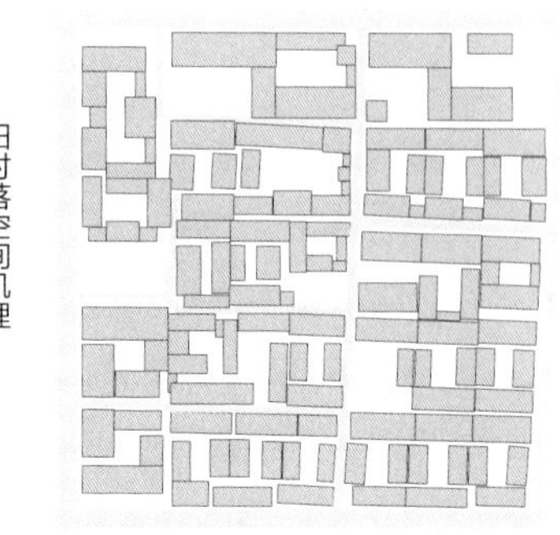

居民改造意愿

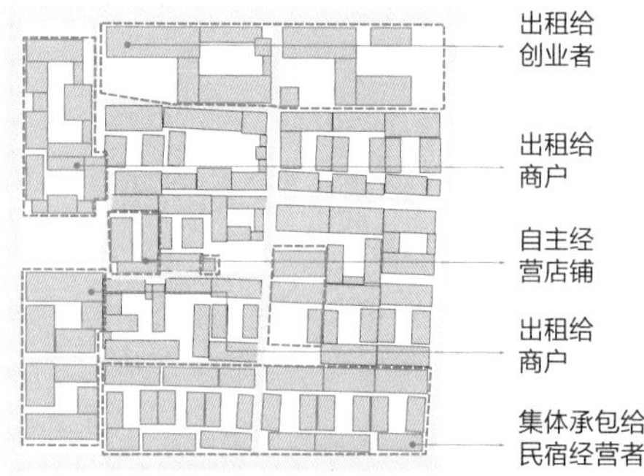

新乡村新功能

图D4-5 引导现状村落改造升级、推进城乡统筹示意图

D4-1-4
留白类择时编制详细规划

留白类街区是城市重要的发展预留地，旨在为重大发展战略和重大项目预留空间。

江苏省提出战略性留白用地宜单独划分为一个单元或街区，适时开展详细规划编制。其他留白用地在发展意图未明确时，详细规划应延续总体规划管控要求，规模不扩大，布局不调整，其范围内现状建设用地原则上以拆除或维持现状为主；发展意图明确时，按照具体用途进行规划管控。

D4-2
梳理拟定任务清单

以明确任务优先级、提升实施效能为目标。拟定街区详细规划实施任务清单，明确引导时序和近期建设项目，作为行动纲领，指导详细规划高效有序实施。

D4-2-1
实施任务清单：明确拆迁任务和建设任务

编制规划时，鼓励明确街区任务清单，主要包括以下两项内容。

一是拆迁任务。明确街区内待拆用地总面积、待拆地上建筑总面积，区分国有用地和集体用地。

二是建设任务。梳理街区内待实施的三大设施用地面积，包括：公共服务设施（基础教育、医疗卫生、养老、文化、体育等）、市政和交通设施、城市安全设施的数量、用地面积和建设面积。明确待实施道路和绿地的用地面积，并明确城乡统筹方面需解决的村民居住安置面积和劳动安置建筑面积等。

D4-2-2
近期建设清单：明确行动的优先级

明确建设时序和近期建设任务时，应注重统筹现状与规划，充分对接国民经济与社会发展规划、国土空间近期建设规划、综合交通规划等重要相关规划内容，并综合考虑居民需求的迫切程度、产权主体的意愿、设施建设的难易程度等，优先推动道路、公益性设施、具有邻避效应的基础设施实施。

D4-3

合理确定建设模式

以引入多元主体、创新运营模式，力争经济节约为目标。详细规划以实施为导向，应明确建设主体，探索适宜的投资运营模式，并提供切实可行的经济测算和资金平衡方案，为空间蓝图的落地提供有力的支撑。

D4-3-1

多元建设主体，携手共同缔造

《住房和城乡建设部关于在城乡人居环境建设和整治中开展美好环境与幸福生活共同缔造活动的指导意见》要求各地坚持以社区为基础，坚持以群众为主体，坚持共建共治共享，决策共谋，发展共建，建设共管，效果共评，成果共享（图D4-6）。

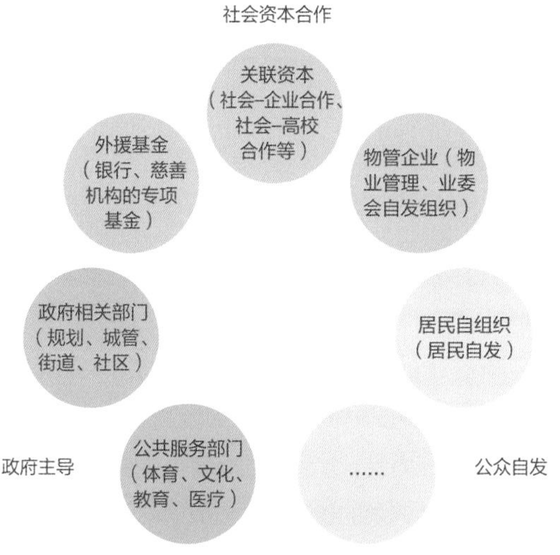

图D4-6　多元主体参与示意图

详细规划实施时，注重三方协同：一是政府引导，以保障安全和民生为底线；二是市场投资，激发市场投资活力，积极参与城市建设；三是公众参与，除传统的利益相关方征询意见等环节，还应在公众参与机制方面探索多元创新，秉持“开门做规划”理念，充分调查公众意愿和所急所想，将合理建设事权让渡给公众，充分体现“人民城市人民建，人民城市为人民”的理念。

D4-3-2

探索投资运营模式创新

主要的投资运营模式有三类：政府主导、市场主导和政企合作模式（图D4-7）。

政府主导模式：优点是能够较好地确保规划的公益性得到保障，缺点是由于城市建设资金投入大，很难全部由政府通过财政拨款投入资金，政府主导的发债融资行为可能带来地方政府债务风险。

市场主导模式：主要有开发商主导和自主更新模式，优点是在项目融资、投资和运营过程中，能够灵活敏锐应对市场反应；缺点是市场的逐利性可能导致规划变形走样。

政企合作模式：引入社会资本方，由政府出资方代表和社会资本方共同成立项目公司，以项目公司作为建设投融资、建设及运营管理实施主体。政府能够把控城市建设方向和过程，结合市场化融资手段（银行融资、资产证券化等），风险收益合理分摊。

规划实施时应综合研判建设目标和建设内容，积极利用各项土地政策带来的红利，如成片开发、乡村振兴等，确定合理的投资运营模式，积极探索模式创新。

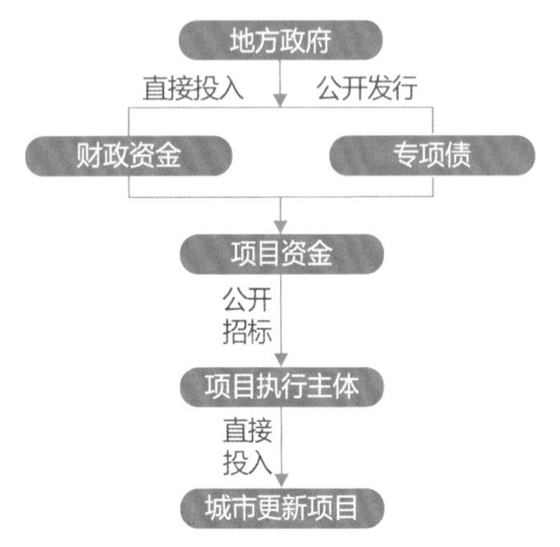

政府主导模式

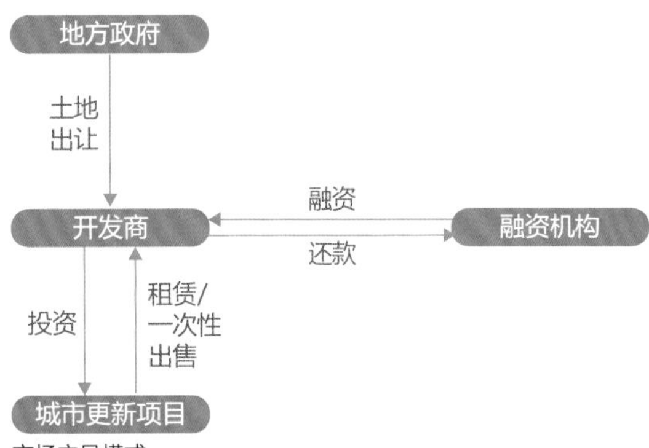

市场主导模式

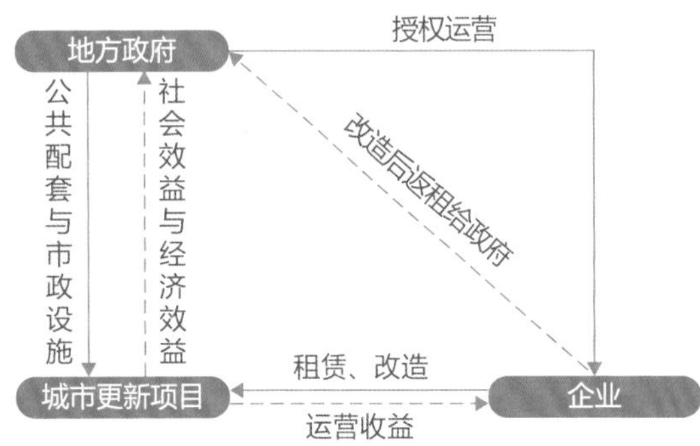

政企合作模式

图D4-7 投资运营模式框图

D4-3-3 做实经济测算和资金平衡

做面向实施的规划，做实经济测算，确保规划落地实施。

北京市要求在规划范围内进行整体经济测算，匡算各类任务的总体成本、收益方式及资金总量等内容，支撑规划方案实施。

深圳市要求针对发展的不确定性，开展规划方案经济可行性分析及投融资估算，尽可能进行多方案的比较、论证，为未来发展留有弹性。基于现状用地、建设情况及权属调查，依据基准地价，并参考同类地区市场开发成本平均水平，对不同规划方案（包括功能、开发强度、开发模式等）的开发成本和综合收益（包括经济效益、社会效益、环境效益，资源消耗、能源消耗等）进行评估分析，作为确定规划方案是否具有可操作性的重要依据。

厦门市近年来探索开展空间详细规划，在传统控制性详细规划内容之外，融入功能策划、建筑空间形象设计、市政和交通承载能力测算、经济平衡等工作，优化了功能与空间的匹配度，提高了规划的可操作性，在规划实施时取得较好的综合收益。

D4-4 加强实施时序引导

以加强时序引导、避免无序低效、规避资源浪费为目标。鼓励采用渐进式的建设模式，优先保障民生和邻避设施的实施，建立定期评估和实时维护的工作机制。

D4-4-1 鼓励渐进式的开发建设模式

规划实施时，往往面临产业项目变动大、建设投资资金筹措压力大、规划变更频繁等共性问题。

坚持分期开发的建设模式，根据城市实际发展情况，制定渐进式的、动态弹性的开发建设计划。优先考虑具备开发条件的用地，如对外交通相对便利、资源相对集聚的区域，以降低实施难度，保证建设一片、配套一片、成熟一片。

借鉴案例：海南省东方市滨海片区城市设计与控制性详细规划——开发时序

从用地建设条件、补充片区功能紧迫度、建设项目成熟度等维度展开综合评估，对东方市滨海片区建设时序提出建议（图D4-8）。

以场地现状肌理为基础，融合有机更新理念，循序渐进建设城市空间，保持场地文脉的延续性。一期先行启动滨海组团，建设亮点标杆项目，完成片区内三岛建设，打造综合形象展示区。二期推进沿东港路的城市功能更新，延续城市肌理，植入现代功能，打造现代生态文创社区。三期依托建成基础，完善配套，落实文化演艺中心、滨水商业街、爱之岛花园式酒店群等重大项目，为滨海片区发展提供良好环境。

图D4-8　东方市滨海片区渐进开发示意图

D4-4-2
优先推动民生和邻避设施实施

应优先推动公益性的公共服务设施建设，避免居住和商业类开发等具有较高经济回报的项目侵占公共服务设施用地。

应优先实施邻避设施建设，如垃圾焚烧厂、电站、殡葬设施等有环境污染、对居民生命财产安全和心理健康存在潜在威胁的设施。尽量避免在发展较为成熟的片区安插此类项目，进而降低周边用地价值、引起居民抗议（图D4-9）。

污水处理　电力设施　垃圾处理　殡葬设施

图D4-9　邻避设施类型示意图

D4-4-3
定期体检评估，实时动态维护

规划实施时坚持动态维护，对实施时序和侧重点进行实时调整，以适应经济发展、技术进步等因素带来的城市功能、人口结构、空间形态等动态变化。

《北京城市副中心控制性详细规划（街区层面）（2016年—2035年）》提出，建立分级、分区的常态化体检评估机制。建立城市副中心、组团、家园三级体检评估制度，重点对规划核心指标和管控边界及管控分区实施情况进行常态化评估。建立差异化的分区体检评估机制，结合现状情况和规划目标，对不同区域提出针对性的重点评估方向。评估结果作为规划动态维护和近期行动计划编制的重要依据，实现对规划实施工作的及时反馈和完善。

鼓励运用三维信息平台整合多源信息，运用各类遥感摄影、数据传感器、便携式穿戴设备、手机信令、移动端POI数据等技术手段，动态抓取和分析城市大数据，实现对城市规划实施成效的实时监测与定期评估。

D4-5　※
建立动态调控机制

以放管结合、优化服务为目标，适应城市发展建设的不确定性，鼓励各地根据当地法规、城市建设现实特点，创新探索规范化的控制性详细规划动态调整机制。

D4-5-1
明确弹性调控内容

各地可结合实际，因地制宜建立科学规范的详细规划调整机制，明确详细规划中可予以弹性调控的具体内容。

北京市针对控制性详细规划的调整作出规划适应性规定，提出：街区内的公共设施应合理布局，街道、街区级设施和社区级设施，在总建设规模、服务人口不变的前提下，在满足相关服务距离要求、行政管理需求并优先或同步实施的基础上，可在街区、社区范围内改变其位置和形状。

广东省提出两种弹性调整的类型：一是控制性详

细规划局部调整，二是控制性详细规划技术修正[8]。

局部调整原则上应限定在：经营性用地调整为公益性用地，公益性用地之间性质调整（对社会民生影响较大的邻避型、厌恶型设施除外），工业、物流仓储用地之间性质调整，同一控制性详细规划单元内公益性用地位置调整或置换，以及适当调整公益性用地使用强度，适当提高工业、物流仓储用地使用强度等情形。

技术修正原则上应限定在：因地形图、土地权属、建设现状等信息错漏需要更正，以及因道路交通、市政、水利等工程实施需要对蓝线（总量不减少）、绿线（总量不减少）等规划控制线或地块边界进行微调等情形。

D4-5-2

功能、高度、强度分区内的弹性管控

北京市建立主导功能分区和基准高度强度分区机制，为弹性调整预留了接口：用地功能方面，各主导功能分区内只需相应功能用地占比符合要求；高度方面，管控分区内超过85%的建设用地（不含道路、水域、绿地、广场）的建筑高度指标上限小于等于该分区的基准高度；强度方面，主导功能分区内，超过70%的建设用地（不含道路、水域、绿地、广场）遵循该等级不同功能用地地块容积率的上限要求（图D4-10）。

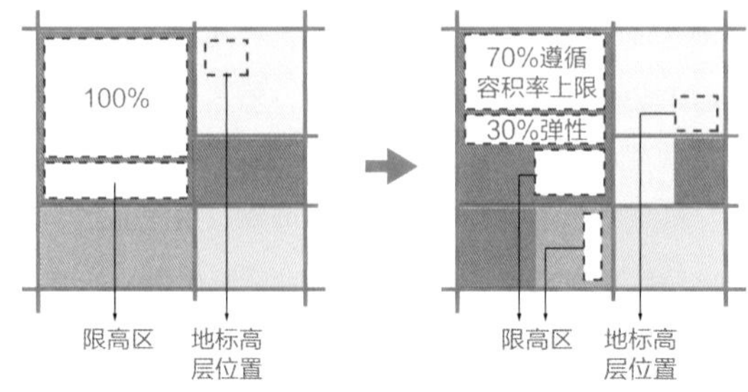

图D4-10 分区内弹性调控示意图

注 释

❶《中共中央 国务院关于建立国土空间规划体系并监督实施的若干意见》（中发〔2019〕18号）

❷《北京城市副中心控制性详细规划（街区层面）（2016年—2035年）》

❸《深圳市城市规划标准与准则》（2021年修订汇总版）

❹《北京市战略留白用地管理办法》

❺《关于在城乡建设中加强历史文化保护传承的意见》

❻《北京市控制性详细规划编制技术标准与成果规范》（2021年10月修订版）

❼ 自然堆积土壤的表面与水平面间所形成的角度。

❽《广东省自然资源厅印发关于加强和改进控制性详细规划管理若干指导意见（暂行）的通知》（粤自然资发〔2021〕3号）

殿台子
方塔遗址
红石峡
一线天
蘑菇石
拜寺口景区
土关
拜寺口双塔
大寺台遗址
贺
兰
山
小白塔
禹王台
滚钟口景区
大寺峡谷
兴隆寺
北方石林
莲花山
西爽亭
钟铃亭
老君崖
白云阁
贺兰庙
滚钟口岩画
清真寺
望海亭
贺兰胜景
鹿鸣山庄
离宫遗址
马莲口景区
居士塔
三佛塔
摩崖造像
康陵（九号陵）
寿陵（七号陵）
显陵（六号陵）
献陵（五号陵）
观景点
游客
西夏博物
安陵（四号陵）
泰陵（三号陵）
西夏陵景区
二号陵

E

E1-E5

绿色生态空间规划技术指引

ECO-SPACE PLAN

E

绿色生态空间
规划技术指引

E1	**生态要素**	
E1-1	全面收集规划数据	※
E1-2	统一界定要素属性	
E1-3	科学识别保护对象	※
E2	**生态评价**	
E2-1	系统评估生态功能	※
E2-2	评价识别敏感区域	※
E2-3	协同推进整合优化	※
E3	**空间格局**	
E3-1	统筹划定生态空间	※
E3-2	科学选取生态源地	※
E3-3	合理确定生态廊道	※
E3-4	系统构建生态网络	※
E4	**保护发展**	
E4-1	强化保护体系规划	※
E4-2	统筹服务体系规划	
E4-3	协调社区发展规划	
E5	**空间治理**	
E5-1	主导功能分级分区	※
E5-2	项目准入精细管控	※
E5-3	生态保护修复治理	

注：标注星号的为体现绿色理念的规划技术，不带星号的为传统规划技术。

理念及框架

目标任务

针对市域辖区范围，评估自然生态基底，明确生态保护要素，划定生态空间；开展生态保护重要性评价和生态敏感性评价，归并、整合、优化自然保护地体系；识别重要生态源地，构建生态廊道，优化生态网络，形成连续、完整系统的绿色开敞空间和生态保护格局；划定主导功能分区，明确生态空间用途管控要求，制定建设活动准入原则与正负面清单；实施国土空间整治和生态保护修复，整体保护山水林田湖草沙冰生态系统，维护生态安全和生物多样性。

基本理念

坚持人与自然和谐共生，强调尊重自然、顺应自然、保护自然，确保生态安全，注重可持续发展；对应总理念的“持续、平衡、科学”。

1. 科学评价，系统保护。尊重自然规律，优化生态安全格局，应划尽划，应保尽保，注重生态廊道和网络连通，避免生境破碎化。

2. 功能协同，自然做功。保护生物多样性，重视生态系统服务功能协同权衡，基于自然的解决方案，确定生态保护修复关键技术。

3. 生态为民，共建共享。提升自然保护地品质功能，注重生态产品价值转化，生态产业化，产业生态化，推动社区参与和地区发展。

技术框架

按照“数据准备-单因子评价-因子集成评价-规划校核修正-成果汇总”的流程开展规划工作，应包括基础数据处理、生态要素识别、生态功能评价、生态价值评估、空间边界确定、用途分区划定、管控措施实施等（图E）。具体工作内容如下：

科学识别要素，确定保护目标；

系统梳理现状，提炼矛盾问题；

坚持底线思维，优化生态格局；

统筹保护发展，实施功能分区；

明确空间用途，细化管控措施。

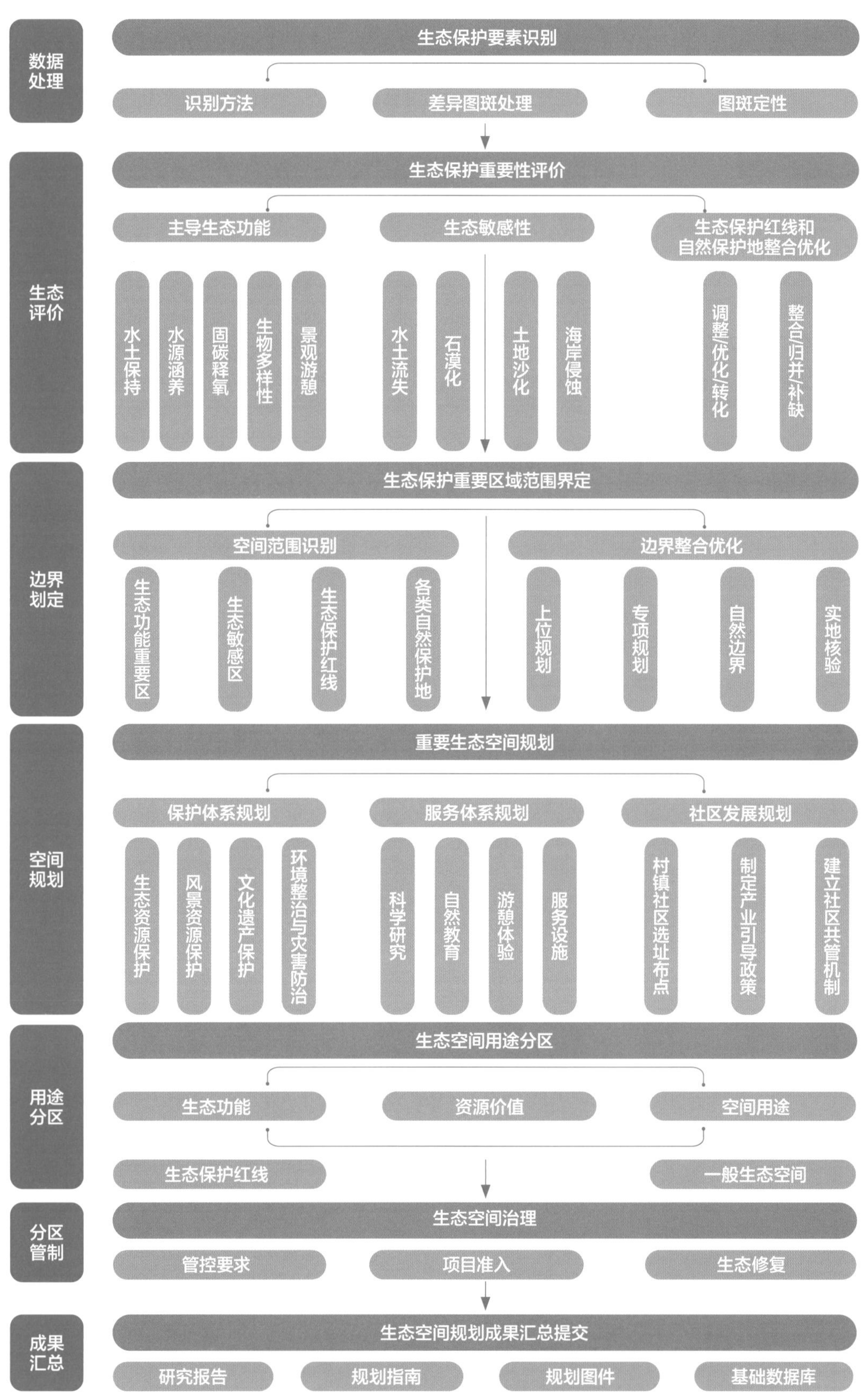

图E 绿色生态空间规划技术框图

生态要素

E1-1 ※

全面收集规划数据

应收尽收，合理分类，多源采集。

E1-1-1

数据分类

基于生态空间规划专项内容，分类获取自然地形、资源能源、环境质量、生物多样性等资源环境保护相关现状本底及发展演变数据，以及社会经济、基础设施建设等发展建设类数据（表E1-1）。

自然生态空间规划数据需求推荐表 表E1-1

序号	类型		数据内容
1	测绘测量	自然地形	地形图
2		专项测量	遥感影像、岩洞测绘、林线、雪线、岸线、分水岭等
3	国土调查	土地利用	用地类型、用地分布、用地权属、土壤类型、土壤性状等
4	自然条件	水文	河道、水量、水位、水质、流速、洪水频率、最高洪水位，潮汐、海流，地下水储量、开采及补给等
5		气象	温度、湿度、降水量、日照、蒸散量、风向、风速、霜冻等
6		地质	地质构造、地质遗迹、地貌类型
7		生态系统	森林、湿地、荒漠、海洋、草原等分布、面积等
8		能源矿产	煤炭、石油、天然气等能源和铁、铜、锌等矿产资源的分布、储量等
9		地质灾害	泥石流、水土流失、地震、山体崩塌、滑坡、地面塌陷等
10	生态环境	环境质量	大气环境、海洋环境、土壤环境、水环境、噪声环境、核辐射环境状况
11	生物多样性	文献记录	中国生物多样性红色名录
12			珍稀濒危物种栖息地分布
13			极小种群物种分布
			生物遗传资源分布
14		动态监测	野生动物活动范围
15			国家重点保护野生植物名录
16			鸟类种类及迁徙路线
17			外来入侵物种及分布
18	人文经济	历史文化	风景名胜、文物古迹、历史名园、历史建筑、古树名木、传统村落等
19		人口状况	人口数量、结构、密度、分布等
20		行政区划	省市县镇乡村各级行政区划
21		经济社会	GDP、人均GDP、城乡居民可支配收入等
22	基础设施	交通运输	铁路（高速铁路、货运铁路）、公路（高速公路、国道、省道、县道、乡道）、机场、港口、码头等
23		文娱设施	文化体育设施数量、规模及分布等
24		市政工程	给水、排水、供热、环卫、防灾等
25	规划资料	国民经济和社会发展规划	
26		国土空间规划	
27		生态环境保护规划	
28		自然保护地规划	

来源：部分参考《市级国土空间总体规划数据库规范（2022修订版）》

E1-1-2

多源采集

通过遥感、GPS、无人机、统计调查、资源普查、实地勘察、大数据等多种途径，全面获取规划范围内的数据资料和相关规划成果，作为基础数据建库素材。

E1-2

统一界定要素属性

通过“定标一建库一校核一确性”进行多源数据归一化处理，确定统一的坐标系，构建完善的基础数据库；基于《国土空间调查、规划、用途管制用地用海分类指南（试行）》对多源数据进行校核归类，确定图斑的基本属性，形成工作底数底图。

E1-2-1

定标建库

统一采用2000国家大地坐标系和1985国家高程基准进行空间定位；对基础数据进行投影转化；统一数据结构，建立基础数据库；构建坐标统一、边界清晰的工作底图。

E1-2-2

图斑校核

对于规划所需的各类自然生态、历史人文、社会经济等调查数据，在GIS空间数据处理平台中进行空间叠加融合，识别差异图斑。

E1-2-3

融合确性

以第三次全国国土调查数据为基础，参照《国土空间调查、规划、用途管制用地用海分类指南（试行）》，进行市域国土空间用地用海要素对应、归并、分类等基数转换，确立自然生态空间识别基准单元，明晰每个图斑单元的属性结构，建立差异图斑处理规则；对照基准单元进行图斑融合处理，聚类识别林地、草地、水体、滩涂、戈壁、冰川等自然生态保护要素。

E1-3 ※

科学识别保护对象

建立用地类型、保护要素与生态系统类别对应规则，划定不同生态系统空间范围。

E1-3-1

生态要素合并归类

将融合定性后的土地利用图斑按照生态系统类别属性特征进行归类，建立自然生态用地类型与生态系统之间的对应关系；构建用地图斑生态系统合并归类属性表。

E1-3-2

生态要素分类编码

市域自然生态空间规划数据库应分层组织管理，图层名称、几何特征及属性表名的描述，生态空间要素分类编码与字段类型的描述，自然保护地、生态保护红线、生态廊道等属性数据结构的描述，以及生态空间数据交换格式，可参照《市级国土空间总体规划数据库规范（2022修订版）》《地理空间数据交换格式》（GB/T 17798）等技术规范文件（表E1-2）。

生态要素归类属性表　　表E1-2

序号	图斑要素属性		生态系统归类
1	林地	乔木林地	森林生态系统
2		竹林地	
3		灌丛林地	
4		其他林地（疏林、苗圃等）	
5	草地	天然牧草地	草地生态系统
6		人工牧草地	
7		其他草地	
8	湿地	森林沼泽	湿地生态系统
9		灌丛沼泽	
10		沼泽草地	
11		其他沼泽地	
12		沿海滩涂	

续表

序号	图斑要素属性		生态系统归类
13	湿地	内陆滩涂	湿地生态系统
14		红树林地	
15	陆地水域	河流水面	
16		湖泊水面	
17		水库水面	
18		坑塘水面	
19		沟渠	
20		冰川/永久积雪	其他生态系统
21	用海用岛	风景旅游用海	海洋生态系统
22		文体休闲娱乐用海	
23		其他特殊海域	
24		其他海域	
25	其他土地	盐碱地	荒漠生态系统
26		沙地	
27		裸土地	
28		裸岩石砾地	

来源：《市级国土空间总体规划数据库规范（2022修订版）》《国土空间调查、规划、用途管制用地用海分类指南（试行）》《全国生态状况调查评估技术规范——生态系统质量评估》（HJ 1172—2021）

E1-3-3 生态系统空间分类

按照生态要素归类属性表，在GIS中分别制作森林、草地、湿地、荒漠和海洋等不同类别生态系统空间分布图（图E1-1）。

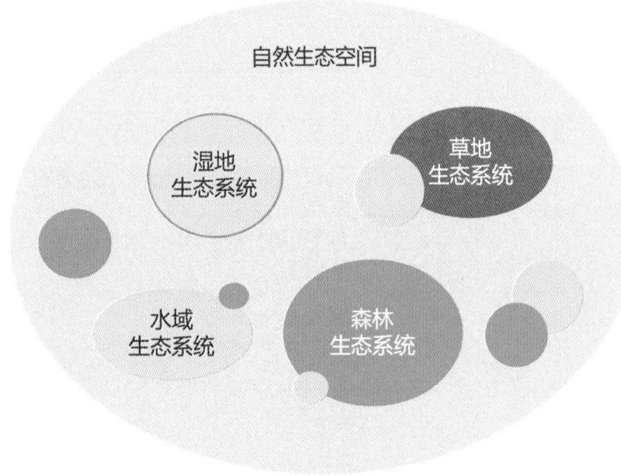

图E1-1 生态系统空间示意图

E2 生态评价

E2-1 系统评估生态功能 ※

利用GIS、遥感影像处理等技术，评估市域生态功能重要性；选取重要功能评价指标与适宜的技术方法，系统评估水源涵养、水土保持、固碳释氧、防风固沙、洪水调蓄、生物多样性维护、景观游憩等主导生态系统服务功能[1]；将不同生态功能重要性评估结果综合叠加，识别重要生态功能保护区域。

E2-1-1 水源涵养功能

基于水量平衡原理，水源涵养量通过降水量减去蒸散量和地表径流量得到，用以衡量生态系统水源涵养功能的相对重要程度；选取降水量、植被类型、土壤地质、水系分布、土地利用类型等指标，计算蒸散量和地表径流量；森林、草地和湿地生态系统质量较高的区域，以及大江大河源头区、饮用水水源地等地区，降水量大于蒸散量，且地表径流量相对较小，水源涵养功能重要性较高。

E2-1-2 水土保持功能

基于土壤、水文、气象等观测资料和生态系统类型、植被覆盖度、地形差异等数据，评价生态系统水土保持功能的相对重要程度；森林、草地生态系统水土保持功能相对较高，植被覆盖度越高、坡度越大的区域，土壤保持功能重要性越高；将坡度不小于25°（华北、东北地区可适当降低）且植被覆盖度不小于80%的森林和草地确定为水土保持极重要区，将坡度不小于15° 且植被覆盖度不小于60%的森林和草地确定为水土保持重要区；不同地区可结合水土保持相关规划和专项成果，对分级标准和计算结果进行适当调整、修正。

E2-1-3
固碳释氧功能

选取生态系统类型、植被类型、群落结构、土壤质地、面积规模、单位面积生物量、固碳系数、释氧系数等指标因子，通过单位面积生物量、面积指标和因子系数指标相乘，测算出植物或土壤中的固碳量和释氧量，得到不同区域、不同生态系统固碳释氧功能数值。

E2-1-4
防风固沙功能

通过生态系统类型、大风天数、植被覆盖度和土壤砂粒含量，评价生态系统防风固沙功能的相对重要程度；一般来说，森林、草地生态系统防风固沙功能相对较强；大风天数较多、植被覆盖度较高、土壤砂粒含量高的区域，防风固沙功能重要性较高。

E2-1-5
洪水调蓄功能

选取土壤质地、蓄水量、渗漏量、植被类型、降水量、河网水系密度、河道宽度与深度、洪水频率、洪峰流量等因子，基于可调蓄蓄水量与水面面积之间的数量关系，构建湖泊、坑塘等湿地水文调蓄功能模型，如SWAT模型、PRMS模型等，评价湿地生态系统的洪水调蓄功能。

E2-1-6
生物多样性维护功能

从生态系统多样性、物种多样性以及遗传资源多样性等方面进行生物多样性维护功能评价；参考国家公布的优先保护生态系统名录，将需优先保护的森林、草地、湿地、荒漠、海洋等生态系统评定为生态系统多样性维护极重要区，其他经评估后需要保护的生态系统评定为生态系统多样性维护重要区；以国家珍贵、濒危陆生、水生野生动植物和有重要生态价值、科学价值、社会价值的陆生野生动植物为保护对象，选取气候、地形、栖息地及人为影响等因子，利用Maxent模型预测物种分布，识别、评估、筛选物种适宜生境的热点区，作为物种多样性保护的极重要区[2]；将极小种群野生动植物、重要水产、畜牧等种质资源分布的区域确定为遗传多样性保护的极重要区。

E2-1-7
景观游憩功能

充分尊重本地传统历史文化，以自然风景、地质遗迹、生物群落、历史建筑、传统村落、文物古迹、古树名木等典型景观资源为基础，选取景观美景度、遗产保护等级、生态环境承载能力、可达性等指标，评价景观游憩功能，构建景观保护格局。

E2-1-8
海岸防护功能与海岸线保护

海岸防护功能

运用遥感技术和国土“三调”数据，识别沿海防护林、红树林、盐沼地等生物防护区域以及基岩、砂质海岸等物理防护区域，评价海岸防护功能的相对重要程度；将原真性和完整性高、需优先保护的区域确定为海岸防护极重要区。

海岸线保护

综合评价自然岸线的生态重要性、多年常见灾害类型及风险威胁程度、近海环境容量等；重点识别和保护位于生态保护红线范围内的陆域或临海岸线，或具有重要防风消浪、促淤保滩、固岸护堤功能的生态岸线；生物岸线、河口岸线、滨海湿地生态系统、重要渔业品种保护区岸段、重要砂质岸线及邻近海域海洋保护区、风景名胜区、生态红线区、红树林区为生态极重要区，旅游度假区岸段为生态重要区，其他自然岸线及非自然岸线为一般生态重要区。

E2-1-9

生态功能重要性综合评价

综合叠加水源涵养、水土保持、固碳释氧、防风固沙、洪水调蓄、生物多样性维护、海岸防护以及景观游憩等功能，构建生态功能重要性格局；评价等级可分为极重要区、重要区和一般区三级。

借鉴案例：区域生态安全与城镇发展胁迫关系研究——北京市生态系统服务功能评价

北京位于东经115° 20′～117° 30′、北纬39° 28′～41° 05′，总面积达16410.54km^2，地势西北高、东南低，最高海拔2303m，为典型的北温带半湿润大陆性季风气候，四季分明，夏季高温多雨，冬季寒冷干燥。山地面积占北京市国土总面积的61.29%，多数都是海拔500～800m的低山和海拔800～1500m的中山。平原面积为6359km^2，占全市国土总面积的38.71%。境内水系全部属于海河流域，自西向东有五大水系，即大清河水系、永定河水系、北运河水系、潮白河水系和蓟运河水系。植被类型是暖温带落叶阔叶林并间有温性针叶林的分布，动物区系有属于蒙新区东部草原、长白山地、松辽平原的区系成分；自然保护地有自然保护区、风景名胜区、森林公园、湿地公园、地质公园和自然遗产六大类型，共计83个，总面积约45万hm^2，占北京市总面积的27%（图E2-1）。

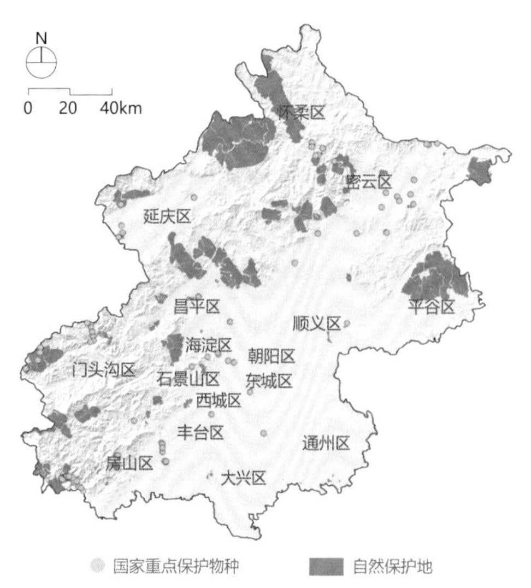

图E2-1 北京市地形地貌与自然保护地分布图

水源涵养功能分析

选取北京地区降水量、土地利用、生态系统类型、蒸散量等指标，根据水源涵养量评估技术流程，在GIS平台中将各类指标数据进行归一化处理，得到北京市域水源涵养量分布图。基于自然断点法，将其划分为极重要区、重要区和一般区，得到水源涵养功能重要性分布图（图E2-2）。

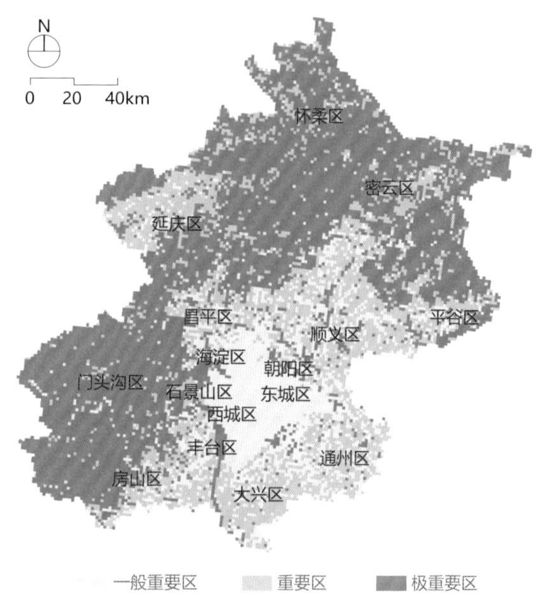

图E2-2 北京市水源涵养功能重要性分析图

水土保持功能分析

选取区域植被覆盖度、土地利用、生态系统类型、地形地貌、DEM等指标数据。根据水土保持评估技术模型，在GIS平台进行各类指标核算，得到北京市域水土保持量分布图。基于自然断点法，将其划分为极重要区、重要区和一般区，得到水土保持功能重要性分布图（图E2-3）。

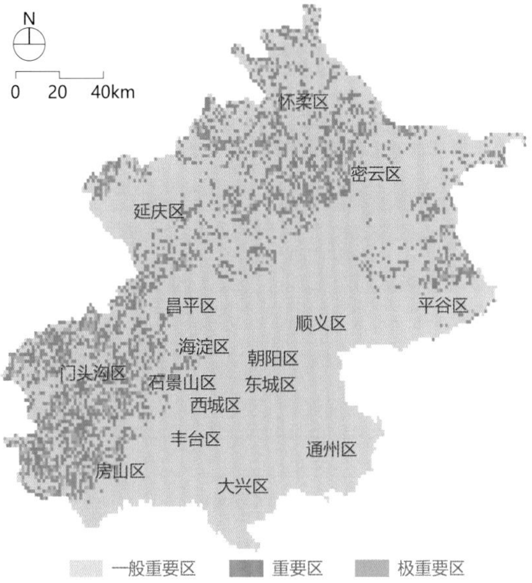

图E2-3　北京市水土保持功能重要性分析图

生物多样性维护功能分析

根据中国国家重点保护野生植物名录以及优先保护生态系统名录，选取北京需要优先保护的生态系统及北京地区的重点保护植物分布区作为生物多样性保护的重点区域（图E2-4）。根据数据的可获得性，以北京地区34种国家重点保护动植物为对象，选取土地覆被类型、干燥度、湿润指数、年平均气温、平均月温度范围、等温性、NDVI、GDP、人口密度及与道路、河流、湖泊、居民点、农田、森林等的距离，以及高程、坡度等指标[6]，利用Maxent模型预测北京重点物种分布，识别、评估、筛选物种适宜生境区，作为物种多样性保护的极重要区，纳入生态空间范围。北京各区适宜生境面积如表E2-1所示，房山、密云、昌平、门头沟等区域保护物种适宜栖息地面积较大，多是成片连续的保护空间（图E2-5）。

北京市物种适宜生境一览表　　　　表E2-1

各区	各区适宜生境面积（km^2）
东城	71.36
西城区	85.69
石景山区	130.46

续表

各区	各区适宜生境面积（km^2）
顺义区	239.65
平谷区	262.8
大兴区	433.94
丰台区	495.31
通州区	528.17
朝阳区	563.67
海淀区	572.82
怀柔区	777.19
门头沟区	879.09
密云区	922.56
延庆区	1004.47
昌平区	1257.53
房山区	1596.74
合计	9821.45

注：通过整理北京市生态功能评价项目中物种适宜生境面积所得。

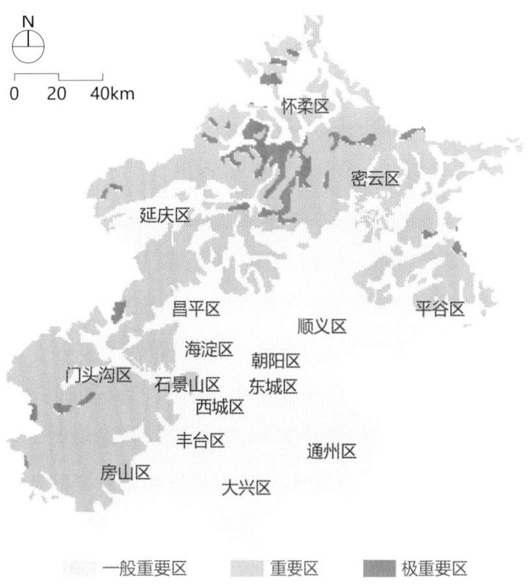

图E2-4　北京市重要生态系统分析图

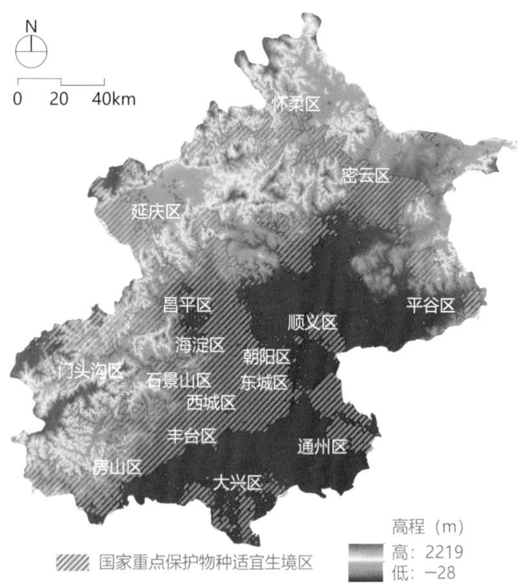

图E2-5 北京市保护物种适宜生境区分析图

E2-2

评价识别敏感区域

定量与定性相结合，开展水土流失、土地沙化、土壤侵蚀、地质滑坡、泥石流等生态敏感性评价，识别生态敏感区域。

E2-2-1

生态敏感性评估方法

评价水土流失、土地沙化、石漠化、盐渍化、海岸侵蚀及沙源流失等，将各项评价结果综合叠加获取生态敏感性等级分布。水土流失和土地沙化根据地区降水量、湿润指数、土壤质地及起沙风的天数等进行评估；基于降水、地貌、植被与土壤质地等评估土壤侵蚀；根据区域气候、土壤类型与母质、植被及土地利用方式等评价地质滑坡与泥石流等敏感性。基于水土流失、土地沙化、土壤侵蚀、滑坡、泥石流等单因素敏感性评价，确定各因子权重，加权叠加得到综合生态敏感性格局。针对特定市域进行生态敏感性评价时，可根据地方实际面临的生态环境问题选择具体指标，进行分析评估（表E2-2）。

生态敏感性评估指标与方法推荐表 表E2-2

类型	评价指标	评价模型
水土流失	降水侵蚀力、土壤可蚀性、坡度坡长和地表植被覆盖度	通用水土流失方程
土地沙化	干燥度指数、起沙风天数、土壤质地、植被覆盖度	利用GIS空间叠加、乘积运算
石漠化	风力侵蚀量、气候因子、土壤/植被覆盖因子	利用GIS空间叠加、乘积运算
盐渍化	蒸发量/降雨量、地下水矿化度、地下水埋深、土壤质地	利用GIS空间叠加、乘积运算

来源：《资源环境承载能力和国土空间开发适宜性评价技术指南（试行）》

E2-2-2

海岸侵蚀及沙源流失敏感性评价

基于海岸底质类型、风暴潮增水、侵蚀速率等因素，识别极敏感脆弱的原生及整治修复后具有自然形态的砂质、粉砂淤泥质海岸，区域范围自海岸线向陆缓冲一定距离，向海根据自然地理边界确定；砂质海岸外侧可补充划定沙源流失极敏感脆弱区，区域范围自海岸线向陆缓冲一定距离，向海至波基面。

E2-2-3

生态敏感性评价分级

综合叠加水土流失、土地沙化、石漠化等单项因子评价结果，得到生态敏感性综合格局；根据评价等级，基于自然断点法进行生态敏感性评价分级，可分为三个等级：极敏感区、敏感区和一般区（表E2-3）。

生态敏感性评价分级 表E2-3

类型	敏感性分级		
	极敏感区	敏感区	一般区
水土流失	水力侵蚀、土壤侵蚀等强度为剧烈和极强烈的区域	侵蚀强烈和中度的区域	其余地区
土地沙化	地区干燥等强度为剧烈和极强烈的区域	侵蚀强烈和中度的区域	其余地区
石漠化	风力侵蚀等强度为剧烈和极强烈的区域	侵蚀强烈和中度的区域	其余地区
盐渍化	蒸发量、地下水矿化度等强度为剧烈和极强烈的区域	侵蚀强烈和中度的区域	其余地区

来源：《资源环境承载能力和国土空间开发适宜性评价技术指南（试行）》

借鉴案例：区域生态安全与城镇发展胁迫关系研究——北京市生态敏感性评价

从地形、土壤、水资源、植被与土地利用等方面选取因子评价北京生态敏感性，包括水土流失敏感性、沙漠化敏感性、盐渍化敏感性（图E2-6～图E2-8）；利用层次分析法确定指标权重，将各类因子评价结果加权叠加获得生态敏感性综合评价结果（图E2-9）。

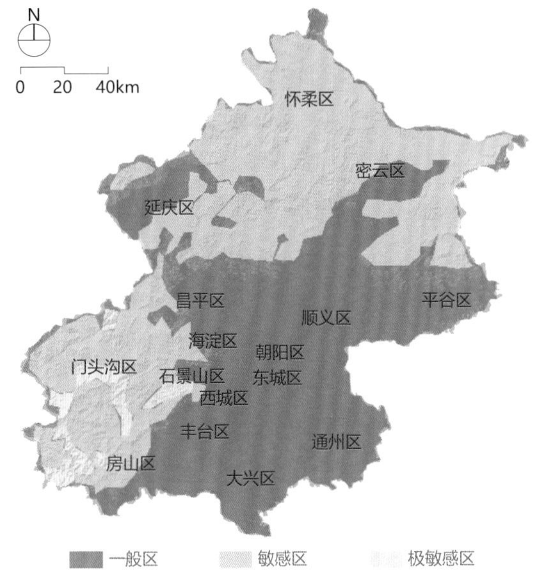

图E2-6　北京市水土流失敏感性分析图

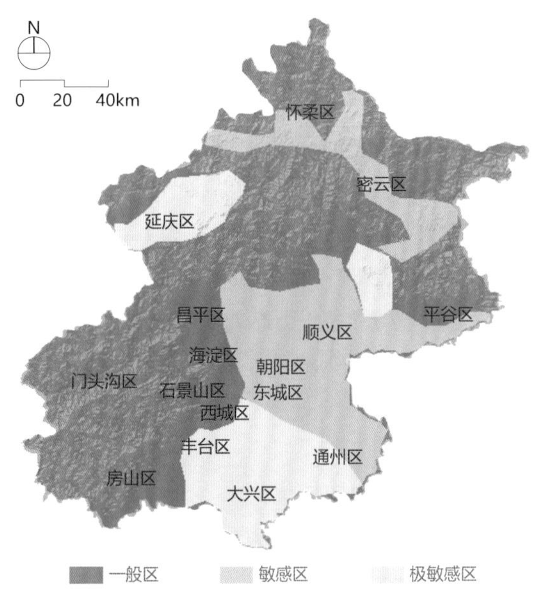

图E2-7　北京市沙漠化敏感性分析图

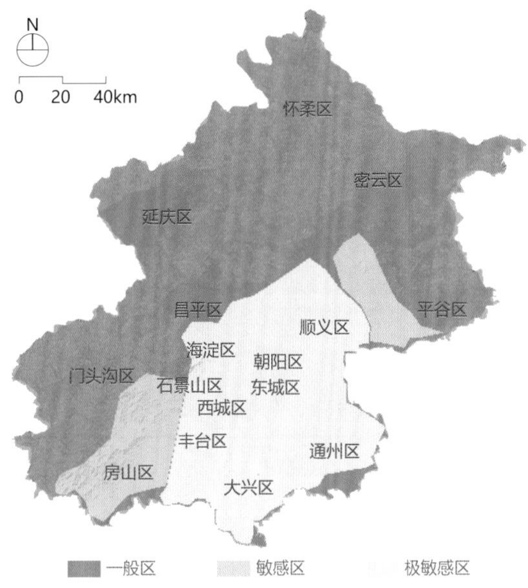

图E2-8　北京市盐渍化敏感性分析图

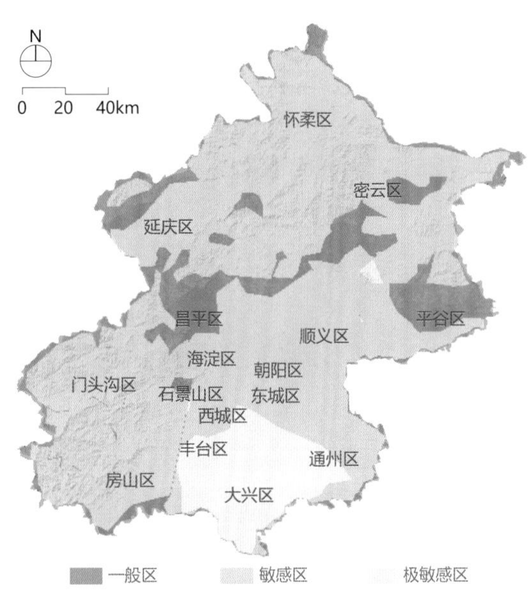

图E2-9　北京市生态敏感性综合评价图

借鉴案例：甘肃省陇南市国土空间总体规划（2021—2035年）——地质灾害风险防治

陇南市地质灾害易发性受降雨影响较大，需要对灾害体周围设置截、排水沟等排水工程，利用水利工程建设降低地质灾害风险；采取排导、拦挡、削方减荷、坡脚设置挡土墙和防护网等，降低灾害体发生进一步变形破坏的可能；新增建设用地应避让地质灾害高风险区，对受其影响的民众和进行异地搬迁（图E2-10）。

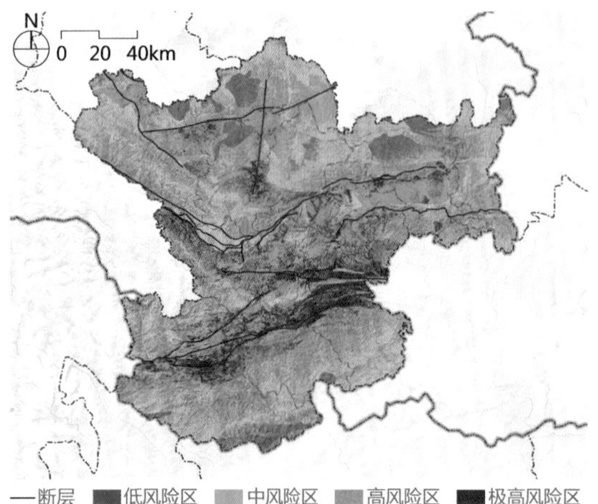

图E2-10 陇南市地质灾害风险分析图

E2-3 ※

协同推进整合优化

分析各类自然保护地保护对象、资源组合、空间边界，评估生态本底和资源价值，因地制宜确定自然保护地整合、归并、优化、转换、补缺方式；分析现有自然保护地内乡镇村建设、永久基本农田、成片集体人工商品林、工矿开采等矛盾冲突；对接落实总体规划等法定规划条款，对自然保护地进行整合优化；整合优化后的自然保护地作为自然生态空间中的核心保护区域[3]（图E2-11）。

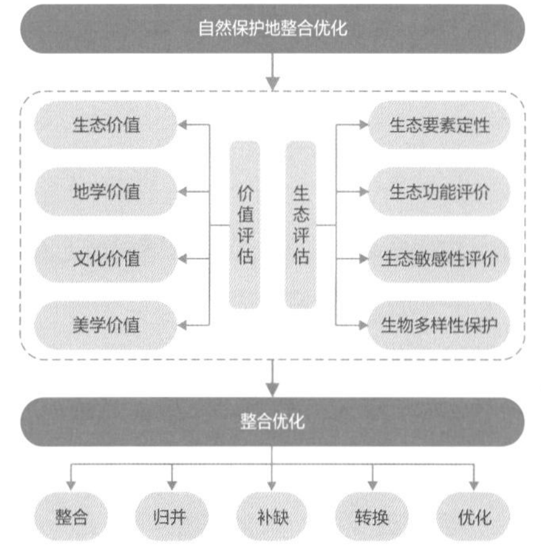

图E2-11 自然保护地整合优化流程图

E2-3-1 国土空间规划传导衔接

规划内容

自然保护地整合规划以实现自然生态系统原真性和完整性保护为首要目标；划定自然保护地的四至边界，对相应的用地图斑和关键指标进行空间落位，划定空间功能分区，提出管控要求；落实国家和省级自然保护地体系总体布局。

传导衔接

自然保护地的整合优化与国土空间规划协同进行，与国土空间规划“一张图”衔接联动，随林业、草原、湿地等专项资源调查、国土利用变更调查等工作动态更新；加强自然保护地保护规划与生态保护红线、永久基本农田、城镇开发边界“三线”划定衔接校验。

E2-3-2 自然保护地自然生态本底评估

生态保护评估

对接国土空间规划，基于生态系统服务功能评价和生态敏感性评价成果，利用GIS空间分析技术，提取生态价值和保护强度较高区域，作为自然保护地整合优化的基底。

资源价值评价

借鉴联合国教科文组织（UNESCO）世界遗产委员会对世界遗产突出普遍价值的评判标准，以及世界自然保护联盟（IUCN）世界自然保护地委员会对关键生物多样性区域、世界自然遗产地和保护区的应用“决策树”工具包等，对自然保护地自然生态资源和历史人文资源进行价值评估，包括生态价值、地学价值、景观美学价值、历史文化价值、游憩价值等，划定不同等级资源价值分区。

E2-3-3 自然保护地边界校核优化

综合生态系统服务功能和自然文化资源价值评估，结合自然生态地理区划，初步确定自然保护地范围，将生态价值高、资源价值高、保护对象明确的区域整合为自然保护地。叠加地形地貌和自然边界，并依据上位规划、专项规划等规定的范围边界，作为自然保护地空间边界调整参照。结合土地权属、人类开发建设活动以及保护地管理的可行性，对跨区、跨类保护地和破碎化的资源图斑进行空间整合，优化自然保护地空间范围边界。

E2-3-4
自然保护地整合优化技术要点

自然保护地存在相邻分散、跨区分布、天窗式、被道路切割、交叉重叠等形态现状，针对不同形态，制定适宜整合优化措施[4]（表E2-4、图E2-12）。

自然保护地边界优化参考要素推荐表　　　表E2-4

分类			边界优化参考要素
生态本底特征	地形地貌	地形地貌	高程、坡度、山脊线、山谷线、河流、林线、雪线
		地质条件	构造线、断层
	自然资源区划	水文流域	流域系统分界线、水源涵养区、湖泊湿地、地下水保护区
		土壤条件	土壤区划、土壤厚度、土壤硬度
		植被条件	植被区划、森林覆盖度、植被郁闭度、林分结构
	生态系统完整性保护	生态系统廊道—斑块—基质	生态系统物质能量联系通道、生态源地、生态系统分布界线，足够支撑生态系统完整性的自然环境本底
	物种多样性保护	物种保护斑块—廊道	重要保护动植物分布密度、栖息地、动物迁徙通道
		群落复杂性	种类丰富度、结构复杂度分异
		物种类别完整性	捕食种、食腐质种等各类物种的完整度分异
遗产资源特征	特色景观遗产保护	自然遗迹或自然景观特征	自然遗迹或自然景观分布密集区、自然景观连通廊道、自然地貌景观分区情况
		人文景观特征	人文景观分布密集区、文化景观连通廊道、文化生态分区情况
建设管理条件	建设管理延续性	保护地设置情况	现有自然保护地建设情况、分区管制情况
		土地权属	土地权属情况、集体用地开发强度、生态移民成本

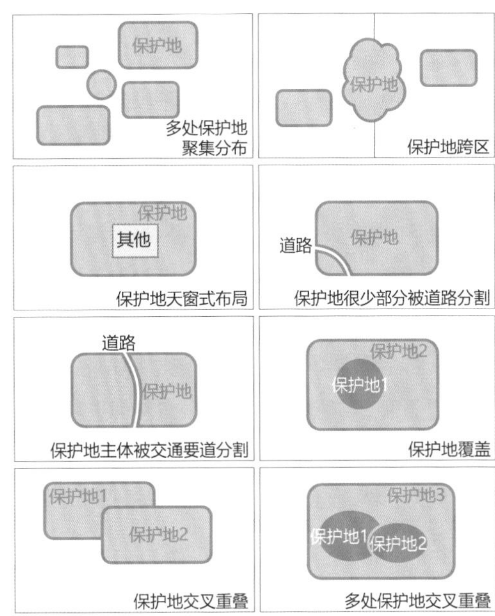

图中为5种形态模式，其中被道路切割包括2种形式，交叉重叠包括3种形式。

图E2-12　自然保护地现状形态示意图

相邻分散式

“应保尽保、整体划入”，自然保护地周边生态保护价值高、生物多样性丰富以及保持生态系统完整性的区域，应调入保护地范围。

天窗式

自然保护地核心保护区内的永久基本农田、镇村、矿业权逐步有序退出，一般控制区内的根据对生态功能造成的影响确定是否退出，其中，造成明显影响的逐步有序退出，不造成明显影响的可依法依规调整一般控制区范围；将城市建成区调出自然保护地范围。经科学评估，可将成片集体人工商品林调出自然保护地范围，但以下情形除外：重要江河干流源头、两岸；重要湿地和水库周边；距离国界线10km范围内的林地；荒漠化和水土流失严重地区；沿海防护林基干林带。

被道路切割

自然保护地被交通要道切割，考虑经济成本等因素，可将部分道路改为隧道建设或构建立交生物廊道，保障生态系统的完整性与连通性。如果道路对自然保护地仅为小面积切割，在保证生态功能不降低的情况下，可将小面积调出保护地范围，以城市绿地形式进行保护。

交叉重叠

国家公园设立后，在相同区域不再保留原自然保护区等自然保护地，纳入国家公园管理；未划入的经科学评估后，可以保留、撤销或合并为自然保护区，也可整合设立自然公园，但要严格控制，防止人为降低保护强度和改变保护性质。国家级和省级自然保护区与地质公园、森林公园、海洋公园、湿地公园、冰川公园、野生动物重要栖息地等各类自然保护地交叉重叠时，原则上保留国家级和省级自然保护区，无明确保护对象、无重要保护价值的省级自然保护区经评估后可转为自然公园。

跨区分布

自然保护地范围调整以省级行政区域为单元，统筹平衡增减面积，一般应保证省域范围内自然保护地面积不减少、功能不降低。

E3

空间格局

E3-1 ※

统筹划定生态空间

自下而上的生态保护评估与自上而下的法定批复规划修正相结合，确定自然生态空间边界范围；系统评估生态功能重要性与生态敏感性，协同推进自然保护地整合优化，促进自然与人文融合发展；构建生态廊道与生态网络，综合划定生态空间，优化生态格局，保障生态安全。

E3-1-1

综合界定生态空间

基于生态保护重要性评估，将生态保护极重要区、重要区、自然保护地等初步纳入生态空间；依据地理环境、地貌特点和生态系统完整性确定的边界，如林线、雪线、岸线、分水岭、入海河流与海洋分界线，以及生态系统分布界线等，对生态空间进行边界修正；通过与上位规划和专项规划对接、协调，结合各类边界特征，进行图斑边界的处理，划定生态空间（表E3-1、图E3-1）。

生态空间范围优化调整要点推荐表　　表E3-1

调整	内容
调入生态空间	上位规划中明确的保护区域
	确保生态系统完整性需整体划入的保护区域
	避免生态空间严重破碎化的连通区域
	野生动物迁徙的生态廊道
	历史文化名村、古村落、其他区域生态控制区内的农村居民点原则上予以保留，保持现有规模，以生态保育和生态优先为原则，在保证生态环境的前提下，以改善、整治为主，加强基础设施配套和绿化建设，重点改善环境卫生，制定防灾减灾措施
调出生态空间	永久基本农田、园地
	人工商品林
	建设用地、用海活动
	因道路切割且调出后确保生态空间生态功能不降低的区域
	生态保护红线内的采矿权
	确保流域系统完整性的岸滩等

来源：《自然资源部办公厅 国家林业和草原局办公室关于自然保护地整合优化有关事项的通知》（自然资办发〔2020〕42号）

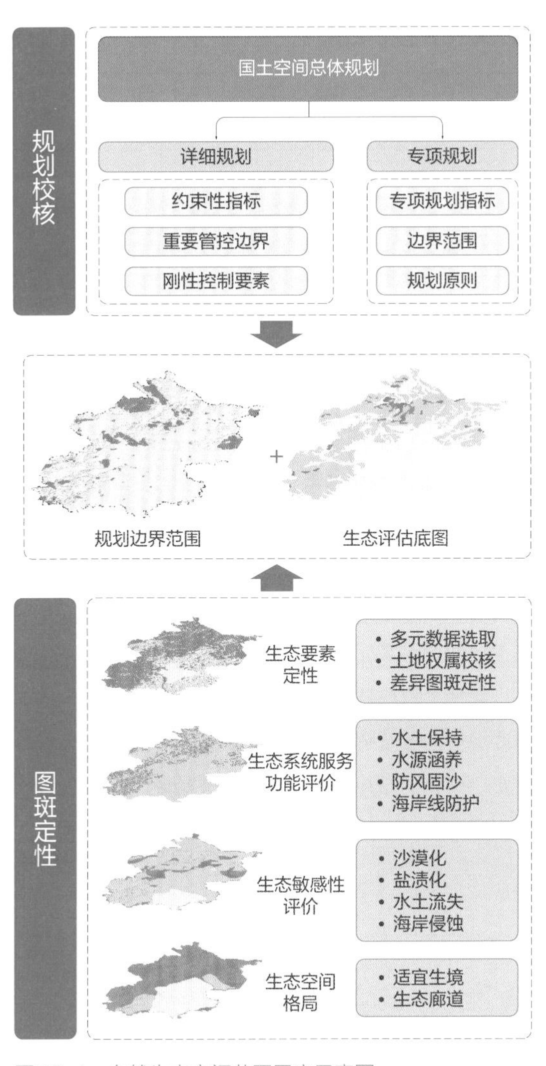

图E3-1　自然生态空间范围界定示意图

借鉴案例：甘肃省陇南市生态空间划定

陇南市市域面积2.78万km^2，基于生态保护重要性评价，将生态保护红线、生态廊道、生态脆弱性区域和生态功能重要性区域进行叠加，综合划定生态空间为21379.65km^2，占市域面积的76.80%，统筹林地、草地、河湖、滩涂、沼泽以及其他自然资源系统保护。其中，生态保护极重要区面积约9682.31km^2，占国土面积的34.78%，集中分布在文县、康县、武都区、宕昌县（图E3-2、图E3-3）。

E3-1-2 保障生态空间安全

基于生态功能重要性、生态敏感性评估结果，识别生态空间中具有不同保障功能的生态安全格局，守住生态安全底线。

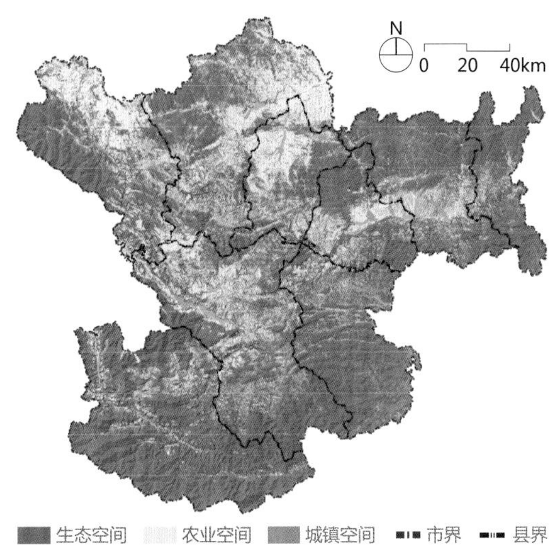

图E3-2　陇南市国土空间总体规划“三区”规划图

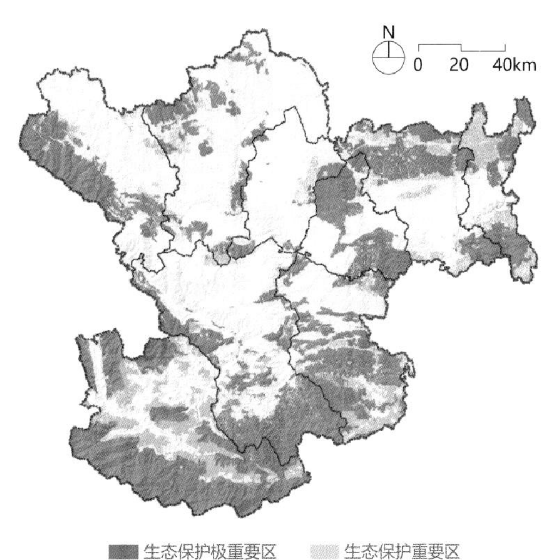

图E3-3　陇南市生态保护空间分布图

借鉴案例：江苏省徐州市生态安全格局构建

徐州市市域面积1.12万km^2，建成区面积约489km^2，周边分布着海拔100～300m的低山丘陵，多为顶平坡缓的侵蚀残丘；城市在丘陵围合的小型盆地中发展，形成“山包城-城包山”的生态格局特征。

生态安全格局构建

通过遥感影像解译获取徐州市土地利用图，从水生态、栖息地与生物多样性、地质安全、文化与景观角度选取指标，采用层次分析法构建生态安全格局评价指标体系。利用地理信息技术手段，首先评价单因子安全格局，分别为水生态安全格局、植被安全格局、地质安全格局、文化与景观安全格局，再将四大安全格局叠加，得到徐州市综合的生态安全格局。生态安全格局分为四个等级，即生态安全底线、低安全水平、中等安全水平和高安全水平。各大河流水系本体、植被覆盖良好的山体、存在地质安全隐患的山体以及构成徐州市传统风水格局且景观可视性良好的山体是徐州市生态安全的底线，需要严格执行保护和生态修复。河流水系两侧缓冲区、浅水缓坡植被覆盖良好的地区是生态底线空间的重要过渡地带，属于低安全水平区。城市中依托地形地势形成的低洼地、径流通道和有一定坡度的浅山区属于中等安全水平区，不宜开展强度过大的城镇建设。其余地区为高安全水平区，可进行不同规模的城镇建设（图E3-4）。

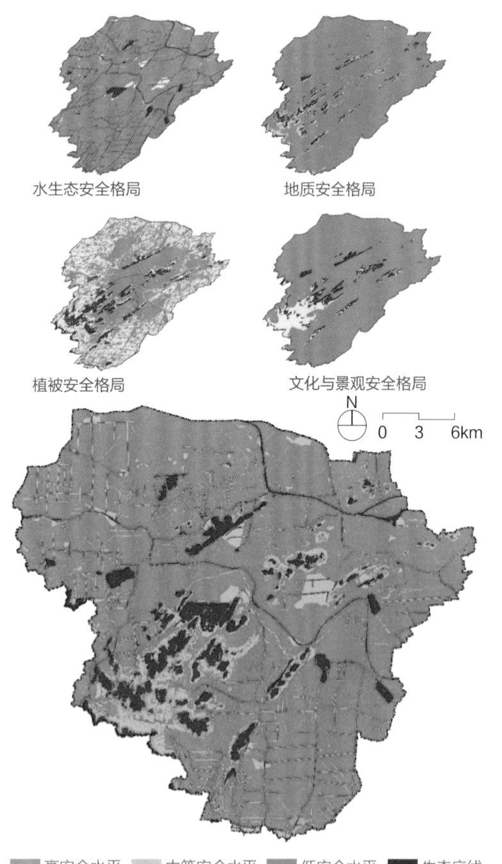

图E3-4 徐州市生态安全格局示意图

E3-2 ※

科学选取生态源地

基于生态系统服务功能重要性以及重要自然保护地，科学选取生境斑块和生态源地。

E3-2-1

生态源地初步判别

基于生态功能评价结果，选取生态功能极重要区和整合优化后的自然保护地作为生态源地的备选区域。

E3-2-2

生态源地科学选取

结合上位规划、专项规划及相关管理规定，从生态源地备选区域中选取面积规模适宜、生态系统较为完整、有利于物种迁移扩散和物质循环流动的区域作为生态源地。

E3-3 

合理确定生态廊道

基于最小阻力模型，选取地形地貌、气候、自然资源、社会人文等指标，形成阻力面，构建生态廊道。

生态廊道构建：确定生态源地；基于土地覆盖类型、建设用地、道路、水域、地形等阻力因子，利用熵权法明确阻力因子的赋值，加权叠加得到综合阻力面；采用最小累积阻力模型、电路模型等方法，利用GIS平台初选生态廊道；进行实地调研踏勘，结合物种栖息地、物种迁徙路径、生活习性等校核生态廊道构建的合理性。

借鉴案例：北京上方山国家森林公园生态廊道构建——基于资源价值识别与生态安全评价的风景名胜区分级保护规划技术

上方山国家森林公园，面积3.5km^2，是中国房山世界地质公园的一部分。

上方山生态安全评价

从外来干扰、生态敏感性和生态保护三方面选择指标，利用层次分析法、熵权法确定指标权重，参考相关研究，设置阻力值，综合评价上方山生态安全性（表E3-2、表E3-3）。基于评价结果，识别重要保护节点与生态廊道，制作生态安全分级保护图。一级生态保护区主要位于北部和西北，面积1.6 km^2，占45.3%；二级生态保护区位于中部和南部，面积1.1 km^2，占31.5%；三级生态保护区位于西南，面积0.8km^2，占23.2%（图E3-5）。

生态安全评价体系推荐表　　　　表E3-2

目标层	准则层		指标层
生态安全	外来干扰	人为影响	与道路距离
			景点设施影响范围
			用地类型
		自然灾害	与冲沟距离
			降水侵蚀
			病虫害分布
			火灾发生频率分布
			地质灾害危险等级
	生态敏感性	地形地貌	海拔
			坡度
			坡向
		自然环境	植被覆盖率
			植被类型
			土壤类型
		气候水文	年均降雨量
	生态重要性		气温年较差
		生态功能	动物栖息地保护
			水源涵养
			防风固沙
			水土保持

注：通过整理北京上方山国家森林公园生态廊道构建项目中生态安全格局评估研究成果所得。

生态安全评价指标推荐表　　　　表E3-3

准则层	指标层	属性分级
外来干扰性	与道路距离	<10m
		10~20m
		20~40m
		40~60m
		>60m
	冲沟缓冲	<20m
		20~40m
		40~60m
		60~80m
		>80m
生态敏感性	海拔	>655.000m
		554.000~655.000m
		445.000~554.000m
		305.000~445.000m
		<305.000m
	坡度	>35°
		25° ~35°
		15° ~25°
		5° ~15°
		<5°
	坡向	北
		东北、西北
		东、西
		东南、西南
		平地、南
	植被覆盖率	<50%
		50% ~60%
		60% ~70%
		70% ~80%
		80%
	植被类型	灌木林
		混交林
		针叶林
		阔叶林
生态保护重要性	生态功能重要性	重要
		一般

注：通过整理北京上方山国家森林公园生态廊道构建项目中生态安全格局评估研究成果所得。

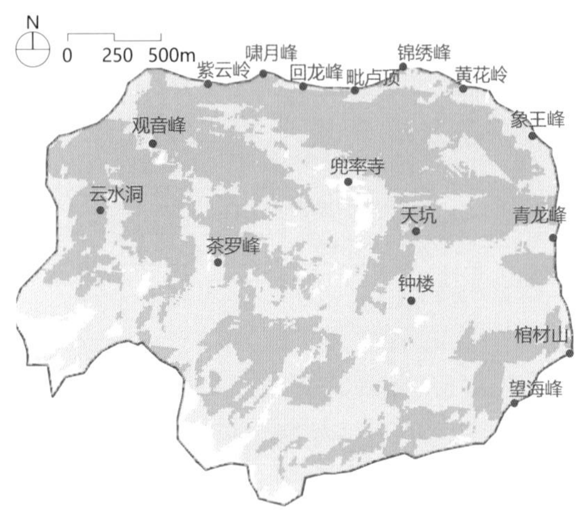

图E3-5 北京市上方山生态安全评价分级示意图

上方山生态廊道识别

选择上方山具有代表性的22个景源作为源地，构建最小累积阻力面，计算生态源地与目标之间的最小累积阻力距离模拟最小成本路径，依此确定生物迁徙路径；生成最小成本路径作为潜在的生态廊道；基于阻力模型识别上方山潜在的生态廊道有24条，景观节点41个，主要沿重要保育地带边缘布局（图E3-6）。

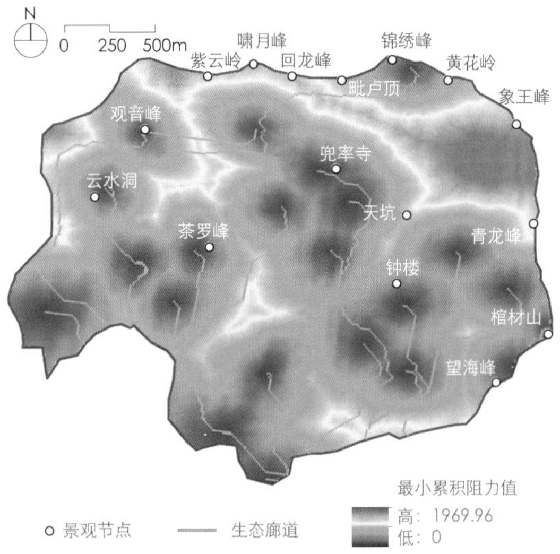

图E3-6 北京市上方山生态廊道构建示意图

E3-4 ※

系统构建生态网络

以整合优化后的自然保护地和重要生态功能保育区为生态源地，以河湖水系、连绵山脊、景观绿道、生态隔离带及筛选出的生态廊道连接市域重要生态斑块和景观游憩资源，利用重力模型和最小费用路径法，识别修复生态断裂点，提升生态连通性，形成生态网络图谱。

E3-4-1

生态网络特征识别

利用生态廊道、绿道、河湖水系等具有一定连接度的线性廊道，将绿地、林地、湿地等蓝绿空间进行连通，构成生态网络的基本布局与结构；在组成上，由生态源地、生态廊道、生态节点和生态基质构成；在空间布局上，具有网络化、连通性的特征；在功能上，具有生态功能和社会功能（图E3-7）。

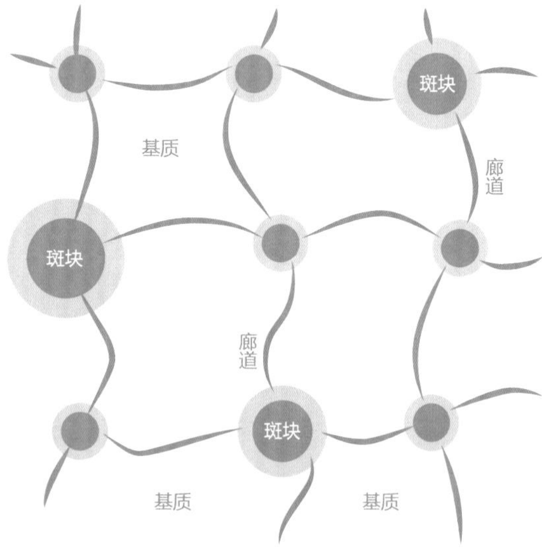

图E3-7 生态网络结构示意图

E3-4-2

生态网络系统构建

统筹各类蓝绿空间要素布局与优化，提升江河生态品质，沿江、沿河打造绿道、生态廊道，构筑协同一体的蓝绿空间网络体系；基于生态本底与资源价值评价，整合优化各类自然保护地，形成以国家公园为主体的自然保护地体系；以世界遗产与文化景观保护为重点，系统梳理文化资源点，构建文化资源与遗产廊道，划定文化遗产保护区，建立文化遗产保护体系；利用协同耦合技术，建立绿道、碧道、生态廊道、遗产廊道、城市慢行系统的协同体系，建立完善的生态网络系统。

借鉴案例：四川省成都市生态网络构建

基于2018年成都市土地利用现状，市域面积14335.4km^2，其中，蓝绿空间占比79%（其中生态空间占比47%，农业空间占比32%），城镇空间占比21%；平原面积比例大，占全市土地总面积的40.1%，丘陵面积占27.6%，山地面积占32.3%（表E3-4、图E3-8）。

2018年成都市各类空间分布表　　表E3-4

类型	地类	面积（km^2）	占全域比例（%）	合计（%）
生态空间	林地	4116.97	28.72	47
	种植园地	1727.11	12.04	
	草地	53.06	0.37	
	湿地	16.88	0.12	
	水域	618.21	4.31	
	其他	205.61	1.43	
农业空间	耕地	4607.39	32.14	32
城镇空间	建设用地	2990.17	20.86	21

注：通过整理四川省成都市生态网络构建项目中土地利用现状评估研究成果所得。

图E3-8　2018年成都市蓝绿空间现状分析图

生态连通性分析

以2018年成都市域土地利用为基础数据，对其森林、草地、水体以及整体情况进行景观格局分析，利用Fragstats景观格局分析软件分别计算各类生态要素连接度（0≤CONNECT≤100），数值越大表示连接度越高，斑块间的连通度越好。计算结果表明，成都市域范围生态连接度比中心城区高，其中森林连接度最高，其次是水体、草地。生态连通性有待进一步提高，生物迁徙的通道无法得到有效保障，间接影响了生物多样性特征（表E3-5）。

成都市主要生态要素生态连通性表　　表E3-5

序号	土地类型	连接度（%）
1	森林	41.02
2	水体	40.38
3	草地	32.17
4	生态空间（森林、水体、草地）	32

注：通过整理四川省成都市生态网络构建项目中生态要素生态连通性计算结果所得。

生态网络构建

通过加大生态本底保护修复力度，构建"斑块-廊道-基质"相互关联的、多层次的、完整的绿色生态网络；强化市域绿地系统结构，加强对全域森林、湿地等生态资源和生物多样性保护，强化"两山、两网、两环、六片"的市域绿地系统结构，形成覆盖全域、城乡一体的网络化布局模式；以区域级绿道为骨架，城市级绿道和社区级绿道相互衔接，构建串联城乡绿色开敞空间，兼顾生态保育功能和风景游憩功能的天府绿道体系；构建不同等级的生态廊道体系，并进行严格管控，全面提升生物多样性（图E3-9）。

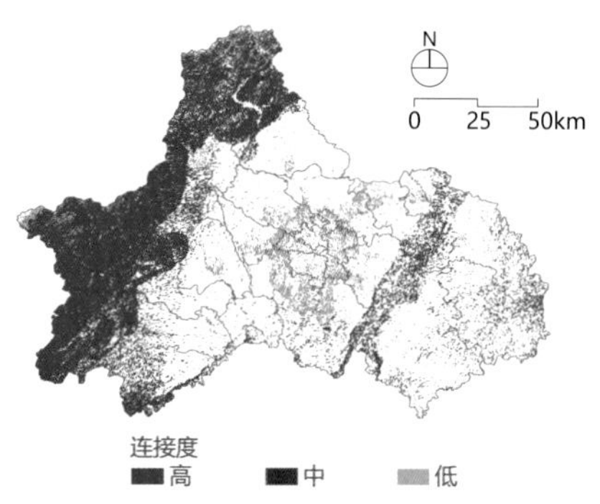

图E3-9　成都市生态网络连接度分析图

E4 保护发展

E4-1 ※

强化保护体系规划

针对自然生态空间中重要保护区域（国家公园、自然保护区、自然公园等自然保护地的核心保护区域，以及生态功能极重要区和生态环境极敏感区等），开展空间保护规划，以调查和监测为基础，按照适应性管理的要求，制定各类资源的保护管理目标，提升生态系统服务功能。

E4-1-1

生态资源保护

评价现状和建设管理条件，明确生态问题及解决思路；明确重要生态空间的战略定位、建设性质，保护、建设、管理要达到的目标及主要指标；确定重要的生态系统等核心资源的种类、状态、保护价值、分布范围；对重要的自然生态系统制定系统的保护措施，保护生态系统生态过程的完整性；对迁徙的物种栖息地区域，制定季节性的管控措施，营造适宜环境；制定监测巡护制度。

E4-1-2

风景资源保护

明确重要生态空间范围内的风景资源类型、数量、规模和分布，全面评估资源的科学价值、美学价值、历史价值、文化价值和生态价值；确定风景资源保护范围并勘界立标；根据资源价值进行保护等级划分，保护风景资源的真实性、完整性、珍稀性和独特性；利用遥感、无人机等手段加强对风景资源的动态监测，及时根据监测信息调整和采取保护措施；对于突发性破坏的地质遗迹实施抢救性保护，并对周边地质环境实施修复，提高稳定性。

借鉴案例：甘肃鸣沙山—月牙泉风景名胜区风景资源保护

鸣沙山—月牙泉风景名胜区位于甘肃省敦煌市，是1994年经国务院批准的第三批国家级风景名胜区，面积为76.82km^2，以宏大、广阔的风积地貌为主要景观特征，以奇特的金字塔形沙丘和月牙泉奇观为主体景观资源。资源保护规划重点在于确定生态安全格局，主要解决“风”“水”问题，即研究鸣沙山的形成演化和响沙之谜与风力、风向的关系，月牙泉的保护保存与区域水资源、水环境的联动机理。据此划定风景名胜区的边界范围、风道控制区域、功能分区与空间结构、风景游赏线路等。

E4-1-3

文化遗产保护

调查评估重要生态空间内的文化遗产价值与人地关系机理，对文物古迹、历史文化名城名镇名村、传统村落、历史名园、历史建筑、农业文化遗产、世界灌溉工程遗产、水利工程遗产、非物质文化遗产等文化遗产资源提出保护规划内容，加强文化遗产与自然山水环境的整体保护。

E4-1-4

环境保护与灾害防治

对大气、水体、土壤、噪声等环境提出保护规划要求，制定大气环境保护、水环境保护、土壤环境保护等内容，加强人居环境综合整治。在对重要生态空间生态敏感性评价基础上，提出火灾、地质灾害、洪涝、病虫害等防灾减灾规划措施和建设内容，构建灾害防控预警体系，完善防治设施，建设急救安全设施，提高防灾应急救援能力。

E4-2

统筹服务体系规划

基于生态系统、自然人文资源等价值评估，确定重要生态空间服务体系规划内容，包括科学研究、自然教育、游憩体验和服务设施等。

E4-2-1

科学研究与自然教育

提出重要生态空间生态系统、自然人文资源的科学研究目标、重点研究内容。在不影响生态系统资源保护的前提下，合理设置活动项目，建设自然教育设施，开展地质地貌、野生动植物、古树名木、湿地等各类资源的自然教育。

E4-2-2

适当开展游憩体验

评价遴选生态空间的游憩资源，划定游憩体验活动区域，明确重要生态空间内允许开展的游憩体验活动类型，如民俗体验、生态修复体验等，规划游憩产品；结合游憩体验分区、游憩方式等，组织不同体验感受的游憩线路，促进游憩体验多元化。基于重要生态空间的资源特征与空间属性，测算空间生态容量和游客容量；明确资源利用方式和利用强度，确定游憩活动项目的开展方式、数量、性质等。

借鉴案例：北京八达岭长城风景名胜区（延庆部分）游憩规划

北京八达岭风景名胜区（延庆部分）总面积70.1km²。为解决风景区内游人量大、游赏方式单一、人流过度集中于长城本体，对世界文化遗产保护造成巨大压力问题，规划提出三大措施：一是通过核定旅游容量指标控制人流量，建立预警机制；二是建立多样的游客体验线路，设定“长城科普、关沟古道科普、森林体验”三条主题游憩支线分散人流；三是实行封闭式管理，停车场全部外迁，建立外部综合服务枢纽和环保观光车接驳，解决交通问题。

借鉴案例：西藏唐古拉山—怒江源风景名胜区总体规划

唐古拉山—怒江源风景名胜区位于世界屋脊，平均海拔5040m，规划面积7998km²，人烟稀少，生态脆弱，是世界第三大河流长江及国际性河流怒江的发源地。利用遥感及地理信息系统技术，深入分析风景区生态敏感性，在分类、分级保护中创新资源评价体系，细分保护分区，进行风景资源精细化保护，严格控制高寒地区旅游开发规模。考虑当地生态敏感性极强、高海拔游览安全需求高，常规游人容量计算方法不适用的特点，提出以供定需的容量核算方法。挖掘藏北地方文化特色，提出特殊高寒地区以观赏点代景点的游赏策略，结合实际调研、利用“3S”（GPS、RS、GIS）技术提出观赏点选取方法体系，科学选择游赏线路和观赏点，小范围适度开展高原生态旅游，保证游客安全，组织特色游赏。政府引导，尊重居民意愿，积极推动产业转型带动周边社区居民致富（图E4-1）。

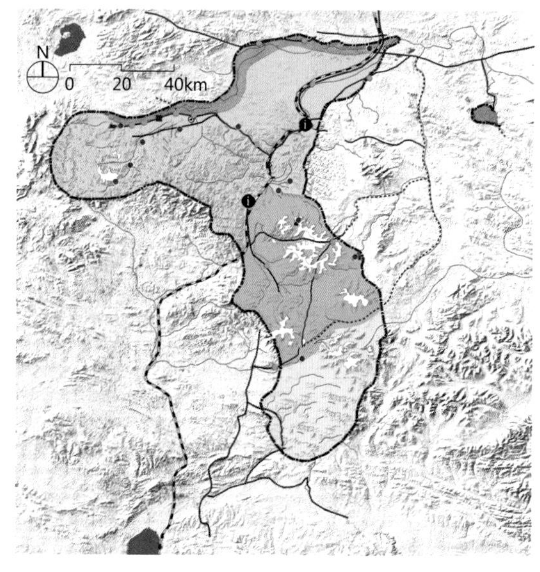

图E4-1　西藏唐古拉山—怒江源风景名胜区总体规划图

E4-2-3
合理布局服务设施

根据重要生态空间游憩体验活动现状，计算相应的服务设施，并基于游憩线路合理设置服务基地，明确服务基地的服务设施数量和用地规模；服务基地和设施的布局不得影响生态、环境和景观，并尽量依托、结合现有服务设施与村镇；服务基地和设施布局以相对集中和适当分散相结合，根据相关国家标准配备解说系统、应急救助等设施；结合保护、游憩等相关要求提出基础工程规划和建设内容，包括道路交通、给排水设施、电力电信设施和环卫设施等。

E4-3
协调社区发展规划

对接乡村振兴战略规划与上位国土空间规划，细化重要生态空间社区发展规划，合理布局社区用地，制定社区环境整治和风貌调控措施；根据社区资源优势与产业结构现状，制定产业政策引导，建立社区共管机制。

E4-3-1
分类规划社区格局

严格控制核心保护区人口规模、用地规模；评估居民点对生态系统、资源环境的影响大小，确定居民点的建设规模和调控要求；对生态资源环境影响较小的居民点，其建设规模不得再增加；传统村落应严格保护村落环境、格局和风貌，挖掘价值内涵，彰显社区文化特色；对于生态资源环境影响较大的居民点，应制定有序的搬迁计划；加强自然保护地等重要生态空间的入口社区建设，统筹考虑入口交通组织、服务基地等服务功能需求，规划入口社区人口规模、用地布局、设施配备、风貌控制等。

E4-3-2
制定产业引导政策

根据生态空间资源优势、产业结构现状和发展趋势，通过政策引导和资金支持，引导传统产业转型和绿色产业发展，包括制订污染型工矿企业逐步退出方案、制定产业准入负面清单、发展生态产业等。

E4-3-3
建立社区共管机制

建立重要生态空间社区共管机制，引导社区居民参与国家公园等重要生态空间的规划、管理与经营，探索有效的社区治理模式，规划社区公益服务岗位。因地制宜制定生态补偿方式和实施机制，引导生态补偿资金的有效管理和使用。完善自然保护地等重要生态空间经营收入的利益分配机制。

E5
空间治理

E5-1 ※
主导功能分级分区

按照生态保护重要性评价结果、生态保护红线划定和自然保护地体系构建成果，将生态空间划分为生态保护红线和一般生态空间，实施分级用途管制（图E5-1）。

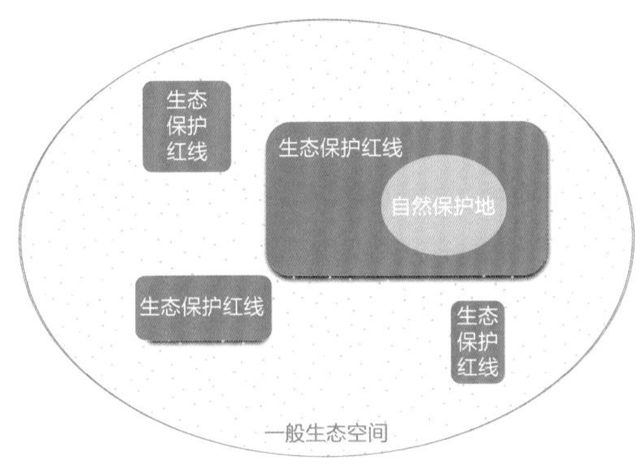

图E5-1　生态空间范围示意图

E5-1-1
管控分区

管控分区

基于生态保护评价，结合对人类活动的限制程度和上位国土空间规划、生态保护红线划定、各类自然保护地专项规划等，将生态空间划分为生态保护红线和一般生态空间，分别实行一级和二级用途管制。

管控内容

上位规划传导。市级生态空间结合辖区内资源保护价值、资源分布特点和社会经济发展、国土开发整治要求，细化落实上级国土空间规划指标和保护发展管控要求。

生态红线约束。当出现多重使用功能时，依据生态功能重要性评价结果，突出生态功能保障、环境质量安全和自然资源保护，强化生态保护红线的约束作用。

独立完整管理。国家依法批准设立的国家公园、自然保护区、自然公园等各类自然保护地作为自然资源的优先独立完整登记单元，实施专区管理，在生态空间中作为一类独立空间单元。

E5-1-2
严控生态保护红线

生态保护红线范围：对生态保护红线实施特殊保护，原则上按主体功能区中的禁止开发区域管理，包括各类自然保护地和未划入自然保护地但生态保护极重要区域（表E5-1）。

生态保护红线类型表　　表E5-1

序号	土地类型	内容	
生态保护红线	自然保护地	国家公园、自然保护区、自然公园	
	生态保护极重要区域	生态功能极重要区	水源涵养、生物多样性维护、水土保持、防风固沙
		生态极敏感区	水土流失、沙漠化、石漠化、盐渍化

来源：《关于在国土空间规划中统筹划定落实三条控制线的指导意见》（中共中央办公厅、国务院办公厅2019年印发）

借鉴案例：山西省晋中市太谷区生态保护红线分区

晋中市太谷区辖三镇六乡共 152个行政村（社区），总面积1045.93km²。坚持锚固城市生态基底，衔接自然保护地优化调整工作，划定太谷区生态保护红线面积为 17510.05 hm²，占全域总面积的比例为16.74%（表E5-2），分为自然保护地和自然保护地外的生态红线区，主要分布在南部山区，包含棋盘山湿地公园、庞庄水库、县林场等一系列重要的生态功能区，生态保护需求大。对于生态保护红线的划定，在原有生态红线划定范围的基础上进行优化调整。对生态保护极重要区要做到应划尽划、应保尽保，包括自然保护地、饮用水水源地保护区、森林公园、湿地公园、禁止开发区域等重要区域，减少图斑破碎度，提高生态系统完整性和空间连通性（图E5-2）。

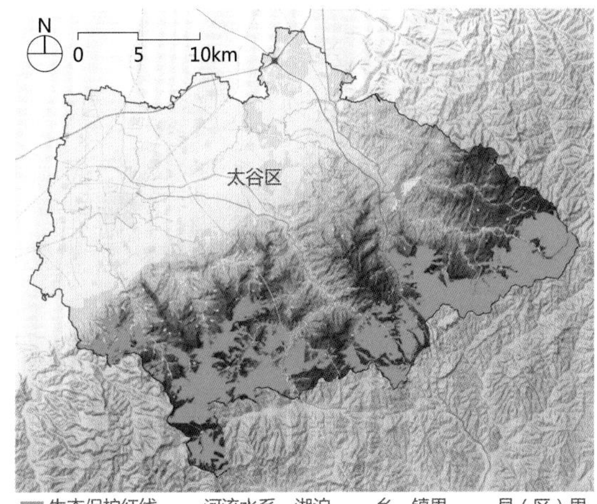

图E5-2　晋中市太谷区生态保护红线规划图

生态保护红线分区情况示意表　　表E5-2

分区		面积（hm^2）
自然保护地	一般控制区	192.56
自然保护地外的生态红线区		17317.49
合计		17510.05

注：通过整理晋中市太谷区生态保护红线分区项目中生态保护区域面积所得。

借鉴案例：甘肃省陇南市生态保护红线划定分析

陇南市生态保护红线面积为9656.61km^2，占全市总面积的34.69%，共涉及“两江一水”流域生物多样性—水土保持和西秦岭落叶阔叶林水源涵养—生物多样性维护，其中西秦岭落叶阔叶林水源涵养生态保护红线涉及陇南市康县、成县、徽县、两当县、西和县、礼县六县，“两江一水”流域生物多样性—水土保持生态保护红线涉及武都区、文县、宕昌县（图E5-3）。

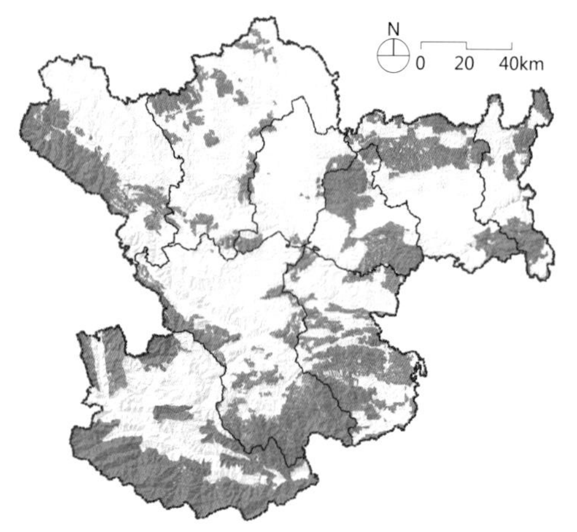

图E5-3　陇南市生态保护红线规划图

基础数据处理

生态保护红线评估调整统一采用2000国家大地坐标系，坐标系不同的要统一转换，不同数据存在空间冲突时，以第三次全国国土调查阶段成果、遥感影像、最新年度变更调查数据进行核实，确保基础数据真实可靠；对现有红线成果进行数据拓扑检查，形成统一的工作底图。

矛盾图斑处理

调整规则：保留、调出、退出。

生态保护红线与永久基本农田发生重叠的图斑共计69740个，面积为9565.41hm^2，交叉重叠区域调出、保留或退出（图E5-4）。

生态保护红线与建制镇用地冲突图斑31个，面积约6.46hm^2，主要分布在文县和康县，交叉重叠区域调出（图E5-5）。

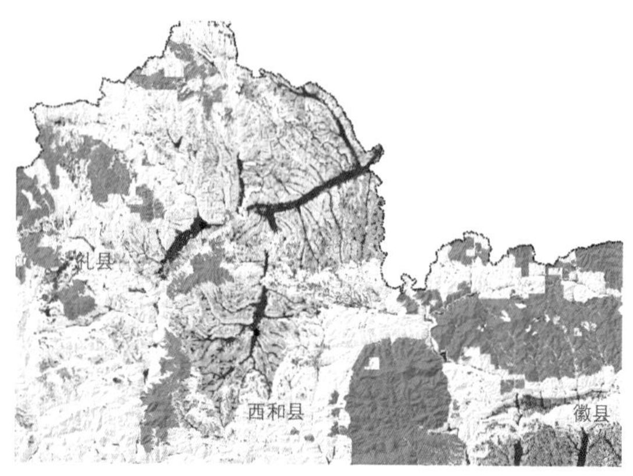

图E5-4　土地适宜性分析示意图

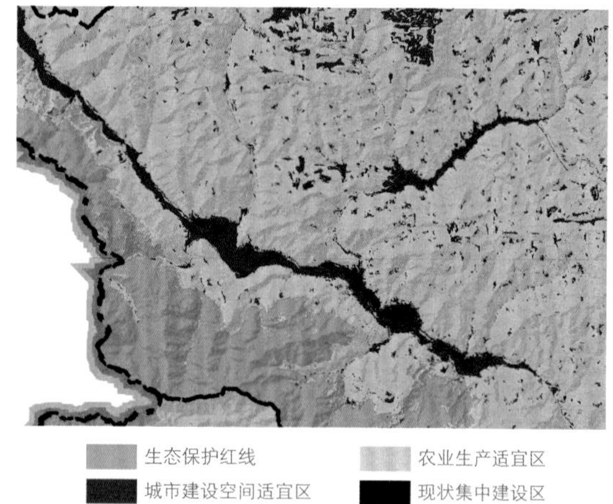

图E5-5　陇南市武都区城市建设适宜区分析示意图

生态保护红线与村庄用地冲突图斑11491个，面积约787.89hm^2，交叉重叠用地调出或保留。

生态保护红线与合法采矿权冲突图斑10177个，面积为43383.3hm^2，交叉重叠地区调出或退出。

补划

在通过边界调整后的生态保护红线基础上，确定生态保护极重要区（包括生态系统服务功能极重要区和生态极脆弱区）、各类保护区以及其他具有重要生态功能、潜在重要生态价值、有必要实施严格保护的区域，将其划入生态保护红线，保证生态系统完整性和生态廊道连通性。

生态保护红线边界确定

根据第三次国土调查、地理国情普查和自然保护地整合优化情况进行优化调整。

与自然边界的一致性：将生态保护红线与“三调”中湿地、林地、草地（天然牧草地）、水域及水利设施用地（河流水面、湖泊水面、水库水面）等地类图斑边界进行匹配分析，说明生态保护红线边界是否沿林地等生态用地边界划定，是否按河道、湖泊、水库走势划定。

与行政边界的一致性：将生态红线与“三调”中行政区边界套合，分析陇南市生态保护红线是否与相邻省、市（州）在行政边界上衔接良好，没有矛盾冲突。

与各类保护区的一致性：衔接最新自然保护区调整优化最新成果，将生态保护红线与收集的各类可明确边界的自然保护地进行匹配分析。

E5-1-3
提升一般生态空间

生态保护红线以外的地区划为一般生态空间。原则上按限制开发区域的要求进行管理，严格限制建设占用等不可逆性变化，在不妨害现有生态功能的前提下，允许适度的国土开发、资源和景观利用。鼓励优质生态产品转化，推动生态产业化和产业生态化发展。

E5-2 ※
项目准入精细管控

对“生态保护红线——一般生态空间”实行正负面清单管理制度；根据自然生态系统保护级别和人类生产、生活活动影响程度，提出分级管制和建设活动管控要求，建立实施保障机制（表E5-3）。

分区管控要求推荐表　　表E5-3

分区	具体管控要求
生态保护红线	生态保护红线划定后，相关规划要符合生态保护红线空间管控要求
	生态保护红线划定后，原则上面积范围只能增加、不能减少，因国家重大基础设施、重大民生保障项目建设等需要调整的，由省级政府组织论证，提出调整方案，经有关部门提出审核意见后，报国务院批准
	自然保护地核心保护区原则上禁止人为活动，其他区域严格禁止开发性、生产性建设活动，在符合现行法律法规前提下，除国家重大战略项目外，仅允许对生态功能不造成破坏的有限人为活动，主要包括：零星的原住居民在不扩大现有建设用地和耕地规模前提下，修缮生产、生活设施，保留生活必需的少量种植、放牧、捕捞、养殖；因国家重大能源资源安全需要开展的战略性能源资源勘察，公益性自然资源调查和地质勘察；自然资源、生态环境监测和执法包括水文水资源监测及涉水违法事件的查处等，灾害防治和应急抢险活动；经依法批准进行的非破坏性科学研究观测、标本采集；经依法批准的考古调查发掘和文物保护活动；不破坏生态功能的适度参观旅游和相关的必要公共设施建设；必须且无法避让、符合县级以上国土空间规划的线性基础设施建设、防洪和供水设施建设与运行维护；重要生态修复工程
	严格落实海洋生态保护红线的管控要求，依法管理填海、围海、海岸线利用活动，保护自然岸线，整治修复受损岸线
一般生态空间	划定适当区域开展生态教育、自然体验、生态旅游等活动，构建高品质、多样化的生态产品体系
	扶持和规范原住居民从事环境友好型经营活动，支持和传承传统文化及人地和谐的生态产业模式
	推行参与式社区管理，按照生态保护需求设立生态管护岗位并优先安排原住居民，建立志愿者服务体系，健全自然保护地社会捐赠制度，激励企业、社会组织和个人参与自然保护地生态保护、建设与发展

来源：《自然生态空间用途管制办法（试行）》

E5-2-1
空间管控总体要求

基于自然，适应性管理

遵循地形地貌、气候特征，充分尊重本地特色，维持本地生态系统功能特征，突出自然生态系统完整性保护、生物多样性可持续管理和生态修复行动，加强适应性管理评估，应对基础设施建设和社会生产活动风险。

从严管控用途转换

以林地、草地、湿地和水域等生态用途为主，严格控制城乡建设用地、矿产开发用地与农用地无序侵占；生态红线内禁止生态空间违法违规转为城乡建设用途；控制城镇开发边界，鼓励向有利于提升生态综合功能的方向转换。

重大项目建设依法开展环评

自然保护地等特殊生态保护区域内部符合国家战略和省市空间规划要求的重大建设项目，应依法开展环境影响评价并通过主管部门审查。

E5-2-2
精细化分区管控

实施精细化管控，生态保护红线原则上按禁止开发区域进行保护管理，一般生态空间原则上按限制开发区域进行管控。

借鉴案例：国家公园生态系统和自然文化遗产保护措施与建议——北京八达岭长城风景名胜区空间管控[5]

历代长城总长为21196.18km，八达岭长城区域总面积59.91km^2。

功能区划方法

根据保护对象的敏感度和资源特征，统筹考虑文化遗产与生态资源的保护利用程度、居民生产生活和社会发展的需要，统筹“生态”“文物”“人”等核心因子，赋予相应的权重，运用GIS数据模型叠加分析试点区保护对象影响因子，划定保护分区，制定保护利用以及管理措施（图E5-6、表E5-4）。

功能分区

在敏感区叠加分析研究基础上，将长城风景名胜区划分为严格保护区、生态保育区、游憩展示区和传统利用区以及“外围保护地带”，共五个区域，其中“外围保护地带”处于试点区范围以外（表E5-5）。

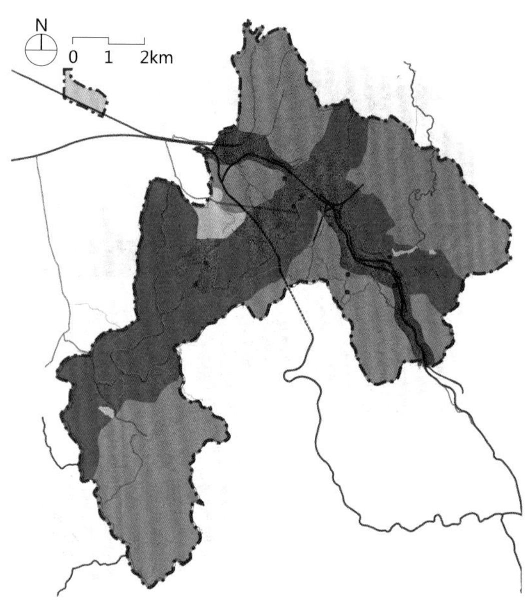

图E5-6 北京八达岭长城功能分区示意图

北京八达岭长城分区人为活动管理政策一览表 表E5-4

活动类型		严格保护区	生态保育区	游憩展示区	传统利用区
管理活动	标桩立界	应该	建议	应该	应该
	资源监测	应该	应该	应该	应该
	灾害防治	应该	应该	应该	应该
	植被恢复	特定条件	应该	应该	应该
	引进物种	禁止	禁止	禁止	禁止
	解说咨询	不适用	不适用	应该	允许
	维护治安	不适用	允许	应该	应该
	急救	不适用	允许	应该	建议
	收取门票税费	不适用	不适用	允许	不适用
	社区教育、管理	不适用	不适用	不适用	必须
科研活动	科教摄影、摄像	允许	允许	允许	允许
	观测	特定条件	允许	允许	允许
	采集标本	特定条件	允许	允许	允许
	科学实验	特定条件	允许	允许	允许

续表

活动类型		严格保护区	生态保育区	游憩展示区	传统利用区
游憩活动	摄影、摄像	禁止	允许	应该	应该
	按指定路线游览	允许	应该	应该	允许
	机动车观光	禁止	禁止	允许	允许
	探险登山	禁止	禁止	允许	允许
	民俗节庆	禁止	禁止	允许	允许
	劳作体验	禁止	禁止	禁止	禁止
	蹦极、攀岩	禁止	禁止	禁止	特定条件
社会经济活动	建屋	禁止	特定条件	特定条件	特定条件
	修路	禁止	特定条件	特定条件	特定条件
	建微波站	禁止	禁止	禁止	禁止
	旅游商业服务	禁止	禁止	应该	允许
	种植	禁止	禁止	禁止	允许
	采集	禁止	不适用	特定条件	允许
	伐木	禁止	禁止	禁止	允许
	开山采石	禁止	禁止	禁止	禁止
	采矿挖沙	禁止	禁止	禁止	禁止

注：通过整理北京八达岭长城风景名胜区空间管控项目中分区管控研究成果所得。

严格保护区：该区域核心资源集中分布，生态环境较好，面积36.80km^2，占试点区总面积的61.4%；该区域以强化长城体系和典型生态群落保护为主，原则上除允许一定程度的资源管理、特殊科学研究活动外，禁止其他任何形式的人类活动和设施建设。

生态保育区：该区域生态环境较为脆弱，局部区域植被覆盖率较低，面积13.19km^2，占总面积的22%；该区域以保护和修复自然生态系统为主，实施必要的人工干预措施，提高区域生态系统服务功能，除允许一定程度的资源管理、特殊科学研究活动外，可以适当开展符合要求的人类活动。

游憩展示区：该区域是集中展示长城文化、京张铁路文化以及关沟古道文化的区域，面积8.42km^2，占试点区总面积的14.1%；该区域主要承担试点区内教育、展示、游憩等功能。

传统利用区：该区域包括规划保留的村庄及试点区管理机构区域，面积1.5km^2，占试点区总面积的2.5%；该区域主要任务是创新社区发展模式，协调社区与长城文化遗产保护和周边生态保护的关系，促进试点区与社区发展互动双赢。

外围保护地带：基于对生态系统的完整性、文物完整性和原真性、周边风貌协调性的进一步保护以及游憩服务设施的合理布局，在试点区外划定外围保

北京八达岭长城分区管控措施一览表 **表E5-5**

分区名称	子目标	管理措施
严格保护区	保护试点区内重要生境、生态系统和物种不受干扰	建立长城记录档案和数据库
	维护试点区生态的稳定性和自然演化	严格保持其原形制、原结构，保证长城结构安全
	维护试点区自然、文化的多样性	加强退耕还林，封山育林，严格保护森林植被，绝对禁止采石、取土、伐木等活动
	维护并提高试点区环境和景观质量	在严格保护长城周边原生植被和人工林资源的同时，进行森林景观恢复，必要地段开展林种结构调整和树种替换，营造地方彩叶树种，提高长城两侧植被的景观价值
	对试点区价值造成影响的因素和影响本身进行控制和管理	本区内只准进行资源修复和保护、必要的步行游览道路和必要的安全防护设施外，严格禁止任何建筑和地上附属建筑物的建设
	修复已经退化或正在退化的资源	严格按照环境容量控制游客数量
	疏解非主体功能，严格控制游客规模和各类建设规模	逐步拆除与试点区主体功能无关的设施，一时难以拆除的，须制定拆除计划和年限

续表

分区名称	子目标	管理措施
生态保育区	维护试点区自然、文化的多样性	在保护生态系统的基础上保护地质结构和地貌景观，禁止地质地貌破坏活动，全面排查可能发生崩塌的地质灾害点，禁止在非定点区域进行科研性捶拓或采集生物标本
	维护并提高试点区环境和景观质量	科学处理长城墙体已有植被，控制新的植被实体对墙体的侵入
	对试点区价值造成影响的因素和影响本身进行控制和管理	实行退耕还林，提高植被覆盖率；无林地段应积极恢复，绝对禁止采石、取土、伐木
	修复已经退化或正在退化的资源	严格控制游憩展示的区域和游客规模，以及必要的游赏步道和相关设施
	疏解非主体功能，严格控制游客规模和各类建设规模	对于该区域内未对游客开放的区域，只可以进行科学研究
科教游憩区	维护试点区自然、文化的多样性	对已经修复的长城，在满足文物的要求下，严格控制游人量，适度开展游憩利用
	维护并提高试点区环境和景观质量	通过多种渠道帮助公众认识和理解自然与人文价值资源，发挥游憩对公众的教育功能，提高公众对公园价值的认同感
	对试点区价值造成影响的因素和影响本身进行控制与管理	深度挖掘除了长城以外的其他文化资源的价值，构建长城、关沟、京张铁路三个游赏体系
	保护试点区的其他重要价值，尽量减少重要自然、文化价值的流失	严格控制游客量，逐步实施门票预约制度；加强游客管理
	运用与试点区自然、文化价值保护相符的方式使人们更好地享受风景资源价值	严格控制设施的建设规模、体量、色彩和风格，与周边环境相协调
	满足游客的合理需求，提高游客体验度	远期拆除索道
	应减少游客活动对试点区社会、文化、经济和生态的负面影响	逐步迁出岔西居民，拆除岔道西紧邻岔道古城的居民建筑，原古教场移至此，结合古教场修建长城戍边文化主题文化广场
	—	保持古城传统格局
传统利用区	在不损害资源及价值的前提下，为社区建设与环境相容的基础设施、公共服务设施	严格控制石峡村和石佛寺村的人口规模、建设规模、高度和风貌，拆除或改造与长城风貌不统一的元素或建筑
	帮助社区发展与环境和谐的生活方式	严格控制村庄规模，进行与试点区总体目标相一致的产业引导
	正确处理资源利用过程中社区内外部的各种关系	本区禁止使用农药、化肥，加强对社区生活污水、垃圾和能源的综合治理，维护良好的生态环境质量。生活垃圾无害化处理率达到100%，生活污水处理农户全覆盖
	保持社区和谐稳定，促进社区社会、经济和文化协调发展	运用多种方式展示风景名胜区，促进社区了解、认可、支持风景资源保护
	提高社区对公园和自身价值的认识	—

注：通过整理北京八达岭长城风景名胜区空间管控项目中分区管控措施研究成果所得。

护地带；从文物的原真性角度，八达岭地区的京畿长城防御体系分为五重，从北至南沿关沟一线依次为岔道城、八达岭、上关城、居庸关、南口，远期试点区应扩大范围，覆盖至南口段长城，以保证京畿长城五重防御体系的完整；从游览服务设施布局角度，关沟一线空间局促、文物集中、生态系统相对脆弱，不适宜大量游览服务设施的建设；但八达岭镇紧邻试点区，相对空间开阔、建设条件良好、基础设施完善且远离文化遗产保护范围，可作为试点区的服务基地、集散基地，也可作为试点区与城市的缓冲地带，对文物、生态、风貌等因素进行更加严格的控制和保护。

分区管控

功能分区是一种整体性资源保护和利用的管理工具，每一个具体分区规定了资源保护对象、适宜的人为活动、基础设施建设要求和标准等严格的空间管理措施，在这个管理框架下确保资源利用对资源保护的影响控制在一个相互适宜、相互平衡的可以接受的范围。

细化管理小区管控措施

在功能分区的基础上，根据现状资源的情况和对资源的分类与分级结果，从保护和利用两个方面构建系统保护机制。统筹协调试点区内人文资源和自然资源的关系，将保护、科研、展示、游憩利用以及社区协调等方面的功能落实到空间。在四个管理分区的基础上，划分16个管理小区，明确规定每个小区的管控措施。

E5-2-3 项目准入评估

各类准入项目应以保护生态空间体系和环境为前提，并以促成充分发挥生态服务功能为主要目标，应以不损害当地自然环境（特别是珍稀野生动植物、自然地形地貌等）、自然景观和自然活动规律，并不与地方特色相冲突为前提；准入项目必须通过严格的审查程序把关和控制政策引导，在项目进行可行性研究的基础上必须进行环境影响评估及规划选址论证；各类准入项目应遵循少量、小型的原则，禁止集中成片占用生态空间用地。

E5-2-4 项目准入类别

依法制定生态空间准入条件，明确允许、限制、禁止的产业和项目类型清单，并予以公示；鼓励按照国土空间规划在生态空间内开展维护、修复和提升生态功能等活动。

修缮生产、生活设施

小规模的原住居民，在不扩大耕地规模和建设用地面积的前提下，可开展适当的修缮生产、生活设施活动，保留生活必需的少量种植、放牧、捕捞、养殖。

自然资源调查和地质勘察

指因落实国家战略、实现国家重大能源资源安全，所开展的战略性能源资源勘察、公益性自然资源调查和地质勘察。

防灾避险活动

在不损坏生态功能的前提下，可进行自然资源、生态环境监测和执法，包括水文水资源监测及涉水违法事件的查处等。按要求进行灾害防治和应急抢险活动。

科学研究活动

指可进行经依法批准的非破坏性科学研究观测、标本采集，经依法批准的考古调查发掘和文物保护活动。

适度旅游建设活动

指不破坏生态功能的适度参观旅游和相关的必要公共设施建设。

重要市政设施建设

指必须且无法避让、符合市级以上国土空间规划的线性基础设施建设、防洪和供水设施建设与运行维护。

重要生态修复工程

指对生态空间开展的重要生态评估、生态修复工程，提升其重要生态功能。

E5-3 生态保护修复治理

按照生态系统的内在演替规律，对造成生态环境退化和生物多样性丧失的干扰威胁进行持续调查、监测、评估、规划和调控，根据不同的空间尺度，采取自然恢复、工程修复、生态重建等手段，增强生态系统恢复能力、更新能力和服务能力，支持社会可持续发展。

E5-3-1 基于自然的生态修复

推广基于自然的解决方案，遵循自然生态系统演替规律和内在机理，自然修复为主，人工修复为辅；

开展自然生态本底基线调查，评估生态系统退化程度，诊断生态系统变化的影响因素和修复难点，判断既有修复工程的成效和风险；根据生态系统受损程度和恢复能力选择保育抚育保护、控制胁迫因子、适度工程修复、恢复植被生境等修复措施，增强生态系统稳定性[6]。

E5-3-2 实现“面积-功能”双提升

增加生态空间面积

实施山水林田湖草生态保护修复工程，扩大森林、湖泊、湿地面积，通过植树造林、造草提高植被覆盖率；构建生态廊道，加强生物多样性和物种资源保护；注重自然生态系统的完整性、连通性和多样性，加强整体保护和格局塑造，提升生态系统的整体价值。

提升生态功能

从水源涵养、水土保持、生物多样性维护、防风固沙等方面识别生态系统服务问题并进行保护修复；加快退耕还湿；加强水生生物保护，开展重要水域增殖放流活动；加强水土保持，因地制宜推进小流域综合治理；维护生态空间单元完整性和自然生态系统原真性，实施整体保护、系统修复、综合治理；依托现有山水脉络，扩大生态空间，打通生态廊道，构建生态网络，增强空间连通性，提高国土空间韧性；以区域生物多样性保护为重要目标，优先选择适宜本地生态系统属性特征和物种栖息地的修复技术，严禁引入有生态风险的外来物种；对于自然保护地核心保护区，加强封育保护、病虫害防治、防火防灾等，尽量减少人为扰动和空间破碎化。

E5-3-3 实施全过程生态修复

收集整理相关资料，剖析区域生态系统保护利用关键问题，根据生态系统保护单元和生态修复场地不同空间尺度需求，拟定山水工程生态修复策略，确立生态修复专项规划方案和具体工程措施，实现调查评估-问题剖析-目标分解-任务落实-工程设计-保障措施全过程、全周期、全链条统筹协同。

E5-3-4 依受损程度开展生态修复

保护保育

对于保存现状较好的生态系统和栖息地，采取建立自然保护地、消除胁迫因素、建设生态廊道、识别生物多样性关键区等途径，保护生态系统完整性，提高生态质量，强化生态功能，保护生物多样性，维护原住居民文化与传统生活习惯。

自然恢复

对于轻度受损、恢复力强的生态系统，主要采取控制胁迫因子的方式进行生态修复，包括禁止不当放牧和过度捕捞、切断污染源、封山育林等，加强保护措施，促进生态系统自然恢复。

辅助再生

对于中度受损的生态系统，结合自然恢复，在消除胁迫因子的基础上，采取改善物理环境，参照本地生态系统引入适宜物种，移除导致生态系统退化的物种等中小强度的人工辅助措施，引导和促进生态系统逐步恢复。

生态重建

对于严重受损的生态系统，在消除胁迫因子的基础上，以人工措施为主，通过生物、物理、化学、生态或工程技术方法，围绕安全隐患防治、地形地貌重塑、土壤重构、植被恢复、群落构建、生境重构、生物多样性重组等方面开展生态重建，恢复生态系统及其服务功能。

借鉴案例：山西省运城市盐湖区域国土空间总体规划——生态修复

按照山水林田湖草生命共同体理念和国土生态化要求，运城市盐湖区域实施国土综合整治和生态系统修复，结合盐湖区域旅游发展的定位要求，重点整治沿线的城乡风貌，提升国土空间品质和资产价值。

生态修复分区

结合全域规划分区，生态修复共划定三大重点整治修复分区，即南部山体丘陵生态修复区、中部盐湖及淡水池生态修复区和环盐湖国土整治区；南部山地丘陵生态修复区主体位于国土空间总体规划分区的生态控制区，该修复区内可进一步划分两个次级分区，即中条山海拔 400～800m的浅山界面修复区和浅山界面修复外400m 缓冲区（边坡缓冲管控区）（图E5-7）。

分区生态修复措施

南部山地丘陵生态修复区强调以保留原貌、强化生态保育和生态建设、限制开发建设等措施为主，采取山体保护、破损面修复等措施；浅山界面修复区实施受损山体修复，采取山体保护、破损面修复等措施，对山体地形地貌及其森林植被资源进行全面的保护与管控，逐步恢复山体生态功能，综合提升城市山体环境品质；边坡缓冲管控区，加强生态建设管控，加强森林生态系统修复，减少人为干扰，严格控制已建设景区的开发强度及风貌，适度增加森林密度，保护生物资源。

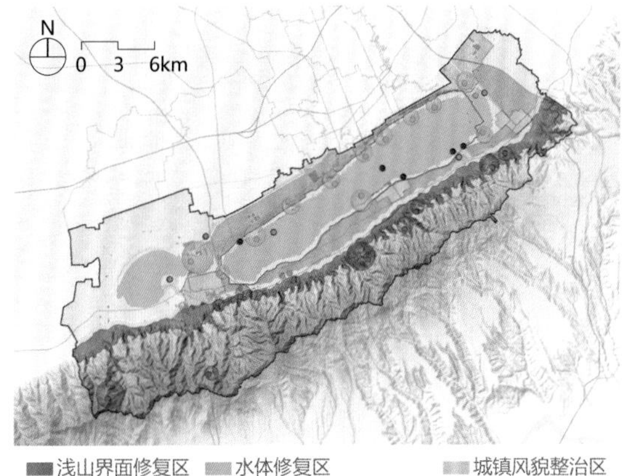

图E5-7 运城市盐湖区域生态修复分区示意图

E5-3-5 分类实施工程修复

山体修复

根据山体破坏程度、地质结构稳定性和生物资源保护、景观美学需求等，确定退建还山、创面修复和荒山绿化措施；利用景观生态工程，修复山体采石坑、废石堆、不稳定边坡；尽量保留山体原有植被，恢复乡土植被群落。

河湖生态系统修复

调查评价识别河湖生态主要胁迫因子，确定河湖生态修复重点工程和污染防治、氮磷控制及生态补水治理措施；加强河湖自然岸线保护修复，优化堤防布置；保护修复河滩、湖滨带植被及大型水库消落带生态系统；在河滩构建宽度适宜的植被缓冲带，因地制宜地采取乔、灌、草相结合的植被群落结构；在湖滨带和洲滩湿地优先选择净化能力强的水生植物；加强河源区水土保持、植被封育、退牧还草等生态治理；加强对河口区有重要生物保护价值的滩涂、河滩和故道保护；加强点源污染和面源污染防治，控制污染物入河量；重点保护濒危鱼类产卵场、索饵场、越冬场及洄游通道等关键动物生境。

森林生态系统修复

依据退化程度不同，对退化森林生态系统进行修复；郁闭度0.2以上的乔木林、盖度20%以上的灌木林等退化程度较轻的，通过封山育林自然恢复，根据实际情况设计全封、半封、轮封方式和封育年限；郁闭度0.2以下的疏林、盖度20%以下的灌木林等中度退化的，采取人工措施抚育更新、封育补植补播、定向调控管理；退化严重的，尤其自然植被严重破坏或林下土壤条件发生根本转变的，采取人工造林、土壤修复、逐步恢复动物及微生物群落进行生态重建。

借鉴案例：河北省张家口市植被修复

张家口市地处河北省西北部，市区距首都北京仅180km，总面积3.68万km^2；张家口属于温带大陆性季风气候，四季分明，年平均气温为5～6℃，无霜期为100～120天，年均降雨量400mm，80%集中在7～8月；张家口市水资源严重不足，多年人均水资源占有量489m^3；植被区划属于暖温带落叶阔叶林向温带草原过渡区域，自然原生植被长期受各种人类活动的影响和破坏，几乎荡然无存。

近自然植物群落构建技术

针对受损的生态廊道空间，结合张家口地区气候特点和自然环境条件，遴选出适合本区域特征兼顾坝上高寒区域特点的近自然植物群落构建生态修复技术；应用“模拟自然”的手法，基于场地调查，选择抗逆性强的植被类型开展修复；植物配置从内到外高度递减，依次以草-花-篱-灌木-乔木组合，种植模式采用针阔混交、常绿落叶乔灌混交等方式，营造在种类组成和群落结构上与区域顶级群落接近的人工群落，恢复森林生态系统（图E5-8）。

图E5-8 近自然植物群落构建技术做法示意图

草地生态修复

退化草地生态恢复的目标集中于两种功能，即生态功能和生产功能；生态修复主要以生物多样性保护、提高植被覆盖度和密度、优化植物群落结构等为目标，恢复草地生产功能；采用无毒防治药剂，或者物理、生物防治方法加强草原鼠害防治；因地制宜地采取不同治理措施治理“黑土滩”型退化草地，与草原封育、鼠害防治等配套措施相结合，推进草地综合治理。

海岸带修复

严格限制海洋保护区内干扰保护对象的用海活动；强化以沿海红树林、珊瑚礁、海草床、滩涂湿地等为主体的沿海生态带建设；依法禁止在重点海湾生态保护红线区域实施围填海作业；严格控制开发利用海岸线；加强各类污染源控制，减少污染量，削减入海河流污染负荷；严格执行近海养殖环境标准；整治修复脆弱岸线和受损岸线，恢复自然景观；加强红树林保护与恢复。

注 释

❶参见《资源环境承载能力和国土空间开发适宜性评价技术指南（试行）》

❷ANDREW J A，ALEXANDER M A，BRADLEY S F，et al.. Comparing and synthesizing quantitative distribution models and qualitative vulnerability assessments to project marine species distributions under climate change[J]. Plos One，2020，15（4）：1-28.

❸参见《自然资源部办公厅 国家林业和草原局办公室关于自然保护地整合优化有关事项的通知》（自然资办发［2020］42号）

❹张同升，孙艳芝．自然保护地优化整合对风景名胜区的影响［J］．中国国土资源经济，2019，32（10）：8-19.

❺王磐岩，张同升，李俊生，等．中国国家公园生态系统和自然文化遗产保护措施研究［M］．北京：中国环境科学出版社，2018.

❻管英杰，刘俊国，崔文惠，等．中国生态修复研究进展态势分析［J］．生态学报，2022（12）：1-11.

0
20

V

V1-V4

绿色乡村空间规划技术指引

VILLAGE PLAN

V

绿色乡村空间

规划技术指引

V1	**全域乡村**	
V1-1	优先保障生态空间	※
V1-2	优化构建产业格局	※
V1-3	系统完善公服设施	
V1-4	城乡一体基础设施	
V1-5	有效制定管控措施	※
V2	**人居环境**	
V2-1	系统识别建设重点	※
V2-2	严格管控土地用途	※
V2-3	分级分类配置公服	
V2-4	完善村庄基础设施	
V3	**乡土特色**	
V3-1	塑造乡村空间形态	※
V3-2	引导乡土景观风貌	※
V3-3	保护乡土文化遗产	
V4	**指标体系**	
V4-1	合理构建指标体系	
V4-2	有效传导绿色指标	※

注：标注星号的为体现绿色理念的规划技术，不带星号的为传统规划技术。

理念及框架

目标任务

2018年发布的《中共中央 国务院关于实施乡村振兴战略的意见》以及2021年通过的《中华人民共和国乡村振兴促进法》将党中央关于乡村振兴的重大决策部署，包括乡村振兴的任务、目标、要求和原则等转化为法律，确保乡村振兴的战略部署得到落实。乡村空间是具有自然、社会、经济特征的地域综合体，兼具生产、生活、生态、文化等多重功能[1]。乡村振兴战略提出要强化绿色生态导向，以绿色发展引领乡村振兴。因此，乡村既是落实乡村振兴战略的实体空间，也是全面落实绿色建设理念的重要载体。

本章节以国土空间规划改革背景下的乡村空间规划建设为主线，从县（乡镇）域规划管控，到村域建设，再到实施层面的建设运营，为乡村规划师、建筑师提供绿色宜居村庄规划的相关技术措施和实施策略，以期逐步构建更加绿色、集约、高效的乡村空间。

基本理念

乡村空间的规划要自始至终贯彻绿色、集约、高效等规划设计理念，按全体系、全生命周期实现绿色化。在满足村庄风貌美化基础上，尽量降低建设、行政及管控成本，立足村庄特点及现有基础开展乡村建设，不盲目拆旧村、建新村，不超越发展阶段搞大融资、大开发、大建设，避免无效投入造成浪费[2]。

为完善绿色乡村空间规划体系，本章节突出体现以下三个方面的特点：

1. 全流程。研究贯穿了规划、管理、建设、运营的全流程，实现“多规合一”和全域全要素管控，保障全流程绿色低碳化乡村规划管控。

2. 本土化。贯彻因地制宜的绿色规划思路，采用本土化技术措施解决问题，减少运维成本和反复拆建过程，实现运维管控绿色化和村庄风貌本土化。

3. 易实施、可操作、能推广。着眼于村庄实际，提出多方协同建设模式，实现建设成本减量化。大幅提升村民自主建设积极性，既有效引导政府投入，又提高村民满足感。

技术框架

本章节按照全综规划、协同乡建、“底线”空间的原则，构建包括全域乡村、人居环境、乡土特色以及指标体系的完整技术框架。

乡村全域空间统筹是围绕县域或乡镇域层面，体现国土空间规划背景下的“多规合一”和宏观引导思路，从全域视角对绿色生态环境管控、产业格局高效集约、乡村设施均等完善以及空间管控清晰有效开展研究，是从乡村绿色发展角度对县市（乡镇）国土空间总体规划体系的补充和完善。

村庄人居环境建设主要是细化村级层面的规划引导，落实以绿色发展引领乡村振兴的战略要求。从土地利用、用地布局、设施配置等方面对绿色宜居村庄人居环境规划技术要点进行梳理和提炼，以期循序渐进地改善农村生产生活条件，打造更加绿色、集约的人居环境。

乡土特色保护传承是实现乡村绿色发展的重要环节，“以土为本，守护田园，留下乡愁”既是广大乡村建设的底线，也是继往开来塑造绿色创新乡村空间的基本要求。以下主要从乡村空间形态塑造、乡土景观风貌引导、乡土文化遗产保护提出相应规划措施。

绿色乡村指标体系是绿色宜居村庄规划目标任务分解、落实以及规划实施效果评价的重要度量工具。以下主要从资源保护、绿色生产、人居整治、生活品质、乡土特色和治理实施六个方面提出相应规划指标（图V）。

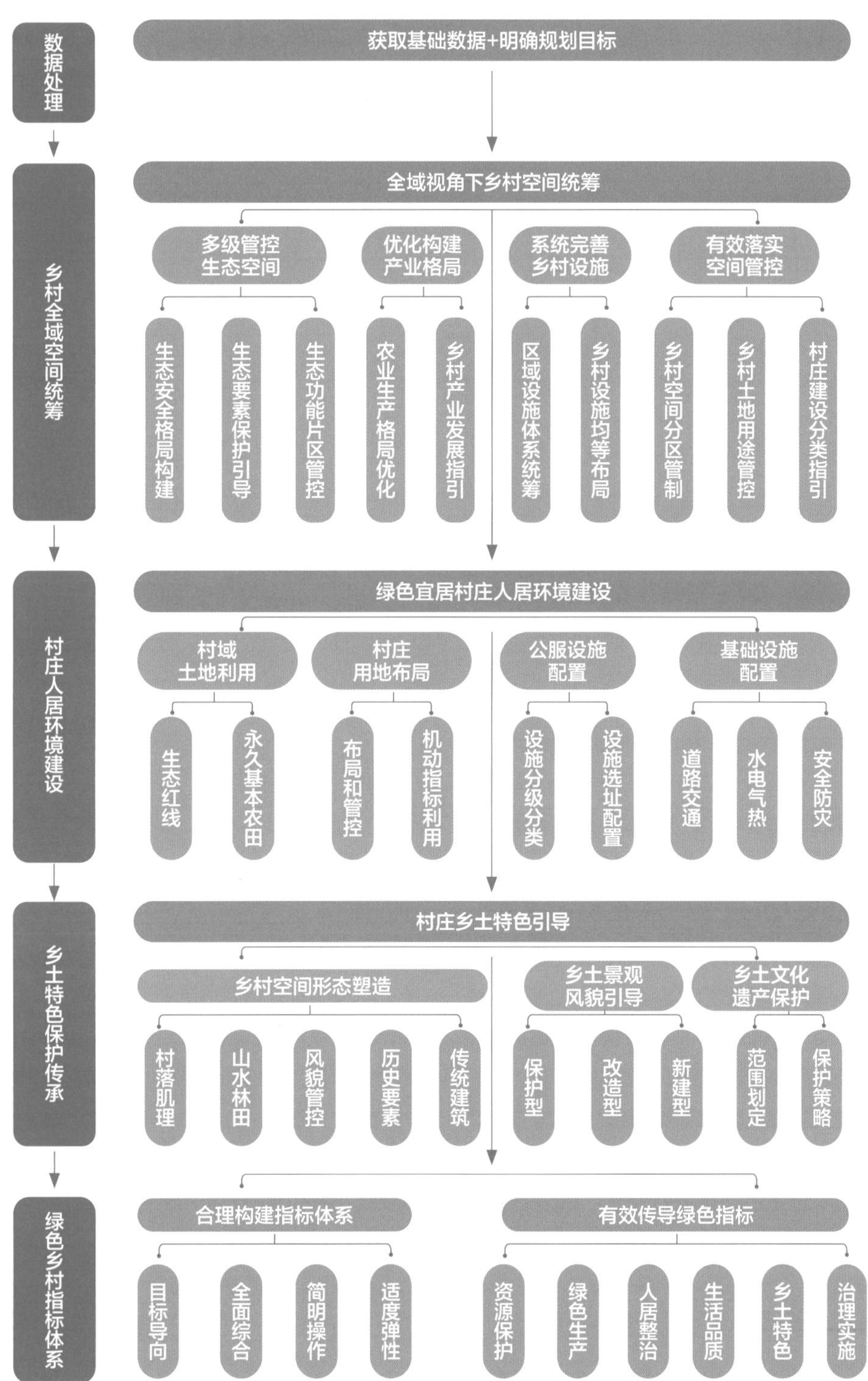

图V　绿色乡村空间规划技术框图

V1 全域乡村

V1–1 优先保障生态空间

在县（乡镇）域国土空间规划中制定宏观至微观的三层级全域生态环境管控体系：构建乡村空间生态安全格局；针对各类生态要素制定具体措施进行保护与引导；划定生态功能片区并通过管控细则对建设行为实行严格管控。充分发挥广大农村地区作为城市生态屏障的功能，落实乡村空间绿色发展理念。

V1–1–1 全域构建乡村生态安全格局

延续上位规划生态安全布局，锚固乡村自然生态系统

以上位规划所明确的生态保护红线和生态修复工程布局为基础，明确生态控制区内的重点管控地区和项目布局。以保护自然资源和维护生态安全为前提，以资源环境承载力为基础，根据自然生态和生物系统的特点，综合考虑生态要素中水文、地质、生物、通风、人文等安全格局因素，布局乡镇域生态基础设施，建立乡镇域层面的综合生态安全格局。

对于上位规划保留的生态绿地，需要进一步做好涉及部分与整体格局的连通性和系统性，研究制定绿色空间的规划实施策略，探索低效建设用地的更新机制，对生态绿地登记造册，探索多类型、多主体的绿色空间实施机制。

确定重要生态廊道体系和生态功能分区

以自然保护地和重要山体林地、河流水系、滩涂湿地、海域海岛、海岸线等为重点，发挥农田生态基质功能，构造生态屏障、生态廊道和生态系统有机统一的生态安全格局。

对一些生态敏感性较高、生态安全级别较高的区域，划定重要的生态廊道体系，重点引导建设郊野公园、生态森林、河湖湿地公园等生态基础设施，将其作为构建生态安全格局的重点对象加强管控（图V1–1）。

按照非建设用地承担的生态涵养、农业生产或休闲游憩的主导功能，确定功能相对统一的生态功能分区，明确生态功能分区的范围、类型、主导功能、管控要点，科学划定集中建设区外的生态型、农业型、休闲游憩型的功能片区。

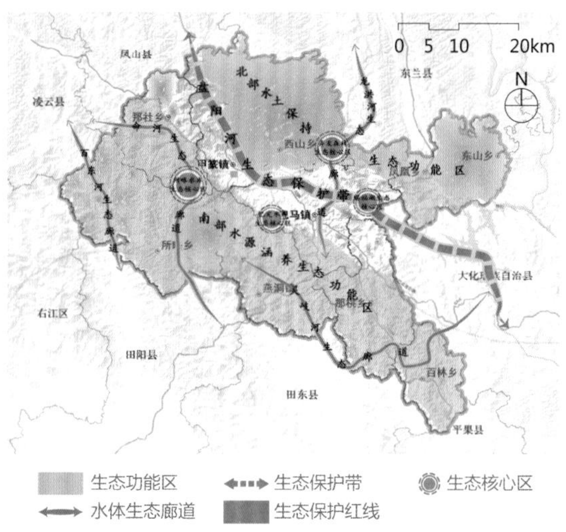

图V1–1 巴马瑶族自治县全域生态廊道划分示意图

V1–1–2 引导制定生态要素保护措施

统筹山水林田湖草等生态要素的规划管理，分类梳理生态要素的现状情况，协调各相关部门的资源要素管理边界，明确规划导向，提出规划要点，形成互为依托、良性循环的自然生态关系。按照自身自然要素特征，深化细化上位规划中的生态功能分区，进一步做好山体和水体要素的综合保护，对林地和农田提出空间布局引导（图V1–2）。

合理引导山体保护修复

结合地形、地貌进一步细化各类山体范围和面积，明确保护修复范围，落实相应管控要求。在山体本体范围及保护范围划定的基础上，科学有序推进植树造林和山体绿化，适度提高森林覆盖率，保护和重塑生物多样性，恢复自然生态活力。

严格保护水体湿地空间

严格落实地表水源保护区、地下水源涵养区、自然保护区等各级、各类水生态保护区。明确水源保护地以及河流的常水位线、水域管理线、蓝线和绿线的位置。结合农田布局合理规划农业灌溉水渠，结合城镇安全需求，合理规划蓄滞洪区，为雨水调蓄、行泄通道等设施预留规划空间，保护河湖湿地等水体空间。

落实林地生态保障措施

按照林地成网、经济林成片、重点生态公益林地与生态敏感区相结合的原则，保留现状林，依据生态安全格局，划定重点生态公益林地、一般林地斑块集中连片区，明确规模布局，提出树种引导要求。逐步实现生态要素从数量管控向布局优化、质量提升转变。

根据生态区位、生态脆弱性等研究生态公益林地保护等级和措施。落实需要腾退还绿的造林地块，对于尚未实现规划的林地，按照林地利用潜力和承载能力提出造林绿化的时序计划安排。

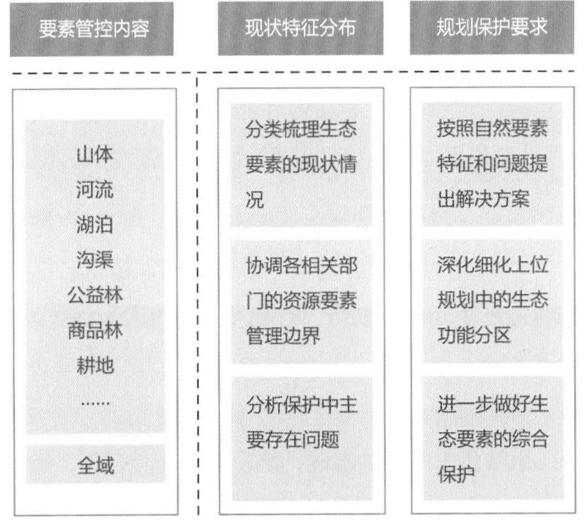

图V1-2　生态要素保护措施原则框图

V1-1-3
强化管控乡村生态功能片区

乡村空间生态功能片区一般位于全域集中建设区以外。应按照自然资源部“约束指标+分区准入”的管理要求，在全域用途分区基础上，对全域集中建设区以外空间，按照主导功能不同划分不同管理片区，并对片区提出具体管控要求，确定片区内刚性指标总量，对各类指标制定差异化准入政策与门槛。建议划分以空间较为连续的行政村为边界或采用多个行政村组合而成片区，重点要明确片区内采用的管控手段和方法[3]。非集中建设区里的生态功能片区可按具体功能划分为生态保护片区和休闲游憩片区。

生态保护片区

是指非集中建设区里按照生态保护要求应予以管理的片区。按照全域生态功能分区，要明确本区域内生态保护片区的范围、功能定位、人口规模、建设用地规模、建筑规模、生态保护红线范围、永久基本农田和永久基本农田储备区规模、林地规模、森林覆盖率。制定严格、精准的生态片区管控细则，制定生态片区引导图则，并在其中明确生态片区内的产业负面清单。

休闲游憩片区

是指非集中建设区里为周边城镇居民提供休闲游憩空间，或有条件开发旅游、度假等业态，又明显不可大规模建设的区域。结合生态景观，考虑游憩需要和旅游功能开发，要明确休闲游憩片区范围、功能定位、人口规模、建设用地规模、建筑规模、生态保护红线范围、永久基本农田和永久基本农田储备区规模、林地规模、森林覆盖率。明确休闲游憩片区中的建设行为管控细则，列举正负面清单，仅允许建设必需的公益性、服务性设施。

V1-2 ※
优化构建产业格局

以构建高效集约的农业产业格局为总目标，优先保障农业生产，分区分类指导农村一二三产融合发展。结合现状条件，顺应农业现代化发展趋势，因地制宜地合理确定适合本地种植特点的集约化农业生产格局；把握城镇化发展阶段特征，综合考虑水、环境、用地等约束条件，提出以高效能和绿色化、一二三产融合发展为目标的分区、分类指引。

V1-2-1 打造集约化的农业生产格局

严格落实耕地保护

按照高标准农田聚集的原则，摸清范围内耕地和永久基本农田分布、数量。将符合条件的优先保护类耕地划为永久基本农田，严格保护永久基本农田，确保面积不减少，土壤环境质量不下降。优先在永久基本农田上开展高标准农田建设，提高永久基本农田质量。划定永久基本农田储备用地，结合耕地保有量储备区，规划一般农用地。在空间上科学引导农业聚集，提高农业生产效率。

结合自身情况和产业定位，优化农业生产结构。与上位规划布局、交通市政基础设施规划等相协调，制定耕地和永久基本农田保护措施（图V1-3）。

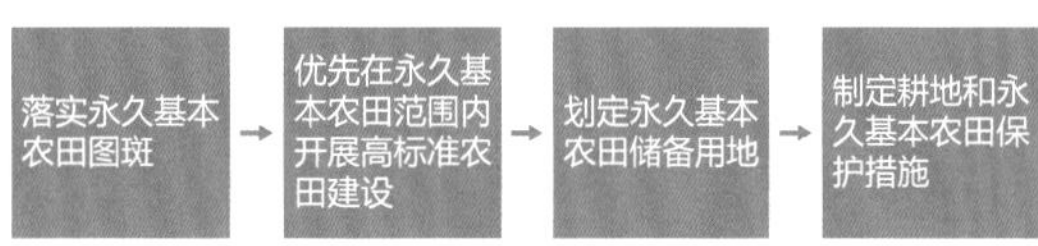

图V1-3 永久基本农田传导内容示意框图

明确农业空间范围

以“三调”土地变更结果为底图，开展补充调查研究，与城乡建设空间、生态保护空间进行校核，严格落实上位规划确定的耕地和永久基本农田保护任务。结合地形地貌、水土光热特征和农田水利设施条件，综合分析本地既有的永久基本农田保护区、粮食生产功能区和重要农产品生产保护区等农业空间的种植特点，因地制宜确定农业空间，明确农业空间范围，提出保障农业生产的基本要求。

划定专业生产区

落实和协调永久基本农田保护区、粮食生产功能区和重要农产品生产保护区、重要草原牧区、海洋养殖区等各类农业保护区及相应功能，并对各功能区予以具体管控和发展指引。

在保障几类基本功能区的用地指标和空间落位基础上，进行农业生产布局优化调整。在国土空间规划的背景下，乡村空间农业生产格局的优化需要构建更为综合、多角度及具有针对性的评价指标体系，结合演变趋势分析，因地制宜挖掘优势农业生产资源。同时，以农业资源承载力和环境容量为基础，结合农业产业空间，合理布局不同类型的专业化生产区，推进农业产业现代化（图V1-4）。

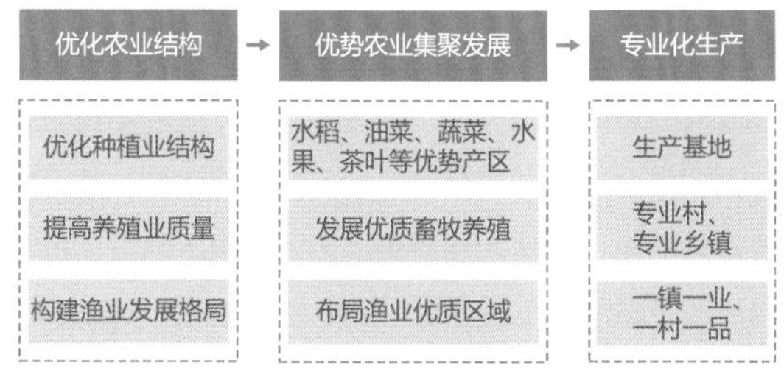

图V1-4 推进农业产业现代化内容示意框图

V1-2-2 高效能、绿色化目标下的乡村产业发展指引

分区指引

立足农业产业发展，对现有农业生产基础、全域产业发展趋势以及驱动因素进行研判，结合县域总体产业格局和主体功能区划分方案，将全域村庄产业发展划分为几类片区，实现乡村产业按片区进行统筹和协同发展。分区指引内容可包括分片区确定产业准入规则与正负面清单；提出各片区产业空间优化与整合提升的原则与措施；分析各片区乡村产业规模与结构存在问题，加强新产业、新业态引导，控制能耗和碳排放等。

牢固树立绿色发展原则，引导大力发展绿色低碳循环农业，推进农光互补立体农业、“光伏+设施农业”“海上风电+海洋牧场”等低碳农业模式，实现农业生产和光伏新能源“一地多用”，提高土地集约利用效率。

分类指引

以特色农产品为基础，结合各村区位条件、资源禀赋与历史文化，深层次挖掘乡村在生态涵养、休闲观光、文化体验、健康养老等多种功能潜力和附加价值。基于适用性、系统性、前瞻性以及定性和定量相结合的原则，构建乡村产业适宜性评价模型，从而进一步明确各村庄产业发展和一二三产融合发展方向。

为保障村民能够参与二三产业的利益分红，在产业发展片区的基础上提出每个村庄的发展模式及利益联结机制。各个村庄可按照发展情况对利益联结机制进行选择，一般包含股份合作、订单合同、服务协作、流转聘用、反租倒包等形式（表V1-1）。

乡村产业发展指引内容一览表　　表V1-1

产业发展指引	主要内容
分区指引	分片区确定产业准入规则与正负面清单
	提出各片区产业空间优化与整合提升的原则与措施
	分析各片区乡村产业规模与结构存在问题，加强新产业、新业态引导，控制能耗和碳排放等
分类指引	基于适用性、系统性、前瞻性以及定性和定量相结合的原则，构建乡村产业适宜性评价模型
	进一步明确各村庄一二三产业融合发展方向和措施

用地指标统筹

以乡镇为单元统筹安排村庄产业用地，明确农业设施用地等各类产业用地规模与布局，提出“农业+”和农村一二三产业融合发展的用地需求和规划指引。积极推进现代产业园、创新园、科技园和田园综合体等农业农村产业发展平台建设，提出现代产业园等各类农业农村产业发展平台布局原则、用地需求规模和规划指引。有必要时还需结合村庄资源禀赋、区位交通、发展机遇等因素进行产业业态与项目的策划。

积极争取相关土地政策以保障农村三产融合类项目的落地实施，如新增建设用地供给的政策保障、农业设施用地相关管理政策、促进供地方式的多元化和灵活性的相关管理政策等。

借鉴案例：广西壮族自治区巴马瑶族自治县盘阳河沿岸十个乡土特色村屯规划

巴马瑶族自治县于2017年开展了盘阳河沿岸十个乡土特色村屯规划。虽然是分散的村庄规划，但是在统一布局和谋划下，实现了在更高层面上将原来村屯分割零碎的农业生产空间通过旅游业予以整合。在“三调”成果基础上，构建起农业空间与旅游业相结合的布局结构。通过可持续的产业发展，为盘阳河沿岸乡村空间的复兴作出了良好示范（图V1-5）。

图V1-5　巴马瑶族自治县盘阳河沿岸乡土特色村屯分析图

V1-3

系统完善公服设施

全域乡村设施主要指县域或乡镇域范围内的公共服务设施统筹配置。具体实施路径包括以问题为导向，展开乡村设施统筹配置；以乡村振兴视角统筹县市域公共服务设施体系；围绕乡村生活圈体系，考虑采取差异化标准开展设施均等化布局。

V1-3-1

精准剖析乡村设施配置问题

各类设施的建设是绿色乡村空间规划中占比最大的部分。首先作好现状分析，除传统式的分析全域乡村公共服务设施的空间布局情况，统计现有乡村公共服务设施的数量、规模、分布及服务范围外，还结合居民点布局、本地特色以及实际的空心率、一户多宅等情况，真实统计服务设施覆盖率、利用率等关键指标。其次，分析设施配置水平，采用实地调研等手段，对全域乡村的医疗、文化、教育等公共服务设施的硬件和技术人员配置情况进行调研分析。第三，剖析存在问题，从规划管理层面以及规划配置标准的科学性层面入手，结合乡村空间实际条件，对设施配置政策及规划配置标准提出存在的问题。

另外，必须通过系统性思维把握其中的关键点。需要跳出具体村庄，从区域梳理起，分析并找出问题存在的根源，寻求所对应的更加绿色、更环保的解决手段。

V1-3-2
全域统筹乡村公共服务体系

相比传统的自上而下的县市域公共服务设施体系构建，乡村空间规划需要更加重视乡村地区公共服务设施空间布局、配置标准等方面的合理性，在全域范围内对公共服务设施体系进行统筹布局。以县（镇）域为单位编制村庄公共基础设施管护责任清单。

首先，结合村庄迁并的情况进行空间布局调整。在乡村空间体系构建过程中，一般会涉及一定的村庄迁并调整。在保障和提供基本均等化的社会公共服务水平的目标和前提下，结合县市域各城镇和乡村的自然条件、经济和社会发展状况、城镇化趋势以及设施供给需求条件的差异，适当考虑公共服务设施配置的规模效应，合理划分县市域公共服务设施层级配置体系。规划中应对搬迁撤并类村庄保留基本的公共服务设施供给，优先集中改善集聚提升类、特色保护类村庄，结合城镇公共设施供给能力统筹协调城郊融合型村庄设施。

其次，结合本地实际合理制定全域村庄公共服务设施配置标准（表V1-2）；对于贫困地区和人口外流区域，以满足基本公共服务配置为基础，制定相应的设施配置标准；对于现状发展较好的地区，则以提升品质为目标制定设施配置标准。制定配置标准时，应强调对现有设施的充分利用，并提出维护管理的相应办法。

公共服务设施统筹配置内容一览表 表V1-2

类别	项目	中心村	基层村	设计值要求
行政管理	居委会、村委会	√	—	可附设于其他建筑，用地规模50～300m²
教育机构	初级中学	o	—	单独或与小学一起设置，用地规模不小于10000m²
	小学	o	—	单独或与初级中学一起设置，用地规模不小于3000m²
	幼儿园、托儿所	√	o	可单独设置，也可附设于其他建筑，用地规模不小于500m²
文体科技	文化站（室）	√	o	可结合公共服务中心设置，用地规模不小于50m²
	体育、游乐场所	√	o	可结合公共服务中心设置，布置篮球场、乒乓球场、儿童游乐设施等
医疗保健	卫生所（室）	√	o	可结合公共服务中心设置，用地规模不小于50m²
	计划生育指导站	o		可结合公共服务中心设置，用地规模不小于30m²
商业金融	百货店	o	o	—
	食品店	o	—	—
	银行、信用社、保险机构	o	—	—
	饭店、饮食店、小吃店	o	o	—
	理发、浴室、洗染店	o	—	—
集贸设施	蔬菜、副食市场	o	—	—
其他	托老所、养老服务站、老年活动中心	o	—	—

注：o为适宜设置，√为必须设置。建设规模为建议指标，各地可结合实际情况有所调整。

V1-3-3
均等布局乡村公共服务设施

在县市域乡村设施布局时应尽可能使城乡公共服务设施的配置兼具人性化、科学化、合理化，统筹考虑村民的日常出行方式和出行意愿，以及各类公共服务设施的建设成本、规模效应以及门槛人口数等因素，构建打破行政界域的乡村生活圈体系，对不同需求的生活圈配置相应等级和功能的设施。基于我国广域型行政区划的特征，依托行政级别进行分级配置公共服务设施，可操作性强，可通过统筹规划降低建设成本。具体操作中，需要综合考虑乡村同级设施配置的地区差异、使用人群差异以及建设时序等因素，选择相应的差异化建设标准开展设施均等化布局（图V1-6）。

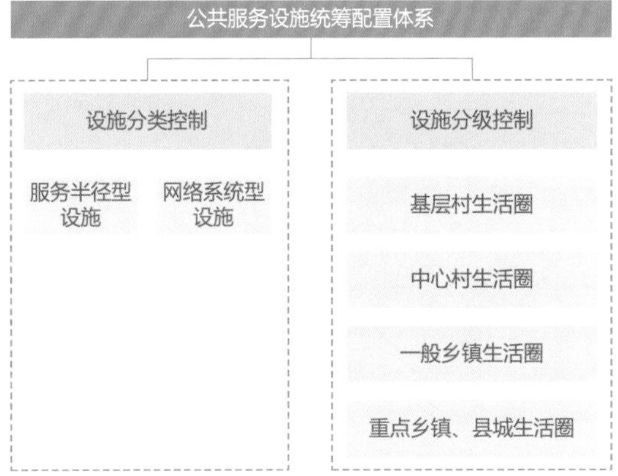

图V1-6　公共服务设施统筹配置内容示意框图

V1-4

城乡一体基础设施

在县域、乡镇域范围内统筹安排城乡一体的基础设施，规划建设全域覆盖、普惠共享、联通共用的绿色基础设施网络。

V1-4-1

城乡一体基础设施统筹原则

在有条件的情况下，村庄市政基础设施的建设应与规划城镇市政基础设施联通共用，逐步实现城乡设施一体化。在县域层面规划中，统筹考虑重要设施的布局，距离城区较近、主要管路沿线的村庄，建议纳入统一市政管网处理，同时鼓励有条件的多个村庄共建共享市政基础设施。对于旅游型村庄，还要充分考虑旅游人口对相关设施的需求。

V1-4-2

分类指导城乡一体基础设施

主要任务

在县域或乡镇域规划的层面，明确范围内乡村空间的给水、排水、电力、电信、供热、燃气、环卫等各专业的城乡设施一体化方案。明确重要共享场站布局及规模，落实各专业的市政设施用地及主干管线布置。同时可提出近期项目建设计划。

交通设施

在县市域规划中综合考虑各村庄与城镇及相邻村庄之间的联系，明确村庄道路等级和标准。统筹城乡公共交通，根据山形地势等基础条件，提出适宜的镇村公交线路站点设置原则。

供水设施

综合考虑村庄与镇区距离、村庄间距离、村庄居住集中程度及村庄规模等因素，优先采用镇供水，其次选择联村合建，较为偏远的村庄选择单村建设的供水模式。平原地区尽量由镇区或联村合建供水，山区农村则可采用单井供水。

排水设施

结合区域排水设施条件，提出乡村排水方式和建设标准，乡村可采用雨污不完全分流制，宜将有条件纳管（邻近城区、镇区、现有污水管网）的村庄优先纳入城、镇区污水收集处理系统。其他村庄可根据区位与地理条件，采用自然处理、常规生物处理等工艺形式集中或相对集中收集处理污水。

燃气设施

结合地区特点，综合考虑建设成本因素，明确燃气气源、供气方式。邻近城镇区的村庄，可以纳入城镇燃气管道供应范围，建议其他农村地区以液化石油气为主，鼓励使用太阳能等清洁能源。

供电设施

根据上位规划确定的电力设施布局，确定村庄供电电源，保障高压走廊通道，满足基本村庄供电基础上，全面提高农村的供电能力和保障水平。

供热设施

根据清洁能源政策及考虑周边市政设施能力，村庄清洁能源改造采用煤改气或煤改电，应因地制宜、宜气则气、宜电则电。

环卫设施

结合村庄规模、集聚形态确定生活垃圾收集点以及公厕位置、容量。鼓励农户利用有机垃圾作为肥料，实现生活垃圾分类收集和有机垃圾资源化利用。

V1-5 ※

有效制定管控措施

乡村空间管控是县市域国土空间规划管控体系中的一环，需要按照分区管制及用途管控的方式分级落实管控内容，同时细化上级村庄分类指引，保障规划意图顺利落地。具体落地实施时要考虑集体经营性建设用地入市、宅基地管理制度改革等新形势的影响，更新乡村土地管控手段和方式方法。

V1-5-1

有效落实村庄建设分类指引

选择分类标准

《乡村振兴战略规划（2018—2022年）》提出要"顺应村庄发展规律和演变趋势，根据不同村庄的发展现状、区位条件、资源禀赋等"，将村庄类型划分为集聚提升类、城郊融合类、特色保护类、搬迁撤并类四类。在此四类的基础上，结合地方特点，把握村庄与城镇的空间关系、以村庄发展基础和发展潜力或村庄人口规模等因素为切入点，通过村庄分类评价指标体系，对村庄分类进一步划分（图V1-7）。

村庄分类评价指标体系

村庄的评价方法可分为以质性研究为主和以数理分析为主两类。质性研究以文献分析法、归纳分析法、类型比较法、功能分析法等为主要分析方法。数理分析中聚类分析法、因子分析法、主成分分析法、GIS空间分析法、GeoDA辅助空间分析法、理想解排序法（TOPSIS）、熵权法、变异系数法、线性加权法等均有使用。定量与定性结合的层次分析（AHP）法、德尔菲法也是类型划分的重要方法。村庄分类的评价指标体系构建应从村庄的总体和结构两方面，建立至少包括自然禀赋、区位条件、村庄规模、形态结构、人口结构、经济结构和用地结构7个方面的村庄类型评价基础指标体系。在全域村庄评价方法选择时应至少选择3种方法进行相互结合，同时宜用到层次分析法、德尔菲法、归纳分析法中的至少一种方法。在方法应用过程中应当建立两层评价体系，先对行政村进行一次评价，在此基础上叠加自然村的影响因子，再次进行评价，得出每个自然村的评价分值。

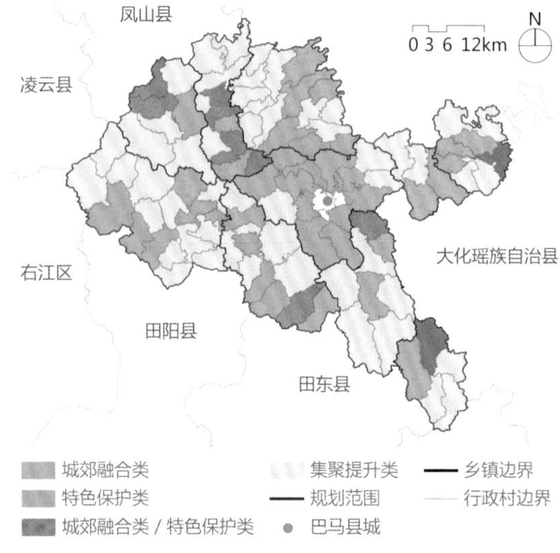

图V1-7 巴马瑶族自治县全域村庄分类示意图

V1-5-2

全域覆盖乡村空间管制分区

划定方法及细分

参照《市级国土空间总体规划编制指南（试行）》中的分区标准，规划一级分区包括6类，其中与乡村空间有关的是"农田保护区""乡村发展区"。

要明确各分区的核心管控目标、政策导向与管制规则。乡村发展区应以促进农业和乡村特色产业发展、改善农民生产生活条件为导向，按照"详细规划+规划许可"和"约束指标+分区准入"的方式，根据具体土地用途类型进行管理。对于村庄建设用地和各类配套设施用地，应按照人均村庄建设用地指标进行管控，并针对不同分区对应的国土空间规划用途设立对应的管理规定。其中，农田保护区是永久基本农田相对集中的区域；乡村发展区还可细分为村庄建设区、一般农业区、林业发展区、牧业发展区等。

综合国内多地乡村空间的功能分区划分观点，结合全国乡村复杂的发展环境，建议在以上分区的基础上进行细化，可分为六类：村庄建设区、乡村产业建设区、农牧业种植区、水域保护区、生态混合区、自然保留区（表V1-3）。

V1-5-3 推动实现乡村土地用途管控

新形势下的管控方法建议

研究国内相关政策标准，结合各地实践工作，总结提出以下几种管控改革方向供规划师、建筑师参考。

一是要建立统一的管控平台。乡村空间用途管控还是主要的管理方式。但是在乡村空间中常出现用地权属边界与规划管控边界不同或错位的现象，导致实施困难。按照国土空间规划“一张图”要求，乡村层面同样急需建立统一的编、审、管平台，将规划的编制、审批、实施及管理在一个平台上实现。管控中需要明确权属和管理边界，在限制建设区与允许建设区之间合理设定缓冲功能。以最大限度地适应村庄建设的实际需求。

二是实行分级管控。在实际村庄建设管理中，由于管理机构很难常设在村内，一般是由乡镇干部兼职负责，此岗位对执行能力要求较高，但一般不要求具备规划专业能力，可能导致在村一级难以实施弹性管控。因此村内事务管理应分两级：一是刚性管控，村庄建设管理实施过程中要明确刚性管控内容、范围，建议由乡镇一级进行管理；二是弹性管控，在全国大部分地区，县一级管理能力明显强于乡镇，对于弹性空间和政策的理解水平也高于乡镇，因此规划中的弹性管控应在县一级层面统筹实现。具体管控事务还有待进一步研究。

例如北京推行的国土空间村庄规划中，明确要求村庄层面规划落实各区分区规划的规模管控要求，落实减量提质关键核心指标，在镇一级预留建设用地指标，用于增强规划实施调控的弹性，结合农村地区农

乡村空间分区一览表 表V1-3

分区名称	管控范围	主体功能	管控方式
村庄建设区	城镇集中建设区以外，规划重点发展的村庄用地范围	一般为居住功能及配套服务为主的生活区域，不包括村镇企业所使用的集体产业用地	城乡建设管控+生态环境保障；约束指标+分区准入
乡村产业建设区	城镇集中建设区以外，规划重点发展的村庄产业用地范围	一般为村镇企业、农村加工、集中厂房所使用的集体产业用地	城乡建设管控+生态环境保障；约束指标+分区准入
农牧业种植区	除永久基本农田集中区以外的，以农业种植、草原畜牧业发展为主要利用功能导向的区域空间	一般为农业耕种、草原畜牧业为主的功能，不包括集中的畜牧养殖厂房式生产功能	耕地及草原管控；限制用途转化
水域保护区	生态红线以外需要进行保护的水域	一般为河湖水面、水库、坑塘沟渠及滩涂等用地	禁止建设
生态混合区	对具有特殊生态功能或承担郊野游憩功能、未划入生态红线或生态保护区范围的生态功能区域，以及规模化林业发展为主要利用功能导向划定的区域	主要包括生态保护和景观游憩功能	用途管制；限制转化为村庄建设用地；制定生态管控引导图则，明确负面清单；为游憩建设行为制定管控细则，列举正负面清单
自然保留区	在核心生态保护区与生态保护修复区之外，规划期内不利用、应该予以保留原貌的陆地自然区域	主要包括陆地较为偏远或工程地质条件不适宜城镇、农业、农村发展的荒漠、荒地等区域	限制新增开发建设行为以及种植、养殖活动

业设施、乡村设施等建设逐步落实。

三是创新管控手段。管控不能只靠政府，要充分激发用地使用者的主人翁意识，增加土地使用者的自豪感、满足感。例比如村民自家耕地被列入永久基本农田保护区，可以考虑相应的证明或奖励以鼓励其保护耕地。

乡村空间土地用途管控

主要分为非建设用地和建设用地两类管控。

非建设用地。按照非建设用地承担的生态、生产职能，细化乡镇层面非建设用地用途分类，主要包括：01耕地、02园地、03林地、04草地、05湿地、17陆地水域、23其他土地。按照具体功能，一般表达至中类。

建设用地。按照主要功能，乡村空间中建设用地用途应包括：06农业设施建设用地、0703农村宅基地、0704农村社区服务设施用地。以村庄为单位，结合上位规划和现状条件，在乡镇规划中确定村庄居民点范围，用地表达至中类；在村庄规划中村庄公共服务和基础设施用地应表达至小类（图V1-8）。

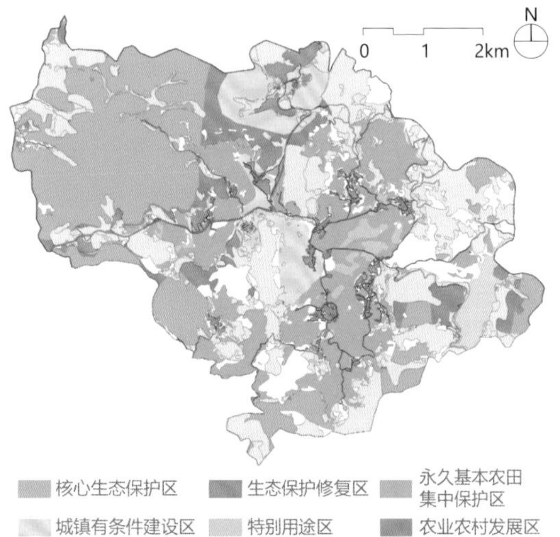

图V1-8 巴马瑶族自治县平林村村域用途管制示意图

V2 人居环境

V2-1 ※ 系统识别建设重点

通过解读“绿色宜居”的内涵，总结归纳出村庄层面“绿色宜居”的六大建设方向，综合考虑村庄发展规律和建设需求，分别提出绿色宜居村庄的建设重点。

V2-1-1 健康安全是建设绿色宜居村庄的首要条件

在国土全域管控的总体要求下，首先要分析村庄自身所处的整体自然环境条件，严格落实“三区三线”，并结合村庄发展实际和需求，权衡保护与发展的重点方向，统筹协调好村庄与生态、村庄与生产、村庄与城镇、村庄与村庄之间的关系，落实绿色宜居村庄在健康安全方面的重点建设内容。

公共安全建设首先要完善村庄基本的防灾能力，实施危房改造、设置微型消防站、设立避难场所、建立治安联防机制等措施。更重要的是建立起能迅速纳入上级政府统一指挥的灾害防控体系和应急响应机制。

健康卫生建设重点要对污水、垃圾、粪便等村民生产生活的废弃物进行无害化处理和综合利用。除建设必要的收储运设施和处理设施外，重点要关注卫生管理制度的建设，包括管理人员和奖惩机制等。

V2-1-2 环境舒适是建设绿色宜居村庄的客观条件

只有与自然环境和谐相处，自然界才能满足人类基本的生存条件；也只有与环境融合包容，才能保障自然资源的永续利用。环境舒适建设包括生态环境和村容村貌两个方面：

生态环境建设要严格落实生态红线，并在保护自然环境下，减少人类活动对生态环境的扰动，建立相应的生态补偿机制，对生态影响也要执行占补平衡；推进土地综合整治，通过土地复垦、还林还田，恢复生态系统。

村容村貌建设要以土地集约节约利用为抓手，拆除腾退侵街占道设施，加强宅基地整理，完善村庄公共空间，保持农房建筑与乡土环境的风貌协调统一，注重村缘、村口、广场、街巷等村庄公共环境的整洁和美化。

V2-1-3
经济富裕是建设绿色宜居村庄的基础条件

没有与村庄发展相适宜的物质生活条件，就无法追求村庄绿色宜居的更高目标，绿色宜居的前提是村庄留得住人。经济富裕建设包括产业发展和社会保障两个方面：

产业发展要在落实上位规划确定的主体功能和规划分区的基础上，挖掘农业资源特色，打造地理标识产品；明确村庄的产业定位和产业空间布局；加强产业融合，创新经营业态；鼓励发展绿色循环农业和设施智慧农业，提高农业现代化程度；提高农民在农业产业化中的参与程度，注重惠农效果。

社会保障要重点完善农村居民最低生活保障制度、新型农村合作医疗制度、农民社会养老保险制度、农村五保供养制度和失地农民社会保障制度，促进农民工参与社会保险，加强对村庄医疗救助、教育救助、灾害救助的倾斜力度。

V2-1-4
生活便利是建设绿色宜居村庄的决定性条件

生活便利是判断村庄是否绿色宜居的决定性条件，绿色宜居村庄应该为村民提供完善的服务，并且使得这些服务可以被方便快捷地使用。生活便利建设包括基础设施、公共服务设施以及村民住房三个方面：

基础设施包括道路交通、供水、供电、供气、邮电通信等方面，是绿色宜居村庄的保障性底线设施。基础设施建设重点在于系统完善和补齐短板，尤其要重视区域性资源统筹配置和选取本土化可实施的建设技术。

公共服务设施包括村委会、图书室、活动场地、商店网点等，是绿色宜居村庄的基础性必要设施。公共服务设施建设要结合村庄发展定位，按照满足村民日常生活需要的公益性设施和提升品质满足产业发展需求的市场性设施，分类配置。

村民住房指承载村民居住空间的建筑群落，分为院落（尤其北方）和农房两部分，是村庄格局的最小单元。住房建设要充分考虑村民生产、生活的双重需求，并充分考虑村民的个体习惯，同时提供应对变化的适宜性可改造建设方案。

V2-1-5
乡风文明是促进绿色宜居村庄的增值条件

村庄的发展不仅和物质环境有关，还与存在于民间的乡土文脉密切相关。乡风文明建设包括科教能力、精神文明和文化传承三个方面：

科教能力建设围绕义务教育和农技培训为主体开展，实施农村中小学远程教育工程，实施新型职业农民培育工程，加强电商、财务、医疗、教育等方面专业人才的培养，优化农村人才结构。

精神文明即观念文化，包括孝文化、宗族家族文化、宗教文化等[4]。建设精神文明就是以科学观摒弃陋习，通过村规民约、普法宣传、道德评比等方式，形成良好的文明风尚，提高精神文化生活质量。

文化传承重点体现在村庄公共文化体系建设和乡土特色文化塑造两个方面。深挖乡土文化特色，归纳文化符号，提炼文化含义，完善文化设施，并从景观风貌设计等方面强化文脉传承，回应绿色宜居村庄在乡风文明方面的建设要求，具体包括保护和活化乡村山水格局、聚落肌理、文物古迹、建筑小品等物质文化载体，同时加强文化传承人的培养，推动民俗工艺、诗歌节日等民间非物质文化遗产的保护与发展。

V2-1-6
治理有效是保障绿色宜居村庄的支撑条件

在乡村自治的基本制度下，高效治理是维护基层社会稳定与否的关键，是农民生产生活保障的强力支持。治理能力建设包括组织建设和科学规划两个方面：

组织建设重点在建立以基层党支部为“头雁”的农村自治组织，同时创新组织模式，建立由“政府机构+平台公司+合作社+村委会+责任规划师+议事会+农户”共同组成的新型组织管理机构，协调多方主体，形成“治理合力”。

科学规划可以对村庄未来的发展进行指引，合理配置资源，避免盲目使用资金和破坏生态环境；通过引进优秀的团队，选聘乡村责任规划师；协助制定村规民约，将规划内容以简单易懂的方式传导给村民，弘扬文明风尚，约束行为习惯；建立动态管理机制，村庄规划编制完成后，定期对实施情况进行跟踪评估，总结经验，为制定相关政策提供依据。

V2-2 ※
严格管控土地用途

不同区位、不同资源特征和发展基础的村庄，应在落实上位规划下达的国土空间管控要求的基础上，确保其土地用途规划的重点和管控措施有所不同。

V2-2-1
土地利用管控

对于超（特）大城市的部分郊区村庄，重点要整治分散的村庄产业用地、引导其向城镇集聚，需要实行城乡建设用地减量发展模式。村庄土地利用管控的重点是对存量建设用地进行功能完善和人居环境整治。村庄新功能的置入主要通过存量空间的置换升级来实现。

对于城市周边具有复合型功能需求的村庄，要强调对自然资源和旅游休闲资源的梳理，结合现代农业布局，提出一二三产融合发展的项目定位和用地布局；研究与农业空间兼容的休闲设施布局，提出适应旅游设施引导需求的用途管制要求。

对于大量以农业和农民居住为主导功能的乡村地区，重点就集聚提升类和特色保护类村庄的功能完善和人居环境提升，提出相应的村庄住宅、公共设施建设的形态和强度管控要求。

V2-2-2
村庄用地布局

确定村庄范围内各类用地布局及管控要求。在明确村庄用地规模管控的基础上，对村庄集体建设用地进行优化布局，并明确村庄整体风貌的控制引导要求，以保证村庄整体形态与周边环境协调。针对历史文化名村、传统村落，应结合村庄历史、文化特色要素进行具体分析，统筹考虑村庄风貌特点，提出形态控制要求，传承文化，突出特色。

根据当地自然资源禀赋、区位条件和产业发展政策，明确农村宅基地、乡村产业用地、乡村公共管理与公共服务用地、乡村道路与交通设施用地、乡村公用设施用地布局和管控要求；明确独立于村镇集中建设区之外的采矿、特殊项目用地以及区域交通用地、区域公共设施项目用地布局。合理安排、利用村域内耕地、园地、林地、牧草地及其他农用地，按照上位规划要求，完善农田水利配套设施布局，保障设施农业和农业产业园发展合理空间；明确湿地、生态公益林、陆地水域、自然保留地等生态用地数量和布局要求。

V2-3
分级分类配置公服

应结合村民生产生活圈，分级、分类配套完善村庄基本公共服务设施；优先保障托幼、养老、医疗、文化康体等绿色宜居生活配套设施，鼓励新建与改建相结合。

V2-3-1
公共服务设施分级

综合考虑设施服务范围和规划服务人口规模，公共服务设施按照一次生活圈和基本生活圈两档配置；一次生活圈基本公共服务设施，服务半径为一个行政村，提供基本齐全的日常生产生活服务项目，以步行、自行车出行为主；基本生活圈基本公共服务设施，服务半径为一个自然村，提供最基本日常生产生活服务项目，以步行为主要出行方式。

V2-3-2
公共服务设施分类

公共服务设施分为两类：一类是必要类公共服务设施，包括基础教育设施、医疗卫生设施、文化设施、体育设施、社会福利设施、商业设施，是刚性配置；第二类是其他类基本公共服务设施，主要包括旅游服务设施、农业生产设施、宗祠祭祀设施、新型商业等，根据情况按需弹性配置。

V2-3-3
村庄公共服务设施选址配置要求

基础教育设施

学校或村庄教学点应选址在交通方便、地势平坦开阔、空气流通、阳光充足、排水通畅、环境适宜、基础设施比较完善的地段，应避开干道交叉口等交通繁忙地段、地形坡度较大的区域、不良地质区、洪水淹没区、各类控制区和保护区以及其他不安全地带。

学校选址应考虑车流、人流交通的合理组织，减少学校与周边交通的相互干扰。依据《中小学校设计规范》（GB 50099-2011）的规定，明确学校主要教学用房设置窗户的外墙与铁路路轨的距离不应小于300m，与高速路、地上轨道交通线或城市主干道的距离不应小于80m；当距离不足时，应采取有效的隔声措施。

村庄教学点，其规模小于非完全小学，因此可以单独设置也可以与其他公共设施合建；条件有限的村庄可以与会议室、公共活动室、图书室等共建（图V2-1）。

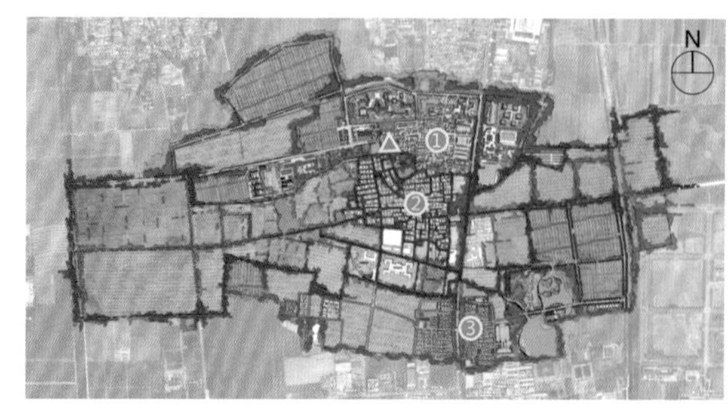

图V2-1　北京市顺义区马坡镇石家营、毛家营、姚店村幼儿园布局示意图

医疗卫生设施

村卫生室的选址应满足使用上与环境上的要求，应位于安静、便捷、地形比较规整的地段；卫生室不宜与市场、学校、幼儿园、公共娱乐场所、垃圾站、强电磁辐射源等毗邻；应避开坡度较大区域、不良地质区、洪水淹没区、污染源和易燃易爆的生产与贮存场所。

原则上每个行政村至少建设有一个卫生室，服务半径以步行不超过20分钟为宜，相邻的行政村可以共用一个卫生室。居住较为分散的住区可以增设卫生室或者一室两“点”，乡镇卫生院所在地可以考虑不再设置卫生室（图V2-2）。

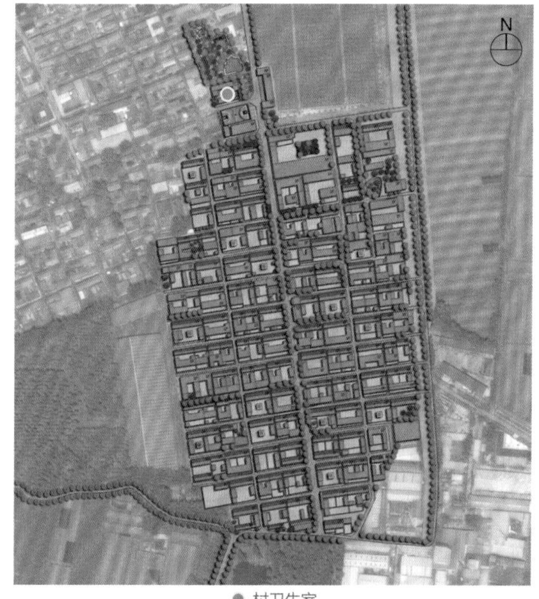

图V2-2　北京大兴区长子营镇东北台村村卫生室布局示意图

文化设施

公共文化设施的选址应当符合位置适中、交通便利的原则，利于人群集聚活动和人流的疏散；用地工程地质条件稳定，符合安全、卫生和环保的相关标准；宜结合绿地、体育设施和村庄行政管理设施等公共活动空间统筹布局，相对集中布置，形成村庄公共服务中心；应避免或减少对村民住宅的影响，宜布局在方便、安全、对生活休息干扰小的地段；应合理组织人流和车辆停放，减少对交通的干扰。根据《文化馆建设标准》(建标136-2010)，综合活动室以30m^2/间为宜，值班室以6m^2/间为宜(图V2-3)。

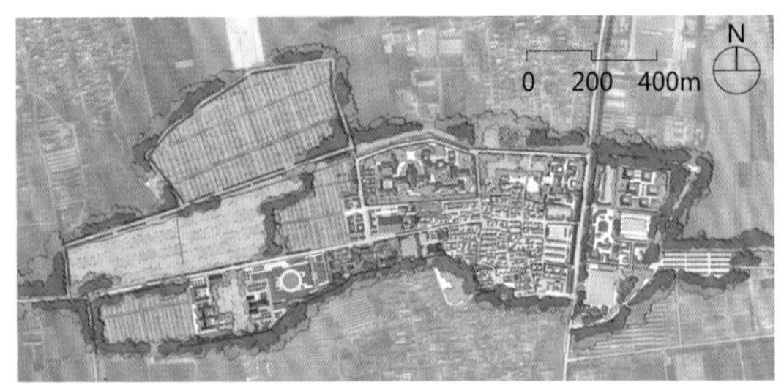

图V2-3 北京顺义区马坡镇石家营村乡村俱乐部布局示意图

体育设施

体育设施可与教育设施、文化娱乐设施相结合建设，并可以承担应急避难场所功能；避免建设一些奢侈的、不合时宜的设施；同时，应加大体育设施的维护力度，保证体育设施的完好性。

鼓励发展传统文化体育项目，对传统体育场地设施建设应有倾斜政策。

国家体育总局《关于实施农民体育健身工程的意见》中明确，体育场地设施建设的基本标准是：一块混凝土标准篮球场配备一副标准篮球架和两张室外乒乓球台。一个篮球场除了可以进行篮球运动，也完全可以进行羽毛球、乒乓球以及5人制足球比赛，在北方冬季也可以作为小型滑冰场(图V2-4)。

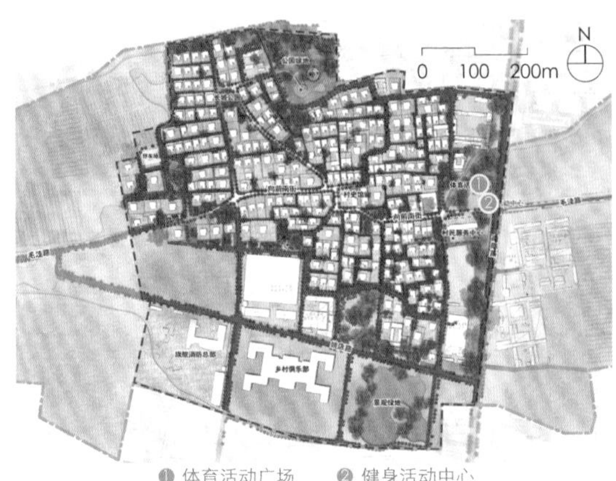

图V2-4 北京市顺义区马坡镇毛家营村体育设施布局示意图

社会福利设施

农村老年人服务设施应尽量设在村庄居民点中心地带以方便到达；日间照料中心担负了部分医疗、康复功能，应邻近村庄卫生服务设施设置，形成集中的医疗服务中心，方便协同治疗。

为缓解老年人的孤独感，老年活动中心可与幼儿园相邻，采取共用室外活动场地等手段，让老人与儿童可以相互陪伴。

参考地方标准及多方面专家咨询，村庄养老服务站建筑面积应不小于100m^2/处，同时应设置大于100m^{2}的室外活动场地(图V2-5)。

图V2-5 北京大兴区长子营镇赵县营村养老服务站布局示意图

商业设施

村庄商业设施的选址与布局应充分考虑其经营需要，结合村民的居住出行等特征进行网点布置；村庄商业设施的选址应有利于人流和商品的集散，并不得占用公路、主要干路、车站、码头等交通量大的地段；其布局不应在文体、教育、医疗机构等人员密集场所的出入口附近和妨碍消防车通行的地段。

V2-4 完善村庄基础设施

村庄基础设施应在上位规划统筹的基础上，符合当地村民的生产生活习惯，从投资、运营、维护、使用效率等多个方面进行综合考量。主要包括道路设施、市政设施和安全设施三类。

V2-4-1 道路设施

规划应落实上位规划确定的区域性道路、交通设施及相关防护要求，提出村域范围内的道路系统规划（含机耕路），明确村域范围内的公交场站、停车场等主要交通设施。

道路系统规划

村庄道路分为主要道路、次要道路和街巷路三级；参考辽宁、北京、广西、浙江等地村庄建设标准，建议村庄主要道路路面宽度为8～12m，次要道路路面宽度为5～7m，街巷路路面宽度为3～5m。规划应结合地形地貌、村庄规模、村庄形态、河流走向、对外交通布局及原有道路，因地制宜确定村庄道路系统。

村庄主要道路及次要道路应采用硬质材料为主的路面，具有历史文化传统的村庄道路路面宜采用传统建筑材料；宅间路路面宜采用石板、青砖等乡土化、生态型的铺设材料，并对现状富有特色的石板路、青砖路等传统街巷道路进行保留和修复；道路两侧设有边沟的，应在材质、色彩、铺设方式等方面与道路协调统一。

交通设施规划

规划应结合村域内主要对外联系道路和村庄入口，合理设置公交站场、公交站点、公共停车场等交通设施，明确其规模与布局；规划应提出对私家农用车、小汽车停放的相关要求，鼓励私家农用车、小汽车结合宅院分散停放，宅院确无停放条件的，可在宽度满足要求的村内道路两侧适当考虑部分占道停车，有条件的村庄可结合活动广场、公共绿地等统筹设置小汽车停车场；有旅游等功能的村庄应主要考虑停车安全及避免对村民的干扰，结合旅游线路在村庄周边设置车辆集中停放场地（图V2-6）。

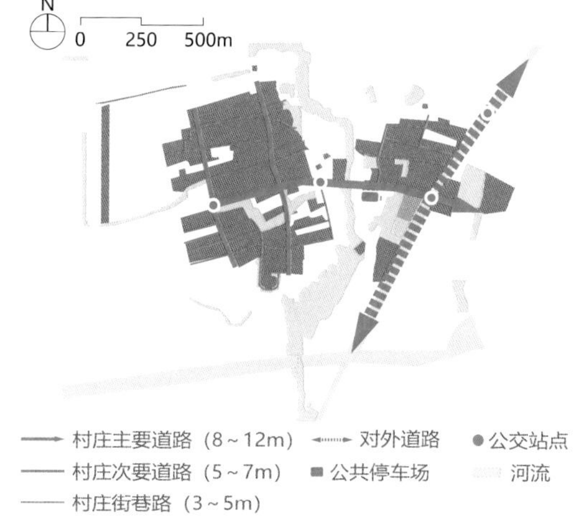

图V2-6　沈阳市法库县依牛堡子镇草根泡村村庄道路及交通设施布局示意图

V2-4-2 市政设施

市政基础设施的设置应符合当地村民的生产生活习惯，从投资、运营、维护、使用效率等多个方面进行综合考量；规划应梳理村庄现状缺少及配置不达标的市政基础设施项目，根据配置要求进行补充完善，明确各项市政基础设施的数量和规模；规划应结合实际需求，明确供水、污水、电力、供气、电信、环卫等设施的位置、规模及线路走向、敷设方式等建设要求。

供水

村庄供水工程规划应包括用水量预测、水源选择、供水方式、输配水管网布置、水压要求等。

村庄的规划用水量应根据《建筑气候区划标准》(GB 50178—1993),参考各地区村庄实际需求,根据经验值,按照人均综合用水量指标估算为100~150L/(人·日)进行预测。

水源地选择要做到水量充足,水质应符合《生活饮用水卫生标准》(GB 5749—2022)的有关规定,且便于水源的卫生防护(图V2-7)。

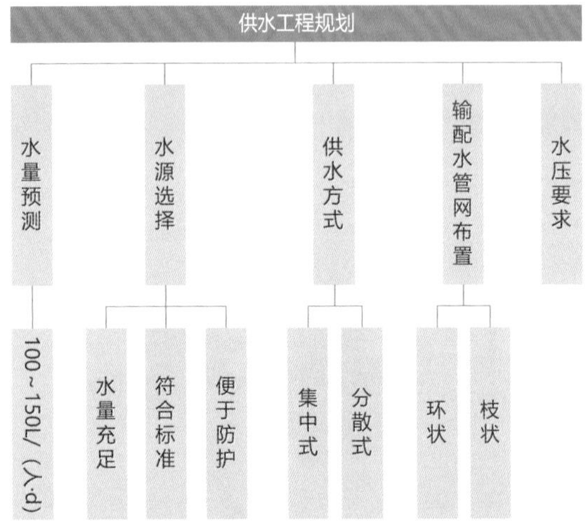

图V2-7 村庄供水工程规划主要内容框图

排水

排水工程规划包括确定排水量、排水体制、排放标准、排水系统、污水处理设施等内容。

根据经验值,村庄的规划污水量可按用水量的75%~85%进行计算;污水排放应符合现行国家标准《城镇污水处理厂污染物排放标准》(GB 18918—2002)的有关规定;污水用于农田灌溉应符合现行国家标准《农田灌溉水质标准》(GB 5084—2021)的有关规定。

村庄应因地制宜地结合当地特点选择排水体制,优化排水管渠。经济条件较好、有工业基础的村庄鼓励采用雨污完全分流制;现状为雨污合流制的村庄,应逐步改造为不完全分流制或完全分流制(图V2-8)。

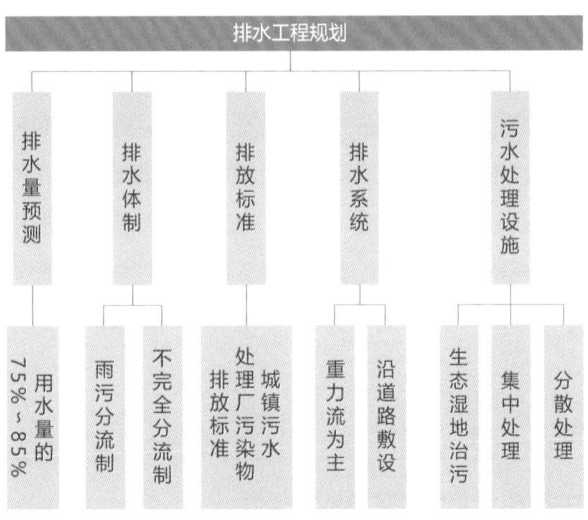

图V2-8 村庄排水工程规划主要内容框图

供电

供电工程规划主要应包括预测用电负荷,确定供电电源、主变容量、电压等级、供电线路、供电设施;供电电源的确定和变电站站址的选择应以上位供电规划为依据,并根据上位规划中村庄人均用电负荷进行估算;对于利用电力供暖的村庄,还应充分考虑供暖的用电负荷(图V2-9)。

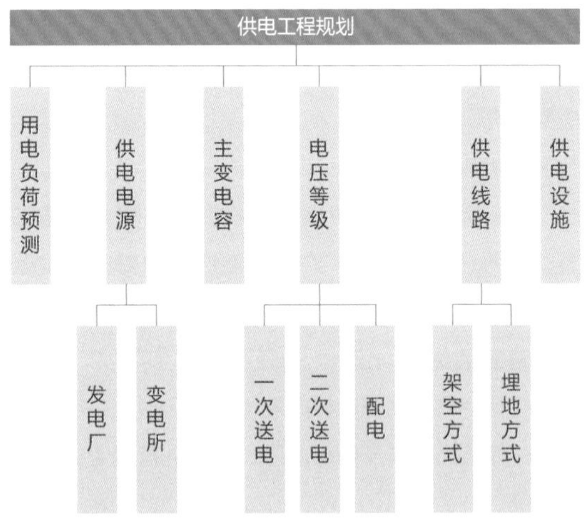

图V2-9 村庄供电工程规划主要内容框图

电信

根据各地村庄实际需求和经验值,估算村庄电信负荷预测按电话普及率90%以上进行估算;电信及有线电视线路均采用架空方式,沿村庄主要道路单侧架设,与电力线路分设在道路两侧,电信及有线电视线路宜采用同杆架设；规划应确定电信杆线布设方式及走向，提出现状电信杆线整治方案（图V2-10）。

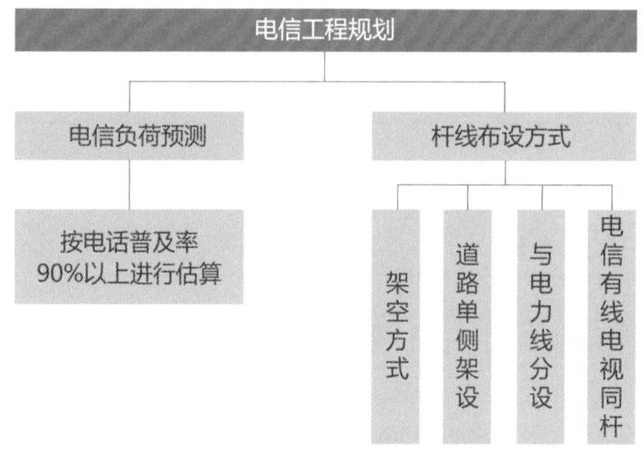

图V2-10　村庄电信工程规划主要内容框图

燃气与供热

规划应采用清洁能源取代煤和薪柴，推动太阳能、生物质等清洁新型能源的利用，将其作为辅助能源，提高农户使用能源的可靠性，同时实现能源的循环利用。

规划应结合当地经济和社会发展需要确定能源供给方式及规模；参考《城镇燃气设计规范》（GB 50028—2006）（2020版）和各地村庄实际需求经验值，估算村庄居民天然气生活用气量指标为0.6m/（户·d），液化石油气生活用气量指标为0.5kg/（户·d）；村庄仍采用分户供暖方式的，进一步完善分户供暖设施；对已有住宅及公建设施进行节能改造，提高房屋保温性能，避免能源浪费（表V2-1）。

能源设施配置标准表　　　　表V2-1

能源类型		用量指标	参考规范
传统能源	天然气	$0.6m^3$/（户·d）	《城镇燃气规划规范》（GB/T 51098—2015）
	石油	$0.5m^3$/（户·d）	
清洁能源	太阳能	—	—
	水能	—	—
	风能	—	—

来源：《城镇燃气设计规范》（GB 50028—2006）（2020版）

环卫

参考各地村庄实际需求，根据经验值，估算村庄的规划垃圾量预测按人均生活垃圾生产量1kg/（人·d）估算。

村庄垃圾收集应按照“组保洁、村收集、镇转运、区处理”的收集处置模式，结合村庄规模、集聚形态确定生活垃圾收集点和收集站的位置、容量，设置专职清捡收集人员，运至村庄垃圾收集站，经镇垃圾转运站再送至区垃圾处理场集中统一处理。

鼓励有条件的村庄进行垃圾分类收集和废弃物资源化利用，在开展畜禽粪便及秸秆等农业废弃物污染治理的基础上，通过有机垃圾还肥、农作物秸秆气化等综合利用，逐步实行有机垃圾资源化。

规划应根据村庄特点和实际需要，积极推进“厕所革命”，根据三格化粪池厕所、三联通沼气池式厕所、粪尿分集式生态卫生厕所等类型，合理确定户厕改造模式，实现无害化和清洁化要求。

每个行政村至少设置一处公共厕所，千人以上的村庄可酌情增设，公厕宜在主要街道及公共场所设置，每座公共厕所的建筑面积宜不少于$50m^2$（图V2-11）。

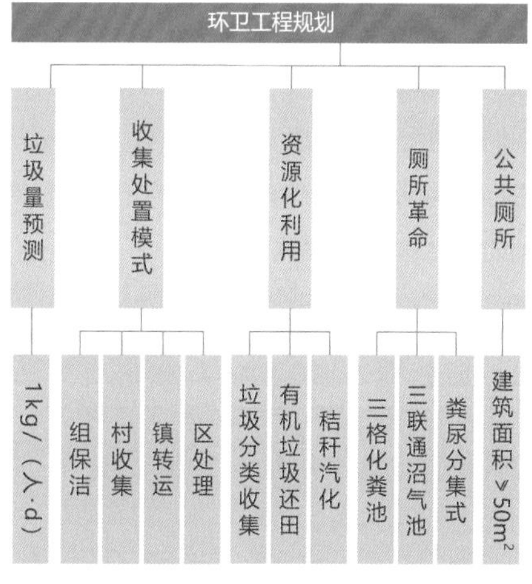

图V2-11　村庄环卫工程规划主要内容框图

V2-4-3 安全设施

规划应根据村庄所处的地理环境，综合考虑各类灾害的影响，明确消防、防洪排涝、防震减灾、地质灾害防治等内容的执行标准及防灾减灾措施。受灾害影响的整体搬迁型村庄应将防灾减灾规划作为重点内容，详细制定搬迁实施前灾害防治的具体方案。

消防安全

靠近城区、镇区的村庄可依托城区、镇区消防队，其他村庄应配备必要的灭火器材，组织扑救初起火灾；村庄应充分利用天然水体作为消防水源，因地制宜建设消防取水设施；天然水源不能满足火灾扑救需要的，应结合村庄配水管网安排消防用水或设置消防水池；村庄应确定村庄消防要求和保障措施，按规范设置消防通道，明确消防水源位置、容量，主要建筑物、公共场所应设置消防设施。

防洪排涝

根据流域防洪、城镇防洪要求，确定防洪标准，因地制宜安排各类防洪工程设施，明确防洪措施；结合农田水利设施要求，合理确定适宜的排涝标准、排涝工程设施及规模，并提出相应的防内涝措施。

地震灾害防治

规划应提出村庄的地震设防标准，梳理现状危房情况，提出危房维护整修的策略与目标，并明确疏散通道、避震场所等规划措施和工程抗震设防措施。村庄新建、改建建筑物均应符合地震设防标准的安全规定。

地质灾害防治

规划应对滑坡、崩塌、地面塌陷、地裂缝等地质灾害进行风险评估，存在安全隐患的，应有针对性地提出预防和治理措施（图V2-12）。

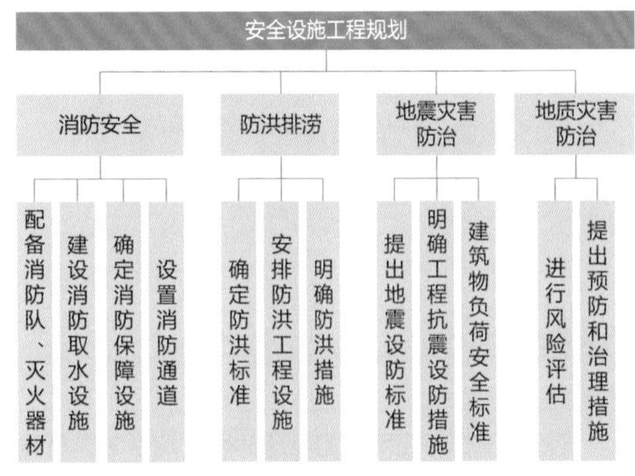

图V2-12 安全设施工程规划主要内容框图

乡土特色

V3-1 ※

塑造乡村空间形态

尊重自然山水格局，分类塑造乡村空间形态。通过保持村庄传统脉络、保护乡村山水格局、保护乡村特色风貌和历史要素、控制建筑高度和体量、打造建筑传统风貌等措施，探索引导乡土特色村庄的建设途径。

V3-1-1

尊重自然环境

以自然村落的肌理为主调，保护乡村肌理与发展文脉，积极利用村庄的地形地貌和历史文化资源。村庄建设应避免对地域环境大规模的改造，协调好村庄与周边山、水、林、田等重要自然景观资源的关系，形成有机交融的空间关系，塑造富有地域特色的村庄风貌（图V3-1～图V3-3）。

V3-1-2

保护山水格局

尊重乡村山水格局，保护生态系统的完整性；结合重要景观资源，构建乡村景观系统，结合主要绿色廊道、道路、水体预留视线通廊，塑造景观节点，提出对山水林田湖草等景观资源的整治提升策略；抓住山、水、村相依的特色，按照农田景观大尺度、聚落景观小尺度的原则，形成山清水秀村秀美的乡村风貌。

图V3-1　平原地区村庄建筑群落空间布局规划图——山东省济南市商河县贾庄镇孟东村规划总平面图

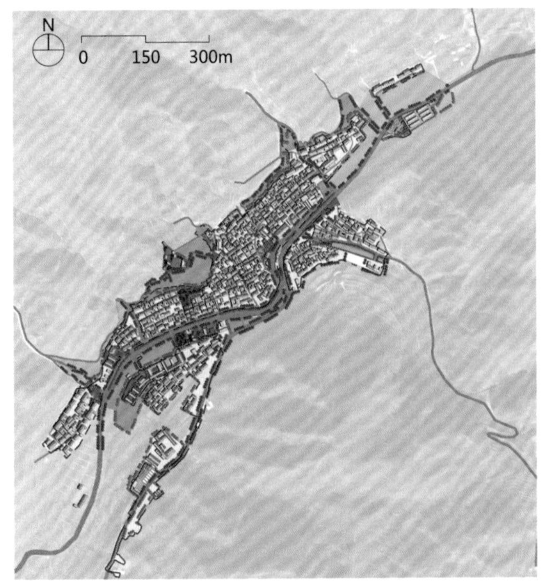

图V3-2　山地丘陵地区村庄建筑群落空间布局规划图——北京市门头沟区田庄村规划总平面图

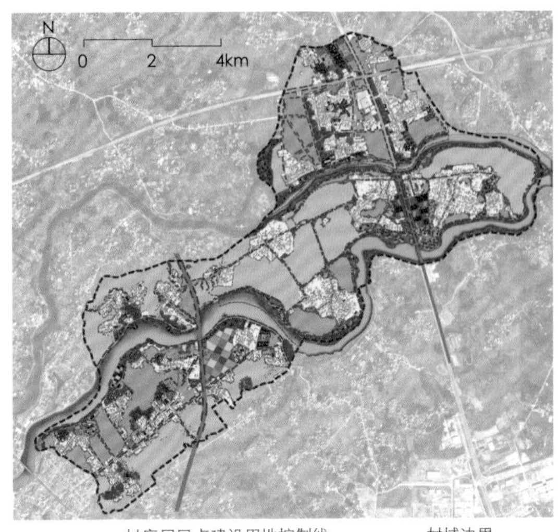

图V3-3　水网地区村庄建筑群落空间布局规划图——北京市门头沟区马栏村规划总平面图

V3-1-3

管控乡土风貌

保护和利用村域周边山水环境与景观资源，注重对田园景观、乡土特色的挖掘，结合地形、地貌确定村庄整体风貌特色与空间形态，对建筑形式、建筑高度、风貌特色等应细化管控要求，对于村庄重要节点应形成景观设计指引。

V3-1-4

挖掘历史遗存

规划应挖掘、保护并修复村庄内的各类历史遗存，保持其历史信息并在其周边预留一定的缓冲空间，避免拆旧建新、盲目造假、张冠李戴等现象，防止建设性破坏和保护性破坏；确定村庄需要保护的井泉沟渠、壕沟寨墙、堤坝桥涵、石阶铺地、古树名木等乡村景观，并提出保护措施；禁止大规模人工化、硬质化景观，破坏乡村风貌。

V3-1-5

保护传统建筑

文保单位、历史建筑应划定保护范围，按照相关法律法规、保护规划要求进行修缮；传统建筑应因地制宜地制定相应的更新维护策略；周边已建近现代建筑的体量、高度、形式、材质、色彩均应与传统建筑协调统一，不协调的应采用传统工艺、传统材料进行整治，规划应明确整治标准、要求及措施。

V3-1-6
保护建筑肌理

规划应尊重和协调村庄原有地形地貌、建设边界、空间形态、街巷宽度、院落尺度、建筑布局等空间肌理和格局，并提出对建筑体量的具体要求；应考虑不同形式的建筑群体组合，丰富乡村建筑空间形态，避免建设简单行列式形态的建筑群体，避免简单套用城市住宅形式。

V3-1-7
控制建筑高度

历史文化名村和传统村落应根据保护规划要求对建筑高度进行控制；其他类型村庄应严格控制村庄建筑高度，原则上不宜超过两层；各县市区应明确对村庄建筑层数和高度的有关规定，建筑高度的确定应与村庄整体风貌相协调；在城镇集中建设区及周边地区进行集中建设的，其建设高度和强度应根据城镇建设要求进行控制；新建建筑必须满足村庄建筑高度控制要求，现有建筑改造尽量按高度要求进行控制。

V3-2 ※
引导乡土景观风貌

乡村景观风貌所涉及的要素包含了乡村的生活、生产和生态三个方面，在空间上表现为自然景观、园林景观和建筑景观；按照建设重点不同，分为保留保护型、改建扩建型和新建型三种模式，分类提出风貌设计方案。

V3-2-1
保留保护型村庄

自然景观风貌：规划应尊重原有山水格局，协调村庄与周边环境的图底关系；严格控制建设行为对地形的破坏，保证地形地貌的完整和连续性；保护和更新村庄内的林地农田，发挥涵养水源的生态功能；适度控制旅游开发强度，使游览设施风格及体量与自然环境相协调（图V3-4）。

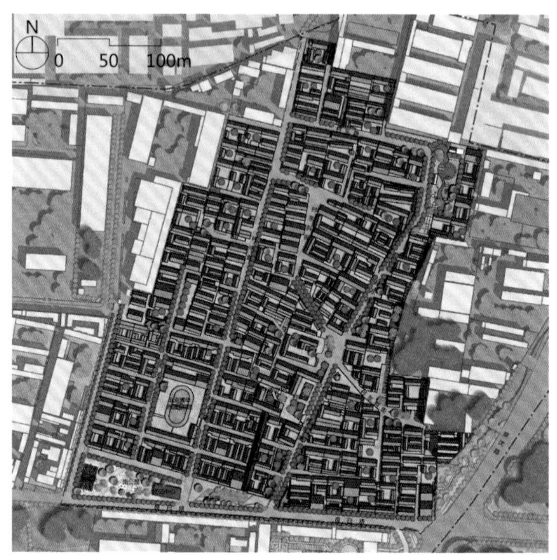

图V3-4　保留保护型——北京市顺义区马坡镇白各庄村村庄规划图

园林景观风貌：在绿化种植上，充分保护和利用古树名木，结合民俗文化空间在其周围种植各种树木花草，形成景观节点，提升文化内涵；多运用具有人文象征的植物，如梅、兰、竹、菊、松、竹等；在村口、村委、祠堂等公共区域布置相对疏朗、色彩丰富的植物，绿化空间的同时兼顾活动场所的功能；硬质铺装应延续村庄原有材质，多使用具有传统特色的石材铺地，并结合地雕等纹样活跃环境空间；景观小品的设计应与村庄民俗旅游相结合，注重历史文化内涵的塑造，材料、主题的选择应体现历史纪念性和特色宣传性。

建筑景观风貌：对于格局完整、建筑风格统一的古村，划定保护范围，维修破损严重的古建筑，在不影响古村格局和建筑风格的前提下完善村庄设施；对于布局分散、建筑风格杂乱的古村，应注重保护建筑肌理，传承建筑文化，对具有传统建筑风格和历史文化价值的古民居、祠堂和纪念性建筑等文化遗产进行重点保护和修缮，对风格和尺度与村庄传统风貌不协调的建筑予以拆除和改造；新建建筑应统一规划建设，造型和材料与传统建筑风貌相协调，建筑细部应采用传统建造工艺，彰显村庄历史文化的底蕴。

V3-2-2
改造扩建型村庄

自然景观风貌：改造扩建应尊重原有山水格局，协调村庄与周边环境的图底关系；严格控制建设行为对地形的破坏，保证地形地貌的完整和连续性；依山而建的村庄应对山上的植被进行保护和更新，以保持水土，减少滑坡、崩塌等地质灾害；临水而建的村庄应控制建设边界与河流的距离，沿河应以农田、绿带或林带的形式营建生态廊道，保持河道两侧景观的丰富度和乡土气息；村庄可以利用农业景观资源发展生态农业和观光休闲旅游（图V3-5）。

图V3-5　改建扩建型——北京市顺义区马坡镇石家营、毛家营、姚店村村域规划总平面图

园林景观风貌：在绿化种植上，旧村尽可能保留村庄原有的绿化景观，局部修整即可；新村扩建应选择易于当地生存的树种，以茂密的高大乔木为主，辅以灌木、草本植物；村内活动场所、道路、宅旁与水旁，采用乔、灌、草合理搭配，形成多层次、错落有致、亲切宜人的绿色空间；宅旁以小尺度绿化景观为主，见缝插绿，庭院院墙可种植藤蔓植物作为垂直绿化；硬质铺装宜结合当地特色，以简单朴素的石材为主，活动空间地面可考虑嵌草地砖形式材料；景观小品应体现村庄的产业及文化特色，可在村口或中心广场设置具有教育性和宣传性的雕塑、灯柱、景墙等，提升村庄的文化品位及精神面貌。

建筑景观风貌：旧村改造要注重保护和延续原有建筑格局及地方特色；对现有建筑进行质量评价，确定保护、整饰、拆除的建筑，统一建筑元素和色彩，加强建筑的整体性和相互协调性；新村扩建应充分考虑与旧村的建设关系，合理延续原有的建筑肌理，在空间形态上保持良好衔接；建筑布局应在旧村基础上沿 1～2 个方向集中建设，尽量成团块状紧凑布局，避免无序蔓延；建筑造型可选择简洁朴素的现代风格，但色彩、体量、细部元素要与旧建筑协调统一，体现乡土风情。

V3-2-3
统建新建型村庄

自然景观风貌：统建新建村庄选址应遵循“安全、省地”的原则，结合自然环境、顺应地形地貌，尽量不占或少占农田，避让自然保护区、风景名胜区等生态敏感区域（图V3-6）。

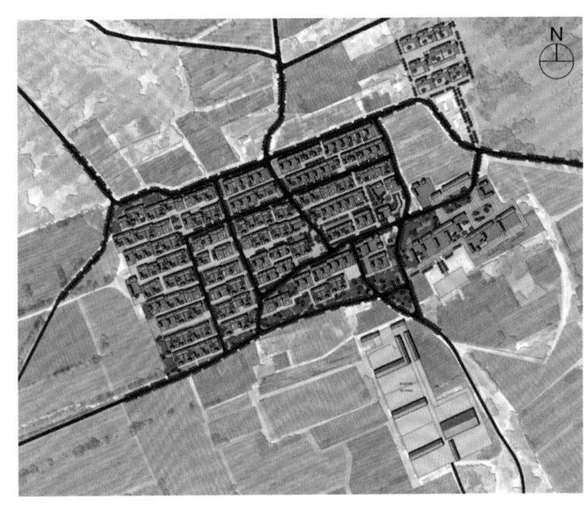

图V3-6　新建型——张家口市张北县大西湾乡闫家坡村村庄规划总平面图

园林景观风貌：由于易地新建，在植物配置上应因地制宜，选择适合当地气候特征、土壤环境的植物种类，新型农村社区应考虑把乔木、灌木、花草相互结合，突出四季特色，丰富社区色彩，在街道与房屋外的过渡地带种植蔬菜和林果，使社区街道景观更具田园风光；新型社区的园林设计已趋向于城市景观，但基于对村民生活习惯的尊重，在景观节点的设计中应考虑民风民俗、历史文脉等，广场空间不仅具有现代休闲娱乐功能外，还应满足村民进行传统活动及生产活动的需求；硬质铺装应与周边环境和建筑相

协调，材质以砖、石、水泥、沥青为主，图案和纹样根据不同功能的场所而变化，在出入口、社区中心区域具有醒目的提示和引导作用；景观小品的塑造以传统乡村日常生活中的器具和物件为原型，提取特色要素，抽象为雕塑、构筑物等，同时融入现代风格，为新型社区的建设带来了独特的精神内涵和强烈的艺术感染力。

建筑景观风貌：新型农村社区住宅按照“集中连片、统规统建”的方式进行建设，建筑布局需要顺应地形地貌并充分利用地块内的自然景观资源；住宅形式以多层联排为主，通过不同高度的建筑单体相互拼接、组合，获得丰富的空间层次效果，整体营造出井然有序而又灵活自由的新村风貌；建筑造型及色彩风格应以现代、明朗、动感为主，同时在建筑细部注意保留和延续传统农村住宅元素，充分体现浓郁的乡风民情和时代特征。

V3-3

保护乡土文化遗产

对乡土文化进行保护，应从地域性、历史性、文化性及村落格局等方面提炼文化遗产的价值特色；通过对乡土特色的发掘与提炼，充分认知村庄文化遗产的价值，并按照原真性原则、整体性原则、新老建筑相协调原则、保护与发展互促原则，划定保护范围，分别针对物质文化遗产和非物质文化遗产提出保护措施。

历史文化名村和传统村落应按照有关要求编制保护规划，村庄规划应对保护规划的相关内容及要求进行落实；其他类型村庄应在规划中对村庄历史文化资源进行梳理，对地域环境、空间格局、传统建筑、历史环境要素、乡土文化等提出具体保护要求与措施。

V3-3-1

划定保护范围

根据文物古迹、历史建筑、传统街区的分布范围，并结合村庄现状用地规模、地形地貌及周围环境影响因素，确定乡土特色的保护范围，将具有生态价值和文化价值的特色要素纳入保护范围中。对于历史文化遗产丰富的传统村落应按照《历史文化名城名镇名村保护条例》及其他相关法律法规的规定划定保护范围。

V3-3-2

加强保护物质文化遗产

针对保护范围内的重点地段和空间节点采取具体保护整治措施，主要包括以下三个方面：一是空间整治，即对具体空间布局提出整治方案，确定具体建筑的平面形状、位置以及小品的设计和布置等；二是建筑整治，即对具体建筑的立面和门、窗、屋顶等建筑构件提出相应保护和整治要求；三是环境整治，对于保护范围内及周边的自然景观环境以保护为主，禁止对自然生态有破坏的开发行为，应保证自然景观格局的完整性和视觉连续性，对破坏景观视廊和山体天际线的建筑及构筑物进行整治。

V3-3-3

强化非物质文化遗产保护

首先，应提高村民非物质文化遗产保护的意识，采用喜闻乐见的形式，对他们进行非物质文化遗产知识的普及和宣传。例如利用每年的“文化遗产日”举办一些展出活动，或者邀请相关方面的专家举办讲座等，让保护非物质文化遗产成为全体村民的自觉行动。其次，以物质文化遗产保护带动对非物质文化遗产的保护。非物质文化遗产的保存需要相应的场所空间，把某些历史建筑和人文遗迹等有形的物质开发成旅游吸引物，可以带动其中蕴含的非物质文化被重视和激活。围绕具有特色的非物质文化遗产进行挖掘、整理和旅游开发，有利于遗产保护工作的开展，并推动村庄产业升级和精神文明建设的进一步发展。

借鉴案例：贵州省黔东南苗族侗族自治州大利村保护规划

大利村位于贵州省黔东南苗族侗族自治州榕江县

栽麻镇，该村寨是入选联合国教科文组织世界文化遗产预备名单“侗族村寨”的构成单位之一，被公布为中国历史文化名村和中国传统村落，是中国最有代表性的侗寨之一（图V3-7）。

规划将侗族生活方式与自然生态保护结合，将村落及与其相关的传统景观和资源等价值载体加以整体保护。同时与村民扶贫规划相结合，充分利用村域生态资源，积极发展产业。

采用“微介入”的方法，改善村民必要的基础设施和生活服务设施，提高村民文化的自觉和自信，延续、融通历史和当下的活态乡村生活。

采用村民容易掌握的，且简单、有效又经济的设计施工方案，在不改变传统民居结构与外观的同时，显著提高生活质量。以试点户为全村作出示范，激发村落良性更新发展的内在动力。

以户为单位在全村推广卫生间改造项目，从而使每户家庭都能够拥有一个经济实用型独立卫生间，方便如厕和淋浴，改善家庭卫生条件。

图V3-7　大利村村庄规划总平面图

V4
指标体系

V4-1
合理构建指标体系

在目标导向、全面综合、简明可操作、适度弹性的总体要求下，全面综合构建绿色宜居村庄规划指标体系。

V4-1-1
目标导向

指标选取以绿色乡村空间规划目的为出发点，以乡村振兴战略为指引，以国土空间规划为纲领，主要目标为实现规划管理成效校核、行政绩效考核、保障国土空间规划上下传导有效。同时以村庄建设需求为导向，避免面面俱到的指标设计误区，尽量排除无关或弱相关指标的干扰。

V4-1-2
全面综合

绿色乡村空间规划是一项系统工程，涉及村庄发展的诸多方面，为了保证指标体系的科学性，指标体系必须具有综合性，充分反映绿色乡村空间规划领域的经济、社会、资源和环境等方面的主要特征以及它们相互之间的关联性。故而指标体系应全面综合，能层次分明地反映和识别村庄发展的核心特征。

V4-1-3
简明可操作

指标体系的构建应保证选取的指标具有易量化、可测性较高的特点，尽可能选择可以量化并且容易获得相关数据的指标，以保证指标体系的可操作性。

V4-1-4
适度弹性

简明可操作的指标体系可用于各类型村庄上，兼顾结果的科学性和可比性。但具体应用时，在特定地区可能仅需个别指标即可识别和划分地区内的所有村庄，因此可根据地方村庄发展特点，建立地方性的特色指标。各地可根据实际情况对预期性指标进行调整，可增加与地方特点相适应的指标，有条件的地区可选择部分预期性指标作为约束性指标。

V4-2 ※
有效传导绿色指标

绿色乡村空间规划指标体系是对绿色乡村空间规划内容框架和核心目标的概况性描述，是规划目标任务分解和落实以及规划实施效果评价的重要度量工具。构建一套科学、合理、可操作性强的绿色乡村空间规划指标体系，有助于强化绿色乡村空间规划的政策引导和空间管控作用。

V4-2-1
规划指标体系

根据德尔菲法经过打分与排序筛选，确定最终指标。乡村空间规划核心指标主要由资源保护、绿色生产、人居整治、生活品质、乡土特色和治理实施共六个方面构成，包含具体指标45项（表V4-1）。

V4-2-2
指标性质

按指标性质分为约束性指标、预期性指标。

约束性指标是为实现规划目标，在规划期内不得突破或必须实现的指标。

预期性指标是指按照经济社会发展预期，规划期内要努力实现或不突破的指标。

指标预期值根据村庄实际发展情况及经济发展规律。

绿色宜居村庄规划指标汇总表　　表V4-1

类别	具体指标		指标属性
资源保护	1	生态红线保护面积（hm^2）	约束性
	2	永久基本农田保护面积（hm^2）	约束性
	3	耕地保有量（hm^2）	约束性
	4	基本农田储备区面积（hm^2）	约束性
	5	种植园地面积（hm^2）	预期性
	6	建设用地总规模（hm^2）	约束性
	7	村庄建设用地规模（hm^2）	约束性
	8	林地保有量（hm^2）	约束性
	9	基本草原面积（hm^2）	约束性
	10	湿地面积（hm^2）	约束性
绿色生产	11	户籍人口规模（千人）	预期性
	12	农村居民可支配收入（元）	预期性
	13	高标准农田建设面积（hm^2）	约束性
	14	农作物耕种收综合机械化率（%）	预期性
	15	农田有效灌溉率（%）	预期性
人居整治	16	生活垃圾定点清运率和无害化处理率（%）	约束性
	17	秸秆综合利用率（%）	约束性
	18	农膜回收利用率（%）	约束性
	19	生活污水安全处理率（%）	约束性
	20	厕所粪污无害化处理比例	约束性
	21	村庄绿化覆盖率（%）	预期性
	22	绿色农房比例（%）	预期性
	23	清洁能源利用比例（%）	预期性
生活品质	24	人均农村居民点用地（m^2/人）	约束性
	25	户均宅基地面积（m^2）	约束性
	26	人均住房面积（m^2）	预期性
	27	托幼数量及服务半径（个，m）	预期性
	28	小学数量及服务半径（个，m）	预期性
	29	居家养老设施服务半径（m）	预期性
	30	新型农村医疗合作保险参保率（%）	预期性
	31	道路硬化率（%）	预期性
	32	城乡公交出行率（%）	预期性
	33	安全饮水覆盖率（%）	约束性
	34	有线电视移动信号覆盖（%）	预期性
	35	互联网普及率（%）	预期性
	36	消防设施及管理覆盖率（%）	约束性
	37	治安监控覆盖率（%）	预期性

续表

类别	具体指标		指标属性
乡土特色	38	文化活动（次）	预期性
	39	文化遗产（项）	预期性
	40	文保单位保护（处）	约束性
	41	古树名木保护（棵）	约束性
	42	历史建筑保护（座）	预期性
治理实施	43	开展居民法律普及教育活动次数（次）	预期性
	44	治安综合治理满意度（%）	预期性
	45	智慧党建群众好评率（%）	预期性

注：约束性指标为必选指标，预期性指标各地结合实际可选取或者增加。

V4-2-3 基础指标分析

资源保护

通过生态环境的有效保护与治理、土地利用的明晰管控、面源污染治理，实现自然资源和土地资源的有效保护和集约利用，形成绿色低碳的发展方式。绿色乡村空间规划必须严格落实上位规划明确的约束性指标；应统筹山水林田湖系统治理，提出对村域内生态要素的保护控制与整治利用内容，避免对田园景观破坏性开发和过度改造，形成绿色发展方式和生活方式；在对村庄建设用地进行规划的同时，合理安排农业空间和生态空间，落实上位规划确定的耕地和永久基本农田保护任务，加强生态用地保护。

绿色生产

村庄集体产业发展应符合上位规划确定的主体功能和产业发展方向，突出产业特色，依托农村绿水青山、田园风光、乡土文化等资源，按照适宜性原则，促进一二三产业融合发展；通过引导村庄产业发展，实现集体产业的集约优化，实现农业现代化。

通过农作物耕种收综合机械化率和农田有效灌溉率两项指标，重点强调要提高农业生产效率。

人居整治

加强乡村污染防治，全面推进农业面源污染防治。推进绿色健康乡村建设，持续改善农村人居环境；推进农村生活垃圾治理；统筹考虑生活垃圾和农业生产废弃物利用、处理，建立健全符合农村实际、方式多样的生活垃圾收运处置体系；开展厕所粪污治理；合理选择改厕模式，推进厕所革命；加强改厕与农村生活污水治理的有效衔接；鼓励各地结合实际，将厕所粪污、畜禽养殖废弃物一并处理并资源化利用；梯次推进农村生活污水治理；推动城镇污水管网向周边村庄延伸覆盖；积极推广低成本、低能耗、易维护、高效率的污水处理技术，鼓励采用生态处理工艺。

推进绿色健康乡村建设，持续改善农村人居环境，增加村庄绿化覆盖率；推进绿色低碳建设理念，增加绿色农房比例和清洁能源利用比例。

生活品质

完善村庄公共服务体系和安全保障，提升村民幸福生活品质；规划应在村庄基本公共服务现有基础上，加大力度提档升级、扩域增项、提标扩面；提高公共服务水平，改善公共服务质量，填补空白和短板，实现绿色乡村基本公共服务从有到好的转变，促进城乡基本公共服务从形式上的普惠上升到实质上的公平；规划应完善农村基础设施建，推进城乡基础设施互联互通、共建共享，创新绿色乡村基础设施和公共服务设施决策、投入、建设、运行管护机制，积极引导社会资本参与农村公益性基础设施建设，特别要探索建立农村公共基础设施的长效管护机制，从而做到建得好、护得好、用得久。

推进数字乡村建设，增加有线电视移动信号覆盖率、互联网普及率和治安监控覆盖率。

乡土特色

通过乡土文化的保护与传承、风貌特色的延续与塑造，实现乡村文化的复兴，文明水平的提高，形成和谐淳朴的人文环境。村庄建设应体现对本乡本土历史文化的传承，强化村庄的乡土意识、风土人情，留住乡愁，激发本地民众和云云游子的爱乡情怀。规划对村庄历史文化资源进行梳理，对地域环境、空间格局、传统建筑、历史环境要素、乡土文化等提出具体保护要求与措施。规划应尊重传统的营造理念，积极利用村庄的地形地貌和历史文化资源，协调好村庄与周边山、水、林、田等重要自然景观资源的关系，形成有机交融的空间关系，塑造富有地域乡土特色的村庄风貌[6]。

治理实施

规划应引导加强基层组织建设，构建基层民主的乡村治理模式；鼓励制定村规民约等村民自治方案，在村庄规划建设管理中，应充分发挥村民自治作用，以村规民约为重要抓手，引导和规范村民遵照规划建设乡村；鼓励以村民为主体、村委会为主导，通过共同建设、责任承包、联欢活动、竞赛排名等不同方式，在设施建设、环境整治、文化推广、产品宣传、学习培训等方面开展公众参与，激发和调动村民参与美丽乡村规划与建设、维护村庄发展的积极性与主动性，增强村民的凝聚力。

采用开展居民法律普及教育活动次数、治安综合治理满意度和智慧党建群众好评率这三项指标，促进基层“三治”融合，实现村庄有效治理。

注 释

❶《中华人民共和国乡村振兴促进法》

❷《中共中央 国务院关于做好2022年全面推进乡村振兴重点工作的意见》

❸《省级国土空间规划编制指南》（试行）

❹艾莲. 乡土文化：内涵与价值——传统文化在乡村论略［J］. 中华文化论坛，2010（3）：160-165.

❺《市级国土空间总体规划编制指南（试行）》

UD

UD1–UD6

绿色城市设计技术指引

URBAN DESIGN

UD 绿色城市设计技术指引

UD1	**风貌特色**	
UD1–1	系统认知城市资源	※
UD1–2	综合确定风貌定位	
UD2	**整体格局**	
UD2–1	科学分析自然要素	※
UD2–2	系统梳理人文要素	※
UD2–3	统筹梳理城市结构	※
UD3	**城市形态**	
UD3–1	逐级识别规划片区	※
UD3–2	科学划定片区边界	※
UD3–3	系统构建中心体系	※
UD3–4	研判确定标志系统	※
UD3–5	综合划定轴线廊道	※
UD3–6	叠加分析强度分区	※
UD3–7	典型空间形态模式	
UD4	**公共空间**	
UD4–1	多级绿色开敞空间	
UD4–2	绿色共享街道空间	
UD4–3	活力宜人节点场所	
UD5	**特色片区**	
UD5–1	营造活力滨水地区	
UD5–2	塑造疏朗山前地区	
UD5–3	历史文化保护地区	
UD5–4	传承式老城复兴区	
UD5–5	塑造宜居新城新区	
UD5–6	复合型商业商务区	
UD5–7	一体化交通枢纽区	
UD5–8	创新型产业集聚区	
UD5–9	绿色低碳产业园区	
UD6	**要素管控**	
UD6–1	系统构建管控体系	※
UD6–2	管控要素逐级传导	※
UD6–3	三维信息系统管控	※

注：标注星号的为体现绿色理念的规划技术，不带星号的为传统规划技术。

理念及框架

目标任务

城市设计主要研究城市空间形态的建构机理和场所营造，是对包括人、自然、社会、文化、空间形态等因素在内的城市人居环境进行的设计研究、工程实践活动[1]。城市设计是营造美好人居环境和宜人空间场所的重要理念与方法，是国土空间规划体系的重要组成部分，也是国土空间高质量发展的重要支撑，贯穿于国土空间规划建设管理的全过程。

通过城市设计优化开发保护的约束性条件和管控边界，协调城镇乡村与山水林田湖草沙海等自然环境的布局关系，塑造具有特色和比较优势的市域国土空间总体格局和空间形态，实现国土空间整体布局的结构优化、生态系统的健康持续、历史文脉的传承发展、功能组织的活力有序、风貌特色的引导控制、公共空间的系统建设，达成美好人居环境和宜人空间场所的积极塑造[2]。

基本理念

绿色城市设计的核心理念包括以下几个方面。

1．整体统筹。从人与山水林田湖草沙海生命共同体的整体视角出发，坚持区域协同、陆海统筹、城乡融合，协调生态、生产和生活空间，系统改善人与环境的关系。

2．要素传导。注重对国土空间全要素的设计引导，同时更重视构建和引导形成总体、片区、地块等不同层级之间和不同类型要素之间，以及要素与其周边环境的和谐的空间关系和形态关系。

3．以人为本。坚持以人民为中心，满足公众对于国土空间的认知、审美、体验和使用需求，不断提升人民群众的安全感、获得感和幸福感。

4．因地制宜。尊重地域特点，延续历史脉络，结合时代特征，充分考虑自然条件、历史人文和建设现状，营建有特色的城市空间。

5．动态演进。顺应全球性和地方性自然环境变化的趋势，敏锐把握科技与文化发展进程，不断地主动创新理念、技术、方法、机制去回应人民改善生活的新需求。

技术框架

基于生命共同体视角，对场地及其所在区域的自然、人文本底条件进行分析，把握区域发展趋势和地方发展目标，确定风貌定位、特色要求和设计意图；基于国土空间广域要素分析的城市空间格局研判技术，构建或梳理空间结构，明确生态、功能、景观格局和结构中的点、线、面空间要素，结合城市特色风貌总体导控技术，确定城市基调；因地制宜地对空间要素分类、分级、分区地进行形态塑造和设计引导；尊重和提炼场地文脉，顺应场地肌理构建城市公共空间系统，发掘场地精神进行场所营造；建立管控体系，逐级传导形态、空间、界面、附属设施和地下空间的管控和引导要求，结合三维信息管控平台技术，落实城市设计意图（图UD）。

具体工作内容包括：

系统梳理本底，确定风貌特色；

科学识别要素，构建整体格局；

充分顺应地貌，优化城市形态；

合理保留脉络，明确公共空间；

全面协调资源，逐级要素管控。

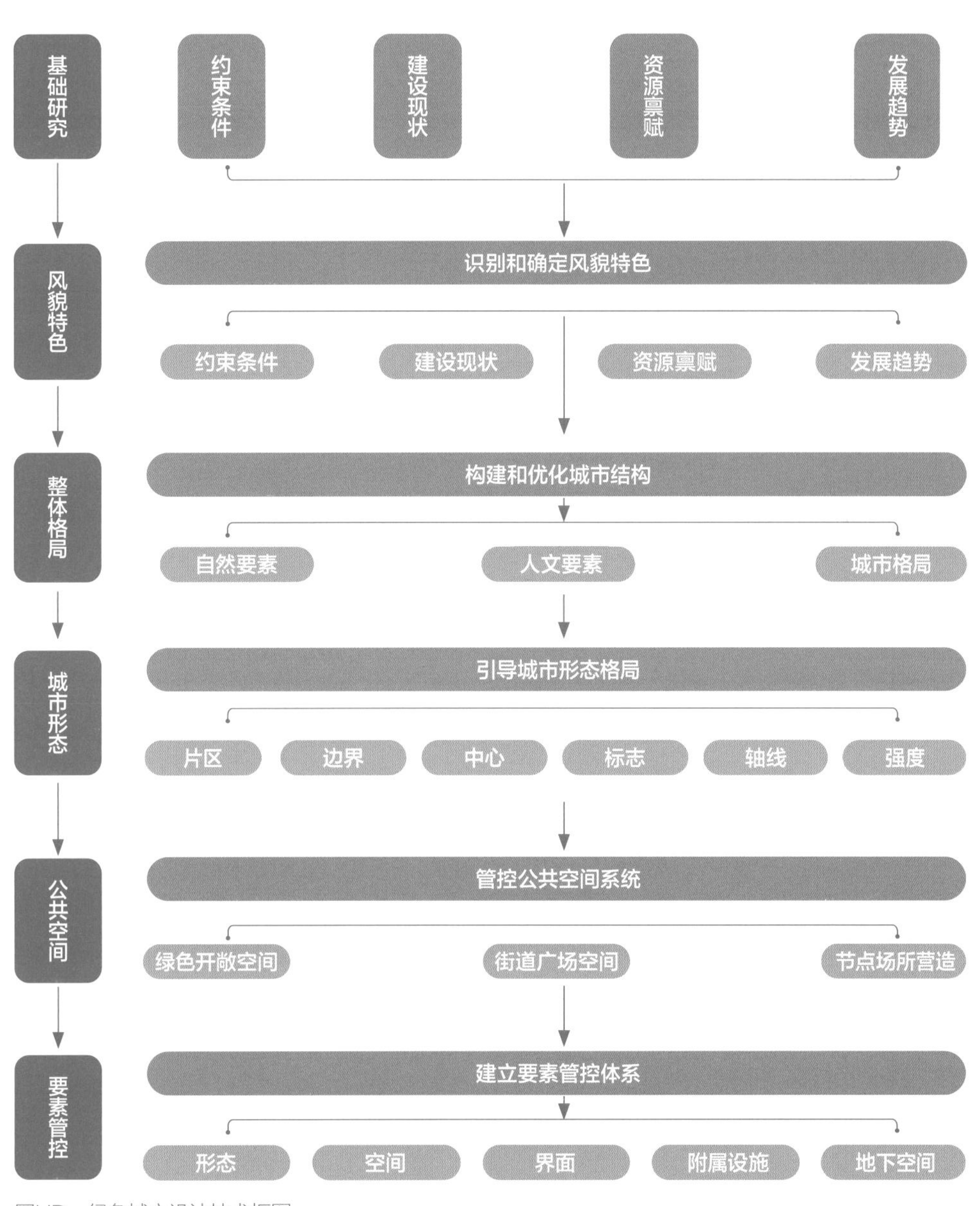

图UD　绿色城市设计技术框图

UD1

风貌特色

UD1-1 ※

系统认知城市资源

国土空间规划背景下的城市设计更加注重对自然特征、文化特征、建设现状和发展目标的形态模式、形成机制、空间载体、综合特征等的识别和解读。

UD1-1-1

整合细化空间评价数据

梳理资源特色要素，按照区域、城市、片区到地段的顺序逐级对城市自然资源梳理与评估，识别出最具特色的自然资源要素；提炼特色空间模式，研究城市建设与自然环境的相互关系，从城市生命体的视角出发，总结出最能反映当地优势和特色的自然山水特征和模式；明确自然特色空间，筛选出具有生态保育、文化彰显、景观利用等价值的特色自然资源和物质空间载体。

借鉴案例：湖南省长沙市湘江新区总体城市设计——山水特征分析

通过对自然山水特征梳理，发现与湘江东岸的长沙市中心区相比，湘江新区山体丘陵与河湖水系众多，自然环境资源极具优势和特色，湘江、岳麓山是湘江新区最为宝贵的特色自然资源载体（图UD1-1）。

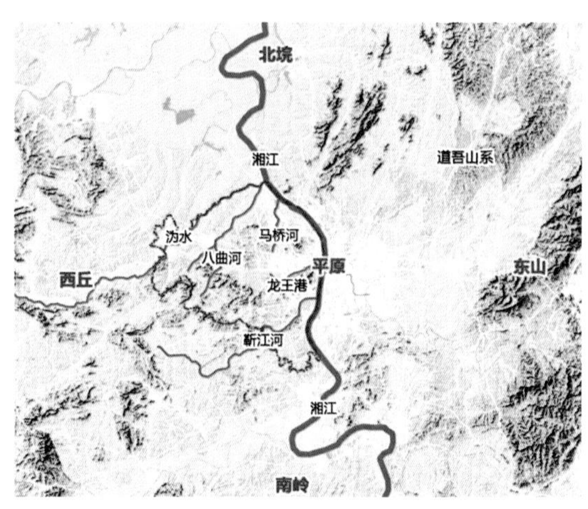

图UD1-1　长沙市湘江流域整体山水格局分析图

UD1-1-2

梳理文化核心价值

梳理历史文化脉络，研究历史人文背景形成、发展脉络，梳理历史文化脉络、工业文化脉络、村落文化脉络等，提炼其在历史演变过程中形成的传统文化、地方习俗、空间形态、空间肌理、功能业态、景观特色和建筑风格等；提炼城市精神内核，对文化脉络最核心的特色进行归纳，突出城市文化品位和个性，传承中华民族优秀文化，培育民族精神；明确人文特色空间，筛选出具备历史文化展示、本土文化传承和城市文化创新等价值的历史遗存和物质空间载体。

借鉴案例：湖南省长沙市湘江新区总体城市设计——文化特征分析

通过对历史人文特色梳理，确定“敢为天下先”是传承至今的湘人风骨，这种勇于开拓、锐意进取的精神成为湘江新区传承本土文化，创新未来发展的城市精神文化内核，并且在湘江新区具有众多的历史遗存和物质空间载体，其中以与自然环境相得益彰的岳麓书院为代表，灵韵和岳麓二者共荣共生（图UD1-2）。

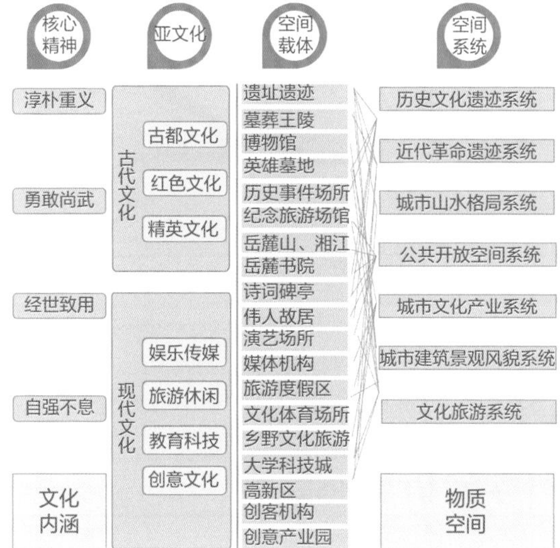

图UD1-2　长沙市湘江新区历史人文特色梳理框图

UD1-1-3

评价现状建设特点

研判城市发展趋势，深入研究现状区位条件、发展动力和发展逻辑，分析城市历史沿革、空间演变历程，把握城市空间总体脉络；提炼城市设计共识，依据当地近年城市设计项目相关规划和实践，总结适用当地的共性设计理念和设计方法，形成设计基础共识；梳理现实发展矛盾，从生态景观、城市建设、活力营造几个角度分析现状城市发展瓶颈和建设问题，挖掘问题背后的成因；明确特色建成片区，梳理城市景观轴线、空间脉络和功能布局，明确可以集中展示城市发展优势和建设特色的城市片区。

借鉴案例：湖南省长沙市湘江新区总体城市设计——现状建设特征分析

通过对现状建设情况的梳理，明确城市整体的空间朝向由湘江向西侧发展。2010～2015年湘江新区范围内城镇人口的人均建设用地面积从213m^{2}减少到176m^2，相对于长沙市城市总体规划确定的人均100m^{2}标准过于粗放。通过梳理近十年相关城市设计项目，在三大方面总结形成七点认识：生态空间方面，包括坚守自然生态的底线格局，立足丘陵地貌的营城理念；建设空间方面，包括组团化的城市形态、望山见水的建筑控高；活力场所方面，包括公交导向的公共活力骨架、扁平化的多中心体系、人本尺度的小街区理念。通过对现状发展的潜在矛盾冲突梳理总结出生态格局、建设空间、活力场所三个方面九类问题（图UD1-3）。

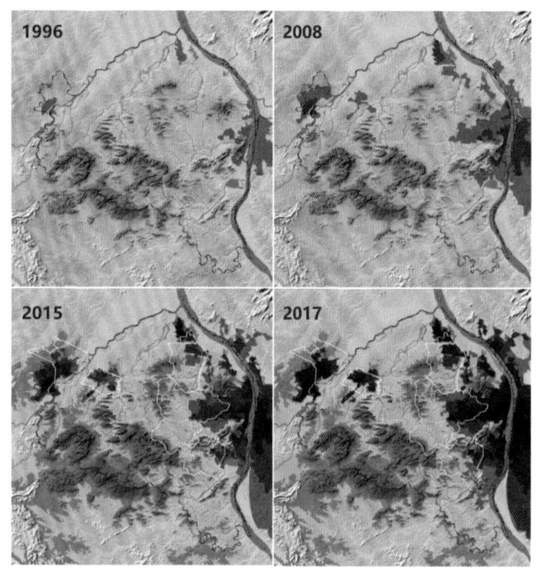

图UD1-3　长沙市湘江新区历年建设用地扩张分析图

UD1-1-4

衔接城市发展目标

融入新发展理念，以绿色低碳、以人为本、产城融合、集约高效等发展理念为指导；落实新发展要求，逐级梳理国家、省、市、县（区）对当地的发展要求，确定发展重心和建设重点，结合城市或片区的发展定位和制约条件，明确其在一定区域范围内所承担的主要职能和等级；衔接规划目标定位，统筹上位规划和相关规划内容，衔接区域发展格局，确定规划目标定位。

借鉴案例：广东省广州市南沙新区总体城市设计——空间发展目标与策略

2012年中共中央、国务院批准成立南沙国家级新区，2015年南沙自贸区挂牌，在粤港澳大湾区发展机遇中，南沙具备创建粤港澳全面合作示范区的先天优势。结合各层面已有规划共识和现状基础条件，确定总的目标愿景为“活力湾区明珠，精美滨海港城”，建设“时尚生态的滨海港城、活力宜居的湾区之心、品质人文的水乡都会、多元和谐的开放门户”(图UD1-4)。

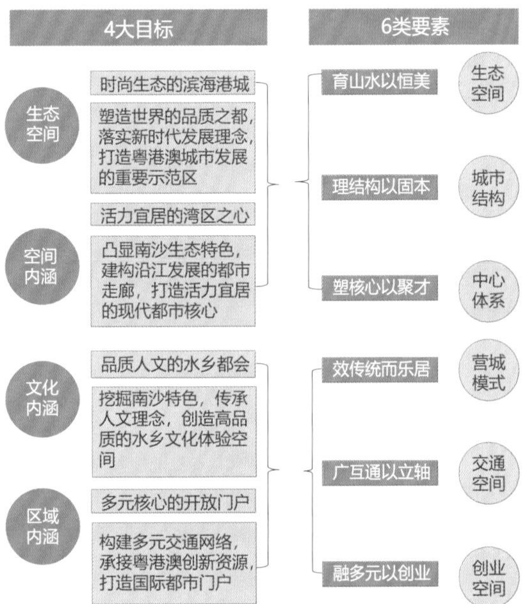

图UD1-4　广州市南沙新区总体城市设计确定的空间发展目标与策略框图

UD1-2

综合确定风貌定位

在现状资源调查和评估的基础上，发掘在历史演变过程中形成的山水特征、传统文化、建设模式、空间形态、空间肌理、功能业态、景观资源等，总结城市文化特色和空间特征；把握城市现状及发展趋势，综合城市性质、发展定位、功能布局、制约条件、公众意愿等；选择城市风貌[3]基因中最核心、最完整、最具特色和最具主导地位的内容；进而明确城市风貌与特色定位。

借鉴案例：广东省广州市南沙新区总体城市设计——城市风貌定位

综合分析南沙新区的自然要素特征、形态要素特征、物质要素特征和文化要素特征，提出“风韵水乡、壮观江海、精美岭南、湾区门户”的城市形象风貌定位。

UD2

整体格局

UD2-1 ※

科学分析自然要素

从山水林田湖草沙海共同体的角度去认知城市空间，分析能够体现城市自然景观风貌特征的地形、地貌、山体、水体、自然开敞空间等要素，由宏观、中观到微观逐级剖析，识别自然环境的本底特色。

UD2-1-1

识别地形地貌特色

区域及总体层面，依托地理信息系统，对城镇所处的自然环境独特的地形、地貌、流域特征等进行分析，识别总体地形类型，包括平原、丘陵、山地、峡谷、沟壑等；明确地貌类型的分布及占比，包括建设用地、水域、湿地、山林、田园、沙地等，确定基地基本地形地貌特征。

片区层面，运用GIS生态敏感性分析，明确地形起伏走向、地质条件情况，确定适宜建设区的分布及基本规模。

地段地块层面，结合数据及调研，明确基地内重要地形节点高程及用地高差、特色植被及名木古树等。

借鉴案例：甘肃省敦煌市城乡风貌规划及重点地段城市设计——地形地貌特征和生态敏感性分析

综合对地形地貌、生态景观基底的分析，确定对城市建设有重要影响的生态敏感性分区。其中汇水区、坡度6°～8° 区域、坡向北向区域、林木植被

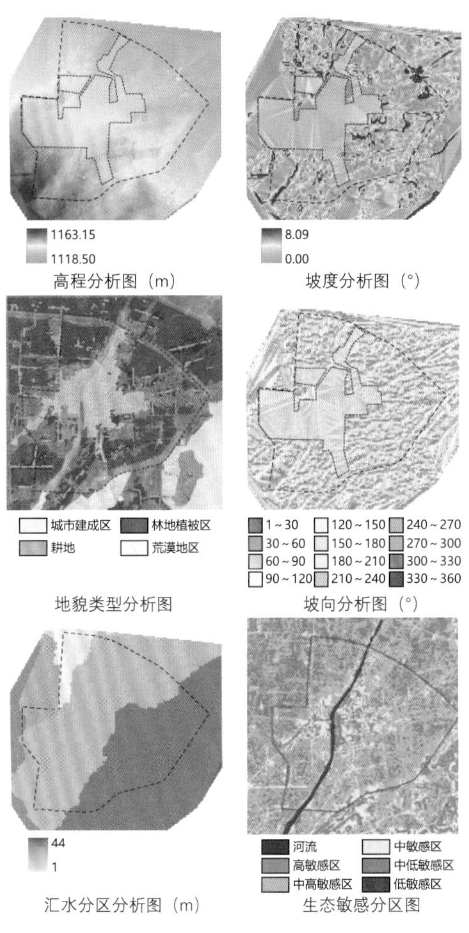

图UD2-1　敦煌风貌规划地形地貌分析图

区域为高生态敏感区域；坡度3°～5°区域、坡向东西向区域、耕地为中生态敏感区域；坡度0°～2°区域、坡向南向区域、现状建成区、荒漠地区为低敏感区域（图UD2-1）。根据分析，沙洲主城区现状建成区以外的区域生态敏感较高，原则上不适宜城市开发建设，部分与城市总体规划建设用地相叠合的区域应当在未来的城市建设中提倡小尺度、低强度、低冲击、无污染的城市开发建设（图UD2-2）。

UD2-1-2
分析山体分布特征

区域及总体层面，研判山体所属山脉山系、历史成因、脉络走向，保留和恢复原始山系脉络走向；按照山体与城市的位置关系，划定城市内景观山体、城市轮廓山体、郊野山体三类地区。城市内景观山体强化城市绿心的作用，重点保护山体本体。城市轮廓山体作为城市建成区的主要背景，重点管控建筑天际线和山体的视觉关系。郊野山体强化山体的生态功能，重点控制山体周边大规模、大体量的建设行为。

片区层面，运用GIS高程坡度分析，识别山体的坡度坡向、景观植被等情况，确定山区、浅山区与集中建设区的范围边界，明确重要观山视廊、通山步廊

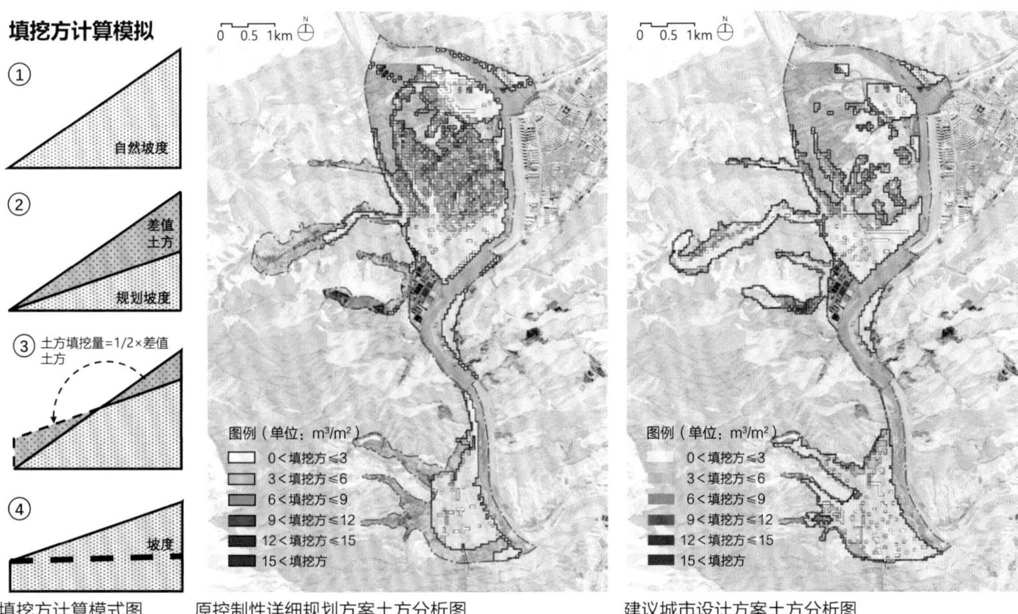

图UD2-2　承德县总体城市设计方案填挖土方模拟分析图

的位置，形成良好山城互动、景城融合的关系。

地段地块层面，根据重要山体的相对高度，制定周边景观廊道和高度协调策略。

UD2-1-3
判断水体分布特征

区域及总体层面，判断水系基本类型、形态和布局特征，包括海、湖、江、河、渠、沟、坑塘等水体类型，成片、网状、线形、点状等形态特征，独立、环绕、交织、散布等布局特征，确定水系基本格局；按照水系与城市的关系，划定区域性水体、城市型水体、生态型水体三类地区。区域性水体强化综合治理，控制区域生态廊道。对城市型水体，如湖泊、水网，强化公共空间质量的管控，增强滨水空间的开放性、连续性和可达性。对生态型水体，如湖泊、河流，强化滨水生态空间、廊道的管控（图UD2-3）。

片区层面，依据水系现状位置及流向，通过GIS汇水路径分析，模拟丰水期和枯水期的水位及水域范围，确定水域安全控制范围。

地段地块层面，识别岸线的基本类型，一般包括自然堤岸与人工堤岸两种类型；明确现状水体景观断面特征，包括水体标高、水面与陆地高差、水深、水质、尺度、砌筑类型、循环方式等；根据水体功能属性（包括航运、防洪、景观、工业生产等）提出具体优化调整要求。

例如，在多雨地区，可结合汇水模拟分析及平时洪水时河道断面分析，利用自然溪谷落实海绵城市建设理念，对汇水路径进行生态化设计，利用绿色缓坡驳岸降低洪水流速，践行生态友好的场地开发模式（图UD2-4）。

UD2-1-4
识别自然开敞空间分布特征

区域及总体层面，判断自然开敞空间林、田、沙

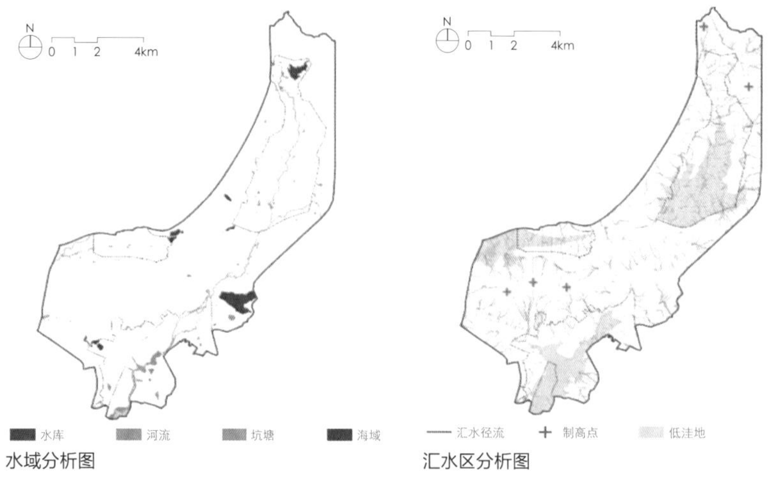

图UD2-3 三亚市吉阳东片区城市设计方案国际征询现状水域及汇水区分析图

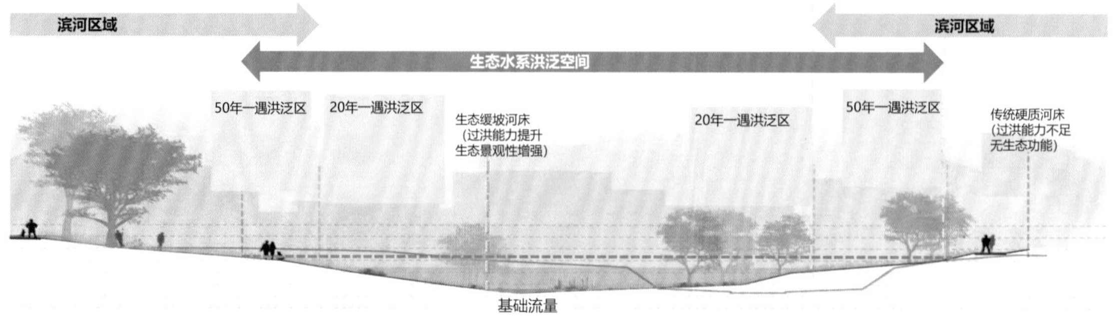

图UD2-4 平时及洪水时河道断面示意图

等基本类型，成片、环绕、树状、散布等布局肌理，确定基本自然开敞空间格局；按照自然开敞空间与城市的关系，分为自然保护区、郊野自然开敞空间、城市自然开敞空间三类地区。自然保护区按照国家和地方法律法规严格进行保护利用；郊野自然开敞空间以保护为主，局部节点结合休闲观光、民宿体验等城市休闲功能进行设计提升；城市自然开敞空间在不破坏原始风貌格局的基础上，结合体育运动、科普教育、文化娱乐、公共服务等城市功能进行设计提升。

片区层面，结合GIS图斑分析和卫星影像数据，确定开敞空间具体形态肌理、位置边界，识别体现景观基底主要特色的重点地区（图UD2-5）。

借鉴案例：甘肃省敦煌市城乡风貌规划及重点地段城市设计——景观特征分析

敦煌绿洲为人工生态绿洲，依托河渠水系呈现出独特的冠状形态。对主城区景观基底进行分析，综合城市及村庄建成区、河渠水系、林木植被、基本农田和普通农田、荒漠地区的分布特点，总结沙洲主城区景观基底特点主要包括以下两个方面。林木植被沿河渠水系和村庄建成区与耕地边界聚集，分布于现状城区南侧、东北侧，西侧和西北侧为主要的林木植被聚集区；现状建成区东南侧为敦煌绿洲与荒漠区的交界，是体现敦煌沙漠绿洲特点的重要地域性景观（图UD2-6）。

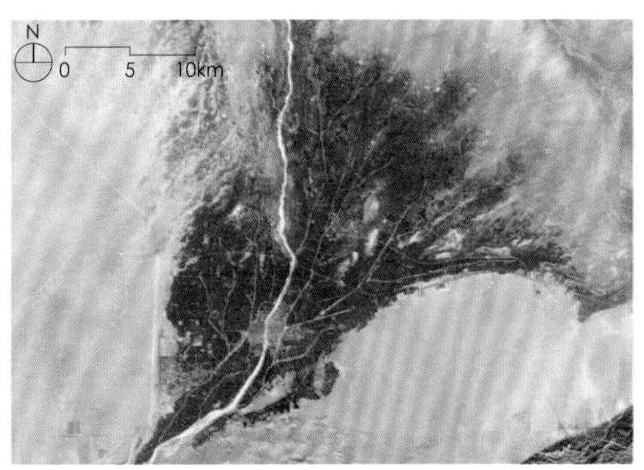

图UD2-5　敦煌风貌规划绿洲卫星分析图

图UD2-6　敦煌风貌规划自然开敞空间分析图

UD2-2 ※

系统梳理人文要素

分析城镇发展的历程，研究城市发展与历史上资源要素变迁的相互关系，包括人居聚落、文化路径、人文要素点，从历史文化传承、延续城市文脉的角度研究城市空间的发展演变。

UD2-2-1

明确人居聚落分布

1. 梳理历史文化名城、名镇、名村和传统村落，依据保护规划明确核心保护区与建设控制地带，确定空间格局和文化脉络。梳理其他古城、古镇、古村，确定空间格局和文化脉络。

2. 梳理历史文化街区、特色地区和地下文物埋藏区，明确四至边界范围。

3. 梳理风景名胜区，明确风景名胜区边界。

UD2-2-2

确定文化路径落位

借鉴案例：福建省泉州市城市规划建设发展咨询——历史文化路径分析

对泉州市晋江、洛阳江两江流域进行梳理，发现

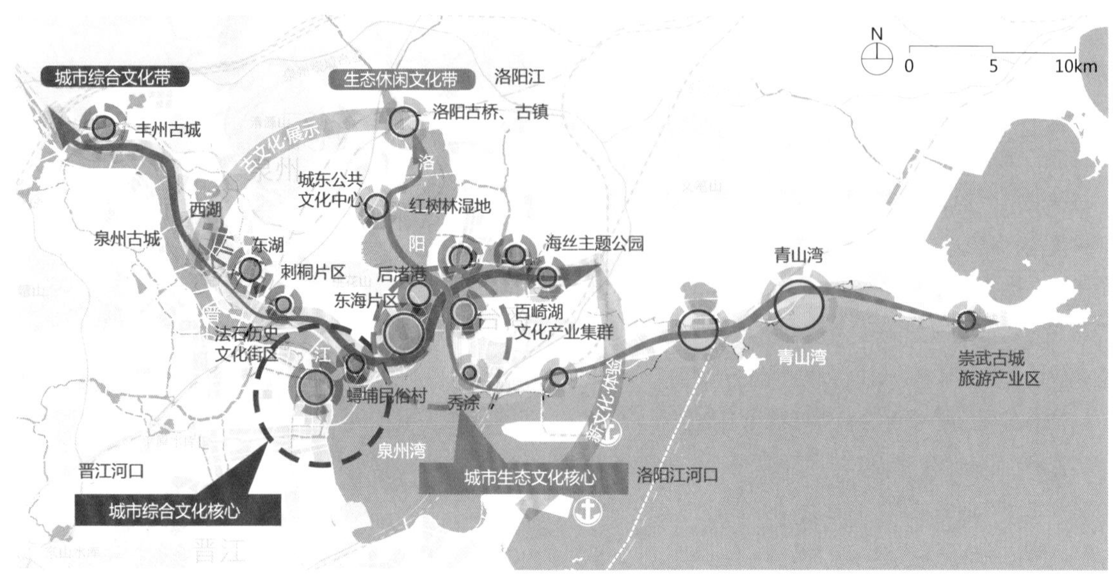

图UD2-7　泉州市城市规划建设发展咨询中的历史文化路径分析图

两江流域与泉州古城、丰州古城、洛阳古镇等历史文化节点空间高度重合，也是历史事件、行为活动的重要文化载体。基于此，依托两江流域规划形成城市综合文化带和生态休闲文化带、展示古文化、发展新文化（图UD2-7）。

1．梳理历史河湖水系。历史上人类及其社会生态系统的发生发展与河流水系大多相互依存、密不可分。

2．梳理古商道。古商道是中国古代陆地上商贸往来的重要通道，承载了古代陆路商贸文化，包括丝绸之路、茶马古道、晋商驼道、川盐古道、唐蕃古道、川陕古栈道等。

3．梳理古驿道。古驿道是中国古代陆地上转输官用粮草物资、传递军令军情官方通信的通道，沿途设置驿站，负责官方接待、信息传递、道路管理和军队供给，承载了古代的政务军事文化，包括湖广驿道、杭徽驿道、青蒿驿道、梅关古驿道等。

4．梳理古航道。结合历史地图及大运河文化带保护建设规划，落实相关要求。古航道是粮商水路运输的重要通道，承载了古代商旅航运文化，包括海上丝绸之路、京杭大运河等。

UD2-2-3

梳理人文要素点位置

1．梳理世界遗产和各级文物保护单位，其中对已划定文物保护区划的文物落实保护范围及建设控制地带，对尚未划定文物保护区划的文物落实文物本体保护。

2．梳理各项历史建筑（含工业遗产、名人故居、挂牌院落、优秀近现代建筑）落实需保护的建筑物或构筑物保护要求。

3．梳理城址遗存、地下文物埋藏区、历史街巷和传统地名，明确历史古城城址范围以及保护方式，可通过建设城址公园、保护古城肌理等方式进行保护与呈现。

4．梳理古树名木和历史名园，加强标注与保护。

5．梳理革命史迹，加强保护与展示利用。

6．梳理非物质文化遗产，加强非遗空间的保护与传承。

借鉴案例：福建省泉州市江南组团总体城市设计——历史文化要素资源分析

泉州历史文化遗产保护梳理中，逐级梳理文保单位、文物、历史建筑的保护红线和建设控制地带，基于此制定出周边村庄聚落保留拆改的行动计划（图UD2-8、图UD2-9）。

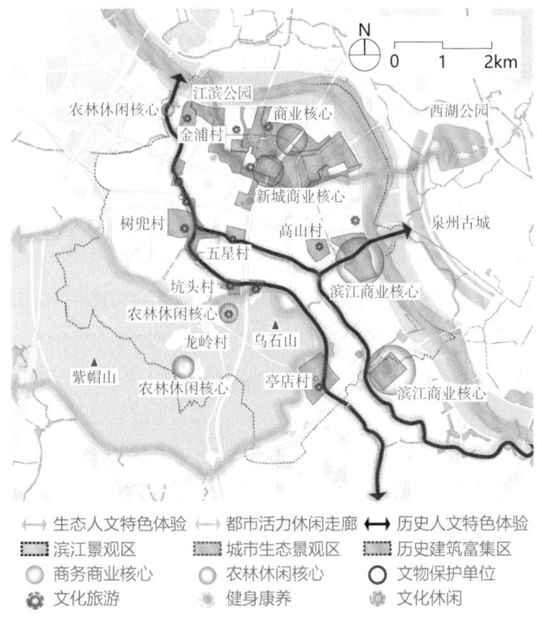

图UD2-8 泉州市江南组团总体城市设计人居聚落分布分析图

图UD2-9 泉州市江南组团总体城市设计历史文化要素分析图

UD2-3 ※

统筹梳理城市结构

城市结构是城市建设的内在组织力量与空间逻辑，在此基础上构建公共空间系统，划定特色片区，建立管控要素体系，塑造布局合理、具有个性的整体空间形态。

UD2-3-1

构建自然、城镇、乡村共生的总体格局

识别空间逻辑关系，对城镇所处的自然环境独特的地形、地貌、流域特征等进行分析，结合发展历程中城镇的主导功能更替、空间拓展演变等，可以认知城镇、乡村空间与自然环境在长期互动的过程中形成的空间组织关系；研判空间发展诉求，基于对共同体空间组织模式和空间构成要素的识别，可以对自然生态保护、乡村田园发展和城镇建设拓展对空间上的不同需求予以解读；构建共生总体格局，对现存的不同空间要素进行价值判断，并据此选择未来发展中三种空间不同的发展方向，以谋求自然、城镇、乡村和谐共生、并行生长的总体空间布局和空间形态，在发展路径上追求三者并行，在空间边界上追求三者的互融和共生，在建设时序上追求城市的渐进生长。

借鉴案例：广东省广州市南沙新区总体城市设计——总体格局

城市空间形态研究首先以资源环境承载力为硬约束，以突出南沙“山水海田城”空间基质为切入点，提出“育山水以恒美”的生态空间引导策略。同时，立足湾区协同发展，以城乡融合为目标，提出“理结构以固本”的城乡结构引导策略。明确底线约束，确立发展路径，以培育粤港澳大湾区高能级中心为目标，形成富有南沙滨水特征、岭南风貌的国际湾区，提出“塑核心以聚才”的引导框架。构建功能明确的三级湾体系，推进南沙明珠湾、粤港澳合作区、南沙湾等服务业集聚区建设，形成富有滨水特征、岭南风貌的一级湾（国际湾）；利用产业集聚优势打造蕉门

河湾、庆盛湾、万顷沙湾三个二级湾；利用河涌景观生态资源建设社区公共中心，形成具有地域特色的三级湾（图UD2-10）。

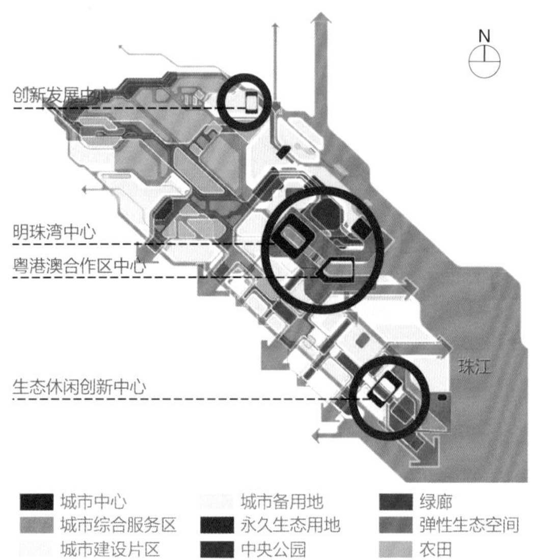

图UD2-10　广州市南沙新区总体空间格局分析图

借鉴案例：青海省贵德县中心城区核心区城市设计——生态格局

基于贵德县降雨量少、蒸发量大的高原气候特点，城市设计提出尽可能地保留原有河渠和树木的蓝绿廊道，顺应河谷绿洲叶脉状肌理，形成南北向伸展连续、契合自然的“梳齿状”蓝绿空间体系[4]，通过慢行通道、绿化脉络和景观视线拉近南北两侧的山水自然景观与集中建设的城镇内部空间的距离，营造望山见水的人居空间环境（图UD2-11）。

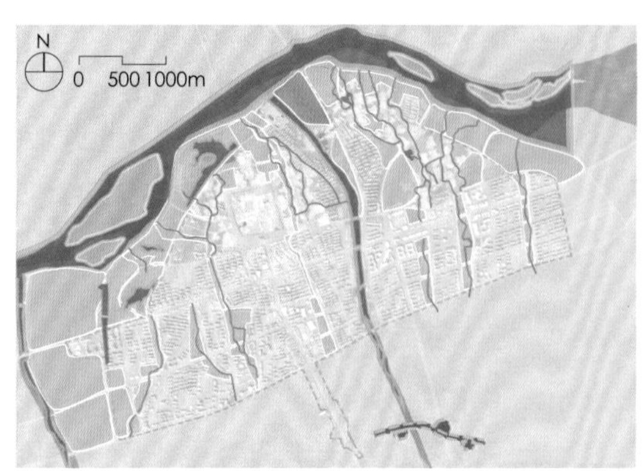

图UD2-11　贵德县总体城市设计生态格局分析图

UD2-3-2
梳理城市结构体系框架

由面状、线性、点状结构要素共同构成结构体系框架。

面状结构要素

“山体”一般包括城市外部山脉生态屏障，以及内部的重要山体。

“水体”指各类型水系，包括江河湖海、坑塘水面、线性沟渠等。

“区域”或“片区”是城市的组成单元，它们代表了不同尺度的范围，包括组团、特色片区、街区、街坊等。由于在功能或风貌上具有共有特征而易于被人们所感知。

“中心”是整个框架的核心要素，是城市市民集中进行公共活动的地方，一般包括城市的功能中心和景观中心，可以是一个广场、一条街道或一片地区，往往集中体现城市特性和风格面貌。

线性结构要素

“轴”指城市轴线，包括功能轴线、景观轴线等。又可分为实轴和虚轴两类，实轴指城市空间发展轴，是城市发展的脉络和依托，常常以重要道路为载体；虚轴指城市空间发展意向轴，一般具有明确的礼仪等级和空间秩序。

“廊道”或“带”指视线走廊或开放空间带，其作用是满足城市景观联系、组团分隔或体现特色景观区域，有时也可通过轴线来表达。

“边界”是一种线性元素，是两个不同属性片区之间的界线，包括海滨、铁道、道路、组团发展边缘等。这种边界可以是将一个地区与另一个地区相隔的，具有一定可渗透性的屏障，也可以是两个地区互相联系、互相结合的接缝线。

点状结构要素

“节点”是城市功能或空间的重要战略结点，主要包括枢纽、运输线上的停靠点、道路岔口或交汇点，以及从一种结构向另一种结构转换的关键环节。节点也可以只是功能或空间的汇聚点，比如商业街的起点、交汇点、码头、广场等。

“标志”是城市中辨别方位的参照点，通常是形象突出的实物包括建筑、标识牌、商店或山峰等。其作用是通过特征元素，辅助认知、辨识一个特定空间。

借鉴案例：江苏省无锡市总体城市设计导则——空间结构

梳理山水格局为“三山抱湖、八脉辐辏”。梳理城市结构包含区域、主城、中心城街道要素三个部分。区域结构要素包括京杭运河活力带和锡宜魅力环；主城结构要素包括“一城”即中心城，“双核”即中心老城、太湖新城，“三片”即惠山新城片区、锡东新城片区和高新片区，“六组团”即阳山、洛社、玉祁—前洲、东港—锡北、羊尖、鹅湖，“绿链”即中心城与外围地区相隔的绿廊（结合京沪、锡宜高速绿廊），三个次中心即惠山新城、锡东新城、高新片区，“八脉”即京杭运河、梁溪河、洋溪河、老兴塘河、九里河、伯渎港、尚贤河、锡澄运河；中心城结构要素包括三山一湖，即马山、锡惠山、军嶂山、蠡湖，以及若干特征风貌区（图UD2-12）。

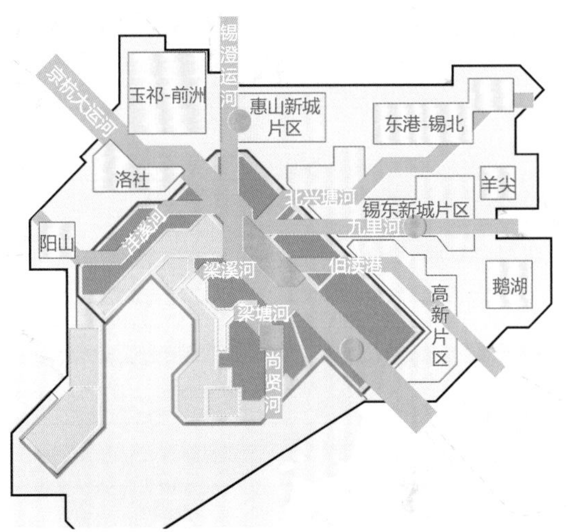

图UD2-12　无锡市总体城市设计导则梳理的城市结构分析图

UD2-3-3

梳理城市建设基调

明确建设模式

从建设与自然关系、空间形态骨架、空间肌理等方面，梳理总结现有城市建设模式特点。

分类建筑风格

对重要自然景观区、人文景观区、重点城市功能区、相应的风貌协调地区和展现不同时期发展印记的地区进行差别化、精细化设计，塑造具有高识别性的城市建筑风貌。

协调城市色彩

根据本土植被、土壤、气候等特征，确定色彩管控分区，调和城市色彩。根据地区差异，挖掘建筑材质与色彩、建筑功能与冷暖色调间的联系，提出针对性的色彩指导意见，建立负面清单，塑造城市色彩环境。

借鉴案例：北京市城市基调研究——城市基调

北京市城市基调梳理得出：“望山亲水、两轴统领、方正舒朗”，作为对北京建设模式的特色描述和总结；“庄重恢宏、包容创新、古今融合”，作为对北京建筑风格的特色描述；“丹韵银律”作为对城市色彩的具体要求。总结最能反映当地优势和特色的自然山水特征和模式；明确自然特色空间，筛选出具有生态保育、文化彰显、景观利用等价值的特色自然资源和物质空间载体。

UD3

城市形态

UD3-1　※

逐级识别规划片区

规划片区一般包括组团、街区、街坊等层级。城市设计要求的逐级传导保障城市设计策略的落实。

UD3-1-1

确定组团类型规模

划定原则

功能完备、边界清晰、结构完整。以被自然环境等要素分隔的现状用地为基础，结合地形地貌，采用适宜的规模尺度，将位置相邻、功能相关的用地集中规划布置，形成城市组团，每个组团均衡布局居住及生活服务配套功能；以行政边界、自然生态廊道、线性市政设施等为基础，规划形成清晰可控的组团边界；均衡布置组团中心，并通过便捷的交通系统与外部连通。

借鉴案例：河北省雄安新区规划纲要——城乡空间布局结构

坚持城乡统筹、均衡发展、宜居宜业，规划形成“一主、五辅、多节点”的新区城乡空间布局。其中，“一主”即起步区，是新区的主城区，以公共交通为导向构建线性城市格局，以五组团布局形态，先行启动建设；“五辅”即雄县、容城、安新县城及寨里、昝岗五个外围组团；“多节点”即若干特色小城镇和美丽乡村（图UD3-1）。

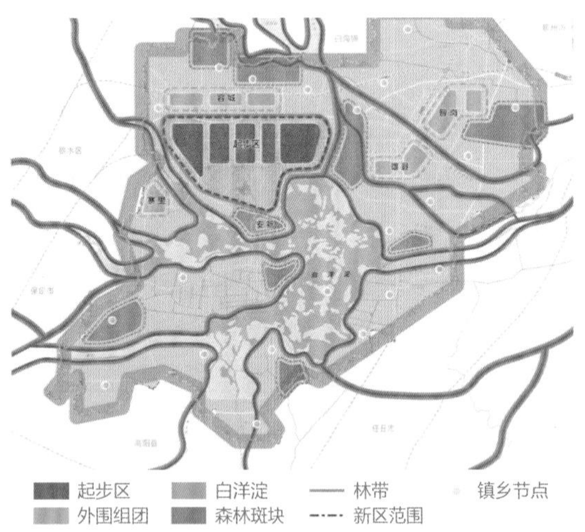

图UD3-1 雄安新区城乡空间布局结构示意图
来源：《河北雄安新区规划纲要》

组团规模

主城区组团建设用地规模一般为25～35km²。例如，在河北省雄安新区启动区控制性详细规划中，启动区组团建设用地规模为26km²，雄安新区起步区五个组团的总建设用地规模约为100km²，平均每个组团建设用地规模约为20km²；在长沙市湘江新区总体城市设计中，城区组团规模为25～30km²，与《湖南湘江新区空间发展战略规划提升（2016）》提出的产城融合单元相契合；在法国巴黎马恩拉瓦莱新城规划建设中，除了比西谷规模较大，其余巴黎之门、莫比埃古、欧洲谷三个组团规模均为20～40km²。

外围组团建设用地规模一般为5～15km²。例如，在河北省雄安新区雄县组团、安新组团、寨里组团控制性详细规划中，组团建设用地规模为8～12km²；在北京市通州区宋庄镇、台湖镇国土空间规划及控制性详细规划中，组团建设用地规模为10～20km²；无锡市国土空间规划中外围城镇组团建设用地规模为5～15km²；新加坡新市镇规划建设中新市镇建设用地规模为4～13km²（表UD3-1）。

组团规模参考 表UD3-1

	来源	名称	建设用地规模（km²）
主城区组团	《河北雄安新区启动区控制性详细规划》	启动区	26
	《河北雄安新区总体规划（2018—2035年）》	起步区五个组团	20（平均）
	《湘江新区总体城市设计》	新区组团	25~30
	巴黎马恩拉瓦莱新城规划建设	巴黎之门	21
		莫比埃古	38
		比西谷	61
		欧洲谷	32
	《深圳经济特区总体规划（1986—2000）》	南山组团	37
		福田组团	34
		罗湖组团	30
外围组团	《河北雄安新区容城组团控制性详细规划》	容城组团	11
	《河北雄安新区雄县组团控制性详细规划》	雄县组团	10
	《河北雄安新区安新组团控制性详细规划》	安新组团	8
	《河北雄安新区寨里组团控制性详细规划》	寨里组团	12
	《通州区宋庄镇国土空间规划及控制性详细规划（街区层面）（2020年—2035年）》	宋庄镇	20
	《通州区台湖镇国土空间规划及控制性详细规划（街区层面）（2020年—2035年）》	台湖镇	10
	《无锡市国土空间总体规划（2021—2035年）》	外围城镇组团	5~15
	新加坡新市镇规划建设	新市镇	4~13

UD3-1-2
确定片区类型规模

划定原则

在城市组团中具有显著风貌特征、特定功能或需要特殊管控的区域。

片区类型的确定没有固定要求，应视不同城市特征确定。一般可按照以下三个主要因素综合确定：片区主导的自然景观特征、人文景观特征和城市功能。

“组团一街区一街坊”大致对应于居住区规划设计规范中的各级生活圈。片区的规模弹性较大，主要以功能、风貌特色及管控的一致性特征来确定，而不严格受限于规模。

特色风貌区

含义：从凸显城市特色、营造良好的城市风貌角度出发，依据主要自然景观、人文景观特征划定的特色片区。

类型：可以分为滨水地区、山前地区、历史文化保护地区、老城复兴区、新城新区等（图UD3-2）。

规模

依据片区划定要求，结合基地特征，综合确定片区规模（表UD3-2）。

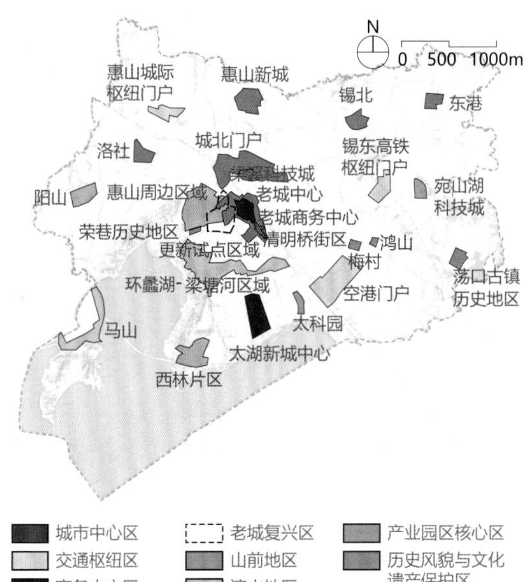

图UD3-2 无锡总体城市设计导则中的重点地区划定规划图

特色风貌区划定要求参考　　表UD3-2

名称	规模	来源
滨海地区	距海岸线500~1000m范围以内的城市建设用地区域（或相邻街区）	《深圳市城市设计标准与准则（试行）》
滨水地区	河、湖岸线周边200~500m范围以内的建设用地区域（或相邻街区）	《深圳市城市设计标准与准则（试行）》
	城市河道、两侧绿带及滨河第一街坊范围的建设用地，一般以滨水第二条市政道路为界	《北京滨水空间城市设计导则》
	广阔水域周边地区沿江、湖岸线200~500m范围以内的城市建设用地；其他滨水地区沿江、湖岸线150~200m范围以内的城市建设用地	《杭州市城市设计导则编制规程》（内部文件）
山前地区	山体保护范围线外500~1000m范围以内的建设用地区域（或相邻街区）	《深圳市城市设计标准与准则（试行）》
	临山地区山体保护线外200~500m范围以内的建设用地	《杭州市城市设计导则编制规程》（内部文件）
	以等高线为基础，以乡镇（街道）为基本单元，以北京高程系100~300m的浅山本体为基础，结合城镇开发边界细化形成	《北京市浅山区保护规划（2017年—2035年）》
历史文化保护地区	依据保护规划综合确定	《杭州市城市设计导则编制规程》（内部文件）

特色功能区

含义：功能片区是相对独立的、具有特定范围和多种功能的区域，既可以由自然地物分隔，也可以由行政界限划分。

类型：可以分为商业商务区、交通枢纽区、创新产业集聚区、绿色低碳产业园区等。例如，在《河北雄安新区启动区控制性详细规划》中，将启动区划分为金融岛、总部区、互联网产业园、创新坊、科学院、大学城、居住区等特色功能片区（图UD3-3）。

规模：商业商务片区、交通枢纽片区、文创旅游片区偏小，规模弹性较大，居住、制造业集中片区偏大。《北京市控制性详细规划街区指引编制技术要求（暂行）》中明确，交通枢纽区城市设计管控范围为站点周边半径800~1000m，轨道交通换乘站城市设计管控范围为站点周边半径300~500m。居住区、商务中心区、创新产业集聚区等视具体情况而定。

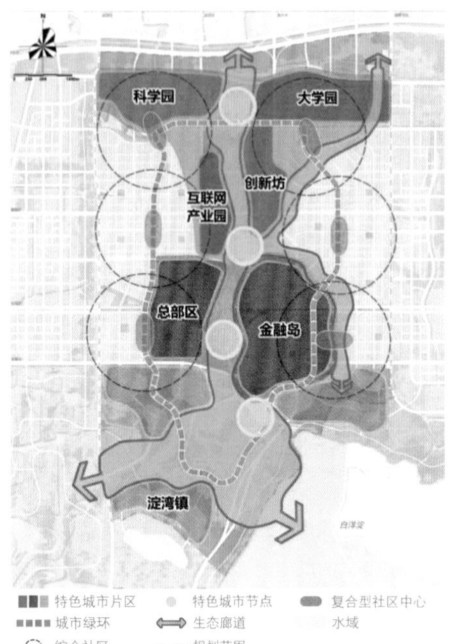

图UD3-3 雄安新区启动区控制性详细规划功能分区规划图

特定管控单元

含义：包含特定意图区或重点地区，是指能够充分展示城市空间特色及对城市空间特色有重大影响的地区，是城市设计引导的重点地区。

类型

一般综合片区层级和特定风貌或功能两方面确定。

特色意图区一般分为2～3个层级。

南京市特色意图区分为市级和片区级两个层次。市级特色意图区包括结构性特色意图区、自然山水特色意图区、现代风貌特色意图区、历史文化特色意图区等类型；区级特色意图区包括老城、新城新区、港口型、旅游型、工业型、服务型、产业型、综合型等类型。

杭州市特色意图区分为三级：一级特别意图区（具有城市整体管控意义）、二级特别意图区（具有地区或局部片区城市景观风貌和特色展示重要意义）、三级特别意图区（具有地区或局部片区城市景观风貌和特色展示比较意义）。具体分为：公共活动中心、历史风貌地区、重要沿山滨水区、交通走廊及枢纽地区和其他意图区。

UD3-1-3

确定街区类型规模

含义：街区是由城市主、次干道或自然边界围合形成，由若干街道和街坊组成，具有一定规模和区位特征或主导功能的地区，是控制性详细规划编制、深化和维护的基本单元，也同样是城市形态组成的基础细胞。

类型：按功能划分，可以分为历史文化街区、居住街区、商业街区等；按建设类型划分，《北京市控制性详细规划编制技术标准与成果规范》中分为建设主导街区、生态复合街区、战略留白街区三类，在建设主导街区中，又依据规划实施率分为统筹治理、存量更新、优化完善、适度留白四类街区。

规模

依据国家地方技术规范，参考经典理论，结合地方特色综合确定（表UD3-3）。

国家、地方标准及经典理论中的街区规模 表UD3-3

来源及名称			半径（m）	街区规模（km^2）	人口（万人）
居住区标准	《城市居住区规划设计标准》	15分钟生活圈	1000	约为3	5~10
地方技术标准	《北京市控制性详细规划街区指引编制技术要求》	街区	—	1~3	—
	《天津市新型居住社区城市设计导则（试行）》	街道社区	1000~1500	1~4	3
经典理论	田园城市理论	田园城市单元	1200	4	3.2~5.8
	邻里单元理论	邻里单元	400	0.6	—
	TOD理论	TOD单元	400~800	0.84	—

1. 国家技术规范下的街区规模

按照《城市居住区规划设计标准》（GB 50180—2018）要求，15分钟生活圈的服务半径约为1km，覆盖范围约为3km^2，服务人口约为5万～10万人。

2. 地方技术标准下的街区规模

《北京市控制性详细规划编制技术标准与成果规

范》中街区规模宜控制为1～3km^2，各地区视具体情况可适当调整。

《天津市新型居住社区城市设计导则（试行）》中街道社区服务人口为5万～10万人、3万户左右，步行可达距离为1000～1500m，居住用地规模约为1～4km^2。

3. 经典理论视角下的街区规模

田园城市单元服务半径约为1200m，覆盖范围约为4km^2；邻里单元服务半径约为400m，覆盖范围约为0.6km^2；TOD单元服务半径约为600m，覆盖范围约为0.84km^2。

UD3-1-4

确定街坊类型规模

含义：是指由支路等城市道路、用地边界线、河道等围合形成的，由若干地块构成的城市建设地区（图UD3-4）。

类型：按建筑组合方式划分，可以分为围合式街坊、尽端路式街坊、联排式街坊、行列式街坊、组团式街坊等。

规模

依据国家地方技术规范，参考国内外经典案例，结合地方特色综合确定。

1. 国家技术规范下的街坊规模

《城市居住区规划设计标准》中提到，居住街坊的居住人口规模为1000～3000人（约300～1000套住宅，用地面积为2～4hm^2），并配建有便民服务设施。

2. 地方技术标准下的街坊规模

《上海市控制性详细规划技术准则（2016年修订版）》提出，公共活动中心区的道路间距由200m缩小为150m，街坊面积控制在2hm^{2}以下。居住社区的道路间距由250m缩小为200m，街坊面积控制在4hm^{2}以下。

图UD3-4　国内外典型城市街坊比较示意图

《深圳市城市规划标准与准则》（2021年修订汇总版）提出，在城市中心地区，小街廓更有利于人的活动，支路网间距一般宜控制在75～200m之间。商业、商务办公街块支路网间距宜控制在75～100m之间，街块面积宜为6000～8000m^2；居住街块支路网间距宜控制在150～200m之间，街块面积宜为25000～35000m^2；工业街块支路网间距宜控制在100～200m之间，街块面积宜为15000～35000m^2。在城市一般地区，支路网间距宜控制在150～300m之间，街块面积宜为25000～75000m^2。

《杭州市城市设计导则编制规程》中一般包含3个（含）以上独立地块，用地面积大于5万m^2，最大不宜超过25万m^2（表UD3-4）。

《广州城市设计导则》对商业商务办公、居住、轨道站点周边、工业物流几种类型，提出相应功能的街区尺度建议，引导地块细分。

街坊规模参考 表UD3-4

	来源	街坊所在街区类型		街坊规模（hm²）
居住区标准	《城市居住区规划设计标准》	居住区		2~4
地方技术标准规范	《上海市控制性详细规划技术准则（2016年修订版）》	公共活动中心区		<2
		居住区		<4
	《深圳市城市规划标准与准则》（2021年修订汇总版）	城市中心区、商业商务区		0.6~0.8
		居住区		2.5~3.5
		工业区		1.5~3.5
		一般地区		2.5~7.5
	《广州城市设计导则》	商业商务区		0.6~1.5
		居住区	一般街区	2.5~3.5
			商住街区	1~2
		轨道站点周边	商业办公区	0.6~1.5
			居住街区	2.5~3.5
		工业物流区		1~8
	《杭州市城市设计导则编制规程》	—		5~25

UD3-2

科学划定片区边界

综合运用智能辅助分析、GIS辅助设计技术[5]、模拟环境分析以及传统经验归纳等技术方法，科学划定城市与自然要素边界、城乡边界、组团边界及城市特色片区边界。

UD3-2-1

划定城市与自然要素边界

划定边界

城市与自然要素边界划定需要统筹考虑生态控制线和城镇开发边界两条边界线。

叠加相关规划，划定生态控制线。生态控制线是指以严格的生态保护为目标，在市域内划定的重要生态空间的边界。生态控制线内的地区为生态控制区，以生态保护红线、永久基本农田保护红线为基础，包括具有重要生态价值的山地、森林、河流湖泊等现状生态用地和水源保护区、自然保护区、风景名胜区等法定保护空间。整合落实各类规划的生态控制线，包括山体、森林公园、水体及湿地公园等控制线，明确生态控制空间（图UD3-5）。

对接国土空间规划确定城镇开发边界。城镇开发边界是在国土空间规划中划定，在一定时期内因城镇

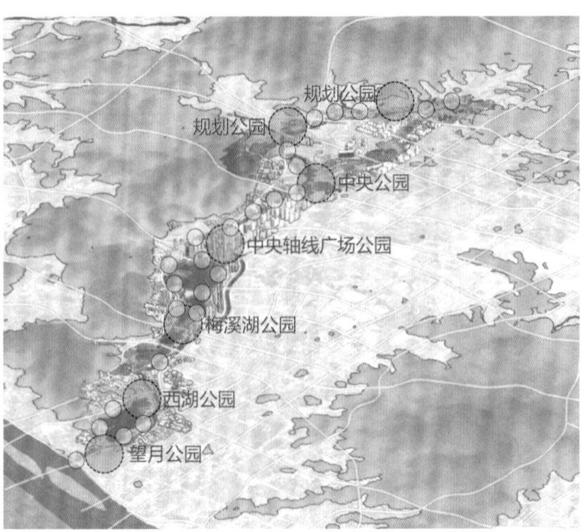

图UD3-5　长沙市湘江新区总体城市设计城镇建设空间与生态空间边界示意图

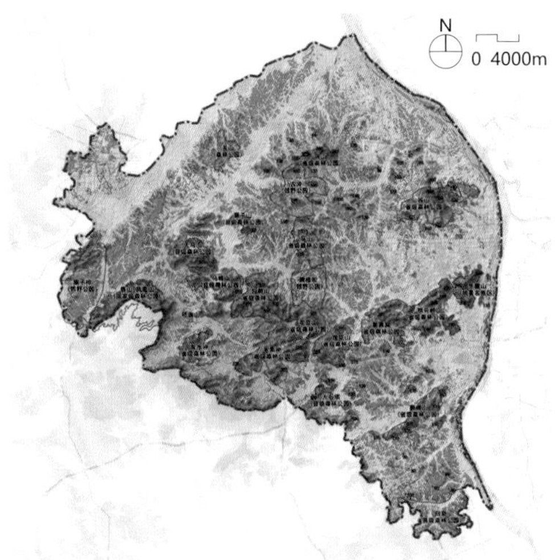

森林/郊野公园边界　山林地及基本农田　▲ 山顶点及高程

生态红线与生态和农业空间分布分析图

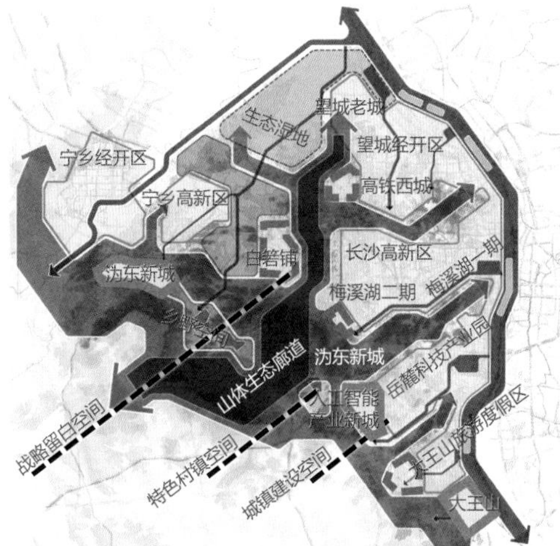

城镇建设空间与生态空间结构分析图

城镇开发边界与山体边界分析图

图UD3-6　长沙市湘江新区总体城市设计分析图

发展需要，可以进行城镇开发和城镇集中建设、重点完善城镇功能的区域边界。以从自然地形地貌出发划定的城市空间格局作为基底，整合相关规划成果、各片区建设情况和发展意图，划定城镇开发边界。

借鉴案例：湖南省长沙市湘江新区总体城市设计——城市与自然边界确定与设计引导

综合发展战略、总体规划、城市设计、绿道、生态控制、生态保护、景观引导等各类规划，确定生态控制线；以“三台拥湘、五麓定城”的城市空间格局为基础，根据《长沙市城市总体规划（2017—2035）》（征求意见稿），统筹“三区三线”及用地功能指导范围，划定城镇开发边界，确定总体城市开发空间面积约占辖区面积的40%（图UD3-6）。

建设引导策略

参照国家及地方关于生态控制线及城镇开发边界的管控要求。

UD3-2-2

划定及引导城乡边界

划定边界

主要通过对地形地貌和主导功能等方面的多因子叠加分析，依据行政边界、城市建设与自然要素边界划定城乡边界（图UD3-7）。

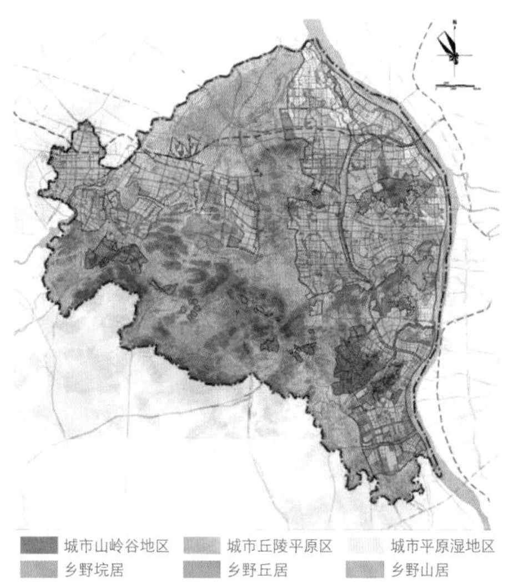

图UD3-7　长沙市湘江新区总体城市设计城乡边界示意图

根据地形地貌特征划定边界。主要从城乡地形地貌和土地利用方式等角度来识别城乡边界。

借助不同年份卫星遥感影像及测绘地形图等数据，对土地利用转移、建设用地拓展、景观紊乱度等因子变化情况进行统计分析，找出突变空间位置。

根据功能特征划定边界。借助不同年份二三产业增加值、农业和非农人口分布、土地出让条件等数据源，对经济指标、人口密度、城镇化水平、开发强度等因子变化的情况进行统计分析，找出突变空间位置。

综合权重叠加。综合对不同年份各因子数据，采用信息熵法、断裂点分析法、阈值法和景观紊乱度判别法等方法，识别出各因子城乡边界位置信息，进而进行空间权重叠加分析，确定城乡边界范围（图UD3-8）。

建设引导策略

1. 边界明确。利用山体河湖、自然开敞空间、城市道路、绿化隔离带等分隔城乡边界，划定明确的城市建设用地范围，严格限制城市的无序漫延。

2. 风貌协调。对城乡边界两侧200m范围内的建筑与景观环境进行重点整治，对乡村一侧的建筑进行传统风貌改造，杜绝边界两侧的违法建设行为，保持边界两侧环境整洁，加强维护。

3. 设施衔接与退让。一般不应在农业发展区、大型交通廊道与城市建成区的边界布局公共服务设施。

4. 生态缓冲。强化边界两侧绿化与生态环境保护。城市建设用地与农业用地、山体开放空间、滨水开放空间之间设置生态绿化隔离带，隔离带的宽度一般不应小于50m。隔离带中除小型景观建筑与必要的市政设施外，严禁其他类型的建设。

5. 强度控制。城乡边界的城市一侧控制高强度、高密度的城市开发方式。

图UD3-8 长沙市湘江新区总体城市设计城乡边界建设形态示意图

借鉴案例：海南省三亚市吉阳东片区城市设计方案国际征询——乡村空间建设引导

充分尊重现有农田肌理，设置尺度宜人的田园步道，形成可漫步的田园；通过梳理现有田园乡村形态，将乡村生产与生态、生活融为一体，形成可生产的公园；结合步道布置田园体验式项目，以黎乡文化为依托，塑造可体验的乐园；将田园邻里引入生态绿色，并融入整个生态体系中，形成兼具服务和游赏的可服务的花园（图UD3-9）。

建设引导策略

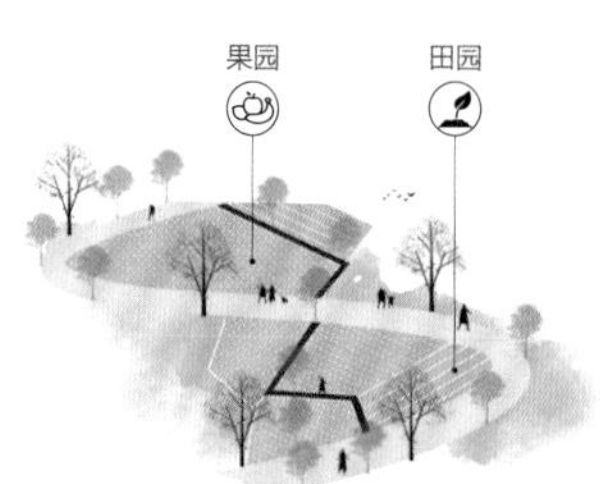

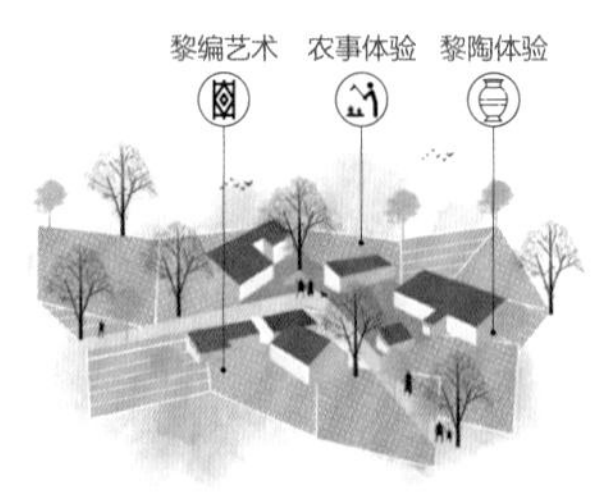

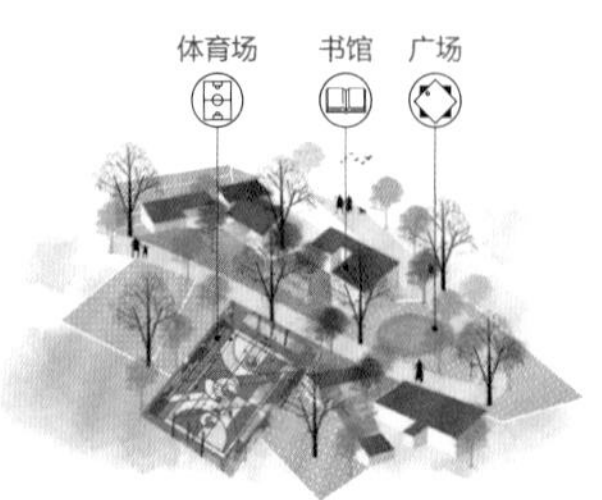

图UD3-9 乡村空间建设引导策略示意图

UD3-2-3 划定及引导组团边界

划定边界

根据地形地貌特征划定边界。根据地形图、卫星影像等数据，采用人工+智能辅助的方法，将山体、河流、沟渠、公园、植被绿化、历史文化、道路防护带等因子作为识别组团边界的依据。

根据环境景观特征划定边界。运用地理信息系统，对城市风环境、水环境、景观眺望系统等因子进行综合分析，判断预留廊道位置和方向，指导组团边界划定。

根据功能特征划定边界。借助手机信令、网络数据、地形图等数据，采用POI兴趣点、空间句法、区位联系度等分析方法，对人群分布、空间偏好、历史文化、地形坡度、道路连接等因子进行综合分析，建立功能联系网络，判断功能联系强度和联系方向，指导组团边界划定。

综合权重叠加。综合各因子采用多层次叠加分析的技术方法，生成科学、精细的工作底图，在此基础上结合设计意图合理划定城市空间边界、塑造组团空间形态（图UD3-10、图UD3-11）。

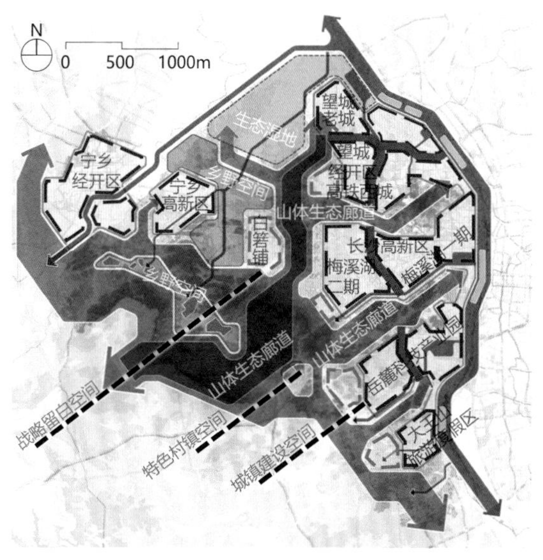

图UD3-10　长沙市湘江新区总体城市设计组团边界结构示意图

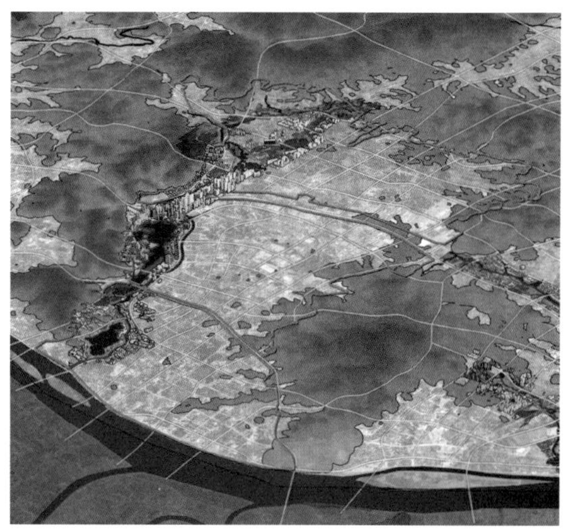

图UD3-11　长沙市湘江新区总体城市设计组团边界划定示意图

建设引导策略

1. 边界明确。利用公路、高等级城市道路、绿化隔离带、河道水渠等分隔组团边界，划定明确的组团建设用地范围，严格限制组团外扩粘连。

2. 交通联系。加强组团间的交通联系，组团两侧的城市主干路应保障贯通，一般不少于2条。

3. 景观联系。打通组团与外围生态空间的景观生态通道，沟通边界两侧的开敞空间系统。

4. 风貌特色。应加强组团边界的风貌设计管控，通过布置公共空间、引导建筑朝向、立面设计，形成丰富、有特色的组团界面。

UD3-2-4 划定及引导城市特色片区边界

划定边界

依据地方标准规范，结合地方特色综合确定（表UD3-5）。

特色片区边界划定参考 表UD3-5

来源	名称	边界划定
《深圳市城市规划标准与准则（2021年修订汇总版）》	核心景观地区	重要道路200m范围地区、重要海岸线陆侧300m范围内地区、主要河道两侧100m范围、主要轨道枢纽站800m半径范围
《无锡市大运河梁溪河滨水公共空间条例》	滨水公共空间	指两河岸线向周边水域、腹地适当延伸，对社会公众开放，具有游览观光、文化传播、运动健身、休憩娱乐等公共活动功能的空间，具体范围根据滨水公共空间专项规划确定后向社会公布
《佛山水系规划滨水区城设计导则》	滨水区	一般指水城与陆城相接的具有一定范围的区域，其特点是水与陆地其同构成环境的主导因素。主要针对从内河流边缘起至沿河的第一条城市道路（不包括河堤路）范围内的陆域空间，给予较详尽的城市设计指引和要求，其他地表水体可以此为参考
《三亚市关于加强城市设计和建筑风貌管理实施细则》	山前控制区	25~35m等高线或距山脚50m以内区域，以及坡度在15%~25%的缓坡地区域

建设引导策略

1. 交通连接。加强边界两侧的交通联系，边界两侧城市主干路应保证贯通，并尽量保持边界两侧步行系统的畅通。

2. 活力凝聚。在片区边界上的重要节点布置公共设施和活动场地，对重要的开放空间节点进行重点设计与引导。

3. 功能置换。腾退片区边界两侧的工业、仓储用地和城中村，优先引入公共服务设施和公共绿地。

4. 风貌协调。集中进行片区边界两侧的建筑与环境建设，提高建成环境水平。从色彩、材质、屋顶形式、开窗比例、建筑尺度等方面协调边界两侧建筑风貌。

5. 景观联系。打通相邻片区间的景观生态通道，沟通边界两侧的开敞空间系统（图UD3-12）。

亲水河道空间建设引导示意图

活力绿廊空间建设引导示意图

活力广场空间建设引导示意图

环湖开敞空间建设引导示意图

图UD3-12 长沙市湘江新区大王山片区城市设计片区边界建设引导示意图

UD3-3 ※

系统构建中心体系

构建公共服务中心体系，满足商业、办公、文化、娱乐、体育休闲等各类活动的需求。研究各级公共服务中心的目标与规模，对功能布局和空间形态塑造提出控制原则和引导要求。

UD3-3-1

确定综合中心规模与功能

一般包含市级综合中心、片区综合中心、社区综合中心三级（图UD3-13）。

合理控制综合中心规模。其中，市级综合中心核心区用地规模一般在100～500hm^{2}之间，建筑量在200万～1000万m^{2}之间；片区级综合中心用地规模一般为20～100hm^2，具体视片区规模而定；社区级综合中心依据《城市居住区规划设计标准》，用地规模不宜小于1hm^2（表UD3-6）。

明确定位并合理确定各中心功能构成。以CBD建设开发量为例，核心区商务功能占比一般大于50%，商业、娱乐功能约占30%，居住、商住混合和其他功能之和占比小于20%（表UD3-7）。

市级综合中心规模参考　　表UD3-6

类型	地区	总用地面积(hm^2)	建筑面积(万m^2)	毛容积率
国内国际性城市	北京CBD	400	1000	2.5
	上海陆家嘴	180	430	2.4
	深圳罗湖	502.6	1325	2.64
	广州环市东路	193.5	413.3	2.14
国内重要城市	重庆CBD	240.0	560.0	2.33
	南京	214.7	573	2.67
	杭州	252.7	517.9	2.05
	武汉建设大道	126.9	221.1	1.74
	成都中心区	152.6	261.2	1.71
	青岛中心区	122.7	256	1.79
	福州中心区	119.5	251.3	2.1
	厦门中心区	109.6	223.8	1.87
	宁波中心区	81.6	171.9	2.11
国外重要城市	纽约中城区	120	700	5.83
	东京临海副都心	150	350	2.33
	伦敦道克兰堪纳瑞	105	110	1.05
	芝加哥中心区	180	600	3.33
	休斯敦中心区	150	420	2.8
	悉尼金融区	100	250	2.5

典型CBD功能构成参考　（单位：%）　表UD3-7

城市CBD	上海陆家嘴CBD	北京朝阳CBD	深圳CBD	巴黎德方斯CBD
办公	66	48	49	71
商业、旅馆、娱乐	15	19	13	11
市政、交通、文化	11	5	13	2
住宅、公寓	8	28	25	16

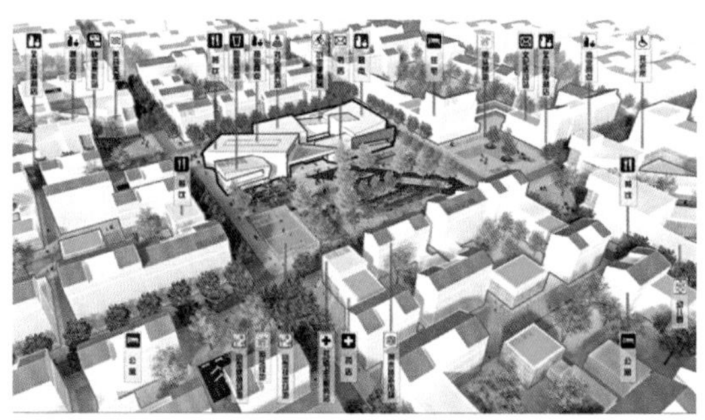

图UD3-13　社区级综合服务中心规划设计示意图

UD3-3-2

明确专业中心类型及风貌

公共服务中心按功能可以分为商业服务中心、商务办公中心、交通枢纽中心、旅游服务中心、教育培训中心、科技研发中心、社区服务中心、轨道微中心等；按自然文化特色可以分为现代都市核心、古城风貌核心、城镇景观核心、历史文化核心等。

塑造城市形象展示空间。空间形态方面，恢复传统公共空间格局，以“望水看山”组织城市空间，塑造富有变化的天际线；街道网络方面，优化路网系统提高功能连续性；绿色生态方面，强调弹性灵活、有机秩序、预留未来发展可能性的空间结构，保留自然山地、坡地、湿地及水域等地形地貌特征，营造自然绿化景观，栈桥、水埠、码头等，鼓励就地取材，采用传统形式和工艺；风貌特色方面，凸显地域景观风貌特征。

借鉴案例：江苏省苏州市总体城市设计——中心体系构建与设计引导

规划建设形成由市级中心（城市中心和城市副中心）、分片中心（包括各分片与专业中心）和居住区中心为主体的多层次城市综合服务中心体系。结合自然景观、人文资源要素培育现代服务业生长点，强化城市门户地区建设，形成一系列城市亮点地区（图UD3-14、图UD3-15）。

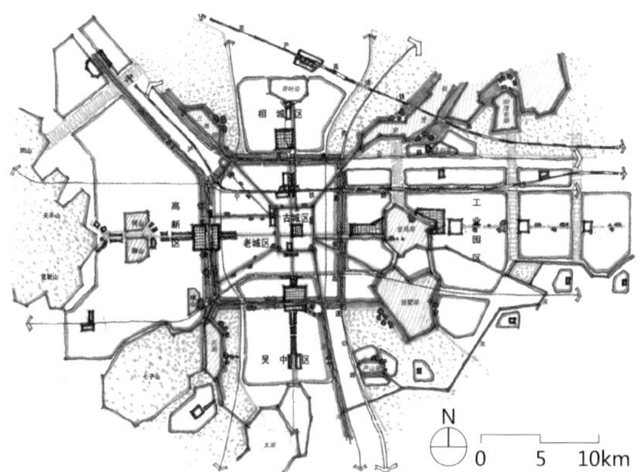

图UD3-14 2008年版苏州市中心城区总体城市设计空间结构分析图

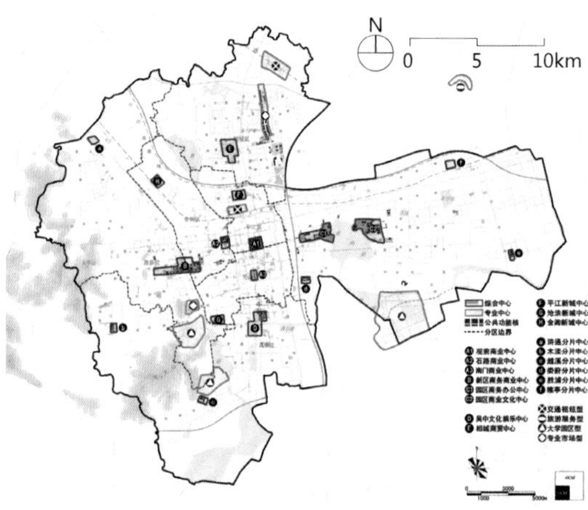

图UD3-15 2008年版苏州市中心城区总体城市设计中心体系规划图

UD3-4 ※

研判确定标志系统

确定标志系统的结构、层次和主题，并对标志的形式、高度、体量及周边环境提出控制和引导要求。

UD3-4-1

构建城市标志系统结构

根据不同城市的自然地理环境，城市标志系统结构的构建也有不同的对策。如平原城市多通过建设高大建筑物、建设色彩层次丰富的人工地标系统来构建城市标志系统；山区城市多利用山体及制高点巧妙布置地标，采取松散的布局手法；而港口城市常常会利用宽阔的岸线来安排标志系统。一般城市标志系统的结构构建有母题法、轴线法、层次法等方法。

UD3-4-2

划分城市标志系统层次

将城市标志系统进行层次划分，有重点、有针对性地建设。与城市空间的结构相协调，一般将城市地标系统分为三个层次：市级标志、区级标志及街道级标志。

市级标志是指具有城市全局影响的标志性空间、建筑物、构筑物，对整个城市具有标识作用，引导人们视线汇聚。一般依托省、市级大型文化、体育、会展、交通枢纽类项目，包括位于重要滨水地区桥头、湾口、江河交汇处和主要公共中心的高层建筑组群，纪念性、标志性建筑及高度100m以上的超高层建、构筑物等。区级标志在区级范围或特定的环境内才可以看到，为身处某一区域的居民提供指引。街道级标志需要明确街区内的重要景观节点，如亲水节点、集散型节点、休闲节点、绿地景观节点等，落实景观节点的位置，对不同类型的景观节点进行分类设计引导。

UD3-4-3

确定城市标志系统的主题

选择标志系统的主元素，坚持将城市标志的地域性和实用性结合起来。要尊重城市的自然条件及特点，根据城市的发展定位，选择与城市气质最相符的元素，同时标志本身也必须具备一定的实用性。常见的地标主元素有广场、教堂、大型建筑综合体、钟楼、鼓楼、纪念性建筑、雕塑、博物馆等（图UD3-16）。

图UD3-16　北京南中轴地区概念性规划研究及永外—大红门—南苑森林湿地公园详细规划设计方案征集优胜方案之一总体鸟瞰图

UD3-5 ※

综合划定轴线廊道

根据点—轴系统理论、场域理论的核心理念，对城市轴线、景观视廊、天际线提出设计策略和引导要求。

UD3-5-1 确定城市轴线空间

城市轴线是组织城市空间的重要手段。城市轴线可以分为"实轴"和"虚轴"。"实轴"是能够走通的轴线，通常依托城市主要道路，沿途串联起重要的城市广场、公园、公共建筑群，常见于西方城市和皇家园林，以巴黎香榭丽舍大道轴线、华盛顿东西轴线为典型代表。"虚轴"不能直接走通，而是依托建筑群构成的空间序列，体现了"礼"制思想和等级秩序的东方文化内涵，常见于东方城市、宫殿和寺庙建筑群，以北京中轴线为代表（图UD3-17）。

城市轴线的节点和区段的交替变化构成城市轴线的空间序列。轴线的节点作为两个区段之间的标识物和对景物，既是为了界定，也是为了串接空间区段，从而使轴线整体具有空间的序列感。

提炼环境中的秩序

以不同的城市脉络为基础，通过城市轴线锚固城市主要空间结构，如各种城市空间网格、城市景观序列、交通走廊、历史线路等，体现城市轴线生成的有机与秩序。

建立形态结构框架

实轴系统既是人的视线通廊，也是人的活动路线，串联起各种广场、节点、公共建筑、城市标志。以实轴为中心的城市空间往往不只是由一条轴线构成，而是城市空间中的一系列"点轴系统"。

虚轴系统将重要空间以中心对位的方式置于轴线上，轴线只能感知，并不完全是人的行动路线。虚轴也不是由一条线型空间构成，而是由一系列院落、街坊、建筑、园林构成的"场院系统"。

梳理空间及形态的层次和节奏

有多种方法可为轴线赋予丰富的变化和节奏，常用的一种方法是变化轴线上的节点，通过"场所"来组织各种节点空间，通过标志和场所的"图—底"关系强化空间的戏剧性，将诸如节点、标志、开放空间、城市界面等轴线元素在空间维度和时间维度进行有序排列和节奏转换，来营造空间层次和艺术魅力。通常存在四级节奏规律：大节奏体现为城野交替，间隔一般为3.5～4.5km，呈现城市与自然空间的转换；中节奏体现为特色分段，间隔一般为1.5～2km，呈现城市功能组团及城市肌理的变换；小节奏体现为主题变换，间隔一般为650～750m，体现在功能段、建筑风格的变化；微节奏体现为艺术节点，间隔一般为200～250m，体现为街道设施和艺术小品的变化（图UD3-18）。

另一种常用方法是转换轴线本身，通过空间方向和节奏上的变化来控制空间和营造戏剧性，通常是为了空间层次塑造的需要及地形限制、功能要求等其他因素，而将几段城市轴线组合在一起。

加强重要轴线元素设计

着重塑造起伏有序、特色鲜明的天际轮廓线；注重公共建筑、活力场所的营造，塑造都市轴线风貌特色；引导城市夜景、色彩规划设计，节庆点缀活泼动感的灯光和色彩；培育城市的活力客厅，营造丰富的城市场景。

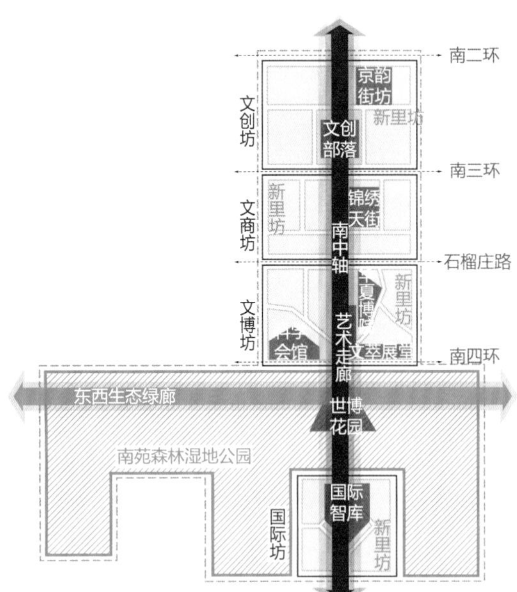

图UD3-17　北京南中轴地区概念性规划主题分区示意图

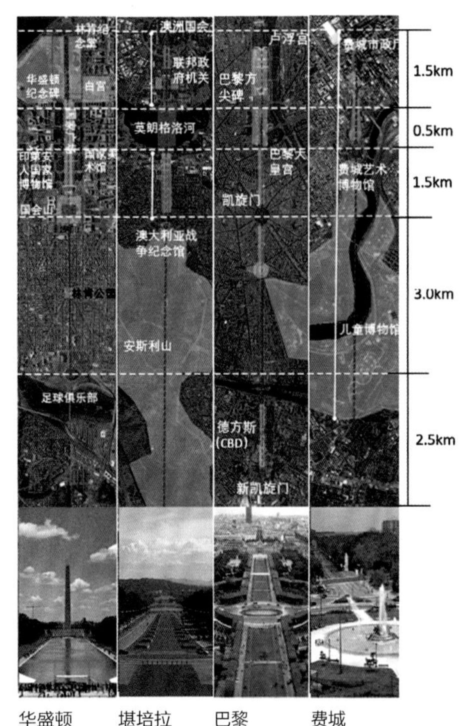

图UD3-18　部分国家首都轴线节奏分析图

UD3-5-2
管控景观视廊空间

景观视廊是指为保持城市中景观点的观赏效果，在观景点与景观点之间控制的视线廊道。保护并划定城市中重要景点之间或景点与观景点（线）之间的景观视廊（域），对控制范围内的景观效果、建筑高度及建筑风貌提出控制与引导要求。

明确观景点和景观点

观景点选取公共性、标志性强的场所，如市民广场、大型公园、轨道站点、城市门户。景观点选取景观特征鲜明、能够集中反映城市自然环境特征、地域特色及人文风情，具有代表性的城市空间节点，如具有自然景观价值的标志性山体、水体，具有人文景观价值的历史建筑、现代建筑和开敞空间等。

确定景观视廊管控范围

景观视廊管控范围包括核心控制区、周边协调区和背景协调区。《广州城市设计导则》中明确，核心控制区为观景点10° 视角范围内区域，周边协调区为核心控制区外相邻区域，背景协调区为景观点后方2.5～4km范围区域。

提出管控要求

核心视廊区严格管控地块建筑高度，对突破视廊控制高度的地块开发予以限制；周边协调区无严格的开发高度控制，为避免景观点两侧产生“峡谷效应”，地块建筑高度控制可参考核心视廊区管控；背景协调区弹性控制地标簇群背景区域，对超越视高阈值的开发予以限制。

UD3-5-3
引导城市天际线

天际线是指从展示城市主要自然及人文景观特征的角度出发，选择观赏路径与视点，利用相应的技术手段进行视觉景观分析，对城市天际线及特定视野的整体轮廓和景观效果进行控制。

明确眺望点和视觉焦点

眺望点选取城市重要景观节点、制高点、有代表性的视野开阔性强的场所，如轨道场站、门户广场、市民广场、滨水公园、重要山体山顶，同时应具备供行人驻足的观景设施；视觉焦点的选择应当兼顾路径的可达性和可视景观效果，展示城市富有特色的整体形象，体现城市与自然景观之间的和谐（图UD3-19）。

图UD3-19　无锡市总体城市设计景观视廊分析图

确定天际线管控范围

天际线管控范围包括近景控制区和远景协调区。其中，近景控制区为眺望点至核心建筑群前排低矮建筑的视域范围，远景协调区为核心建筑区前排低矮建筑至后排高层建筑的视域范围（图UD3-20）。

提出管控要求

建筑的高度应变化有序，宜进行梯级管控。《广州城市设计导则》中提出，梯级高度差宜大于20%，避免形成“一刀切”的建筑群体。临自然水面、绿地、广场、山体等开敞空间的建筑以及文保单位、历史建筑，应按前低后高原则控制建筑高度。其中一线建筑高度原则上小于建筑退让开敞空间和保护建筑的距离，并严格控制建筑面宽，形成“前低后高、错落有致”的丰富空间层次。

UD3-6 ※

叠加分析强度分区

通过影响强度的多因子要素叠加分析，确定城市强度分区，并对城市中心圈层、生态宜居圈层、市郊乡野圈层分别提出强度管控要求。

UD3-6-1

综合确定强度分区

形成宏观层面分区控制与微观层面技术标准相结合的强度、高度、密度控制体系。其中，分区控制指划定建设强度、高度、密度控制分区，确定各分区控制总指标和各类用地控制指标范围；技术标准指确定相关因子对具体地块控制指标的影响程度，并与分区控制共同作为控制性详细规划编制和规划管理决策的依据（图UD3-21）。

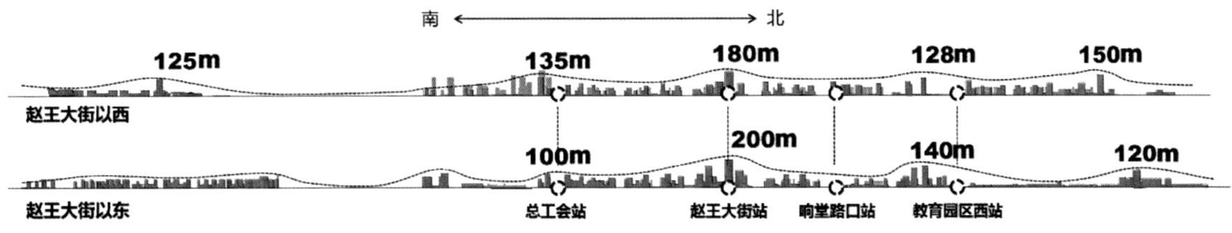

赵王大街两侧天际线控制示意图

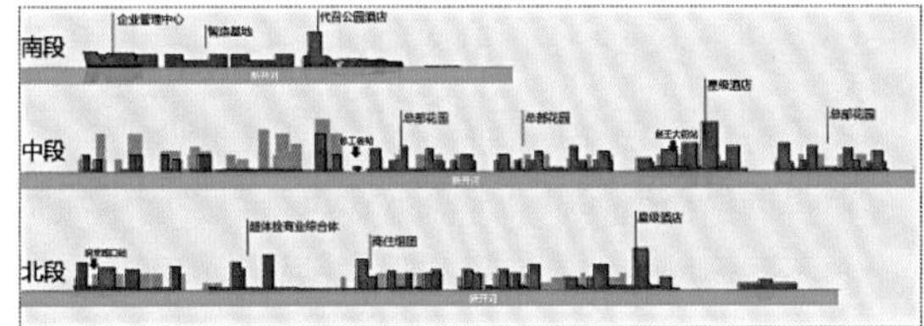

赵王大街以西重要节点高度协调控制示意图

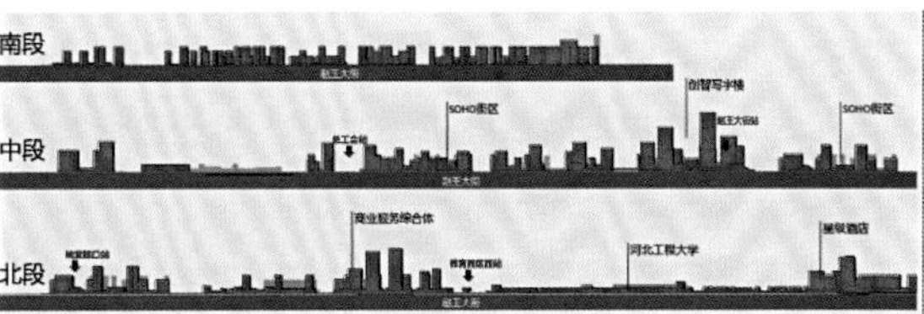

赵王大街以东重要节点高度协调控制示意图

图UD3-20　邯郸市赵王大街（新开河）沿线地区城市天际线断面控制示意图

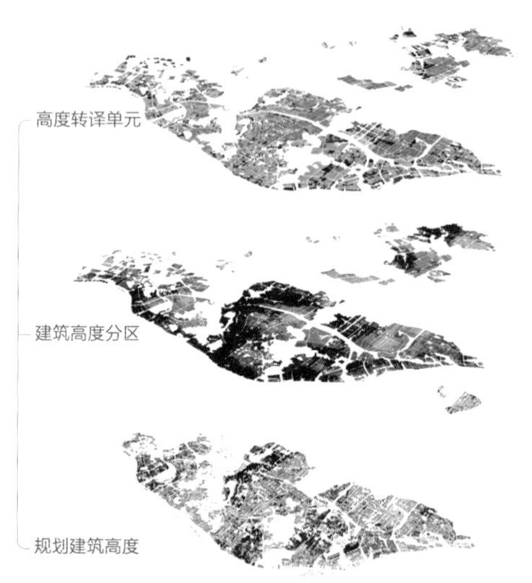

图UD3-21　长沙市湘江新区总体城市设计高度引导因子权重叠加分析图

强度控制要求

强度影响因素包括土地区价、交通可达性、城市风貌、古城保护等，并结合现状土地建设状况和发展潜力，确定强度控制分区与控制标准。

高度控制要求

高度影响因素包括古城保护、城市风貌、景观视廊、微波通道等，并以此确定高度控制分区，高度控制技术标准还应考虑滨水、沿街与公共空间周边建筑高度与相应开敞空间的衔接。

密度控制要求

密度影响因素包括高度、强度、用地性质等，并结合建设形态，确定具体地块的建设密度控制指标。原则上高层建设地块取低密度，多层建设地块取中密度，低层建设地块取高密度。

客观影响（经济角度）：根据对城市发展过程及现象的实证研究，付租能力较强的商业用地、居住用地、办公用地建设高层建筑的可能性较大；体育、教育、休闲、生态景观等用地建筑高度较低；中心区、交通枢纽地区等特殊区位，建筑高度呈现由城市“结节点”向外逐次递减的趋势；“城中村”拆迁改造等资金平衡要求也对建筑高度产生客观的影响。

主观引导（美学角度）：从城市空间美学、城市景观环境、城市特色等方面出发，历史街区内部及周边地区、历史建筑、文化建筑、文化活动空间周边的建筑高度需要合理引导；山体、水体景观廊道两侧的建筑高度、城市内山体主景观面的天际线和水体两侧天际线也需要通过建筑高度控制与引导，以保证城市自然景观资源的利用效果。

影响因子类型

影响因子包括：道路容量因子（经济性）、轨道交通因子（经济性）、土地区位价值因子（经济性）、拆迁成本因子（经济性）、景观视廊（美学性）、沿街尺度（美学性）、河流沿岸（美学性）、开放空间周边（美学性）、文保单位、标志性建筑周边（美学性）。

引导因子的权重

道路容量、拆迁成本等因子的分析结果应转化为建筑高度强制控制要求，以保证城市建设的可行性；景观视廊、开放空间周边建筑高度等因子应转化为建筑高度弹性引导的控制性要求，以保证城市设计的弹性和可操作性（图UD3-22）。

图UD3-22　长沙市湘江新区总体城市设计高度分区分析图

UD3-6-2
管控引导强度分区

兼顾城市整体景观的协调，并进行经济性评估，控制合理的开发强度、密度和高度，满足生态宜居和生活水平提升的要求，营造舒适优美的城市环境。根据不同区位，采取相适应的土地开发强度策略。

城市中心圈层：是城市中心人口和功能高度集中的区域，按照紧凑城市的规划设计理念，提高土地使用效率，在保持宜居性和空间品质的前提下，可适当提高建设强度、高度、密度。对不同规模城市、不同区域因地制宜进行规划引导。根据自然和文化保护要求、功能、交通支撑条件等，合理引导，形成强度、高度、密度梯度，形成疏密有致的城市空间形态和城市天际线。

生态宜居圈层：是城市建成区占比最大的区域，一般以混合式、中低强度、轨道沿线公交导向型发展模式（TOD）/服务导向型发展模式（SOD）局部高强度的建设类型为主。通过渐次降低建筑物高度，控制和协调视廊、通风廊道、水边、山边、历史保护地区周边空间形态。在重点建设地区，在交通、用地、环境条件支撑的情况下，可适当放宽高度控制，形成地标、节点地区。

市郊乡野圈层：是城乡和自然过渡区域，营造亲近自然的郊区生活环境，一般以低强度、低密度，以及轨道站点周围中强度的建筑类型为主。在保持整体低缓的空间形态的基础上，根据功能需求和交通、用地、环境条件，引导形成局部变化的丰富天际线。

UD3-7

典型空间形态模式

通过影响强度的多因子要素叠加分析，确定城市强度分区，并对城市中心圈层、生态宜居圈层、市郊乡野圈层分别提出强度管控要求。

UD3-7-1

山水组团模式

形成适应平原、浅丘到沟谷的空间布局。依托城市地形地貌和建设用地资源情况，体现出不同空间的生长层次：从平原地貌的集中建设区，生长到浅山地貌的疏朗建设区，再生长到沟谷地貌的带状建设区，充分兼顾自然资源的保护与利用。

构建城乡共生的功能结构。功能结构为“点轴放射”模式。从水到山体现出不同功能放射性圈层：从布置于组团滨河界面中心位置的城市级、组团级公共服务中心，到由中心放射出的复合公共活力廊道和混合社区，再到浅山科研教育区，最后到沟谷乡村振兴发展区。同时，路网结构也体现出这种圈层放射肌理。

塑造山水入城的空间形态。慢行空间为“山水通廊”模式。通过城市腹地中连通山体和滨水空间的廊道，布局带状公园绿地、建设林荫道及慢行通道、保护景观视廊等，引山水入城。

借鉴案例：河北省承德县西区新城城市设计——山水组团模式

依托山系与滦河之间形成的扇形平原，整合浅山平原、沟谷缓坡，联系城乡，构建城乡一体的空间格局：以平原浅山为中心，作为城镇建设的核心地带，以沟谷台地为延伸，作为推动乡村振兴的先导区，以交通廊道为纽带，拓展城镇，联系乡村，实现城乡联动互通（图UD3-23、图UD3-24）。

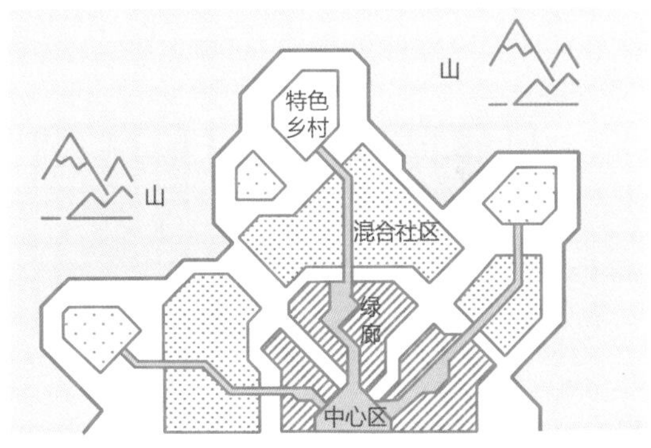

图UD3-23　山水组团模式示意图

UD3-7-2

平原网络模式

划定规模适中的城市组团。城市空间格局为多组团结构：以密林、河湖为边界，依托水系植被，结合人性尺度划分形成若干街区组团。

形成低碳、便捷的棋盘街坊。城市组团形态为较规整的长方形，呈现“方格网道路”“棋盘街坊”结构。例如，在雄安新区启动区城市设计国际咨询中，城市道路划分出510m×420m的标准开发单元；里坊路划分出130m×130m的“新里坊”单元；街巷路划分出60m×60m的基本街廓（图UD3-25）。

塑造特色鲜明的城市轴线。城市功能组织沿多个轴线展开：核心公共空间沿城市主轴，城市核心功能沿城市功能轴布局，不同轴线可分别或同时承担精神礼仪和交通功能。

顺应平原地区地形地貌特征的网络空间组织模式，可体现高效集约的开发方式，同时保护并合理利

图UD3-24 山水组团模式案例——承德县西区新城城市设计鸟瞰分析图

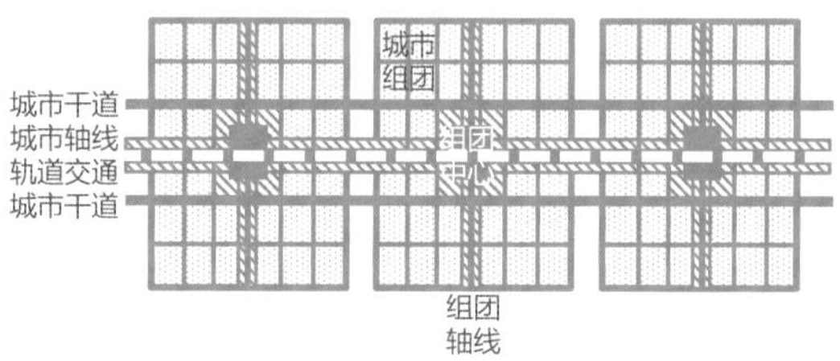

图UD3-25 平原网络模式示意图

用平原自然条件。

借鉴案例：河北省邢台市邢东新区城市设计国际大师邀请赛——华北平原上的网络模式

该项目于2019年启动，空间布局以密林为边界，结合人性尺度形成5个产城融合的城市组团。参照原有的水渠、河流等线性生态要素走向，划分街坊，形成棋盘式街坊布局。在此基础上，以火车站为商业商务核心，以农田为活动核心，通过楔形开敞空间将街坊与商业商务核心，以及农田活力核心相连，形成具有特色的城市空间（图UD3-26）。

UD3-7-3 平原指状模式

构建顺应河流绿洲的指状空间格局。城市空间格局呈现指状结构：冲积平原内的河渠水系脉络呈叶脉状伸展，依附于河渠水系的植被呈带状聚集，二者共同构成城市开放空间骨架，划分出城市片区和田园组团。

图UD3-26 平原网络模式案例——邢东新区城市设计国际大师邀请赛 鸟瞰分析图

划定适应自然水网形态的城乡组团。城市组团形态在城乡不同范围存在差异：城市中心水网密度低的区域为带状城市组团形态，郊野乡村水网密度高的区域为点状田园组团形态。

形成快慢结合的路网结构。城市道路网顺应水系脉络走向展开：平行水系脉络走向以对外交通、组团间快速干道为主，垂直水系脉络走向以组团内部交通道路为主。

顺应水系脉络特征的指状空间组织模式充分降低了河流冲积平原城市的洪涝安全隐患，同时充分保护并合理利用水系植被资源。

借鉴案例：甘肃省敦煌市总体城市风貌规划设计——平原指状模式

该项目于2015年编制，为避免历版总体规划在发展方向上的摇摆，对戈壁绿洲文明古城的建设发展历程进行阅读和研判，从党河冲积扇形成的绿洲所构成的肌理出发，提出掌状伸展的城市空间形态意向，以及与之相适应的公共中心体系和组团布局形态。并提出“沙漠绿洲·田园城市”的总体风貌定位和“西部风情·敦煌风格”的建筑风貌定位，充分尊重和传承敦煌林田共生、城乡交融的传统营城特色，彰显城市格局、建筑、景观与沙漠绿洲共生共荣的亲密关系（图UD3-27、图UD3-28）。

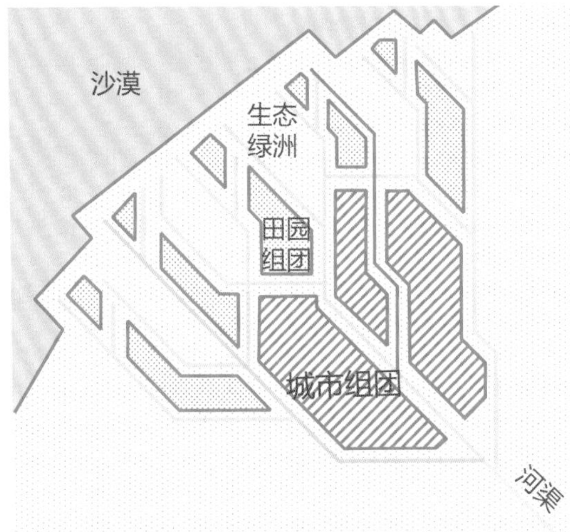

图UD3-27　平原指状模式示意图

图UD3-28　平原指状模式案例——敦煌市城乡风貌规划及重点地段城市设计整体鸟瞰分析图

UD3-7-4

谷地带状模式

构建依山傍水的带状组团空间格局。城市空间格局呈现“带状组团”结构：连绵起伏的山体形成山脉屏障，两平行山脉之间相互挤压形成狭长谷地，山涧溪流汇入谷地形成河流，城市腹地位于狭长谷地之中、河流两侧。两平行山脉局部凸出的小山口，将狭长的河谷腹地分隔成若干线性排列的小型带状城市组团。

形成曲直相宜的路网形态。城市道路网顺应地形格局也呈现带状干道+网状支路的结构：城市主要干道平行于山脉和河谷延展，并贯穿城市各个组团，各组团独立构建垂直于干道和环绕组团边缘的内部道路。

塑造复合功能的组团中心。城市公共服务中心多点分布，呈沿河谷珠串布局的形态：每个组团存在一个综合或专业中心，城市主要的公共功能和富有活力的开放空间布局在组团中腹地较开阔的滨水一侧。

营造和谐共生的生态空间。依托中部河流形成重要的带状滨水绿地，也是重要的生物廊道，依托山溪汇水形成的若干次级带状公园绿地，连通两侧山水景观，沿蓝绿空间网络布局慢行系统。

借鉴案例：陇南市国土空间规划——谷地带状组团模式

该项目于2021年开始编制，针对武都区中心城区“两山夹川，山水如江，谷地串珠”的典型山水格局，提出了“外屏内园，T谷两川；两轴一环，四廊六团”的空间结构（图UD3-29、图UD3-30）。

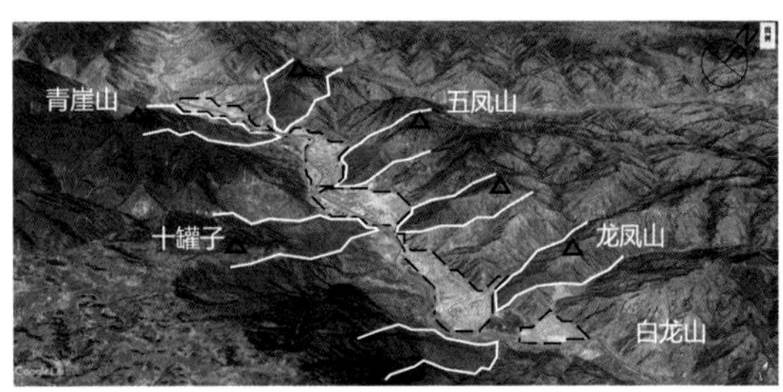

图UD3-29　谷地带状模式案例——陇南市中心城区谷地组团分析图

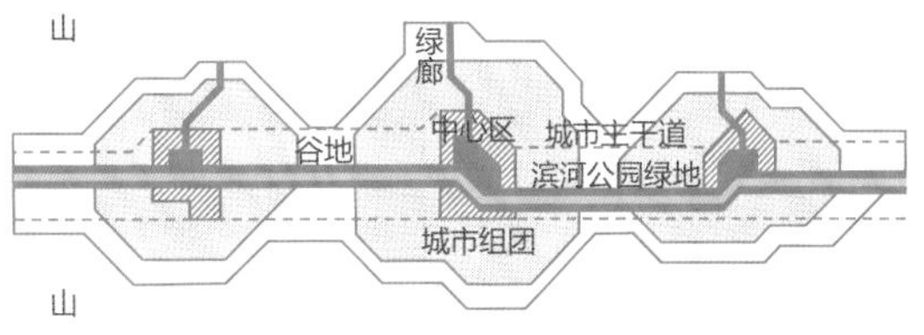

图UD3-30　谷地带状模式示意图

UD3-7-5
丘陵树状模式

构建沿沟谷水系生长的树状空间格局。城市空间格局呈现树状结构：城市腹地在低洼的平原湿地地区中呈现集中连片形态，在山体丘陵之间的谷地中呈现带状伸展形态，在高山谷地中呈现散落点状形态。城市组团形态具有梯度变化特征：上游支流水系、池塘及山体密布的区域为小型组团群落，中游河流干道清晰的区域为带状组团序列，下游河流汇聚形成大型湖垸的区域中建设组团则呈环抱放射布局。

确定顺应等高线的道路网络。城市道路网顺应山体、河流及地形等高线走向展开，平行等高线方向以对外交通、组团间快速联系干道为主，垂直等高线方向以组团内部道路为主。

依水塑造复合公共空间及活力中心。城市主要的公共功能和富有活力的开放空间围绕相对居中的山间河流两岸布局。带状公园绿地、慢行通道及景观廊道连通两侧山体和中央河流滨水空间，将山水景观和公共空间活力引入城市腹地。

借鉴案例：湖南省长沙市湘江新区总体城市设计——丘陵树状模式

该项目于2018年编制，尊重基于山脉—流域结构的地形地貌特征，构建“三台五麓、八水入湘”的整体空间系统，进而统筹各片区的空间发展诉求和空间要素，形成湘江西岸城镇建设区向山体指状伸展的整体空间形态（图UD3-31、图UD3-32）。

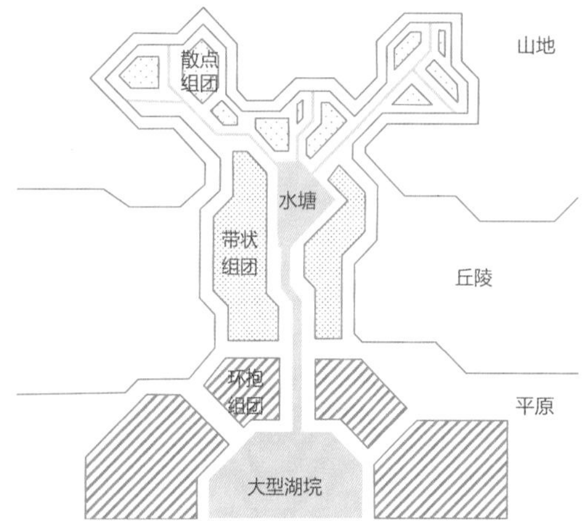

图UD3-31 丘陵树状模式示意图

图UD3-32 丘陵树状模式案例——长沙市湘江新区大王山片区城市设计中的组团示意图

UD4
公共空间

UD4-1
多级绿色开敞空间

从“自然中的城市”到“城市中的自然”是城市化进程的历史宿命[6]。构建绿色开敞空间体系——点状城市公园、线状绿色廊道、面状郊野开敞空间，并对各级开敞空间的布局、规模及其相互联系提出控制要求。

UD4-1-1
明确城市公园布局管控

完善城市公园体系，实现城野和谐共生。以开放共享、通透简洁为原则，致力于以人为本、开放共享的城市公园营造。完善“大型城市公园—社区公园—小微绿地”三级城市公园体系（图UD4-1），明确适宜尺度规模，提升覆盖率及可达性。丰富城市公园的功能，打造宜居、宜游的城市环境。

大型城市公园是指具有大面积绿地，拥有丰富室外游憩活动内容、功能全面，且可供半日以上休闲、体育活动的城市公共性公园，选择在具有水面、河湖及山林等自然资源优越的地段，宜集中并结合城市中心区布局，方便城市居民共同使用，出入口宜邻近公交站点。《天津市新型居住社区城市设计导则（试行）》中明确城市公园规模取决于城市规模、性质、用地条件、气候、绿化状况及公园在城市中的位置与作用，面积一般不小于8hm^2，车行15min可达。

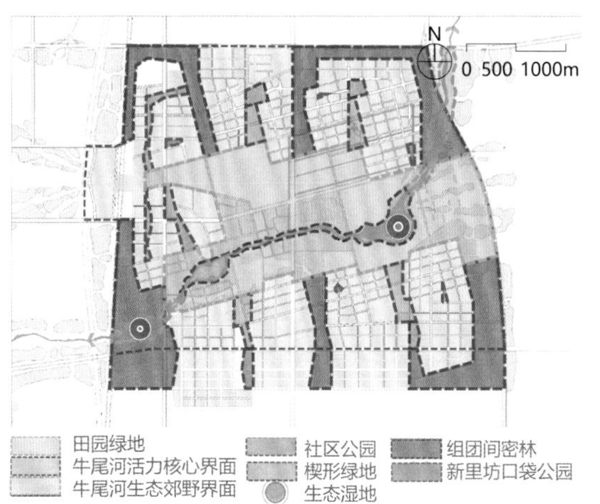

图UD4-1 邢东新区城市设计国际大师邀请赛优胜方案绿色开敞空间布局分析图

社区公园尺度与公园的空间形式应满足观赏游憩等活动的需求，鼓励空间形式多样化、主题化，营造空间宜人、功能复合、设施完备的空间，鼓励通过微地形、景观要素组合突出特色。《广州城市设计导则》中明确，社区公园规模取决于社区本身规模大小，建议大型社区公园面积为3～5hm^2，中型社区公园面积为1～3hm^2，小型社区公园面积为0.3～1hm^2，微社区公园面积为0.1～0.3hm^2。

小微绿地包括口袋公园、街旁游园等，为周边居民提供简单短暂停留、休憩的场所，呈点状散布在街区中。鼓励街区“见缝插绿”，采用界面灵活多样、开放式的场地设计，景观设计注重人性尺度，满足多样化、全天候使用，适应在地居民需求和使用习惯。《广州城市设计导则》中建议小微绿地规模为100～1000m^2，服务半径以300～500m为宜（图UD4-2）。

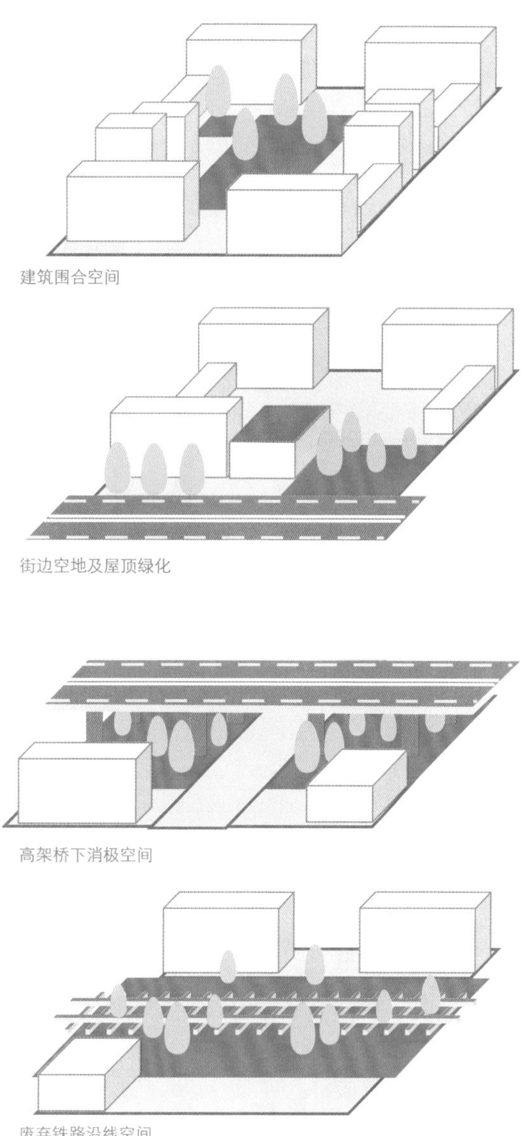

图UD4-2 口袋公园布局示意图

UD4-1-2
明确线性绿色廊道布局管控

发挥线性绿色廊道的景观生态效应。通过生物廊道、城市绿链及城市风廊的建设，改善城市生境，留足生态缓冲空间，缓解城市热岛效应（图UD4-3）。

体现线性绿色廊道的社会经济价值。通过滨水绿脉及城市绿道建设，连通城市内外自然资源及人文景观，赋予其社会交往、休闲运动、文化创作、科普教育等多元功能，促进有益的社会经济活动，激发城市活力。

生物廊道。根据《国家公园名词手册》，生物廊道也可称为生物走廊带、生态廊道、生境廊道等，通常是指连接生物主要生境斑块之间的通道，从而实现物种基因、能量、物质的流动。结合现有河流水系分布，通过对研究范围主要生物类型、习性特征、迁徙路径等的分析，明确主要生物迁徙廊道位置规模，确定生境分区。例如，《北京京张铁路遗址公园贯通概念方案》规划南北向形成长度约9km的绿廊，形成生态生物廊道，增加绿化面积79hm^2，为候鸟提供迁徙路径中的落脚地，并为不同生物创造多样的生境（图UD4-4）。

图UD4-3 重庆九龙坡西区城市设计——生态绿隔及城市风廊分析图

城市绿链。主要指沿线性交通廊道、河流等形成的城市绿隔空间。鼓励种植高大乔木等，强调城市绿链的空间缓冲作用，宜通过景观节点塑造、主题设计等措施，增加城市绿链的可识别性（图UD4-5）。

城市风廊。是指以提升城市的空气流动性、缓解热岛效应和改善人体舒适度为目的，为城区引入新鲜冷湿空气而构建的通道。主要由公路干道、绿色开敞空间、闲置用地、建筑线后退地带及低矮楼宇群等空间组成。城市风廊应沿盛行风的方向伸展；在可行的情况下，应保持或引导海洋风、陆地风和山谷风，由外而内吹向城市建成区；城市风廊两侧建筑高度

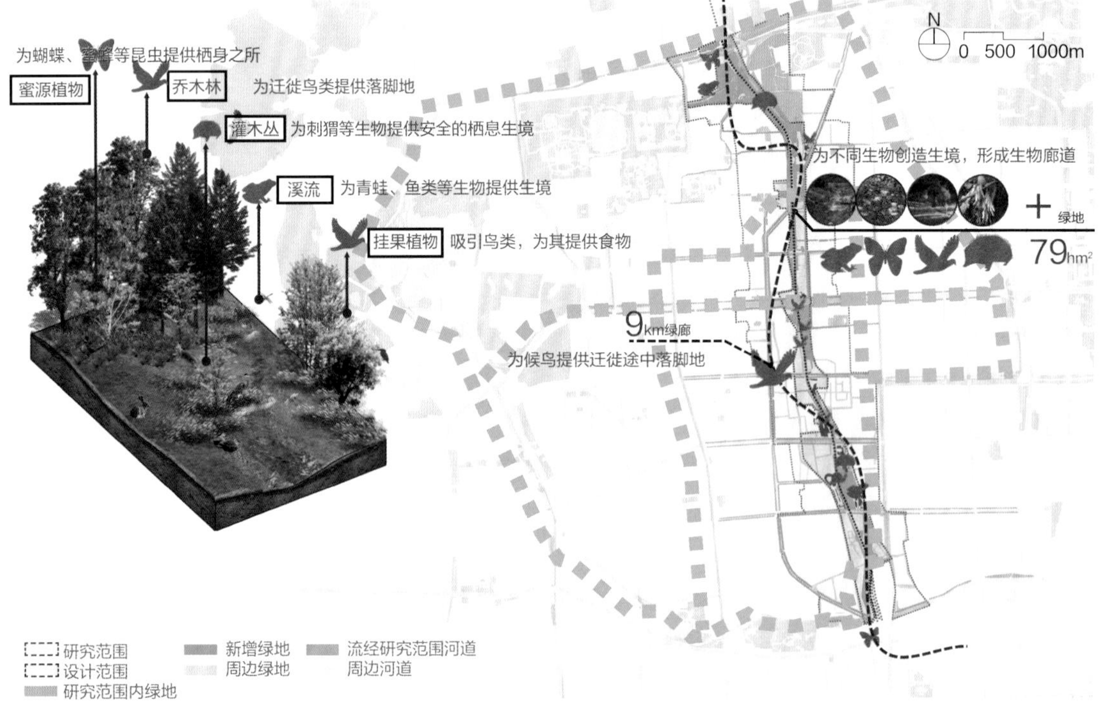

图UD4-4 北京市京张铁路遗址公园贯通概念方案——生物廊道分析图

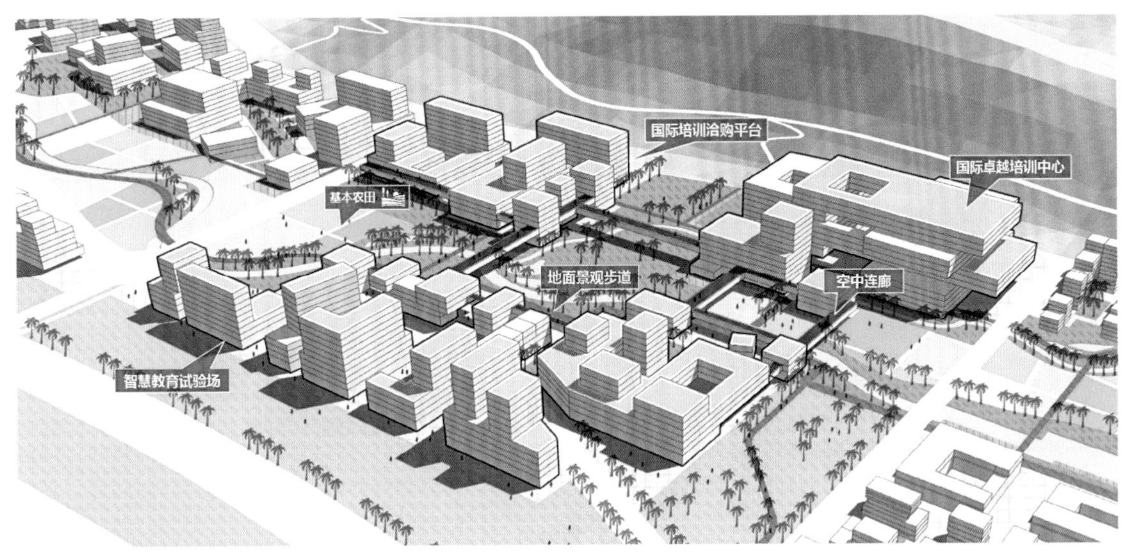

图UD4-5　三亚市吉阳东片区城市设计方案国际征询南丁片区城市设计中的城市绿链示意图

宜向风廊一侧逐级跌落，同时增加低等级通风廊道，并与主要通风廊道形成一定角度，一般间隔不超过500m，以此增加空气向城市内部的流通。例如，北京构建5条宽度500m以上的一级通风廊道，多条宽度80m以上的二级通风廊道。

滨水绿脉。是指滨水两侧应设置连贯且富有变化的活动空间，逐步打破现状小区或单位围墙的阻隔，通过绿道等慢行系统连通滨水岸线；鼓励结合道路和开敞空间，增加通往滨河开敞空间的步行通道，通道间距不宜超过200m；结合驳岸，设计多层次、多类型的亲水空间，岸线形式宜有曲直变化，注重河口处景观节点设计（图UD4-6）。

图UD4-6　湖州市老城片区更新地块概念性方案局部滨水绿脉示意图

城市绿道。指为满足人们观光游览、历史寻踪、文化探访、城市体验的需求，串联主要公共空间、公园绿地、文化设施、文物古迹、文化街区、城市景点等设施的景观性廊道。鼓励绿廊和慢行空间结合，自然与人工景观相结合，活动类型和两侧界面形态丰富多样。住房和城乡建设部发布的《绿道规划设计导则》中明确了城镇型绿道单侧绿化带宽度不宜小于8m，郊野型绿道单侧绿化带宽度不宜小于15m。

UD4-1-3
明确面状郊野开敞空间布局要求

城市外围开敞空间内的山林、水体、湿地、基本农田、人工防护林等要素构成了生态屏障、城市绿楔、郊野公园等。其中，郊野公园对提升城市生态环境质量、居民休闲生活品质，推进城市景观和生物多样性保护产生积极影响。其地处城市边缘，起到连接城市和乡村的过渡作用，兼具游憩功能。为发挥保护区域物种多样性等生态功能作用，郊野公园应具有一定规模。例如，英国郊野公园面积至少在10hm^{2}以上；香港最小的郊野公园龙虎山郊野公园面积为47hm^2，最大的南大屿山郊野公园面积达到5640hm^2（图UD4-7）。

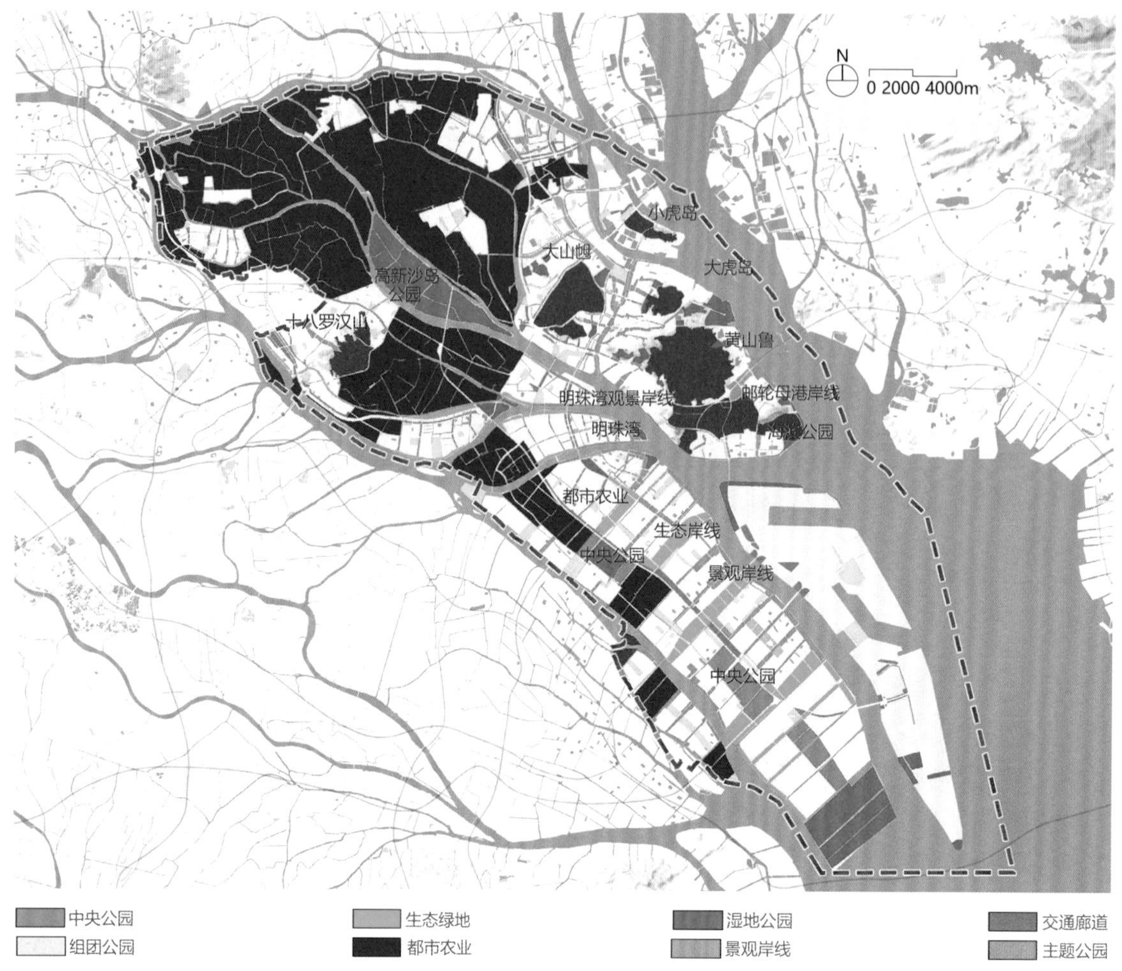

图UD4-7 广州市南沙新区总体城市设计中的开敞空间体系分析图

UD4-2

绿色共享街道空间

明确道路网络形态和密度，分别对生活性道路、交通道路、景观性道路和慢行系统提出设计管控要求。

UD4-2-1

构建适宜街道网络

平原地区地势平坦，宜采用棋盘方格式路网，布局整齐，交通组织便利，有利于建筑布置和方向识别；山地丘陵地区地势起伏，宜采用顺应地形等高线的自由曲线，避免开山填水，减少建设成本；重要枢纽节点交通需求量大，宜采用环形放射路网，提升交通能力（图UD4-8）。

适宜的路网密度

《中共中央 国务院关于进一步加强城市规划建设管理工作的若干意见》中提出，树立“窄马路、密路网”的城市道路布局理念，到2020年，城市建成区平均路网密度提高到8km/km^2，道路面积率达到15%。路网密度随地形地貌、片区主导功能、城市形态、现状建设条件会产生差异，一般商业商务区大于居住区，居住区大于工业区。

UD4-2-2

塑造特色道路断面

优化道路断面，体现绿色共享。优化步行体验与景观层次，结合道路属性，重点引导两侧建筑功能布局和界面设计，丰富步行空间要素，增加街道活力。未来随着智慧无人驾驶交通方式的应用，会逐步减少机动车车道，缩短机动车路幅，留出更多的街道空间给步行和交往空间（图UD4-9）。

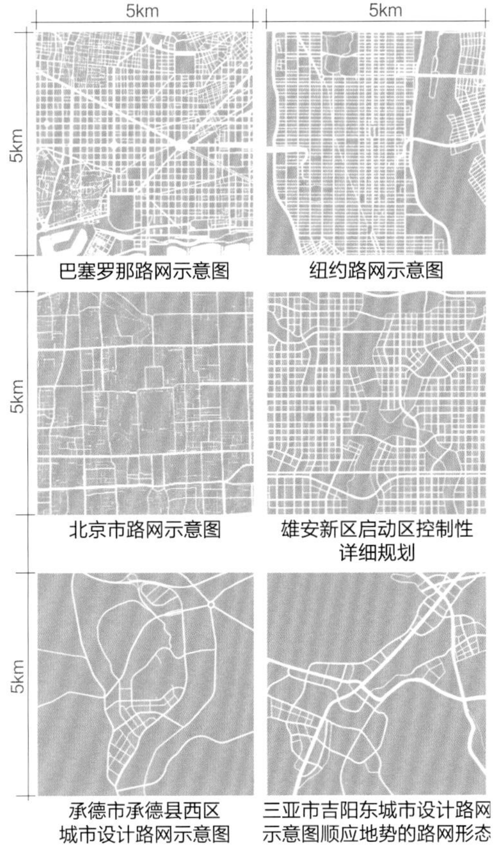

图UD4-8　典型路网形态对比示意图

生活性道路

服务日常生活及商业活动的街道。应与地区公共空间系统紧密联系，道路设计应优先考虑行人的便利，街道两侧功能应满足日常生活、生产、购物、餐饮、公共服务等需求。《广州城市设计导则》中明确了主要公共开放空间周边建筑贴线率宜为70%以上，底层商业、文化、娱乐等功能不少于75%，不应设置连续实墙面，高度大于10.5m的多层建筑与高层建筑裙房宜做退台处理。

景观性道路

景观特色突出，沿山、滨水、沿景观视廊或城市轴线的道路可作为林荫大道设计，沿线可布置城市广场、景观节点、公共艺术、特色景观、公园绿地等，两侧建筑宜错落有致，立面尺度宜人且有丰富的细节。

交通性道路

是指承担社区主要对外交通功能的街道。以通过性交通为主要功能，满足城市不同地区间联系的需求；以开放界面为主，应与道路等级相匹配，方便车流疏散。交通性道路如穿越生活区应考虑一定的缓冲措施，同时应设置便捷的过街通道连接道路两侧人行系统。

UD4-2-3 构建连续慢行系统

特色慢行区

围绕15分钟生活圈、学校、医院和轨道车站及

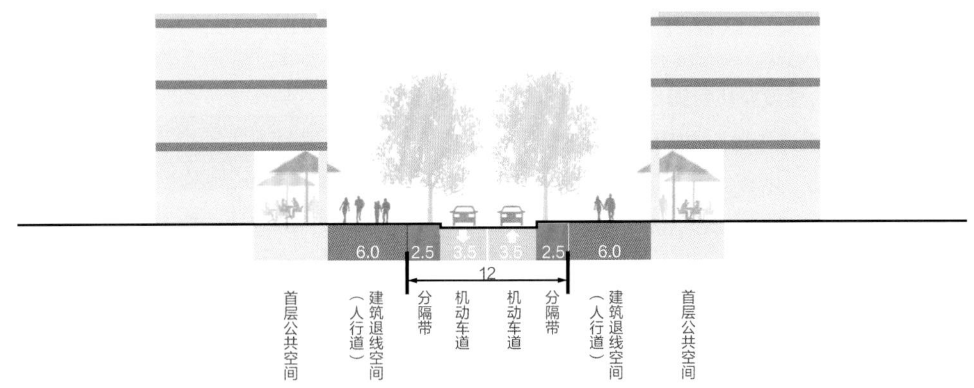

图UD4-9　各类型道路断面示意区（单位：m）

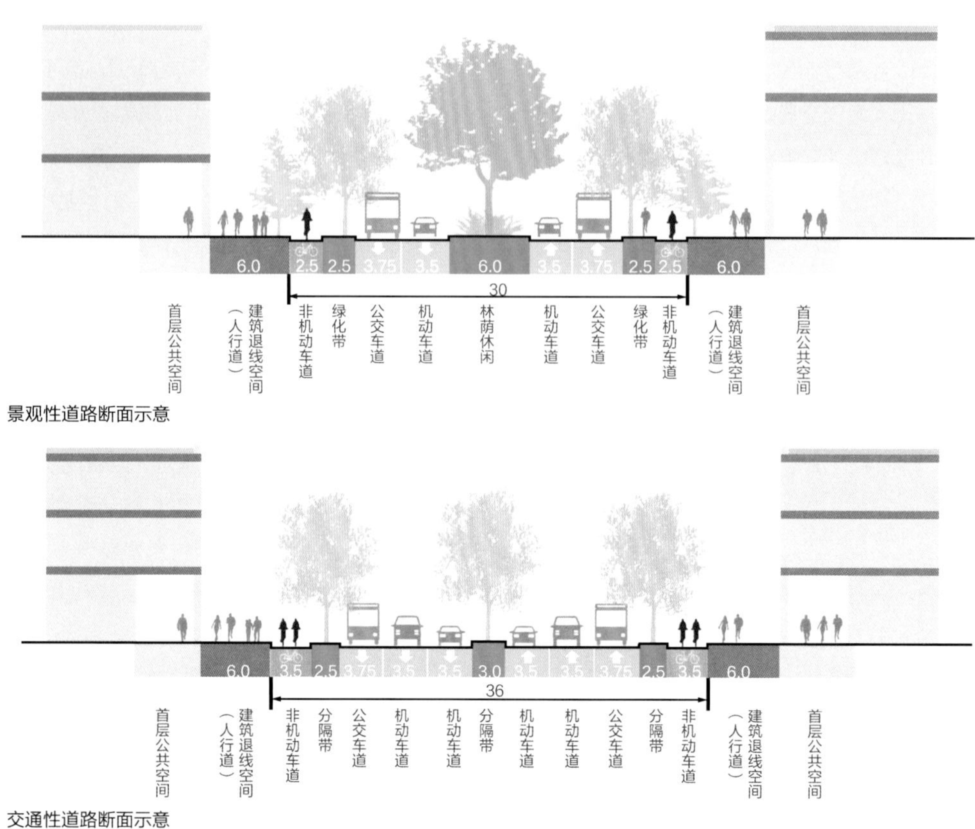

图UD4-9 各类型道路断面示意区（单位：m）（续）

周边等重点区域，塑造高品质的慢行友好出行环境。促进慢行系统与城市特色空间有机融合，根据各类城市功能区的规划特点，划定慢行系统特色分区，如历史文化慢行区、商业活力慢行区、休闲游憩慢行区、科技科创慢行区、商务金融慢行区、慢行友好居住区、慢行友好枢纽区等，并进行分类规划设计引导。

步行道

不同城市分区应合理设置步行道密度、步行道平均间距。《广州城市设计导则》中明确，城市核心功能区、市民活动聚集、主要交通枢纽、大型公共设施周边的步行道密度宜为14～20km/km^2，其中步行专用路密度不低于4km/km^2，步行道平均间距宜为100～150m；城市一般功能区、城市副中心、中等规模公共设施周边的步行道密度宜为10～14km/km^2，步行道平均间距宜为150～200m；其他区域步行道密度宜为6～10km/km^2，步行道平均间距宜为200～350m。

人行道设计应优先保障通行区宽度，各类设施应归并至设施带内。《广州城市设计导则》中明确了新建道路行人通行区宽度不小于2m，改建道路不小于1.5m。当改建道路条件受限时，设施带的1/2宽度可计入通行区宽度。公共步行空间应考虑无障碍设计（表UD4-1）。

人行道宽度参考 **表UD4-1**

	行人通行区宽度（m）		人行道宽度（m）	
	推荐值	最小值	推荐值	最小值
生活性街道	3~4	2.5	5~6.5	3
交通性街道	2~3.5	1.5	3.5~5.5	2
景观性街道	2~4	1.5	4~6.5	2

自行车道

自行车道应形成完整、连续的网络，可设置专用路权的自行车专用通道，并与车站、城市广场、居住区、学校等出行热点紧密结合。市政、街道家具等设施不宜占用自行车道的空间。区段内的自行车铺装形式应统一、协调，并考虑景观性、排水性、耐用性等因素。鼓励通过硬质隔离、彩色铺装、地面标识、高差处理加强机非分离，避免人非共板。自行车停车设施宜结合设施带、绿化带、路侧绿地设置。以公共交通站点、大型公共建筑等主要出行热点为中心，提供针对性的路网和停泊设施规划。

UD4-3

活力宜人节点场所

明确节点场所的类型、规模及设计要求，提升城市公共空间品质。

UD4-3-1

布设宜人尺度的广场空间

包括市政广场、纪念广场、商业广场、休闲游憩广场、交通广场等类型。《深圳市城市规划标准与准则》（2021年修订汇总版）中明确广场占地面积宜控制在1000～10000m^2，宜结合各类公共配套设施、公共建筑布置，并通过步行系统和其他公共空间建立联系。营造活力共享的城市广场，重视绿化植栽、灯光照明、路面铺装、景观小品、街道家具、无障碍设施、标识系统的规划与设计，注重广场景观的塑造，加强公共艺术创作，突出城市空间的多样性和艺术性，为市民提供可停留、可漫步、可欣赏城市景观的驻足点（图UD4-10）。

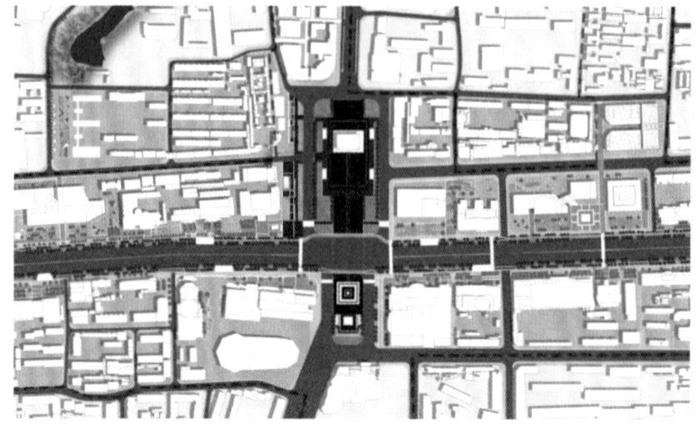

规划平面分析图

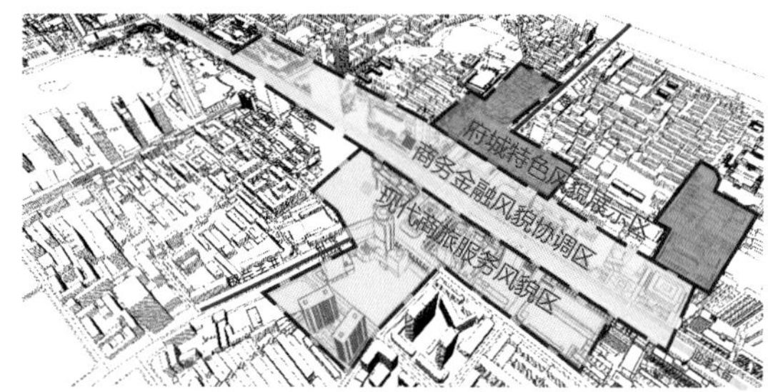

规划风貌分区分析图

图UD4-10　太原市迎泽大街五一广场规划提升——周边交通组织与场所营造分析图

UD4-3-2

塑造体现功能与风貌特色的门户空间

主要范围为城市主要入口及空港、港口、火车站等交通枢纽地区。合理组织各种方式的到发和接驳交通流线，布局适宜的城市功能。既注重城市整体空间形态，也注重以人为本的设施布局和空间设计。结合场地自然和人文条件，通过绿化植栽、公共艺术、标识系统、灯光照明等方式，营造积极而具有地方特色的公共空间系统和魅力场所（图UD4-11）。

图UD4-11　北京城市副中心站综合交通枢纽总体设计鸟瞰图

UD5
特色片区

UD5-1
营造活力滨水地区

UD5-1-1
普遍特征和主要矛盾

概念：滨水空间是与水域密切相关的公共空间，在空间构成上应包含水域、水际线、陆域三个部分。

主要矛盾：旱涝天气威胁滨水空间安全和景观。缺乏相关预案和弹性设计，许多滨水空间无法应对雨洪天气造成的建成区水淹风险，以及干旱天气造成的景观空间割裂断层等问题。

以防为主的设计理念导致亲水性不足，人的活动与水结合不紧密。

重航运和工业生产功能导致滨水地区环境景观品质低下。过度开发和污染排放的叠加影响，导致许多城市滨水区的环境容量和生态承载力不堪重负，生态系统遭到破坏。简单化的处理或者所谓的现代设计手法忽视了历史文脉，使得滨水景观缺乏地域文化特色。

UD5-1-2
安全活力特色为目标的设计策略

设计要求

1. 塑造生态性安全性兼顾的滨水岸线。明确水体控制线范围，根据全年各季节水位数据，阐明规划范围内的防洪安全、河道治理、水系蓝线、水系岸线等系统性要求。分段划定滨水空间类型，注意区分所在的地域环境条件和地形变化，开展滨水空间一体化设计，明确对水体、岸线、绿地、道路及滨水地块的规划要求。采用丰枯结合的岸线设计，依据各季节的平均水位设置活动平面的高程：以大量建筑物为主的区段宜采用较为人工的堤岸，如逐级下降的台阶，以绿地为主的区段在空间布局和场地设计上宜减少对水岸、山地、植被等原生地形地貌的破坏，宜采用较为自然的堤岸，如平缓的草坡与亲水平台。注重通风廊道设计，可垂直水岸设置通风廊道，以促进空气流通，改善内陆局部地区气候。

2. 创造活力便捷的空间体验。合理布局各类设施，植入各类活动和赋予不同功能，如餐饮、酒吧、商业、文化、码头等休闲娱乐设施，激发滨水区活力；构建开放空间体系，建设应秉承自然生态理念，构建开放、完整的滨水绿色廊道。滨水绿色廊道应考虑向城市内部渗透，与其他绿地广场等结合，形成更广泛的城市开放空间体系；形成连通的滨水空间，城市建设区内应结合城市活动安排和路径设计，沿通道提供连续通畅的步行和慢行交通路径；提升亲水活动便捷性，为滨水区与城市腹地之间提供公共开放的慢行通廊，方便行人前往水边。《广州城市设计导则》中明确达水通廊（包括城市道路、地块内部道路及步行道）之间的间距不宜超过200m，避免在水边规划大型基础设施、高等级道路，如已建成则建议增加可便捷直达水岸的天桥、地下通道等串联公共通道与滨水区。

3. 营造形象鲜明的特色空间。塑造标志形象空间，提高滨水区建筑设计的艺术表现力，以塑造赏心悦目的滨水空间，在节点地区设立地标，丰富城市景观；加强景观视廊设计，保留和增加滨水观景视廊，让更多的建成区能见水、亲水，滨水建筑界面避免形成“高墙效应”，滨水区建筑宜逐级跌落；组织天际轮廓线，基于山体轮廓线保护和滨水地区发展，对其相邻地区提出高度及风貌分区控制，滨水区结合城市功能营造富有节奏感和韵律感的天际线；加强历史文化资源的挖掘与展现，加强通道沿线公园、广场、码头、桥头、转折点等节点塑造，营造特色场所；提出建筑风貌引导，重点对滨水建筑界面、建筑高度、建筑风貌等提出导控要求，实现城市空间与滨水景观的融合、协调（图UD5-1、图UD5-3）。

图UD5-1　滨水地区建筑高度梯级跌落示意图

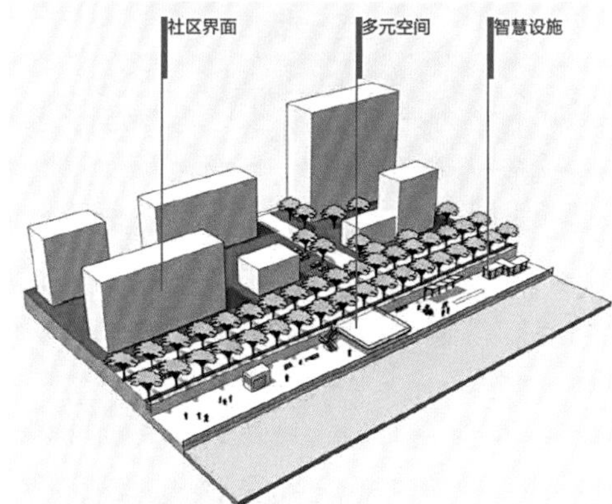

居住社区类滨水空间示意图

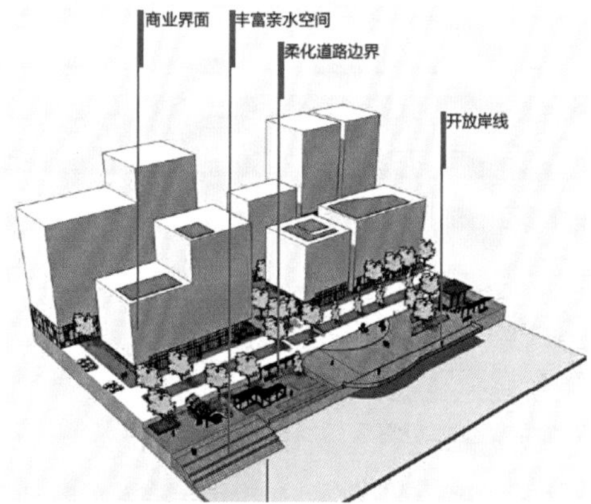

商业办公类滨水空间示意图

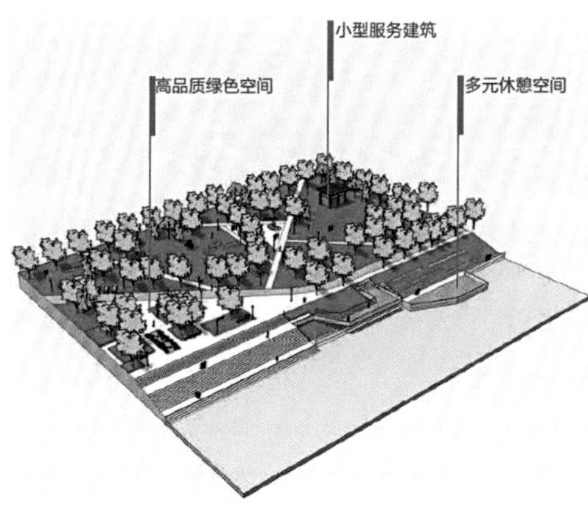

公园广场类滨水空间示意图

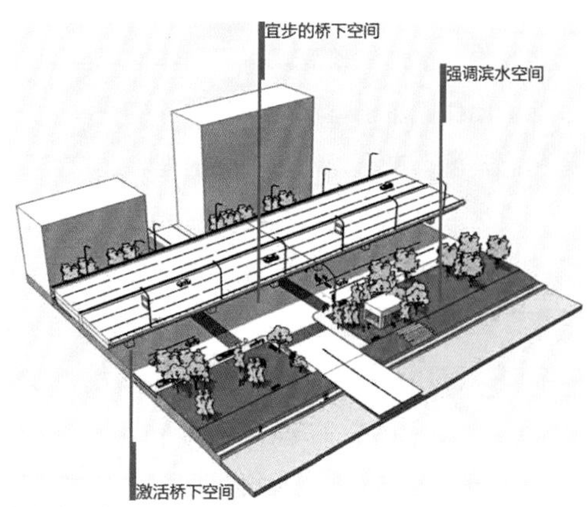

道路交通类——地面交通阻隔型滨水空间示意图

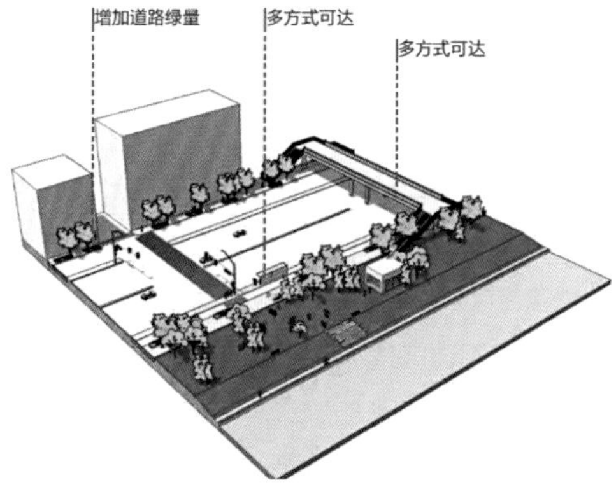

立体交通阻隔型滨水空间示意图

图UD5-2　北京市滨水空间城市设计导则环境设计示意图

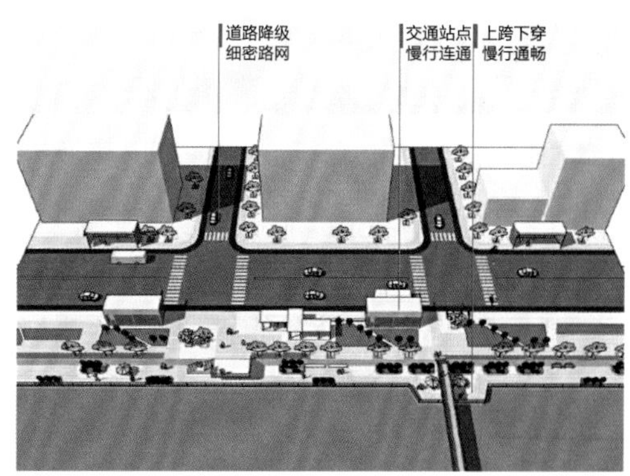

图UD5-3　北京市滨水空间城市设计导则滨水地块面宽控制示意图

UD5-2

塑造疏朗山前地区

UD5-2-1

普遍特征和主要矛盾

概念：山前地区指位于山区与平原的过渡地带，生态环境优美、生物物种多样、资源矿藏丰富、文化底蕴深厚，是重要的生态源地和生态屏障。

主要矛盾：开发建设对山体地形地貌造成严重破坏，缺乏山体感知途径和空间。

UD5-2-2

保护与景观渗透为目标的设计策略

设计策略

顺应地形、依山就势，浅山区开发建设需要满足土方经济合理性，保证地基结构基础稳固，开发建设中尽量减少对地形的改变。保护山体地貌及特色资源，保留山体原生植被资源、动物种群资源，维护原有生态环境。遵循海绵城市建设理念，结合汇水分析，分区进行海绵设计，削减对周边建设的雨洪影响。

设计要求

1. 加强对山体保护修复，坚持生态优先、绿色发展理念，对沿山地区的生态进行保护与修复。

2. 加强形态布局管控，山前地区宜采用大分散、小集中的布局，同时进行水平和垂直的双向建设管控。

3. 塑造天际线和视廊，强调建筑天际轮廓线与山脊线的协调、慢行风景道与沿山开敞空间的融合，形成丰富多样、步移景异的山地景观序列，对重要视点和视角进行天际线分析，保证重要山脊线以下20%～30%山体景观不被建筑物遮挡（图UD5-4）。

4. 确定景观风貌体系，包括明确街块划分尺度、公共通廊控制、步行系统及公共空间组织、街道界面控制、建筑高度分区等内容。

5. 提出建筑风貌管控，对体量控制、建筑形式等提出详细引导要求（图UD5-5）。

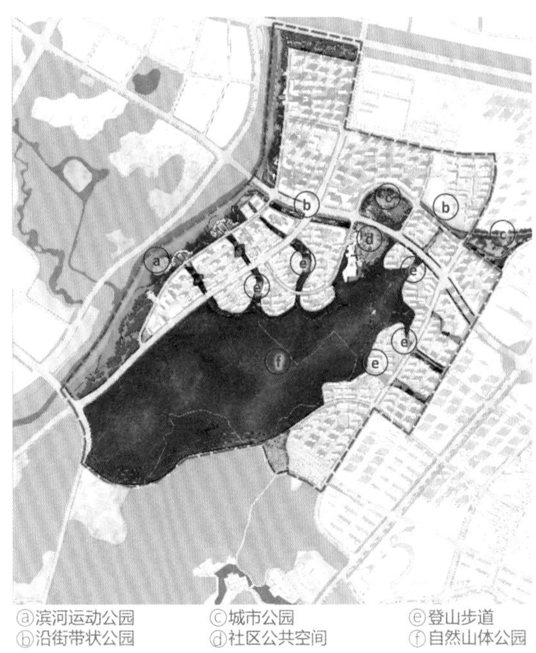

ⓐ滨河运动公园 ⓒ城市公园 ⓔ登山步道
ⓑ沿街带状公园 ⓓ社区公共空间 ⓕ自然山体公园

图UD5-4　长沙市湘江新区大王山片区城市设计中的通山绿道分析图

图UD5-5　长沙市湘江新区大王山片区城市设计空间示意图

UD5-3

历史文化保护地区

UD5-3-1

普遍特征和主要矛盾

概念：历史文化保护地区指除历史文化街区、建设控制地带、历史文化风貌区外，具有历史文化特色的城市建设区，包括历史城区内的特色建设地段、历史文化步道周边区域、文化产业园、平房风貌保护区等。

主要矛盾：新旧风貌不协调，文化内涵缺失。

UD5-3-2
延续及协调为目标的设计策略

设计策略

重点地区保护及修缮为主，杜绝大拆大建，促进活化利用。将历史地区保护与周边连片开发建设相结合，保护和延续原有城乡风貌。

设计要求

1. 保护整体格局，根据历史发展文脉和资源调查，重点提出历史格局和传统风貌保护的总体定位和目标（图UD5-6）。

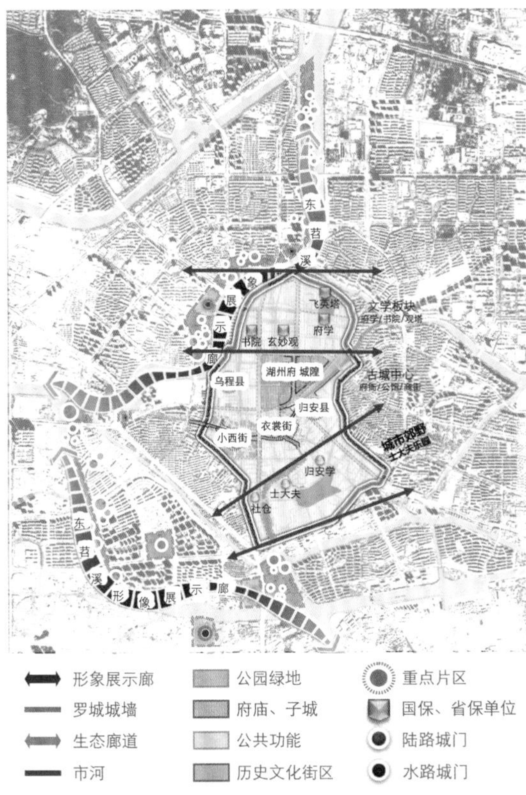

图UD5-6　湖州市老城片区更新地块概念性方案设计的历史格局保护要素分析图

2. 延续传统肌理，保护由多元文化造就的历史建筑群肌理，保护自然生长街巷肌理，延续现有的街区尺度和建筑布局方式，注重新建建筑体量、尺度与原建筑肌理相协调，创新历史文化遗产利用方式，打造特色历史路径和历史场所。

3. 协调景观风貌，确定视线廊道、历史地标及其对景、街区肌理与空间序列保护等。

4. 控制建筑高度，按照国家及地方历史文化名城保护规划等管控要求，以“整体控制、重点保护”原则对历史文化风貌区内的新建建筑高度进行控制。整体控制历史城区的建筑高度，重点控制影响整体历史格局的建筑高度。严格控制文物古迹周边地带和历史文化街区的建筑高度，根据街道尺度、视廊、城市开放空间景观、滨水山前景观的保护要求，结合建筑现状情况和相关规划确定管控要求。

5. 传统要素保护，通过对建筑物、构筑物、街区等载体的保护和利用来保留和展示城市文脉。

6. 管控建筑风格，对建筑形态、形式提出管控要求（图UD5-7）。

图UD5-7　湖州市老城片区更新地块概念性方案设计——慈感寺地块设计示意图

UD5-4
传承式老城复兴区

UD5-4-1
普遍特征和主要矛盾

概念：老城复兴区城市需要更新的老旧混合功能区，以住宅建筑和居住配套设施为主要功能的老旧居住社区，老旧厂区、码头、仓储区等。

主要矛盾：大拆大建、文脉断裂，以开发商主导的城市更新运动以追逐经济利益最大化为目标，造成对原有建设、文脉、环境、关系的恣意蚕食、侵占、破坏和拆毁，“建设性破坏”现象屡禁不止；混合更新区活力衰退，老旧社区缺乏活力空间，环境品质不高，老旧厂区旧空间与新功能不匹配，公共空间缺乏活力。

UD5-4-2
传承及活化为目标的设计策略

设计策略

重点地区保护及修缮为主，杜绝大拆大建，促进活化利用。将老城复兴区开发与周边连片建设相结合，保护和延续原有城乡风貌。

设计要求

1. 混合更新区需要延续文脉格局，尊重城市空间格局、城市肌理、街巷尺度和自然生态要素；文化资源活化，功能植入、文化赋能，使本土文化资源焕发新生；有机生态修复，构建多元绿色生态空间；有机城市修补，整治和改善城市历史环境，统筹新、老建筑与环境的关系，通过完善与提升公共设施，更新居住产品与建筑设计、连通多元开放空间，带动地区经济与环境的持续改善（图UD5-8）。

图UD5-8　北京京张铁路遗址公园贯通综合方案局部示意图

2. 老旧社区（平房区）需延续地方文脉，保护胡同、四合院的肌理，腾退、修缮文物，恢复传统建筑风貌；提升空间品质，营造公共空间，促进功能复兴，恢复历史水系，防灾避险，组织慢行交通；补足功能设施，构建立体、复合、高效的社区公共服务体系，补足便民服务设施，完善市政基础设施，改善住房条件；加强景观眺望系统控制，包括视廊、天际线控制等（图UD5-9）。

3. 老旧厂区要注重织补城市肌理和协调建筑风貌，在价值评估的基础上保护工业遗产并积极活化利用。通过交通组织、功能植入、场所营造、景观塑造，将更新片区融入城市整体环境，结合独特的工业设施保护、修缮、改造与适度新建，塑造独特的城市景观和场所（图UD5-10）。

图UD5-9　北京市平安大街（西城段）环境整治提升示意图

图UD5-10　安阳市广益工业遗址文化街区修复与改造示意图

UD5-5
塑造宜居新城新区

UD5-5-1
普遍特征和主要矛盾

概念：新城新区包括经济技术开发区、高新技术产业开发区、保税区、边境经济合作区、出口加工区、旅游度假区、物流园区、工业园区、自贸区、大学科技园，以及产业新城、高铁新城、智慧新城、生态低碳新城、科教新城、行政新城、临港新城、空港新城等。

主要矛盾：快速城镇化阶段，采用程式化的规划建设模式，千城一面。重经济效益、轻生态效益，对人文内涵和本土特色的重视不足。

UD5-5-2
本土特色及可操作为目标的设计策略

设计策略

保护优先，紧凑高效，资源节约。保护自然生态与历史文化，节约土地，提倡紧凑城市理念，提供高品质公共服务与基础设施，并确保高效运维。遵循绿色交通导向理念，加强公共交通及全新环保交通方式的空间设计和换乘接驳设计。推进生态社区建设，大力推广运用低碳、节能、绿色、环保的城市建设和建筑技术，并注重多元技术耦合。

设计要求

1. 顺应本土特色，确定形态格局，强化新区地理环境特色与景观风貌，反映时代特征，强化低碳生态，挖掘文脉内涵，凸显文化底蕴。

2. 分片区、分组团设计，采取渐进式开发，激活组团空间。

3. 塑造现代化城市形象，加强城市公共空间和建筑外部空间设计，鼓励中心区高层建筑簇群化布局，兼顾延续当地文脉，引导标志性建筑和空间景观风貌的塑造，以形成层次丰富、疏密有致、高低错落的空间形态（图UD5-11）。

4. 统筹地上、地下空间开发，综合考虑人群活动和交通组织，营造活力街道。

5. 加强智能管控，对街区控制尺度、形象特征、生态体系、智能信息等方面提出要求。

图UD5-11 银川市阅海经济区城乡协调规划中心区鸟瞰图

UD5-6
复合型商业商务区

UD5-6-1
普遍特征和主要矛盾

概念：商业商务区指城市中心区内以提供商业、商务办公等就业岗位为主要功能的片区。

主要矛盾：空间组织和设施运行不够高效；公共空间不足，活力缺乏；缺乏城市特色；职住分离，交通拥堵，停车设施不足等。

UD5-6-2
特色及高效为目标的设计策略

设计策略

提供丰富的公共空间，激发场所活力，运用屋顶平台、退台、连廊等形式，塑造多首层、多基面空间，提升整体商业价值。

集中高效、多维联动，营造适宜的绿地广场空间尺度、便捷的步行联系，地下、地上立体空间紧密衔接。

设计要求

1. 鼓励功能混合及空间高效利用。强化功能的水平混合和垂直混合；加强中心地区空间紧凑布局，充分利用连廊、屋顶平台、垂直电梯等设施建立空间联系。

2. 构建以人为本、富有特色的公共空间。强化景观设计，重视特色塑造，强化地区标志性与艺术性；构建城市公共空间和开放空间系统，积极营造活力场所。

3. 加强建筑高度、形体和界面的设计引导。根据中心区的功能和活动特点，科学确定开发容量，紧凑发展，引导形成建筑群的集群形态，鼓励建筑底层与街道空间的互动（图UD5-12）。

4. 建立功能与交通组织的有机联系。优化路网与交通组织，贯彻“小街区、密路网”理念；引入立体交通，采用地面、地上、地下多层交通衔接方式；组织慢行系统，联系重要功能节点。结合TOD理念进行广场系统、立体步行交通系统、商业娱乐设施的立体开发，建立以轨道交通为骨架、以公共交通为主体、结合其他交通形式的综合交通体系，鼓励人车分流、快慢分离的交通组织方式，提倡公共通道、停车场等资源共享。

5. 充分利用地下空间进行建设。结合地下空间的设计，优化公共交通并将自然景观、通风和采光引入地下；衔接轨道站点，以轨道站点为中心，挖掘周边建筑地下空间建设潜力，预留联系通道；引入商业空间，借助轨道交通站点人流优势，植入商业设施；建设地下停车场，解决停车困难问题。

图UD5-12　杭州市中心区鸟瞰图

UD5-7

一体化交通枢纽区

UD5-7-1

普遍特征和主要矛盾

概念：交通枢纽区指以大型对外交通设施为主导功能的区域，包括空港区、港口区、高铁站前区、轨道站前区、公交站枢纽区等。

主要矛盾：功能混杂、空间混乱；交通走廊割裂城市功能；集散交通不便组织；缺乏地方特色等。

UD5-7-2

融合和便捷为目标的设计策略

设计策略

交通接驳便捷高效，有序组织交通流线，提供多种交通方式高效接驳的换乘空间。

遵循站城融合理念，为站点附近人群提供便利的生活方式和经济活动。

设计要求

1. 站城融合新格局，促进“枢纽—城市”一体化发展，鼓励枢纽周边街区和建筑群体的功能混合和空间复合利用，提升枢纽地区活力（图UD5-13）。

2. 公共空间有机联系，从单一的站前集散广场转变为集散空间、城市客厅、公共空间、地标建筑等多样化公共空间与设施有机联系。

3. 立体交通组织，统筹地下铁路站台及地上、空中步行系统，通过连廊、过街人行天桥等设施，强化街区地块的空中联系，减少地面人车交会，缝合空间；形成多个联系地下、地面、地上城市空间的立体交通核，建立轨道、公交、小汽车、自行车、步行等多种交通方式顺畅接驳的交通网络，构建与城市功能紧密联系、交通流快速集散的城市公共空间系统。

图UD5-13　北京城市副中心站设计方案剖透视示意图

4. 塑造标志形象，对枢纽建筑单体、站前空间界面、视线通廊等提出控制引导要求。

借鉴案例：邢台市邢东新区城市设计国际大师邀请赛——交通枢纽区

以顺应综合交通枢纽特征的中心放射状空间模式为蓝本，提出通过依托邢台东站建设“高铁城市、组团城市、步行城市、田园城市、紧凑城市、韧性城市”，构建邢东“未来之城”（图UD5-14、图UD5-15）。

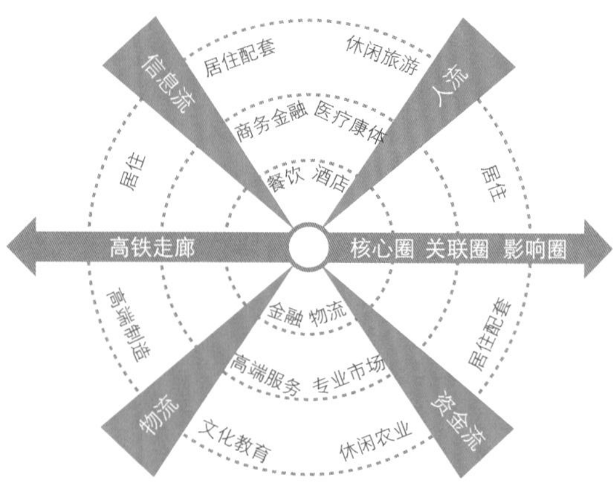

图UD5-14　邢台市邢东新区城市设计国际大师邀请赛复合功能示意图

图UD5-15　邢东新区城市设计国际大师邀请赛站前区鸟瞰分析图

UD5-8

创新型产业集聚区

UD5-8-1

普遍特征和主要矛盾

概念：产业集聚区指聚集科技研发创新载体、文化创新业态和生产性服务业的地区。例如创新创业的服务平台、研究机构、研发办公、一站式服务的综合服务中心、知识型企业和科技型企业总部、科技产品展览展示实施、会议交流设施及生活配套等。

主要矛盾：人才吸引力不足；缺乏创新场所；缺乏创新合作交流空间等。

UD5-8-2

集聚及多元为目标的设计策略

设计策略

产学研相结合，围绕高校人才资源，统筹规划设计创新产业空间、教育培训空间、科技研发空间及人才社区，提供便捷、舒适的多样服务设施，保证空间高效衔接。产业协同创新，合理组织大、中、小、微创新企业空间，共享设施资源，协同创新（图UD5-16、图UD5-17）。

设计要求

1. 强化生产、生态、生活之间的动态平衡，注重产业空间、生态蓝绿空间、公共开放空间和地标活力空间的联系与融合，提高空间品质（图UD5-18）。

2. 提供多种形态的创新单元空间，根据大型总部企业、中小微企业、初创企业和个体创客的不同特点以及不同类型创新产业的需求，提供多元化的创新空间。例如，以共享花园为中心，独栋或围合式的建筑院落适用于研发总部；高密度、小体量建筑形态适用于微创办公类企业；独栋或半围合建筑适用于智造研发类企业；共建共享的院落围合建筑形式适用于学研结合类机构。

3. 注重创新创意交流空间的营造，通过台地高差、景观绿化、设施配套等设计，塑造富于层次和变化的活动交流场所。

4. 加强园区智慧管理与运行，运用数字化、信息化技术手段，强化科学管理、智能服务、智慧运维。

独栋围合模式

高密度、小体量模式

共享空间、半围合模式

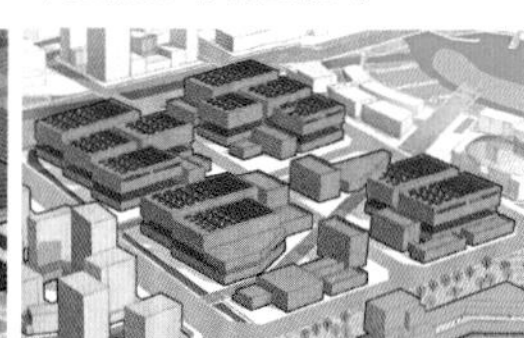

院落模式

图UD5-16　创新单元空间模式示意图

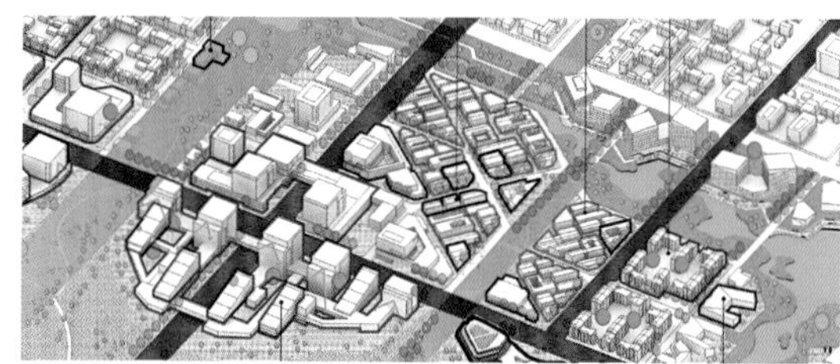

图UD5-17　创智组团空间模式示意图

图UD5-18　北京市石景山保险产业园城市设计示意图

UD5-9

绿色低碳产业园区

UD5-9-1

普遍特征和主要矛盾

概念：绿色低碳产业园区指以低碳能源、交通、建筑等绿色低碳建设与运维技术为支撑的产业园区。积极推进传统产业园区向低碳化、绿色化方向转型升级（图UD5-19）。

主要矛盾：已形成对高碳的传统建设和运营方式的路径依赖；传统产业缺乏活力，面临淘汰；传统园区空间环境品质较低，园区特色不鲜明；管理方式和水平急需向智慧化方向转型升级。

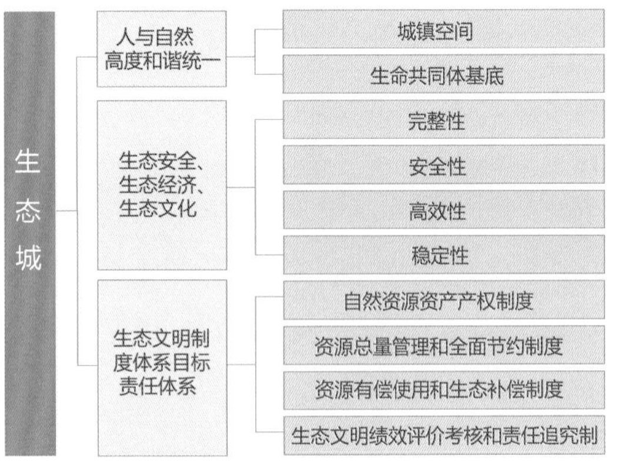

图UD5-19 重庆市广阳岛生态城指标体系研究——生态城体系构建框图

UD5-9-2

低碳及智慧为目标的设计策略

设计策略

生态修复、低碳改造。营造绿色出行环境。提倡本土建筑形式，发展绿色、智慧建筑。

设计要求

1. 生态修复、低碳改造。通过生态修复等方式恢复场地自然生态本底，同时改造河涌岸线，提升环境与景观品质；布设滨水廊道、采用错落的建筑群体组合，引入自然风，带动园区空气流通；落实海绵城市建设理念，采用下沉式绿地、屋顶雨水花园、透水铺装等海绵措施。

2. 营造绿色出行环境。合理布局和衔接产业和居住空间，依据园区人员活动规律，提供便捷、舒适的出行方式，同时通过建设地下通道、人行天桥、立体连廊等设施将产业园区与商业中心、居住区及共享空间无缝连接。

3. 提倡本土建筑形式，发展绿色、智慧建筑。新建建筑与更新改造相结合，鼓励适应本土气候和适宜技术的绿色建筑。逐步扩大多元传感器、智慧辅助决策管理平台、智能控制与越发丰富的机器人等新技术的运用，建设智慧园区，不断提升管理、运维和服务水平。

UD6

要素管控

UD6-1 ※

系统构建管控体系

UD6-1-1

形态管控

管控范围是所有建筑物、构筑物的外部形态。管控内容包含建筑高度和建筑肌理两方面（表UD6-1）。建筑高度方面，需要对高度分区、单体建筑高度、建筑收分、建筑退台形式、街墙高度等要素提出管控要求（图UD6-1）。建筑肌理方面，需要对建筑布局、建筑群组合方式、地标建筑位置、建筑面宽等提出管控要求（图UD6-2）。

形态管控要素 **表UD6-1**

大类	小类	要素	要素细分与描述
城市形态	建筑高度	建筑高度	裙房的范围与高度、塔楼范围与高度
		建筑收分、建筑退台	建筑收分、建筑退台
		街墙高度	街墙高度
	建筑肌理	建筑布局、建筑群组合方式	天井、建筑间距、错落度、建筑开敞度
		地标建筑位置	地标建筑位置
		建筑面宽	最大单元数量控制，一般直接控制绝对长度

高度管控模型示意图

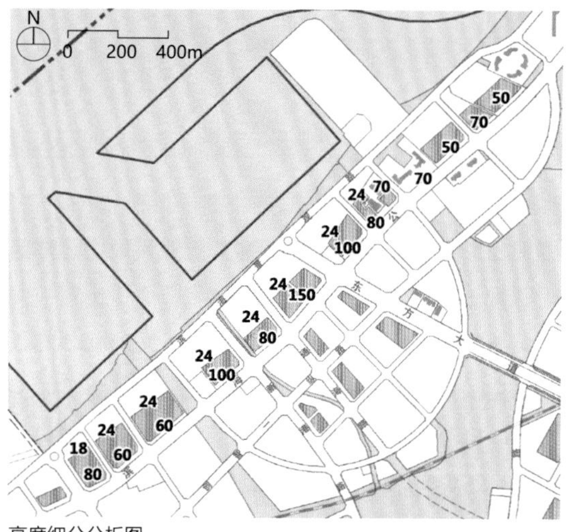

高度细分分析图

图UD6-1　东方市滨海片区高度管控分析图

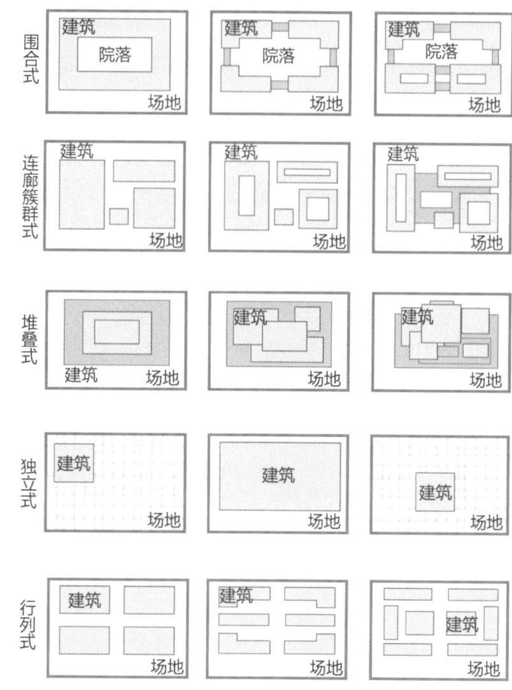

图UD6-2　建筑群组合方式示意图

UD6-1-2

空间管控

管控范围是以步行为主，对公众开放的建筑室外空间、城市空间，包括建构筑物下方的“灰空间”，以及露台、过街天桥与公共连廊、骑楼等。

管控内容包含慢行路径、场所与相关开敞空间以及特殊景观空间三个方面。慢行路径需要对地面公共通道、架空公共通道、垂直交通设施、慢行区、机动车交通与人行混合区、无障碍设施等要素提出管控要求；场所与相关开敞空间需要对公共开敞空间、地块内部公共空间、架空公共空间、建筑内公共空间、历史街巷等要素提出管控要求；特殊景观空间需要对生态廊道、眺望点与视线通廊、滨水视廊、通风廊道、景观资源控制范围等要素提出管控要求（表UD6-2）。

空间管控要素 表UD6-2

大类	小类	要素	要素细分与描述
城市公共空间	慢行路径	地面公共通道	公共步行通道、有盖走廊、骑楼、敞廊、与通勤设施之间的连通区
		架空公共通道	空中连廊、天桥、屋顶公共走廊
		垂直交通设施	公共电梯、公共扶梯、垂直空间步行衔接区域
		慢行区	慢行交通优先区、自行车通道、自行车停放区、共享单车停放区
	慢行路径	机动车交通与人行混合区	人车混合区、人行过街通道
		无障碍设施	坡道
	场所与相关开敞空间	公共开敞空间	步行街型、公园型、绿地型、运动空间型、广场型、不足一层的下沉广场型
		地块内部公共空间	私有用地内的公共空间
		架空公共空间	屋顶广场、屋顶公共露台
		建筑内公共空间	建筑内公共空间
		历史街巷	历史路径、历史街巷
	特殊景观空间	生态廊道	生态廊道
		眺望点与视线通廊、滨水视廊	眺望点与视线通廊、滨水视廊
		通风廊道	通风廊道
		景观资源控制范围	景观资源控制范围

UD6-1-3
界面管控

管控范围是所有围合城市空间的任何“面”，包括地面、立面、顶面，对其位置、大小、性质、效果等属性进行描述，如第五立面、夜景照明、商业界面、贴线率等（图UD6-3）。

管控内容包含界面的位置控制、立面设计、地面与场地设计、第五立面设计以及夜景照明五个方面。界面的位置控制需要对建筑控制线和共用墙等要素提出管控要求；立面设计需要对建筑风貌、建筑附属设施、建筑底层、围墙设计等要素提出管控要求，鼓励结合建筑顶层室内功能、屋顶露天场地布置活动空间和景观，营造对外开放的屋顶花园。屋顶停车场、机电设备、水箱设施等附属设备，应做隐蔽化处理。历史风貌区内新建、改建建筑屋顶的尺度、形式、材料与颜色应与周边传统建筑屋顶相协调；地面与场地设计需要对地面设计、绿化与植栽、海绵城市设计、竖向设计、滨水设施、商业外摆设施等要素提出管控要求；第五立面设计需要对建筑屋顶形式、屋顶景观、立面形式等要素提出管控要求；夜景照明需要对分区、色彩、亮度、时间管控等要素提出管控要求（表UD6-3）。

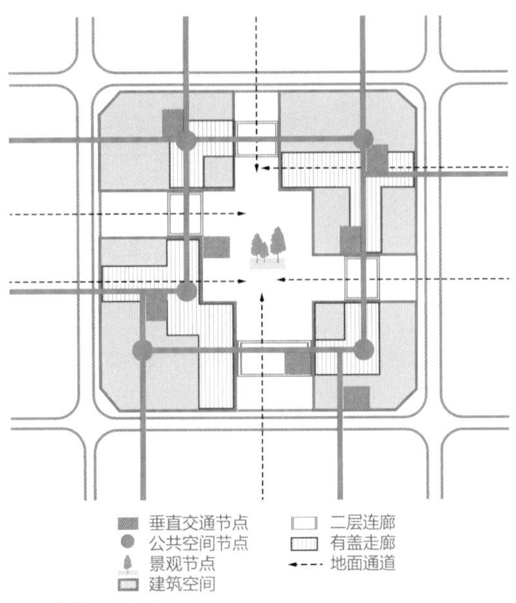

平面管控要素示意图

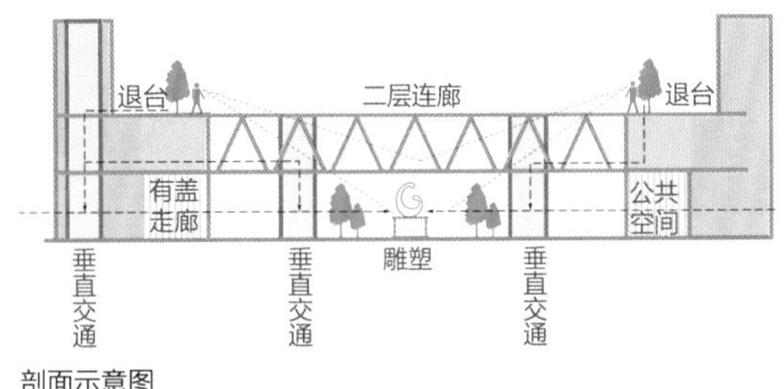

剖面示意图

图UD6-3　广州市基于CIM的城市设计导则首层及二层空间管控示意图

界面管控要素　　表UD6-3

大类	小类	要素	要素细分与描述
城市界面	界面位置控制	建筑控制线	建筑退线（界面控制线）、建筑首层退线、建筑退距控制要求（针对建筑退线）
		共用墙	位置、尺寸
	立面设计	建筑风貌	立面虚实比、建筑多样性、玻璃幕墙、建筑连续面宽、建筑色彩、建筑材质、建筑造型、建筑细部、建筑保护与更新要求、绿色建筑要求
		建筑附属设施	建筑附属物、立体绿化、空调机位、广告招牌
		建筑底层	建筑出入口、强制性零售商业界面
		围墙设计要求	围墙设计要求
	地面与场地设计	地面设计	地面铺装、盲道、慢行系统设计、建筑室外设施
		绿化与植栽	植物配置、绿色容积率、树池花池、多层次绿化、建筑绿化围墙、古树名木保护
		海绵城市设计要求	渗水率或可渗透地面比率、径流系数、地块水面率、水体要求
		竖向设计	自然地形保护、台地设计、坡地设计、建筑与场地高差设计、建筑入口高差设计
		滨水设施	驳岸、栈道、码头、滨水步道设计
		商业外摆区	户外休闲空间、户外餐饮空间
	第五立面设计	第五立面设计	建筑屋顶形式，屋顶景观，区域、立面形式、绿化率、屋顶活动空间
	夜景照明	夜景照明	分区控制、色彩、亮度、时间管控

街道界面强调连续性和韵律感，根据街道尺度、功能特点，重点对沿界面基准线的建筑高度和退让布局提出控制和引导要求（图UD6-4）。

滨水界面注意控制自然型和亲水型岸线的最低比例，研究水体与岸线、滨水建筑、绿化之间的相互关系，重点对岸线形式、亲水设施、沿线建筑的高度、体量等提出控制和引导要求。

沿山界面强调自然性和立体性，保护山体的自然形态，重点对沿山建筑高度、屋顶形式、绿化景观等提出控制和引导要求。

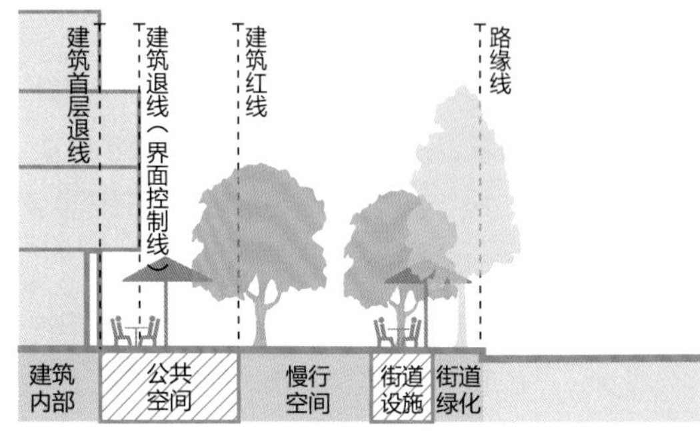

图UD6-4　街道界面空间管控示意图

UD6-1-4
附属设施管控

管控范围是城市空间中所有独立于建筑和大型构筑物设置的城市设施，包括街道家具、公共艺术、灯杆等。

附属设施需要对园林绿化、小型市政设施、交通基础设施及导向标识、安全设施、公共艺术设施、历史文化设施、体育健身设施等要素提出管控要求（表UD6-4）。

附属设施管控要素　　表UD6-4

大类	小类	要素
附属设施	园林绿化类	行道树、植物配置、景观水体等
	小型市政设施	电线杆线、路灯杆线、配电箱、小型调压箱等
	交通设施及导向标识	公交站、公交指示牌、路名牌、地名牌、地区导向牌、出入口指示牌、交通标志牌、地面交通标志、交通信号灯杆、交通信号控制箱、旅游标志、隔声屏、监视设施等
	公共艺术	雕塑、壁画、装置、城市家具，含指示牌、垃圾桶、信息亭、阅报栏等
	历史文化类	古碑、古井、古雕塑、古桥、古牌坊等
	体育类	小型体育健身设施等

广告与店招。避免设置在影响建筑采光、通风的位置。控制广告、标识与建筑立面轮廓线的关系，所占面积比例及临街商铺店招店牌的高度和尺寸。控制在人行天桥、扶梯、过街地道、过江隧道、立交桥落地匝道等人流和车流集散口附近禁止设置落地式广告的范围。历史风貌区户外广告、招牌等设施，应当符合保护规划的要求，不得破坏建筑空间环境和景观。传统商业街的户外广告、招牌等设施可根据环境氛围营造需要，适度突破建筑轮廓线（图UD6-5）。

市政设施。城市电箱、消火栓等应与景观绿化一体化设计，严禁市政设施占用城市人行道空间。独立占地的市政设施如变电站、污水处理厂、水泵加压站等鼓励隐蔽化设计，位于城市重点地区的应做隐蔽化处理。

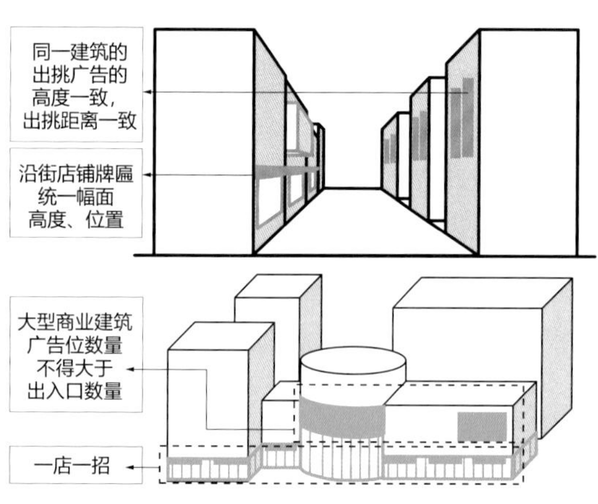

图UD6-5　苏州市高铁新城户外广告牌匾管控示意图

UD6-1-5 地下空间管控

管控范围是城市地下用于开发建设的区域，包括公共区域地下空间和独立权属用地内地下空间的可建设范围、商业范围、公共步行通道、垂直交通核、地下车库等。

管控内容包含地下空间开发范围、地下空间功能分区以及地下空间要素三个方面。地下空间开发范围需要对地下的开发水平范围、垂直分层等提出管控要求；地下空间功能分区需要对地下的公共空间、商业空间、交通空间、地下市政设施、人防设施等要素提出管控要求；地下空间要素需要对地下的步行通道、广场、下沉空间、垂直交通设施、车行环廊与停车库连廊等要素提出管控要求（表UD6-5）。

地下空间管控要素　　表UD6-5

大类	小类	要素	要素细分与描述
地下空间	地下空间开发范围	地下开发范围	地下开发范围
		垂直划分	地下开发深度分层
	地下空间功能分区	地下公共空间	含下沉一层及以上的下沉广场、地下广场、地下商业街公共部分、地下步行通道
		地下商业空间	地下商业空间
		地下交通空间	地下交通枢纽、地下车行通道、地下轨道设施、地下停车设施
		地下市政设施	地下市政场站、地下综合管网、地下综合管廊
		地下人防设施	地下军事设施、地下人防设施
		其他地下设施	地下墓葬设施、地下文物埋藏区、地下储藏设施
	地下空间要素	地下步行通道	TOD节点通道等
		地下垂直交通设施	地下垂直交通设施
		地下车行环廊与停车库连廊	地下车行环廊与停车库连廊

注重地下空间的连通性，鼓励形成网络化地下公共空间。加强地下空间的可识别性，合理设置节点空间，做好标识与指引设计。地下空间宜结合下沉广场、地形高差等进行设计。注重与建筑首层或室外场地衔接顺畅，增加扶梯、楼梯、直梯等出地面设施，同时改善地下空间的采光、通风条件，鼓励地下空间的非地下化设计（图UD6-6）。

地铁站点500m范围内地下公共空间应统筹考虑，结合地下商业、停车、地面功能和城市公共空间一体化设计，做到功能地块与地铁站的便捷连通（图UD6-7）。

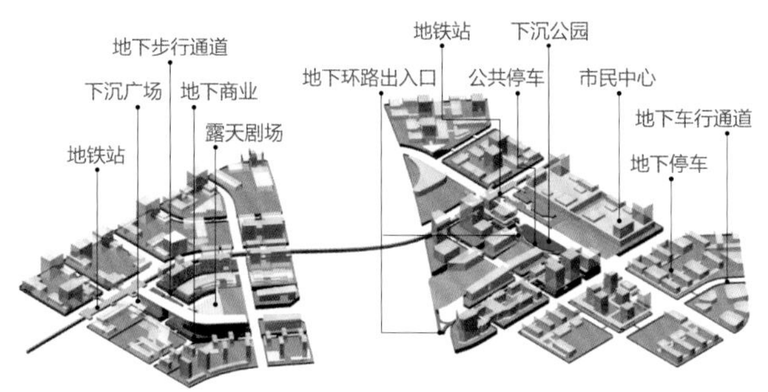

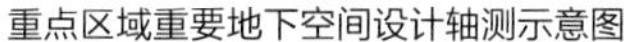
重点区域重要地下空间设计轴测示意图

街坊地下空间控制规划图则

图UD6-6　北京大兴国际机场临空经济区廊坊片区地下空间规划管控示意图

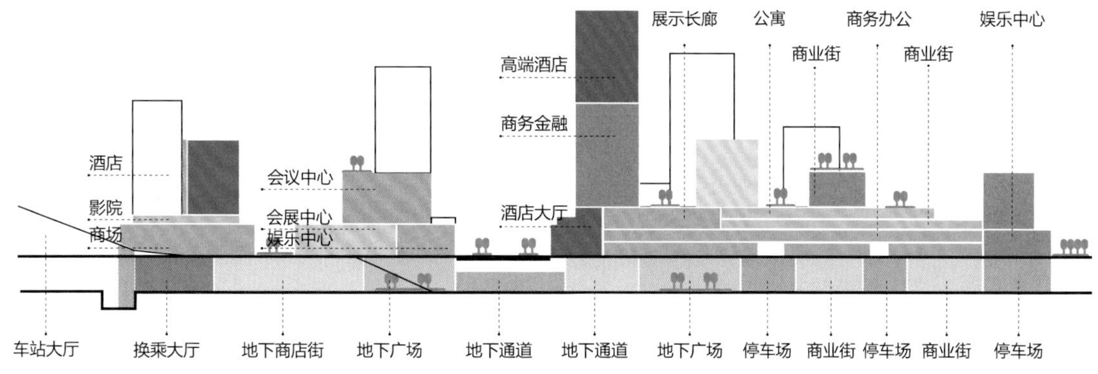

图UD6-7　邢台市邢东新区城市设计国际大师邀请赛立体城市空间模式示意图

UD6-2 ※

管控要素逐级传导

明确总体、片区（区段）、地块不同层面重点管控要素、管控方式及传导落实路径（图UD6-8）。

UD6-2-1 总体层面

重点管控要素

包含山水格局、人文格局、城市结构、城市基调、特色片区五大方面要素。其中，山水格局包括山、水、林、田、湖、草等要素，人文格局包括城镇片区、乡村聚落、文化路径、人文要素等要素，城市结构包括轴带系统、中心体系、眺望系统、蓝绿网络、特色片区等要素，城市基调包括建设模式、建筑风格、城市色彩等要素，特色片区包括滨水地区、山前地区、历史文化保护地区、老城复兴区、新城新区、商业商务区、交通枢纽区、创新产业集聚区、绿色低碳产业园区等要素。

管控传导落实路径

总体层面城市设计管控要求需要通过要素分解、空间落位、要求细化、通则引导等形式，落实到片区层面城市设计管控要素，实现整体管控。

以城市视廊管控为例，总体层面城市视廊管控会对观景点（眺望区、观测点等）、视廊区（核心视廊区、周边协调区）、景观点（地标对象等）、背景区等进行界定，向下一级传导需要通过片区层面落实到街区深度，并通过公共空间位置、街坊高度等要素进行落实（图UD6-9）。

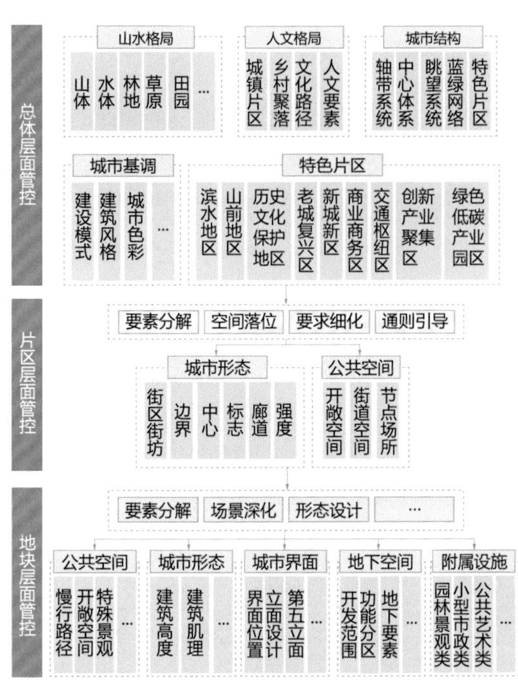

图UD6-8 城市设计要素传导框图

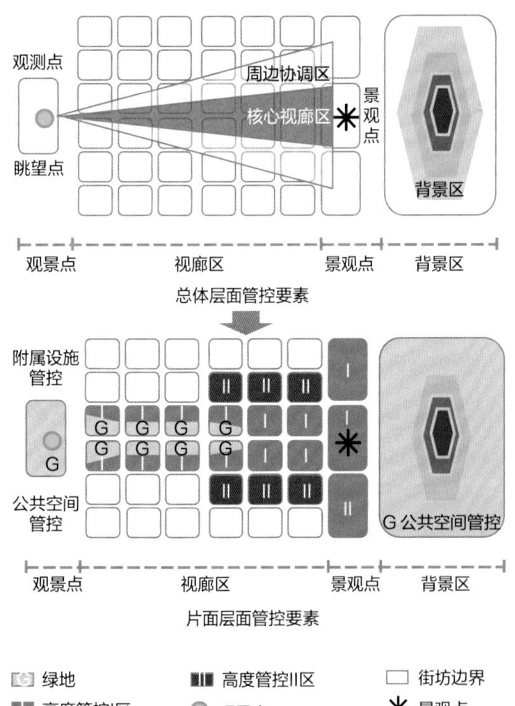

图UD6-9 城市视廊管控从总体层面到片区层面传导示意图

UD6-2-2

片区（区段）层面

重点管控要素

包含城市形态、公共空间两方面。其中，城市形态包括街区街坊、边界、中心、标志、廊道、强度等要素，公共空间包括开敞空间、街道空间、节点场所等要素。

管控传导落实路径

片区层面城市设计管控强调空间关系协调，需要对管控内容进行要素分解、场景深化、形态设计等进一步落实到地块，实现精准管控。

以城市视廊管控为例，片区层面城市视廊管控明确界定街坊层面的公共空间位置、街坊高度等要素，传导到地块层面，需要结合视廊范围留出地块内视线通廊，即确定地面通廊位置、边界，同时细化两侧的建筑高度分区，明确界面位置、立面设计等管控要素（图UD6-10）。

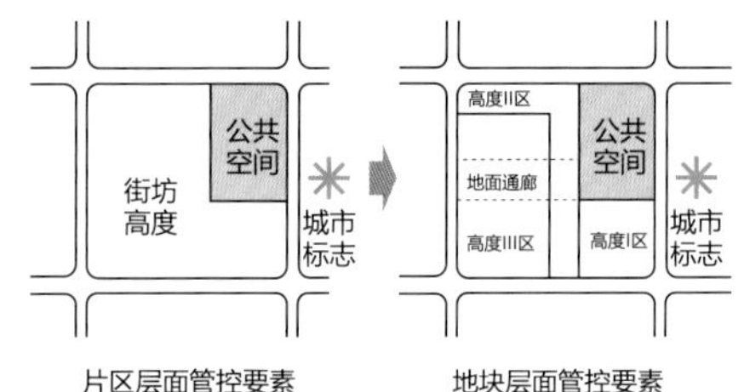

图UD6-10 片区层面要素管控到地块层面要素管控传导示意图

UD6-2-3

地块层面

重点管控要素

包含公共空间、城市形态、城市界面、地下空间、附属设施五大方面。其中，公共空间包括慢行路径、开敞空间、特殊景观等要素，城市形态包括建筑高度、建筑肌理等要素，城市界面包括界面位置、立面设计、第五立面等要素，地下空间包括开发范围、功能分区、地下设施等要素，附属设施包括园林景观类设施、小型市政类设施、公共艺术类设施等要素。

管控传导落实路径

地块层面城市设计管控强调对空间关系的精细管控，但也需要通过转译为规划设计条件进行落实，通过控制性详细规划文本中的城市设计条款、附加图则等成果形式予以表达。

UD6-3 ※

三维信息系统管控

城市三维信息化平台可实现多源数据整合，辅助城市决策，城市规划建设报件智能审查等功能。建立映射现实城市全域空间的数字孪生城市，实现对山水林田湖草海，城市一房一屋、一树一景现状场景与未来场景，地上场景与地下场景，空间信息与社会经济信息的全面显示；在选址布局、城市空间建设、城市更新等决策中，统计决策地区的物质空间条件、社会经济条件，辅助提升决策科学性；建立城市空间规划、设计、建设的合规性审查功能，实现客观自动审查与主观辅助审查结合的精细化审查机制。

UD6-3-1 数据整合

覆盖城市全域的多源数据整合是实现城市信息全面认知和国土空间全域管控的基础。建立映射现实城市全域空间的数字孪生城市，作为多源数据整合的虚拟空间载体，并将包括城市空间规划、设计数据与工程建设数据等空间管控数据，自然、经济、社会等社会空间数据在内的多源数据整合到虚拟空间载体中，实现对城市空间信息与社会经济信息的全面认知。

UD6-3-2 辅助决策

城市规划设计管理三维信息化平台是提升城市规划设计管理、辅助城市全局空间决策的重要工具。以城市多源数据为基础，多视角认知城市、展示城市。在选址布局、城市空间建设、城市更新等决策中，统计决策地区的物质空间条件、社会经济条件，辅助提升决策合理性，此外，虚拟空间建设方案，模拟未来建设对城市的影响。

UD6-3-3 智能审查

城市规划设计智能审查功能是提升城市智能管理水平的辅助工具。以多源数据整合为基础，以数据间影响关系为依据，建立城市空间规划、设计、建设的合规性审查功能，实现客观自动审查、主观辅助审查。同时，一键式自动生成报告并记录审查过程，降低测量偏差及行政许可审批管理的风险与成本（图UD6-11、图UD6-12）。

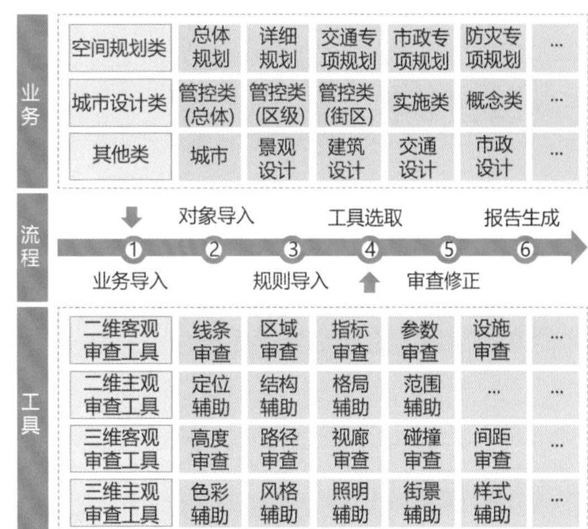

图UD6-11　智能审查流程框图

图UD6-12　城市规划设计管理三维信息化平台智能审查操作界面示意图

注 释

❶ https://www.zgbk.com/ecph/words?SiteID=1&ID=214521&Type=bkzyb&SubID=146616.

❷《国土空间规划城市设计指南》(TD/T 1065—2021)。

❸ 城市风貌：城市在其长期的发展过程中由自然条件、文化习俗、产业经济、规划建设等因素综合影响积淀而形成的环境品质和风尚。

❹ 空间体系：由一系列具有内在相互联系的城市空间要素连接而成的，或是由一系列城市空间所构成的功能性模式。

❺ GIS辅助设计技术：以GIS地理信息系统为工具，集计算机技术、信息技术、图像技术于一体的技术、设备和系统的总称。

❻ 王建国."从自然中的城市"到"城市中的自然"——因地制宜、顺势而为的城市设计［J］. 城市规划，2021，45（2）：36-43.

❼ 段进，兰文龙，邵润青. 从"设计导向"到"管控导向"——关于我国城市设计技术规范化的思考［J］. 城市规划，2017，41（6）：67-72.

RV

RV1–RV3

绿色城市更新规划技术指引

RENOVATION

RV

绿色城市更新

规划技术指引

RV1	更新识别	
RV1–1	城市体检问题诊断	
RV1–2	划定城市更新单元	
RV1–3	明确城市更新方式	※
RV1–4	梳理更新基础清单	
RV1–5	明晰更新任务清单	※

RV2	更新指引	
RV2–1	明确更新目标策略	※
RV2–2	结构优化品质提升	※
RV2–3	产业业态转型提升	
RV2–4	支撑系统优化增效	
RV2–5	明确要点分类引导	※
RV2–6	构建多方共赢模式	
RV2–7	协调利益妥善安置	
RV2–8	统筹建维资金测算	
RV2–9	规划导控持续治理	※

RV3	更新评估	
RV3–1	提高城市经济效益	
RV3–2	保障城市社会效益	
RV3–3	提升城市环境品质	※
RV3–4	强化城市安全韧性	
RV3–5	构建评估指标体系	※

注：标注星号的为体现绿色理念的规划技术，不带星号的为传统规划技术。

理念及框架

目标和任务

《中华人民共和国国民经济和社会发展第十四个五年规划和2035年远景目标纲要》提出，加快转变城市发展方式，统筹城市规划建设管理，实施城市更新行动，推动城市空间结构优化和品质提升。

城市更新是为满足不断提高的城市居民物质文化需求和城市经济社会发展要求，同步考虑土地集约利用、绿色交通、绿色基础设施、配套服务设施和环境品质等多元要素，对城市建成区的功能业态和环境生态进行可持续改善的建设活动，其核心是自然、经济与社会的和谐均衡发展。

根据《市级国土空间总体规划编制指南（试行）》，城市更新应根据城市发展阶段、潜力和不同区域的特点，结合城乡生活圈构建，划定城市更新区域和单元，明确城市更新的目标、原则和重点区域的要求，明确国土空间规划中绿色城市更新的规划层级、规划内容、规划方法、成果要求等内容。

基本理念

城市更新是一个永续的过程，应在这一进程中推行“有机更新”理念，其核心是使城市更新进程与社区发展进程相适应，主张城市建设按照城市内在的秩序和规律，顺应城市的肌理，采用适当的规模和时序，在可持续发展的基础上推进城市的更新发展。本《指引》主要聚焦物质空间建设方面，并与相关的社区建设内容进行必要的衔接。绿色城市更新应坚持以下原则。

坚持绿色城市更新公益优先，制定清晰透明的问题清单、任务清单和规则，明确验收责任、监管责任和惩罚措施，确保公共利益落实到位，切实转变城市更新模式与发展方式。

坚持绿色城市更新共建、共营、共治、共享，促进城市更新中政府、市场和社会等多方的沟通与协作，在政府引导和管控的基本框架内，充分调动市场和社会的资源与智慧，明确各方权责和操作规则，减少城市更新规划实施中的社会冲突与决策偏差。

坚持城市更新利益均衡调控，通过政策建立精细化的利益分配规则，既扩展公共利益的实现途径，也为市场参与更新建立合理预期。

坚持城市更新机制动态调整，结合当地当时的发展导向，通过主辅结合、分层细化、动态修订的思路对城市更新规划进行持续改良，定期检讨实施成效和实施机制，实现城市更新规划的动态修订。

技术框架

本《指引》按照“识别-指引-评估”的流程开展工作。城市更新识别阶段一方面要摸清家底，通过城市体检明确城市更新片区短板和问题形成问题清单，通过梳理城市更新片区的各类资源要素形成基础清单；另一方面，要结合城市更新主体诉求和城市更新目标，明确城市更新方式；此外，还要结合前期工作成果，明晰城市更新行动实施过程中的重点和难点，形成任务清单。

城市更新指引阶段一则要对城市更新规划应涉及的内容进行明确，主要包括城市更新行动的目标策略、城市结构品质、产业业态、城市支撑系统和城市更新单元更新要点等方面；二则要加强城市更新行动的实施保障，主要包括城市更新的工作模式、利益相关者的利益协调、资金保障和规划导控等方面。

城市更新评估阶段主要是保障城市更新行动的实施效果，从经济效益、社会效益、环境品质和城市安全多维度构建实施评估指标体系，通过对城市更新规划的落地实施进行评估，从而推动城市更新规划的精细化实施与治理（图RV）。

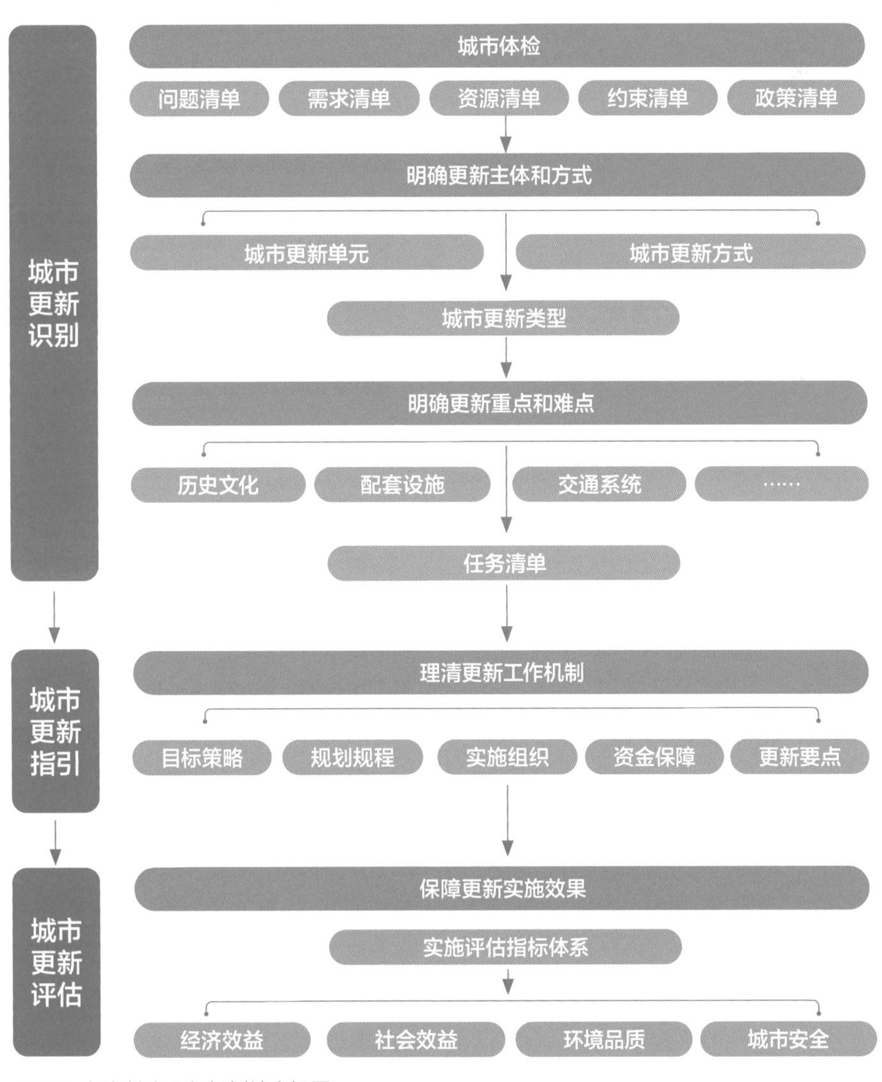

图RV　绿色城市更新规划技术框图

RV1 更新识别

RV1-1 城市体检问题诊断

城市体检是实施城市更新行动的基础与前提，城市体检问题诊断的目的：一是通过城市体检聚焦城市问题，形成城市更新问题清单；二是为城市更新任务清单的汇总和分类指引提供支撑。城市体检问题诊断主要包括工作方案制订、评估体系构建和分析评价等工作环节。

城市体检问题诊断工作流程❶包括制订工作方案、构建评估体系、分析评价形成问题清单和成果应用等步骤（图RV1-1）。

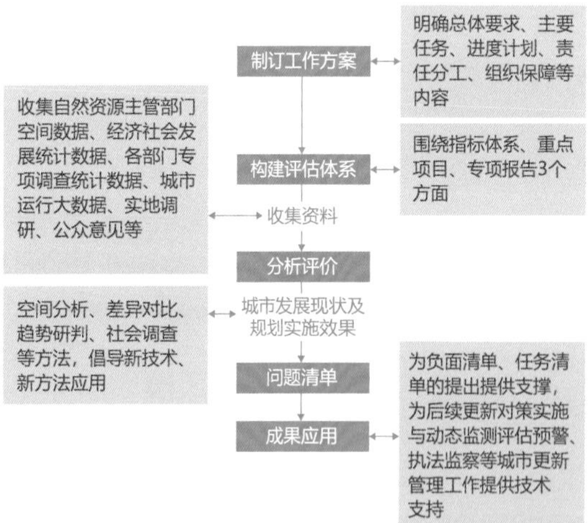

图RV1-1　城市体检问题诊断工作框图

RV1-1-1 工作方案制定

城市体检应结合城市更新规划实施的重点难点、突出问题和发展要求，明确城市体检的总体要求、主要任务、进度计划、责任分工、组织保障等内容，明确城市体检的工作步骤，从而有序指导体检工作开展。

RV1-1-2 体检体系构建

城市体检应从指标体检、项目体检、专项体检三个方面建立城市体检评估体系，城市体检评估内容主要涉及上位规划指标体系确定的各项指标完成情况，上位规划近期实施方案明确的重点项目实施进度和重点专项规划开展情况等（图RV1-2）。

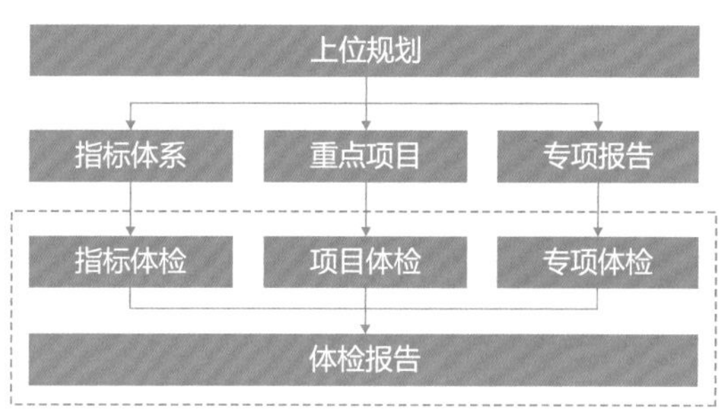

图RV1-2　城市体检评估体系框图

指标体检

指标体检聚焦监测上位规划指标体系确定的各项指标，结合各项指标的历年数据值趋势推演、当年度报送数据值与规划目标的年度拆解值的对照情况，对各项指标的实施进展完成情况进行评价，并对发展趋势与规划导向不一致的指标进行及时预警、探究原因。

项目体检

项目体检重点围绕上位规划近期实施方案明确的重点项目清单，定期开展各项目进度的上报与评价。后续工作结合各轮近期建设规划确定的项目，滚动更新上位规划实施重点项目完成情况清单，对进度未达到预期的项目提出预警，督促落实。

专项体检

专项体检是以上位规划为基础，围绕产业发展、规划功能、道路交通、公共服务设施、市政工程设施、城市设计、建筑物理环境和经济可行性等方面开展的重点专项分析，体检评估工作应结合当年情况，适当增加年度重点项目。

RV1-1-3
分析评估

城市体检应通过空间分析、差异对比、趋势研判、社会调查等方法，倡导大数据、人工智能等新技术和新方法的应用，对城市发展现状及规划实施效果进行分析和评价，形成问题清单。

RV1-2
划定城市更新单元

城市更新单元是落实法定规划要求、指导城市更新项目、协调各方利益、落实城市更新目标和责任的基本管理单元，一个城市更新单元内可有一个或者多个城市更新项目。更新单元基于“三旧”用地单元识别，结合城乡用地分类划分为棚户区、居住区、工业区、历史风貌区和混合功能区等单元类型。

RV1-2-1
棚户区更新单元

棚户区更新单元主要指在城市建成区范围内失去或基本失去耕地，仍然实行村民自治和农村集体所有制、建筑品质破败的连片区域。

棚户区更新单元的划定可以从以下几方面进行考虑：一是用地片区内存在大量20世纪80年代及以前的砖土结构建筑；二是不符合国家规范和地方技术标准各项指标的建设用地；三是存在违法违章建筑、单家独户的违法建设用地；四是公共管理与公共服务设施、道路与交通设施、公共设施等配置严重不足，生态环境品质低下，不适宜居住的建设用地等。

RV1-2-2
居住区更新单元

居住区更新单元主要是指在城市建成区范围内，建成时间较早，因为公共设施落后，对居民基本生活造成明显影响且居民改造意愿强烈的居住区域。

居住区更新单元的划定可以从以下几方面进行考虑：一是指城市、县城建成于2000年以前、公共设施落后影响居民基本生活、居民改造意愿强烈的住宅小区；二是公共管理与公共服务设施、道路与交通设施、公用设施等配置不足，环境品质差的居住用地。

居住区单元的更新是以改善基础设施、完善公共服务设施、优化交通设施和提升市容环境为更新主要目标，通过整合空间资源、强化住区管理、延续建筑寿命和满足使用需求的方式，从而提升住区居住品质。

RV1-2-3
工业区更新单元

工业区更新单元主要指镇（街道）、村和工业园区内产业衰退、设施破败的工业用地为主的区域。

工业区更新单元的划定可以从以下几方面进行考虑：一是用地片区内存在大量20世纪90年代及以前建设的临时建筑、单层简易结构旧厂房；二是工业用地的容积率低于0.6；三是用地性质与现有国土空间规划、相关专项规划等上位规划用地性质不符，且占用滩涂、农田等生态用地的违法工业用地；四是地均产出低于地方地均产值平均值的低效工业用地；五是国家禁止类和淘汰类产业的工业用地；六是废水、二氧化硫、粉尘、烟尘等工业污染物排放未达标的工业用地；七是能耗和水耗高于国家和地方规定的产品能耗、水耗限额标准的工业用地等。

工业区单元的更新主要是以微更新的方式，通过加强工业区产业调整升级、强化功能置换和加强生态修复等活化再利用的方式，赋予工业区新的生命。

RV1-2-4
历史风貌区更新单元

历史风貌区更新单元主要是指经地方政府核定公布的保存文物特别丰富、历史建筑集中成片、能够较完整和真实地体现传统格局和历史风貌，并具有一定规模的用地区域。

历史风貌区更新单元的划定可以从以下几个方面进行考虑：一是城市紫线等历史文化区的保护范围界线内的用地；二是公共管理与公共服务设施、道路与交通设施、公用设施等配置不足的历史文化片区；三是缺乏城市活力，环境品质差，文化继承不足的历史文化片区。

历史风貌区单元主要包括历史文化城镇、历史文化村落和其他历史文化资源富集地区。历史风貌单元的更新是以微更新的方式，通过加强历史文脉传承、强化整体形态修复和着力片区功能重塑，从而提升城市更新片区整体活力。

RV1-2-5
混合功能区更新单元

混合功能区更新单元主要是指在城市建成区范围内，同一地块中多种用地类型并存，用地布局混乱，城市活力低下的用地区域。

混合功能区更新单元的划定可以从以下几方面进行考虑：一是用地片区内存在大量建设年代久远、房屋结构陈旧、存在安全隐患的房屋；二是建设用地内商业服务业设施低端，公共管理与公共服务设施、道路与交通设施、公用设施等配置严重不足；三是功能布局混乱，社会治安环境差，缺乏城市活力的建设用地。

混合功能区单元的更新是以改善基础设施、完善公共服务设施、优化交通设施和提升市容环境为更新主要目标，混合功能区单元的更新更加注重城市更新片区可持续发展。

RV1-3 ※
明确城市更新方式

城市更新方式是指在城市更新单元范围内，对低效存量建设用地及危破旧房进行整治、改善、活化、提升的建设方式。对城市更新单元内的公共管理与公共服务设施、道路与交通设施、公用设施、开放空间、构筑物等要素进行评估，按"留改拆"的方式，明确保留要素和更新重点，城市更新方式应分为综合整治、功能调整和全面改造等。

RV1-3-1
综合整治

综合整治型指更新单元内地块现状用地性质与城市发展目标相符，地块内构筑物具有保留价值且不存在安全隐患。该类城市更新方式以改善城市基础设施、完善公共服务设施、优化综合交通设施和提升市容环境为主要目标来制定城市更新实施方案（图RV1-3）。

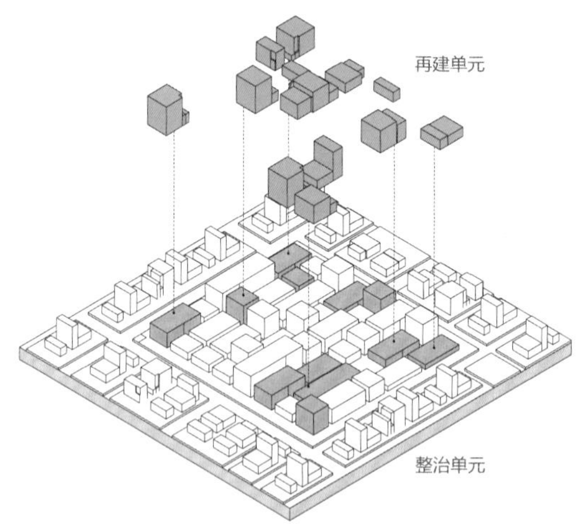

图RV1-3 综合整治方式示意图

RV1-3-2
功能调整

功能调整型指更新单元内地块现状用地性质与城市发展目标不符，地块内构筑物具有保留价值且不存在安全隐患，该类城市更新方式遵循保护历史、延续文脉、循序渐进的理念，采用微更新的方式制订城市更新实施方案（图RV1-4）。

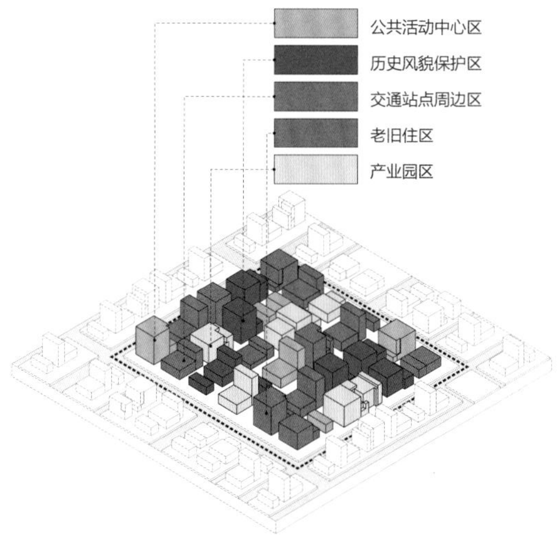

图RV1-4　功能调整方式示意图

RV1-3-3 全面改造

全面改造型指更新单元内地块现状用地性质与城市发展目标不符，地块内构筑物不具有保留价值且存在严重的安全隐患，该类城市更新方式按照公共优先、功能完善、品质提升、绿色生态的要求制订城市更新实施方案，并对城市更新片区内低端、低质、低效的建设用地实行分阶段改造（图RV1-5）。

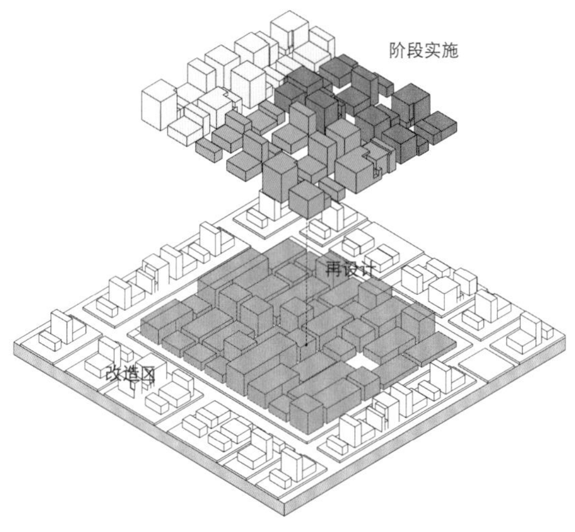

图RV1-5　全面改造方式示意图

RV1-4 梳理更新基础清单

城市更新基础清单作为更新任务清单的重要依据，主要包括资源清单、约束清单和政策清单等。

RV1-4-1 资源清单

城市更新资源清单作为城市更新实施的重要基础，应从权属资源、土地资源和建筑资源三部分进行考虑。

权属资源

权属资源主要是指城市更新地块内的土地及建筑物的权属情况，主要可以分为土地所有权、土地使用权和建筑物所有权三类。

土地所有权分为国家土地所有权和集体土地所有权。城市市区的土地属于国家所有，农村和城市郊区的土地，除法律规定属于国家所有的以外，属于集体所有。集体所有的土地主要是耕地及宅基地、自留地、自留山，还包括法律规定集体所有的森林、山岭、草原、荒地、滩涂等土地。至于法律没有规定为集体所有的森林、山岭、草原、荒地、滩涂等土地，则属于国家所有。

土地使用权分为国家土地使用权和集体土地使用权。按照土地性质可以分为商业用地、综合用地、住宅用地、工业用地和其他用地五类。按照使用权属单位可以分为乡、村集体经济组织，依法直接从国家取得国有土地使用权的单位和个人，使用集体土地进行非农建设的单位和个人，跨地区国有工程设施一般以业务主管机关为土地登记单位四类。

建筑物所有权是指业主对建筑物内的住宅、经营性用房等专有部分享有所有权，对专有部分以外的共有部分享有共有和共同管理的权利，包括专有权、共有权与管理权。

土地资源

土地资源主要是指城市更新地块内的待开发和待再开发用地。在对土地资源进行识别的基础上，按照既有规划是否已批复、现状是否已建成，对用地实施情况分类梳理，分为已按规划实施用地、存量待改造用地和新建待实施用地三类（图RV1-6）。

已按规划实施用地是指既有规划已批且现状已建成，现状用地性质与规划用地性质一致，不可作为城市更新用地资源的用地。

存量待改造用地是指既有控制性详细规划未批但现状已建成，现状用地性质与规划用地性质不一致，具有城市更新潜力，可作为城市更新用地资源的用地。

新建待实施用地是指既有控制性详细规划已批且现状未建成，可作为城市更新用地资源的用地。

建筑资源

建筑资源主要是指城市更新地块内建筑规模总量和城市更新可利用建筑规模总量。在上位规划建筑规模总量的管控指标要求内，梳理城市更新地块内可利用建筑规模总量，对城市更新地块内建筑资源进行识别，分为已按规划实施地块、现状保留地块、更新利用地块、已供待实施地块和未供待实施地块五类。

已按规划实施地块是指地块上建筑既有规划已批且现状已建成，现状建筑用途与规划用途一致，不可作为城市更新建筑规模资源的地块。

现状保留地块是指地块上建筑现状已建成，有相关文件明确要求保留，不可作为城市更新建筑规模资源的地块。

城市更新利用地块是指地块上建筑现状已建成，现状建筑用途与规划用途不一致，可作为城市更新建筑规模资源的地块。

已供待实施地块是指地块上建筑既有规划已批但现状未建成，不可作为城市更新建筑规模资源的地块。

未供待实施地块是指地块上建筑既有规划未批且现状未建成，可作为城市更新建筑规模资源的地块。

RV1-4-2 约束清单

城市更新约束条件是管控城市更新用地及建设工程的规定性和指导性要求，应从政策引导和规划约束两方面进行考虑。

图RV1-6　北京市石景山区1607街区评估用地资源分布示意图

政策引导

政策引导主要是指国家、省市政策文件、相关标准提出的要求，政策引导可以分为指标性约束要求和非指标性约束要求两类。

指标性约束要求是指城市更新的实施方在城市更新地块内完成一定数量的工作量、达到某一限度的指标或者要求城市更新的实施方不能超出某一限度的指标。其主要包括土地开发面积增减量、土地开发面积完成率、土地整理面积增减量、土地整理面积完成率等用地开发类指标性约束要求，三大设施配套、居住公共服务设施配套、道路代征等配套设施类指标性约束要求和其他指标性相关约束要求。

非指标性约束要求是指具有管控和规范城市更新行动，具有文字描述的约束要求。其主要包括城市天际线、城市风貌、城市色彩、第五立面、建筑色彩、建筑材质和其他非指标性相关约束要求。

规划约束

规划约束不仅与城市更新片区的本底条件、公共服务设施、市政基础设施、综合交通设施、城市特色风貌等多方面产生紧密联系，还与城市更新片区的地方政府、开发商、原产权主体和其他相关者的利益直接相关。

规划约束在统筹考虑节约集约用地要求与相关设施支撑关系的同时，也应平衡城市公共利益与现有业权人的合法利益。在统筹考虑地方政府财政的可实施性的前提下，规划约束主要体现在对城市更新片区的开发强度管控上，主要可分为高密度开发区、中密度开发区、低密度开发区和生态控制区四种类型。

高密度开发区主要在规划承载容量允许的前提下，尤其轨道交通站点周边区域，鼓励高强度开发（图RV1-7）。

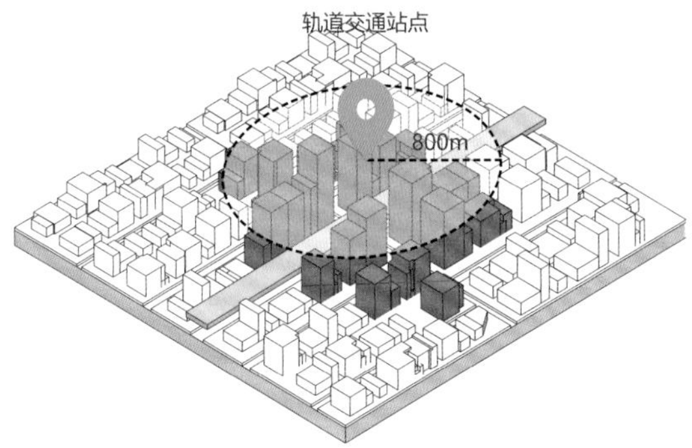

图RV1-7 高密度开发区示意图

中密度开发区主要根据用地区域发展条件，在规划承载容量允许及满足相关规划要求的前提下，进行适宜强度的开发（图RV1-8）。

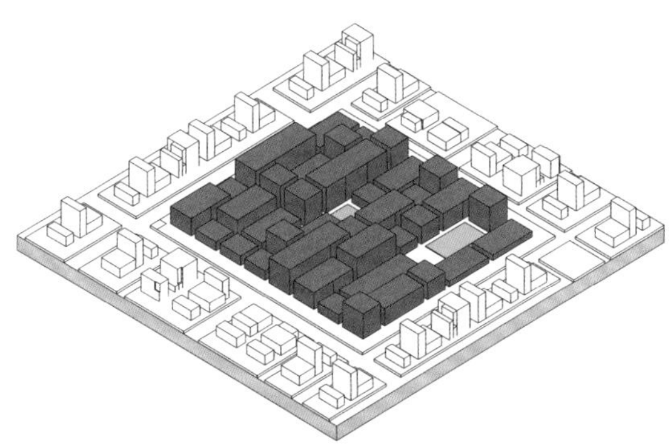

图RV1-8 中密度开发区示意图

低密度开发区主要为建设控制地带等政策性区域，其开发强度应满足区域相关规定、规划要求（图RV1-9）。

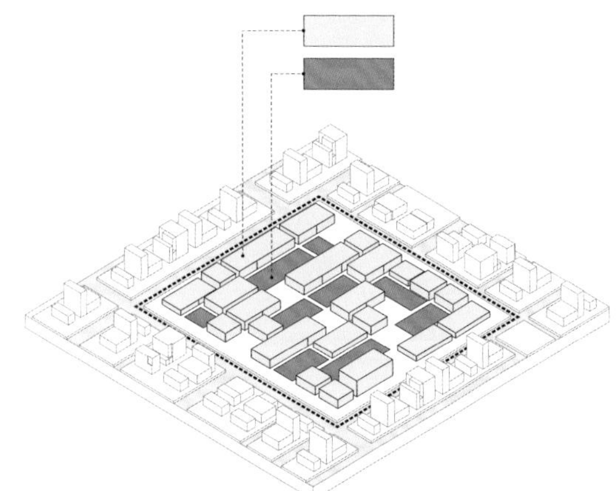

图RV1-9 低密度开发区示意图

生态控制区主要是指国土空间规划生态保护红线划定的生态极重要、生态极敏感区域和禁止开发区域，其开发强度按照生态保护区相关管理要求落实（图RV1-10）。

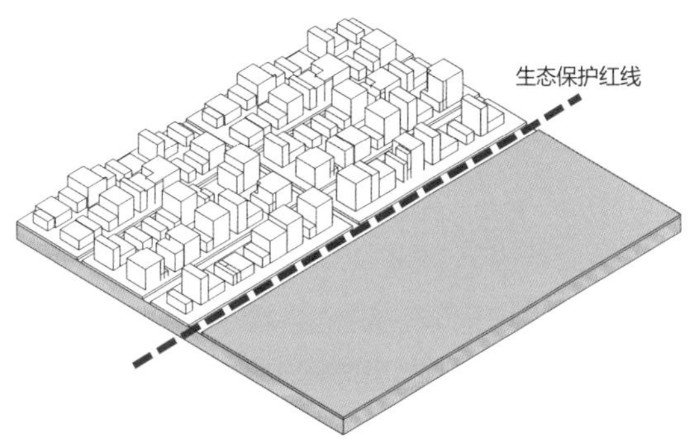

图RV1-10 生态控制区示意图

RV1-4-3
政策清单

政策清单主要是指保障城市更新能够有效实施的政策资源工具包，主要可分为政策机制、制度规范和操作指引三个部分（图RV1-11）。

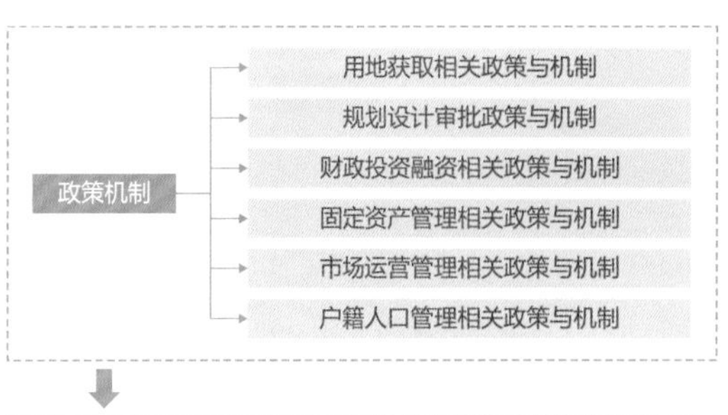

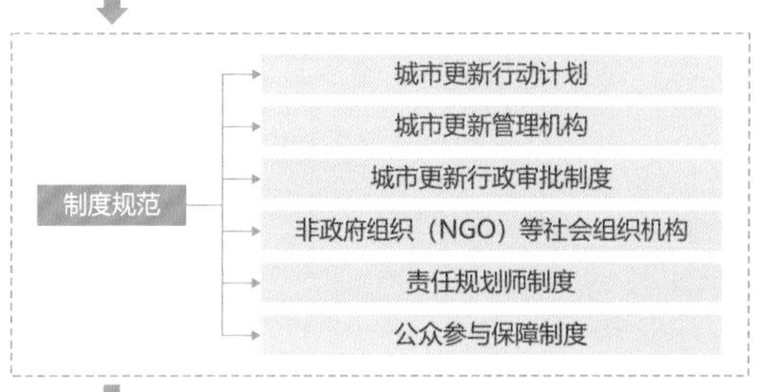

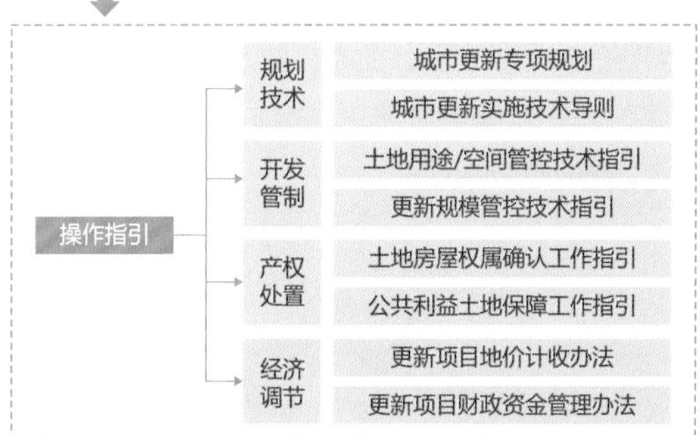

图RV1-11 政策工具包框图

政策机制

政策机制是推行城市更新的基本纲领，也是城市更新政策资源工具包的核心文件，主要包含用地审批、规划设计审批、财政投资融资、固定资产管理、市场运营管理、户籍管理等方面的相关政策与机制。

制度规范

制度规范是城市更新政策工具包核心文件的配套文件，主要包含城市更新行动实施计划、相关机构组织和管理的制度建设等内容。配套文件通过明确城市更新的实施路径和相关制度，从而提升城市更新实施的规范性。

操作指引

操作指引是政策资源工具包管理领域的规范性文件，是规范城市更新实施和监管的重要抓手，主要包含城市更新实施过程中涉及的规划技术、开发管制、产权处置、经济调节等技术事项。操作指引作为主干政策的补充，可以随现实情况动态修订，不断填补和细化政策机制和制度规范中不便明确的具体操作方式。

RV1-5 ※

明晰更新任务清单

城市更新任务清单是具体指引城市更新行动的工作目录和项目库。其主要包括历史文化要素保护、配套设施补齐、交通系统优化、公共空间品质提升、生态修复保护和城市风貌引导等内容。

RV1-5-1

历史文化要素保护

历史文化要素保护首先应判断城市更新片区历史文化要素的保护情况，主要包括内部文化要素和周边文化要素对该地块的影响，应根据不同历史文化要素的保护情况明确其需要遵循的保护要求，主要包括历史文化风貌区、文物保护单位、优秀历史建筑、历史街区等历史文化要素类型（图RV1-12）。

RV1-5-2

配套设施补齐

配套设施补齐应以提高城市服务功能，加强城市市政设施保障能力，保障城市低收入市民的住房需求，增强城市竞争力与民生关怀等要求为重点，主要包括配套服务设施、保障性住房和市政基础设施等方面（图RV1-13）。

配套服务设施、保障性住房布局应与未来城乡发展空间布局相结合，合理利用城市更新用地资源，完善配套服务设施及保障性住房建设。通过构筑“多中心、多层次、网络化”的配套服务设施体系，满足公众教育、医疗、体育、文化等需求，充分利用城市更新建设用地，因地制宜配建全民健身场地，提高配套设施和保障性住房质量与服务水平。

市政基础设施应构筑符合城市更新片区需求的市政设施体系，与城市更新片区的海绵城市建设、排水管网布设、河涌综合整治等专项规划紧密衔接，综合采取“渗、滞、蓄、净、用、排”等措施，提升市政设施保障能力。

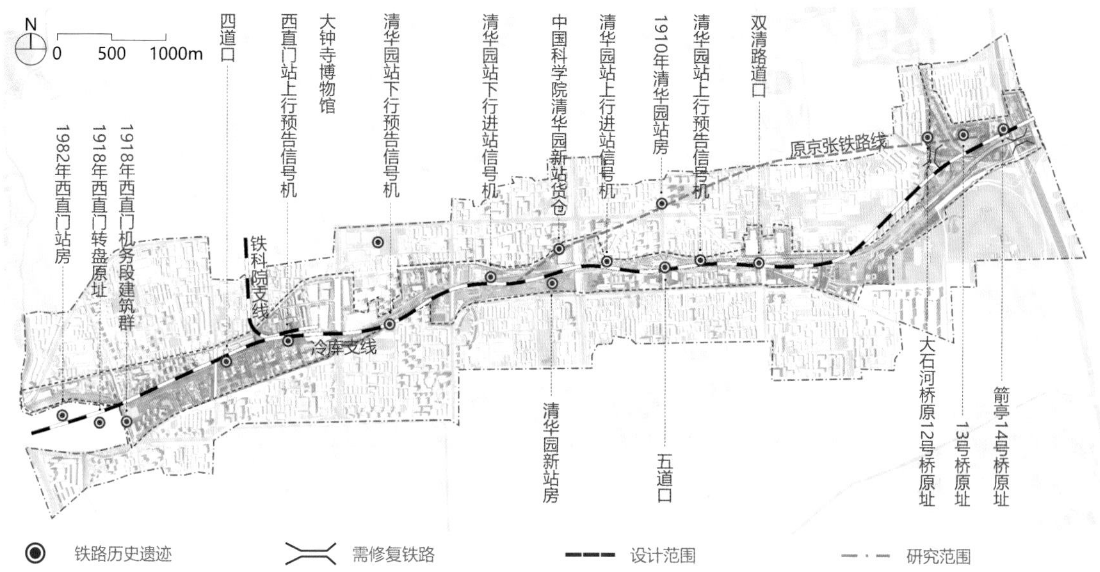

利用保护铁路遗产（通过对场地内的京张铁路遗迹进行梳理挖掘，通过静态保护、文化演绎、活化体验等方式对铁路遗产进行保护利用）

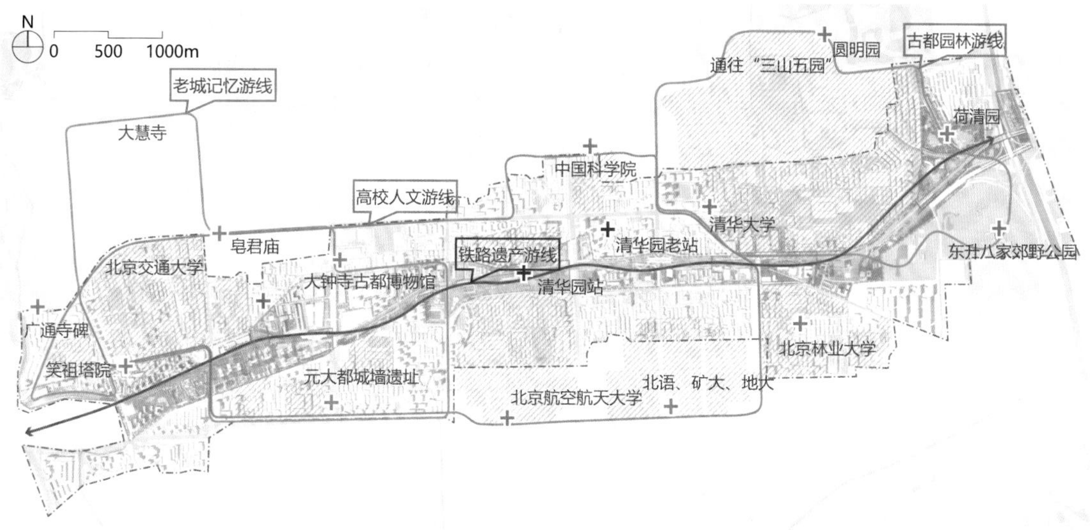

建设历史文化廊道（通过对场地内的京张历史文脉进行挖掘和梳理，通过遗址保护活化、历史元素提炼、空间场景再现等方式，构建一条可观、可游、可体验的历史文化网络）

图RV1-12　京张铁路遗址公园一期工程历史文化遗产保护利用示意图

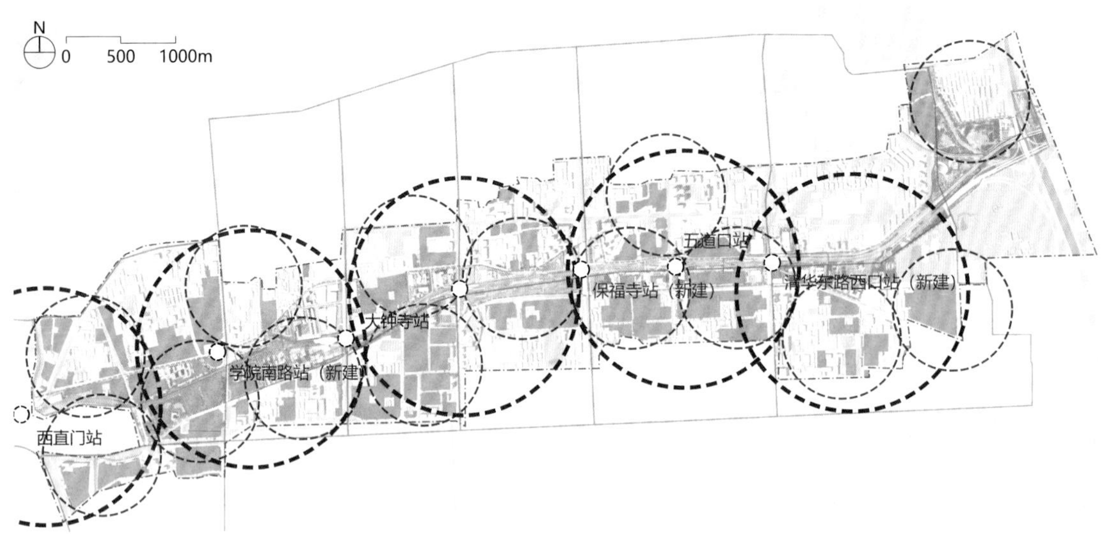

完善生活圈（深化与规划的衔接，以京张铁路遗址公园为主线，根据公园两侧居住用地布局，全线构建5个15分钟生活圈，14个10分钟生活圈，以生活圈为单位增补服务设施，即城市级、保障型设施）

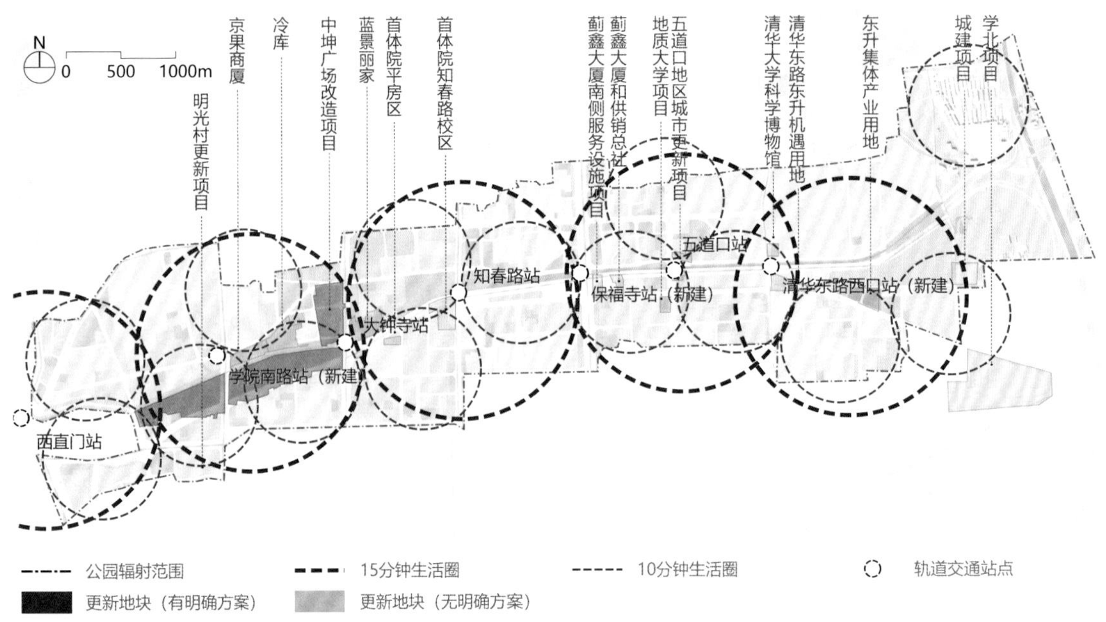

增补配套设施（通过街区指引与生活圈要求相叠加的方式确定城市更新地块建设需补充完善的配套设施）

图RV1-13 京张铁路遗址公园一期工程完善公共服务设施配套分析图

RV1-5-3
交通系统优化

交通系统优化应从优化城市路网结构、强化交通枢纽的功能、倡导绿色出行等方面进行考虑，主要包括以下内容（图RV1-14、图RV1-15）。

城市路网结构的优化应以城市更新为契机，通过调整城市功能结构和用地布局，减少不必要的跨区交通出行，从而实现居民就业和居住的相对均衡；优化城市路网结构的同时应适时加密路网，严格控制和落实上位规划及相关专项规划确定的高速公路、城市快速干道、城市干道的规划用地，重视道路的衔接设计，提高路网总体运行效率，从而改善交通条件，缓解城市交通压力。

交通枢纽的功能强化应以对轨道交通为主体的大

容量公共交通站点周边用地的整合和功能调整为重点，引导人口和产业的适当集中，实现土地利用与交通系统发展的良性循环，强化交通枢纽的集聚和引导作用，促进交通与土地的协调发展。

绿色出行方面应高度重视慢行交通在城市综合交通系统中的重要作用，通过城市更新加快区域道路功

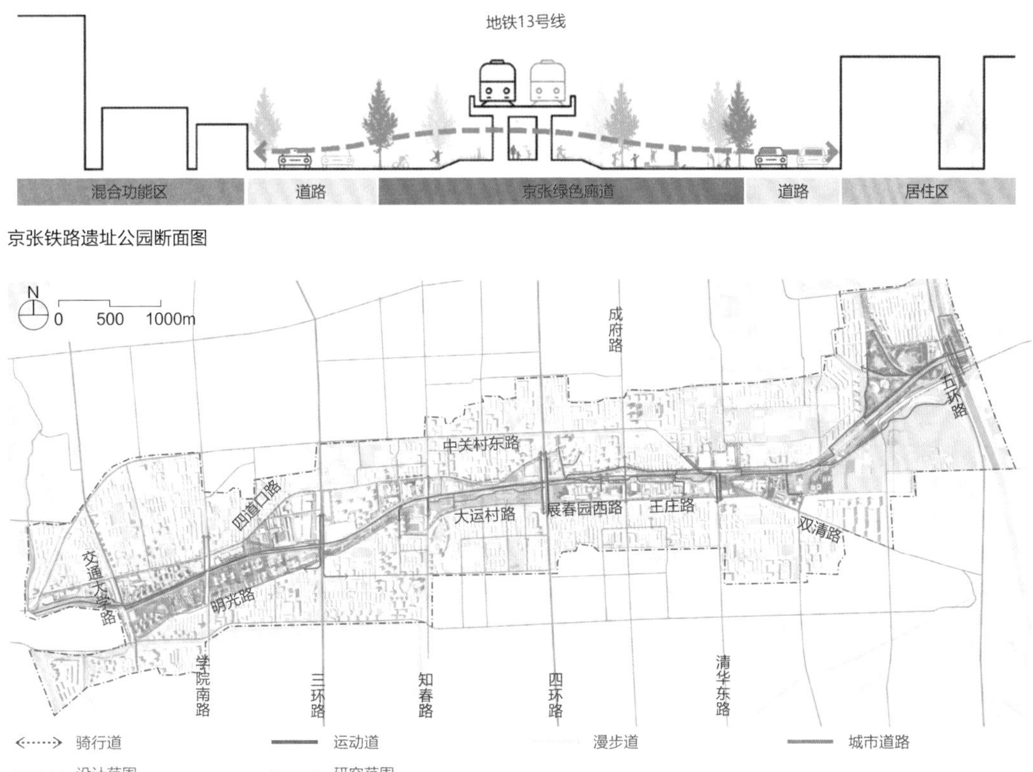

链接铁路两侧割裂的城市空间（通过拆除京张铁路原有护栏和围墙，开放铁路站点的整体可达性，建立东西向的步行网络）

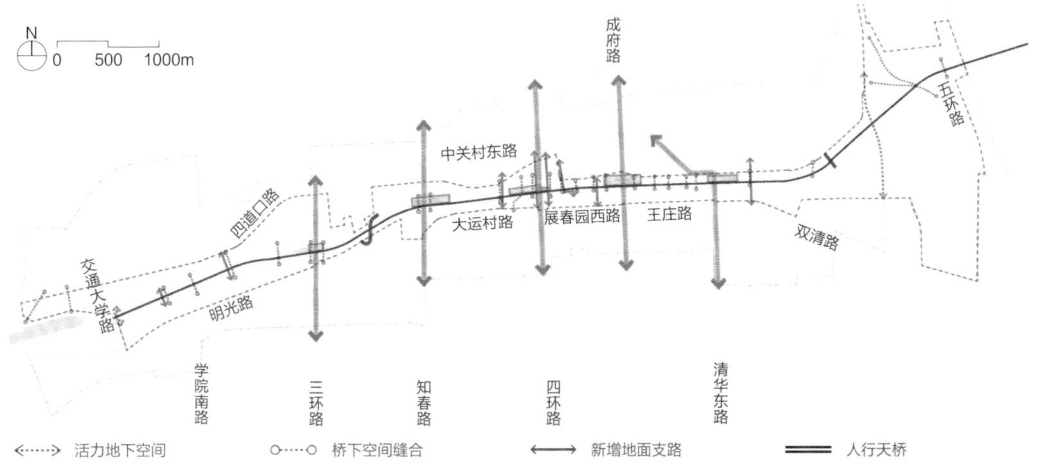

设计三条贯通全线的慢行路径（规划结合现状条件提供景观步道、自行车道形成贯穿南北的慢行系统。梳理周边院校、单位、社区的既有轴线、慢行系统，在关键节点建议局部打开院校、单位院墙，或增设院门，缝合成为完整慢行系统，建立全面共享的公共空间网络。根据不同区段空间要素的不同，设计多种慢行道路断面，包括滨河慢行空间、临轨慢行空间、亲轨慢行空间和一般慢行空间等断面类型）

图RV1-14　京张铁路遗址公园一期工程区域整体慢行系统优化分析图

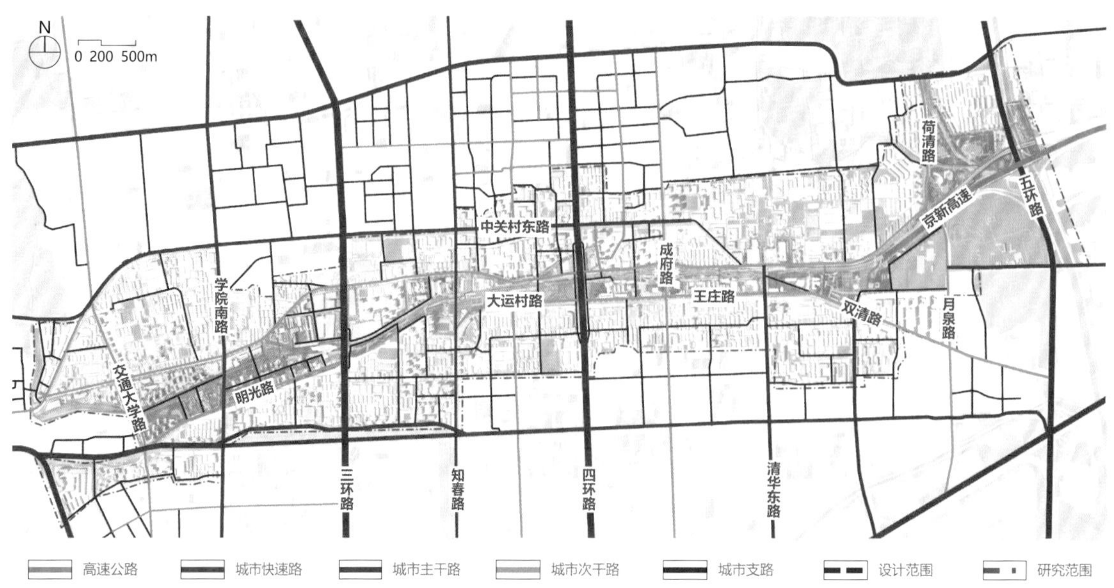

图RV1-15 京张铁路遗址公园一期工程路网缝合城市肌理分析图

能和断面的调整，形成连续畅通、疏密有序的慢行交通网络布局；结合城市更新在城市中心区和中心镇的商业、居住中心建设“步行友好环境”，改善慢行交通环境。

RV1-5-4
公共空间品质提升

公共空间作为向市民提供生活服务和社会交往的公共场所，其品质直接影响市民大众的心理和行为。提升公共空间品质应以公共空间自身形象塑造，公共空间文化记忆留存，公共空间人性化设计等为切入点进行考虑，主要包括以下内容。

公共空间的自身形象塑造主要体现在增强公共空间本身的安全性和交互性。其中，安全性主要体现在增强公共空间安全感的氛围渲染，应在注重边界绿篱、围墙、夜景亮化照明设计的同时，保证边界的环境空间品质和可观赏性；交互性主要通过增强市民与公共空间的交互性，增加交互公共设施，扩大交互景观节点，注重采取交互型的导视系统设计等措施，满足人们日常生活的基本需求。

公共空间的文化记忆留存应将城市空间文化与城市地域文化有效地结合在一起，挖掘城市地域文化特征并将地域文化植入公共空间之中，丰富城市视觉层次感，提升城市整体个性；充分考虑当地人的生活习俗及审美习惯，适当地将一些当地人已经形成的习俗融入公共空间之中，让人们在生活和交流过程中能感受到公共空间给人传递的亲切感。

公共空间的人性化设计应在对片区的城市公共空间改造过程中，将更多注意力放在弱势群体的需求上，通过将个性化设计与无障碍设计、包容性设计等设计理念结合在一起，提升公共空间服务质量，扩大公共空间的服务范围。

RV1-5-5
生态修复保护

生态修复保护与城市更新均是对城市存量空间的改善，因此在城市更新的过程中进行生态修复，应重点考虑生态服务功能评价、生态基础设施建设、与城市功能协同发展等方面内容，主要包括以下内容。

生态服务功能评价应坚持以生态环境建设为优先，强化生态服务功能评价的指导作用，对城市更新片区的绿地、河流等生态要素进行生态服务功能评价，对评价价值较高的生态资源在城市更新实施过程中应予以保护；对评价价值较低，但对周边居民生活影响密切的自然资源应予以修复；对评价价值较低，且对周边环境和居民生活影响较小的部分可以进行适当改造和功能置换。

生态基础设施建设应在城市更新行动实施过程中优先识别与城市生态系统服务关系紧密的生态安全格局，通过规划与设计，实现城市生态基础设施的落地，保障生态基础设施能够为城市及其居民提供持续生态系统服务，从而提高生态系统的服务能力。

在城市更新行动实施过程中应充分考虑城市功能对环境的影响，将场地的生态修复与城市功能相联系，通过控制与抑制具有负向效应的城市功能或职能，减少对自然环境的破坏；通过具有正向效应的城市功能的建设，提升自然生态环境的质量。

RV1-5-6 城市风貌引导

城市更新的城市风貌引导旨在城市更新行动实施过程中，通过对城市更新片区的城市风貌进行重塑，从而提高城市更新片区的环境质量、丰富城市内涵、凸显城市特色与个性。城市风貌的引导应从城市总体形象控制、城市设计要素控制等方面为切入点进行考虑，主要包括以下内容（图RV1-16）。

城市总体形象控制是对城市的观景点和形成景观的城市区域等形成城市总体意向的重要场所的控制。根据城市功能分区的不同从而形成不同特征的景观区域，在自然生态为主的区域，应加强与自然生态用地、河渠等绿地的沟通与联系，通过严格限制城镇建设开发强度和高度，保护自然景观的视觉通达性；在城市建设为主的区域，应加强公园、街头绿地、活动设施、商业和旅游休闲等开敞空间的联系。

城市设计要素控制是对影响城市意向的设计要素的控制，主要包括高度、开敞空间、开放空间、景观轴线、建筑风格、城市色彩等方面，应重点分析公共开敞空间的分布形态和与公共开敞空间相联系的空间因素，包括尺度、节奏、层次、韵律、天际线等视觉要素和标高、高度、朝向、间距、建筑后退等技术要素。

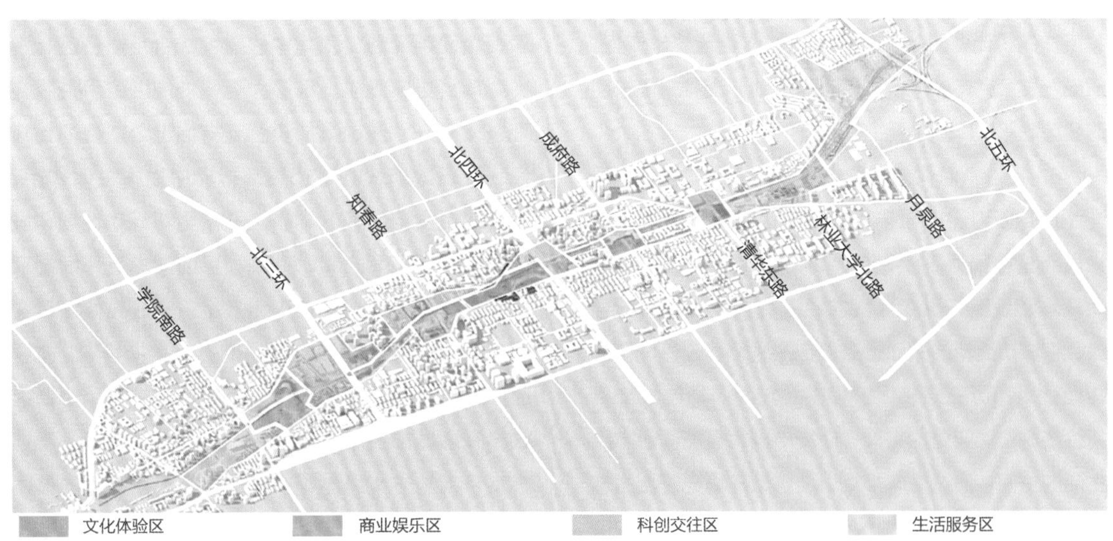

以用地规划主要功能区为边界，划分四个风貌片区，即文化体验区、商业娱乐区、科创交往区和生活服务区；与城市现状用地功能相协调，更加注重片区整体形象的塑造，统筹现状与新建建筑，避免形成风貌不协调的景观

图RV1-16　京张铁路遗址公园一期工程城市风貌分区示意图

RV2 更新指引

RV2-1 ※

明确更新目标策略

城市更新总体目标与策略应落实城市长期发展目标与战略，结合城市更新片区所在的城市空间结构与城市发展时序确定。

RV2-1-1 城市更新总体目标

应以保障城市更新长效发展、实现城市更新内涵丰富和确保城市更新工作稳步推进作为城市更新总体目标，主要包括以下内容。

1. 建立城市更新长效机制。加快政策体系、行政体系、运作体系的制度建设。通过完善城市更新相关立法及各项配套文件的编制，构建合理高效的行政管理体系；通过明确城市更新管控制度，建立各项相关工作的机制保障；通过规范化城市更新操作流程，形成一整套完备的城市更新工作规则，指导未来长期的城市更新工作开展。

2. 回应新时代人民群众对美好生活的需求。促进城市更新内涵不断丰富，为满足人民日益增长的物质与精神服务需要，与时俱进地提供相应配套空间载体和设施，改变以追求经济增长效益为单一导向，将城市更新的关注重点落在人居环境改善、产业转型升级和历史文化保护等主要方面。通过城市更新，使城市功能更加完善，让城市成为更加适合市民生活的空间；通过生态修复，使自然环境更符合生态规律；通过协调社会组织，提高城市的韧性和抗击力；重新理解城市的历史文化、内涵，认识城市整体的历史文化载体作用，保护作为整体的城市历史文化价值。

3. 明确近期重点工作与城市更新时序指引。保持城市更新的系统性和可持续性，需明确城市更新工作的重点区域与关键领域。工作中应优先明确城市更新近期工作重点，强化城市更新时序指引，根据城市更新片区的区位关系，保障城市功能成片连片，划定优先城市更新区域。优先城市更新区域以外的地区，应优先以公共服务设施、市政设施和对人居环境改善与产业转型升级有较大促进作用的项目为主。

RV2-1-2 城市更新主要策略

为推进更新行动的有效实施，应从更新组织、更新空间、更新模式和更新行动四个方面提出城市更新的主要策略，包括以下内容。

1. 组织策略[2]。理清城市更新工作所在城市、地区的工作组织架构，明确组织内各层级的主要作用和负责的内容。市级政府在城市更新中应起到统筹、协调和主导作用，主要应负责城市更新工作的统筹管理和整体运作，包括研究制定政策、组织编制城市更新片区策划方案、城市更新项目计划[3]、专项资金使用计划，工作中应重视综合平衡各区、各类型项目更新需求，在更大范围内地区的平衡以实现整体提升，通过增加资金支持推进公益性项目建设；区级政府应在城市更新行动中发挥主体作用，主要应负责组织编制本辖区城市更新行动计划、城市更新片区策划方案，开展项目前期摸查、编制项目实施方案和拆迁补偿安置方案，推进具体项目实施；镇（街道）级行政组织在区政府的指导下，主要应负责其管辖范围内具体项目的推进实施，协助区政府开展城市更新相关工作，包括现状摸查、策划方案及实施方案编制等，推进城市更新工作的具体操作（图RV2-1）。

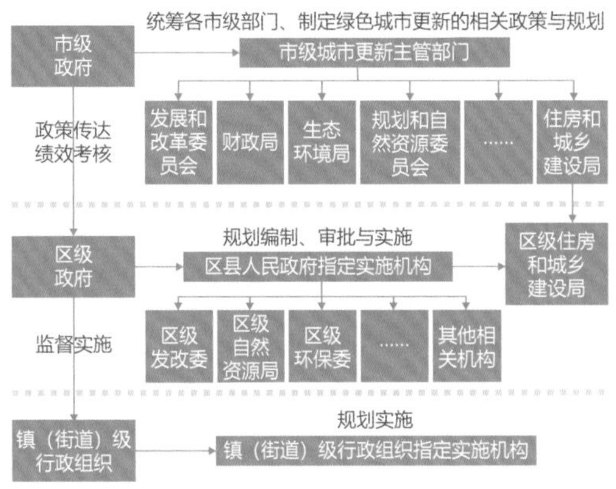

图RV2-1　城市更新组织框图

2. 空间策略。空间策略应根据更新片区所在城市空间发展格局，通过城市更新片区的整体策划和实施，推动重点发展地区空间格局的优化提升，重点发展地区主要包括：城市发展战略规划和新一轮国土空间规划确定的重点地区和旧城区，轨道交通站点周边和主要干道沿线、各级城市中心区、重要城市景观地区、重大基础设施建设范围等城市重要地区及其影响范围。结合步行系统和公共服务节点的更新需求，以综合整治方式为主，推动社区配套服务设施的优化，串联公园、广场等开敞空间，营造可达性强、服务完善、功能复合、品质优良的城市服务系统。在具体实施过程中，以区域发展目标为导向，划定城市更新政策分区，制定差异化的城市更新政策，明确各政策分区的更新主体权责、城市更新资金来源和产业、规划等方面的政策措施，促进城市更新的有序推进，保障多元目标在空间上的有效落实。

3. 模式策略。城市更新的模式策略应突出重点，合理运用综合整治、功能调整和全面改造三种方式推进城市更新行动。在需要调整城市空间布局、建设城市重大战略平台的重点发展地区，污染较重、按政策近期必须搬迁的或目前效益较差而企业积极性较高的旧厂房，主要应采取全面改造和功能调整的方式，连片推动实施。在其他地区，尤其是建成区中对城市整体格局影响不大或必须保留、保护，但现状用地功能与周边发展存在矛盾、用地效率低下、产业类型低端、人居环境较差的地块，如历史风貌区、居住区、人居环境较差的棚户区、中心城区国企旧厂房，主要采取综合整治的方式，实现空间的活化利用。

4. 行动策略。应通过城市更新总体规划、五年行动计划、年度实施计划统筹项目推进时序，按“先易后难”的原则分期、分步推进，并严格管理城市更新工作计划，通过滚动实施，保障城市更新工作有计划、分步骤、稳妥有序地开展，实现社会经济的良性稳定运行。

RV2-2 ※

结构优化品质提升

本部分主要包含城市空间结构优化和城市环境品质提升两个方面。

RV2-2-1

空间结构优化

空间结构优化是通过城市更新行动对城市进行自觉调整与革新，从而保障城市的可持续发展，促进城市综合社会效益提升，主要包括以下内容。

城市功能改善

在保证区域协调的基础上，通过更新行动对城市功能进行调整，赋予城市经济增长动力的同时，也丰富了城市发展的内涵，实现城市的合理发展（图RV2-2）。

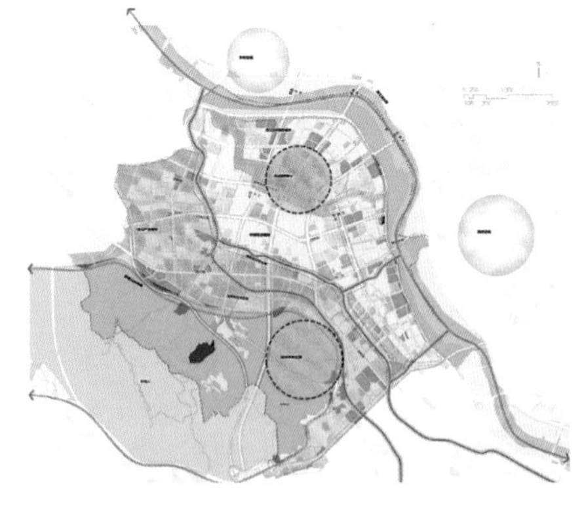

将江南组团建设成为晋江南岸的生产性服务组团，提升专业化服务功能，补充现代产业发展过程中所需要的产业技术和服务支撑，导入生活服务、生态休闲、教育研发、休闲健身、体验型消费等服务业功能

图RV2-2　泉州市江南组团总体城市设计组团规划功能布局示意图

土地资源利用模式优化

根据城市产业结构和城市功能定位规划调整城市用地结构，以适应城市产业与功能转型升级，同时注重增加城市绿化、广场和公共娱乐用地，以改善城市生态环境，提高居民生活质量（图RV2-3）。

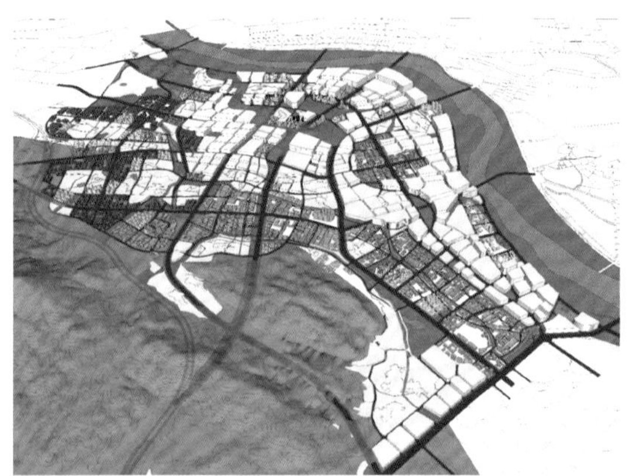

通过细分产业空间，确定存量空间更新模式

图RV2-3 泉州市江南组团总体城市设计产业空间发展模式示意图

RV2-2-2 环境品质提升

环境品质提升是在城市更新行动实施过程中通过不断优化城市生态系统结构，加强城市环境污染的综合防治能力等措施，从而达到环境与城市的协调发展，进而提高城市环境质量，主要包括以下内容。

公共空间环境提升

在分析城市更新单元的环境特征、景观特色及空间关系的基础上，通过落实、深化上位规划中有关环境品质方面的控制要求，重点针对城市更新单元的城市空间组织、公共空间设计、慢行系统设计、建筑形态控制等内容进行深入研究，明确公共空间设计要素和控制要求；针对城市更新单元重点地区可制定意向性总平面布局方案和三维效果图（图RV2-4）。

建筑环境提升

通过分析城市更新单元所在区域环境特征，研究城市更新单元的空间组织、建筑布局、场地设计、绿化设置等对区域小气候的影响，提出改善区域热环境、光环境、声环境，落实绿色城市基础设施、绿色建筑等的具体措施指引（图RV2-5）。

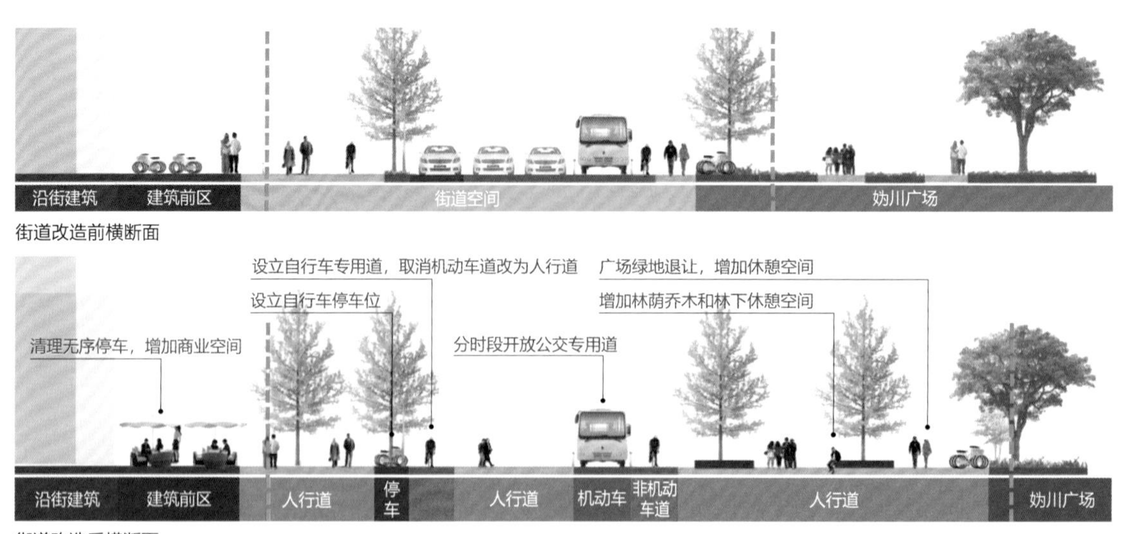

在保证公共交通设施布局的基础上，将车行道改造为步行空间，打破原有人车空间界限，并增加外摆与林下活动休憩空间，形成多功能复合的商业步行街

图RV2-4 北京市延庆区妫川广场区域城市更新设计街道环境提升改造设计示意图

街道改造前影像图

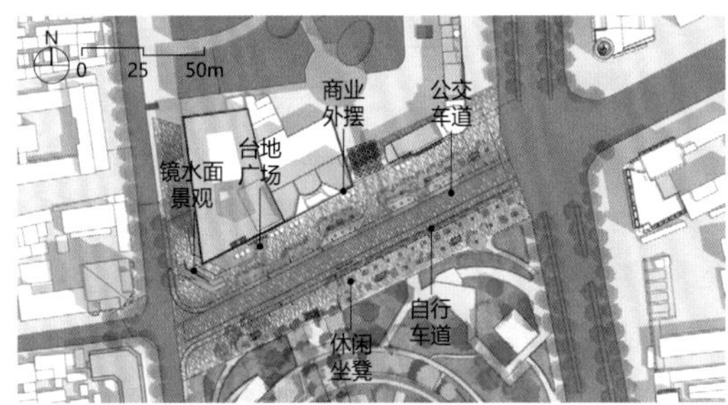

街道改造后示意图

图RV2-4　北京市延庆区妫川广场区域城市更新设计街道环境提升改造设计示意图（续）

1.补全屋顶框架改善天际线；2.采用竖向线条形成具有韵律感的视觉效果；3.整改建筑底部层次

图RV2-5　北京市延庆区妫川广场区域城市更新设计建筑立面改造设计示意图

RV2-3

产业业态转型提升

本部分主要包含城市更新行动中的产业结构优化和功能业态升级两个方面。

RV2-3-1

产业结构优化

城市更新在吸纳高附加值的现代服务业和高新技术产业向城市中心区集聚的同时，也在促进低附加值的制造企业外迁，进而优化城市产业空间布局，形成新的产业增长点。应通过城市更新行动为城市更新片区赋予更加精准的定位，一方面能够使城市更新片区内的产业实现转型升级；另一方面能够促进参与高附加值产业配套的服务型企业占比进一步提升，进一步实现人才聚集。

发挥城市更新激发旧商业区活力方面的重要作用，释放消费潜力，应通过城市更新强化生态和文化资源保护与利用，带动旅游业和消费经济发展。

产业结构优化应评估周边地区的产业发展趋势，结合城市更新单元的发展条件，分析产业发展的需求和供给潜力，提出城市更新单元的产业升级方向、门类选择与发展指引（图RV2-6）。

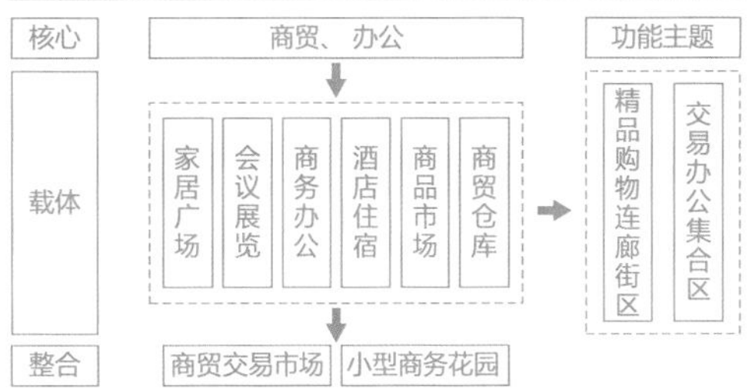

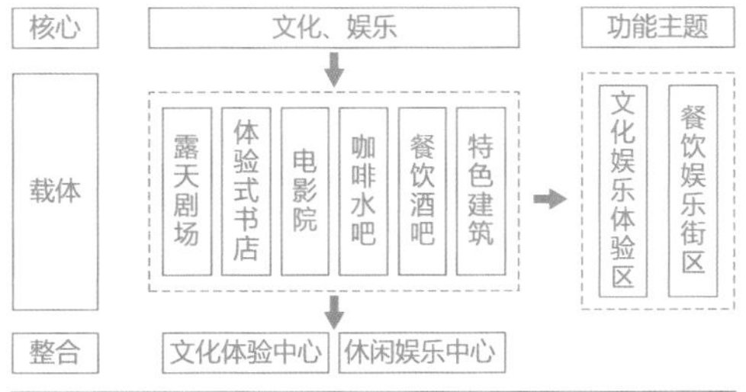

图RV2-6　绵阳市御营坝热电厂片区城市设计产业调整框图

RV2-3-2 功能业态升级

明确城市更新片区现状功能业态是否符合功能发展，判断城市更新地块是否具有产业升级潜力，提出产业升级策略。

明确城市更新片区相关功能控制要求，说明城市更新地块划分、用地性质、开发强度、公共服务设施、市政工程设施、道路交通系统、地下空间开发等控制要求。例如，若项目涉及商业、服务业等经营性功能的地下空间开发，需要单独说明地下空间的经营性功能与建设规模；说明拆迁用地、独立占地的城市基础设施、公共服务设施及保障性住房用地、开发建设用地规模，并说明与周边片区的关系；说明开发建设用地计入容积率的总建设规模，并明确住区（包括保障性住房规模）、商业、办公、商务公寓、工业（包括创新型产业用房规模）、配套设施等各类功能对应的建设规模等（图RV2-7）。

RV2-4 支撑系统优化增效

城市更新所涉及的支撑系统主要包括道路交通、公共服务、市政工程和防灾减灾方面。

RV2-4-1 道路交通系统优化

根据城市更新片区发展规模预测交通需求，通过评价现状交通供给条件，依据上位规划和专项规划相关要求和落实情况进行交通影响评估，提出相应的交通改善措施、交通设施的种类、数量、分布和规模等指引（表RV2-1、图RV2-8）。

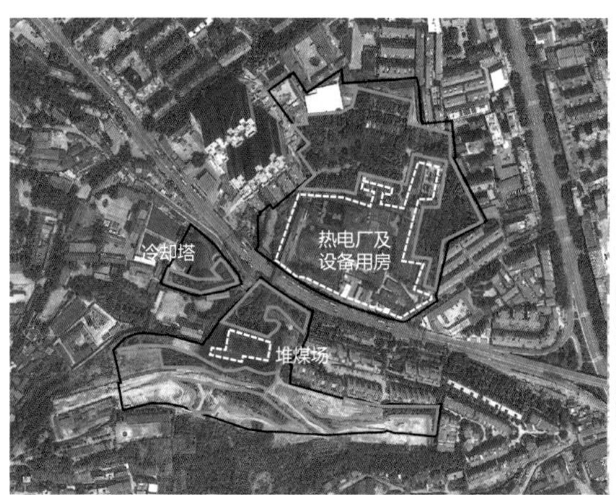

热电厂现状平面示意图

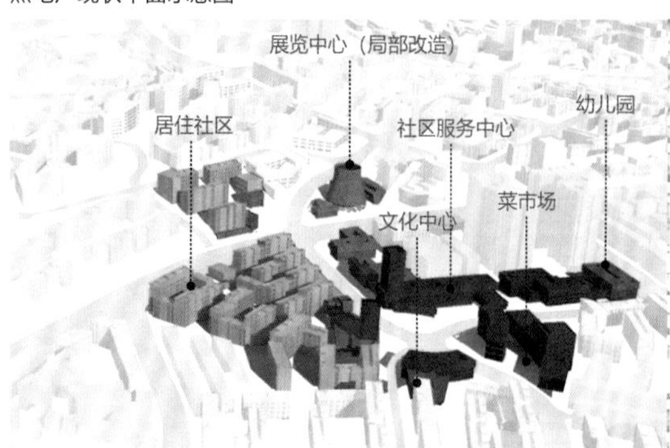

热电厂改造后空间形态与功能布局

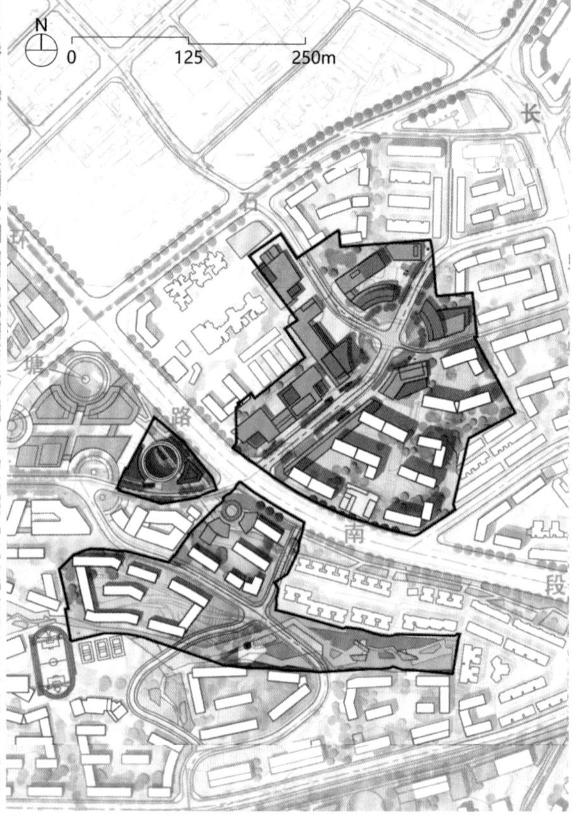

热电厂改造后平面示意图

图RV2-7 绵阳市御营坝热电厂片区城市设计功能业态提升的空间布局示意图

泉州市江南组团总体城市设计内部路网结构优化策略表 表RV2-1

优化策略	改造措施
依托繁荣大道加强晋江流域片区联系	拓展繁荣大道对基地周边组团的交通联系功能，将其向南接入泉安路，向北与锦仙大道衔接
	在晋江南岸形成平行于江滨南路的组团通道，分流江滨南路交通压力
	道路定位为城市主干路+片区公交走廊，作为城市内部重要的客流走廊，强化对周边用地的服务能力
改造基地内部已建的五岔路口	南环路东段（笋江路—浦口环岛段）调整为城市支路，将道路路段起终点提前与片区内部支路衔接，改造浦口环岛、笋江路—南环路节点多路畸形交叉
内部主干路“三降四提”，优化主干路网体系	主干路一、主干路二、火炬街调整为城市次干路
	常泰路、南渠路、规划一路、规划二路提级为城市主干路
江滨南路定位为生活性主干路	江滨南路作为沿江的滨江道路，在繁荣大道分流后，将道路功能调整为生活性+景观性的城市主干路，提升基地与晋江南岸滨江公园的联系

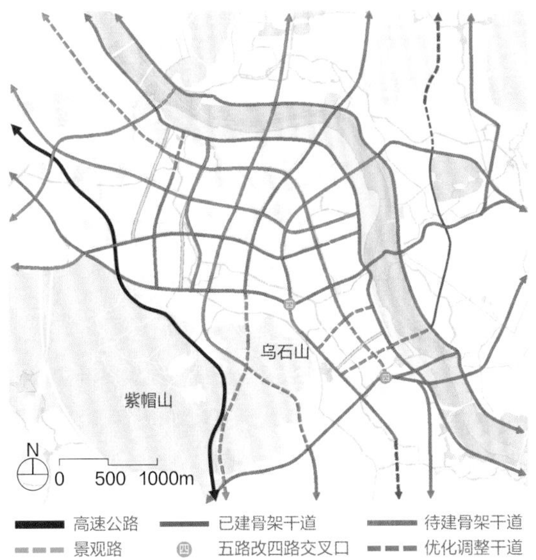

图RV2-8 泉州市江南组团总体城市设计中的内部路网结构优化示意图

RV2-4-2 优化公共服务设施布局

公共服务设施布局的优化首先应根据城市更新片区人口规模预测设施需求；然后以城市更新片区内公共服务设施供给现状为基础，结合上位规划和专项规划等相关要求和指标的落实情况，对公共服务设施进行影响评估；最后根据城市更新片区公共服务设施的短板与问题，提出具有针对性的改善措施，其中应重点强化文化设施（特别是社区级文化设施）的配套建设要求，明确需要补足的公共服务设施的种类、数量、分布和规模等内容（图RV2-9）。

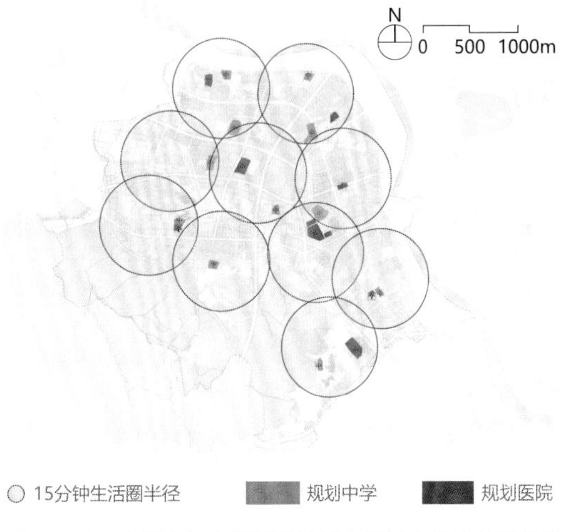

图RV2-9 泉州市江南组团总体城市设计中的公共服务设施补足规划示意图

RV2-4-3 市政工程系统优化

市政工程系统优化应通过评价现状水、电、气、环卫等市政设施的供给能力，根据城市更新片区发展规模预测设施需求，说明上位规划和专项规划相关要求与落实情况，进行区域市政设施支撑能力分析和对市政系统的影响评估，提出相应的改善措施，明确市政基础设施种类、数量、分布、规模，包括场站和管网等要求。

RV2-4-4 防灾减灾系统优化

防灾减灾系统优化应通过评价现状防洪、抗震、消防和人防等防灾设施的防护等级，根据更新单元发展和人口规模预测设施需求，说明上位规划和专项规划相关要求与落实情况，进行区域防灾减灾设施支撑能力分析，提出相对应的改善措施，明确防灾减灾设施种类、数量、分布和规模等要求。

RV2-5 ※ 明确要点分类引导

在分析棚户区、居住区、工业区、历史风貌区和混合功能区等单元类型存在问题的基础上，有针对性地提出不同类型更新重点。

RV2-5-1 棚户区单元更新重点

明确更新实施方式

棚户区单元更新实施方式主要包括以下几种类型：一是权利主体自行实施，项目全面改造区域内的单一权利主体自行实施，或者多个权利主体将开发权益转移到其中一个权利主体后由其实施；二是市场主体单独实施，项目全面改造区域内的权利主体将开发权益转移到非原权利主体的单一市场主体后由其实施；三是合作实施，“城中村”改造项目中，原农村集体经济组织继受单位可以与单一市场主体通过签订改造合作协议合作实施；四是政府组织实施，政府通过公开方式确定项目实施主体，或者由政府城市更新实施机构直接实施。

保障合法权益

明晰产权，保障权益，充分尊重相关权利人的合法权益，有效实现公众、权利人、参与城市更新的其他主体等各方利益的平衡，实现共享、共赢（图RV2-10）。

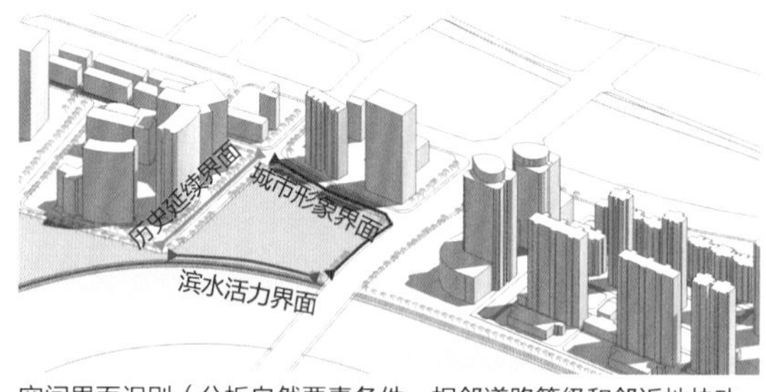

空间界面识别（分析自然要素条件、相邻道路等级和邻近地块功能，明确滨水活力、城市形象和历史延续三类空间界面）

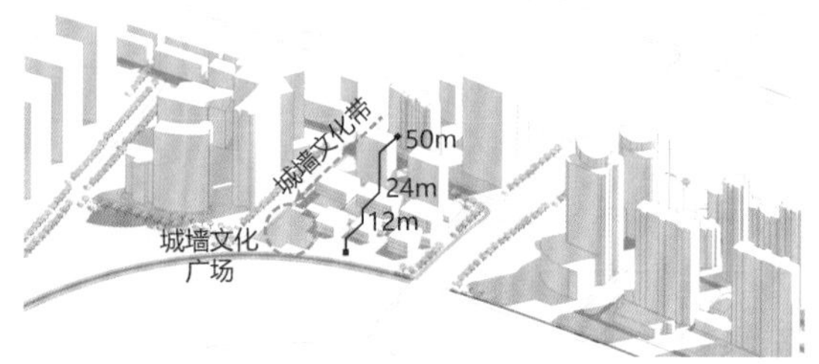

落实规划条件（在充分考虑周边区域天际线的同时，注重构造丰富的空间层次，形成主次鲜明的建筑形态关系）

图RV2-10 湖州老城片区更新地块概念性方案设计中拆除重建地块单元更新方案示意图

RV2-5-2 居住区单元更新重点

针对居住区普遍存在的配置不足、公共活动空间缺乏、建筑破败等相关诉求，提出以下更新重点。

加强服务配套

居住区单元的公共服务设施配套应满足群众的休闲游憩和社交需求，根据生活圈规划和社区公共服务设施建设标准，补足医疗、教育、体育、娱乐、商业等设施缺口。强化社区公共空间营造，提供社区户外休闲和社交场所。建设老年活动室、儿童活动室、阅览室、棋牌室等，拓展群众活动方式。

强化住区建设管理

全面杜绝新增违章建设行为，依法拆除违章搭建。将依法拆违和为保障人民生命财产安全的防灾修缮工作分离。例如，对不能限期拆除的棚户区，进行消防检查和防火改造，并不意味着违章行为和结果的合法化。加强宣传引导，向群众普及安全知识、美学理念，争取群众的理解支持。

延续建筑寿命

对建筑品质进行全面排查，逐一制定“留改拆”对策，提升完善建筑内部设施，如对不符合抗震标准的建筑进行加固，确保坚固耐用；结合当地要求加装保温隔热设施，替换不合格的门窗构件，降低建筑能耗；全面梳理建筑各类管廊管线系统，确保使用安全；拆除影响消防安全的违章搭建，清理阻塞消防通行的堆积杂物。

满足使用需求

充分考虑人群结构特征，依据人群需求特征进行针对性改造，如一些城市老旧住区的住户以本地老人为主、外来租住年轻人为辅，要深入分析主要群体的生活习惯和需求，推进建筑和社区整体的适老化改造，公共空间规划设计时关注老人社交游憩需求，完善无障碍设施系统，改善老人出行难问题等（图RV2-11）。

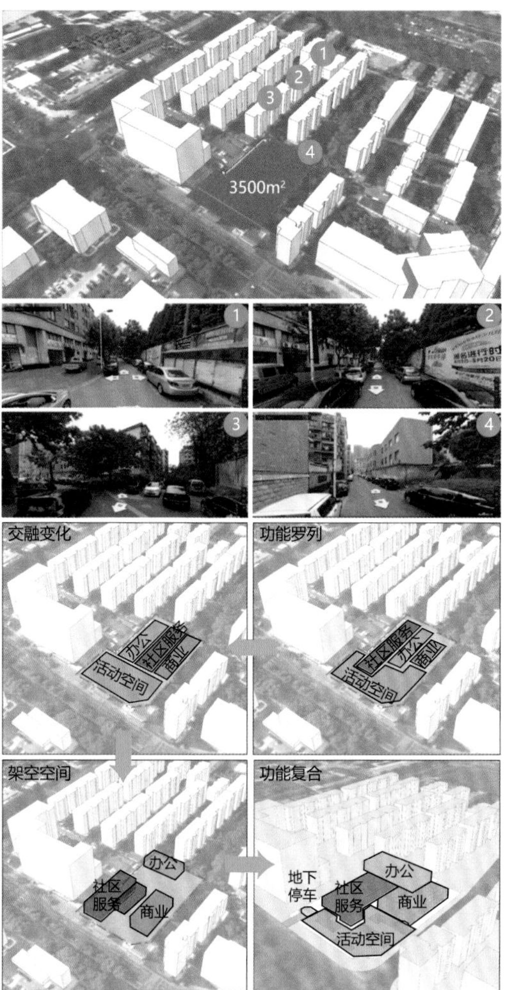

以社区周边居民需求作为基础，提出解决复合功能业态布局策略，构建"共创办公+市民空间"的微型综合体

图RV2-11　湖州老城片区更新地块概念性方案设计居住区单元更新策略示意图

借鉴案例：瑞典斯德哥尔摩哈马碧湖生态城

哈马碧湖生态城为了引导公众积极配合和执行好各类规范，专门建立了社区中心即GlashusETT环境信息中心。该中心在提供与生态城有关的信息和生态技术产品的同时，也会定期举办废物、污水、能源管理展览，向社区居民发放环保手册，引导居民将生态与环保融入生活（图RV2-12）。

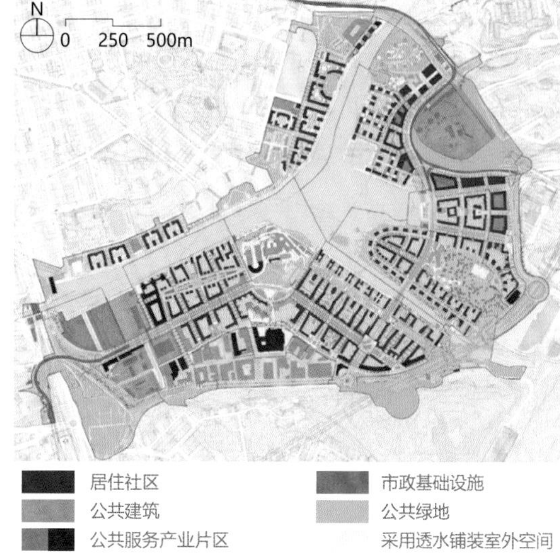

图RV2-12　瑞典斯德哥尔摩哈马碧湖生态城总平面图

RV2-5-3
工业区单元更新重点

避免工业区大拆大建，结合工业遗产保护、老建筑"留改拆"、业态导入和空间塑造，提出以下更新重点：

保护工业遗产新旧融合

加强旧厂房工业遗产普查。应做好工业遗产普查工作，在编制具体改造方案时应征求文物行政主管部门的意见；在更新过程中，保护工业遗产的建（构）筑物、平衡结构、功能、外貌特征的关系。

优先保护列入文物保护单位的工业遗产。文物保护单位应在不改变原状的基础上开展保护和利用，其任何工程建设活动必须严格遵守《中华人民共和国文物保护法》和更新片区所在城市的历史文化名城保护等法律、法规的相关要求。

着力加强相关规划提出的旧厂房保护。涉及相关规划提出的旧厂房保护，应在编制具体改造方案时征求文物主管部门的意见，严格按照相关规划的保护要求进行规划。

加强功能置换产业调整升级

因地制宜推进旧工业区功能置换、产业升级和优化调整，获得可持续发展的动力，使工业区重新恢复活力。对于城中、城边、城外的老工业区更新，在产业选择上客观分析，实事求是，根据其区位价值、城市发展定位，“宜工则工、宜居则居、宜商则商”。重点关注工业遗产保护与现有设施的改造利用，优化整合旧工业区的空间，引导新兴产业集聚，集约利用土地，提高功能混合和空间复合利用水平（图RV2-13）。

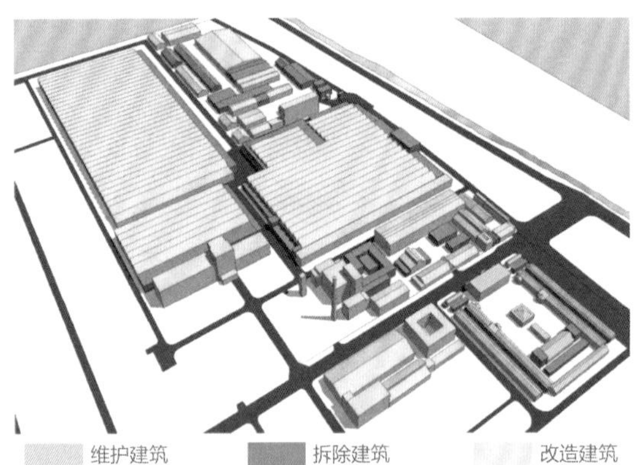

图RV2-13 安阳市广益工业遗产（原豫北纱厂）保护利用工业遗址现状梳理分析图

建设方式绿色、生态、低碳、智慧

贯彻绿色低碳的规划建设理念，在旧工业区改造过程中加强生态修复和恢复性改造，完善绿化、景观和游憩系统。改造过程中注意对建筑废料的循环无害化利用，提倡采用数字、智慧技术，提高现代化治理和设施服务水平。

案例借鉴：法国巴黎布洛涅工业区城市更新

通过政府主导、私人投资、知名建筑团队规划设计对布洛涅工业区开始进行城市更新，规划将布洛涅工业区划分为三个部分，塞古因岛以文化旅游产业为主，其他两块区域则建设企业办公、商业、社会住房及城市公园及城市配套设施等（图RV2-14）。

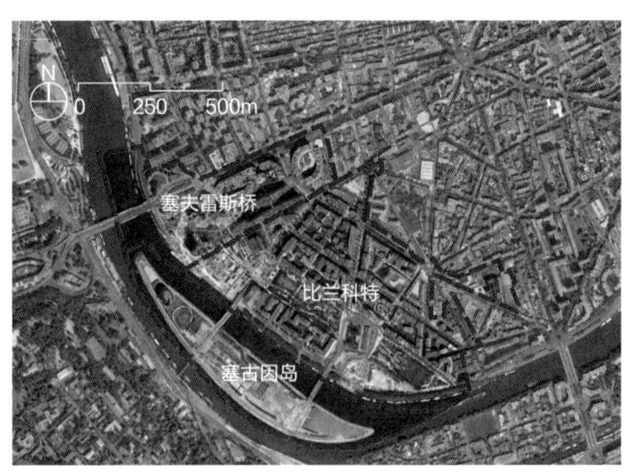

图RV2-14 法国巴黎布洛涅工业区更新范围示意图

RV2-5-4 历史风貌区单元更新重点

保护历史文化遗存、遗址及其环境，延续文脉，保护历史风貌，引导老城区完善服务配套、功能提升、环境改善（图RV2-15）。

规划路网示意图

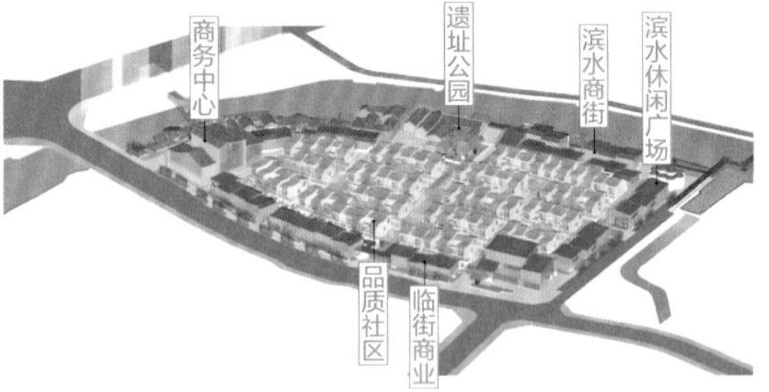

街坊布局示意图

根据保留建筑边界、历史水系线形、历史街巷尺度等，增加街坊路和弹性路，增强场地可达性

图RV2-15 湖州老城片区更新地块概念性方案设计历史风貌单元更新策略示意图

保护历史文化要素

强化承载历史风貌的物质空间环境保护与提升，保护和修缮历史文化要素，包括历史建筑、构筑物、院落、园林、街巷、水系、场地、古树、地下遗存

等，除物质空间环境保护外，尽量保护传统社区文化、传统业态、非物质文化遗产，保护历史地名。

整体保护传统要素

保护历史风貌区边界空间和传统城市肌理，拆除或改造破坏传统风貌的建（构）筑物，修复传统建筑外部空间，保护历史印记，有条件的地区可恢复历史场所原真性和完整性。控制新建建筑高度、形态、建筑风格、材料、色彩，强调其与传统风貌要素和环境相协调。

引导业态更新功能重塑

落实上位规划的功能定位，根据居民生活水平提高的需要，结合周边地块发展，合理策划和确定产业与功能，引入新功能、新业态，传承传统文化，培育新文化，激发社区活力和持续发展动力。发挥历史文化触媒作用，带动城市发展。

结合更新重点，针对历史文化城镇、历史文化村落和其他历史文化资源富集地区，分别提出更新策略。

历史文化城镇保护与更新策略

依法依规保护历史文化名镇，对具有历史文化保护价值的城镇推进保护与更新工作重点关注以下方面。

进行旧城镇历史文化资源普查。对已纳入或近期拟纳入更新地块范围的历史文化街区、历史风貌区、文物建筑和历史建筑等历史文化遗产进行普查，摸清基础信息。

强化统筹旧城镇整体格局和风貌保护。在维护旧城镇整体格局和自然人文环境风貌的基础上，按照历史文化遗产的历史、艺术、科学价值，科学划分不同的保护类别和管理层级，根据保护类别，实行分级管理；重视地区传统特色和生活氛围的延续，尽可能保持社会网络的完整性。

明确物质和非物质文化遗产保护要求。历史建筑、古街巷等不可移动文物、历史文化街区、文物保护单位及其建设控制地带和古树名木等物质类文化遗产应遵循《中华人民共和国文物保护法》和更新片区所在城市的历史文化名城保护等法律、法规的相关要求进行保护；非物质文化遗产要注重保护其存在与发展的文化载体、文化氛围，要保护与之相关的有形建筑、语言、传承人等。

提升设施服务水平和环境品质。完善排水、消防、供电、垃圾处理与收集等市政设施，应明确规定室外的电信、电力等市政设施加以隐蔽，与历史风貌相协调；完善交通和公共服务设施，以及公共空间和景观环境建设。

历史文化村落保护与更新策略

依法依规保护历史文化名村，对具有历史文化保护价值的村落推进保护与更新工作重点关注以下方面。

加强旧村落历史文化资源普查和要素保护。普查内容应主要包括历史古村落、宗祠、墓碑、古树名木等，依法对村落文化遗产实施保护，不得损害历史文化遗产的真实性和完整性，不得对其传统格局和历史风貌构成破坏性影响。

在保护传统村落自然与人文格局，整体空间环境和形态，历史文化要素的基础上，改善提升设施服务水平和环境品质，充分利用空间资源，结合旅游、文化、手工艺、特色农业、农产品加工等特色产业发展，推动乡村地区经济社会的全面发展。

其他历史文化资源富集地区更新策略

其他历史文化资源富集地区更新时，对列入各级保护清单的资源要素，应严格按照国家法律法规和所在地区的历史文化保护要求加以保护。新增的尚未列入保护名录的优秀建筑、文化符号、具有历史记忆价值的资源要素，在城市更新中应充分重视，平衡文化与经济价值，能保尽保，在保护基础上活化利用。可按照对文化资源物质要素保护、物理环境保护、文化价值链保护，对更新片区强调空间协调、设施修缮、服务提升、环境改善、交通保障、产业导入、场景营造，对社区建设强调共谋、共建、共享、共治。

RV2-5-5
混合功能区更新重点

混合功能区更新立足片区发展定位，尊重原有城市结构和肌理，保护、保留城市印记，梳理和延续城市文脉、商脉，注重生态景观修复和环境品质提升，注重场所营造和场景创造，合理引导产业发展和功能转型升级。在遵循所涉及的以上类型更新要求的基础上，提出以下工作重点（图RV2-16）。

混合用地现状梳理（结合现状城市综合服务功能的用地建设，逐渐形成金融、办公、医疗、居住等混合功能的街道）

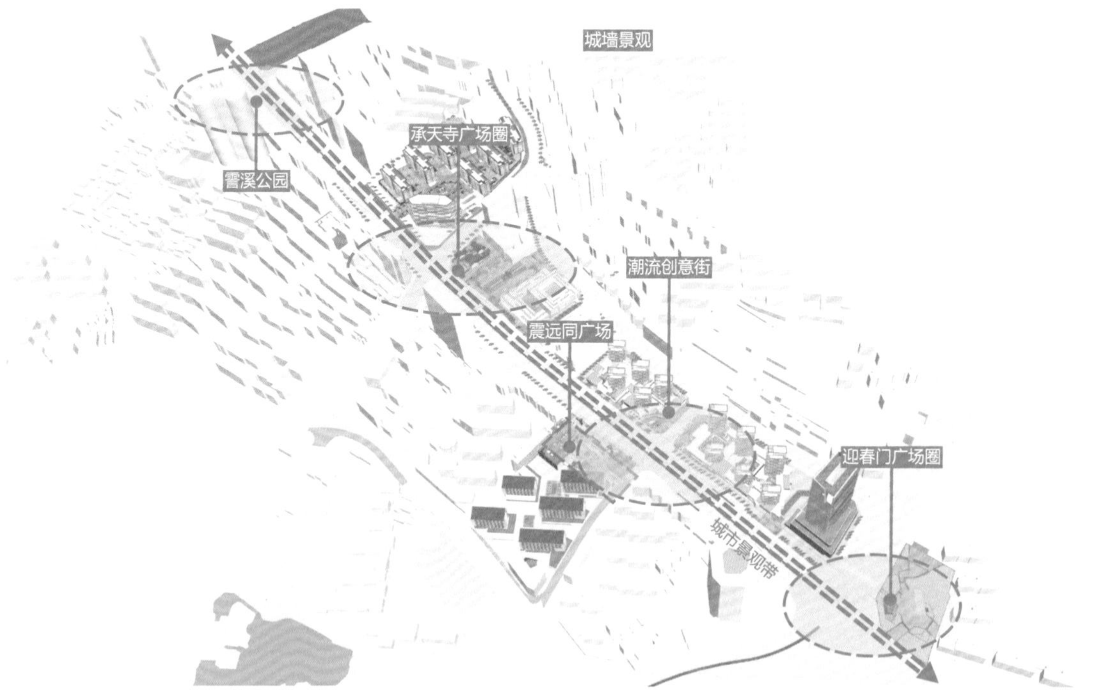

空间更新策略（以历史资源要素为锚点，以城市道路为依托，通过空间和功能的再设计，在留住历史记忆的同时，实现城市空间的不断更新与活力再造）

图RV2-16 湖州老城片区更新地块概念性方案设计混合功能地块更新策略示意图

多元业态协调

深入研究城市产业发展趋势和社会需求，延续和织补原有业态和功能关系，创新性地导入新业态、新功能，推动多功能混合利用和空间复合，适应消费经济发展积极培育新生活场景，培育健康可持续发展的城市功能生态环境。

多类型空间与形态协调

在尊重城市发展历史沿革的基础上，梳理和优化片区空间结构，织补城市空间肌理，充分保护利用绿色开敞空间，进行生态化和景观化修复提升。结合场景进行场所营造，根据现状条件和不同功能定位，塑造方便使用并具有特色的空间形态，改善城市形象，延续和创新城市文化。

RV2-6

构建多方共赢模式

城市更新行动应充分调动社会公众参与城市和社区治理的积极性与主动性，实现多方参与、共同决策，推动多方共同治理，保障各方利益得到充分彰显和表达，实现多方共赢。城市更新的工作模式主要体现在组织模式、投融资模式和运营模式等方面。

RV2-6-1

更新组织模式

城市更新利益主体多元，受诸多因素影响，其中政府、市场和公众三大行为主体影响最大。政府主要通过政策制定、城市管理、市场监管和委派地方国有平台公司直接参与来推动城市更新，市场主体主要通过资金、建设、产业、服务、运营等来参与城市更新，公众主要通过部分资金、劳动、服务、使用、维护等来参与城市更新，三方协调配合、相互制约（图RV2-17）。

基于不同行为主体的城市更新大体上可分为如下三种模式。

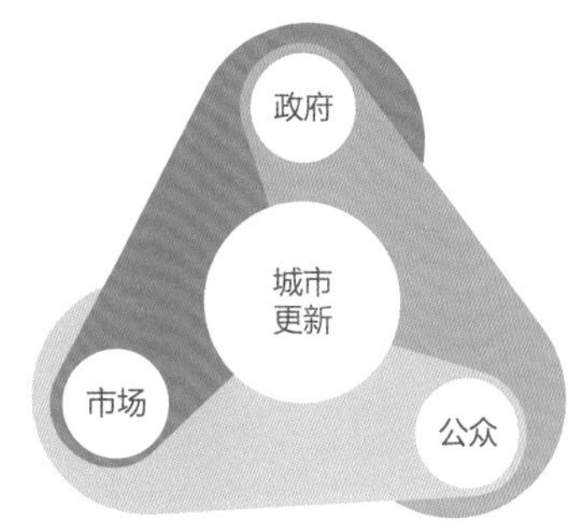

图RV2-17　城市更新相关主体关系示意图

“政府+市场”模式

“政府+市场”模式是政府主导或政府和市场主体共同主导，政府在城市更新过程中发挥管理作用的城市更新组织模式。这种模式多用于全面改造方式，其优势在于：一是政府统筹有力，有利于大范围或重大项目落地，实现快速提升城市功能，引入城市新兴业态，置换原有旧城功能，起到功能优化完善的作用；二是促进市场资源发挥积极作用，市场主体的建设、实施、运营、管理能力较强，有利于激发市场活力。

“公众+市场”模式

“公众+市场”模式是由社会公众基于自身需求发起，公众和市场主体多元协作，由社会公众主导或社会公众和市场主体共同主导，政府进行监督与引导的城市更新组织模式。这种模式多用于综合整治，其优势在于从机制上保障了分散的公众主体的经济社会权利，从源头上化解社会矛盾，有效推动更新项目的实施。

“政府+市场+公众”模式

“政府+市场+公众”模式更加强调政府、社会、市场的多元合作，更加强调城市经济社会发展的综合效益，这种组织模式适用于小规模、渐进式更新，强调政府发挥管理和监管作用，对项目进行统筹管控，参与部分更新工作的同时，建立社区和市场为主导的更新项目申报通道，充分发挥市场主体和公众参与的积极性，建立多方参与、权责清晰的合作机制，使基层的城市更新权利诉求能够得到实现（图RV2-18、图RV2-19）。

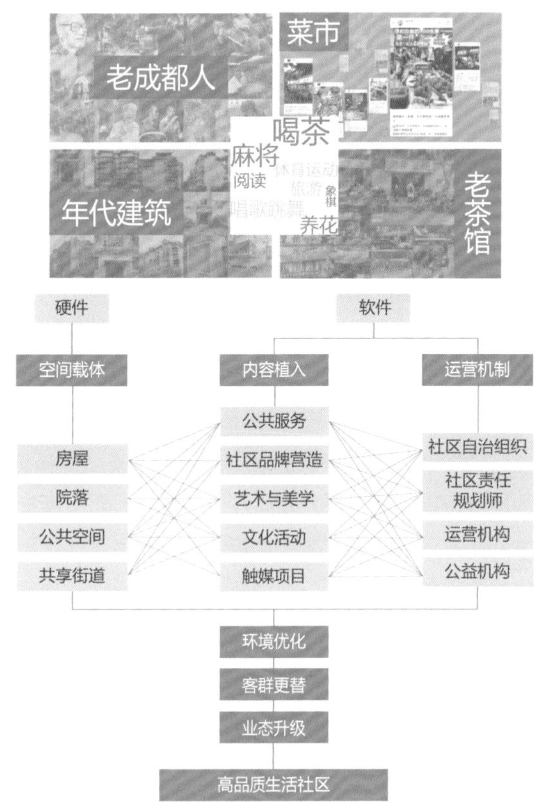

图RV2-18 成都市府南街道清溪片区老旧小区连片改造策划规划指引组织运营模式框图

以“清溪十二时辰生息环”为主题，从“特色、便民、全龄、集约、绿色、智慧”六个维度实现的社区发展美好愿景

图RV2-19 成都市府南街道清溪片区老旧小区连片改造组织运营策划方案示意图

在明确城市更新行动主体的同时，完善政策保障机制，积极探索政府作为“促进者”“监管者”和“协调者”角色，协助原权利人集合物权，整体开发，进一步完善土地二次开发工作机制，对于产权复杂地块可考虑先利用再处理产权问题，加快盘活存量土地资源。完善城市更新中产业转型升级、人居环境改善、历史文化保护等方面的政策激励机制，并将其作为评价更新绩效的重要指标，激励城市更新多元目标的实现。

形成合理的行政管理体系，提升行政管理效率，完善各项办事程序，加强机构建设，完善各部门的相关职能，加强管理技能的培训。建立审批服务制度，建立申请主体和审核部门的协调反馈机制。对外构建程序合理、简洁的办事指引，加强公众宣传，方便公众和市场参与城市更新活动。

RV2-6-2 更新投（融）资模式

随着一、二线城市不断减少增量土地供应，以存量空间改造为主的内涵式增长日益成为新时期的城市发展趋势，城市更新也进入了精细化运作阶段。尤其是在投（融）资模式的选择上，其融资安排和支持力度不仅将决定某个城市更新项目成功与否，而且也将最终影响各地推进城市更新活动的广度和深度。新时期的投（融）资模式需要针对区域发展情况提出具体的投（融）资策略和有建设性的意见与建议，并根据区域特点和项目类型将城市更新确定的投（融）资策略贯彻到底，最终实现城市更新带动下的区域协调发展和可持续发展。针对新时期的城市更新，一些典型的投（融）资模式组合如下。

ABO+PPP模式

ABO+PPP模式适用于经济相对发达地区，地方财政可支配公共预算支出额度满足大规模PPP项目开展需求，具体模式为ABO（授权、建设、运营）模式解决开发建设工程中的征地拆迁、道路管网等基础设施建设融资需要，同时可以建设部分可以运营的公共基础设施，如邻里中心、公共场馆、科创中心、公共租赁住房等；PPP模式解决城市更新范围内存在使用者付费的环境保护工程的融资需求，如污水处理厂、净水厂、垃圾处理厂、污泥处置厂、厨余垃圾处理厂等。

ABO+TOD模式

ABO+TOD模式通过交通枢纽中心的建设和城市公共交通体系的建设，将城市更新与交通项目可持续的现金流收入与特许经营权进行绑定，同时综合考虑周边片区的ABO模式开发，用以线（交通线）带面的方式解决城市更新与城市交通体系建设协调发展的问题。

专项债+PPP（或ABO）模式

专项债+PPP（或ABO）模式针对个别城市发展相对缓慢、城市更新额度不大的情况，推荐采用“专项债+PPP”模式，推进符合年度政府专项债发行内容和建设方向的项目，如环境保护、新能源开发、园区基础设施建设等，并用PPP模式（或ABO模式），推进连带的片区更新项目，解决城市更新项目中专项债的融资问题。

RV2-6-3 更新运营模式

城市更新项目运营模式主要包括以下几种模式。

BOT模式

BOT模式是指私营企业参与基础设施建设，向社会提供公共服务的一种方式。其是指政府部门就某个基础设施项目与企业签订特许权协议，授予签约方的私人企业来承担该项目的投资、融资、建设和维护，在协议规定的特许期限内，许可其融资建设和经营特定的公共基础设施，并准许其通过向用户收取费用或出售产品以清偿贷款，回收投资并赚取利润。政府对这一基础设施有监督权、调控权，特许期满，签约方的企业将该基础设施无偿移交给政府部门。

BOO模式

BOO模式是指承包商根据政府赋予的特许权，建设并经营某项产业项目，但是并不将此项基础产业项目移交给公共部门。BOO模式是利用私人投资承担公共基础设施项目，私人投资者根据政府机构授予的特许协议或许可证，以自己的名义从事授权项目的设计、融资、建设及经营。在特许期内，项目公司拥有项目的占有权、收益权以及为特许项目进行投（融）资、工程设计、施工建设、设备采购、运营管理和合理收费等的权利，并承担对项目设施进行维修、保养的义务。

EPC模式

EPC模式是指企业受业主委托，按照合同约定对工程建设项目的设计、采购、施工、试运行等实行全过程或若干阶段的承包。通常企业在总价合同条件下，对其所承包工程的质量、安全、费用和进度进行负责。在EPC模式中，工程部分不仅包括具体的设计工作，而且可能包括整个建设工程内容的总体策划和整个建设工程实施组织管理的策划和具体工作；采购部门也不是一般意义上的建筑设备、材料采购，而更多的是指专业设备、材料的采购；建设部分其内容包括施工、安装、试测、技术培训等。

OM模式

OM模式是指政府将存量公共资产的运营维护职责委托给社会资本或项目公司，社会资本或项目公司并不负责用户服务。政府保留资产所有权，只向社会资本或项目公司支付委托运营费。

RV2-7 协调利益妥善安置

协调各方利益是推动城市更新行动的动力，对最终目标的达成和对维护社会稳定、促进和谐社会发展具有十分重要的意义。其主要包括利益平衡和妥善安置等方面。

RV2-7-1 保障利益平衡

城市更新行动利益平衡的保障首先要说明城市更新片区现状权益状况，包括片区内权益主体的类型、数量、空间分布特征等，分析现状权益分布对城市更新单元的空间布局、交通组织、地块划分、合宗开发、权利与责任分配等产生的影响。说明城市更新改造适用的相关政策，包括适用地价标准，贡献用地的规模和比例，保障性住房和创新型产业用房配建比例，政府参与溢价分成比例等，分析这一特定政策背景对更新单元用地性质、开发强度、拆建比等产生的影响。综合现状权益与相关政策影响，制定城市更新片区与城市间的利益平衡方案，包括：城市更新片区总的空间增量；须承担的独立占地的城市基础设施、公共服务设施、保障性住房或其他城市公共利益项目用地的拆迁责任和移交要求；配套建设城市基础设施、公共服务设施、保障性住房、创新型产业用房或其他城市公共利益项目的相关要求（包括类型、规模、位置、产权管理等）；和政府主管部门要求落实的其他绑定责任，如代建设施，非农建设用地指标落实，征转地遗留问题处理等。更新单元内含有多个实施主体的，应阐明各主体间利益平衡方案，包括各主体分得的空间增量，各自须承担的拆迁责任、土地移交、配套建设及其他绑定责任等。城市更新片区内多个权利主体通过签订搬迁补偿安置协议方式形成实施主体的，还需阐明搬迁补偿安置方案。

RV2-7-2 确保妥善安置

城市更新行动中涉及的安置内容主要包含以下两部分。

居民安置

居民安置主要包含更新行动过程中城市更新片区内居民的过渡安置与回迁安置。居民安置应当兼顾社会公共利益和经济效益，尊重和保障相关权利人的权益，遵循规范化、高效化、信息化原则，加强管理，产权清晰、权责明确，确保公开、公平、公正（图RV2-20）。

产业安置

产业安置主要包含城市更新片区中的产业引入与产业腾退。对于引入产业，要加强城市更新片区中产业引入的前瞻性谋划，注重与上位产业规划衔接，引导产业聚集。对引入产业的开发能力、资金实力、城市服务和为本地税收贡献等方面提出具体要求；对于腾退产业，要督促腾退产业履行合作协议，依法推进腾退产业项目的实施（图RV2-21）。

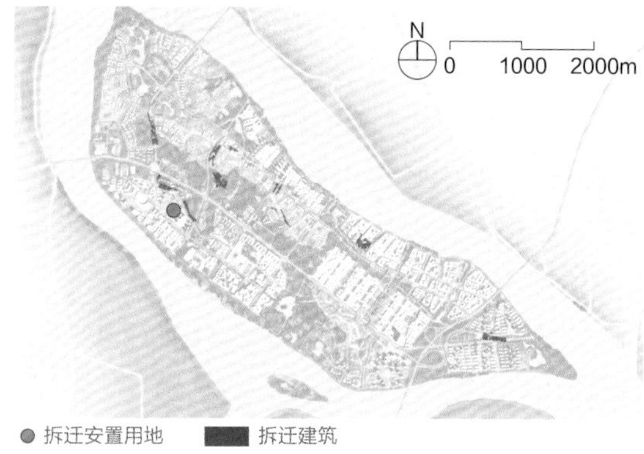

图RV2-20 江门市潮连岛综合规划设计村庄用地拆迁安置示意图

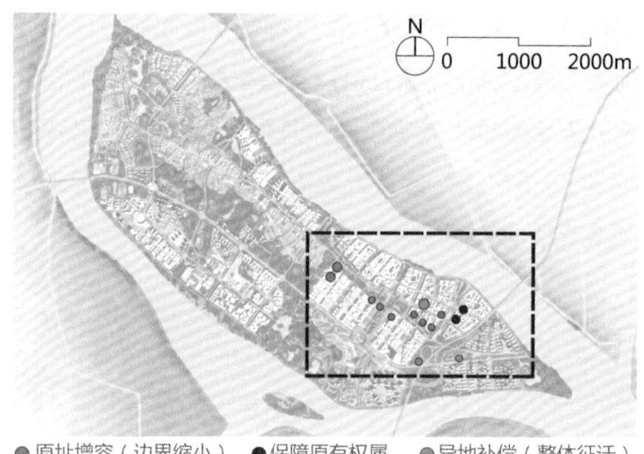

图RV2-21 江门市潮连岛综合规划设计工业权属用地调整示意图

RV2-8 统筹建维资金测算

城市更新资金测算主要分为两个阶段[4]。一是建设投入阶段，这个阶段的征用、拆除、重建和回迁需要资金投入；二是更新后运营阶段，包括还本付息、折旧、公共服务等。这两个阶段一般需要分别独立地实现财务平衡。城市更新资金平衡主要可分为“增容+大产权”“微增容+价值提升”和“异地平衡”三种方案，资金测算应兼顾短期的投资收益盈亏与远期的资产价值。

RV2-8-1
“增容+大产权”方案

“增容+大产权”资金平衡模式是指通过从低容积率变为高容积率、从小产权变为大产权来为更新融资。从表面上看，只要容积率够高，这种模式能够保证资本性投入阶段的资金平衡，但如果改造后没有新增一般性收入弥补公共服务支出增加带来的缺口，势必会导致更新后运营阶段的资金失调，从而导致整个更新项目的资金失衡。

为了保障城市更新行动实施后运营阶段的资金来源，可以通过用途改变和品质提升两种措施直接或间接带来额外现金流。

“增容+大产权+用途改变”方案

“增容+大产权+用途改变”方案是基于不同用途的土地由于带来的收益不同，其市场定价也不一样的前提，通过城市更新在保证容积率不变的前提下，将土地用途的单位市场价值由低转高，城市更新融资的数量也将随之翻倍，从而带来能够覆盖新增公共服务支出的资金。

“增容+大产权+品质提升”方案

“增容+大产权+品质提升”方案是在保证土地的容积率不变、土地用途也不变的前提下，如果原用途产生的价值低于区位潜在的用途价值，就可以通过设计改造，将原有用途从低价值利用升级为高价值利用，带来新增收益，从而保证城市更新行动实施后运营阶段的资金平衡。

RV2-8-2
“微增容+价值提升”方案

“微增容+价值提升”资金平衡模式是指通过有机更新，由城市最微小的产权单元（家庭），随时、随地地自我修复和升级，其成本和收益主要由微单元产权主体承担，只要产权主体更新后的收益大于成本，就可以持续不断地自我更新。政府在这一过程中，主要是提供政策支持、奖励和相关服务，以降低产权主体自主更新的项目成本和制度门槛。在目前的城市中普遍存在违章建设，显示出市场主体有很强的内在旧改动力。只要激活民间更新的动力，政府就可以少花钱，甚至不花钱，达到改善城市风貌和居住条件，拉动民间固定资产投资和消费的目的。

RV2-8-3
“异地平衡”方案

“异地平衡”资金平衡模式是指在适于融资的地段卖地获取一次性资本，而在适于创造现金流的地段持有和运营物业获取现金流，通过异地组合形成一个财务平衡的更新项目。

在制定城市更新资金方案的同时，还应加强城市更新资金保障，加强经济可行性评估，通过评估更新项目在不同改造条件（包括功能、强度、捆绑改造要求等）下的开发成本（包括依据特定地区平均水平测算的市场开发成本、依据有关政策测算的拆建补偿安置成本和约定的捆绑改造成本等）和经营收益（考虑了优惠政策后的经济收益），计算利润额、利润率、回收期等关键指标，提出本项目适宜的改造条件和财务平衡方案指引；探索设立城市更新专项资金等投（融）资机制，从更新单元所在地区层面进行统筹平衡，制定城市更新专项资金运作机制，加强城市更新中相关市政基础设施和公共服务设施建设等方面的投入，补偿为了维护城市整体利益而造成经济损失的城市更新项目。

RV2-8-4
资产价值评估预测

由于城市更新项目的复杂性，在实际资产价值评估预测工作中应按照城市更新片区的实际情况采用相对应的评估思路及方法对项目价值进行分析和测算，主要可以从以下几种情形进行考虑。

现状资产价值评估。结合更新片区内的土地、建筑物的权属调查资料和测绘报告，对更新前使用条件下，更新片区内的土地、地上建（构）筑物的市场价值进行评估。

补偿成本评估。结合城市更新行动实施方案，制订明确的安置方案，对改造后返还给更新对象的市场价值进行评估。

资产投入收益评估。评估城市更新行动实施的经济可行性，包含投入、收益和风险等。评估的内容包括：城市更新行动实施前使用条件下，城市更新片区内的土地、地上建（构）筑物的市场评估价；二级开发主体受让的土地使用权评估价值，包括一级开发成本、应缴土地出让金及相关税费等（表RV2-2、图RV2-22）。

泉州市江南组团总体城市设计近期重点片区经济测算表 **表RV2-2**

片区	费用类型	项目	面积（m^2）	费用（亿元）
繁荣片区棚户区改造	征收费用	住宅	765572	69.95
		工业	314858	9.66
	工程建设费	绿地建设费	202238	0.25
		公共建筑建设费	29602	18.28
		工程建设其他费及预备费	—	2.48
	小计			100.62
站前西侧片区改造	征收费用	住宅	478603	37.33
	工程建设费	绿地建设费	582784	0.82
		公共建筑建设费	464204	18.57
		工程建设其他费及预备费	—	2.60
	小计			59.29
古店—罐头厂片区改造	征收费用	住宅	311324	28.27
		工业	103344	15.55
	工程建设费	绿地建设费	63734	0.08
		公共建筑建设费	36441	1.46
		工程建设其他费及预备费	—	0.35
	小计			45.71
总费用				205.62

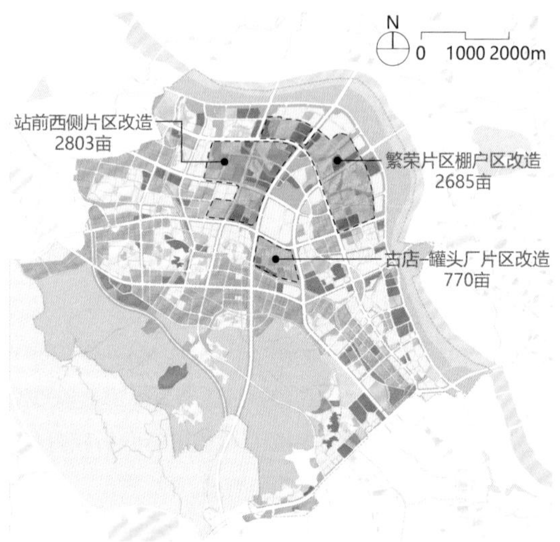

图RV2-22 泉州市江南组团总体城市设计近期重点片区示意图

案例借鉴：美国波特兰珍珠社区城市更新

波特兰市政府通过借助私人资本，采用税收增额融资（TIF）、政府低息贷款等财政激励方式对珍珠社区的工业片区实施更新，将珍珠社区打造成形态紧凑、开发密度高、功能多样、公交发达、步行友好、具有人性尺度的城市中心区，使得该片区土地价值大幅度增值（图RV2-23）。

图RV2-23 美国波特兰珍珠社区更新范围示意图

RV2-9 ※

规划导控持续治理

强化规划管理引导是有序推进城市更新行动、落实多元目标的重要保障，主要包括规划管控体系、城市更新管控要求和城市更新实施保障等方面。

RV2-9-1

强化规划管控体系

着力构建城市更新规划管控体系，促进城市更新长效运作的系统性机制形成。处理好城市更新规划与控制性详细规划的关系，明确城市更新项目涉及对控制性详细规划修改的程序和措施，加强规划的可操作性。加强城市更新调查研究、规划管理、动态监控信息系统建设，定期开展规划实施评估，保障规划与管理的无缝对接，促使城市更新工作步入系统化、常规化阶段。

提高管理技术水平，构建全面高效的管控数据库。重视技术对管理的变革作用，利用大数据等先进手段，构建涉及城市更新活动的各方面数据的管控数据库，利用先进的技术处理方法，提升城市更新基础研究、规划编制、审批实施、效益评价等工作的办事效率。强化部门间对接、协调机制。

RV2-9-2

明确更新管控要求

明确城市更新片区空间控制要求。说明规划方案对城市更新片区的地区空间组织、建筑形态控制、公共开放空间与慢行系统的主要构思和控制要点。制定意向性总平面布局方案，如涉及居住功能还应进行日照分析。城市空间组织主要规定更新单元的街区模式与尺度、建筑高度、街道比例、视线廊道、标志性景观节点控制等内容；公共开放空间控制主要规定公共开放空间（景观大道、商业街、步行道、广场、绿地、水域等）用地的形式、位置、面积及建设要求；慢行系统设计主要规定慢行系统的结构、断面构成形式与尺寸，以及其他建设要求等；提出无障碍设计的相关要求；建筑形态控制主要规定主体建筑的形式、建筑退线、景观界面、屋顶形式和绿色建筑设计指引等内容（表RV2-3、图RV2-24）。

东方市滨海片区概念性规划及城市设计方案整合与控制性详细规划管控通则示意 表RV2-3

项目	管控要求
用地要求	1. B-1301地块应对图示历史建筑进行保留改造。地块为商务商业混合用地，娱乐康体功能占比约60%，商业功能占比约40%。 2. B-1304地块配建一处公共停车场，提供车位150个。地块内配建一处公共厕所，建筑面积60~100m^2。 3. 新建用地的建筑密度控制如下：多层商业服务业用地（24m以下），建筑密度≤50%；高层商业服务业用地（24m以上），建筑密度≤40%；公园绿地，建筑密度≤5%；其他用地，建筑密度≤40%
建筑形态	1. B-1301地块保留铁路维修厂历史建筑，要求对其进行功能置换与改造开发，成为一处地标建筑，地块其余新建建筑应与历史建筑的风貌相协调。 2. B-1303地块的商业建筑应与铁路遗址公园相协调，为低层、小体量、有设计感的零售餐饮类商业，鼓励各类业态自发设计形成丰富、自由的积极界面，色彩可较鲜艳、明亮和丰富
公共空间	1. 该段铁路遗址公园强调滨水娱乐主题，为街坊北侧文创园区提供商业服务与休憩交往空间，满足通行需求的前提下，鼓励沿街设置商品展示、餐椅外摆、杂志售卖、文化宣传、公共座椅、绿化装饰等设施。 2. 设置儿童游戏、运动空间，配置沙坑、滑梯、秋千、攀登架、游戏墙、滑板场等设施
道路交通	1. 街坊周边设置少量路边停车位，满足临时停靠需求，停车带长度超过30m时，宜采用人行道或街道设施对其进行分隔，且不宜双侧设置。 2. 在协调非机动车与机动车停放需求时，优先保障非机动车停放

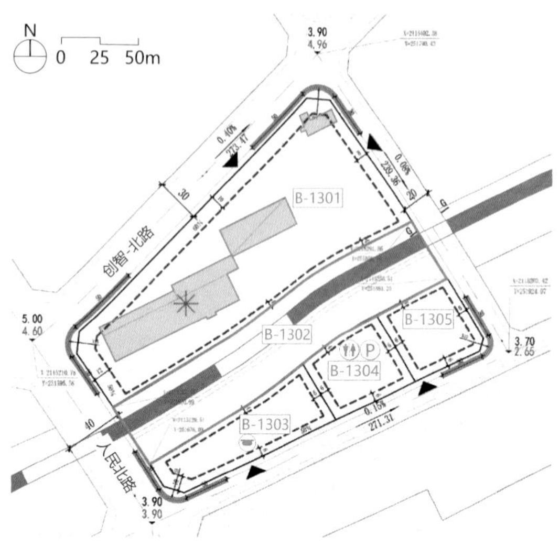

在传统地块图则的基础上增加城市设计导则，从沿街贴线率、公共空间管控、商业界面、建筑形态等方面作出引导。同时，制定执行通则，从土地性质、开发强度、配套设施、道路交通、城市设计等方面提出具体的执行要求。配合地块图则使用，增强规划的实操性

图RV2-24 东方市滨海片区城市设计和控制性详细规划管控图则示意图

RV2-9-3
强化更新实施保障

规定实施主体应履行的各项义务，如落实搬迁责任、进行开发建设、移交城市基础设施和公共服务设施用地、配套建设城市基础设施和公共服务设施，以及政府主管部门要求落实的其他绑定责任；制定分期实施计划，明确各分期内实施主体应履行的上述各项义务。

RV3
更新评估

RV3-1
提高城市经济效益

城市更新经济效益的评估主要是从经济发展、土地集约利用和资金平衡与资产增值等方面着手。

RV3-1-1
经济发展

一个地区在一段时间内创造的最终产品和服务价值可以反映该地区的经济发展情况，涉及的指标主要就是生产总值及其一系列相关的经济指标，加上其他社会收入、支出及消费的经济指标组合而成的综合性指标。城市更新行动实施所产生的经济效益越好，则该地区生产总值及其一系列相关的经济指标增长幅度越大。

RV3-1-2
土地集约利用程度

城市更新的目的是激活建设用地的再次利用，进一步提升土地节约集约化利用水平，使“低效率、粗放型”用地向“高效率、集约型”用地转变。因此，反映城市更新的实施效果和土地集约利用提升程度的评价指标包括土地利用情况、土地整治程度和土地集约利用程度三个方面。对土地节约集约利用程度等方面进行评价，能够有效发掘和提高土地开发利用的潜力，促进土地资源的合理利用。

RV3-1-3
资金平衡与资产增值

城市更新资金平衡主要以保障资本性投入和更新后运营两个主要阶段分别独立地实现财务平衡为目

标。资本性投入阶段资金平衡主要是指更新过程中征用、拆除、重建和回迁成本与更新项目融资之间的平衡程度；城市更新行动实施后运营阶段资金平衡主要是指城市更新行动实施后运营所需的新增成本（包括还本付息、折旧、公共服务等）与城市更新行动实施后带来新增的收入（包括税收、房租等）之间的平衡程度。

城市更新资产增值主要以城市更新的资产价值评估为依据，发挥市场潜力带动更新实施，实现城市更新片区土地价值的提升。

RV3-2

保障城市社会效益

城市更新社会效益的衡量标准是所实施的行动为社会带来的贡献度及声誉度，主要体现在社会需求满意程度等方面。

RV3-2-1

社会需求满意程度

保障城市更新片区基础设施先进、完善，居民生活与出行方便、快捷，是体现社会需求满意程度的重要标志，因此反映社会需求满意程度的指标包括满足社会上人们日益增长的物质文化需求的居住条件、交通、商业、市政、文化教育、开敞空间等方面。主要涉及住区的实用、舒适程度；公共服务设施的便利程度，包括购物、娱乐、教育和医疗等设施的密度、规模、类型、质量；道路的通畅与设施覆盖面的普及程度；开敞空间的宜人和便于接近程度等指标（图RV3-1）。

通过为住户提供有针对性的设计，使得设计工作从“为居民设计”转变为“引导居民自发营造”

图RV3-1　北京市杨梅竹斜街环境更新及夹道公共空间营造有机更新实践示意图

RV3-3 ※

提升城市环境品质

城市更新中的城市环境品质评估主要从自然环境、人文环境、城市景观等方面着手。

RV3-3-1

自然环境

主要涉及城市的空气、水质、噪声、垃圾、公共绿地等城市生态环境要素等方面。

RV3-3-2

人文环境

主要包括历史文化保护与传承、地方特色与价值提升、社区和谐与治理能力建设、党建组织情况、健康文体活动的丰富程度、地区精神和归属感的提升等方面。

RV3-3-3
城市景观

评估城市更新行动实施后的城市建成环境带给人的舒适感和愉快感，包括自然景观要素和人工景观要素。其中，自然景观要素主要是指自然风景，如大小山丘、古树名木、石头、河流、湖泊、海洋等；人工景观要素主要有文物古迹、园林绿化、艺术小品、商贸集市、建（构）筑物、广场等（图RV3-2）。

RV3-4
强化城市安全韧性

城市更新行动应提升城市对自然灾害、社会突发事件的抵御能力及灾后恢复能力，这方面的评估主要从日常安全和灾害安全等方面入手。

RV3-4-1
日常安全

要达到城市日常安全的目的，主要是创造安全便捷的交通联系和提高公共空间的可达性，提升无障碍城市和全龄友好城市建设水平，提高城市公共空间的安全设施与疏散通道建设保障水平，减少生产、生活事故隐患，创造更多的自然监视，以减少犯罪机会。

RV3-4-2
灾害安全

通过对城市更新片区土地的强度、性质、规模以及建设和设计方式的约束，促进城市建立完善的自然灾害和人为灾害等突发性城市公共安全预警及治理机制，增强城市应对洪涝、火灾、地震等重大灾害的预防能力，提升城市整体抵抗灾害的能力。

① 芳草云容 ② 波光潋滟 ③ 共色乐章 ④ 草原印象 ⑤ 清流潺潺 ⑥ 迎宾花田 ⑦ 百鸟栖屿
⑧ 雁渡苇荡 ⑨ 人民医院 ⑩ 观鸟岛 ⑪ 卫生间与售卖 ⑫ 运动场 ⑬ 慢行系统 ⑭ 城市生活馆
⑮ 静水湾 ⑯ 音乐喷泉

方案总平面图及重要节点

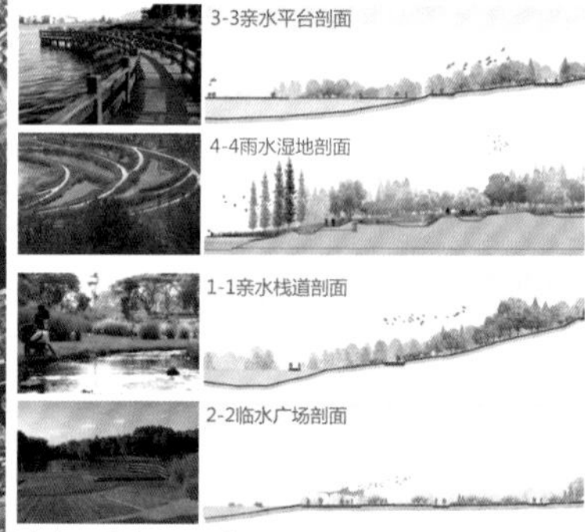

滨水驳岸剖面示意图

图RV3-2 兴安盟大乌兰浩特地区综合改造提升滨河公园方案设计示意图

RV3-5 ※

构建评估指标体系

提出价值导向性、科学性、可操作性的评估指标体系建立原则，建立由4个一级类、9个二级类和42个三级指标构成的评估指标体系。

RV3-5-1
更新评估指标体系建立原则

为了保障城市更新方案的有效实施，提升城市更新地区的综合效益，有效指导城市更新地区向着提升城市品质、改善人居环境的目标发展，更新评估指标体系的建立主要应遵循以下原则。

价值导向性原则

评估体系中的指标应全面、综合地反映更新实施情况，每个指标都应有明确的牵引、指向、体现结构优化及品质提升、环境改善、便捷高效、安全韧性等城市更新的价值导向，并最终将城市更新的目标分解到各项指标中去。

科学性原则

指标的选择应以公认的科学理论为依据。各类指标能充分反映城市更新的内在机制，指标的物理意义应有明确的定义，应保证数据来源的准确性和处理方法的科学性，数据的取得应以客观存在的事实为基础，数据测定、处理应标准、规范。

可操作性原则

要求选用全面描述方案特点、尽量简洁且指标数据易于获取的因子。

RV3-5-2
更新评估指标体系

更新评估指标体系如表RV3-1所示，在此基础上，可结合本地发展条件另行增设自选指标，按经济效益、社会效益、环境品质、城市安全四个方面，建立符合地方实际的指标体系（表RV3-1）。

更新评估指标体系推荐表 表RV3-1

一级指标	二级指标	编号	三级指标
提高城市经济效益	经济发展	1	区域生产总值（万元）
		2	近3年区域生产总值平均增长率（%）
		3	人均区域生产总值（元/人）
		4	每万元GDP能耗（tce）
		5	每万元GDP水耗（m^2）
	土地利用集约程度	6	存量土地供应比例（%）
		7	建设用地开发率（%）
		8	单位建设用地面积产值（万元/hm^2）
		9	建筑毛容积率

续表

一级指标	二级指标	编号	三级指标
提高城市经济效益	资金平衡与资产增值	10	融资成本（万元）
		11	内部收益率（%）
		12	投资回收期（年）
		13	税收收入（万元）
保障城市社会效益	社会需求满意度	14	公众对城市更新方案满意度
		15	政策性住房占比（%）
		16	社区卫生服务设施步行15分钟覆盖率（%）
		17	菜市场（生鲜超市）步行10分钟覆盖率（%）
		18	公共交通通达率（%）
		19	城市车辆车位比（%）
		20	人均商业设施面积（m^2/人）
		21	小学步行10分钟覆盖率（%）
		22	人均公共体育用地面积（m^2/人）
提升城市环境品质	自然环境	23	生活污水处理率（%）
		24	再生水利用率（%）
		25	空气质量优良天数（d）
		26	噪声达标区覆盖率（%）
		27	生活垃圾无害化处理率（%）
		28	生活垃圾回收利用率（%）
		29	人均公共绿地面积（m^2/人）
	人文环境	30	平均受教育年限（年）
		31	每万人拥有的咖啡馆、茶社等数量（个/万人）
		32	每万人拥有的博物馆、图书馆、科技馆、艺术馆等设施（处/万人）
	城市景观	33	绿化覆盖率（%）
		34	每10万人拥有地方特色景观数量（处/10万人）

续表

一级指标	二级指标	编号	三级指标
维护城市安全环境	日常安全	35	每万人中医生数量（位）
		36	刑事案件万人发案率（%）
		37	交通事故率（%）
		38	无障碍设施覆盖率（%）
	灾害安全	39	防洪设施达标率（%）
		40	降雨就地消纳率（%）
		41	消防救援5分钟可达覆盖率（%）
		42	人均应急避难场所面积（m^2/人）

注 释

❶ 参见《国土空间规划城市体检评估规程》。

❷ 唐燕，杨东．城市更新制度建设：广州、深圳、上海三地比较［J］．城乡规划，2018（4）：22-32.

❸ 城市更新计划：根据城市更新规划制定的有关实施项目安排的工作计划，可包括项目执行阶段、实施程序、资金来源、人员统筹等。

❹ 赵燕菁，宋涛．城市更新的财务平衡分析——模式与实践［J］．城市规划，2021，45（9）：53-61.

S

S1-S5

绿色小城镇规划技术指引

SMALL TOWN PLAN

S

绿色小城镇规划

技术指引

S1	**全域空间**	
S1-1	区域格局统筹协调	
S1-2	国土空间布局优化	※
S1-3	管控边界核准落实	※
S1-4	规划用途分区管制	
S1-5	城乡建设用地规划	
S1-6	资源要素保护利用	※
S1-7	国土综合整治修复	※
S2	**集建空间**	
S2-1	整体布局紧凑集约	※
S2-2	居住街坊开放宜居	
S2-3	商业设施功能完善	※
S2-4	街巷空间舒适优美	
S2-5	绿地广场生态乡土	※
S2-6	产业用地集约高效	
S3	**支撑体系**	
S3-1	构建综合交通体系	
S3-2	完善公服设施体系	※
S3-3	优化市政设施体系	
S3-4	健全安全设施体系	
S4	**分类引导**	
S4-1	重点生态功能区小城镇	※
S4-2	农产品主产区小城镇	※
S4-3	城市化发展区小城镇	
S4-4	乡村发展区小城镇	
S5	**实施管理**	
S5-1	近期规划时序清晰	
S5-2	有效传导层层落实	
S5-3	管理机制灵活完善	

注：标注星号的为体现绿色理念的规划技术，不带星号的为传统规划技术。

理念及框架

目标任务

从乡镇国土空间规划作为整个国土空间规划体系最末端所具备的特殊作用出发，分解落实上位、引领全域发展、指导空间建设，以绿色生态理念为优先，突出小城镇更亲近自然、更宜居舒适、更集约节约等与城市、乡村的不同之处，围绕镇域空间、集建空间、支撑体系、分类引导实施管理等方面，形成贯穿总体规划和详细设计两个层面的关键技术要点，并根据小城镇的不同类型进行差异化引导。

基本理念

小城镇空间规划充分彰显分解落实、引领发展、指导建设的基本理念。

1. 分解落实：严格落实市、县规划中的指标、分区、底线、名录等，将规划目标逐项分解在乡镇一级落实，实现生态、农业、城镇空间的科学有序统筹布局。

2. 引领发展：在实施严格的国土空间用途管制的同时，兼顾乡镇绿色发展的需求，统筹全域资源做好引领、服务和保障工作。

3. 指导建设：注重向镇区详细规划和村庄规划的传导，为城镇开发建设、整治更新提供绿色规划设计引导。

本《指引》创新主要体现在生态优先、集约节约、绿色低碳、韧性防灾、分类引导等方面。

生态优先

将生态文明、绿色发展的理念融入全域空间规划建设，严守生态底线，注重生态空间的保护和以修复为主的生态值转化，最大限度地减少开发建设对自然的改造与损害。规划应优化生态、生产、生活三类空间布局，落实土地用途管制，强化各类资源要素底线约束，加强全域土地综合整治和生态修复，建设人与自然和谐共生的绿色小城镇。

集约节约

统筹全域资源，加强产业、居住、公共服务设施、基础设施等土地要素保障，合理控制建设规模，坚持土地集约节约利用和低效存量建设用地盘活，避免分散浪费。按照小城镇建设宜居宜业、“小而美”的目标，尊重居民日常生活的需求和偏好，保持人性化的空间尺度和功能使用，合理确定各类用地的规模和开发强度；深入挖潜存量，盘活低效用地，强化土地保障。

绿色低碳

坚持减碳降碳、资源节约，提高住房、交通设施、市政基础设施、能源设施等建设的绿色低碳水平。提供绿色建筑、既有建筑节能改造、慢行交通、公共交通、资源循环利用、存量设施降低能耗、清洁能源利用等规划设计指引。

韧性防灾

面向小城镇应对气候变化、自然灾害等周边环境变化的需求，基于良好的生态环境本底，筑牢生态安全格局，科学合理选址，健全城镇地震、洪涝和气象等灾害防治防御体系，完善防疫、消防和人防等设施，提升小城镇的气候适应性、防灾韧性能力。

分类引导

按照主体功能区划，将小城镇分为重点生态功能区小城镇、农产品主产区小城镇、城市化发展区小城镇和乡村发展区小城镇四种类型，围绕各类小城镇的突出问题和矛盾，进行差异化设计引导。

技术框架

本《指引》以绿色小城镇空间规划理念为核心搭建内容框架，结合乡镇级国土空间规划内容提出技术要点，并加强对不同类型小城镇的特色引导（图S）。

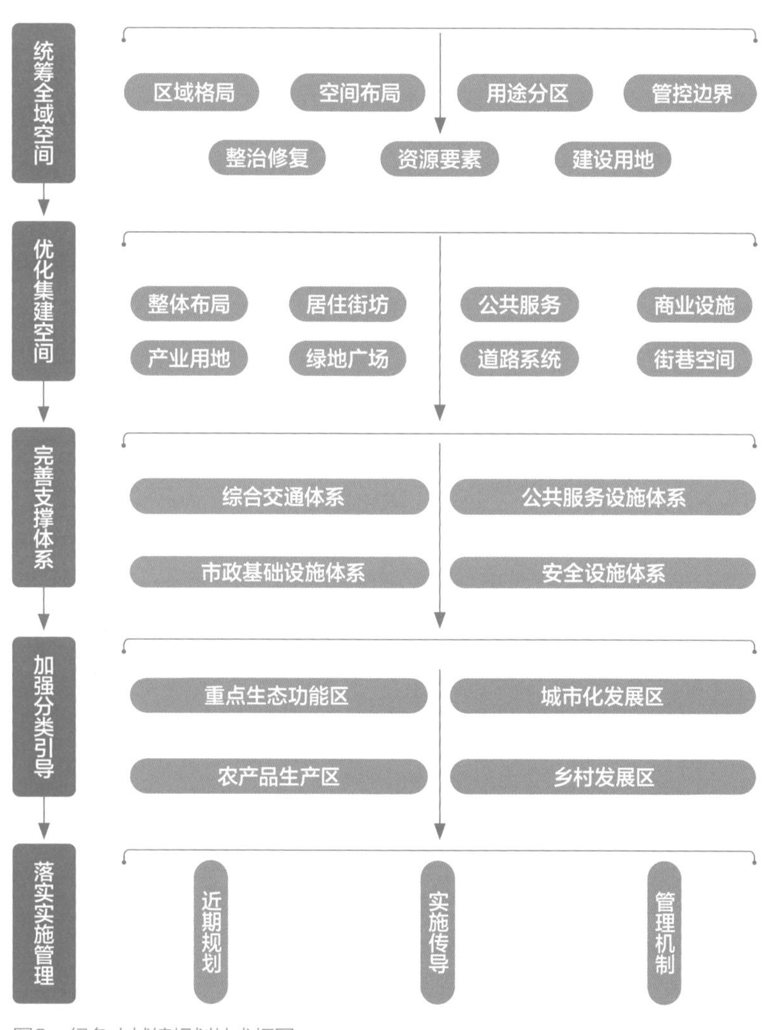

图S　绿色小城镇规划技术框图

S1 全域空间

绿色小城镇规划应突出生态先行理念，以生态保护、修复与价值转化为优先方向，充分发挥乡镇级国土空间规划在“五级三类”体系中对上落实、本级管理和向下传导的过渡作用[1]。

对上落实和优化细化市、县规划中确定的分区传导、底线管控、控制指标、名录管理和重大项目等；本级坚持人与自然和谐共生，统筹生态保护、粮食安全、人口城镇化、产业发展、设施配套和文化传承，构建绿色低碳、可持续的国土空间总体格局，统筹全域土地利用和用途管制，加强自然资源全要素梳理和保护，健全全域综合交通、公共服务、市政安全等支撑体系；向下统筹全域村庄规划，提出村庄建设的刚性管控内容，并提供有需求地区城镇开发边界内详细规划的引导内容。

S1-1 区域格局统筹协调

落实上位市、县规划指标和空间管控要求，协调区域生态、农业、城镇空间关系，促进区域设施共享和资源保护。

S1-1-1 刚性传导

严格执行市、县规划分解下达的各类约束性指标，落实细化市、县规划划定的用途管制分区和管制要求，推进市、县规划划定的各类管控边界精确勘界钉桩，合理延续自然保护地、历史文化遗产等名录管理边界和清单，落实重要产业项目、重大公共服务和基础设施项目等空间布局。

S1-1-2 互动协同

落实市、县规划对本乡镇提出的区域协同发展要求，衔接区域国土空间格局，明确县域镇村空间与所在区域生态、农业、城镇空间的关系，加强与周边行政区域在生态环境治理、农业空间质量、城乡发展共促、市政基础设施衔接、公共服务设施共享、文化保护利用等方面的互动协同。

S1-2 国土空间布局优化 ※

分析镇村现状人口规模和空间分布情况，充分考虑其城镇化历史演变、未来进程以及乡村振兴趋势，按照镇域发展目标和定位统筹各类保护要素与发展要素，细化优化、科学合理布局生态保护空间、农牧发展空间、城乡建设空间、历史文化空间等国土空间，因地制宜确定镇域国土空间总体格局（图S1-1）。

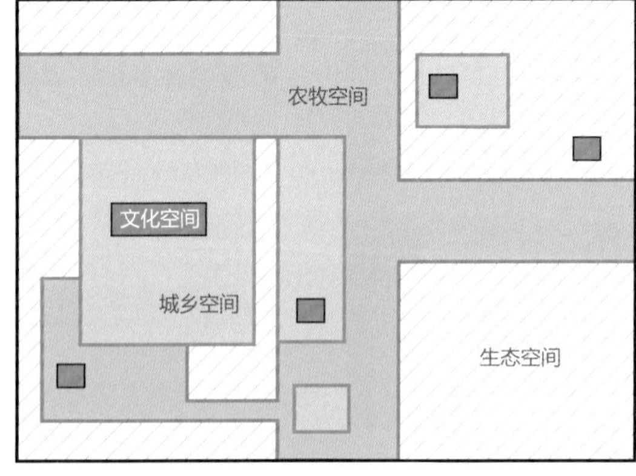

图S1-1 四类空间关系示意图

S1-2-1 生态保护空间

落实生态保护刚性传导。结合市、县国土空间规划和生态保护红线相关成果，在镇域范围分解至村、落到地块，确保镇村范围内生态保护红线的规模不减、边界清晰、落地准确、布局合理。落实自然保护地，饮用水水源地，河湖蓝线，湿地保护线，国家级、省级公益林等其他生态保护刚性范围，因地制宜细化管控要求和提出具体措施。延续区域绿色空间体系的完整性、系统性、连通性，有效管控涉及区域生态空间的新增建设，落实低效用地的腾退增绿方案。

构建镇域生态安全格局。分析生态要素现状，选取和识别关键生态要素与生态过程，开展水、地质灾害和生物保护等要素安全格局，以及农田、林地等要素适宜性的单项评价和综合叠加分析，建立镇域综合生态安全格局。

确定生态空间结构。基于生态空间连续性和系统性特点，综合考虑前期各要素单项及综合安全格局分析结果，明确重要生态廊道体系、重要生态区域及生态保护和修复重点区域，梳理包括斑块、廊道、基质等在内的“斑—廊—基”结构，构建镇域绿色生态网络，划定整体绿色生态空间结构。

S1-2-2 农牧发展空间

落实各类农用地保护任务。按照上级下达永久基本农田和耕地保护任务、基本草原划定要求，明确镇域永久基本农田保护区、永久基本农田储备区、基本草原边界范围，细化永久基本农田、基本草原管护要求和实施措施。落实镇域耕地保有量和补充耕地任务，明确镇村耕地后备资源储备规模与空间分布，科学合理划定耕地储备区范围，因地制宜提出本地耕地资源保护措施及国土整治修复工程指引。

划定农牧业发展主要区域。落实粮食生产功能区、重要农产品生产保护区、特色或重要农产品生产优势区等范围，根据农业、牧业、养殖业的适应性评估结果，因地制宜地划定种植业、畜牧业、养殖业等农牧业发展主要区域。

构建镇域农牧空间格局。结合农牧业发展主要区域，科学布局农牧产业园、田园综合体等各类农牧产业发展空间，合理安排现代农牧产业发展用地、种植业设施农用地和畜禽养殖用地等，保障重大农牧业基础设施，引导农牧业发展向优势区聚集，构建农牧产业高效协调发展的农牧空间总体格局。

S1-2-3 城乡建设空间

落实城乡建设用地刚性传导。按照上级规划成果要求，合理预测人口规模及城镇化水平，严格落实城乡建设用地指标、城镇开发边界范围等刚性要求，明确镇域重点发展区域。

统筹镇村产业发展。结合镇村山水风光、农林资源、人文特征、历史风貌等资源特点，考虑市、县规划要求，提出镇村产业发展定位和目标，构建镇域现代产业体系，提出特色鲜明的一二三产业融合发展策略，优化产业结构，提出镇村产业发展指引，明确产业空间结构。

优化镇村体系和发展指引。结合上级村庄布局规划成果，分析就地就近城镇化趋势、外出务工人口回流返镇或返村意愿等，预测镇村人口未来趋势和空间分布特征，科学优化村庄布局，形成“镇—特色村/中心村—基层村”的镇村体系。基于区位条件、人口流动趋势、一二三产业融合发展趋势、村庄人居环境整治等情况，划分村庄发展类型，提出村庄产业发展、土地利用、人居环境提升、设施配置、历史文化传承等方面特色化发展和建设指引（图S1-2）。

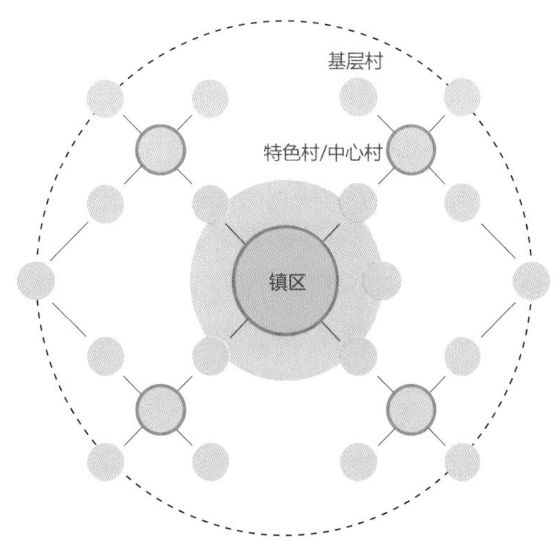

图S1-2　镇村体系示意图

S1-2-4
历史文化空间

落实历史文化资源保护要求。依据历史文化资源保护名录，落实历史文化名镇、历史文化名村、传统村落的保护控制范围和保护要求，严格落实历史建筑保护线边界和管控要求，明确特色村镇和历史街巷、传统民居等保护利用措施，提出历史文化资源功能复兴、活化利用的基本策略和目标要求。

细化镇村历史风貌指引和管控要求。挖掘历史文化、乡土特色和田园景观，结合镇域地形地貌、山水格局，确定村庄风貌引导的总体要求，对村庄布局形态、建筑风格、体量、色彩等提出引导。

S1-3 ※
管控边界核准落实

严格落实市、县规划，基于县级国土空间规划各类控制线划定成果，统筹考虑国土空间总体格局，按照国家有关要求对生态保护红线、永久基本农田保护红线、城镇开发边界三条控制线的边界和坐标进行核准落实、勘界钉桩、上图入库[2]。

S1-3-1
生态保护红线

乡镇一级应根据县级规划生态保护红线的规模、布局以及管控要求细化优化本级划定，精确识别水源涵养、水土保持、防风固沙、生物多样性维护、海岸防护等生态功能极重要区及水土流失、沙漠化、石漠化、海岸侵蚀等生态极敏感脆弱区，以及其他经评估目前虽不能确定但确实具有潜在重要生态价值的区域，结合自然地形地物的要求，落实生态保护红线坐标界线，确保落地准确、边界清晰。如有必要，根据自然保护地调整优化，严格按照相关要求开展生态保护红线调整。

S1-3-2
永久基本农田保护红线

乡镇一级应根据县级规划永久基本农田的规模、布局以及管控要求细化优化本级划定，依据耕地现状分布，根据耕地质量、粮食作物种植情况、土壤污染状况，将符合要求的耕地依法划入，落实永久基本农田保护红线的边界坐标，确保符合勘界钉桩要求。应优先将易被占用的优质耕地划定为永久基本农田。应尽量利用国家有关基础调查明确的边界、各类地理边界线、保护地界、权属边界等界线，明确永久基本农田坐标界线。永久基本农田范围应尽量规整、集中连片，避免破碎图斑。对于城镇周边、交通沿线的永久基本农田，确需局部退出小面积不符合划定要求的用地，应按要求开展调入和调出工作。

S1-3-3
城镇开发边界

乡镇一级应根据县级规划城镇开发边界的规模、布局以及管控要求细化优化本级划定，以城镇开发建设现状为基础，综合考虑资源承载能力、人口分布、经济布局、城乡统筹、城镇发展阶段和发展潜力，尽量利用国家有关基础调查明确的边界、各类地理边界线、行政管辖边界、保护地界、权属边界、交通线等界线，明确开发边界坐标界线，做到清晰可辨、便于管理。科学预留一定比例的留白区，重点用于建设用地机动指标投放，为未来发展预留开发空间。

S1-4
规划用途分区管制

围绕国土空间格局，在落实市、县规划分区的基础上，科学细化和合理划定镇域规划分区，将其规划一级分区划分为生态保护区、生态控制区、农田保护区、城镇发展区、乡村发展区、矿产能源发展区；在规划一级分区的基础上，对城镇发展区和乡村发展区进行细分，划定为规划二级分区。符合相关要求的乡镇可因地制宜地对其他规划一级分区进行细分。按照镇域规划分区划定，科学合理地确定各规划分区的功能和用途导向，研究制定各规划分区的准入规则和管控要求（表S1-1）。

主要分区用途管制指引表　　表S1-1

规划用途分区类型		用途管制指引
一级分区	二级分区	
生态保护区	核心生态保护区	以生态保护为主，严格按照生态保护红线的管理办法进行管理；按照严格保护和禁止开发区域要求实行最严格的准入制度，严禁任何单位和个人开展任何不符合生态保护功能的开发活动；任何单位和个人不得擅自占用或改变原国土用途；现有村庄、工矿等用途应严格控制建设行为扩展，根据实际发展需要逐步引导退出
	其他生态保护区	
生态控制区	森林生态控制区	以保留现状原貌、强化森林、湿地等生态保护和生态建设为主，以自然恢复为主、人工修复为辅；在不破坏森林、湿地等生态功能的前提下，鼓励适度开展观光、旅游、科研、教育等复合利用；引导现状分散、低效的建设用地腾退，严格限制新增不符合保护目标的开发活动；鼓励开展生态修复，改善生态环境，提升生态功能和价值
	湿地生态控制区	
	其他生态控制区	
农田保护区	永久基本农田集中区	严格落实永久基本农田保护，按照《土地管理法》《基本农田保护条例》《国土资源部关于全面实行永久基本农田特殊保护的通知》等相关规定进行管理；任何单位和个人不得擅自占用或者改变其用途，国家能源、交通、水利、军事设施等重点建设项目经批准才可占用；严格管控“非农化”和“非粮化”，禁止破坏永久基本农田的活动，禁止占用永久基本农田发展林果业和挖塘养鱼等活动；鼓励开展高标准农田建设和国土整治，提高永久基本农田的质量，提升农田生态
	永久基本农田一般区	
城镇发展区	城镇集中建设区	准入各类城镇建设行为，应编制详细规划，采用“详细规划+规划许可”的方式进行管理；严格管控城镇建设用地的总体和单项指标，优先利用存量用地；非建设用地在批准转用为建设用地前应按原国土用途利用，现状农用地不得荒芜
	城镇弹性发展区	原则上保持现状用途，不得进行城镇开发建设活动；在不违反国土空间规划强制性内容和不突破规划城镇建设用地规模的前提下，可调整为城镇集中建设区，开展城镇开发建设活动，但需要在城镇集中建设区核减相应规模的城镇建设用地
	特别用途区	以为城镇居民提供生态、人文景观服务为主要功能，明确各类资源的保护要求与特色功能建设的要求，严格管控开发建设行为；明确准入项目类型，在对生态、人文环境不产生负面影响的前提下，可适度开展休闲、科研、教育等相关活动；山体、水体和保护地等应纳入相应名录专项管理
乡村发展区	村庄建设区	主要用于农村居民点建设，建设活动需要符合经批准的村庄规划等相关规划；村庄建设应优先利用低效建设用地、闲置地和废弃地，鼓励开展全域土地综合整治；非建设用地在批准转用为建设用地前应按原国土用途利用，现状农用地不得荒芜
	一般农业区	主要用于农业生产，以及直接为农业生产和生态建设服务；鼓励开展国土整治和生态修复，提升农业生产效率，改善农业生态；未经批准，禁止占用、破坏、污染土地开展非农建设活动
	林业发展区	主要用于林业生产，以及直接为林业生产和生态建设服务；鼓励开展整治和修复项目，提高经济价值和生态效益；未经批准，禁止毁林开垦、采石挖沙等开展非农建设活动
	牧业发展区	主要用于牧业生产，以及直接为牧业生产和生态建设服务；鼓励开展生态修复等项目，改善牧区生态，提升牧业效益；未经批准，禁止破坏草原植被进行开垦、挖沙取土等非农建设

来源：基于北京、浙江、河北、江西、湖南等省级行政区乡镇级国土空间规划编制导则进行归纳整理

S1-4-1
生态保护区

结合市、县规划，“双评价”和生态保护红线划定等相关成果，将镇域内生态保护重要性极高、必须严格保护的地域空间划为生态保护区。区内按照有关文件对生态红线保护的要求[3]，执行最严格准入管理，严禁擅自占用或者改变区内土地用途，严格控制新增或扩大原有村庄等建设，并逐步引导、有序退出。

有条件的地区可将生态保护区细化为核心生态保护区和其他生态保护区等二级分区，管制措施参照生态保护区。其中，核心生态保护区以国家公园、自然保护区、自然公园三类自然保护地，以及生态功能重要区、敏感脆弱区和潜在重要生态价值区为主，原则上落实市、县国土空间规划中的生态保护红线围合范围；其他生态保护区是核心生态保护区外，以生态保护为主、对本区域生态功能提升具有重要作用的地域空间（图S1-3）。

图S1-3　生态保护区关系示意图

S1-4-2
生态控制区

结合市、县规划及“双评价”，生态保护红线划定和生态安全格局评价等成果，将生态保护区以外，保留原貌、加强生态保育、限制开发建设的地域空间划为生态控制区。区内引导现状分散分布、低效利用的建设用地安排有序腾退或更新利用，鼓励结合区内已有林地、草地、湿地等非建设用地进行土地复合利用。

有条件的地区可将生态控制区细化为森林生态控制区、湿地生态控制区、其他生态控制区等二级分区，分别制定管制措施（图S1-4）。

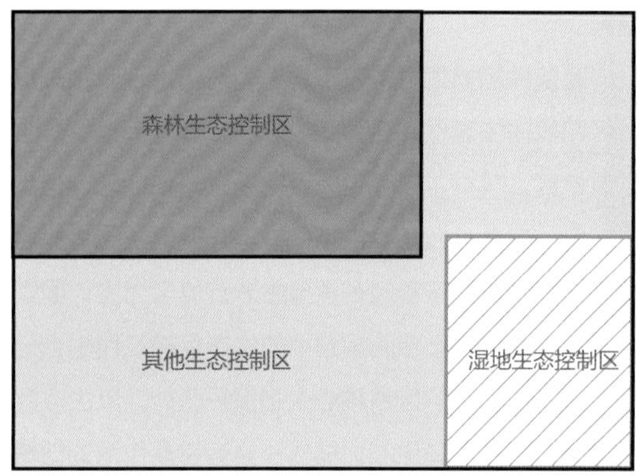

图S1-4　生态控制区关系示意图

S1-4-3
农田保护区

结合市、县规划和相关成果，将永久基本农田保护的地域空间划为农田保护区。区内以保障粮食安全、切实保护耕地为目标，按照《中华人民共和国土地管理法》《基本农田保护条例》《国土资源部关于全面实行永久基本农田特殊保护的通知》《关于在国土空间规划中统筹划定落实三条控制线的指导意见》《自然资源部 农业农村部关于加强和改进永久基本农田保护工作的通知》等相关法律和规定进行管理，严格管控占用永久基本农田开展建设活动，鼓励开展高标准农田建设、农用地整治及其他提升永久基本农田质量和生态的项目。

有条件的地区可将农田保护区细化为永久基本农田集中区和永久基本农田一般区等二级分区，管制措施参照农田保护区。其中，集中区通过分析永久基本农田集中分布程度，结合全域土地综合整治工作推进情况，将耕地质量较好、集中连片度较高、田间配套设施较好、规模化经营较适宜的永久基本农田集中分布的地域空间划为永久基本农田集中区；一般区是集中区以外永久基本农田相对集中的地域空间（图S1-5）。

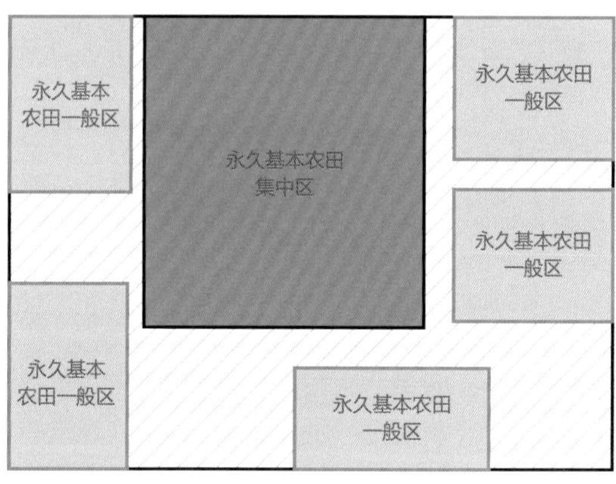

图S1-5　农田保护区关系示意图

S1-4-4
城镇发展区

结合市、县规划和城镇开发边界划定等成果，将城镇开发边界围合区域划定为城镇发展区，并细分为城镇集中建设区、城镇弹性发展区和特别用途区三个规划二级分区（图S1-6）。

城镇集中建设区是上级国土空间规划确定的集

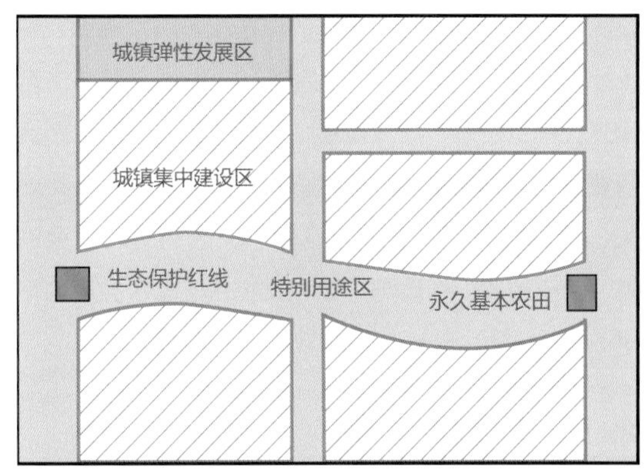

图S1-6 城镇发展区关系示意图

中连片、规模较大、形态规整的地域空间，包括现状建成区、规划集中连片的城镇集中建设区和“城中村”“城边村”，依法合规设立的各类开发区，国家、省级行政区、市确定的重大建设项目用地等，可根据主导功能划分为居住生活区、综合服务区、商业商务区、工业发展区、物流仓储区、绿地休闲区、交通枢纽区、战略预留区等分区。区内用地主要用于城镇集中开发建设活动，土地利用按照“详细规划+规划许可”的方式管理，严格用地指标管控，非建设用地在批准转用为建设用地前应按原用途利用，现状农用地不得荒芜。

城镇弹性发展区是为应对城镇发展的不确定性，在城镇集中建设区外划定的、在满足特定条件下方可进行城镇开发建设的地域空间。区内用地原则上保持现状用途，不得进行开发建设活动；确有需要的，应在不突破国土空间规划中城镇建设用地指标，且在城镇集中建设区核减相应规模城镇建设用地的前提下，才能在城镇弹性发展区选址进行开发建设活动。

特别用途区是为完善城镇功能、提升人居环境品质、保持城镇开发边界的完整性，根据规划管理需要划入开发边界内的重点地区，主要包括与城镇关联密切的生态涵养、休闲游憩、防护隔离、自然和历史文化保护等地域空间。区内用地严格管理和控制开发建设行为，在对自然生态、人文环境不产生破坏的前提下，适度开展休闲、游憩、科研、教育、必要的配套服务等相关活动；准入国土整治和生态修复工程，以及不可避让的重大基础设施建设活动。

S1-4-5
乡村发展区

结合市、县规划和各类专项规划相关成果，将农田保护区以外，以满足镇域农、林、牧、渔等产业发展、农民集中生活和生产配套为主要功能的地域空间划定为乡村发展区。根据主导功能，可因地制宜地将乡村发展区细分为村庄建设区、一般农业区、林业发展区、牧业发展区等二级分区（图S1-7）。

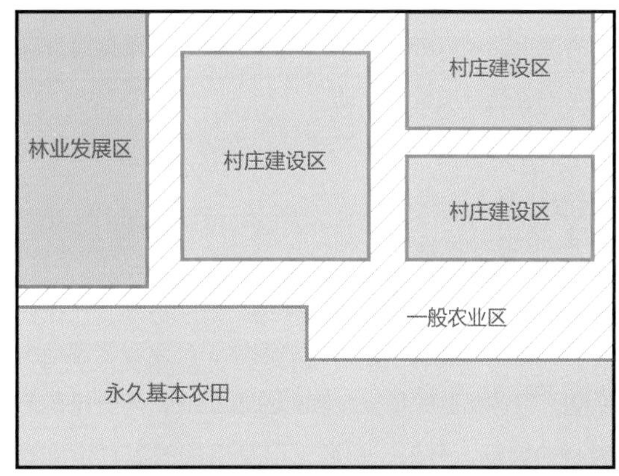

图S1-7 乡村发展区关系示意图

村庄建设区是城镇发展区以外，规划期内重点发展的集聚提升类村庄和规划保留村庄的地域空间。区内允许村庄整治、改善农村人居环境，鼓励开展农村全域土地综合整治，严格该区用地审批，严禁大规模城镇开发活动。

一般农业区是以农业生产发展为主要功能的地域空间，主要是永久基本农田外的耕地、园地等农用地相对集中的区域。区内耕地严格按照《中华人民共和国土地管理法》《中华人民共和国土地管理法实施条例》进行管控，优先用于粮食、棉、油、糖、蔬菜等农产品及饲草饲料生产。严格限制耕地“非农化”“非粮化”，规范落实耕地“占补平衡”和“进出平衡”，在不破坏耕作层且不造成地类改变的前提下，可适度种植其他农作物。鼓励通过国土整治和生态修复工程来增加耕地规模、提升耕地质量、改善耕地生态。

林业发展区是在生态保护区和生态控制区以外，以规模化林业生产为主要功能导向的地域空间。区内鼓励开展林业生产，建设林业生产和森林生态系统服务设施。未经合法程序批准，不得进行毁林开垦、采石、挖沙、取土等破坏活动。除规定可占用项目和可开展的建设活动以外，严禁占用非建设用地进行开发建设。准入生态修复工程，提升生态环境质量。

牧业发展区是在生态保护区和生态控制区以外，以畜牧业发展为主要功能导向划定的地域空间。区内鼓励牧业生产，建设牧业生产和草原生态系统服务设施。未经合法程序批准，禁止开展采矿、挖沙、取土、开垦等破坏草原植被的活动。除规定可占用可开展的建设活动以外，严禁占用人工和改良草地等非建设用地进行开发建设活动。

S1-4-6 矿产能源发展区

矿产能源发展区是为保障国家能源安全、支撑国家矿业发展的重要采矿区、战略性矿产储量区等地域空间。区内鼓励采矿业及其他独立工业，可安排矿产资源的勘探、开采、初加工以及相关的配套设施建设。其用地应符合相关专项规划，优先利用工矿废弃地等存量用地。土地在批准改变用途前，应当按原用途使用，其中农业用地不得荒芜，因采矿等生产建设活动导致的土地压占、塌陷和损毁应及时开展国土整治和生态修复。

S1-5 城乡建设用地规划

按照市、县规划下达的指标，围绕乡镇绿色发展目标，确定各类用地的发展目标和规模，合理控制各类用地之间的比例关系，尽量保证人均建设用地指标与建设用地结构落在合理区间，指导镇村建设用地布局。规划深度以二级地类为主，也可根据需要全部或部分划到三级地类。

S1-5-1 城镇开发边界内

研究镇区发展方向、总体规模和空间结构，最大限度地减少建设对生态空间的冲击和影响，集约节约土地，避免盲目扩张、“摊大饼”式发展。坚持生态优先，城乡统筹、产业发展、设施配置与周边自然资源要素相协调，统筹安排居住、公共管理与公共服务、商业服务业、工业与仓储、交通运输、公用设施、防灾减灾、绿地与广场和文物古迹等各类用地布局（表S1-2）。

各类用地规划指引表 表S1-2

用地类型	一般性要求	差异化要求
居住用地	保障人均住房面积，协调规划选址，完善各项配套设施建设，明确适宜的住宅建设类型	提出绿色建筑、既有建筑节能改造指引
公共管理与公共服务用地	划定生活圈，确定设施布局，提出功能混合布局引导	提出海绵城市建设技术和设施运营方式指引，提出公共建筑、绿色建筑、既有建筑节能改造指引
商业服务业用地	确定设施布局，提出功能混合布局引导	提升商业品质和活力
工业用地与仓储用地	确定用地选址，设置防护绿带	—
交通运输用地	构建交通网络结构，确定用地布局，确定公共交通、绿色交通、慢行系统、集中停车场的布局	规划水陆联运交通站场设施
公用设施用地	确定设施布局	提出海绵城市建设技术和设施运营方式指引
公共安全用地	确定防灾减灾措施，确定设施布局	—
绿地与广场用地	确定用地布局	提出海绵城市建设技术指引和开敞绿地运营方式指引
文物古迹用地	明确保护目标、保护范围和保护要求	—

来源：根据《镇规划标准》（GB 50188—2007）、课题组内部研究报告《乡镇国土空间规划编制指南》等整理

居住用地规划。①提出居住用地发展目标与规模，保障人均住房面积。②协调规划选址与周边生态要素、道路、公共服务设施等支撑要素的关系，完善各项配套设施建设，提升居民生活品质。③明确适宜的住宅建设类型，确定新建住宅小区的规模、开发强度，制定“城中村”改造、棚户区改造、人居环境整治等行动计划，并提出建设时序。④鼓励提出绿色建筑、既有建筑节能改造，因地制宜地体现传统特色的改造指引（图S1-8）。

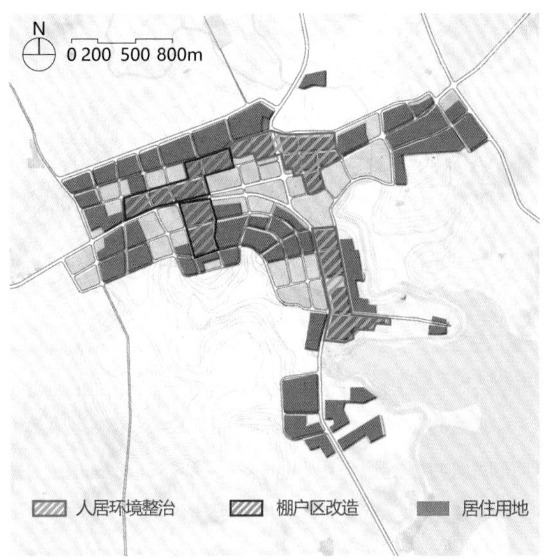

图S1-8　某镇居住用地布局示意图

公共管理与公共服务用地规划。①考虑老年人、学生、返乡就业等不同人口需求，提出政府办公、中小学、卫生院、文化站、广场、幼儿园、养老院等各类公共管理与公共服务用地发展目标与策略。②划定生活圈，确定不同类型设施等级、配置标准和数量、规模，提高设施可达性，确定设施布局。③提出功能混合布局引导，海绵城市建设技术和设施运营方式指引，确保设施建好、用好。④鼓励提出成本相对较低、建设和改造难度较小的方法，推进新建和改造公共建筑的节能减排（图S1-9）。

商业服务业用地规划。①提出商业服务业用地发展目标与策略。②综合考虑环境影响、人流和物流集散、安全和卫生，确定集贸市场、商业街、商业综合体等各类设施等级、配置标准和数量、规模，确定设施布局。③提出功能混合布局引导，提升商业品质和活力。

工业用地与仓储用地规划。①结合产业发展需求，提出工业用地与仓储用地发展目标、策略、规模和类型。②优先考虑环境影响、污染程度，综合考虑产业特点、交通条件，确定工业和仓储用地选址。③根据环境影响程度设置防护绿带，确保与生产建筑、公共建筑、居住建筑的距离符合卫生、环保和安全要求。

交通运输用地规划。①提出乡镇集中建设区综合交通发展的目标与策略。②结合现状、地形和交通需求，构建功能明确、结构合理、站场配套完善的道路交通系统，提出镇区主、次干路网络，确定道路宽度。③确定公共交通、绿色交通、慢行系统、集中停车场的布局原则，水运发达地区应规划水陆联运公共交通站场设施（图S1-10）。

图S1-9　某镇公共服务设施布局示意图

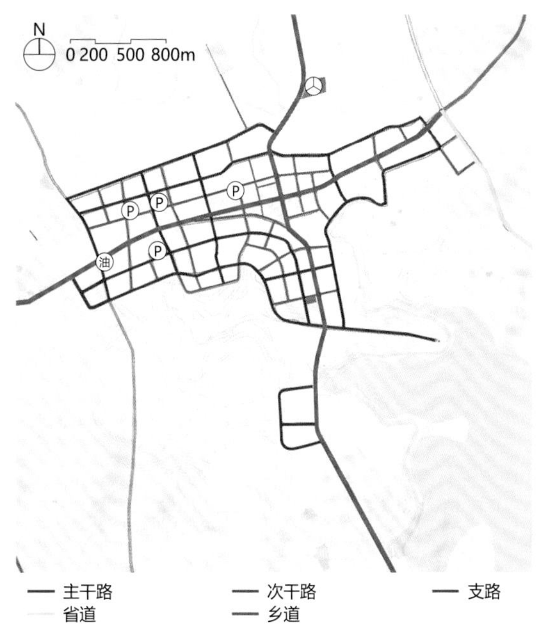

图S1-10　某镇交通路网体系示意图

公用设施用地规划。①综合考虑人口需求，提出给水排水、电力、燃气、环卫、通信等各类公用设施用地发展目标与策略。②确定不同类型设施等级、配置标准、数量和规模，确定设施布局。③提出海绵化建设技术和设施运营方式指引，确保设施建好、用好。

公共安全用地规划。①提出防洪、抗震、消防、人防、防疫等各类公共安全设施用地发展目标和防灾减灾措施。②确定防洪标准，确定防洪设施布局，划定防洪堤走向，提出防洪措施、原则。③确定重要生命线工程和重要设施的抗震设防标准，与广场、绿地和农田相结合划定防震疏散场地。④确定消防站的规模等级、位置或共建要求。⑤确定人防标准，确定人防设施布局，提出人防措施、原则。⑥明确地质灾害易发区的性质、范围、避让要求和减灾措施。

绿地与广场用地规划。①提出公共绿地、防护绿地和附属绿地等绿地与广场用地发展目标和规模。②结合自然环境特征、现状绿地特点和规划用地布局，构建绿色生态、融入自然的绿地系统，确定绿地广场布局。③提出海绵城市建设技术指引和开敞绿地运营方式指引，确保绿地建好、维护好（图S1-11）。

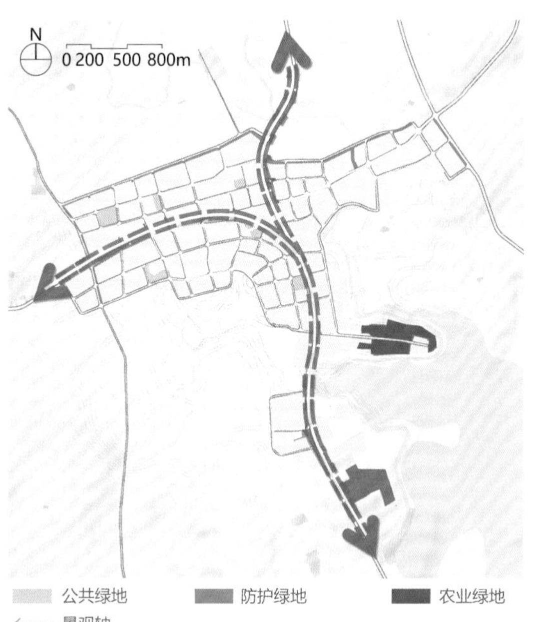

图S1-11 某镇绿地与广场布局示意图

文物古迹用地规划。①明确各级、各类历史文化街区、历史建筑、文物保护单位、古树名木等历史要素的保护目标、保护范围和保护要求。②保护范围包括传统格局与历史风貌保存较为完整、文物古迹与历史建筑集中的区域，应包含核心保护区和建设控制区，分别提出保护管控要求。

S1-5-2 城镇开发边界外

结合村庄发展类型，确定村庄的人口和用地规模，明确保留村庄的建设用地边界，以及撤并村庄的合并、安置方案和建设用地边界。衔接镇村体系，以需求为导向，明确镇村产业空间布局，引导产业发展适度聚集，产业用地节约集约、高效利用，有序安排农村宅基地、农村社区服务设施用地、农业设施建设用地，以及公共管理与公共服务、商业服务业、交通运输、公用设施、绿地与开敞空间等用地布局。

在不与生态保护红线和永久基本农田发生冲突的前提下，可在开发边界外预留不超过总建设用地5%的建设用地机动指标[4]，用于支持宅基地、农村公益性设施、一二产业融合产业项目等。

S1-6 ※ 资源要素保护利用

统筹山水林田湖草系统治理，分类梳理各资源要素现状情况，按照市、县规划及相关专项规划确定的保护目标，深化、细化各资源要素的管控边界、保护范围，提出规划要点和管控措施，形成互为依托、可持续发展的自然生态关系（表S1-3）。

各类资源要素保护利用指引表 表S1-3

资源要素类型	保护利用指引
水资源	合理开发和利用水资源，按照《中华人民共和国水法》等相关法律法规进行管理；严格落实保护饮用水水源、保障行洪泄洪安全等相关要求，禁止在饮用水水源保护区内设置排污口，禁止在江河、湖泊、水库、运河、渠道内弃置、堆放阻碍行洪的物体和种植阻碍行洪的林木及高秆作物，禁止在河道管理范围内建设妨碍行洪的建筑物、构筑物以及从事影响河势稳定、危害河岸堤防安全和其他妨碍河道行洪的活动；水资源开发利用应符合流域规划、水资源专项规划等相关规划；鼓励采取水资源保护措施，保护植被，植树种草，涵养水源，防治水土流失和水体污染，改善生态环境
湿地资源	严格落实湿地保护，严格控制占用湿地，按照《中华人民共和国湿地保护法》等相关法律法规进行管理；禁止开（围）垦、排干自然湿地，永久性截断自然湿地水源；禁止擅自填埋自然湿地，擅自采砂、采矿、取土；禁止排放不符合水污染物排放标准的工业废水、生活污水及其他污染湿地的废水、污水，倾倒、堆放、丢弃、遗撒固体废物；禁止过度放牧或者滥采野生植物，过度捕捞或者灭绝式捕捞，过度施肥、投药、投放饵料等污染湿地的种植养殖行为；禁止其他破坏湿地及其生态功能的行为；鼓励按照湿地保护规划，因地制宜采取水体治理、土地整治、植被恢复、动物保护等措施，加强湿地修复工作，恢复湿地面积，增强湿地生态功能和碳汇功能，提高湿地生态系统质量
森林资源	严格落实森林保护，按照《中华人民共和国森林保护法》等相关法律法规进行管理；禁止毁林开垦、采石、采砂、采土以及其他毁坏林木和林地的行为；禁止向林地排放重金属或者其他有毒有害物质含量超标的污水、污泥，以及可能造成林地污染的清淤底泥、尾矿、矿渣等；禁止在幼林地砍柴、毁苗、放牧；禁止擅自移动或者损坏森林保护标志。鼓励单位和个人通过植树造林、抚育管护、认建认养等方式参与造林绿化；鼓励科学规划、因地制宜，优化林种、树种结构等造林绿化活动，鼓励使用乡土树种和林木良种、营造混交林，提高造林绿化质量
耕地资源	严格落实耕地和永久基本农田保护，按照《中华人民共和国土地管理法》等相关法律法规进行管理；严格控制耕地转为非耕地，落实“占补平衡”和耕作层土壤剥离再利用；禁止占用耕地建窑、建坟或者擅自在耕地上建房、挖砂、采石、采矿、取土等；禁止占用永久基本农田发展林果业和挖塘养鱼；禁止任何单位和个人闲置、荒芜耕地；经依法划定后，任何单位和个人不得擅自占用或改变永久基本农田用途，国家重点建设项目确实难以避让的，其农用地转用或土地征收必须经国务院批准；鼓励因地制宜轮作休耕，改良土壤，提高地力，维护排灌工程设施，防止土地荒漠化、盐渍化、水土流失和土壤污染；鼓励按照相关规划，对田、水、路、林、村综合整治，提高耕地质量，增加有效耕地面积，改善农业生产条件和生态环境；鼓励改造中、低产田，整治闲散地和废弃地
矿产资源	矿产资源开发必须符合《中华人民共和国矿产资源法》等相关法律法规，符合矿产资源规划等相关规划要求，合理开发矿产资源，提高利用水平和经济效益；鼓励绿色矿山建设，鼓励开展矿山地质环境综合整治，改善矿山地质环境；鼓励开展矿区国土综合整治和生态修复等项目，提高矿产资源综合利用水平

来源：根据北京、浙江、河北、江西、湖南等省级行政区乡镇级国土空间规划编制导则整理

S1-6-1
水资源

严格落实水资源保护要求。根据市、县规划和相关专项规划成果，明确水资源保护与利用目标，落实饮用水水源地保护区范围、河道水位线、河湖蓝线，提升河湖水系的连通性和系统性，优化水生态格局，因地制宜细化具体管控要求。

提高水资源保障能力。落实镇村用水总量、用水效率的控制要求，合理安排农业灌溉水渠、输水渠道。落实蓄滞洪区、行洪通道位置等要求，提升镇域洪水灾害防治能力。

S1-6-2
湿地资源

严格落实湿地保护要求。根据市、县规划和相关专项规划成果，严格制定本镇域湿地保护目标，将湿地保护范围线落实到图斑地块，科学确定退化湿地范围和亟待修复湿地区域，合理布局湿地修复工程，明确工程规模、布局和时序，努力提升镇域湿地的治理能力。

S1-6-3
森林资源

落实森林资源保护要求。根据市、县规划和相关专项规划成果，落实镇域林地保有量和森林覆盖率传导，目标落实天然林、生态公益林等保护范围，构建生态防护林、景观生态林等林网体系，因地制宜提出本地树种引导、林相改造的具体要求。完善和细化林地用途管制，加强镇域林地利用监督和管理，提出严格执行森林采伐限额、有偿使用林地等措施要求。

S1-6-4
耕地资源

永久基本农田保护与利用。按照市、县国土空间规划和相关专项规划成果，落实永久基本农田保护任

务，梳理永久基本农田现状和调入、调出情况，优化镇域耕地空间布局，落实永久基本农田保护区和永久基本农田储备区边界，制定永久基本农田保护措施。

一般耕地保护与利用。按照市、县国土空间规划和相关专项规划成果，落实耕地保有量任务要求，明确耕地后备资源储备规模与布局，提出耕地质量提升的主要措施。

严格耕地占补平衡和进出平衡，落实耕地“先补后占”“占优补优”要求，实现具体项目用地报批及动态监测耕地保护两个“占补平衡”。

S1-6-5
矿产资源

落实市、县国土空间规划及相关专项规划确定的矿产资源重点开采区、集中开采区及禁止和限制勘察开采空间，明确重要矿产资源保护和开发的重点区域，因地制宜细化保护和控制措施。

S1-6-6
其他资源

按照市、县国土空间规划和相关专项规划成果，落实基本草原、海域生态保护红线等划定范围和管控要求，明确对牧草地、海域等其他各类生态要素的重点保护范围和主要保护策略，实施科学保护和合理管控。

S1-7 ※
国土综合整治修复

按照生态修复[5]及国土综合整治工作相关技术要求，落实市、县规划及相关专项规划关于国土整治和生态保护修复的目标要求，明确镇域国土整治和生态修复的目标任务、重点方向与重点区域，提出国土整治和生态修复的重大工程及项目。

对列入全域土地综合整治试点地区的乡镇，应衔接细化市、县规划及相关专项规划关于该镇域全域土地综合整治的相关内容，按照相关要求做好试点工作[6]（表S1-4）。

各类国土综合整治修复指引表　　表S1-4

整治修复类型		工程措施指引
国土综合整治	农用地综合整治	推进低效林草地、园地整理；开展农田基础设施建设；实施中低产田改造、现有耕地提质改造等；推进高标准农田建设；实施土壤污染防治行动等
	建设用地整治	开展农村宅基地整理；推进工矿废弃地及其他低效闲置用地整理和再开发；依法处置闲置土地，推进工业用地改造升级和集约利用；推进传统建筑保护和城乡特色风貌保护；推进城市环境综合治理、人居环境综合整治等
	宜耕后备资源开发	开展土地开发整理项目，严格核定新增耕地；规范管理新增耕地，推进地力培育，落实耕种管护等
生态保护修复	水生态修复	实施饮用水水源保护；开展以小流域为单元的综合整治；实施湿地恢复重大工程；综合防治农业面源污染和生产生活用水污染等
	森林草原修复	开展沙漠化治理和荒漠化综合整治工程，因地制宜实行生态移民、禁牧或围栏封育、封山育林等；开展小流域综合治理等
	矿山生态修复	开展矿山地质环境恢复和综合治理；推进遗留矿山综合整治；推进工矿废弃地复垦利用，实施矿山废污水和固体废弃物污染治理；全面推进绿色矿山建设，实施矿山生态修复工程
	重要生态系统保护修复	开展生态系统修复专项工程，实施山水林田湖草生态系统修复工程等
	乡村生态修复与历史文化保护	开展农村人居环境综合整治；推进乡村历史文化保护

来源：根据北京、浙江、河北、江西、湖南等省级行政区乡镇级国土空间规划编制导则整理

S1-7-1
国土综合整治

落实市、县规划及相关专项规划的要求，明确镇域农用地综合整治、建设用地整治、宜耕后备土地资源开发等重点任务和目标、区域、重大工程和项目，

确定综合整治措施和时序，并对近期整治项目进行空间落位。

农用地综合整治

根据市、县规划及相关成果，以增加镇域有效耕地面积、提升耕地质量、改善耕地生态为目标，重点落实和推进高标准农田建设、耕地提质改造、低效林草地和园地整理、农田基础设施建设等工程项目，确定工程项目的范围、规模、位置、内容、资金预算、措施等具体安排。

建设用地整治

结合存量建设用地摸底等相关工作成果，合理安排镇域内散乱、废弃、闲置及低效利用的建设用地有序腾退或更新利用，提高建设用地节约集约利用水平，支持农村新产业、新业态融合发展用地，落实市、县规划及相关专项规划要求，合理布局农村宅基地整理、工矿废弃地整理、城镇低效用地以及其他闲置低效建设用地整理等项目，说明项目的规模、范围、建设内容和资金预算等具体安排。

宜耕后备资源开发

结合耕地后备资源潜力评价等相关成果，以不破坏镇村生态、谨慎开发为前提，严格落实镇域耕地后备资源开发的用途，因地制宜地细化和优化开发措施，科学合理安排镇域耕地后备资源开发范围、规模和时序。

S1-7-2 生态保护修复

落实市、县规划及相关专项规划要求，明确镇域生态保护与修复的目标、任务、区域和主要内容，因地制宜提出具体对策和措施，落实生态保护与修复重大工程和重点项目的范围与时序安排。

水生态修复

根据市、县规划和相关专项规划，明确镇域水域湿地修复目标和任务，落实河流水系和流域治理、湿地整治修复等重点工程，加强地下水超采区综合治理，提出镇域水环境质量提升目标，因地制宜提出饮用水水源保护、河湖岸线修复、流域治理、河网水系连通、库湖调蓄、农田水利建设等重点项目指引。

森林草原修复

落实市、县规划及相关成果中的风沙源治理、防护林、国土绿化等重点防护造林工程，针对性地布局水土流失治理、土地沙化防治项目，提出通道绿化、农田林网建设、流域水土保持生态治理，以及水系堤坝、河渠湖库周边绿化等项目指引。

矿山生态修复

以镇域内矿区的重要生态区、居民生活区、采空塌陷区、废弃遗留矿山治理为重点，明确矿产资源综合整治的空间布局、类型和规模，提出工矿废弃地调整利用方向，明确工矿企业改造升级、绿色矿山建设的目标与措施，推进绿色低碳矿山建设，及时开展复垦和复绿，提高地质灾害风险防范能力。

重要生态系统保护修复

结合自然保护地体系、“双评价”成果，针对重要生态系统开展生态修复和综合整治，优先对镇域内破碎化比较严重、生态功能逐步退化或已经退化的生态系统开展保护修复工程，有针对性、因地制宜布局封山育林、退耕还林、退耕还草、退耕还湖、退耕还湿、山体修复等项目。

乡村生态修复与历史文化保护

考虑全域土地综合整治试点工作的推进，因地制宜开展乡村生态保护修复、乡村历史文化保护工作。

乡村生态保护修复。落实市、县规划及相关成果，优化乡村生态用地布局和生态空间格局安排，恢复乡村生态系统的完整性和系统性，提升其生态功能，维护生物多样性，提高乡村生态系统防御自然灾害能力，明确乡村范围内山水林田湖草系统治理、生态保护红线、生态网络建设等内容的范围、规模、工程协同、布置设计、综合措施及资金估算等安排。

乡村历史文化保护。开展村庄基础设施完善工作，充分挖掘乡村自然资源、历史文化、风俗民情等，推进乡村自然景观和农村风貌保持、历史文化景观整体保护、特色村庄（民居）等保护和传承工程项目，明确乡村范围内各类工程项目的布局和设计、措施安排等内容，延续特色乡土文化，传承与发展农耕文化，保护乡村历史文脉。

S2
集建空间

S2-1 ※
整体布局紧凑集约

根据所处的地理环境，确保选址安全稳固，有效避让灾害影响；充分挖潜存量用地，避免盲目扩张。因地制宜规划空间结构形态，尽可能展现具有地域特色的自然环境。

S2-1-1
选址安全稳固

小城镇建设要统筹发展与安全，明确底线要求。新建建筑应选择在安全适宜的地段进行建设，避开受河洪、海潮、山洪、泥石流、滑坡、风灾、地震等灾害影响，属于规划勘察的不适宜工程建设地区，避开有开采价值的地下资源和地下采空区以及文物埋藏区，并做好防灾安全论证。

S2-1-2
布局因地制宜

小城镇结构应尊重自然，充分结合地形地貌、山川河湖、历史人文景观等特征，尽量实现集中布局，提高土地使用效率，避免盲目扩张、资源浪费。在地理特征复杂的情况下，受用地条件限制，可以根据生态、空间等特征划分单元，采取相对分散布局，每个单元内尽量集中布局（图S2-1～图S2-4）。

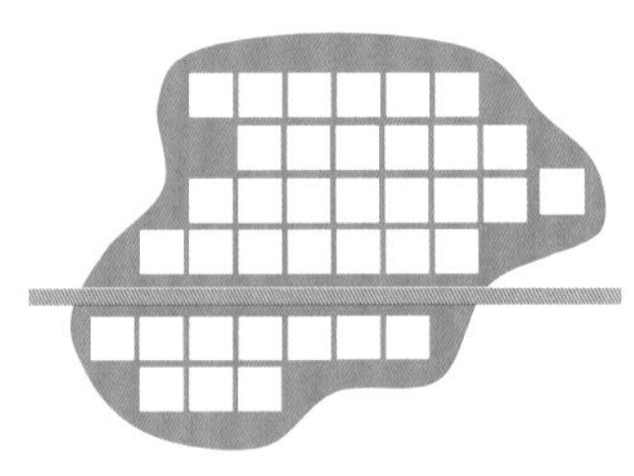

图S2-1 集中布局结构示意图

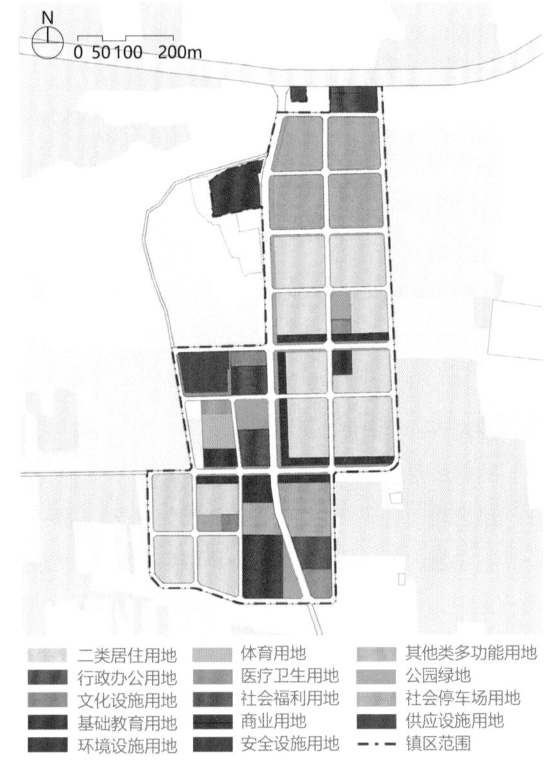

图S2-2 集中布局小城镇用地规划图

图S2-3 分散布局结构示意图

N
0 250 500 1000m
二类居住用地
中小学用地
行政办公用地
文化设施用地
体育用地
医疗卫生用地
广场用地
防护用地
商业用地
市场
商务用地
娱乐康体用地
加油站
一类工业用地
生态绿地
水域
二类工业用地
物流仓储用地
交通枢纽用地
长途客运站
停车场
公园绿地
城市道路
规划范围

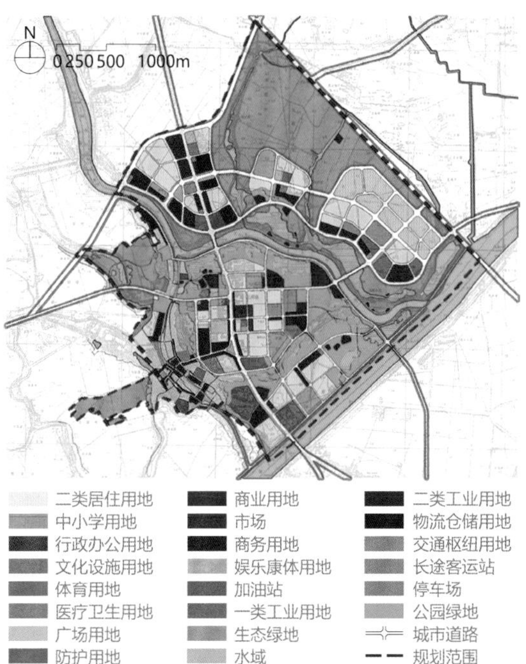

图S2-4 分散布局小城镇用地规划图

S2-1-3

形态依形就势

按照地形条件，可分为水网地区、山地丘陵地区和平原地区小城镇。

水网地区小城镇应顺应原有水体形态进行布局，营造多样化的滨水公共空间。具有特征明显、界限清晰水岸线的小城镇，可采取滨水线性布局，主要道路及建筑布局走向宜沿岸展开、错落有致，避免城镇建设强行对水系裁弯取直。河流众多、湖荡密布的小城镇，可采取沿水网组团状布局，建设傍水抱团，水网内外连通，注重打造滨水界面，避免盲目填河围湖（图S2-5、图S2-6）。

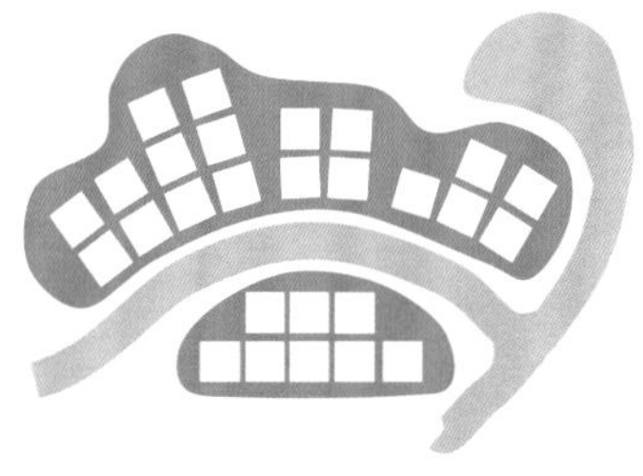

图S2-5 水网地区布局示意图

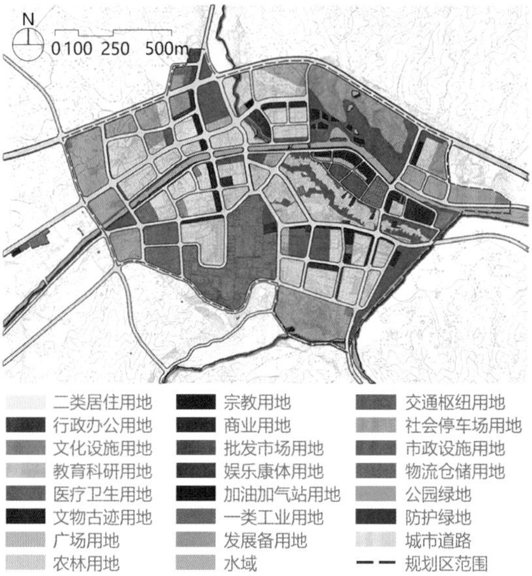

N
0 100 250 500m
二类居住用地
行政办公用地
文化设施用地
教育科研用地
医疗卫生用地
文物古迹用地
广场用地
农林用地
宗教用地
商业用地
批发市场用地
娱乐康体用地
加油加气站用地
一类工业用地
发展备用地
水域
交通枢纽用地
社会停车场用地
市政设施用地
物流仓储用地
公园绿地
防护绿地
城市道路
规划区范围

图S2-6 水网地区小城镇用地规划图

山地丘陵地区小城镇应顺应地形地貌，营造景观丰富的城镇空间。坡度适宜、采光良好的山区小城镇，可采取依山错落状布局，建筑、路网与人行步道顺应山体等高线建设，绿化廊道、公园广场可垂直于等高线建设，形成城镇与自然环境分层错落、交相掩映、立体丰富的景观，避免盲目削山平地，减少工程成本。位于蜿蜒起伏的山谷或河谷平原地带、地形狭长纵深的小城镇，可采取指状延展型布局，整体布局顺应山谷走向，在山谷平坦地带展开建设，利用“借景”手法，充分利用城镇外围的远山、城镇近处的山头、城镇周边的至高景观点等，构建视线通廊，使山色与城景互为感知，达到城景共生的景观效果。山峦之中的小城镇，可采取群山环抱状布局，选择地势相对平坦的地区紧凑布局、集中建设，注重对周边山体环境的保护和利用，构建景观视线通廊，在山势变化起伏较大的区域可以在一定限度内将起伏的基地改为阶梯状的平整场地进行建设，不宜进行深开挖、高切坡、高填方等，以降低场地平整的工程量和工程地质灾害风险（图S2-7、图S2-8）。

图S2-7 山地丘陵地区布局示意图

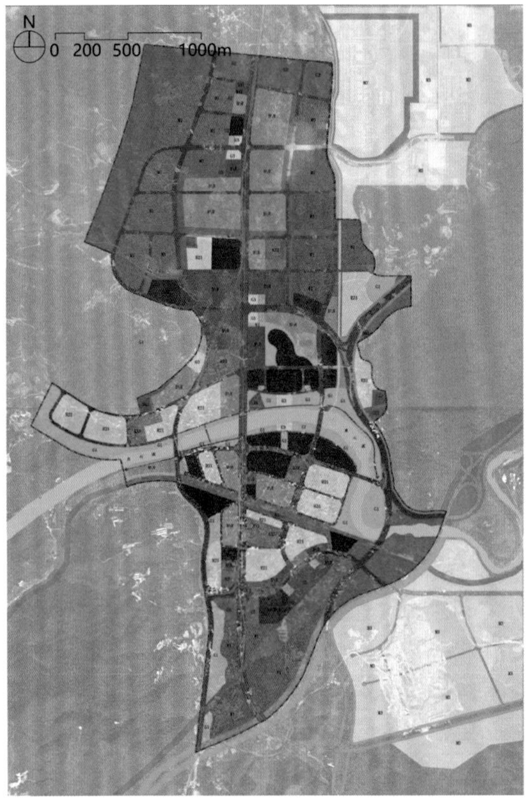

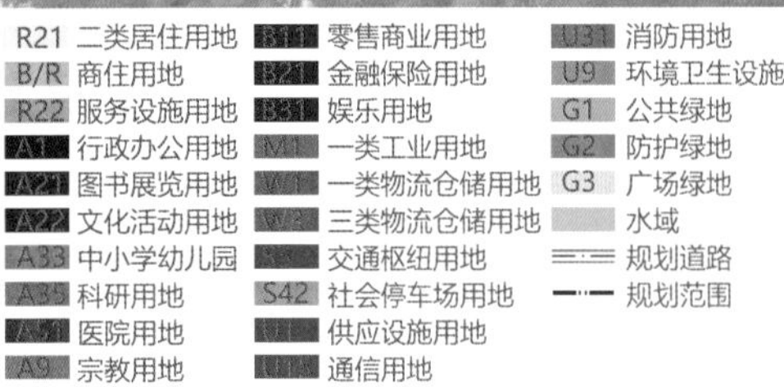

图S2-8 山地丘陵地区小城镇规划图

平原地区小城镇建设中的制约因素较少，宜采取相对集中的布局方式，避免零散布局、浪费土地。积极保护和利用城镇内部的水系、池塘、树林等自然资源，建设开敞空间；利用防风林带和生态廊道等，将外围广袤的农田、菜地等自然环境引入城镇内部，城镇内外生态景观资源贯穿连通，构筑平原城镇的特色景观风貌（图S2-9、图S2-10）。

图S2-9 平原地区布局示意图

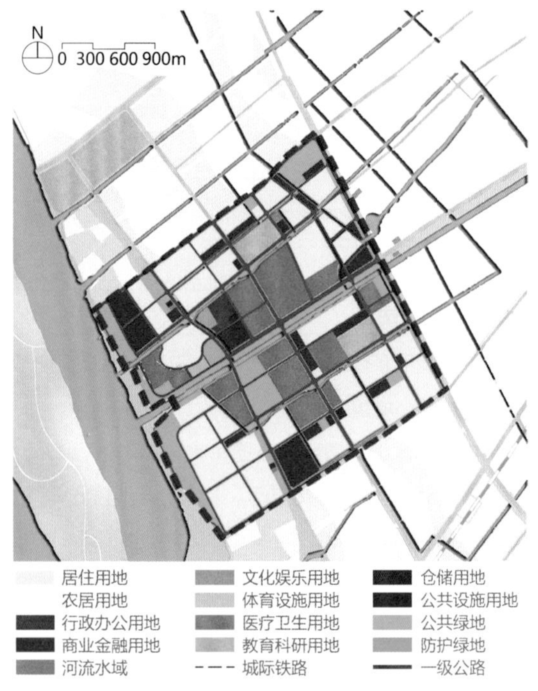

图S2-10 平原地区小城镇用地规划图

S2-1-4
存量挖潜增效

小城镇建设可利用的土地有限，要注重挖潜存量、盘活低效城乡建设用地。

开展基础调查，对建设用地中布局散乱、利用粗放、用途不合理、建筑危旧的城镇存量建设用地，以及利用效率低下的集体资产和资源，进行钉桩、登记、上报、入库。

制定实施计划，明确低效用地改造利用的目标任务、性质用途和规模布局。对于国家产业政策不支持的、准备实施“退二进三”的或“低、散、乱”企业和作坊，应通过“僵尸企业”清零、低效厂房改造、小微企业进园、能耗限额对标、依法关停收回等方式，腾退、改造、提升低效用地，拓宽发展新空间。对城镇批而未供、供而未用土地，应摸清内在原因和外在条件，加快推进土地使用，没有使用条件的土地按照有关规定回收指标。对镇区集体建设用地上闲置、低效或老旧的住房、厂房、公共建筑，应结合农村土地征收、集体经营性建设用地入市、宅基地制度改革等“三块地”改革工作，探索资产置换、货币补偿、确权入市等方式，进行环境整治、更新改造、产业发展等综合利用。

对于腾退的建设用地，应适当还绿增绿，进行生态景观提升，或纳入土地储备。

S2-2

居住街坊开放宜居

小城镇的居住空间与大城市的居住区、居住小区不同，更多地保留了传统的街坊形式，是居民生活、交流的主要空间单元。与大城市倡导的集约高效、高密度不同，小城镇人口规模小，设施供应灵活，自身运转效率较高，更应提升居住品质和便捷程度，增强居民归属感，服务本地人口。

S2-2-1

街坊开放亲和

考虑小城镇居民生活方式及生活偏好，以及小城镇中的地缘、血缘关系，住宅小区不宜设置封闭围墙，应实现破墙透绿、设施共享，营造开放包容的居住空间环境，增强小城镇的活力和亲切感。街坊内部以巷路相连，注重公共交往空间打造，促进传统邻里关系延续（图S2-11）。

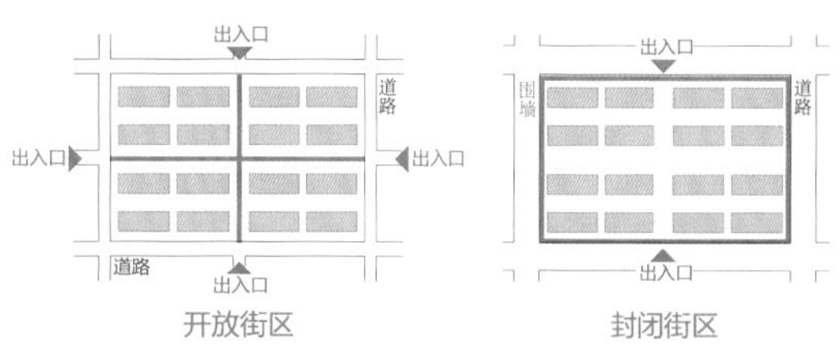

图S2-11　开放式住区示意图

S2-2-2

街坊尺度宜小

住宅小区应以小尺度为宜，以100～150m的道路网间距进行划分[7]，延续小城镇原有的邻里关系，避免采用城市“居住小区”规划模式和城市道路宽度（图S2-12）。

图S2-12　某镇道路网密度示例图

S2-2-3

强度、高度适度

结合小城镇发展规律和宜居需求，适当提高人均居住用地面积，生活服务型小城镇可在占居住用地的28%～43%、人均居住建筑面积28～52m^{2}的基础上[8]适当取高值。控制开发强度，避免过高的建筑密度和容积率。

新建住宅应以自建的低层独立住宅为主，以统建的多层集中住区为辅。城镇开发边界内不宜新批宅基地，以农业生产生活为主、在已批宅基地上改扩建的自建房高度不宜超过3层[9]；新建住宅建筑高度一般不宜超过20m[10]，避免建设高层住宅。

S2-3 ※

商业设施功能完善

商业服务是小城镇的主要功能之一，与居民生活密切相关，便捷、有序、丰富的商业设施能有效减少居民长距离出行，有利于绿色低碳生活。其布局既要考虑服务本镇居民和周边农村地区的传统商业，又要考虑满足外来人口需求的特色商业。

S2-3-1 布局灵活多样

小城镇商业设施的规模和布局应根据城镇性质、区位、规模、空间形态等合理确定，并处理好商业与道路交通以及居住环境的关系。控制商业建筑体量，单体建筑面宽不宜超过40m[11]，建筑规模应与环境相协调、与消防救援能力相匹配，避免建设与整体环境不协调的高层或大体量建筑，严禁建筑求洋、求怪。

旅游服务型小城镇应考虑自身的自然生态和环境资源承载能力，适度控制规模和布局形式，防止过度开发。布局应以商业街为主，结合生活性道路布局，紧邻生活空间，可采取线形、十字形、鱼骨形分布，避免干扰对外交通（图S2-13～图S2-15）。

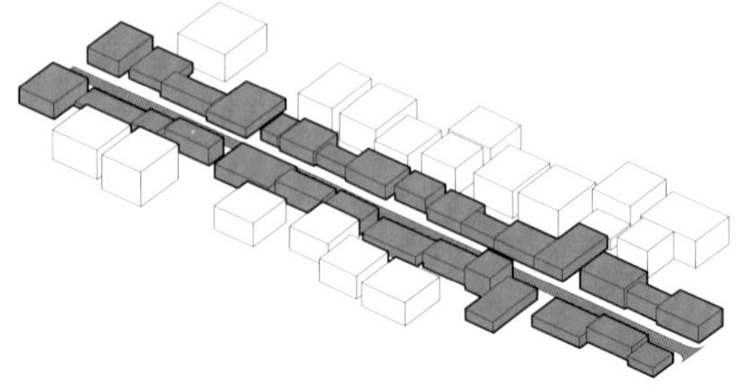

图S2-13 线性商业布局示意图

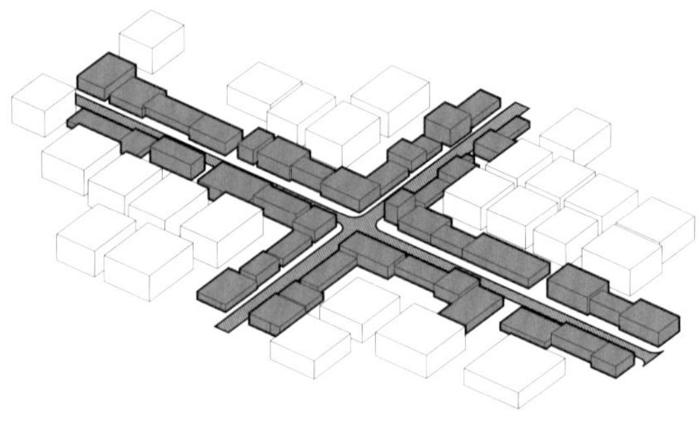

图S2-14 十字形商业布局示意图

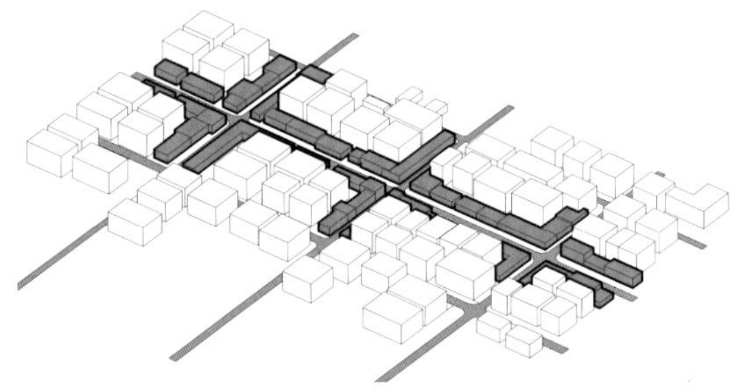

图S2-15 鱼骨形商业布局示意图

农业服务型小城镇布局应以集贸市场为主，选址贴近生活区，内外交通顺畅安全，对定期集市和经营秩序进行规范化管理。

商贸服务型小城镇布局应以区域商贸中心为主，结合对外交通性道路布局，与生活区域保持一定距离，减少对居民日常生活的干扰。

鼓励有条件的镇按照层级健全、布局灵活的原则，构建镇区居民生活圈，建设集商业服务、文化宣传、参观接待等功能于一体的商业中心。街坊内部根据需要分散布置少量商业设施，避免人流过于密集造成的拥堵、效率低下。鼓励商业设施与文体设施功能混合布局，与街头巷尾开敞空间结合布置。

S2-3-2 传统商业规范有序

小城镇传统商业街的店前空间承担着购物者步行休闲、行人疏散、街景风貌展示等功能，店前空间被侵占，对购物者的安全、舒适造成不良影响。应加强店前空间管理，规范店前空间使用，禁止利用店前空间占道经营。临时集市或确实缺少经营场地的商铺，应划定临时经营场地，在规定的区域和时段开展经营活动，经营期间保证安全、有序和整洁，控制噪声，经营结束后及时恢复原状。集贸市场、零售门市、车辆清洗或维修、废品收购等散乱经营空间周边应保持周围环境整洁，不应有污水外流或向外洒落废弃物现象。在居住区集中的区域，底商经营应避免对居住环境造成影响，不应有产生噪声污染、空气污染、水污染的商业类别。

S2-3-3
特色商业传承创新

小城镇的商业设施应兼具传承地域文化与传统生活方式的功能。特色商业业态应与娱乐休闲、特色体验、旅游等活动相结合，鼓励发展传统手工作坊，销售特色农产品、特色商品，形成独具地域特色的业态形式。商业空间应在场地设置、立面形式、店招牌匾等设计中体现地域文化特色。

S2-4
街巷空间舒适优美

街巷空间是小城镇的基础空间，是机动车、非机动车等通过性交通的重要载体，也是居民散步、遛弯等休闲活动的重要空间。街巷空间除了提升道路通达能力，还应注重舒适优美的空间塑造，为居民提供良好的慢行空间，降低机动车的出行比例。

S2-4-1
环境秩序整洁

保持地面清洁，做好街道、背街小巷等重点区域的保洁，及时清理地面垃圾和杂物，保持良好环境。整治违法搭建、规范经营秩序和交通秩序，减少街道空间占用，优化街道环境。

S2-4-2
空间舒适放松

小城镇应形成空间封闭性较好、空间界定感较强的街道空间。街巷应有适宜高宽比，两侧建筑要合理退线，可以给人以安全、舒适、放松的心理感受，避免盲目追求宽度造成空旷疏离的生活感受。保持和修复传统街区的街巷空间，新建生活型道路的高宽比宜为1：1～2：1。结合人流分布，可以利用建筑退后道路红线的退界空间设置小广场、休闲长廊、茶座等供居民使用，创造游憩、交往空间（图S2-16）。

街道风貌应重点加强对建筑的控制。在建筑立面方面，同一区域内的街道立面应和谐统一，做到形式和色彩恰当、体量和高度适宜、新老建筑过渡自然，选用本土材料；建筑的层高、材质、立面各部分的比例划分、开窗方式、细节装饰宜尽量统一，以形成秩序美；店铺牌匾的色彩、大小、悬挂方式应协调，并应与街巷空间整体风格统一、布置有序。在建筑屋顶方面，风格统一协调的第五立面有利于塑造连续的街巷空间，小城镇由于规模较小，更容易实现屋顶形式的整体控制，形成风格统一的第五立面，达到整体协调的视觉效果。

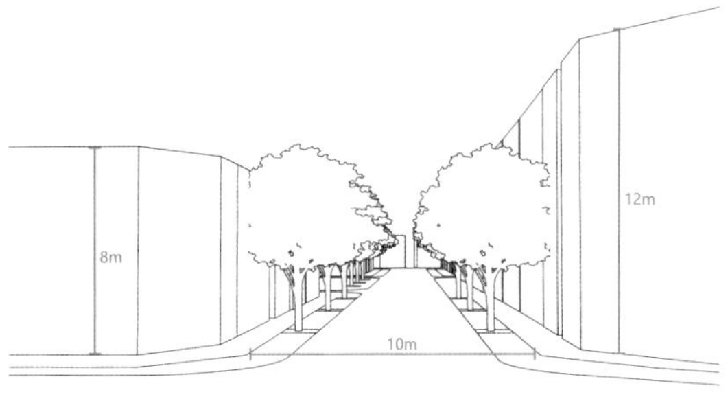

图S2-16　尺度宜人的街道示例图

S2-4-3
环境设施实用美观

道路两侧应注重绿化和树种选择，利用道路两侧高大、优美的行道树遮阴避暑、优化街道环境，并与建筑一起构成宜人的街道空间，提升行人体验，丰富街道景观。

在重点地段适当增设街道小品、街道家具、花卉盆栽、休闲座椅等提升环境品质，景观小品设计要考虑功能性满足不同人群的需求，体现人文关怀（图S2-17）。

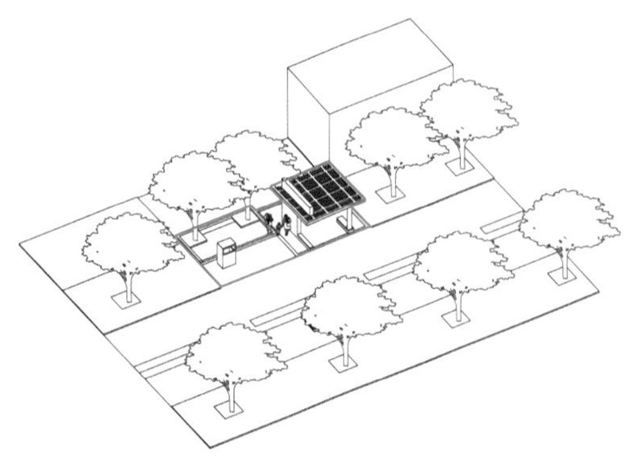

图S2-17 建筑退界设置休憩空间

S2-5 ※

绿地广场生态乡土

小城镇的开敞空间包括绿地、公园、广场等多种类型，是小城镇自然环境的重要组成部分，也是邻里、亲朋在室外重要的交流、聚会场所应根据外围山水林田湖草特征，统筹布局镇区的公园绿地、防护绿地、道路绿化和广场，构筑城乡一体的绿地系统，提升碳汇能力，加强空间的交往功能环境（图S2-18）。

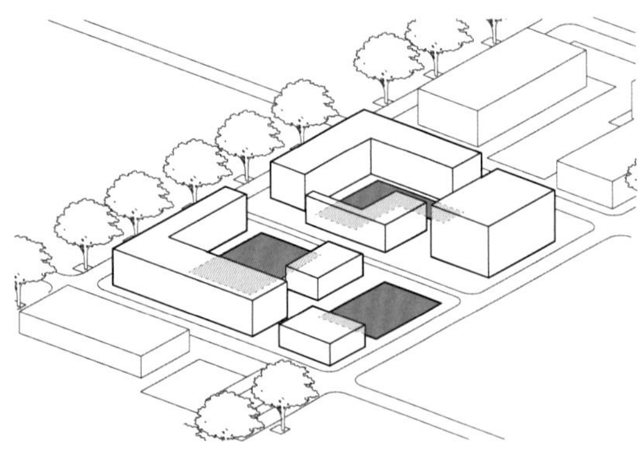

图S2-18 绿地分散式布局示意图

S2-5-1

开敞空间亲绿亲水

小城镇应严格管控基本农田、自然保护区、风景名胜区等重要生态功能区及环境敏感区域的建设活动，充分保护与利用水、林、田、路等大地景观资源，延续生态肌理，依托道路、河流、绿道等开敞廊道，将景观资源引入镇区，达到显山露水的景观效果，创造

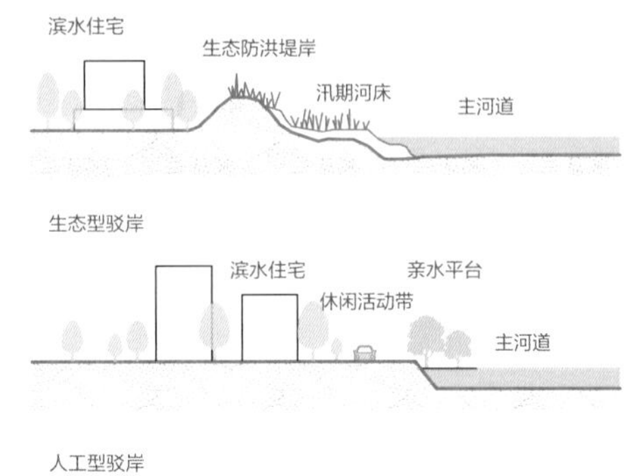

图S2-19 滨水空间差异化引导示意图

疏朗通透、富有乡土特色的田园聚落（图S2-19）。

对镇区生态环境质量、居民休闲生活、景观和生物多样性保护有影响的邻近地域，包括水源保护区、自然保护区、风景名胜区、文物保护区、观光农业区等应统筹进行环境绿化规划。公共绿地应通过留白增绿、见缝插绿、立体绿化等手段增加绿量。各类用地中的附属绿地宜结合地块的建筑、道路和其他设施布置要求，提高可视性、可知性、可适性。广场绿化应与广场功能相协调，以植物造景为主，丰富广场景观。滨水空间应打开现状封闭的水系界面，增加两侧用地与滨水界面的开放互动，并对城镇河道、郊野河道等滨水空间实施分类控制和引导。

S2-5-2

设计彰显本土特色

公共空间的设计应注意地方传统的传承，通过吸收当地艺术符号，运用当地材料和制作工艺，体现区域环境的历史文化和时代特色。尤其应注重入口空间、开敞空间的风貌塑造。

入口空间应具有地域标识性，设计应充分挖掘当地具有代表性的历史和景观元素，并提炼成可以运用到现代景观设计中的标识性形象符号。

镇区中心、广场、重要公共建筑入口等开敞空间设计应遵循自然、朴素、灵活的设计原则，利用水、塘、树、桥、井、塔、庙阁、传统民居等自然和人文资源，注入文化内涵，建设体现乡土特色的标志性景观节点。

S2-5-3
建设技术生态乡土

推广应用乡土适生植物，结合绿地功能选择适应性强、成活率高、造价低、投入低且特色鲜明的树木、花草品种，形成区域绿化效果。植物配置应注重乔灌草合理搭配，营造多样化和富有地域特色的生态景观，降低种植与维护成本。并应根据其根系、高度、生长特点等，确定与建筑物、工程设施以及地面上下管线间的栽植距离。

在路面铺装、环境设施等的设计和建造上尽量就地取材，彰显地域特色。道路广场的铺装材料应充分选用当地建筑材料，如鹅卵石、青石板等。海岸环境宜遵循低冲击开发的设计理念，减少硬质铺装面积，选用透水材料，灵活设置集水绿地、蓄水池、生态草沟等低影响开发设施；鼓励采用生态驳岸打造河岸系统，避免完全渠化的工程驳岸（图S2-20）。

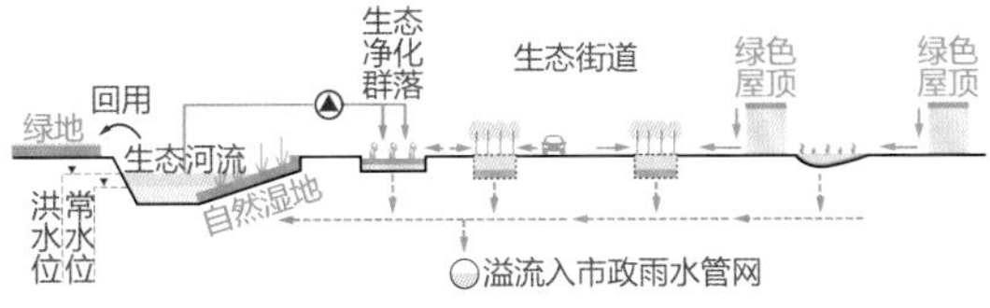

图S2-20　海绵化设计示意图

S2-6
产业用地集约高效

产业转型也是小城镇绿色发展的重点任务之一。原有低、散、小的落后产业类型导致生产效率低下、能源消耗量大、污染排放管理困难。应加强低效产业用地更新换代，逐步引导产业集中布局，提倡园区建设紧凑美观，通过空间效率提升倒逼筛选、淘汰一批落后产业，推动产业升级。

S2-6-1
充分利用存量土地

建立集体经营性建设用地低效盘活机制，优先腾退违法建设、违规经营、建筑或设施闲置低效利用的地块，清理整治存在期限过长或过期、约定用途与实际用途不符、订立程序不规范、租赁费拖欠等问题的地块，探索农村集体经营性建设用地入市改革。建立国有低效建设用地指标转移和有偿退出机制。

S2-6-2
逐步推进集中布局

积极引导企业向工业园区整合集聚，集中布置同类型的工业和仓储用地，邻近布置协作密切的生产项目，分隔布置相互干扰的生产项目。开展零散产业用地环境整治，整理工居混杂布局、沿交通线零散布局、镇域内零散分布等对生活、交通、环境造成影响的小型工业企业，制定相应的搬迁时序安排及搬迁政策。

S2-6-3
适当提高使用强度

提高园区土地开发建设强度，设定容积率、建筑密度下限。控制园区内部绿化景观用地比例，控制绿地率上限，鼓励企业在园区外共享公共绿地。控制园区内部道路宽度，园区道路以满足生产运输功能为主，断面形式宜为一块板。避免将工业园区作为小城镇现代化标志进行打造，从而造成土地和资金的浪费（图S2-21）。

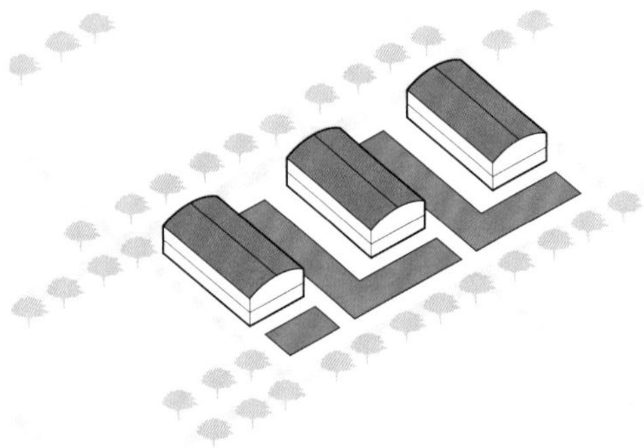

图S2-21　园区土地集约利用示意图

S3
支撑体系

立足全域绿色发展，补齐基础设施的薄弱环节，加快构建覆盖镇村、功能完备、支撑有力的设施体系，持续筑牢高质量发展的基石。乡镇支撑体系规划应做好与专项规划的衔接，确定综合交通体系，完善公共服务设施体系，优化绿色市政基础设施体系，健全安全韧性设施体系，明确设施的建设目标、规模布局、配置标准和建设要求。

S3-1
构建综合交通体系

交通体系包括公路、城乡公交、慢行和绿道系统、旅游交通、停车等内容。

综合交通体系规划应明确镇域交通的发展方向与规划目标，提出交通设施规划的策略和实施路径。落实市、县规划确定的重要区域交通设施，加强对外交通设施与乡镇域道路系统的衔接协调。梳理、分析现状交通情况，强化镇区内部、镇区与村庄、村庄与村庄之间的连接，配置相应的交通线路和交通场站设施。有旅游发展潜力的乡镇，结合旅游线路设置旅游交通引导标识、步游道、驿站、公共停车场、观景平台等配套设施。有需要的乡镇应开展交通需求量预测，开展镇域内各项交通设施、镇区内交通设施和公交服务的现状与规划方案评估（图S3-1）。

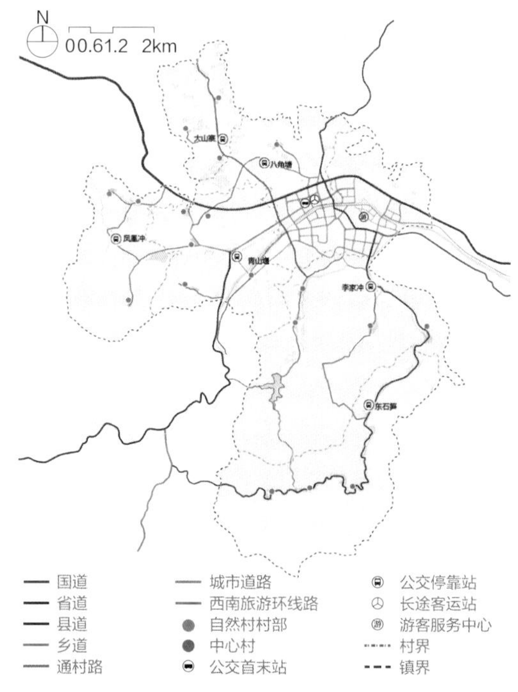

图S3-1　某镇镇域综合交通规划图

S3-1-1
公路

根据用地布局、交通的流向和流量，确定镇域内部的公路系统布局。处理好域内公路与高速公路、国省道、县乡道等区域交通的交叉、衔接、穿越关系，有条件的乡镇对穿越镇区的区域交通进行分离、改线，建立快速通达、互不干扰的对外交通网络。处理好镇区道路与村庄道路之间的通达关系，依托主要连接干线，打通镇区和村庄之间、村庄和村庄之间的连接支线。明确路网密度、道路选线、红线宽度、断面形式、附属设施布局等要求，并明确与道路两侧村庄、农田、林地、河湖、重大基础设施等之间的防护距离。通村路尽量设置双车道，只能设置单车道地区要按标准设置错车道，构建主次分明、行驶畅通的镇域交通网络。

构建“路窄网密”的镇区道路系统，建立主、次、支路和慢行交通结构，确定路网密度、道路选线、红线宽度、断面形式等。规划覆盖镇区、连续安全的慢行交通，鼓励在主干路、次干路断面加入连续安全的非机动车道。落实加油加气站、货运站场等交通设施的规模和位置。

主干路不宜过宽。道路断面设计应突出实用性，在满足交通通行需求的前提下，鼓励灵活设置断面。支路和巷路应适当加密。通过打开大型封闭式街区、建设桥涵等手段控制街区尺度。从而提高道路通行能力、减少机动车出行、提高步行出行比例，满足小城镇居民日常生活中频繁交往的需求。建议小城镇的道路网密度不宜低于12km/km^2（图S3-2）。

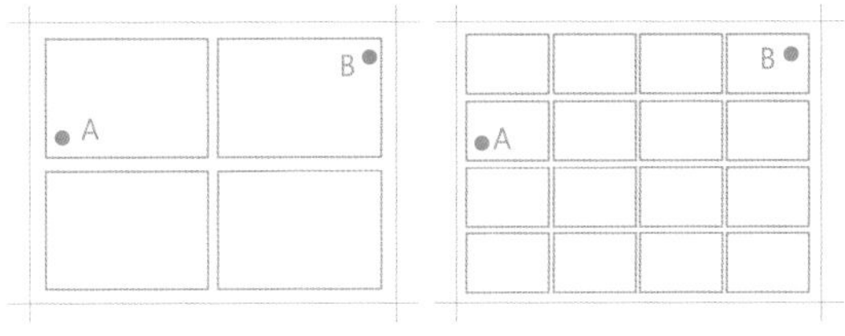

图S3-2　加密路网示意图

S3-1-2

城乡公交

明确乡镇域范围内公交线路、公交场站的位置和用地规模。在全域公交出行量测算的基础上，采取“主干线路+定制线路”的方式灵活布局公交线路，在交通需求量大的镇区、中心村、旅游景区等适当增设站点。鼓励配置载客量适宜、续航能力强、运行成本低的新能源公交车。提升公交信息化水平，拓展线路车辆实时查询、扫码支付等功能。鼓励发展灵活多样的共享交通，引入共享单车、共享电动车，规范停放管理，加强运营监督。

S3-1-3

慢行和绿道系统

建设覆盖城区、连续安全的人行道，鼓励在主干路、次干路建设连续安全的非机动车道；合理设置斑马线、礼让行人标志、无障碍设施等，采取物理隔离、标识、颜色等与机动车道分离（图S3-3）。

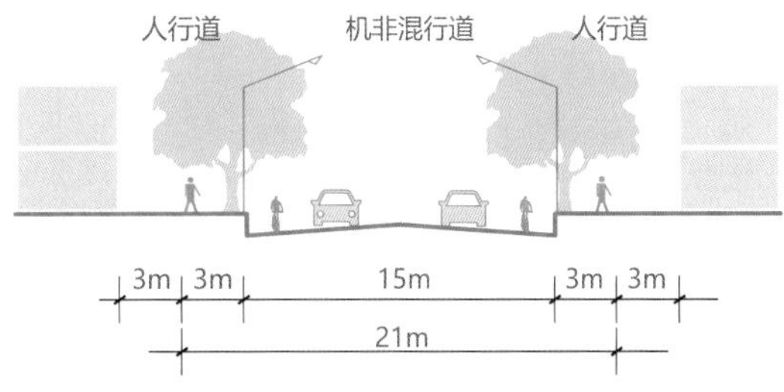

图S3-3　结合慢行系统的道路断面形式示意图

鼓励自然要素丰富的乡镇，结合绿地系统建设绿道系统。绿道网规划应充分依托现状线性生态廊道或生态要素边缘，尽量串联重要的自然景观、文化资源、公园绿地和商业、旅游等集聚人气的设施节点，确定绿道选线、红线宽度、断面形式等。有条件的地区绿道应环网相通，提高连通度。发挥绿色廊道的休闲建设、绿色出行、生态环保、文化交往和旅游经济等功能。

S3-1-4

旅游交通

有旅游发展需求的乡镇，应编制旅游交通规划，构建快进慢游的旅游交通体系。分析预测旅游交通主要方向和流量，在规划路网的基础上，确定串联重要节点、往返成环的旅游道路的选线和断面形式。考虑跟团游、自驾游、徒步游等多种出行方式，提出停车、新能源充电、旅游公交线路场站，以及接驳交通、自驾营地、徒步和骑行线路、户外补给站等解决方案（图S3-4）。

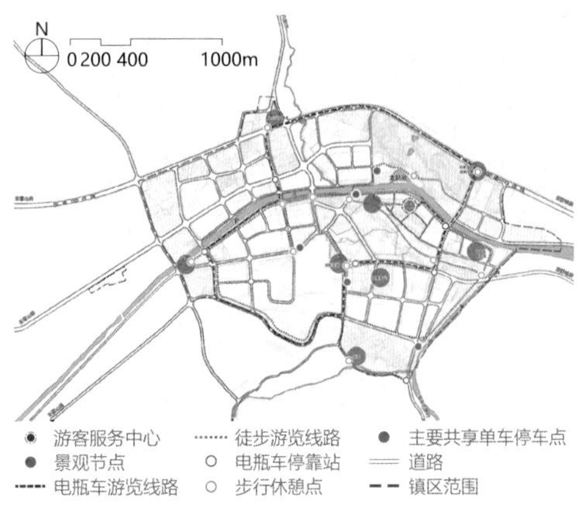

图S3-4 某镇镇区游览交通规划图

S3-1-5 停车系统

分析乡镇机动车保有量，科学制定停车策略，提出集中停车场和路侧停车的车位指标需求，明确集中停车场的用地规模和位置。集贸市场、公园广场、旅游景点等人流密集点应设置集中停车场，鼓励建设生态停车场。优化道路断面设计，利用道路上的绿化空间灵活布局机动车、非机动车的临时停靠区、固定停车带，在改善绿化环境的同时提高停车效率，规范街道空间。鼓励学校、事业单位等分时段、分区域向社会开放停车设施。结合节日活动、春节返乡、旅游等高峰停车需求，提出弹性停车方案（图S3-5）。有旅游业发展需求的乡镇应统筹考虑日常交通和旅游交通的停车。有大中型商贸物流配送车辆或有过境交通停车需求的乡镇，应配置充足的大中型货车停车场，避免对公路的干扰。

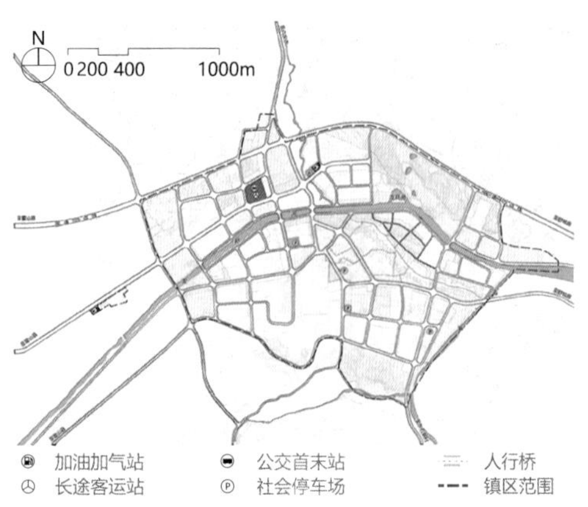

图S3-5 某镇镇区停车及公交场站规划图

S3-2 完善公服设施体系 ※

公共服务设施体系包括基础教育设施、医疗卫生设施、文化设施、体育设施，以及养老、殡葬等社会福利设施等重要内容。公共服务设施体系规划应明确镇域公共服务设施的发展方向与规划目标，提出公共服务设施的规划策略和实施路径，发挥镇区在乡镇公共服务设施体系中的支撑作用，强化镇域服务功能（表S3-1、图S3-6）。

公共服务设施体系规划指引表　　表S3-1

重点设施类型	规划指引
教育设施	保障义务教育的基础上，按照人口规模结合服务半径确定幼儿园、小学、九年一贯制、十二年一贯制、完全中学、独立高中、职业中学等各学段需求，合理布局教育设施、设置学校类型，确保基础教育设施供给总量
医疗设施	根据人口规模、年龄结构等特征和需求，结合服务半径合理布局乡镇卫生院、妇幼保健站、中医站和农村基层卫生机构
文体设施	根据居民文体娱乐习惯，结合服务半径合理布局乡镇综合文化站、乡镇体育场站、村文化室、村室外运动场地等文体设施，提供均衡发展、形式多样、便民利民的文体服务
养老设施	坚持老、残、儿一体化原则合理布局乡镇养老院、农村养老驿站等养老设施

来源：基于《镇规划标准》（GB 50188—2007），以及实践经验进行归纳整理

应落实市、县规划确定的区域公共服务设施，梳理、分析现状公共服务设施情况，结合地方经济社会发展水平、居民点规模与分布变化、人口流动和乡村人口结构变化，以及交通条件改善判断设施需求。按照“中心镇、一般乡镇、中心村、基层村”的层级，遵循“保障底线、关注变化，兼顾数量、规模与效率”的原则，结合公共服务设施辐射半径，划定以居民点为中心的基本生活圈、以行政村为中心的一次生活圈和以镇区为中心的二次生活圈，确定公共服务设施的等级、规模、数量和布局。初中、高中、乡

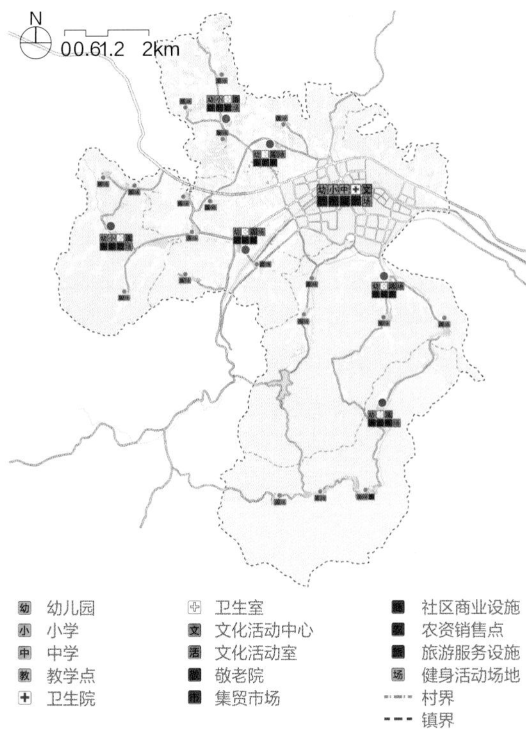

图S3-6　某镇镇域公共服务设施规划图

图S3-7　某镇镇域公共服务设施服务半径规划图

图S3-8　社区生活圈示意图

镇卫生院、养老院、文体场馆或文体公园等设施，可在镇区集中设置；学前教育、低龄义务教育设施、卫生室、托老所、文体活动中心、健身设施等，可以结合中心村设置。殡葬设施结合各地习俗由镇级或村级统筹设置。统筹考虑建好、用好设施，针对不同类型设施，提出公办、民营或公私合营建议。在保基本兜底线的前提下，可采取政府采购、合约出租、特许经营、政府参股等形式，扩大择优购买公共服务的规模（图S3-7）。

镇区应打造15分钟生活圈，以居民需求为导向完善功能配置，鼓励通过县镇联合建设运营，提升服务质量和水平。根据小城镇特点酌情完善功能设置，应对老龄化，关注养老、老年活动设施；应对高出生率，关注托育、儿童游乐设施和教育设施；应对电子商务的蓬勃发展，积极建设物流网点和电商平台；应对深厚历史文化底蕴，发挥留存的古树、老宅、高阁、水井、宗庙祠堂、戏台戏楼的作用，重视村民自发形成的非正规文化场地和空间建设（图S3-8）。

提倡公共服务与居住、商业功能混合布局，打造功能复合的综合公共服务中心。鼓励文体设施与街头巷尾的开敞空间结合布置，鼓励学校、事业单位等分时段、分区域向社会开放公共空间、文体设施。提高土地性质兼容程度，确保集中居住区四周设有便捷的购物、娱乐和休闲设施（图S3-9）。

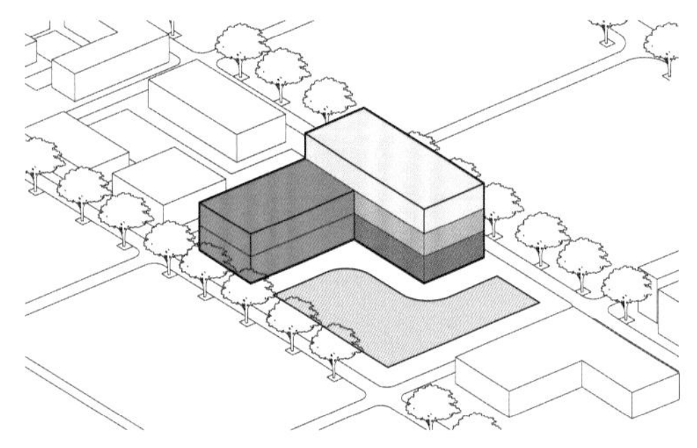

图S3-9　功能混合示意图

S3-2-1
教育设施

教育设施包括幼儿园、小学、九年一贯制、十二年一贯制、完全中学、独立高中等多种类型，乡镇应在保障义务教育的基础上，按照人口规模并结合服务半径确定各学段需求，合理布局教育设施、设置学校类型，确保基础教育设施供给总量，避免过小或超大规模学校，并落实各级、各类设施到地块层面。

每个镇应至少设置一所中心小学，有条件的镇区可以设置初中、高中，合理预测并满足寄宿需求，实现义务教育全覆盖。每个或多个距离相近的行政村应设置一所完全小学，鼓励设置学前教育设施，根据实际需求研究小规模学校、寄宿学校的建设标准。鼓励建设县城学校分校、空中课堂、留守儿童之家等，统一县城与乡镇校际建设标准、生均经费等标准，实现城乡优质教育资源的共享和均衡，解决教育服务“乡村弱”和“城市挤”问题。鼓励在镇区设置特色职业教育和老年学校，为乡村居民就业、创业提供技能培训，为老年人提供健康养心、广交朋友的平台。

S3-2-2
医疗设施

医疗设施包括乡镇卫生院、妇幼保健站、中医站和农村基层卫生机构等多种类型，乡镇应根据人口规模、年龄结构等特征和需求，结合服务半径合理布局医疗设施，并落实各级、各类设施到地块层面。

每个镇应至少布置一所乡镇卫生院，作为乡村地区常见病、多发病、慢性病的诊疗主体。每个行政村应设置一所村卫生室，为村民提供买药、护理以及突发公共卫生事件防控监测、防疫物资储备、分发等功能。有条件的镇区可结合卫生院布置妇幼保健站、中医站等设施，丰富康复、护理、复查、随访等医养结合服务内容，结合服务半径配置应急急救站点或急救车，提升乡村地区医疗服务水平。加强乡镇医疗卫生人才队伍建设，鼓励县医院和乡镇卫生院建立医疗共同体，鼓励城市大医院对口帮扶或发展远程医疗，努力实现“小病不出乡镇”。

S3-2-3
文体设施

文体设施包括乡镇综合文化站、乡镇体育场站、村文化室、村室外运动场地等多种类型，乡镇应根据居民文体娱乐习惯，结合服务半径合理布局文体设施，提供均衡发展、形式多样、便民利民的文体服务，并落实各级、各类设施到地块层面。

每个镇应设置一处综合文化站，提供图书阅览、信息服务、科技活动、辅导培训、展览展示、青少年活动、多功能影视厅等功能，以及老年人活动、音乐欣赏、茶座等交往空间；设置一处服务全民健身需求为主的体育场地，提供充足的室内外运动场地，满足全龄段人群的需求。每个或多个距离相近的行政村应设置一处村文化室，提供多功能活动、图书阅览等功能，并为老年人、未成年人提供活动区域；设置一处服务就近健身需求，提供必要的室内外运动场地，重点满足老年人和青少年儿童的活动需求。除室外独立场地外，鼓励文体设施与现有公共服务及商业设施结合布置，有条件的地区可加强具备传统文化特色的服务设施建设。鼓励居民健身场所与公园广场及街头绿地结合布置，完善器材配套和设施建设，鼓励中小学校的运动场所向居民开放，并结合公园绿地建设全民健身绿道。

S3-2-4

养老设施

养老设施包括乡镇养老院、农村养老驿站等类型，应坚持老、残、儿一体化原则合理布局养老设施，并落实各级、各类设施到地块层面。

每个镇应至少设置一处养老院，提供医疗照护、生活照料、老年公寓、体育健身、精神慰藉等服务，并扩展服务范围至周边村庄。每个或多个距离相近的行政村应设置一处养老驿站，提供短期照料、老年餐桌、文化娱乐等居家养老服务。鼓励医养结合、老幼结合，鼓励社会资本参与建设运营养老设施，鼓励通过腾退还绿、留白增绿、增加活动广场为老年人提供更多游憩场所。

S3-3

优化市政设施体系

市政设施体系包括污水设施、环卫设施、气热供应设施、能源利用设施、农田水利设施和数字乡村设施等重点内容。市政设施体系优化应明确镇域市政设施的发展方向与规划目标，提出市政设施的规划策略和实施路径，为镇域生产生活提供良好的能源供应保障。

应落实市、县规划确定的区域市政基础设施，梳理分析现状市政基础设施情况，结合地方经济社会发展水平、居民点规模与分布，统筹镇区和村庄需求，判断市政设施需求。统筹城镇、乡村需求，合理划定市政基础设施的服务范围，确定市政设施和输配管线的等级、规模、数量和布局。坚持大分散、小集中的因地制宜供应原则，建议镇区和周边村庄统一纳入镇区集中市政设施体系，与镇区较远的村庄可一个或多个村庄小规模集聚，减少输配管线的建设和运营成本。加强完善资源循环利用，尤其是垃圾分类收集处理和雨污水系统的资源化利用。鼓励在水电热系统中推广清洁能源和分布式能源供应，推动乡村能源供应和利用低碳化转型（图S3-10）。

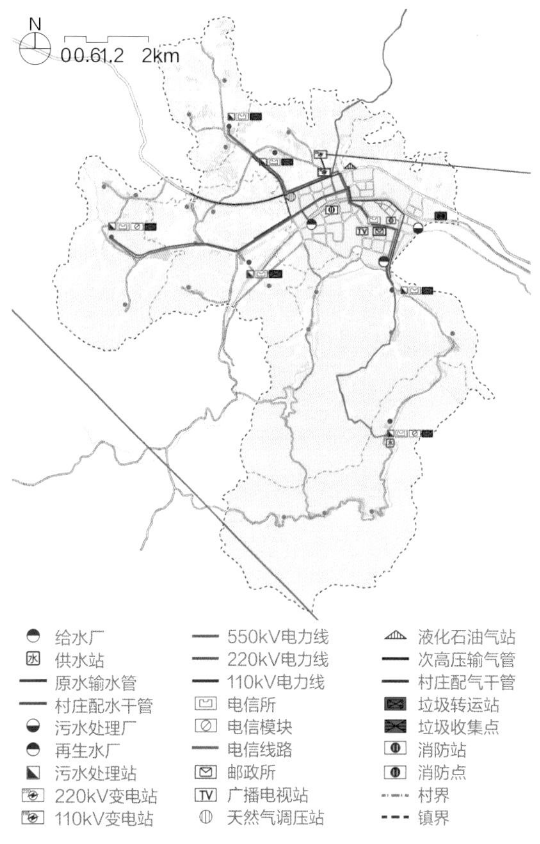

图S3-10 某镇镇域基础设施规划图

S3-3-1

污水设施

污水规划应预测污水总量，确定污水处理设施的设计能力、用地规模和空间布局，结合污水收集处理方式布置污水管网和公共厕所，鼓励建设中水回用系统，并落实各级、各类设施到地块层面。

统筹考虑区位条件、地形差异、人口规模，以及县城、乡镇、村庄污水收运处理的衔接，灵活选择污水收集处理方式。完善污水处理管网建设，重点是建设二级、三级管网，提高污水收集率。鼓励实行雨污分流，新建镇区应雨污分流，已采用雨污合流的乡镇，可在进入污水处理设施前的主干管上设置截流井等，在雨量大时进行截流。鼓励建设县城中水回用系统，供给城市绿化灌溉、道路冲洗、环卫洒水车或短距离管道配水。按照集贸市场、公园广场等公共活动场所的服务半径，科学布点公共厕所。鼓励屋顶、停车场、道路、广场绿地的雨水收集与就地利用。

S3-3-2
环卫设施

环卫规划应预测垃圾收运总量，建立符合当地实际情况的收集、转运和处理模式，确定环卫站、小型垃圾中转站的用地规模和空间布局，鼓励垃圾分类，并落实各级、各类设施到地块层面（图S3-11、图S3-12）。

图S3-11 垃圾收运体系示意图

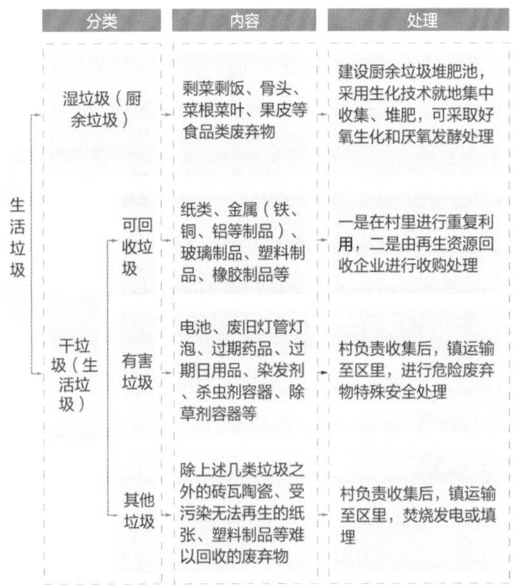

图S3-12 生活垃圾分类处理示意图

居民生活垃圾应就近倒入垃圾桶（箱），公共场所垃圾应由保洁员进行集中清理，再用清运车收集清运至垃圾中转设施，垃圾收集频率应以不产生环境影响为前提，根据实际需要确定。鼓励开展垃圾分类收集、就地减量，可将垃圾分为可腐烂垃圾、不可腐烂垃圾两类，有条件的乡镇可将垃圾分为厨余垃圾、可回收物、有害垃圾、其他垃圾四类。厨余垃圾、其他垃圾、可腐烂垃圾、不可腐烂垃圾由居民投放至分类垃圾桶（箱）中，进行统一收运处理；可回收物通过上门收集、定点收集等方式进行回收；有害垃圾单独暂存，投入集中投放点，按照规定收集处理。

S3-3-3
供热燃气

燃气规划应提出燃气设施和管网系统建设的规模、布局，因地制宜选择供气方式。与主干管距离相近、人口集中的乡镇，宜建设独立燃气门站和供气网络逐步提高燃气管网的覆盖率，合理选择管径、管材，保障燃气运输安全；人口少、分布散或市政管网无法覆盖的地区，可采取液化石油气分散供气，做好存储、重装的安全防护。

供热规划应推行“以集中供暖为主，多种供暖方式为补充”的供热方式。人口集中、能源充足的乡镇，可发展集中供热，加快热力站和供热管网的建设与改造，鼓励用户节能降耗；人口少、分布散或条件差的地区，可采取分散供热，以可再生能源或“清洁型煤+环保炉具”替代散煤。

S3-3-4
能源利用

构建乡镇绿色低碳能源体系，鼓励有条件的乡镇推广分散式风电、分布式光伏、风光储一体化等清洁能源应用。鼓励结合实际情况采取煤改电、煤改气等方式提高供暖清洁化率。鼓励有热/冷、电的稳定需求的乡镇发展分布式天然气项目。

S3-3-5
农田水利

提出农田水利基础设施建设和改造要求，健全排涝设施，确保农田能及时排涝，保障农作物收成。

提出农田节水灌溉设施建设和改造要求，降低水田灌溉用水定额，提高渠系水利用系数和水田灌溉保证率。推广和普及先进的节水灌溉技术，提升灌溉效率、降低人工成本。

提出治涝标准，明确排涝蓄水设施建设要求，以排涝站、桥、涵、闸建设为重点，加大涝区治理改造力度。

S3-3-6
数字乡村

提出宽带通信网、移动互联网、数字电视网和下一代互联网等乡村新型基础设施建设要求，为数字乡村战略提供基础条件。结合乡镇实际需求，探索推动数字乡村在农村生产生活场景应用，加快建设涉农大数据平台、电商平台、产品追溯服务平台等，推进基于“互联网+村级公共服务”的信息化乡村治理（图S3-13）。

图S3-13　数字乡村示意图

S3-4
健全安全设施体系

公共安全设施体系包括地震、洪涝等灾害防治，气象灾害防御，防疫、消防、人防等设施建设等重点内容。落实市、县规划确定的区域防灾减灾设施，结合现状，明确灾害风险，确定防灾减灾目标，提出主要灾害设防标准和预防、治理措施，布局各类防灾减灾设施，提出相应的安全防护要求，构建安全综合防灾系统（图S3-14）。

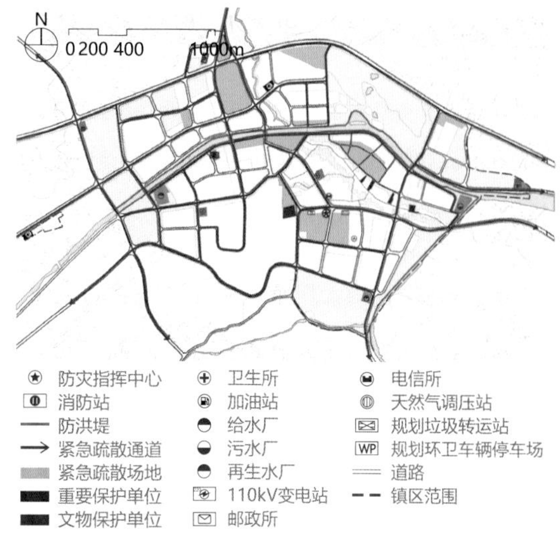

图S3-14　某镇镇区综合防灾规划图

S3-4-1
地震灾害防治

抗震规划应提出抗震防灾的目标、标准，建设选址的设防区划和工程设施建设的抗震性能要求，并提出抗震防灾措施和相应设施建设要求。

新建建筑建设选址应尽量避开受地震及其次生灾害影响、属于规划勘察不适宜工程建设的地区，并作好防灾安全论证。新建建筑应按照相应抗震烈度进行设防，采取相应的主体结构、结构构件、非结构构件设置；既有建筑应开展评估鉴定，对不符合要求的建筑提出抗震加固、拆迁改建要求。合理规划应急避难场所，统筹公园、广场、学校等空场地，确保500m的疏散半径。合理安排生命线工程，确保道路、供水、供电等工程采取环网布置方式，镇区人员密集的地段应设置不同方向的四个出入口，救灾中心应设置备用电源。加强次生灾害防治，增强防洪、消防设施的应对能力，确保易燃易爆、有毒有害危险品的安全防护距离。

S3-4-2
洪涝灾害防治

防洪规划应提出防洪的目标、标准，采取工程与非工程相结合的方式确定防洪措施，按照防洪与当地江河流域规划、农田水利、水土保护、绿化造林规划相结合的原则组织防洪体系，完善相应设施建设和管理要求。

综合考虑安全性、经济性和社会效益等因素确定防洪标准，计算河道设计洪水水面线；落实乡镇和河道干支流、水网圩区等堤防护岸工程，跨河桥涵、水闸改建工程，河道疏浚、拦蓄、生态化改造等综合治理工程，以及流域水土保持、绿化造林等工程清单，有条件的区域可以在河道上游设置蓄水库、生态湿地，并预留防洪工程设施用地。山地乡镇应作好防泥石流的用地安排，受台风威胁的沿海地区乡镇应确定防海潮标准，确定抵御风暴潮冲击的海堤走向。

落实防洪非工程和管理措施，结合乡镇实际，提出加强水雨情监测系统、防汛调度指挥系统、洪水调度管理、防洪区管理、社会管理及公共服务、防御洪水方案及防洪应急管理等要求。

S3-4-3 气象灾害防御

气象灾害防御应综合提出监测预警、应急处置和后期处置等内容要求，加强气象灾害防御规划，减少灾害天气对村镇和农业生产的影响。

加强气象监测网点建设，建立空基、地基、天基相结合的自动化监测、评估系统，建立分级别、多途径、全社会的预警信息发布制度。形成分灾种、分部门的应急处置响应机制，合理安排人员紧急转移安置、道路交通运力保障、电力供应、农作物防护、人工增雨、避寒防冻降温等防御措施。提出灾害后调查评估和恢复重建要求。

S3-4-4 防疫设施

落实市、县防疫体系要求，划定乡镇防疫单元，合理安排应急物资投放点、防疫监测点、基层治理点等设施规划。

原则上防疫单元应按照行政村或社区边界划定。每个单元应设置一处应急物资投放点，可结合广场、公园、学校、集贸市场等布置，人口较多的单元还应配置应急物资储存空间，可结合物业用房布置。每个单元应设置至少一处基层治理点，结合行政办公场所布置，提供基层防疫工作统筹、部署、管理的空间。每个单元应预留至少一处临时场地，在常时和疫时灵活切换功能。在人流密集地区设置防疫监测点。

S3-4-5 消防设施

消防规划应在划分消防辖区的基础上，明确消防设施建设，以及交通、用水、报警通信等保障配套要求。

按照“消防队接警5分钟内到达辖区边缘”的要求，划定消防站辖区，确定消防站等级、规模、位置，并符合防护隔离规定，合理设置消火栓。山区应划分山林防火分区，加强森林消防设施建设。明确各辖区的消防水源、道路及消防通道建设、消防通信指挥系统建设要求。

S3-4-6 人防设施

人防规划应确定人防工程配建标准，结合公园、绿地、广场、山体、水体等布局人防空间，并确定医疗救护、人员掩蔽、物资库工程等防护功能及等级。合理安排人防警报设施、疏散设施等配套设施布局。

S4

分类引导

小城镇在全国“3+N”的主体功能区战略指导下，可分为重点生态功能区小城镇、农产品主产区小城镇、城市化发展区小城镇和乡村发展区小城镇。小城镇绿色空间规划应因地制宜、遵循规律，围绕各类小城镇突出问题和矛盾，提供差异化设计引导。同时，以建成区人口规模为依据，小城镇可分为中心镇、一般镇和撤并镇，按规模等级进行设施配套、功能提升和环境建设，并形成不同深度的规划设计内容（表S4-1）。

S4-1 ※

重点生态功能区小城镇

重点生态功能区小城镇是指生态重要性强、生态敏感性高，域内生态保护红线面积比重大，具有生态屏障作用的乡镇。

应重点处理好保护、利用和发展的关系，以落实生态保护红线为根本，统筹山水林田湖草保护修复，提出用途管制措施，严格控制开发强度，探索适应生态导向下的规划模式，保持生态系统的完整性、连续性。产业发展应以生态经济、休闲旅游为主，严格落实准入条件，经济欠发达地区的此类小城镇，尤其应重视通过生态价值转化带动乡镇跨越式发展。小城镇建设应与周边生态环境协调，充分融入自然，城镇开发边界内紧凑发展，建设现代宜居生态社区，城镇开发边界外聚落发展，建设山清水秀村秀美的美丽乡村。按照滨水、山区和平原地区的不同引导要求规划设计集建空间，住房建设、各项设施、城镇风貌充分体现山、水、村相依的特点。

不同规模的小城镇规划分类引导 表S4-1

等级	划分依据	设施配套	功能提升	环境建设	内容深度
中心镇	建成区常住人口规模1万以上	增强综合承载能力，提升辐射带动县域发展能力 教育：高中/职校、初中、小学、托幼 医疗：中心卫生院 文体：文体活动中心、健身广场 社会福利：养老院 安全：消防队、人防设施 商贸：现代商超、物流中心	加强专业功能培育，支撑乡镇产业，创新品牌市场，推动产城人文融合发展	推进人居环境品质提升，改善生产生活条件、城镇风貌和生态环境	编制乡镇空间规划整本，有需求乡镇达到控制性详细规划深度
一般镇	建成区常住人口规模0.2万~1万且基本稳定	打造服务农民的区域中心 教育：九年一贯制学校、小学、托幼 医疗：卫生院/卫生所 文体：文体活动室 社会福利：养老服务站 安全：消防队、人防设施 商贸：集贸市场、物流点	加强“三农”服务功能建设	推进人居环境整治，整治环境卫生、城镇秩序	编制乡镇空间规划简本，展开重点建设内容
撤并镇	建成区常住人口规模0.2万以下且持续流出	探索小型化、分散化、生态化基础设施建设模式和公共服务设施设置模式	满足居民生产生活基本需求的功能	保障基本生活环境	编制乡镇空间规划简本，保障基本功能

借鉴案例：国家5A级山岳型风景名胜区下辖乡镇

某镇是国家5A级山岳型风景名胜区下辖乡镇，承担山林抚育、生物多样性保护等重要的区域生态功能。镇域国土面积约89km^2，其中林地占比78%，生态保护红线占比约71%。

全域空间按照“同级别保护强度优先、不同级别低级别服从高级别”的原则，整合优化自然保护地边界，有效衔接生态保护红线的划定与调整。划定重要生态空间、一般生态空间，明确重要生态空间中各自然保护地规模、边界和管控要求。以保护亚热带常绿阔叶天然林为重点，以保护保育、自然恢复与人工恢复结合为策略，分类保护各类自然资源。提出退化公益林修复、矿山修复与水环境修复等重点工程（图S4-1）。

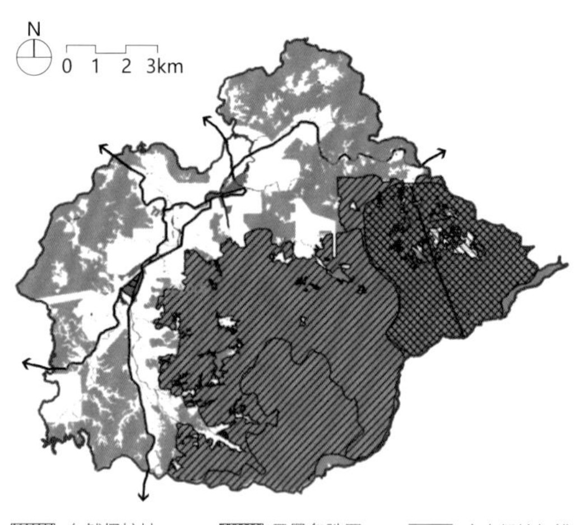

图S4-1 国家5A级山岳型风景名胜区下辖乡镇

产业发展严格控制开发规模和准入产业名录，适度发展林业、生态休闲等生态经济。依托深林环境、中草药与地热资源，打造深林疗（休）养项目；结合特色种（养）殖业推动农产品多重价值转化，拓展研学游、亲子游等新兴旅游市场；结合景区特色观光资源，沿线设置刺激、惊险的户外旅游产品。

建设用地探索低丘缓坡“点状开发”用地模式。全域用地布局呈“小集中、大分散”的形态，镇区依托旅游公路形成若干集中连片的组团，提升综合服务水平；乡村通过对点状空间的功能开发与业态植入，拉动山下特色化、组团化的发展，吸引游客体验、消费，带动乡村地区的劳动就业、农产品销售、基础设施等方面的提升。同时控制开发强度，加强风貌引导，彰显低丘缓坡特色景观。

借鉴案例：长江流域重要水系上游生态涵养区乡镇

某镇属于长江流域重要水系上游生态涵养区乡镇，承担水源涵养、生物多样性保护等重要的区域生态功能。镇域国土面积约60km^2，其中林地、水域、农田等生态空间占比77%。

全域按照生态优先理念，确定生态保护目标体系，划定空间管制分区、实行全域管控。明确“两廊、三点、四片区”的生态功能格局，将国家级地质公园、国家公益林、水源涵养区、重要河流、重要水库，以及一般性生态要素等纳入分区管控，严格按照基本农田管理条例、饮用水水源环境保护条例、林地相关管理规定，提出各区不同强度的用途管制要求。结合水生态涵养区的重要功能，重点加强水资源要素的保护利用，提出水环境功能区划分，落实饮用水水源地保护区范围、河道水位线、河湖蓝线，明确生活、生产和农业污水治理要求（图S4-2）。

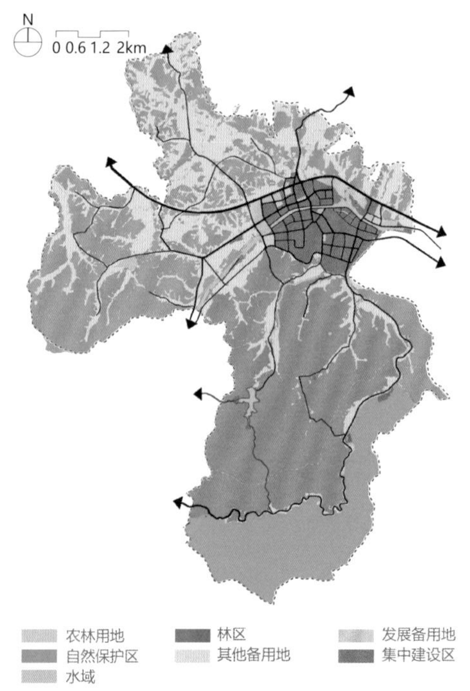

图S4-2 长江流域重要水系上游生态涵养区乡镇

产业发展充分挖掘乡镇的生态、文化资源，培育生态友好并且能带动乡村发展的旅游产业和现代农业，并通过完善城乡交通网络，实现“城镇集散游客、乡村接待游客”“城镇集中运输、乡村种养加工”的城乡产业联动发展的新模式。

镇区建设遵循“青山入城、碧水绕城”的设计理念，保持丰富水系，有机组织功能组团，保留山体视线通廊，控制建设强度，形成城与山遥相呼应、城与水有机联系的山水互动的绿色空间布局。空间营造温馨雅居、秩序井然的宜居小镇，风貌塑造古街清幽、质朴儒雅的文化小镇。

S4-2 ※

农产品主产区小城镇

农产品主产区小城镇是指位于粮食生产功能区、重要农产品生产保护区，以农业生产为主，域内耕地、永久基本农田面积比重大，在农业发展效率、规模、质量等方面优势突出的乡镇。

应重点处理好国家粮食安全的保护、利用和发展的关系，以落实永久基本农田、加快建设基本农田储备资源为根本，着力建设适应现代农业经营需要的农业空间，提高耕地资源的质量、利用水平和效率。产业发展应重点考虑农业生产与农产品加工、农业观光、电子商务和冷链物流的融合发展，合理安排用地布局，经济欠发达地区的此类小城镇，尤其应重视一二三产业融合发展，通过提高农产品附加经济价值带动乡镇跨越式发展。小城镇建设应强化建设与乡村自然风光、田园景观环境相协调，按照滨水、山区和平原地区的不同引导要求规划设计集建空间，提升人居环境品质，形成山水相映、林田交织、本土乡居的城镇景观，打造生态宜居舒适的现代城镇。

借鉴案例：中部地区传统产粮大镇

某镇是中部地区传统农业大镇，是国家现代农业产业示范区、县域重要的农业发展特色乡镇，近年来逐渐形成了五大农业支柱产业，并依托丰富的硒锌资源大力推动农产品精深加工。镇域国土面积约96km^2，整体以低山丘陵的地形地貌特征为主，林地规模大、耕地规模小，但水田面积多、耕地质量总体良好，耕地面积3.25万亩。

全域空间为保障农业发展，规划将近95%的耕地划定为永久基本农田，占镇域总规模比例约23%，通过强化耕地与永久基本农田保护。按照“农业特色功能区”的主体功能定位，优化乡镇功能布局和空间结构，进一步细化镇域国土空间规划分区，并通过农田保护区的划定，对永久基本农田相对集中的空间进行了严格界定，落实耕地“进出平衡”，严格耕地用途管制，遏制“非农化”“非粮化”现象（图S4-3）。

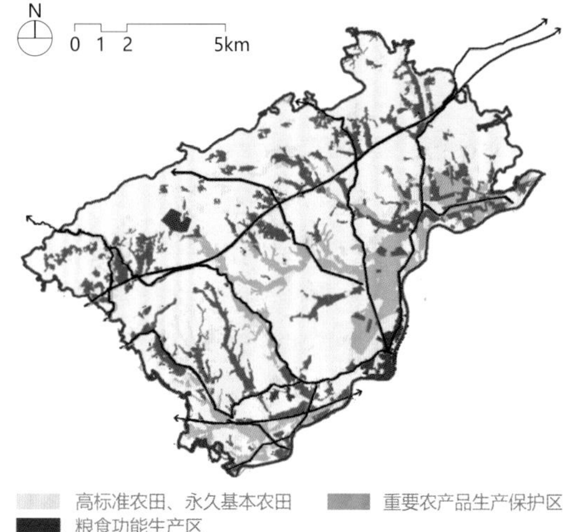

图S4-3 某农产品主产区小城镇示例图

产业发展重点抓好富硒富锌特色农业，建设种植基地和以深加工为主的龙头企业。对镇域内各类农用地开展综合整治，统筹推进高标准农田建设、农业综合开发，提升耕地质量、宜耕后备资源开发，优化耕地布局，增加耕地面积，全面提升耕地质量，加快农田基础设施和配套设施建设，促进土地规模经营，支撑现代农业发展。着力推进农村一二三产业融合，促进休闲农业发展，发展循环农业、创意农业、农事体验、乡村旅游和田园民宿等多样化旅游体验。

镇区和村庄建设用地注重加强土地的集约高效利用，完善基础设施、公共服务配套设施，并加强农村人居环境整治提升。

借鉴案例：热带海岛内陆特色农产品小镇

某镇是热带海岛内陆特色农产品小镇，是县域乃至全省重点发展的特色农业小镇，拥有橙子、咖啡等多个国家地理标识。镇域国土面积约79km^2，整体以低山丘陵的地形地貌特征为主，热带气候和富锌富硒土壤非常适合热带农产品种植。

全域空间为保障和提升农业发展，积极调整优化农业结构，围绕现有产品优势，大力发展咖啡、橙子、无核荔枝、无籽蜜柚、橡胶等特色农产品生产。在落实生态保护红线和永久基本农田保护红线的基础上，落实万亩热带特色水果标准化示范基地建设，因地制宜优化园地、林地布局，引导农业发展向优势区聚集，构建特色农业空间发展格局。

产业发展通过产业化、标准化、品牌化战略做大做强特色农业，并向高附加值的农产品加工、科技农业、乡村休闲旅游延伸产业链，打造国家现代农业示范区、产品示范园、农业特色小镇、休闲旅游农庄园和观光园等一批一二三产业融合项目。

集建空间围绕农业主题建设特色小镇，以咖啡文化风情片区引领新镇区发展，以动线思维组织景观和路网框架，落位咖啡展示交易空间、文化体验街区、文化演艺广场、风尚商业街区、公共文化空间等功能；同时考虑老镇区居住改善与服务提升，完善配套、改善居住、梳理交通、引导风貌。实时提出包括建设模式、开发时序、项目实施管理等在内的城镇建设行动指南（图S4-4）。

图S4-4 热带海岛内陆特色农产品小镇

S4-3

城市化发展区小城镇

城市化发展区小城镇是指位于城区周边、与城区联系紧密、涉及城市开发边界的乡镇。

空间规划设计应重点考虑城乡产业融合发展、基础设施互联互通、公共服务共建共享，积极融入城市经济圈、生活圈、交通圈。产业发展以服务周边市、县城区为主，主动承接城市外溢功能，因地制宜发展农业观光、近郊休闲旅游等绿色产业，满足城市休闲、消费需求。建设风貌应与毗邻城区相协调，强化门户节点和重点区域的建筑群落与景观环境设计，体现视觉品质。

借鉴案例——大都市近郊临空小镇

某镇是大城市近郊乡镇，紧邻国际空港，镇域面积75km²，建设用地占全域面积比例高达32%。依托区位优势，某镇的空间格局、产业类型、城乡建设具有明显的城市化特征（图S4-5）。

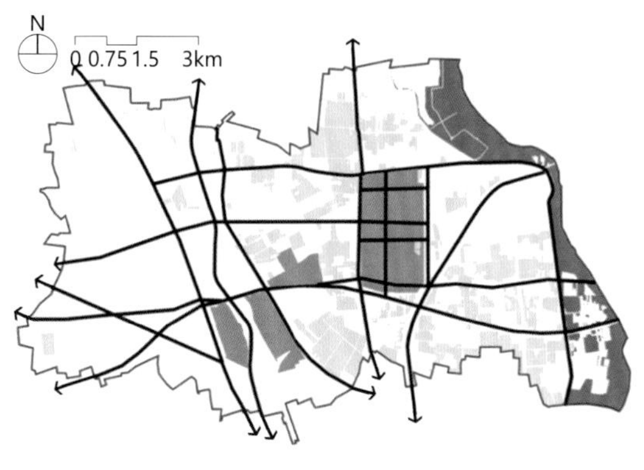

图S4-5 大都市近郊临空小镇

全域空间重点处理减量与发展之间的矛盾，通过深入论证构建全域生态空间格局，在细化、优化永久基本农田和生态保护红线的基础上，将剩余的土地资源向建设空间倾斜，全力支持乡镇对接服务中心城区和国际空港的都市资源。重点解决建设空间受城市化袭夺带来的有镇无区、发展失衡、低效用地、设施缺口等问题，优化镇村体系、镇村用地布局，构建支撑体系，提出建设用地减量提质方案，提出翔实的镇区规划实施方案，实现有序衔接城市化进程。

产业发展牢牢把握空港和都市的红利，依托乡镇生态优势，构建以"物流+"为主导、以"农业+"和"生态+"为特色的临空经济产业体系。依托区位条件，拓展物流产业多种形态，延伸"物流+自贸产业"发展新模式；依托农业基础，发展高效设施农业、都市休闲农业，提出航空配餐、中央厨房、休闲度假、农业创意等发展方向；依托生态资源，发展滨水休闲游憩、森林沉浸体验等项目。

建设空间重点加强镇区建设，衔接实施考虑城镇化居民安置和土地一级开发的资金平衡，通过多方案比选形成镇区建设用地布局和规划、实施方案。强化重要交通干线城镇发展带上的村庄建设发展，通过全域土地综合整治推进村庄集约节约利用土地，并适当预留集体产业用地。同时完善全域支撑体系，强化公共服务核心，提升服务品质，加强与都市的衔接共享。

S4-4

乡村发展区小城镇

乡村发展区小城镇是指位于广大乡村腹地，具备产业发展优势，凭借自身多样资源禀赋，有一定的制造业、服务业发展动力的小城镇。

空间规划设计应抓住乡镇产业优势，以绿色发展理念引导产业突破现有瓶颈，以集约节约为导向实现小城镇人口集聚、土地高效使用、设施配套完善、人居环境改善和城镇风貌提升，促进乡镇的功能转型和空间重构。

对于制造业发展较好、对周边乡镇和村庄有一定辐射和带动作用的乡镇，应重点推动现有优势产业绿色转型，通过产业链延伸、产品跨越、智造升级、品牌提升，引导工业企业向产业园区集中，盘活低效闲置土地。城镇建设应强化各类要素支撑，促进产城融合。城镇风貌应塑造时代特色，提高生态宜居宜业环境品质。

对于交通区位突出、物流优势明显的商贸物流型乡镇，应重点推动现代物流产业升级。城镇建设强化与区域交通网络的联系，加强电子商务物流、冷链物流等基础设施建设，促进商贸市场改造；加快农村公路、宽带网络、配送中心设施建设，构建农村物流网络节点。城镇风貌应突出商贸特色，激发商贸活力。

对于拥有独特自然资源和历史文化要素的休闲旅游型乡镇，应落实各类保护范围和名录，妥善保护特色资源要素，注重保护传统肌理、历史风貌和山水林田景观格局，处理好新镇区与传统镇区之间的关系。整合资源发展休闲旅游，完善与旅游交通、旅游配套服务设施体系。

借鉴案例：山水田园、文化多元的休闲旅游小镇

某镇七分山、三分川，山区均为自然保护区，以生态涵养为主；川区内分布32个村，以平原造林、农作物种植为主，近年来在重大赛会的带动下，乡村旅游、赛会旅游蓬勃发展。该镇发展在生态优先的基础上充分体现乡村发展特色。

全域空间按照“农田聚集、林地成片、水系连通、建设集约”的原则，划分为生态保护、农业发展、休息游憩、城镇建设四大功能区域，在确保生态安全、生态功能的前提下，分区提出准入、负面清单。

产业发展紧紧围绕多元复合的旅游资源，打造乡村度假休闲产业，依托传统村落发展文化体验旅游，推动文旅深度融合；依托特色农产品种植发展有机农业，打造农耕品牌，突出农旅融合；依托生态涵养林地、平原造林发展生态休闲、休闲运动片区，提供登山徒步、郊野运动体验；依托民宿特色发展精品民宿，展现美丽乡村建设风采。

镇区及周边村庄农旅产业基础条件好，农林水资源丰富，建设空间占25%，非建设空间占75%。规划遵循“绿色集约、生态共享”的理念，建设四季田园综合体。通过生态空间连接核心发展区，突出沉浸式田园体验，核心区策划庄园度假、乐活商街、科技农业、原乡生活、田园沉浸体验等丰富的旅游产品，外围区依托规模化种植打造千亩林果、花卉基地等农旅融合项目，开敞空间依托河道湿地、林地，建设森林公园，提供精致露营、林下拓展体验。对现有村庄进行环境整治提升，建设“共生社区”，提升乡村旅游服务（图S4-6）。

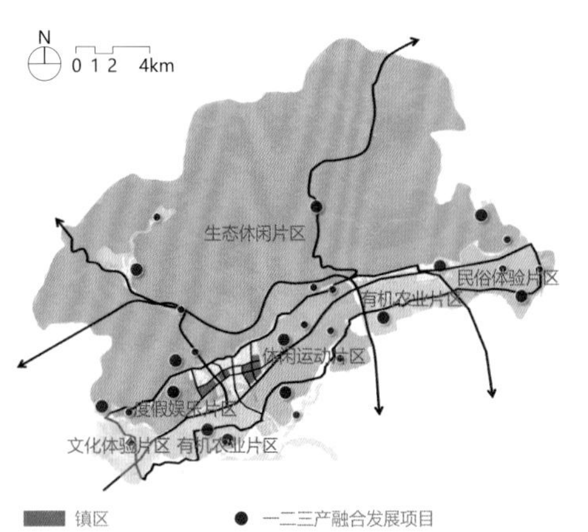

图S4-6　山水田园、文化多元的休闲旅游小镇

借鉴案例：汉服产业集群特色小镇

某镇位于中部地区重点城镇发展带上，交通和经济区位优势明显，小镇历史上以传统服装制造、纺织加工为主导产业。镇域面积128km^2，生态限制性要素少，“十三五”期间，实现规模以上工业生产总值333亿元，实现财政收入37亿元，是国家级特色小城镇、县域重点发展的产业强镇。

全域空间以保水保田为前提，统筹山、林、水等要素布局，确保基本农田面积不减少，实施高标准农田建设规划，支撑高效农业发展。建设用地引导控村、扩镇，科学提升城镇建设，支撑产业发展，完善配套服务。

产业发展在传统制造业基础上，依托高铁站的建设和互联网的飞速发展，推动产业集群化、信息化、品牌化升级，以汉服为龙头产品，走“传统汉服文化创意+电子商务”的发展路径，通过举办国内外活动、主流媒体平台推广、主流电商直播带货、线下汉服文化展览等一系列项目，完成汉服制造的品牌培育工程，打造一批高知名度企业群体；坚持以科技创新为动力，通过研发和技术引进，提高纺织技术水平，发展高端精纺面料和针织品的清洁生产，培育“汉服研发设计—生产加工—互联网商贸—文化传播”的产业生态圈。

集建空间形成居住生活区、工业集中区和高铁商贸区三个组团。针对现状工居混杂的局面，有序地将工业用地剥离至镇区西侧省级工业园，适当提高开发强度，引导工业用地集约紧凑发展；镇区重点挖掘存量用地，改造老旧小区，提升居住环境，完善公共服务设施和道路停车支撑系统，提升服务品质；高铁片区依托高铁站，完善汉服文化馆、展示交易媒体推广中心等商贸设施建设，助推制造业转型升级（图S4-7）。

图S4-7　汉服产业集群特色小镇

借鉴案例：滨海乡村休闲小镇

某镇位于沿海地区区域旅游和交通环线向海岛延伸的最末端，有一定特色农业基础和沿海景观资源。镇域面积70km²，人口和经济体量较小，以服务乡村地区为主要职能。

镇域除基本农田保护红线、林地控制线、水域控制线等陆域空间用途管制外，还涉及海洋功能区用途管制。规划结合渔业养殖和休闲产业、储备型港口运输业发展需求，落实、细化上位规划确定的农渔业区（渔业基础设施区、养殖区）、港口航运区（港口区、航道区、锚地区），以及旅游休闲娱乐区、历史文化用途区、保留区等用途分区，提出相应用途管制要求。

产业发展围绕服务乡村地区、壮大乡村地区经济的主线，鼓励发展特色农业、乡村旅游、休闲渔业等产业，以优质种植基地、农业庄园、休闲渔港、美丽乡村为抓手，构建一二三产业融合的乡村滨海休闲旅游产业体系。

集建空间重点完善镇区基本的公共服务职能，突破原有“南北一条路”的镇区形态，结合现状边缘浅山，形成“两轴一环、城绿共融”的空间结构，围绕“生态绿心”组织城镇功能。对村庄进行潜力评价，按照4种类型进行分类引导，对有发展潜力的乡村在用地指标上进行适当倾斜（图S4-8）。

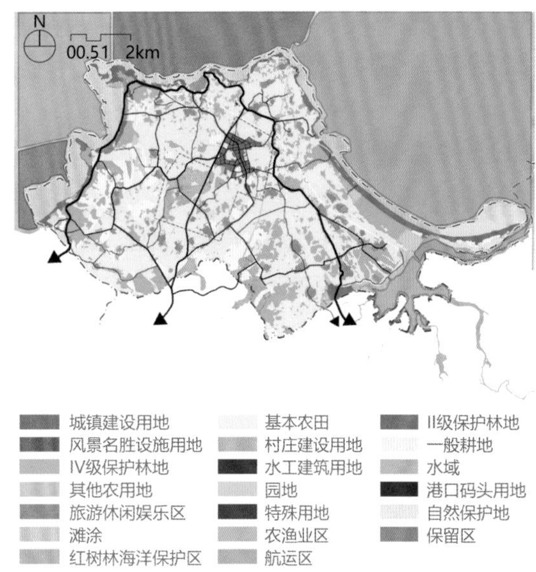

图S4-8　滨海乡村休闲小镇

S5

实施管理

S5-1

近期规划时序清晰

S5-1-1

近期规划内容

与县级国土空间规划近期期限、国民经济和社会发展五年规划年限保持一致，编制近期规划。应统筹安排全域空间的近期实施计划，提出近期经济、社会、产业等发展目标和指标，落实近期分区传导、底线管控、控制指标、名录管理等内容，提出全域国土整治、生态修复的方案，确定城镇近期发展方向、规模和空间布局，统筹近期重要交通设施、公共服务设施、市政设施和安全防灾设施落地。建立近期重点建设项目清单，落实重大项目选址落地。

S5-1-2
近期重点建设项目清单

落实市、县规划确定的重点建设项目，结合乡镇近期建设规划，确定近期镇级重点项目。明确项目投资、投资主体、项目选址、边界坐标、建设指标、环保要求、建设年限等建设条件。

S5-2
有效传导层层落实

S5-2-1
传导镇区详细规划

采取“单元详细规划（一类建设用地+刚性控制线）+规划许可”的形式进行管控。划分乡镇集中建设区详细规划单元，单元划分应以功能为导向，根据公共服务设施半径、自然地理界线，结合近远期开发时序确定。单元图则应明确单元功能定位、项目准入正负面清单，并提出四至边界、面积、建设用地规模、建筑规模，以及道路、公共服务设施、市政基础设施、公园绿地面积、防灾避难场所等配建标准或空间布局要求，并落实绿线、蓝线、紫线、黄线、橙线等强制性内容。

S5-2-2
传导村庄规划

采取“单元+图则”的形式落实管控。以一个或多个行政村为单位划分村庄统筹规划单元。图则应包含功能定位、村庄人口、村庄类型发展指引，落实生态保护红线和永久基本农田等强制性内容，提出建设用地规模及重要设施配建标准或空间布局要求，明确村庄开发建设的正负面清单。

S5-2-3
衔接属地管理

对接各部门的责任边界，划定土地用途管理复区，为下一阶段制定具体管理政策作好衔接。用途管理复区内土地用途混合，其内部的城乡建设和自然资源管理需要在满足规划的基础上，严格遵守各部门的管理条例。管理复区范围内的建设与生态修复、土地整治等行为需要首先征求行业主管部门意见。镇区外用途管理复区应包括生态保护红线、风景名胜区、水源保护地、水域管理线、交通廊道控制线、市政廊道控制线、历史文化保护控制线、耕地保有量储备区等，应在全域及单元图则中落实（图S5-1）。

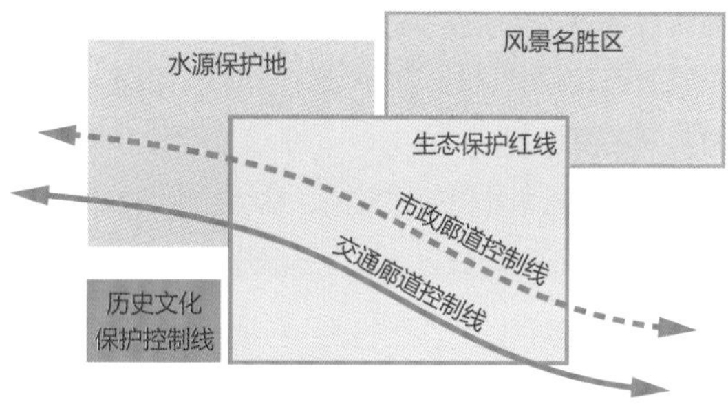

图S5-1　用途管理复区示例图

S5-3
管理机制灵活完善

S5-3-1
信息化管理机制

建设乡镇国土空间规划数据库，纳入国土空间规划“一张图”实施监督信息系统。有条件的地区衔接市、县管理建立常态化体检评估和动态调整机制。

S5-3-2

审批机制

制定好项目管理策略，在乡镇国土空间规划数据库的基础上，提出项目生成、项目管理、项目审批等环节的优化建议，推动建立联合审批机制，提高规划管理效能。

S5-3-3

激励机制

提出规划实施的组织要求及相关配套政策建设，推动编管结合、系统整合。

注 释

❶ 详见《中共中央 国务院关于建立国土空间规划体系并监督实施的若干意见》（中发〔2019〕18号）、《自然资源部关于全面开展国土空间规划工作的通知》（自然资发〔2019〕87号）。

❷ 详见《中共中央办公厅 国务院办公厅印发〈关于在国土空间规划中统筹划定落实三条控制线的指导意见〉的通知》（厅字〔2019〕48号）。

❸ 详见《中共中央办公厅 国务院办公厅印发〈关于划定并严守生态保护红线的若干意见〉的通知》（厅字〔2017〕2号）、环境保护部办公厅 国家发展和改革委员会办公厅《关于印发〈生态保护红线划定指南〉的通知》（环办生态〔2017〕48号）。

❹ 详见《自然资源部关于全面开展国土空间规划工作的通知》（自然资发〔2019〕87号）。

❺ 详见《自然资源部办公厅 财政部办公厅 生态环境部办公厅关于印发〈山水林田湖草生态保护修复工程指南（试行）〉的通知》（自然资办发〔2020〕38号）。

❻ 详见《自然资源部国土空间生态修复司关于印发〈关于全域土地综合整治试点实施要点（试行）〉的函》（自然资生态修复函〔2020〕37号）、《自然资源部国土空间生态修复司关于印发〈全域土地综合整治试点实施方案编制大纲（试行）〉的函》。

❼ 详见《住房城乡建设部关于保持和彰显特色小镇特色若干问题的通知》（建村〔2017〕144号）。

❽ 详见《镇规划标准》（GB 50188—2007）。

❾ 详见住房和城乡建设部《关于印发〈农村住房建设技术政策（试行）〉的通知》（建科研函〔2011〕199号）。

❿ 详见《住房城乡建设部关于保持和彰显特色小镇特色若干问题的通知》（建村〔2017〕144号）。

⓫ 同上。

L

L1 -L5

绿地景观规划技术指引

LANDSCAPE PLAN

L

绿地景观规划

技术指引

L1	**结构布局**	
L1-1	优化完善绿地结构	
L1-2	有机布局绿地网络	※
L2	**分类规划**	
L2-1	增量提质公园绿地	※
L2-2	科学布局防护绿地	
L2-3	绿化美化广场用地	※
L2-4	优化提升附属绿地	※
L3	**公园体系**	
L3-1	系统构建公园体系	
L3-2	合理配置综合公园	
L3-3	均衡配置社区公园	
L3-4	彰显特色专类公园	
L3-5	便捷可入口袋游园	※
L4	**功能提升**	
L4-1	营造地域景观风貌	
L4-2	保护修复生态资源	※
L4-3	城市生物多样保护	※
L4-4	有序推进立体绿化	※
L5	**实施管控**	
L5-1	精准实施用地管控	
L5-2	加强规划指标管控	

注：标注星号的为体现绿色理念的规划技术，不带星号的为传统规划技术。

理念及框架

目标任务

1. 规划范围。本《指引》所指绿地景观是城镇开发边界范围内具备绿地功能的空间及其形成的景观。从用地上来说，绿地景观既包括传统的城市绿地，也包括街道及其各类附属绿地等形成的开敞空间。从空间上来说，绿地景观是立体的，涵盖的对象不仅包括用地，也包括用地所对应的三维空间。绿地景观在城市中提供生态系统服务，具有自然与人文特征，可承载历史人文价值，体现城市风貌与美学价值。绿地景观规划是对城镇开发边界中各类绿地景观资源在布局结构、保护利用、用地管控和风貌塑造等方面的统筹安排和具体部署。规划内容包括城镇开发边界内绿地空间格局优化、生态资源保护修复、城市绿地建设管控、游憩服务体系完善、特色景观风貌引导等内容。绿地景观规划作为国土空间规划体系的构成内容之一，应与市、县国土空间总体规划同步或前置开展研究。绿地景观规划在“分级分类建立国土空间规划体系”的导向下、在不同层面的规划下有具体规划深度与内容。

2. 总体规划层面目标。应注重绿地景观建设目标的制定和生态优先理念的全面导入，基于生态空间格局从生态连续和优化美化等角度对总体规划的用地布局给予反馈。与总体规划同步编制时，绿地景观规划成果应支撑总体规划，总体规划编制完成后编制绿地景观规划，应注重传导和落实总体规划的空间意图、规划指标与土地用途管控。

3. 详细规划层面目标。关注具体规划单元在开发时对绿地景观建设保护的管控，需要将绿地景观规划指标纳入地块开发指标之中，对地块内绿地景观要素在数量、布局、品质、形态上提出控制性要求。对涉及绿地景观要素的控制边界进行优化调整。

基本理念

1. 绿色。以“生态文明建设”为引导，以“绿色发展”为指引，以“人与自然和谐共生”为指导思想与实施路径，实现对城市自然生态环境的保护、优良职住环境的营造、生活方式的绿色与低碳引导。

2. 融合。规划编制要与海绵城市、防灾避险、道路交通等多个相关规划统筹协调，确保与各项规划在总体要求上方向一致、在空间布局上互相契合、在工作流程上协调有序，实现绿地景观资源保护与其他专项规划的“多规合一”。

3. 智慧。规划编制要在总结城市绿地景观资源的基础上，充分践行绿色发展的新理念、新思想和新战略，使用信息技术和物联网、大数据等新型数据和规划编制方法，探索绿地景观的创新发展思路和管控模式等。

技术框架

绿地景观规划是涉及与城市绿地景观资源布局统筹和城市用地衔接的工作安排，要满足未来边界落地、功能落实和分类精细化管理的实际需要，形成布局科学、指标合理、边界清晰、功能完善的绿地景观专项规划（图L）。

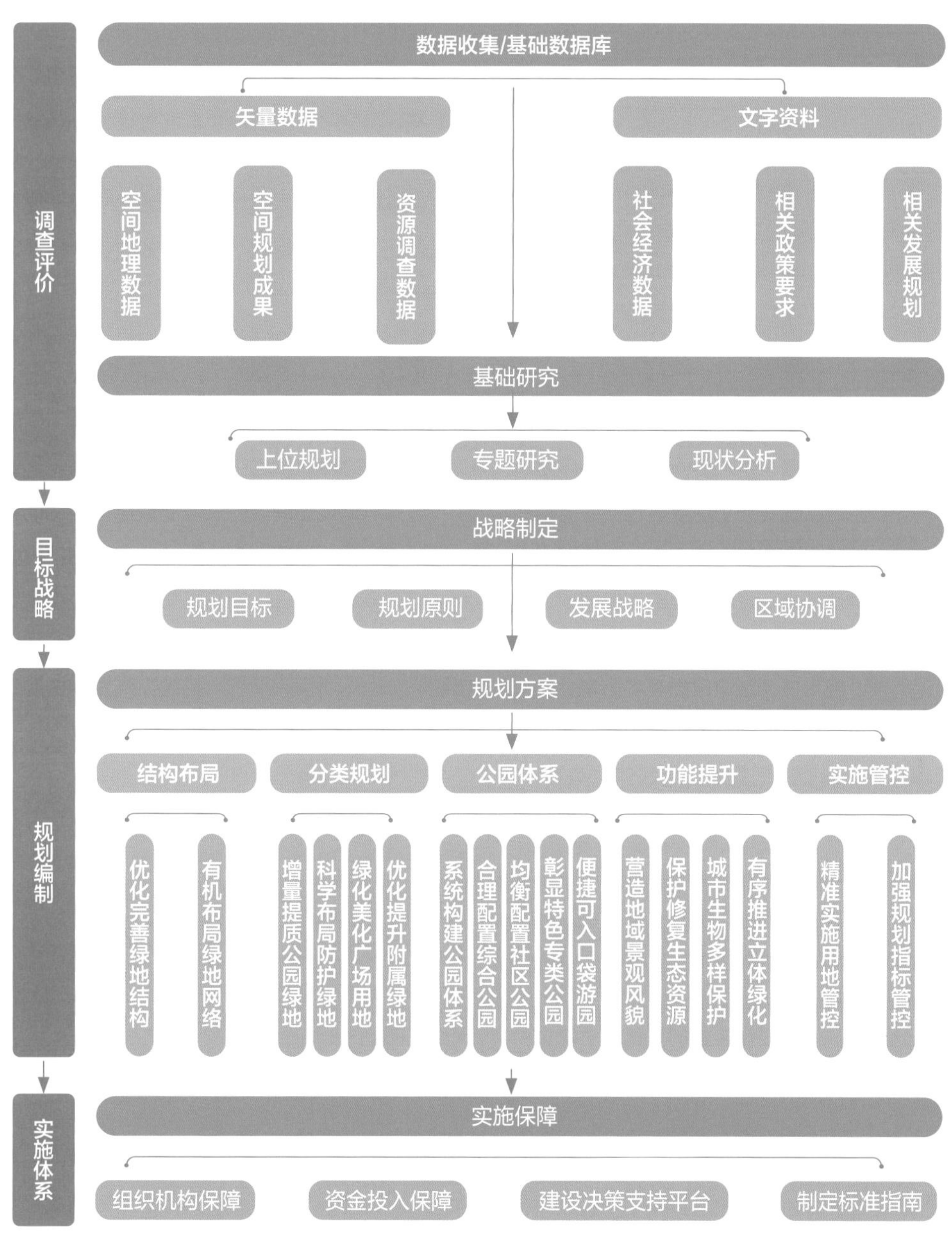

图L　绿地景观规划技术框图

L1 结构布局

L1-1 优化完善绿地结构

基于对生态空间的分析与评价，建设结构性绿地优化城市生态景观格局，构建保障生态系统服务、提供景观游憩功能的城市绿地景观格局。

L1-1-1 统筹衔接生态空间

在国土空间总体规划中根据自然地理特征、生态本底条件、自然保护地分布、生态安全格局，识别生态空间要素，分析生态系统服务功能重要性、生态脆弱与敏感性，确定出科学合理的生态空间。城镇开发边界内的绿地景观是市域生态景观格局的重要组成部分，在空间布局上应与生态空间充分统筹衔接，保证生态空间的完整性、连贯性，塑造自然与城市融合的空间形态，通过建立蓝绿叠加的总体空间结构，实现绿地景观在保障城镇生态系统服务、居民休闲游憩、卫生隔离等方面的作用，营造稳定的城乡人居环境生态安全格局（图L1-1）。

L1-1-2 划定生态功能保障范围

在识别与分析各类生态景观要素的基础上，形成与自然生态空间连通、城镇开发边界内生态要素相互连通，城镇集中建设区生态景观要素合理布局的生态景观空间系统。

基于地貌特征、生态系统服务、城镇化特点和城乡政策空间划定城镇开发边界范围内需要保障生态功能的绿色景观空间，如生态涵养抚育区、生态景观提升区、森林湿地建设区等。

L1-1-3 优化城市绿地结构

城市绿地布局应结合自然山水形态，联系内外，形成生态效益良好的网络化的绿地空间结构。在城区外围夏季主导风向的地方布置大型绿地，充分利用可能的山体、水系或林带形成各类结构性绿地，将新鲜空气直接导入市区，改善和优化城市气候，城市绿地形成点状、环状、网状、带状、放射状、楔形、指状等多样的绿地结构。

L1-1-4 完善城市绿地布局

中心城区绿地布局

尊重总体规划确定的城区建设用地的功能布局与空间结构，依托城区及周边分布的自然和历史文化资源，与市域绿地生态空间有机贯通。中心城区绿地系统空间布局应明确大型公园绿地、大型防护绿地等城市结构绿地的类型和布局，构建全域空间协调的有机绿地网络（图L1-2）。

组团绿地布局

基于不同城镇组团差异性的职能定位和发育水平确定差异化发展的城镇绿色空间建设组团。在城市各组团间布置隔离绿带，可选择绿环、绿楔、绿廊、绿带、绿网等多种形态组合布局。形成以自然生态空间为外环，城区中以绿地为单中心或多中心的蓝绿空间网络（图L1-3）。

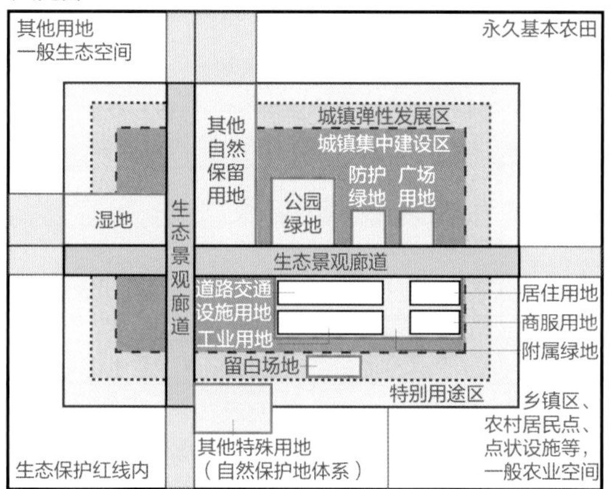

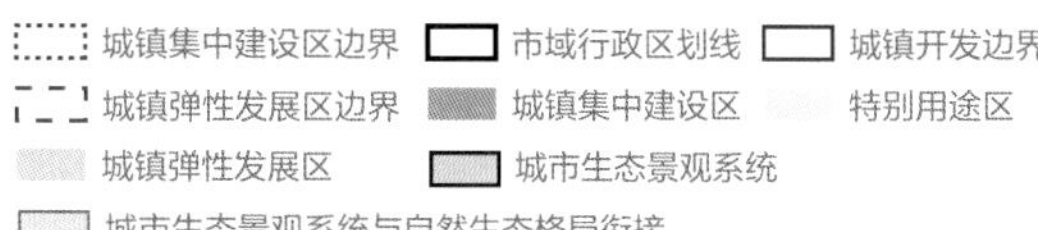

图L1-1　绿地景观系统与国土空间规划分区的关系示意图

图L1-2　城镇开发边界尺度绿地结构类型示意图

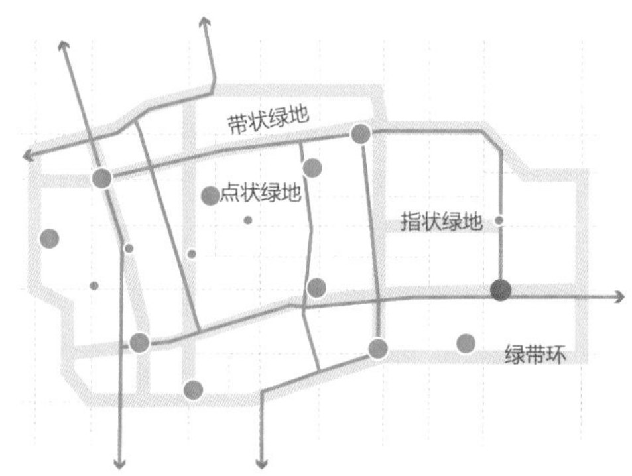

图L1-3　中心城区尺度绿地结构类型示意图

L1-2　※

有机布局绿地网络

作好绿地空间战略研究，结合城市结构性绿地布局，在城市总体规划指导下，将绿道、海绵水系、通风廊道、生态廊道等各类发挥不同功能的线性空间组成城市绿色网络。

L1-2-1

绿道网络

绿道是串联城市内星罗棋布的景观资源与人们生活密切相关的功能空间的线性绿色开敞空间，是构建城市绿色生态网络的重要组成部分。规划应系统考虑、整体谋划，坚持从全域纵深推进绿道体系建设，实现城区内外的有效连接，供市民休闲、游憩、健身、出行，也为生物提供迁徙的廊道。根据绿道与城镇集中建设空间的区位关系，可将绿道分为城镇型绿道与郊野型绿道。

郊野型绿道位于城镇建设用地范围外，结合区域自然格局和乡村资源禀赋等确定绿道选线，连接风景名胜资源、农业观光休闲区、历史文化名镇名村和特色村落等，依托现有基础设施合理配置服务设施、市政工程设施和标识设施。依托道路建设的风景道体系、沿浅山布局的“绿色绿道”、沿湿地水系布局的“蓝色绿道”，都应遵循资源保护的原则，与周边环境相融，形成布局合理、功能完善、连接自然生态景观与历史人文景观的郊野型绿道（图L1-4）。

城镇型绿道根据主导功能不同与服务范围不同构建不同等级绿道，实现全域绿道成环成网，串联全域各类绿色与开敞空间，依托不同自然生态空间与生态要素，在不同的空间尺度，构建城区级绿道、社区级绿道。城区级绿道是城区中各城市组团与城市生活空间之间的绿道，可骑行、可步行，兼具生态连通功能与休闲游憩功能；社区级绿道以提供便民休闲场所为主导功能的绿道，以步行道为主要形式（图L1-5）。

绿道建设应符合以下规定。

1. 绿道选址应充分利用现状水系、农田、林地

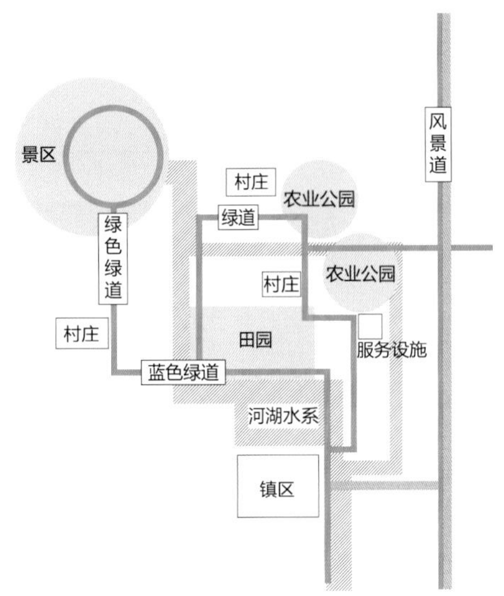

图L1-4 郊野型绿道模式示意图

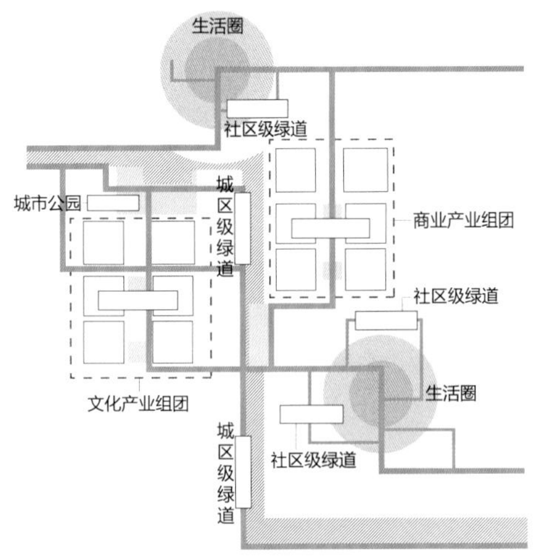

图L1-5 城镇型绿道模式示意图

等开放空间边缘，宜结合铁路、公路和城市道路、堤岸等线性基础设施廊道空间；应避开泥石流、滑坡、坍塌、地面沉降、塌陷、地震断裂带等自然灾害易发区和不良地质地带。

2. 绿道应与城乡慢行系统、公共交通系统相衔接，与地铁站点、快速公交系统站点、公交站点、公共停车场、出租车停靠点等连接。

3. 绿道游径与一级公路、城市快速路、城市主干路、城市轨道交通相交时，应采用立体交叉形式。

4. 绿道游径自行车道和步行骑行综合道的设置宽度应符合绿道宽度参考表的规定（表L1-1）。

绿道宽度参考表　　表L1-1

绿道分类	自行车道宽度（m）		步行骑行综合道宽度（m）
城镇型绿道	单行通行	≥1.5	—
	双行通行	≥3.0	
郊野型绿道	单行通行	≥2.0	≥3.0
	双行通行	≥3.0	

5. 绿道绿化应尊重并保护原有环境，游径两侧应保留或设置一定宽度的绿化和绿色空间的控制范围。

6. 绿道应根据等级设置相应级别服务驿站，配套服务管理设施，标识内容应清晰、简洁的标识系统。

L1-2-2 海绵水系

分析城市水生态敏感区和自然汇流路径，结合自然保留地、湿地、防护绿地等，预留城市雨洪安全通道。雨洪通道可结合公园绿地设置，利用绿地及依托绿地建设的海绵设施的消纳、净化功能，达到水净化的目的。与城市生态安全格局规划、韧性城市规划、海绵城市系统规划相协调，依据上述规划确定的水敏感分区、城市雨水径流通道、城市排水分区等，布局城市绿地，计算所需绿地面积，并对绿地通过竖向设计，辅助城市海绵城市的构建，作为城市水安全的重要组成部分。

河流湿地水系建设应提高河湖连通性，保障其生态功能的发挥。在城市中的滨水空间、入湖口、入河口等区域可结合市政设施、人工湿地等构建自然湿地，完善城市生态系统水净化服务功能。应对城市滨水空间进行合理利用，营造复合生态空间，既能实现水生态目标，提升物种多样性，也可有助于水体净化，减缓地表径流（图L1-6）。

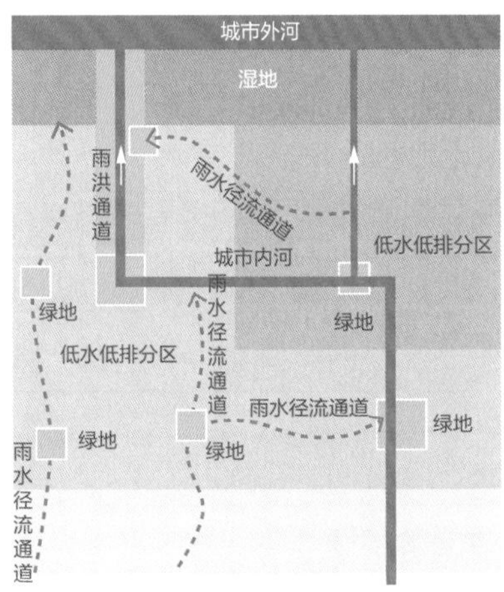

图L1-6　海绵水系布局模式示意图

L1-2-3
通风廊道

城市通风廊道的构建需要基于城市风环境的评估，包含城市风况、通风量、通风潜力、城市热岛强度、绿源空间分布，并要综合城市总体规划的相关要求划分主要通风廊道与次要通风廊道，具体测算方法可参考《气候可行性论证规范　城市通风廊道》（QX/T 437—2018）。城市主要的通风廊道一般沿城市主导风向，结合连续的水系及其带状绿色空间、城市主干道及其带状绿色空间构建。根据相关研究，通风廊道能够实现优良通风效果的宽度为100～150m[1]。

具体布局措施如下。

首先进行城市风环境评估，在主要的通风方向上构建楔状绿地与带状绿地，形成连接城区与城市外环境的通风走廊，并在城区集中建设区与郊区的交接地带预留绿地空间，作为城市通风廊道的通风口，划定边界实行建设管控，从而实现缓解城市“热岛效应”的目标。

在城区内部，再选择出由连续的、带状的绿地开敞空间体系作为城区内气候调节的通风廊道，包括带状公园、滨水绿带和沿城市主干道路的防护绿地等（图L1-7）。

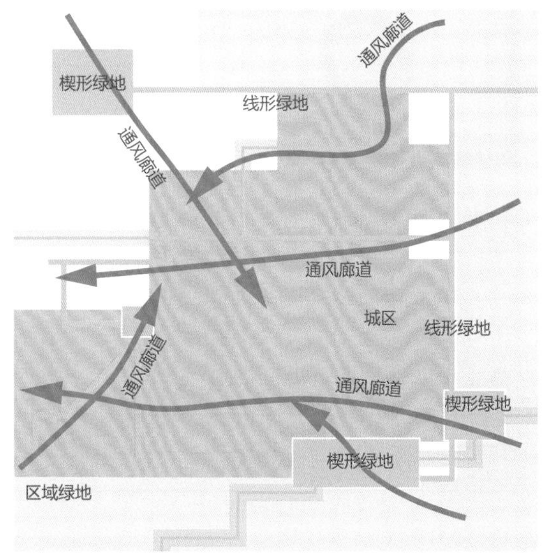

图L1-7　通风廊道模式示意图

L1-2-4
生态廊道

自然生态空间与城镇开发边界内的生态要素主要通过生态廊道连通。保障城市中绿色空间与城市集中建设区外生态空间的生态联系，能实现能量流与物质流的流动。其空间结构由自然环境空间形态决定，常常依托带状特殊自然生境分布，如山系、水系。通过这些廊道的联络，城市绿地与城市周边自然生态空间组成一个完整的城市自然生态系统网络，实现城市内与城市郊外更大规模的其他绿地的交流，如自然保护区、自然公园与风景名胜区等。同时，这些廊道还能发挥阻隔作用，如组团隔离带避免城市建成区连片发展，防护绿带隔离污染噪声、废气、废水等，起到保护城市整体环境的作用。重点对易受损或已受损的生态节点、斑块，如浅山山脊林地、滨水空间、城市湿地等进行保护与修复。在满足物种多样性与动物迁徙活动的需求方面，重点是完善城市绿地斑块的网络连通性。生态廊道由大小不同的斑块组成，形成有利于生物迁徙的网络化生态格局，从而实现物种多样性保护目标。识别生态廊道的方法一般包括指示物种迁徙路线识别法与最小累积阻力模型模拟法等。

L2
分类规划

L2-1 ※
增量提质公园绿地

深入践行公园城市理念，强化全域覆盖的公园体系建设，充分挖潜，增加公园绿地总量，与城市公共服务设施融合布局，满足市民的休闲需求，建设布局均衡、开放共享、功能完备、品质卓越的城市公园绿地。

L2-1-1
全域覆盖均衡布局

落实国土空间规划确定的市级公园等重要绿地，结合问卷调查、可达性判定等方式对公园绿地供给水平和需求程度进行摸底分析，编制公园体系规划，统筹考虑“人、城、园”的关系，因地制宜地确定公园分级分类和总体布局，推进全域覆盖的公园布局。

L2-1-2
规划指标与分级分类配置

根据《园林绿化工程项目规范》（GB 55014—2021）的规定，公园绿地面积应与城市发展规模相适应，人均公园绿地面积应大于8.0m^2/人。

规划中还应结合公园绿地现状和城市的社会经济发展水平，与规划人均城市建设用地指标相匹配，按服务半径分级配置不同规模和类型的公园绿地（表L2-1）。同时，公园绿地内部的绿化、建（构）筑物 、园路及铺装场地、水体等用地比例应符合《公园设计规范》（GB 51192—2016）的要求。

公园绿地分级规划控制指标表　　表L2-1

用地类型		人均用地面积（m^2/人）	
规划人均城市建设用地		<90.0	≥90.0
规划人均综合公园		≥ 3.0	≥4.0
规划居住区公园	社区公园	≥ 3.0	≥3.0
	游园	≥ 1.0	≥1.0

L2-1-3
开放共享全龄友好

引导新建和已建公园逐步实现开放共享，与周边设施环境相融合。通过围墙拆除、设施共享、消隐边界等方式，便于市民进入公园。结合公园草坪、林下空间以及空闲地等划定开放共享区域，配套全龄友好的服务设施，更好地满足市民进行亲子活动、运动健身、休闲游憩等亲近自然的户外活动需求。

L2-1-4
多元复合功能完备

结合公园特色，在公园中融入体育、文化、科普、避险等各类功能。配置满足上述特定功能的室内外活动场地（馆）和设施，倡导建设非硬化的运动场地。结合植物景观、雕塑小品等景观要素，强化文化表达。围绕公园的自然和文化景观资源，建设专题科普空间。结合城市综合防灾规划确定的防灾避险绿地，保证有效避险区域面积与设施建设。

L2-1-5
智慧互动品质卓越

鼓励在各类公园内引入智慧管理平台和智能服务设施，运用创新创意的智慧化手段，提升公园的整体运营效率和服务水平。如通过传感器和数据分析，实时监测环境质量、人流分布等情况，实现公园精细化管理和运维；建设智能导览、无人信用零售、运动跟踪等智能互动设施，为游客提供更丰富、更便捷的游憩体验。

L2-2

科学布局防护绿地

L2-2-1

防护绿地布局

应在有卫生、隔离、安全、生态防护功能要求的区域设置防护绿地，如受风沙、风暴、海潮、寒潮、静风等影响的城市盛行风向的上风侧；城市粪便处理厂、垃圾处理厂、净水厂、污水处理厂和殡葬设施等市政设施周围；生产、存储、经营危险品的工厂、仓库和市场，产生烟、雾、粉尘及有害气体等的工业企业周围；河流、湖泊、海洋等水体沿岸及高速公路、快速路和铁路沿线；地上公用设施管廊和高压走廊沿线、变电站外围等。

各类用地和设施的防护绿地布局、宽度应符合如下标准规范的要求：《铁路安全管理条例》、《城市给水工程规划规范》（GB 50282—2016）、《城市环境卫生设施规划标准》（GB/T 50337—2018）、《城市电力规划规范》（GB/T 50293—2014）、《城市绿线划定技术规范》（GB/T 51163—2016）等。

L2-2-2

防护绿地建设要求

融入休闲游憩功能。在城市高密度建设区域，在保证安全的前提下，可将游憩功能融入防护绿地，使土地的使用更高效。打破传统单一功能的用地模式，在不增加土地总量的情况下满足更多的功能需求。

强化生态服务功能。防护绿地应结合防护对象重点选用具有特殊生态服务功能的植物，如净化空气、降低噪声的植物。同时应结合塑造地形和配置植物，营造宜人的空间氛围。

L2-3 ※

绿化美化广场用地

L2-3-1

广场用地选址

广场用地的选址应有利于展现城市的景观风貌和文化特色，且至少应与一条城市道路相邻，可结合公共交通站点布置，宜结合公共管理与公共服务用地、商业服务业设施用地、交通枢纽用地布置，宜结合公园绿地和绿道等布置。

L2-3-2

广场用地建设要求

广场用地在设计中要充分考虑尺度，空间要与周围建筑物成比例，注重建筑与开放空间的充分配合。同时，要凸显地方特色文化内涵，应继承本地历史文脉，适应地方风情民俗文化，突出地方艺术特色。

广场用地的硬质铺装面积比例应根据广场类型和游人规模具体确定，绿地率宜大于35%，使之成为广大居民重要公共活动休闲空间，并具有应急避险功能。广场用地内不得布置与其管理、游憩和服务功能无关的建筑。建筑占地比例不应大于2%。

规划新建单个广场的面积应符合表L2-2规定。

新建单个广场面积规定表 **表L2-2**

规划城区人口（万人）	面积（hm^2）
<20	≤1
20~50	≤2
50~200	≤3
≥200	≤5

L2-4 ※

优化提升附属绿地

L2-4-1 居住用地附属绿地规划

具体规划指标和规划建设要求应符合现行国家标准《城市居住区规划设计标准》(GB 50180—2018)的规定。附属绿地中的集中绿地的规划建设应遵循空间开放、形态完整、设施和场地配置适度适用、植物选择无毒无害的原则。提升居住区整体绿化水平，营造健康、自然、和谐、关爱的居住环境，提升居住品质。

L2-4-2 公共管理与公共服务设施用地及商业服务业设施用地附属绿地规划

公共管理与公共服务设施用地及商业服务业设施用地内的绿地率应根据用地面积、形状、功能类型等具体确定，宜结合建设特点，增加立体绿化。对医院、疗养院等特定场所的绿地空间指标严格要求，通过园林景观营造促进人体健康。同时，鼓励城区内社区、单位、学校开放共享内部绿地和体育活动场地，错峰使用绿地，提供开放共享的开放空间。

L2-4-3 工业及物流仓储用地附属绿地规划

对周边环境有不良影响的工业用地和仓储用地应根据生产运输、安全防护和卫生隔离要求设置隔离绿地；结合工业用地更新转型，城市发展定位提升和产业升级，以产城融合为目标，依托其目前的格局特征，强化绿色空间网络布局和结构性绿色景观道路建设，建设开放型研发园区，构建开放园区绿带，形成产业园区的绿化骨架。同时，宜在职工集中休息区、行政办公区和生活服务区等选择布置集中绿地，为工人创造良好生产工作环境。

此外，可以结合工业遗址更新改造，以绿色空间渗透推进产城融合。利用规模较大、空间区位较好的工业用地更新改造建设成工业遗址公园或者工业遗址利用型的绿色开放园区，利用生态修复等手段，推进改造利用，建设文化型创新产业园区。

L2-4-4 道路与交通设施用地附属绿地规划

大力推进中心城区道路绿化增量提质工程，提升道路遮阴功能，提高道路景观品质，根据不同类型街道的实际情况选择行道树种植方式(图L2-1)。

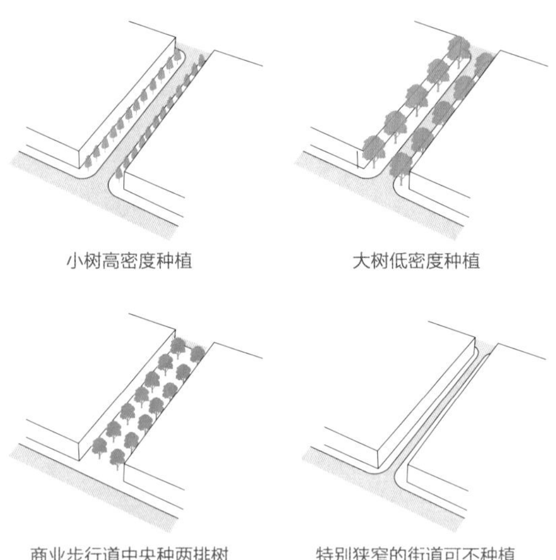

图L2-1 不同类型道路行道树种植方式导引图

L3

公园体系

L3-1

系统构建公园体系

公园体系建设遵循系统性、层次性、连通性、人本性的原则，结合城镇和交通网络布局，串联主要城市公园绿地和各类公共开放空间节点，实现优良职住环境的营造、生活方式的绿色与低碳。

L3-1-1

体系构建

从城乡一体化角度出发，将城市公园体系与城区范围游憩体系二者合为统一整体来考虑，才能有效构建内外连接、相辅相成的公园体系，实现整体功能大于个体功能之和[2]。应在合理规划城市公园布局的同时，兼顾对风景名胜区、郊野公园等风景游憩绿地体系的考量。遵循分级配置、均衡布局、特色鲜明、内容丰富、串联成网的原则构建近郊—市级—社区三级公园体系，各层级内部结构完整，各层级之间有效连通。根据不同城市的发展规模、地域特征，针对配置公园体系，宜以服务半径覆盖范围为参照标准，定性、定量、定位地分类、分级布置城市公园绿地（图L3-1）。

公园体系应与公交、步行及自行车交通系统相衔接，提高连接共享度，为市民提供就近享受优美生态环境、游憩健身、绿色出行的场所和途径。既能有效提高公园体系为民服务效率，又可有效地提升城市生态系统功能、保障城市生态安全。

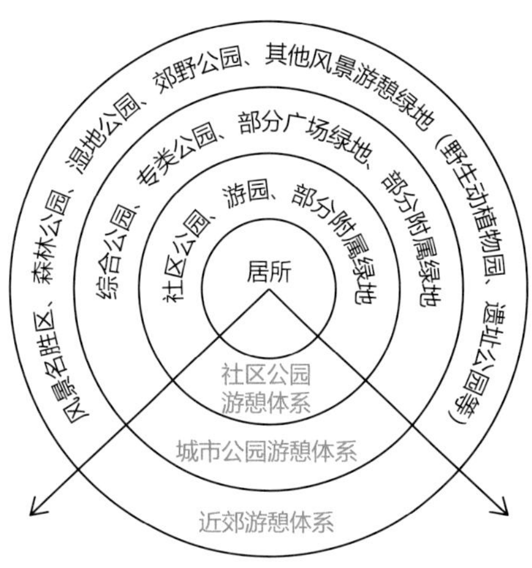

图L3-1　公园体系层级模式示意图

L3-1-2

近郊公园体系

近郊公园体系的用地组成对标《城市绿地分类标准》（CJJT 85—2017）区域绿地中的风景游憩绿地，具体分为风景名胜区、森林公园、湿地公园、郊野公园和其他风景游憩绿地5个小类[3]。

近郊公园体系的建设强调与自然环境充分融合，依托地形、地貌、山体、水体和林地等自然资源，注重自然资源的保护与利用、生态系统的修复与治理。规划中应避开生态敏感和生态脆弱区，划定各类型游憩绿地内禁建区、限建区和适建区位置，控制建设强度，指导科学合理的开发建设。在种植规划上，应体现对乡土植物的关注和保护，兼顾植物设计中的季相性、群落性，构建具备生物多样性的景观体系。

借鉴案例：南昌市公园体系发展规划

南昌市公园绿地特色鲜明，约有一半分布在沿河临湖区域，且公园水面占比大，滨水绿地空间多为带状，具有较强的生态、生活、生产兼容性和多重连接性，是构筑城市公园体系结构的重要支撑与城市特色的重要载体。针对包括市域范围内城市周边的山水区域，涵盖风景名胜区、森林公园、湿地公园、郊野公园、休闲农园以及市域蓝绿廊道开展城郊公园系统规划。整体规划思路突出“三个保护”，即保护生态红线、保护生物多样性、保护文化历史遗迹；瞄准“三个发展”，即发展城郊休闲体验、发展区域网络连接、发展城乡一体化建设；彰显“三个特色”，即赣江特色城市画卷、城边特色生态公园风景环、区域花园山水特色名片。

结合周边农田区域、湿地公园、郊野公园等绿色生态、生产、游憩空间，通过现状高速外环连通，形成“一带、四区、双环、十廊”规划结构，构筑城郊生态公园体系（图L3-2）。

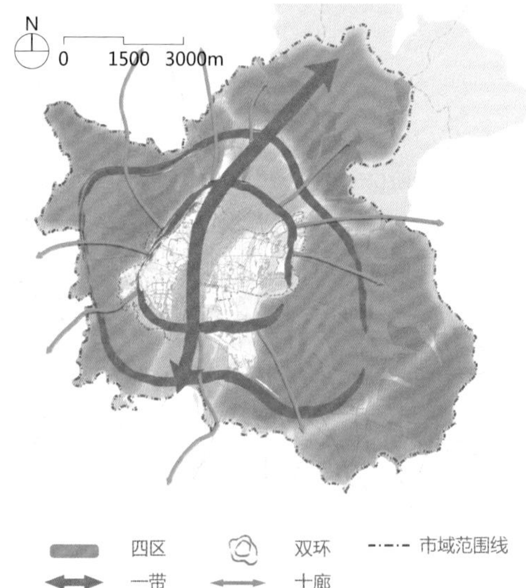

图L3-2 城郊公园系统规划结构示意图

共计规划城郊公园68处，分为自然类、人文类和农园类三种。其中，自然类城郊公园主要依托自然资源，主要有风景区、森林公园、湿地公园、郊野公园；人文类景观公园主要依托各种社会环境、人民生活、历史文物、文化艺术、民俗风情和物质生产等人文资源，主要有遗址及文化公园；农园类主要依托村庄和农田的田园综合体项目，主要包括农业休闲园。

L3-1-3
市级公园体系

市级公园体系是在中心城区满足市民开展综合游憩和特色活动的需求，具有内容丰富、功能全面、设施完善等特点，由城市内的综合公园、专类公园等组成，注重丰富公园的功能，注重公园主题活动的设计，为市民更多参与公园生活创造条件，提升城市公园绿地的活力。

市级公园体系建设应充分反映城市整体风貌和地域特色，要充分利用现有绿色空间以及城市开放空间开展建设，宜参照“点、线、面”结合的空间形式组织市级公园体系。

L3-1-4
社区公园体系

社区公园体系由社区公园、口袋公园、游园构成，空间形态上包括“点状”分布的公园绿地空间、活动广场，以及“线状”分布的街旁绿地、绿道、滨河绿带等。空间布局应与社区改造配合进行，结合社区公共活动中心、公共服务设施进行设置。

社区游憩体系建设需要注重可达性、体验性、服务性、安全性、管理水平、建设水平，服务半径要尽量覆盖城市居住区，保证其在周围市民15分钟步行可达范围之内；在活动项目设置上，应力求贴近生活，尤其应着重考虑对儿童及老年人安全活动需求的满足；在服务设施建设上要具备绿地、绿道、邻里运动健身场地、儿童娱乐场地、集散广场等日常使用型活动空间（图L3-3）。

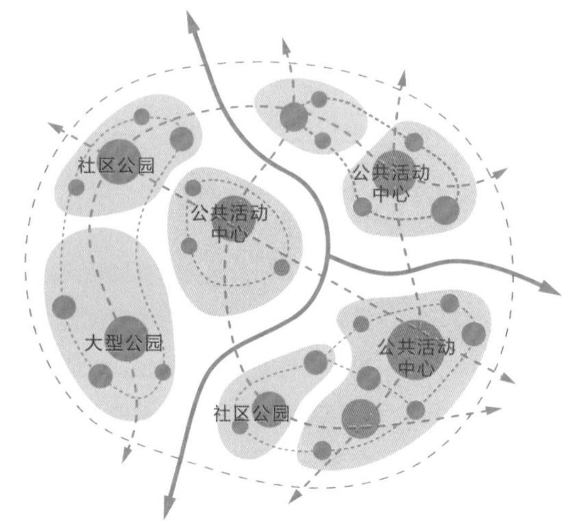

图L3-3 社区公园网络化布局示意图

借鉴案例：咸宁市自然生态公园城市专项规划

基于咸宁市中心城区本底资源，在有条件建设公园的区域规划建设，打造立体化的咸宁市公园体系，包含郊野公园、城市公园、社区公园、微公园等多样公园类型，实现咸宁市规划区范围内公园全覆盖。

郊野公园体系：包括12座郊野公园，打造咸宁市周边的世外桃源，构建田林交错、湖光山色的郊野公园群。挖掘潜在可纳入自然公园体系的风景资源，打造咸宁市中心城区最大的郊野公园环，由北部湖区公园、西南部山林公园与东部田园郊野公园组成。郊野公园的分布为从市区出发，5～10km可达，可供市民周末度假休闲，登山亲水，回归自然。

城市公园体系：结合咸宁山水及文化特色，构建结构完整、级配合理、均好分布、功能完善的城市公园体系。通过新建山地公园、滨河公园、文化公园及专类公园来完善市级公园体系，打造特色公园、构建城市公园环。通过社区绿化美化、“拆违透绿”“+公园”等策略与措施，完善社区公园建设，为居民提供身边的公园游憩地。

留白增绿：考虑城市远期发展，预留建设用地作为公园绿地备用。预留空地既包含城区周边郊野空间，也包含建设用地内预留土地。建设用地内的以社区公园及小游园为主，服务周边居民，以填补建成区范围内少量的公园服务覆盖空白（图L3-4）。

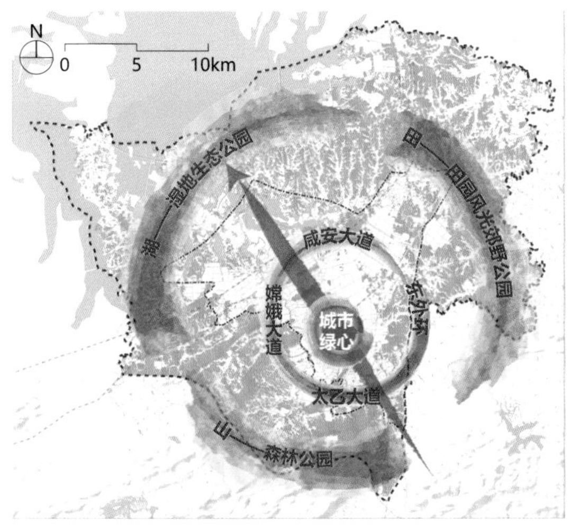

图L3-4　咸宁市中心城区内公园绿地结构示意图

L3-2

合理配置综合公园

依据城市山水格局、人口分布合理布局城市综合公园，以人为本进行功能分区。

L3-2-1

综合公园特色分区

按照“安全、自然、顺势、特色、低碳”的要求规划设计综合公园。避开易发生滑坡、雷击等灾害的区域，以原生态、本地植物、自然修复为主，与周边自然环境巧妙融为一体，展示城市生态魅力，依山就势，顺应地势、地形条件布局林地、草地等绿色景观，彰显城市山水特色。设置科学普及文化娱乐区、体育活动区、儿童活动区、游览休息区、公园管理区等分区。

L3-2-2

综合公园建设要求

综合公园应具有儿童游戏、休闲游憩、运动康体、文化科普、公共服务、商业服务、园务管理等功能，并设置相应的功能分区。布局应符合下列规定。

1. 综合公园的出入口和园路应分级设置，出入口应包括主、次出入口和专用出入口，面积大于20hm^{2}的综合公园除应设主、次出入口外，还应设养护管理专用出入口。同时，主园路应与主出入口相衔接，并形成环路。

2. 综合公园至少应有一个主要出入口与城市干道连通。

3. 应充分利用城市的自然山水地貌、历史文化资源以及城市生态修复区域。

4. 改建、扩建的综合公园面积应大于5hm^2，新建的综合公园面积应大于10hm^2。

5. 综合公园的建筑、园路及铺装场地用地比例应符合表L3-1的规定。

综合公园铺装场地用地比参考表 表L3-1

陆地面积A_1（hm^2）	园路及铺装场地用地比例（%）	建筑用地比例（%）
$5 \le A_1 < 20$	15~30	<5.0
$20 \le A_1 < 50$	10~25	<5.0
$50 \le A_1 < 100$	10~20	<4.0
$100 \le A_1 < 300$	8~18	<2.0
$A_1 \ge 300$	8~15	<1.2

注：其中不对游人开放的建筑面积不应超过总建筑面积的1/3。

社区公园铺装场地用地比例规定表 表L3-2

陆地面积A_1（hm^2）	园路及铺装场地用地比例（%）	建筑用地比例（%）
$A_1 < 5$	20~30	<3.0
$5 \le A_1 < 10$	20~30	<2.5
$A_1 \ge 10$	20~30	<2.0

注：其中不对游人开放的建筑面积不应超过总建筑面积的1/3。

L3-3

均衡配置社区公园

规划分布合理和均衡的社区公园，布局多样化的服务设施，提高公园设施的利用率，提高人民的生活舒适度，改善精神健康状况。

L3-3-1

社区公园均衡配置

社区公园对应十五分钟社区生活圈构建要求，满足社区居民日常生活需求，配置体育、文化、科普教育等特定类型活动场地，为社区邻里提供交流互动、休憩娱乐的场所。社区公园应充分考虑便捷性和可达性，按照500m服务半径均衡布局。

L3-3-2

社区公园建设要求

社区公园应结合全年龄人群需求配置游憩活动设施，满足无障碍设计要求，预留多元、灵活的活动场地，强化各类功能设施的复合建设与使用，其内部布局应符合表L3-2的规定。

1．结合社区人口结构特征，优先满足老年人与儿童活动需求，有针对性地设置活动场地和设施。

2．在社区公园宜设置安全管理、绿色低碳、人机交互等智慧互动场景，增强游憩体验感。

3．规划新建的居住区应结合主入口以及商业服务空间沿街布局附属绿地，并通过围墙退界等方式为社区提供绿色开放空间。

L3-3-3

社区公园增量

老旧社区公园改造宜与拆迁腾退结合，全面增加绿量，具体措施如下。

1．结合老城区更新。全面实施背街小巷综合整治。结合棚户区改造，利用整治腾退地块，增加小微绿地、口袋公园，将林下休闲空间与园路相结合的方式，串联起数个零散空间，形成小微绿地体系，优先进行公园绿地服务盲区的建设。

2．挖掘潜在绿地。增加绿量，营造游憩休闲重要空间，对拆迁腾出来的零散地、闲置地、边角地实施“留白增绿”，配套建设小绿地、小游园、小球场、小广场。存量盘活社区中利用率低下的边角灰色空间，实现“300m见绿、500m见园”。

3．立体空间绿化。场地条件有限的社区可以采取增加单体绿植、种植池、立体绿化等方式，灵活实施见缝插绿、多元增绿。积极推行立体绿化技术，在有条件的建筑物外墙实施垂直绿化。推进家庭种花植绿行动，合理利用房屋楼顶、院落、阳台等，塑造社区微景观（图L3-5）。

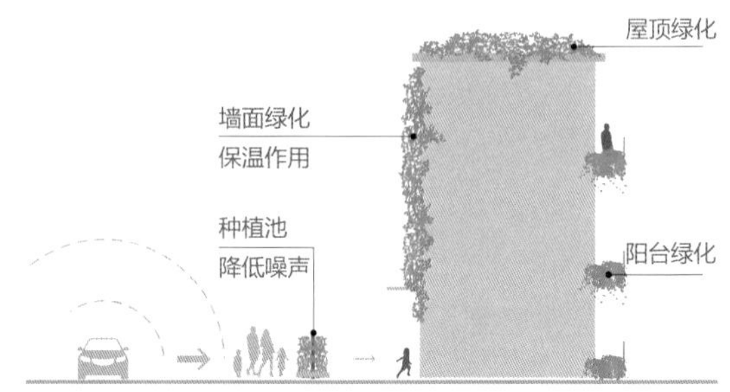

图L3-5 社区竖向空间绿化模式导引示意图

L3-4

彰显特色专类公园

结合城市的历史文化和城市特色，建设具有特定内容或形式的专类公园，如历史名园、植物园、动物园、体育健身公园等。

L3-4-1

科学配置专类公园

专类公园可针对特殊的地形地貌进行设置，也可结合考虑满足儿童、青少年及其他旅游群体的更多需求进行设置。

L3-4-2

专类公园建设要求

各专类公园应有名副其实的主体内容，特色鲜明，结合城市发展和绿地景观建设需要，因地制宜、按需设置（表L3-3）。

L3-5 ※

便捷可入口袋游园

口袋游园宜因地制宜布局，服务于社区居民，有效补充城市各级公园的服务覆盖。

L3-5-1

游园建设条件

结合存量空间更新改造，推动对一些街角空地和整理出的小空间，闲置地、高架桥下等存量空间的盘活利用，推动单位庭院、封闭绿带、临时绿地的开放共享，拓展原有空间的使用方式，规划设计口袋公园式的小游园。

专类公园选址与建设要求推荐表 表L3-3

类型	选址要求	建设要求
动物园	应与易燃易爆物品生产存储场所、屠宰场等保持安全距离，并与居住区有适当的距离。动物园应选址在河流下游和下风方向的城市近郊区域，并应至少设置两个与城市道路相衔接的出入口。野生动物园宜选址在城市远郊区域	园内应设置动物展馆、动物保障和安全卫生隔离设施，面积大于20hm^{2}的动物园应设置动物保障建筑和科普教育设施。动物展区设置应保证动物基本福利要求，丰容设施应按动物生理特征和自然行为为特点设置，同时满足游人观赏和饲养管理的安全要求
植物园	布局应充分利用城市的自然山水地貌以及城市生态修复区域，应选址在水源充足、土质良好的区域，宜有丰富的现状植被和地形地貌，面积应符合现行国家标准《公园设计规范》（GB 51192—2016）的规定	创造适于多种植物生长的环境条件，注重收集和展示本植物区系内的乡土植物资源、迁地保护珍稀濒危植物和经济植物，并满足植物多样性要求。园内应设置科普展示、植物信息管理和生产管理等设施，各植物展示区和代表性植物应设置解说标识，面积大于40hm^{2}的植物园还应设置科研试验、引种生产、标本管理等设施。此外，国外引种的植物应经过隔离检疫圃进行隔离检疫
历史名园	—	体现出一定时期的代表性造园艺术，挖掘利用城市历史文化资源，以城市绿地为具体物质形态，以历史文化资源为主题建设公园绿地，为其提供空间载体，积极发挥公园绿地对文化资源的保护和展示作用。其修复设计须符合《中华人民共和国文物保护法》的规定，各项改造项目不得改变文物原状
遗址公园	—	应在承载公园绿地基本功能的同时，继承公共开发的特性，处理好遗址保护与公园建设的关系。其修复设计手段须符合《中华人民共和国文物保护法》的规定，践行“在保护的前提下利用，在利用过程中促进保护”的理念，实现遗址保护与文化、经济产业的可持续发展
游乐公园	具有良好的环境背景，并独立设置	园内绿化占地比例应大于总用地面积的65%。各类游乐设施的设置、管理应符合相关安全规范要求
其他专类公园	根据公园属性合理布局	根据公园性质和功能合理安排内容，在突出主题的同时兼顾绿地生态性，园内绿化占地比例应大于总用地面积的65%

来源：根据《城市绿地分类标准》（CJJ/T 85—2017）、《园林绿化工程项目规范》（GB 55014—2021）整理所得

L3-5-2

游园建设要求

游园应具备一定游憩功能且方便居民就近进入，园内绿化占地比例应大于总面积的65%，建筑、园路及铺装场地用地比例应符合表L3-4的规定。

游园铺装场地用地比例规定表　表L3-4

陆地面积A_1（hm^2）	园路及铺装场地用地比例（%）	建筑用地比例（%）
$A_1<2$	10～30	<1.0
$2\leq A_1<5$	10～30	<1.5

注：其中不对游人开放的建筑面积不应超过总建筑面积的1/3。

应根据游园长度和布局，合理安排出入口位置、数量，单个出入口宽度应大于1.8m。

可依托城市中的线性空间，如城市道路、铁路防护绿地及滨水绿地，结合城市绿道、碧道打造带状游园。带状游园用地宽度应大于12m，最窄处须满足游人通行、绿化种植带的延续以及小型休息设施布置的要求（图L3-6）。

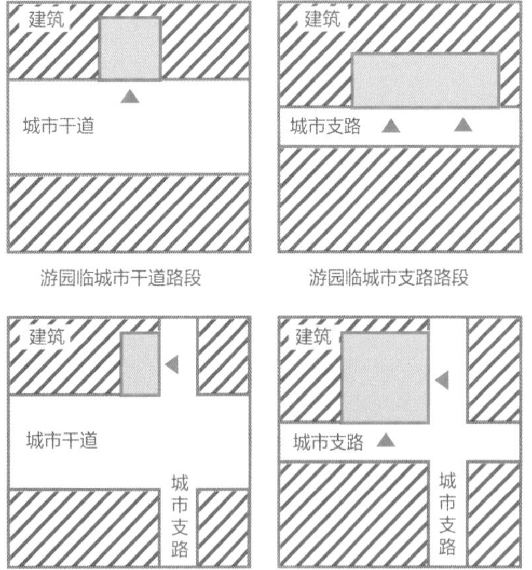

图L3-6　游园入口位置导引示意图

L3-5-3

游园设计要点

保障绿量，完善功能。保障公园中的绿地面积。合理的公园绿地规划应控制建筑占地面积比例，保障绿化用地面积比例，合理安排园路及铺装广场用地的面积比例，并应符合现行国家标准《公园设计规范》（GB 51192—2016）的规定。

适地适树，降低维护。种植形式应以自然群落式种植为主，减少模纹色块，采用多种手法营造多样的植物空间。绿地中应丰富地被植物，并降低绿地养护成本。复层配置要兼顾地被植物与上层植物间的生物学关系（图L3-7）。

图L3-7　公园绿地植物种植形式导引图

借鉴案例：格尔木市城市绿地系统规划

规划保护和利用格尔木市特色生态格局，建立“绿十字”大型公园体系，至2030年规划末期，规划中心城区绿地率达44.27%，绿化覆盖率达48%，规划人均公园绿地面积30.2m^2。

中心城区绿地系统以“一横、一纵、一心、多点、绿网交织”作为整体布局结构，构筑格尔木特色高原生态宜居城市（图L3-8）。提出“五五五一行动”策略，实现500m见绿。规划5个综合公园和1个中央湿地公园、7个社区公园、10个专类公园、100个游园、2个郊野公园、10个城市广场，共计公园绿地135处。

对标国家生态园林城市标准，建设体现高原特色的格尔木林荫路系统，具体包含林荫交通景观大道、林荫滨水景观大道、林荫迎宾景观大道、林荫生活型主干道四类（图L3-9）。

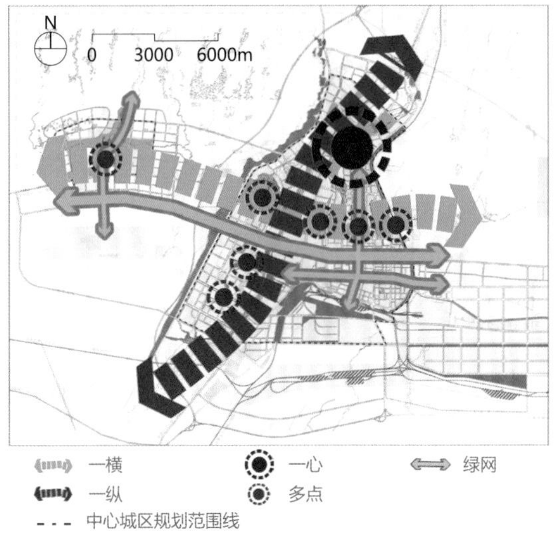

图L3-8　中心城区绿地系统结构示意图

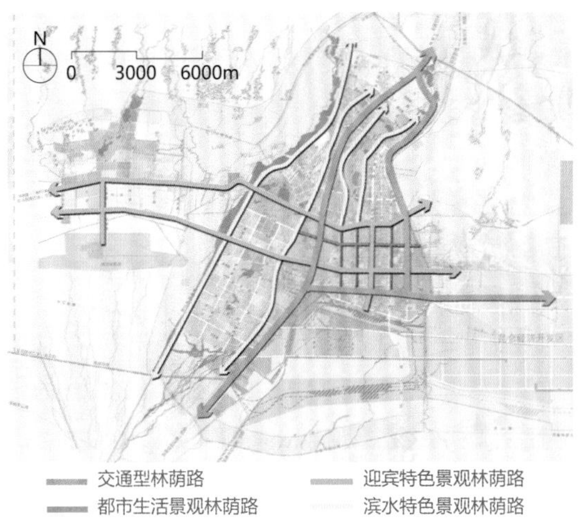

图L3-9　中心城区林荫路规划图

借鉴案例：南宁园博园总体规划设计

第十二届中国国际园林博览会于2018年12月在南宁市召开，园博园主园区面积为275hm^2。园址位于南宁市市区的东南方向，八尺江从这里贯穿而过，水体资源丰富，并分布有大小水塘与清泉。

园区结构分区分为园博会展园区、遗址公园区、配套服务区、田园风光区四大区域，实行“一轴四带”的景观风貌控制导则，形成“一轴五环多节点”的规划结构，提出构建“三湖十八岭，一龙托两翼”的景观特色格局（图L3-10）。

园区按功能分为九大区，主要包括主入口景区、玲珑湖景区、滨水画廊景区、展园景区、清泉湖景区、七彩湖景区、遗址公园景区等（图L3-11）。

图L3-10　景观特色格局规划图

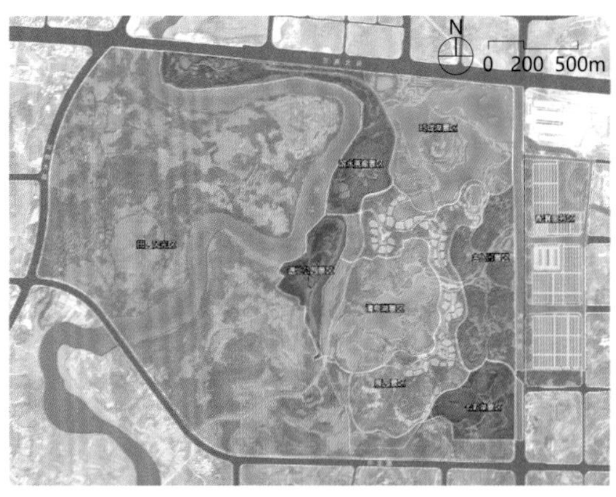

图L3-11　规划分区图

在各类现状分析的基础上，包括用地类型分析、竖向分析、水体分析、植被分析、建筑分析等，利用现有条件，实现景观的展现与优化。在水系规划中，在解决水体的景观补水问题与满足蓄洪功能的基础上，利用现状水体与清泉营造稳定、安全、美观的核心景观（图L3-12）。

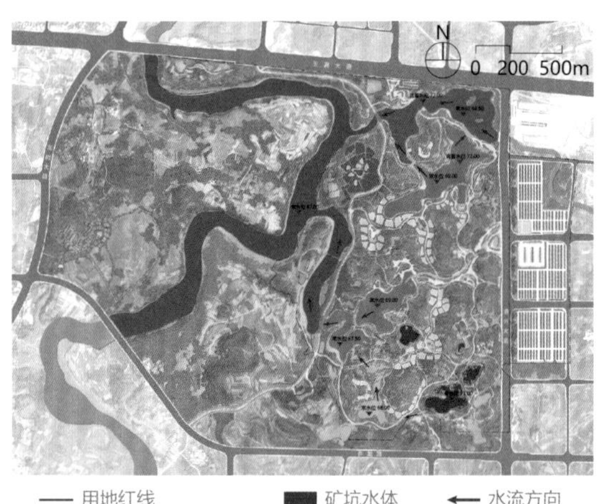

图L3-12 水系规划图

L4

功能提升

L4-1

营造地域景观风貌

城市景观风貌规划应与总体城市设计相协调，明确城市景观风貌定位和景观结构，围绕城市公园体系、历史文化要素提出展现地域自然文化特色的措施。

L4-1-1

明确绿地风貌定位

绿地景观风貌特色是城市风貌特色、气质形象、文化底蕴的重要体现，应依托城市自然山水的风景格局、人地和谐的田园风光、深厚凝重的文化底蕴、创新发展的转型方向、独具特色的地域个性等城市特质开展综合分析，并基于总体规划确定的城市功能布局与空间结构、上位规划对城市景观风貌塑造和城市设计的要求等条件进行提炼。

在进行提炼和总结时，可以从宏观、中观、微观三个尺度进行研究。在宏观尺度上，依托城市的自然环境条件等城市整体特征进行提炼，作为其客观基础。在中观尺度上，从城市各区的功能特质入手，总结出多项具体的风貌特征，并以微观尺度的个体风特色，如建筑及居民人文特色作为补充，凝练为城市整体的绿地景观风貌特色。

L4-1-2

历史文化景观规划

从整体空间格局特色的塑造、区域大环境自然地理格局的保护和城市传统肌理图底关系的延续角度提出城市历史文化景观分区。分片区对街道巷弄、滨水岸线、广场用地等重点区域统筹安排文化主题的绿化。保护历史文化遗迹周边控制地带，尊重场地特质和地域文化内涵，构筑内部绿色开敞空间。做到分布有序、相地合宜，为构建整体城市绿地历史文化景观提供基础[4]。

L4-1-3

生态景观风貌规划

山体景观风貌控制

延续城市山水格局，强化山体对于整体空间环境的主导地位，加强对地形地貌和山体轮廓线的完整性控制，将人工景观与山体形态有机结合。加强山体与城市的视线通廊控制，通过设置山体分级景观控制区域，对城市建筑物的高度进行分段、分级限制，保证从城市可眺望山体，形成城市的自然景观背景（图L4-1）。

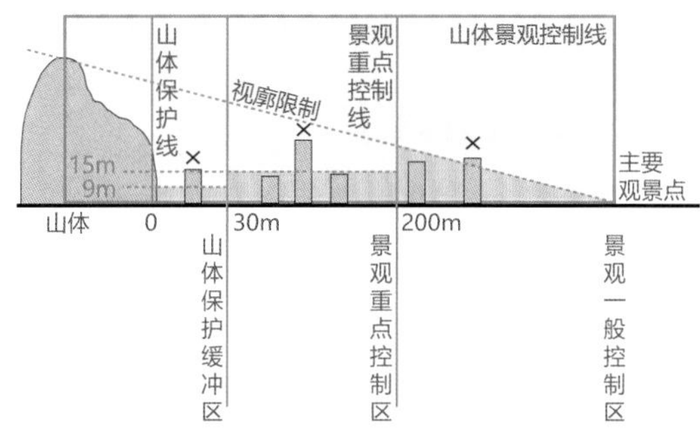

图L4-1　山体分级景观界面划定示意图

水体景观风貌控制

保持城市水体的自然形态，严格控制沿岸建设，尽量保证水岸线的开放性、自然性、多样性，以获得良好的景观效果；依照水体类型和保护要求，控制建筑退让距离，形成和谐流畅的滨水景观。在城镇开发边界内保持水体自然岸线，使用绿色生态材料构筑水岸景观，尤其鼓励使用地方乡土材料。

公园绿地景观风貌控制

在绿地面积、绿地宽度、绿地长度等规模方面，在植物品种、植物规格、植物花色、植物姿态等植物材料的运用方面，在主体风格、文化内涵、特色活动等历史文化的展现方面，在场地铺装、游憩设施、服务设施、公用设施等园林设施的质量方面，在管理方式与管养标准等管理养护水平方面进行公园绿地风貌指引。

道路附属绿地景观风貌控制

道路附属绿地绿化空间较小，可通过运用植物材料强化道路可识别性，建构个性化道路景观格局，形成“一路一景”的城市道路景观。根据道路两侧用地类型，统筹在道路两侧绿地内设置景观小品，其造型、体量、色彩及高度由道路绿化的风格决定。加强对道路对景、借景和远景的控制，营造丰富多变的城市天际轮廓线。通往城市郊区的道路要充分借景沿线景观，适当点缀风景林群、宿根花卉群等，形成疏朗大气、开敞通透的道路景观。

重要节点绿地景观风貌控制

城镇开发边界内的重要景观节点是代表城市景观形象的重要位置，通常包括城市道路入城口的门户景观，城市重要景观路的交汇点、城市中心广场以及城市重要标志景点等。重要景观节点的建设主要以城市绿地为载体开展主题化、特色化建设，突出中心形象、城市形象、历史文化、风俗活动等城市风貌特色。同时，注重合理组织城市商业、文化等功能与城市绿地的结合，以及城市界面的连续性和风貌统一性控制。

借鉴案例：咸宁市自然生态公园城市专项规划

咸宁城市景观风貌具有“水穿城过、城中山立，面湖环山”的特点。为实现“山水连城，连山、连水、连人”的景观风貌塑造要求，根据城市风貌分区控制城市建筑天际线与边际线的和谐关系，突出近公园、中建筑、远山脉的三重空间层次（图L4-2）。

依据城市的山水格局风貌、用地布局及产业规划，将咸宁市中心城区分为滨湖大文化大健康风貌区、森林山地大旅游风貌区、农业风貌区、工业园区与宜居主城风貌区（图L4-3）。

同时，为突出咸宁市主城区内风貌的山水格局与城市特点，构建宜居主城风貌区的核心风貌区，以淦河滨河水岸景观、城中森林山丘景观、老城风貌景观、桂香彩化大道为核心景观资源，集中展示咸宁中心城区山水相依、人文相随的城市核心特色风貌（图L4-4）。

提升重点景观界面的山、水、城的协调关系，控制新建建筑高度，拆除违建建筑，敞开视线通廊。敞开山与山之间的视线通廊，两山之间的建筑控制在50m以下。以人的视点的角度，在道路节点、公园节点等位置打开观山视线通廊，布局城市观山节点。

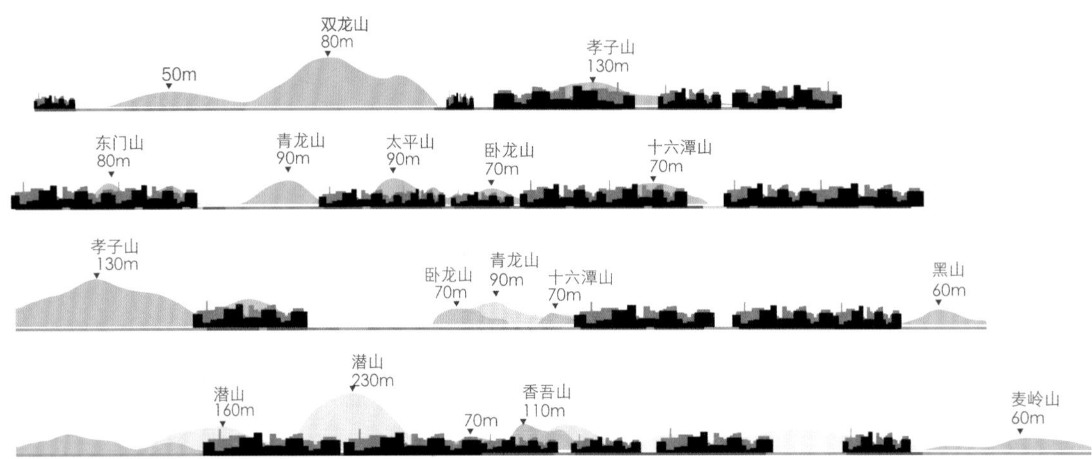

图L4-2　咸宁市城区重点景观界面塑造示意图

图L4-3　咸宁市中心城区风貌控制规划图

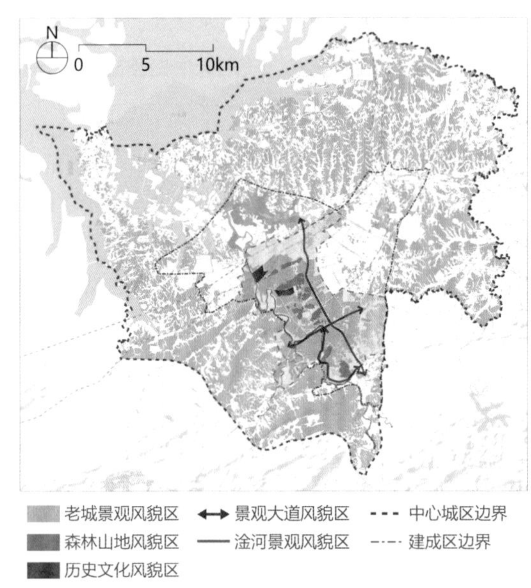

图L4-4　咸宁市主城区风貌提升重点区域示意图

L4-2 ※

保护修复生态资源

开展生态摸底调查和生态评估，制定山体、水体、棕地、绿地等生态资源的保护修复方案。

L4-2-1

开展生态评估

城市生态修复是指采取自然恢复为主、与人工修复相结合的方法，修复城市中被破坏且不能自我恢复的山体、水体、植被、棕地等。

依据《城市生态评估与生态修复标准》（T/CHSLA 10003—2020）开展生态评估，科学诊断城市主要生态问题及其空间分布。

生态评估基本路径

基础调查→问题梳理和分析→生态安全格局识别→分类分级确定实施生态修复任务的优先次序和空间区域→确定生态修复项目和坐标点位→形成生态评估报告，建立信息管理体系。

生态评估基本内容

对山体、河流、湿地、绿地、林地等生态空间、生态要素开展生态系统演变分析，识别受损生态系统空间分布。

重点修复空间识别

通过开展国土空间综合评价，识别拟开展生态修复的重要空间、敏感脆弱空间、受损破坏空间等范围、面积与分布，并制定生态修复分区导引。

确定修复目标和指标

针对现状问题，因地制宜制定与城市发展阶段相适应的城市生态修复近远期目标和考核指标。对照目标，将城市生态修复的阶段目标及其考核指标落实到具体地理区域及四至坐标定位，确定实施生态修复的先后顺序。针对修复对象提出技术措施，明确修复项目的工程内容和建设任务。

选择修复方式

重点修复项目规划指引应根据生态环境受损程度，合理选择修复主导策略，并应符合下列规定：对于没有遭到人为破坏、生态环境良好的区域，以保护措施为主；对于已造成较大生态破坏的区域，应采取必要的工程修复措施；对于受到一定人为干扰和破坏，自然生态系统处于亚健康状态，但尚在自然更新回复能力之内的区域，应在人工辅助下以自然恢复为主的方式进行生态修复。

L4-2-2 山体保护与修复

划定山体保护线

通过划定山体本体线和山体保护线，禁止和限制在山体保护范围内的行为落实山体保护。例如，武汉市颁布的《武汉市山体保护办法》规定，中心城区以内山体的山体本体线一般根据16°的坡面与四周地平面相交的线划定；山体保护线一般沿山体本体线结合自然地形外延不小于30m宽度划定。山体保护主管部门应当根据划定的山体本体线和山体保护线对山体进行勘界，确定山体保护范围，设立保护标志，标明保护范围和责任单位。在山体本体线范围内除系统性确需建设的市政工用设施、必要的山体景观游赏设施、确需建设的军事和保密等特殊用途设施外，禁止其他建设项目。在山体保护线范围内除上述项目，以及系统性确需建设的道路交通设施和公园绿地外，禁止建设其他项目。

划定浅山区保护管控

浅山区是城市重要的生态屏障，浅山区的划定应统筹考虑地形地貌特征和城乡治理要求。例如，北京市划定浅山区，以北京高程系100～300m的浅山丘陵地区为基础，将中心城区及新城集中建设区范围调出。

严格控制浅山区建设用地增长，重点进行生态绿地建设，利用退耕还林、荒山造林、拆迁腾退以及生态修复等措施进一步增加森林面积；严格控制区域内的开发强度、建筑高度、建筑形态风貌等，不得对山地背景和整体环境造成不良影响，建筑形式宜以坡屋顶为主，与环境协调，避免大动土方，实施生态复绿。

借助城市更新清除山脚违建

在城市更新过程中逐步拆除侵占山脚的建筑物，并对山脚进行生态修复，保证山体的完整性。同时，加强城市设计导引，保留实现对山体周边建设的科学管控，拓展观山、游山空间场所，逐步实现“显山露水”目标。

采石宕口的修复

采石宕口的修复治理应根据采石宕口的现状和生态修复利用的客观条件，结合山体受损面积、地质灾害隐患程度、植被生长情况、景观敏感程度进行综合判读，系统制定修复治理目标，协调各类生态环境要素，因地制宜采取边坡治理、尾矿治理、土壤基层改良、水资源修复、微生物修复等措施开展生态修复，削减地质灾害隐患，实现山体复绿。

受损山体的景观利用

景观敏感地区的小型矿山和受损山体，首先进行地质灾害处理，保障山体景观及整体骨架的完整性和空间连贯性，努力保持山体的自然风貌；在其自身的土地资源以及独特的自然景观的基础上加入人文景观元素，通过景观构筑物、公共艺术等方式予以表现。

大型矿山和矿坑的修复工作可与周边资源结合，如与自身工业遗产结合，与大型展会、展园结合，建立生态修复主题的专类公园。

L4-2-3 水系保护与修复

做好河湖岸线保护利用规划

城市河湖水系是城市生态景观的重要组成部分，应从完善和提升城市综合功能的角度，做好河湖水系保护利用与国土空间规划、各类城市建设规划的协调衔接。根据河湖岸带类型划定河湖生态缓冲带，分析河湖岸带主要生态环境问题，选择生态缓冲带保护修复技术，落实生态缓冲带的维护和监测评价。

控源截污阻断水系污染

在保护城市水体自然形态的前提下，结合海绵城市建设、江河湖库水质提升工程、饮用水水源地保护和专项整治工程开展以控源截污为基础的城市水体生态修复，保护水生态环境，恢复水生态系统功能，改善水体水质，提高水环境质量。

推进河湖水系生态修复和环境治理

提升河流湿地的生态化水平。结合山区小流域治理，平原河流和库塘的污染治理，河道采砂迹地和工程建设迹地的修复、河流沿线绿化建设，推进河流湿地生态修复和环境治理。保护、保育集中连片的近自然湿地，保护、保育天然湿地，恢复与新建的近自然湿地，提高湿地植被总体覆盖度，逐步破除“三面光”的驳岸河底硬化。

河道淤塞的修复

分析河道淤塞的原因，将“清除淤塞，水系贯通”作为重要策略，在构建生态雨水处理系统的基础上，提出水系连通结构及实施方案。水系连通的工程主要是连通现状断流的自然河道，并增加径流廊道和人工湿地用于蓄滞雨水。

污染河水的水环境修复

明确市政管网系统的完善对水环境改善具有重要意义，明确截污是水体修复工程的重点工作。通过减污、截污、净污、控污实现海绵城市和污染管控，从根本上改善水源污染带来的水环境恶化。

根据晴雨天的水径流量控制雨污的排水渠道，通过构建不同情境下的水体调蓄与净化路径，实现城市排水系统的生态循环。

建设污水处理设施与湿地净化结合的水净化系统，使污水处理设施净化的水经过地上人工湿地与自然湿地的净化再流入河湖水系（图L4-5）。

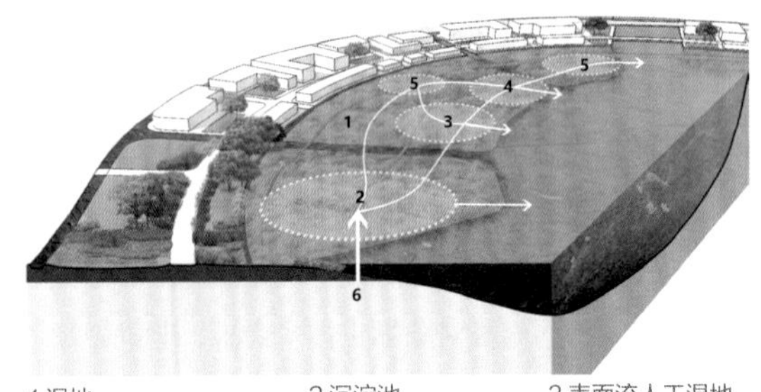

图L4-5 地上湿地公园与地下雨污混合溢流污水（CSO）净化设施结合示意图

岸线修复

根据雨水蓄积量及自身用地特点，对河岸进行海绵化处理，具体实施操作策略可分为两大类：第一类在满足行洪排涝的要求下，利用植物对硬质驳岸的软化处理，提升岸线的生态性；第二类对已有软质驳岸进行景观处理，铺设栈道将提升岸线的亲水性，为市民提供休闲游憩空间（图L4-6）。

河流与岸线的景观利用

在疏通淤塞河道、构建水网体系的过程中，还应充分利用水体景观资源，将生态设施与城市景观、公共活动相结合。在水系淤塞点，可以有条件地结合湿地和连通河道，建设城市湿地公园。

L4-2-4 落实湿地生态保护

做好规划衔接工作

将城市湿地作为城市生态基础设施的重要组成部分，从完善和提升城市综合功能的角度，做好湿地保护利用与国土空间规划和各类城市建设规划的协调衔接。通过系统性河流廊道、绿地廊道的规划建设，提

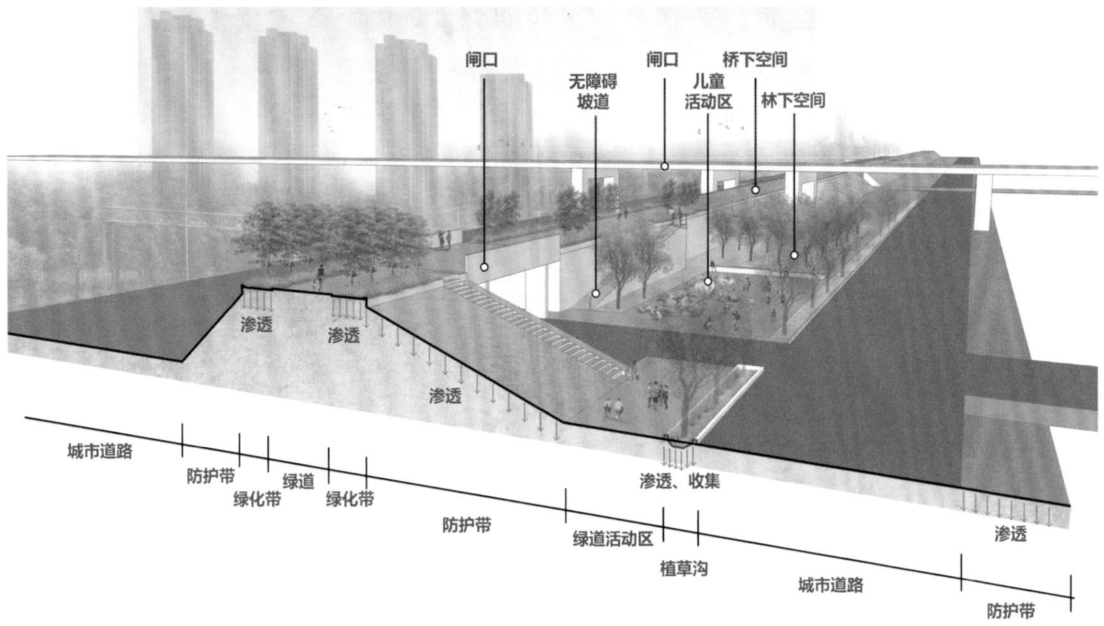

图L4-6　堤坝空间提升与改造示意图

升湿地雨洪调蓄、水质净化、生物多样性保护等综合功能。

湿地面积总量管控

以国土“三调”成果为基础，科学确定湿地管控目标，通过组织实施湿地保护与恢复、退耕还湿、湿地生态效益补偿等方式确保湿地总量稳定。

修复退化湿地

开展湿地修复工作，采取近自然措施，增强湿地生态系统自然修复能力，重点开展生态功能严重退化湿地生态修复和综合治理，加强重大战略区域湿地保护与恢复，开展湿地保护工程。

纳入蓝线、绿线保护

依据《城市蓝线管理办法》《城市绿线管理办法》，将城市湿地纳入城市蓝线、城市绿线严格管理，城市建设发展不得对其用地进行侵占。保持和发展城市蓝、绿用地面积规模，是保障城市可持续发展、营建宜居环境的基础。城市湿地兼具水陆用地，是城市蓝、绿用地的重要组成部分，保护好城市湿地尤为重要。

推进湿地公园建设

基于生态系统完整性实现湿地系统从源头到末端的全过程管控，推进城市湿地可持续利用。积极推进城市湿地公园建设，利用城市湿地公园，展示湿地生态服务功能，开展湿地科普宣传教育活动，提高公众湿地保护意识，增强人民获得感。

L4-2-5
棕地修复

开展土壤监测

对于受过污染的棕地，修复的核心是保障人体健康和环境安全。其第一步是与环境工程专业密切配合，对基地的污染情况进行详细勘察监测，了解土壤和地下水受污染情况，进而根据土壤污染原因、污染程度确定修复目标，并制定对应的生态修复策略，解决环境安全问题。

植被恢复

可以利用植物帮助棕地土壤的修复，但通常需要较长时间，因此该方式往往用于已完成基本处理的土壤，在处理后的土壤上种植高效累积植物，通过其生长活动进一步将土壤污染物吸收转移进入植物体，再对植物进行收割和处理，起到再次修复的作用。

加强后期监管

根据项目的规划和修复策略，通过规划管理主体和加强公众参与等策略，开展后期监管，确保项目顺利进行和避免二次污染。

棕地的景观利用

棕地在进行生态修复并满足环境质量安全标准后可进行再利用。结合场地历史，可通过使用工地废料和再生材料，将场地改造为具有历史文脉的公共场所空间、遗址主题公园，解决可持续性发展的问题。

L4-3 ※

城市生物多样保护

开展生物多样性本地调查，从提高景观连通性、有效利用植物资源、加强生物遗传资源研究、防范生物安全风险等方面促进城市生物多样性保护。

L4-3-1

开展城市生物多样性本底调查

以生物多样性保护优先区域为重点，开展生态系统、物种、遗传及景观多样性的评估，建立生物多样性数据库和信息平台，摸清生物多样性保护优先区域本底状况，开展生物多样性现状分析评价。

L4-3-2

保护路径

建立廊道提升生态连通

建立生态廊道是景观生态规划的重要方法，按照生态廊道的主要结构与功能，可将其分为线状生态廊道、带状生态廊道和河流廊道三种类型。由于生态廊道结构与功能的复杂性，通常使得廊道宽度具有很大不确定性。相关研究表明，只有廊道宽度达到一定阈值后，对物种多样性的影响才会显现，这个阈值约为12m。

有效利用植物资源

在绿地景观建设中加强城市生物多样性保护，既要突出乡土植物景观特色，为各类地域性动植物营建适宜的生境条件，也要不断丰富适用于园林绿化的植物和群落。要达到生物多样性的目的，除了遵循乔、灌、草结合，常绿、落叶兼顾，速生、慢长共存以及适地适树等基本原则之外，还应重视植物在生态系统中所能发挥的功能，发挥其为鸟类、昆虫、食草类动物等消费者提供食物的能力，维持生态系统的正常运行。在树种选择上，要考虑观花植物的数量和花期的分配能否为蜜蜂等益虫提供蜜源，观果树种的数量和开花、挂果季节分配能否为城市留鸟提供正常的食物等。

对珍稀濒危植物物种进行迁地保护，对古树名木进行普查建档，划定保护范围。植物多样性的保护以就地为主、迁地为辅，以保护地带性植被、天然湿地、野生珍稀濒危植物、特殊价值的风景林、古树名木等优先领域为重点，以构建城市绿地植物物种乡土化和丰富的群落多样性为突破口，建立分级保护体系。

加强生物遗传资源研究

开展生物遗传资源价值评估，加强对生物资源的发掘、整理、检测、培育和性状评价，筛选优良生物遗传基因，建设野生动植物人工种群保育基地和基因库。完善本地区生物遗传资源库，收集保存国家特有、珍稀濒危及具有重要价值的生物遗传资源。建设药用植物资源、农作物种质资源、野生花卉种质资源、林木种质资源中长期保存库（圃），合理规划和建设植物园、动物园、野生动物繁育中心。

防范生物安全风险

加强对野生动植物疫病的防护。建立健全生态安全动态监测预警体系，定期对生态风险开展全面调查评估。完善生物安全查验机制，严格外来物种引入管理。严防严控外来有害生物物种入侵，开展外来入侵物种普查、监测与生态影响评价，对造成重大生态危害的外来入侵物种开展治理和清除。

L4-4 ※

有序推进立体绿化

充分利用不同城市立地条件，选择攀缘植物及其他植物栽植并依附各种构筑物及其他空间结构的绿化方式，包括立交桥、建筑墙面、坡面、河道堤岸、屋顶、门庭、棚架、阳台、栅栏及各种建筑设施上的绿化。

商业综合体项目鼓励在转换层设置绿化架空层。建筑物外立面绿化，鼓励采用生态建筑形式，宜在外立面栽植攀缘植物或在架设载体上栽植悬垂植物。毗邻城市街道的单位、居住区应采用通透式围墙，透空透绿，与城市景观融合。在植物品种选择方面，应尽量选用速生攀缘植物。平屋顶及屋面坡度小于15°的坡屋顶，应做屋顶绿化；平屋顶适宜采用花园式、组合式或地被式屋顶绿化，坡屋顶适宜采用地被式屋顶绿化（图L4-7）。

图L4-7　城市立体绿化示意图

L5

实施管控

L5-1

精准实施用地管控

应结合城市国土空间总体规划“一张图”，统筹城市各规划分区中城市绿地的管控要求，结合规划分区的功能要求，明确建设重点和管理方向。

L5-1-1

城镇集中建设区

落实城市国土空间总体规划要求，划定城镇集中建设区内的绿线，并提出控制要求，为详细规划提供引导和支撑。绿线划定参考《城市绿线划定技术规范》（GB/T 51163—2016），明确现状绿线和规划绿线。现状绿线划定应明确绿地类型、位置、规模、范围，宜标注其管理权属和用地权属。规划绿线划定应明确绿地类型、位置、规模、范围控制线，标注土地使用现状和管理权属。

L5-1-2

城镇弹性发展区

在保证空间结构整体完整性、提升连通性的基础上，对城镇弹性发展区与城镇集中建设区的管控要求基本一致，未开发建设区域更应该注重保护自然风貌和历史文化特色。

L5-1-3

特别用途区

功能保障

绿地景观用地是特别用途区的重要组成部分，通过促进自然水系、连通城市绿廊等蓝绿空间的协同建设，串联生态斑块，促进不同生态系统之间的物质循环和能量流通，与自然生态空间共同发挥生态系统服务。

空间结构

在布局上应保证其与自然生态空间的连接，基于生态过程连续的原则，构建城市结构性绿地，以生态廊道、绿道、风廊的形式对外与自然生态空间连接、对内生态要素相互联通。

格局风貌

尊重现有区内的山水格局，保持现状肌理。在发挥风景游憩、防护隔离等功能时，充分保护融入山水林田湖等自然要素，顺应山水、契合地貌，反映原有的山水格局，凸显城市地域特色。

L5-2

加强规划指标管控

在国土空间规划的指导下，在城镇集中建设区提出功能评价和建设引导类指标管控要求，探索城市绿地景观在控制性详细规划层面控制指标。

城镇集中建设区

在总体规划层面，其指标体系的设置具有多目的的特征：一是能够衡量城市绿地景观功能的评价类指标；二是引导城市绿地景观科学建设的引导类指标。具体标准值还待进一步研究确定（表L5-1）。在控制性详细规划层面也应进一步探索绿地景观在景观风貌和绿地功能等方面的引导指标。

城市绿地景观规划指标示例表　　表L5-1

指标分类		指标
功能评价类		城市综合物种指数、生物多样性指数、生态廊道连通指数、市民满意度（%）……
建设引导类	保护与修复	蓝绿空间占城镇开发边界的面积比例（%）、景观连接度、水体生态性岸线比例（%）、破损山体生态修复率、废弃地生态修复率……
	建设与管控	城市自然调蓄空间比例（%）、海绵城市建设面积比例（%）、城镇开发边界内规划人均区域绿地的面积（m^2）、绿地率（%）、绿化覆盖率（%）、万人拥有综合公园指数、人均公园绿地面积（m^2）、城市道路绿地达标率（%）、公园绿地和广场用地500m服务半径覆盖居住用地的比例（%）、城市附属绿地达标率（%）……

注　释

❶ 张云和，李雄．基于城市绿地系统空间布局优化的城市通风廊道规划探索——以晋中市为例［J］．城市发展研究，2017（5）：35-41.

❷ 王洁宁，王浩．新版《城市绿地分类标准》探析［J］．中国园林，2019，35（4）：92-95.

❸ 蔡文婷，王香春，陈艳．公共健康导向的城市公园体系构建思考［J］．城乡建设，2020（8）：33-37.

❹ 钱凡，张力，王浩．基于城市绿地系统的城市历史文化景观研究——以扬州市为例［J］．中国园林，2016，32（6）：105-110.

H1 - H5

历史文化资源保护与利用规划技术指引

HISTORICAL RESOURCES CONSERVATION PLAN

H

历史文化资源保护与利用规划技术指引

H1	**保护程序**	
H1-1	资源认定价值评价	
H1-2	分类保护活态传承	
H1-3	以用促保合理利用	
H1-4	信息平台动态监管	
H2	**保护要点**	
H2-1	城镇村域保护要点	
H2-2	重点地段保护要点	
H2-3	重点建筑保护要点	
H3	**保护管理**	
H3-1	保护管理总体要求	
H3-2	保护管理要求汇总	
H4	**活化利用**	
H4-1	发展潜力评价方法	※
H4-2	分类活化利用方法	
H5	**管理监督**	
H5-1	精准落位空间数据	※
H5-2	从严建立管控机制	※
H5-3	全面实行动态监管	※

注：标注星号的为体现绿色理念的规划技术，不带星号的为传统规划技术。

理念及框架

目标任务

2019年，习近平总书记在北京看望慰问基层干部群众时强调：一个城市的历史遗迹、文化古迹、人文底蕴，是城市生命的一部分。文化底蕴毁掉了，城市建得再新再好，也是缺乏生命力的。要把老城区改造提升同保护历史遗迹、保存历史文脉统一起来，既要改善人居环境，又要保护历史文化底蕴，让历史文化和现代生活融为一体。

2021年9月3日，中共中央办公厅、国务院办公厅印发的《关于在城乡建设中加强历史文化保护传承的意见》强调，在城乡建设中以系统保护传承城乡历史文化遗产为目标，建立分类科学、保护有力、管理有效的城乡历史文化保护传承体系；完善制度机制政策、统筹保护利用传承，做到空间全覆盖、要素全囊括，既要保护单体建筑，也要保护街巷街区、城镇格局，还要保护好历史地段、自然景观、人文环境和非物质文化遗产，确保各时期重要城乡历史文化遗产得到系统保护。

本《指引》将实现经济、社会和历史文化资源可持续利用作为总目标，系统梳理历史文化资源名录，深入挖掘历史文化资源，提炼区域文化价值，实现完整保护自然和历史文化资源目标；同时统筹保护利用传承的关系，明确保护传承和活化利用的技术路线，在保护的基础上优化城乡空间关系，并进一步加强管理监督机制。

本《指引》一方面可用于解读政策和技术要点，另一方面可用于指导规划编制工作，讲好中国故事。

基本理念

本《指引》突出绿色发展理念，立足历史文化资源保护与利用技术研究，坚持保护底线，科学阐述保护与发展关系，研究视野将历史文化资源要素全囊括、空间全覆盖，创新活化融入城乡建设。希望实现历史文化资源活态保护、活态传承、活态发展。

1. 价值导向，应保尽保。以历史文化价值为导向，按照真实性、完整性的保护要求，适应活态遗产特点，全面保护好古代与近现代、城市与乡村、物质与非物质等历史文化遗产，在城乡建设中树立和突出各民族共享的中华文化符号和中华民族形象，弘扬和发展中华优秀传统文化、革命文化、社会主义先进文化。

2. 合理利用，传承发展。立足本地资源禀赋，突出地域特点、文化特色、时代特征，延续历史文脉，促进资源创造性转化、创新性发展，将保护传承理念融入现代生活，满足人民群众日益增长的对美好生活的需求。

3. 统筹推进，科学管理。坚持上下联动，统筹规划、建设、管理、监督等各项工作，促进历史文化保护传承与城乡建设融合发展，增强工作的整体性、系统性以及延续性。

4. 多方参与，形成合力。鼓励和引导社会力量广泛参与保护传承工作，广察民情、广纳民意、广聚民智，充分发挥多主体的多元作用，激发人民群众参与的主动性、积极性。

技术框架

历史文化保护专项规划应按照“资源认定—价值识别—分类保护—管理监督”的流程开展工作，其具体内容包括（图H）：

认定资源价值，确立保护框架；

进行价值识别，明确保护重点；

拓展潜力评价，分类保护传承；

确定管理要求，建立监督机制。

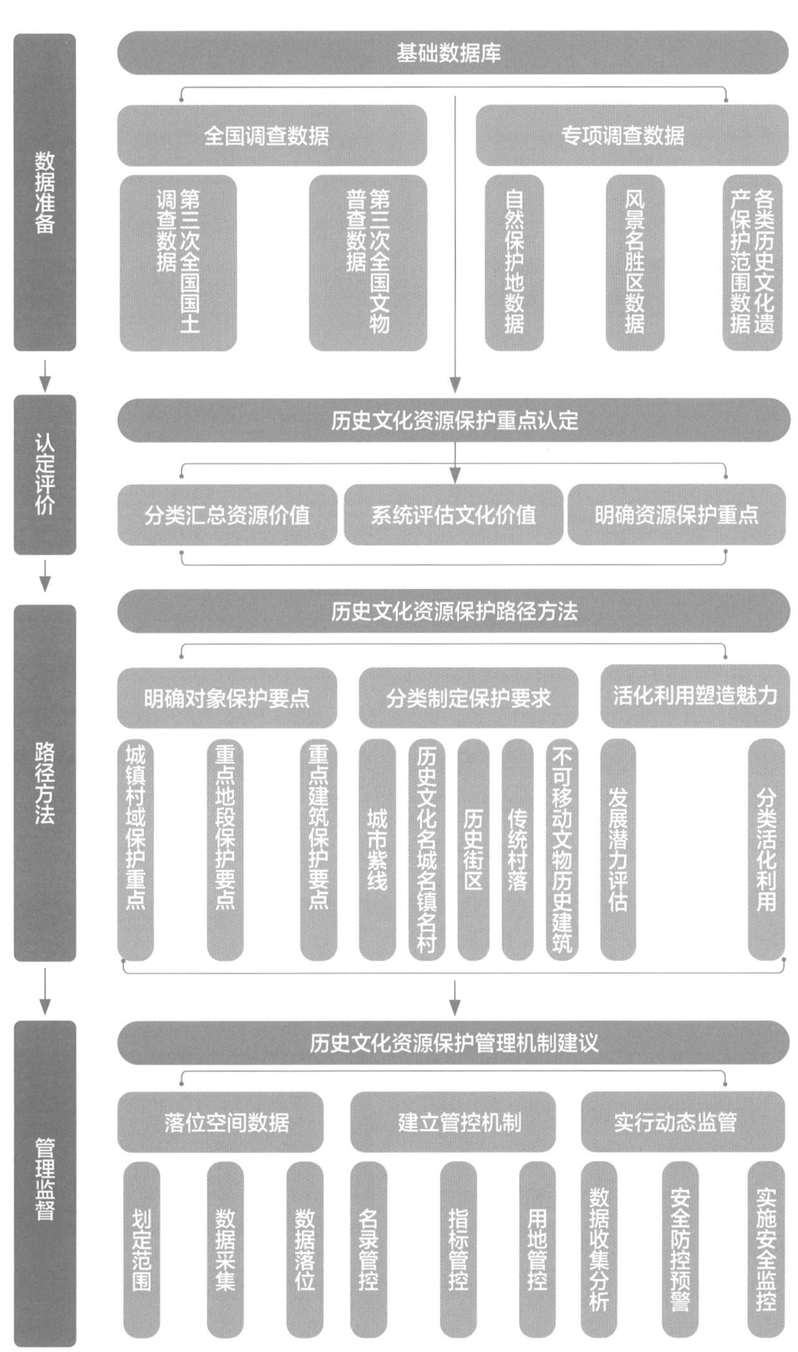

图H　历史文化资源保护与利用规划工作框架示意图

H1 保护程序

H1-1 资源认定价值评价

梳理历史沿革、演变和遗产构成，厘清文化脉络；从历史、艺术或科学角度分析历史文化资源的普遍价值和特色价值。

城乡历史文化保护传承体系是以具有保护意义、承载不同历史时期文化价值的城市、村镇等复合型、活态遗产为主体和依托，保护对象主要包括历史文化名城、名镇、名村（传统村落）、街区和不可移动文物、历史建筑、历史地段，与工业遗产、农业文化遗产、灌溉工程遗产、非物质文化遗产、地名文化遗产等保护传承共同构成的有机整体。

建立城乡历史文化保护传承体系的目的是在城乡建设中全面保护好中国古代、近现代历史文化遗产和当代重要建设成果，全方位展现中华民族悠久连续的文明历史、中国近现代历史进程、中国共产党团结带领中国人民不懈奋斗的光辉历程、中华人民共和国成立与发展历程、改革开放和社会主义现代化建设的伟大征程。

选址特色和空间格局反映出该区域营造思想、文化传承、历史延续与自然环境景观和谐相处，可以代表传统的居住地或使用地的考古价值。

历史文化资源的丰富程度、规模及完整性，包括该地区文物保护单位、登记在册不可移动文物、历史建筑、历史环境要素、非物质文化遗产等，以判断不同历史文化资源的类型及其影响力。

建（构）筑物的久远度、稀缺度、占地规模、占地比例、丰富程度及完整程度、工艺类型，反映出该区域建（构）筑物的集中程度及建造工艺特色。

H1-2 分类保护活态传承

历史文化资源保护不仅要做到空间全覆盖、要素全囊括，更要加强各部门管理统筹协调，强化城乡建设与各类历史文化资源保护工作协同。

历史文化资源挖掘需要做到应保尽保。在城乡建设中按照真实性、完整性的保护要求，适应活态遗产特点，全面保护好古代与近现代、城市与乡村、物质与非物质等历史文化遗产，要保护好历史肌理、历史街巷、空间尺度和建筑单体，以及古井、古桥、古树等环境要素，也要保护好传统格局、历史风貌、人文环境及其所依存的地形地貌、河湖水系等自然景观环境。疏解与历史文化保护传承体系不相适应的功能，同时推进城市更新、设计管控、风貌协调工作。

历史文化资源保护由不同部门管理，因此应强化城乡建设与各类历史文化遗产保护工作协同，加强制度、政策和标准的协调对接。加强跨区域、跨流域历史文化遗产的整体保护，积极融入国家重大区域战略发展。

H1-3 以用促保合理利用

在充分评估文化价值、保护历史文化资源的前提下，开展发展潜力评估，与城乡建设有机结合活化利用，从而不断满足群众对美好生活的向往。

在前期历史文化资源价值评价的基础上，统筹城乡空间布局，妥善处理人居环境改善和历史文化资源关系，逐步疏解与历史文化保护传承不相适应的功能。依托现状功能以及历史文化资源不同属性建设文化展示、传统居住、特色商业、休闲体验等不同功能区，完善城乡功能，提升城乡活力。

按照保护为主的前提，采用“绣花”“织补”等微改造方式，稳妥推进城乡更新。适当增加历史文化名城、名镇、名村（传统村落）、街区和历史地段的公共开放空间，补齐配套基础设施和公共服务设施短板。加强多种形式应急力量建设，制定应急处置预案，综合运用人防、物防、技防等手段，提高历史文化名城、名镇、名村（传统村落）、街区和历史地段的防灾减灾救灾能力。

H1-4 信息平台动态监管

将历史文化资源空间信息纳入空间基础信息平台，按照基础信息平台数据标准，结合建立历史文化资源数据库，及时将文物资源的空间信息纳入同级平台，建立数据共享与动态维护机制。

建立健全历史文化资源空间基础信息平台，可分为名录编制、指标管控、用地管控、数据分析、安全防控、实时监控六个部分，应按照实际情况建库。

1．名录编制：基于GIS平台的历史文化资源名录编制研究。依托历史文化资源体系，分类、分级制定历史文化资源名录，并录入GIS平台搭建的数据信息库。一是为便于历史文化遗产的分类申报认定、保护规划编制、统筹管理、项目审批，二是便于根据历史文化遗产的认定与撤销动态调整和维护。

2．指标管控：历史文化资源保护利用指标管控体系搭建研究。将历史文化遗产资源保护作为重要类型纳入相关规划指标体系，将历史文化遗产资源数量、历史文化遗产资源面积作为约束性指标纳入保护体系。

3．用地管控：以“一张图”为导向的历史文化资源用地管控机制研究。构建基于“一张图”的“登、审、征、供、用、查”文化资源用地管控机制，将保护用地红线纳入“一张图”予以展示监测。

4．数据分析：基于物联网的数据集成与动态分析平台反馈研究。基于移动端数据共享和信息搜集技术，由数据收集、数据挖掘分析及智慧模块组成，对各维度、各尺度的历史文化资源数据进行整合，形成共享数据库的建立，运用到城市多源数据分析与决策过程中的用户评价实时反馈，有针对性地提升游客体验，增加游客量，提升历史文化资源运营管理水平。

5．安全防控：智能防灾预警网络构建研究。依托物联网，结合多样监测手段，通过监测网点布设，建设自然灾害群测群防监测网络，以管理支撑层级化、监测手段多样化、数据采集智能化、预警预报及时化和信息服务一体化为导向，实现及时预警。

6．实时监控：以“三防”为导向的文化遗产实时监控体系搭建研究。为保障历史文化遗产安全，依托实时监控系统，建设集监听、声控报警、立体防范、预警联动于一体的文物安防实时监控体系，看护人防、物防、技防三结合。一旦发生入侵、盗窃、破坏等不法行为，系统能迅速将报警信息发送给监控人员、巡逻人员、相关部门等，确保文物安全。协助相关行业主管部门，建立城乡历史文化保护传承日常巡查管理制度，及时发现并制止各类违法破坏行为。加强对城乡历史文化资源数据的整合共享，提升监测管理水平。

H2 保护要点

H2-1 城镇村域保护要点

明确保护原则，遵循科学规划、严格保护原则，保持并延续其传统空间格局和历史风貌，保护历史文化的真实性、完整性，传承和弘扬中华优秀传统文化，并恰当解决经济社会发展和历史文化遗产保护的关系。应当整体保护，保持传统空间格局、历史风貌和尺度，且不得改变与其相互依存的自然景观和环境。

H2-1-1 自然景观

严格保护与城镇村密切相关的自然环境，保护自然山水格局，禁止可能影响生态环境及城镇村格局的建设活动；保护“山一水一田一林一草”的生态格局；保护水资源环境，不得改变现状自然水系的走向及生态护坡形式，并禁止生活、工业污水未经处理直接排入；保护水渠的走向和形态，不得随意改动其流向；加强对山体的生态保护与修复，严禁在周边新建任何有污染的企业，禁止挖山、伐木、倾倒垃圾等一切对生态环境造成重大影响的违法行为[1]。

借鉴案例：江苏省淮安市历史文化名城保护规划

淮安城整体展现中国城市传统营造智慧，展现了水乡城市规划的高超技艺，营造城市人文环境与自然融为一体的总体山水格局。规划不仅将城区内月湖、勺湖、荷湖、萧湖与桃花垠组成的“四湖一垠”大运河支系作为保护重点，也将京杭大运河江苏淮安段以及与之紧密相关的河湖水系作为管控重点，保持和恢复河道湖泊原有的自然堤岸风貌。对有迹可循、历史风貌好的被填弃的河道，在条件合适的情况下根据不同情形逐步恢复（图H2-1）。

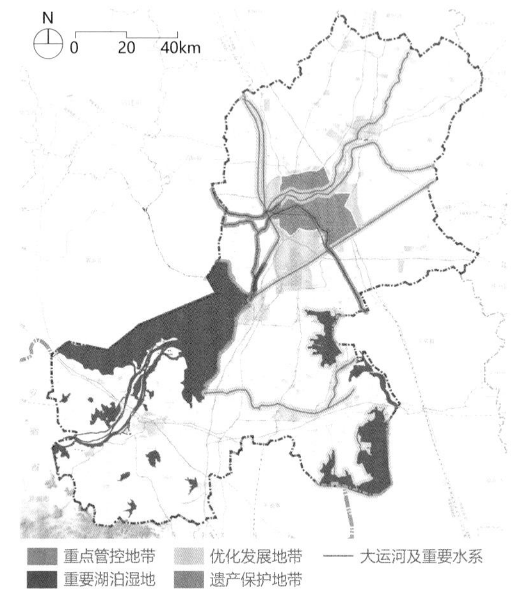

图H2-1 淮安市自然景观保护图

借鉴案例：重庆市龙兴镇历史文化名镇保护规划

龙兴镇地处川东平行岭谷，铜锣山和明月山之间，兼具丘陵和平原地貌特点，地势北高南低，西高东低，生态格局完整，山水资源丰富。规划将对古镇影响的铜锣山、明月山等进行保护，控制建筑建设高度、开发强度和景观视廊，分级保护境内河道，明确周边建设高度与体量需与河道环境相协调（图H2-2）。

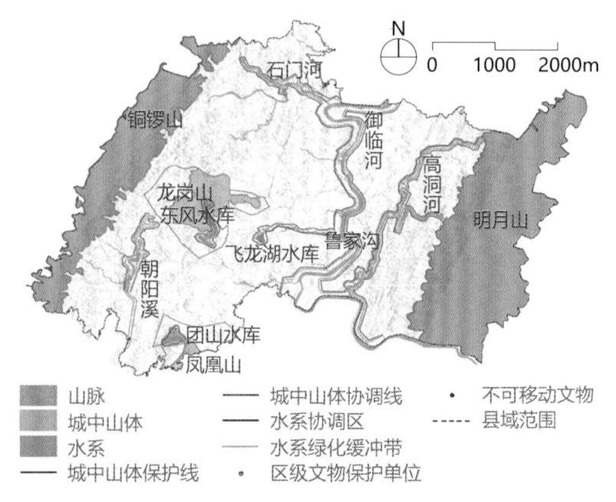

图H2-2 重庆市龙兴镇自然景观保护图

借鉴案例：西藏工布江达县错高村传统村落保护发展规划

错高村保留了古朴原始的文化习俗，是研究巴松措以及工布地区村落文化的重要载体。规划将村南平展的湿地、湖水及草原景观，村北传统农牧生产及灌木林景观和村落周边雪山景观划定为保护对象。以尊重并适应村落所处的自然生态环境；保护村落周边的自然景观，保护村域范围内的农牧田地和林业资源，保护村落内外的文化互动空间为原则制定空间管制规划。根据现状建成区和未来发展需求划定适宜建设区、限制建设区和禁止建设区。在保护林地、水体、草地的基础上，完整保留转湖节活动胜地，使其成为深度探险巴松措景区的服务中枢区，也是最完整的传统村落（图H2-3）。

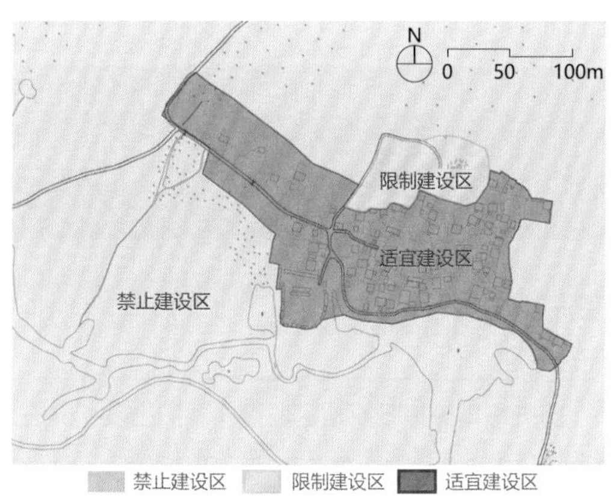

图H2-3 工布江达县错高村自然景观保护图

H2-1-2
传统格局

传统格局包含城镇村与地形环境之间的关系、轴线街巷等线性体系和重要空间节点等，形成整体功能空间布局、街巷构架（包含河道）和公共空间系统。城镇村传统格局保护要充分融入城乡建设，妥善处理新城和老城的关系，合理确定老城建设密度和强度，逐步疏解老城内与历史文化保护传承不相适应的城市功能，稳妥推进城市更新。

整体格局保护

梳理城镇村整体演变及其相依存的历史环境，整理影响其发展的主要因素。应从整体层面提出保护要求，包括城镇发展方向、山川形胜、布局结构、城市风貌、道路交通、基础设施等方面，协调新城和老城的关系。

借鉴案例：广西柳州市鹿寨县中渡镇保护规划

中渡镇背山面水，“山水城”空间格局完整延续，“城河一体”军事防御体系风貌依存，古城墙、古码头、古炮楼、古城门、古桥、古井等建设成就众多，是广西文化遗存的重要组成部分。规划将古镇保护与城镇空间发展统筹考虑，构建以保护优先的城镇发展空间序列，在结合古镇总体规划的基础上，活力新区—古镇—田园景观—北岸生态组团，创造古、今、自然环境交相辉映的空间序列（图H2-4）。

图H2-4 柳州市中渡镇城镇格局图

线性空间保护

线性空间包含影响城镇村发展的文化线路如古驿道、河道、长城、铁路沿线等。线性空间的保护不但需要考虑道路本身，更需要注重线路产生的文化影响，保护其沿线能展示其功能性的资源点。以山脉、水系、古驿道等为依托，并依据重要程度划定保护范围。

借鉴案例：山东省聊城市国土空间规划历史文化专项规划

聊城有2500多年的建城史，是集大汶口文化、龙山文化、运河文化、农耕文化、商埠文化、红色文化、古城文化于一体的城市。因其地处黄河文明和运河文明交汇处，两种文明共同孕育城市。通过对聊城历史文化资源的梳理，构建“点—线—面”空间保护体系，保护大运河文化线与黄河文化线，临清文化富集区、东昌府文化富集区、阳谷文化富集区（图H2-5）。

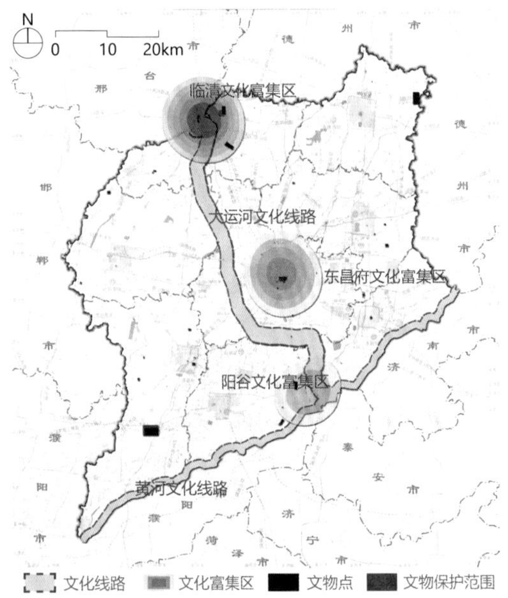

图H2-5 聊城市空间保护体系图

H2-1-3
城区镇区

城区镇区保护要统筹城乡空间布局，妥善处理新城和老城关系，合理确定老城建设密度和强度，经科学论证后，逐步疏解与历史文化保护传承不相适应的产业功能。通过控制城市视廊、建筑高度、建设开发强度。城镇村历史风貌需要加强重点地段管控和建筑、雕塑设计引导，鼓励继承创新。彰显城市特色，避免“千城一面、万楼一貌”。

借鉴案例：云南省玉溪市中心城区建筑风貌导则

玉溪地处云南滇中腹地，群山环抱、绿水穿城，气候特征明显、历史文化深厚。建筑特色明显，地域性、民族性特色较为突出，同时作为市域经济、政治、文化、商业、科技、信息和物流中心，中心城区建筑应具备时代特征。通过对城市选址、布局、天际线、景观要素、特色建筑的风貌特征进行分析，提炼出玉溪城市风貌总体定位与建筑风貌定位。

总体层面，通过划分风貌区，从建筑风格、建筑材质、建筑色彩、禁止要求提出指引。线性层面，针对沿山界面、沿河界面和城市道路两侧等重点界面制定了风貌引导要求。建筑单体层面，通过风貌特征与建筑功能交叉管控，制定不同程度的引导方法与策略。

H2-2
重点地段保护要点

在城镇村整体格局保护的前提下，为了更好管理与重点保护，对历史文化资源相对集中的区域从重点地段的维度进行保护。

H2-2-1
历史格局

历史格局保护既要从区域整体保护出发，又应注重细节，要对区域内城市风貌、历史街巷、重点建筑、环境要素等进行重点保护。应通过划定保护区划的方式，保护范围的确定应边界清楚、便于管理。保护区划一般包含核心保护范围和建设控制地带。

借鉴案例：河北省张家口市张家口堡历史文化街区保护规划

规划明确街区内整体格局与风貌、历史街巷、文物保护单位、传统风貌建筑、历史环境要素的保护重点，划定核心保护范围与建设控制地带。明确保护区划内的建设控制要求和建筑高度控制要求。对于核心保护范围内新建、改建、扩建项目，建筑形式、高度、体量、饰面材料以及建筑色彩、尺度、比例上应与传统建筑风貌协调（图H2-6）。

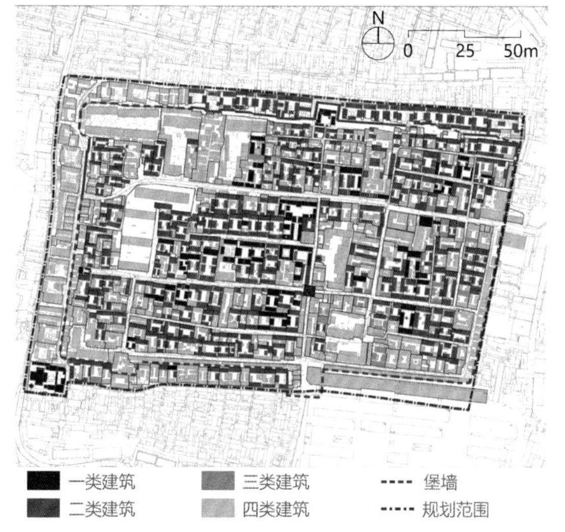

图H2-6 张家口市张家口堡历史文化街区建筑综合评价图

H2-2-2
历史街巷

历史街巷的保护控制要点主要在街巷格局、空间形态及附加设施、界面尺度与材质几个主要层面。保持并延续其格局的真实性、完整性，应当整体保护，保持传统空间格局、历史风貌和尺度，且不得改变与其相互依存的自然景观和环境。

街巷格局

街巷保护格局应满足主要功能的通行要求，除安全防灾需要必须新增道路外，不应开辟新街巷。按街巷现状条件考虑允许小型私家车通过、自行车穿行或者仅作为步行路，在保护区外围划定交通线路分散机动车交通流。

空间形态

整体保护历史街巷，维护街巷立面的形式、色彩、材料等方面的统一性、连续性和视觉景观的完整性，对与历史风貌不协调的建筑要逐步改造。限制在现有道路上搭建建筑物或者拓宽道路，非必要不将历史街巷改为柏油路、水泥路。严格保护街巷两侧的历史建筑高度和形式。对于已明确规定的特色街巷，应对其高宽比做明确测量计算，街巷两侧重建建筑高度应控制在适宜高宽比范围内。

附加设施

街巷中其他城市家具设施小品和历史风貌相协调，具有传统特色。为改善历史街巷的整体风貌，街巷中禁止架设空中电线或沿建筑墙面布置管线，管线宜埋于地下。

界面尺度与材质

历史文化街巷界面尺度。严格保护街巷两侧的历史建筑高度和形式。对于已明确规定的特色街巷，应对其高宽比进行明确测量计算，街巷两侧重建建筑高度应控制在适宜高宽范围内[2]。街巷界面尺度与材质和街巷功能、地理环境息息相关。历史街巷街面按功能尺度可以划分为商业驿路交通街、生活服务小巷两大类。其中，商业驿路类路幅较宽，行人密集，通行车马，传统街面以条石为主，街中央常下埋有排水暗沟、暗渠；生活服务类小巷以砖、碎石或卵石甚至灰土为主。

H2-3
重点建筑保护要点

重点建筑是城镇村、重点地段的重要节点，是体现历史格局、空间形态、风貌特征的基本单位。

H2-3-1
院落组群

院落组群是指单体建筑和建筑院落组群在空间上的组合方式，往往由历史、文化与功能决定其形式。院落组群的保护应深入挖掘体现群组的文化内涵，注重群组中各类建筑和院落彼此联系，体现群组的有机整体性。

保护类建筑保护修缮后可作为民俗展示使用。对此类历史建筑群组的保护应尽量遵循原有的建筑功能布局，组织活动流线，使之达到对传统文化内涵的原真性保护。院落组群内根据现代生活和展览服务等需求增加新的功能时，应当优先使用与原有功能相近的建筑。

借鉴案例：四川省泸县石牌坊村屈氏庄园保护修缮

以泸县屈氏庄园为例，庄园最具价值和特色之处在于其四角碉楼防御体系、中轴对称整体布局、严整的中轴建筑与灵动丰富的侧院相组合。作为川南地区最大的庄园，保护中将其中轴线核心建筑堂屋、缺失碉楼和损毁的侧院修缮后作博物馆使用，除了展示庄园内原有的功能使用文化，还辅以雕像、书画等展示地方文化，所有展示内容都以庄园内原有的功能布局为基础（图H2-7、图H2-8）。

图H2-7 屈氏庄园修缮前照片

图H2-8 屈氏庄园修缮后照片

如果进行植入功能改造，需要增加新的构筑设施，并应充分结合原有院落空间特色，突出历史建筑的文化信息和景观价值。

借鉴案例：安徽省淮南市寿县历史文化街区保护规划

寿县刘少海故居原为清末修建的住宅群，少量临街建筑为当铺，新中国成立初期又改造作为县中医院使用，后闲置。临街的两个院子原本为客厅院落兼作典当商铺，修缮后改造作为老字号博物馆，主要展示商业文化。后部的一个院落和小花园原本为居住生活区，设计修缮改造后作为茶室、书吧。院落组群原有格局肌理被保存，而内部功能经过改造后与原有的居住院落差异很大，改造中通过利用传统的格局特色和文化元素，实现了“新中有陈”。

H2-3-2 建筑单体

建筑单体保护应首先确保结构的安全稳定，充分利用传统工艺技法。对于建筑整体特色和价值有较大影响的材料、构件，应使用原种材料，按照原形式加工组装，确保历史建筑整体风貌价值的完整性。

借鉴案例：山西省祁县传统村落保护修缮导则

祁县历史建筑调查显示，传统建筑主要破损位置在屋顶和装饰性木构件。保护修缮导则搜集了传统做法形式以供修缮使用，相关章节规定了应尊重原有做法，维持建筑外部原有形式，内部增加新材料工艺以改善建筑屋顶防水等性能。同时，祁县多种形式的屋顶屋脊、女儿墙、屋顶水沟等做法都予以保留。

如新的使用需求或原有建筑空间不再适用，可以对非重要构件或做法进行调整，或增加新构件以维持整体建筑稳定性继续使用，或改造部分构件设施。

借鉴案例：福建省永春县五里街历史文化街区保护规划

福建省永春县五里街沿街的传统商业建筑保护修缮中，对沿街骑楼建筑进行逐栋测绘登记，评估损害程度，确定需要加固或替换的构件。对传统夯土建筑的保护与改造中，根据夯土墙破坏程度以及不同使用需求，分别采用原材料修补、增加新构件缓解破坏、局部铲除用新构件代替、重新夯筑等不同做法。此外，还通过进深较大的历史建筑的改造中增加亮瓦等做法以增加采光改善使用体验（图H2-9、图H2-10）。

图H2-9 永春县西安村八二三西路修缮前照片

图H2-10　永春县西安村八二三西路修缮后照片

H2-3-3
构筑物

建筑物、构筑物都是在一定的文化背景下建设的，构筑物的位置、形态、建造工艺以及文化背景信息都是一个街区、镇村历史文化信息的重要价值体现。

构筑物的作用一般分为标识标志、堪舆文化体现、旌表立碑、景观塑造等。因此，构筑物的保护意义更多在于其对村镇街区整体的生活、格局以及文化景观风貌的影响。保护修缮工作需要充分挖掘构筑物历史文化信息，尽量还原其原始形态，在原位置修缮。保护修缮后的功能可延续传统功能，或赋予新的价值。结合当代的空间环境变化和技术发展，可在外围环境配套设施，作为公共文化景观设施，更方便公众使用；或结合现代手法，对构筑物原貌加以保护，加固修缮后融入设计中，成为新的公共文化设计元素。

借鉴案例：四川省泸县新溪村传统村落保护发展规划

对泸县石牌坊村内新中国成立初期修建的水渠进行清理，保持原貌，作为农业景观加以保护。泸县新溪村新中国成立初期修建的米槽遗存分布在村内粮仓至长江码头之间的山坡上，也成为村落中的一道独特文化景观。二者分别记录了新中国成立初期我国农村集体建设发展的珍贵历史记忆。

H3
保护管理

H3-1
保护管理总体要求

在城乡建设中系统保护、利用、传承好历史文化遗产，对延续历史文脉、推动城乡建设高质量发展、坚定文化自信、建设社会主义文化强国具有重要意义。

H3-1-1
总体要求

建立分类科学、保护有力、管理有效的城乡历史文化保护传承体系；完善制度机制政策、统筹保护利用传承，做到空间全覆盖、要素全囊括，既要保护单体建筑，也要保护街巷街区、城镇格局，还要保护好历史地段、自然景观、人文环境和非物质文化遗产，着力解决城乡建设中历史文化遗产屡遭破坏、拆除等突出问题，确保各时期重要城乡历史文化遗产得到系统性保护（表H3-1）。

历史文化资源保护管理相关文件汇编　　表H3-1

类型	相关文件
法律	《中华人民共和国城乡规划法》
	《中华人民共和国文物保护法》
	《中华人民共和国非物质文化遗产保护法》
条例	《中华人民共和国文物保护法实施条例》
	《历史文化名城名镇名村保护条例》
	《中华人民共和国水下文物保护管理条例》
国务院文件	《关于进一步加强城市规划建设管理工作的若干意见》
	《关于实施中华优秀传统文化传承发展工程的意见》

续表

类型	相关文件
国务院文件	《关于加强文物保护利用改革的若干意见》
	《国务院关于进一步加强文物工作的指导意见》
	《国务院关于加强文化遗产保护的通知》
部门规章	《关于在城市更新改造中切实加强历史文化保护坚决制止破坏行为的通知》
	《关于进一步加强城市与建筑风貌管理的通知》
	《国家历史文化名城申报管理办法（实行）》
	《历史文化名城名镇名村保护规划编制要求（试行）》
	《历史文化名城名镇名街区保护规划编制审批办法》
	《住房城乡建设部办公厅关于进一步加强历史文化街区划定和历史建筑确定工作的通知》
	《历史文化街区划定和历史建筑确定工作方案》
	《关于加强历史文化名城名镇名村及文物建筑消防安全工作的指导意见》
	《关于加强传统村落保护发展工作的指导意见》
	《住房城乡建设部关于印发传统村落保护发展规划编制基本要求（试行）的通知》
	《住房城乡建设部 文化部 国家文物局 财政部关于切实加强中国传统村落保护的指导意见》
	《住房城乡建设部 文化部 国家文物局关于做好中国传统村落保护项目实施工作的意见》

H3-1-2
保护传承体系

城乡历史文化保护传承体系是以具有保护意义、承载不同历史时期文化价值的城市、村镇等复合型、活态遗产为主体和依托，保护对象主要包括历史文化名城、名镇、名村（传统村落）、街区和不可移动文物、历史建筑、历史地段，与工业遗产、农业文化遗产、灌溉工程遗产、非物质文化遗产、地名文化遗产等保护传承共同构成的有机整体。

H3-1-3
保护原则

划定各类保护对象的保护范围和必要的建设控制地带，明确保护重点和保护要求。保护历史文化名城、名镇、名村（传统村落）的传统格局、历史风貌、人文环境及其所依存的地形地貌、河湖水系等自然景观环境，注重整体保护，传承传统营建智慧。保护对象受多部门管理时应从严管控。

H3-2
保护管理要求汇总

统筹联动，充分发挥政府在城乡历史文化保护传承中的组织领导和综合协调作用，统筹规划、建设、管理，促进历史文化保护传承与城乡建设融合发展。

H3-2-1
历史文化名城名镇名村

保存文物特别丰富并且具有重大历史价值或者革命纪念意义的城市，由国务院核定公布为历史文化名城。保存文物特别丰富并且具有重大历史价值或者革命纪念意义的城镇、街道、村庄，由省、自治区、直辖市人民政府核定公布为历史文化街区、村镇，并报国务院备案[3]。

保护内容确定

保持传统格局、历史风貌和空间尺度，不得改变与其相互依存的自然景观和环境；不得损害历史文化遗产的真实性和完整性，不得对其传统格局和历史风貌构成破坏性影响。

明确保护原则、保护内容和保护范围，结合城乡建设明确保护措施、开发强度和建设控制要求。对历史文化名城、名镇、名村传统格局和历史风貌提出保护要求。

保护范围划定

根据当地具体情况划定保护范围，保护范围包括核心保护区和建设控制地带。

核心保护范围应包含传统空间格局和历史风貌较为完整、历史建筑和传统风貌建筑集中成片的地区。在核心保护范围内，禁止进行除必要的基础设施和公共服务设施以外的新建、扩建活动；区域内的历史建筑应保持原有的高度、体量、外观形象及色彩等；其他建（构）筑物应当区分不同情况，采取相应措施，实行分类保护。

核心保护范围之外需要保护、控制的地区划定建设控制地带。建设控制地点内建（构）筑物的高度、体量、色彩及形制应与传统风貌相协调；新建、改建建筑可以合理使用新材料和新工艺，但建筑风貌要与传统建筑相协调；可以适当增加或改善公共空间。

保护范围内禁止开山、采石、开矿等破坏传统格局和历史风貌的活动，禁止占用保护规划确定保留的园林绿地、河湖水系、道路等，禁止修建生产、储存爆炸性、易燃性、放射性、毒害性、腐蚀性物品的工厂、仓库等，禁止在历史建筑上刻画、涂污。

保护范围内涉及文物保护的，应当执行文物保护法律、法规的规定。

改善人居环境

根据当地经济社会发展水平，控制历史文化名城、名镇、名村的人口数量，改善历史文化名城、名镇、名村的基础设施、公共服务设施和居住环境。

历史文化街区、名镇名村的核心保护范围内的消防设施、消防通道应当按照有关的消防技术标准和规范设置。确因历史文化街区、名镇名村的保护需要，无法按照标准和规范设置的，由城市、县人民政府公安机关消防机构会同同级城乡规划主管部门制定相应的防火安全保障方案。

H3-2-2 历史文化街区与城市紫线

历史文化街区保护范围划定与保护要求同历史文化名镇、名村基本一致。同时，历史文化街区也需要满足城市紫线的保护要求[4]。

城市紫线是指国家历史文化名城内的历史文化街区和省、自治区、直辖市人民政府公布的历史文化街区的保护范围界线，以及历史文化街区外经县级以上人民政府公布保护的历史建筑的保护范围界线。

紫线划定原则

历史文化街区的保护范围应当包括历史建筑物、构筑物和其风貌环境所组成的核心地段，以及为确保该地段的风貌、特色完整性而必须进行建设控制的地区。

历史建筑的保护范围应当包括历史建筑本身和必要的风貌协调区。控制范围清晰，附有明确的地理坐标及相应的界址地形图。

城市紫线范围内文物保护单位保护范围的划定，依据国家有关文物保护的法律、法规。

城市紫线内建设基本要求

历史文化街区内的各项建设必须坚持保护真实的历史文化遗存、维护街区传统格局和风貌、改善基础设施、提高环境质量的原则。历史建筑的维修和整治必须保持原有外形和风貌，保护范围内的各项建设不得影响历史建筑风貌的展示。在城市紫线范围内进行建设活动，涉及文物保护单位的，应当符合国家有关文物保护的法律、法规的规定。

城市紫线内禁止性活动

违反保护规划的大面积拆除、开发，对历史文化街区传统格局和风貌构成影响的大面积改建，损坏或者拆毁保护规划确定保护的建筑物、构筑物和其他设施，修建破坏历史文化街区传统风貌的建筑物、构筑物和其他设施，占用或者破坏保护规划确定保留的园林绿地、河湖水系、道路和古树名木等，以及其他对历史文化街区和历史建筑的保护构成破坏性影响的活动。

H3-2-3 传统村落

明确保护对象

明确传统资源保护对象，对各类、各项传统资源分类、分级进行保护。

划定保护区划

传统村落应整体进行保护，将村落及与其有重要视觉、文化关联的区域整体划为保护区加以保护；村域范围内的其他传统资源亦应划定相应的保护区；要针对不同范围的保护要求制定相应的保护管理规定。保护区划的划定方法与保护管理规定可参照历史文化名城名镇名村保护相关规定[5]。

明确保护措施

明确村落自然景观环境保护要求，提出景观和生态修复措施以及整改办法。明确村落传统格局与整体风貌保护要求，保护村落传统形态、公共空间和景观视廊等，并提出整治措施。保护传统建（构）筑物，参考《历史文化名城名镇名村保护规划编制要求（试行）》提出传统建（构）筑物分类及相应的保护措施。保护传承非物质文化遗产，提出对非物质文化遗产的传承人、场所与线路、有关实物与相关原材料的保护要求和措施，以及管理与扶持、研究与宣教等的规定与措施。

村落发展与人居环境改善

分析传统村落的发展环境、保护与发展条件的优劣势，提出村落发展定位及发展途径的建议。改善居住条件，提出传统建筑在提升建筑安全、居住舒适性等方面的引导措施。完善道路交通，在不改变街道空间尺度和风貌的情况下，提出村落的路网规划、交通组织及管理、停车设施规划、公交车站设置、可能的旅游线路组织。改善人居环境，在不改变街道空间尺度和风貌的情况下，提出村落基础设施改善、公共服务提升措施，安排防灾设施。

H3-2-4 不可移动文物

根据其历史、艺术、科学价值，可以分别确定为全国重点文物保护单位、省级文物保护单位，以及市、县级文物保护单位和尚未核定公布为文物保护单位的不可移动文物（普查登记）[6]（表H3-2）。

不可移动文物分级 表H3-2

分类	级别
不可移动文物	全国重点文物保护单位
	省级文物保护单位
	市、县级文物保护单位
	尚未核定公布为文物保护单位的不可移动文物

保护范围划定

各级文物保护单位分别由省、自治区、直辖市人民政府和市、县级人民政府划定必要的保护范围，作出标志说明，建立记录档案，并区别情况分别设置专门机构或者专人负责管理。根据保护文物的实际需要，经省、自治区、直辖市人民政府批准，可以在文物保护单位的周围划出一定的建设控制地带。

文物保护单位禁止性活动

文物保护单位的保护范围内不得进行其他建设工程或者爆破、钻探、挖掘等作业。

在文物保护单位的保护范围和建设控制地带内，不得建设污染文物保护单位及其环境的设施，不得进行可能影响文物保护单位安全及其环境的活动。对已有的污染文物保护单位及其环境的设施，应当限期治理。

H3-2-5 历史建筑

历史建筑是指经城市、县人民政府确定公布的具有一定保护价值，能够反映历史风貌和地方特色，未公布为文物保护单位，也未登记为不可移动文物的建筑物、构筑物，是城市发展演变历程中留存下来的重要历史载体（表H3-3）。

历史建筑认定价值 表H3-3

价值类型	具体表现
历史文化价值	能够体现其所在城镇古代悠久历史、近现代变革发展、中国共产党诞生与发展、新中国建设发展、改革开放伟大进程等某一特定时期的建设成就
	与重要历史事件、历史名人相关联，具有纪念、教育等历史文化意义
	体现了传统文化、民族特色、地域特征或时代风格
建筑艺术价值	代表一定时期建筑设计风格
	建筑样式或细部具有一定的艺术特色
	著名建筑师的代表作品
科学文化价值	建筑材料、结构、施工工艺代表了一定时期的建造科学与技术
	代表了传统建造技艺的传承
	在一定地域内具有标志性或象征性，具有群体心理认同感

历史建筑普查。按照"应保尽保、能保则保"的原则，建立健全历史建筑普查及认定标准体系与工作程序，实行边普查、边保护、边认定，避免历史建筑遭到破坏，完善平台资源平台建设。开展传统风貌建筑普查，从中遴选保护价值较高的列入历史建筑。

推进挂牌建档。目前主要以纸质档案、数字化档案等形式为主。未来建议与新技术、新方法结合，建立数字化管理和应用信息平台、三维模型激光扫描信息库等，并加强历史建筑信息平台在日常规划管理中的应用。为历史建筑的日后保护规划编制、房屋修缮、抢救迁移、活化利用、日常巡查等多个环节提供基础的档案信息。出台和完善历史建筑测绘建档标准，围绕历史建筑测绘的相关术语、三维点云原始数据、历史建筑测绘图绘制标准、测绘成果质量检查与验收、标准修订等内容进行界定和规范。完成历史建筑的三维激光扫描和数码摄影的数据采集与测绘图绘制。计划建立数字基础档案库，探索测绘数据利用方式。历史建筑数字档案包含位置、名称、门牌等基本属性信息，以及测绘图、照片等二维数据、三维测绘数据成果，实现档案系统的快速调用和动态维护。

挂牌认定。结合历史文化，设计历史建筑标志牌。对历史建筑标志牌的规格、选材、纸板、加工、安装等进行明确规定，对认定的历史建筑进行挂牌。最终实现历史建筑挂牌工作全覆盖。增加详细的信息网络查询功能，以实现保护信息完整展示的要求。加强互联网+运用，通过VR、全景地图、3D影像、App等现代化技术手段，多元化展示、宣传历史建筑。

划定保护区划。历史建筑保护范围划定可参照《中华人民共和国文物保护法》相应划定保护范围和建设控制地带。

发挥使用价值。支持和引导历史建筑的合理使用；在保留历史建筑的外观、风貌等特征基础上，合理利用，活化功能，达到保护与利用的统一；积极引导社会力量参与历史建筑的保护和利用。

明确管控原则。不拆除和破坏历史建筑，强化对历史建筑的严格保护，不拆真遗存，不建伪古董。

制定保护措施。在历史文化街区和其他历史建筑集中成片地区，不得在对其历史风貌产生负面影响的范围内建设高层建筑和“大洋怪”的楼宇。新建建筑应与历史建筑以及其历史环境相协调，维护好历史建筑周边地区的历史肌理、历史风貌，并严格根据保护规划要求控制建筑高度。

历史建筑的规划设计与保护修缮，建立历史建筑保护专家库。成立省级行政区、市、县的专家委员会，设立由规划、建筑、文化、历史、土地、社会、经济和法律等领域人员组成的专家团队，负责有关咨询、规划、保护修缮等工作。向建筑业主单位及个人普及、介绍历史建筑的类型、价值要素与修缮程序，对建筑提出合理、可行、创新的更新指引。

建立与完善保护技术体系。历史建筑需要编制保护规划，作为其保护管理的技术基础；出台相关修缮利用指引；结合当地建筑特点，制定历史建筑修缮技术图则，形成完善的修缮标准；制定修缮工程计价指引，有效指导历史建筑修缮设计与施工水平，提高修缮品质和精细化管理水平。

H4 活化利用

H4-1 ※ 发展潜力评价方法

在充分评估文化价值、保护历史文化资源的前提下，开展发展潜力评估，对单体、区域、文化创新活化利用，不断满足群众对美好生活的需求。

H4-1-1 文化标识提取

为了准确、合理地评价文化资源的价值，针对中华文明标识的内涵特征，除明确文化资源本体价值和完整性外，还应结合文化资源在市场中的客群认同评价，综合构建区域文化资源核心强点评价指标体系。首先，要遵循可行性原则，文化资源具有其独特的价值，因此要实事求是地构建评价体系，且具体可行。其次，要遵循综合效益原则，不能单一评价其经济效益，还要考虑其他因素对文化资源价值的影响，要综合文化资源本体价值、挖掘潜在价值、市场规模与认同度等因素来综合评价文化资源价值。最后，要遵循定性分析和定量分析相结合的原则。文化资源是一种特殊的资源，很难量化，因此要定量分析和定性分析相结合，使评价体系的评价结果更加科学[7]。

H4-1-2 发展潜力评估

通过系统认定文化价值，对文化特色和文化价值进行提取评估，确定区域历史文化资源的传承利用重点。

首先，为了准确、合理地利用文化资源，除明确文化资源本体价值和完整性外，需要结合文化资源在市场中的客群认同评价，构建区域综合文化资源核心强点评价指标体系。其次，构建文化资源核心强点评价指标体系是为了向决策方提供理论依据，使决策建立在充分认识文化资源价值和契合市场发展的基础上作出的合理判断。依托GIS平台，收集分析空间数据信息，进行历史价值、开发潜力、环境承载力等适宜性评价，选取重点地段建设。

大数据分析

运用各大数据平台，如马蜂窝、携程、游记、百度指数等近十年的互联网趋势数据，对旅游季节、人群画像、历史文化资源特色认知、搜索热度、搜索词汇进行分析，通过对比综合研判发展现状（图H4-1）。

图H4-1 北京市灵水村游客感知画像

活力区域分析

人口吸引力分析。通过核密度分析及统计数据分析，判断村庄人口数量变化情况及空间分布变化情况，综合判断传统村落人口吸引力。

游客活力分析。通过周末人流活力指数与工作日人流活力指数对比分析，得出周末游客人数及空间分布情况。

热力地区评估。运用大数据抓取、现场调研、访谈等多种形式，挖掘周边已有的热点地区，利用已发展成熟的旅游资源点来集聚人气，作为热力先导区，带动文化线路的人气与知名度，并形成互相带动、整体统筹发展的态势。

功能配置评估

保存现状评估。即应优先选择保存较好、较为连续的区段。

自然资源承载力。以绿色发展为导向，运用GIS平台分析周边生态环境的承载力极限，划定禁止开发、限制开发的生态敏感区，限制景区游览人数。

设施配置完善度。从设施服务性、设施复合性和设施便利性三个维度评价设施的数量、种类和布设密度。

交通便捷性。对于公共服务设施，采用计算公共服务设施服务半径覆盖村庄面积覆盖率来分析设施便捷性；对于商业服务业设施，采用统计设施POI数量的方式评价设施便捷性。

交通可达性。可按照通行量，分级选取高速公路、一级公路、二级公路、三级公路作为研究对象，运用ArcGIS分别对这四个等级的公路进行多级缓冲区分析，统计各级公路缓冲区覆盖到的历史文化资源数量。

H4-2
分类活化利用方法

在城乡建设中，要充分考虑格局、形态、建设方式，制定相关设计导则，指导新建、拟建项目应与传统风貌相协调。强化地域特征，增强居民认同感和归属感。

H4-2-1
城镇活化利用构建

落实《关于在城乡建设中加强历史文化保护传承的意见》，融入城乡建设。统筹城乡空间布局，妥善处理新城和老城关系，加强重点地段建设活动管控和建筑、雕塑设计引导，保护好传统文化基因，鼓励继承创新，彰显城市特色，避免“千城一面、万楼一貌”，统筹各类历史文化资源，构建融入生产生活的展示线路、廊道和网络。以绿色发展理念为引导，运用城市叙事手法，构建历史文化与自然景观网络，强化整体空间认知，形成独特的地域印象，增强当地居民的认同感和归属感，加强地域吸引力。

在城乡建设中，要充分考虑历史城区格局形态，不得改变与其相依存的自然景观和环境。建议制定相关设计导则，指导新建、拟建项目应与传统风貌相协调。

历史文化名城活化利用

建设控制地带内，重点补充古城生活居住、文化体验、休闲服务三大功能板块，提高居民生活品质，完善古城居民对现代化生活的需求，扩展古城生活性功能。建设控制地带外，以服务城市文化产业需求为核心，延伸文化产业链，整合周边资源联动发展，打造城市历史文化的展示化窗口。

借鉴案例：安徽省寿县老城区详细规划

寿县活化利用文化遗产，以楚都、淮南等两千年历史文化为脉络，以安丰塘等历史水系构建文化生态体系，以淮河游线为主线索，以淝水之战等历史事件串联，加强空间的紧密联系。将八公山、瓦埠湖等山水文化以及正阳关水运和瓦埠银鱼等传统美食相结合，利用诸多名人典故丰富内容，串联起寿县古城以及正阳关等千年古镇和八公山、安丰塘等山水资源，形成内容丰富、底蕴深厚的文化生态遗产利用方式。

历史文化名镇活化利用

可以通过“点、线、面”三级的节点设计，以针灸式、微介入的方式对古镇人居环境进行提质升级。基于镇区原有历史、生态、景观空间进行新建或改建，植入文化体验、休闲服务和娱乐商业等功能。串联点状空间，强化镇区整体空间认知，形成独特的地域印象。

借鉴案例：江苏省兴化市沙沟镇历史文化名镇保护规划

以沙沟镇历史文化为精髓，将古镇文脉保护与人居环境提升、城镇发展有机结合，以“绣花”功夫激发古镇新活力。分别采用塑“形”脉、传“神”脉两大空间策略，其中塑“形”脉策略以环岛绿道为骨架，采用水陆双廊、点状增绿的手法，构建“一心、双环、多点”的多层级景观系统，以期实现织补古镇蓝绿体系、再现古镇渔岛形貌，修复、织补镇区蓝绿体系（图H4-2）。

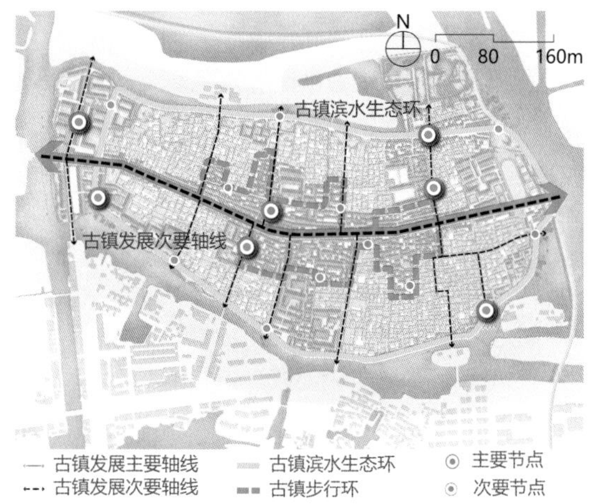

图H4-2　江苏省兴化市沙沟镇历史文化名镇空间格局图

H4-2-2
重点地段活化利用

落实《关于在城乡建设中加强历史文化保护传承的意见》，推进活化利用。依托历史文化街区和历史地段建设文化展示、传统居住、特色商业、休闲体验等特定功能区，完善城市功能，提升城市活力。采用“绣花”“织补”等微改造方式，增加历史文化名城、名镇、名村（传统村落）、街区和历史地段的公共开放空间，补齐配套基础设施和公共服务设施短板。坚持以用促保，让历史文化遗产在有效利用中成为城市和乡村的特色标识和公众的时代记忆，让历史文化和现代生活融为一体，实现永续传承。

根据保护规划要求，划定历史文化名城、名镇、名村（传统村落）、街区和历史地段的核心保护范围、建设控制地带，必要情况下可以划定环境协调区，也可命名为控制发展区、历史风貌区等。

借鉴案例：江西省赣州市新赣南路传统风貌街区实施规划

赣州市是国家历史文化名城，新赣南路历史风貌街区是赣州河套老城区与赣州经济技术开发区咬合的黄金地带。规划在妥善保护格局肌理、文物保护单位和历史建筑的前提下，通过恢复原有街巷结构和尺度，采用小尺度、组团化布置，营造变化丰富的空间环境；充分利用借景、对景、框景的设计手法，将历史资源和绿化景观渗透到现代居民中，改善人居环境。在合理利用现有文物保护单位和历史建筑的前提下，根据街区发展需要增加旅游服务、学校、社区服务点等，完善公共服务设施配套。与赣州老城四个历史文化街区差异互补，发展新与旧结合、历史文化与现代消费习惯交融的文化时尚休闲产业（图H4-3）。

图H4-3 赣州市新赣南路传统风貌街区鸟瞰图

核心保护范围内，文化资源价值高、遗存多，环境承载力较弱的区域需要充分保护其完整性与真实性，保持其整体格局与历史风貌。在利用核心保护范围内各项构成要素如标识系统等进行展示的过程中，应当充分考虑各项要素与文化遗产的整体环境、历史氛围的协调。

案例借鉴：湖北省钟祥市石牌镇保护规划

石牌镇是国家历史文化名镇，规划在保护历史文化资源的历史价值、艺术价值、科学价值的前提下，对重要古街巷进行环境整治、基础设施改造及沿街建筑整治，通过临建拆除、景观整治，改善居民整体居住环境，并通过标识系统的引导，走出古镇活化的道路（图H4-4）。

图H4-4 钟祥市石牌镇规划旅游线路图

建设控制地带内，资源价值高、遗存较少，通过整合此区域内零散的文化遗产资源提升资源点或文化线路的整体质量。对于建设控制地带内的文化遗产资源及其环境，需要在一定程度上保护其完整性与真实性，在此基础上适度发展游览、特色展示、主题文化解说等活动。

借鉴案例：福建省晋江市金井镇塘东村传统村落保护规划

塘东村是国家传统村落，拥有700多年的发展历史，是闽南红砖建筑演变活态标本、福建省知名侨乡，现存自然文化遗产丰富，空间格局完整延续，传统建筑保存完好，历史层次丰富。规划联动泉州市、晋江市优势资源，联合打造旅游品牌。整合自身周边环境、村落格局和传统建筑等优势资源，通过合理策划、科学控制容量、适度发展旅游业，规划出一条融合闽南文化、海洋文化的特色旅游线路。除对传统建筑进行修缮外，还采用传统出砖入石等手法构建景观节点，作为村落的重要空间，丰富村庄的居住和游览体验（图H4-5）。

图H4-5　晋江市塘东村鸟瞰图

环境协调区内，资源价值较低、遗存较少、资源承载力较高，属于外围发展区域。允许合理开发与核心文化主题相关的商业、休闲、旅游、节庆等活动及组织开展文化创意、体育等赛事，对历史文化资源进行活态利用与传承，拓展其新功能，提高区域文化竞争力。

借鉴案例：北京市门头沟区斋堂镇马栏村传统村落保护发展规划

马兰村为抗日战争时期萧克、邓华将军所领导的冀热察挺进军司令部旧址所在地，红色文化遗产丰富，被称为“京西第一红村”。其中，冀热察挺进军司令部旧址是北京第一家农民集资建立的陈列馆，也是我国第一家村级抗战纪念馆。村落以红色文化为脉络，以红砖线、五角星将挺进军司令部旧址、萧克故居、挺进军机要科旧址和通讯科旧址等重要建筑串联起来，并加以保护利用。同时，马栏村开展沉浸式爱国主义教育活动，让参观者体验战争年代的艰辛与困苦，感受当年的军民鱼水情，让每一位来到马栏村的游客在潜移默化中接受红色爱国主义教育（图H4-6）。

图H4-6　北京市马栏村冀热察挺进军司令部旧址陈列馆

H4-2-3
重点建筑活化利用

落实《关于在城乡建设中加强历史文化保护传承的意见》，坚持以用促保。“让历史文化遗产在有效利用中成为城市和乡村的特色标识和公众的时代记忆，让历史文化和现代生活融为一体，实现永续传承。加大文物开放力度，利用具备条件的文物建筑作为博物馆、陈列馆等公共文化设施。活化利用历史建筑、工业遗产，在保持原有外观风貌、典型构件的基础上，通过加建、改建和添加设施等方式适应现代生产生活需要。”

不可移动文物活化利用

鼓励游览、参观、休憩用途，将数字化融入文物活化基本范式，实现文物活化。

借鉴案例：福建省长汀县中复村红军长征出发地纪念广场

依托松毛岭战斗临时指挥部观寿公祠（国家级文物保护单位）、红军东方军司令部旧址显宗公祠建设红军出发地纪念广场。通过印着脚印的红石头、五角星的加固件、蜿蜒壮丽的红军墙等，在保护文物和历史建筑的同时，定期举行相关文化活动，教育后人（图H4-7）。

图H4-7　龙岩市中复村长征出发地广场

历史建筑活化利用

历史建筑、建议历史建筑及工业遗产等在保留历史建筑的外观、风貌等特征基础上，合理利用，活化功能，达到保护与利用的统一；积极引导社会力量参与历史建筑的保护和利用。

借鉴案例：福建省泉州市德化县美湖村村庄规划

美湖村遐福堂已经有近百年的历史，属于典型的闽南祖厝建筑风格，也是陶瓷学院的写生基地。除遐福堂之外，历史悠久的厚房堂祖厝群经改造建设成为家风家训馆，中西合璧的金书楼也已经完成修缮，作为展示龙兴太极拳、绵桩拳等非物质文化遗产的空间使用（图H4-8）。

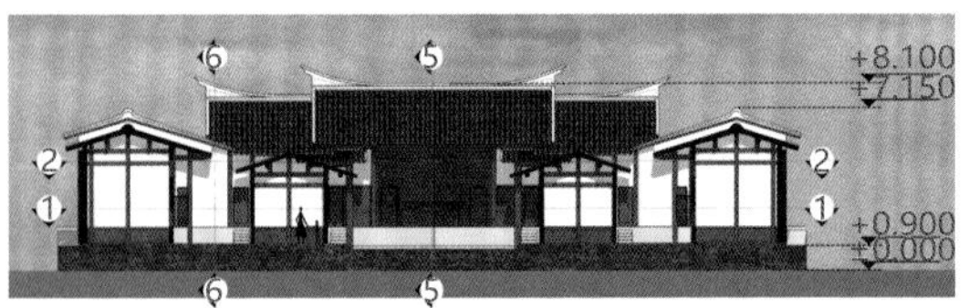

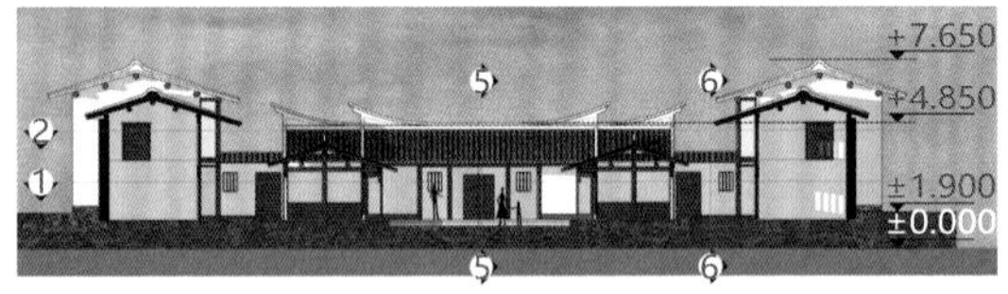

图H4-8　泉州市美湖村遐福堂剖面图

借鉴案例：福建省泉州市德化县红旗瓷厂文创中心

规划以保留每一棵大树，保留厂区地形地貌，充分利用既有建筑为原则。亭鲤堂和周边的大樟树得以原地保留，保留原有台基和部分可用材料，对亭鲤堂的木构部分做了原样修复。使用红砖将浔南路人行道拓宽，建成红砖广场，广场下面布置停车位，用楼梯将道路和谷底联系起来。谷底则做成小花园，形成了上有广场、下有花园的立体休闲空间（图H4-9）。

图H4-9　德化县红旗瓷厂文创中心

H5 管理监督

H5-1 ※ 精准落位空间数据

搭建共享的历史文化资源矢量数据库；明确数据库信息采集要求，统一要素格式；提取矢量历史文化保护线和资源点坐标；精准“一张图”落位历史文化保护线。

H5-1-1 平台搭建

采用GIS平台搭建历史文化资源空间数据库，制定数据库信息录入标准，提取各类历史文化资源空间位置信息，录入数据管理库，建立共享市、县、乡（镇）的空间数据体系。数据库标准应满足国家国土空间规划数据库对历史文化要素的标准体系要求。

H5-1-2
划定范围

贯彻《关于在城乡建设中加强历史文化保护传承的意见》要求，明确保护重点。要对文物本体及其周边环境、历史文化名城、名镇、名村（传统村落）、历史文化街区、历史建筑、历史地段、环境要素、人文环境及其所依存的自然景观环境进行保护传承和利用。

要坚持静态保护和动态保护相结合，重点保护和全面保护相结合，文化关联性保护，文化空间整体性保护，保护传承和合理利用相结合。统筹推进制定各级、各类历史文化保护线划定标准，便于后期管理实施。保护线划定应该充分考虑地形、河道等自然因素，道路路缘线、房屋边线、院落边线等人工因素，文物保护线、保护区划线等城市紫线规划因素和永久基本农田保护线、生态红线等管控因素（表H5-1）。

历史文化保护线划定参考要素　　表H5-1

因素类型	要素细分
自然因素	等高线、河道边线、山脊线、陡坎等
人工因素	行政区划边界、道路路缘线、房屋边界、院落边界等
规划因素	城市紫线、各级文物保护单位保护范围和建设控制地带、历史文化名城名镇名村保护范围、传统村落保护范围、历史环境要素保护线等
管控因素	生态保护红线、永久基本农田控制线、城市开发边界控制线

H5-1-3
数据采集

基础地理数据

将收集的空间矢量地形数据和航空遥感影像数据依据现行的规范和标准进行加工处理，并进行入库管理。

历史专题数据

建立历史文化资源的基本属性，包括名称、地理位置、坐标、面积、修建年份、文物保护等级、现状价值、索引号、保护级别等信息的数据库。

H5-1-4
数据落位

针对现有的法定资源从相应的专项规划中确定保护线和资源点坐标，导入GIS数据库进行落位。划定保护区划直接落位到数据平台中；未划定保护区划的历史文化资源，可先同主管部门进行协商，由相关部门提出保护范围再进行落位[8]（图H5-1）。

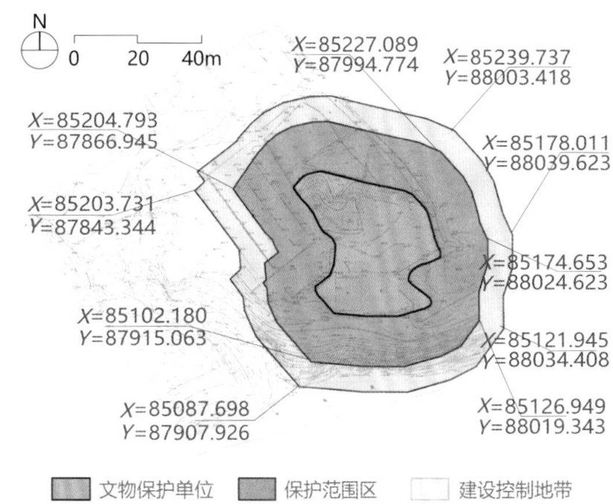

图H5-1　重庆市龙兴镇河堰村苏家湾遗址保护范围及建设控制地带范围

H5-2 ※
从严建立管控机制

加强城乡建设和各类重要的历史文化资源保护协同工作，建立历史文化资源调查评估长效机制，探索并活化利用底线管理模式。

H5-2-1
保护名录管控

依托历史文化资源体系，分类、分级制定历史文化资源名录，并录入GIS平台搭建的数据信息库。一是为便于历史文化资源的分类申报认定、保护规划编制、统筹管理、项目审批，二是为便于根据历史文化资源的认定与撤销动态调整和维护。

H5-2-2
建设用地管控

将历史文化资源保护线纳入“一张图”提供基础工作，为相关行业主管部门登记、审查、征用、检查相关用地提供先期技术支撑（表H5-2）。

历史文化保护利用资源名录及管理方 **表H5-2**

序号	遗产类型		遗产名称	遗产等级		遗产颁布方	管理方
1	物质文化遗产	世界遗产系列	世界遗产名录	世界文化遗产	世界级	联合国教科文组织	具有专门的管理机构
2				世界自然遗产	世界级	联合国教科文组织	具有专门的管理机构
3				世界文化与自然双重遗产	世界级	联合国教科文组织	具有专门的管理机构
4				世界文化景观遗产	世界级	联合国教科文组织	具有专门的管理机构
5			世界灌溉工程遗产	—	世界级	国际灌溉排水委员会	水利部门
6			中国全球重要农业文化遗产	—	世界级	世界粮农组织	农业农村部
7		文物系列	不可移动文物保护单位	全国重点文物保护单位	国家级	国务院	国家文物局
8				省级文物保护单位	省级	省、自治区、直辖市人民政府	省级文物行政部门
9				市县级文物保护单位	市县级	市、自治州和县级人民政府	市县级文物行政部门
10				登记不可移动文物	未核定级别	县级人民政府文物行政部门	县级文物行政部门
11			大遗址	—	国家级	国家文物局	省级文物行政部门
12			国家考古遗址公园	—	国家级	国家文物局	省级文物行政部门
13		聚落系列	历史文化名城	国家历史文化名城	国家级	国务院	住房和城乡建设部
14				省级历史文化名城	省级	省、自治区、直辖市人民政府	省住房和城乡建设厅、省文化厅
15			历史文化名镇名村	中国历史文化名镇名村	国家级	住房和城乡建设部、国家文物局	住房和城乡建设部、国家文物局
16				省级历史文化名镇名村	省级	省、自治区、直辖市人民政府	省住房建设、文物主管部门
17			历史文化街区	中国历史文化街区	国家级	住房和城乡建设部、国家文物局	住房和城乡建设部
18				省市级历史文化街区	省、市级	省、自治区、直辖市人民政府	省住房和城乡建设厅、省文化厅
19			传统村落	中国传统村落	国家级	住房和城乡建设部、国家文物局、财政部	住房和城乡建设部
20				省级传统村落	省级	住房和城乡建设部、国家文物局、财政部	省住房建设、文物主管部门
21			历史建筑	—	市县级	市县人民政府	市县级住建部门
22			优秀近现代建筑	—	市县级	市县人民政府	市县级住建部门
23		其他物质文化遗产系列	农业遗产	中国重要农业文化遗产	国家级	农业农村部	农业农村部
24			工业遗产	国家工业遗产名录	国家级	工业和信息化部	国家工业遗产所有权人
25				省级工业遗产	省级	省工业和信息化委	省级工业遗产所有权人

续表

<table>
<tr><th>序号</th><th colspan="2">遗产类型</th><th>遗产名称</th><th colspan="2">遗产等级</th><th>遗产颁布方</th><th>管理方</th></tr>
<tr><td>26</td><td rowspan="3">物质文化遗产</td><td rowspan="3">其他物质文化遗产系列</td><td rowspan="2">风景名胜区</td><td>国家风景名胜区</td><td>国家级</td><td>国务院</td><td>文化和旅游部</td></tr>
<tr><td>27</td><td>省级风景名胜区</td><td>省级</td><td>省、自治区、直辖市人民政府</td><td>省级文化和旅游部门</td></tr>
<tr><td>28</td><td>文化线路</td><td>—</td><td>—</td><td>—</td><td>—</td></tr>
<tr><td>29</td><td colspan="2" rowspan="5">非物质文化遗产</td><td rowspan="5">—</td><td>世界非物质文化遗产</td><td>世界级</td><td>联合国教科文组织</td><td>文化和旅游部</td></tr>
<tr><td>30</td><td>中国非物质文化遗产</td><td>国家级</td><td>国务院</td><td>文化和旅游部</td></tr>
<tr><td>31</td><td>省级非物质文化遗产</td><td>省级</td><td>省、自治区、直辖市人民政府</td><td>省级文化主管部门</td></tr>
<tr><td>32</td><td>市级非物质文化遗产</td><td>市级</td><td>市人民政府</td><td>市级文化主管部门</td></tr>
<tr><td>33</td><td>县级非物质文化遗产</td><td>县级</td><td>县人民政府</td><td>县级文化主管部门</td></tr>
</table>

H5-3 ※

全面实行动态监管

建立城乡历史文化保护传承日常巡查管理制度，及时发现并制止各类违法破坏行为；加强对城乡历史文化资源数据的整合共享，提升监测管理水平。

H5-3-1

数据收集分析

基于移动端数据共享和信息搜集技术，对各维度、各尺度的历史文化资源数据进行整合，形成共享数据库的建立，运用到城市多源数据分析与决策过程中，有针对性地提升运营管理水平。

H5-3-2

安全防控预警

充分利用物联网和多种检测技术手段，通过监测网点布局，逐步构建“管理支撑层级化、监测手段多样化、数据采集智能化、预警预报及时化和信息服务一体化”的自然灾害群测群防监测网络。

H5-3-3

实时安全监控

为保障历史文化资源安全，依托实时监控系统，需建立集中监控、声控报警、立体防范、预警互动于一体的文物安全信息实时监测系统，看护人防、物防、技防“三防”紧密结合，一旦出现不法行为，系统可快速将报警信息上传给监控人员、巡逻人员、相关部门人员等，有效确保文物安全。

注 释

❶《市级国土空间总体规划编制指南（试行）》

❷ 李志新. 沁河中游古村镇基础设施调查研究［D］. 北京：北京交通大学，2011.

❸《中华人民共和国城乡规划法》

❹《历史文化名城名镇名村保护条例》

❺《关于加强传统村落保护发展工作的指导意见》

❻《中华人民共和国文物保护法》

❼ 黎洋佟，田靓，赵亮，等. 基于K-modes的北京传统村落价值评估及其保护策略研究［J］. 小城镇建设，2019（7）：22-29.

❽ 单彦名，高雅，宋文杰. “十四五”期间传统村落保护发展技术转移研究［J］. 城市发展研究，2021（5）：18-22.

TP1－TP7

绿色交通规划技术指引

TRANSPORTATION PLAN

TP

绿色交通规划

技术指引

TP1	**交通结构**	
TP1-1	分析城市交通特征	
TP1-2	明确绿色出行比例	※
TP2	**对外交通**	
TP2-1	优化交通运输结构	※
TP2-2	确定枢纽设施选址	
TP2-3	完善对外交通衔接	
TP3	**城市道路**	
TP3-1	确定道路功能等级	
TP3-2	建立道路设施指标	
TP3-3	优化干线道路格局	
TP3-4	完善道路功能组织	※
TP4	**公共交通**	
TP4-1	分析客流走廊分布	
TP4-2	预留轨道交通走廊	
TP4-3	优化常规公交线网	※
TP4-4	布设公交优先道路	※
TP4-5	保障场站设施用地	
TP5	**步行和自行车交通**	
TP5-1	功能分区网络分级	※
TP5-2	完善节点设计布局	※
TP5-3	与其他交通一体化	※
TP6	**城市停车**	
TP6-1	制定停车发展策略	※
TP6-2	优化配建停车指标	
TP6-3	确定公共停车布局	
TP6-4	加强路内停车管理	※
TP7	**交通枢纽**	
TP7-1	确定分级组织体系	
TP7-2	控制衔接设施用地	※

注：标注星号的为体现绿色理念的规划技术，不带星号的为传统规划技术。

理念及框架

目标任务

绿色交通规划主要针对城市范围内的各类绿色交通出行方式、交通设施等进行研究，包括交通结构、对外交通和城市道路网络、公共交通、步行和自行车交通、停车、交通枢纽等系统。

绿色交通规划的目标可以概括为：安全、舒适、公平；低能耗、低污染、低排放；紧凑、集约、高效。其中，安全、舒适、公平基于以人为本的理念，关注居民出行的安全与舒适，改善低收入群体的交通可达性；低能耗、低污染、低排放基于可持续发展的理念，关注出行结构的优化、机动化碳排放的降低和交通对环境影响的减小；紧凑、集约、高效基于高质量发展的理念，关注交通与土地利用的协调、交通设施用地的集约节约、交通设施利用率的提高、换乘的便捷以及智慧交通的应用和管理。

绿色交通规划的任务是全面整合交通规划与土地利用，积极推进交通出行结构的调整，稳步实现交通设施布局集约高效和服务升级，形成综合、高效的交通管理模式。

基本理念

绿色交通目前尚未形成统一、明确的定义，本《指引》采用《城市综合交通体系规划标准》GB/T 51328—2018的提法。绿色交通是在客货运输中，按人均或单位货物计算，占用城市交通资源和消耗的能源较少，且污染物和温室气体排放水平较低的交通活动或交通方式。

城市交通的“绿色性”，即减缓交通拥堵，减少环境污染，促进各种交通方式路权的分配合理和社会各阶层的出行公平，合理利用交通资源。其本质是在兼顾出行的舒适性、安全性和可达性的同时，以最小的环境代价、最低的资源消耗量和较高的效率，最大限度地实现人和物的移动需求。

以人为本，舒适便捷

坚持以人为本理念，注重非机动化交通出行，打造生态宜人的环境，实现人车、机非、动静友好分离。

低碳优先，节能环保

优先发展非机动化出行方式，提高人们对步行和自行车的关注程度，减少“强势”交通对步行和非机动车等的影响。

持续发展，资源循环

从经济发展、环境协调、社会生活质量三个方面考虑交通系统的效用和影响，实现资源的可循环利用。

交通一体，无缝换乘

交通网络多层次、一体化布局，综合交通枢纽和通道、网络融合对接，实现旅客零距离换乘、货运无缝衔接。

智慧指引，共享出行

注重智慧交通系统建设，倡导共享出行理念，推动大数据、互联网、人工智能等新技术与交通深度融合。

技术框架

按照绿色交通规划工作流程确定技术研究框架（图TP）：

深入现场调研，科学分析现状；

结合发展趋势，明确战略目标；

梳理既有规划，评估实施效果；

依据城市特征，构建交通体系；

衔接城市内外，完善区域网络；

掌握城市需求，强化绿色出行；

协同相关规划，实施近期计划。

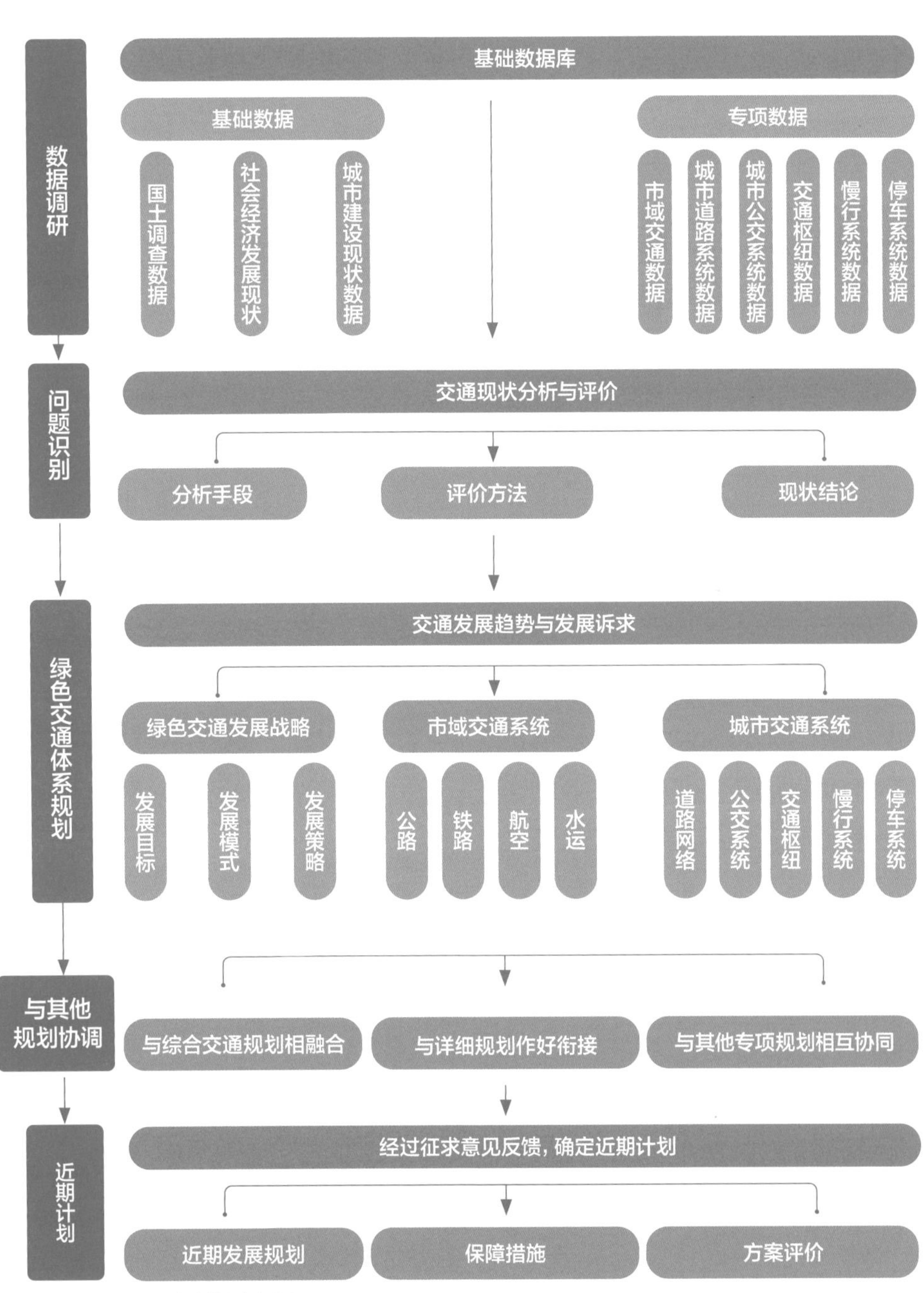

图TP　绿色交通规划技术框图

TP1

交通结构

TP1-1

分析城市交通特征

城市交通出行依目的可分为上班、上学、公务、生活购物、文娱体育、探亲访友、看病、回家和其他活动等多种类型，出行特征与城市职能定位、城市空间结构、用地布局等紧密相关。应通过城市空间及用地布局优化引导城市职住空间匹配，合理布局城市各级公共与生活服务设施，将出行距离和出行时间控制在合理范围内，并引导公众选择绿色出行方式。

TP1-1-1

关注职住空间特征

分析城市交通特征时首先应分析职住空间分布是否平衡。居住、工作、游憩和交通是城市的四项基本功能。职住空间分布是居住地、工作地之间的空间分布关系，“职”和“住”的空间联系形成了通勤出行。职住平衡反映了城市一定区域范围内或合理出行距离（时间）内人口数与就业岗位数之间的匹配程度，是衡量居民就业与居住关系的一项指标，职住分布越平衡，居民通勤交通出行越便捷（图TP1-1）。

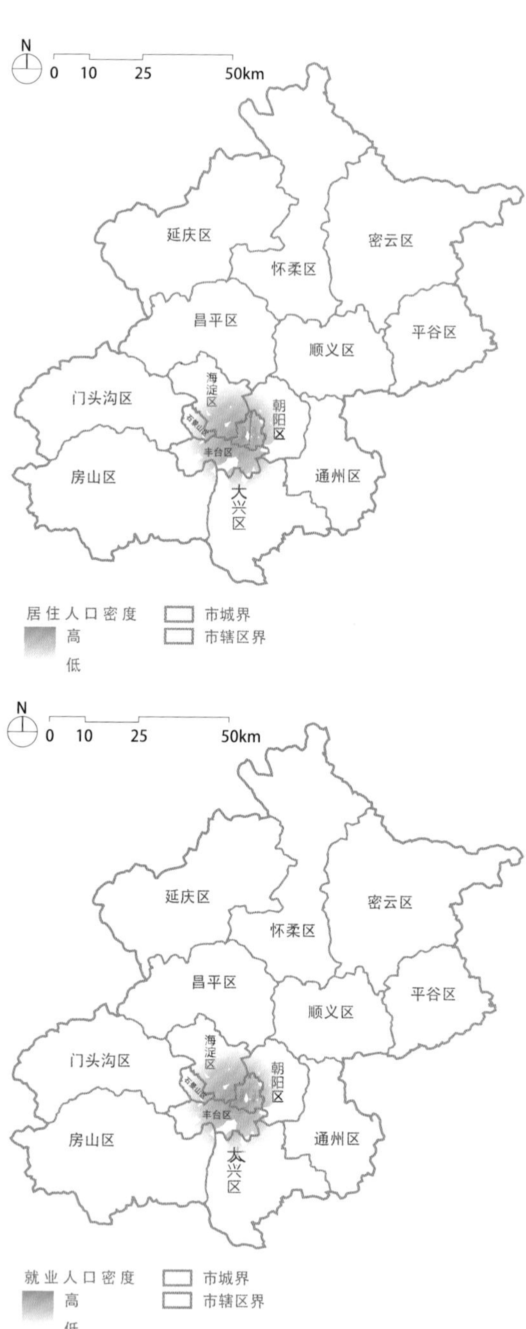

图TP1-1 北京市街道乡镇尺度职住空间分布

TP1-1-2

分析出行时间特征

过长的通勤时间会影响居民出行的舒适度。《城市综合交通体系规划标准》（GB/T 51328—2018）中规定，城市内部出行中95%的通勤出行的单程时耗，规划人口规模100万及以上的城市应控制在

60min以内（规划人口规模超过1000万的超大城市可适当提高），100万以下城市应控制在40min以内。城市规模越小，出行时间应越短。[1]

TP1-1-3
分析出行方式特征

1. 步行：作为一种绿色出行方式，适合短距离出行，成本最低。选择步行方式的影响因素主要是出行目的和出行距离，其中出行距离的影响更大，步行出行距离基本集中在1km范围内。

2. 自行车/电动车：具有出行成本低的优点，适合中短距离出行，自行车出行的优势范围在3km以内，主要承担生活性出行和近距离的工作出行。在大城市和特大城市，自行车交通是公共交通的补充。

3. 公共交通：适合中长距离出行。其中，地铁以其便捷性和高效性成为通勤人员首选的交通方式。其具有时间短、经济快捷的优点。

4. 小汽车：适合长距离出行。小汽车作为交通出行方式，具有门到门服务的优点，缺点是出行成本高（图TP1-2）。

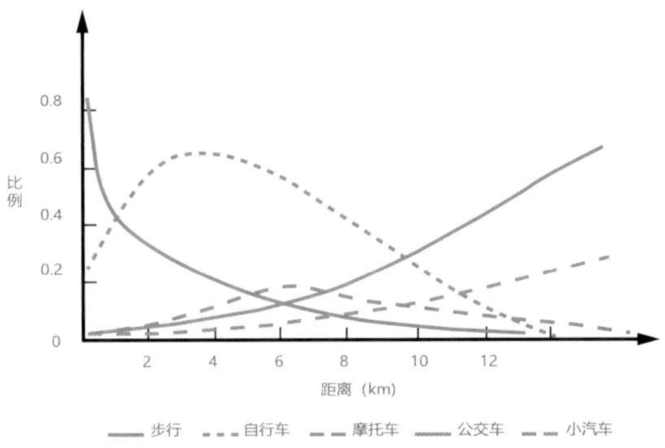

图TP1-2　不同交通方式的分担曲线

TP1-2 ※
明确绿色出行比例

城市内部客运交通中由步行和集约型公共交通、自行车交通等绿色交通方式承担的出行比例应不低于75%。结合城市规模、经济发展水平、交通特征等，引导公众出行优先选择公共交通、步行和自行车等绿色出行方式，降低小汽车通行总量，整体提升城市的绿色出行水平。

TP1-2-1
提高公共交通分担率

公共交通系统是城市交通向绿色发展转型的关键要素，应充分保障公共交通优先发展，提高公共交通的出行分担率。

有条件建设轨道交通的超大和特大城市要确立城市轨道交通在城市公共交通系统中的主体地位，加强公共交通（含城市轨道交通）与步行和自行车交通网络的一体化衔接；大城市的公共交通系统应以大中运量公共交通为骨干，推动公共交通与步行和自行车交通网络的整合；中小城市公共交通以常规公交为主，应构建以普通公交为主导、步行和自行车交通统筹发展的绿色交通出行体系。

应通过设置公交专用道及优先车道等措施，将早晚高峰期城市公共交通拥挤度控制在合理水平，公共交通平均运营速度不低于15km/h，确保超大、特大城市公共交通机动化出行分担率不低于50%，大城市不低于40%，中小城市不低于30%。

TP1-2-2
提升步行和自行车出行比例

应落实“135”绿色出行理念，鼓励1km以内步行，3km以内自行车出行，5km以内乘坐公共交通工具的绿色出行方式。通过完善城市步行和自行车交通网络建设，构建安全、连续、舒适、便捷的城市步行和自行车系统；开展人性化、精细化交通工程设计，保障步行和自行车出行合理的通行空间和舒适的出行环境；加强步行和自行车交通系统与公共交通系统的一体化衔接，整体提升绿色交通系统吸引力，引导和鼓励更多市民选择绿色出行方式。

TP1-2-3
引导个体机动化交通合理使用

为确保城市交通绿色转型发展，应从设施供给和政策引导两方面着手，引导小汽车、摩托车等个体机动化交通合理出行，提高步行、自行车和公共交通等绿色交通方式的出行比例。

一方面，应加快公共交通、步行、自行车等绿色交通基础设施和网络建设，优化绿色交通系统内部衔接及其与个体机动化交通的停车换乘，通过高效便捷的绿色出行方式，引导个体机动化交通向绿色出行方式的转变。另一方面，应出台相关政策措施，提高个体机动化交通特别是小汽车的使用成本，降低小汽车使用强度。在供需失衡、交通压力大的区域或路段，探索实施小汽车分区域、分时段、分路段通行管控措施和差异化停车收费政策；还可以结合城市实际，探索牌照控制、拥堵收费、停驶车辆费用减免政策、HOV合乘车道、智能化信号控制等相关政策措施，多维度降低小汽车出行总量，引导个体机动化交通的合理使用。

对外交通

TP2-1 ※

优化交通运输结构

充分发挥铁路、公路、航空、水路不同运输方式的技术经济优势，完善各种运输方式的合理分工与协作，持续优化交通运输结构，促进综合交通绿色低碳发展，有序推进绿色交通运输体系建设。

TP2-1-1

促进铁路运输

铁路运输具有安全程度高、运输速度快、运输距离长、运输能力大、运输成本低、能耗低等优点，且具有污染小、潜能大、不受天气条件影响的优势，是公路、水运、航空、管道运输所无法比拟的。但其投资大，建设周期长。

铁路适于在内陆地区运送中长距离、大运量、时间性强、可靠性要求高的一般货物和特种货物。在运输量比较大的地区之间修建铁路比较合适。

TP2-1-2

优化公路运输

公路运输机动灵活，适应性强，货物损耗少，运送速度快，公路运输网一般比铁路、水路网的密度要大十几倍，分布面也广，可实现门到门运输。但是公路运输的能力小，能耗高，运输成本高，劳动生产率低。

公路比较适合内陆地区的中短途旅客和货物运输，可以与铁路、水路联运，为铁路、港口集疏运旅客和货物。

TP2-1-3

大力发展水路运输

水路运输能力大，成本低，平均运距长，能进行低成本、大批量、远距离的运输。但水路运输受港口、水位、季节、气候等自然条件影响较大，且运输速度慢。

水路运输综合优势较为突出，适宜运距长、运量大、季节性不太强的各种大宗货物运输。

TP2-1-4

有序推进航空运输

航空运输速度快，机动性能好，缺点是能耗大、运输能力小、成本很高、可达性差。因此，航空只适宜长途旅客运输和体积小、价值高以及贵重、鲜活、易腐产品和邮件等货物的运输。

TP2-2

确定枢纽设施选址

枢纽设施主要分为客运和货运两类，在选址布局时两类设施考虑的因素各有侧重。客运枢纽的选址与城市功能定位、居民出行特征和用地发展相关联，货运枢纽则与城市的产业布局紧密联系。

TP2-2-1

客运枢纽设施选址

城市客运枢纽设施选址布局应综合考虑区域空间布局、交通主要流量及流向、交通网络支撑体系、城市社会经济发展及未来年交通需求等因素，充分保障选址的合理性（图TP2-1）。

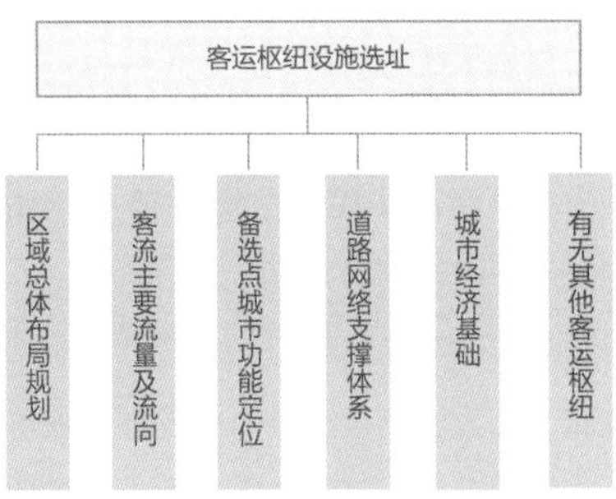

图TP2-1　客运枢纽设施选址

客运枢纽设施布局应与城市发展形态、功能定位相协调。城市规模形态较为稳定的中小城市，客运枢纽体系的选址应相对紧凑，充分满足对外交通需求和城市内部主要客流走廊关键节点的交通需求。城市规模扩张迅速的大中型城市，应以中心城区为核心，统筹考虑周边县、市和重要组团、卫星城等。不同区域应提出有差别化的布局和选址要求，与城市的发展方向和空间结构相契合，引导城市开发。

城市客运枢纽体系应层次分明、分工明确，满足不同层次的客流需求。各层级城市客运枢纽场站的布局应与城市综合交通网络、交通功能定位相辅相成，通过合理布设枢纽场站，引导综合交通运输网络的走向。

枢纽设施布局应尽可能紧凑高效、方便换乘与集散，提高系统运行效率。城市综合客运枢纽设施布局应在尊重城市空间布局的前提下，与城市的主要活动中心、重要功能区和对外运输通道紧密结合。客运枢纽的高效率组织是枢纽成功的关键，即高效实现不同方向、不同功能、不同方式的交通线路之间的转换。要避免枢纽规模过大导致转换组织效率下降。

城市客运枢纽体系布局的均衡性。加强规划过程中系统分析的整体性思维，将综合客运枢纽场站布局融入区域中综合考虑，充分考虑城市功能发展的需要，最大限度地协调各种运输方式的场站布局。规划人口规模100万及以上的城市，应根据城市空间布局和对外联系方向均衡布局铁路客运站，同时考虑铁路客运站之间的连通性。

TP2-2-2

货运枢纽设施选址

城市货运枢纽设施应基于城市货运交通的特征合理布局，引导城市货运有序发展，实现城市客、货流分离；城市货运枢纽设施选址还必须与城市国土空间规划、综合交通体系规划、产业布局规划相协调（图TP2-2）。

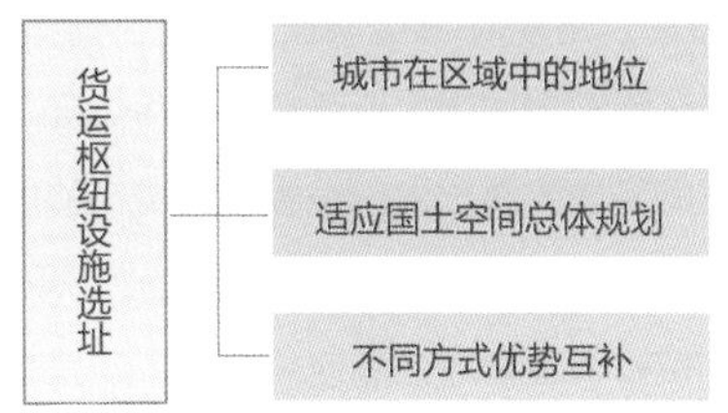

图TP2-2　货运枢纽设施选址

货运枢纽设施布局应充分考虑城市所处区域物流系统的规划和布局，以及城市在区域中的地位，紧密结合区域物流系统布局城市货运枢纽，将区域宏观物流系统规划作为城市货运枢纽设施布局的依据。

城市货运枢纽设施布局应与城市发展目标和国土空间总体规划相适应。在城市国土空间总体规划的指导下对城市货运枢纽进行再配置，使其与城市的其他功能相协调，促进城市经济的可持续发展。货运枢纽设施布局应靠近工业区、开发区、商业区等货源产生地或集散地。

货运枢纽设施布局应与城市货运交通体系相协调，对各种货运交通方式进行合理集成和优势互补，尽可能实施多式联运。各种等级货运枢纽应与公路、水运、航空、铁路干线网络能力相匹配，与大型交通设施建设相协调，与海港、空港、铁路、内河的主要货运集散点相衔接，与市域快速立体交通网络相贯通，提高物流及货运交通综合运输效率。

TP2-3 完善对外交通衔接

对外交通设施布局直接影响城市的发展方向及城市空间结构等。根据各类对外交通设施与城市衔接的相关要求，参考城市对外交通用地分类与规划建设用地标准，明确各类对外交通方式的用地控制条件，包括公路、铁路、机场和港口等。

TP2-3-1 公路与城市的衔接

干线公路应与城市主干路及以上等级的道路合理衔接。高速公路应与城市快速路或主干路衔接，一级、二级公路应与城市主干路或次干路衔接。

合理的高速公路出入口设置是为城市功能区提供便捷对外交通组织服务的前提。规划人口规模500万及以上的城市，主要对外高速公路出入口宜根据城市空间布局，靠近城市承担区域服务职能的主要功能区设置，高速公路出入口最小间距应为4km。当城市存在多个功能区时，各功能区均需要相对便捷的高速公路服务。

进入中心城区的公路，除承担对外交通，还需要承担城市内部的交通，道路横断面的布置除满足对外交通需求外，还应考虑城市公共交通、非机动车和步行的通行要求以及景观的要求，在交通组织与管理上也应参照城市道路的标准执行。

过境公路应避免穿越城市。当对外交通量大于或等于10000pcu/d时，需要规划建设独立的过境通道，从城市外围通过，并对原公路进行市政化改造。

TP2-3-2 铁路与城市的衔接

沿线用地控制

《铁路安全管理条例》第二十七条规定，铁路线路两侧应当设立铁路线路安全保护区。铁路线路安全保护区的范围，从铁路线路路堤坡脚、路堑坡顶或者铁路桥梁（含铁路、道路两用桥）外侧起向外的距离分别如下。

1. 城市市区高速铁路为10m，其他铁路为8m。
2. 城市郊区居民居住区高速铁路为12m，其他铁路为10m。
3. 村镇居民居住区高速铁路为15m，其他铁路为12m。
4. 其他地区高速铁路为20m，其他铁路为15m。

减少对城市的分割

规划布局铁路走廊或铁路场站时，应减少对城市空间、城市交通系统等的影响，应预留与之相交的城市主干路及以上等级道路、重要次干路的穿越通道，减少对城市的分割，保障所在地区城市承担长距离交通联系的交通干线系统的完整性。

枢纽间的连通与换乘

特大城市和大城市根据城市布局宜设置多个铁路客运站，并明确分工、等级与衔接要求。高速铁路客运站应结合城市空间布局尽量在中心城区内设置，并与普通铁路客运站结合。中心城区外规划人口规模50万及以上的城市地区，宜设置高速铁路客运站。城际铁路客运站应靠近中心城镇和城市主要中心设置。

有多个铁路枢纽的城市一般承担了国家或区域性综合交通枢纽职能，是多方向、多方式综合交通网络汇聚的重要节点，应通过快速、大运量公交，畅通场站间直接连接，实现旅客在枢纽之间的快速直达。超大城市换乘时间不超过1h，换乘次数不超过2次；特大城市换乘时间不超过45min；大城市换乘时间不超过30min。

TP2-3-3 机场集疏运交通

机场选址、用地控制

机场规划应根据城市社会经济发展、机场在区域中的定位、全国民用机场布局规划和航空运输等要求，合理确定机场类型、功能、布局和用地规模。

机场选址除应符合城市布局的总体要求和满足机场本身的技术要求外，还应具有满足机场建设需要的地形条件、工程地质条件、水文条件及气象条件。国际枢纽机场、区域枢纽机场与城市中心的距离宜为20～40km，其他机场宜为10～20km。

机场用地应根据机场类型、功能布局、客货运量规模、跑道数量和建设用地条件合理确定，按0.5～1.0hm^2/（万人次·a）客运量控制。机场周边地区土地使用规划应符合机场净空、噪声防护、电磁环境和机场安全运行的要求。

集疏运交通规划

根据机场客货运服务的腹地范围选择衔接机场与城市的轨道和道路系统。年旅客吞吐量2000万人次及以上的机场宜与城际轨道、城市轨道衔接，轨道交通宜深入城市中心并设站；年旅客吞吐量为1000万～2000万人次的机场应布局与主要服务城市之间的机场专用道路，并设置城市航站楼；年旅客吞吐量小于1000万人次的机场，机场的集疏运道路可以与其他功能共用，但应保障机场的集疏运效率。

布局有多个机场的城市，机场之间应设置快捷的联系道路或轨道交通。

机场集疏运体系应鼓励采用集约型公交方式。年旅客吞吐量1000万人次及以上的机场应规划机场专线巴士、出租车、城市公共汽（电）车等衔接设施；年旅客吞吐量为20万～1000万人次的机场宜规划机场专线巴士、出租车等衔接设施；年旅客吞吐量小于20万人次及以货运为主的机场、通用机场，应在优先考虑城市公共汽（电）车的前提下，灵活组织机场衔接交通。

TP2-3-4 港口集疏运交通

港口规划及选址

港口规划应根据城市经济发展阶段、全国沿海港口布局规划、全国内河航道与港口布局规划、港口运输和岸线资源等要求，合理确定港口的功能、布局和用地规模。

港口选址应符合以下要求。

1. 港口选址选择应符合城市经济发展和实际的水运需求，根据腹地经济状况、客货流量等条件确定其性质和规模。

2. 合理利用岸线资源。按照城市总体布局要求，统筹规划城市的生活岸线和生产岸线，正确处理各种类型港口的关系。

3. 尽量避免或降低港口生产作业对城市的影响和干扰。

集疏运交通建设

合理确定集疏运方式，促进港口集疏运结构的优化。大型货运港口应优先发展铁路、水运等费率较低的集疏运方式，并规划独立的集疏运道路。集疏运通道路应与城市外部的高速公路、国省道等顺畅衔接。对于受城市交通制约较大的重要港区，建立客货分离的集疏运公路体系。

加快铁路专用线建设，提高沿海和内河主要港口铁路进港率。沿海主要港口、大宗货物年运量15万t以上的大型工矿企业，新建物流园区铁路专用线至2025年接入比例达到85%以上。

加快多式联运发展。大力发展铁水联运，完善江海联运。开展内陆无水港建设，加强港口与内陆腹地之间的联系。

港城关系协调

在城市经济不同发展阶段，根据港口运输特征的变化适时调整港口功能，加强港口与城市建设的动态协调，包括滨水岸线的合理利用、港口后方陆域用地的高效开发，以及对城市生活、产业、环境、生态等多方面的综合考量。

客运港宜布局在中心城区，与城市交通紧密衔接。旅游码头应根据城市布局、航道资源、水域开发条件等合理确定，有条件的地区可设置客运、旅游综合码头。

TP3

城市道路

TP3-1

确定道路功能等级

城市道路功能包含交通运输功能、公用空间功能、景观绿化功能、应急功能等。根据城市道路服务城市活动特性，可分为干线道路、支线道路，以及连接二者的集散道路三大类，以及快速路、主干路、次干路和支路四个中类和八个小类。

TP3-1-1

城市道路贯彻绿色原则

道路网络布局和道路空间分配应体现以人为本、绿色交通优先，以及窄马路、密路网、完整街道的理念。

城市道路系统应结合城市的自然地形、地貌与交通特征，依山就势、随坡就形、因地制宜地进行规划。应体现历史文化传统，保护历史城区的道路格局，反映城市风貌。与城市交通发展目标相一致，符合城市的空间组织和交通特征。满足城市救灾、避难和通风要求。

TP3-1-2

道路等级

快速路

1. 快速路为城市长距离机动车出行提供快速交通服务，中央分隔、控制出入口间距及形式，单向车道不少于两条，设计速度不低于60km/h，并设有配套的交通安全与管理设施的城市道路。

2. 不应在快速路两侧设置吸引车流、人流较大的公共建筑物出入口。城市规划人口规模大于100万和长度超过20km的带状城市可设置快速路。

主干路

主干路为城市分区（组团）间联系以及分区（组团）内部主要交通联系服务。单向车道不少于两条，设计速度不低于40km/h且不高于60km/h。

次干路

次干路为干线道路与支线道路的转换以及城市内中短距离的地方性活动组织服务，以集散交通为主，同时兼具服务功能。

支路

支路指为短距离地方性活动组织服务的街坊内道路、步行、非机动车专用路等，以服务功能为主。

道路功能等级一般在规划阶段明确。消防、防洪、货运、旅游、非机动车专用路等具有特殊功能的道路，其断面应符合其所承担的交通需求特征。在满足相应等级技术标准的同时，还需要满足其专用道路特殊服务要求。以旅游交通组织为主的道路应减少其所承担的城市交通功能。

其他功能道路

城市防灾救援通道。此类道路宜结合绿地与广场、空地布局；可适当增加通道方向的道路数量，地震烈度为7度的地震设防城市每个疏散方向的对外放射道路应不少于两条。

城市滨水道路。应结合岸线布置，若为生活性岸线，应优先布局公共交通、步行与非机动车空间，同时降低机动车设计车速；若为生产线岸线和港口岸线，应按照货运交通需要布局（图TP3-1）。

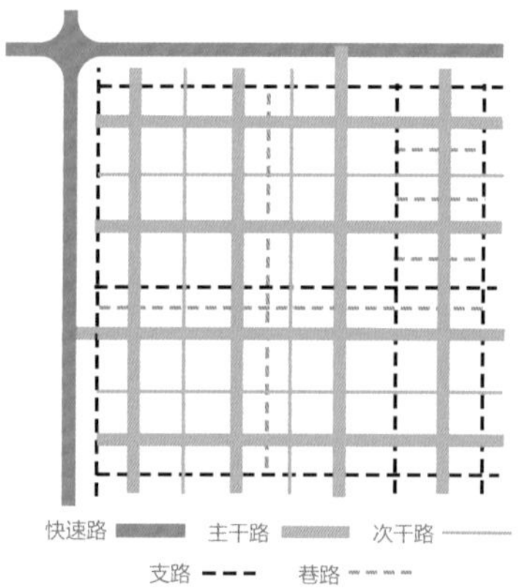

图TP3-1 多级路网规划示意图

TP3-2

建立道路设施指标

依据用地所在区域、性质和功能，以及道路的性质、交通量及其所处地点的自然条件，确定道路及网络应达到的各项技术指标和规定要求。

TP3-2-1

路网密度

干线道路网络的密度随城市规划人口规模的不同而有差异。规划城市人口规模200万及以上按1.5～1.9km/km^{2}确定，100万～200万城市按1.4～1.9 km/km^{2}确定，50万～100万城市按1.3～1.8km/km^{2}确定，20万～50万城市按1.3～1.7km/km^{2}确定，规划人口20万以下的城市按1.5～2.2km/km^{2}确定。其中，中心城区内道路系统的密度不宜小于8km/km^2。城市建设用地内部的城市干线道路的间距不宜超过1.5km。

TP3-2-2

道路红线与断面

科学、合理地设置道路横断面空间，是保障道路交通运行通畅、实现道路规划功能、协调城市用地与交通协调发展的重要保障。

道路红线宽度

城市道路红线应根据道路承担的交通功能和用地开发状况综合确定，优先满足城市公共交通、步行与非机动车通行空间的布设要求。

城市道路红线宽度与城市规划人口规模相关。规划人口50万及以上道路（快速路包括辅路）红线不超过70m，规划人口20万～50万的城市道路红线不超过55m，规划人口20万以下城市道路红线不超过40m。

对于布设城市轨道交通（包括有轨电车）线路的道路，其红线宽度还应满足轨道交通运行的相关要求。

货运道路可适当加宽车道和道路红线，满足大型车辆的通行要求。

道路断面布置

城市道路断面布置应与道路承担的交通功能及交通方式构成相一致，符合其所承载的交通特征。

道路空间分配应符合不同运行速度交通的安全行驶要求，干线道路上的人行道、非机动车道应与机动车道隔离。

潮汐车道设置。规划人口规模100万及以上的城市，放射性干线道路的断面设置应留有潮汐车道条件。

人行道和非机动车道的宽度应得到保障，特别是设置有轨道交通站点、公交港湾、人行立体过街设施的路段，其宽度可适度放大。

TP3-3

优化干线道路格局

城市干线道路由快速路、主干路构成，承担城市中长距离联系交通。按照《城市综合交通体系规划标准》（GB/T 51328—2018），快速路可分为Ⅰ、Ⅱ两级，主干路分为Ⅰ、Ⅱ、Ⅲ级。规划时依照分层布局的思路进行，保证不同等级的干线道路功能清晰，支持城市空间布局与拓展，衔接重大设施，合理组织内外交通，保持发展弹性，适应长远发展中的不确定性。[2]

TP3-3-1

城市干线道路布局

干线道路布局

结合既有道路系统布局特征，以及地形、地貌、河流走向和气候环境等因素，统筹考虑城市空间结构布局、用地性质与开发强度，以及客货运交通流向、对外交通衔接等综合确定。

干线应互相连通，集散道路与支线道路应符合不同功能地区的城市活动特征要求。

城市Ⅱ级主干路及以上等级干线道路不宜穿越城市中心区。

干线道路不能穿越历史文化街区与文物保护单位的保护范围，以及其他历史地段。

带形城市长轴方向的干线道路应保证贯通，且至少两条，道路等级为II级主干路及以上（图TP3-2）。

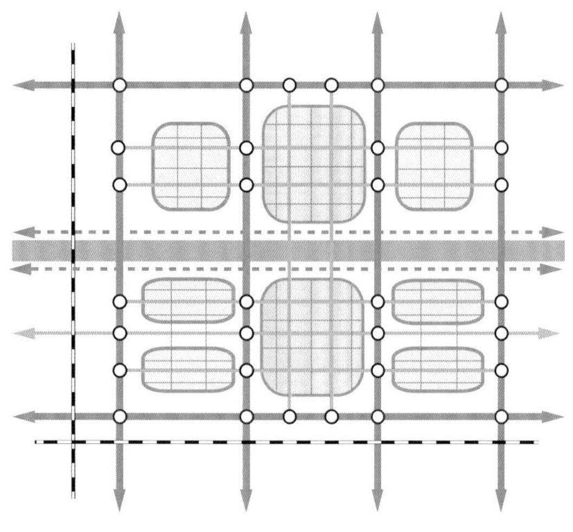

图TP3-2 中心城区道路网模式示意图

特定情形

对于历史街区、历史文化街区、地下文物埋藏区和风景名胜区，城市道路的穿行必须符合相关规划的保护要求。

对于水网与山地城市，根据城市的空间布局和交通需求特征，集约采用跨河通道和穿山隧道；道路一般平行或垂直于河道布局；滨水道路应保证沿线人行道、非机动车道的连续；同时，跨河桥梁应满足通航要求。

城市建成区内道路改造必须遵循既有历史文化、地方特色和原有路网格局，保护有历史文化价值的街道。

道路选线应避开自然灾害易发和多发区，包括地震断裂活动带、地面沉降、滑坡、泥石流等。

TP3-3-2 单中心与多中心组团格局干线道路规划

单中心

单中心城市道路网布局一般以城市中心为核心，构建“环+放射”的道路系统，干线道路承担城市中心组团与外围组团间的快速联系功能。

多中心组团式

多中心组团城市中各组团用地相对独立开发，结合城市空间布局、客流走廊，干线道路多采用网格状布局。

TP3-4 ※ 完善道路功能组织

在城市综合交通战略指引下，构建城市道路网络，合理衔接区域、对外通道；引导城市空间拓展与协调城市土地利用要求、适度满足机动化发展需求，健全路网级配与功能，合理组织不同空间层次与特征交通流分布。

TP3-4-1 环放道路网络布局

城市环路设置

分离城市过境交通。城市规划人口规模大于等于100万时，可在城市外围布局外环路，以I级快速路或高速公路为主，为过境交通提供绕行服务。

分流中心区穿行交通。历史城区外围、规划人口规模大于等于100万的城市中心区外围，可按照城市形态，因地制宜设置分流中心区穿城交通的环路。

环路建设标准至少应与环路内最高等级道路的标准相同，并与放射性道路高效衔接。

放射性对外干道布局

规划人口规模100万及以上的城市，与城市主要对外方向衔接的城市干线道路应有两条以上，其他对外方向最好有两条。

对于分散布局的城市，相邻组团、片区之间的城市干线道路一般有两条以上。

TP3-4-2
道路衔接与相交

道路衔接

城市主要对外公路在进入城市时应与城市的干线道路顺畅衔接。

支线道路一般不与干线道路直接连通。

干线道路桥梁与隧道车行道布置及路缘带宽度一般与两端衔接道路相同。

城市道路交叉

合理布局、设置道路交叉口形式是提高道路网整体通行能力、缓解交通拥堵、落实交通发展战略目标与绿色环保发展理念的重要举措，具体如下。

结合需求，科学设置；

化繁为简，节约用地；

预留用地，保持弹性；

因地制宜，兼顾相邻道路通行能力与组织；

结合地形、排水和景观等，合理选择立交形式。

交叉口应优先满足公共交通、步行和非机动车交通安全、方便通行的要求，交叉口进出口道（不含非机动车道）宽度大于16m时，应设置行人过街安全岛。

交叉口的规划设计范围包括各进口道及展宽道，而不是仅考虑干道方向的进出口道。干线道路平面交叉口用地应在方便行人过街的基础上适当展宽，在红线展宽段内，道路绿化设置应符合交通组织要求。

干线道路上交叉口间距应有利于提高交通控制的效率。一般情况下，快速路为1500～2500m，主干路为700～1200m，次干路为350～500m，支路为150～250m。

立体交叉及用地

依照交叉口所在地区的道路网络及其在道路网中的定位、周边用地、环境特点等因素，多方案综合比选确定平面交叉口或立体交叉的选型。

当通过主—主交叉口的预测总交通量不超过信号控制交叉口的通行能力（约12000pcu/h）时，不宜采用立体交叉。即使达到这个门槛，也应该首先考虑简易立交形式。

依据《城市道路交叉口规划规范》（GB 50647—2011），道路立交根据功能和在道路网络组织中的地位，可分为枢纽立交、一般立交和分离立交三类。

结合中心城区道路立交设置原则和强调绿色、环保、自然的交通理念，主要道路立交设置形式和用地规模控制指标，枢纽立交为8～12hm^2，一般立交为6～8hm^2，跨河通道和穿山隧道两端主要节点宜按高限控制。

TP4
公共交通

TP4-1
分析客流走廊分布

客流走廊是人们为了实现各类出行活动，借助各类交通工具进行有目的的流动而形成的交通廊道，包含流量、流向和流时等要素，具备交通流量大和运输线路、方式多样等特点。

客流走廊因其客流量大，考虑资源利用效率和出行效率，一般选用集约化的公共交通方式。不同层级的公共交通走廊，应根据其客流特征，因地制宜地选择运载方式和组织方式，以满足其功能需求，并符合经济和环境要求。

TP4-1-1
客流走廊特征

一般特征

走廊不单纯指交通服务设施，存在交通服务设施的影响区，是多个运输枢纽、多条运输线路所组成的空间。

走廊形态与宽度因交通设施布局的差异性存在多种情况。走廊形态通常呈现直线形，也有环状形态；可以是以一条骨干运输线路为主的狭长走廊，也可以是由几条骨干线路构成的宽阔走廊。

走廊内存在多种运输方式，但由于走廊的交通流量大，一般含有大运量的运输线路。

空间层次特征

中心城区是客流走廊布局的核心地区，人口和岗位在此区域高度集聚，同时布局大量商业服务业设施和公共服务设施用地；交通需求特征表现为高强度、广覆盖、多目的，道路、轨道交通设施高密度布局；中心城区的空间尺度一般为0～20km半径圈层。

近郊区多以新城形式存在，通过快速交通走廊轴带式向外延伸；用地以居住、教育科研用地为主；依托快速交通走廊沿轴向拓展，向心性客流需求特征明显且呈现多样化出行特点，居住型新城高峰时段向心通勤需求占比较高；近郊区圈层空间尺度一般为20～40km半径圈层。

远郊区作为中心职能向外扩散的接受地，承担城乡统筹发展的重要节点服务功能，以串珠式的空间布局形态存在；具有相对独立的郊区中心和产业特色，以生态农业、生态科技、工贸和休闲旅游为主；通过轨道交通、快速干道等快速交通方式串联各城镇节点；远郊区圈层空间尺度一般在40～60km半径范围（图TP4-1）。

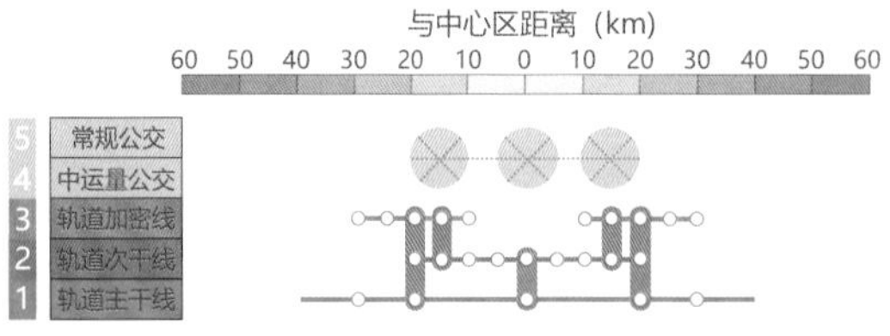

图TP4-1 中心城区出行范围与公交模式结构

TP4-1-2 客流走廊主导交通方式选择

出行时间是诸多影响出行选择行为因素中最为关键的要素。通过多个功能层次的集约型公共交通服务网络，满足不同层次空间组织的出行时间要求，是实现城市公共交通和城市空间协同发展的关键。城市公共交通的线路、车站、换乘衔接等均应围绕缩短出行时间来布设。

客流走廊有公交走廊和机动化走廊，围绕绿色发展目标，走廊主导交通方式应选择运输能力和运输效率较高的集约型公共交通方式，分为高、大、中和普通客流走廊。高客流走廊高峰小时单向客流量大于6万人次或客运强度大于3万人次/（km·d）；大客流走廊高峰小时单向客流量3万～6万人次或客运强度2万～3万人次/（km·d）；中客流走廊高峰小时单向客流量1万～3万人次或客运强度1万～2万人次/（km·d）；普通客流走廊高峰小时单向客流量0.3万～1万人次（图TP4-2）。

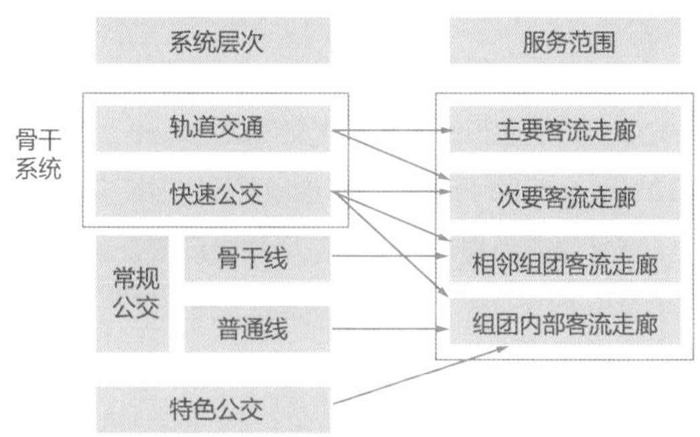

图TP4-2 公交方式与客流走廊的对应关系

高、大客流走廊宜选择城市轨道交通系统，中客流走廊宜选择城市轨道交通、快速公交（BRT）、有轨电车，普通客流走廊宜选择公共汽（电）车、有轨电车。

TP4-2

预留轨道交通走廊

中心城区通道资源稀缺，适合修建轨道交通的城市应超前预留轨道交通走廊，确保轨道交通功能充分发挥。一是实现轨道交通枢纽与城市功能中心布局协同，提高城市中心可达性，促进枢纽地区的整体发展；二是利用轨道交通引导城市空间集聚发展，通过相对密集的轨道交通网络支撑高密度人口出行需求。

TP4-2-1

轨道交通功能层次划分

城市轨道交通线路包括快线和干线两种，其功能层次划分、运送速度宜符合下表的规定。中心城区、近郊、远郊之间按联系强度的大小，采取不同层次的轨道交通配置。

95%的高峰期乘客在轨道交通系统内部的单程出行时间宜控制在45min内（表TP4-1）。

城市轨道交通线路功能层次划分和运送速度　表TP4-1

大类	小类	运送速度（km/h）
快线	A	≥65
	B	45~60
干线	A	30~40
	B	20~30

来源：《城市轨道交通线网规划标准》（GB/T 50546—2018）

TP4-2-2

线网规划布局要点

城市轨道交通系统布局规定

1. 城市轨道交通线路走向应和客流走廊主方向保持一致。

2. 城市轨道交通快线布局高于中客流等级的客流走廊，客流密度宜控制在10万人·km/（km·d）及以上；干线A宜设置在大客流及以上等级客流走廊，干线B宜设置在大、中客流走廊。

3. 快线A宜设置在城市轨道交通线路长度大于50km时；30～50km时，宜选用快线B；干线宜布局在中心城区内。

4. 依据客流走廊的客流特征和运量等要求，允许在同一客流走廊内布置多层次轨道交通线路。

5. 城市轨道交通主要换乘节点应与城市各级中心共同布局，满足乘客的换乘需求和轨道交通组织要求；城市土地利用强度较高的地区，应根据现状提升轨道交通站点的密度。

6. 城市轨道交通快线宜穿越城市中心区内部，并强化与城市轨道交通干线的换乘衔接能力，提升服务水平。

TP4-2-3

超前预留轨道交通走廊

超前预留快线进入城市中心的通道

快线A和快线B均应引入城市中心，提供更便捷高效的出行服务。快线B主要服务外围至中心城区的通勤出行，宜引入城市核心区并沿主通道敷设，沿途设置多个站点提高客流转换效率。快线A宜引入城市核心区的主要枢纽，由于设站较少，可选择相对次要通道敷设。为确保快线进入城市中心，必要时多层次轨道交通线路可共通道布设（图TP4-3）。

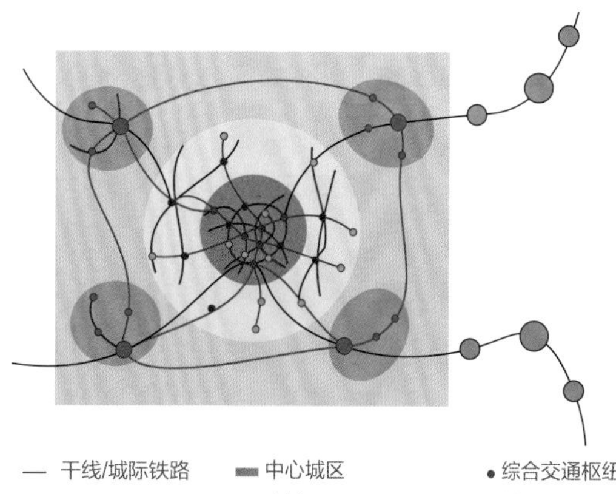

图TP4-3　多层次轨道交通走廊示意图

合理加密轨道交通干线网络

随着人口岗位聚集和出行时间延长，关键走廊和地区交通供需矛盾突出。结合城市空间和交通特征，合理提高轨道交通干线密度，形成功能层次分明、规模级配合理的城市轨道交通网络。

同时，应以公共交通体系效用最优为原则，充分发挥中运量公交、多层次普通公交的特点和优势，以轨道交通为主体、地面公交为基础，构建多模式、一体化的公共交通服务体系，提高公共交通服务水平和运营效率。

TP4-3 ※

优化常规公交线网

城市公共交通是一个由多种公交方式集成的综合系统，需要统筹内部各子系统之间的衔接，有效减少乘客出行时间，提升公共交通整体服务水平和服务品质，提高公交系统综合运输效率。

TP4-3-1

城市公交系统的一体化

单一模式的公共交通系统已不能适应城市居民出行多元化和差异化的需求，多模式公交系统成为发展趋势。不同特征的出行需要不同的公共交通体系结构支撑，不同规模、不同城市布局形态需要不同的公交网络构架。

为使不同公共交通方式充分发挥自身优势，应建立多种功能、层次的协调网络促使公交服务更加高效便捷。大城市及以上规模城市宜形成“骨架网—主体网—支撑网”三级构架模式。

城市公共交通由单一层次到多层次网络的发展过程，同时也是不同层级公共交通功能不断调整的过程。例如，轨道交通的建设促使地面公共汽（电）车的功能发生变化，应基于“轨道交通—地面公交”两网融合、协同服务的基本原则，及时对公共汽（电）车系统进行相应调整。

TP4-3-2

快速公交（BRT）与有轨电车

城市快速公交和有轨电车宜布设在城市的中客流和普通客流走廊上，结合城市实际，按照城市客运交通系统协调发展的要求，合理确定城市快速公交与有轨电车在城市公共交通系统中的功能定位，进而确定运能要求和相应的路权等级，并做好与其他公交系统的衔接。

在特大规模及以上城市，快速公交与有轨电车一般起到轨道交通网络接驳、补充等作用，在大中城市局部地区也可发挥公交网络骨干作用，服务城市的中客流和普通客流走廊。有轨电车通常采用地面敷设方式，在规划建设现代有轨电车时应同步考虑沿线道路的功能调整和设计优化。

TP4-3-3

城市公共汽（电）车

根据城市公共交通的客流组织特征和线路运营要求，城市公共汽（电）车线路可分为干线、普线和支线，不同城市应根据城市客流特征选择合适的层级布局。一般地，大城市公交客流量较大，需求多元，出行距离长，公交线路层级相应丰富；中小城市客流量小，出行距离短，只需要选择其中的部分层级，如干线和支线，组成城市的公交线网（图TP4-4）。

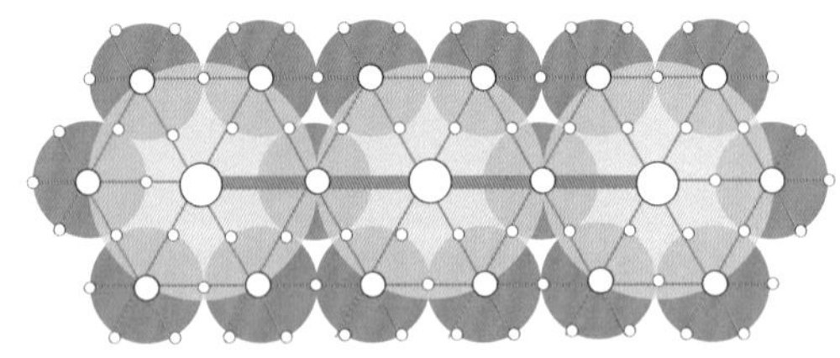

图TP4-4 分区、分级的公交服务网络示意图

城市公共汽（电）车系统中的干线主要服务高峰小时单向客流量在3000～10000人次的普通客流走廊。为保证客流走廊具有较高的公交服务水平，公交干线的客运能力可达到5000～15000人次/h，客流高峰期发车间隔宜控制在5min以内。

TP4-4 ※

布设公交优先道路

城市道路是公共汽（电）车运行的载体，为保证各等级地面公交线路功能的充分发挥，特别是快速公交和公交干线，城市道路空间分配应给予公交优先保障，设置公交专用道是最基本的办法。

TP4-4-1

公交优先道路设置条件

公共交通系统是城市向绿色转型发展的关键。对乘客而言，良好的公交服务应具有较高的空间可达性和时间可控性，而公交时间可控性的提高在很大程度上取决于公交运行可靠性和速度的提升，因此需要道路空间的特别保障。

专用路权是保障公交运行速度和可靠性的重要措施。当走廊上布置大运量城市轨道交通时，应根据交通衔接和客运需求特征，确定是否设置公交专用道。当走廊上没有大运量城市轨道交通时，必须设置地面公交专用路权。

对于规划高峰小时单向断面公交客流量达到3000人次的城市快速路和主干路，道路断面中应配置公交专用道。

TP4-4-2

公交优先车道形式及设置方法

公交优先车道形式

公交优先车道设置形式主要分为外侧式和内侧式两种，选择设置形式时应综合考虑道路及设施条件、客流需求特征、公交运行与社会车辆之间的干扰等因素（图TP4-5、图TP4-6）。

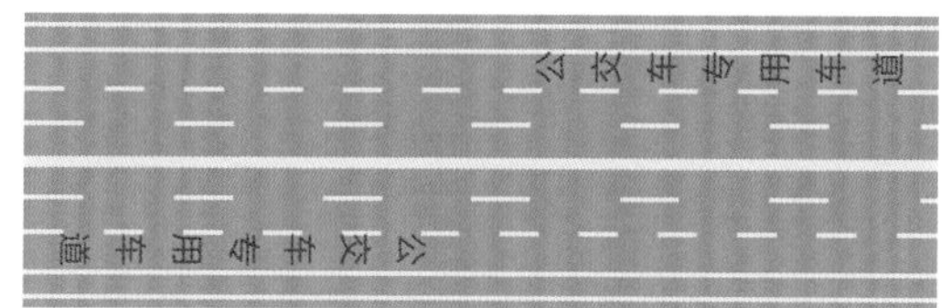

图TP4-5　外侧式公交优先车道

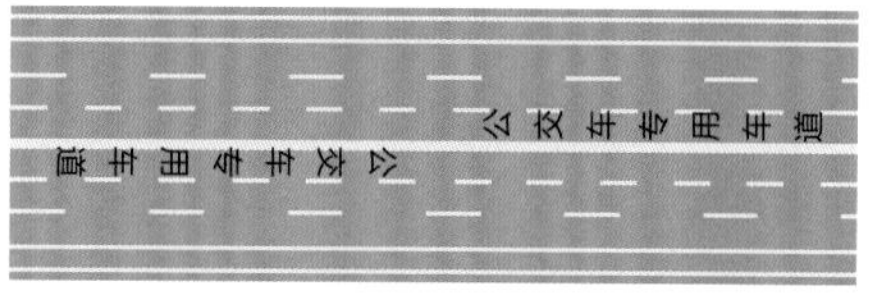

图TP4-6　内侧式公交优先车道

公交优先车道在交叉口的设置方法

按照道路现状条件及车流实际情况，在公交优先车道的路段进口道设置公交优先导向车道，如图TP4-7所示。

图TP4-7　公交优先导向车道

针对不能单独设置公交优先导向车道的路口，可采用公交车与其他车辆共用路口导向车道的方式，如图TP4-8所示。

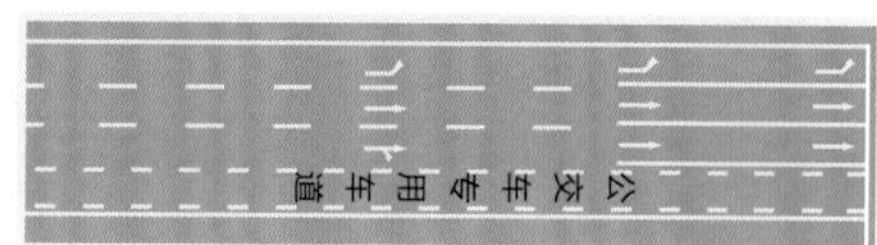

图TP4-8　公交共用导向车道

当进口道公交优先道路外侧布置导向车道时，应在允许转向车辆变道的公交优先道上规划借道区，借道区宽度可根据路段实际通行条件进行合理调整，一般约为3m。借道区长度应按照道路实际情况进行设置，应大于30m。

TP4-5

保障场站设施用地

各类公交方式均涉及线路和场站，如轨道交通的车辆基地、车辆段、停车场和综合维修基地，城市公共汽（电）车的首末站、停车场和保养场等。为保证公共交通的运行效率和服务水平，应在城市用地规划阶段对公交场站设施用地予以保障，合理预留用地空间。

TP4-5-1

轨道交通场站设施用地

车辆基地

一条城市轨道交通线路至少应设一处定修车辆段，当线路长度超过20km时，应增设停车场。

车辆段规模一般根据线路长度、列车数量和运行密度确定。车辆基地占地面积总规模按每公里正线0.8～1.2hm^{2}控制，车辆段25～35hm^2/座，停车场10～20hm^2/座，综合维修基地30～40hm^2/座。采用地铁制式的线路按高值控制，采用轻轨制式的线路按低值控制。

通道、车站及附属设施用地

适度超前编制城市轨道交通通道及车站（含换乘站）用地预控规划。线路通道建设控制区沿中心线两侧不应小于15m，2线以上通道应结合运营要求确定用地控制范围。

标准地下车站控制区长度200～300m，宽度40～50m；标准地面、高架车站控制区长度150～200m，宽度50～60m。

特殊情形：起终点车站、编组数大于6节或股道数大于2线的车站、采用铁路制式的车站，应根据具体情况确定用地控制范围。

TP4-5-2

BTR和有轨电车场站设施用地

城市快速公交的停车场设置在线路起终点附近，按需求和用地条件配置保养、维修、加油、加气、充换电等设施，并宜与其他公共汽（电）车场站合并设置。

有轨电车线路区间段沿线用地控制宽度不小于8m，车站地区可适度扩大用地控制范围。车辆基地用地规模按每公里正线0.3～0.5hm^{2}控制。

TP4-5-3

城市公共汽（电）车场站设施用地

一般原则

城市公共汽（电）车场站应在城市内均衡布局，综合考虑服务需求、车种、车辆数、服务半径和用地条件等因素。各类公共汽（电）车场站应按照节约集约用地原则，鼓励立体建设。

根据城市公共汽（电）车车辆发展规模和要求，其场站用地总面积按照每标台150～200m^{2}控制。在编制城市用地控制性规划时，按照所定标准确定城市公共汽（电）车场站的具体分布和用地规模。

场站设施用地

公交首末站兼具公交运营和乘客服务的功能，宜结合居住区、城市各级中心、交通枢纽等主要客流集散点设置。配置首末站的规模阈值：城市规划人口规模100万以下时，500m半径范围内人口与就业岗位数之和应达到8000以上。当规划城市人口规模达到100万及以上时，如果城市规划有轨道交通，则500m半径范围内人口与就业岗位数之和应达到15000以上；若城市无轨道交通，则500m半径范围内人口与就业岗位数之和应在12000以上。

停车场、保养场按照每标台120～150m^{2}控制。可根据需求与用地条件，整合停车场与保养场。

单座电车整流站不超过500m^2，总用地规模根据其所服务的车辆类型和车辆数确定。

充换电站结合各类公共汽（电）车场站设置。

若城市公共汽（电）车场站建有加油、加气设施，其用地面积按现行国家标准《汽车加油加气加氢站技术标准》（GB 50156—2021）的规定另行核算，并计入场站总用地面积中。

TP5

步行和自行车交通

TP5-1 ※

功能分区网络分级

基于步行和自行车交通出行特征，建立差异化分区，确定不同分区内步行和自行车交通网络布局指标。在此基础上，进一步提出分层级的步行和自行车交通网络，保障有效通行密度，通过专用道路和城市道路共同构建便捷连续的城市步行和自行车交通网络。

TP5-1-1

建立差异化分区

为体现步行和自行车交通出行需求及特征差异性，一般应依据人流集聚程度、地区功能定位、公共服务设施分布、道路交通运输条件、铁路与水系的分割划分及地形、气候等因素确定步行和自行车交通重点地区（Ⅰ类区）和一般地区（Ⅱ类区），也可结合城市特征进一步细化分区。对不同交通分区应提出差异化的网络密度指标（表TP5-1）。

步行和自行车交通网络密度及间距　　表TP5-1

交通分区	网络密度（km/km^2）		通道间距（m）	
	步行	自行车	步行	自行车
Ⅰ类区	≥14	≥10	≤150	≤200
Ⅱ类区	≥8	≥8	≤250	—

注：工业区和物流园区的步行和自行车交通网络密度与间距根据产业特征确定，可适当放宽，但网络密度均应大于$4km/km^2$。
来源：《城市步行和自行车交通系统规划标准》（GB/T 51439—2021）

TP5-1-2

步行和自行车交通网络分级

步行和自行车交通网络由城市道路和专用道路两部分组成。应根据城市各分区的特点，依据步行交通特征、周边用地与环境、所在交通分区、城市公共生活品质等因素，提出分层级的步行和自行车交通网络，详见《城市步行和自行车交通系统规划标准》（图TP5-1、表TP5-2）。

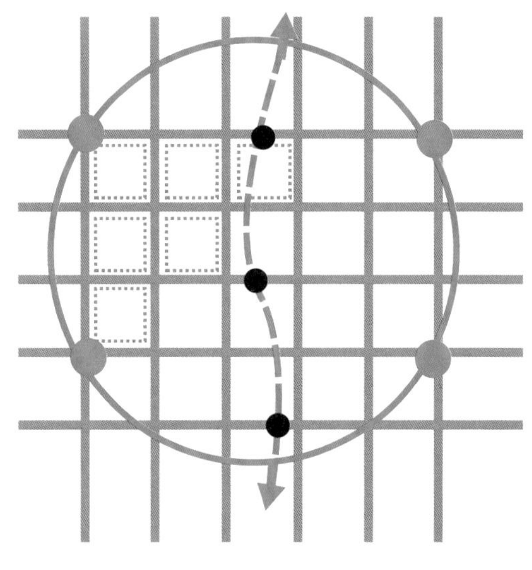

图TP5-1　步行网络示意图

步行和自行车交通网络构成　　表TP5-2

类别	城市道路	专用道路
步行交通网络	城市道路范围内的人行道、步行专用路	居住区、商业区、广场、公园等内部的步行通道、立体连廊及街巷、里弄、胡同、绿道内的步行空间等
自行车交通网络	城市道路范围内的非机动车道、自行车专用道	居住区、商业区、公园等内部的非机动车通道及街巷、里弄、胡同、绿道内的骑行空间等

来源：《城市步行和自行车交通系统规划标准》

步行和自行车交通网络规划应提高街道的连通性，形成小街区、密路网模式；人行道和人行横道必须提供连续的通行区，减少未铺砌、不均匀、不通畅或突然中断的情况；确保慢行通道的连通性，尽可能缩短步行和自行车出行路线（图TP5-2）。

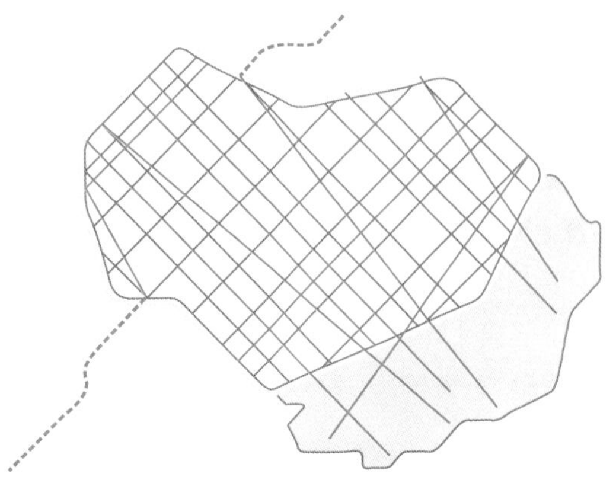

图TP5-2 网格式道路

TP5-1-3
保障步行和自行车通行空间

城市道路横断面包括人行道、绿化带或设施带、自行车道、建筑退线前区等要素，其规划设计应优先保障步行和自行车通行空间，同时建筑退线空间应与步行空间一体化设计。城市道路的人行道与非机动车道不宜共平面设置。受实际条件限制，横断面各要素宽度需要调整时，应优先压缩设施带空间，保障步行和自行车最小通行空间。其他具体原则详见《城市步行和自行车交通系统规划设计导则》（图TP5-3）。

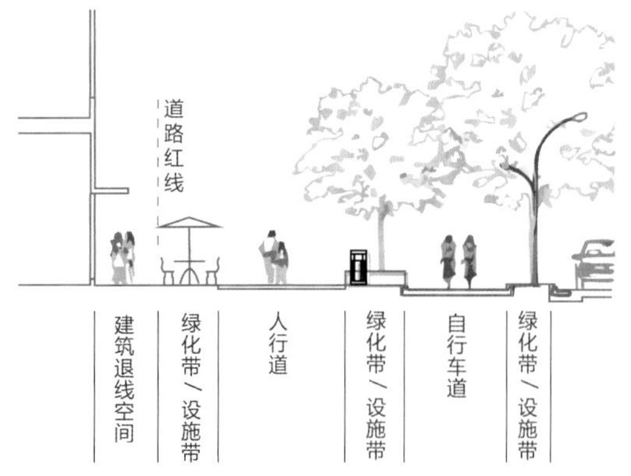

图TP5-3 城市道路人行道和自行车道横断面示意图

TP5-2 ※

完善节点设计布局

为进一步提升步行和自行车交通网络整体运行效率，应参考《城市步行和自行车交通系统规划标准》及相关技术导则，加强过街设施、停车设施中重要节点的规划设计指引，确保整体网络的连通性和便捷性。

TP5-2-1
完善过街设施布局

步行和自行车过街设施包含平面过街和立体过街两种形式，居住、商业等步行密集地区的过街设施间距应不大于250m，其他相邻过街设施最大间距为300m，详见《城市步行和自行车交通系统规划标准》。

地面快速路主路和确有必要设置的重要地点应设置立体过街设施，并宜与周边建筑相连形成连续完整的步行系统，同时如设有自行车过街功能，其坡道坡度不应大于1：4。除快速路外的其他各类步行和自行车道路应优先采用平面过街方式。对于学校、幼儿园、医院、养老院等步行和自行车出行的重点区域，原则上以平面过街为主。

机动车道宽度超过16m或者确有需求的交叉口应设置过街安全岛，并确保行人和自行车骑行者的有效使用宽度（图TP5-4）。

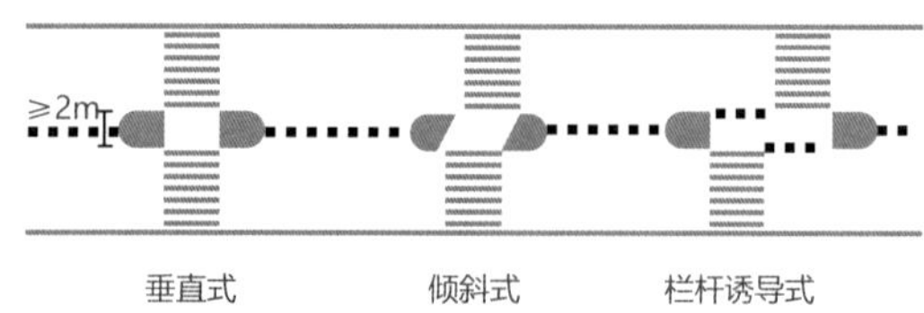

图TP5-4 过街安全岛示意图

TP5-2-2
完善自行车停车设施

自行车停放设施应靠近目的地设置，宜结合道路机非隔离带、行道树设施带及绿化设施带布设，并与其他交通方式便捷衔接。对于公交站点、医院、学校等重要节点，可根据需求设置路外自行车专用停车场，且接驳距离不宜大于50m。城市应根据需求和道路空间的承载能力，控制公共自行车总体规模，并结合城市自行车停车场设施布局，规范公共自行车停车设施。

自行车停车场宜采取地面形式布置，结合自行车停车设施的设施带、绿化带或建筑前区宽度取2.0~2.5m，斜向放置的可取1.5m，因场地限制确需设置立体停车设施时，设施不宜超过两层。

TP5-3 ※
与其他交通一体化

加强步行和自行车交通与公共交通、交通枢纽的一体化衔接，实现绿色交通系统内部各交通方式之间的高效衔接与转换，全面提升绿色出行的便捷性和吸引力。

TP5-3-1
与机动车交通衔接

城市道路应明确步行和自行车交通与机动车交通的优先级，重视机动车辅路、交叉口、路侧停车、地块及建筑物机动车出入口等人车冲突区的交通组织，确保步行和自行车交通与机动车交通合理分离，降低人车之间的相互干扰，实现各自网络化运行。

TP5-3-2
与公共交通衔接

解决公交“最后一公里”问题，衔接城市公交体系。从步行和自行车交通中的细部设施建设入手，以局部带动整体的方式推进步行和自行车交通的网络化。

轨道交通站点和公交换乘枢纽周边600m范围是步行直接吸引区，应保障步行的优先通行，采取各种措施满足乘客直达站点需求。步行和自行车交通与公共交通节点衔接应加强出入口布局、过街设施、自行车接驳设施、标识系统等规划设计，详见《城市步行和自行车交通系统规划设计导则》。

TP5-3-3
与交通枢纽衔接

优化换乘枢纽出入口、道路交叉口设施及行人过街设施、非机动车停车设施、出租车停靠点和交通导向标志的设计；公交站和枢纽站应结合土地利用类型，实现步行、自行车交通和公共交通的便捷连接；公共交通枢纽的人行天桥和地下人行通道应直接连通道路两侧的建筑物；交通换乘枢纽设施应有利于出行，便于不同交通工具之间的换乘衔接（图TP5-5）。

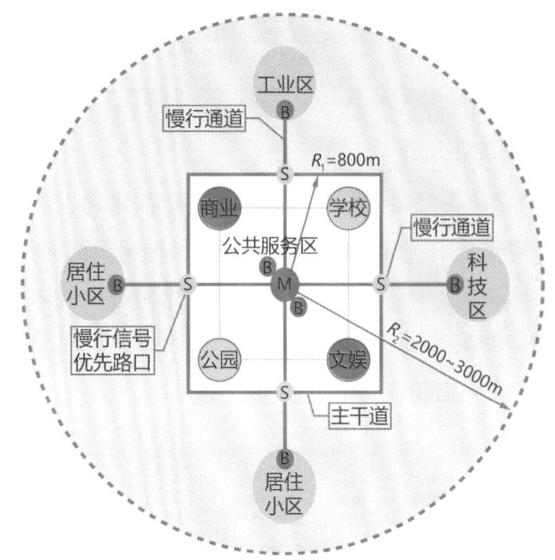

图TP5-5　步行和自行车交通接驳枢纽示意图

城市停车

TP6-1 ※

制定停车发展策略

贯彻资源节约、环境友好、社会公平、可持续发展原则，以城市和交通发展战略为指导，统筹停车供需关系，综合考虑停车设施使用特征及未来机动车发展水平，确定停车位总体规模和分区差异化供给的发展策略，统筹配置城市停车资源。

TP6-1-1

开展停车调查

停车调查是停车规划的基础，是量化分析停车需求的依据，应开展停车设施调查和停车特征调查，摸清城市停车设施现状分布及其使用特征。具体规划技术参照《城市综合交通调查技术标准》（GB/T 51334—2018）。

TP6-1-2

预测停车需求

停车需求预测包括机动车和非机动车停车需求预测两部分。需求规模预测流程如图TP6-1所示，具体技术方法参见《城市停车规划规范》（GB/T 51149—2016）（图TP6-1）。

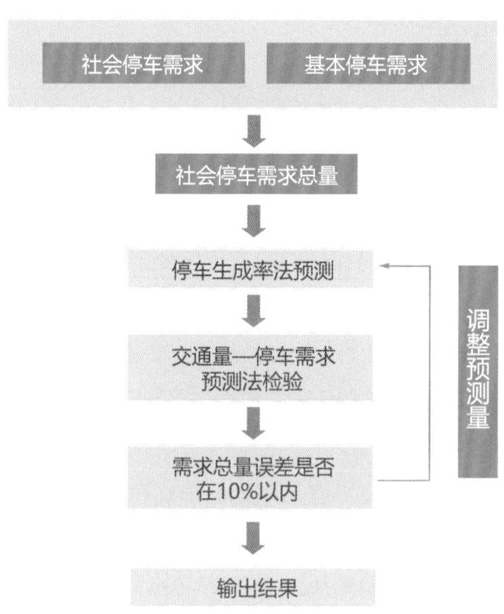

图TP6-1　确定需求预测流程图

在停车需求预测的基础上，应结合城市规模和机动车保有量发展趋势，进一步确定停车位供给总量（表TP6-1）。

城市停车设施供给总量推荐　　表TP6-1

城市人口规模	机动车停车位供给总量与保有量比
大于50万	1.1~1.3倍
小于50万	1.1~1.5倍

来源：《城市停车规划规范》

TP6-1-3

确定各类停车场设施规模

停车设施按照建设类型可分为建筑物配建停车位、路外公共停车位、路内停车位三类。建筑物配建停车位远期规划目标应占城市机动车停车位供给总量的85%以上；路外公共停车位占城市机动车停车位供给总量的10%～15%；在停车供需矛盾较为突出，建筑物配建停车位和路外公共停车位不能满足停车需求的情况下，可临时设置不应大于城市机动车停车位供给总量5%的路内停车位。

TP6-1-4
制定分区差异化停车供给策略

停车泊位的供给应根据规划区域的实际情况进行区分，一般划分为严格控制区、一般控制区和适度发展区，各分区的停车供给策略不同。

严格控制区

通过停车需求管理调控小汽车进入核心控制区的交通量，缓解核心区交通压力。该区域由于大幅提高配建车位非常困难，停车泊位的供给很难增加，停车主要依靠严格调控需求解决。

一般控制区

该区域建设用地指标相对宽松，可以相应提高停车设施供给。在适当区域结合交通枢纽布置P+R停车场，起截留作用。该区域停车泊位供给结构以提高配建停车比例、控制路内停车比例、适度保持路外公共停车供应比例为原则。

适度发展区

该区域停车问题不明显，可以适度满足停车需求。该区域可充分考虑城市和机动车发展需要，按照高标准配建停车设施，基本依靠配建车位解决停车需求（图TP6-2）。

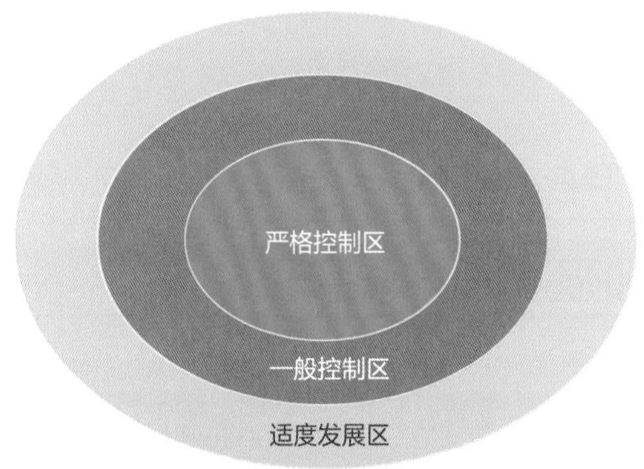

图TP6-2　分区差异化停车策略

TP6-2
优化配建停车指标

对应国土空间总体规划阶段，配建停车位的建筑物应按照土地使用性质大类划分；对应国土空间规划详细规划阶段，在满足上位大类的基础上，应按照建筑物类型、使用对象及各类建筑物停车需求特征细分建筑物子类。建筑物分类可按照《城市停车规划规范》中的相关规定执行，并根据城市发展特点调整优化。

TP6-2-1
明确优化准则

总体准则

建筑物配建停车位应按照差别化停车供给原则，严格控制区等城市核心区停车配建指标不应高于城市外围地区；同一区域配建停车位还应考虑区域公交服务水平，服务水平高的地区停车位配建指标低；涉及居住用地、医院等民生类建筑时，应充分预留配建标准，适度提高配建指标。

混合用地配建准则

多种性质混合的建筑物配建停车位规模可小于各性质建筑物单独配建停车位规模总和，但不宜低于各种性质建筑物需配建停车位要求规模的80%。

统一规划建设的建筑群体，各建筑物停车设施的设置标准必须与其规模、性质相对应，在符合规定的配建停车设施总指标条件下，可统一安排，合理布局。

出入口设置原则

应保证建筑物配建停车设施与建筑物基地出入口、主体建筑主要人流出入口及基地内道路之间有合理顺畅的交通联系。配建停车设施出入口不宜直接与城市主干路连接，距离其他等级道路交叉口不宜低于80m。

TP6-2-2
优化建筑物配建指标

建筑物分类和配建停车位设置参考值详见《城市停车规划规范》。在参考值的基础上，依据停车位总量控制和分区差异化原则，统筹不同类别建筑物之间的差异性，并考虑停车位的共享和高效利用，进一步结合城市特点对建筑物配建指标进行优化。

新建住宅项目应配置新能源充电桩设施或预留安装条件，其中配建充电桩比例不宜低于20%，其余车位宜预留充电桩建设安装条件。

TP6-3
确定公共停车布局

城市公共停车场建设规模应充分考虑机动车保有量、车辆停放特征、交通需求管理、泊位利用效率等因素，依据城市综合交通规划、控制性详细规划和城市停车规划等确定。

TP6-3-1
确定公共停车场规模

根据规划停车位数量，公共停车场可划分为特大型、大型、中型和小型四类。相应地，各类停车场的停车位数量应满足表TP6-2的相关要求。

城市公共停车场分类　　表TP6-2

停车场类型	停车位数量(个)
特大型	>500
大型	301~500
中型	51~300
小型	≤50

来源:《城市停车规划规范》

城市公共停车场规划泊位数一般不宜大于300个。在规划城市公共停车场时，应考虑预留一定比例的无障碍停车位和新能源充电桩等保障性停车位，并符合表TP6-3的规定。

城市公共停车场保障性停车位规模　　表TP6-3

分类		停车位数量(个)
无障碍停车位	特大型	总停车位的1%
	大型	4
	中型	2
新能源充电桩停车位		大于总停车位的10%

来源:《无障碍设计规范》(GB 50763—2012)、《国务院办公厅关于加快电动汽车充电基础设施建设的指导意见》

TP6-3-2
优化公共停车场布局

城市公共停车场应按照“贴近需求、分散布置、方便使用”的原则，布局在具备建设条件且存在供需缺口的地块，服务半径不宜大于300m。

应集约用地、因地制宜选择停车场形式。可结合城市公园、绿地、广场、体育场馆及人防设施修建地下停车场。在用地紧张区域，可选择立体停车场形式。

在已建成居住区，若建筑物配建停车位和路内停车位不能满足居民夜间停车需求，可利用居住区内部及周边空间资源增设城市公共停车场。

P+R停车场通常设置在城市停车的一般控制区，且靠近重要交通枢纽。与城市轨道交通站点结合设置的P+R停车场的泊位供给总量宜按照轨道交通线网全日客流量的1‰~3‰核定。

TP6-4 ※
加强路内停车管理

路内停车位的设置可参考《城市道路路内停车位设置规范》(GA/T 850—2021)中的相关规定。在条件具备的路段设置用于短时间停放车辆的路内停车位，应科学从严控制设点和占路面积，尽可能减少对正常行车秩序的影响。路内停车应严格管理，停车收费应高于路外停车位，以提高路内停车位的周转率。[3]

TP6-4-1
路内停车位设置原则

根据城市路网状况、交通状况以及路外停车规划与设施建设情况，合理控制路内泊位数。路内停车泊位设置准则如下。

1. 城市停车严格控制区内的路内停车位总量应严格控制。

2. 城市主、次干道和交通量较大的支路不宜设置路内停车泊位。

3. 对居民生活影响较大的道路不宜设置路内停车泊位。

4. 纵坡超过4%的路段不允许设置路内停车泊位。

5. 在不影响道路交通运行的情况下，可允许老旧小区周边生活性道路设置夜间临时停车泊位。

6. 路内停车泊位应考虑设置残疾人专用停车泊位，其数量应不少于停车泊位总数的2%。

TP6-4-2
路内停车位设计指引

目前常见停车位的布置有垂直式、平行式与斜角式三种方式。路内停车形式应结合停车需求、道路横断面宽度合理确定，一般采用平行式（图TP 6-3～图TP6-5）。

图TP6-3　垂直式停车位

图TP6-4　斜角式停车位

图TP6-5　平行式停车位

TP7
交通枢纽

TP7-1
确定分级组织体系

城市客运枢纽是城市交通网络的交会和运输转换衔接处，是城市综合客运交通系统组织中的重要节点。作为城市不同方式、方向、功能交通网络的连接点，城市客运枢纽对提升城市综合交通的整体运行效率，提高服务水平，引导城市用地开发和锚固城市中心起到举足轻重的作用。

TP7-1-1
城市客运交通枢纽分类

按照交通功能、客流规模、交通组织等特征可以将城市客运枢纽划分为城市综合客运枢纽和城市公共交通枢纽两大类。

城市综合客运枢纽服务于航空、铁路、公路、水运等城市对外客流集散与转换，同时可兼顾内部交通集散。城市公共交通枢纽服务于以城市公共交通为主的多种城市客运交通之间的转换。

TP7-1-2
城市客运交通枢纽分级

综合考虑枢纽的交通功能、客流规模、客流特征（出行目的、出行距离、不同出行方式之间的比例）、与周边土地开发的结合程度、衔接交通方式等影响因素，对城市客运枢纽分级、分类。根据枢纽日均客流量数据可将城市综合客运枢纽和城市公共交通枢纽分为特级、一级、二级、三级、四级五大类，其中城市综合客运枢纽年吞吐量与日均客流量换算及衔接设施用地要求等详见《城市客运交通枢纽设计标准》（GB/T 51402—2021）（表TP7-1）。

城市客运枢纽分类 表TP7-1

级别	特级	一级	二级	三级	四级
枢纽日均客流量*P*（万人次/d）	*P*≥80	40≤*P*<80	20≤*P*<40	10≤*P*<20	3≤*P*<10

注：《城市客运交通枢纽设计标准》（GB/T 51402—2021）主要规定3万人次/d以上规模的枢纽设计要求，3万人次/d以下的枢纽由于设施规模较小，可以在设计中参照执行各专业标准。

TP7-2 ※

控制衔接设施用地

交通枢纽衔接设施用地主要包含枢纽衔接公交场站规模、枢纽衔接客运站规模、枢纽衔接社会车辆停车场规模及枢纽衔接出租车停车场规模。

TP7-2-1

总体规划流程

处理好城市综合客运系统中不同层次、不同功能、不同服务水平的交通方式之间的关系，使系统中点、线、面之间有机结合，加强各系统之间的相互渗透和优势互补，减少各系统之间不必要的竞争。具体规划流程如图TP7-1所示。

提高城市客运枢纽中步行、非机动车、公交车、出租车、小汽车以及各交通方式之间的换乘效率，从而提高城市综合客运体系的整体运行效率。

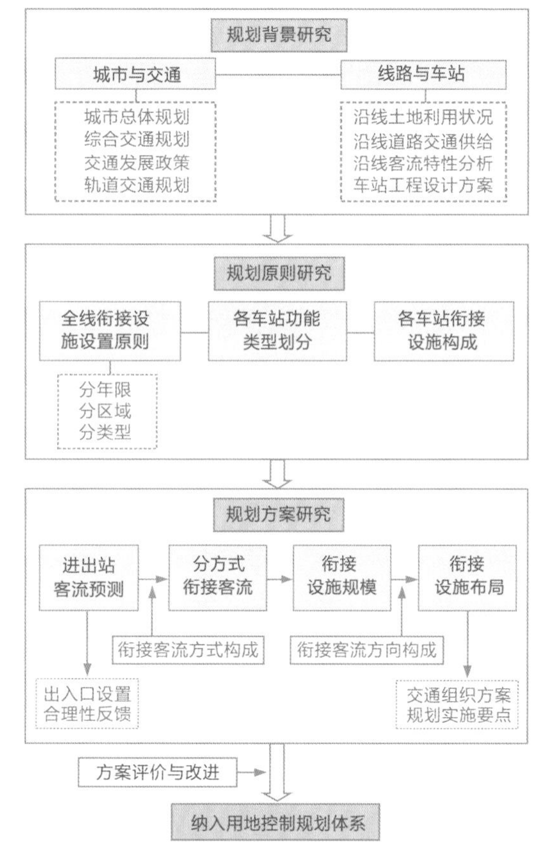

图TP7-1 交通枢纽衔接设施规划流程

TP7-2-2

枢纽衔接规划原则

城市客运交通枢纽应考虑与步行、公交车、自行车、出租车、小汽车等交通方式的衔接。具体布局原则如图TP7-2所示。

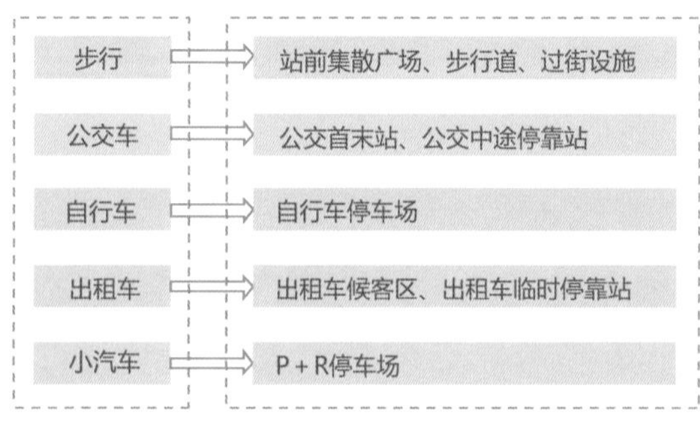

图TP7-2 交通枢纽接驳方式

1. 步行：枢纽必须保障步行道、集散广场、无障碍设施等的安全、连续、方便。

2. 公共交通：优化、调整、增设停靠站、新增线路，重点考虑与轨道交通的接驳。

3. 自行车：合理引导，条件允许时尽可能满足。合理优化非机动车出行条件，保证短距离出行需求及与轨道交通、公共交通的衔接。

4. 出租车：尽量就近设停靠站，有条件时设置候客区。

5. 小汽车：作为中长距离出行的主要方式，根据路网条件、交通状况和用地条件综合考虑设置P+R停车场（图TP7-3）。

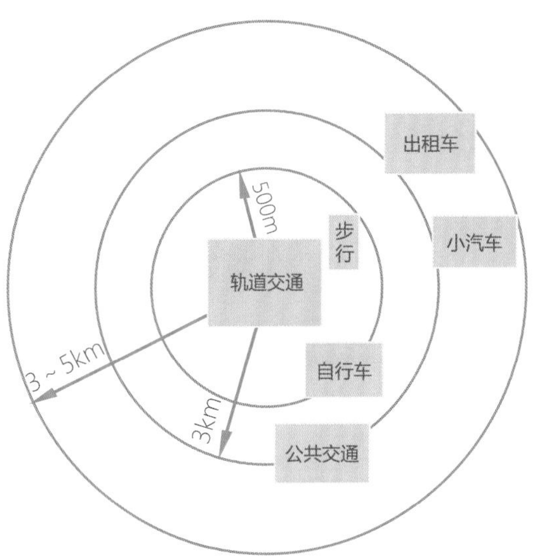

图TP7-3　不同距离的接驳方式选择

TP7-2-3
综合客运枢纽布局

城市综合客运枢纽内交通方式之间的衔接换乘方式分为平面换乘、立体换乘及混合换乘。

1. 平面式：所有交通方式在同一平面上，三种以下交通方式换乘，节省造价，降低难度。

2. 立体式：主体建筑分为地下多层、地面层及地上多层，三种以上交通方式换乘，尽量缩短旅客步行距离。

3. 混合式：枢纽平面式与立体式相结合的组织模式（图TP7-4～图TP7-6）。

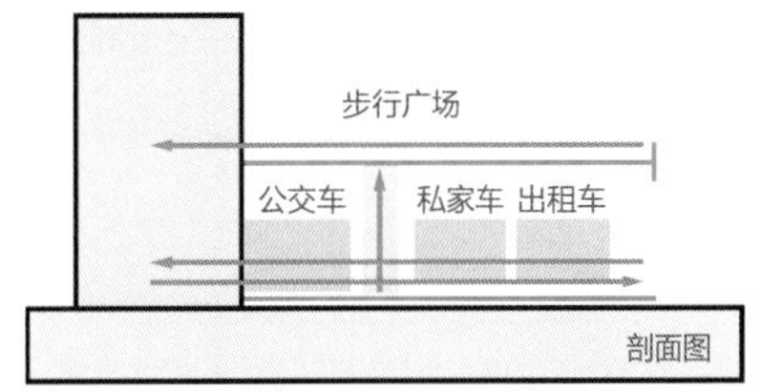

图TP7-4　“地面+地上”空间组合

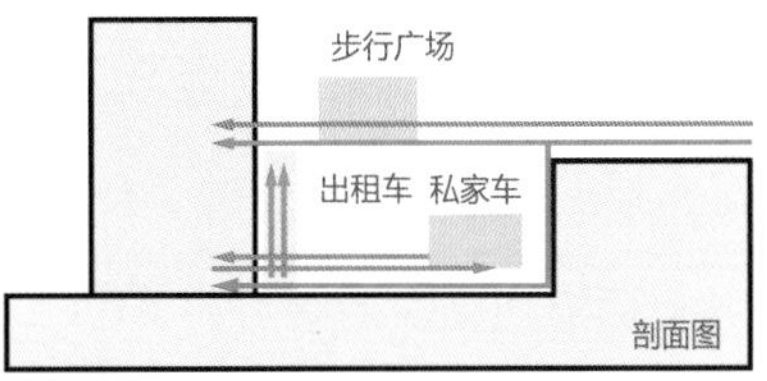

图TP7-5　“地面+地下”空间组合

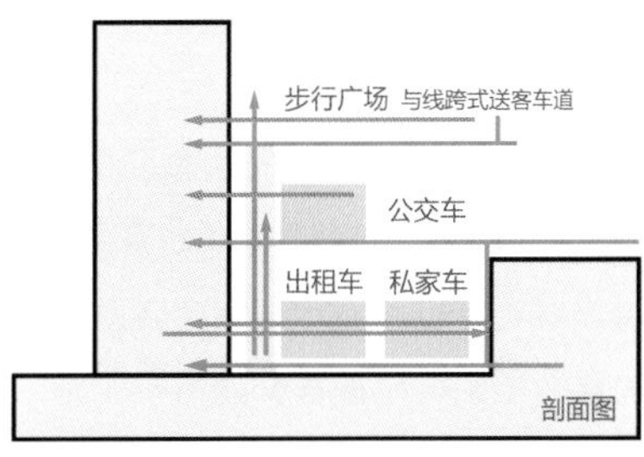

图TP7-6　“地上+地面+地下”空间组合

TP7-2-4
综合客运枢纽交通衔接

城市综合客运枢纽外部应结合周边道路网络规划分别设置机动车出入口、非机动车和行人出入口，且宜与周边物业开发、地下通道、过街天桥相结合。枢纽内部应在公共换乘区域设置与枢纽内其他交通方式相连通的换乘设施、设备，枢纽内主要换乘交通方式出入口之间旅客步行距离不宜超过200m，同时应根据枢纽建设等级及发送量合理确定各类衔接交通设施规模。具体规划技术参照《综合客运枢纽公共区域总体设计要求》（JT/T 1115—2017）。

对于客运量较大的城市综合客运枢纽，应与轨道交通进行接驳，轨道交通车站应与枢纽结合设置；不能结合设置的，换乘距离不应大于300m。具体规划技术参照《城市轨道交通线网规划标准》（GB/T 50546—2018）（表TP7-2）。

综合客运枢纽设置轨道交通条件 表TP7-2

类型	设置城市轨道交通接驳条件
铁路	规划高峰小时旅客发送量大于或等于1万人次的特大型铁路客运站
	大于或等于3000人次且小于1万人次的大型铁路客运站
机场	规划年旅客吞吐量大于或等于4000万人次的机场
	大于或等于1000万人次且小于4000万人次的机场

来源：《城市轨道交通线网规划标准》

TP7-2-5

城市公共交通枢纽交通衔接

城市公共交通枢纽高峰小时客流转换规模（不包括城市轨道交通车站内部换乘量）达到2000人次时，应根据客流转换规模及总用地规模确定城市公共交通枢纽用地。

城市公共交通枢纽宜与城市大型公共建筑、公共汽（电）车首末站以及轨道交通车站等合并布置，并应符合城市客流特征和城市客运交通系统的组织要求，同时结合枢纽区位设置交通衔接设施。具体规划技术参照《城市综合交通体系规划标准》（GB/T 51328—2018）（表TP7-3）。

公共交通枢纽用地规模及衔接设施 表TP7-3

枢纽区位	面积计算（m^2/人次）	总用地规模（m）	衔接交通设施设置要求
城市中心区	0.5~1	2000~5000	宜设置城市公共汽（电）车首末站； 宜设置便利的步行交通系统； 宜设置非机动车停车设施； 宜设置出租车和社会车辆上、落客区
其他地区	1~1.5	2000~10000	宜设置城市公共汽（电）车首末站； 宜设置便利的步行交通系统； 宜设置非机动车停车设施； 宜设置出租车上、落客区； 宜设置社会车辆立体停车设施

来源：《城市综合交通体系规划标准》（GB/T 51328—2018）

TP7-2-6

城市轨道交通车站交通衔接

城市轨道交通车站依据其在城市中所服务的区域、车站所承担的交通功能可分为五类。在布局城市轨道交通车站接驳设施、换乘设施用地时，换乘优先次序应为步行>自行车>地面公交车>出租汽车>小汽车。除此之外，还应考虑轨道交通站点类型，对不同类型的轨道交通站点应采用差异化衔接策略和相应的衔接设施规模。应借鉴北京、重庆等城市经验，结合城市实际特点，编制《轨道交通车站衔接导则》（表TP7-4、表TP7-5）。

轨道交通车站分类 表TP7-4

类型	说明
枢纽站	依托高铁站等大型对外交通设施设置的轨道交通车站，是城市内外交通转换的重要节点，也是在城镇群范围内以公共交通支撑和引导城市发展的重要节点
中心站	承担城市级中心或副中心功能的轨道交通车站，为多条轨道交通线路的交会站
组团站	承担组团级公共服务中心功能的轨道交通车站，为多条轨道交通线路交会站或轨道交通与城市公交枢纽的重要换乘节点
端头站	轨道交通线路的起终点站，应根据实际需要结合车辆段、公交枢纽等功能设置，并可作为城市郊区型社区的公共服务中心和公交交通换乘中心
一般站	上述车站以外的轨道交通车站

来源：《重庆市轨道交通车站衔接导则（试行）》（渝建发〔2019〕22号）

交通衔接设施配置要求 表TP7-5

车站类型			枢纽站	中心站	组团站	一般站	端头站
换乘设施类型	步行衔接设施	步行道	综合交通枢纽设计统一考虑	▲	▲	▲	▲
		行人过街设施		▲	▲	▲	▲
	公交衔接设施	停靠站		▲	▲	▲	▲
	自行车衔接设施	停车场		△	△	▲	▲
	临时接送车	停靠站		△	△	▲	▲
	机动车	小汽车停车场		—	—	△	▲
		摩托车停车场		—	—	—	△
	标志标识系统			▲	▲	▲	▲

注：▲表示应设置；△表示宜设置；—表示可设置。
来源：《重庆市轨道交通车站衔接导则（试行）》

注 释

❶《城市综合交通体系规划标准》（GB/T 51328—2018）
❷ 同上。
❸《城市道路路内停车位设置规范》（GA/T 850—2021）

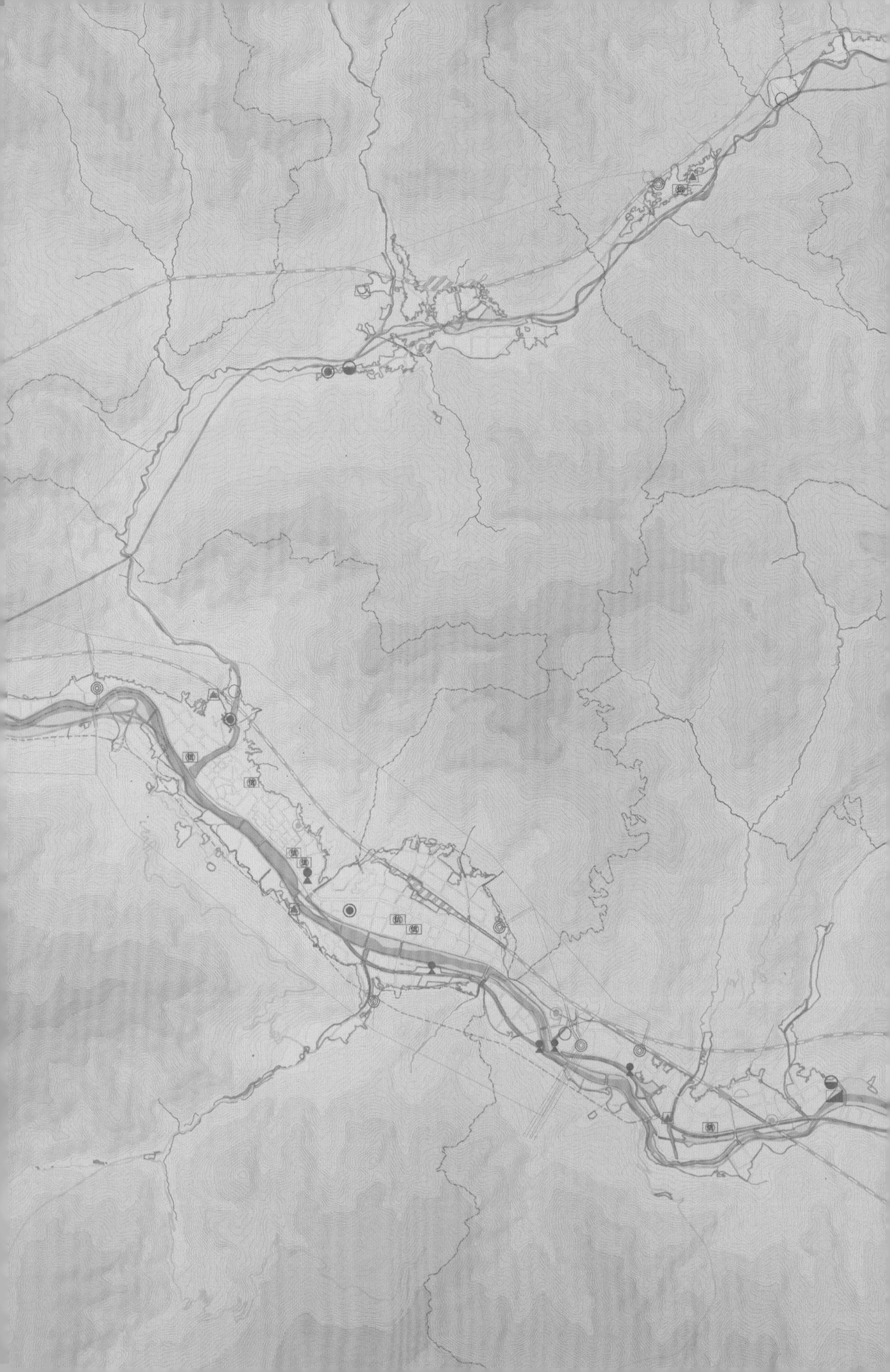

UP

UP1 -UP4

绿色市政规划技术指引

UTILITIES PLAN

UP

绿色市政规划

技术指引

UP1	**生态水系**	
UP1-1	开源节流供需平衡	
UP1-2	科学预测节约降耗	
UP1-3	安全可靠供水系统	※
UP1-4	智慧高效污水系统	※
UP1-5	融合安全雨排系统	※
UP1-6	综合智慧水务系统	※
UP2	**绿色能源**	
UP2-1	能源规划目标原则	
UP2-2	区域资源综合利用	※
UP2-3	能源资源优化配置	※
UP2-4	低碳智能供电系统	※
UP2-5	多元多向供气系统	※
UP2-6	清洁绿色供热系统	※
UP2-7	能源系统综合控制	
UP3	**低碳无废**	
UP3-1	科学定义精准管理	
UP3-2	源头减量总量减排	※
UP3-3	垃圾分类资源利用	※
UP3-4	无害处理高效环保	※
UP3-5	收运体系规范合理	
UP3-6	智能调度智慧监管	※
UP4	**综合管线**	
UP4-1	管线空间有序利用	
UP4-2	合理布局远近结合	
UP4-3	竖向协调综合部署	
UP4-4	城市干线廊道集并	※
UP4-5	智能感知安全防范	※

注：标注星号的为体现绿色理念的规划技术，不带星号的为传统规划技术。

理念及框架

目标任务

本《指引》是将绿色理念融入给水排水、能源、固体废弃物、管线综合等市政规划方面。按照问题判别、分析评估、方案生成、成效评价、信息化等技术类别，明确支撑生态水系、绿色能源、低碳无废和综合管线规划的绿色核心技术方法及应用要求。重点解决基础设施空间布局、衔接整合、生态融合与安全保障问题。

基本理念

绿色市政是利用技术先进、理念超前的市政方面的新技术，构建创新型、环保型、知识型的现代化绿色交通、给排水、能源、环卫等市政基础设施综合服务网络体系，实现市政设施的低碳化布局和数字化管理，提高城市安全运行水平。绿色市政基础设施规划的基本理念主要体现在安全、高效、低碳、融合、生态、智慧、适宜七个方面。城市能源实现清洁—新能源迭代，城市排水实现灰色—绿色设施融合，城市固体废弃物实现减量再生—资源循环，城市管线实现空间集约—集成智慧统一。基于空间、功能和智慧维度的集成与融合，实现空间协调，绿色与市政基础设施相融，功能保障与低碳集约，设施布局与功能提升，智慧市政“全程覆盖、智能网络、决策支持、过程管理、便捷服务”，形成智慧为联络、空间为脉络、功能为纽带的绿色市政基础设施规划体系。

安全：功能提升，弹性韧性，联动响应；

高效：资源循环，空间集约，设施共享；

低碳：节能降耗，能源迭代，增进碳储；

融合：均衡布局，竖向衔接，环境和谐；

生态：生境营造，和谐共生，景观自然；

智慧：业务覆盖，智能网络，便捷服务；

适宜：规模适宜，需求满足，方便快捷。

技术框架

首先协调绿色市政与空间结构，用地结构、交通规划等各方面的衔接；然后对给水排水、能源、固体废弃物、管线综合等子系统进行协同综合规划；构建规划框架、规划目标、规划要点，开展分项规划；构建规划评价指标体系，开展设施绿色、安全与智能属性评价，协同优化各部分规划内容，保障规划的可实施性；通过多方评估、认证后形成绿色市政规划技术指引（图UP）。

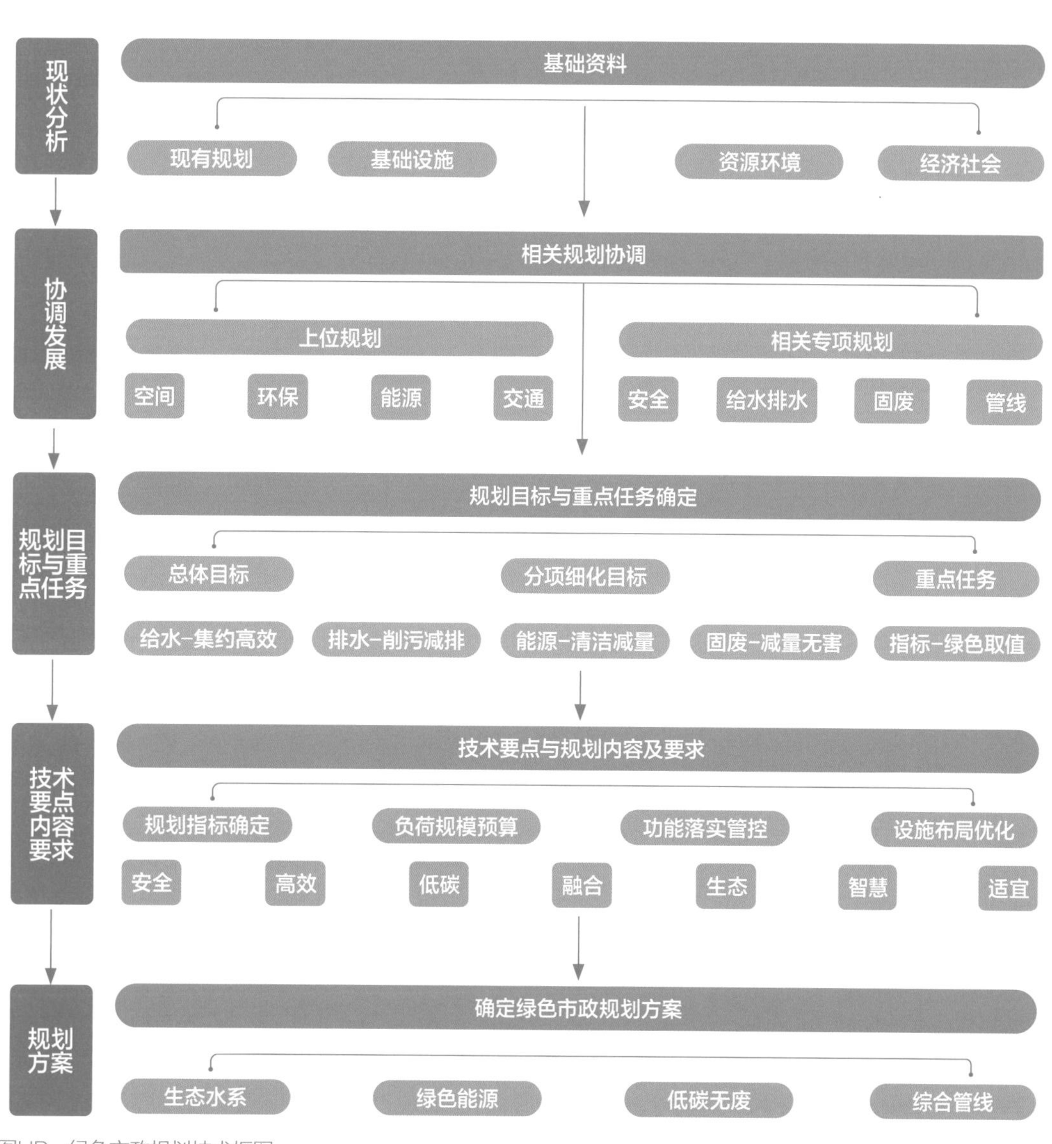

图UP 绿色市政规划技术框图

UP1

生态水系

城市发展要坚持以水定城、以水定地、以水定人、以水定产（“以水四定”）的原则为城市发展指明方向，也明确了“水”在城市规划中的重要地位。国土空间规划改革进一步强调了水资源作为环境资源底线约束的必要性。城市规划体系中的绿色水系统不是割裂的供水、排水系统，而是遵从水的自然循环的规律，通过科学智慧技术而融合构建的绿色智慧综合水系统，涵盖源头的水资源保护与合理开发，过程中安全节约、高效利用，最终生态无污染地回到自然这一循环，并处理好水与城市发展、居民生活、用地布局、产业规划、城市安全、生态环境等的关系，达到“水—城—人”和谐发展。

UP1-1

开源节流供需平衡

从供给侧角度出发进行水源统筹与规划，通过水资源保护、多种水资源的开发，拓展资源可利用上限；通过用水结构调整、节水潜力挖掘提高用水效率，最终达到水资源环境的底线约束条件下的最优化供需平衡。

UP1-1-1

水资源保护

合理划分河、湖、库、渠等地表水体功能区，严格执行水质标准，对未达标水体，尤其是黑臭水体，提出治理措施。

划定水资源供给保护、水文调节保护、水生命支持和水文化保护四类控制线，对市域范围内的生态、农业、城镇空间布局提出指引和优化要求。

严格控制水资源的开发利用，防止超采，保障生态空间用水，对于水资源已严重超采的地区，需要严格控制城市发展规模待解决水源问题后再发展。

源头削减，治污为本，将防治水污染放在优先地位。工业生产中大力推行清洁生产。控制农业的面源污染，发展生态农业，合理使用化肥和农药。扩大农村生活污水的无害化处理范围，提高农村污水处理的标准。改变废水处理的理念，进行资源利用。

UP1-1-2

水资源多元化发展

充足的水资源量是城市人口、用地、产业、生态发展的必要因素，规划末期可开发利用的水资源量是各级国土空间规划水资源利用上限刚性约束条件的内容之一，因此水资源的多元化是水量保障的重要手段之一，应充分发掘资源多元化发展渠道，拓展底线约束边界（图UP1-1）。

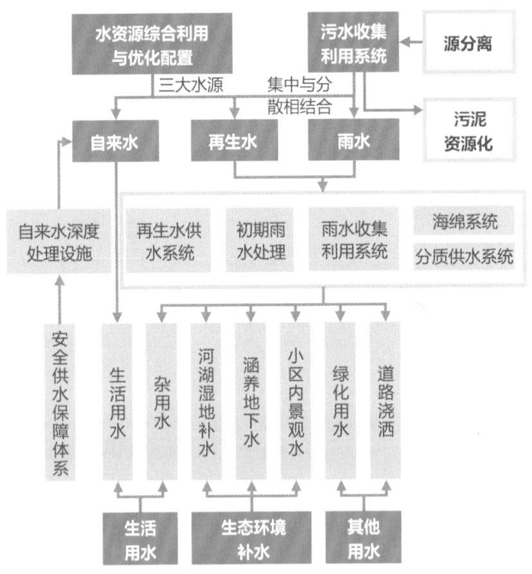

图UP1-1　典型多元供水系统框图

区域资源统筹调配

根据水资源时空分布不均的特点，最大限度地蓄存利用和优化调配水资源。

根据降雨、径流特征合理规划水库等水利调蓄工程，增加可用水量。

从区域、流域角度出发，区域间依托跨流域、区域引调水工程（如南水北调等），区域内进行水资源统筹和调配，改善严重缺水地区的用水状况。

非常规水资源利用

积极开发利用非传统水资源，包括雨水、再生水、海水、人工降水、矿井水、疏干水等。

进一步扩大再生水的利用范围和应用率。再生水利用遵循“以需定量”原则，根据再生水用途及需求量，确定再生水厂设计规模及水质标准。再生水优先用于工业用水、城市杂用水、环境用水，其次可用于农、林、牧、渔业用水和补充水源用水。

雨水利用规划应首先扩大海绵城市的应用范围与规模。因地制宜地扩大雨水利用规模，根据地方需求，雨水可直接收集用于生态补水、喷洒路面、灌溉绿地、蓄水冲厕等城市杂用水、农田灌溉，可经植被土壤等净化后渗蓄补充地下水。

沿海经济发达城市应发展海水利用，直接用于冲厕、工业工艺用水等，极度缺水区域可将海水处理至饮用水标准。

苦碱水经过净化处理后方可用于生活和生产用水。

矿区可对选矿用水、风机冷却用水进行利用，水质较好的矿井水可回用于生活用水。

UP1-1-3 资源高效利用

用水总量控制是水资源利用上限刚性约束的重要内容，水资源的高效利用应在水资源多维度综合评价分析基础上，摸清水资源的供应与需求，制定不同规划年限的供需平衡方案和保障措施（表UP1-1）。

动态评估淡水、雨水、再生水等水资源量，采用分质供水和梯级利用的方式优化供水结构，确定水资源利用上限。

分析评估现状生活、农业、工业、生态用水特点及节水潜力，并提出节水目标及措施，以提高各项用水效率。

在“以水四定”原则下优化国土空间布局、产业结构和类型及生产、生活、生态用水结构，进一步落实水资源底线约束。

绿色水资源利用指标指引表　　表UP1-1

绿色属性	核心指标
资源利用	总用水量； 单位地区生产总值用水量下降率； 水资源开发利用率； 地表水资源供水保证率
资源保护	地表水环境质量达标率； 地下水质量达标率
非常规水资源	再生水回用率； 雨水资源利用率； 其他非常规水资源利用率
节水	农业灌溉有效利用系数； 管网漏损率； 节水器具普及率； 工业用水重复利用率

借鉴案例：内蒙古自治区商都县水资源合理利用与配置研究专题——用水结构优化配置

2019年，商都县水资源开发利用率达65.17%，高于全国水资源开发利用率（20.37%）和内蒙古水资源开发利用率（41.15%）。地下水开采系数达1.002，属于一般超采区。

通过调整用水结构和节水措施优化水资源配置，如降低农田灌溉用水标准，发展第三产业，提高工业用水重复利用率和工业用水效率，发展畜牧业和“减羊增牛”战略等。水资源开发利用率降至50%以下（表UP1-2）。

水资源优化配置前后主要类型用水量和用水结构对比一览表　　表UP1-2

用水类型	年份	用水量（万m^3）	占比（%）
农业	2019	4040	70.8
	2035	3000	60.21
综合生活	2019	998	17.49
	2035	1196.95	24.02
工业	2019	218	3.82
	2035	359.50	7.22
畜牧业	2019	300	5.26
	2035	375.95	7.55
其他	2019	150	2.63
	2035	50	1.00
总需水量	2019	5706	—
	2035	4982.40	—

UP1-2

科学预测节约降耗

充分结合生活、生产用水特点，分类细化预测指标，多种预测方法相互校核，提高用量预测准确性，指导设施、管网建设规模，并适量冗余，从而达到节地、节能、节材的目的并提高设施韧性。

UP1-2-1

供水预测指标

规划设计中精确计算各项用水总量，精确调整规划用水结构，使各项用水既满足需求、适度超前又不过度冗余。

充分调查现状及未来用水规律基础上确定用水指标，并优先采用地方标准，宜采用两种以上方法进行校核。各类用水指标应在全面贯彻节水措施条件下合理选取。

控制性详细规划中建设用地若有明确建筑面积宜按建筑面积测算[1]。

工业用水有明确产业类型的，应根据项目实际情况确定，取水定额宜参照先进企业标准、节水型企业标准确定；工业用水统计数据充分地区可采用计量结合抽样、趋势外推法等方法进行校核[2]。

考虑韧性安全防灾救灾要求，根据城市应急供水人数和天数确定应急用水量，保障基本生活用水需求。

保证生态用水，在规划的全域用水总量上进行统筹考虑。

UP1-2-2

排水预测指标

综合生活、工业、仓储的污水排放系数宜根据实测资料确定。黑、灰水分流排放或自建灰水（中水）回用系统的建筑与小区宜单独考虑，石油、天然气、采矿业、化学工业、电力、热力生产等行业宜单独估算。其他工业排水有明确产业类型的，应根据项目实际情况确定。

雨水设计重现期应考虑管渠系统性、上下游衔接、受纳水体防洪标准等综合因素确定，宜采用SWMM等模型模拟校核。

合流制排水截流倍数应根据流域水环境容量、污染总量控制要求等因素综合确定。

UP1-2-3

再生水预测指标

再生水量预测应“以需定量”，因地制宜确定用户用水量及水质标准。

再生水根据不同用途其处理工艺、水质标准不同，因此水质标准宜按最高标准确定或分质供水；也可按用水量最大用户确定，特殊要求用户自行补充处理[3]。

工业再生水用量宜根据企业用户调查、同类企业用水参照或行业用水标准等方式确定，道路绿地浇洒、生活杂用水量可参照给水标准确定。

UP1-3 ※

安全可靠供水系统

供水系统是最为重要的城市生命线系统，应最大限度地保障其安全可靠的供给；合理确定水厂选址，保障安全、集约、节能；优化供水管网布局并智慧化安全管控；技术、管理手段双管齐下，全面实施农业、生活、工业安全、合理有效用水。

UP1-3-1

韧性安全水厂

适量冗余原则确定水厂用地，其选址综合考虑源头、用户、能源、交通、废水处理等因素，并适当提高水厂防灾安全标准。

规划建设基于BIM、GIS技术构建的智慧管控型水厂，提高运行安全性。

UP1-3-2

智慧安全输配水管网

供水管网系统应结合城市规模、水厂分布、用户水量、水压需求等。进行分区、分压、分质供水，并合理布置二次加压设施。

输配水管网线位及断面设计应遵照“近远期结合、一次建成”原则分析确定，宜利用GIS等先进管网平差技术优化设计，从而节材降耗、减少漏损率。

管材设计选用无环境污染、耐腐蚀、寿命长、可回收的绿色管材，减少管网老化破损率；禁止自来水与再生水、雨水利用等分质供水管网系统连接，保障供水水质安全。

供水系统设计应以智慧供水管理中心为中枢，架构涉及水源、水厂、分质供水管网与用户相结合的智慧供水系统，实现水量保证、水质提升、管网漏损率控制和节约韧性的供水安全。

借鉴案例：重庆市广阳岛市政专项——智慧供水系统

智慧供水系统以供水服务标准化、调度智能化、管理精细化为建设目标，实现对供水设施的全面、动态化管理，实时监控管网关键点，自动预警，辅助事故处理（图UP1-2）。

充分利用网络、物联网技术和信息资源，进行服务效能整合与升级，加强资源整合与共享，实现节能减排，提高资产运维管理效率。

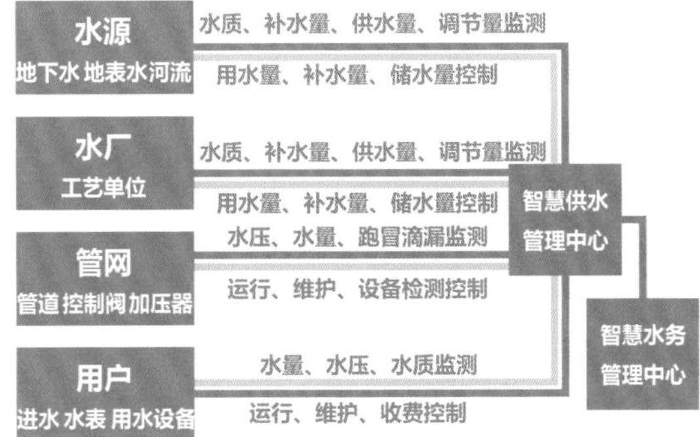

图UP1-2　广阳岛智慧供水系统框图

UP1-3-3

安全高效节水

农业节水

国土空间规划、城乡统筹规划层面应进行农业节水规划，以农业灌溉有效利用系数为规划目标约束。

优化农业产业布局，农业种植结构与水资源条件相适应；完善灌溉渠系、集雨窖（池）等设施；采用水肥一体化、滴灌和微喷灌等高效节水技术。将土壤墒情的监控数据纳入农业生产的供水系统之中。

工业节水

各层次规划均应提出工业节水规划要求，并以用水重复利用率作为规划目标约束，总体规划层面增加万元GDP耗水量下降率作为目标约束。

优化产业结构，严控高耗水工业类型，严格执行取水定额国家标准；淘汰高用水产能，推广节水工艺技术和设备；提高工业用水循环利用率和废水处理回用率；利用智慧供水管理系统加强工业用水监管。

生活节水

总体规划中应以节水器具普及率作为规划目标约束。

全面普及节水器具和设备；一水多用和分质供水；有条件的小区、高校等可自建再生水、雨水利用设施；实行阶梯水价，提高公众节水意识。

UP1-4 ※

智慧高效污水系统

因地制宜确定排水体制；科学确定污水处理方式以及出水水质标准要求，优化设施选址以及建设模式；合理布置污水管网系统，构建“源—网—厂—河”一体化智慧管控平台；对污水排放系统的水、能、固体废弃物进行高效合理利用。

UP1-4-1

因地制宜排水体制

排水体制应以形成健康水循环体系和良好水环境为目标，根据现状条件、地域条件、近远期需求、经济技术等因素综合确定。

新、改建区主要以分流制为目标，改造困难区或干旱少雨城市宜根据水环境容量进行截流式改造或增加调蓄和溢流污染处理设施；同一城市可采用不同的排水体制。

产业园区可根据工业排水特征及废水循环利用情况确定雨污分流、污废分流的排水体制。

UP1-4-2 生态高效污水处理设施

工农业污水源头处理

工业废水必须处理达标后排入城市污水管网，并结合城市智慧污水管网系统加强监测和管控。

畜禽养殖业污水需要建设污水处理设施，从严执行畜禽养殖业污染物排放标准和区域水环境容量标准要求。

生态、高效污水处理方式

根据城镇规模、自然地理、社会经济发展、生态环境容量等条件综合考虑，选择适合的污水处理方式、工艺技术以及出水水质标准，提高污水收集处理率，减污降碳。

城镇集中建设区宜采用集中处理水厂方式，污水管道收集-污水处理-深度处理-回用/外排，可采用湿地净化等生态方式处理尾水。

乡村污水排放应根据条件采用不同的污水处理方式，可采用集中处理方式、分散小型一体化处理方式或生态塘等生态处理方式。

污水处理设施出水水质标准应根据区域水环境容量、再生水回用标准等综合确定，对不满足要求的水厂进行提质增效改造。

优化设施布局和建设

适量冗余原则确定污水处理厂用地，其选址应考虑环境融合、工程安全和空间集约，根据实施条件可采取地下/半地下污水处理厂+地上湿地公园模式[4]；厂区内立体化单元布局，污水处理厂站-垃圾处理场站-电厂/供热厂相邻建设等模式，实现地上、地下空间高效利用，多功能复合，设施共建共享。

结合周边用地功能建设“生态综合体”型融合性概念水厂，将污水处理、科研科普、生态农业、科技观光、艺术欣赏等功能创新融入水厂设计之中。

UP1-4-3 “源-网-厂-河”一体化智慧管网

优化完善污水管网系统

加强现状管网的摸排、修复、建档，以作为管网优化的可靠依据，从而合理确定老旧破损管道改造修复或新建优化策略。现状管道勘测建档管理纳入智慧管控系统。

污水管网系统规划布局应顺势利导，与用地布局、地形地势、工程地质等相结合，尽量快速、安全排入处理设施。

智慧管理系统

建立用户-网-厂一体化智慧管控系统，从源头监管排水水量、水质，特别是工业废水达标排放，日常监管管网、设施运维和养护，系统高效运行。

建立排水设施检测与养护机制，加强污水管道日常监测和清通养护功能，打造专业化的运行维护管理队伍，逐步实现城市排水设施监控与维护工作的自动化与常态化。

借鉴案例：重庆市广阳岛市政专项——智慧污水、再生水系统

以智慧污水管理中心为中枢，架构涉及污水管网、分散式处理站、湿地和氧化塘以及用户相结合的监测与控制系统，实现进出水水质保证（图UP1-3）。

通过对各类关键数据的实时监视和智能分析，给予相应的处理结果辅助决策建议，以更加精细和动态的方式管理水务运营系统的整个生产、管理和服务流程，使之更加数字化、智能化、规范化，从而达到“智慧”的状态。

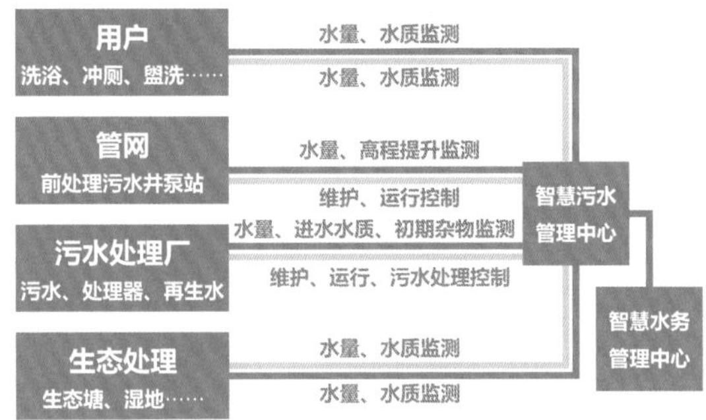

图UP1-3　广阳岛智慧污水系统框图

智慧再生水系统

以杂用水基础设施为主体的智慧再生水系统架构，形成全面集中管控网络（图UP1-4）。

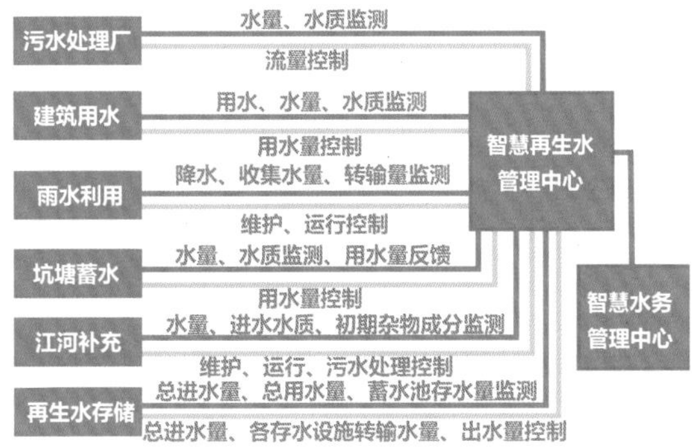

图UP1-4　广阳岛智慧再生水系统框图

UP1-4-4
系统资源能源利用

再生水利用

再生水是最优质的非常规水资源之一，可用于工业用水、城市杂用水、环境用水，农、林、牧、渔业用水和补充水源用水，以“以需定量”原则确定再生水回用率，但不宜低于40%。

城市以集中建设城市再生水厂为主；产业园区、居住区、大型公共设施用地等可规划建设小型再生水回用设施。此外，可直接进行建筑灰水（中水）利用，淋浴、洗涤用水等污染较轻的水简单过滤处理后可直接用于冲厕，节水率达30%以上（表UP1-3）。

建筑内各项用水比例表　　（单位:%）　表UP1-3

居住	幼儿园	中小学	办公	酒店
冲厕 34.8~29.1	冲厕 30~35	冲厕 50~60	冲厕 60~66	冲厕 13~19
洗浴 25.3~28.8	淋浴 20~25	盥洗 50~40	盥洗 40~34	洗浴 71~79
洗衣 8.4~6.8	盥洗 35~40	—	—	盥洗 8~10
厨用 21.4~21.5	厨用 20~25	—	—	—
饮用 1.8~2.2	—	—	—	—

污水碳源、能源利用

优化工艺技术，利用污水自身碳源回收利用，节能降耗；回收污水能量，纳入清洁能源规划系统，利用污水源热泵等技术回收热能，提取和储存能量的冷热源而进行制冷制暖，用于宾馆、饭店、写字楼、工厂等建筑用地空调、工艺冷却、加热和制取卫生热水；利用污泥厌氧消化产沼进行热电联产和余热梯级利用；充分利用污水处理厂闲置顶部空间发展光伏产业，实现减污、降碳、增效等多重目标。

剩余污泥利用

污水处理厂剩余污泥应遵循“减量化、无害化、资源化”处理原则，利用污泥热解制油、污泥营养物提取等新技术[5]，根据污泥特征选择卫生填埋、干化焚烧利用、农田林地利用、建筑材料利用等处理及利用方式，并强调避免二次污染（图UP1-5）。

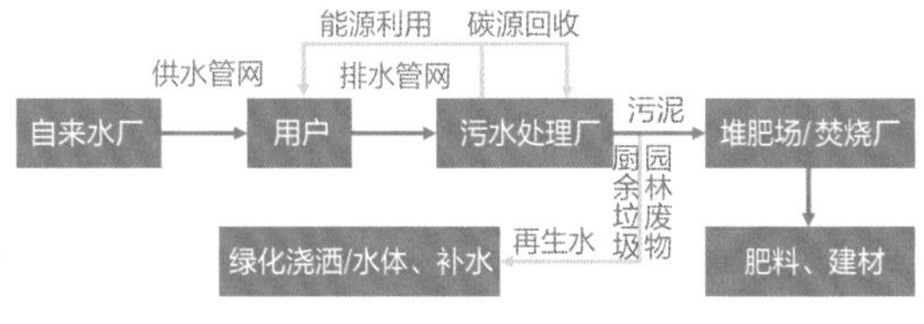

图UP1-5　污水系统资源能源利用通道示意图

UP1-5 ※

融合安全雨排系统

雨水排放系统以保障城市排水防涝安全为首要目标，并减少径流污染，构建健康、生态水环境，同时与资源、景观、文化、经济等多系统融合。因此，雨排系统采用灰-绿-蓝结合手段，“源头-过程-末端”全过程管控构建雨水安全排放与资源利用系统。

UP1-5-1 雨洪排放理念转变

转变传统雨洪排放理念，要与洪水和谐相处，并积极利用洪水资源。根据区域气候、水文特征以及城市防洪排涝特点，确定雨水排放和蓄积利用方式。留出足够的行洪、泄洪空间，并采取措施蓄积洪水，积极利用洪水资源。我国正在大力建设海绵城市，目的就是化害为利，解决洪涝灾害和水资源短缺的矛盾。

UP1-5-2 源头削峰减排

结合海绵城市建设雨水源头减排系统，合理确定城市雨水径流控制目标，并根据规划层次逐级分解落实管控目标于分区-地块单元-建设项目，宜根据降雨统计分析或模型连续计算合理确定低影响开发（LID）设施布局和规模，结合竖向、景观，利用公园、绿地、水体等开放空间，合理设置雨水调蓄设施。协调好绿色-灰色、地上-地下、分散-集中设施的关系。

UP1-5-3 过程优化雨排管网设计

合理划分雨排分区；充分考虑排水分区特点、与上下游衔接、与防洪排涝标准衔接，综合确定管渠设计重现期。

管网布局与道路、场地竖向充分结合，保障集雨过程畅通，减少内涝风险；管网泵站布局与受纳水体水位以及外河水位做好衔接与控制，确保雨水转输、排放顺畅。

结合城市用地和布局，利用道路、绿地系统等布局超标雨水行泄通道。

UP1-5-4 末端调蓄净化排放

同步规划排水管网入河排口整治与城镇水体岸线生态修复、景观营造等措施；宜采取绿灰结合、蓝绿融合的技术措施，需要控制合流制溢流污染与初雨污染控制，宜因地制宜确定工艺技术（图UP1-6）。

与水体复合功能相协调，兼顾旱季休闲娱乐和雨季排水安全，对断面设计、水位线控制和生态岸线等进行规划设计引导。

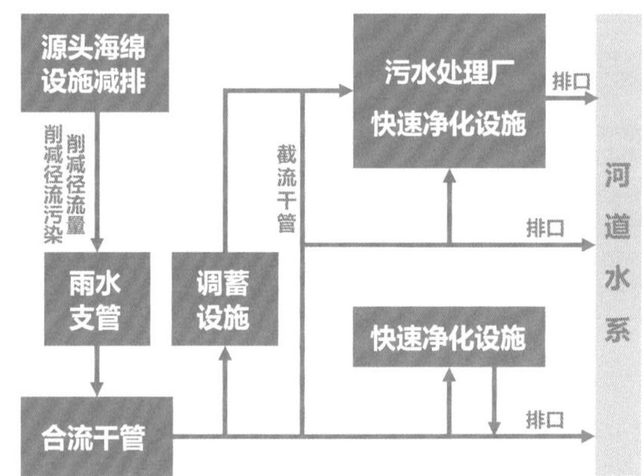

图UP1-6　全过程控制雨排系统示意图

借鉴案例：北京城市副中心绿心起步区排涝专项规划

构建源头-中途-末端-溢流-衔接的排水系统建设思路如下（图UP1-7）。

源头削减：利用透水铺装、下凹式绿地、生物滞留设施，削减雨水径流和初期污染。

中途控制：利用植草沟、旱溪、生态洼地，控制雨水径流传输，净化水质。

末端调蓄：利用调蓄塘、湿地、水系，调蓄、净化雨水径流，促渗补充地下水。

超标溢流：通过溢流井、溢流管将超标雨水径流溢流至灰色排水管网设施。

衔接排水防涝设施：绿色低影响开发设施衔接灰

色管网设施，起步区管渠设计重现期为5年一遇，防涝标准50年一遇。

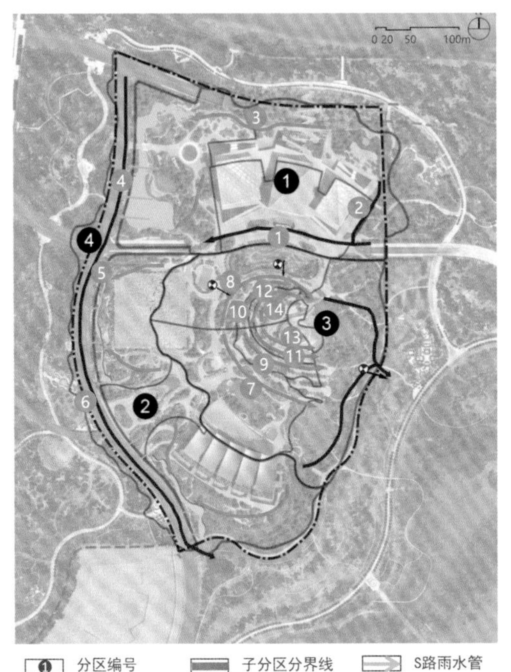

图UP1-7　北京城市副中心绿心起步区排水系统图

UP1-5-5
雨水收集利用

建筑与小区、绿地广场等区域可根据需求进行雨水收集利用，并做好与雨水管网系统的衔接。雨水收集、净化后进入蓄水池（储罐），可进入中水管道系统或直接用于生活杂用、车辆冲洗、绿地浇洒、景观用水等。

UP1-5-6
融合智慧雨水管控

系统融合

雨排系统与城市水系防洪蓄涝能力相适应，雨水排放组织与道路、场地竖向设计相协调，管网设施系统布局与城市亲水景观营造、雨水资源利用、涉水文化和经济开发等统筹考虑。

智慧雨水管控

构建设施-网-河（湖）一体化雨排系统和管控平台，监控海绵设施、管网泵站设施运行状况，识别运行问题，研判运行风险，进行科学调度与管理。协同智能化管控内容包括：源头海绵设施运行管理、管网巡查养护清淤、管网液位与提升泵池水体的协同调控、海绵设施-管网-水体排涝除险优化调度、排水管网风险识别与修复、水环境风险应急调度等。

借鉴案例：重庆市广阳岛市政专项——智慧雨水系统

以智慧雨水管理中心为中枢，架构涉及小型气象站、喷流、储水以及雨水综合再利用的监测与控制体系，实现实时的降水量、蓄水量、补水量以及根据土壤墒情和植被生长情况的灌溉水量动态监测，保证进出水水质（图UP1-8）。

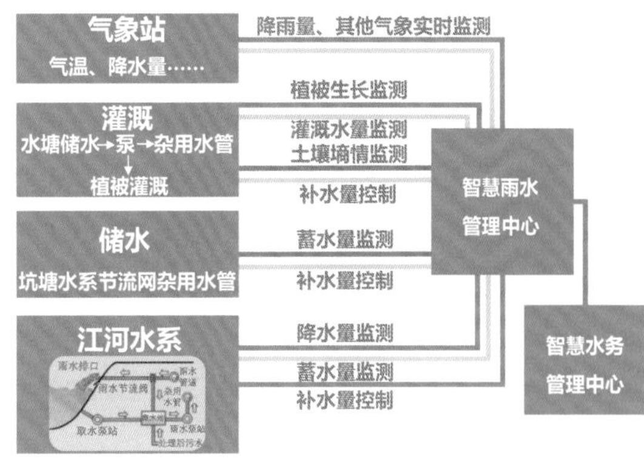

图UP1-8　广阳岛智慧雨水系统框图

UP1-6 ※
综合智慧水务系统

城市水安全、水环境、水生态、水景观、水文化具有高度融合性。绿色智慧水系统集成水资源、给水、污水、雨水、再生水等工程系统。进行区域涉水系统整体规划，并通过综合智慧化水系统管理平台进行管控。

UP1-6-1
城市综合水系统

统筹多源供水系统、污水排放及回用系统、雨水排放及利用系统、城市防洪排涝系统、水系景观系统、海绵城市系统、水生态环境系统等，围绕水量、水质两大主线，串联各涉水系统，实现韧性安全、高效融合、生态低碳的城市综合水系统建设。

借鉴案例：天津生态城新型水系统构建规划

运用GIS、弹性规划等多规协调技术，统筹所有涉水设施，进行区域水环境系统整体规划。将水污染控制设施、水环境系统建设、海绵城市建设紧密协同与融合。通过多维时空的水环境系统的动态协调、均衡配置，形成多等级再生水–雨水–低污染水–高盐水协同利用、优化配置的布局，充分节约水资源。规划构建了包括多水源补水、水动力循环、雨水蓄存净化、生态护岸、耐盐碱人工湿地、生态原位修复、外部旁路透析的景观水体水质净化与水质保持系统，显著提升了区域水环境质量与景观生态功能。最大限度地保留了原有的生态湿地并采取基于海绵城市理念的景观构建技术，体现了安全和韧性、美学及自然空间和人造空间的和谐共存原则。率先规划布局动态联动联控的生态城市水系统智能管控设施与平台，形成集水质监测、处置预警、应急调度于一体的智能系统管控模式，为天津生态城涉水业务的安全运营管理提供了基础设施保障（图UP1–9）。

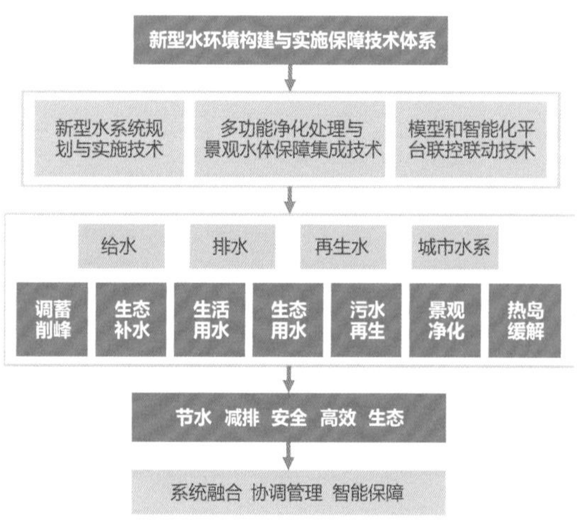

图UP1–9 天津生态城水系统构建规划框图

UP1–6–2

城市智慧水务系统

城市绿色水务系统中，科学的系统管理与设施建设同样重要。综合智慧水务系统向下整合供水、污水、雨水、中水等智慧分系统，向上纳入城市大市政智慧管控系统，可及时分析、处理水务信息并作出辅助决策建议，进行精细化、动态化、即时化全流程管理。

借鉴案例：重庆市广阳岛市政专项——智慧水务系统

智慧水务系统通过数采仪、无线网络、水质水压表等在线监测设备实时感知城市供排水系统的运行状态，并采用可视化的方式有机整合水务管理部门与供排水设施，形成“城市水务物联网”。并可将海量水务信息进行及时分析与处理，作出相应的处理结果辅助决策建议，以更加精细和动态的方式管理水务系统的整个生产、管理和服务流程，从而达到“智慧”的状态（图UP1–10）。

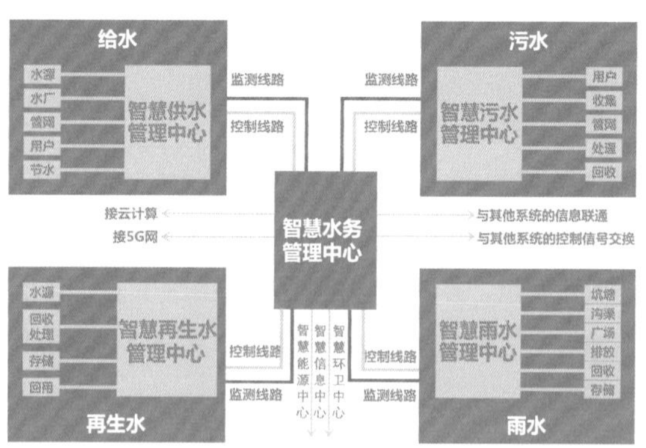

图UP1–10 智慧水务监控管理体系

UP2
绿色能源

绿色能源一般是指在新技术基础上加以开发利用的可再生、使用后不产生污染的能源，包括太阳能、生物质能、风能、地热能、波浪能、洋流能和潮汐能，以及海洋表面与深层之间的温度差和氯盐浓度差等的开发利用等；而已经广泛利用的煤炭、石油、天然气、水能等能源被称为常规能源。随着常规能源的有限性以及环境问题的日益突出，以环保和可再生为特质的绿色能源越来越得到各国的重视。

应从空间总体规划至空间详细规划之间的各层面出发，研究确定能源空间规划中的工作规程、规划方法、规划深度，以及规划要点在各层次间的传导要求等；形成绿色发展理念下的能源规划理念体系和规划指标体系，构建能源规划下的燃气、热力和电力系统的规划技术规程与方法，总结能源规划编制的核心技术及模式，实现绿色发展理念下的能源空间规划技术体系。

UP2-1
能源规划目标原则

城市能源实现清洁一新能源迭代、空间协调，市政与绿色基础设施相融，功能保障与低碳集约、设施布局与功能提升。要做到能源高质量发展，建成现代能源体系，进一步提高非化石能源消费比重，最终使可再生能源发电成为主体电源，新型电力系统建设取得实质性成效，碳排放总量达峰后稳中有降。

UP2-1-1
规划目标

在能源消费总量和强度方面，控制能源消费总量、年均增速比例，做到万元GDP能耗累计逐年下降。

在能源消费结构方面，控制煤炭消费总量与占比、控制天然气年消费总量与占比。

扩大可再生能发电的源装机规模，积极发展太阳能开发利用。提高城市综合体和各类公共机构等重要城市公共建筑太阳能发电总装机规模。用电能、氢能替代大型终端用电设施。

在能源安全保障方面，全面提升能源抗灾保障能力，提高电力自给率。建设保底电源及保底电网工程。

UP2-1-2
总体原则

符合规划期内国民经济和社会发展纲要的总要求。国民经济和社会发展纲要是规划期内建设的总体战略部署，是制定其他各类规划的重要依据，体现各地政府及部门承担的职责，反映共性、个性的独特规律。因此，在进行规划原则设置时，应该体现其发展的独特规律。

综合各方意见。在制定能源规划时必须具有高度综合性，要考虑社会、经济等各方面的因素，吸收、听取社会各方意见，确保规划实施。

合理设计实施措施。具体安排项目时，无论哪一种措施，都要有利于规划目标的实现。

UP2-2 ※
区域资源综合利用

能源是指煤炭、石油、天然气、生物质能和电力、热力以及其他直接或者通过加工、转换而取得有用能的各种资源，是可以直接或经转换提供人类所需的光、热、动力等任一形式能量的载能体资源。因此，可以说能源是一种形式多样性的、可相互转换并能为我们提供热能、动力能、光能、磁能的资源。在规划层面上，我们应该将区域能源资源统一调配，综合利用。

UP2-2-1
能源利用统一调配

基于多源互补、供需平衡的能源系统规划，将电力、燃气、热力等多种能源系统进行统一管理调配，建设综合能源智慧管理系统。形成多种能源品种（可再生能源和清洁能源）生产、多种形式能源（热、电、冷）输出、具备多个产能节点、通过能源互联网共享资源（能源微网模式）、贴近用户实际使用需求的能源系统，最大限度地统一利用绿色能源。

UP2-2-2
建立分布式能源网络

坚持节约集约、循环利用的资源观，着力提高能源资源利用综合效益。不断提高能源转换效率，降低产煤、炼油、发电等综合能耗、水耗。大力推动风电、光伏发电、微型燃气轮机等分布式能源的普及利用，新型小微能源发电形式进一步推广应用，大力发展天然气分布式能源，加大力度推动天然气发电与风力及太阳能发电、生物质发电、储能等新能源的深度融合发展。加快多能协同综合能源网络布局。

UP2-2-3
优化能源规划布局

由于化石能源的分布与使用存在空间差异，在国土空间各系统规划中，应综合考虑能质转输对城市布局、区域用地、区域交通系统布局和城市承载能力的影响。

UP2-3 ※
能源资源优化配置

能源资源优化配置主要体现在能源供给与能源消费领域。其主要手段为：一是调整优化供给侧与消费侧的能源结构；二是充分利用新能源、清洁能源、可再生能源以及各种能源利用的最新科学技术与先进设备。为了达到绿色使用能源的目的，要坚持绿色基础设施的七项原则，即安全、高效、低碳、融合、生态、智慧、适宜。

UP2-3-1
绿色能源资源种类

在我国可以形成产业的新能源主要有海洋能、风能、太阳能、地热能、生物质能等，这些都是可循环利用的绿色清洁能源。绿色能源产业的发展既是整个能源供应系统的有效补充与替代手段，也是环境治理和生态保护的重要措施，是满足人类社会可持续发展需要的最终选择。

相对于煤炭、石油、电力、成品油、天然气等常规能源而言，在不同的历史时期和科技水平情况下，绿色能源有着不同的内容。在当今生产和利用技术相对成熟的时期，绿色能源通常指太阳能、风能、地热能、海洋能、生物质能、氢能等，这些能源也是清洁能源的主要组成部分。

另外，还有一些正在研发阶段的新能源，如可燃冰、干热岩等，由于尚未达到可广泛利用阶段，本《指引》不再深入论述。

UP2-3-2
能源消费侧结构优化与配置

加大电能的消费比例。新能源、可再生能源、清洁能源大多以电能形式进入消费领域（如光伏发电、风电、水能发电、原子能发电、海洋能发电等），同时城市能源消费也是以电能为主。因此，在调整优化能源消费结构时应尽可能地加大电能的消费比例，这样也便于消纳新能源、可再生能源、清洁能源所转化的电能，提高城市清洁能源使用比例。

优化电网布局与结构，加大各级送电线路的输电效率。结合国土空间规划与城市规划布局，合理调整和设置各级电力输送线路的布局与规模。通过智能管理加强各级输电网的送电与受电的调整适应能力，提高城市主电网对光电、风电的接收使用能力，减少弃风弃光的比例。大力增加城市尤其是大城市电动车辆的使用规模，改变城市车辆的能源使用结构。加快充电桩、电动车辆电池交换站的建设，使城市电动车辆充电、换电更加方便快捷。同时，加快车用电池大容量技术的研发与应用。加快传统燃料（煤炭、石油、天然气）使用效率的研发。提高传统燃料的排放标准，制定传统燃料高标准的使用规范，增加城市周边蓄能电站的规模，提高城市电力的存储能力。

加快氢能的研发与利用。

加快、加大各种节能手段的研发与利用。

优化调整规划区内产业结构，降低万元GDP的能耗量。设置准入标准，减少高耗能、高污染企业进入本地区。

UP2-3-3

绿色能源新技术推广

发展清洁和可再生能源，建立多能、融合、互补的发展理念，已成为世界各国能源发展与安全的保障，是应对气候变化、实现可持续发展的重要举措。应加快推动能源结构向低碳转型，采取有效措施控制化石能源的消费，严控能耗强度，特别是化石能源消费强度，实施更加严格的控煤措施。大力推进以电代煤、以电代气，加大散煤治理力度。与此同时，大力发展可再生能源。深化重点领域的低碳行动，推进低碳工业体系、低碳交通、低碳建筑等与能源使用领域相关的节能减排措施的发展。并应进一步强化工业、建筑、交通等重点领域的低碳改造力度。

UP2-3-4

能源资源多元利用

充足的能源资源量是城市人口、用地、产业、生态发展的必要因素，规划期内可开发利用的能源资源量是各级国土空间规划能源资源利用上限刚性约束条件之一。能源资源的多元化是能源供给保障的重要手段之一。能源规划应充分发掘资源多元化渠道，拓展底线约束边界。

区域能源资源统筹调配

根据能源资源时空分布不均的特点，规划时应最大限度地蓄存利用和优化调配能源资源。根据各种能源资源的特征合理规划能源采集、生产转换的规模与布局，并为其生产建设提供方便。

从区域、城市布局与需求总量出发。统一调配区域内以及区域外的各项能源资源，以改善缺能地区的用能状况。

新能源与清洁能源资源利用

根据本地区的地理、水文、气候等各种自然条件，充分利用可利用的各项能源资源。例如，海边可利用海洋能（潮汐能、洋流能、温差能、盐差能等），西北干旱地区可利用风能、太阳能，河流水能聚集较多的地区可充分利用小水电等，有条件的地区还可建设蓄能电站等，充分利用各种可利用的能源资源，达到绿色节能减排的效果。

UP2-3-5

能源资源高效利用

各地区城市应在规划中设置本地区各行各业的能源消耗标准和能源节约标准。

积极推广各种新能源利用的新技术，新设备的使用。建设区域能源使用监测控制网，随时监控能源的使用总量与效率。

UP2-3-6

能源供应预测指标

在规划设计中精确计算各项能源的消耗总量，精确调整能源消费结构，使各项用能既满足使用需求、适度超前又不过度冗余（表UP2-1）。

在充分调查现状各行业用能规律基础上确定各项用能指标，并优先采用地方标准，宜采用两种以上方法进行校核。各类用能指标应在全面贯彻节能措施的基础上合理选取。

工业用能有明确产业类型的，应根据项目实际情况确定，能量消耗定额宜参照先进企业标准、节能型企业标准确定；工业用能统计数据充分的地区可采用计量结合抽样、趋势外推法等方法进行校核。

考虑城市应急情况确定人数和时间应急用能量，保障基本生活能量的需求。

保证环保用能，环保的能源消耗规模应在规划全域用能总量的基础上进行统筹考虑。

绿色能源资源利用指标指引表　　表UP2-1

绿色属性	核心指标
资源利用	总用水能量； 单位地区生产总值用能量下降率； 能源资源开发利用率； 能源资源供应保证率
资源保护	能源排放达标率； 清洁能源使用率
新能源	新能源使用效率标准； 清洁能源供给比例； 能源使用新技术的研发环境与投入规模
节约能源	农业生产新能源使用比例； 各项生产能源消耗标准； 节能技术设施普及率； 工业节能普及率

UP2-3-7

用能指标预测

生活、工业、仓储、农业等各行业的能源消费系数宜根据实测资料确定。常规能源与新能源清洁能源宜单独考虑。石油天然气、采矿业、化学工业、电力热力生产等行业宜单独估算。其他工业用能有明确产业类型的，应根据项目实际情况确定。

UP2-3-8

节能指标预测

节能标准预测应“以需定量”，因地制宜确定各种用户的用能量及所需能源种类。

由于用途、处理工艺、节约标准不同，节能标准宜按最高标准确定；也可按用能量最大用户确定，特殊要求用户自行补充处理。

工业可再生能源用量宜根据企业用户调查或同类企业用能参照或行业用能标准等方式确定。

UP2-3-9

节约能源

节能就是采取技术上可行、经济上合理及社会环境上可以接受的各种更有效地利用能源的措施，充分发挥现有能源的作用。把节约优先贯穿于经济社会及能源发展的全过程，集约高效开发能源，科学合理使用能源，大力提高能源效率，加快调整和优化经济结构，推进重点领域和关键环节节能，合理控制能源消费总量，以较少的能源消费支撑经济社会较快发展。

优先调度可再生发电资源和低能耗机组发电，最大限度地减少能源、资源消耗。合理配置调峰电源，减少火电深度调峰，降低煤耗。加强配电网建设，全面消除高损变压器和线路，降低电网损耗。

进一步推进重化工业项目余热、余压、余能、副产煤气以及LNG接收站冷能资源的回收与综合利用，新建项目的资源综合回收利用部分应与主体工程同步规划设计。组织实施重点用能单位节能低碳行动。严格限制高耗能产业与产能过剩企业扩张，对高耗能产业与产能过剩行业实行能源消费总量强约束控制，其他产业按先进能效标准实行强约束。现有产能能效要求限期达标，新增产能必须符合国内先进能效标准。实施工业电机、内燃机、锅炉等重点用能设备能效提升计划，加快淘汰低效设备，加强节能技术产品推广应用。积极发展高效锅炉与电机，推进终端用能产品能效提升与重点用能行业能效水平对标达标。

UP2-4 ※

低碳智能供电系统

为提供清洁、低碳、安全、高效的城市电力保障体系，应提高非化石能源的利用在能源利用中的比例，加快推进智慧电网建设。因地制宜地规划电源，构建合理高效输配电系统，提高电力系统互补互济和智能调节能力，推进分布式能源和储能快速健康发展。

UP2-4-1

推广新能源发电

按照保障供给、供应量适宜、重点优先、高效全面的电能生产与应用的关系原则进行分析。推动电源结构向清洁化发展转型，提升非化石能源装机和发电量占比，逐步构建以新能源为主体的新型电力系统。综合考虑经济增长、产业结构调整、节能节电、电能替代、电制氢等影响因素，考虑到远期可再生能源制氢电量占比持续提升，非化石能源开发潜力及目标，提出在生活、生产等各方面确实妥当的电能指标[6]。

UP2-4-2

绿色高效输电

电网规划应重视加强网架结构的建设、重点研究规划的高效网架以及布局形式。城市电网结构规划应符合以下基本原则：按城市电压等级分层，按地区进行分区，并做到主次分明；一次送电骨架必须加强，高压主干网应尽早形成；全国主力电厂一般应与电网骨架连接；受端电网应力求加强，要有足够的电压支撑；相邻电网之间的连接宜采用一点连接方式，一旦稳定破坏，可以解列；二次网络宜采用环网布置，开环运行。

UP2-4-3

供电预测指标

考虑新科技、新技术、新设备对用电量的影响，以及绿色用电模式的形成，综合生活、工业、仓储等实际使用需求，适度超前又不过度冗余地选取供电预测指标。

规划新建地区人均综合用电标准应符合表UP2-2的规定。

规划人均综合用电指标表　　表UP2-2

城市用电水平分类	规划人均综合用电量(kW·h)/(人·年)
用电水平较高城市	8000~10000
用电水平中上城市	5000~8000
用电水平中等城市	3000~5000
用电水平较低城市	1500~3000

来源：《城市电力规划规范》(GB/T 50293—2014)

UP2-4-4

智能配电网规划

智能电网是以包括各种发电设备、输配电网络、用电设备和储能设备的物理电网为基础，将现代先进的传感测量技术、网络技术、通信技术、计算技术、自动化与智能控制技术等与物理电网高度集成而形成的新型电网，它能够实现可观测（能够监测电网所有设备的状态）、可控制（能够控制电网所有设备的状态）、完全自动化（可自适应并实现自愈）和系统综合优化平衡（发电、输配电和用电之间的优化平衡），从而使电力系统更加清洁、高效、安全、可靠。

电力方面的主要智慧功能应有：用电信息采集，小区配电自动化，信息光纤到户，“互联网+”用电服务互动平台，光伏发电系统并网运行，电动汽车充电桩管理，“互联网+”家居服务，统一展示平台，自助缴费终端，水、气表集抄等。以智慧电力管理中心为中枢，架构涉及开闭站、变压器、线路进出线、配电柜和充电桩的体系，实现实时的电压和电源监控（图UP2-1）。

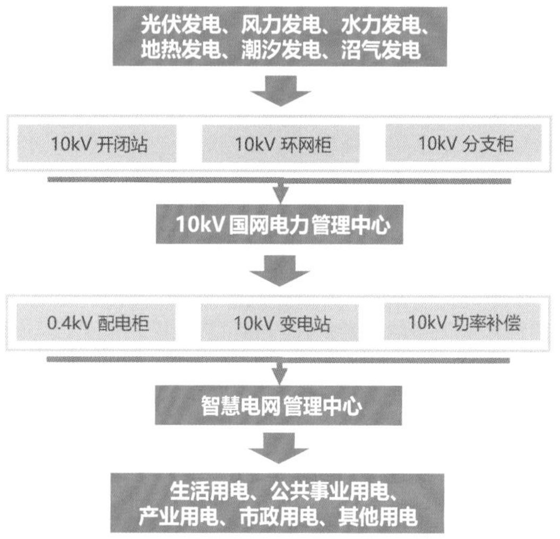

图UP2-1　10kV国网与微网系统关系框图

借鉴案例：重庆市广阳岛市政专项——智慧供电

住宅小区服务和管理集成系统“互联网+”社区是指通过利用现代通信网络技术、计算机技术、自动控制技术、IC卡技术，通过有效的传输网络，建立一个由综合物业管理中心与安防系统、信息服务系统、物业管理系统以及家居“互联网+”化组成的“三位一体”住宅小区服务和管理集成系统，使小区与每个家庭能获得安全、舒适、温馨和便利的生活环境（图UP2-2）。

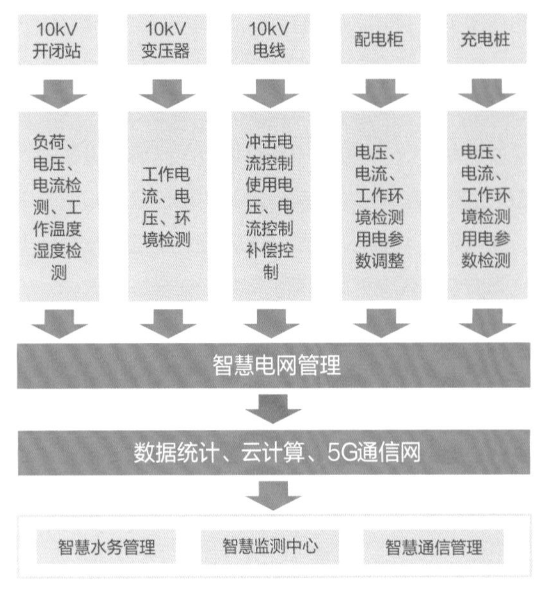

图UP2-2　广阳岛智慧供电系统框图

UP2-4-5

增设智能微网

光储直柔智能微网是规模较小的分散独立的电力系统，一般适用于规模较小又相对独立的小型街区与农村。它是能够实现自我控制、保护和管理的自治系统，微电网由多电源系统、分布式电源、储能装置、能量转换装置、负荷、保护装置等组成。微电网实现对负荷多种能源形式的高可靠供给，既可以与外部电网一起运行，也可以独立运行，是实现主动式配电网的一种有效方式。微电网也是一个可以实现自我控制、保护、管理的相对独立的电力系统，通过自身的控制及管理供能实现功率平衡、系统优化运行、故障检测与保护等功能。在新能源微电网建设中，按照能源互联网的理念，采用先进的互联网及信息技术，实现能源生产和使用的智能化匹配及协同运行，以新业态方式参与电力市场，形成高效清洁的能源利用新载体。

UP2-5 ※

多元多向供气系统

着眼未来，清洁能源可持续供应，加快天然气发展作为构建清洁低碳、安全高效的现代能源体系、保护生态环境的重要举措。充分利用天然气绿色低碳能源属性，发挥天然气资源丰富的优势，推动天然气产量快速增长。

按照绿色市政基础设施建设目标和理念，在燃气系统中大力推广采用绿色环保新技术、新材料。降低运行过程中能耗水平，加强环保措施治理各种污染。同时，重视碳利用技术的研究与开发，通过对碳综合利用技术的研究、推广，挖掘二氧化碳的价值，把二氧化碳从负担变成资源。

UP2-5-1

开发清洁气源

“十四五”期间，除了常规天然气之外，天然气企业应更加重视对非常规天然气（页岩气、煤层气、致密砂岩气）的开采和利用。数据显示，我国常规天然气储量位居世界第13位，而页岩气的储量位居世界首位。2015～2019年，我国页岩气产量从46亿m^3增长至154亿m^3，占天然气产量总量的比重从3.42%增长至8.69%。

养殖业排泄物沼气利用转换、农业残渣沼气转换。厌氧发酵和过滤处理等技术实现了沼气利用，以及对秸秆、畜禽粪便的回收利用，有效促进了农、林、牧业资源综合利用，实现生物质资源化综合利用和农业智慧绿色发展，是可再生能源利用的有效途径。通过沼气综合利用，可以很好地形成社会效益、环境效益、经济效益。通过以沼气工程作为纽带，让秸秆、畜禽粪便等变废为宝，实现资源化利用，提高经济效益；可以解决秸秆、畜禽粪便等对环境污染的突出问题，让人居环境得到显著改善，改善人们的生活质量；还可以促进有机废弃物资源综合利用，推动农业绿色发展，并带动周边相关产业的良性循环。

UP2-5-2
调整供气结构

按照天然气发展利用目标，加大骨干管道及互联互通网络建设力度，加快推进枢纽中心和储备调峰能力一体化建设，进一步完善城市天然气输配管网建设。要供需两侧与基础设施建设同时发力，打造全国“一张网、一体化”的天然气产供储销体系。

加快天然气长输管道和互联互通重点工程建设，大力提升资源配置效率。持续推进全国“一张网”物理联通输气体系建设，实现天然气资源在全国范围内的平稳调配。加速推进管输领域与“互联网+”深度融合，实现管网建设数字化、运营智能化、管理规范化和服务市场化。

持续加大储气调峰设施建设力度，多管齐下补齐调峰能力短板。要以各种类型的地下储气库和沿海的LNG接收站为主，以气田调峰、可中断供应和可替代能源等调节手段为补充，加快推进多层次储气调峰体系建设，形成与用气规模、管网规模、用户数量相匹配的储气调峰体系，满足任何情况下的安全平稳供气。

UP2-5-3
用气预测指标

考虑新科技、新技术、新设备对用气量的影响，考虑燃气使用和消耗的特点，综合生活、工业、仓储等实际使用需求，适度超前又不过度冗余地选取用气预测指标。

规划新建地区人均综合用气标准应符合表UP2-3规定。

规划人均综合用气指标表　　表UP2-3

城镇用气水平分类	规划人均综合用气量 MJ/(人·年)
用气水平较高城镇	35001~52500
用气水平中上城镇	21001~35000
用气水平中等城镇	10501~21000
用气水平较低城镇	5250~10500

来源：《城镇燃气规划规范》(GB/T 51098—2015)

UP2-5-4
高效利用天然气

做优需求侧，高效利用天然气。在天然气的利用方面必须持续推进“煤改气”“油改气”等项目，突出效益、效率的提高，实现天然气资源的价值最大化。

突出天然气在居民炊事、供热领域的优势地位，优先发展城镇燃气，大力拓展燃气市场。

扩大工业用气领域，提高用气效率和经济性。

优先在用电负荷中心建设天然气调峰电站，发挥气电作为灵活性电源和在消费中心支撑电源的作用，与风电、光伏发电融合发展，鼓励天然气分布式能源（冷、热、电三联供）以及与可再生能源的多能互补项目建设。

加快推动LNG在船舶、重卡中的应用，促进天然气对油的替代。

UP2-5-5
推广智慧供气系统

智慧燃气管网有以下几种因素组合。

SCADA系统：以计算机为基础的生产过程控制与调度自动化系统，可实时反映现场设备运行状况并进行监测与控制。

中低压预警系统：根据数据库现有的调压器设备数据，通过精密算法及大数据处理，从多角度分析用气量情况，系统通过分析推算出未来时间段流量的大致走向，并进行排管方案决策分析辅助，让用户对设备故障的发生进行预判。

智慧燃气管网巡检系统：利用地理信息技术和北斗系统、网络通信技术、基站定位技术（LBS）及互联网传感技术等集成的综合监控调度管理平台。

地理信息系统：采用地理信息技术，可以使燃气管网管理工作进入可视化阶段，适应城市快速发展对燃气管线信息的快速反应需求。

应急处置系统：利用地理信息数据、场站信息、外部资源信息、其他业务相关数据及以往事故资料、历史数据和维（抢）修情况等基础资料以及SCADA数据等，可大幅减少应急反应时间、提升判断事故原因的准确度。

智慧燃气管网由SCADA系统、GIS、GPS、安防系统、辅助决策支持系统等子系统组成，提高了燃气企业生产管理、设备管理、安全管理、应急抢修管理、辅助支持五大部分的管理手段和效率。

借鉴案例：重庆市广阳岛市政专项——智慧供气

以智慧燃气管理中心为中枢，架构涉及气源中压、管网中压和低压、调压柜以及用户的体系，实现实时的燃气流量和管网运行参数的动态监控。智慧燃气管控系统全面融合移动互联网、大数据、物联网等新技术。整体打造智能燃气网和智能管网，未来可逐步融入能源互联网。不断拓展产业链、信息链，创新业务模式，增加利润来源。用户远程抄表和安检、自助缴费和自助报修、报装等技术可降低经营成本。通过管网泄漏监测、用户安全远程自助报警、远程阀控等，确保安全运营。在支持阶梯气价的同时，用户个性化体验、服务品质进一步得到优化。通过全面搜集、挖掘分析，用户数据已经成为新型资源，吸引多方联合开采、深度利用（图UP2-3）。

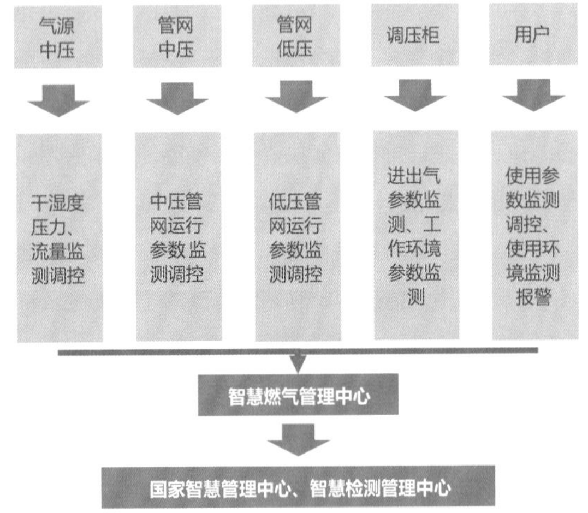

图UP2-3 广阳岛智慧供气系统框图

UP2-5-6 安全利用沼气

沼气利用，大量畜禽粪便加入沼气池发酵，既可生产沼气，又可沤制出大量优质有机肥料，扩大了有机肥料的来源。施用沼肥的作物不仅抗旱防冻的能力得到增强，秧苗的成活率也有所提高。施用沼肥不但减少了化肥、农药的喷施量，也有利于生产绿色无公害食品。沼气利用也可以解决农民的燃料问题，减少森林砍伐和牛、羊对山场的破坏，有利于保护林草资源、促进植树造林的发展、减少水土流失、改善农业生态环境。

发展沼气有利于改善农村生态环境、美化家园、减少污染，具有投资少、见效快及社会、经济和生态效益显著的特点，从而推动农村种植业和养殖业的发展，是保护生态、改善环境、使农民受益的利国利民之举。

UP2-6 ※ 清洁绿色供热系统

随着“双碳”目标新时代的来临，我国坚持“创新、协调、绿色、开放、共享”的新发展理念，抓住新一轮科技革命和产业变革的历史性机遇，推动疫情后世界经济“绿色复苏”，汇聚起可持续发展的强大合力。在此新目标下，我国供热行业面临着能源结构调整、供热民生保障、冬季环境质量改善和低碳转型的严峻形势，也面临着清洁供暖背景下能源供应保障安全性和供热经济性的双重挑战。探索中国特色的低碳供热之路，发展绿色电力和可再生能源的分布式供热，实现传统集中供热的低碳转型升级，多能互补、多能协同的运营方式。

UP2-6-1 采用清洁热源供热

具备电厂建设条件，且有电力需求或多余电力能对外输出的条件下，宜首选以热电联产系统为主的城市集中热力供热方式，或燃煤热电厂系统与燃煤集中锅炉房结合的集中供热方式。燃煤集中锅炉房供热方式应逐步向燃煤热电厂系统供热方式或清洁能源供热供暖方式过渡。天然气供应有保证的地区和城市，宜采取天然气锅炉房的供热方式、中型热电冷联产系统、分布式能源系统或直燃机系统。在水电和风电资源丰富的地区和城市，可鼓励发展以电为能源的供热方式。在有条件的地区，可发展安全的低温核供热系统。在可再生能源资源充足的条件下，应鼓励发展能源利用新技术以及以新能源和可再生能源为主的新型供热方式。

在太阳能条件较好地区，应首选太阳能热水器解决生活热水问题，并适度增加发展太阳能供暖的数量和规模。在历史文化保护区或一些特殊地区，宜采用电供热为主，燃气、燃油和太阳能供热为辅的供热体系。

UP2-6-2

高效利用热量

空气源热泵工作原理是利用电能驱动，吸收空气中的低品位热量，转化为可供使用的高温热量，由于初始热能都来自空气，所以其能效比能达到4.0甚至更高。正常农户供暖，供暖负荷120～150W/m^2，总功率大约为9kW。供暖高峰期耗电9度/h，一天按照10h计算，需要耗电90度。如果采用空气源热泵供暖，能效是3.2的前提下，一天耗电仅为28.1度，节能优势相当明显。另外，在有条件的地区也可考虑使用水源热泵、地源热泵等其他形式的供热系统。在一些光能、风能、海洋能等清洁能源资源量较为丰富的地区，也可考虑采取这些能源的综合利用形式。

UP2-6-3

供热指标预测

根据不同的供热热源，考虑未来新科技、新技术、新设备对供热量的影响，考虑保温措施对供热效果的影响，综合生活、工业、仓储等实际使用需求，适度超前又不过度冗余地选取供热预测指标。

规划建筑物耗热量标准应符合表UP2-4规定。

供暖热指标推荐值　　（单位：W/m^2）　表UP2-4

建筑物类型	热指标		
	未采取节能措施	采取二步节能措施	采取三步节能措施
居住	58~64	40~45	30~40
居住区综合	60~67	45~55	40~50
学校、办公	60~80	50~70	45~60
医院、幼托	65~80	55~70	50~60
旅馆	60~70	50~60	45~55
商店	65~80	55~70	50~65
影剧院、展览馆	95~115	80~105	70~100
体育馆	115~165	100~150	90~120

来源：《城镇供热管网设计标准》（CJJ/T 34—2022）

UP2-6-4

智慧供热管网

分布在城市地上或地下室的热力站成为连接市政一次管网、二次管网和热用户的关键节点，分布式可再生能源供热站与热电联产大热网形成多能互补协同，互为调峰。同时，热力站可设置电动热泵，以降低一次网回水温度，在提升热网输送能力的同时，回收电厂乏汽和烟气余热资源或收集城市各处可再生低品位热量，并降低热网供水温度、压力，提高供热基础设施使用寿命。

借鉴案例：重庆市广阳岛市政专项——智慧供热

智慧供热管理架构：以智慧暖通空调管理中心为中枢，架构涉及冷热交换设备、空调主机、出风口以及用户的体系，实现实时供热温度的动态监控（图UP2-4）。

空调监控系统功能：温度控制、湿度控制，新风、回风、排风的控制，制冷器的防冻监控、过滤器的状态监测、风机的状态及故障报警。

冷冻站监控系统功能：包括对冷却水泵、冷却塔风机的自动控制，以及冷水机组台数的节能控制和冷冻水系统的压差控制，还包括中央管理站对冷冻站的控制。因此需要解决如下问题，即冷却塔风机运行状态监测、控制和故障报警，冷却水泵运行状态监测、控制和故障报警，冷水机组冷却水进水温度监测及控制，冷却水泵运行状态监测、控制及故障报警，冷水机组冷却水出水温度、流量监测及控制，分水器、集水器压差监测和控制，冷水机组运行状态监测、控制和故障报警，冷冻水箱等给排水装置监测和启停控制。其中包括压力测量点、液位测量点以及开关量控制点，并要求显示各监测点的参数、设备运行状态和非正常状态的故障报警，并控制相关设备的启与停。

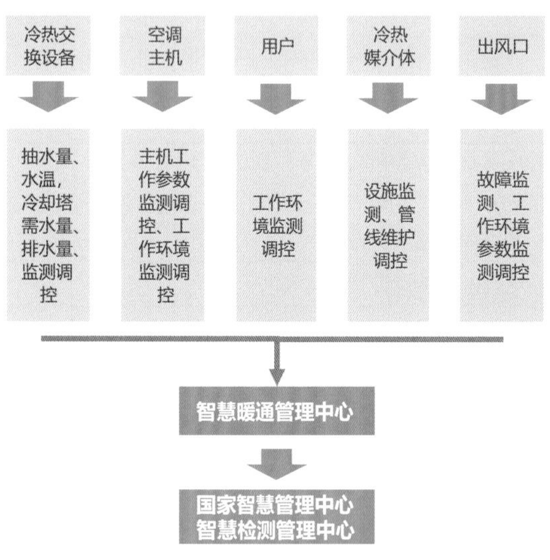

图UP2-4　广阳岛智慧供热系统框图

UP2-6-5 建筑节能

能源管理系统就是对建筑的电力、燃气、通风空调等各类能耗数据进行采集、汇总统计、处理并分析建筑能耗状况，监测用能设备运行情况，从而找出节能潜力，制定切实可行的节能策略，最终实现建筑节能的目标。其方法就是利用能源监控、能源统计、能耗成本分析、能源消费分析、数据查询、能耗预测、能耗对比、设备管理、智能节能设备控制运用等多种手段，通过大数据平台，使管理者对能源成本比重、能耗状况、设备情况、发展趋势有精准的掌握，并将能源消费额度分配到各部门，使节能工作责任到人，提高能源管理效率，降低能源成本，促进可持续发展。能源管理系统是多种科技交织的产物，包括末端的各种智能节能设备，大数据、云计算、人工智能、互联网、物联网等技术，对帮助社会和企业实现能源管理、节能减排及能源调配有着重要的作用，也是目前阶段大型建筑实施节能减排最有效的方案。

UP2-7 能源系统综合控制

在城市能源供应形式主要有电能、热能、燃气等几种类型，城市能源供应网络以电力网、热力网、燃气网为主。而在能源的供应与传输过程中如果能采用能源综合管理系统，即智慧云服务处理中心，即可达到智慧用能效果，不仅为城市提供更高效、更稳定的能源支撑系统，还可以提高生产生活服务水平、提升城市的能源使用效率，达到绿色低碳的效果。

能源系统综合控制有助于可再生能源规模化开发，有助于提升传统一次性能源利用效率，有助于实现社会能源可持续发展。

UP2-7-1 能源产供消一体化

智慧能源系统是一种以冷热量平衡为核心，整合地热能、太阳能、空气能、水能、天然气、城市自来水、污水、工业废水废热等多种可再生能源，运用冷热回收、蓄能、热平衡、智能控制等新技术对各种能量流进行智能平衡控制，满足能源的循环利用等多种功能需求的系统设备。

智慧能源系统实现冷热平衡循环及其调节：在使用冷、热供应的同时尽可能地回收余热、余冷，并加以综合利用。在有条件的情况下还可利用地热能、海洋能、太阳热能、城市热能以及工业废热等各种城市余能或可再生能源。智慧能源系统可以因地制宜地进行能量综合调节转换，满足城市对冷热量的需求，并尽可能地减少传统的电力、热力和可燃气体等常规能源的消耗。

UP2-7-2
智慧能源系统

智慧能源系统主要由以下几种分系统组成（图UP2-5）:

1. 能源生产系统。能源生产系统通过光伏发电，光热装置、风力发电设施、地热设施（含干热岩）等，利用燃烧天然气、太阳能、风能等绿色能源，做功产能，还可回收高温余热，提高能源利用率。

2. 能源转换系统。能量转换系统常用于实现高品位能量向低品位能量的转换。

3. 能源储存系统。能源储存系统能够通过存储能量实现能量跨时段消纳，提高综合能源供能系统运行的经济性。

4. 能源传输系统。能源传输系统可以在能源子系统之间实现各类能量传输。

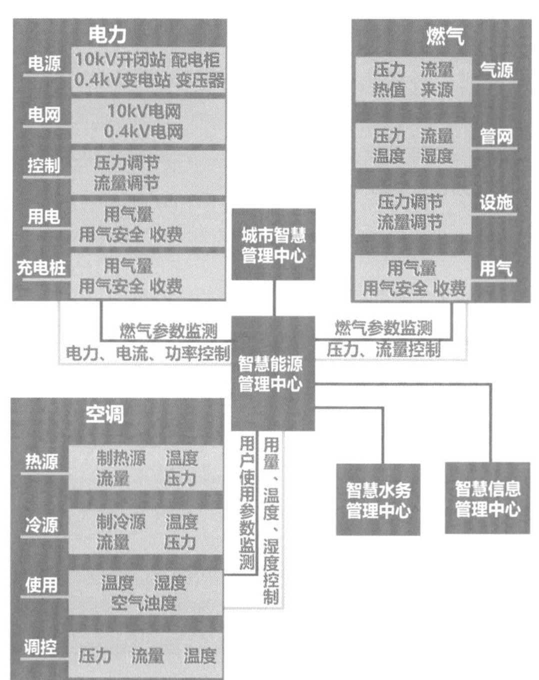

图UP2-5 智慧能源系统示意框图

UP3

低碳无废

2018年，《“无废城市”建设试点工作方案》和《“无废城市”建设指标体系（试行）》印发。2019年，生态环境部确定“11+5”试点。“无废城市”建设成为新时期的重要课题。2021年11月《中共中央 国务院关于深入打好污染防治攻坚战的意见》印发实施，明确提出要稳步推进“无废城市”建设。同年12月，生态环境部等18个部门和单位联合印发《“十四五”时期“无废城市”建设工作方案》，明确提出要科学编制“无废城市”建设实施方案，统筹城市发展与固体废物管理，坚持“三化”原则，聚焦减污降碳协同增效。

UP3-1
科学定义精准管理

固体废物（简称固废）的定义是判定物质是否属于固体废物的首要依据，对物质的属性给予清晰的判定，是固体废物管理的落脚点和基本点。固体废物管理是“打好污染防治攻坚战”的重要内容，精准管理与科学分类是稳步实现固废管理的重要途径。固废管理是基于环保、经济、社会可接受的目标，将减少固废产生和最大限度资源化利用有机结合的决策过程。

UP3-1-1
明确定义准确鉴别

固体废物是指在生产、生活和其他活动中产生的丧失原有利用价值或者虽未丧失利用价值但被抛弃或者放弃的固态、半固态和置于容器中的气态的物品、物质以及法律、行政法规规定纳入固体废物管理的物品、物质[7]。

固体废物包括工业固体废物、生活垃圾、建筑垃圾、农业固体废物、危险废物等，具体定义应参照2020年修订的《中华人民共和国固体废物污染环境防治法》（图UP3-1）。

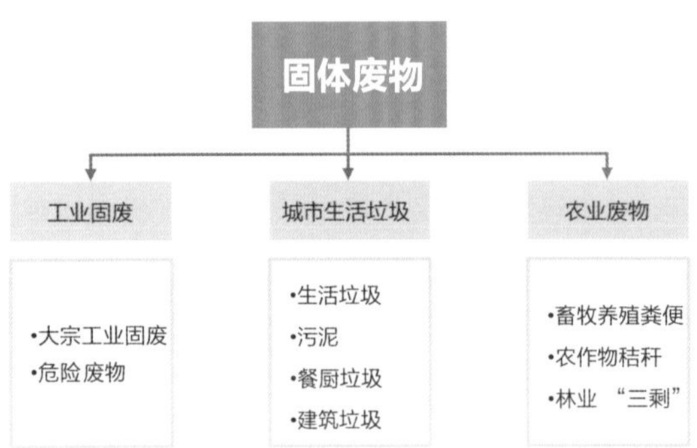

图UP3-1 固体废物分类框图

UP3-1-2
科学预测固废产量

固废产量的预测应充分考虑规划区域的人口规模、产业布局、经济发展状况等情况，依据《生活垃圾生产量计算及预测方法》（CJ/T 106—2016）、《城市环境卫生设施规划标准》（GB/T 50337—2018）等相关国家及地方规范标准，科学预测固废产生量，进而科学合理布局城市固废处理设施。

UP3-1-3
提升固废精准管理

应通过技术和管理的精细化，持续提升固废管理的物质循环过程的效率和降低伴随的环境影响。宜改进焚烧和能源回收设备，进而提高热效能；因地制宜地建立分类投放、分类收集、分类运输、分类处理的垃圾分类回收体系，通过完善垃圾分类回收体系，使得更多的废物得到更高效率、更大价值的回收利用。在资源化利用体系构建完成的基础上，不断提升精细精准化管理。

UP3-1-4
固废管理高效衔接

完善固废管理体系，推进垃圾分类工作，逐步解决生活垃圾全程管理过程中的前后端衔接不够高效的问题，消除衔接问题对生活垃圾管理及社会发展带来的不良影响。前端生活垃圾分类行为及垃圾组分对后端处理工艺和设备造成影响，同时后端处理能力和方式制约前端分类程度。

UP3-2 ※
源头减量总量减排

减量化特指在生产、流通和消费等过程中减少废物产生[8]，即仅限于废物“产生前减量”，不涉及废物“产生后减量”。最简单的减量措施其实是在最开始便防止垃圾的产生，源头削减是减量化的根本之道。垃圾分类、“无废城市”“限塑禁塑”等国家战略实施的重要目的就是形成倒逼机制，促进生产、流通、消费、生活环节的绿色化，进而实现废物的“产生前减量”。

UP3-2-1
倡导绿色生活方式

加大绿色生活宣传，引导公众在衣、食、住、行等方面践行简约适度、绿色低碳的生活方式。引导消费者合理消费，坚决制止餐饮浪费行为。在大型超市、大型商场、农贸市场等场所，提倡重提菜篮子、布袋子。推动公共机构无纸化办公。在宾馆、餐饮等服务性行业，推广使用可循环利用物品，限制使用一次性用品。创建绿色商场，培育一批应用节能技术、销售绿色产品、提供绿色服务的绿色流通主体[9]。

UP3-2-2
推进塑料污染治理

积极推动塑料生产和使用源头减量。应以一次性塑料制品为重点，制定绿色设计相关标准，优化产品结构设计，减少产品材料设计复杂度，增强塑料制品易回收利用性。整治塑料污染突出领域和电商、快递、外卖等新兴领域的污染行为。有序限制、禁止生产、销售和使用一次性不可降解塑料袋、塑料餐具等塑料制品。充分考虑竹木制品、纸制品、可降解塑料制品等全生命周期资源环境影响，完善相关产品的质量和食品安全标准[10]。

UP3-2-3
工业产业绿化升级

推进传统行业进行绿色化改造升级，加快实施钢铁、石化、化工、有色、建材、纺织、造纸、皮革等行业的绿色化改造。推行产品绿色设计，建设绿色制造体系。大力发展再制造产业，加强再制造产品认证与推广应用。科学编制新建产业园区开发建设规划，依法依规开展规划环境影响评价，严格准入标准。

UP3-2-4
建筑垃圾源头减量

加强绿色建筑发展顶层设计，编制绿色建筑发展专项规划。完善绿色建筑相关要求，规范绿色建筑设计、施工、运行、管理，将绿色建筑纳入工程建设基本要求。推广以装配式建筑为代表的新型建筑工业化，提升产业工人技术技能水平，开展装配式现场建筑工作配置试点工作。依据规划区域的实际情况，积极探索本地化的装配式建筑发展路径，编制装配式建筑评价地方标准。引导建筑行业部品、部件生产企业合理布局，完善装配式建筑全产业链条发展。

UP3-2-5
物流产业绿色循环

推动邮政业绿色网点和绿色分拨中心建设，实现智慧物流、电子商务、互联网、信息科技等产业链上下游的企业集聚，引领区域产业转型升级，带动全市绿色物流产业体系的建设。推广使用通过绿色产品认证的快递包装产品、免胶包装箱、可降解基材胶带和填充物，鼓励电子商务企业和物流服务企业执行绿色包装、减量包装标准。大力推广使用电子运单，建立快递包装回收服务网络。通过地方电视台、报纸等多媒体宣传绿色快递，多家快递企业发起“绿色快递”倡议，提升公众意识。

UP3-3 ※
垃圾分类资源利用

固体废物管理体系在完成污染控制目标之后，资源化利用逐渐成为主流。管理目的也由降低污染逐渐升级为回收可再生资源、提高资源利用率。实施垃圾分类可以有效改善城乡环境，促进资源回收利用。

UP3-3-1
厨余垃圾生化处理

加快厨余垃圾生化处理项目建设，促进厨余垃圾资源化利用。严格落实本地餐厨垃圾管理办法，推动建立规范的餐饮企业、单位食堂餐厨垃圾定点收集、密闭运输、集中处理体系，逐步建立农贸市场、家庭厨余垃圾收运体系。建立健全餐厨垃圾从产生、收集、运输到处理全过程信息化登记制度，有效监管餐厨垃圾及其资源化产品的流向。

UP3-3-2
塑料垃圾再生利用

支持塑料废弃物再生利用项目建设，发布废塑料综合利用规范企业名单，引导相关项目向资源循环利用基地、工业资源综合利用基地等园区集聚，推动塑料废弃物再生利用产业规模化、规范化、清洁化发展。加强塑料废弃物再生利用企业的环境监管，加大对小散乱企业和违法违规行为的整治力度，防止二次污染。完善再生塑料有关标准，加快推广应用废塑料再生利用先进适用技术装备，鼓励塑料废弃物同级化、高附加值利用[11]。

UP3-3-3
工业固废综合利用

通过物质回收、物质转换及能量转换等途径对固体废物进行资源化利用。建设资源综合利用基地，促进工业固体废物综合利用。提升产业园区和产业集群循环化水平，完善循环产业链条，推动形成产业循环耦合。

计划到2025年，煤矸石、粉煤灰、尾矿（共伴生矿）、冶炼渣、工业副产石膏、建筑垃圾、农作物秸秆等大宗固废的综合利用能力显著提升，利用规模不断扩大，新增大宗固废综合利用率达到60%，存量大宗固废有序减少。

UP3-3-4
农业废物全量利用

畜禽粪污

粪污消纳用地配套建设畜禽粪污处理和利用设施，利用堆沤肥还田、液体粪污贮存还田、沼肥还田等技术模式，逐步实现畜禽粪污就近就地综合利用。

农作物秸秆

完善秸秆收储体系，推进秸秆肥料化、饲料化、燃料化、原料化及基料化利用。坚决杜绝秸秆露天焚烧，坚持因地制宜、农用优先、就地就近原则，推动区域农作物秸秆全量利用。

农膜

提升废旧农膜资源化利用水平，重点推进地膜覆盖减量化、地膜产品标准化、地膜捡拾机械化、地膜回收专业化。推广一膜多用、行间覆盖等技术，减少地膜使用。积极探索可持续、可复制推广的地膜资源化技术。

UP3-3-5
建筑垃圾综合利用

推广移动式资源化利用模式，实现拆除类建筑垃圾就地利用。城郊发展固定式深加工循环利用模式，促进建筑垃圾跨区协同利用。探索生态修复或污染土壤修复与资源化利用过程协同处置下挖渣土，拓宽建筑垃圾综合利用渠道。推进再生建材产品应用。鼓励利用建筑垃圾生产建筑材料，研究制定建筑垃圾再生建材应用技术指南或资源化利用产品认定办法，提高建筑垃圾资源化再生产品质量，促进综合利用产品推广应用。

UP3-3-6
再生资源循环利用

加强再生资源回收利用，推进垃圾分类回收与再生资源回收“两网融合”，加快落实生产者责任延伸制度，完善废旧家电回收处理体系，加快构建废旧物资循环利用体系，推进废纸、废塑料、废旧轮胎、废金属、废玻璃等再生资源回收利用，提升资源产出率和回收利用率。

UP3-4 ※
无害处理高效环保

经过适当的处理或处置，使固体废物或其中的有害成分无法危害环境，或转化为对环境无害的物质，即固体废物的无害化处理。常用的处理技术包括卫生填埋技术、垃圾焚烧技术、高温堆肥技术等。

UP3-4-1
卫生填埋技术优化

对填埋场采取防渗、雨污分流、压实、覆盖等工程措施，并对渗沥液、填埋气体及臭味等进行控制。进一步提高生活垃圾卫生填埋场的技术水平和建设水平，加强和规范卫生填埋场的运行管理，逐步加强对简易填埋场或低标准填埋场的改造和封场处理。填埋场的规划、设计、建设、运行和管理应严格按照《生活垃圾处理处置工程项目规范》（GB 55012—2021）、《生活垃圾卫生填埋处理技术规范》（GB 50869—2013）、《生活垃圾填埋场污染控制标准》

（GB 16889—2008）和《生活垃圾卫生填埋场环境监测技术要求》（GB/T 18772—2017）等执行。

UP3-4-2
垃圾焚烧资源利用

推进生活垃圾焚烧发电，提升生活垃圾焚烧处理在无害化处理中的占比。加快垃圾焚烧设施升级改造，优化焚烧处理技术，进一步提高设施运行的环保水平。推动先进的垃圾焚烧发电技术应用、不断提升电厂运营的精细化管理，提高发电效率（图UP3-2）。

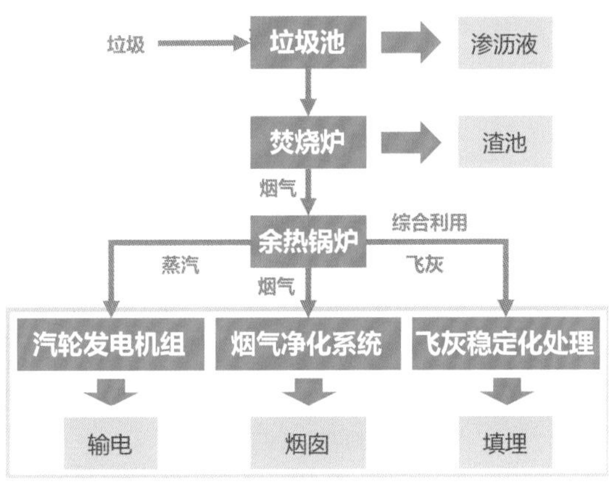

图UP3-2　垃圾焚烧发电框图

借鉴案例：华润水泥（弥渡）有限公司利用水泥窑协同处置城乡生活垃圾项目

项目位于云南省大理白族自治州弥渡县寅街镇，服务范围为弥渡县县域5镇3乡，服务人口32万，处理工艺为机械生物干化预处理+热盘炉预焚烧+水泥窑分解炉焚烧，水泥窑规模3000t/d，协同垃圾处理规模300t/d。2017年年底至今运行良好。它替代了垃圾填埋场，解决了垃圾填埋所造成的环境影响，节约土地，减少了对土壤及地下水的污染，并将生活垃圾全部处置并变废为宝；改善了弥渡县的城镇环境卫生，为弥渡县居民创造了一优美、舒适、清洁的城乡环境（图UP3-3）。

图UP3-3　水泥窑协同处置城乡生活垃圾示意图

UP3-4-3
高温堆肥有机转化

合理布局垃圾堆肥处理厂，因地制宜采用效率更高、适应性更强且安全性好的堆肥技术，提高垃圾堆肥厂的技术及生产管理水平。堆肥产品质量应符合国家现行标准《生物质废物堆肥污染控制技术规范》（HJ 1266—2022）和《粪便无害化卫生要求》（GB 7959—2012）等的有关规定。

借鉴案例：污泥生物沥浸——超高温堆肥技术

我国有4300多座城镇污水处理厂以及数以万计的工业企业污水处理站，每年都会产生大量污泥，污泥的不规范处理已严重制约我国水污染治理行业的发展。

采用污泥生物沥浸（Bioleaching）技术，经生物沥浸处理脱水后，污泥含水率小于60%，污泥减量50%以上，重金属去除率大于80%，污泥中病原菌灭活率在99.97%以上，耐药基因降低3～4个数量级，泥饼无臭味，有机质含量比化学法深度脱水污泥高30%～50%。

超高温好氧发酵（UTM）工艺与传统污泥堆肥（堆温低于70℃）相比，污泥干物质减量率提高2～3倍，生物污染物削减率提高2～3个数量级，无害化程度大幅提升（图UP3-4）。

图UP3-4 污泥生物沥浸——超高温堆肥技术示意图

UP3-4-4
综合处理循环利用

通过将堆肥、焚烧和填埋三者有机结合对垃圾进行综合处理，实现对生活垃圾总量的有效控制，使资源得到充分回收利用。

目前较为常见的循环利用方案为：对生活垃圾进行初步筛分，将这些垃圾中的无机成分或没有肥分的灰质先筛选出来，当作卫生填埋的覆盖层；对剩下的部分物质进行挑拣，将富含有机质的垃圾批量输运到发酵仓，安排专业人士进行科学的高温堆肥；对于那些可以燃烧且燃烧后对环境的污染在有效控制范围内的生活垃圾，可以进行焚烧处理。

UP3-5
收运体系规范合理

固废收运设施合理布局，是固废得以及时清运的基本保障。城市固废管理是一项复杂的系统工程，不仅是与人民群众生活最直接、最贴切、最敏感的重要工作之一，也是一座城市文明程度重要标志的体现（图UP3-5）。

图UP3-5 生活垃圾转运及设施布置框图

UP3-5-1
收集设施布局合理

合理进行垃圾箱房、垃圾桶站等生活垃圾分类收集站点设置、大件垃圾投放拆解及转运站布局和功能配置，加快配套设施建设。建造高标准垃圾压缩中转站，优化垃圾中转站环境，提高生活垃圾进站压缩转运率。收运设施的合理布局能很好地解决垃圾源头分类投放、混装混运问题。完善有害垃圾收运处置体系，每个街道（乡、镇）应设立一个有害垃圾集中收运点，在显著位置标明“有害垃圾集中收运点”字样及有害垃圾标识。环卫设施设置应符合《城市环境卫生设施规划标准》（GB/T 50337—2018）、《环境卫生设施设置标准》（CJJ 27—2012）等相关规范标准。

UP3-5-2

清运车辆规范管理

规范清运车辆管理，优化清运车辆调度方案，解决清运过程中存在的效率低、资源浪费等问题，提高环卫单位的作业效率，进一步提高垃圾清运效率、降低垃圾处理成本并提高收益。

有害垃圾收运处置单位要配备有害垃圾专用运输车辆，车辆厢体密闭，安装车载定位系统，车身喷涂“有害垃圾专用运输车”字样及有害垃圾标识。车辆应密闭运输，运输途中做到防渗漏、防破损，不得沿途丢弃、遗撒有害垃圾。

建筑垃圾应采取密闭运输，运输车辆不得超载，不得在运输途中遗撒。建筑垃圾的运输应按照管理部门指定的路线和时间进行。建筑装修装潢垃圾应单独收集运输，不得混入工程渣土和建（构）筑物拆除垃圾中。

UP3-5-3

塑料废物规范回收

结合生活垃圾分类，推进城市再生资源回收网点与生活垃圾分类网点融合。在大型社区、写字楼、商场、医院、学校、场馆等地合理布局生活垃圾分类收集设施、设备，提高塑料废弃物收集转运效率，提升塑料废弃物回收规范化水平。进一步加强公路、铁路、水运、民航等旅客运输领域塑料废弃物规范收集，推动交通运输工具收集、场站接收与城市公共转运处置体系的有效衔接。鼓励电子商务平台（含外卖平台）、快递企业与环卫单位、回收企业等开展多方合作，加大快递包装、外卖餐盒等塑料废弃物规范回收力度。支持供销合作社大力开展塑料废弃物规范回收。

UP3-5-4

餐厨垃圾收集运输

餐饮垃圾的产生者应对产生的餐饮垃圾进行单独存放和收集，餐饮垃圾的收运者应对餐饮垃圾实施单独收运，收运中不得混入有害垃圾和其他垃圾。餐饮垃圾不得随意倾倒、堆放，不得排入雨水管道、污水排水管道、河道、公共厕所和生活垃圾收集设施中。餐厨垃圾收集处理应参照《餐厨垃圾处理技术规范》（CJJ 184—2012）。

UP3-6 ※

智能调度智慧监管

不透明、效率低、难调度是固废收集转运系统的痛点。城市固废管理辖区范围大、任务重，对辖区固废管理监控的不全面直接影响了固废管理系统；高效的收集转运是城市发展的基础工作，更是实实在在的民生工作。智慧环卫包括环卫作业、管理、监督、评价等各环节。

UP3-6-1

发展智慧环卫市场

积极发展人工智能是各行业的大势所趋，依靠信息、数据和互联网技术推进固废行业智能化发展。启迪、格林美、东江环保等固废龙头企业均已有信息化建设的前瞻性布局。鉴于我国幅员辽阔，不同区域发展水平差异较大，短期内我国尚难以建立起完善的垃圾分类转运体系，但智慧环卫已有一定的市场基础并已在东部发达地区初步实现。固废管理和企业经营将因智能化发展而有更科学的发展依据。

UP3-6-2

大力发展智慧环卫

依托物联网技术与移动互联网技术，对环卫管理所涉及的人、车、物、事进行全过程实时管理，合理规划设计环卫管理模式，提升环卫作业质量，降低环卫运营成本，用数字评估和推动垃圾分类管理实效。智慧环卫所有服务部署在智慧城市管理云端，对接智慧城市网络，以云服务方式随时为管理者及作业人员提供所需的服务。

智慧环卫管理系统包括车辆机械管理系统、环卫人员管理系统、基础设施管理系统、垃圾场站运行管理系统、环卫督查考核系统、环卫支撑决策系统、移动终端应用系统。

借鉴案例：重庆市广阳岛市政专项——环卫系统

智慧环卫所有服务部署在智慧城市管理云端，对接智慧城市网络，以云服务方式随时为管理者及作业人员提供所需的服务。合理设计规划环卫管理模式，提升环卫作业质量，降低环卫运营成本。用数字评估和推动垃圾分类管理实效，实现垃圾回收的资源化、无害化、减量化（图UP3-6）。

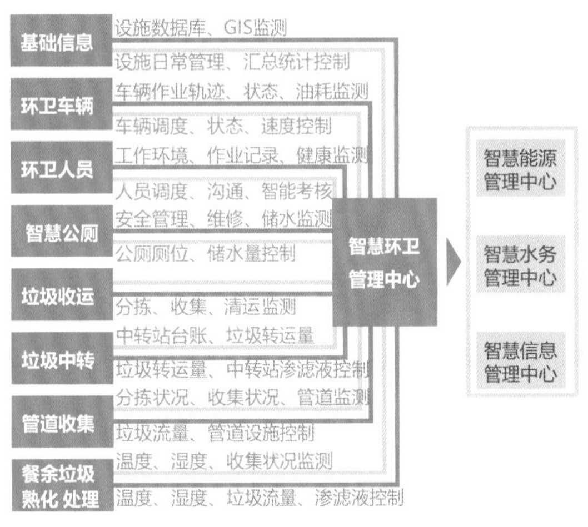

图UP3-6 广阳岛智慧环卫管理体系框图

借鉴案例：光山垃圾分类智慧监管平台

光山垃圾分类智慧监管平台借助“互联网+”的解决方案思路，有效解决垃圾分类实施过程中的各类难题。

全面切入垃圾分类各环节流程与管理，垃圾分类智慧监管平台基于IOT物联平台，以“互联网+物联网”技术手段实现了从硬件到软件、从线下到线上的整体解决方案。

垃圾分类一张网：展示整体区域垃圾分类的资源概况、当日分类情况、垃圾分类走势及小区排行榜等数据。

信息建档溯源：梳理区域内住户信息并进行建档，分发贴有二维码的分类垃圾袋，实现垃圾的溯源管理。

积分商城：在垃圾分类投放端，除有督导员协助和检查分类的情况外，还通过积分兑换礼品的方式鼓励市民正确投放。

UP4

综合管线

城市市政管线综合是为合理利用城市地下空间，便于智慧管理，统筹安排市政工程管线在城市的地上、地下空间位置，协调市政工程管线之间以及城市市政工程管线与其他各项工程之间的关系，将电力、通信、供热、燃气、给水、再生水、雨水、污水等管线进行管线综合设计，为市政工程管线规划、设计、建设和管理提供依据而进行的综合统筹工作。综合管廊是管线综合的集约体现形式，是绿色智慧市政的重要载体。城市地下综合管廊承担着提升城市基础设施的建设水平、促进地下空间的开发利用、提高综合承载能力、拉动社会资本进入、打造经济发展新动力的重托与厚望，是城市建设现代化、集约化、科技化的标志之一（图UP4-1）。

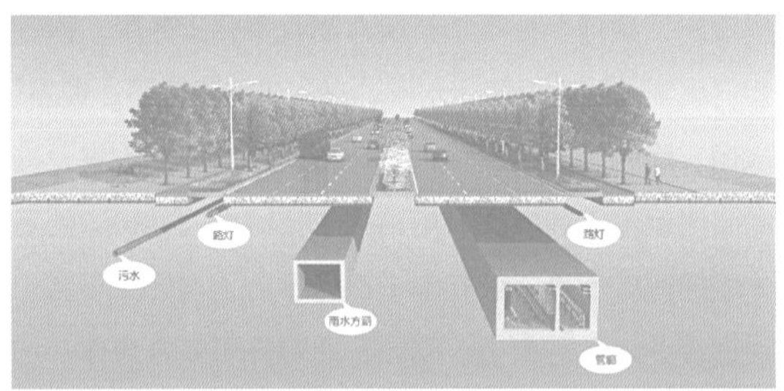

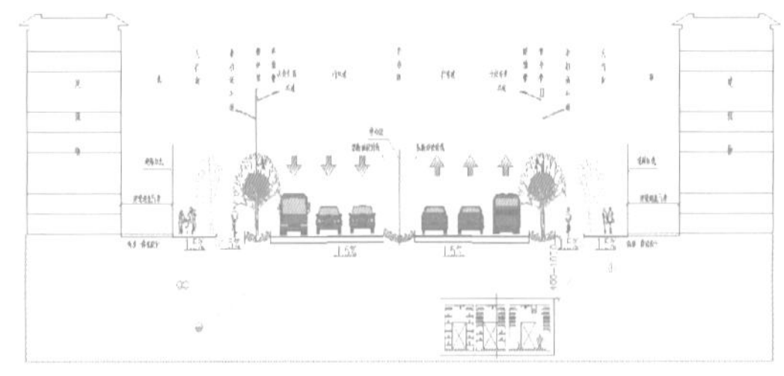

图UP4-1 城市市政管线综合（含综合管廊）示意图

UP4-1

管线空间有序利用

基于绿色市政规划的城市管线综合规划，热点主要集中在“城市地下管线的信息管理”和“城市地下综合管廊”这两个领域，而综合管线空间的有序利用是其前提。

UP4-1-1

构建市政综合管线系统框架

城市市政综合管线系统工作分为“规划层级”和“设计层级”两个层级，综合管廊与管线综合互为因果，综合管廊因其集约、可装配也是绿色空间的体现。规划层级应遵循国土空间规划以及控制性详细规划，依据专项规划，制定综合管线专项规划；设计层级统筹各专业设计，在平面、竖向、建设时序上构建市政管线综合系统，采用BIM设计，为建立智慧城市CIM平台打基础，实现绿色智慧市政管理（图UP4-2、图UP4-3）。

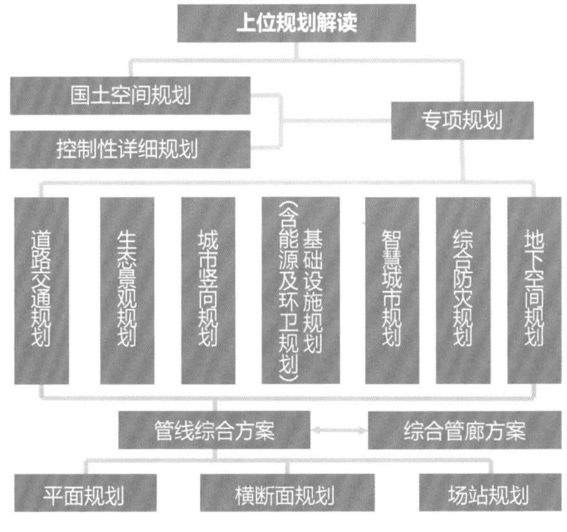

图UP4-2 规划层级管线综合系统框架

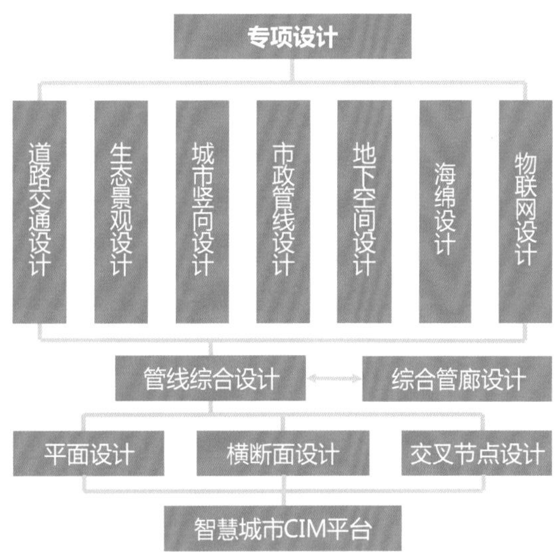

图UP4-3 设计层级管线综合系统框架

UP4-1-2

加强管线平面竖向统筹

管线综合应结合其载体城市道路、周围的环境条件、各专业管线专项规划，对不同种类的城市地下管线作出全面的综合布局和整体统筹，避免不同种类的地下管线在城市地下空间出现冲突和矛盾（图UP4-4）。

同时，对专业管线布局通过统筹后的优化提出合理化建议，避免冲突或重复建设而导致资源浪费，以便实施和管理。

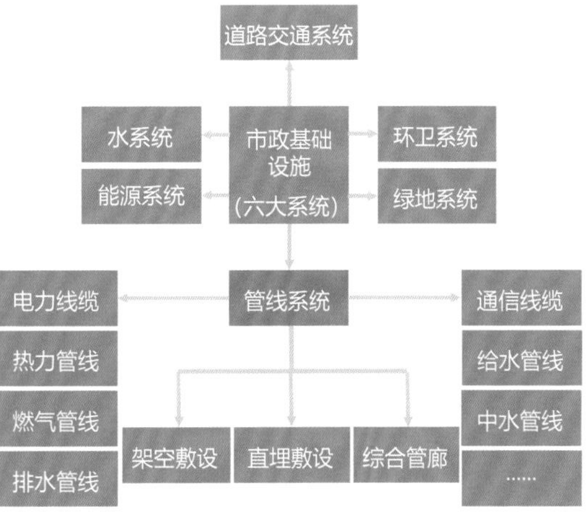

图UP4-4 市政基础设施关系图

UP4-1-3
场站设施地下化

地上生态城、地下现代科技城是绿色城市空间建设的目标。应集约建设地下市政设施，如地下变电站、地下水厂、地下垃圾处理场等，提供适宜、节约的地下设施工作环境，并同步考虑与场站配套的管线地下化规划建设，建立信息化管理平台（图UP4-5）。

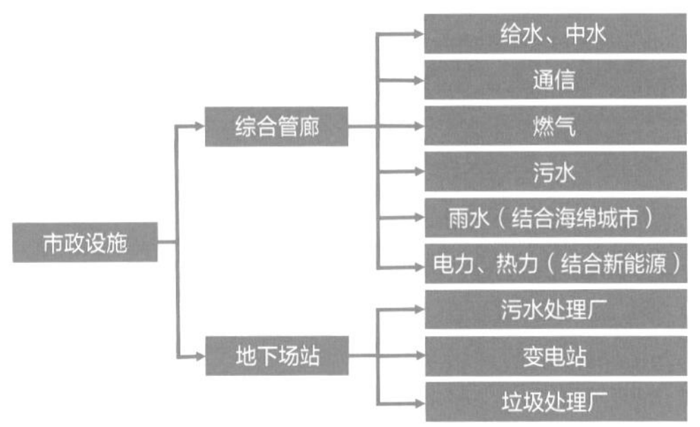

图UP4-5　地下市政设施分类图

UP4-1-4
地上、地下空间和谐统一

竖向空间综合考虑不同专业管线在高程上的有效衔接，充分发挥土地利用效能，降低工程建设成本。市政基础设施共享、共用，以发挥设施最大使用效益，缓解土地资源供需矛盾是管线综合规划的前置条件。管线综合规划应融入环境保护理念，寻求城市的可持续发展，构建和谐环境。并结合群落生态系统、场地设计、景观呈现，借由自然和谐型管线综合规划及绿色市政基础设施，营造适于生物群落生存和演替的生境条件，提高场地的生物多样性和稳定性，实现地上、地下空间和谐统一。

UP4-2
合理布局远近结合

市政基础设施建设协同布局，实现城市水、电、气、热均衡供应，污水、雨水有序收集、输送、处理、利用。同时考虑远期发展，充分利用空间、完善建设时序，远近结合、协调布局。

从控制性详细规划、市政工程专项规划、可行性研究报告、试点申报、初步设计和施工图设计到智能交通全专业、全过程参与，市政基础设施涉及的专业有城市竖向、道路、交通、桥梁、给水、雨水、污水、供热、天然气、电力、通信、管线综合、综合管廊、智能交通等十多个，应全过程、全专业地统筹规划、统筹设计，减少外部接口以及衔接环节。

UP4-2-1
百年市政远近结合

市政管线埋设于地下并且成系统，不同于地上建（构）筑物的建设，其牵一发而动全身，更需要有前瞻性和发展的眼光，需要科学规划、适度超前，统筹兼顾、立体开发，集约空间、因地制宜，分期实施、远近结合，引领示范、高效协同，达到安全运行、智慧管理的目的（图UP4-6）。

图UP4-6　智慧百年市政要求示意图

UP4-2-2

综合统筹预留发展空间

引入弹性概念，构建顺畅集约、有规律的综合管线空间布局；确定综合管廊建设率；通过集约管线减少道路下空间占比；与海绵设施、景观绿化相结合；合理预测，为城市发展留有动态更新空间；在更新过程中尽可能对城市正常运行产生最小影响，如管线更新尽可能采用非开挖形式；为市政管网信息化采集作准备。

UP4-2-3

提高过路通道冗余能力

为减少城市道路的“马路拉链”现象，在规划设计时应充分考虑不可预见的管线通过道路。在交叉口附近及适当的位置留有过路通道，便于不可预见的管线穿越道路不破路，减少施工难度。预留过路通道可以采用箱涵、套管、支管廊等形式，便于后续管线过路敷设。

UP4-3

竖向协调综合部署

UP4-3-1

管线综合竖向控制要点

根据城市地下管线在城市地下空间的排布情况、各地下管线之间的净距，以及抵御自然灾害的能力（海绵城市、洪涝灾害预防、不良地质的避免和改造），确定城市地下管线工程在修建时的覆土深度及各专业管线的交叉避让原则（图UP4-7）。

在开挖铺设地下管线之前，仔细确定施工是否会影响到周围的环境，如绿化和人行道以及周边的建筑物和设施等，以及是否适合开挖，或采用盾构或者拉管形式（图UP4-8）。

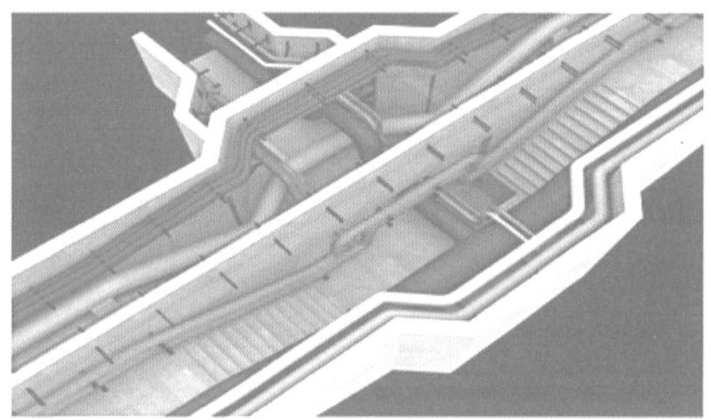

图UP4-7　综合管廊节点示意图

图UP4-8　综合管线竖向节点示意图

UP4-3-2

综合管廊竖向控制要点

综合管廊竖向控制应统筹考虑管廊与地下管线交叉避让、管廊与地下交通设施及地下空间等衔接与避让，确定管廊穿越河道水系安全运行要求、综合管廊纵坡控制原则、地下水位情况及地质勘察情况等（图UP4-9～图UP4-11）。

图UP4-9　管廊穿越水系示意图

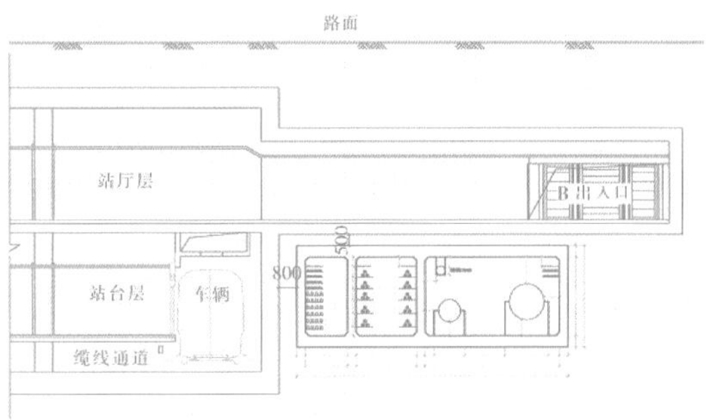

图UP4-10　管廊与地下空间衔接示意图

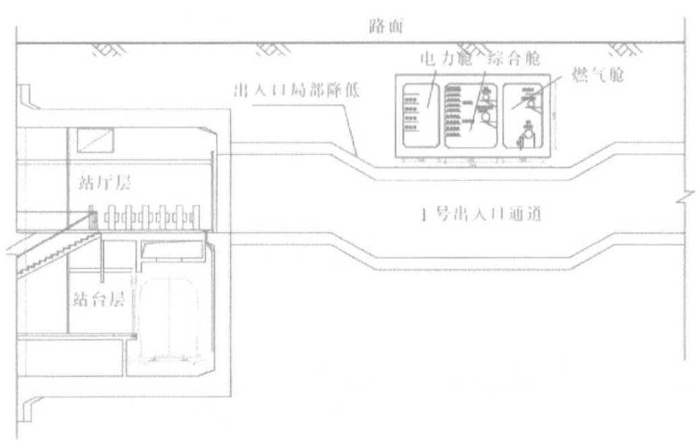

图UP4-11　管廊与地下通道衔接示意图

UP4-3-3
盾构廊道一井多隧

多条盾构综合管廊相交于一处竖井，应分层设置逃生、投料、管线分支、通风、排水等必备功能。基于设计、施工、运营等多个环节的综合考虑，应与地下空间相结合，科学统一、合理布局，提高经济效益（图UP4-12）。

UP4-3-4
垃圾回收转运入廊

管廊中植入垃圾回收及转运管道。地表建筑设置多个垃圾投放口用于分类转运可回收垃圾和不可回收垃圾。投放口设置可互动的显示屏和称重设施，指导用户完成分类投放，并通过垂直及水平管道收集到垃圾箱，就地利用、处理。垃圾最大限度地被资源化利用、减量，大大减少垃圾多次转运、填埋与焚烧，对于人口密集，并且讲求卫生、生态、环保的现代城市来说，是最明智的选择。

垃圾经过分类称重以后在密封管道中被运送离开，促进绿色集约、都市固体废物收费计划等绿色举措的实施。

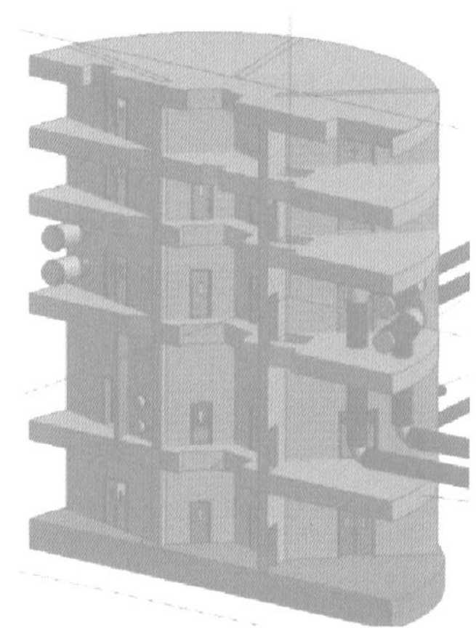

图UP4-12　一井多隧节点剖面图

借鉴案例：香港东九龙南丰商业综合体——垃圾智能分类气动管道收集资源利用系统

垃圾收集管道贯通整座南丰商业大楼。每层楼都设置有2个投放口，一个投放口专门收运不可回收垃圾，另一个投放口智能分类收集3类可回收垃圾。不可回收垃圾或可回收垃圾被用户投入以后就会进行称重，数据即时反馈在可视化屏幕上。之后垃圾进入气动式垃圾管道收集系统。

气动式垃圾管道收集系统是利用相对负压技术，在密闭的传输管道中，完成商业综合体内整个垃圾分类收集及传输。使用者只需将垃圾袋投入各楼层的垃圾投放口，然后按下垃圾种类按钮，被投放的垃圾将自动沿着管道输送至中央垃圾处理集装箱内。气动式垃圾管道收集系统包括：垃圾管槽，每个楼层的智能垃圾投放口，储存节、排放阀、进气阀，水平的管网、转向阀，中央收集与处理站。垃圾传输到中央收集与处理站后，可回收利用的垃圾被压缩打包送至废品回收公司，不具备回收价值的可用普慧真空热解器转变成生物柴油、燃料碳等物质，"集废变宝"。

UP4-3-5
多种管道集约管理

鉴于目前各专业管线的管理权限、运行维护

实施均由各专业相关部门、公司分别开展，分散性管理不利于提高管廊和多种管线运行维护的效率，建议后期逐步转为由管廊管理机构集中管理，集并管理权限，提高运行效率，减少维护频率，打破不同专业部门、公司执行管理的局限性（图UP4-13）。

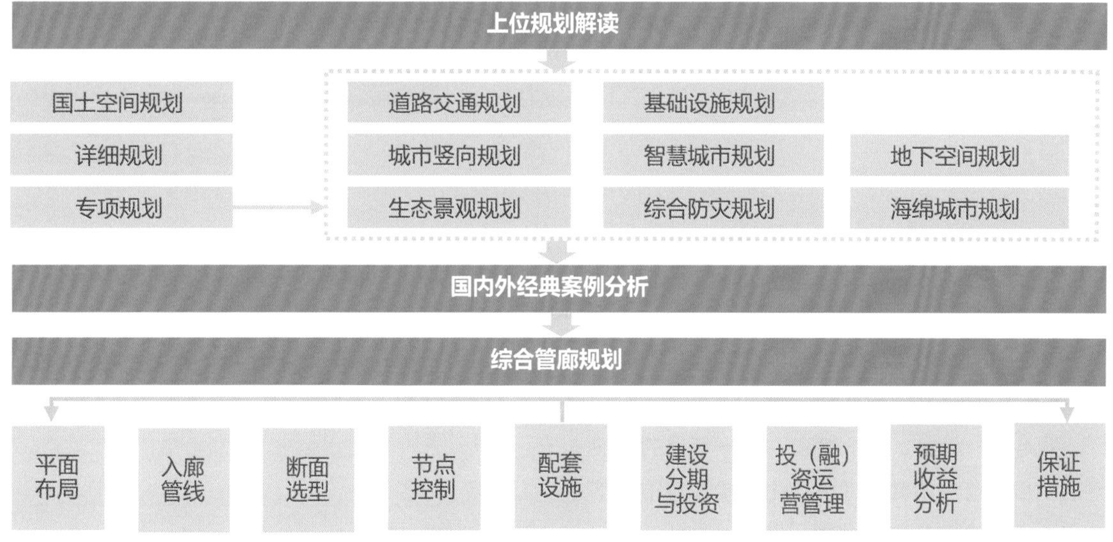

图UP4-13　综合管廊系统框图

UP4-4 ※

城市干线廊道集并

UP4-4-1

综合管廊规划要点

在城市空间受限、景观与运维要求较高的情况下，可规划设计综合管廊，以集并相关市政管线。即在城市地下建造一个隧道空间，将电力、通信，燃气、供热、给水排水等各种工程管线集于一体，设有专门的检修口、吊装口和监测系统，实施统一规划、统一设计、统一建设和管理，构筑保障城市运行的重要基础设施和“生命线”[12]（图UP4-14）。

评估燃气管线入廊的安全性，在确保安全的情况下，采取分舱或不分舱的设置方式，并采取相应的安全保障技术；评估排水管线入廊的技术可行性和经济合理性，有必要的情况下可入廊。

基于绿色融合理念，采取管线综合、综合管廊设计与布局技术，合理布设综合管廊，采取费用效益最优的规划方案，保障城市市政管线的健康运行。

借鉴案例：江苏省苏州市城北路综合管廊——标段工程

该项目是在苏州市成功申请国家综合管廊试点城市后投入设计的第一批综合管廊，具有入廊管线种类多、建设体量大、现场建设条件特别复杂的特点。综合管廊采用5舱室现浇混凝土结构，并配置了消防、通风、监控报警等完善的附属设施。城北路综合管廊入廊管线种类多，包括220kV、110kV高压电缆及10kV电力电缆、通信电缆、给水管线、燃气管线、蒸汽管线并预留中水管线。在此基础上，示范段收纳一根DN500污水加压管道，入廊管线种类达到7种。

该项目具有如下特点：①进沟管线齐全，管廊断面复杂；②管廊穿越节点多；③管廊用地紧张，限制条件较多；④管廊避让特殊节点；⑤配空站设计，发挥集约优势；⑥功能性设置统筹兼顾；⑦智能控制系统融入创新；⑧全生命周期安全理念。在城市用地空间有限的条件下，使综合管廊的工程建设方案更加具备集约性、经济性、智慧性。

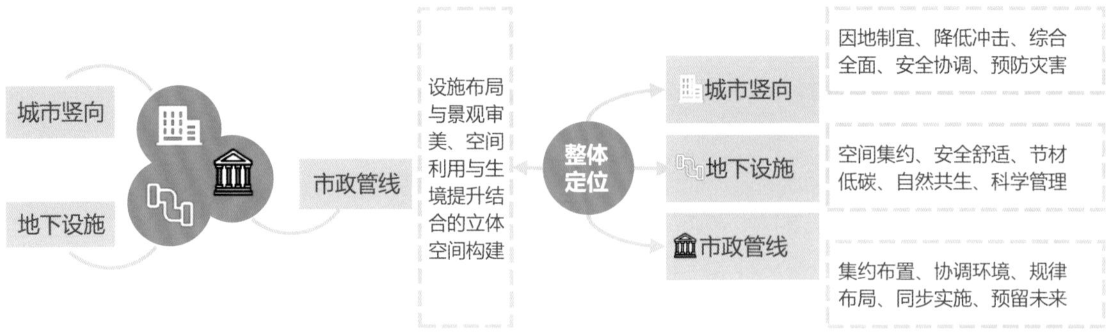

图UP4-14 市政管线空间与地下空间一体化建设框图

UP4-4-2
市政管线与地下空间一体化建设

市政基础设施及配套管线与地下空间协同建设，有利于保障城市安全、完善城市功能。

采用统一规划、统一建设、统一管理的建设方法，做到管线集并空间集约化，实现城市地下空间综合利用以及资源共享，增强城市地下空间利用效率，提高城市综合承载能力和城镇化发展质量。

根据各工程建设标准，坚持因地制宜、远近兼顾、科学布局的原则，同步实施和分期实施相结合，竖向分层立体设计，综合协调地上、地下关系，使综合管廊与城市地下空间建设符合国家标准，适应地方的经济技术发展水平。

综合管廊建设是城市地下空间开发的重要组成部分，政府在组织编制地下空间规划时，应根据城市发展的需要同步编制综合管廊规划，并从开发层次、深度、规模与布局等方面阐述两者关系。

采用准确、可靠的城市勘察、策略、水文、地质等数据资料[13]。

UP4-4-3
“综合管廊+”

以综合管廊作为城市综合管线的载体，在一定条件下可拓展其功能，如“综合管廊+物联网”“综合管廊+海绵城市”等（图UP4-15）。

结合不同城市水文地质特征以及经济发展情况，合理制定综合管廊及“综合管廊+”规划方案。

实施精细化、多维度市政管线综合及“综合管廊+”模式，并参照《城市综合管廊工程技术规范》（GB 50838—2015）制定规范化、廊道化的城市公共管线铺设与运维管理要求。

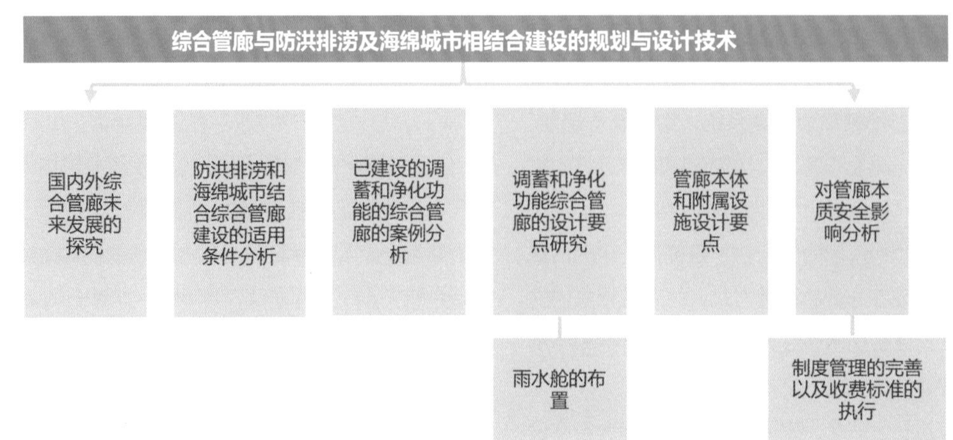

图UP4-15 综合管廊+海绵城市模式图

UP4-5 ※

智能感知安全防范

大部分市政管线深埋地下，其风险具有隐蔽性。因此，市政管线智慧化管控是保障市政基础设施健康运行的重要基础，需要在规划阶段合理布设智能感知系统。燃气、热力、电力、通信、给水等管线的破损、泄漏等风险均需借助压力、信号、图像等在线监控设备进行感知，并建立相应的数据传输采集、展示及决策支持系统，综合防范并化解安全隐患，保证市政基础设施稳定运行。

UP4-5-1

智慧管线综合及综合管廊

进行管线综合布置规划可借助计算机三维辅助制图手段（如BIM），将道路、给水排水、电力、通信、燃气、热力等专业管线及综合管廊整合，提高设计效率（图UP4-16）。

通过BIM技术的可视化、参数化、智能化特性，进行多专业碰撞检查、净高控制检查和精确预留预埋，或者利用基于BIM技术的4D施工管理，对施工工序过程进行模拟，可降低技术错误发生概率，降低成本。

图UP4-16　综合管廊BIM设计示意图

UP4-5-2

构建市政管线系统管理CIM平台

市政管线普查、规划、设计、施工、管理可建立一条龙的智慧化管控模式，实施信息共享，资源有偿使用，做到信息管理科学化、法治化，使地下空间有序良性发展。

建立市政管线系统管理CIM平台，既可储存城市规划的相关信息，又可作为云平台提供协同工作与数据调阅功能。同时与物联网、大数据挖掘、云计算等技术结合，既满足城市发展建设和规划管控需求，又具备集成性，支撑协同工作。

应使市政管线系统管理CIM平台成为“智慧城市”的组成部分，并应具备动态更新管理能力。

UP4-5-3

构建智能安全型“综合管廊+物联网”系统

基于智能安全保障，构建“综合管廊+物联网”运输和供应系统，确保高效、智能、无中断物流运输。结合综合管廊和地下空间，降低企业物流成本，缓解交通压力，保障运输安全畅通。

UP4-5-4

NB-IoT实现完整高效管廊监测

利用NB-IoT等先进的数字信号传输手段，建立起一套高效完整的管廊内市政管网监测及控制系统。将信息网络聚合成一个大型的、由中央计算机统一控制的整体信息交换网并整合至管廊管理中心，对网内所有数据进行集中控制与调整，将系统内的各项运行参数信息与数据集中进行综合运算。根据各专业管线对数据的需求对全管廊系统进行统一指挥、统一调度。

注　释

❶《市政基础设施专业规划负荷计算标准》（DB11/T 1440—2017）.

❷ 周申蓓，刘亚灵，郑士鹏，等. 工业用水量测算方法及应用［J］. 水利经济，2017，35（1）：40-47.

❸《城镇污水再生利用工程设计规范》（GB 50335—2016）.

❹ 张翼强，熊祎玮，我国新型污水处理厂的绿色市政理念实践应用［J］. 智能环保，2019，19：129-130.

❺ 蔡秋婉. 污水厂剩余污泥资源化利用途径研究进展［J］. 广东化工，2016，11（43）：164-165.

❻ 舒印彪，张丽英，张运洲，等. 我国电力碳达峰、碳中和路径研究［J］. 中国工程科学，2021，23（6）：1-14.

❼《中华人民共和国固体废物污染环境防治法》（2020修订）

❽《中华人民共和国循环经济促进法》

❾《国务院办公厅关于印发“无废城市”建设试点工作方案的通知》（国办发〔2018〕128号）

❿《“十四五”塑料污染治理行动方案》

⓫《2020年中国生态环境统计年报》

⓬ 洪昌富. 城市地下综合管廊规划建设的顶层设计［J］. 中国建设信息化，2018（15）：71-73.

⓭ 郭翔，邓军. 综合管廊规划关键问题［M］. 深圳：海天出版社，2019.

500m

SC

SC1 -SC4

海绵城市规划技术指引

SPONGE CITY PLAN

SC

海绵城市规划

技术指引

SC1	**区域格局**	
SC1-1	分析区域生态格局	※
SC1-2	区域生态格局评价	※
SC1-3	构建生态安全格局	※
SC2	**城区格局**	
SC2-1	科学划定管控分区	
SC2-2	合理构建指标体系	
SC3	**片区方案**	
SC3-1	合理确定规划目标	
SC3-2	研究生态保护方案	※
SC3-3	优化环境提升方案	
SC3-4	构建安全保障体系	
SC3-5	利用非常规水资源	※
SC4	**规划衔接**	
SC4-1	充分衔接上位规划	
SC4-2	有效协调专项规划	

注：标注星号的为体现绿色理念的规划技术，不带星号的为传统规划技术。

理念及框架

目标任务

海绵城市规划是国土空间规划的重要组成部分，是从加强雨水径流管控的角度提出城市层面、落实生态文明建设、推进绿色发展的顶层设计，是以解决城市内涝、水体黑臭等问题为导向，以雨水综合管理为核心，绿色设施与灰色设施相结合，统筹源头、过程、末端的综合性、协调性规划。

海绵城市规划的主要任务是通过综合评价海绵城市建设条件，系统分析城市水问题，研究并提出需要保护的自然生态空间格局，明确雨水年径流总量控制率等目标并进行分解，制定绿灰结合的系统方案，确定海绵城市近期建设的重点。

具体建设目标是通过构建自然海绵与人工海绵的城市海绵系统，提升城市生态品质，增强城市风险抵抗能力，从而实现缓解城市内涝、改善城市水环境、提高雨水资源化水平、修复城市水生态等多重目标，构建起可持续、健康的水循环系统，有力促进绿色生态城市的建设，探索新型城镇化道路。

基本理念

海绵城市规划秉承绿色空间规划持续、平衡、繁荣、科学、协作等核心理念，充分体现了绿色发展、持续发展以及协作发展的理念。

1. 海绵城市是一种新的城市发展理念，是引领城市绿色发展的方式，是落实生态文明的重要举措。

2. 海绵城市强调可持续发展理念，统筹规划水资源、水安全、水生态、水环境及水文化等，在对场地原有自然环境低扰动的情况下，有效控制径流总量，削减洪峰，净化水质。

3. 海绵城市建设涉及多部门、多专业协作，在规划和建设过程中应当充分发挥各部门、各专业的作用和优势，推动海绵城市建设有序发展。

技术框架

重点围绕数据梳理与现场调研、问题识别、海绵城市系统规划体系、成果要求等工作流程开展规划编制工作，包括构建基础数据库、定量识别涉水现状问题及成因、确定目标及指标、划定海绵生态空间管控格局、制定灰绿结合的系统方案、近期建设规划及规划保障体系等（图SC）。具体工作内容为：

深入现场调研，摸清城市现状；

辨别主要问题，明确建设需求；

确定建设目标，分项指导实施；

生态敏感分析，蓝绿空间管控；

系统方案制定，模型科学评估；

近期重点片区，明确建设项目；

相关规划衔接，建立保障体系。

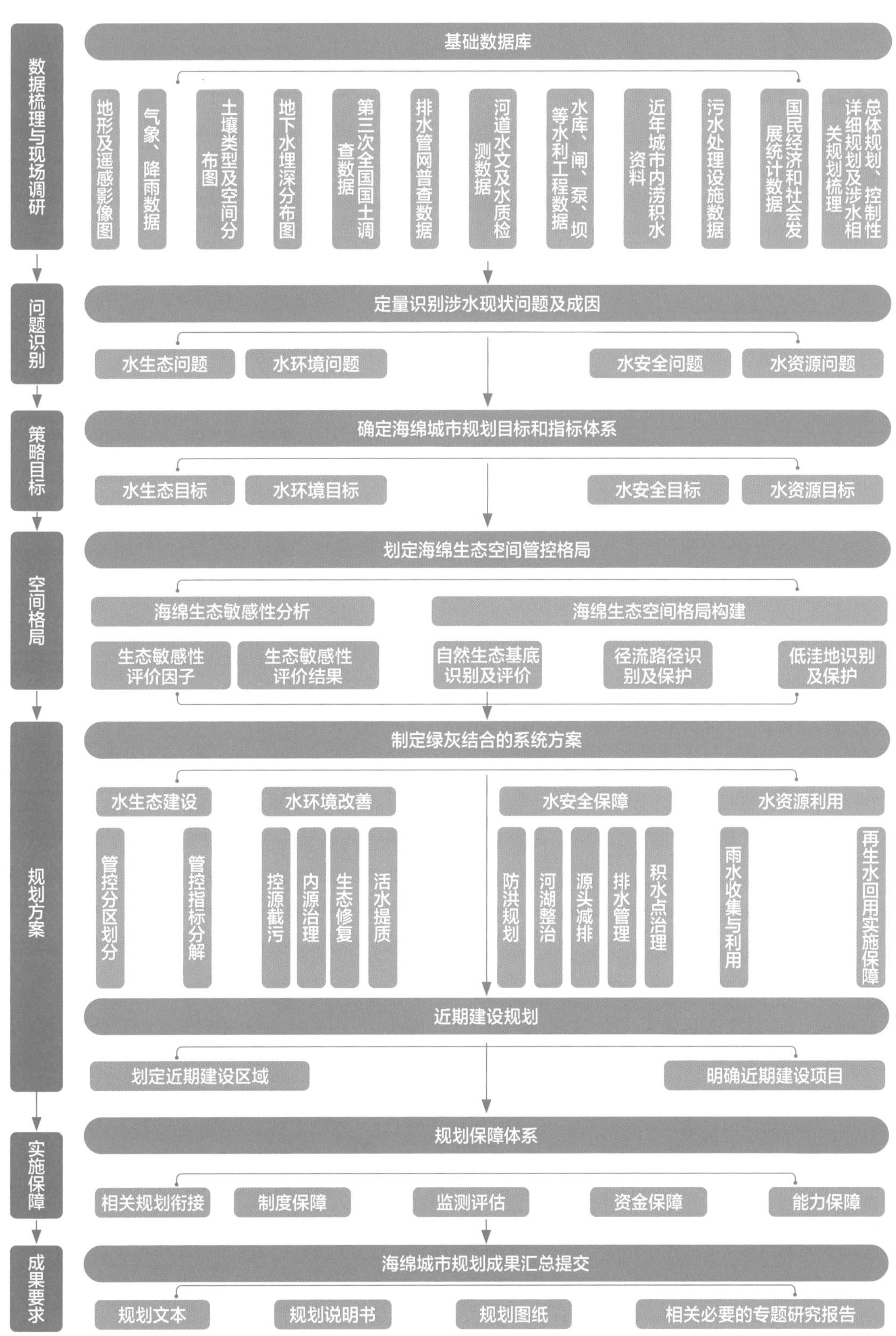

图SC　海绵城市规划技术框图

SC1

区域格局

SC1-1 ※

分析区域生态格局

基于区域生态格局特点和研究需要，确定分析研究范围，开展生态资源要素分析，获得自然要素空间分布格局，并开展低洼地和径流路径分析；为后续生态安全格局评价提供数据。

SC1-1-1

分析范围

生态空间格局分析包括山、水、林、田、湖、草、沙等自然要素的空间分布和低洼地、径流路径的分析。分析的主要范围原则上应与城市规划区一致，同时兼顾雨水汇水区和山、水、林、田、湖、草、沙等自然生态要素的完整性。在实际操作中，一般可考虑两个范围：一个是需要划定海绵管控分区的规划范围，该范围应以城市建设用地增长边界为核心，包括城市总体规划确定的规划城市建设用地范围、城市远景发展用地、进行降雨汇水计算和模拟必需的自然基底、必须进行综合管控的区域等；另一个是在此基础上适当外延放大的研究范围，可根据大区域的地形图进行流域分析，同时结合外围生态屏障来确定，研究范围的主要规划内容是确定自然生态格局。

SC1-1-2

生态资源要素分析

自然要素空间分布格局分析可直接利用城市下垫面资料（包括国土“三调”数据、最新现状用地数据、最新高分辨率卫星影像图），基于边界条件并兼顾山、水、林、田、湖、草、沙等自然生态要素的完整性，对城市下垫面资料进行裁剪，并制作各自然要素的空间分布格局专题图[1][2]（图SC1-1）。

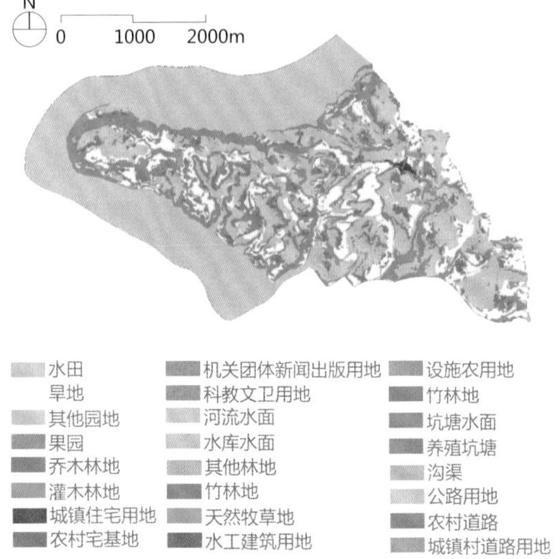

图SC1-1 自然要素空间分布图

SC1-1-3

雨水径流分析

低洼地分析

低洼地主要通过淹没区分析来获得城市低洼地带空间分布格局，利用水文数据获得5年、10年、20年、50年一遇甚至更高等级的水位值，在数字高程数据（DEM）的基础上进行无源淹没分析。剔除伪淹没区后，对不同等级区域进行区域划分，形成空间分布数据（图SC1-2）。

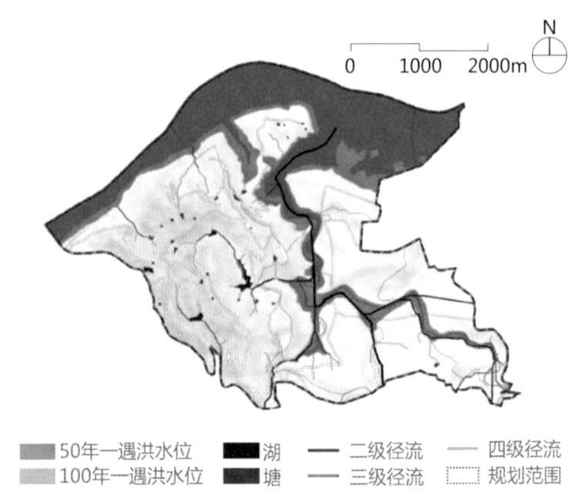

图SC1-2 无源淹没分析图

径流路径分析

径流路径基于数字高程模型，进行雨水流向分析、流向累计计算，并划分汇流区域和汇流面积，得到径流路径的雨水汇流区域、汇流面积、汇流量数据，并形成空间分布数据。

SC1-2 ※

区域生态格局评价

利用生态安全格局数据，构建生态安全格局评价指标体系，进行生态安全格局评价，为生态安全格局不同等级的划分提供数据支撑。

SC1-2-1

区域生态安全格局评价

影响区域生态安全格局的因子纷繁复杂，诸如人口、污染物、生物、气候等都能对区域的生态安全造成影响。根据生态安全分析的要求，秉承“可量化性、关联性、代表性”的三重筛选原则，提出水环境、地质、生态3种类型的敏感因子，构成海绵城市总体规划中的生态安全格局评价指标体系，如表SC1-1所示。实际应用中可根据研究区域的不同，因地制宜地增加或调整符合当地环境的评价因子。为了便于量化计算，利用专家打分法和层次分析法对水环境、地质、生态3种类型的敏感因子进行权重赋值。将描述性的等级信息转换成敏感性等级评价表，便于在GIS 中进行叠加分析。如果某一区域的敏感性指数等级较高，则代表该区域的生态系统易遭受人类活动的影响，在遇到干扰时，更容易发生生态安全问题。

生态安全格局评价指标体系推荐表　　表SC1-1

续表

类别	敏感因子	等级信息	权重
水环境（1/3）	水域（1/6）	水域50m缓冲区	7
		水域100m缓冲区	5
		水域200m缓冲区	3
	径流分析（1/6）	汇流面积（小）	3
		汇流面积（中）	5
		汇流面积（大）	7
	淹没分析（1/6）	5年一遇水位	7
		10年一遇水位	5
		20年一遇水位	3
	历史洪涝区（1/6）	20年一遇	7
		50年一遇	5
		100年一遇	3
	水质（1/6）	优于Ⅱ类	7
		Ⅲ、Ⅳ类	5
		劣于Ⅴ类	3
	综合径流系数（1/6）	>0.6	7
		0.3~0.6	5
		<0.3	3
地质（1/3）	地下水补给能力（1/3）	高	7
		中	5
		低	3
	土壤透水性（1/3）	黏质土	7
		壤土、砂壤土	5
		沙土、砾质土	3
	地质灾害等级（1/3）	低易发	3
		中等易发	5
		高易发	7
生态（1/3）	植被覆盖度（1/3）	>0.6	7
		0.3~0.6	5
		<0.3	3
	景观破碎度（1/3）	高破碎度	7
		中破碎度	5
		低破碎度	3
	坡度（1/3）	>25°	7
		15°~25°	5
		<15°	3

评价精度

省级（区域）层面评价建议以50m × 50m栅格为基本单元进行分项评价；市县及以下层面建议优先使用矢量数据进行分项评价，或以20m × 20m ~30m × 30m栅格为基本单元进行评价。地形条件复杂或幅员较小区域可适当提高评价精度。

计算方法

生态安全格局评价指标体系涵盖水环境、地质、生态3种类型的敏感因子，每个因子又细分为不同等级，以表示该因子不同情况下对水环境的影响程度。首先针对各敏感因子进行单因素敏感分析，而后基于等级划分进行加权平均获得3种类型敏感因子的分析结果，最后进行叠加分析或者研究区域的生态安全格局评价初步结果。分别就各种类型的敏感因子定量化计算进行介绍。

水环境包括水域、雨水径流、淹没区、历史洪涝区、水质、综合径流系数。

水域基于土地利用数据中各水域分布的矢量数据，进行缓冲区分析，形成50m、100m和200m不同的缓冲区，并分别赋予不同的权重。

雨水径流分析直接采用径流路径的分析结果，并根据实际情况确定集流阈值，作为雨水径流分析不同等级划分的参考标准。

淹没区分析直接采用生态空间格局分析获得的数据。

历史洪涝区主要基于水利部门提供的历史洪涝区域的范围数据，并进行矢量化和分级处理。

水质根据水文部门提供的研究区域各水域水质数据进行归纳分级，并在对应水域赋予相应的水质等级。

综合径流系数应按基本单元内各土地利用类型面积所占比例和对应径流系数加权平均计算。径流系数计算方式参考《室外排水设计标准》（GB 50014—2021）。

地质包括地下水补给能力、土壤透水性、地质灾害等级。

地下水补给能力基于地质勘探部门抽样测量的地下水平均埋深数据，通过空间插值，并结合地域特征进行补给能力分布范围的确定和等级划分。

土壤透水性通过土壤质地来表征土壤的通透性，数据来源可采用国家土壤普查调查结果或科研院所（如中国科学院资源环境数据云平台）发布的中国土壤质地空间分布数据，根据等级划分标准进行分类。

地质灾害等级的判定直接利用历史地质灾害发生点和隐患点数据，生成地质灾害易发区域分布图，并赋予相应等级。

生态包括植被覆盖度、景观破碎度、坡度。

植被覆盖度可直接采用已有的遥感监测成果，并根据等级分类标准进行重分类和赋值，获得植被覆盖度空间分布结果。

景观破碎度表征景观被分割的破碎程度，反映景观空间结构的复杂性，在一定程度上反映了人类对景观的干扰程度。它是由于自然或人为干扰所导致的景观由单一、均质和连续的整体趋向于复杂、异质和不连续的斑块镶嵌体的过程，景观破碎化是生物多样性丧失的重要原因之一。它与自然资源保护密切相关，是反映生态敏感性的重要因子，公式如下：

$$C_i = N_i / A_i$$

式中：C_i为景观i的破碎度；N_i为景观i的斑块数；A_i为景观i的总面积。

坡度计算根据数字高程数据，基于等级划分标准，进行坡度计算和分级。

SC1-2-2

地块生态安全格局评价

开展面向研究区的水生态差异化识别和可视化表达是进行水生态敏感性研究的核心内容。区域水生态敏感性分析主要包括研究区域评价体系的构建和分析。一般从雨洪侵蚀、水土保持、水环境、水源涵养4个方面展开，并进行数据处理和分析[34]（表SC1-2）。

生态安全格局评价指标体系推荐表　　表SC1-2

类别	敏感因子	等级信息	权重
雨洪侵蚀（1/4）	年均降雨量（1/2）	>2000	7
		800~1400	5
		<800	3
	归一化植被指数（1/2）	>0.6	7
		0.3~0.6	5
		<0.3	3
水土保持（1/4）	坡度（1/2）	>25°	7
		15° ~25°	5
		<15°	3
	地质灾害易发性（1/2）	低易发	3
		中等易发	5
		高易发	7
水环境（1/4）	距核心水体距离（1/2）	水域200m缓冲区	7
		水域300m缓冲区	5
		水域400m缓冲区	3
	距一般水体距离（1/2）	水域50m缓冲区	7
		水域100m缓冲区	5
		水域200m缓冲区	3
水源涵养（1/4）	土地利用（1/3）	林地、灌木地、草地	7
		耕地、园地	5
		其他	3
	水体大小（1/3）	大型水体	7
		中型水体	5
		小型水体	3
	自然保护区等级（1/3）	非自然保护区	3
		市县级	5
		省级、国家级	7

雨洪侵蚀

包括年均降雨量和归一化植被指数（NDVI）。其中，年均降雨量采用研究区域内和周边的气象站点年降雨监测数据，并进行空间插值，形成年均降雨量的空间分布结果；归一化植被指数可直接采用已有的遥感监测成果，并根据等级分类标准进行重分类和赋值，获得植被覆盖度空间分布结果。

水土保持

包括坡度和地质灾害等级。其中，坡度计算根据数字高程数据，基于等级划分标准，进行坡度计算和分级。地质灾害等级的判定直接利用历史地质灾害发生点和隐患点数据，生成地质灾害易发区域分布图，并赋予相应等级。

水环境提升

包括距核心水体距离和距一般水体距离。其中，距核心水体距离基于土地利用数据中各核心水域分布的矢量数据，进行缓冲区分析，形成200m、300m和400m不同的缓冲区，并分别赋予不同的权重；距一般水体距离基于土地利用数据中各核心水域分布的矢量数据，进行缓冲区分析，形成50m、100m和200m不同的缓冲区，并分别赋予不同的权重。

水源涵养

包括土地利用、水体面积、自然保护区等级。其中，土地利用基于土地利用数据中各地物类型的矢量数据，并重分类为林地、灌木地、草地，耕地、园地和其他，并赋予不同的计算权重。水体大小基于土地利用数据中各水域分布的矢量数据，面积划分的区间根据实际规划中区域情况进行界定，并分别赋予不同的权重。自然保护区等级直接利用自然保护区的空间分布数据。

借鉴案例：水生态敏感性分析案例

结合北方城市某区的实际情况，选取规划区自然地形、水文和土地植被3类对水生态影响大、具有典型代表意义的因素作为规划区内生态敏感性评价因子，并给予相应的权重，对规划区内生态敏感性进行了评价。其中，自然地形因素包含高程与坡度两个因子，水文因素包括河流水系与径流路径两个因子，土地植被因素包括植被覆盖率与土地利用类型两个因子（表SC1-3）。

生态敏感性指标评价体系推荐表　　表SC1-3

因素	因子	评价内容	权重
自然地形因素	高程	海拔高程变化程度	0.20
	坡度	地表单元陡缓的程度	0.20
水文因素	河流水系	与河流的距离	0.20
	径流路径	是否位于自然径流路径	0.10
土地植被因素	植被覆盖率	植被覆盖率高低	0.10
	土地利用类型	建设用地、林地、草地等	0.20

根据各单因子评价结果，按照加权综合叠加法，对规划区内生态敏感性评价形成最终分析结果。将研究区域敏感性分为4类，分别为低敏感区、中敏感区、高敏感区和极高敏感区（表SC1-4、图SC1-3）。

生态低敏感区：主要为东部和南部地区，占总用地面积的65%，区域地势平坦，生态承载力较高，适宜作为城市建设用地开发建设。

生态中敏感区：主要为山水自然资源的缓冲保护区，占总用地面积的20.1%，为中度敏感区和低度敏感区的过渡带，应适当控制开发建设。

生态高敏感区、生态极高敏感区：主要分布在山地及河湖水系与河流上游涵养区，分别占总用地面积的13.1%和1.9%，不适宜开发建设。

规划区生态敏感性分区面积统计表　　表SC1-4

敏感分区	低敏感区	中敏感区	高敏感区	极高敏感区
面积（km^2）	61.91	19.12	12.44	1.79
比例（%）	65.00	20.10	13.10	1.90

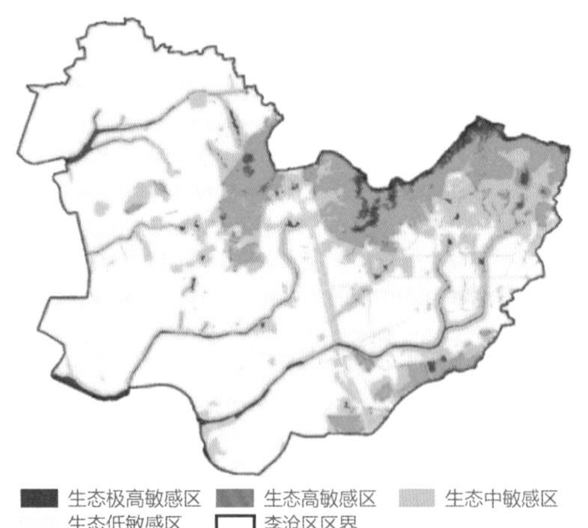

图SC1-3　规划区生态敏感性分析图

SC1-3 ※

构建生态安全格局

利用生态安全格局评价结果数据，结合地域特征，在不同尺度下选取生态安全格局不同层次划分的侧重点，进而通过层次区分和相应的管控要求来确保整体生态安全格局保持稳定和健康水平，平衡生态保护和开发建设之间的矛盾。

区域海绵城市生态安全构建。区域安全格局的划分主要基于研究区天然海绵体现状空间布局与特征，结合生态安全格局评价结果和山水林田湖草空间格局，从海绵生态基质—海绵生态廊道—海绵生态斑块3个层次展开。

海绵生态基质承担着重要的海绵生态和涵养功能，是保护和提高生物多样性的基地，是整个市域的海绵主体和生态底线，主要由面积集中、单一的大型自然要素组成。

海绵生态廊道主要由水系廊道和绿色生态廊道组成的“蓝绿交织”的大型通道，共同构成区域间连通的生态网络和生态屏障。水系廊道以大型水系或重要支流为主，构成区域间连通的生态网络。绿色生态廊道包括部分基本农田保护区和土壤侵蚀防护区、旅游度假区、重大基础设施隔离带、大规模的自然灾害防护绿地和公害防护绿地、自然灾害敏感区等。

海绵生态斑块呈点状分布，有机串联，由河道两侧的小湿地斑块和城市绿地组成，与大型生态基质有一定距离，呈“多点分布”结构。研究范围内的城市公园、森林公园、湿地公园、水库等是重要的生态斑块，提供物种生境、保持景观连续度的功能。

借鉴案例：生态安全划分案例

以山水林田湖草等自然生态要素形成的生态体系，是区域内调节和控制雨水径流的重要海绵体，其地理环境、地貌特征决定了城市区域海绵体构建的形式。通过对北方城市某区地貌以及地表形态的外部特征分析，以及对包含这些特征的成因和发展趋势判断，探索在城市区域海绵空间的实现方式。

海绵要素识别

以GIS 等系统为主要技术手段，以及影像和现场调研，对区域地貌要素进行分离，解析各要素在海绵城市建设过程中的相关和分离关系，以进一步分析降水径流分布格局的变化，并为海绵生态系统构建提供导引。

借鉴案例：山东省青岛市李沧区海绵城市详细规划——海绵要素识别

李沧区主要为丘陵地貌类型，东部低山丘陵，中部地势平坦，境内有卧狼齿山、老虎山、戴家山、烟墩山、楼山、双峰山、老鸦岭等山脉，山体总面积约15km^2，占区域总面积的15%。其中，卧狼齿山位于该地区东北部，高陡险峻，峰峦叠嶂，海拔逾400m，是全区制高点，如图SC1-4所示。

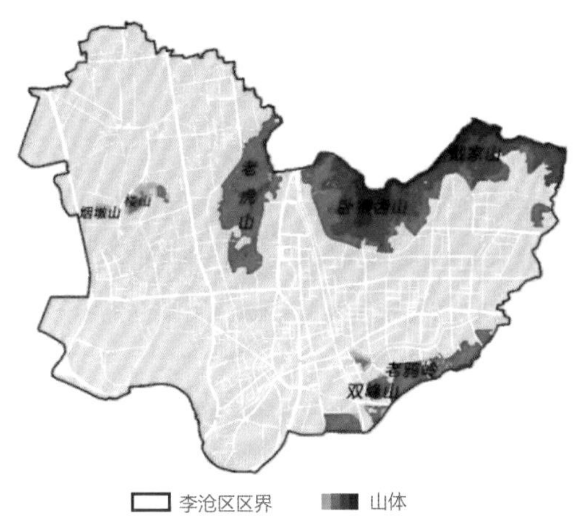

图SC1-4 规划区山体分布分析图

李沧区范围内河流均为季节雨源型山溪性河流，河流水系的发育和分布明显受地形地貌的控制，每逢暴风雨，洪水宣泄，西渐于海。规划区水系主要为李村河、大村河、楼山后河、楼山河、板桥坊河等，总长度约45.7km。其中，李村河流域是该城市市区最大的水系，也是北方城市某区行洪于海的主要河道，如图SC1-5所示。

图SC1-5 规划区水系分布分析图

李沧区隶属于泛北极植物区中国—日本森林植物亚区华北地区，人工组成森林植被建群种比较丰富；植物种类较多，常见的约有300余种，有毛白杨、榆、刺槐、旱柳、泡桐、黑松、朴树、国槐、臭椿、楸叶桐、枫杨等树种。

该区域主要为山体林地，约占区域总面积的12%，主要分布在东北部山区和南部等区域，如图SC1-6所示。

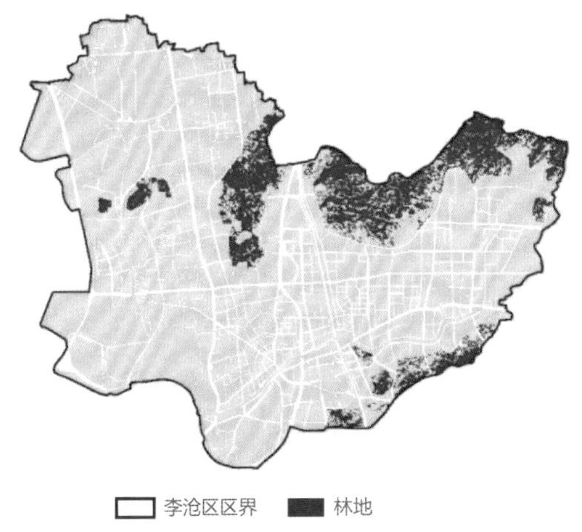

图SC1-6 规划区林地分布分析图

李沧区内无大型湖泊，水体主要以小型水库为主，北方城市某区水库主要有十梅庵四清水库、石沟水库、文昌阁水库、庄子水库、老鸦岭水库及其他水体，水面总面积约0.46km^2（图SC1-7）。

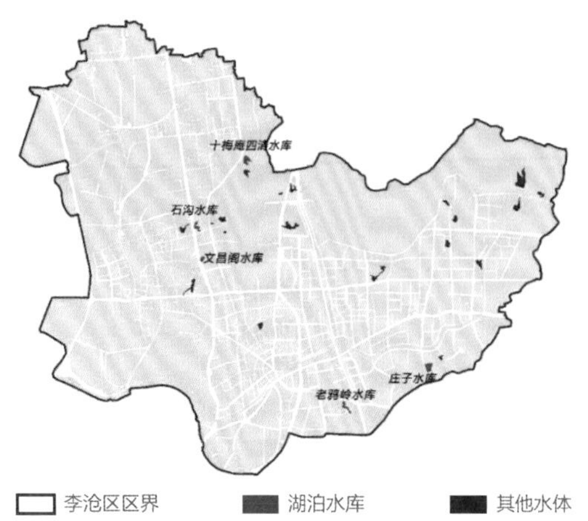

图SC1-7 规划区湖泊水库分布分析图

城市绿地具有改善市民的生活环境质量和促进城市生态环境良性循环的重要功能，主要包含城市道路、河道绿化及区域公共绿地等。北方城市某区现状城市绿地面积5.5km^2，占总面积的6%（图SC1-8）。

图SC1-8 规划区城市绿地分布分析图

生态本底条件评价

1. 森林覆盖率低，拓展空间有限

北方城市某区现状林地总量不足，拓展空间有限。北方城市某区位于青岛市近郊，为城乡接合部及城市世界园艺博览会举办的主场地，森林资源对北方城市某区乃至青岛市环境保护及旅游业的发展都有着特别重要的作用。全区森林覆盖率低且分布不均，全区未利用地主要分布在河流、滨海滩涂、沟谷、道路两侧集体所属用地，可用于发展林业的土地有限。

2. 水资源短缺，河道干枯现象明显

北方城市某区水资源年际分布极不均匀，淡水水资源贫乏，人均水资源占有量仅为全国平均水平的11%，地下水位不断下降，对外来水源依赖度较高。部分河道，如楼山河、板桥坊河等部分河段存在干枯断流情况，河流水系生态功能难以发挥。

3. 立足现状格局，加强水生态本底保护

北方城市某区具有得天独厚的地理条件，“山一海一河一城”的景观格局，为海绵城市建设提供了较好的地理条件，但城市地面大量硬化、不透水面积增加的趋势未减；城市蓝绿空间被侵占、功能退化等问题未能有效遏制。应不断加强水生态本底保护，减少城市开发对生态本底的破坏，尤其是加强区域内现有山水林田湖等重要生态敏感区的保护与协同建设，修复与保护城市良好的生态本底条件。

4. 径流路径格局及保护方式

自然径流路径作为自然降雨产流的潜在汇流通道，是水生态敏感性区域，保留自然地貌下的汇流路径，避免填充占用，对增强易涝地区的滞水、排水能力，维护城市水安全具有重要的影响。通过GIS空间分析，提取现状条件下的自然降雨汇流路径，根据Strahler流量分级，将汇流路径分为高、中与低级汇流路径。

规划区自然汇流路径与现状河道及道路走向整体较为一致，中、高级径流路径主要为河道，包含李村河、楼山河及板桥坊河等绝大部分河道及支流；中、低级河道整体走向与道路较相符，但仍存在径流路径贯穿地块现象（图SC1-9）。

图SC1-9 规划区自然径流路径分布分析图

借鉴案例：山东省青岛市李沧区海绵城市详细规划——径流路径贯穿地块分析

通过对比规划建设用地，李沧区径流路径主要流经地块共11个，地块类型主要为居住用地和公共管理与公共服务设施用地等，如表SC1-5、图SC1-10所示。

径流路径贯穿地块一览表　　表SC1-5

地块类型	地块个数（个）
居住用地	6
商业服务业设施用地	1
工业用地	1
绿地与广场用地	1
公共管理与公共服务设施用地	2

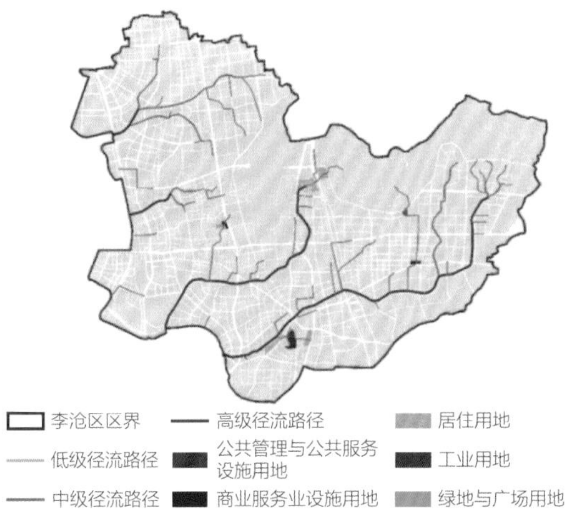

图SC1-10 径流路径贯穿地块分布分析图

根据汇流路径分级采用不同保护措施。

高级汇流路径：与现状河道基本重合，需要划定蓝线保护范围，并在规划建设用地上体现其水域用地范围。

中级汇流路径：与河道较为一致，对现状河道划定蓝线保护范围，确保径流路径不被建设用地侵占。对于不一致且用地性质无法调整的，在建设用地上加强绿地及道路行泄通道建设，避免径流路径被建筑侵占，保证排水通畅。

低级汇流路径：与道路走向大体一致，需要注重区域竖向及管网设计，尽量避免地块排水路径被建筑侵占，可结合道路纵断面、绿化带及排水管网等设计传输方式，保证汇流通畅。

部分地块位于径流路径较难避开，规划通过控制标高或保留内部排水通道等方式设计排水路径，保障排水通畅，并对相应地块提出规划建议（表SC1-6、图SC1-11）。

径流路径贯穿地块保护方式统计表　　表SC1-6

地块编号	地块面积（hm^2）	规划用地类型	备注
LC0404-52	1.7	商业服务业设施用地	保留内部地面排水通道
LC0404-53	3.4	居住用地	保留内部地面排水通道
LC0202-14	7.4	居住用地	保留内部地面排水通道
LC0202-20	11.0	公共管理与公共服务设施用地	规划地块东部标高不应低于16.5m
LC0503-13	8.8	居住用地	保留内部地面排水通道
LC0503-16	7.0	绿地与广场用地	保留内部地面排水通道
LC0601-03	9.0	居住用地	保留内部地面排水通道
LC0602-13	2.0	工业用地	保留内部地面排水通道
金水路南50	2.9	公共管理与公共服务设施用地	规划地块北部标高不应低于42.5m

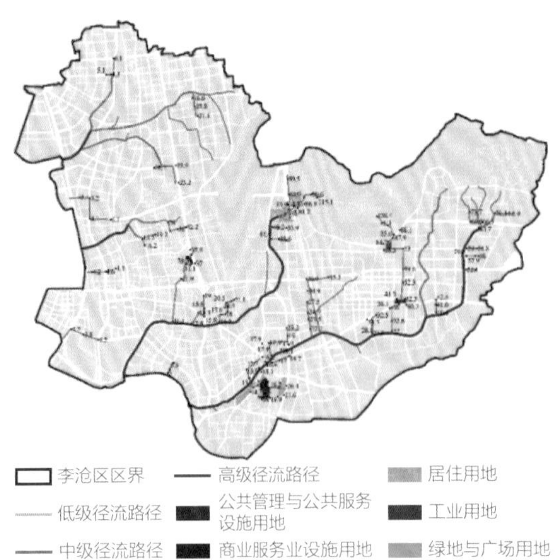

图SC1-11 径流路径贯穿地块高程分布分析图

图SC1-12 规划区域蓝线分布分析图

蓝线划定

统筹考虑城乡河湖地表水域的整体性、协调性、安全性和景观生态要求，并与其他城乡建设用地相协调，划定河流蓝线（图SC1-12）。

城市内河蓝线应根据《城市蓝线管理办法》有关规定，并充分结合已实施的工程实际情况等因素综合确定。

在保障城市供水、防洪防涝的前提下，应考虑与雨水的源头径流控制、雨水管渠系统及超标雨水径流排放系统相衔接。

已修建或已规划防洪堤的过境河流，蓝线划至防洪堤临城市一侧的边线，包括两岸堤防之间的水域、沙洲、滩地、行洪区、两岸堤防及护堤地。

湖泊蓝线按湖泊常水位线进行控制。河流廊道主要基于滨河廊道的污染去除与构建滨水生态系统，统筹考虑城乡河湖地表水域的整体性、协调性等要求划定。

低洼地及保护方式

低洼地是区域内部重要的雨洪调蓄空间，识别并保护现状低洼地是规划区通过内部自身滞蓄平衡实现对部分暴雨径流有效控制的重要方面。通过ArcGIS的水文分析模块中对规划区域数字高程模型洼地分析，确定现状自然汇流条件下洼地深度分布基本情况。

洼地较深区域主要位于高程变化较明显区域，建成区在自然汇流情况下存在部分低洼地，结合影像及地形图等，进一步排除湖泊水体、山包等非低洼地区域后，确认为低洼地的，应在城市建设中注重保障排水通畅（图SC1-13）。

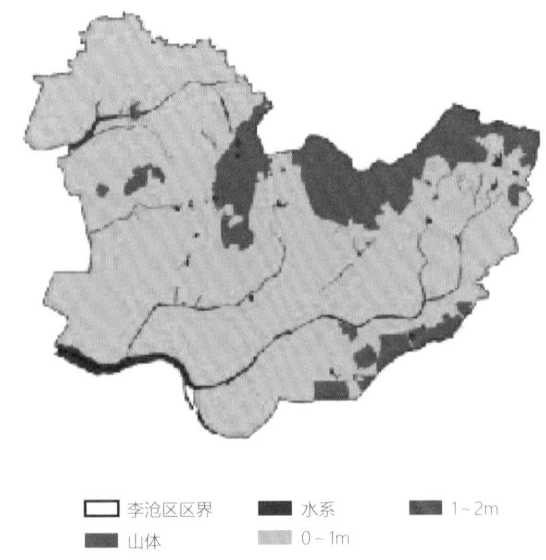

图SC1-13 现状自然汇流低洼地分布分析图

借鉴案例：山东省青岛市李沧区海绵城市详细规划——低洼地保护措施

根据低洼地所处地区建设情况及用地性质不同，其保护措施也应因地制宜。李沧区建成区用地难以调整的，考虑增设泵站、调蓄池等排水设施提高区域抗内涝风险能力；对于未建成区或邻近水系山体区域，可考虑作为公园绿地等，增加滞洪、调蓄的空间。

根据洼地分析结果并结合现状地形图及影像图筛选得出规划区低洼地区域，并提出相应的保护建议。低洼区域面积10.9hm^2，隶属楼山河南及楼山河北片区。楼山河南控制性详细规划已报批，用地性质调整空间较小（图SC1-14～图SC1-16）。

区域现状为工业及水系用地，规划为绿地、水系及公共管理与服务用地，区域包含河道，区域径流可排入河道，整体积水内涝风险较小。但遵义路西段下穿铁路桥为内涝积水点，应结合水安全工程，提高排涝能力。

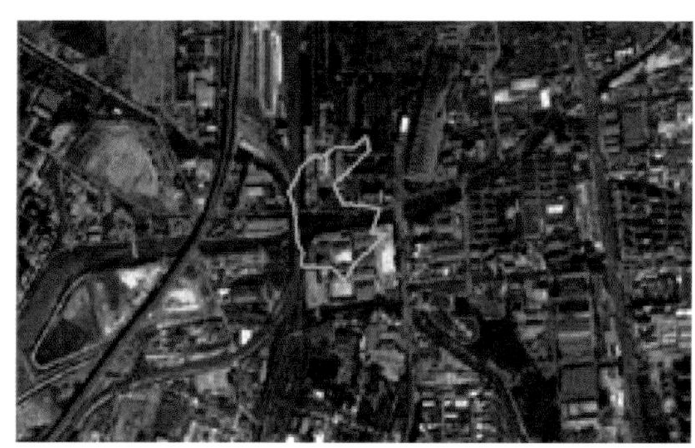

图SC1-14　区域影像图

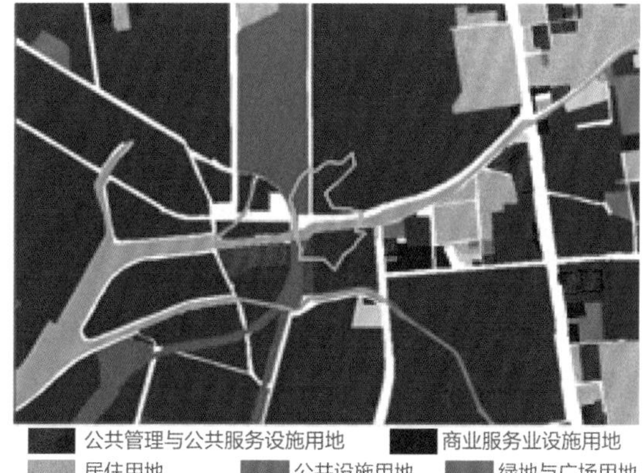

图SC1-15　现状用地图

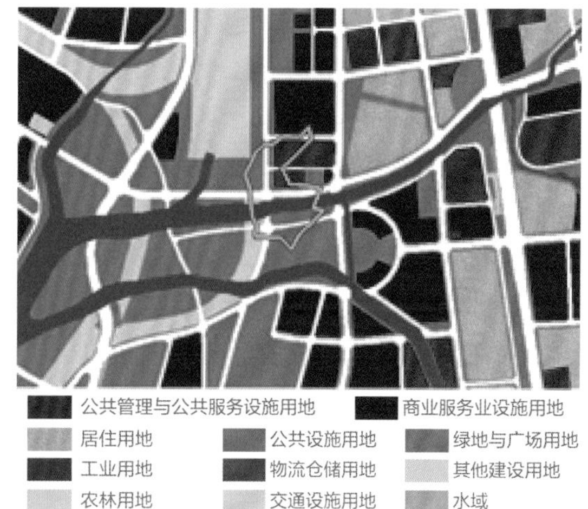

图SC1-16　规划用地图

生态保护策略

以北方城市某区现状生态敏感性分析和海绵要素为基础，结合城市规划确定的“山、水、环、廊”区域生态格局，确定都市区层面的生态空间保护对象。

划定山体保护线，避免城市开发建设过程中对山体的破坏，完善山体生态涵养功能，山体作为重要的城市生态屏障，同时也是重要的水源涵养地和森林分布区，应严格控制其开发建设方式，避免破坏其生态系统，结合风景名胜区的建设，打造城市景观的同时保护和修复山体。全面加强山区林草资源保护，恢复山区生态屏障功能，控制山区水土流失，完善城市的景观体系和生态体系。

划定滨水控制线，加大水环境治理力度，恢复水系生态廊道功能。保护都市区内的主要河流水系，结合水系治理与河道建设，划定河道蓝线保护范围。

规划区内的主要保护河道包括李村河、楼山河、板桥坊河、大村河等，河流之间错综分布，共同构建了天然的海绵城市蓝色脉络。结合城市景观和河流水生态建设，打造特色景观廊道。

加强径流路径保护，控制开发强度，避免建筑物侵占径流路径情况，提高区域排水防涝能力。

充分利用区域内部山林、公园绿地，并通过河流、公路廊道建设使各独立的自然斑块之间建立起有机的联系，结合城市生态系统布局，打造城市生态廊道。将李村河河道及其两岸绿地建设成为贯穿城区的水体生态廊道，将胶济铁路沿线绿化建成贯穿主城区西部的绿色廊道，将青银高速公路两侧的绿化建成贯穿主城区东部的绿色廊道，形成“两纵一横”贯穿城区的城市生态网。

保护都市区内主要的生态核心，包括水库、风景名胜区等，通过核心节点的辐射带动和源头引导作用，提升区域整体的资源、环境、景观、生态效益。

水库：包括十梅庵四清水库、石沟水库、文昌阁水库、庄子水库、老鸦岭水库等。

风景名胜区：包括十梅庵风景名胜区、百果山风景区等。这些资源既是北方城市某区城区的绿色屏障，同时又是丰富城市居民游憩、观光活动的必要空间。

生态要素汇总

通过识别水生态敏感区（河流、湖泊水库、坑塘等）重要的生态斑块与廊道，构建城市蓝绿空间体系，保护海绵城市自然生态要素，同时注重径流路径和低洼地的保护。

规划区主要生态保护要素为山体、河流、湖泊水库、林地与绿地等要素，保护各要素为海绵城市建设留足生态空间，创造山、水、林、湖、城有机融合的自然格局（图SC1-17）。

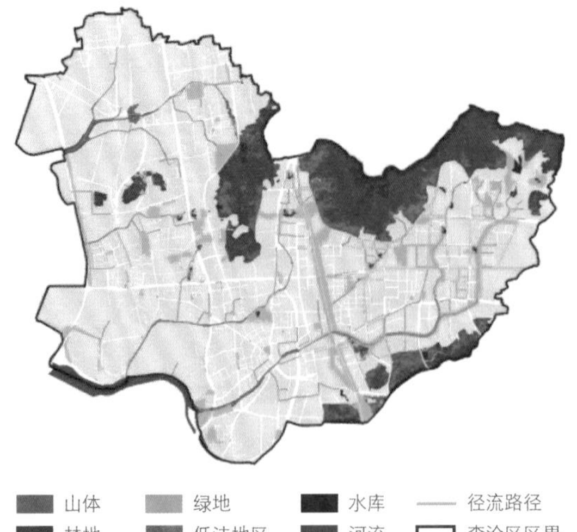

图SC1-17 规划区海绵要素分布图

SC2

城区格局

SC2-1

科学划定管控分区

城区排水分区划分主要分为两大基本步骤，首先划分流域分区，在流域分区划分的基础之上结合城市建设竖向、道路、管网及用地等情况划分排水分区[5]。城区管控分区划分应综合考虑城市排水分区和城市控制性详细规划的规划用地管理单元等要素划分，应以便于管理、便于考核、便于指导下位规划编制为划分原则。各管控分区的平均面积宜在2～3km^2，规划面积超过100km^{2}的城市可采取两个层次的管控单元划分方式（一级管控单元与总体规划对接、二级管控单元与分区规划或区域规划对接），以更好与现有规划体系对接。

SC2-1-1

流域分区划定方法

流域划分以自然地形为基础，通过数字高程模型（DEM）的流域水文分析功能，初步划定径流路径和流域边界，结合自然河道、雨洪径（汇）流路径，确定最终流域边界。流域又称集水区域，是由分水岭分割而成。它通过对水流方向数据的分析确定出所有相互连接并处于同一流域盆地的栅格，进而计算获取区域自然流域。

流域水文分析是DEM数据应用的一个重要方面。基于DEM的地表流域水文分析的主要内容是利用水文分析工具提取地表水流径流模型的水流方向、汇流累积量、水流长度、河流网络（包括河流网络的分级等）以及对研究区的流域进行分割等。通过对这些基本水文因子的提取和基本水文分析，可以在DEM表面之上再现水流的流动过程，最终完成水文分析过程，如下图所示。

基于自然流域计算结果，结合现状河道分布情况、现状雨水管网分布情况、道路及规划建设用地分布情况，并考虑建设地块的完整性，综合确定流域分区（图SC2-1）。

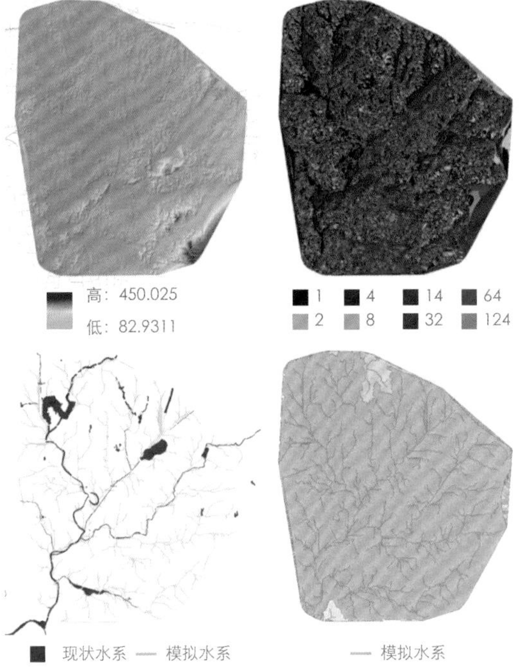

图SC2-1　水文分析示意图

SC2-1-2
排水分区划定方法

排水分区是在流域分区划分的基础上，按照河道干、支流汇流关系进一步将流域细分为若干子流域。对于河道较长的子流域，则根据河道上、中、下游关系进一步细分为若干子流域。对于流域面积较大的子流域，则根据左、右岸关系进一步细分为若干子流域。同时，结合现状竖向、雨水管网及道路等情况，并考虑建设地块的完整性，最终确定排水分区。

SC2-1-3
地块生态安全划分

蓝线划定

河道岸线和河岸生态保护蓝线的划定将加强河道空间的管控，对保障河道行洪安全、维护河流健康具有十分重要的意义。蓝线划定应兼顾生态环境和历史因素，将已有河道和河道中的河滩、砂卵石滩、深潭、湿地、河浦、汇流口（出海口）等特殊开阔地带尽量纳入管控。

低洼地保护

低洼地根据建设情况可以分为建设区域的低洼地和非建设区域的低洼地。针对建设区域的低洼地，以工程措施为主、生态措施为辅进行低洼地保护，确保低洼地的水安全，包括城区的部分易涝区域和桥洞、地下通道等。而非建设区域的低洼地保护应遵循两个原则：保护为主和生态优先。首先应对场地现有的历史、文化、山林、湖滨、湿地、岛屿等景观资源进行充分保护，防止破坏性建设。同时，应把生态效益放在首位，将地势低洼、水源充沛的条件利用起来，以科学合理的设计，利用大量的绿色植被制造新鲜空气，并对当地水资源进行涵养。将调节改善低洼地周边的生态环境，发挥“城市绿肺”的作用，为周边居民，甚至整个县城提供良好的生活、工作环境。

径流路径保护

径流路径分为已有和潜在路径。对于已有路径，根据汇流量的大小进行分类保护，汇流量大的需要严格限制开发，保证其主体功能不改变，并根据需要采取清淤、拓宽保护区域等措施；汇流量中等和较小的可在确保路径汇流功能正常发挥的前提下，适当进行开发，发挥雨水汇流、游憩、生态保护等多种功能。而针对潜在的径流路径，应根据径流路径的雨水汇流面和汇流量的大小进行不同程度的保护，如年汇流量大的可设置为河流或其他水域，以保护汇流路径，发挥雨水控制的作用；汇流量中等和小的可开发为绿地、湿地等，兼具蓄水、游憩的生态功能。

SC2-2

合理构建指标体系

在调查清楚生态本底和现状问题的基础上，从修复城市水生态、改善城市水环境、保障城市水安全、提升水资源承载能力等方面明确海绵城市建设的目标和具体指标[6]，将指标分解至管控单元和地块，提出明确的管控制度保障指标落地。

SC2-2-1

合理确定各类指标

在水生态方面，目标是保护城市中的天然海绵体，尽可能恢复自然生态本底。具体指标包括城市自然生态本底对应的年径流总量控制率、可透水地面面积比例、水面率、蓝线绿线管控范围、河湖生态岸线比例等。

在水环境方面，目标是达到城市河湖水系环境质量要求。具体指标包括城市水环境质量要求、城镇生活污水集中收集率、城市污水处理厂出水量、BOD5浓度、合流制管网溢流频次和溢流量、雨水面源污染削减率等。

在水安全方面，目标是构建城市排水防涝体系，有效应对标准内的降雨，与城市防洪相衔接，保障城市安全运行。具体指标包括城市排水分区控制及竖向管控要求、城市排水管渠标准、城市内涝防治标准（蓄排平衡关系）等。

在水资源方面，目标是合理利用本地水资源和雨水、再生水等非常规水资源，满足城市生活、生产、生态用水需求，尽量避免外调水。具体指标包括当地水资源承载能力（供需平衡情况）、城市雨水资源化利用率、污水再生利用率等。

SC2-2-2

管控分区指标分解

管控分区指标分解首先分析各管控分区建设条件，包括建设状况、土地利用现状及规划开发强度等，综合考虑规划绿地率、水面率、内涝风险占比、土壤渗透性等，根据可实施条件分析，对指标体系进行分解。通过模型对年径流总量控制率等指标予以校核，从而完成各管控分区的年径流总量控制率指标分解（图SC2-2）。

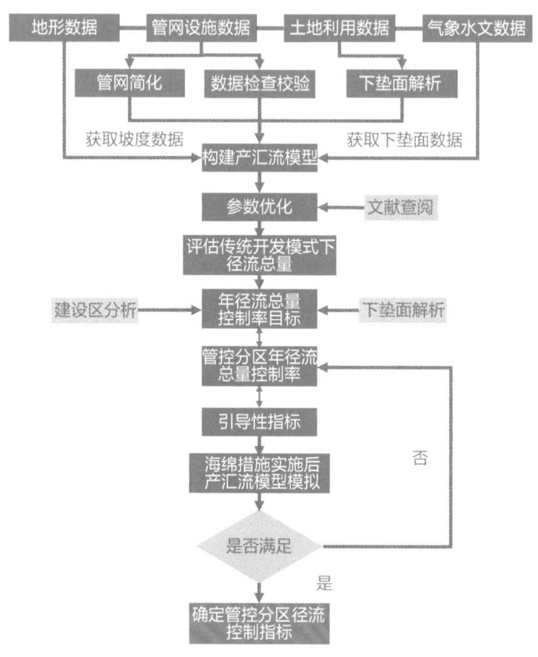

图SC2-2　管控分区径流控制指标分解框图

SC2-2-3

地块层级指标分解

建筑与小区、公园与绿地及道路等不同用地类型的指标管控体系包括强制性指标年径流总量控制率、污染物削减率，指引性指标透水铺装、下凹式绿地率、其他调蓄容积等（图SC2-3）。根据控制性详细规划得到地块用地性质及下垫面组成，通过地块基础条件和可实施性分析，确定不同类型地块低影响开发设施比例，依据雨水利用需求计算各用地类型典型地块其他调蓄设施的规模，利用容积法分别计算有、无其他调蓄设施的年径流总量控制率，根据地块规划动态、坡度、地下水、岩石层埋深对控制率进行调整，最后确定地块指标。在源头控制雨水径流，削减外排雨水峰值流量和径流总量，从而减轻市政雨水管网的排水压力，达到控制区域内涝的目标。

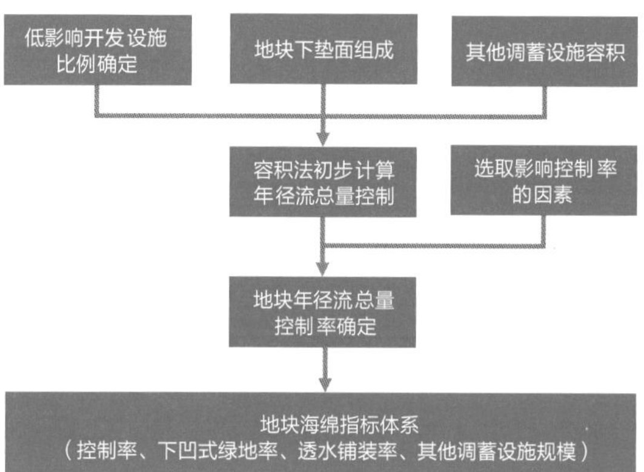

图SC2-3　地块径流控制指标分解框图

SC3

片区方案

SC3-1

合理确定规划目标

总体目标：提出适宜的目标，指明方向，目标要与本地特点相结合。

规划指标：要能指导工程的具体实施，指标的制定要科学合理，每个指标都要有分析过程，同时要考虑可实施性，要有方案支撑，要对规划指标负责。

SC3-2　※

研究生态保护方案

生态保护方案主要从生态保护建设模式、生态岸线建设要求、生态补水建设要求等几方面研究。

SC3-2-1

生态保护建设模式

随着区域的开发建设，不透水地面比例不断增加，导致区域年径流总量控制率减小，在传统开发模式下，径流总量控制率约为38%，处于较低水平。同时高强度的开发建设和区域城市空间蔓延导致生态用地不断被蚕食，从而引发景观格局破碎化，生态与资源环境维护压力日益增大。

通过对区域内水生态现状问题的解析，找到相应解决途径，通过源头低影响开发措施，减少地面雨水径流量，提高区域内年径流总量控制率；通过末端生态恢复，使得河道驳岸生态化及提高水体循环流动性，最终使规划区达到“水清岸绿，鱼翔浅底”的生态效果（图SC3-1）。

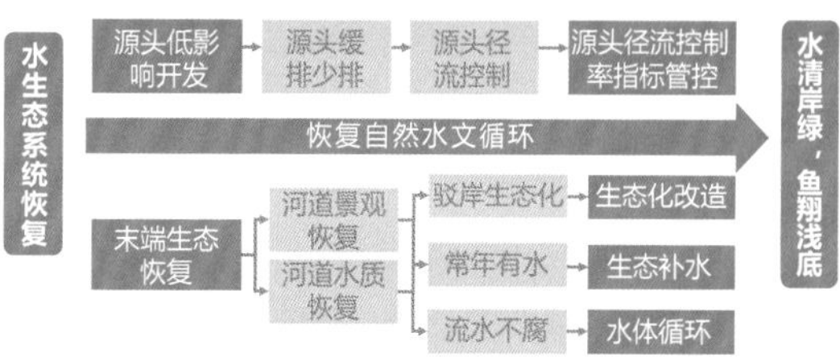

图SC3-1　水生态保护建设模式示意图

SC3-2-2

生态岸线建设要求

生态岸线是指恢复后的自然河岸或具有自然河岸“可渗透性”的人工护岸。生态护岸的设计不仅是横断面的设计，还包括河流的侧向、纵向、水陆过渡带、动植物生境的设计。岸线是水生态系统最为脆弱和重要的部分，故生态岸线的建设是水生态保护的重点[7]。

建设要求

海绵城市生态岸线要求属于引导性指标，既要保证城市河流基本的自然功能，又要与城市道路、景观、地下管网、地块性质和需求等对接。建设要求需要从行洪安全、水质保持、水源利用、生境构建、观赏游憩、文化传承六个方面入手，确保生态岸线具备可持续性。

1. 行洪安全。市河道承担着城市防洪排涝的功能，岸线的建设首先需要确保区域的防洪排涝安全，在具备“挡”与“防”功能的同时，应具备一定的可渗透性，使河水可通过面坡渗透至土壤中储存，延滞径流、减少水流冲刷，增加河道的槽蓄量，提高生态岸线安全指数。

2. 水质保持。水质恶化的主要原因是排入河道的污染物大于水体的自净能力。生态岸线应通过种植水生植被提高河道自净能力，减轻河道富营养化程度，进而改善水环境。

3. 水源利用。生态岸线的建设可通过降低水体污染物、增加土壤水的含蓄量，枯水期储存在护岸土壤中的地下水反补河道，起着调节水位的作用，进而增加城市的可利用水资源量。

4. 生境构建。生态岸线是水生态系统可持续发展的必要条件，其空隙以及水生植物可为一些水生动物提供觅食、栖息场所，有利于保持生物多样性。

5. 观赏游憩。城市生态岸线景观的布置应与周围环境构成协调统一，水景观与岸上亲水景观空间有机结合构成岸边丰富多样的空间，使滨水空间成为人们休闲、娱乐的场所，促进人与自然的和谐发展。

6. 文化传承。城市往往是围绕河道诞生的，河道的变迁记录了城市的发展，在城市生态岸线的建设中应重视河道承载的文化及历史，使城市河道岸线成为文化传承的载体。

建设原则

1. 恢复河道原始线形。将河道、河汊、缓坡、陡坡、洲岛、急流、浅滩等的水深和水面宽度恢复为自然原始状态，形成多变的河道断面，恢复和创造水流环境的多样性（图SC3-2）。

图SC3-2 河道原始线形意向图

2. 最小干预。其一保留河流两岸既有植被，保留植物一般为野生乡土植物，能够自我维护。其二保留既有的淤积洲岛、水生植物、水草堆积、苔藓地等，在河流中很难通过人工营建上述生境，它们是自然形成的生物生息场所（图SC3-3）。

图SC3-3 河流既有植被意向图

3. 自然工法。植物也是工程材料，利用乔木和灌木、水生植物的发达根系纤维来固定岸坡，形成“植物筋土”。即把植物当作结构的一部分，来增加土的抗剪强度，防止坡岸坍塌（图SC3-4）。

图SC3-4 植被根系固岸意向图

4. 天然材料利用。充分利用卵石、山石、石笼、木桩、仿木桩等天然材料。这些材料纹理和亮度富于变化，综合使用这些材料，结合植物配置，可以营造丰富多彩的水边景观（图SC3-5）。

图SC3-5　块石驳岸意向图

5. 亲水缓坡。针对既有城市河道为直墙断面，可以全部或部分拆除直墙，改为缓坡，形成水陆过渡带，可形成水与植物间的连续性，便于两栖动物爬行，形成较好的生态网络（图SC3-6）。

图SC3-6　亲水缓坡意向图

6. 生物多样性保护。生态岸线要为鱼类筑巢穴，为水生动物和两栖类动物提供栖息、繁衍和避难场所。通过摆放巨石、汀步、丁坝等方法可以形成人工深潭和沙滩。巨石、弯道顶点的大规模深潭不仅是大型鱼类的重要生息场所，也是生活在浅滩的小型鱼类夜间休息的场所。砂砾堆及其周围的急滩、河床间隙、沙洲上积水坑的位置在洪水季节都会有很大变化，形成多样的生息环境。汀步、岩石保证了河流纵向的连通性，形成鱼道（图SC3-7）。

图SC3-7　浅滩中繁衍的鱼类

SC3-2-3 生态补水建设要求

岸线是水生态系统的重要组成部分，岸线的生态建设要求和原则执行情况是水生态系统健康水平的基础，但水生态系统的良好运转离不开水，水的质量和体量是水生态系统可持续健康发展的重要保障。生态基流是河流湖泊生态系统保护生物多样性，确保生态服务功能正常提供的基准，故针对生态基流开展补水量的定量化核算和补水方式规划是生态补水方案的重要内容。

生态补水核算

海绵城市建设中河流、湖泊和坑塘为主要的常年有水的湿地，是水生动植物重要的生存环境。根据“以需定补”的思路，即在计算湿地生态需水的基础上确定合理的生态补水水量，按照生态环境需水量的特征可将其分为环境需水量和生态需水量两部分。

1. 环境需水量即为湿地所处环境正常运转所需的水量，包含生产生活用水、景观用水和水体损耗三部分[8][9]。通常人类活动的水需求量不予考虑，只考虑湿地本身为平衡水蒸发和渗漏量的需水情况。

蒸发需水量即为不同类型水面的蒸发量，计算方式为累加不同类型水面的蒸发面积与不同类型水面的平均蒸发量的乘积。

渗透需水量即为平衡水体渗漏损失所需的水量，计算方式为累加单位时间内不同类型水体渗透剖面面积与渗透系数的乘积。

2. 生态需水量是保证河流健康，实现可持续发展，维持河流基本功能所需的水量。该部分水量的计算根据计算对象的不同特征，有不同的计算方式，当前运用较为广泛的方法有水文学法、水力学法、生境模拟法和整体分析法。

水文学法是利用历史流量数据确定河湖湿地生态需水量的一类方法。较为广泛使用的为Tennant法，该方法考虑了栖息地、水力学和生物学的因素，采用河流湖泊年平均流量/平均水深作为最小推荐需水量。该方法应用的基础是对研究区域的生态因素、地形因素较为了解，需要分析Tennant法确定的百分比是否符合当地情况，并结合当地的规划管理要求进行调整。水文学法的优点为无须进行现场测量，简单方便，对数据的要求不高；缺点为计算过程对计算对象的情况进行了简化处理，故计算结果较为粗略。

水力学法是根据河道宽度、水深、流速和湿周等水力参数确定河流所需的流量，水力参数可以通过实测获得，也可以由曼宁公式计算获取，代表方法有湿周法。湿周法假设河流栖息地的完整性与湿周的大小关系紧密，即认为保护好湿周就可以保证河流栖息地的完整性。该方法需要建立湿周与流量的关系曲线，认为曲线拐点附近的流量即为所求，而难点在于拐点的确定，主要确定方法有曲率法和斜率法两种，所得结果有所不同，但较常用的是斜率法。

生境模拟法是对水力学方法的进一步发展，主要选取某一种或多种指示物种，认为只需为指示物种提供适宜的物理生境即可满足生态系统的需求，主要是通过指示物种所需的水力条件确定生态基流。

蒸发需水量自20世纪90年代中期提出整体分析法后，该方法得到了较多关注，近些年发展迅速，是目前的研究热点。该方法强调河流生态系统是一个整体，需要综合研究水文条件与泥沙运移、河床形状、河流生境之间的关系，使确定的河道流量能够同时满足泥沙输送、河床稳定、生境维持、水生生物保护和水质改善等功能。该方法涉及多个学科，需要一个同时包含水文学家、地质学家、生态学家以及社会经济学家等的专家组。

生态补水方式

生态补水方式可通过工程或非工程措施实现，不同的补水方式都是向因最小生态需水量无法满足而受损的生态调水，补充其生态系统用水量，遏制生态系统结构的破坏和功能的丧失，逐渐恢复生态系统原有的、能自我调节的基本功能，实现新的生态平衡的活动。常用的生态补水方式有三种：水系间的自循环、周边水系联动补水，利用再生水补水。

1. 自循环：基于自循环方式的河流生态补水是通过运用海绵城市理念，发挥城市在适应环境变化和应对雨水带来的自然灾害等方面具有的良好弹性。主要通过构建海绵系统，统筹规划区域山、水、林、田、湖、草、沙各要素，下雨时通过土壤、植被、河湖等进行吸水、蓄水、渗水、净水，需要时再将蓄存的水释放出来并加以利用，从而达到区域内的水体能够基本满足自给自足的自循环状态。该补水方式适用于公园或小区内小面积河湖的生态补水，对于补水需求量大的情况不易满足（图SC3-8）。

图SC3-8 道路海绵系统汇集雨水意向图

2. 周边水系联动：当前很多城市和地区出现不同程度的缺水问题，而水资源的开发利用是以流域内水系连通为前提的。许多中小河流湖泊每年汛期在面临防洪排水压力的同时，各蓄水单元之间连通性的缺失，导致雨水不能有效存储，被大量浪费。通过对水系进行连通治理，可提高城市蓄水、调水能力，增加水资源总量。另外，河湖作为城市的蓄水池，水系连通工程能加强雨水、再生水的利用，提高供水能力，达到水资源优化配置，相互进行生态补水。

3. 再生水利用：再生水是指生活污水、工业废水等经过适当处理，达到一定的水质标准，满足某种使用要求，当作新的水资源进行配置应用。一般再生水利用的水资源基本来源于污水处理厂的尾水。尾水一般都具有水量大，水量、水质比较稳定。受其他条件影响较小的特点。故从水量角度来看，污水处理厂的尾水是河湖生态补水的重要来源。现有污水处理厂出水水质一般执行《城镇污水处理厂污染物排放标准》（GB 18918—2002）一级A标准或者一级B标准，高于地表水Ⅴ类水水质标准值，针对不同河湖补水水质要求进行二次处理的技术和经济要求也不高，成本可控，且具有巨大的环境效益。

SC3-3 优化环境提升方案

为贯彻落实国家关于海绵城市建设、城镇生活污水提质增效以及黑臭水体治理相关政策要求，结合海绵城市建设指标体系中关于水环境的指标，系统解决水环境问题，在定量分析污染物排放的基础上，合理制定规划方案，减少旱天污水直排，控制合流制溢流污染和面源污染，保持河道水质持续稳定。

SC3-3-1 水环境提升模式

在水环境问题及成因分析的基础上，水环境改善方案应从控源截污、生态修复、内源治理、活水保质四个方面提出有针对性的治理措施（图SC3-9）。通过源头混接改造、直排污水截流、污水系统完善、污水处理厂扩建、源头雨水净化和径流削减等治理措施，全面消除旱天污水直排，削减点源污染、合流制溢流污染和面源污染；通过内源综合治理、生态修复、活水提质等措施提高地表水环境容量。构建“源头减排—过程控制—系统治理”相结合的工程措施，以有效提升水环境质量。

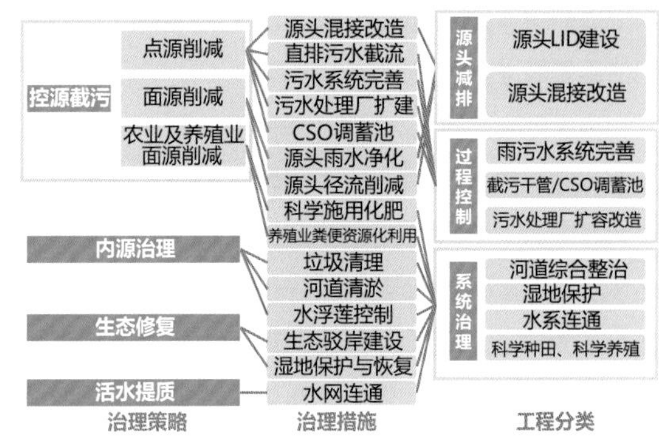

图SC3-9　水环境技术体系框图

SC3-3-2 定量分析污染排放

采用数学模型对管控分区（或流域）内的点源、面源及内源污染进行定量化测算，识别主要污染来源及各类污染物的排放规律。

点源污染测算

根据污水产生规律和特点，可将点源污染分为旱天点源污染和雨天点源污染。

旱天点源污染的主要特点是污染物的排放总量不受降雨影响，即使雨天流量、浓度等发生明显变化，但污染物的排放总量不发生明显变化。因此这类点源污染的测算方法基本相似，即可通过测算一天或多天污染物的产生量，进而推算全年点源污染的产生量。

雨天点源污染的主要特点是污染物的排放总量与降雨条件密切相关，即雨天污染的排放总量发生明显变化。在典型年降雨条件下，采用模型模拟溢流口的年溢流量和年溢流污染物总量。同时，通过实测降雨数据和溢流口实测流量、水质数据进行校核。

面源污染测算

城市面源污染是由降雨径流冲刷城市下垫面产生的污染排放产生，由于城市降雨径流通过排水管网排放，因此径流污染初期作用十分明显。据观测，在降雨初期污染物浓度一般都超过平时污水浓度，城市面源是引起水体污染的主要污染源，具有突发性、高流量和重污染等特点，主要采用累积指数法对建成区和规划区的面源污染物产生量进行预测。农村面源污染主要包括农村生活、畜禽养殖、水产养殖、农田生产等排放的污染源，根据农村人口、养殖规模、农药化肥使用量等进行测算。

内源污染测算

内源污染主要指进入江河湖库中的营养物质通过各种物理、化学和生物作用，逐渐沉降至水体底质表层，当累积到一定量并在一定的物理化学及环境条件下再向水体释放污染物的现象。对于流动性较差的河流、湖泊及其他封闭水体的治理，在切断外源污染的情况下，内源污染往往也会在相当长的时间内阻碍水质的改善，这时内源污染也是必须考虑的治理因素之一。内源污染物主要通过底泥的表面积及污染物平均释放速率进行测算，污染物的平均释放速率可通过实验研究测定或参照相关文献研究成果。

SC3-3-3 合理制定规划方案

水环境规划方案包括控源截污、内源治理、生态修复、活水保质等内容。

点源污染治理方案

按照“旱天污水零直排、雨天污水少溢流、入厂浓度有提高”的要求完善污水管网，消灭污水直排，提高污水收集处理率；提高污水处理厂的BOD5浓度不小于100mg/L；减少合流制管网溢流频次，控制溢流污染。具体包括污水管网直排治理、雨污水管网混错接改造、截流管道建设、排水设施修复、管网空白区建设、合流制溢流污染控制、农村生活污水处理、工业污废水管控、排水管网清淤疏通等工程措施。

城市面源污染治理方案

采取源头减排、初期雨水控制和净化设施、地表固体废物收集等技术措施对城市面源污染进行控制。

农村面源污染治理方案

应采取源头减排、初期雨水控制和净化、地表固体废物收集等技术措施进行控制。畜禽养殖污染应采取源头减排、初期雨水控制和净化、地表固体废物收集等技术措施进行控制。

内源治理方案

内源治理主要对漂浮垃圾等进行清理，根据底泥污染特征和水体特征，科学制定清淤方案，做好底泥的处理处置，保证河道内好氧区、兼性区、厌氧区生态平衡。

内源污染控制措施主要是底泥清淤。清淤方案首先需要结合河道防洪要求、底泥有机质含量、河道两侧护岸和房屋情况等综合确定清淤深度，同时需要结合河道宽度、水量、水位、淤泥类型、护岸结构等确定清淤方式，最后结合河道两侧用地情况确定底泥临时脱水和安置区域，综合城市固体废物处置的整体规划，确定底泥处置的方式和场所。

生态修复方案

生态修复方案包括岸线生态修复和河道生态修复。岸线生态修复根据划定的蓝绿线范围和规划用地情况，选取空间宽裕的河道节点进行重点景观绿化设计，建设亲水平台、人行栈道等亲水设施，梳理城市水系与周边功能关系，构建城市生态走廊，为城市提供休闲游憩环境。河道生态修复可采取多种生态修复技术联合使用，以提升水质并加以保持，同时具备生态修复长效效能，去除水体污染物并实现生态修复。

活水保质方案

活水保质方案中补水水源应优先选用非常规水源，明确补水水源、补水量、补水方式、补水调度方案和主要工程措施。通过定量分析计算河道生态需水和生态基流量，合理布局城市污水再生利用和雨水利用设施，充分利用城市再生水、雨水等作为补充水源，增加水体流动性和环境容量。同时，应针对水动力不足区域增加动力设施，如在河道水流死角或水体缺氧处设置推流设施等。

SC3-4

构建安全保障体系

水安全保障体系构建主要从构建大排水体系、科学推进河湖整治、强化雨水源头减排、科学规划排水管网、对于积水严重的内涝点针对性提出整治方案等方面着手，借助水力模型等新型手段评估建设效果。

SC3-4-1

水安全保障技术路线

水安全体系主要由排水防涝体系和防洪体系构成，通过建立蓄排平衡关系，加强外围防洪防潮措施保障大排水体系安全。在大排水体系基础之上结合问题导向和目标导向，在内河水系治理、雨水管渠完善、排涝泵站建设、局部内涝点治理等方面制定相关治理方案，完善排水防涝体系（图SC3-10）。

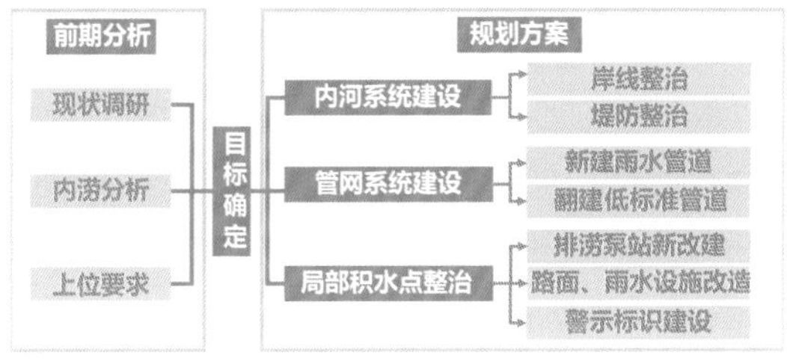

图SC3-10　水安全保障技术路线框图

SC3-4-2

系统构建大排水体系

分析蓄排平衡关系。可根据上游来水情况、下游顶托情况、本地产生的内涝水情况等，系统分析蓄排平衡关系。

外围洪水可通过入河疏导、调蓄等措施解决，从而不进入本地区域，研究内部涝水在顶托条件下的调蓄和末端泵排是否匹配，不匹配的情况下要提出泵站抽排的解决方法。

SC3-4-3

科学推进河湖整治

城市河湖水系是洪水和涝水的最主要转输通道和滞蓄场所，河湖堤岸安全是城市安全的前提，因此城市河湖水系应按防洪标准进行治理。需要通过分析河道堤岸、横断面、过流能力等，评估明确哪些河道需要治理并给出具体治理措施。河湖水系治理应结合河湖其他治理工程同步实施，如河道岸线修复工程、河道水环境治理工程等。

根据各地河道现阶段防洪状况，充分考虑该地区社会经济状况，从改善生态与人居环境出发，做到因地制宜、全面规划、突出重点，兼顾上下游、左右岸，实现近期与远期、工程措施与非工程措施相结合，从而构建防洪体系。

SC3-4-4

强化雨水源头减排

分析源头减排径流控制项目建设需求，遵循海绵城市建设的宗旨，维系生态本底的渗透、滞蓄、蒸发（腾）、径流等水文特征，保护和恢复降雨径流的自然积存、自然渗透、自然净化，结合可实施条件分析确定源头减排项目分布、调蓄容积和主要工程量。

SC3-4-5

科学规划排水管网

排水管网建设应根据片区建设开发程度分为新建区和已建区，由于现状情况对规划的影响较大，尤其是老旧城区建设空间有限、地下管线复杂，因此需要因地制宜、分区施策。

对于新建区，按照国家及行业相关技术标准和规范进行规划建设。对于已建区，以修复现有排水设施、优化现状排水系统为主，适时改造和新建排水管线、排涝泵站、调蓄设施等，明确提出近远期规划方案。

对于不同城市、不同区域，通过综合考虑实际情况和建设能力，对新区、老区分别提出管网建设工程。

SC3-4-6
加强积水点治理

根据历史内涝点和模型模拟内涝点进行分析，针对历史内涝点和重要模拟内涝点，加强调研，系统分析现状积水严重程度以及积水原因，制定“一点一策”方案，提出逐个解决方案。

对于下凹桥区积水点，应阻断客水来源，减小下凹桥区汇水面积，加大内部排水设施建设标准。

对于普通积水点，提出消纳方式（如公园广场）以及行泄通道。

本节以北方某城市瑞金路积水点整治为例，阐述积水治理方案要点（图SC3-11）。

1. 管理措施：在铁路桥下设置积水警戒线、警戒水位标识，超过警戒线应采取临时封路措施。

2. 工程措施：在50年一遇降雨情况下，增加泵站排量至6.7m^3/s，更换DN1000出水管。因为泵站能力充裕，瑞金路中段铁路桥内涝点无积水。但该内涝点东侧由于高区管道地势较低，排水能力不足，部分溢流雨水积在地势低点，积水最大深度为0.4m。

为了解决高区管道排水能力不足问题，将片区DN1200高区排水管道改建成DN1500管道后，可实现该排水片区在50年一遇降雨下地面无积水。

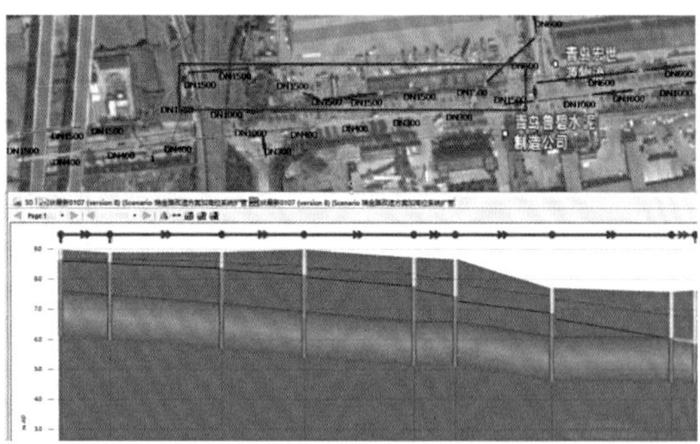

图SC3-11 瑞金路积水点改造设施模拟平面图及管道剖面图

SC3-4-7
水力模型辅助定量分析

海绵城市专项规划中水安全部分利用水力模型建立综合除涝、排水、防洪于一体的海绵城市排水系统模型，辅助水安全现状分析、方案制定及效果评估。模型耦合了一维管网及河道、二维地面产汇流及地表漫流、各类水工构筑物等各类降雨径流影响因素，实现地表产汇流、管网汇流、河网汇流以及地面积水流动的模拟，同一个模型中实现排水管网设计标准、内涝防治标准以及河道防洪标准的衔接。

模型建立

1. 一维水力模型构建。管网模型：根据原始物探资料，将排水管线的管长、管径、管底高程以及检查井的地面高程、检查井深度等空间数据与属性数据导入模型系统，并对管网拓扑关系进行检查与修正。

2. 河道模型构建。对主要河道进行概化，纳入模型计算范围，河道水位作为模型边界条件。

水工建筑物模型：通过实地勘察、资料室查阅等方式收集雨水（含合流）泵站的基本信息和运行状况，包括泵的控制规则、工作曲线以及前池的尺寸、液位等参数。

3. 汇水区模型构建。基于天然流域划分排水分区，设置下垫面相关参数，下垫面可分为透水面及不透水面，分别设定参数以保证集水区产汇流模型的合理性。

4. 二维地表漫流模型。根据地形图高程点数据，在GIS中生成高精度的栅格数据，并进行合理修正和优化，将建筑物范围、道路导入模型做适当处理，保证地表径流路径模拟更加精确真实。

5. 一维、二维模型耦合。在完成研究区域的二维模型构建后，加上已构建的一维水力模型，将节点溢出的水流与二维地面网格模型进行衔接，从而实现一维、二维耦合计算。

模型评估应用

1. 现状评估。利用水力模型评估现状排水管网排水能力；利用水力模型分析现状城市内涝情况，并针对积水点逐个分析积水原因。

2. 辅助方案制定。利用水力模型分析、评估和优化不同方案城市排水系统的运行状况，从拟定的方案中评估分析最经济合理的方案。

3. 效果评估。对方案的目标指标可达性进行模拟评估，包括防洪标准、防潮标准、内涝防治设计重现期、雨水管渠设计重现期、内涝点消除情况等，根据评估结果调整方案。

评估工程实施后积水风险，应确保达到规划设计目标。

（1）内涝风险评估。采用10年、30年和50年一遇2h短历时设计暴雨与多年平均高潮位（139cm）碰头的工况下，对北方城市某区现状及规划情景下内涝风险进行评估。

内涝风险等级根据淹没深度、淹没时长两个标准分为3个等级：高风险、中风险和低风险（表SC3-1）。

内涝风险矩阵表 **表SC3-1**

积水深度＼积水时间	0~30 min	30~60 min	60~120 min
0.15~0.25m	内涝低风险区	内涝中风险区	内涝中风险区
0.25~0.5m	内涝中风险区	内涝高风险区	内涝高风险区
>0.5m	内涝高风险区	内涝高风险区	内涝高风险区

根据以上内涝风险标准，在30年、50年一遇暴雨与多年平均高潮位（139cm）碰头的工况下，模拟结果显示，相比于现状情况，北方城市某区的规划方案内涝风险消除比较明显，全流域无明显内涝（图SC3-12）。

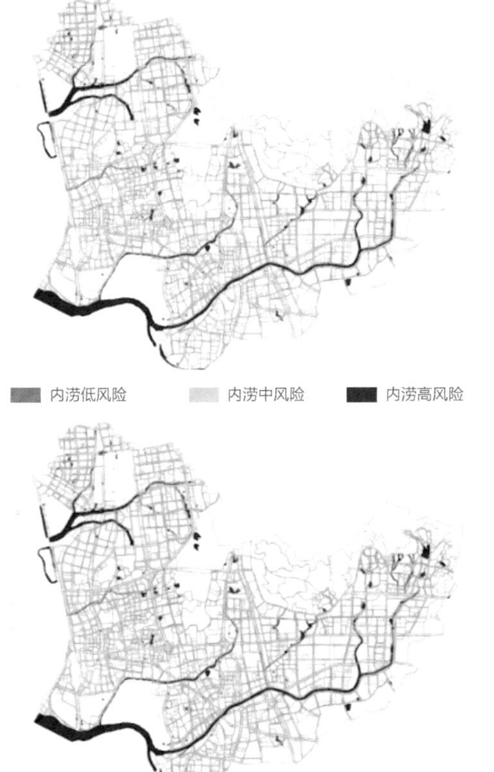

图SC3-12　50年一遇2h暴雨工况下现状（上）和规划（下）内涝风险对比分析图

（2）管网排水能力评估。采用1年、2年、3年、5年一遇2h设计降雨，对北方城市某区现状及规划情景下管网排水能力进行评估。

在规划情景下，北方城市某区的管道排水能力有不同程度的提高。具体表现在满足5年一遇设计降雨的管网区域增多，同时各区域管网在添加海绵开发方案之后，排水能力均有一定程度的提高（图SC3-13）。

图SC3-13　北方城市某区现状和海绵城市规划方案管网排水能力对比分析图

SC3-5 ※

利用非常规水资源

在分析城市非常规水资源用水潜力的基础上，进行供需平衡分析，根据分析结果确定非常规水资源用水对象和用水设施布局。

SC3-5-1

科学分析用水潜力

计算区域年和最高日工业用水、绿地浇灌、道路浇洒以及河湖生态补水等可用再生水和雨水资源替代的用水需求。

其中，工业用水、公共和防护绿地浇灌、市政道路浇洒、河湖生态补水建议优先采用再生水和公共雨水收集设施（如小水库等）供水；其他地块内绿地浇灌、道路浇洒、有大型水体的公园的景观补水建议优先采用地块内雨水收集利用设施供水。

以某区海绵城市详细规划水资源利用方案为例，分析区域非常规水资源利用潜力。

1．雨水资源利用潜力。规划区内山体较多，通常经过山体汇流在山脚形成小水库。规划区内大大小小水库20余座。部分水库不仅可以起到防洪作用，而且可以储存雨水，通过合理调度，可向下游河道进行补水，有效利用雨水资源。

通过源头海绵城市建设规划，地块内的调蓄池不仅可以有效控制径流，通过合理调度，可作为水源进行合理利用，如地块内道路和绿地的浇洒。

2．再生水资源利用潜力。国家标准《城市污水再生利用-分类》（GB/T 18919—2002）规定了再生水利用的用途，根据再生水水质可分为补充水源，工业用水，农、林、牧业用水，城市非用水和景观环境用水五类。

SC3-5-2

系统分析供需平衡

综合计算区域再生水和雨水资源利用量，计算雨水资源利用量时应以30年以上连续日降雨或典型年降雨为依据进行计算，考虑设施腾空时间等因素（图SC3-14）。

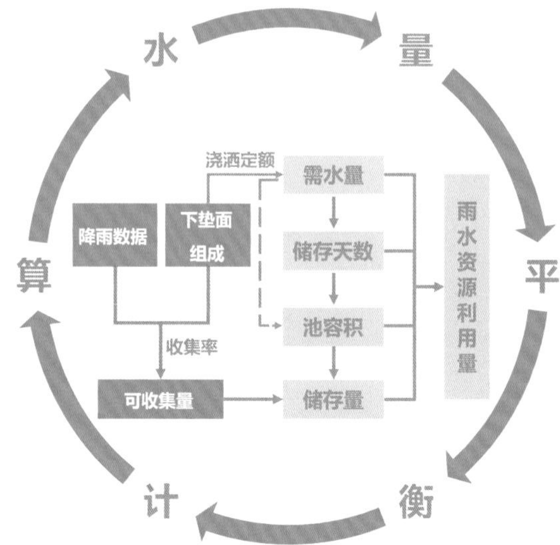

图SC3-14 以建筑小区为例的雨水供需平衡分析框图

以某规划为例，阐述区域非常规水资源供需平衡分析。

1．明确雨水资源利用量。雨水资源利用主要包括水库向下游河道补水及地块内建设调蓄池供道路和绿地浇洒。

以建筑密度为30%的典型单位地块下垫面为例，地块面积选取1hm^2，需浇洒和冲洗的日期内，每日浇洒和冲洗量为7m^3，调蓄池容积为35m^3。逐日逐月用水情况如图SC3-15所示。

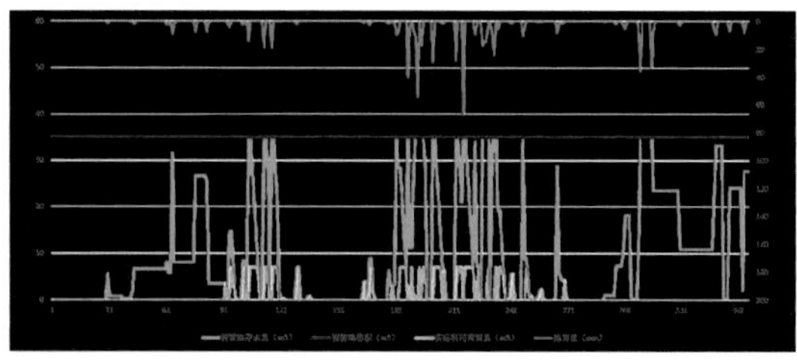

图SC3-15 逐日雨水利用量变化图

通过对不同下垫面单位面积雨水利用量的计算，最终得到规划区内建筑与小区雨水利用量结果，约每年224.21万m^3。

水库为下游河道补水利用量预测：通过生态补水

量计算，规划区内共有6座水库和1个公园可向下游河道进行持续稳定补水，得出水库可向下游河道补水的年补水总量，每日可向河道补水共6577m^3，按照全年补水365天计算，全年水库（公园）共可向河道补水240.06万m^3。

雨水资源利用量统计：按照典型年1984年的降雨数据计算，北方城市某区全年降雨量为6265.7万m^3，全年雨水资源利用量为464.27万m^3，雨水资源利用率达到7.4%。

2. 明确再生水资源利用量。再生水资源利用主要包括河道补水和市政道路冲洗及公共绿地浇洒（表SC3-2、图SC3-16）。

规划区再生水利用分配表　　表SC3-2

利用方向	河道补水	工业用水	市政道路冲洗	公共绿地浇洒	合计
日需水量（万m^3）	30	5.3	1.42	1.32	38.04
年需水量（万m^3）	8235	1936	196	182	10549

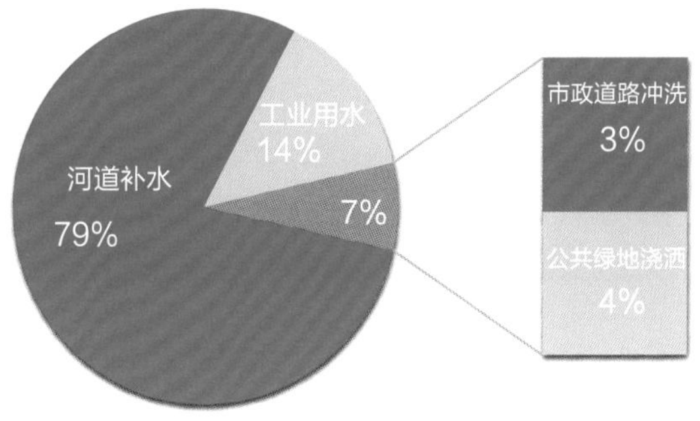

图SC3-16　规划区再生水利用分配示意图

SC3-5-3
有序推进设施建设

与水环境方案、水安全方案相协调，综合配置再生水厂、再生水管网、公共雨水收集设施，确定合理的水质标准，相关设施纳入整体方案。目前，全国大多数城市再生水系统基础薄弱，在规划中应充分分析再生水系统相关工程的可行性、落地性和必要性，宜综合用水对象，以再生水系统近期可实施的部分为基础，优化近期方案的同时作为远期建设的基础。

与水生态方案、水环境方案相协调，根据可行的雨水利用指标，综合配置合理、可行的小区雨水利用设施。地块雨水利用设施应发挥调蓄、利用等综合效益。每个地块的雨水利用指标及对应设施，纳入引导性指标（图SC3-17）。

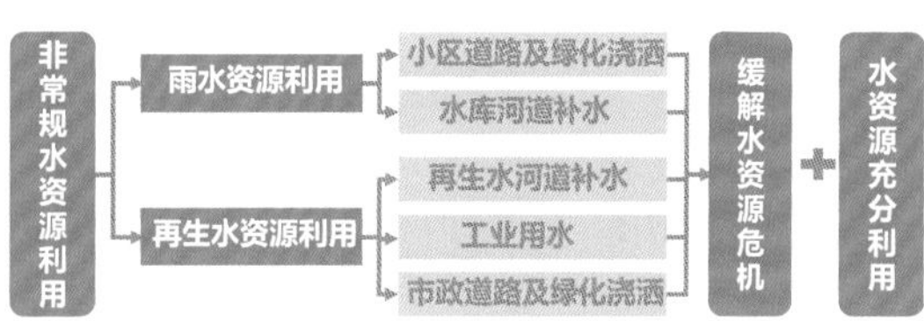

图SC3-17　水资源利用技术路线框图

SC3-5-4
非常规水资源利用模式

雨水资源收集利用按照不同用地类型主要分为以下三种方式（图SC3-18）。

1. 对于居住用地雨水的收集利用。调蓄区一般面积较小。如果以雨水径流削减及水质控制为主，可以根据地形划分为若干个汇水区域，将雨水通过植被浅沟导入雨水花园或低势绿地，进行处理、下渗，超标准雨水溢流排入市政管道。如果以雨水利用为主，可以将屋面雨水经弃流后导入雨水桶进行收集利用，道路及绿地雨水经处理后导入地下雨水池进行收集利用。

2. 对于公用及商业设施用地雨水的收集利用。降落在屋面（普通屋面和绿色屋面）的雨水经过初期弃流，可进入高位花坛和雨水桶，并溢流进入低势绿地，雨水桶中的雨水作为就近绿化用水使用。降落在道路、广场等其他硬化地面的雨水，应利用可渗透铺装、低势绿地、渗透管沟、雨水花园等设施对径流进行净化、消纳，超标准雨水可就近排入雨水管道。在雨水口可设置截污挂篮、旋流沉沙等设施截留污染物。经处理后的雨水一部分可下渗或排入雨水管，进行间接利用。对于有调蓄水景小区，一般调蓄面积较大，应优先利用水景收集调蓄区域内的雨水，同时兼顾雨水渗蓄利用及其他措施。将屋面及道路雨水收集汇入景观水体，并根据月平均降雨量、蒸发量、下渗量以及浇洒道路和绿化用水量来确定水体的体积，对超标准雨水进行溢流排放。对于无调蓄水景的住宅小区，一部分雨水可进入雨水池和景观水体进行调蓄、储存，经过滤、消毒后集中配水，用于绿化灌溉、景观水体补水和道路浇洒等。

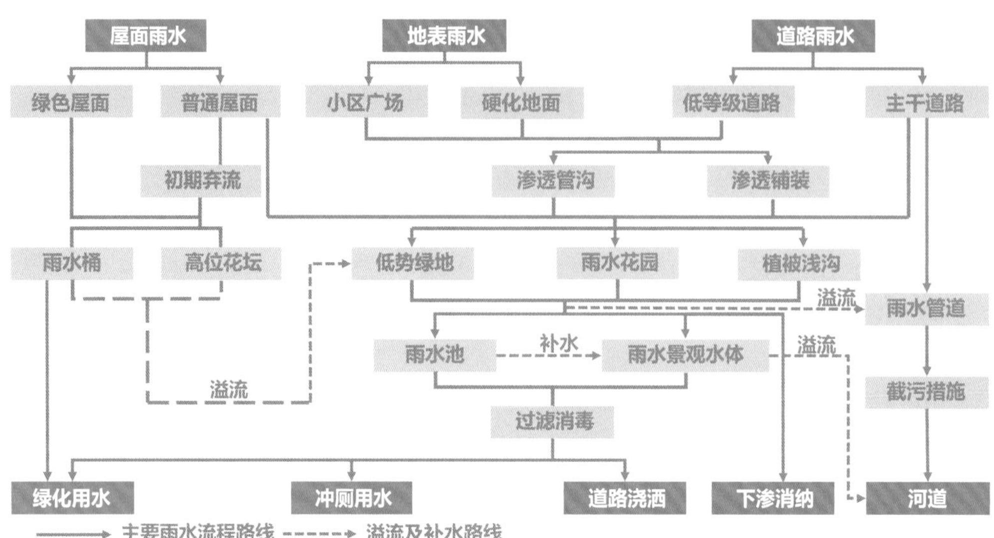

图SC3-18 雨水利用模式框图

3. 对于道路雨水的收集利用，除可在道路红线内布置低势绿地、植被浅沟等处理措施外，可在道路红线外的公共绿地中设置形式多样的措施组合，如分散式的雨水花园、低势绿地、植被浅沟，以及集中式的雨水湿地、雨水塘、多功能调蓄设施来对道路雨水进行处理与利用，减少道路径流污染后排入河道，同时增加雨水的下渗量，形成林水相依的道路景观。

SC4

规划衔接

海绵城市规划相关内容需要与上位规划、专项规划等相关规划充分衔接，应分层级、分步骤地纳入国土空间总体规划、控制性详细规划以及各相关专项规划，成为各层级规划的有机组成部分，为城市规划建设管理提供管控依据和支撑。

SC4-1

充分衔接上位规划

海绵城市专项规划应与国土空间总体规划、控制性详细规划等上位法定规划充分衔接，在海绵城市核心指标、管控空间、用地竖向以及涉水规划等方面充分衔接。

SC4-1-1

与国土空间总体规划的衔接

国土空间总体规划应从战略高度明确海绵城市建设的原则、目标与方向，提出具体规划目标和指标，如年径流总量控制率、年径流污染控制率、可透水地面面积比例、生态岸线率、雨水资源化利用率等核心指标，并在用地布局和空间管控、保护改善生态环境、促进资源综合利用、防灾减灾、市政基础设施建设等方面应充分衔接。

SC4-1-2

与控制性详细规划的衔接

控制性详细规划要划定蓝线、绿线控制范围，明确保护管控区域，按照排水分区将专项规划确定的指标落实到控制性详细规划单元，并落实重大设施用地布局。以国土空间总体规划中海绵城市规划指标和相关内容为依据，进一步分解控制指标至地块，做好与海绵城市专项规划中确定的指标、竖向、用地布局等内容的协调衔接。控制性详细规划是细化并落实海绵城市规划管控的直接依据，为地块海绵城市控制指标进入规划许可提供法定依据，并为下一阶段修建性详细规划和市政、道路等工程设计提供指导依据。

SC4-2

有效协调专项规划

海绵城市专项规划要以水为纽带，与城市竖向规划、排水防涝规划、城市防洪规划、污水处理与再生利用规划、绿地系统规划、道路交通规划等相衔接，从而实现不同专项规划在同一城市空间的“多规合一”。

SC4-2-1

与城市竖向规划衔接

重在协调处理生态与安全、地上与地下、岸上与岸下等方面的关系，在排水分区划定、涝水行泄通道、区域雨水排放组织方面进行协调衔接。

SC4-2-2

与排水防涝规划衔接

重在协调处理生态与安全、分布与集中、绿色与灰色、地上与地下、岸上与岸下等方面的关系，明确雨水源头减排、排水管渠、排涝除险、应急管理的要求。

SC4-2-3

与防洪规划衔接

重在协调处理生态与安全、岸上与岸下等方面的关系，在洪水水位、行洪能力、洪泛区、蓄滞洪区布局等方面进行协调衔接，尤其要考虑城市规划区范围内的防洪体系和河湖水位关系。

SC4-2-4

与污水处理和再生利用规划衔接

重在协调处理水质与水量、分布与集中、景观与功能、地上与地下、岸上与岸下等方面的关系，在源头雨污分流、污水收集处理及再生利用设施规模与布局、排水口整治、合流制管网溢流污染治理和雨水面源污染处理、黑臭水体整治等方面进行协调衔接。

SC4-2-5

与绿地系统规划衔接

重在协调处理生态与安全、分布与集中、绿色与灰色、景观与功能、岸上与岸下等方面的关系，在自然调蓄空间、湿地、公园水面、水系消落带及滨水控制范围、空间利用方面进行协调衔接，既要实现绿地系统的景观功能，又要发挥绿地系统对雨水的渗、滞、蓄、净、用的作用，减少和延缓雨水径流的形成及排放。

SC4-2-6

与道路交通规划衔接

重在协调处理地上与地下的关系，在排涝通道与道路竖向、下穿式立交桥易涝点、城市遭遇内涝灾害时的交通组织方面进行协调衔接。

注 释

❶陈朋铭，曹长春，唐一夫．城市下垫面渗蓄性能量化模拟试验研究［J］．水资源开发与管理，2022，8（2）：34-39.
❷冯一帆，任金梁．城市典型下垫面水力学参数研究与分析［J］．建设科技，2021（16）：48-52.
❸周星宇，郑段雅．武汉城市圈生态安全格局评价研究［J］．城市规划，2018，42（12）：132-140.
❹田坤，范荣亮，安婷，等．基于敏感性分析的徐州市水生态综合治理［J］．水利规划与设计，2015（5）：1-6.
❺马洪涛．海绵城市系统化方案编制理论与实践［M］．北京：中国建筑工业出版社，2020.
❻章林伟，胡应均，赵晔，等．浅析海绵城市建设的顶层设计［J］．给水排水，2017，43（9）：1-5.
❼王俊力，刘福兴，乔红霞，等．滤解带构建对硬质驳岸水体微生物功能多样性的影响［J］．生态与农村环境学报，2022（3）：1-7.
❽易雨君，徐嘉欣，宋劼，等．黄河河口区生态需水量及流量过程核算［J］．水资源保护，2022，38（1）：133-140.
❾王安琪．基于水文学方法的生态需水量计算分析［J］．水土保持应用技术，2021（5）：15-16.

CP

CP1–CP5

综合防灾减灾规划技术指引

COMPREHENSIVE DISASTER PREVENTION AND REDUCTION PLAN

CP

综合防灾减灾规划技术指引

CP1	**灾害评估**	
CP1–1	系统梳理城市灾害	
CP1–2	科学评估灾害风险	
CP2	**用地安全**	
CP2–1	合理设定目标指标	
CP2–2	统筹管控用地安全	※
CP2–3	合理划定防灾分区	※
CP3	**防灾规划**	
CP3–1	系统统筹防灾规划	
CP3–2	系统整合韧性防灾	※
CP4	**应急设施**	
CP4–1	因地制宜避难场所	※
CP4–2	系统规划应急通道	
CP4–3	全面加强基础保障	
CP4–4	统筹提升应急服务	
CP4–5	强化建设防御设施	
CP4–6	统筹规划社区防灾	※
CP5	**实施保障**	
CP5–1	协同优化管理机制	
CP5–2	高效建立保障力量	
CP5–3	整合协同智慧防灾	
CP5–4	统筹安排近期建设	

注：标注星号的为体现绿色理念的规划技术，不带星号的为传统规划技术。

理念及框架

目标任务

城市是人们生活的聚集地，城市安全是人民生命、财产安全的基础保障。开展综合防灾减灾规划工作，能够提升城市综合承载力，为降低城市灾害风险、提升城市防灾韧性水平、全面构建城市防灾减灾体系提供有力支撑和科学引导。同时，综合防灾减灾规划也是开展绿色空间规划工作的必要条件和重要组成部分。

基本理念

绿色综合防灾减灾专项规划应充分彰显韧性、科学、协同等理念。

韧性：强调城市系统在不改变自身基本状况的情况下，对干扰、冲击或不确定性因素的抵抗、吸收、适应和恢复能力。

科学：明确城市灾害孕育、发生、演变的特点，准确把握灾害产生规律，综合运用城市空间资源、工程手段、管控技术等协同统筹、综合建设，科学应对各类自然灾害。

协同：坚持政府领导，多部门协作，社会力量广泛参与，形成政府与政府、政府与社会协作防灾救灾的氛围，形成防灾减灾合力。

依据上述理念，绿色综合防灾减灾专项规划的核心工作思路主要包括：

1. 以防为主，防救结合[1]。指明城市灾害场景的特征，精准把握灾害衍生、次生规律，主动适应气候变化等城市灾害发展趋势，综合运用各类资源、技术、方法、手段，加强部门协作，形成灾害防御合力。

2. 韧性建设，平灾结合。加强韧性建设，综合提升城市抵御冲击、适应变化、自我修复的能力。并以规划实施、工程建设、应急建设、恢复建设、物资建设、社区建设等体系建设为抓手，强化组织管理，综合提升城市灾害防抗能力。同时，加强设施平灾结合管理，强化对冗余防灾资源的平时利用。

3. 系统统筹，协同治理。高度重视灾害风险，切实采取综合防范措施，将常态减灾作为基础性工作，坚持防灾、抗灾、救灾过程有机统一，前后衔接，未雨绸缪，常抓不懈，增强全社会抵御和应对灾害能力。

4. 全民参与，综合防救。推广全民参与的社会共治模式，增强宣传教育，培养全民韧性意识。加强公众参与的制度保障，推进多层面利益相关者风险共担的灾害治理机制建设。全民共享风险信息、防灾知识和避难行动方式，推动综合防灾减灾的工作由“自上而下型”向“多元主体型”转变。

技术框架

针对市域范围，系统开展城市灾害评估工作，识别城市风险，构建城市总体安全格局；明确城市防灾减灾目标，统筹管控用地安全，并对城市进行分区安全引导；以灾害类型为基础，根据城市特征，汇总防洪、人防、消防、地质灾害、抗震等专项防灾规划内容；科学布局避难场所、应急通道、基础保障、应急服务设施保障等；明确近期建设计划，并从机制、规范、经济、人员等方面提出城市安全与综合防灾保障措施，具体工作内容包括（图CP）：

系统评价要素，综合灾害评估；

明确规划目标，划定安全格局；

结合城市特征，汇总专项研究；

统筹空间需求，布局应急设施；

强化实施保障，分解近期目标。

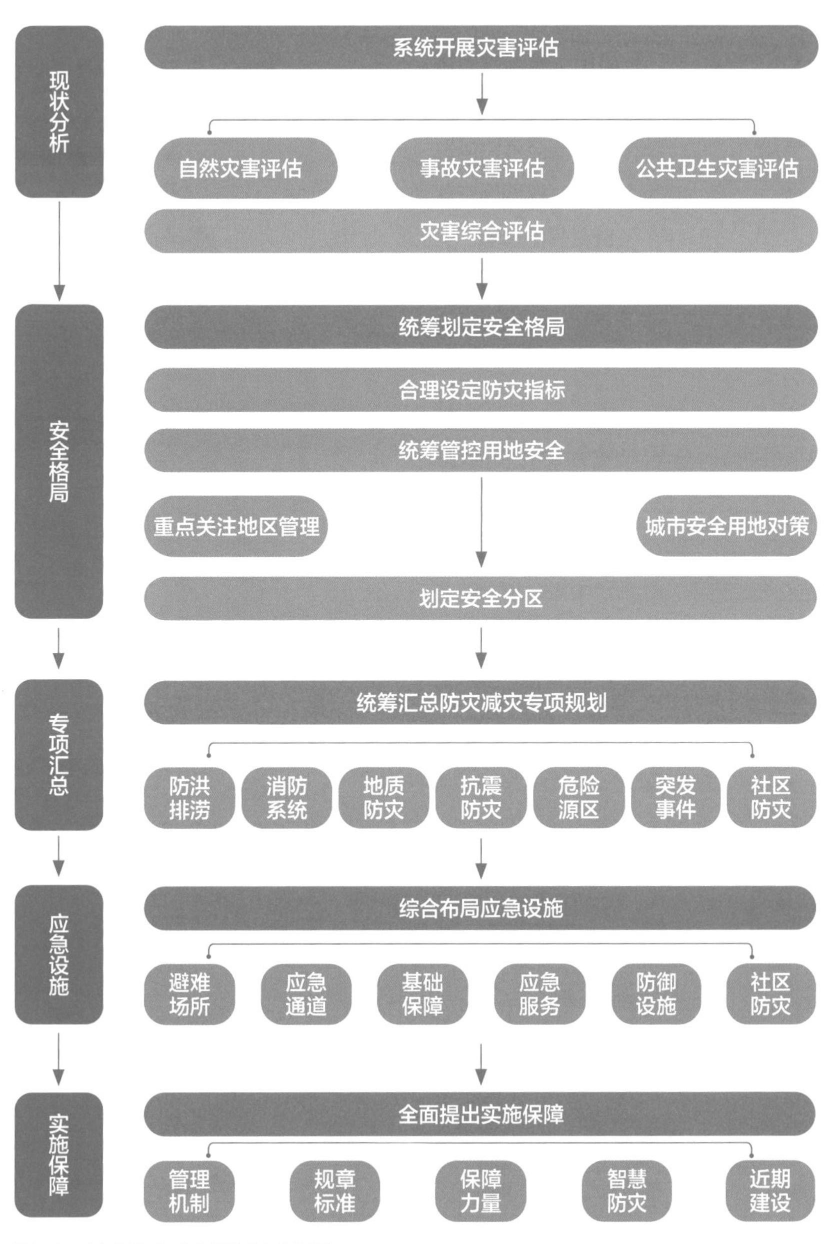

图CP　综合防灾减灾规划技术框图

CP1 灾害评估

CP1-1 系统梳理城市灾害

对城市地震、洪涝、地质、气象等自然灾害，火灾等事故灾害，突发疫情等公共卫生灾害情况进行系统梳理，明确城市主要灾害类型、灾害孕育环境、灾害影响程度，并对各类灾害影响进行综合研判。

CP1-1-1 自然灾害情况分析

综合分析城市历史灾害场景、孕灾环境以及建设要求，确定城市主要自然灾害类型；并对城市主要自然灾害情况进行灾害类型、灾害防御环境、灾害影响程度等方面的全面综合分析。其中，对我国城市影响程度较大的自然灾害类型包括洪涝灾害（包括洪水、内涝、风暴潮）、地震灾害、地质灾害、气象灾害（台风、暴风雪、雨雪冰冻等）等（表CP1-1、图CP1-1）。

中国自然灾害综合区划表 **表CP1-1**

	区划名称
Ⅰ海洋灾害带	Ⅰ1渤黄海灾害区
	Ⅰ2东海灾害区
	Ⅰ3南海灾害区
Ⅱ东南沿海灾害带	Ⅱ1苏沪沿海灾害区
	Ⅱ2浙闽沿海灾害区
	Ⅱ3粤桂沿海灾害区
	Ⅱ4海南灾害区
	Ⅱ5台湾灾害区
Ⅲ东部灾害带	Ⅲ1东北平原灾害区
	Ⅲ2环渤海平原灾害区
	Ⅲ3黄淮海平原灾害区
	Ⅲ4江淮平原灾害区
	Ⅲ5江南丘陵灾害区
	Ⅲ6南岭丘陵灾害区
Ⅳ中部灾害带	Ⅳ1大兴安岭—燕山山地灾害区
	Ⅳ2内蒙古高原灾害区
	Ⅳ3黄土高原灾害区
	Ⅳ4西南山地丘陵灾害区
	Ⅳ5滇桂南部丘陵灾害区
Ⅴ西北灾害带	Ⅴ1蒙宁甘高原山地灾害区
	Ⅴ2南疆戈壁沙漠灾害区
	Ⅴ3北疆山地沙漠灾害区
Ⅵ青藏灾害带	Ⅵ1青藏高原盆地灾害区
	Ⅵ2川西藏东南山地谷地灾害区
	Ⅵ3藏南山地谷地灾害区
	Ⅵ4藏北高原灾害区

来源：参照中国自然灾害综合区划图[2]

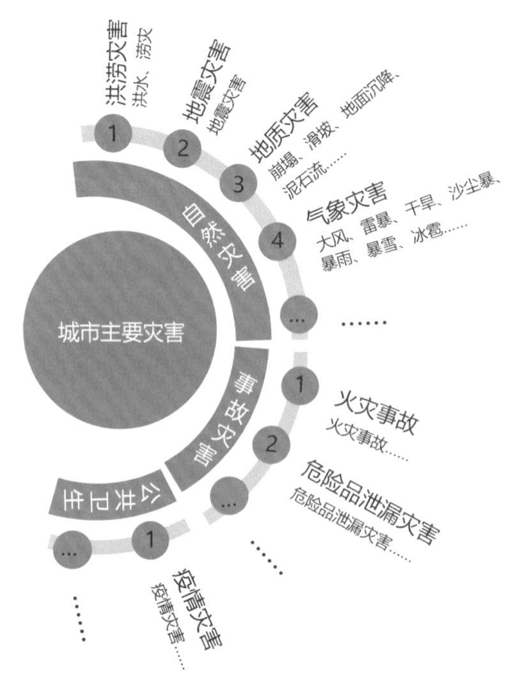

图CP1-1 城市主要灾害类型示意图

洪涝灾害分析

根据历史资料，梳理城市较大洪涝灾害发生情况，明确洪涝易发生区域，剖析灾害主要发生原因；梳理城市防洪河道水文条件及海潮潮位条件；梳理城市防洪排涝工程设防水平、建设情况、体制机制保障情况，总结其实施成效与不足；并在综合分析的基础上对城市洪涝灾害防救重要程度进行综合研判。

地震灾害分析

根据历史资料，梳理城市历史地震灾害发生情况，城市地震地质环境、工程建设场地环境、城市现状建设抗震底数、防震救灾设施分布情况；梳理城市地震防灾整体设防水准及历史演变、防救体制机制保障情况，总结其实施成效与不足；并在综合分析的基础上，对地震灾害对城市的影响程度进行整体判断。

地质灾害分析

根据历史资料，梳理城市较大地质灾害分布情况及其发生频率、时间、地点、程度；梳理规划区主要地质勘测情况、地质构造特征；梳理城市地质灾害防治工程建设情况、体制机制保障情况、设防水准，总结其实施成效与不足；并在综合分析的基础上，对地质灾害主要发生类型、次要发生类型、突发性灾害发生类型进行整体判定。

气象灾害分析

根据历史资料，梳理城市较大气象灾害发生情况，明确灾害发生的主要类型，剖析灾害主要发生原因；并根据灾害类型，研究气象灾害发生频率变化情况，重点考虑在气候变化背景下的气象灾害变化趋势；梳理城市气象灾害相关体制机制保障情况，总结其实施成效与不足；并在综合分析的基础上，对城市气象灾害防救重要程度进行整体分析。

CP1-1-2 事故灾害情况分析

对城市火灾、爆炸事故灾害基本情况、防御环境、影响程度等方面进行综合分析，其中较为典型的是火灾事故分析、危险品泄漏灾害分析。

火灾事故分析

根据历史资料，梳理城市火灾发生情况及火灾类型、起火原因、起火场所、起火行业类型、火灾次生影响；梳理城市消防系统建设情况、体制机制保障情况、标准保障情况，总结其实施成效与不足；并在综合分析的基础上对城市火灾事故情况进行整体研判。

危险品泄漏灾害

根据历史资料等，梳理城市危险品泄漏类型、原因、处置方式、灾害程度、次生灾害影响等；总结城市危险品防护措施、应急方案，总结其实施成效与不足；并在综合分析的基础上对城市危险品泄漏等情况进行整体归纳总结。

CP1-1-3 公共卫生灾害情况分析

对疫情等城市公共卫生机构、设施、信息系统等进行分析，其中较为典型的是疫情灾害、传染病灾害分析。

疫情灾害分析

梳理城市重大传染病发生和防治情况，剖析传染病防治机构类型及其分布情况，传染病防治机制及其运行状况，总结传染病的防治成效与不足；并在综合分析的基础上，对城市传染病灾害防治能力进行综合评判。

CP1-2 科学评估灾害风险

明确城市灾害综合评估精度、评估流程，结合城市实际情况对城市进行单灾种灾害风险评估、多灾害风险综合评估，为用地安全确定提供基本依据。

CP1-2-1 确定城市灾害综合评估流程

城市灾害综合评估精度确定

城市灾害综合评估应至少包含市县全域范围和城镇功能控制区范围两层次范围，规划编制精度应参照总体规划、详细规划编制精度，其中总体规划层面市县全域范围比例以1：200000～1：50000为宜，城镇功能区控制区以1：10000～1：5000为宜；详细规划以1：5000～1：1000为宜。

城市灾害综合评估流程确定

在城市灾害系统梳理基础上，确定城市灾害风险评估流程，建立由单灾种灾害风险评估、多灾种灾害综合风险评估构成的城市灾害综合评估流程。其中，单灾种灾害风险评估部分宜包括灾害风险辨识、单灾种风险评估指标选取、单灾种风险分析，多灾种灾害综合风险评估宜包括多灾种综合风险评估、灾害等级排序、多灾害综合风险区划（图CP1-2）。

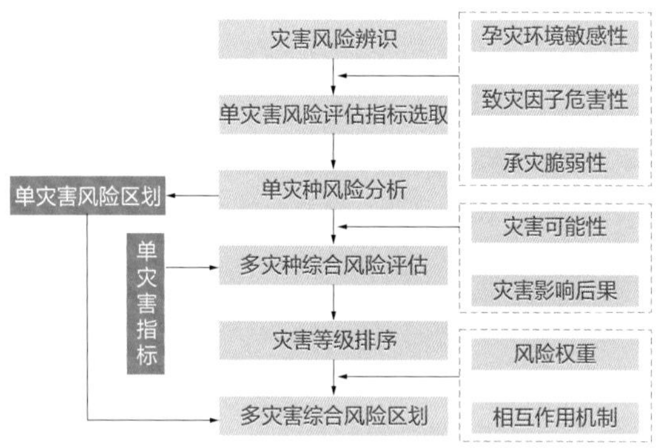

图CP1-2　多灾种灾害综合风险评估流程图

CP1-2-2 城市单灾害风险评估

城市单灾种灾害风险评估模型

根据数据获取情况、成果精度需求，综合考虑城市灾害特征、城市空间特征、社会经济特征等因素，建立由致灾因子危险性、暴露性、易损性构成的城市单灾种灾害风险评估模型，对城市单一灾害进行风险评估，其中常见的评估模型为联合国风险表达模型的修正模型，具体公式为：

R（灾害风险）=H（致灾因子危险性）×E（暴露性）×V（易损性）[3]，即

$$R=f(h,v)=f(h)\times f(v)\times f(e)$$

式中：R——灾害风险；

h——致灾因子危险性；

v——易损性；

e——暴露度；

f——各风险要素函数。

其中，常用的城市单灾种评估模型包括重大危险源评估模型、地震灾害评估模型、火灾风险评估模型、地质灾害风险评估模型、洪涝灾害风险评估模型、气象灾害风险评估模型、疫情灾害风险评估模型、重大危险源风险评估模型等（由于人防系统属于部分涉密内容，本书不作过多讨论）。

地震灾害风险评价

综合城市地形地貌、行政区划、抗震最小单元等因素，将城市划分为若干评价单元。根据地震风险等级、城市抗震能力、地震可接受程度及其他地震危险性要素等对城市地震风险进行风险评估，形成城市地震灾害等级风险评价图，并据此对城市总体布局、生命线工程建设、人防工程建设等提出建议。

火灾风险评价

综合城市地形地貌、行政区划、消防最小单元等因素，将城市划分为若干评价单元。根据人口和经济密度、致火因子、火灾承载能力、消防能力等对城市火灾风险及其他火灾危险性要素进行风险评估，形成城市火灾风险评价图，并据此对城市总体布局、消防治理策略、城市消防宣传教育等提出建议。

地质灾害风险评价

根据城市地质灾害特征，确定城市地质灾害主要灾害评估内容，如可具体为崩塌灾害评估、滑坡灾害评估、泥石流灾害评估、地面塌陷灾害评估、地缝灾害评估等。根据城市地质环境条件、气象水文条件、人类工程活动条件及其他地质灾害危险性要素等因素对具体地质灾害进行风险评估，形成具有城市特征的地质灾害分析图，并据此对城市总体布局、开发建设活动等提出建议。

洪涝灾害风险评价

综合城市地形地貌、重要防洪排涝设施等因素，将城市分为若干评价单元。根据城市洪涝类型及特

征、防洪排涝工程特征、洪涝灾害承载力、城市空间形态特征及其他洪涝灾害危险性要素等对城市洪涝灾害风险进行综合评价，形成不同灾害条件下的城市洪涝灾害风险评价图，并据此提出城市重要防洪排涝设施工程规划等方面建议。

气象灾害风险评价

根据城市气象灾害特征，确定城市气象灾害主要评价类型，如可具体分为风灾、雨灾、雪灾等。根据灾害等级、承载能力、灾害易受损程度及其他气象灾害危险性要素等因素对具体气象灾害进行风险评估，形成具有城市特征的气象灾害分析图，并据此对城市空间布局、工程建设标准等提出建议。

气象灾害评估应考虑近年来气象变化对城市灾害防救的重大影响，结合气候变化等相关资料，形成动态评价结果。

疫情灾害风险评价

综合城市人员分布特征、城市地形地貌特征等因素，将城市分为若干评价单元；对每个单元内的传染病防治机构、医疗服务设施、应急处置方案等进行综合评价，形成城市传染病灾害风险评价图，并据此对城市传染病机构布局、设施建设、隔离防护等方面提出建议。

重大危险源风险评价

根据重大危险源类型、等级、分布特征、危害特征及城市气候、空间特征等，对重大危险源的个人风险程度、社会风险程度进行风险评估，形成不同灾害等级下某类重大危险源影响后果图，并据此对城市空间布局、城市用地特征等提出建议。

CP1-2-3
城市灾害综合风险评估

城市多灾种灾害综合评估模型确定

在单灾种灾害评估基础上，以最大灾害效应为基本原则，综合考虑城市灾害风险辨识、单灾害风险评估指标、单灾害间耦合机制、灾害承载脆弱性等因素，对单灾种灾害风险标度进行排序及风险赋值，建立城市多灾害综合评估模型（图CP1-3）。

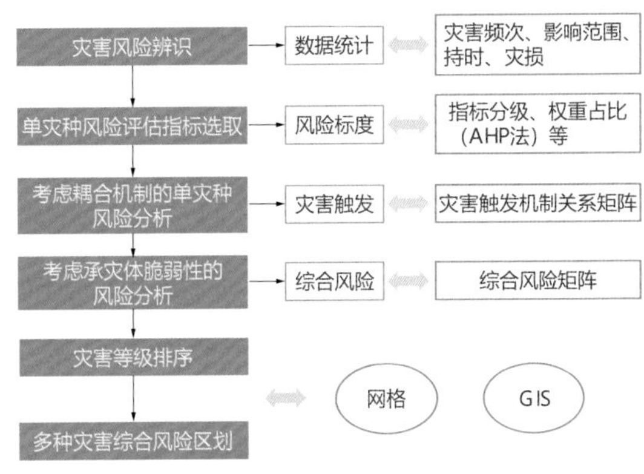

图CP1-3　城市灾害综合评估模型确定方法框图

根据城市多灾种灾害综合评估模型，利用网格分析法等灾害分析方法，综合风险分布等灾害综合分析模型，综合分析致灾因子危险性、承灾体脆弱性、灾害综合风险性等因素，划分灾害风险区域，确定城市灾害承受高风险区、中风险区、低风险区。风险区的边界可作为城市用地安全划定的依据。

用地安全

CP2-1
合理设定目标指标

综合考虑城市等级、上位规划要求、历史防灾救灾经验、防灾减灾技术规范要求等因素，以城市设防标准为基础，设定城市防灾减灾目标指标。

CP2-1-1
系统明确规划目标

规划目标包括总体目标及分项目标。总体目标应明确不同灾害条件下，城市重要防灾设施运行情况、重要设施恢复状况等方面目标；分项目标应明确不同灾害条件下，城市对地震、洪涝、火灾等各类灾害防御目标及城市应急服务设施、应急保障基础设施运行状况等。

CP2-1-2 制定具体指标

在规划目标确定的基础上，提出城市防灾减灾能力提升具体措施，如防灾基础设施建设目标指标、防灾保障设施建设目标指标、防灾响应机制建设目标指标等。

CP2-2 ※ 统筹管控用地安全

在城市灾害综合风险评估的基础上，根据城市防灾减灾目标指标，以山水林田湖草等城市的广域生态本底为基础，统筹考虑城市用地安全格局，划定城市用地重点关注地区，并对城市用地安全进行分类管控。

CP2-2-1 城市用地安全重点关注地区

确定城市重点管控地区

综合考虑城市地质条件、洪涝灾害、重大危险源等方面因素，综合各类防灾规划（详见“CP3防灾规划”）划定城市防灾减灾重点关注地区，宜包括地震活断层风险控制区、洪涝风险控制区、地质灾害风险控制区、危险化学品重大危险源风险控制区、输油输气等（图CP2-1）。

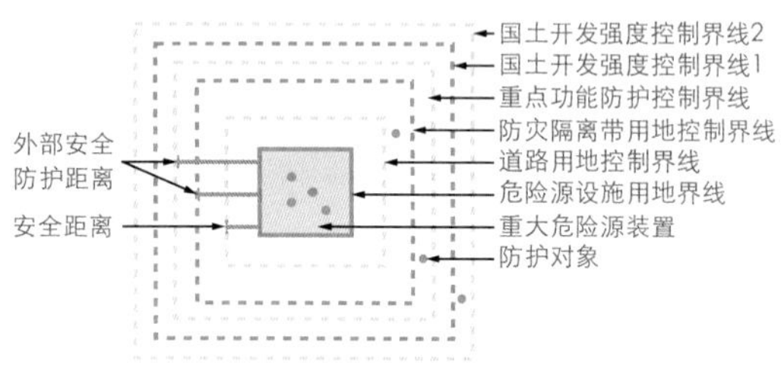

图CP2-1 危险化学品重大危险源风险控制区示意图

明确重点关注地区管控要求

对重点关注地区提出管控要求，管控要求宜按风险全面有效管控原则，合理分类、分级制定，包括建设空间管控要求、非建设空间管控要求。

建设空间管控要求宜包括建筑工程建设要求、城市生命线系统建设要求、防灾机制保障要求等，非建设空间管控要求应包括禁止或控制建设活动清单等。

CP2-2-2 明确城市安全用地综合评价管控要求[4]

根据城市综合防灾风险评估，对灾害高风险地区、中风险地区、低风险地区、可能造成特大灾害性事故的地区和设施等提出城市用地安全布局对策，包括安全用地选择、安全用地布局、安全用地建设对策等（图CP2-2）。

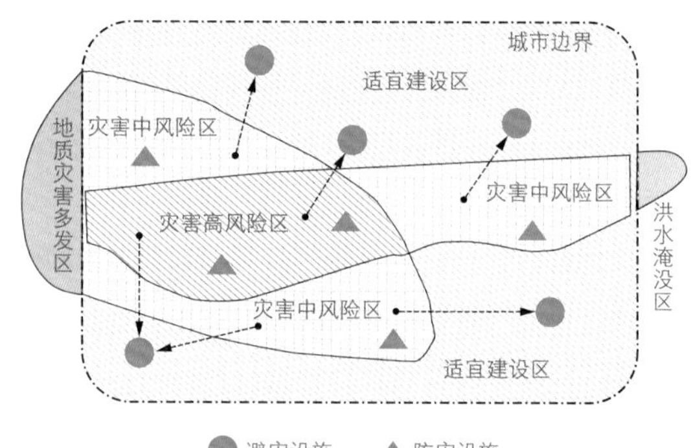

图CP2-2 防灾空间划定示意图

安全用地选择对策

根据城市用地综合防灾风险评估结果，提出安全用地选择对策，列举灾害高风险地区、中风险地区、低风险地区、可能造成特大灾害性事故的地区和设施所在的城市用地负面清单，确保城市用地选择的安全性。

安全用地布局对策

结合城市功能分区、用地布局、重大项目选择等因素，在灾害的高风险地区、中风险地区、低风险地区提出合理的安全用地布局的正负面清单，保障城市安全。

安全用地建设对策

从用地建设视角和工程建设视角，对城市人口密集区、重要危险源、有条件建设区、重要基础设施等提出安全用地建设对策，宜列举安全用地建设正负面清单。

CP2-3 ※

合理划定防灾分区

根据城市特征，明确城市防灾分区、分级原则，划定城市防灾分区，并对各类防灾分区进行分级管控要求。

CP2-3-1

划定城市防灾分区

结合城市用地功能布局，综合城市规模、结构形态、灾害影响特征等因素划定城市防灾分区，主要包括提出防灾空间布局目标、确定城市防灾分区两个部分。

提出防灾空间布局目标

结合城市用地布局、城市规模、城市结构特征等，确定城市防灾空间布局目标，如防灾分区建设目标、防灾资源布局目标等。

划定城市防灾分区

防灾分区划定应综合考虑城市空间分割要素，规划实施要素及行政管理要素。空间分割要素宜重点考虑将水体、山体等天然界线，道路、铁路、桥梁等工程设施要素作为防灾分区边界；城市规划实施要素宜考虑规划、建设、管理、运营的协同关系；行政管理要素宜考虑依托灾后应急状态事权分级管理（图CP2-3）。

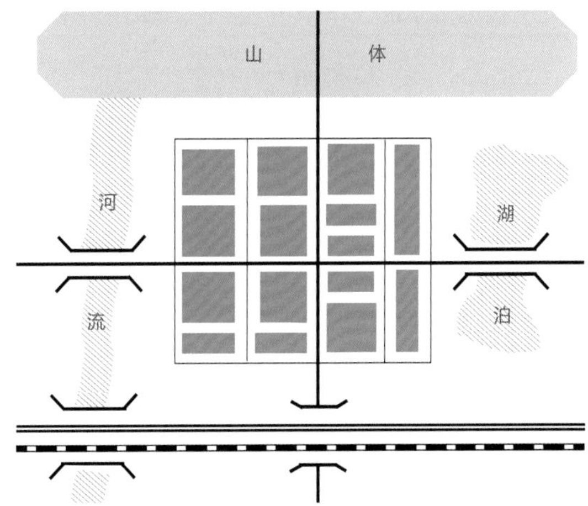

图CP2-3　城市空间分割要素示意图

CP2-3-2

确定分区级别及规划控制原则

确定防灾分区级别，提出分区管控要求，特别对各分区内高风险区要素、防灾设施配置等提出规划控制内容及防灾减灾对策。

确定城市防灾分区级别

以人口规模为基础，确定防灾分区级别，如一般城市宜分为人口规模为3万～10万级别的防灾分区和人口规模为20万～50万级别或者区级的防灾分区，特大城市可根据城市实际情况增加城市防灾分区等级。

提出防灾分区管控要求

根据防灾分区规模，确定防灾分区分级管控要求，管控包括通用管控要求、特色管控要求。通用管控要求包括防灾分区应急通道数量，防灾救灾设施及城市生命线系统管控要求，人员密集公共设施紧急避险和紧急避难要求等；特色管控要求宜综合考虑地区常见灾种类型、人口数量及人口分布特征等。特大城市可根据城市实际情况提出市级防灾分区特殊管控要求（表CP2-1）。

防灾分区管控要求表 表CP2-1

防灾分区级别	人口规模（人）	配置要求
一级防灾分区	20万~50万	中心避难所 市（区）级应急指挥中心 Ⅰ级应急保障医院 救灾物资储备库 应急保障水源及应急保障水厂 Ⅰ级应急疏散通道 市区级应急医疗救护场地 应急物资储备分发场所
二级防灾分区	3万~10万	固定避难场所 应急取水和储水设施 不低于Ⅱ级应急通道 应急医疗救护场地 应急物资储备分发场地

来源：《城市综合防灾规划标准》（GB/T 51327—2018）

防灾规划

CP3-1

系统统筹防灾规划

强化顶层思维，统筹各防灾专项规划，将灾害情况、规划目标、规划要求、规划措施等融入综合防灾规划编制。

CP3-1-1

统筹防灾规划系统

结合城市防灾现状，明确需要汇总的防灾规划，汇总并统筹各类防灾专项规划，常见需要汇总的防灾规划包括防洪排涝、抗震防灾、消防系统、地质灾害、危险源区、突发事件等（图CP3-1）。

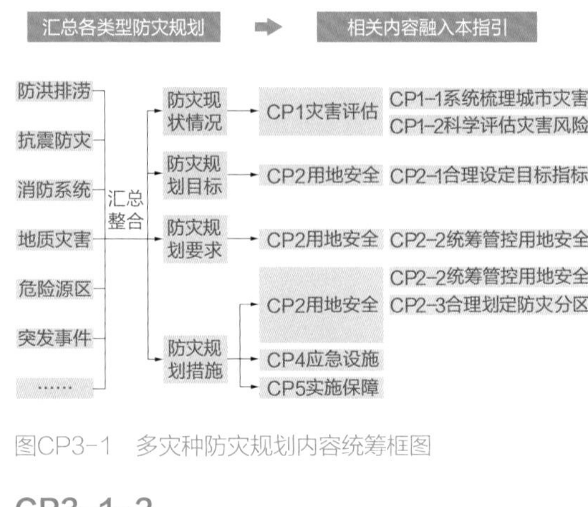

图CP3-1 多灾种防灾规划内容统筹框图

CP3-1-2

融合防灾现状情况

提炼并总结各类防灾规划现状分析中基本情况，包括城市概况、灾害汇总、现状措施、存在的问题等内容，并将其作为灾害评估的基本依据。

CP3-1-3

汇总防灾规划目标

提取或综合各类防灾规划防御目标内容，宜包括管理体系、防灾能力、防灾工程等方面，可采用定性目标与定量目标相结合的方式，内容包括防御目标、具体指标，防灾规划目标作为规划目标指标设定的依据。

CP3-1-4

梳理防灾规划要求

提炼或综合各类防灾规划防御要求，宜包括防御标准、原则、防御要求等内容，宜采用相关标准关键条款引用、表格汇总等形式对防灾要求进行系统性说明，完善各类灾害防御体系，增强综合防灾规划的统筹性，规划要求可作为城市安全用地综合评价的管控要求。

CP3-1-5

整合防灾规划措施

提炼各类防灾规划措施，包括空间管控区划定及管控措施、设施布局及管控措施、防灾体系建设措施、近期建设计划措施等。

CP3-2 ※

系统整合韧性防灾

以韧性城市为基本理念，梳理、提炼、整合、适度优化各系统专项规划内容，避免各系统规划核心观点、核心结论过失、冲突或缺失。

CP3-2-1

综合融合防洪排涝规划要求

以国家、流域等防洪排涝要求为底线，参考最新洪涝灾害发生场景分析结论及韧性城市、海绵城市建设理念，以防洪规划排水防涝专项规划内容为依据，结合实际情况，优化并提炼防洪排涝现状情况、防洪排涝标准、防洪排涝工程措施及非工程措施等方面内容作为综合防灾规划的内容（图CP3-2）。

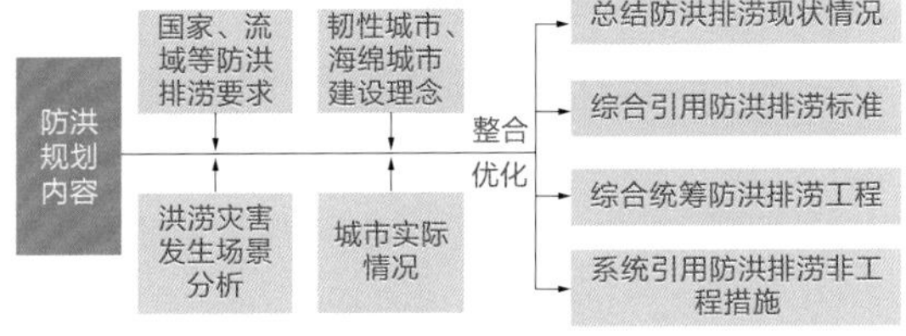

图CP3-2　防洪排涝规划技术路线框图

防洪排涝现状情况

根据灾害风险综合评估要求，提炼城市洪涝灾害发生情况、防洪排涝现状、防洪排涝问题等内容。特别是防洪排涝现状应包括工程措施及非工程措施，其中工程措施应包括防洪与排涝设施布局、规模、数量及所达到标准等；非工程措施应包括指挥系统、管理控制、体制机制等。

防洪排涝标准

以防洪标准、相关规划要求为底线，以防洪规划为主要依据，根据城市历史灾害实际情况，以防洪规划数据为参照，直接引用或结合灾害场景分析情况适度提升的方法确定防洪排涝标准。标准应包括分级分区的防洪标准、内涝防治标准等。

结合各类标准核定关键内容，如城市防洪标准应满足《防洪标准》（GB 50201—2014）中城市防护区的防洪等级和防洪标准要求表的要求，城市内涝防治标准和排水管渠设计标准应满足《室外排水设计标准》（GB 50014—2021）中内涝防治设计重现期要求表、雨水管渠设计重现期要求表，以及《治涝标准》（SL 723—2016）中城市设计暴雨重现期要求表的要求。

防洪排涝工程

以防洪规划中防洪工程规划内容为基础，梳理防洪（潮）分区及相关要求；结合最新防洪排涝灾害风险场景分析状况及海绵城市建设要求，引用或按需提升排洪河道、防洪蓄水工程、城市排水管网、地面高程、滞水减洪工程等工程设施的规模等级、分布位置、用地范围并提出控制标高、设施工程改造等措施。

结合韧性城市、海绵城市要求，补充防洪排涝工程措施要求，宜包括用地、地下空间、特殊场景建造工程要求。在用地方面，可对地面硬化面积、入渗型路面、绿地面积等方面提出要求；在地下空间方面，可增加地下室、下穿通道、地铁等地下空间出入口空间防倒灌安全措施要求；在其他方面，低洼地区应提高防洪堤高度，提出尽量减少内陆的潮汐水浸方面要求，高脆弱性社区应订制式地提出综合洪水保护系统等要求。

防洪排涝非工程措施

以防洪规划中非工程性措施为依据，系统综合统筹各防灾要素，对城市防洪排涝非工程措施进行重点梳理，宜包括防洪排涝指挥系统，防洪排涝设施及工程建设管理维护，洪涝预警、风险管控系统，应急预案等方面的要求。

借鉴案例：《更强且韧性的纽约规划》——防洪排涝工程措施（图CP3-3）

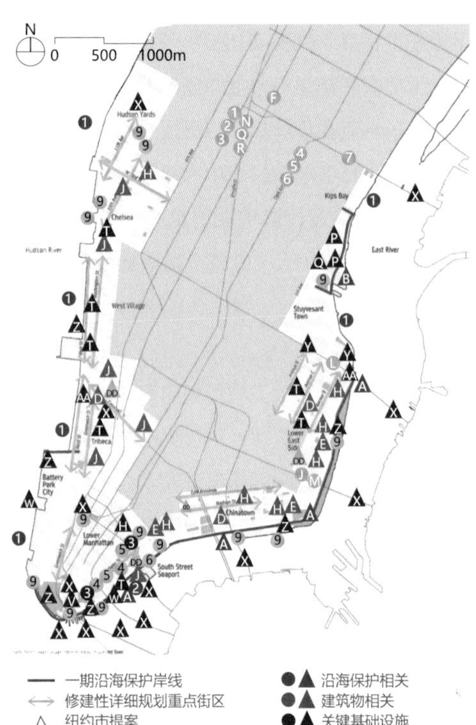

图CP3-3 南曼哈顿排涝韧性提升规划示意图
来 源：https: //toolkit.climate.gov/reports/stronger-more-resilient-new-york, A STRONGER, MORE RESILIENT NEW YORK CHAPTER 18 | Southern Manhattan

CP3-2-2
超前提出抗震规划要求[5]

以国家、区域等抗震要求为底线，结合最新地震灾害发生场景分析结论及韧性城市建设理念，以抗震减灾专项规划内容为依据，结合实际情况，从城市地震灾害发生现状及抗震能力、抗震设防目标、抗震工程等方面适时适度整合、优化相关规划及上位规划内容，并纳入综合防灾规划（图CP3-4）。

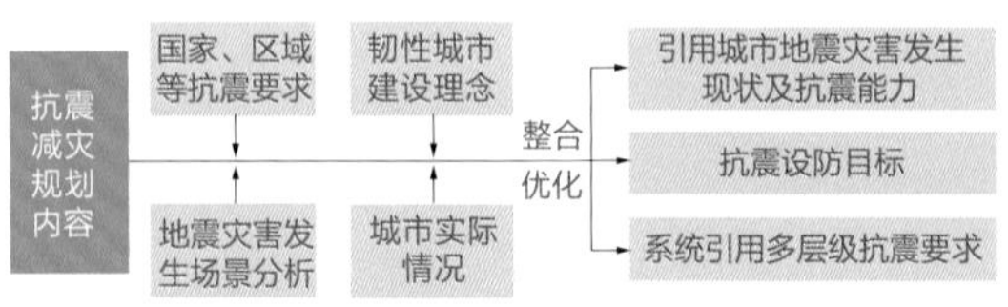

图CP3-4 抗震规划技术路线框图

城市地震灾害发生历史地震情况及抗震能力

根据灾害风险综合评估，提炼描述城市地震灾害发生烈度、地震活动情况、基本设防烈度等内容，其中设防烈度应参照中国地震参数区划及相关要求，确定现状设防情况等内容。

抗震设防目标

以抗震标准、相关规划要求为基准，以抗震规划为主要依据，根据城市历史灾害实际情况，直接引用或结合灾害场景分析情况适度提升确定抗震标准。标准应包括地震设防烈度、灾害设防分目标等。

结合各类标准核定关键内容，如城市设防标准，以及各类建筑、工程设施的抗震设防要求应根据城市所在区位，满足《中国地震动参数区划图》（GB 18306—2015）、《城市抗震防灾规划标准》（GB 50413—2007）、《建筑抗震设计规范》（GB 50011—2010）（2016年版）确定的相关标准。

系统引用多层级抗震要求

以专项规划内容为依据，可根据近年来实际情况适当优化抗震防灾规划用地适宜性评价分区及抗震防灾要求；其中，规划抗震防灾要求宜包括城市地震高易损性地区、次生灾害防治、避震场所、疏散通道等多种设施抗震防灾布局等方面的要求（表CP3-1）。

城市用地抗震适宜性评价要求推荐表 表CP3-1

	适用条件	要求
适宜	不存在或存在轻微影响的场地地震破坏因素，一般无须采取整治措施。具体条件包括： ①场地稳定； ②无或轻微地震破坏效应； ③用地抗震防灾类型i 类或ii 类； ④无或轻微不利地形影响	—
较适宜	存在一定程度的场地地震破坏因素，可采取一般整治措施满足城市建设要求。具体条件包括： ①场地存在不稳定因素； ②用地抗震防灾类型iii类或iv类； ③软弱土或液化土发育，可能发生中等及以上液化或震陷，可采取抗震措施消除； ④条状突出的山嘴，高耸孤立的山丘，非岩质的陡坡，河岸和边坡的边缘，平面分布上成因、岩性、状态明显不均匀的土层（如古河道、疏松的断层破碎带、暗埋的塘滨沟谷和半填半挖地基）等地质环境条件复杂，存在一定程度的地质灾害危险性	工程建设应考虑不利因素影响，应按照国家相关标准采取必要的工程治理措施，对于重要建筑尚应采取适当的加强措施

续表

	适用条件	要求
有条件适宜	存在难以整治场地地震破坏因素的潜在危险性区域或其他限制使用条件的用地，由于经济条件限制等各种原因尚未查明或难以查明。具体条件包括： ①存在尚未明确的潜在地震破坏威胁的危险地段； ②地震次生灾害源可能有严重威胁； ③存在其他方面对城市用地的限制使用条件	作为工程建设用地时，应查明用地危险程度，属于危险地段时，应按照不适宜用地相应规定执行，危险性较低时，可按照较适宜用地规定执行
不适宜	存在场地地震破坏因素，但通常难以整治。具体条件包括： ①可能发生滑坡、崩塌、地陷、地裂、泥石流等的用地； ②发震断裂带上可能发生地表位错的部位； ③其他难以整治和防御的灾害高危害影响区	不应作为工程建设用地，基础设施管线工程无法避开时，应采取有效措施减轻场地破坏作用，满足工程建设要求

注：1. 根据该表划分每一类场地抗震适宜性类别，从适宜性最差开始向适宜性好依次推定，其中一项属于该类即划为该类场地；
2. 表中未列条件，可按其对工程建设的影响程度比照推定。
来源：《城市抗震防灾规划管理规定》

系统梳理城市抗震防灾要求，宜包括城市生命线工程、城市建（构）筑物抗震能力、城市应急通道、城市避难场所、城市地震应急和城市救援体系建设等方面内容，特别是城市生命线工程、城市应急通道、城市避难场所等措施应纳入城市应急设施清单；城市建（构）筑物抗震能力应满足相关建设标准；城市地震应急和城市救援体系建设应作为城市防灾减灾的实施保障。

CP3-2-3
系统配合构建消防系统

城市消防现状

根据城市近期火灾发生特征及消防现状，优化并提升消防规划中城市消防设施现状情况内容及火灾风险评估现状等内容，若规划条件充足，可整合相关规划中“三合一”场所、“城中村”、产业园区危险源、古镇古城火灾发生情况及消防现状情况等内容，一并纳入综合防灾规划（图CP3-5）。

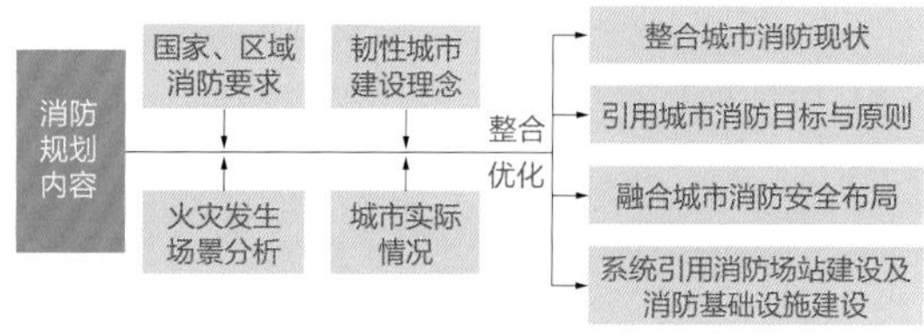

图CP3-5　消防规划技术路线框图

城市消防目标与原则

将消防规划中城市消防核心目标与核心原则纳入综合防灾规划，宜包括消防管理组织体系、消防队伍建设、火灾防御标准、设施配套要求等。

城市消防安全布局

以消防规划中城市火灾风险评估结果为基本依据，并将易燃易爆危险品场所或设施及其影响范围、建筑耐火等级低或灭火救援条件差的建筑密集区、人员密集区、历史城区、历史文化街区、城市地下空间、防火隔离带、防灾避难场地等作为用地安全评估的重要考虑因素，结合其他防灾救灾条件进行综合评价。

消防场站建设及消防基础设施建设

系统性引用消防规划中城市消防场站建设要求，并作为防灾分区划分的支撑要素；梳理消防给水、消防通信、消防通道、建筑防火等建设要求，并将其作为应急避难场所、应急通道、消防场站、应急指挥、应急保障等应急设施标准设定的标准（表CP3-2）。

消防设施建设参考规范汇总表　　表CP3-2

消防设施	参考规范
消防站	《城市消防站建设标准》（建标152—2017）
消防给水	《建筑设计防火规范》（GB 50016—2014）（2018年版） 《消防给水及消火栓系统技术规范》（GB 50974—2014）
消防通信	《消防通信指挥系统设计规范》（GB 50313—2013）
消防通道	《建筑设计防火规范》（GB 50016—2014）（2018年版）
建筑防火	《建筑设计防火规范》（GB 50016—2014）（2018年版）

CP3-2-4
综合防治地质灾害

结合最新地质灾害发生场景分析及韧性城市建设理念，以地质防灾相关规划为依据，结合实际情况，整合专项规划中地质灾害现状、防治目标、防治分区、

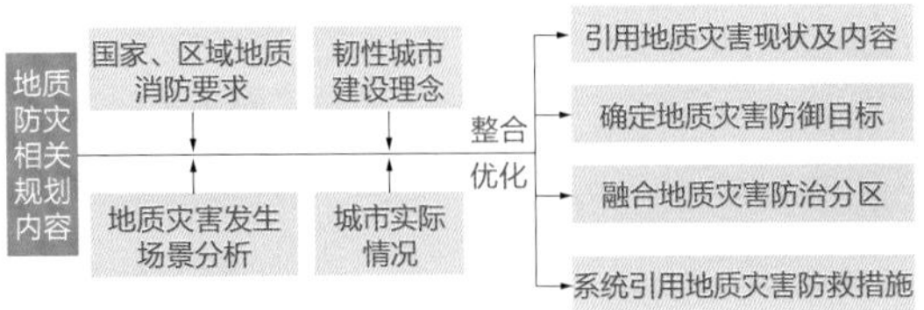

图CP3-6　地质灾害防治规划技术路线框图

防治措施等内容，并纳入综合防灾规划（图CP3-6）。

地质灾害现状及内容

结合城市近期地质灾害发生特征，融合地质勘探测评、地质防灾相关规划中城市地质特征、地质灾害易发生区、典型地质灾害等内容进行汇总，并作为灾害评估的依据。

地质灾害防御目标

结论纳入地质灾害防御规划，目标宜从法律法规、调查评价体系、网络检测体系、空间防治等方面入手，作为规划目标指标的依据。

融合地质灾害防治分区

引用地质灾害防治相关规划中地质灾害防治分区，并根据分区中地质灾害重点防治区、次重点防治区、一般防治区及不同分区的不同管控要求作为用地安全统筹的依据。

地质灾害防救措施

系统引用地质灾害建设布局及管理、预防、治理、应急措施相关内容，其中建设布局宜包括建设用地避让条件、建设范围等内容，应作为用地安全统筹管控的依据；管理措施、预防措施、治理措施、应急措施等措施应融入作为应急设施布局的依据（表CP3-3）。

地质灾害防治措施及内容推荐表　　表CP3-3

地质灾害防治措施	措施内容
合理规划建设布局	对城市建设用地提出避让要求，划定可建设范围和需采取防治措施的建设范围，搬迁在地质灾害范围内的人员和设施
管理措施	建设地质灾害防治管理体系，健全地质灾害调查评价体系、监测预警体系、综合治理体系和应急防治体系，提升地质灾害综合防治能力
预防措施	建设地质灾害监测预警体系；完善地质灾害群测群防体系，配备专职人员和必要装备，提高防灾业务能力，开展地质灾害日常巡查和简易监测；对于威胁人口较多、暂时难以搬迁避让和治理的地质灾害隐患点开展专业监测预警研究；提高地质灾害气象风险预警的准确性，及时发布地质灾害气象风险预警
治理措施	对城市地质灾害隐患点提出相应的工程技术措施；按照轻重缓急原则，提出地质灾害隐患点治理工程的实施计划；对无法治理的地质灾害隐患，考虑实施搬迁避让措施，结合生态移民、易地扶贫搬迁、土地综合整治等任务，实行主动避让

CP3-2-5 安全布局危险源区

贯彻城市最新安全理念，以重大危险源防灾减灾相关规划为依据，结合实际情况，将危险源现状及评估、危险源空间布局、危险源运输路线、应急管理措施等方面内容统筹、优化后纳入综合防灾规划（图CP3-7）。

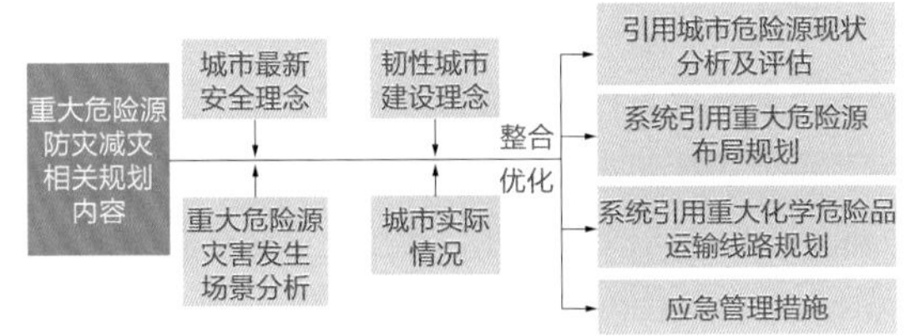

图CP3-7　重大危险源防灾规划技术路线框图

城市危险源现状分析及评估

以相关专项规划内容为基本依据，应将重大危险源防灾减灾相关规划中危险源基本条件、分布状况、运输情况、危险品灾害及安全问题与重大危险源风险评估结果等内容统筹、优化后作为灾害评估的依据，若有必要，可进行相关规划中产业园危险源普查，也一并作为灾害评估的依据。

重大危险源布局规划

以重大危险源防灾减灾相关规划为基本依据，将城市重要危险品种类数量清单、设施选址、安全管理、安全防护等内容统筹、融合纳入综合防灾规划，其中危险品种类、数量清单应作为防灾分区划分的重要支撑，设施选址、安全管理、安全防护内容作为应急避难场所、应急通道、消防场站、应急指挥、应急保障等内容编制的重要参照（表CP3-4）。

重大危险源规划内容推荐表　　表CP3-4

规划	规划内容
城市危险品种类和数量	分析危险品相关行业发展情况，明确危险品生产种类和数量，提出安全储存的要求、事故影响及应急措施
危险品生产储存设施选址	以城市用地布局规划为依据，确定重大危险源生产储存的设施位置、面积和防护距离。其设施必须设置在城市边缘相对独立地带，对周围影响小的区域；考虑交通顺畅，便于救护和疏散
危险品设施安全防护要求	危险品分为燃爆类危险品和毒害类危险品，对燃爆类危险品，根据其种类、储量计算爆炸可能波及的范围，确定安全防护距离；对毒害类危险品，根据其毒性、种类、储量，计算发生泄漏后的影响范围，确定安全防护距离。同时，危险品设施应当与城市中的重要设施保持适当距离
废弃化学危险品的处置要求	对废弃危险品的处置进行安排，确定废弃危险品的处置地点和处置方式

来源：内容参照《中华人民共和国安全生产法》

重大化学危险品运输线路规划

以重大危险源防灾减灾相关规划为依据，将危险品运输种类及方案、危险品运输线路及防护措施内容纳入综合防灾规划，其中危险品运输类型及方式、运输路线宜通过清单方式纳入；安全防护措施应作为应急避难场所、应急通道、消防场站、应急指挥、应急保障等应急设施标准设定的重要原则，支撑“CP4应急设施”（表CP3-5）。

重大化学危险品运输线路规划内容推荐表　表CP3-5

规划	规划内容
危险品运输种类和方式	预测城市危险品运输种类和数量，列出其名称、数量和运输方式，安排运输路线。运输方式可选择公路运输、铁路运输、管道运输和水路运输等
运输路线	危险品运输应确保减少对城市安全的影响，爆炸品、剧毒品和过境危险品应绕城运输，且避开水厂、政府机构、商业中心、学校、医院、客运站、码头及军事禁区等重点区域和其他人口密度高的地区
运输安全防护	对危险品的运输包装进行重点设置，确保包装质量好且防护性能好，能承受正常运输下的作业风险，确保装运化学危险品的工具必须符合相关要求，确保全过程安全

来源：《危险货物道路运输安全管理办法》

CP3-2-6 充分整合突发事故等应急方案

以公安、医疗、疾病预防等应急规划为依据，按照“预防为主，防控结合”的原则，综合城市实际情况，将灾害分类、应急指挥机构建立、监测与预警、应急处置与救援等突发灾害应急原则、应急机构、应急系统等融入综合防灾规划，并提出典型灾害处理的针对性原则。

灾害应急设施原则

以国家、区域、地区灾害应急处理原则为基础，将相关专项规划中灾害分类标准，应急处置机构建设内容，风险防控、监测等灾害监测与预警内容，自然、事故、公共卫生、社会安全等应急处置与救援措施，应急保障内容进行系统梳理，统筹、融合后作为实施保障落实的依据。如有必要可将典型应急场景纳入防灾减灾规划，如疫情处置场景、城市中心区群体事件场景等内容一并纳入（表CP3-6）。

突发事件应急规划及内容表　　表CP3-6

规划	规划内容
对突发事件分级、分类	突发事件主要包括自然灾害、事故灾难、公共卫生事件和社会安全事件四个类别；基于突发事件的性质、危害程度、造成损失、可控性和影响范围等情况，按照国家有关规定，分为特别重大、重大、较大、一般四级
建立应急指挥机构	建立突发性事件应急指挥部，负责城市内突发性事件的应对工作。主要职能是研究制定应对突发性事件的政策措施和指导意见，负责突发性事件应急指挥部所属专业应急救援队伍的建设和管理
加强监测与预警	强化风险防控。通过健全风险评估制度、健全风险防控机制、健全风险信息公开共享机制、建立健全隐患排查治理制度等方式健全完善风险防控和监测预警工作机制
	加强监测。各级公安、医疗、疾病预防控制、卫生监督等突发性公共事件日常监测机构，按照监测、预警与报告网络体系开展突发性事件的日常监测工作。根据突发性事件类别，制定监测计划；科学分析、综合评价监测数据；定期进行趋势研判
	提高预警。突发性事件应急指挥办公室根据日常监测机构的监测结果，及时分析危害程度、发展趋势，按照突发性事件的发生、发展规律和特点
应急处置与救援措施	自然灾害的处置措施：明确信息报送、监测预警、力量调动、现场救援、个人防护等应急处置措施，明确灾情统计、交通管制、舆情管控、人员营救与安置、设施抢修、生活救助和应急保障等应急处置措施

续表

规划	规划内容
应急处置与救援措施	事故灾难的处置措施：明确处置救援与警戒防护具体的应急处置措施；明确信息报送、先期处置、专业应对、精准救援、协同联动等应急处置措施；组织现场处置与救援时，明确危险源管控、交通管制、人员撤离、舆情管控、安全防护和应急保障等应急处置措施
	公共卫生事件和社会安全事件的处置措施：明确预防与控制、防护与救治、维稳与处置等应急处置措施；针对公共卫生事件防控与救治的实际情况，明确信息报送、基层防控、医学观察、防护救治、溯源调查、社会参与等应急处置措施；针对社会安全事件应对工作实际情况，明确交通管制、强制隔离、物品查验、封锁现场、警力调动、协同指挥等应急处置措施

来源：《中华人民共和国突发事件应对法》

疫情处置应急方案

针对公共卫生事件特点和社会安全事件的危害与影响，明确预防与控制、防护与救治、维稳与处置等应急处置措施；针对公共卫生事件防控与救治的实际情况，明确信息报送、基层防控、医学观察、防护救治、溯源调查、社会参与等应急处置措施；针对社会安全事件应对工作实际情况，明确交通管制、强制隔离、物品查验、封锁现场、警力调动、协同指挥等应急处置措施（图CP3-8）。

城市中心区群体事件应急方案

针对举办大型活动的范围用风险分析的方法对可能发生事故的场地（新建场地、规划场地）、场所、道路设施等进行全面系统的危险辨识和分析，评价单元的划分应根据目标的需要及可能存在的事故类别来进行，商业综合体要严格落实集中隔离场所的建设要求。

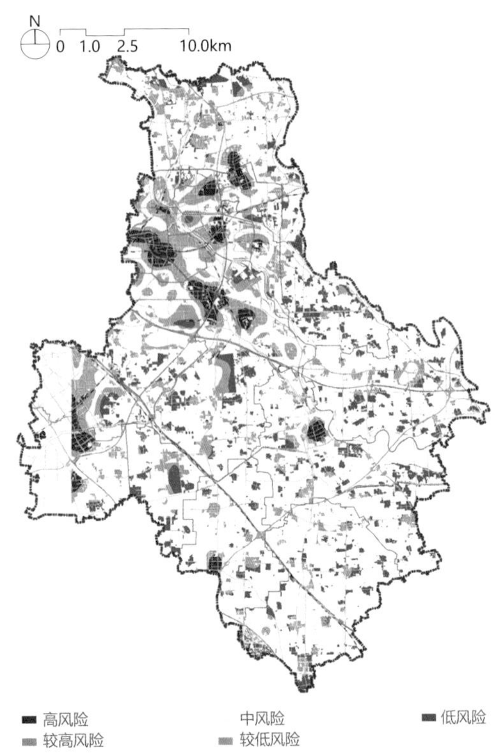

图CP3-8 北京城市副中心疫情承灾体分析图
来源：《北京城市副中心防疫专项规划》

CP4
应急设施

CP4-1 ※

因地制宜避难场所[6]

在明确避难场所规划设计原则基础上，合理确定避难场所等级规模及指标需求，系统布局城市避难场所，并提出综合管控需求。

CP4-1-1

明确避难场所规划设计原则

城市避难场所现状及问题

以抗震规划、总体规划等相关规划中避难场所统计为基础，结合现场调研方法，对城市避难现状进行梳理，发现城市避难场所问题。

城市避难场所目标原则

根据避难场所现状及问题，结合抗震规划等各类规划要求，提出城市避难场所建设目标、原则。城市避难场所建设目标应结合城市发展规划和城市发展需求，将减少各种灾害对城市居民的伤害作为宏观目标；规划设计原则宜充分考虑城市现状及行之有效的规划做法，常见原则包括平灾结合原则、综合防灾原则、就近避难原则、安全原则等。

避难场所目标原则应在功能等级确定、系统布局、场所建设、综合管理中充分体现，如平灾结合原则是体现城市综合防灾经济性和平灾两种功能相容性的原则，规划充分考虑平灾功能转化的双向性；综合防灾原则是充分发挥城市灾害管理的综合性、整合性、融合性的原则，规划应充分考虑城市防灾机构的统一领导、统一规划、统一建设、统一指挥、统一利用，提高防灾减灾效能（图CP4-1）。

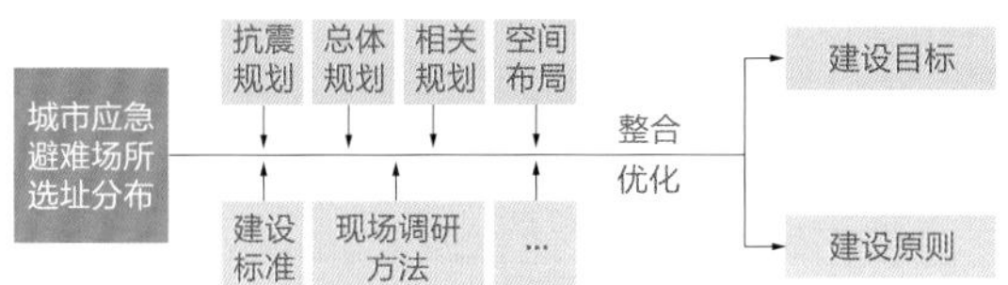

图CP4-1　应急避难系统布局规划技术路线框图

CP4-1-2

合理规划避难场所功能等级

结合国家标准、各类技术规范及城市发展需求，确定城市避难场所规划建设规模等级、类型划分、技术指标、其他要求。

避难场所建设参照标准包括：

1.《防灾避难场所设计规范》（GB 51143—2015）（2021年版）；

2.《城市抗震防灾规划标准》（GB 50413—2007）；

3.《地震应急避难场所场址及配套设施》（GB 21734—2008）；

4.《城市社区应急避难场所建设标准》（建标180—2017）；

5.《建筑设计防火规范》（GB 50016—2014）（2018年版）；

6.《无障碍设计规范》（GB 50763—2012）。

避难场所等级及类型

参照国家、地方技术规范要求，根据城市避难场所功能级别、避难规模和开放时间，确定避难场所级别和类型，规范要求避难场所分为紧急避难场所、固定避难场所和中心避难场所三级，并根据开放时间和配置应急设施的完善程度将固定避难场所划分为短期固定避难场所、中期固定避难场所和长期固定避难场所三类。在分类的基础上，应明确不同等级应急避难场所的基本配置、主要设施、建筑强度、地理位置、运行能力和主要功能等。

各类避难场所控制指标

参考避难场所设计规范及抗震、防洪等规划要求，确定各类防灾场所的规模、人均有效面积、服务半径、避难道路、出入口数量、避难疏散方向等要求，明确各类防灾场所的技术指标、适用灾种与说明，为避难场所规划布局、建设要求确定提供依据（表CP4-1）。

紧急和固定避难场所分级控制要求表　　表CP4-1

项目级别	长期固定避难场所	中期固定避难场所	短期固定避难场所	紧急避难场所
有效避难面积（hm^2）	5.0~20.0	1.0~5.0	0.2~1.0	不限
疏散距离（km）	1.5~2.5	1.0~1.5	0.5~1.0	0.5
短期避难人口规模（万人）	2.3~9.0	0.5~2.3	0.1~0.5	根据城市规划
责任区内用地规模（km^2）	3.0~15.0	1.0~7.0	0.8~3.0	根据建设情况确定
责任区内常住人口规模（万人）	5.0~20.0	3.0~15.0	0.2~3.5	

来源：《城市综合防灾规划标准》（GB/T 51327—2018）

CP4-1-3
系统规划城市避难场所

以避难场所等级、类型及管控指标为基础，结合防灾分区及城市避难场所现状，进行城市避难场所规划，进行城市避难场所分布图及避难疏散区域划分，确定避难场所、选择疏散路线、明确疏散安置供应等内容，避难场所选择应综合考虑避难场所基本情况、服务范围、避灾人口、规划建设要求、灾害类型及安全性。

避难场所现状条件及潜在避难场所特征

分析城市现状避难场的分布状况、避难路线状况，并梳理有可能作为避难场所的公园、学校设施等环境条件、场地条件、避灾人口等内容作为避难场所的选择依据（图CP4-2）。

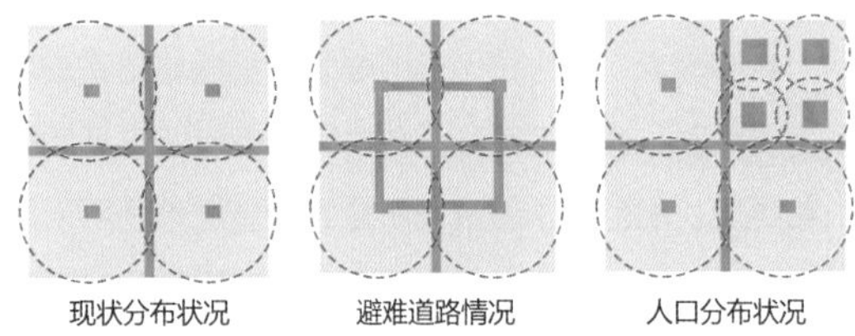

图CP4-2　避难场所布局示意图

避难场所服务范围与避灾人口

结合城市防灾分区，综合考虑城市河流、铁路等分割要素，确定各类规模避难场所可接纳避难人数，并结合地区人口分布特征，测算场所服务范围，统筹避难场所需求（图CP4-3）。

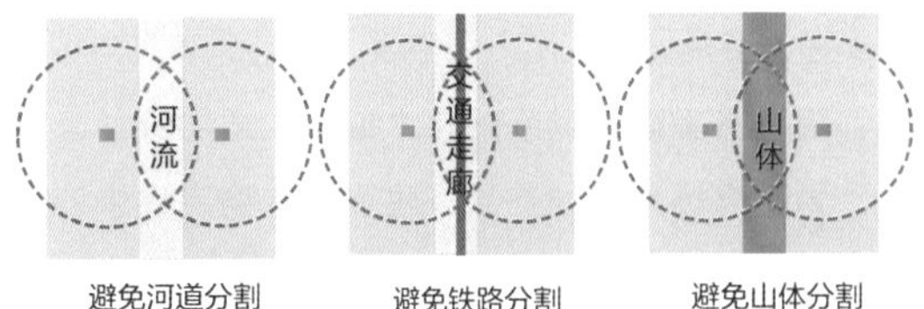

图CP4-3　确定避难场所服务示意图

避难场所建设要求

根据综合防灾要求及各类灾害避难场所特征，充分利用现有资源，确定避难场所名称、类型、面积、服务范围等，典型类型包括绿地系统避难场所、学校、大型公共设施等。以绿地系统为例，应根据应对不同类型灾害的要求，优化城市蓝绿空间系统格局，确定关键的蓄滞洪区、重要应急避险公园绿地分布，充分利用绿地系统在防灾救灾中的作用。

借鉴案例：日本福冈市东区避难地信息系统——城市避难场所设置参照

福冈市通过“一张图”将城市公园、地区避难场所、学校等城市防灾避难场所进行汇总，实现全民信息共享（图CP4-4）。

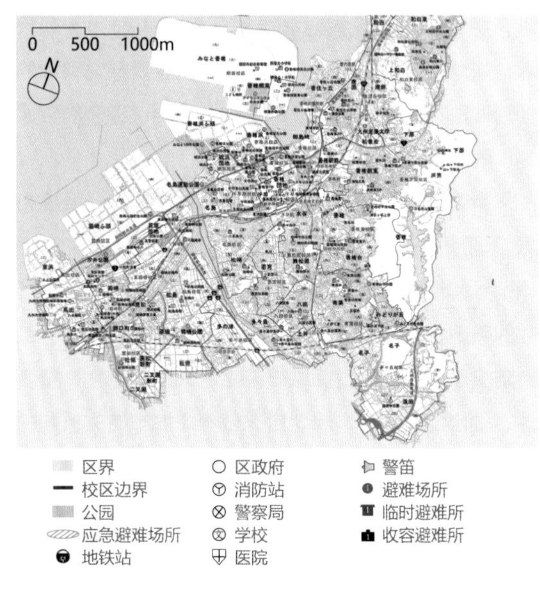

图CP4-4　日本福冈市东区避难地图（局部）

避难场所安全性

根据不同灾害类型，有侧重地进行避难场所布局和设计。承担应急避灾功能的场所应根据规划中确定的应急避灾功能类型，充分考虑多种灾害并发情景，开展侧重性设计，特别强调安全性特征；在避难场所确定过程中，应对避难场所进行综合安全评估，确定避难场所的安全性，宜包括自然环境安全性、社会环境安全性。

CP4-1-4
明确避难场所建设管理要求

在规划布局的基础上，明确避难场所建设管理要求，应包括避难场所建筑建设要求、综合防灾要求、平灾结合要求、应急转化要求、综合防灾要求等。

建筑建设要求

综合各类防灾规划及规划建设标准，充分考虑韧性城市建设要求，在确定公共建筑物和应急避难场所建设要求时还应考虑避难场地要求、避难建筑要求、建筑防火要求等。

避难场所建筑建设考虑因素包括：

1. 地理位置；
2. 城市现状、规划；
3. 建筑物抗灾等级；
4. 配套应急医疗、应急物资储备设施区位；
5. 防火疏散安全距离；
6. 安全疏散出入口；
7. 无障碍设施。

平灾结合要求

为保证避难场所响应及时有序，应在场所建设、日常维护等多层面考虑平灾结合要求，以绿地和公园应急避难为例，在绿地和公园应急避灾能力建设过程中，应充分考虑与其他基础设施防灾救灾体系建设的衔接关系；在日常运维过程中，应加强对应急管理设施的巡检和维护，确保功能有效，平灾功能转换顺畅；在灾害来临前，应强调对突发自然灾害的植物养护管理，针对台风、暴雨、暴雪等极端气象预警，提前对植物进行疏冠和加固（图CP4-5）。

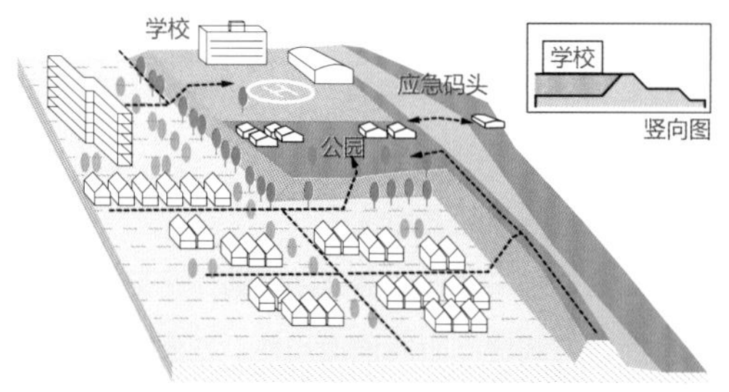

图CP4-5　平灾共用设施与场所设置示意图

应急转化要求

梳理可转化为应急避难场所的设施及转化规则并形成应急预案，以大型公共建筑进行非避难场所转化为例，应在建筑区位、空间、容量特点的基础上确定方舱医院改造备选清单，综合考虑医患安全、建筑安全、环境安全和后勤保障安全，形成改造预案。

综合防灾要求

充分考虑灾害影响范围及避难场所通用特征，形成多灾种避难场所统一管理机制，以绿地应急场所为例，应建立城市公园绿地管理机构健全和完善应急管理机制，明确应急工作的接口单位，确保能够快速响应上级应急指挥部门发布的灾害预警和应急程序，迅速进入应急工作状态，依据所发布的预警级别，启动管辖范围突发公共事件应急处置预案，履行相应职责。

CP4-2

系统规划应急通道

在明确城市应急通道设计原则的基础上，合理规划应急通道功能等级，综合考虑交通、安全等条件，系统布局城市应急通道，提出应急通道综合管理要求。

CP4-2-1

明确城市应急通道设计原则

结合城市发展、综合防灾需求，依托城市道路系统，以为城市居民提供安全疏散和救助通道，规划实施后的避灾和救援基本场景为目标，确定应急通道设计原则。

CP4-2-2

合理规划应急通道功能等级

明确城市应急通道分级标准及建设标准，并结合城市道路系统现状、功能布局现状进行城市应急系统布局。

城市应急通道分级标准

结合国家标准、各类技术规范及城市发展需求，根据灾时救援力量和救灾物资的输送，灾后受伤和避难人员的转移疏散需求，对城市疏散应急通道进行分级，宜将应急通道分为救灾干道、疏散主通道、疏散次通道三个级别（表CP4-2）。

应急通道分级特征表　　表CP4-2

级别	特征
救灾干道	为区域和城市应急指挥、医疗卫生、供水、物资储备、消防等特别重大应急救援活动所必需的设施以及涉及国家、区域公共安全的设施提供应急保障。
疏散主通道	为大规模受灾人群的集中避难和重大应急救援活动提供应急保障
疏散次通道	为避难生活和应急救援提供应急保障和服务

各级应急通道建设原则

根据城市应急通道级别，确定应急通道设计标准，应包括防御目标、防灾策略、设防标准、沿线抗震防灾要求等。防御目标应包括不同灾害条件下各级应急通道运行条件，防灾策略应包括应急通道灾害防御需求，建设标准应包括不同级别应急通道工程建设标准，沿线抗震防灾需求应包括沿线建筑防震建设要求、通道宽度需求及其他工程需求等。

CP4-2-3 系统布局城市应急通道

在应急通道功能等级划分确定的基础上，综合考虑城市应急通道连通节点、城市道路保障条件、城市应急通道安全可靠性条件、应急通道与其他各专业通道的衔接条件、应急通道韧性提升条件等，系统布局城市应急通道，形成城市应急通道系统布局图及各级应急通道名录与建设清单等。

连通城市应急通道连通节点

综合考虑城市应急通道关键连通节点，城市重要防灾设施、高风险地区、区域重要对外出入口等通道联系重要节点要素，保障灾害发生后生命通道与节点的连通性。

综合考虑城市道路保障条件

应急通道系统布局应依托城市道路系统，结合地铁、轻轨、市郊铁路、航空等系统进行布局，宜在城市快速干道及城市主干道系统中选择，使应急通道能够有效与城市出入口相连，以保证救援疏散的需要。此外，城市应急通道应选择相对稳定的用地，不宜采用高架形式，以减少道路受到破坏的可能，若无法避免宜提出应急通道上的桥梁、高架路的强度提升措施，如提升新建的桥梁抗震设防标准或加固原有桥梁抗震强度（图CP4-6）。

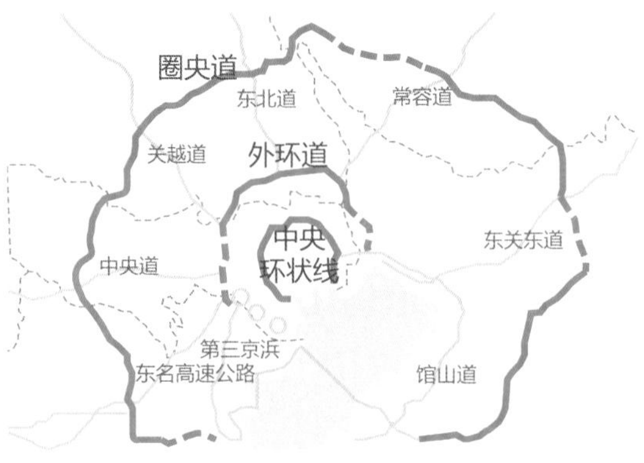

图CP4-6　东京都三环及周围道路一体化整治图

系统考虑应急通道安全可靠性条件

应急通道应确保通道选址安全、道路避燃等，避开重大次生灾害源对应急通道的干扰，如重要的避灾道路要考虑防火措施，两侧建筑物应具有较好的耐火性能，并设有消火栓和防火隔离带；避灾道路两侧的建筑倒塌后不应覆盖基本通道，倒塌的废墟宽度可按建筑高度折算。应急通道应避开易发生燃爆和有毒物扩散的重大危险源和次生灾害源，通过各类手段与措施，确保应急通道两侧的建筑倒塌后不致破坏通道，倒塌的废墟不致严重影响清理疏通。

综合考虑应急通道与各专业疏散通道衔接关系

综合考虑应急通道与各专业疏散通道的衔接关系，适度将相关要求纳入应急通道建设要求，完善城市应急通道系统，主要包括抗震疏散通道、消防疏散通道。例如，通道应不小于15m，且通道上的立交桥和桥梁应根据地震安全性评价的结果进行抗震设防，使通道兼具抗震疏散功能。

适度提升应急通道韧性

结合当地经济条件，通过拓宽通道宽度、寻找可替代道路等方式提高应急通道韧性。在应急通道宽度方面，应根据应急通道等级、位置、与外部的连接关系等确定应急通道宽度，提高与其相连接的桥梁的抗灾级别；设置应急通道替代性道路，提高通道冗余性；提升通道宽度和转弯半径，满足大型救灾设备进出的需要，且与避难场所的联系应保证至少有两条通道与之相连，提高通道可替代性。

CP4-2-4
明确应急通道综合管理要求

结合城市道路交通管理要求及灾害防救要求，提出应急通道综合管控要求，应包括不同灾害条件下应急交通策略、应急交通保障政策和措施、新技术对应急交通提升策略等。

不同灾害条件下应急交通策略

提出城市应急交通灾前管理策略及灾时交通组织、管理与控制策略。其中，灾前管理策略宜包括应急通道日常管理措施等，灾时交通组织、管理与控制策略宜包括不同灾害条件下应急交通救援疏散组织策略与措施、城市交通建设与管理要求、应急道路系统的控制与管理方案等。

应急交通保障政策和措施

提出应急交通保障政策和措施内容，如制定救援疏散运行机制、救援疏散应急预案，建立灾时应急交通协调保障机制，建立快速响应系统和应急公共交通系统的运营管理机制，制定灾时交通管理条例等。

新技术对应急交通提升策略

提出交通控制与管理系统功能提升需求及互联网、GPS、GIS、人工智能、云计算、应急大数据、拆装式电子警察、无人机及其他技术手段应用对交通系统监测、管控可视化提升、灾害预警能力等应急提升策略。

CP4-3
全面加强基础保障

以各类防灾规划要求为基础依据，从韧性提升视角，对应急供水、应急供电、应急通信等防灾基础设施进行“现状梳理—设施布局—防灾规划”等内容汇总，强化基本保障。

CP4-3-1
强化应急供水系统韧性

从应急供水现状及额度标准、应急供水保障措施、防灾要求及恢复策略等方面汇总应急供水系统相关规划内容，有条件的城市可适当考虑设施冗余，提高城市应急供水韧性。

应急供水系统现状及额度标准

汇总相关规划应急供水系统现状及所存在的问题，并从多元视角考虑提出应急供水要求、水源地需求，同时结合城市标准及人的需求，提出分阶段、分人员应急供水目标（表CP4-3）。

应急供水系统建设参考规范汇总表　　　　表CP4-3

参考分类	参考规范
备用水源	《城市供水应急和备用水源工程技术标准》（CJJ/T 282—2019）
水源保护设施	《饮用水水源保护区标志技术要求》（HJ/T 433—2008） 《饮用水水源保护区划分技术规范》（HJ 338—2018）
取水及输水设施	《室外给水设计标准》（GB 50013—2018） 《泵站设计标准》（GB 50265—2022）
监测设施	《地表水和污水监测技术规范》（HJ/T 91—2002） 《水环境监测规范》（SL 219—2013） 《地下水监测规范》（SL 183—2005）
供水质量	《生活饮用水卫生标准》（GB 5749—2022）

应急供水系统保障措施

结合应急供水设施特征，梳理应急供水系统的重点保障对象、措施和布局形态，落实管网规划布局、应急供水点选择、关键管网设防标准等要求。其中，管网布局中根据管网重要性进行分级管控，提出不同等级管控重点保护内容及要求。此外，结合城市实际，整体提高供水系统韧性，建立应急供水与分级储备能力。

应急供水系统防灾要求

提出水源设施、水厂、管网等应急供水系统建设原则、布局原则，列举应急供水系统建设正负面清单，并提出城市老旧管网、水厂等更新升级改造方案。此外，应结合水网级别等特征，提出灾后应急恢复策略。

CP4-3-2

分级提升应急供电系统冗余度

从应急供电系统保障措施、应急供电系统防灾措施等方面汇总应急供电系统相关规划内容，有条件的城市可通过分级提升策略，提升城市应急供电系统韧性。

应急供电系统保障措施

汇总相关规划中应急供电系统现状及规划原则，明确供电系统的重点保障对象、措施和布局形态、重要设施布局。宜从供电设施分级应急保障、电网综合韧性提升视角整体提高供电系统韧性，如构建大电网联络支撑、保障电源分层分区自我平衡、用户自备应急电源兜底、应急移动电源补充四道防线的综合防御保障体系，规划鼓励配电网主干线路采用入地电缆或进入综合管廊等。

应急供电系统防灾措施

从设施保障、应急保障两个层面提出应急供电系统防灾措施，其中设施保障宜采用正负面条文形式统筹供电设施选址原则、备用率、安全等内容，应急保障宜包括电力系统规划建设、应急处理机制相关内容及应急预案框架等相关内容。

CP4-3-3

多元技术确保应急通信系统提升

从应急通信系统现状、问题、设防标准、主要措施、应急方案、保障措施等方面汇总应急通信系统相关规划内容，有条件的城市可通过新技术应用等方法提升通信系统多元性。

应急通信系统问题及基本对策

汇总相关规划通信应急系统现状及所存在的问题，提出设防标准相关内容，如通信系统先进性、可靠性、防灾能力、近中远期建设计划等。

应急通信系统防灾措施

结合应急通信系统特征，梳理应急通信系统的重点保障对象、措施和布局形态，落实通信系统空间分布、设施布局、线路建设与保护等措施。

应急通信系统防灾要求

从应急救灾、通信保障两个层面提出应急通信系统防灾措施，其中应急救灾宜采用正负面清单形式提出应急救灾要求，通信保障宜包括通信设施、线路建设方案等内容。

CP4-4

统筹提升应急服务

结合各防灾专项规划要求及城市建设实际，统筹医疗、消防、物资保障等系统建设总体原则、空间布局及设施要求，提高城市灾害应对能力。

CP4-4-1

提高应急医疗系统韧性

从应急医疗系统特征、应急医疗系统策略两个层面汇总应急医疗系统相关规划内容，有条件的城市可适当考虑医疗系统扩增措施，提高应急医疗系统韧性。

应急医疗系统特征

梳理应急医疗系统特征，并从医疗机构分布、床位数、医疗资源分布、基层医疗机构分布、医疗资源需求等方面汇总应急医疗系统问题。

应急医疗系统设施提升策略

从设施层面落实应急医疗系统提升策略，应包括应急保障医疗设施建设标准、设施空间布局、设施防灾要求、临时医院改造要求。其中，应急保障医疗设施建设标准应包括保障医院分级、分类建设要求，临时应急医疗卫生建设保障要求；设施空间布局要求应包括应急医疗设施空间布局及相关医疗机构信息；设施防灾要求应包括抗震、防洪相关要求及结构安全、设备安全等相关要求；临时医院改造要求宜包括改造目标、方案框架等内容（表CP4-4）。

应急医疗设施建设参考规范汇总表　　表CP4-4

医疗设施	参考规范
整体设计标准	《新型冠状病毒感染的肺炎传染病应急医疗设施设计标准》(T/CECS 661—2020)
建筑	《传染病医院建设设计规范》(GB 50849—2014) 《综合医院建筑设计规范》(GB 51039—2014) 《医院负压隔离病房环境控制要求》(GB/T 35428—2017)
给水排水	《建筑与工业给水排水系统安全评价标准》(GB/T 51188—2016) 《建筑给水排水设计标准》(GB 50015—2019) 《室外排水设计标准》(GB 50014—2021)
供暖通风及空调	《综合医院建筑设计规范》(GB 51039—2014) 《医院负压隔离病房环境控制要求》(GB/T 35428—2017)
电气及智能化	《建筑物防雷设计规范》(GB 50057—2010)

CP4-4-2
统筹布局消防系统

以落实消防专项规划要求为目标，结合城市建设特征，对消防规划要求进行总体落实，包括消防系统建设要求落实、消防系统空间布局及设施要求落实等。

消防系统建设要求落实

对消防规划提及的系统建设原则、建设标准、具体要求、消防站规划、防火安全布局等相关内容进行统筹、落实，其中防火安全布局方面宜结合城市特征，对易燃易爆危险品场所或设施及影响范围、建筑耐火等级低或灭火救援条件差的建筑密集区、历史城区、历史文化街区、城市地下空间、防火隔离带、防灾避难场地提出针对性布局要求（图CP4-7）。

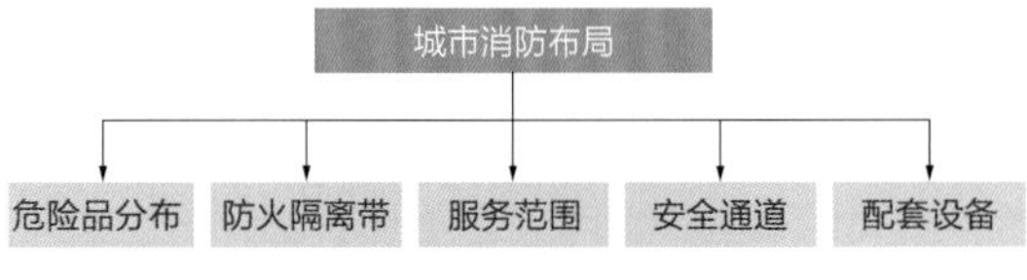

图CP4-7　城市消防系统重要要素示意图

消防系统空间布局及设施要求落实

落实或有条件优化消防规划中消防辖区责任分区、消防设施布局等内容，重点落实消防辖区分布、应急消防系统布局、消防场站清单等内容，宜结合实际情况提出消防规划实施措施及周边建设限制条件。

优化、落实消防基础设施建设要求，应包括消防通道、消防给水、消防通信三方面要求，其中消防通道宜包括通道选择原则、通道建设标准等，消防给水宜明确消防给水要求及消防给水主要原则，消防通信宜包括消防通信要求及核心装备要求。

CP4-4-3
明确应急物资储备供应管理

从应急救灾物资类型、应急救灾物资管理、应急救灾物资储备空间方面汇总应急物资储备供应相关内容。

应急物资类型

结合城市灾害发生特征，从应急救灾设备、生活用品、抢救器材等方面梳理相关规划应急物资类型，宜采用物资清单的方式明确主要物资类型、物资需求量等。

应急物资管理要求

结合应急事件具有突发性、破坏性强等特点，从物资储备方式、物资调配方式等方面汇总应急物资管理要求。其中，物资处理方式宜包括供应商档案及应急物资的生产、分布情况清单，物资调配方式宜包括应急管理系统及应急调配站、应急物流系统建设要求（表CP4-5）。

救灾物资储备库建设参考规范汇总表　　表CP4-5

参考分类	参考规范
法律法规	《中华人民共和国防震减灾法》 《中华人民共和国防洪法》 《国家自然灾害救助应急预案》
抗震设防	《建筑与市政工程抗震通用规范》(GB 55002—2021) 《建筑抗震设计规范》(GB 50011—2010)(2016年版)
防水等级	《屋面工程质量验收规范》(GB 50207—2012)
耐火等级	《建筑设计防火规范》(GB 50016—2014)(2018年版)
防雷等级	《建筑物防雷设计规范》(GB 50057—2010)

应急救灾物资储备空间

结合应急救灾物资储备库相关建设标准，从规划布局、抗灾要求两个层面落实应急救灾物资储备空间。其中，规划布局应包括应急储备设施空间布局、建筑规模等内容，抗灾要求宜包括设施防灾等级及相关规划建设要求（表CP4-6）。

救灾物资储备库规模分类表　　表CP4-6

规模分类		紧急转移安置人口数（万人）	总建筑面积（m^2）
中央级（区域级）	大	72~86	21800~22750
	中	54~65	16700~19800
	小	36~43	11500~13500
省级		12~20	5000~7800
市级		4~6	2900~4100
县级		0.5~0.7	630~800

来源：《救灾物资储备库建设标准》（建标121—2009）

CP4-4-4 明确应急指挥中心规划建设原则

在对城市公安、交管、消防、医疗卫生、防汛抗旱、防震减灾等应急智慧中心系统梳理的基础上，在最大限度确保公共安全和及时稳妥地处理突发公共事件的前提下，提出应急综合防灾应急指挥中心及各类应急指挥中心建设要求。

在条件允许时，应急指挥中心宜满足合并建设要求，在指挥系统方面宜提出对公安、交管、消防、医疗卫生、防汛抗旱、防震减灾、安全生产、邮政电信、建筑与规划及涉及水煤电气供应的公共事业等专业部门的信息的集成要求，宜将各种应急服务资源统一在一套完整的智能化信息处理与通信方案之中；在空间设施方面，宜提出将地震应急指挥中心、人防指挥中心（同时涉及保密要求）、消防指挥中心合并布局，建设城市综合防灾应急指挥中心等措施（表CP4-7）。

应急指挥系统建设要点表　　表CP4-7

应急指挥系统	建设内容	职责
应急指挥场所系统	指挥中心、外场指挥专家、指挥车等	重大警情决策、处理、对接、监控
基础支撑系统	数据中心、传输网络、采集通信	支撑系统中安全、快速、无障碍的流动
综合应用系统	移动终端、地理信息系统等	采集信息并处理分析

应急指挥中心软硬件建设要求

提出应急指挥中心硬件建设需求，宜包括应急指挥系统、智能楼宇系统、综合保障系统和数字会议系统等建设需求；梳理指挥中心软件建设要求，宜包括根据城市实际情况，提出应急指挥系统建设要求，宜包括灾害信息管理系统和图像监控系统、计算机网络应用系统、有线通信系统、无线指挥调度系统、辅助决策系统等。

CP4-5 强化建设防御设施

在系统评价城市灾害防御设施的基础上，结合灾害防御标准，提出灾害防御设施工程措施及主要技术要求，提出灾害防御设施对策。

CP4-5-1 系统建设洪涝灾害防御

在对防洪排涝设施建设标准、工程隐患、非工程措施等系统梳理的基础上，结合防洪排涝目标，明确防洪排涝标准，提出防洪排涝设施主要技术要求。

防洪设施

防洪设施应结合防洪系统构成提出系统性、综合性技术要求，应包括排洪河道技术要求、防洪蓄水工程、排水管网优化工程、滞水减洪工程等。

内涝设施

内涝设施宜包括硬性措施、弹性措施两方面，硬性措施应包括排水规划、海绵城市建设、内涝防治设施建设等，弹性措施宜包括信息化平台建设、制度保障建设等。

CP4-5-2 系统规划地质灾害防御

在对主要地质灾害识别的基础上，从总体、分项两个层面提出城市地质灾害防御策略。

总体层面

总体层面策略应满足群测群防要求，制定或结合地质灾害防治规划，通过搬迁避让、专业监测、重点防治等方法，系统性确定地质灾害防治工程。

分项控制层面

根据城市地质灾害特征，提出分项控制层面地质灾害防治对策，如针对滑坡、泥石流、崩塌、地面沉降等具体地质灾害特征，提出主次结合的工程措施。

CP4-6 ※

统筹规划社区防灾

以提高城市社区韧性，全面提高居民自救、互救能力为基本原则，从空间布局、保障措施等方面提出社区防灾要求。

CP4-6-1

梳理社区防灾现状

以提高城市社区韧性，以及全面提高居民自救、互救能力为基本原则，从社区空间布局、社区防灾机制等层面对城市社区防灾现状进行评价，并提出社区防灾目标。

借鉴案例：日本东京都鹿浜地域防灾社区营造基本计划——社区防灾案例

足立区鹿浜地域被划分为62、63、64、65四个防灾生活圈，并通过防灾空间骨架结构、生活圈内细化道路和避难所设施、在单体建筑及其用地层面上提高防灾安全性等措施提高生活圈防灾能力建设（图CP4-8）。

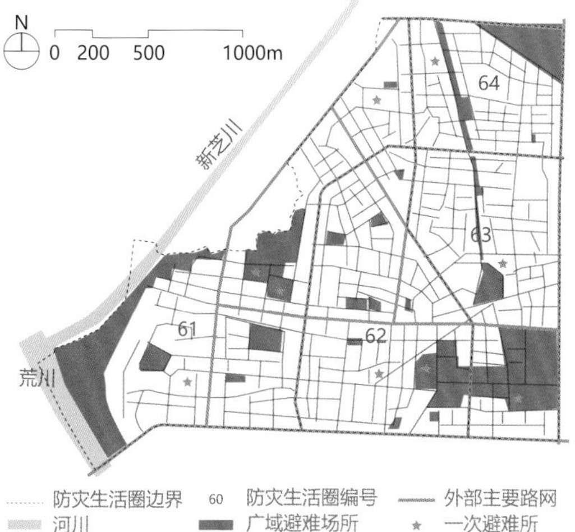

图CP4-8 足立区鹿浜地域防灾社区营造基本计划

CP4-6-2

汇总社区防灾空间布局要求

结合相关规划要求，从生活圈视角构建社区防灾空间体系建设要求，梳理社区防灾清单，清单应包括紧急避难场所及临时避难场所建设要求，疏散通道建设要求，绿地、广场等避难场所建设要求及平灾使用要求。

CP4-6-3

提出社区保障措施要求

从社区应急管理体系、社区防灾教育与培训视角提出社区保障措施。社区应急管理保障体系宜围绕灾前预防、灾时应对、灾后重建原则，提出灾前防灾知识的普及与防灾演练构建灾前灾害预防体系，灾时部分应提出与政府部门、企事业单位、社会团体和社区基层之间构建多元参与的灾时应对方案；灾后需要与政府机构、专家学者、社会团体、社区居民共同构建灾后重建体系；社区防灾教育与培训应包括社区灾害防灾教育和培训的工作方案框架等内容。

CP5

实施保障

CP5-1

协同优化管理机制

以韧性城市建设为基本理念，结合城市特征，梳理城市防灾救灾系统管理机制，完善城市防灾救灾管理系统，建立灾害防救定期体检评估机制。

CP5-1-1
系统梳理城市灾害防救协同机制

以落实责任、完善体系、整合资源、统筹力量为基本原则，以提高政府与政府、政府与企业之间灾害防救过程中协同能力，避免灾害防救“盲区”，实现不同部门、不同行业资源共享为目标，在城市灾害防救系统梳理的基础上，提出城市灾害防救协同机制优化建议，实现灾害区划、灾害预警，以及紧急处理、应急响应、抢险救灾、灾后恢复重建的协同管理。

CP5-1-2
分项优化灾害防救管理体系

在灾害协同机制的基础上，梳理城市灾害防救管理体系，提出优化建议，灾害防救管理体系宜包括工程设施体系、规划实施体系、应急处置体系、恢复重建体系、区域防灾体系等方面。

工程设施体系

以提高工程设施安全性、增强工程设施抗灾能力为目标，可从防灾体制、建设标准、防灾设施等层面提出优化建议。

规划实施体系

以提高防灾减灾规划实施度为目标，可从防灾规划细化落实及规划实施等层面提出优化建议。

应急处置体系

以提升城市应急处置能力为目标，可从应急系统建设、应急体系建设、应急力量建设等层面提出优化建议。

恢复重建体系

以提高城市灾后重建能力为目标，可从应急预案、应急物资储备、应急重建等方面提出优化建议。

区域防灾体系

以提高区域防灾协同能力为目标，可从区域防灾规划编制实施、资源共享、城乡防灾规划编制实施监督、社区城镇防灾能力建设等方面提出优化建议。

CP5-1-3
建立防灾减灾定期体检评估机制

根据城市特征，建立城市防灾减灾定期体检评估机制，定期开展综合防灾减灾规划评估，评估内容宜包括目标评估、安全用地评估、空间管控评估、要素配置评估、内外部环境评估等方面，宜将综合规划指标作为评估指标，建立整套的评估体系。此外，可根据韧性城市建设要求，提出韧性城市评估指标，具体包括经济韧性、社会韧性、环境韧性、社区韧性、基础设施韧性、组织韧性、灾害韧性等，其中城乡规划建设领域应集中关注社区韧性、基础设施韧性、灾害韧性等方面内容（表CP5-1）。

城市灾害安全韧性评价指标体系表（城乡建设部分）

表CP5-1

城乡建设方向	韧性指标
社区韧性	卫生、社会保障和社会福利业人员占比（%）
	防灾减灾社区数量（个）
	公共管理和社会组织人员占比（%）
	综合减灾示范社区比例（%）
基础设施韧性	人均道路拥有量（m）
	学校数量（所）
	每万人拥有病床数（个）
	互联网用户数量（人）
	抗灾标准达标率（%）
	房屋抗灾设防率（%）
灾害韧性	人均避难疏散面积（m^2）
	单位建成区面积消防站数量（个/km^2）
	安全饮用水保障率（%）
	抽样建筑抗震标准达标率（%）
	应急防疫医院床位（床）
	灾害综合风险增长率（%）
	年平均地面沉降量（mm）
	经过治理的地质灾害隐患点数量（个）
	消防救援5分钟可达率（%）
	防洪堤达标率（%）

来源：仇保兴. 基于复杂适应系统理论的韧性城市设计方法及原则［J］. 城市发展研究，2018，25（10）：1-3.

CP5-2

高效建立保障力量

以规划编制实施监督能力、提升城市防灾减灾综合能力为目标，提出经济保障、人员保障、物资保障、技术保障、基础设施保障、社区防灾保障等建议。

完善资金保障

完善资金保障宜从城市防灾减灾相关资金总量、资金来源、主要用途、管控部门等方面，提升规划编制实施监督能力。

强化人员保障

强化人员保障宜从应急队伍建设、专家协同队伍建设、防灾宣传教育队伍建设等方面提出人员保障措施。

加强物资保障

加强物资保障宜从预定方案实施、战略资源储备、物资设备储备等方面提出物资保障措施。

建立技术保障

建立技术保障宜从灾害风险识别、风险预测、应急管理等方面建立灾害数据库、专家库、信息库等，提出技术保障措施。

提高基础设施保障

提高基础设施保障宜包括灾害预警、排查视角，提出交通、市政等措施。例如，积极开展城市重要区域、重要基础设施安全隐患排查工作。开展城市供水、供电、排水、燃气、热力、交通隧道、轨道交通、地下空间、通信系统等城市基础设施系统及城市避难场所等的运行状况及其安全隐患普查排查行动，建立登记册，明确责任，落实隐患消除计划和措施，并开展应对重大灾害的提升工程建设行动和长效监测预警机制。

建立韧性社区保障

韧性社区保障宜从社区防灾救灾制度建设、智慧型社区安全管理平台建设、社区共同抗灾能力建设、社区防灾减灾知识普及的视角提高社区防灾减灾能力。

CP5-3

整合协同智慧防灾

根据城市防灾减灾需求，协同构建城市灾害智能防救体系，提出软硬件支撑建设建议。

CP5-3-1

协同构建智慧灾害防救体系[7]

建立多部门协同的智慧灾害防救体系，可从灾害区划、灾害预警、紧急处理、应急响应、抢险救灾、灾后恢复等方面提出灾害智慧防救系统具体需求，并提出软硬件建设需求、资金保障需求等内容。

CP5-3-2

协同建构智慧灾害防救软件系统

建立多部门协同的智慧灾害防救软件系统，宜从数据交汇共享、软件功能需求、技术支撑等方面提出措施和要求。

明确数据交汇共享需求

结合部门职责，提出数据交汇原则及数据交汇支撑条件，可细化至关键数据交汇清单。

明确软件功能需求

结合部门职责和灾害防救场景，提出软件功能需求，宜包括多部门协同信息共享场景需求，跨部门灾害综合模拟、分析、预警、决策场景需求，应急预案、应急库、知识库、案例库等支撑体系需求等方面内容。

提出技术支撑要求

结合数据交汇要求、软件功能需求，提出技术支撑需求，宜包括城市信息模型技术、人工智能技术等，同时应注明技术功能及应用场景。

CP5-3-3

融合提升智慧防灾硬件设施保障

根据智慧灾害防救体系及协同建构智慧灾害防救软件系统需求，明确智慧防灾硬件需求，列举城市硬件需求清单，并提出数据清单建设需求。硬件清单宜包括数据处理清单、各类传感器清单等，建设需求应包括与工程建设结合关系。

CP5-4

统筹安排近期建设

根据城市防灾急迫性、重要性，制定近期建设目标，明确近期建设重点。

CP5-4-1

确定近期建设目标

根据总体建设目标及各项建设任务，设定近期建设目标，建设目标宜包括灾害防救体系层面、应急设施建设层面、实施保障机制建设层面等。

CP5-4-2

明确近期建设重点

结合近期建设目标，根据规划编制，遴选近期建设重点，并以项目条文或项目清单的形式呈现，重点建设任务宜包括工程建设、机制建设、体系建设、信息化系统建设等方面，建设项目列举格式宜与规划编制格式相似。

近期建设重点中工程建设是重点，近期建设工程宜包括新建及改造避难场所、应急道路、防洪设施、抗震避灾设施、人防工程、消防设施等。

CP5-4-3

重点项目建设清单

根据近期建设重点，落实近期建设项目清单，项目清单宜细化至具体某项工程项目，宜包含项目类别、项目名称、项目其他信息（如新建项目或改造项目）等。根据近期建设重点及项目建设清单进行投资估算，投资估算宜细化至项目级。

注 释

❶《中共中央 国务院关于推进防灾减灾救灾体制机制改革的意见》
❷《中国自然灾害综合区划图》(2012年)
❸邹亮. 城市防灾规划丛书 第1分册 城市综合防灾规划 [M]. 北京：中国建筑工业出版社，2016.
❹《城市综合防灾规划标准》(GB/T 51327—2018).
❺同上
❻《城市社区应急避难场所建设标准》(建标 180—2017)
❼邹亮. 城市防灾规划丛书 第6分册 城市灾后恢复与重建规划 [M]. 北京：中国建筑工业出版社，2016.

US

US1 -US5

地下空间规划技术指引

UNDERGROUND SPACE PLAN

US

地下空间规划

技术指引

US1	**资源评估**	
US1-1	调查地下空间资源	
US1-2	明确地下空间需求	
US1-3	建立资源信息系统	
US2	**需求预测**	
US2-1	明确开发影响因素	
US2-2	确定规模预测方法	※
US3	**总体布局**	
US3-1	分析地下开发目标	
US3-2	评估地下开发价值	※
US3-3	确定地下空间布局	※
US3-4	协调地下各类设施	※
US4	**详细布局**	
US4-1	明确详细规划层次	
US4-2	确定详细规划内容	
US4-3	明确规划控制指标	
US4-4	提出规划引导指标	
US4-5	总结规划开发模式	※
US5	**规划实施**	
US5-1	地下空间主导模式	
US5-2	规划产权激励机制	
US5-3	专项工程管理措施	
US5-4	项目监督管理机制	

注：标注星号的为体现绿色理念的规划技术，不带星号的为传统规划技术。

理念及框架

目标任务

绿色地下空间规划的目标是在城市规划用地范围内，按照以人为本、保护环境、减少污染、节约资源的可持续发展理念开发建设地下空间，在满足人类社会生产、生活、交通、环保、能源、安全、防灾减灾等需求的前提下，实现人与自然和谐共生的地下空间开发利用。

绿色地下空间规划的任务是在城市发展模式由增量为主转变成以存量为主的绿色发展背景下，研究城市规划体系中绿色地下空间规划的内容和指标体系。

绿色地下空间规划主要解决的问题是如何在绿色国土空间规划体系下科学评估地下空间开发的适宜性；如何优化地下空间的布局，使其更加具有吸引力、适应性、安全性；如何通过数据汇集和可视化等技术促进地下空间的安全和有效管理；如何更好地发挥大城市地下空间的作用，平战、平灾结合，高效利用地下空间等。

基本理念

1. 立体复合，高效利用。按照安全优先、集约高效、互联互通、平战结合、统筹规划、分步实施的原则，系统、分层规划地下空间，科学合理推进城市地下空间综合利用。划定地下空间集中建设区和管制区范围，在城市重点地区确定地下空间规模、规划分区、总体布局、功能布局和竖向分层要求，积极发展公共服务、公共交通、市政设施等用途，积极、稳妥、有序地推进地下综合管廊建设。

2. 上下统筹，功能互补。地下空间与地面空间同属城市基础设施和公共服务设施的空间载体，是城市综合承载力的重要决定因素，应坚持高效、集约、长远发展的原则，地上、地下统筹考虑，功能互补，促进各类地下功能设施的统筹、立体布局，为城市高效发展提供支撑。

3. 战略预留，可持续发展。地下空间资源的开发具有不可逆性，而且从工程技术上看，随着地下工程建设技术的发展，深层地下空间为大型战略储备设施、数据中心、指挥中心、雨洪调蓄设施等新型战略防灾设施的建设提供了条件，是新时代城市战略安全的重要前沿阵地，也提高了地下空间的利用效率。

技术框架

从地下空间总体规划、地下空间详细规划和地下空间方案设计三个层面，结合国土空间规划对地下空间开发的要求，探索绿色地下空间总体规划、详细规划和建设实施层面的规划内容，并提出地下空间规划的规划内容和建设模式等（图US）。

地下空间总体规划是对一定时期内城市地下空间开发利用的综合部署、具体安排和实施管理。

地下空间详细规划主要针对城市重要片区或重要节点进行规划安排，提出规划控制指标和要求。

地下空间方案设计是在地下空间具体项目开发时，对项目的空间功能、形态、结构、景观等进行综合性的设计活动。

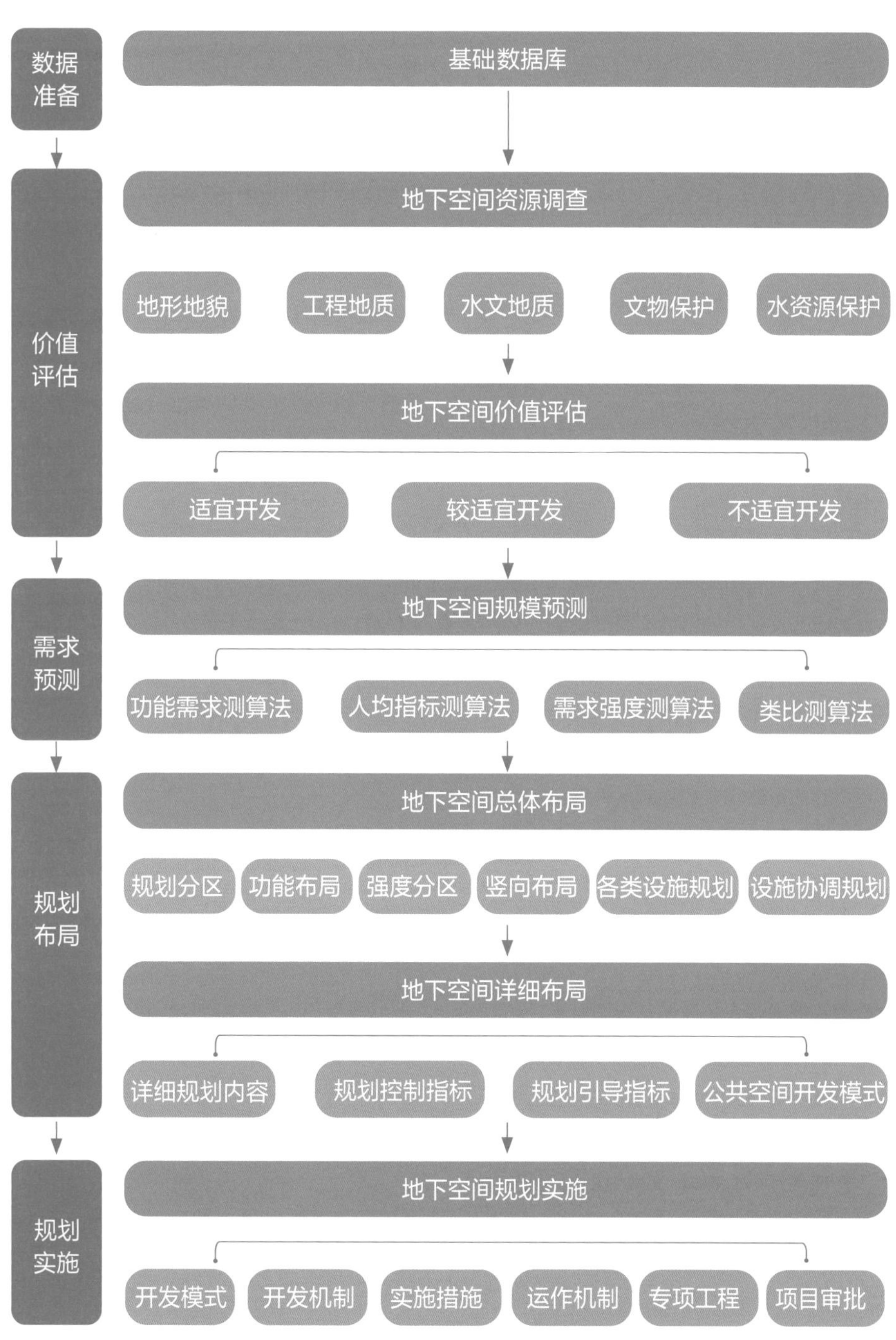

图US　地下空间规划技术框图

US1
资源评估

US1-1
调查地下空间资源

分析地下空间开发利用现状，评估地下空间资源分布。确定地下空间适宜开发、较适宜开发和不适宜开发的区域。

US1-1-1
分析评估背景

地下空间是现代大城市经济社会与城市空间发展的重要自然资源。随着城市经济社会进入现代化快速发展阶段，大规模开发利用城市地下空间资源已成为必然趋势。系统化、规模化和可持续的地下空间开发利用，要求对城市地下空间资源进行规划、利用、保护和管理。

地下空间资源的影响因素和限制条件包括城市基础地质环境、地质构造、岩土性质、地形地貌、地下水、地质灾害以及气候等自然条件、城市地下和地上建筑设施及生态空间保护的制约条件，城市空间区位和价值导向的综合作用等。

通过对资源的宏观调查和评估，全面分析评价城市地下空间资源的状态、类型、潜力及影响要素，掌握资源分布，是制定理性、整体而系统的城市地下空间开发规划的依据，对城市地下空间资源的系统性、整体性、合理开发，实现城市地质环境、地下空间资源及城市空间的整体协调和可持续发展具有重要意义。

US1-1-2
明确基本概念

城市地下空间是城市规划范围内地表以下土层及岩层中间的地层空间，是城市土地和空间在竖向的延伸与拓展，是城市自然资源的一部分。地下空间资源从地下空间的利用层面看有以下三个基本概念：地下空间资源的天然蕴藏量、可供合理开发的地下空间资源、可供有效利用的地下空间资源（图US1-1）。

地下空间资源的天然蕴藏量：在指定区域的地表以下全部地层空间的总体积，包括可开发领域与不可开发领域的体积总和。城市地下空间资源处在土层和岩层两种地质环境中，全部地层空间是城市地下空间资源的天然蕴藏范围。

可供合理开发的地下空间资源：在地下空间资源天然蕴藏范围内，排除不良地质条件和地质灾害影响范围，排除建（构）筑物影响保护范围和城市规划特殊用地范围，在一定技术条件下可进行地下空间开发利用的空间领域。

可供有效利用的地下空间资源：在可供合理开发的资源分布区域内，保持合理的地下空间距离、密度和形态，在一定技术条件下能够进行实际开发的地下空间范围。在数值统计上，可供有效利用的资源量占可供合理开发资源量的一定比例，可用体积或建筑面积表示资源量大小。

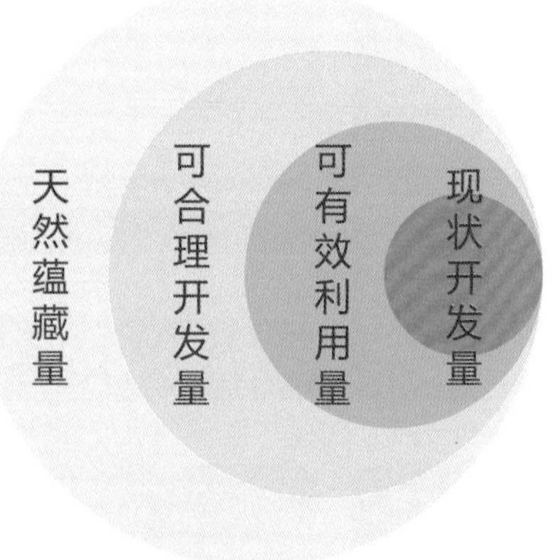

图US1-1　地下空间资源容量关系图

US1-1-3

确定评估范围

根据当前的经济社会发展水平，以及地下空间开发利用技术发展情况，目前地下空间资源评估的主要范围为浅层和次浅层空间，即城市地表下0～30m深度范围的空间；-30m以下空间仅作一般性考虑，并作为远景资源保留。

US1-1-4

确定评估要素

地下空间资源评估应以资源开发利用的战略性、前瞻性与长效性为基础，以资源影响条件关系和利用导向形成的评估参数为依据。评估应将地形地貌、工程地质与水文地质、地质灾害区、地质敏感区，文物保护单位、文化遗产（文物）埋藏区、园林公园、风景名胜区、重要水体水系、水资源保护区，新增建设用地、更新改造用地、保留用地建筑地下基础、保留地下建（构）筑物、地下管线分布等评估要素纳入地下空间资源评估范围。

US1-1-5

明确评估因子

地下空间开发利用难度在不同地质情况下需要采用不同的方法。地质条件中的敏感地层诸如软弱土层、塌陷区等地层对其开发利用影响最大，故地下空间资源评估在地质条件方面需要进行合理的研究及界定。地下空间开发需要考虑各种不良地质条件及城市各类环境制约因素的影响，所以应选取适宜性的评估指标进行评估。影响地下空间利用的主要因素包括地质环境条件、经济条件和社会因素等。

地质环境条件

影响地下空间开发利用的地质因素主要有地形地貌、水文地质条件和地质灾害等。

地形地貌因素主要是地形坡度条件与地面标高。不同的地形坡度条件对地下空间的施工方法和造价影响很大，坡度越小越易于施工，且因土方量小而造价越低。地面标高主要考虑山谷、低洼等容易积水的地段，在地下空间开发利用时重点考虑地下空间的出入口位置和布局，并加强排水措施。

水文地质条件主要包括土层类型、岩层类型和地下水等方面的作用。透水性越强、压缩性越低、抗剪强度越高的土层在开发利用地下空间时的地基承载力越高，施工难度和建设成本相对越低。地下水对地下空间的影响：一是地下施工中因局部改变地下水流场而可能产生的渗流、潜蚀、突涌和管涌等现象，容易导致周边出现突发性安全事故；二是地下水对地下结构会产生巨大的漂浮作用，可以用地下水位的高低来判断地下空间的水文条件。

地质灾害常见类型包括岩溶塌陷、地面沉降和地裂缝等，这些灾害容易引起地下设施的沉降、开裂、错位、变形或渗漏等问题，原则上不宜开发地下空间。

经济条件

经济水平是地下空间利用规模的决定性因素。从国内的城市实力评价常用指标来看，以城市开发地下空间的经济实力、经济总规模、消费规模以及经济增长潜力等方面的指标来衡量，其中GDP为代表的经济总规模是最常用的指标。一般认为，当人均GDP达到500美元后，城市已经具备开发地下空间的能力和经济条件，城市地下空间以配建停车场为主；人均GDP达到3000美元后，城市具备规模化开发利用地下空间的经济实力，城市地下空间进入适度开发阶段，地下空间形态以地下过街通道和商业街为主；人均GDP达到6000美元后，城市具备系统化、整体化、大规模化发展地下空间的经济实力，地下空间进入大规模开发阶段，地下空间形态表现为地下商业综合体、地下商业街互联互通的网络化状态[1]（图US1-2）。

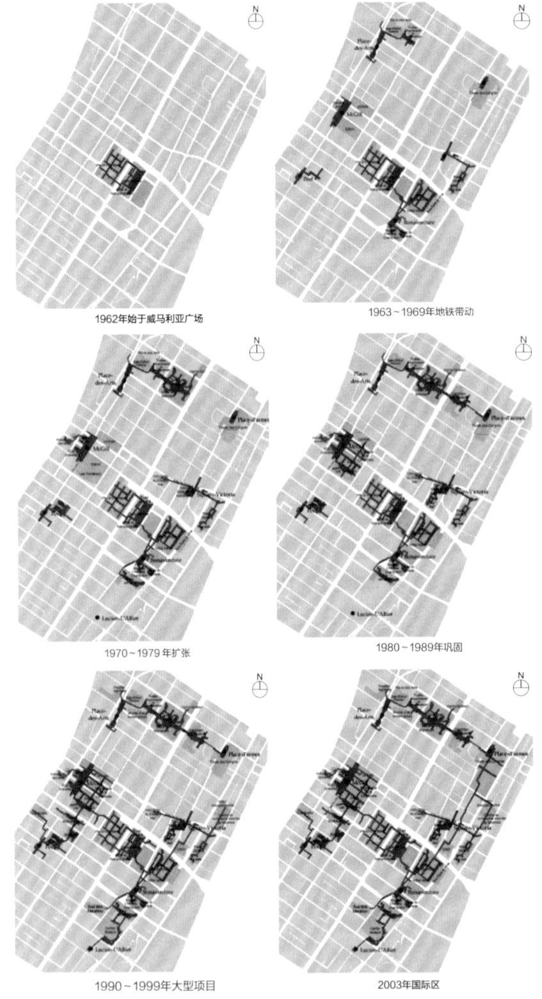

图US1-2　加拿大蒙特利尔地下空间演变历程示意图

社会因素

影响地下空间利用的社会因素中，主要是以城市建设因素和居民生活水平为主。城市建设因素可用人口密度等度量，居民生活水平主要以城乡居民储蓄余额来度量。在地下公共空间建设时，人口密度的影响尤为显著。首先，人口密度较大、人流汇集较多的区域，更适合建设大型地下公共设施；其次，人口密集区多为城市核心区或老城区，地面空余建设空间少，地下管线等设施整合或新建要求强烈，地下空间建设的效益容易发生作用，此类区域地价高，开发地下空间容易获得经济收益。人口密度与轨道交通客流量和地下空间开发规模等指标之间也具有较强的正相关性。

US1-1-6
归纳评价结果

地下空间资源评估成果是通过划定不适宜建设区、较适宜建设区和适宜建设区等形式对城市规划区内地下空间资源进行分区管制和措施引导。

不适宜建设区

不适宜建设区是基于自然条件或城市发展要求，原则上不进行开发的用地或区域。主要包括新区的一些地下文物埋藏区、地震断裂带及其影响区域、生态湿地保护区、防汛堤防涉及区域以及其他地质条件不允许开发的地区。区内除特殊要求外，原则上禁止地下空间开发利用活动。

较适宜建设区

较适宜建设区是指满足特定条件，或限制特定功能开发利用的用地或区域，主要包括城市非建设用地区域和重点开发区，具体包括以下几类。

城市绿地和广场区域：应采取保护性开发原则，公共区域的地下空间应当保证公共性。深度以2层或3层为宜，广场下利用范围可大致与地面面积相当。

城市道路地下区域：城市道路下地下空间主要安排城市公用设施，如市政设施、综合管廊、地铁等，也可安排联络通道、地下过街通道等交通联络空间。

城市水域：水域下原则上不得安排开发类的地下空间，但综合管廊、地铁及道路等线状设施可穿越。

重点开发区包括各组团中心地区、轨道交通枢纽地区以及其他公共活动中心地区。这些区域具有公共活动聚集、功能综合、开发强度高和连通需求强等特点，需要强调地上、地下相结合，各项专业相统筹，以实现优质高效的利用。另外，这些区域必须编制地上、地下相结合的详细规划，以轨道交通站点为中心，结合近期建设规划、综合交通规划、市政设施规划、绿地景观规划等，结合潜力用地分析，编制统筹规划。规划应坚持综合开发的原则，着力建设集交通、商业、防灾等功能于一体的综合化、系统化的地下空间。

适宜建设区

适宜建设区是指规划区内不受限制，适宜各类地下空间开发建设的用地或区域。规划区内除不适宜建设区、较适宜建设区以外的地区为适合建设地区。

借鉴案例：北京新机场临空经济区地下空间规划——地下空间资源评估（表US1-1、图US1-3）

北京新机场临空经济区地下空间评估因素表　表US1-1

分类	浅层
不适宜建设区	断裂带100m范围内，现状保留建筑基础下部空间、文物保护区、特殊用地、农林、农田、森林、防护绿地、铁路等用地；对城市生态环境有重要影响的区域、水源保护地、文物及风貌保护区域、特殊用地、农田、森林、防护绿地、铁路等用地等，作为不可开发或不宜开发的资源
较适宜建设区	断裂带200m范围内，砂土液化区、生态绿地、景区绿地、普通陆域水面等地下空间资源，根据城市实际需要严格和慎重控制开发规模，不可过度开发
适宜建设区	改造拆除重建地区、城市规划新增用地、未开发利用地下空间的城市道路、空地、广场和普通绿地等

来源：《北京新机场临空经济区地下空间规划（2016—2020年）》

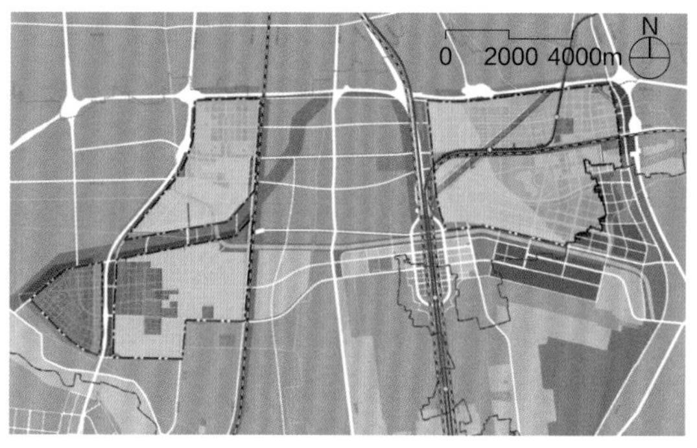

不适宜建设区　基本适宜建设区　适宜建设区

图US1-3　北京新机场临空经济区地下空间资源评估示意图

US1-2

明确地下空间需求

明确地下空间规划分区，并对城市地下空间重点建设区和一般建设区分别提出建设要求。

US1-2-1

确定重点建设区

地下空间重点建设区是指地下空间功能要素集中、公共活动人群密集的地区，一般包括城市高强度开发的重要功能区和主要轨道交通站点（枢纽站和重要换乘站）周边（半径300～500m）地区两类。城市地下空间重点建设区规划鼓励地块间的连通，完善步行网络，要求地下公共服务设施与地铁、交通枢纽等地下空间相互连通，形成地下步行网络。

US1-2-2

确定一般建设区

地下空间一般建设区指地下空间适建区内除重点建设区以外的地区。地下空间一般建设区规划以配建功能为主，主要为与轨道交通站点周边联系较为密切的地块，可进行商业设施的开发。规划的配建功能区，须与其地上规划紧密衔接，功能互补；一般建设区的地下空间，可与重点建设区地下空间进行有效连通。

US1-3

建立资源信息系统

结合智慧城市建设，推进城市地下空间综合管理信息系统建设。

US1-3-1

推进地下空间现状普查

编制城市地下空间规划，应当具备国家规定的勘察、测绘、气象、地震、水文、环境等基础资料。应对已有和在建地下空间进行分类和信息收集，并纳入不动产统一登记管理。建立地下空间资源的普查制度、补（修）测制度、汇交制度。建立地下空间档案管理系统。按照相关保密要求，妥善做好地下空间信息保密管理工作。

US1-3-2

建立地下空间信息系统

将普查成果纳入系统，动态维护地下空间开发利用信息，为城市地下空间规划管理提供支撑。逐步将地下空间规划、规划许可、权属管理、档案管理等纳入统一管理平台，建立地下空间管理信息共享机制，促进实现城市地下空间数字化管理，提升城市地下空间管理标准化、信息化、精细化水平[2]。

US2

需求预测

US2-1

明确开发影响因素

地下空间需求受社会经济发展水平、人均国内生产总值水平、城市空间发展形态、城市功能布局优化、地面建设强度等多种因素影响。规划通过对各要素的提炼，为地下空间需求预测提供基础。

US2-1-1

确定影响因素

地下空间需求预测应以地下空间分区为单元，综合场地条件、规划定位、用地布局、建设规模、轨道交通、停车需求、基础设施、安全防灾、环境承载力、历史文化保护等因素确定。

US2-1-2

明确预测结果

地下空间总体层面的规模测算侧重于对城市地下空间远期发展的宏观指导。由于地下空间的开发建设是逐步发展的过程，地下空间总体规模预测也多为理论参考依据，不可能与实际发展建设完全吻合，仅起参照作用。国内城市地下空间规划已经开展一些实践，也取得了一些成就，根据已编制出台的地下空间规划的情况来看，不同城市发展模式、不同规划阶段、不同区域类型所用到的需求预测方法也有所区别。

US2-2 ※

确定规模预测方法

采取功能需求预测法、人均指标测算法、需求强度测算法、类比测算法，分别测算地下空间需求规模，并进行相互校验。地下空间规模测算是地下空间布局的重要指导和依据。

US2-2-1

功能需求预测法

功能需求预测法是以城市建设用地土地利用规划为基本条件，不同用地性质具有不同的开发建设强度，而地下空间开发规模则与地块建设容量具有直接关系，依此进行地下空间规模预测。预测基本指标依据是城市控制性详细规划对地块的开发强度指标的控制。因此，此类预算方法一般适用于地面控制性详细规划等指标比较齐全的地区。

城市用地地下空间需求量比较大的功能用地主要为：居住用地、公共管理与公共服务设施用地、商业服务业设施用地、绿地与广场用地、工业用地、物流仓储用地、道路交通设施用地以及公共设施用地。以居住用地地下空间开发规模为例，测算公式为：居住用地规模×平均容积率×地下与地上建筑比例=地下建筑规模。因此，地下空间开发规模取决于平均容积率和地下与地上建筑比例。平均容积率取值一般有两种方法，一是直接根据控制性详细规划进行计算，二是在控制性详细规划缺乏的情况下，根据城市总体规划以及城市建设发展水平进行预估。

US2-2-2

人均指标测算法

人均指标测算法是按照城市总体规划确定人均地

下空间建设指标进行测算。人均指标法主要用于地下空间总体规划层面对城市人口界定比较明确的情况。人均地下空间建设指标可依据城市总体规划中确定的地下空间规划指标选取。

地下空间规模可以用城市人口乘以人均地下空间建设指标进行测算。但是此计算方法不包含轨道交通、市政管线以及一些特殊工程的规模，此类地下空间面积需要单独测算。地下综合管廊的规模可根据市政专项规划确定的管廊长度及横断面面积进行测算，轨道交通规模可根据轨道交通线路及站点的相关数据进行测算。另外，还应包括单建人防工程的规模。

US2-2-3
需求强度测算法

通过分析城市人口、地价等不同社会经济要素的发展情况及其对地下空间需求强度的影响，对地下空间开发总量进行预测。需求强度预算法适用于地下空间总体规划层面和控制性详细规划层面。

需求强度测算法是通过综合评估城市不同区域地下空间的开发需求强度进行分级。然后综合考虑城市地下空间开发和规划的实际情况，采用专家经验法，对不同等级的地下空间需求强度进行赋值。根据不同区域的地下空间需求强度级别，估算地下空间需求强度指标。然后，用区域面积乘以相应的需求指标，得出每个区域的地下空间需求量，最后将各区域需求量相加，即可得出地下空间需求总量。

US2-2-4
类比测算法

类比法是为对比处于同一国家或地区的地质条件相似、经济实力相当的城市，分析案例城市在不同发展阶段地下空间的建设水平和规模，主要是地上规模和地下规模的建设比例，结合目标城市特征，预测规划期内适宜规模。因此，类比测算法主要用于总体层面的地下空间规模测算。

US3
总体布局

US3-1
分析地下开发目标

结合城市社会经济发展状况和城市建设现状，确定近期、远期和远景规划目标。

US3-1-1
明确近期目标

城市建设新区开发地下空间应坚持地上地下统一规划、统一开发的原则，按照地上、地下合理需求，预留公共地下空间，科学定位。对于旧城区改造的地下空间，应将城市上部空间的功能和结构向地下扩展，在有限的开发规模下尽量将周边的地下空间连通起来，构成节点网络式空间，为城市中心区的发展带来新动力。

近期规划重点以地下交通设施、地下人防工程为主，适当兼顾平战结合的地下公共服务设施等目标。

US3-1-2
明确远期目标

远期规划以建设地下综合体、提高土地利用效率、扩大城市空间容量、缓解城市各种矛盾、建立城市安全保障体系为主要目标。地下空间由规模化发展，转入利用效率的连通化、系统化发展，推动城市基础设施地下化，全面提高城市居民生活质量。

US3-1-3
明确远景目标

远景规划以建立地下城为目标，形成完备的地下空间法律法规体系，支撑地下空间规划的良好运转，实现城市地下空间体系的整体效益。

US3-2 ※
评估地下开发价值

地下空间资源开发受多种因素的影响，包括区位、交通条件、用地性质、地面建设条件、文物保护等。地下空间价值评估是地下空间开发结构主要依据。

US3-2-1
确定评估因素

地下空间资源开发利用的布局结构受区位及功能分区、用地性质、地面建筑条件、道路交通结构、文物保护等多要素影响。通过对地下空间的各类影响要素进行综合评价，确定地下空间的重点开发地区及平面、竖向布局。

US3-2-2
确定价值评估

区位及功能分区

主要考虑城市的大型吸引点的影响以及区位和功能分区对地下空间的需求，在城市商业中心、公共中心等空间中心区位，开发利用地下空间资源可能创造的经济、社会和环境效益均较高，适宜作为地下空间开发利用的重点地区。

用地性质

用地规划实际上决定了地面空间的总体布局，也在相当程度上影响地下空间的总体布局，都带有从属性质，即基本上与相对应的地面空间功能和布局一致。地下空间功能配置与总体布局不能是孤立的或随意的，只能与地面空间布局相协调或作为补充，以做到城市地面、地上、地下空间的协调发展。

根据规划的用地性质分类，将用地功能对地下空间资源潜在开发价值的影响分为五级（表US3-1）。

用地性质影响分级推荐表　　表US3-1

用地等级	用地性质类型	地下空间潜在开发价值
一级	商业金融业用地、文化娱乐休闲用地、混合类用地	总体为优
二级	交通设施用地、广场用地、公共绿地、医疗用地、体育用地	商业价值较高，社会环境效益高，总体为良
三级	居住用地、教育用地	商业价值一般，社会和环境效益高，总体为良
四级	特殊用地、工业用地、仓储用地、市政公用设施用地、道路用地、铁路用地、港口用地	需求量较低，总体为一般
五级	生态绿地、水域、村庄建设用地、发展备用地、防护绿地	各类价值很难实现，总体开发价值较差

来源：根据《城市地下空间资源评估与开发利用规划》整理

地面建筑条件

地面建筑条件直接影响地下空间的可用性与开发难度，现状高层建筑区、城市特殊用地受现有建筑基础的影响，开发难度大，即使能开发也需要较大成本；对于现状多层与低层建筑区、文物保护区、保留工业建筑区，在不影响现状的情况下可有限开发；对于改造类建筑区、规划待建设用地、备用地，可以充分开发并结合改造或新建项目同步建设（表US3-2）。

地面建筑条件影响分级推荐表　　表US3-2

用地等级	用地性质类型	地下空间开发难度
一级	改造类建筑片区、规划待建设用地、备用地	可充分开发，结合改造和新建项目同步建设
二级	现状多（低）层建筑区、文物保护建筑区、保留工业区	不影响现状的情况下可有限利用
三级	现状高层建筑区、特殊用地	受现有建筑基础影响，可用性差，投资高

来源：根据《城市地下空间资源评估与开发利用规划》整理

道路交通条件

考虑城市轨道交通、城市BRT线路、交通枢纽等的区位影响，尤其轨道交通站点对开发利用地下空间资源价值影响较大，可能创造的经济、社会和环境效益也较高，其周围土地的价值与区位的便捷性相关（表US3-3）。

道路交通影响分级推荐表　　　　　　表US3-3

用地等级	区位类型和辐射范围	开发价值
一级	轨道交通枢纽站周围500m范围	优
二级	轨道交通站周围500~1000m范围	良
三级	交通枢纽及地铁与地面交通换乘站周围1000~1500m范围	中
四级	普通轨道交通站点	较差
五级	非交通节点	差

来源：根据《城市地下空间资源评估与开发利用规划》整理

文物保护建筑等特殊因素

由于文物保护单位等特殊建筑或地下空间开发限制的影响可采取单因子分析的方法。该区域地下空间不建议开发。

借鉴案例：北京新机场临空经济区地下空间规划——地下空间需求预测（图US3-1）

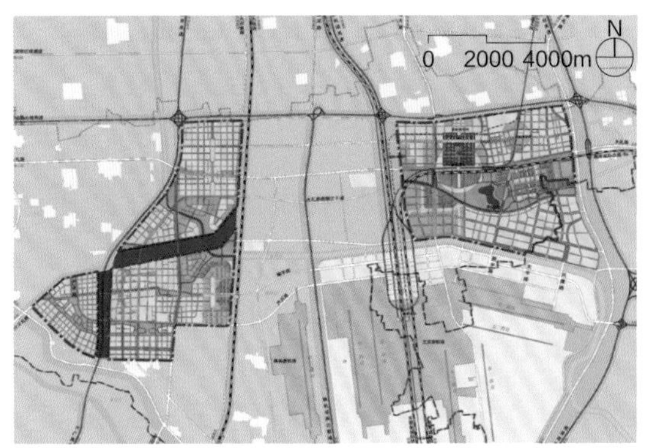

图SU3-1　北京新机场临空经济区地下空间需求分级图

US3-3 ※

确定地下空间布局

根据地下空间资源价值评估，明确地下空间布局结构与形态。充分考虑地面与地下空间功能的协调性，根据不同地面功能确定地下空间功能分区，并提出地下空间规划模式。地下空间规划布局包括地下空间平面布局和竖向布局。

US3-3-1

合理确定地下空间平面布局

提出地下空间布局要求，根据地下空间管制要求，明确地下空间布局结构与形态。充分考虑与地面建筑功能相协调，根据不同地面建筑功能确定适宜开发利用的地下空间功能。

城市规划总体布局是通过城市主要用地组成的不同形态表现出来的，城市地下空间规划布局是在城市性质和规模定位、城市总体布局形成后，在城市地下可利用资源、城市地下空间需求量和城市地下空间合理开发量的研究基础上，结合城市总体规划中的各项方针、策略和对地面建设的功能、形态、规模等要求，对城市地下空间的各组成部分进行统一安排、合理布局，使其各得其所，有机联系后形成的。城市地下空间布局是城市地下空间开发利用的发展方向，用以指导城市地下空间的开发工作，为详细规划以及规划管理提供依据。

城市土地利用规划与地下空间开发建设关系密切，地面建筑功能与形式直接影响地下空间的功能与形式，因此地下空间规划必须要结合地面的土地利用规划统一考虑，才能切实保证规划的合理性。

地下空间规划分区

以地下空间资源评估为基础，明确地下空间开发的适应性，划定地下空间综合功能区、混合功能区、一般功能区。对城市规划区内地下空间资源划定管制范围，提出管制措施要求。

1. 综合功能区是地下空间功能要素集中、公共活动人群密集的地区，一般包括城市高强度开发的重要功能区和主要轨道交通站点（枢纽站和重要换乘站）周边（半径300~500m）地区两类。综合功能区鼓励地块间的连通，完善步行网络，要求地下公共服务设施与地铁、枢纽等地下空间相互连通，形成地下步行网络。

综合功能区是与地铁、交通枢纽、地下商业设施、地下文化娱乐设施、地下停车设施、地下过街通道相互连通的功能类型。综合功能区是交通枢纽带动下的复合功能区，其地面功能包括地铁车站站域与商业、行政办公、公共服务设施用地等。强调地下空间车行和步行的互相连通。

综合功能区随着地铁、商业区建设，可以综合功能区周边辐射、延伸，逐步形成功能完善、高效的“地下城”。

2. 混合功能区包括地下商业设施、地下停车设施、交通集散场地等，或地下停车设施、地下仓储设施、交通集散场地等。

混合功能区的地面功能主要为非重点地区的一部分商务办公、文化娱乐、居住用地。混合功能区地下空间公共性较强，主要承担地下商业空间、行人过街和停车设施等。鼓励地块内及地块之间地下空间的局部连通，并逐步向周围扩展、连通，保证地块之间的地下空间弹性共享。

3. 简单功能区包括地下居住区级的商业服务设施、地下仓储设施、地下配建停车设施、地下市政设施用地和其他单一功能用地。

简单功能区的地面功能一般为教育、医疗、居住、市政配套设施等，生态为主的公共绿地和防护绿地也可进行简单功能的地下空间开发。简单功能区地下空间之间无连通要求，鼓励人防掩蔽工程的共建共享和连网成片。

地下空间管理单元

地下空间规划与地面空间规划相比，发展建设不确定性更高，为保证规划目标的实施，地下空间规划以控制单元方式进行控制，并建议与地面控制性详细规划单元划分一致。

编制地下空间规划管理单元，以地下空间管理单元模式对地下空间发展进行规划控制，确定地下空间单元开发规模，明确地下空间功能开发重点，控制地下空间单元开发要素，使地下空间的规划管理灵活可控，符合地下空间建设发展特征。地下空间规划管理单元的划分与控制方式，基本上是属于地下空间控制性详细规划内容，在总体规划阶段，为了保证对地下空间发展规模的控制，可以进行单元的划分与单元发展规模的控制，但具体单元内部地下空间开发强度、设施与功能分布等内容可在地下空间控制性详细规划中确定。

地下空间开发模式

根据区位、交通、空间结构等地面属性，明确地下空间建设模式。划分为一级重点建设区、二级重点建设区和一般建设区。针对不同的地下空间区位，制定不同的地下空间开发要求，主要包括地下空间使用功能、地下空间开发深度、地下空间连通要求等。

1. 一级重点建设区。主要为地下空间开发的重点地区和主要节点，兼容交通枢纽、商业、地下步行、停车等三种以上主要功能。强调地下空间的相互连通，多种功能的地下空间紧密联系，形成高效的“地下城”。地下城的开发深度一般在-20～-30m，开发层数一般为地下3～5层（图US3-2）。

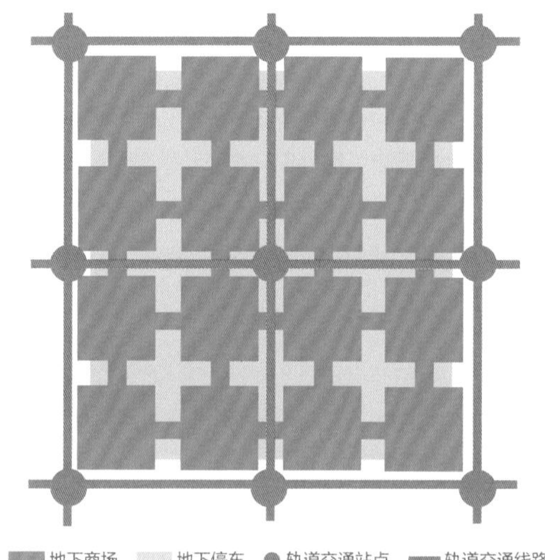

图US3-2 一级重点建设区建设模式图

2. 二级重点建设区。主要为非重点地区的商务办公、文化娱乐及居住用地等，兼容交通、商业、停车中两种或两种以上主要功能；强调重点区域公共部分的地下空间进行连通，其他地块间鼓励连通，完善步行网络。二级重点建设区的开发深度一般为-10～ -20m，开发层数一般为地下2～4层（图US3-3）。

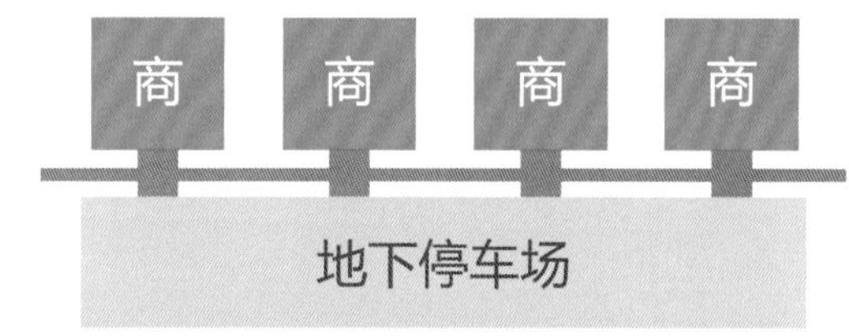

图US3-3 二级重点建设区建设模式图

3. 一般建设区。主要为单一的居住用地、行政办公用地和工业仓储用地等区域。地下空间为地下配建停车、地下仓储设施、地下市政设施和其他单一功能用地。简单功能区地下空间的连通不作强制要求。一般建设区的开发深度为-10m，开发层数一般为地下1～2层。

US3-3-2
统筹协调地下空间各类功能

城市规划总体布局是通过城市主要用地组成的不同形态表现出来的。城市地下空间规划布局是在城市性质、定位，城市总体布局形成后，在城市地下可利用资源、城市地下空间需求量和城市地下空间合理开发量的研究基础上，结合城市总体规划中的各项方针、策略和对地面建设的功能、形态、规模等要求，对城市地下空间的各组成部分进行统一安排、合理布局，使其各得其所，有机联系后形成的。城市地下空间布局为地下空间开发利用提供了开发方向，可以指导城市地下空间的总体开发，也为详细规划以及规划管理提供了依据。

城市土地利用规划与地下空间开发建设关系密切，地面建筑功能与形式直接影响地下空间的功能与形式，因此地下空间规划必须要结合地面的土地利用规划统一考虑，才能切实保证规划的合理性（图US3-4）。

图US3-4　地上、地下要素统筹示意图

地下空间功能包括交通停车、物流仓储、市政、综合管廊、防灾空间、商业服务、娱乐设施、公共服务等。一般情况下，除居住、办公等需要人长期停留的生产、生活环境以及对空间环境有特殊要求的建筑功能外，都可以安排在地下空间建设，其中公共管理与公共服务设施用地、商业服务业设施用地、居住用地、绿地与广场用地的地下空间可以作为地下空间规划的主要利用空间。

城市地下空间开发利用应紧密结合土地利用规划。根据开发管制规划内容，适建区内地下空间规划主要控制内容如下：适建区范围内，居住用地、公共管理与公共服务设施用地、商业服务业设施用地、道路与交通设施用地，根据需要可作为地下空间开发的主要利用资源；工业用地与物流仓储用地，主要在其用地范围内的办公类建筑下方进行地下空间开发，主要满足人防工程与物资储备等需求；公共设施用地，结合相关专项规划要求进行安排；绿地与广场用地，作为地下空间发展备用资源，近期内不进行大规模地下空间开发建设，建议结合人防重点单建工程选址、公共地下停车场，依据城市总体规划要求进行局部开发（表US3-4）。

地下空间主要功能利用一览表　　　　**表US3-4**

分类	浅层
地下交通设施	地下轨道交通设施
	地下车行通道（隧道、立体交叉口）
	地下人行通道
	地下机动车停车场
	地下自行车停车场
地下公共管理与公共服务设施	地下行政办公设施、地下文化设施、地下教育科研设施、地下体育设施、地下医疗卫生设施
地下商业服务业设施	地下商业设施、地下商务设施、地下娱乐康体设施、地下其他服务设施
地下市政公用设施	地下市政管线、综合管廊
	地下市政场站、电缆隧道、排水隧道、地下河流等
地下防灾设施	雨水调蓄池、人防工程
地下物流仓储设施	动力厂、机械厂、物资库
	地下室（设备用房、储库）

US3-3-3

分类确定地下空间开发强度

地下空间开发强度规划是地下空间总体规划的重要内容。地下空间开发强度受多种因素影响，包括土地利用性质、建筑密度、容积率、建筑功能、建筑结构等。鉴于地下空间开发不可控因素众多，地下空间开发强度规划宜作为规划引导内容，不进行强制要求，仅对城市地下空间综合开发起到引导发展作用（表US3-5）。

地下空间竖向开发控制一览表　　表US3-5

用地分类	位置		竖向开发控制
居住	重点区域		以地下2层开发为主，容积率较高区域可做地下3层开发
	一般区域		以地下2层开发为主，容积率较低区域可做地下1层开发
行政办公	重点区域		以地下2层开发为主
	一般区域		以地下1层开发为主
文化设施、教育科研	重点区域		以地下2层开发为主
	一般区域		以地下1层开发为主
医疗卫生、社会福利	—		高层建筑做地下2~3层开发，多层做地下1~2层开发，低层建筑可不做地 下空间开发
商业服务业设施	商业		重点区域地下2~3层开发，一般区域地下1~2层开发
	商务		重点区域地下2~3层开发，一般区域地下1~2层开发
	娱乐康体		地下1~2层开发
	其他		高层建筑做地下2层开发，多层做地下1~2层开发，低层可不做地下空间开发
工业	—	—	工业用地中的办公建筑可做地下1~2层开发，工业建筑暂不做地下空间开发
物流仓储	—	—	物流仓储用地中的办公建筑可做地下1~2层开发，物流仓储建筑暂不做地下空间开发
道路与交通设施	—	—	本次规划不做控制，根据相关专项规划设计确定
公用设施	—	—	办公建筑可做地下1层开发，公用设施根据相关专项规划设计确定
绿地与广场	公园绿地	—	根据人防及社会停车要求在合适地段公园局部区域建设地下空间
	防护绿地	—	不做地下空间开发控制
	广场	—	根据人防及社会停车要求在局部区域建设地下空间

注：1. 重点区域主要指城市核心区、组团中心等容积率与建设密度较高的区域；
2. 1~3层为低层，4~6层为多层，7~9层为中高层，10层以上为高层；高于100m为超高层建筑。建筑高度大于100m的民用建筑为超高层建筑。
来源：根据《城市地下空间资源评估与开发利用规划》整理

US3-3-4

优化协调地下空间竖向布局

竖向布局

通常将城市地下空间开发利用竖向规划分为四个层次：浅层区域（0～-10m），次浅层区域（-10～-30m），次深层区域（-30～-50m），深层区域（-50～-100m）。目前世界上地下空间开发层次多数处在地下50m以上范围。我国目前地下空间开发利用主要研究浅层至次浅层区域，即地下深度30m以内地下空间。

城市地下空间总体规划阶段，城市地下空间竖向分层的划分必须符合地下设施的性质和功能要求，分层的一般原则为：该深则深，能浅则浅；人货分离，区别功能。城市浅层地下空间适合于人类短时间活动和需要人工环境的内容，如出行、业务、购物等；对根本不需要人或仅需要少数人员管理的一些内容，如储存、物流等，应在可能的条件下最大限度地安排在较深地下空间。竖向层次的划分除与地下空间的开发利用性质和功能有关外，还与其在城市中所处的位置、地形和地质条件有关，应根据不同情况进行规划，特别要注意高层建筑对城市地下空间使用的影响。

竖向分层

分层开发是将地下空间作为一种资源进行可持续开发利用的体现，是开发和保护规划原则的具体表现形式。

浅层：0～-10m。浅层是地下空间人流集中的区域，也是经济价值最高的区域，地下空间浅层主要为建筑、广场、绿地、水体、公园、道路等的下部空间以及建筑物地下室，主要安排停车设施、商业设施、公共通道、交通集散场地、人防设施等功能。

次浅层：-10～-30m。次浅层的可达性较差，主要为公共设施用地的下部空间、建筑物地下室、非文物古迹与非重要保护建筑下部空间。作为城市交通发展需求预留的深度，主要为市政基础设施、公路隧道、地铁隧道、物流隧道和仓储设施等。

次深层：-30～-50m。次深层的可达性很差，一般作为综合隧道空间以及特殊需要的设施空间。

深层：-50m以下。深层在规划期内作为城市公共资源进行保护控制（表US3-6）。

地下设施地下空间配置推荐表 **表US3-6**

类别	设施名称		适宜开发深度（m）	可开发深度（m）
地下交通设施	地铁	车站	-10～-30	-10～-30
		区间隧道	-10～-30	-30～-50
	地下	地下环道	0～-10	-10～-30
		过境道路	-30～-50	深于-50
	地下步行道		0～-10	—
	地下停车场		0～-10	-10～-30
	地下物流设施		-30～-50	深于-50
地下公共服务设施	地下商业设施		0～-10	—
	地下文化娱乐体育设施		0～-10	-10～-30
市政基础设施	综合管沟		0～-10	-10～-30
	地下变电站		0～-30	深于-30
防灾与生产储存设施	地下工业、仓储		0～-30	深于-30
	地下水库、人防工程		0～-30	深于-30

来源：根据《城市地下空间资源评估与开发利用规划》整理

用地红线内地下空间功能及深度

用地红线内供人使用的空间一般在浅层，交通市政设施的车流、物流空间在深层。地下一层、地下二层空间，主要用于商业服务设施或配建停车场；地下二层、地下三层及以下空间，功能适宜性依次以停车、交通、人防、设备、仓储等为主要功能。

用地红线内主要利用地下一层地下空间，组织地下步行联系通道；局部利用地下二层地下空间，作为停车设施的补充。鼓励地块内地下商业设施与地下过街通道、地铁车站、地下商业街、地下车库进行有效、舒适、安全连通，鼓励合建地下空间地面出入口。在综合功能区，通过地下二层（含）以下空间，组织和预留地下车行联系通道接口，鼓励与公共地下行车通道连通，地块之间利用车行联系通道相互连通（图US3-5）。

道路下地下空间

地下市政管线、地下步行过街设施、下沉式地下道路立交路段，优先布置在浅层。市政管线与重要地下步行过街通道、下沉式立交节点交叉地段，互相尽量错开布置；道路地下车行联系通道、地铁线路及车站，优先布置在较深层地下空间。

US3-4 ※

协调地下各类设施

地下设施主要包括地下公共服务设施、地下交通设施、地下市政设施、地下工业设施、地下仓储设施等。

涉及地下空间开发利用的各类设施，应当与城市地下空间开发利用规划相协调，鼓励城市地下空间开发利用规划与人防工程规划的整合。涉及地下空间内容的控制性详细规划在制定过程中应与其他有关专项规划充分衔接。

US3-4-1

明确地下公共服务设施布局

地下公共服务设施主要包括：地下商业设施、地下娱乐设施、地下文化设施、地下体育设施、地下医疗设施和地下办公设施等。针对不同地区提出不同的适建内容和具体建设项目。

地下公共服务设施规划原则

与地面的公共服务中心相对应。公共服务设

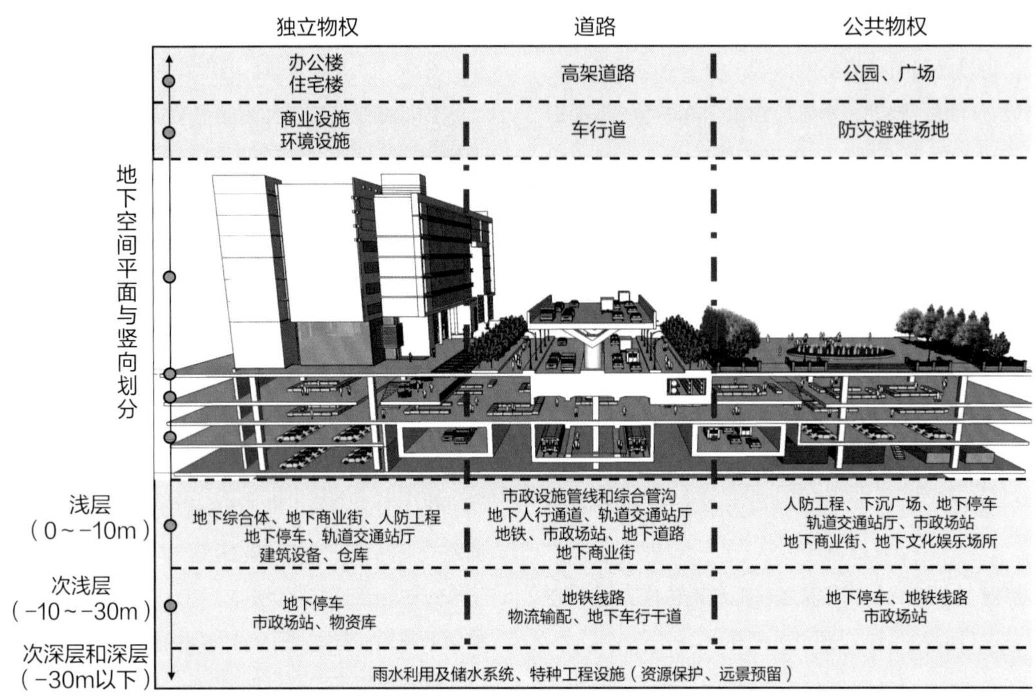

图US3-5 地下空间竖向布局示意图

施的分布有其自身的规律性，容量不足、交通拥挤、缺乏开放空间等问题主要出现在城市级公共服务中心，因此对地下空间的开发利用有较多需求。

与地下空间系统总体布局相协调。地下公共服务空间应符合整个地下空间的总体布局，与地下交通、人防、市政以及其他设施相协调，保证地下空间系统的统一性和完整性。

与地下、地面交通集散中枢相结合。在地下、地面交通枢纽周边适当开发地下公共服务空间，目的是“以商引人、以人养商、以商养地下工程”，将地面人流吸引到地下空间内，提高地下通道的利用率；活跃地下空间氛围，避免出现地下保安和环境的死角；同时，有利于促进地下工程的投资回收。

与特殊的使用需要相适应。不同类型的公共服务设施对内部和周边环境的要求不同，当空间需求大时，要求有较好的保温、保湿、隔声效果；对自然采光要求不高时，就适合向地下发展；而人流量大且往来频繁、对自然通风采光要求较高的公共服务设施一般不宜向地下发展。

建设规模合理控制。地下公共服务空间是地上公共服务空间的补充，当地上公共服务空间规模或功能受到限制，不能满足需要的情况下，可考虑地下公共服务空间的建设。

地下公共服务设施规划

地下商业服务功能空间包括地下商场、地下街、餐饮设施等，地下商业功能与地面上的商业用地结合布置，也可以与城市的广场、绿地、道路等结合布置。通过地下商业开发有效缓解地面交通拥挤的状况，在不扩大和少扩大城市建设用地的前提下，实现城市空间的立体化开发，提高土地利用效率，节约土地资源，在一定程度上缓解高昂的地价和开发建设的矛盾，同时可以增大地面的绿地面积，保护和改善生态环境。地下公共服务设施根据功能的复杂程度可以分成以下类型：

地下商场。地下商场是地面商场的地下延伸部分，其业态应以百货、超市、餐饮为主。地下商场应结合地下过街通道直接连通，吸引人流，提高可达性。

地下商业街。在城市道路、广场、绿地等下方单独建设的地下建筑，建筑内部有步行通道，两侧布置商店、餐饮等业态。

城市地下城。城市地下城由城市地铁、地下街、地下车站及地下建筑之间的连接通道、地下公共停车库、商业服务等设施、市政公用设施的主干管线以及为综合体本身使用的设备用房和辅助用房等共同组成。地下综合体之间应通过地下街或地下通道等形式进行连通。

地下文化娱乐设施。地下娱乐设施主要指建于地下的体育馆、影剧院、音乐厅、舞厅、俱乐部、游泳池以及其他各类娱乐活动中心。可结合大型公共建筑配建地下文化娱乐设施开发利用，如结合剧院、美术馆、图书馆、影剧院、各种类博物馆等设施，将一部分文化娱乐功能设置于地下。小型地下文化娱乐设施结合城市商业中心布局。

地下医疗卫生设施。地下医疗卫生设施指全部或部分建于地下的各种医院、防疫站、检验中心、急救中心等。按照地下医院的建设标准，利用各级医疗设施的改建和新建，修建一定规模、数量的地下医疗设施，满足人防要求和城市发展需要。

地下教育、科研等设施。地下教育、科研设施及地下实验、教学等功能空间的利用，要结合大学和中小学的建设、改造来进行，尤其是要利用学校的操场进行地下公共空间的利用。规划结合新建中小学，在操场下根据需要建设地下实验室、图书馆、运动设施等，或结合海绵城市要求建设蓄水池等。

地下公共服务设施竖向布局要求

地下公共服务设施的商业开发一般在地下一层。为保证环境舒适性和空间品质，地下商业空间和主要公共步行通道处，净高不宜小于3.5m，公共步行通道过城市道路处，需根据市政管线要求考虑1.5～2.5m的覆土厚度。

US3-4-2 明确地下交通设施布局

地下交通设施主要包括地下动态交通、地下静态交通和地下连通设施。根据城市发展水平和地下空间资源条件，提出符合交通需求的地下交通发展战略。

地下交通设施规划目标

以地下机动车道路、地下步行系统为主，结合地下停车系统，发挥交通系统在地下空间开发利用中的主导地位，形成城市上、下部空间相协调、与城市规模和发展相适应、功能完善的大型地下综合交通系统，从而推动整座城市交通网络的发展。

地下交通系统应与城市土地利用相结合，与地面交通相协调，便于不同交通方式的转换，使地下交通系统成为地面交通系统的有力补充。随着城市的建设发展，将地下停车库、地下人行过街通道、地下步行街连通，逐步形成有机的地下交通网络，提高地下交通设施的使用率和使用效益。地下步行交通系统应充分体现以人为本的思想，在集中吸引、产生大量步行交通的地区，建设地下步行街、地下人行过街通道、地下广场等，形成地上、地下一体化的步行系统。

地下道路

我国地下机动车道路的建设利用已经在很多大城市开展，如上海、武汉、南京、杭州等。但到目前为止，仍以跨越天然障碍为主，如上海已建成多条越江隧道，南京玄武湖隧道和杭州的西湖隧道等。此外，还有一些大型立交，为降低工程造价、避免冲突点形成和减少对景观环境的影响等因素，采取地下、地面和高架多种形式相互配合，如武汉的大东门立交等。地下机动车道路系统的建设和规划是解决特大城市交通问题的新思路。

人行过街通道

地下通道规划应结合地面交通设施统一规划，其目的是为使用者提供更方便、实用的设施。另外，还应与其他地下交通设施统筹规划，如地下商业街、地下停车设施等。根据不同区域确定不同的规划原则。在步行人流量很大，机动车速度较低、流量相对不大的道路交叉口和路段，通过人行横道方式解决人行过街问题；周围有地下空间利用的，可以结合设置，地下人行过街通道的形式主要有以下几种：

位于路段的地下人行通道的形式比较简单，呈一字形。位于交叉口处的地下人行通道的形式有三种，其中H形地下通道经济、合理，同时能够方便各方向客流过街，为规划推荐的通道形式。

地下人行过街通道多设置在交通路口，局部非路口段因为区域性质、城市功能等特殊因素引起的大量人流过街需求，也考虑采用地下人行通道形式过街（图SU3-6）。

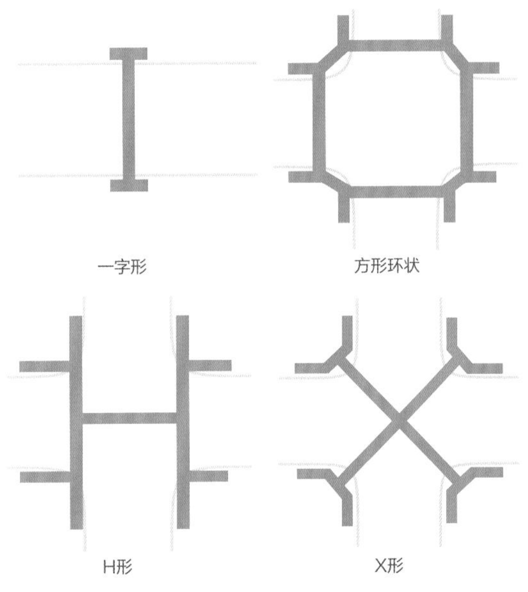

图US3-6 地下人行通道形式示意图

地下停车

1. 停车策略。可采取城市特殊区域停车泊位适度供应，外围区宽松供应，根据不同的区位条件规定差异化的地下化率的停车策略。还可根据区位等因素设置差别化的收费管理标准，包括停车收费费率在中心区、外围区的差别化和路内、路外的差别化。在城市中心区外围设置停车场、公交换乘停车场，可以采取低收费或免费停车的策略，而在中心区宜采取相对较高的停车收费费率，充分发挥价格的杠杆调节作用，缓和中心区停车矛盾和交通压力。路内、路外停车差别化收费是指路内收费标准高于路外收费标准，引导路内停车向路外停车转化，提高中心区道路的通行能力和路外公共停车设施的利用率。

此外，可制定系统的建筑物配建标准并严格贯彻执行，达到车位供需基本平衡。建筑物配建车位是城市停车泊位供应的主体。只有配建到位，才能从根本上解决停车难的问题。在现状调查和调研的基础上，科学制定建筑物配建停车标准与准则，经过论证后以法律的形式确定下来，并严格参照执行，逐步实现基本车位供给“一车一位”。城市中心地区土地开发强度大，布局基本定型，增大停车供应水平一般以公共停车设施的建设为主；其他地区应采用较高的停车配建标准，以建筑物配建停车设施为主来满足不断增加的停车需求。

2. 公共停车场。中心地区的停车设施以建筑物配建为主体。城市公共停车场分为外来机动车停车场、市内机动车停车场、自行车公共停车场。外来机动车停车场设置在城市出入口附近，市内公共停车场设在城市中心、分区中心或商业较为集中的地区。在靠近主要对外出入口处设置对外机动车公共停车场。结合货运站和长途汽车站设置，并配套一定的服务设施。大型公共停车场可集中布置在火车站、长途汽车站等交通枢纽及城市的商业中心、行政中心、文体卫生设施、居住区等大型人流、车流集散点处。

地下公共停车设施的安排有以下几种方案：客运交通枢纽地区为满足各种交通方式换乘所安排的地下停车设施，依托大型公园、广场绿地、学校操场等修建的为社会提供服务的地下停车库，利用道路下方未用资源进行地下车库建设等。

3. 配建停车场。缺乏停车设施的已建居住区和大型公共建筑，主要依靠公共停车设施，主要有以下几种方案选择：可利用小区内集中绿地的地下空间修建地下停车库；利用街头公园或广场绿地修建社会地下停车库；利用城市道路地下空间开发建设地下停车库，为附近居住小区提供停车服务。

US3-4-3 地下市政设施规划

地下市政设施主要包括各种地下管道（如给水、排污、供热、燃气、运输、供电、通信）和综合管道（即“共同沟”）。根据城市自身实际发展需求，开展地下“共同沟”、地下变电站、地下污水处理设施、地下垃圾收集转运设施等项目建设可行性研究，提出各类地下市政设施建设要求及规划设想。

地下公用设施发展策略

市政设施的地下化各地区城市有所不同。日本城市向地下发展主要是因为用地紧张，缺少场地，为节约用地而开发地下空间；欧洲城市主要是从保护环境的目的出发。从长远考虑，市政设施的地下化并不完全是由于缺少场地，而是应当从保护环境、补充地面功能的目的出发。

1. 地下市政场站。随着经济社会的快速发展，城市市政基础设施的供需矛盾日益突出，市政场站设施的建设占用宝贵的地面空间资源。而市政场站设施地下化建设具有许多优势，集中体现在：建设地下市政设施能充分开发利用城市地下空间资源，节省宝贵的地上空间，增加城市道路、广场和绿地面积，提高城市环境质量和抗灾能力；一些市政设施（如污水处理厂）建于地下可以充分利用地下恒温、恒湿的特点，节省运行费用，提高效益。上海世博轴利用地下雨水收集处理系统，使得自来水日用量由原来的 2000m^3/d降低为1100～1200m^3/d。经处理后的雨水主要用途为卫生器具冲洗、绿化浇灌等。雨水经过集中处理再用于浇灌和场地清洗。阳光谷和膜结构收集的雨水汇总到地下雨水渠中（图US3-7）。

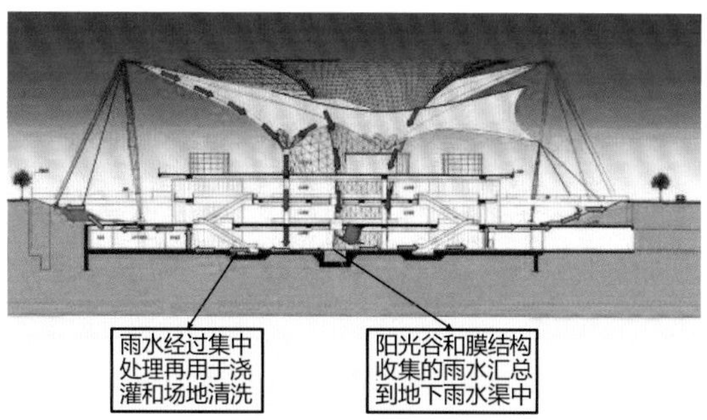

图US3-7 上海世博轴雨水收集处理综合利用技术示意图

2. 综合管廊。发展综合管廊不仅是城市建设和城市发展过程中的必然趋势，也是我国今后城市基础设施建设的发展方向，综合管廊网络体系的构筑以及所收容的管线，应在城市规划体系中的基础设施规划及管线综合专业规划中予以确定，在地下空间规划中，主要根据地下空间开发利用的规律以及城市发展对综合管廊的可能需求，为综合管廊建设保留和控制必要的建设空间。

新建城区建设基础条件较好的地区可规划综合管廊，统一规划，分步实施；老城区实施难度大的区域，原则上不考虑废弃已有管线、封闭交通来建设，局部可结合旧城改造一并实施。

US3-4-4 明确地下防灾设施布局

地下空间防空防灾规划策略

利用地下交通系统优化城市防空防灾结构。地下交通系统由点状的静态交通设施和线状的动态交通设施组成。点状地下交通设施包括地铁站、地下客运站、地下停车场等，作为与地面空间的连接点和人流集散点。而地铁线路、地下道路系统（服务对象为机动车）和地下步行系统（服务对象为行人）一起构成线状地下交通设施。地下交通系统具有不占用地面空间的优势，能够避免沙尘暴、大雪和暴雨等恶劣天气对城市交通的影响。

例如，在暴雨情况下，吉隆坡市的城市快速路充当吸纳雨洪和排泄的通道，成功解决了雨涝灾害问题（图US3-8）。

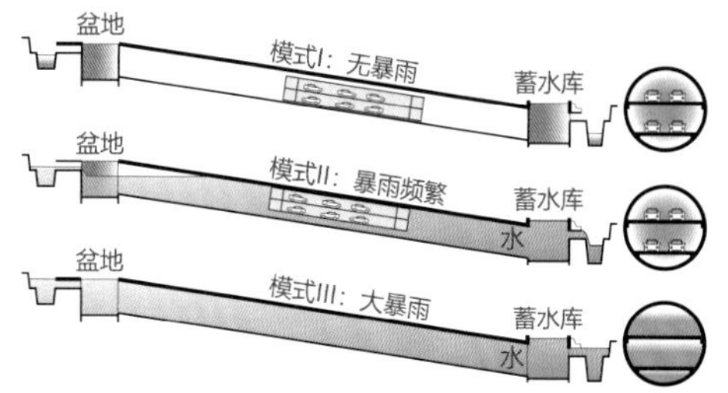

图US3-8 吉隆坡城市泄洪与公路两用隧道示意图

利用地下城市生命线系统。地下管道网是城市生命线系统的主体部分，是维持城市功能正常运转和促进城市可持续发展的关键。综合管廊是将市政管线中电力、电信、燃气、供水、中水、排水、热力等管线中的两种及以上集于一体，在城市道路的地下空间建造的集约化隧道，设有专门的检修口、吊装口和监测、控制系统。由于具有现代化、集约化及防灾抗灾的特点，地下便于平时和灾时各种管线的铺设、增设、维修和管理。在灾害发生时能有效避免灾害对城市管线的破坏，大大提高城市管网的防灾能力。

完善城市防灾空间体系

构建防空防灾一体化综合防灾体系。完整的城市防灾空间体系应包括地面空间、地下空间和建筑物内部空间在内的城市物质空间结构与形态，具备灾前风险减轻、灾时疏散避难和救援、灾后人员安置、物资配送和医疗救护等功能。作为城市地下空间的子系统，地下空间是城市防灾空间体系的重要组成部分，与地面防灾空间的联系表现在功能的对应互补上，在平面布局上应与地面的主要防灾功能相对应，是地面防灾功能的扩展及延伸，最大限度地发挥城市综合防灾的整体效应。

连通各地下空间，形成地下防灾空间系统。在地下空间防灾节点的建设上充分利用地铁站、地下停车场、地下商场分布广、数量多的特点，结合地面避难、医疗、物资、指挥设施的布局结构，建设地下防灾点状空间，作为地面防灾空间的重要补充；利用人防干道等地下网络，作为地下防灾线状空间，在地面严重遭灾时充当应急替代性交通；利用公共建筑密集区、商业密集区、公共交通枢纽、大型居住区及大型公共绿地下的地下空间，建设大型人防工程和地下综合体，形成地下防灾面状空间，从而构成与地面防灾空间相协调的、点线面相结合的城市防灾空间体系。同时，应加强各地下空间之间的连通和配套，通过功能整合，使地下防灾空间形成系统，提高城市总体防灾应急能力，并兼顾灾时的防灾效益和平时的经济效益。

地下空间平战转换

由于地下空间具有很强的抗灾特性，一方面，能够对地面难以抗御的外部灾害如战争空袭、地震、风暴、地面火灾等提供较强的防御能力；另一方面，也能弥补地面防灾空间的不足，特别是当地面建筑与设施受到严重破坏后保存部分城市功能，在战争空袭精确打击阶段提供人员和物资防护。因此，高强度、大规模的地下空间可以为人防工程提供足够的空间。战争情况下，除了充分利用地下人防工程结构自然提供的抗力，还需要采取必要的措施，使平时使用的地下空间在临战时能顺利地转为战时使用，因此，要求在短时间内完成使用功能的转换、防护措施的转换和管理体制的转换，也就要求各级人民防空部门和企业、事业单位在发展规划中提出明确的要求，在规划建设中提出实施预案。

US3-4-5 安排地下其他设施布局

主要包括地下工业设施和地下仓储设施。结合地下空间自身优越的自然条件，综合权衡经济、社会、环境和防灾各方面的效益，确定适宜安置于地下的工业设施项目和地下战略物资、平战物资、防灾物资等仓储设施项目。

US3-4-6 协调各类地下空间设施

基于地面用地性质和地下空间开发功能，研究不同开发深度下适宜设置的地下空间设施，协调各类地下设施的平面、竖向布局。涉及地下空间开发利用的地下管线、地下综合管廊、地下交通等规划，应当与城市地下空间开发利用规划相协调，鼓励城市地下空间开发利用规划与人防工程规划的整合。涉及地下空间内容的控制性详细规划在制定过程中应与其他有关专项规划充分衔接。

地下空间使用功能：满足土地分层使用需求，将地下空间资源纳入土地资源管理和城市规划管理。

地下空间竖向利用：依据地下空间功能需求以及地面条件等因素，依照分层开发、分步实施、注重综合效益的原则，合理安排利用。还应结合地上建设条件，对次深层和深层地下空间实行保护控制，为城市远期预留地下空间资源（表US3-7）。

地下空间协同布局表　　表US3-7

分类	浅层	次浅层	次深层和深层
建设地块下部空间	地下街、办公用房、公共建筑、地下车库、小型地下市政场站（如地下泵站、变电站等）、区域性供暖等	地下车库、小型市政场站（如地下泵站、变电所等）	地下骨干设施（高压变电站、地下水处理中心）

续表

分类	浅层	次浅层	次深层和深层
市政道路下部空间	市政管线、地铁、地下道路、人行地道、地下车库、综合管廊（包括电缆隧道）、地下街	地铁（隧道）、地下河、地下道路（干道）、地下物流设施、综合管廊（包括电缆隧道）、排水隧道	地下骨干设施（高压变电站、地下水处理中心等）、排水隧道
水域下部空间	市政管线、综合管廊（包括电缆隧道）、隧道、地铁、道路	综合管廊（包括电缆隧道）、排水隧道	隧道、地铁、道路、排水隧道
绿地广场下部空间	局部区域开发地下休闲、娱乐等配套设施、地下市政场站、热力等	地下公共停车库、地下市政场站等	地下骨干设施（高压变电站、地下水处理中心等）

来源：根据《城市地下空间资源评估与开发利用规划》整理

US3-4-7
注重地下空间防灾

地下空间防灾设计

地下空间防灾应根据地下空间的功能、重要程度或规模分类进行防灾设计。主要考虑防火、抗震、防汛等设计。

重要的大型地下空间工程应建设灾害应急管理控制中心，负责各种灾害预警信号的确认、发布、解除和传播管理，同时负责对整个灾害监测系统进行管理维护。

地下空间应根据使用功能，按照相关标准，规范设置消防安全疏散指示标志、火灾应急照明、紧急广播和火灾自动报警系统等防灾设施。

大型城市公园、绿地、广场被规划为应急避难场所或疏散集结地域的，可考虑结合建设地下人防工程或地下空间，灾害发生时与地面共同承担人员避难、疏散和转移。

地下空间的防灾设计，除执行本规定外，还应符合国家现行有关标准、规范的规定。

地下空间与人防融合发展

在人防工程建设时，构建以轨道交通为骨架的人防总体防护体系。充分利用地下空间规划布局，以大型基础设施和轨道交通线网为交通骨架，结合人防主干道构建互联互通的城市人防总体防护体系，以线路和车站为人防工程的联系发展轴，加强轨道交通站点与周边人防各工程的互联互通。

人防工程的平面布局、空间处理，应在不影响战时功能的前提下，满足平时使用要求。平战结合的人防工程应充分考虑平时利用向战时用途的转换，并应同步设计、施工到位。例如，战时医院在传染病暴发期的转换与利用，兼顾人民防空需要的地下空间部分，可设计预留临战加固措施。

例如，以色列的郎邦医院有地下3层、共1200个停车位，在需要时，可以在72h内转变为2000个床位。停车场在设计之初就已经考虑了满足医疗需求的通风和过滤系统、背景照明和手术用灯光，以及天花板悬吊的手术用附件，是平战结合、平灾结合的优秀案例（图US3-9）。

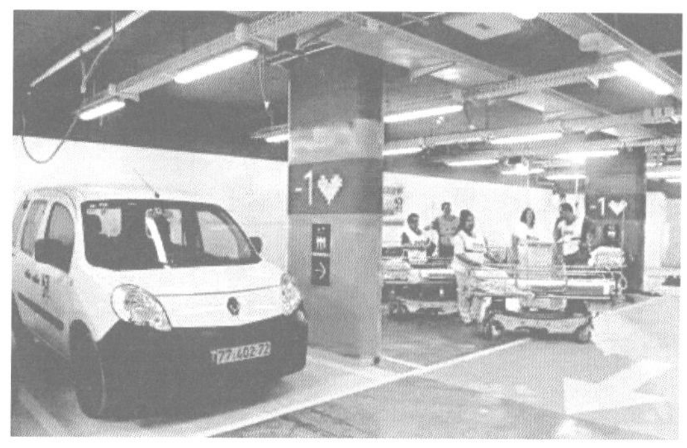

图US3-9　战时医院的平时利用示意图
来源：https://mp.weixin.qq.com/s/TGz4sn6ohzWvDIQ9E6DU0Q.

人防工程建设应与地下交通设施、生命线工程、广场、绿地、地下街、生产存储设施相结合，同时用地街区开发应考虑各级、各类人防工程设施的配置要求。

US3-4-8
优化地下空间环境

城市中心区地下空间的开发可以增加城市空间，改善城市拥挤、环境污染等状况。如果在开发地下空间的过程中不注重环境建设，便会偏离改善城市环境的最初目标。因此，必须在开发中注重环境建设。城市地下空间设计的过程中应注重对地下空气环境和光环境的处理，通过出入口以及内部采光的办法提高地下空间的舒适度（图US3-10）。

图US3-10　深圳湾超级总部基地投标效果图

US3-4-9
安排地下空间开发时序

确定地下空间开发时序。地下空间近期建设规划应与城市近期建设规划相结合，针对城市近期存在的各类问题，提出地下空间近期建设目标、重点建设区域和重点项目。

规划还应该从开发、建设、管理等角度，重视地下空间开发利用的法律法规和制度政策，加强统一规划管理，会同相关部门建立相关鼓励机制和地下空间数据库系统，积极引导多元化的地下空间投（融）资开发模式。

US4
详细布局

US4-1
明确详细规划层次

地下空间详细布局分为地下空间控制性详细规划和地下空间方案设计两个层面。

US4-1-1
确定详细规划主要任务

地下空间控制性详细规划的主要任务为：落实总体规划的各项要求，以对城市地下空间资源的开发利用控制为规划编制重点，确定地下空间各功能设施的布局，详细规定规划范围内地下空间利用的规定性和引导性要求，为地下空间方案设计以及城市地下空间规划管理提供技术依据。

在对城市重点地区进行地下空间控制性详细规划中，探索在街区和地块层面地下空间布局、开发强度、空间环境以及建筑建造等方面的绿色指标，并探索如何与地面控制性详细规划结合，提出开发地块的规定性和引导性指标要求，为地下空间建设项目的设计提供依据，并保证规划的顺利实施。

US4-1-2
确定方案设计主要任务

地下空间方案设计阶段主要是指城市节点的地上、地下空间一体化的设计阶段。地上、地下空间一体化开发利用能有效提升土地利用效率，拓展城市空间容量，完善交通组织，提升环境品质，实现可持续发展。

在城市重点地区或者重要节点地上、地下一体化设计过程中，对地下空间进行平面布局、竖向布局、交通组织以及环境景观设计，进行绿色地下空间规划，指导重点地区的绿色高效开发建设。

US4-2
确定详细规划内容

从地下空间控制性详细规划和地下空间方案设计两个层面分别界定地下空间规划的内容要求。

US4-2-1
确定详细规划内容

地下空间控制性详细规划的主要内容包括以下几

个方面：

根据地下空间总体规划的要求，确定规划范围内各类地下空间设施系统的总体规模、平面布局和竖向关系等，包括地下交通设施系统、地下公共空间设施系统、地下市政设施系统、地下防灾系统、地下仓储与物流系统等。

针对各类地下空间设施系统对规划范围内地下空间的开发利用要求，提出城市公共地下空间开发利用的功能、规模、布局等详细控制指标；对开发地块地下空间的控制，以指导性为主，仅对开发地块地下空间与公共地下空间之间的联系进行详细控制。

地下空间设计引导主要由于地下空间的可视性较低，为减少地下空间给人带来的不良心理影响，创造具有魅力的内部环境，在地下空间规划中，可以通过设计引导指标有效减轻人们的心理压力。考虑到地下空间的不可逆性、低可视性以及公众文化、心理、活力等因素，可以从安全、舒适、便利、健康等角度提升地下空间的空间形象，规划主要从公共空间和停车空间进行引导。

结合各类地下空间设施系统开发建设的特点，对地下空间使用权的出让、地下空间开发利用与建设模式、运营管理等提出建议。

US4-2-2
确定方案设计内容

现阶段地上、地下空间一体化开发利用主要有以下几种形式：

结合地铁站点、火车站等综合交通枢纽建设，开发功能复合的大型综合地下建筑空间，整合地下交通系统，提高交通效率。

结合大型公共建筑的建设，将附建于大型建筑物的地下空间统筹考虑，进行一体化设计，建设地上、地下一体的大型综合体，提高土地利用效率。

在对城市老城区进行综合改造时，运用一体化设计手段，开发地下公共空间，拓展延伸城市空间，提高城市环境品质。

US4-3
明确规划控制指标

从规划控制和规划引导两个方面分别界定地下空间规划的规划要求，包括控制内容和控制指标两个方面。

US4-3-1
明确控制内容

在地下空间控制性详细规划中，应特别注重以下几个方面的控制，保证地下空间的合理有序开发。

地下空间控制性指标包括地下空间土地使用控制、地下空间配套设施控制、地下空间建筑建造控制、地下空间设计引导、地下空间开发建设管理五大类。在这五类指标下，包含多项二级指标，二级指标下还包含多项三级指标，涉及开发层数、地下空间主要功能、地下商业规模、地下空间连通要求、地下公共停车规模、地下建筑层高、地下各层商业业态等多项指标。在此基础上形成完整的地下空间开发指标体系。由于控制内容的选取受多种因素的影响，对每一规划地块无须按照以上全部内容来控制，可根据用地的具体情况选取其中的部分指标进行控制[3]。

US4-3-2
遴选控制指标

地下空间土地使用控制

地下空间的土地使用控制是对地下空间使用功能、开发范围等方面作出规定。其控制内容为土地的使用范围、用地性质、开发功能以及土地的兼容性等。另外，应考虑地下空间开发产生的人流、车流等因素对高密度地区基础设施产生的影响，需要对地下空间开发容量，包括开发强度、开发深度和开发规模等进行控制。在地下空间的开发规模预测上，应对地下空间可开发区域作详细调查，根据城市各自特点，确定地下空间可开发区域。在地下空间开发功能上，可以根据地面的用地性质进行控制引导。根据地面的用地性质，地下空间功能主要可划分为地下商业、地下交通、地下市政设施等几种。

在地下空间开发强度上，同样借鉴地上空间的做法。地上空间通常采用限高来控制建筑的高度，地下空间可以根据地上空间的控制高度确定地下空间开发的控制深度。目前地下空间开发由于开发技术和可达性等因素，开发深度主要集中在0～-30m，因此将地下空间开发以-10m、-20m、-30m划分为3个层次。通过对不同开发深度的地下空间进行功能控制，实现对地下空间开发的引导。

地下空间配套设施

地下空间配套设施是指对地面上的公共设施提出地下配套建设的要求，包括商业娱乐设施、市政设施、交通设施和人防设施等。地下商业娱乐设施主要是对开发的功能定位、位置和规模等提出控制要求；市政设施配套包括给水、排水、电力、通信等基础设施，以及综合管廊的规划；交通设施主要是确定停车场的数量、出入口位置，以及对步行交通和机动车交通的控制；人防设施主要是从平战结合的角度，确定需要配置的人防工程类型和规模。配套设施的建设规模应按照国家和地方规范制定。

地下空间建筑建造控制

地下空间建筑建造控制是对地下构筑物布置和构筑物之间的关系作出必要的技术规定。主要控制指标有地下建筑后退红线距离、地下公共通道控制、地下车库及出入口设置等。建筑建造控制应按照国家和地方标准规范制定。另外，要根据各地块地下空间的使用功能，考虑地下空间的连通，对具体地块的连通提出实质性要求，如预留连接口、地下管线间距、新老地下建筑间距等建设要求。

地下建筑退线。一般根据具体城市的相关城市规划管理规定，确定地下建筑物的退线距离。

地下公共通道控制。一般通过确定地下街、地下通道的宽度以及通道口的预留来实现。例如，单建地下商业街兼作通道功能的商业街宽度不小于15m，仅有过街通道功能的通道宽度不应小于6m；相邻地块应有步行通道连接，必须有直通地面的出入口等。

地下车库开发及车库出入口设置。相邻地下车库间建议连通，形成小环行独立停车系统。独立开发或设置的地下车库及车库出入口应满足《城市道路交通工程项目规范》（GB 55011—2021）要求。例如，地下停车场出入口的宽度双向行驶时不应小于7m，单向行驶时不应小于5m等。车辆出入口前的地面应留出足够的空地用于车辆等候、回转，配备红绿灯信号和停车诱导信息标志等。

地下空间规划图则

针对地下空间开发的重点区域可以采用控制性规划图则的方式，将地块的规划指标标注在图则中，以便于规划的实施和管理。在图纸中应标注地块编号、地下建筑控制线、建筑后退距离、道路红线、道路中线、路缘石线、地下步行商业街、地下过街通道、地下车库连通道、地下下穿道路、地下车行人行出入口、垂直交通、下沉广场、配套设施以及周边地块的联系通道等。

地下公共通道控制：确定地下街、地下通道的宽度以及通道口的预留，保证相邻地块的有效连通。

地下人行出入口位置：确定地下人行出入口的位置，相邻地块步行联系通道，直通地面的出入口等。

地下车库开发及车库出入口设置：确定地下车库的边界，相邻地下车库间建议连通。独立开发或设置的地下车库及车库出入口应满足《城市道路交通设施设计规范》（GB 50688）要求。

人防要求：根据具体城市人防相关管理规定进行配套建设，相邻地下室连通道应按照相关要求设防。人防设施的设置应遵循平战结合的原则，物资库和人员掩蔽工程平时可兼顾停车功能。

US4-4

提出规划引导指标

从地下空间控制性详细规划和方案设计两方面分别提出地下空间规划引导内容及要求。

US4-4-1

确定详细规划引导内容

地下空间控制性详细布局应注重对地下空间景观设计的引导。考虑文化、社会、心理等因素，对地下空间出入口、采光通风及标识等内容提出设计原则，以提高地下空间环境适宜性和安全感。

控制性详细规划应当注重做好地下空间开发利用与地面建设之间的协调，加强地下交通设施之间、地下交通设施与相邻地下公共活动场所之间的互连互通。

US4-4-2 确定方案设计引导内容

绿色地下空间设计是针对城市重点地区或者重要节点进行地上、地下一体化设计过程中，在确定地下空间的平面布局、竖向布局、交通组织以及环境景观设计的基础上，进行绿色地下空间规划，指导重点地区的绿色高效开发建设。鼓励重点地区开展地上、地下一体化城市设计，并将主要控制要求纳入控制性详细规划。

光的引入。地面上的日常生活离不开自然采光，通过中庭、天井、玻璃采光窗、玻璃拱顶、下沉广场、出入口将自然光引入地下空间，满足人们感受阳光与自然信息的心理需求，消除地下空间的封闭感，同时节约能源。

景的引入。大自然中许多景物都可以使人感到舒适、愉悦和兴奋，将自然元素直接引入地下公共空间，或引入大自然中的水声、鸟声等，都可以有效增强地下空间的地面感。通过对景观小品的设置，将瀑布、溪流、花草树木等自然景观植于地下空间，能有效增强地下空间的地面感。通过在中庭布置叠水景观、在地下商业街布置花坛、在下沉广场通过地形的倾斜处理将绿地等植物茂盛的自然景观融入地下空间等方式，提升地下空间环境舒适度（图US4-1）。

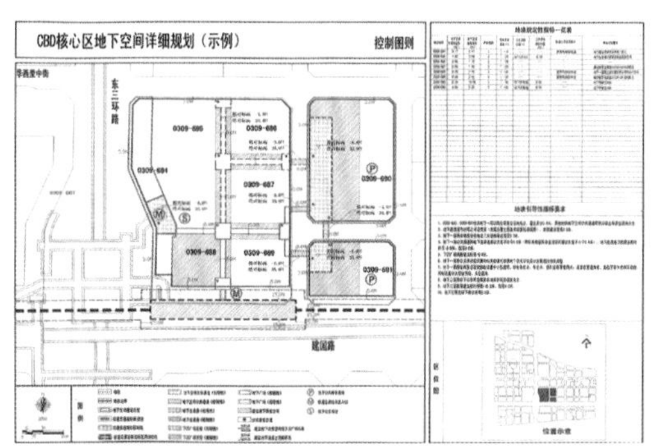

图US4-1　北京地下空间控制性详细规划图则示意图
来源：《城市地下空间规划标准》（GB/T 51358—2019）

US4-5 ※

总结规划开发模式

总结地下空间详细布局中公共空间开发常用的开发模式，在实际开发中主要有三种模式：均衡式、集中式和整体式。

US4-5-1 均衡式

均衡式是指在公共地块开发时，每个地块都贡献出公共空间，地下空间开发只需要连通各地块之间（道路下方）的地下空间即可，方便规划开发。但其缺点是周期过长，统一管理有难度。

US4-5-2 集中式

集中式地下空间开发是指以公共空间带动周边地块的投资方式，公共空间的品质标准相对较高，地下空间建设周期短。这种开发模式主要由国资公司实施投资。

US4-5-3 整体式

整体式地下空间开发是指规划地块整体开发，建成后实施分层出让。

一般来说，一级重点建设区建议采用集中式和整体式，以地下公共空间建设提升周边用地价值；二级重点建设区建议采用均衡式，通过连通提升地块之间的价值（图US4-2）。

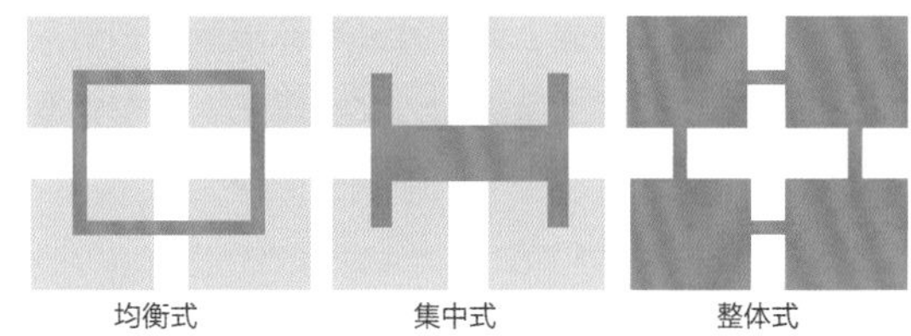

图SU4-2　地下空间开发模式分类示意图

US5

规划实施

US5-1

地下空间主导模式

总结地下空间规划实施中的主导开发模式。地下空间主导开发模式主要有三种：政府主导模式、政府与企业合作模式、企业主导模式。

US5-1-1

政府主导模式

政府主导模式是指由政府主导开发的建设模式。主要用于减灾防灾、人防工程、公共交通、市政设施等涉及公共安全、公共产品的设施，由政府主导开发建设。

US5-1-2

政府与企业合作模式

政府与企业合作模式是指公共部分由政府投资，商业部分由企业投资，双方协议划分权益。

US5-1-3

企业主导模式

企业主导模式是指对以主要满足经营性项目需要的地下设施，在政府宏观指导下以市场调节为主，以经济效益为先，兼顾社会与环境效益和防灾减灾的要求，如商业金融业、文化娱乐、停车场等用地。

US5-2

规划产权激励机制

探讨地下空间的管理运作机制，主要包括利用决策机制、产权获取机制、开发奖励机制等。

US5-2-1

地下空间产权获取机制

地下空间的开发利用在提高城市土地使用率的同时，也产生了新的问题，其中最关键的问题之一就是产权不清。现行法律没有明确规定地下土地使用权以及地下建筑物、构筑物的产权归属问题，因此部分已建地下空间产权不清，无法进行产权登记，其权益也无法得到法律的保护。按照现行法律规定，建筑物的产权是以土地使用权为依附的，地下空间使用权也可随着地下空间的分层开发利用而分层设置。在明确国家对地下空间的拥有权之后还要明确地下空间使用权的主体以及主体的权利范围、责任和义务等内容，并明确地下空间使用权的权属范围，完善城市地下空间土地产权管理。

目前国内有些城市提出了地下空间产权获取机制，如地下商业服务设施用地可按地面地价的30% ~40%出让，使用年限为40~50年；地下停车设施用地可按地面地价的15% ~20%出让，使用年限为40~50年，地下停车设施用地按层数递增，地价逐层递减50%；地下三层以下空间（不包括地下三层）可免费使用，使用年限与上一层土地使用年限一致。

US5-2-2

地下空间开发奖励机制

探讨地下空间开发利用的激励机制和奖励政策，引导社会投资进入地下空间开发利用领域。

例如，在地下空间开发建设中，建设单位在规划中增加城市基础设施、城市公共服务设施等情形的，可以给予一定的容积率转移或者奖励政策、地价优惠、财政奖补或者依法实施税收减免等。地下空间开发兼顾了人防需要的，可以享受有关税收减免政策，免收市政建设配套费和土地使用税等，纳入人防工程管理的，人防工程平时开发利用取得的收入，缴纳房产税确有困难的，可向当地地方税务主管部门提出申请减税或免交。

US5-3

专项工程管理措施

提出各专项工程的管理措施，包括轨道交通、地下街和地下停车场、绿地地下空间复合开发等。

US5-3-1

轨道交通

政府通过立法可以赋予特定市场主体对轨道交通沿线的地下空间进行综合开发利用的行政管理权，可采取多种运作市场方式进行轨道交通建设。

US5-3-2

地下街和地下停车场

采用BOT、有偿出让、入股、联合开发和PPP等几种可行的投资模式，建立平战结合且完善的配套措施。

US5-3-3

绿地广场地下空间开发

从综合利用上开辟复合绿化之路。即通过市场化运作，充分利用绿地、广场地下空间，建设地下变电站、雨水调节地、防灾掩蔽所、文化体育馆、商店、仓库、停车场等设施，以满足绿地或广场周边地区城市发展的功能与空间需要，解决城市用地难问题。同时，可利用取出的土体堆山建绿、美化环境。

US5-4

项目监督管理机制

提出项目监督管理的机制与措施，包括工程监督机制、信息资源共享机制以及多种类型地下空间推进机制。

US5-4-1

工程监督机制

要健全监督管理机制，按照《中华人民共和国城乡规划法》的规定，城市规划行政主管部门有权对城市规划区内的地下建设工程是否符合规划要求进行检查，城市规划行政主管部门可以参加城市规划区内重要地下建设工程的竣工验收。工程必须保证质量，如有违法行为，依法追究刑事责任。

US5-4-2

信息资源共享机制

对地下空间统一规划并制定地下空间信息资源共享的相关规范和技术标准。市级各部门、各区在数据库开发和网络建设时须遵守这一规范和标准，并在数据资源开发完成后，向信息资源管理系统登记注册，提供数据查询的路径指引。各部门信息中心应按信息共享的要求和利益共享原则，向信息资源中心提供数据；信息资源中心应完成实现各类信息数据的共享、交换和编辑，并对各部门可共享的重要数据进行备份；根据授权，信息使用者可以通过信息资源中心访问各部门信息中心的内容。

US5-4-3

多种类型地下空间推进机制

政府积极组织召开全市地下空间开发利用推进专题会议，研究制定各种不同使用性质（如公益性、商业性）地下空间的调控与引导的政策，推进城市地下空间的有序、高效开发利用；有效解决存量部分（人防、地下车库等）改造，并结合增量的建设进行统筹规划，促进城市地下空间防灾体系的形成和完善；建立资金筹措运行和管理机制，激励和吸纳国内外“民间资本”开发利用城市地下空间资源；城市地下空间开发利用中引入市场化运作机制，放开市场引进社会资金，实现多元化投资和建设；明确全市协调推进机制，形成各部门分工负责、相互配合、协同推进的工作局面。

注 释

❶《北京地下空间规划》编委会．北京地下空间规划［M］．北京：清华大学出版社，2006.

❷ 吴克捷，赵怡婷，石晓冬．国土空间规划体系下地下空间规划编制研究［EB/OL］．［2021-01-30］．https：//mp.weixin.qq.com/s/1eEdNlfip-tnhO-bDq5vyA.

❸ 童林旭．论城市地下空间规划指标体系［J］．地下空间与工程学报，2006，2（7）.

附录

APPENDIX

A1

法律法规、政策文件、标准规范

C 绿色总体规划技术指引

《中华人民共和国城乡规划法》
《中华人民共和国人民防空法》
《中华人民共和国文物保护法》
《中华人民共和国建筑法》
《中华人民共和国土地管理法》
《历史文化名城名镇名村保护条例》
《生态保护红线划定指南》
《市级国土空间总体规划编制指南（试行）》
《市级国土空间总体规划数据库规范（试行）》
《国土空间规划“一张图”建设指南（试行）》
《资源环境承载能力和国土空间开发适宜性评价指南（试行）》
《国土空间调查、规划、用途管制用地用海分类指南（试行）》
《土地利用现状分类》（GB/T 21010）
《城市居住区规划设计标准》（GB 50180）
《城市道路交通设施设计规范》（GB 50688）
《城市排水工程规划规范》（GB 50318）
《城市综合防灾规划标准》（GB/T 51327）
《城市绿地规划标准》（GB/T 51346）
《城市地下空间规划标准》（GB/T 51358）
《县级土地利用总体规划编制规程》（TD/T 1024）
《城市绿地分类标准》（CJJ/T 85）

D 绿色详细规划技术指引

《中华人民共和国城乡规划法》
《城市规划编制办法》
《城市规划编制办法实施细则》
《城市、镇控制性详细规划编制审批办法》
《中共中央 国务院关于建立国土空间规划体系并监督实施的若干意见》（中发［2019］18号）
《市级国土空间总体规划编制指南（试行）》
《国土空间调查、规划、用途管制用地用海分类指南（试行）》
《社区生活圈规划技术指南》（TD/T 1062）
《国土空间规划城市设计指南》（TD/T 1065）

E 绿色生态空间规划技术指引

《自然生态空间用途管制办法（试行）》
《生态保护红线划定指南》
《市级国土空间总体规划数据库规范（试行）》
《市级国土空间总体规划编制指南（试行）》
《国土空间调查、规划、用途管制用地用海分类指南（试行）》
《山水林田湖草生态保护修复工程指南（试行）》
《全国重要生态系统保护和修复重大工程总体规划（2021—2035年）》
《自然资源部办公厅关于开展国土空间规划“一张图”建设和现状评估工作的通知》（自然资办发［2019］38号）
《资源环境承载能力和国土空间开发适宜性评价技术指南（试行）》
《中共中央办公厅 国务院办公厅印发〈关于建立以国家公园为主体的自然保护地体系的指导意见〉》
《自然资源部办公厅 国家林业和草原局办公室关于自然保护地整合优化有关事项的通知》（自然资办发［2020］42号）
《国家森林公园设计规范》（GB/T 51046）
《地理空间数据交换格式》（GB/T 17798）
《自然灾害承灾体分类与代码》（GB/T 32572）
《自然生态系统土壤长期定位监测指南》（GB/T 32740）
《风景园林基本术语标准》（CJJ/T 91）
《土地整治项目规划设计规范》（TD/T 1012）
《高标准基本农田建设标准》（TD/T 1033）
《河湖生态保护与修复规划导则》（SL 709）

V 绿色乡村空间规划技术指引

《中华人民共和国乡村振兴促进法》
《中共中央 国务院关于做好2023年全面推进乡村振兴重点工作的意见》
《省级国土空间规划编制指南（试行）》
《市级国土空间总体规划编制指南（试行）》

UD 绿色城市设计技术指引

《城市设计管理办法》
《历史文化名城名镇名村保护条例》
《绿道规划设计导则》
《城市居住区规划设计标准》（GB 50180）
《国土空间规划城市设计指南》(TD/T 1065)

RV 绿色城市更新规划技术指引：

《市级国土空间总体规划编制指南（试行）》
《中华人民共和国国民经济和社会发展第十四个五年规划和 2035年远景目标纲要》
《关于深入推进城镇低效用地再开发的指导意见（试行）》（国土资法［2016］147号）
《国务院关于促进节约集约用地的通知》（国发［2008］3号）
《住房和城乡建设部 国家发展和改革委员会 财政部 国土资源部 中国人民银行关于推进城市和国有工矿棚户区改造工作的指导意见》（建保［2009］295号）
《国务院关于加快棚户区改造工作的意见》（国发［2013］25号）
《国务院办公厅关于推进城区老工业区搬迁改造的指导意见》（国办发［2014］9号）
《国务院办公厅关于进一步加强棚户区改造工作的通知》（国办发［2014］36号）

《住房城乡建设部关于进一步做好城市既有建筑保留利用和更新改造工作的通知》(建城［2018］96号)
《国务院办公厅关于全面推进城镇老旧小区改造工作的指导意见》(国办发［2020］23号)
《自然资源部 国家文物局关于在国土空间规划编制和实施中加强历史文化遗产保护管理的指导意见》(自然资发［2021］41号)
《住房和城乡建设部关于在实施城市更新行动中防止大拆大建问题的通知》(建科［2021］63号)
《国家发展改革委 住房城乡建设部关于加强城镇老旧小区改造配套设施建设的通知》(发改投资［2021］1275号)
《国土空间规划城市体检评估规程》(TD/T 1063)

S 绿色小城镇规划技术指引

《中华人民共和国土地管理法》
《基本农田保护条例》
《中华人民共和国土地管理法实施条例》
《中共中央办公厅 国务院办公厅印发〈关于划定并严守生态保护红线的若干意见〉的通知》(厅字［2017］2号)
《中共中央办公厅 国务院办公厅印发〈关于在国土空间规划中统筹划定落实三条控制线的指导意见〉的通知》(厅字［2019］48号)
《国土资源部关于全面实行永久基本农田特殊保护的通知》(国土资规［2018］1号)
《自然资源部 农业农村部关于加强和改进永久基本农田保护工作的通知》(自然资规［2019］1号)
《自然资源部关于全面开展国土空间规划工作的通知》(自然资发［2019］87号)
《自然资源部关于开展全域土地综合整治试点工作的通知》(自然资发［2019］194号)
《住房和城乡建设部〈关于保持和彰显特色小镇特色若干问题的通知〉》(建村［2017］144号)
《全域土地综合整治试点实施要点(试行)》
《全域土地综合整治试点实施方案编制大纲(试行)》
《山水林田湖草生态保护修复工程指南(试行)》
《生态保护红线划定指南》
《农村住房建设技技术政策(试行)》
《镇规划标准》(GB 50188)

L 绿地景观规划技术指引

《铁路安全管理条例》
《城市绿线管理办法》
《城市蓝线管理办法》
《中共中央 国务院关于建立国土空间规划体系并监督实施的若干意见》(中发［2019］18号)
《住房和城乡建设部关于印发国家园林城市申报与评选管理办法的通知》(建城［2022］2号)
《资源环境承载能力和国土空间开发适宜性评价技术指南(试行)》
《市级国土空间总体规划编制指南(试行)》
《国土空间调查、规划用途管制用地海分类指南(试行)》
《绿道规划设计导则》
《城市园林绿化评价标准》(GB/T 50563)
《城市用地分类与规划建设用地标准》(GB 50137)
《防洪标准》(GB 50201)
《城市电力规划规范》(GB/T 50293)
《城市给水工程规划规范》(GB 50282)
《城市防洪规划规范》(GB 51079)
《城市绿线划定技术规范》(GB/T 51163)
《公园设计规范》(GB 51192)
《休闲绿道服务规范》(GB/T 36737)
《城市环境卫生设施规划标准》(GB/T 50337)
《城市居住区规划设计标准》(GB 50180)
《风景名胜区总体规划标准》(GB/T 50298)
《海绵城市建设评价标准》(GB/T 51345)
《城市绿地规划标准》(GB/T 51346)
《园林绿化工程项目规范》(GB 55014)
《城市绿地分类标准》(CJJ/T 85)
《气候可行性论证规范 城市通风廊道》(QX/T 437)
《居住绿地设计标准》(CJJ/T 294)
《城镇绿道工程技术标准》(CJJ/T 304)
《城市遥感信息应用技术标准》(CJJ/T 151)
《城市生态评估与生态修复标准》(T/CHSLA 10003)
《公园城市评价标准》(T/CHSLA 50008)

H 历史文化资源保护与利用规划技术指引

《中华人民共和国城乡规划法》
《中华人民共和国文物保护法》
《历史文化名城名镇名村保护条例》
《住房城乡建设部 文化部 财政部关于加强传统村落保护发展工作的指导意见》(建村［2012］184号)
《历史文化名城保护规划标准》(GB/T 50357)

TP 绿色交通规划技术指引

《交通强国建设纲要》
《国家综合立体交通网规划纲要(2021—2050年)》
《数字交通发展规划纲要》
《市级国土空间总体规划编制指南(试行)》
《城市步行和自行车交通系统规划设计导则》
《中共中央 国务院关于统一规划体系更好发挥国家发展规划战略导向作用的意见》(中发［2018］44号)
《中共中央 国务院关于建立国土空间规划体系并监督实施的若干意见》(中发［2019］18号)
《城市公共交通工程术语标准》(CJJ/T 119—2008)
《城市综合交通体系规划标准》(GB/T

51328）
《城市停车规划规范》（GB/T 51149）
《城市步行和自行车交通系统规划标准》（GB/T 51439）
《城市道路工程设计技术措施》（2011JSCS-MR）
《交通客运站建筑设计规范》（JGJ/T 60）
《民用运输机场选址规范》（MH／T 5037）

UP 绿色市政规划技术指引

《中华人民共和国固体废物污染环境防治法》
《中华人民共和国循环经济促进法》
《“无废城市”建设试点工作方案》
《城市生活垃圾处理及污染防治技术政策》
《城市黑臭水体整治工作指南》
《发能源发展战略行动计划（2014—2020年）》
《“无废城市”建设指标体系（试行）》
《“十四五”时期“无废城市”建设工作方案》
《“十四五”塑料污染治理行动方案》
《生活垃圾分类制度实施方案》
《中共中央 国务院关于深入打好污染防治攻坚战的意见》
《城市给水工程规划规范》（GB 50282）
《城镇内涝防治技术规范》（GB 51222）
《城市水系规划规范》（GB 50513）
《城镇雨水调蓄工程技术规范》（GB 51174）
《给水排水管道工程施工及验收规范》(GB 50268)
《城市排水工程规划规范》(GB 50318)
《城镇污水再生利用工程设计规范》（GB 50335）
《城市污水再生利用 分类》（GB/T 18919）
《城市污水再生利用 景观环境用水水质》（GB/T 18921）
《城镇污水处理厂污泥处置 分类》（GB/T 23484）
《室外排水设计标准》(GB 50014)
《海绵城市建设评价标准》（GB/T 51345）
《城镇污水处理厂污染物排放标准》（GB 18918）
《城镇燃气规划规范》(GB/T 51098)
《城镇燃气技术规范》(GB 50494)
《城镇燃气设计规范》(GB 50028)
《城市供热规划规范》(GB/T 51074)
《城市电力规划规范》(GB/T 50293)
《民用建筑供暖通风与空气调节设计规范》(GB 50736)
《城市居住区规划设计标准》(GB 50180)
《生活垃圾处理处置工程项目规范》（GB 55012）
《生活垃圾卫生填埋处理技术规范》（GB 50869）
《环境卫生技术规范》(GB 51260)
《粪便无害化卫生要求》(GB 7959)
《生活垃圾卫生填埋场环境监测技术要求》（GB/T 18772）
《城市环境卫生设施规划标准》（GB/T 50337）
《生活垃圾填埋场污染控制标准》（GB 16889）
《城市工程管线综合规划规范》（GB 50289）
《城市综合管廊工程技术规范》（GB 50838）
《综合布线系统工程设计规范》（GB 50311）
《城镇综合管廊监控与报警系统工程技术标准》（GB/T 51274）
《市政基础设施专业规划负荷计算标准》（DB11/T 1440）
《城镇供热管网设计标准》（CJJ /T 34）
《民用建筑电气设计标准》（GB 51348）
《生活垃圾生产量计算及预测方法》（CJ/T 106）
《餐厨垃圾处理技术规范》（CJJ 184）
《环境卫生设施设置标准》(CJJ 27)
《生活垃圾收集运输技术规程》(CJJ 205)
《生物质废物堆肥污染控制技术规范》(HJ 1266)
《城乡建设用地竖向规划规范》(CJJ 83)

SC 海绵城市规划技术指引

《海绵城市建设绩效评价与考核办法（试行）》
《水污染防治行动计划》
《城市黑臭水体整治工作指南》
《推进海绵城市建设水利工作的指导意见》
《海绵城市专项规划编制暂行规定》
《海绵城市建设技术指南——低影响开发雨水系统构建（试行）》
《城市黑臭水体整治——排水口、管道及检查井治理技术指南（试行）》
《中华人民共和国国民经济和社会发展第十四个五年规划和2035年远景目标纲要》
《国务院关于加强城市基础设施建设的意见》（国发［2013］36号）
《国务院办公厅关于做好城市排水防涝设施建设工作的通知》（国办发［2013］23号）
《国务院办公厅关于推进海绵城市建设的指导意见》（国办发［2015］75号）
《中共中央、国务院关于进一步加强城市规划建设管理工作的若干意见》（中发［2016］6号）
《财政部 住房城乡建设部 水利部关于组织申报2015年海绵城市建设试点城市的通知》（财办建［2015］4号）
《财政部 住房城乡建设部 水利部关于开展2016年中央财政支持海绵城市建设试点工作的通知》（财办建［2016］25号）
《财政部 住房城乡建设部 水利部关于开展系统化全域推进海绵城市建设示范工作的通知》（财办建［2021］35号）
《防洪标准》（GB 50201）
《城市防洪工程设计规范》（GB/T 50805）
《堤防工程设计规范》（GB 50286）
《水利工程水利计算规范》（SL 104）
《水利水电工程设计洪水计算规范》（SL 44）

《水利水电工程水文计算规范》（SL/T 278）
《室外排水设计标准》（GB 50014）
《城市水系规划导则》（SL 431）
《城市水系规划规范》（GB 50513）
《建筑与小区雨水控制及利用工程技术规范》（GB 50400）
《公园设计规范》（GB 51192）
《城市道路绿化规划与设计规范》（CJJ 75）
《地表水环境质量标准》（GB 3838）
《污水综合排放标准》（GB 8978）
《城镇污水处理厂污染物排放标准》（GB 18918）
《城镇内涝防治技术规范》（GB 51222）
《城镇雨水调蓄工程技术规范》（GB 51174）
《城市排水工程规划规范》（GB 50318）
《城市排水防涝设施数据采集与维护技术规范》（GB/T 51187）
《城市居住区规划设计标准》（GB 50180）
《城乡建设用地竖向规划规范》（CJJ 83）
《海绵城市建设评价标准》（GB/T 51345）

CP 综合防灾减灾规划技术指引

《中华人民共和国突发事件应对法》
《中华人民共和国防洪法》
《城市消防规划建设管理规定》
《中共中央 国务院关于推进防灾减灾救灾体制机制改革的意见》
《国务院办公厅关于印发国家自然灾害救助应急预案的通知》（国办函［2016］25号）
《城市综合防灾规划标准》（GB/T 51327）
《防洪标准》（GB 50201）
《城市抗震防灾规划标准》（GB 50413）
《中国地震动参数区划图》（GB 18306）
《建筑抗震设计规范》（GB 50011）
《屋面工程质量验收规范》（GB 50207）
《城市防洪规划规范》（GB 51079）
《城市消防规划规范》（GB 51080）
《防灾避难场所设计规范》（GB 51143）
《地震应急避难场所场址及配套设施》（GB 21734）
《建筑设计防火规范》（GB 50016）
《建筑与市政工程抗震通用规范》（GB 55002）
《无障碍设计规范》（GB 50763）
《消防给水及消火栓系统技术规范》（GB 50974）
《室外给水设计标准》（GB 50013）
《泵站设计标准》（GB 50265）
《声环境质量标准》（GB 3096）
《生活饮用水卫生标准》（GB 5749）
《传染病医院建筑设计规范》（GB 50849）
《综合医院建筑设计规范》（GB 51039）
《传染病医院建设设计规范》（GB 50849）
《建筑给水排水设计标准》（GB 50015）
《室外排水设计标准》(GB 50014）
《建筑物防雷设计规范》（GB 50057）
《消防通信指挥系统设计规范》（GB 50313）
《城市综合防灾规划标准》（GB/T 51327）
《医院负压隔离病房环境控制要求》（GB/T 35428）
《建筑与工业给水排水系统安全评价标准》（GB/T 51188）
《工业企业噪声控制设计规范》（GB/T 50087）
《医院负压隔离病房环境控制要求》（GB/T 35428）
《新型冠状病毒感染的肺炎传染病应急医疗设施设计标准》（T/CECS 661）
《城市供水应急和备用水源工程技术标准》（CJJ/T 282）
《城乡规划工程地质勘察规范》（CJJ 57）
《饮用水水源保护区标志技术要求》（HJ/T 433）
《饮用水水源保护区划分技术规范》（HJ 338）
《水环境监测规范》（SL 219）
《治涝标准》（SL 723）
《城市社区应急避难场所建设标准》（建标 180）
《城市消防站建设标准》（建标152）

US 地下空间规划技术指引

《城市地下空间开发利用管理规定》
《城市地下空间规划标准》（GB/T 51358）
《城市居住区人民防空工程规划规范》（GB 50808）

A2
基本概念

C 绿色总体规划技术指引

1. 绿色发展概念（Green Development Concept）
绿色发展理念以人与自然和谐为价值取向，以绿色低碳循环为主要原则，以生态文明建设为基本抓手。

2. 国土空间规划（Territory Development Plan）
国土空间规划是对一定区域国土空间开发保护在空间和时间上作出的安排，包括总体规划、详细规划和相关专项规划。

3. 国土空间总体规划（Territory Comprehensive Plan）
对市、县域范围内国土空间开发保护作出的总体安排和综合部署，是制定空间发展政策、开展国土空间资源保护利用修复和实施国土空间规划管理的蓝图，是编制相关专项规划和详细规划的依据。

4. 中心城区（Central Urban Area）
市、县总体规划关注的重点地区，根据实际和本地规划管理需求等确定，一般包括城市建成区及规划扩展区域，如核心区、组团、市级重要产业园区等；一般不包括外围独立发展、零星散布的县城及镇的建成区。

5. 建成区（Built up Area）
市行政区范围内经过征收的土地和实际建设发展起来的非农业生产建设地段，包括市区集中连片的部分以及分散在近郊区与城市有着密切联系，具有基本完善的市政公共设施的城市建设用地（如机场、铁路编组站、污水处理厂、通信电台等）。

6. 城乡生活圈（Urban and Rural Life Circle）
按照以人为核心的城镇化要求，围绕全年龄段人口的居住、就业、游憩、出行、学习、康养等全面发展的生活需要，在一定空间范围内，形成日常出行尺度的功能复合的城乡生活共同体。对应不同时空尺度，城乡生活圈可分为都市生活圈、城镇生活圈、社区生活圈等。其中，社区生活圈应作为完善城乡服务功能的基本单元。

7. 精明增长（Smart Growth）
用足城市存量空间，减少盲目扩张；加强对现有社区的重建，重新开发废弃、污染工业用地，以节约基础设施和公共服务成本；城市建设相对集中，空间紧凑，混合用地功能，鼓励乘坐公共交通工具和步行，保护开放空间和创造舒适的环境，通过鼓励、限制和保护措施，实现经济、环境和社会的协调。

8. 低影响开发（Low Impact Development）
通过分散的、小规模的源头控制机制和设计技术，控制暴雨所带来的径流和污染问题，使区域尽量接近开发前的自然水文循环状态。

9. 生态功能区划（Ecological Function Regionalization）
用生态学的理论和方法，根据生态环境特征、生态环境敏感性和生态服务功能在不同地域的差异性和相似性，通过相似性和差异性归纳分析，将区域空间划分为不同生态功能区的过程。

10. 绿道网（Network of Greenway）
由众多区域绿道、城市绿道和社区绿道构成的网络状绿色开敞空间系统。一般也指独立路权慢行路网。

11. 城市信息模型（City Information Modeling）
以城市的信息数据为基础，建立起三维城市空间模型和城市信息的有机综合体。从数据类型上来说是由大场景的GIS数据+BIM数据构成，属于智慧城市建设的基础数据。

D 绿色详细规划技术指引

1. 详细规划（Detailed Planning）
对具体地块用途和开发建设强度等作出的实施性安排，是开展国土空间开发保护活动、实施国土空间用途管制、核发城乡建设项目规划许可、进行各项建设等的法定依据。

2. 控制性详细规划（Regulatory Detailed Urban Planning）
以总体规划为依据，对特定地区内的用地进行地块划分，并提出具体土地使用性质、使用强度、公共服务设施配套、道路交通和工程管线以及空间环境控制的规划控制要求的过程及其成果。

3. 城市体检（Urban Assessment）
定期对城市发展体征及规划实施效果进行的分析和评价，是促进城市高质量发展、保障国土空间规划得到有效实施的重要工具。

4. 单元详细设计（Unit Detail Design）
以城市划定的规划管理单元为工作对象编制的详细设计，用以明确空间结构和各类支撑系统。

5. 地块详细设计（Block Detail Design）
以城市的重要地块为工作对象编制的详细设计，用以指导建设项目的设计与实施。

6. 居住社区（Residential Community）
由城市干道或自然分界线所围合，并与居住人口规模相对应，配建有较完善的、能满足该社区居民物质与文化生活所需的公共服务设施的居住生活聚居地。

7. 公共空间（Public Space）
可供公众自由进入并开展休憩、娱乐、运动、购物等活动的空间，主要包括街道、广场、公共绿地等城市公共空间，也包括地块内向公众开放的空间。

8. 土地混合使用（Mixed Land Use）
同一地块或建筑物中有两种或两种以上的使用功能，如住宅、办公、商业等。

E 绿色生态空间规划技术指引

1. 自然生态空间（Ecological Space）
具有自然属性、以提供生态产品或

生态服务为主导功能的国土空间，涵盖需要保护和合理利用的森林、草原、湿地、河流、湖泊、滩涂、岸线、海洋、荒地、荒漠、戈壁、冰川、高山冻原、无居民海岛等。

2. 自然保护地（Natural Protected Areas）

由各级政府依法划定，或对区域各类自然保护地整合优化后经规划批准，对重要的自然生态系统、自然遗迹、自然景观及其所承载的自然资源、生态功能和文化价值实施长期保护的陆域或海域。

3. 生态保护红线（Ecological Protection Redlines）

在生态空间范围内具有特殊重要生态功能、必须强制性严格保护的区域，是保障和维护国家生态安全的底线和生命线，通常包括具有重要水源涵养、生物多样性维护、水土保持、防风固沙、海岸生态稳定等功能的生态功能重要区域，以及水土流失、土地沙化、石漠化、盐渍化等生态环境敏感脆弱区域。

4. 关键生态空间（Key Ecological Space）

对维护自然生态系统服务、保障城市生态安全具有关键作用的生态空间。通常包括自然保护地，已划入生态保护红线但未列入自然保护地的具有水源涵养、生物多样性维护、水土保护、防风固沙、海岸生态稳定等特殊重要生态功能的区域（如饮用水水源保护区、国家级公益林、极小物种分布栖息地等），以及水土流失、土地沙化、石漠化、盐渍化等生态系统稳定性差的敏感脆弱区域（如国家沙化土地封禁保护区等）。

5. 生态源地（Ecological Source）

维护生态系统健康、促进生态系统物质流、能量流交换的重要生境斑块，是生物生存繁衍的重要场所，对保护生物多样性和生态稳定性意义重大，一般选取重要生态功能区、重要自然保护地、物种栖息地等作为生态源地。

6. 生态廊道（Ecological Corridor）

由植被、水体等生态性结构要素构成，具有保护生物多样性、过滤污染物、防止水土流失、防风固沙、调控洪水等生态服务功能的线性空间。

7. 生态系统服务（Ecosystem Service）

生态系统为人类社会的生产、消费、流通、还原和调控活动提供的有形或无形的自然产品、环境资源和生态损益的能力。包括供给服务（如提供食物和水）、调节服务（如控制洪水和疾病）、文化服务（如精神、娱乐和文化收益）以及支持服务（如维持地球生命生存环境的养分循环）等。

8. 自然岸线（Natural Shoreline）

未经开发利用的、保持原始生态状态的岸线，对生态及环境的调节发挥着重要作用的岸线，主要有基岩岸线、河口岸线、生物岸线、砂质岸线及粉砂淤泥质岸线。

9. 生态修复（Ecological Restoration）

对遭到破坏的生态系统辅以人工措施，加速其恢复或向良性循环方向发展的行为。

V 绿色乡村空间规划技术指引

乡村空间（Rural Space）

“乡村”的概念在《乡村振兴战略规划（2018—2022年）》中是指具有自然、社会、经济特征的地域综合体，兼具生产、生活、生态、文化等多重功能，与城镇互促互进、共生共存，共同构成人类活动的主要空间。

“乡村空间”在《乡村振兴战略规划（2018—2022年）》中被划分为三类，即乡村生产空间、乡村生活空间和乡村生态空间。

其中乡村生产空间是以提供农产品为主体功能的国土空间，兼具生态功能。乡村生活空间是以农村居民点为主体、为农民提供生产生活服务的国土空间。乡村生态空间是具有自然属性、以提供生态产品或生态服务为主体功能的国土空间。

UD 绿色城市设计技术指引

1. 城市设计（Urban Design）

研究城市空间形态的建构机理和场所营造，是对包括人、自然、社会、文化、空间形态等因素在内的城市人居环境所进行的设计研究和工程实践活动。

2. 场所（Place）

物质环境与人文环境结合形成的具有特定意义的城市环境空间。即城市空间被赋予社会、历史、文化、人的活动等特定意义之后才可称为场所。

3. 空间尺度（Spatial Scale）

对城市要素或者场所大小的度量。

4. 空间体系（Spatial System）

由一系列具有内在相互联系的城市空间要素连接而成，或是由一系列城市空间所构成的功能性模式。

5. 步行交通系统（Pedestrian Transportation System）

依靠人体自身动力在空间上移动位置的交通出行模式。

6. 空间可达性（Spatial Accessibility）

在城市研究中，城市空间中的某一要素实体（点、线或区域）在时空上被接近的方便程度。

7. 城市界面（City Interface）

城市物质形态（以建筑物为主）的外表面和城市空间的边界与内表面。城市界面是物质形态与城市空间的接触面，具有公共和个体双重属性。

8. 城市风貌（Cityscape）

城市在其长期的发展过程中由自然条件、文化习俗、产业经济、规划建设等因素综合影响积淀而形成的环境品质和风尚。

9. GIS辅助设计技术（Geographic Information System Aided Design Technology）

以GIS（地理信息系统）为工具，集计算机技术、信息技术、图像技术于一体的技术、设备和系统的总称。

RV 绿色城市更新规划技术指引

1. 城市更新（Urban Regeneration）

基于城市产业转型、功能提升、设施优化等原因，对城市建成区进行整治、改造与再开发的规划建设活动和制度。

2. 有机城市更新

（Organic Cities and Towns Renewal）

用有机城市建设的标准对城市中某衰落的区域进行拆迁、改造、投资和建设，以有机城市的理念为基础，将全新的城市功能赋予城市功能性衰败的物质空间，使之重新发展和繁荣，创造城市生命力和城市活力。

3. 城市重建（Urban Reconstruction）

因地震、海啸、火灾、战争等自然与人为灾害造成的城市破坏，或建筑年久失修等其他非灾害原因，在原址或新址进行的旨在恢复城市运行的开发建设活动。

4. 城市再开发（Urban Redevelopment）

对城市建成区进行再次开发的建设活动。

5. 有机更新（Organic Regeneration）

尊重城市的内在秩序与规律，顺应城市肌理，采用适当的规模、合理的尺度、适宜的速度与途径进行城市建设与改造，以保持和延续城市整体有机性的城市更新方式。

6. 渐进式更新（Incremental Regeneration）

在时间维度上强调适度节奏、逐步推进、成熟一片完成一片的城市更新方法与城市改造模式。

7. 内城复兴（Inner-city Revival）

针对中心城区衰败状况采取的综合性城市复兴手段，包括政治改革、环境保护、文化复苏、经济重振、环境整治等多种举措，以实现中心城区在经济、社会、环境上的持续改善和再度兴盛。

8. 旧城改造（Old City Renovation）

又称“老城改造”。局部或整体地、有步骤地改造和更新老城区物质空间和社会生活环境的城市建设活动。包括调整城市结构、优化城市用地布局、改善和更新基础设施、整治城市环境、保护城市历史风貌等。

9. 棕地更新（Brown Field Regeneration）

对受污染的工业用地或废弃地进行污染治理、开发、改造和再次利用的城市更新活动。

10. 社区更新（Community Regeneration）

对衰败社区进行综合整治和改造，使其恢复活力的规划建设活动和制度。

11. 城市更新规划（Urban Regeneration Planning）

为实现城市发展的综合目标，针对城市建成地区制定和实施的改造、整治与重建规划。

12. 城市更新单元（Urban Regeneration Unit）

在需要进行城市更新的地区，综合考虑基础设施和公共服务设施相对完整以及道路、河流等自然要素和产权边界等因素，所划定的相对成片、可以进行设施和利益统筹的区域。

13. 城市更新计划（Urban Regeneration Workable Program）

根据城市更新规划制定的有关实施项目安排的工作计划，可包括项目执行阶段、实施程序、资金来源、人员统筹等。

14. 空置率（Vacancy Rate）

某一时刻空置房屋套数占房屋总套数的比率；建筑面积的比率。

15. 原拆原建（Compensatory Replacement of Demolished Housing）

一种房屋翻建行为，指在原地址按照建筑原貌和原面积，原样翻建的房屋建造活动。

S 绿色小城镇规划技术指引

1. 生态保护红线（Ecological Conservation Redline）

在生态空间范围内具有特殊重要生态功能、必须强制性严格保护的区域，是保障和维护国家生态安全的底线和生命线。通常包括具有重要水源涵养、生物多样性维护、水土保持、防风固沙、海岸生态稳定等功能的生态功能重要区域，以及水土流失、土地沙化、石漠化、盐渍化等生态环境敏感脆弱区域。

2. 永久基本农田（Permanent Prime Farmland）

按照一定时期人口和经济发展对农产品的需求，依据土地利用总体规划确定的不得占用的耕地所在区域范围。永久基本农田即对基本农田实行永久性保护。

3. 城镇开发边界（Urban Development Boundary）

一定规划期限内城市集中连片开发建设地区的边界，城市开发边界内的地区为集中建设区。

4. 国土综合整治修复（Comprehensive Improvement and Restoration of Land）

包括国土综合整治和生态修复。国土综合整治指在一定区域内，按照国土空间规划确定的目标和用途，以土地整理、复垦、开发和城乡建设用地增减挂钩为平台，推动田、水、路、林、村综合整治，改善农村生产、生活条件和生态环境，促进农业规模经营、人口集中居住、产业聚集发展，推进城乡一体化进程的系统工程。生态修复指在生态学原理指导下，以生物修复为基础，结合各种物理修复、化学修复以及工程技术措施，通过优化组合，使之达到最佳效果和最低耗费的综合的修复污染环境的方法。

5. 全域土地综合整治（Comprehensive Improvement of Land across the Region）

在一定的区域内，按照土地利用总体规划确定的目标和用途，以土地整理、复垦、开发和城乡建设用地增减挂钩为平台，推动田、水、路、林、村综合整治，推进城乡一体化进程的系统工程。

L 绿地景观规划技术指引

1. 绿地景观规划（Green Landscape Planning）

在一定时期内对由各类自然要素组成空间的布局结构、保护利用、用地管控和风貌塑造的统筹安排和具体部署。

2. 生态网络（Ecological Network）
市域或规划区中由各类点、线、带、面状的生态空间要素经规划、设计、建设、管理形成的空间网络，具有维持生态流动，保护自然景观和资源，提供休闲、旅游、健身等复合功能。

3. 风景游憩体系（Landscape Recreation System）
由各类自然人文景观资源构成，通过绿道、绿廊及交通线路串联，提供不同层次和类型游憩服务的空间系统。

4. 城市公园体系（Urban Park System）
由城镇开发边界内各级、各类公园合理配置，满足市民多层级、多类型休闲游览需求的游憩系统。

5. 城市绿地（Urban Green Space）
城市中以植被为主要形态，并对生态、游憩、景观、防护具有积极作用的各类绿地的总称。

H 历史文化资源保护与利用规划技术指引

1. 历史文化资源（Historical and Cultural Resources）
其概念相对开放，从内容上包含物质和非物质历史文化资源，从属性上包含自然的、人工的、人文的历史文化资源。具体而言，从形态来看可分为物质文化遗产、非物质文化遗产两大类。

2. 物质文化资源（Physical Cultural Resources）
具有历史、艺术和科学价值的文物，包括古遗址、古墓葬、古建筑、石窟寺、石刻、壁画、近现代重要史迹及代表性建筑等不可移动文物，历史上各时代的重要实物、艺术品、文献、手稿、图书资料等可移动文物，以及在建筑式样、分布均匀或与环境景色结合方面具有突出普遍价值的历史文化名城（街区、村镇）。

3. 非物质文化资源（Intangible Cultural Resources）
各族人民世代相传并视为其文化遗产组成部分的各种传统文化表现形式，以及与传统文化表现形式相关的实物和场所。包括传统口头文学以及作为其载体的语言，传统美术、书法、音乐、舞蹈、戏剧、曲艺和杂技，传统技艺、医药和历法，传统礼仪、节庆等民俗，传统体育和游艺，及其他非物质文化遗产。

4. 世界文化遗产（World Cultural Heritage）
由联合国教科文组织公布，从历史、艺术或科学角度看具有突出的普遍价值的建筑物、碑雕和碑画、具有考古性质的成分或结构、铭文、窟洞以及联合体，从历史、艺术或科学角度看在建筑式样、分布均匀或与环境景色结合方面具有突出的普遍价值的单立或连接的建筑群，从历史、审美、人种学或人类学角度看具有突出的普遍价值的人类工程或自然与人联合工程以及考古地址等。

5. 农业文化遗产（Agricultural Heritage）
由联合国粮食及农业组织评审认定，指农村与其所处环境长期协同进化和动态适应下所形成的独特的土地利用系统和农业景观，这种系统与景观具有丰富的生物多样性，而且可以满足当地社会经济与文化发展的需要，有利于促进区域可持续发展。

6. 风景名胜区（Landscape and Famous Scenery）
风景名胜资源集中、自然环境优美、具有一定规模和游览条件，经省级以上人民政府审定命名、划定范围，供人们游览、观赏、休息和进行科学文化活动的地域。

7. 考古遗址公园（Archaeological Park）
由国家文物局评定管理，以重要考古遗址及其背景环境为主体，具有科研、教育、游憩等功能，在考古遗址保护和展示方面具有全国性示范意义的特定公共空间。

8. 历史文化名城（Historical and Cultural City）
由国务院确定并公布，保存文物特别丰富、具有重大历史价值或者纪念意义且正在延续使用的城市。

9. 历史文化名镇名村（Historic Town and Village）
由住建、文物等部门组织评选公布，保存文物特别丰富，历史建筑集中成片，保留着传统格局和历史风貌，历史上曾经作为政治、经济、文化、交通中心或者军事要地，或者发生过重要历史事件，或者其传统产业、历史上建设的重大工程对本地区的发展产生过重要影响，或者能够集中反映本地区建筑的文化特色、民族特色的村镇。

10. 历史文化街区（Historical and Cultural Block）
根据2008年《历史文化名城名镇名村保护条例》（国务院令第524号），经省、自治区、直辖市人民政府核定公布的应予以重点保护的保存文物特别丰富、历史建筑集中成片、能够较完整和真实地体现传统格局和历史风貌，并具有一定规模的区域。

11. 历史地段（Historic Site）
真实反映一定历史时期传统风貌和民族、地方特色的地区。

12. 传统村落（Traditional Village）
由住建、文物等部门组织评选公布，形成较早，拥有较丰富的文化与自然资源，具有一定历史、文化、科学、艺术、经济、社会价值，应予以保护的村落。

13. 不可移动文物（Fixed Cultural Relics）
由文物部门调查公布的先民在历史、文化、建筑、艺术上的具体遗产或遗址。本《指引》中主要指包含古建筑物、传统聚落、古市街。

14. 文物保护单位（Culture Relic Protection Site）
具有历史、艺术、科学价值的古文化遗址、古墓葬、古建筑、石窟寺和石刻。文物保护单位分为三级，即全国重点文物保护单位、省级文物保护单位和市县级文物保护单位。文物保护单位根据其级别分别由国务院、省级政府、市县级政府划定保护范围，设立文物保护标志及说明，建立记录档案，并区别情况分别设置专门机构或者专人负责管理。

15. 历史建筑（Historic Buildings）

经城市、县人民政府确定公布的具有一定保护价值，能够反映历史风貌和地方特色，未公布为文物保护单位，也未登记为不可移动文物的建筑物、构筑物。

16. 工业遗产（Industrial Sites）

由工业和信息化部评审认定，指凡为工业活动所造建筑与结构，此类建筑与结构中所含工艺和工具及这类建筑与结构所处城镇与景观，以及其所有其他物质和非物质表现，均具备至关重要的意义。工业遗址包括具有历史、技术、社会、建筑或科学价值的工业文化遗迹，包括建筑和机械、厂房、生产作坊和工厂、矿场以及加工提炼遗址，仓库货栈，生产、转移和使用的场所，交通运输及其基础设施，以及用于居住、宗教崇拜或教育等和工业相关的社会活动场所。

17. 优秀近现代建筑（Excellent Modern Architecture）

由市、县人民政府确定公布，指于19世纪中期至20世纪50年代建设，能够反映城市发展历史、具有较高历史文化价值的建筑物和构筑物。城市优秀近现代建筑应当包括反映一定时期城市建设历史与建筑风格、具有较高建筑艺术水平的建筑物和构筑物，以及重要的名人故居和曾经作为城市优秀传统文化载体的建筑物。

TP 绿色交通规划技术指引

1. 绿色交通规划（Green Transportation Plan）

倡导“以人为本”的出行理念，通过构建与城市空间形态及土地利用模式相协调、以公共交通为主导、各种交通方式协同发展的一体化交通体系，运用科学的方法、技术、措施，营造生活环境和生态环境的协调统一的交通系统，达到缓解交通拥堵、降低环境污染、节约能源、提高交通效率及安全的目的。

2. 智慧交通系统（Smart Transportation System）

以交通信息中心为核心，由大数据、互联网、人工智能、区块链、超级计算等新技术与交通行业深度融合，推进数据资源赋能交通发展，加速交通基础设施网、运输服务网、能源网与信息网络融合发展，构建综合交通大数据中心体系。

3. 公共交通优先（Public Transport Priority）

在政策、法规、设施和资金投入等方面对公共交通提供优惠。树立公共交通优先发展理念，从根本上缓解交通拥堵、出行不便、环境污染等矛盾。按照“以人为本、绿色发展、因地制宜”的原则，加快构建以公共交通为主，由轨道交通网络、公共汽车、有轨电车等组成的城市机动化出行系统，同时改善步行、自行车出行条件。

4. 慢行交通（Non-Motorized Transportation）

由步行系统与非机动车交通系统两大部分组成。针对行人和骑车人的需求，结合城市沿线土地利用以及服务设施，为不同目的、不同类型的行人和骑车人提供安全、通畅、舒适、宜人的行车环境，从而吸引更多的步行和自行车出行的交通模式。

5. 出行（Travel）

有明确的活动目的，采用一种或多种交通方式从一个地方到另一个地方的移动过程。在城市综合交通体系规划的交通需求分析中，一般指使用城市道路与交通设施的出行。根据出行目的，可以分为通勤出行（上、下班，上、下学），公务、商务出行，生活性出行（与购物、餐饮、娱乐休闲等个人日常生活安排相关的出行）和其他出行（与探亲访友、探病看病等非个人日常生活安排相关的出行）。

6. 绿色出行模式（Green Travel Mode）

绿色出行是选择公共交通、非机动车、步行等节约能源、提高能效、减少污染又益于健康、兼顾效率的出行方式。

绿色出行模式是坚持“以人为本”的理念，通过采取不同绿色出行方式的组合，形成的科学、高效的出行模式。构建一体化绿色交通体系，引导市民选择绿色出行。

7. 绿色交通设计（Green Transportation Design）

推进交通设施用地的集约化利用，以公交慢行优先为导向配置道路交通资源，更加注重慢行交通出行体验，打造生态宜人的绿色交通环境。

8. 慢行系统（Non-Motorized System）

由步行与非机动车交通系统两大部分组成。包括各级城市道路的人行道、非机动车道、过街设施，行人与非机动车专用路（含绿道）及其他各类专用设施（如楼梯、台阶、坡道、电扶梯、自动人行道等）等。

9. 城市客运枢纽（Urban Passenger Transference Hub）

在城市客运交通系统中，为不同交通方式或同一交通方式不同方向、功能的线路提供的客流集散和转换的场所。分为城市综合客运枢纽和城市公共交通枢纽。

10. 交通稳静化（Traffic Calming）

道路规划、设计中一系列工程和管理措施的总称，主要用在城市次干道、支路的规划设计中。通过在道路上设置物理设施，或通过立法、技术标准、通行管理等降低机动车车速、减少机动车流量，并控制过境交通进入，以改善道路沿线居民的生活环境，保障行人和非机动车的交通安全，也称“交通宁静化”。

UP 绿色市政规划技术指引

1. 绿色市政（Green Municipal Administration）

利用技术先进、理念超前的市政新技术，构建创新型、环保型、知识型的现代化绿色交通、供水排水、能源、环卫等市政基础设施综合服务网络体系，实现市政设施的低碳化布局和数字化管理，提高城市安全运行水平。

2. 智慧水网（Smart Water Network）

智慧给水排水系统规划统筹防灾减灾、防污减灾、污水资源化等多维度，从优化设施布局、水资源配置、雨污水收集处理效能优化提升、系统智能运维管控等方面明确规划要点，引导源网厂河等涉水要素绿色生态化建设与运管。

3. 绿色能源（Green Energy）

注重城市能源系统可持续性发展和使用，加快发展非化石能源，大力提升风电、光伏发电规模，因地制宜开发利用地热能，推进能源革命，建设清洁低碳、安全高效的能源体系，提高能源供给保障能力。在区域优化的前提下实现能源最大使用效率，强化重要能源设施、能源网络安全防护。

4. 低碳无废（Low Carbon and Waste Free）

通过推动形成绿色低碳循环的发展方式和生活方式，持续推进固体废物的源头减量、资源化利用及安全处理处置，最大限度地减少填埋量，通过减污降碳协同增效，将固体废物对环境的影响降至最低。

5. 清洁能源汽车（Clean-Energy Vehicles）

采用非常规燃料作为机动车的动力来源，如使用电力、压缩天然气、氢为车用燃料，或虽然使用常规燃料但采用了能大幅提高燃料效率的新技术的车用发动机，以及综合车辆的动力控制和驱动方面的先进技术的车辆。

6. 冷热电三联供系统（Combined Cooling Heating and Power）

利用先进的热能、电能、冷能回收与转换技术，将热机、冷机所排放的余热、余冷充分回收再利用。利用分布式能源管理中心将电、热、冷三种能源形式充分转换利用的系统。

7. 可再生能源（Renewable Energy）

从广义上来说就是直接利用太阳能、地热能所产生的能源，从狭义上来说就是使用过后可在自然界多次获取而又不减少地球上总存储量的能源，也是所谓的非化石能源，包括风能、太阳能、水能、生物质能、地热能和海洋能等。

8. 雨洪管理（Storm Water Management）

在城市建设范围内，通过各种手段，在防洪排涝的同时对城市雨水、洪水加以综合利用的方法。

9. 年径流总量控制率（Volume Capture Ratio of Annual Rainfall）

通过自然和人工强化的渗透、集蓄、利用、蒸发、蒸腾等方式，场地内累计全年得到控制的雨量占全年总降雨量的比例。

10. 雨水花园（Rain Garden）

利用人工建设的设施引导的以雨水浇灌为主的地面植物群。

11. 空气污染指数（Air Pollution Index）

以检测到的空气中污染物的种类与含量值，对比洁净空气质量的数值。也就是将大气中几种常见的污染物浓度简化为单一的概念性数值形式。

12. 热岛强度（Heat Island Index）

城区内一个区域的气温与郊区气象测点温度的差值，为热岛效应的表征与参数。

13. 绿色建筑（Green Building）

在建筑的全生命周期内，最大限度地节约资源（节能、节地、节水、节材）、保护环境和减少污染，为人们提供健康、适用和高效的使用空间，与自然和谐共生的建筑。

14. 绿色建材（Green Building Materials）

主要指可回收再利用的建筑材料。相比于传统的以砖、瓦、灰、砂、石为主的传统的一次性建筑材料，这些建筑材料的最大优势就是在建筑使用期满时可以回收再利用。这样不但可以减少大量的建筑垃圾，同时也减少了建筑材料对原料生产的需求。

15. 立体绿化（Three-Dimensional Green）

充分利用不同的立体空间，选择攀缘植物及其他植物栽植，并依附或者铺贴于各种构筑物及其他空间结构上的绿化方式，包括立交桥、建筑墙面、坡面、河道堤岸、屋顶、门庭、花架、棚架、阳台、廊、柱、栅栏、枯树及各种假山与建筑设施上的绿化。

16. 绿色生态城区（Green Ecological Urban Area）

在可持续发展理念指导下，在城区的规划、设计、施工、运营的全生命周期内，通过技术创新、产业升级、新能源利用、物业管理制度创新等多种手段，尽可能地降低能源消耗、减少温室气体排放、实现规划建设与生态环境保护双赢的城区。

17. 街区尺度（Block Scale）

城市道路围合的城市用地边界的长度。

18. 公共服务设施（Public Service Facilities）

行政、文化、教育、体育、卫生等机构相关的服务设施。

19. 综合管廊（Municipal Tunnel）

依靠城市道路系统布局使用的一种能承载多种管线的地下隧道，根据不同管线的敷设标准与需求将各种市政管线集中敷设的一种设施。

20. GDP 能源消耗指标（GDP Energy Consumption Index）

一次能源供应总量与国内生产总值（GDP）的比率，是一个能源利用效率指标。

21. 人均生活用能指标（Life Energy Index per Capita）

主要包括用电量、用气量、用煤量以及该地区常用能源的人均用量。

22. 公共供水（Public Water Supply）

供水企业以公共供水管道及其附属设施向单位和居民的生活、生产和其他各项建设提供用水。

23. 二次供水（Second Water Supply）

单位或个人将城市公共供水或自建设施供水经储存、加压，通过管道再供用户或自用的形式。

24. 人均综合用水量（Comprehensive Water Consumption per Capita）
城镇规划区域范围内，由公共供水系统以及自建供水设施提供的居民生活、公共服务、生产运营、消防及其他特殊用水的总用水量与城镇规划人口的比值。
25. 固体废物（Solid Waste）
在生产、生活和其他活动中产生的丧失原有利用价值或者虽未丧失利用价值但被抛弃或者放弃的固态、半固态和置于容器中的气态的物品、物质以及法律、行政法规规定纳入固体废物管理的物品、物质。
26. 工业固体废物（Industrial Solid Waste）
在工业生产活动中产生的固体废物。
27. 生活垃圾（Domestic Waste）
在日常生活中或者为日常生活提供服务的活动中产生的固体废物以及法律、行政法规规定视为生活垃圾的固体废物。
28. 危险废物（Hazardous Waste）
列入国家危险废物名录或者根据国家规定的危险废物鉴别标准和鉴别方法认定的具有危险特性的固体废物。

SC 海绵城市规划技术指引

海绵城市规划（Sponge City Plan）
主要针对构建生态安全格局、保护水生态、改善水环境、保障水安全、涵养水资源以及相关指标落实管控给出技术指引，为海绵城市相关专项规划的编制和修编提供思路和借鉴。

CP 综合防灾减灾规划技术指引

1. 灾害（Disaster）
根据联合国组织提出的灾害的定义，指一个社会或者某一区域的功能遭受到了严重的破坏，使社会功能不能再满足人们的正常生活的需要，使人、财、物产生巨大损失，以及生态环境遭受重创，并且所遭受的灾难超过了社会自身的应对能力，灾害不单指社会因素的损伤，是人类技术灾害与自然环境相互作用的影响。
2. 灾害风险评估（Risk Assessment）
采取一定的技术方法，识别存在的灾害危险，分析防灾能力、薄弱环节及可能的灾害后果，研判发展趋势，确定风险防范和控制能力，聚焦存在问题的过程。
3. 综合防灾减灾（Comprehensive Disaster Prevention and Reduction）
为应对地震、洪（潮）涝、火灾及地质灾害、极端天气灾害等各种灾害，增强事故灾难和重大危险源防范能力，并考虑人民防空、地下空间安全、公共安全、公共卫生安全等要求而开展的防灾安全布局、防灾设施建设整治、防灾资源统筹整合、工程设防与风险治理、防灾体系优化健全、备灾系统建设等部署和行动。
4. 韧性城市（Resilience City）
国际组织“倡导地区可持续发展国际理事会”（International Council for Local Environmental Initiatives）自2010年开始，每年召开“韧性城市”国际会议。该会议指出，韧性城市系指城市自身能够有效应对来自外部与内部的对其经济社会、技术系统和基础设施的冲击和压力，能在遭受重大灾害后维持城市的基本功能、结构和系统，并能在灾后迅速恢复、进行适应性调整、可持续发展的城市。安全韧性城市可以最大限度地减少公众的伤亡损失，维护社会的安全稳定。
5. 地震灾害（Earthquake Disaster）
地壳快速释放能量过程中造成的强烈地面震动及伴生的地面裂缝和变形，对人类生命安全、建（构）筑物和基础设施等财产、社会功能和生态环境造成损害的自然灾害。
6. 地质灾害（Geologic Hazard）
由地球岩石圈的能量强烈释放剧烈运动或物质强烈迁移，或是由于长期累积的地质变化，对人类生命、财产和生态环境造成损坏的自然灾害。
7. 崩塌灾害（Avalanche Disaster）
陡崖前缘的不稳定部分主要在重力作用下突然下坠滚落，对人类生命、财产造成损害的自然灾害。
8. 滑坡灾害（Landslide Disaster）
斜坡部分岩（土）体主要在重力作用下发生整体下滑，对人类生命、财产造成损害的自然灾害。
9. 泥石流灾害（Debris Flow Disaster）
由暴雨或水库、池塘溃坝或冰雪突然融化造成强大的水流，与山坡上散乱的大小块石、泥土、树枝等一起相互充分作用后，在沟谷内或斜坡上快速运动的特殊流体，对人类生命、财产造成损害的自然灾害。
10. 地面塌陷灾害（Ground Collapse Disaster）
因采空塌陷或岩溶塌陷，对人类生命、财产造成损失的自然灾害。
11. 地面沉降灾害（Land Subsidence Disaster）
在欠固结和半固结土层分布区，由于过量抽取地下水（或油、气）引起水位（或油、气）下降（或油、气下陷）、土层固结压密而造成的大面积地面下沉，对人类生命、财产造成损害的自然灾害。
12. 地裂缝灾害（Ground Fissure Disaster）
岩体或土体中直接达到地面的线性开裂，对人类生命、财产造成损害的自然灾害。
13. 多灾种叠加法（Multiple Superposition）
以不同灾种的风险值直接加权叠加而出，典型的多灾种叠加法评估模型有基于GIS的信息量法综合评估模型、基于加权的GIS信息量法综合评估模型。
14. 多灾种耦合法（Multi Disaster Coupling Method）
综合考虑各灾种之间的关联性，综合考虑各灾种在时空范围内耦合问题，灾害动力学与非行为之间相互作用关系，综合得出城市灾害风险。

15. 安全格局（Security Pattern）

广义的“安全格局”指的是国家主权与主权权利管辖下的地域空间中存在的某种潜在的安全空间格局，可以等同为“防灾空间”，也就是具备防灾用途或者承担防灾功能的空间格局，可细分为防护空间、容灾空间、适灾空间和避难空间。狭义的“安全格局”是以环境承载力以及灾害风险为主体，以控制土地利用的关键边界、空间形态以及灾害影响范围为手段，旨在划定灾害高风险片区、土地利用与建设的较适宜地段、有条件适宜地段和不适宜地段、可能造成特大灾难性事故的设施和地区等，从而为确定相应的国土空间规划管控要求和防灾措施提供依据，本《指引》中安全格局指狭义的安全格局。

16. 避难场所（Place of Refuge）

配置应急保障基础设施、应急辅助设施及应急保障设备和物资，用于因灾害产生的避难人员生活保障及集中救援的避难场地及避难建筑。

US 地下空间规划技术指引

1. 地下空间（Underground Space）

在地表以下，自然形成或人工开发的空间。

2. 地下空间资源（Underground Space Resource）

已有的和潜在的地下空间的总称。

3. 城市地下空间（Urban Underground Space）

城市规划区内的地下空间。

4. 城市地下空间规划（Urban Underground Space Plan）

对一定时期内城市地下空间开发利用的综合部署、技术要求、具体安排和实施管理，是城乡规划的重要组成部分。

5. 地下空间总体规划（Underground Space Comprehensive Plan）

对一定时期内城市地下空间开发利用的综合部署、具体安排和实施管理。

6. 地下空间详细规划（Underground Space Detail Plan）

对城市重要片区或节点地下空间开发活动所作的具体安排，以及提出的各项控制指标和要求。

7. 地下空间方案设计（Underground Space Design）

地下空间具体项目的开发利用中，对项目的空间功能、形态、结构、设备、景观环境等所开展的综合性设计活动。

8. 地下空间资源评估（Evaluation of Underground Space Resources）

对城市规划区或特定范围内的城市地形、水文、地质、地下空间开发现状及城市发展等因素进行的分析评估，总体判断城市地下空间资源开发质量与分布情况。

9. 地下空间需求预测（Underground Space Demand Forecast）

对一定时期内城市地下空间功能类型、开发规模的需求趋势所进行的测算。

10. 地下空间开发利用（Development and Utilization of Underground Space）

对地下空间的利用进行研究策划、规划设计、建造、使用、维护和管理的各类活动与过程的总称。

11. 地下空间总体布局（Comprehensive Layout of Underground Space）

对规划区内各种城市地下功能设施空间进行综合组织，主要包括城市地下空间平面布局和竖向布局。

12. 地下空间平面布局（Layout of Underground Space）

对规划区内不同地块的城市地下空间功能及其形态进行分层布局组织。

13. 地下空间竖向布局（Vertical Layout of Underground Space）

对规划区内不同类型的城市地下功能设施空间进行竖向协调安排。

14. 地下空间功能（Underground Space Function）

地下空间设施所具有的特定使用目的和用途。

15. 城市地下空间设施（Urban Underground Space Facilities）

为实现部分城市功能转入地下而规划建设的地下工程系统，如地下交通设施、地下市政公共设施、地下公共服务设施、地下仓储设施、地下物流设施、地下防灾减灾设施、地下综合设施等。

16. 地下空间开发强度（Intensity of Underground Space Development）

单位用地面积内的地下空间工程建筑面积。

17. 地下空间环境（Underground Space Environment）

地下空间内部的声、光、热和空气环境质量等物理环境，以及地下空间形状、大小、质感、色彩等视觉环境的总称。

18. 地下空间安全（Underground Space Safety）

地下空间开发建设中灾害防控和运营维护中防火、防爆、防毒、防震、防洪防涝，以及灾害救援等保障内部人员和财产安全相关措施的总称。

19. 地下公共空间（Underground Public Space）

位于地下、服务于市民日常生活和社会生活的公共活动空间。

20. 地下公共服务设施（Underground Public Service Facilities）

供地下公共服务的空间场所，包括地下商业、餐饮、娱乐、文化、体育、办公、医疗卫生及其配套设施等。

A3

全专业关键技术模块

涵盖绿色规划全领域、

C 绿色总体规划

D 绿色详细规划

C1-1 国土空间“双评价”
空间适宜性评价技术；空间开发多宜性处理方法；空间价值评估预判方法

C1-2 国土空间“双评估”
问题导向构建评估指标方法；实施导向空间风向评估方法

C2-1 区域协调定位目标
城市发展定位分析技术；主体功能区划定方法

C2-3 绿色规划指标体系
国内外绿色规划相关指标体系梳理；绿色规划指标体系构建

C3-1 统筹划定底线约束
优化基本农田保护底线技术方法；科学划定生态保护红线方法；集约划定城镇开发边界方法

C3-2 网络集约总体格局
生态安全格局构建方法；彰显地方特色空间格局构建方法

C3-3 科学分区分类管控
优化城镇发展区三区划分方法

C4-1 保护传承历史文化
保护城市传统格局和肌理方法；历史文化空间复合化利用技术

C4-2 本土特征空间形态
城景融合规划方法视线、山水廊道划定方法

C4-3 塑造城乡特色风貌
风貌管控分区划分方法；建筑高度分区划定方法

C5 支撑体系
高效快捷的智能交通体系；城乡融合共享的便民生活圈规划市政公用设施用地集约化利用方法；结合城市更新提升城市抗灾设防能力

C6 绿色城区
紧凑集约用地布局技术方法；蓝绿网络空间的融合与保护；多功能复合的城市通风廊道设计打造满足全龄导向的智慧生活圈；存量空间辨识和空间效能评估；城区留白空间划定方法

C7 实施保障
平台建设策略建议体检评估技术要点

D1-2 因地制宜确定规模
传导上位规模，梳理现状问题，倡导集约高效，预留弹性空间

D1-4 构建综合指标体系
基于技术管理规定，结合自然历史特征与城市发展水平，增补关键指标

D2-1 合理划定空间单元
注重规模合理、边界完整、后续建设管理便利

D2-2 科学布局用地功能
紧凑布局建设用地提升用地混合度，关键地区重点指引

D2-3 优化提升居住品质
控制用地规模强度优化设施类型数量分类引导街道改造提升居住街坊品质

D2-4 均好高效公共服务
合理布局各级各类设施，设定保障系数，按需精准配置，推动设施错时共享

D2-7 多元复合绿地系统
分级分类完善系统复合功能优化空间更新布局小微绿地

D2-10 统筹协调城市竖向
保障城市防洪排涝安全，协调自然地形地貌，合理有序调配土石方工程

D2-14 多元创新智慧城市
构建数字孪生城市管理模式，营造开放共享智慧城市应用体系

D3-1 统筹兼顾地块划分
延续传统肌理特征保障土地权属权益协调地块功能尺度提升土地经济价值

D3-2 功能混合增进活力
鼓励多元功能场景的复合集成，兼顾全时全龄需求

D3-3 公益保障刚性管控
控规图则：明确用地性质、建设指标、道路交通、设施配置和控制线划定

D3-4 品质提升设计引导
附加图则：公共空间、城市形态和界面、地下空间、附属设施、历史文化、低碳生态

D4-1 分类引导实施要点
新建类注重集约有序，更新类统筹利益诉求，生态类注重城乡统筹，留白类择时编制规划

D4-3 合理确定建设模式
引入多元主体，创新投资运营模式，做实经济测算

D4-5 建立动态调控机制
明确弹性调控内容功能、高度、强度分区内弹性管控

时序延展

分专业主要技术内容

E 绿色生态空间规划

V 绿色乡村空间规划

E1-1
全面收集规划数据
应收尽收，合理分类，多源采集

E1-2
统一界定要素属性
多源数据归一化处理，确定统一坐标系，构建数据库；形成底数底图

E1-3
科学识别保护对象
建立用地类型、保护要素与生态系统类别对应规则，划定不同生态系统空间范围

E2-1
系统评估生态功能
系统评估水源涵养、水土保持、景观游憩、防风固沙、生物多样性维护等生态系统服务功能

E2-2
评价识别敏感区域
开展水土流失、土地沙化、土壤侵蚀、地质滑坡、泥石流等生态敏感性评价

E2-3
协同推进整合优化
评估生态本底和资源价值，因地制宜确定自然保护地整合、归并、优化、转化、补缺方式

E3-1
统筹划定生态空间
划定生态空间，构建点-线-面结合的保护体系建设多层次、成网络、功能复合的空间格局

E3-2
科学选取生态源地
基于生态系统服务功能重要性以及重要自然保护地，科学选取生境斑块和生态源地

E3-3
合理确定生态廊道
基于最小阻力模型选取适宜指标，形成阻力面，构建生态廊道

E3-4
系统构建生态网络
识别修复生态断裂点提升生态连通性，形成生态网络图谱

E4-1
强化保护体系规划
以调查和监测为基础按照适应性管理的要求，制定各类资源保护管理目标

E4-2
统筹服务体系规划
确定重要生态空间服务体系规划内容，包括科学研究、自然教育、游憩体验和服务设施等

E4-3
协调社区发展规划
合理布局社区用地，制定社区环境整治和风貌调控措施，制定产业政策，建立社区共管机制

E5-1
主导功能分级分区
将生态空间划分为生态保护红线和一般生态空间

E5-2
项目准入精细管控
在生态敏感区内实行正负面清单管理制度，根据自然生态系统保护级别和人类生产、生活活动的影响程度，提出分级管制和建设管控要求

E5-3
生态保护修复治理
采取自然恢复、工程修复、生态重建等手段，实施生态修复

V1-1
优先保障生态空间
全域构建乡村生态安全格局、制定生态要控乡村生态功能片区

V1-2
优化构建产业格局
把握绿色高效基本原则、科学打造高效农业生产格局、合理制定乡村产业发展指引

V1-3
系统完善公服设施
剖析乡村设施配置问题、全域统筹乡村公共服务体系、均等布局乡村公共服务设施

V1-4
城乡一体基础设施
按照联通公用、城乡一体基础设施统筹原则，分类指导基础设施全域统筹

V1-5
有效制定管控措施
落实村庄建设分类指引、全域覆盖乡村空间管制分区、推动实现乡村土地用途管控

V2-1
系统识别建设重点
健康安全、环境舒适、经济富裕、生活便利、乡风文明、治理有效

V2-2
严格管控土地用途
落实上级国土空间规划分解下达管控要求；合理确定村庄范围内各类用地布局及管控要求

V2-3
分级分类配置公服
结合村民生产生活圈，分级分类配套村庄公服设施，优先保障托幼、养老、医疗等绿色宜居设施；鼓励新建与改建相结合

V2-4
完善村庄基础设施
遵循上位规划统筹要求，符合村民生产生活习惯，平衡投资、运营维护及使用效率

V3-1
塑造乡村空间形态
识别空间逻辑关系研判空间发展诉求构建共生总体格局

V3-2
引导乡土景观风貌
分类引导：保留保护型、改建扩建型、新建型不同空间引导要求，自然景观风貌、园林景观风貌、建筑景观风貌

V3-3
保护乡土文化遗产
划定物质文化遗产保护范围，提高非物质文化遗产保护意识

V4-1
合理构建指标体系
遵循目标导向、全面综合、简明可操作、适度弹性的原则，合理构建指标体系

V4-2
有效传导绿色指标
绿色生产、资源保护、人居整治、生活品质、乡土特色、治理实施。共6方面45项指标

A3

全专业关键技术模块

涵盖绿色规划全领域、

UD 绿色城市设计

UD1-1
系统认知城市资源
认知自然山水特征
梳理文化核心价值
评价现状建设特点
衔接城市发展目标

UD1-2
综合确定风貌定位
总结城市文化特色和自然空间特征；把握现状及趋势；选择城市风貌基因中最具代表的内容

UD2-1
科学分析自然要素
建立用地类型、保护要素与生态系统类别对应规则，划定不同

UD2-2
系统梳理人文要素
明确人居聚落分布
确定文化路径落位
梳理人文要素点位置

UD2-3
统筹梳理城市结构
构建自然、城镇、乡村共生的总体格局；梳理城市结构体系

UD3-1
逐级识别规划片区
确定组团类型规模
确定片区类型规模
确定街区类型规模
确定街坊类型规模

UD3-2
科学划定片区边界
划定城市与自然要素边界，划定及引导城乡边界、划定及引导组团边界、划定及引导城市特色片区边界

UD3-3
系统构建中心体系
确定综合中心规模与构成、明确专业中心类型及风貌

UD3-4
研判确定标志系统
构建城市标志系统结构、划分城市标志系统层次、确定城市标志系统主题

UD3-5
综合划定轴线廊道
确定城市轴线空间
管控景观视廊空间
引导城市天际线

UD3-7
典型空间形态模式
山水组团模式、平原网络模式、平原指状模式、谷地带状模式、丘陵树状模式

UD4-1
多级绿色开敞空间
明确城市公园布局、线性绿色廊道布局和面状郊野开敞空间布局的管控要求

UD4-2
绿色共享街道空间
构建适宜街道网络
塑造特色街道断面
构建连续慢行系统

UD4-3
活力宜人节点场所
布设尺度宜人的广场空间、塑造体现功能与风貌特色的门户空间

UD6-1
系统构建管控体系
形态管控、空间管控界面管控、附属设施管控、地下空间管控

UD6-3
三维信息系统管控
数据整合、辅助决策、智能审查

RV 绿色城市更新规划

RV1-1
城市体检问题诊断
通过城市体检聚焦城市问题，形成城市更新问题清单，为城市更新任引提供支撑

RV1-2
划定城市更新单元
基于三旧用地单元识别结合城乡用地分类，划分各单元类型

RV1-3
明确城市更新方式
明确保留要素和更新重点，城市更新方式应分为综合整治、功能调整和全面改造等方式

RV1-4
梳理更新基础清单
作为更新任务清单的重要依据，主要有资源清单、约束清单和政策清单等

RV1-5
明晰更新任务清单
做为具体指引城市更新行动的工作目录和项目库。主要包括历史文化要素保护、配套设施补齐、交通系统优化、公共空间品质提升、生态修复保护和城市风貌引导等内容

RV2-1
明确更新目标策略
落实城市长期发展目标与战略，结合城市更新片区所在的城市空间结构与发展时序确定

RV2-5
明确要点分类引导
在分析各类型更新单元存在的问题的基础上，有针对性地提出更新重点

RV2-6
构建多方共赢模式
在组织模式、投融资模式和运营模式等方面推动多方共同治理，保障各方利益得到充分彰显和表达，实现多方共赢

RV2-8
统筹建维资金测算
主要可以通过“增容+大产权”/“微增容+价值提升”/“异地平衡”三种方案，资金测算应兼顾短期的投资收益盈亏与远期的资产价值

时序延展

分专业主要技术内容

S 绿色小城镇规划

S1-1
区域格局统筹协调
提出细化落实上位规划、区域协同发展的要求

S1-2
国土空间布局优化
提出生态保护空间、农牧发展空间、城乡建设空间、历史文化空间科学布局要求

S1-3
管控边界核准落实
提出生态保护红线、永久基本农田、城镇开发边界核准落实、勘界定桩要求

S1-4
规划用途分区管制
提出国土用途分区一二级分区划分要求及管制规则

S2-1
整体布局紧凑集约
提出选址、布局、形态的设计指引

S2-2
居住街坊开放宜居
提出住区、街坊的强度高度设计指引

S2-3
商业设施功能完善
提出设施布局、传统商业、特色商业的设计指引

S2-4
街巷空间舒适优美
提出环境秩序、空间感受、环境设施的设计指引

S2-5
绿地广场生态乡土
提出开敞空间、设计手法、建设技术的指引

S2-6
产业用地集约高效
提出用地布局、强度的设计指引

S3-1
构建综合交通体系
提出公路、城乡公交旅游交通、停车、绿道规划设计指引

S3-2
完善公服设施体系
提出教育设施、医疗设施、文体设施、养老设施规划设计指引

S3-3
优化市政设施体系
提出污水设施、环卫设施、供热燃气、能源利用、农田水利、数字乡村规划设计指引

S3-4
健全安全设施体系
提出地震灾害防治、洪涝灾害防治、气象灾害防御防疫设施、消防设施、人防设施设计指引

S4-1
重点生态功能区小城镇
提出重点生态功能区小城镇的内涵、规划设计重点及案例

S4-2
农产品主产区小城镇
提出农产品主产区小城镇的内涵、规划设计重点及案例

S4-3
城市化发展区小城镇
提出城市化发展区小城镇的内涵、规划设计重点及案例

L 绿地景观规划

L1-1
优化完善绿地结构
衔接生态空间、划定生态功能保障范围、优化城市绿地结构、完善城市绿地布局

L1-2
有机布局绿地网络
将绿道、海绵水系、通风廊道、生态廊道等各类发挥不同功能的线性空间组成城市绿色空间

L2-1
增量提质公园绿地
结合各类城市用地科学布局、符合现行国家标准、分级分类配置公园绿地

L2-2
科学布局防护绿地
在有卫生、隔离、安全生态防护功能要求的区域设置防护绿地严格执行建设要求

L2-3
绿化美化广场用地
用地选址应有利于展现城市的景观风貌和文化特色，按要求实施建设

L2-4
优化提升附属绿地
按各类绿地建设标准及规定实施建设

L3-1
系统构建公园体系
结合城镇和交通网络布局串联主要城市公园绿地和各类公共开放空间节点、营造优良的职住环境和绿色低碳的生活方式

L3-2
合理配置综合公园
依据城市山水格局，特色化布局城市综合公园，以人为本进行功能划分区

L3-3
均衡配置社区公园
规划分布合理和均衡的社区公园，布局多样化的服务设施，提高公园设施的利用率

L3-4
彰显特色专类公园
合理配置植物园、动物园、体育健身公园等专类公园

L3-5
便捷可入口袋游园
保障绿量、完善功能适地适树、降低维护

L4-1
营造地域景观风貌
构建城区景观结构、提出城市历史文化景观分区、规划生态景观风貌

L4-2
保护修复生态资源
通过政府引导、社会参与的方式以城市建筑、公共设施的墙体、屋顶等为重点实施立体绿化

L4-3
城市生物多样保护
开展生态摸底和生态评估，制定山体、水体、棕地、绿地等生态资源的保护修复方案

A3

全专业关键技术模块

涵盖绿色规划全领域、

H 历史文化资源保护与利用规划

H1-1 资源认定价值评价
梳理资源特色，从历史、艺术或科学角度分析其普遍价值和特色价值

H1-2 分类保护活态传承
强化城乡建设与各类历史文化资源保护工作协同做到空间全覆盖、要素全囊括

H1-3 以用促保合理利用
充分评估文化价值，开展发展潜力评估，并与城乡建设有机结合活化利用

H1-4 信息平台动态监管
将历史文化资源空间信息纳入空间基础信息平台，建立数据库，实现数据共享与动态维护

H2-1 城镇村域保护要点
明确保护原则，保持并延续其传统空间格局和历史风貌，保护历史文化的真实性、完整性

H2-2 重点地段保护要点
对历史文化资源相对集中的区域的重点地段，进行集中性保护与管理

H2-3 重点建筑保护要点
重点建筑是城镇村、重点地段的重要节点，是体现历史格局、空间形态、风貌特征的基本单位

H3-1 保护管理总体要求
统筹联动，充分发挥政府在城乡历史文化保护传承中的组织领导和综合协调作用

H3-2 保护管理要求汇总
统筹规划、建设、管理，促进历史文化保护传承与城乡建设融合发展

H4-1 发展潜力评价方法
通过文化标识提取、发展潜力评估等方式，对单体、区域、文化进行评价评估

H4-2 分类活化利用方法
在城乡建设中，要充分考虑格局、形态、建设方式，新建、拟建项目应与传统风貌相协调

H5-1 精准落位空间数据
搭建矢量数据库；采用统一格式，提取矢量保护线和资源点坐标，精准落位历史文化保护线

H5-2 从严建立管控机制
加强城乡建设和各类历史文化资源保护的协同工作，建立调查评估长效机制，实施底线管控

H5-3 全面实行动态监管
建立城乡历史文化保护传承日常巡查管理制度，及时发现并制止各类违法破坏行为；加强对城乡历史文化资源数据的整合共享，提升监测管理水平

TP 绿色交通规划

TP1-1 分析城市交通特征
分析城市交通特征，明确绿色出行比例，优先选择绿色交通方式，整体提升城市的绿色出行水平

TP1-2 明确绿色出行比例
结合城市规模、经济发展水平等要素，优先选择公共交通、步行和自行车等绿色出行方式

TP2-1 优化交通运输结构
完善各种运输方式的合理分工与协作，优化调整交通运输结构，实现综合交通绿色低碳发展

TP2-2 确定枢纽设施选址
提出各类对外交通城市的发展方向及城市空间结构明确各类对外交通方式的用地控制条件

TP3-1 确定道路功能等级
城市道路功能含交通运输、景观绿化等，根据道路服务城市活动特征，将道路分成不同等级

TP3-2 建立道路设施指标
优化干线道路格局，保证干线道路功能清晰；完善道路功能组织，健全路网级配与功能

TP3-3 优化干线道路格局
引导城市空间拓展与协调城市土地利用要求，合理组织不同空间层次与特征交通流分布

TP4-1 分析客流走廊分布
公共交通走廊，应根据其客流规模，因地制宜地选择运载方式，以经济和环境要求

TP4-2 预留轨道交通走廊
统筹线网内部各子系统之间的衔接，减少乘客出行时间，提升公共交通整体服务水平和质量

TP4-3 优化常规公交线网
城市道路是公共汽电车运行的载体，城市道路空间分配应给予公交优先保

TP5-1 功能分区网络分级
建立差异化分区，确定不同分区内步行和自行车网络布局指标;分层级提出步行和自杆车网络

TP5-2 完善节点设计布局
加强过街设施、停车设施中重要节点的规划设计指引，确保整体网络的连通性和便捷性

TP6-1 制定停车发展策略
综合考虑停车设施使用特征及未来机动车发展水平，确定停车位总体规模和差异化供给策略

TP6-2 优化配建停车指标
充分考虑机动车保有量、车辆停放特征、交通需求管理等因素，确定公共停车场布局

TP7-1 确定分级组织体系
综合考虑交通枢纽的交通功能、客流规模、客流特征、与周边土地开发的结合程度、衔接交通方式等影响因素，对城市客运枢纽划

TP7-2 控制衔接设施用地
处理好城市综合客运系统中不同层次、不同功能、不同服务水平的交通方式之间的关系，减少各系统之间不必要的竞争

时序延展

分专业主要技术内容

UP 绿色市政规划

UP1-1
开源节流供需平衡
加强水资源保护、开发多种非常规水资源，拓展资源可利用上限；调整用水结构、挖掘节水潜力提高用水效率，以水资源环境底线约束为前提优化供需平衡

UP1-2
科学预测节约降耗
根据用水特点，分类细化预测指标，采用多种方法校核

UP1-3
安全可靠供水系统
科学确定水厂选址，优化供水管网布局并智慧化安全管控

UP1-4
智慧高效污水系统
确定排水体制；确定污水处理方式及出水水质标准，优化设施选址及建设模式，合理布置污水管网，采用智能管控平台；高效利用污水排放系统的水、能、固废

UP1-5
融合安全雨排系统
雨水排放系统采用灰—绿—蓝结合手段，“源头—过程—末端”全过程管控，构建雨水安全排放与资源利用系统

UP1-6
综合智慧水务系统
集成水资源、给水、污水、雨水、再生水等进行区域涉水系统整体规划，并进行智慧化管理

UP2-1
能源规划目标原则
实现融入绿色理念的绿色市政基础设施规划体系

UP2-2
区域资源综合利用
明确国土空间规划中能源资源的存储规模与利用方式

UP2-3
能源资源优化配置
调整优化供给侧与消费侧的能源结构充分利用新能源以及各种能源利用的新技术与先进设备

UP2-4
低碳智能供电系统
构建清洁、低碳、安全、高效的城市电力保障体系，推进智慧电网建设

UP2-5
多元多向供气系统
构建清洁低碳、安全高效的清洁能源体系推动天然气产量快速增长

UP2-6
清洁绿色供热系统
探索低碳供热之路，推动低碳转型升级，实现多能互补、多能协同的运营方式

UP2-7
能源系统综合控制
以冷热量平衡为核心整合多种可再生能源达到能源的循环往复利用

UP3-1
科学定义精准管理
明确固废定义，预测固废产量，精细化管理，完善前端分类后端处理体系

UP3-2
源头减量总量减排
倡导绿色低碳生活方式塑料产品源头减量，产业技术设备绿色化改造积极发展装配式建筑

UP3-3
垃圾分类资源利用
厨余垃圾生化处理资源化利用，塑料废弃物同级化、高附加值利用，工业固体废物综合利用，畜禽粪污就近就地综合等利用。废旧农膜推广一膜多用、行间覆盖等技术，建筑垃圾综合利用模式，废旧物资循环利用体系

UP3-4
无害处理高效环保
优化加强堆肥、焚烧和填埋技术，将三者有机结合对垃圾进行综合处理

UP3-5
收运体系规范合理
合理布局环卫设施，规范清运车辆管理，优化调度方案，再生资源回收网点与垃圾分类网点融合

UP3-6
智能调度智慧监管
发展固废行业智能化管理，建设智慧环卫平台

UP4-1
管线空间有序利用
综合管线空间的有序利用是基于城市地下管线的信息管理和城市地下综合管廊这两个领域

UP4-2
合理布局远近结合
市政基础设施建设协同布局，同时考虑远期发展，充分空间、建设时序，远近结合、协调布局

UP4-3
竖向协调综合部署
城市地下空间有限，各管线入综合管廊应充分考虑空间分布与竖向合理布置，保证相应净距要求

UP4-4
城市干线廊道集并
合理布置综合管廊内部空间及管路种类，评估各类管线入廊的安全性与必要性

UP4-5
智能感知安全防范
合理布设智能感知系统，建立数据传输、采集、展示及决策支持系统，综合防范并化解安全隐患

A3

全专业关键技术模块

涵盖绿色规划全领域、

SC 海绵城市规划

SC1-1
分析区域生态格局
分析生态资源要素，获得自然要素空间分布格局

SC1-2
区域生态格局评价
构建生态安全格局评价指标体系，评价生态安全格局

SC1-3
构建生态安全格局
利用生态安全格局评价结果，通过层次区分和相应的管控要求来确保整体生态安全格局保持稳定和健康水平

SC2-1
科学划定管控分区
结合城市建设竖向、道路、管网及用地等情况划分排水分区，并结合排水分区边界，以便于管理、便于考核、便于指导下位规划编制为划分原则划定管控分区

SC2-2
合理构建指标体系
构建生态安全格局评价指标体系，评价生态安全格局

SC3-1
合理确定规划目标
生态保护方案主要从生态保护建设模式、生态岸线建设要求、生态补水建设要求等方面研究

SC3-2
研究生态保护方案
减少旱天污水直排、控制合流制溢流污染和面源污染，保持河道水质稳定

SC3-3
优化环境提升方案
从构建大排水体系、科学推进河湖整治、强化雨水源头减排、科学规划排水管网、对于积水严重的内涝点针对性提出整治方案等方面着手，借助水力模型等新手段评估建设效果

SC3-4
构建安全保障体系
在分析城市非常规水资源用水潜力的基础上，进行供需平衡分析，根据分析结果确定非常规水资源用水对象和用水设施布局

CP 综合防灾减灾规划

CP1-1
系统梳理城市灾害
自然灾害情况分析、事故灾害情况分析

CP1-2
科学评估灾害风险
确定城市灾害综合评估流程，开展城市单灾害风险评估和综合风险评估

CP2-1
合理设定目标指标
系统明确规划目标制定具体指标

CP2-2
统筹管控用地安全
明确城市用地安全重点关注地区，明确城市安全用地综合评价管控要求

CP2-3
合理划定防灾分区
划定城市防灾分区、确定分区级别及规划控制原则

CP4-1
因地制宜避难场所
明确避难场所规划设计原则及建设管理要求、系统规划城市避难场所并合理规划功能等级

CP4-2
系统规划应急通道
明确城市应急通道设计原则合理规划应急通道功能等级系统布局城市应急通道、明确应急通道综合管理要求

CP4-3
全面加强基础保障
强化应急供水系统韧性、分级提升应急供电系统冗余度多元技术确保应急通信系统提升、提高应急医疗系统韧性、明确应急物资储备供应管理

CP4-4
统筹提升应急服务
汇总城市医疗、消防等系统建设总体原则、空间布局及设施要求提高城市灾害应对能力

CP4-5
强化建设防御设施
提出灾害防御设施工程措施及主要技术要求，形成灾害防御设施对策

CP4-6
统筹规划社区防灾
梳理社区防灾现状、汇总社区防灾空间布局要求、提出社区保障措施要求

CP5-1
协同优化管理机制
防洪排涝、抗震、消防系统、地质灾害、危险源、突发事件

CP5-2
高效建立保障力量
管理机制、保障力量智慧防灾、近期建设

时序延展

分专业主要技术内容

US 地下空间规划

US1-1
调查地下空间资源
分析地下空间开发利用现状，评估地下空间资源分布，对地下空间进行开发适宜性评价

US1-2
明确地下空间需求
明确地下空间规划分区并对城市地下空间重点建设区和一般建设区分别提出建设要求

US1-3
建立资源信息系统
结合智慧城市建设，推进城市地下空间综合管理信息系统建设

US2-1
明确开发影响因素
通过经济发展水平、城市空间发展形态、城市功能布局、地面建设强度等因素明确地下空间需求

US2-2
确定规模预测方法
采取功能需求预测法、人均指标法等，分别测算地下空间需求规模并进行相互校验

US3-1
分析地下开发目标
结合城市社会经济发展状况和城市建设现状，确定近、远期和远景目标

US3-2
评估地下开发价值
从区位、交通、用地、地面建设条件、文物保护等方面评估地下空间价值

US3-3
确定地下空间布局
根据不同地面功能确定地下空间功能分区，并确定地下空间平面布局和竖向布局

UP3-4
协调地下各类设施
协调地下公共服务设施地下交通设施、地下市政设施、地下工业设施地下仓储设施等

US4-1
明确详细规划层次
地下空间详细布局分为地下空间详细规划和地下空间方案设计两个层面

US4-2
确定详细规划内容
从地下空间详细规划和地下空间方案设计两个层面分别界定地下空间规划的内容

US4-3
明确规划控制指标
从规划控制和规划引导两个方面界定地下空间规划的规划要求，包括控制内容和控制指标

US4-4
提出规划引导指标
从地下空间详细规划和方案设计两方面分别提出地下空间规划引导内容及要求

US4-5
总结规划开发模式
总结地下空间详细布局中公共空间常用开发模式，如均衡式、集中式等

US5-1
地下空间主导模式
地下空间主导开发模式主要有三种：政府主导模式、政府与企业合作模式、企业主导模式

US5-2
规划产权激励机制
探讨地下空间的管理运作机制，主要包括利用决策机制、产权获取机制、开发奖励机制等

US5-3
专项工程管理措施
提出各专项工程的管理措施，包括轨道交通、地下街和地下停车场、绿地地下空间复合开发

US5-4
项目监督管理机制
提出项目监督管理的机制与措施，含工程监督机制、信息资源共享机制等

京审字（2023）G第2492号
图书在版编目（CIP）数据

绿色规划技术指引=GREEN PLANNING GUIDELINES.
规划 / 交通 / 市政 / 生态专业 / 中国建设科技集团编著；
杨一帆主编. 一北京：中国建筑工业出版社，2023.9
（新时代高质量发展绿色城乡建设技术丛书）
ISBN 978-7-112-29065-9

Ⅰ.①绿… Ⅱ.①中… ②杨… Ⅲ.①生态建筑—建
筑设计 Ⅳ.①TU2

中国国家版本馆CIP数据核字（2023）第155800号

责任编辑：黄　翊　徐　冉
责任校对：党　蕾
文字整理：倪莉莉　翁　阳
特邀编辑：群岛 ARCHIPELAGO/辛梦瑶
图解绘制：群岛 ARCHIPELAGO/师　珺　洪蕴璐　宫　庆　康博超
平面设计：黄晓飞

新时代高质量发展绿色城乡建设技术丛书
绿色规划技术指引
GREEN PLANNING GUIDELINES
规划 / 交通 / 市政 / 生态专业
中国建设科技集团　编　著
杨一帆　主　编
*
中国建筑工业出版社出版、发行（北京海淀三里河路9号）
各地新华书店、建筑书店经销
北京锋尚制版有限公司制版
天津图文方嘉印刷有限公司印刷
*
开本：787毫米×1092毫米　1/16　印张：35½　字数：941千字
2023年10月第一版　2023年10月第一次印刷
定价：**199.00**元
ISBN 978-7-112-29065-9
（41678）